类 脑 计 算

危 辉 著

科学出版社

北 京

内 容 简 介

本书从多学科交叉的角度将神经生物学在视觉神经机制、神经元信号加工与编码方面的解剖学与电生理学发现和认知心理学关于知觉信息加工、工作记忆等方面的实验结论,与人工智能中关于图像理解与人工神经元网络模型结合起来,设计能够模拟视网膜、初级视皮层和高级视皮层部分图像信息加工功能,以及模拟神经编码微回路的数据结构和层次网络计算模型,并用计算机视觉或图像理解领域常用的测试数据集来验证这些网络计算模型的效能. 这些深入考虑了神经生物学基本机制与约束的计算模型,一方面能够在工程方面为图像理解或信息保持提供不同于传统方法的新解决方案,另一方面也为神经科学研究提供了探索神经信号加工内在机理的仿真平台. 这些以信息加工神经生理机制和认知心理机制为基本出发点的计算建模研究为人工智能关于表征、神经计算新模型、基于结构的学习模型、不同于经典图灵机模型的新计算架构开拓了思路.

本书适合从事人工智能、神经计算、类脑计算、神经信息加工、神经编码研究的人员阅读.

图书在版编目(CIP)数据

类脑计算/危辉著. —北京:科学出版社, 2022.7
ISBN 978-7-03-071893-8

Ⅰ.①类… Ⅱ.①危… Ⅲ.①人工智能-研究 Ⅳ.①TP18

中国版本图书馆 CIP 数据核字(2022)第 044910 号

责任编辑: 王丽平 孙翠勤 / 责任校对: 彭珍珍
责任印制: 吴兆东 / 封面设计: 无极书装

科学出版社 出版
北京东黄城根北街 16 号
邮政编码: 100717
http://www.sciencep.com
北京建宏印刷有限公司 印刷
科学出版社发行 各地新华书店经销
*
2022 年 7 月第 一 版 开本: 720 × 1000 1/16
2023 年 3 月第二次印刷 印张: 54 1/4
字数: 1 100 000
定价: **288.00** 元
(如有印装质量问题, 我社负责调换)

前　　言

　　作者在北京航空航天大学计算机科学与工程系读研究生初期所从事的研究方向是形式逻辑与非单调推理. 这是逻辑主义人工智能的经典研究分支之一, 也是 20 世纪 80 年代晚期 90 年代早期人工智能最热、最富成果的研究领域. 但是随着阅读文献的逐渐深入, 作者渐渐被一个问题所困扰, 那就是 "符号推理系统所需要的领域公理和定理为什么总是显得挂一漏万". 很快, 作者读到了科学哲学家提出的形式演绎系统的三大问题: 框架问题 (Framework problem)、前提问题 (Qualification problem) 和衍生问题 (Ramification problem). 这使作者反思一个问题, "与形式演绎系统相比, 为什么人的智慧看起来更有效率?" 1995 年, 作者在图书馆偶然看到一本书, 由科学出版社于 1987 年出版的《人的信息加工: 心理学概论》(P. H. 林赛和 D. A. 诺曼). 从中作者第一次领悟到了心理学是如何通过系统性的实验和模型设想来研究人类智慧的内在机制. 接下来作者在位于北航对面的北京医科大学书店买到了一本由北京医科大学与中国协和医科大学联合出版社 1993 年出版、韩济生院士主编的《神经科学纲要》, 以及费尽周折找到一本 1986 年上海人民出版社版钱学森先生主编的《关于思维科学》. 这些著作给作者打开了一扇从经典人工智能以外看智能实现机制的崭新窗口. 然后陆陆续续, 作者研读了 1992 年版北大王甦先生的《认知心理学》和 1990 年教育科学出版社版罗伯特. L. 索尔索的《认知心理学》; 在北航图书馆二手书摊淘到了好几本二手书, 如 Margaret W. Matlin 的《心理学》(*Psychology*); 在上海科学技术出版社门店里找到杨雄里院士的《视觉的神经机制》和《神经科学》; 以及阮迪云与寿天德先生编著的 1992 年版《神经生理学》, 上海医科大学出版社 1990 年版许绍芬等编写的《神经生物学》等等大量关于智能的神经生理机制和认知心理机制的著作. 这些新知识大大拓展了作者从其他学科来看待智能行为的视野, 并引导作者开始从结构模拟的角度来研究智能行为的仿真问题. 作者以神经生物学和认知心理学中研究得相对充分的知觉信息加工为参照点, 从 1995 到 2000 年进行了基于视知觉下颞叶皮层区功能柱型结构的多变元有理平方逼近模拟、原始语义获取的初级皮层视知觉并行计算模型、基于颞下皮层结构的视知觉不变性模型、视觉皮层区功能柱型结构的认知计算、视觉初级皮层区超柱结构的自组织适应模型、基于视中枢神经机制的层次网络计算模型、表象式直接知识表示、基于结构学习和迭代自映射的自联想记忆模型、基于知觉加工模式的发展式分词算法、发展心理学与智能系统构造等非常具体的、聚焦于某类智能行为实现细节的课题. 能做这些探路性的研究要感谢何新贵院士和潘云鹤院士的指导.

以当下的学术观点来看, 它们都属于类脑计算的范畴. 人的大脑, 也包括其他高级灵长目动物的大脑是目前地球上已知的最具智慧的装置, 它们都是经过了几亿甚至十几亿年漫长生物进化而得到的, 被高度优化过的自然产物. 生物进化满足 "刚够就好" 的经济性原则和 "用进废退" 的迭代原则, 由此我们可以推断, 我们当前大脑的结构复杂度是为了其能够完成当下各种信息加工功能而需要达到的最低技术标准. 也就是说, 这是技术底线, 里面很有可能蕴含着实现智能的充分必要机制. 既然是不可或缺的机制, 那就值得我们去深入探寻和借鉴. 钱学森先生在 1986 年的《关于思维科学》一书中将人工智能归类为工程技术, 而把认知科学作为人工智能的学科基础. 现在人工智能界普遍接受的所谓连接主义学派和符号主义学派其实在人工智能初创时期并没有如此泾渭分明, 而是相互交融得很好, 典型的例子就是 1943 年的 MP 模型. 上述一近一远两个例子就是我们在认知科学背景下研究人工智能的原动力.

　　作者 2000 年入职复旦大学计算机科学与技术系之后, 感谢系主任周傲英教授和薛向阳教授的支持, 在 2001 年成立了认知算法模型实验室, 致力于从认知科学和人工智能这个交叉视角来研究认知行为 (如感知、联想、记忆等) 基于神经生物学约束的算法模型. 实验室追求的目标是希望智能的计算模型能够 "在逻辑上一致, 在心理上合理, 在生理上可行"(达尔文语). 该实验室的研究方向一直聚焦于认知科学与人工智能, 致力于开展针对视觉神经计算模型、工作记忆计算模型、神经回路与编码模型等小方向的研究工作. 这是一个非常小众化的研究, 我们也是一个非常小的团队, 得到了复旦大学脑科学研究中心寿天德教授、神经生物学研究所李葆明教授和作者以前的班主任北京航空航天大学李波教授的无私帮助.

　　本书是认知算法模型实验室自 2001 年成立后, 作者本人与历届研究生集体劳动的成果, 也是我们自己在国内独立完成的工作. 这些研究生承担了算法设计、编程实现、实验验证、文稿编辑等方面的工作. 他们是硕士研究生 2000 级杨显波、2004 级方习之、2007 级管旭东、2008 级蒋宇翔与王赟、2009 级胡繁星、2011 级武恒, 以及博士研究生 2007 级任远与王晓梅、2009 级郎波与陆虎、2010 级董政与李强、2014 级戴大伟. 他们是本书不同章节的共同作者, 我们在 IEEE Transactions、Elsevier 和 Springer 等出版机构的 SCI 期刊上就上述研究问题共同发表了 30 篇论文, 一并向他们表示感谢.

危　辉

2019 年 3 月 1 日

目　　录

第1章 什么是类脑计算

随着神经生物学研究中实验手段的不断进步,科学家对神经系统结构与功能的认识也在不断深入. 由于神经系统是主导智慧的根本物质基础,因此这些基础研究的进步自然会带动其他应用学科的发展. 一个最直接的启示就是神经生物学发现对人工智能研究有什么直接的推动吗? 毕竟人工智能最根本的目标就是想让机器能够像大脑一样聪明地工作. 这就是类脑计算,一个不太新,但又被不断刷新的领域.

1.1 类脑计算的非正式说明

顾名思义,类脑计算就是 "要像大脑那样进行计算". 大脑作为目前自然界已知的,在问题求解、推理、决策、理解、学习等智能行为方面最为高效、最为优异的生物进化产物,它的运行机制对研究自动化、计算机的群体而言充满了吸引力,因为我们从一开始就称呼计算机为电脑. 可见,从心底里我们是希望计算机能够像大脑那样工作. 基于此种初衷,研究人员会非常自然地去模仿大脑的运行原理,无论是从功能层面,还是从结构层面. 若我们给类脑计算下一个较为严格的定义,那么它就是一种模仿神经生理学和生理心理学机制为某种智能应用设计实现方法的研究. 它应该是人工智能研究的一个子集,针对的是智能仿真问题或应用,面向属于计算机科学、自动化或控制论范畴的算法设计和系统实现问题. 在人工智能发展史中,连接主义学派所走的研究路线就属于类脑计算,那些人工神经元网络模型,如典型的多层感知机模型、自组织特征映射模型、联想记忆模型等就是典型代表. 当下机器学习研究领域炙手可热的深度学习模型可视为此领域的最新发展.

与大脑研究相关的当前还有两个研究分支:一个是基于脑电信号的脑机接口;另一个是脑信息学. 这两个研究分支虽然也关系到大脑,但它们不属于类脑计算的范畴. 原因有两个.

第一,研究目标不同. 例如,脑连接组计划针对的是神经科学范畴的问题,不是计算科学范畴的问题. 而类脑计算针对的是算法和自动化系统实现问题.

第二,研究方法不同. 脑机接口和脑信息学通常采用来自计算机科学领域的机器学习或数据挖掘算法,是对取自大脑的数据施加现成的方法,这些方法本身不是研究对象,只是可供选择的多种手段之一. 而类脑计算所采用的方法就是模仿大脑机制,其前提是弄清楚神经科学范畴的原理性问题,它通常不是计算机科学领域现成可用的方法. 用一句流行语来归纳它们的不同之处就是:脑信息学是从事计算的人跨界到生物学领域, 用计算机方法解决生物学领域的问题; 而类脑计算是从事计算的人跨界到生物学领域, 用生物学启示来解决计算机领域的问题. 简而言之, 它们的区别就是: 跨出界了, 还走回来吗? 前者类似于做歌唱界跑得最快的人, 而后者是做歌唱界歌唱得最好的人.

1.2   类脑计算助力工程问题

在人工智能领域有很多挑战性很高的工程问题, 例如计算机视觉或图像理解. 我们通过始自眼睛的视觉神经系统感知到外界超过 70% 的信息, 而且我们还觉得这是不费吹灰之力就能做好的, 哪会复杂呢? 但一旦当我们需要用计算机来处理图像信息, 分析图像的意义时, 视觉信息加工的巨大复杂性就如同隐藏在水面下的冰山那样浮现出来, 我们意识到了所谓 "大头在下面". 现代图像理解或计算机视觉系统对它们能够达到的性能和所付出的时间和硬件代价而言完全不成比例, 效能很低. 既然生物视觉系统性能很好, 那么我们能不能模仿一种或几种神经生物学关于视觉神经机制的发现来优化计算效能呢?

例如, 在高等哺乳动物的视网膜中, 有一种神经节细胞, 它是视网膜信息处理的最后一站, 也是此阶段最重要的一站. 视网膜神经节具有同心圆拮抗式的经典感受野, 其空间整合特性是处理图像区域亮度对比信息、提取图像的边缘信息, 但高等动物极其复杂的视觉系统对图像信息的处理绝不仅限于边缘增强, 它应该在边缘处理的基础上, 尽可能完整地把图像信息传递给大脑. 非经典感受野是在经典感受野之外的一个大范围区域, 单独刺激该区域并不能直接引起细胞的反应, 但对经典感受野内刺激所引起的反应有调制作用. 视网膜神经节细胞的非经典感受野主要是去抑制性的, 因此可以在一定程度上补偿由经典感受野所造成的低空间频率信息的损失, 在保持边界增强功能的同时, 传递图像的区域亮度梯度信息, 显示大面积表面上亮度的缓慢变化. 由此可见, 非经典感受野大大拓宽了视觉细胞信息处理的范围, 为整合和检测大范围的复杂图形提供了神经基础. 研究发现, 视网膜神经节细胞的感受野随着视觉刺激的不同而发生变化, 而以往对视网膜神经节细胞非经典感受野的建模大多基于固定不变的感受野, 都没有考虑感受野的动态变化特性. 那么, 我们可以为视网膜神经节细胞非经典感受野的基本结构建立了多层次、带反馈的神经计算模型, 并用这样的模型来表征图像.

图 1-1 就是基于上述原理进行的图像表征实验. 通常在计算机里用像素的组合表征图像, 但所需像素阵列很大, 给图像理解带来了压力. 图中每组同心圆都是一个具有前述非经典感受野模式的计算单元, 它能够根据所覆盖范围内图像的均一程度进行扩大或缩小. 若整个范围内图像内容很均匀, 那么只要表征这个平均信息就可以了. 若整个范围内图像内容的差异度很大, 说明单靠这个单元不足以精确表示

它, 它就缩小所管辖的范围, 直到缩小后的范围内信息足够均一化为止. 因此, 我们可以看到很多组同心圆或是扩大或是缩小其范围, 以达到在所涵盖信息均一化前提下使得覆盖范围最大. 那些实线就是最终的范围, 虚线是若干中间环节的结果. 在这一原理下, 我们就能够获得一个既不需要太多计算单元, 又具有足够精细度的图像表征. 这能够易化后续的图像理解加工.

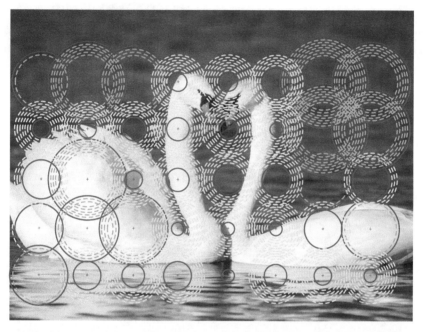

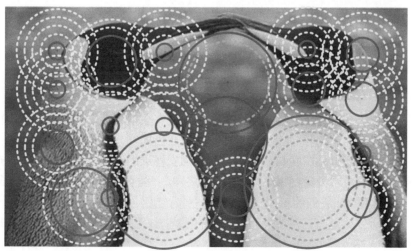

图 1-1 模仿神经生物学中非经典感受野机制得到的计算单元覆盖区域

再比如, 我们的颜色知觉是一种主观的感觉, 外部的物理世界上本无颜色, 所谓颜色是我们的主观感受. 至于大脑怎样将这些不同波长光刺激引起的神经元响应整合成一种心理上可清晰分辨的感觉, 目前还是未知的. 可见光刺激视网膜中的光感受器, 它们是视杆细胞和三种色视锥细胞 (蓝色视锥细胞、绿色视锥细胞和红色视锥细胞), 其中视锥细胞对光的波长相对吸收程度不同, 这就是产生颜色感知的第一步. 前述神经节细胞的感受野是由两组不同种类的视锥细胞组成的, 神经生物学家们称之为相互拮抗的机制. 也就是对两种不同颜色敏感的细胞输出给神经节细胞的贡献是对立的, 一种令其兴奋, 那么另一种就令其抑制. 如图 1-2 所示: 其中 S 表示蓝色视锥, 它对波长较短的光的刺激敏感; M 表示绿色视锥, 和蓝色视锥相比, 它对波长中等的光的刺激更为敏感; L 表示红色视锥, 它对波长较长的光的刺激响应最大. B 表示 Blue, 即蓝色成分; Y 表示 Yellow, 即黄色成分; R 表示 Red, 即红色成分, G 表示 Green, 即绿色成分.

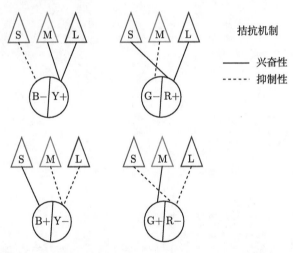

图 1-2　颜色拮抗形成简略示意图 (Kandel et al., 2000)

从视网膜一直到大脑皮层, 拮抗的空间构型有很多. 最简单的为神经节细胞感受野的中心区只接收一种视锥细胞的输入, 如红色视锥、绿色视锥和蓝色视锥中的一种, 拮抗的感受野外周区则是接收另一种对立视锥的输入. 所以这里的拮抗主要分为两类, 一类负责处理红-绿之间的颜色差异, 一类负责处理蓝-黄之间的颜色差异, 如图 1-3 所示, 它们的感受野中心区分别为红色分量、绿色分量、蓝色分量和黄色分量. 所以这里有四种感受野, 它们分别是: 红绿拮抗感受野, 包括 (红中心区 vs 绿外周区) 感受野和 (绿中心区 vs 红外周区) 感受野; 蓝黄拮抗感受野, 包括 (黄中心区 vs 蓝外周区) 感受野和 (蓝中心区 vs 黄外周区) 感受野.

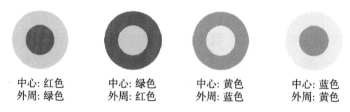

| 中心: 红色 | 中心: 绿色 | 中心: 黄色 | 中心: 蓝色 |
| 外周: 绿色 | 外周: 红色 | 外周: 蓝色 | 外周: 黄色 |

图 1-3　四种拮抗类型感受野的颜色对立分类

当人的视觉系统感知处理颜色信号时, 这 4 种拮抗的感受野均有机会起作用, 每种视锥都有自己最敏感的颜色波长范围, 对于它们较敏感的波长刺激, 它们的响应会比较大. 基于此, 我们就可以设计一个模拟这种颜色拮抗机制的计算模型来处理颜色图像, 如图 1-4 所示, 图 1-4(a) 表达的是用一个上层的计算单元 GC, 即对生物视网膜神经节细胞的模拟单元, 它接受红中心区的正输入, 同时接收绿外周区的负输入, 这样当这个区域只是中心有红色时 GC 的输出达到最大, 或者当这个区域只有外周有绿色时 GC 的输出将达到最小. 这样一来 GC 的输出值就能用来表达某个区域的颜色刺激的状况. 类似地, 图 1-4(b) 表达的是绿中心–红外周区感受野的计算单元, 图 1-4(c) 表达的是黄中心区–蓝外周区感受野的计算单元, 图 1-4(d) 表达的是蓝中心区–黄外周区感受野的计算单元.

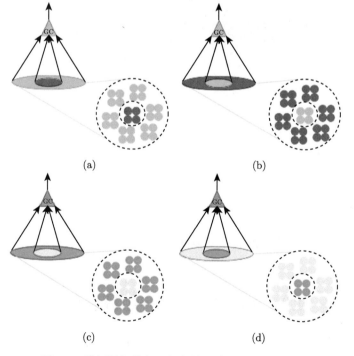

(a)　　　　　　　　　　(b)

(c)　　　　　　　　　　(d)

图 1-4　模拟神经节细胞颜色拮抗感受野的计算单元

图 1-5 第一行左边是一只隐藏在草丛中的翠鸟, 它的羽毛与背景颜色非常相似, 因此, 一般来说是很难发现的. 我们使用上述计算模型对原始图像进行处理, 得到的上层计算单元输出值用过滤器筛选一下就能得到图 1-5 第一行右边的结果, 那只翠鸟的主体轮廓被清晰地分割出来了. 类似地, 图 1-5 第二行的左边是隐藏在沙漠中的蛇, 它的保护色也能与环境融合得很好, 但经过处理图像的主体还是被分割出来了, 这就极大地方便了后续物体识别的加工.

图 1-5　隐藏在草丛中的翠鸟和隐藏在沙漠中的蛇被凸显出来了

1.3　类脑计算助力神经科学研究

类脑计算不但能够以算法启迪的方式来促进工程应用, 也能以假设验证的方式来促进神经科学的研究.

　　图 1-6 是由两位诺贝尔奖得主 Hubel 和 Wiesel 提出的等级感受野假设, 它是说位于皮层中的简单细胞是怎样探测到视野中光条刺激的朝向的. 其核心思想是, 一个简单细胞的感受野是由若干个视网膜上神经节细胞的同心圆式感受野线性排列组成的, 当有光刺激正好穿过这些同心圆的中心区时, 最上层的简单细胞就有了最大输出.

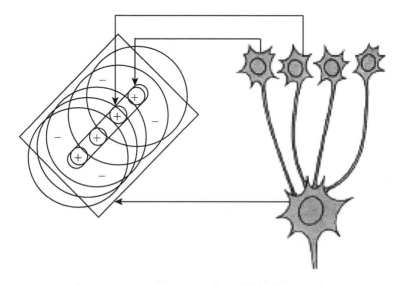

图 1-6　Hubel 和 Wiesel 提出的等级感受野假设

　　但我们认为, 这一假设存在以下三方面的困难. 第一, 解剖学上的困难. 同心圆式感受野是由细胞的树突野构成的, 我们很难要求若干个细胞的树突野大小完全一致, 且还呈现为共圆心的共线排列. 第二, 数学上的困难. 这样构造的带状感受野在数学上存在多解性, 即不能区分对称出现的两个刺激. 第三, 物理学上的困难. 若把感受野的大小往外界进行逆向投射, 那么随着距离的增加它所覆盖的面积将逐渐增大. 这样一来, 此区域出现刺激的多样性就在急剧增加, 很难保证外界的光条投影正好能是与感受野中心相切. 基于这些考虑, 我们把图 1-6 的模型进行了些许改变, 得到如图 1-7 所示的模型. 它只是让下层的同心圆式感受野稍微错开一点排列, 也不再要求它们的尺寸大小一致, 这样不但不会与现有的解剖学证据相冲突, 还能令上述三个问题迎刃而解. 图 1-7 所示的模型不但能够实现对刺激朝向的评定, 还能解释这样一个神经回路究竟编码了何种几何意义下的信息, 以及它们是怎样被利用的. 这样的类脑计算模型在设计上严格效仿神经生物学和电生理学发现, 因此使之成为一种能够验证生物学发现合理性的平台. 这样的模型就能够助力神经生物学的研究.

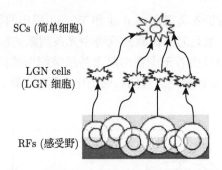

SCs (简单细胞)

LGN cells
(LGN 细胞)

RFs (感受野)

图 1-7　用线性拟合来代替带状模板的新模型

另一个例子是同步连续敲击任务 (synchronization-continuation tapping task, SCT), 图 1-8 所示的是一种运动计时实验, 它是一种研究毫秒级的时间感知的常见任务.

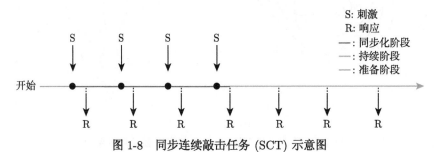

S: 刺激
R: 响应
——: 同步化阶段
——: 持续阶段
——: 准备阶段

S　　S　　S　　S

开始

R　　R　　R　　R　　R　　R　　R

图 1-8　同步连续敲击任务 (SCT) 示意图

实验主要分两部分: 同步化阶段和持续阶段, 前者在接收到刺激后会给出响应 (敲击), 后者是在复现同步化阶段中的两次响应间的时间间隔

Rao 等 (1997) 利用 fMRI 观察了在该实验过程中所涉及的脑区域, 发现涉及的主要脑区域有前额叶、颞叶、基底神经节和小脑等. 而在最近的研究中, Merchant 等发现猕猴的内侧前额叶皮质 (medial prefrontal cortex, MPC) 里的细胞活动能表征 SCT 实验中的时间历程. 他们在猕猴的 MPC 中发现了四种与时间相关的细胞, 分别称为绝对定时细胞 (absolute-timing cell)、相对定时细胞 (relative-timing cell)、时间累积细胞 (time-accumulator cell) 和摇摆细胞 (swing cell). 基于上述神经生物学中的发现, 我们可以设计一种能复现 SCT 实验并能仿真上述四种时间相关细胞放电的脉冲神经回路, 如图 1-9 所示. 从我们的实验结果图 1-10 中可以看出, 它很好地仿真了上述四种时间相关的细胞的放电过程. 不仅如此, 通过后续的实验, 我们还发现了我们的模型能实现标量属性 (scalar property), 即时间的不确定性正比于目标时间间隔. 由此可见, 计算模型还有助于对实现某种认知功能的细致神经假设进行猜想和验证.

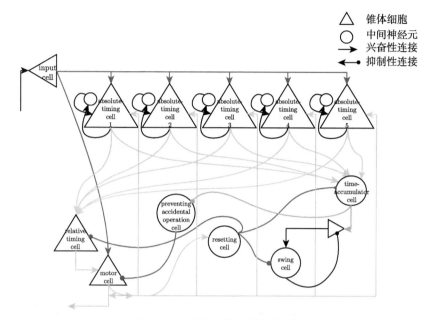

图 1-9 本研究的神经回路结构图

除了相对定时细胞外, 这些神经元均采用 Izhikevich 神经元模型进行模拟

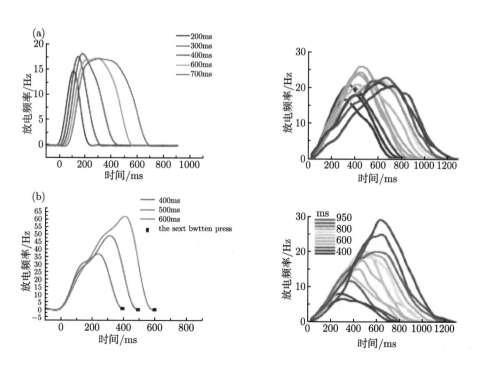

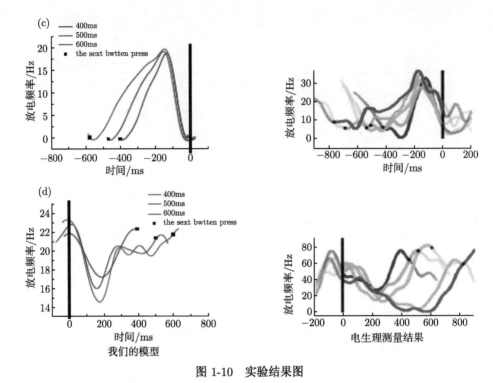

图 1-10　实验结果图

我们的模型中所有神经元的放电频率与电生理测量结果的比较 (Merchant et al., 2011). 左栏是我们模型
中神经元的放电曲线 (经平滑处理). 右栏为电生理实验中各类型神经元的放电曲线. (a)～(d) 分别说明了
绝对定时单元、时间累加单元、相对定时单元和摆动单元的结果 (图的右栏来自 Merchant et al., 2011)

1.4　类脑计算与人工智能

　　在计算机科学技术领域有一个研究分支是人工智能, 它对人的感知、理解、知识、记忆、推理、决策等机制进行算法化建模, 希望可以建立能够体现出人的智慧的计算机系统. 这一研究的应用前景广大, 但传统人工智能的发展在各个细分问题上都遇到了若干共性基本问题, 技术实现难点很多, 需要新的解决思路. 神经科学和心理学的研究为开拓思路提供了可能, 毕竟大脑是高度进化的产物, 是一个被反复优化的结果, 效仿它的工作机理是非常合理的. 在神经编码问题上, 视觉信息在视网膜、视皮层上的编码对图像表征有重要的启示意义. 同样, 大脑联合皮层区的编码方式对人工智能中的语义表征问题有重要的启示意义. 海马形成长期记忆的编码机制、前额叶皮层对工作记忆的编码机制对新的数据分析手段也有巨大的拉动作用. 因此, 人工智能领域对来自神经科学的启示总是期望的. 从认知的计算神经科学角度来看, 神经科学与人工智能的结合是极为紧密的. 人工智能提出了对认知

模型的需求, 神经科学可以提供认知加工的神经机制, 而计算机和数据处理手段提供了现实的实现基础.

参 考 文 献

Kandel E R, Schwartz J H, Jessell T M. 2000. Principles of Neural Science. 4th ed. New York: McGraw-Hill.

Merchant H, Zarco W, Pérez O, et al. 2011. Measuring time with different neural chronometers during a synchronization-continuation task. Proc. Natl. Acad. Sci. U.S.A. 108, 19784-19789. doi:10.1073/pnas.1112933108.

Rao S M, Harrington D L, Haaland K Y, et al. 1997. Distributed neural systems underlying the timing of movements. Journal of Neuroscience, 17: 5528–5535.

第2章　基于多尺度感受野的警觉保持计算模型

2.1　人类视觉系统

视觉是人类最重要的感觉, 它是人的主要感觉来源, 人类认识外界所接收的信息中 80% 以上来自视觉. 视觉对正常人来说是生而有之、毫不费力的能力. 但实际上视觉系统所完成的功能却是十分复杂的. 视觉是一个复杂的感知和思维过程, 视觉器官——眼睛接收外界的刺激信息, 而大脑对这些信息通过复杂的机理进行处理和解释, 使这些刺激具有明确的物理意义. 计算机视觉与人类视觉密切相关, 对人类视觉有一个正确的认识, 将对计算机视觉的研究非常有益. 为此我们首先介绍人类视觉系统, 然后讨论人类视觉给计算机视觉研究提供的启发和指导.

人类视觉系统可看成一个有生命的光学变换器和信息处理系统. 眼睛就是光学变换器, 并能进行部分处理工作. 事实上在进化阶段上越是低级的生物, 它们的眼睛就担负越多的处理功能. 为便于说明, 可把视觉系统分成三部分 (图 2-1). 这三部分都相当复杂, 但相比而言, 第一部分是光学系统, 由于有关的神经活动最少, 因此最为简单; 第二部分是视网膜. 它把光信号转变成电信号, 并进行某些细胞一级的处理. 第一、第二两部分都发生在眼睛里. 最后一层是视觉通路, 它实质上是代表从视网膜到大脑皮层的视觉通路上所完成的复杂处理的统称.

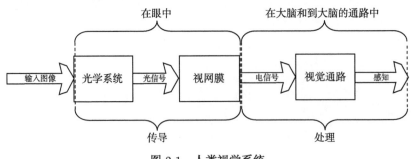

图 2-1　人类视觉系统

2.1.1　眼睛的构造

眼睛是一个球状体, 它的正前方有一层透明组织, 叫角膜. 光线透过弯曲的角膜受到折射, 形成视觉的屈光能力. 虹膜在角膜的后面, 它的中央有一圆孔, 叫瞳孔. 瞳孔后面是水晶体. 水晶体把眼睛分成大小不等的两半, 即小的前房与大的玻璃体. 光线透过水晶体到达眼睛后部的视网膜. 视神经纤维从视神经乳头处离开眼睛沿视神经通路进入大脑, 从而形成视觉感知. 眼睛的结构示意图如图 2-2 所示.

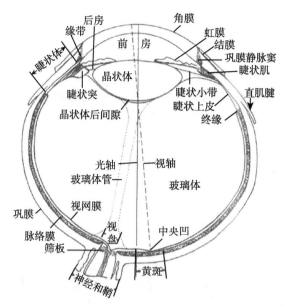

图 2-2　人眼结构示意图 (荆其诚等, 1987)

眼睛具有两个功能, 其一是经眼的光学系统在眼底形成外界物体的物像, 其二是视网膜又将物像的光能转换并加工成神经冲动, 由视神经将冲动传入视觉中枢, 从而产生视觉. 因此, 单纯地将眼睛比作照相机是不确切的, 将眼睛比作能够进行图像处理的智能电视摄像机则比较合适.

2.1.2　视网膜的结构与功能

人类视觉系统中, 与视觉信号处理机制关系最密切的是视网膜. 由于胚胎发育中视网膜与脑同样起源于外胚层, 其形态结构上与脑相似地形成多层细胞和突触连接, 功能上亦能处理复杂的视觉信息, 因而科学家们将其当作外周脑而进行研究.

视网膜位于眼球的第三层, 约占眼球内表面的 2/3, 是眼睛的感光系统. 视网膜上包含感光细胞、双极细胞和神经节细胞. 视网膜厚度为 0.5~1mm. 从组织学上可分成 10 层. 但通常可分成三个层次: ① 感光细胞 (photo receptor cell, RC), 即杆体细胞和锥体细胞. 锥体细胞是明视器官, 它在光亮条件下发生作用, 能分辨细节. 杆体细胞是暗视器官对弱光反应灵敏, 在低照明情况下发生作用. 但它不能感受颜色, 对精细物像的辨别也没有什么贡献. ② 双极细胞 (bipolar cell, BC). 锥体细胞和杆体细胞与双极细胞连接. 一般情况是每一个锥体细胞与一个双极细胞连接, 这是为了在光亮条件下便于精细地感受外界的刺激. 而杆体细胞往往是几十个连接到一个双极细胞. 这是为了在黑暗条件下能汇集外界微弱的光刺激. ③ 神经节细胞 (ganglion cell, GC). 其细胞的视觉纤维通向大脑, 总共有 80 万个. 这三层的每一层, 均包含不止一类细胞, 各层之间以及一层之内的细胞之间形成广泛的联系, 这就是信息加工的形态学基础. 图 2-3 是脊椎动物视网膜的一个一般模式图. 感光细胞细胞核的上部分外段 (outer segment, OS) 和内段 (inner segment, IS) 中间为一个细的连接颈连接. OS 有的呈杆状, 有的呈锥状; RC 即根据 OS 的形状分为视杆细胞 (rod, R) 和视锥细胞 (cone, C) 两类, 视色素 (visual pigment, VP) 就包含在 OS 内, 它是感光物质, 光触物电反应就发生在这里.

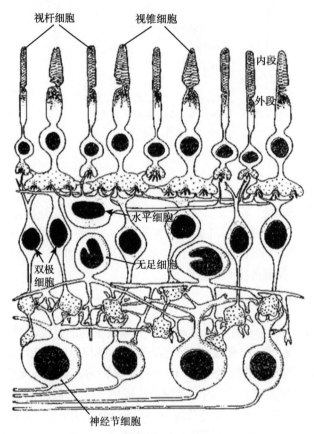

图 2-3　视网膜剖面图 (寿天德, 1997)

视网膜在组织上可分为 10 层, 其中内核层包含双极细胞、水平细胞 (horizontal cell, HC)、无足细胞 (amacrine cell, AC) 以及网间细胞 (inter plexiform cell, IC). 这三种细胞的每一种都不止一个类型. RC—BC 和 HC 层形成突触的地方为外丛层或外网状层 (outer plexiform layer, OPL); BC—AC 和 GC 形成突触的地方称为内

丛层或内网状层 (inner plexiform layer, IPL). 这两个层是信息传递和加工的重要地方, 而 IC 则沟通了内网状层与外网状层间的联系.

　　一般来说, 人视网膜可分为以视轴为中心、直径 5~6mm 的中央区和周边区. 中央区又分为中央凹 (fovea)、旁中央凹和远中央凹; 周边区也分为近周边区、中周边区和远周边区. 在视网膜的不同区域内各种细胞的分布情况是不同的. 在人的视网膜上正对着瞳孔的中央有一个直径为 2.0mm 的黄色区域, 叫黄斑. 黄斑中央约 1.5° 区域 (人视网膜每度视张角相当 300μm), 与 RC 相联系的 BC 和 GC 细胞在此被挤到这个区域的周围, 因此这个区域特别薄, 形成所谓的中央凹. 视网膜上总共有 1 亿 24 万个杆体细胞和 700 多万个锥体细胞, 主要集中在中央凹附近. 在以中央凹为中心大约 3° 视角范围内只有锥体细胞, 几乎不存在杆体细胞, 它的密度最高, 每平方毫米约为 150000 个. 中央凹的结构特点为特别高的视锐度 (visual acuity) 创造了条件, 它是灵长类视网膜适应高视锐度的需要而分化的结果 (寿天德, 1997).

　　中央凹以外的视网膜称为周边 (或外周), 两者之间过渡区称为旁中央凹 (parafovea). 从中央凹向外伸展 15°, 锥体细胞密度迅速降低, 此后大体维持在中央区最高密度的 1/30~1/25, 到 70°~80° 后迅速消失. 杆细胞密度最高的地方离中央凹 15°~30°, 从这个区域向中央或周边, 密度下降. 锥体细胞与杆体细胞的分布如图 2-4 所示.

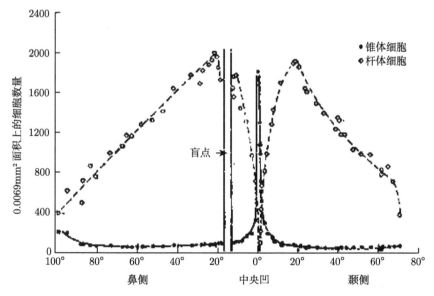

图 2-4　锥体细胞与杆体细胞的分布图 (荆其诚等, 1987)

　　视网膜上的神经联系可参见图 2-5. 图 2-5 表示, 很多的杆体细胞都只与单个的中间层神经细胞 (如双极细胞和神经节细胞等) 连接, 在离中央凹很远的地方, 甚至几百个杆体细胞只与一个中间细胞连接. 这样, 很大数目的杆体细胞的活动就只表现在一个中间细胞的活动上, 这种 "许多对一个" 的关系增强了感受性 (sensitivity), 使眼睛能够觉察到很低照明水平下的物体. 另外, 杆体细胞还有一个长处: 激活一个杆体细胞所需要的光线比锥体细胞少得多. 因此, 虽然单个的信号可能是微弱的, 但它们聚集在中间细胞的累积效应却是很强的. 这可以解释, 为什么在黑暗的夜空寻找星星时, 用眼角对着目标看得更清楚. 因为, 我们这样做的时候, 实际上是使目标落在杆体细胞上, 而杆体细胞比锥体细胞对光的感受性要高. 当然, 杆体细胞也有它的不足, 光刺激经由许多杆体细胞聚集在中间层细胞时, 单个杆体细胞传递的信息就大大减弱了, 因此, 杆体细胞不能辨别物体的细节.

　　由于密集在中央凹的单个锥体细胞直接与单个的中间细胞连接, 所以每个锥体细胞似乎都有自己的专线通往大脑, 结果就使单个锥体细胞接收到的光刺激更多地保留着, 因此锥体细胞能辨别物体的细节. 当我们想要看清物体的细微部分时, 我们就会自动地使眼睛盯着物体, 这实际上是使物体落在中央凹的锥体细胞上 (朱滢, 2000).

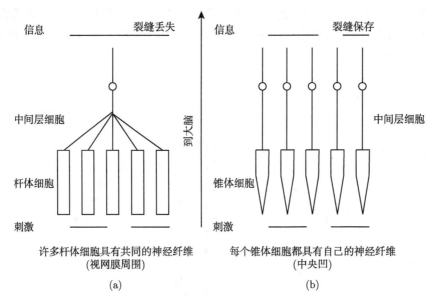

图 2-5　锥体细胞与杆体细胞和中间层细胞的联系 (朱滢, 2000)

2.1.3　视网膜—外膝体—视皮层通路的定量分析

　　如前所述, 在视网膜内各级各类细胞分布极不均匀. 一般越靠近中央区细胞密度越高; 越是处于视网膜周边区, 细胞密度越低. 这种分布造成视网膜中央区对空间精细分辨能力特别强. 与此相应, 视网膜中央区对中枢的投射则更进一步反映了这一特点, 中央视网膜区在中枢结构的代表区就特别大 (寿天德, 1997).

1. 视通路中细胞总数的比较

Barlow 曾对猕猴视通路中各种细胞总数作了统计和综合, 其结果见表 2-1. 感受器细胞的总数大约为视网膜神经节细胞的 100 倍, 外膝体 (外侧膝状体) 神经元则与神经节细胞数目几乎相等. 与此相反, 在皮层 17 区第 4 层的细胞数则大大超过外膝体细胞数 (几乎为前者的 40 倍), 与 17 区其他层内细胞总数相仿, 所以在 17 区的第 4 层内即视皮层的信息入口处存在很大的信息处理量, 从而为视皮层内第一级的精细信息加工创造了条件.

表 2-1　猴视网膜—外膝体—皮层通路中的细胞数目 (寿天德, 1997) (单位: $\times 10^6$)

A. 整个视网膜离心度范围内的统计 视网膜			外膝体背核	视皮层			非视皮层区
光感受器视杆	视锥	神经节细胞		17 区第 4 区	17 区其他区	其他视皮层	
100	2.6	1.1	1.1~2.3	50~84	89~151	518	481

B. 中央 ($0°\sim 10°$) 和周边 ($>10°$) 视野细胞的对比 视网膜			外膝体背核	皮层 17 区	
离心度	视锥	神经节细胞		第 4 层	其他层
$0°\sim 10°$	0.27	0.32	0.98	43	53
$>10°$	2.33	0.78	1.32	29	36

在视网膜内部, 随着离心度的增大, 光感受器-视网膜神经节细胞连接的汇聚程度也随之增大, 这种汇聚的增大在视杆比视锥显著得多. 如图 2-6 所示, 猫的视锥-神经节细胞汇聚比总的来说随离心度增加变化相对较小, 而视杆-神经节细胞汇聚比在周边视网膜可高达 1500. 这种分布特点为视锥处理精细空间信息、视杆传递弱光强信息创造了有利条件.

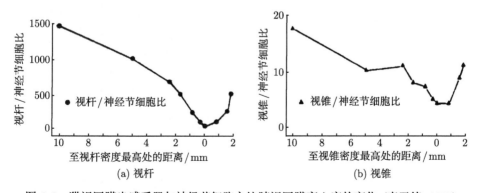

图 2-6　猫视网膜光感受器与神经节细胞之比随视网膜离心度的变化 (寿天德, 1997)

2. 视网膜对外膝体的投射

　　视网膜对外膝体的投射遵循严格的视野或视网膜-外膝体拓扑图形学一对一的对应关系. 以猫外膝体为例, 若我们将视野按直角坐标标定, 如图 2-7(a) 所示. 注视点为坐标原点, 水平坐标为水平的离心度, 垂直坐标为上下离心度, 则外膝体内即存在相等水平离心度平面, 在该平面内的所有的外膝体细胞的感受野便在视野中处于相同的水平离心度的垂直线上; 同样外膝体内也存在着相等上下离心度平面, 在该平面内所有细胞具有相同的垂直离心度, 故分布在视野中某一水平线上, 见图 2-7(b). 图 2-7(c) 为外膝体的冠状切片, 等水平离心度线和等上下离心度线的分布表明, 在该切面内的外膝体绝大部分细胞的感受野落在中央视野区内. 同样从图 2-7(d) 的矢状切面中亦可见, 大部分细胞感受野也落在中央视野区内. 由此可见, 在第一级视觉中枢丘脑外膝体内, 视网膜中央区神经节细胞的轴突占据绝大部分区域, 反映了这部分视网膜输入在视觉功能上的绝对重要性.

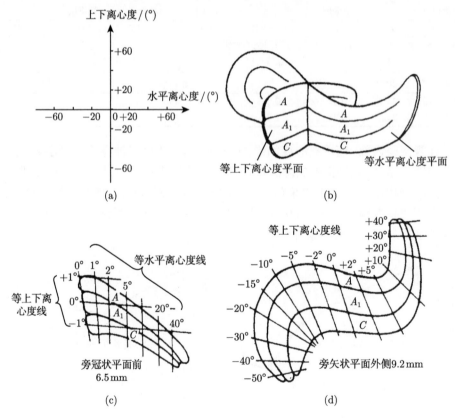

图 2-7　猫外膝体神经元与其感受野的位置的对应关系 (寿天德, 1997)

2.1.4 视觉的空间辨别

视觉的基本功能是辨别外界物体. 根据视觉工作的特点, 可以把视觉能力分为察觉和分辨. 察觉是看出物体对象的存在; 分辨是区分对象的细节, 分辨能力也叫做视锐度 (荆其诚等, 1987).

1. 察觉

察觉不要求区分对象各部分的细节, 只要求发现对象的存在. 在暗背景上察觉明亮的物体主要决定于物体的亮度和大小. 黑暗中的发光物体, 只要有几个光量子射到视网膜上就可以被察觉出来. 因此, 物体再小, 只要它有足够的亮度就能被看见.

察觉明亮的背景上的暗物体主要取决于视网膜上刺激物的投影与其周围的亮度差别. 一个大的暗物体, 其视网膜像的照度很低, 与周围明亮背景形成明显的对比, 因而人们能察觉到它. 一个非常小的暗物体, 由于周围明亮背景的漫射作用, 其视网膜像的照度降低很小, 它与背景的对比度未达到察觉阈限, 所以还不能察觉出来. 正是由于这个原因, 与背景对比度大的细黑线和与背景对比度小的粗黑线可能有同样的察觉难度. 这就是说, 为了达到视觉的察觉阈限, 刺激物与背景的亮度差大时, 刺激物的面积可以小些, 刺激物的面积大时, 它与背景的亮度差就可小些, 二者成反比关系.

2. 视锐度

视锐度是能够辨别出视野中空间距离非常小的两个物体的能力. 当能够将两个相距很近的刺激物区分开来时, 两个刺激物之间能有一个最小的距离, 这个距离所形成的视角就是这两个刺激物的最小区分阈限, 它的倒数就是视锐度.

从理论上推测, 为了区分两个物体, 它们的视像必须落到中央凹两个邻近的锥体细胞上, 而且在这两个细胞之间还必须至少有一个不受刺激的锥体细胞. 一个中央凹锥体细胞的实际大小大约是 24 秒角. 因此, 两个物体之间的距离若大于 24 秒角, 这两个物体的视像就可落到两个锥体细胞上, 而且其间还有可能相隔一个锥体细胞. 人眼的实际分辨视角是 30~60s, 正与这个理论相符合. 然而, 这个理论无法解释另一个视锐度现象. 人有类似于游标卡尺对线的精确视觉能力. 在敏锐视力条件下, 两根直线错开 2~4 秒视角便能分辨出来. 2 秒视角的视像的大小只有锥体细胞直径的 1/10.

虽然我们不能完全用视网膜细胞的微粒结构, 即锥体细胞的尺寸和细胞间的距离来解释各种视锐度现象, 但二者仍有一定的关系. 人们发现, 视野中心的视锐度最高, 锥体细胞的密度在中央凹的中心也最高; 当我们由中央凹逐渐往视野边缘测试时, 视锐度就会急剧下降, 锥体细胞的密度越往视网膜边缘也越小. 图 2-8 说明了视网膜不同区域的视锐度. 值得注意的是, 甚至在没有杆体细胞的中央凹部位, 越向其边缘, 视锐度也越低. 这种视锐度的下降, 可能和锥体细胞密度的降低有密切关系. 当进一步测试视野的更外周时, 由于主要是杆体细胞接受刺激, 其视锐度便降到更低的水平.

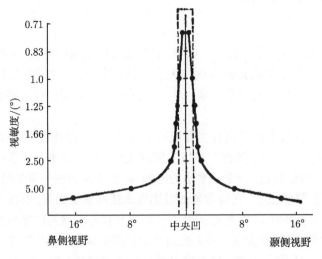

图 2-8　视网膜不同区域的视锐度 (荆其诚等, 1987)

视网膜中央凹锥体细胞有较高的分辨能力的另一种解释是: 每一锥体细胞都有一个单独的神经通路把神经兴奋传送到大脑皮层, 即两个锥体细胞能传送两个独立的信息, 因而能精确地把视网膜刺激的细节分别传到视觉中枢, 形成较高的分辨能力; 杆体细胞则没有单独的神经通路, 而是许多杆体细胞互相连接汇集成一条神经通路把神经兴奋传到中枢, 所以其分辨能力较差 (图 2-5).

2.1.5　视神经通路

光线通过眼球的光学系统到达视网膜, 视网膜上的感光细胞完成光电信号的转换, 其中的双极细胞和神经节细胞已涉及某些低层次的处理. 这一节将介绍在此以后主要的视觉信息传导通路. 在传导过程中神经细胞对视觉信息进行了不同层次的处理. 进行信息处理并且其他细胞相互联系的神经细胞称为神经元.

神经元有各种形状, 在大脑和小脑内密度为数万/mm^3. 其基本形状为从细胞体发出的突起. 其中有一根细长的称为 "轴突" 或神经纤维, 其他多数比较粗短的突起称为 "树突". 轴突是把细胞体的兴奋传给其他神经元的通路. 它的前部有分枝, 而末梢与其他神经元的树突或细胞体相接触, 此接触点称为 "突触". 图 2-9 为神经元结构示意图.

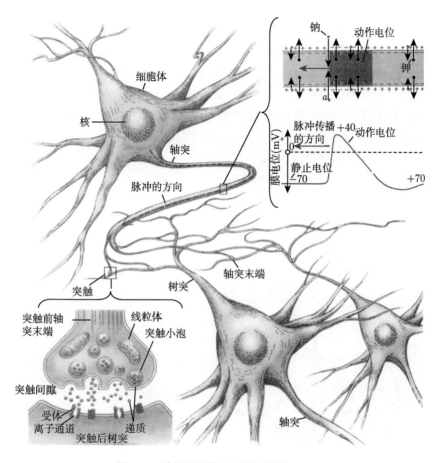

图 2-9 神经元结构示意图 (靳蕃, 2000)

　　神经元外面包有细胞膜. 通常细胞膜内保持比细胞膜外负 70mV 的静息电位. 但当细胞兴奋时它就放出振幅为 100mV, 持续时间不到 1ms 的脉冲电位. 此脉冲电位可沿轴突传送. 当给神经元强刺激时产生脉冲的频率增加, 而脉冲的形状和振幅大体恒定.

　　轴突与其他神经元细胞体或树突相接触处有 15~50nm 的间隙, 因此两者在电学上是相互断开的. 当脉冲到达轴突的末梢时就向突触间隙释放乙酰胆碱一类的化学物质. 由于这种化学物质的作用, 突触后细胞膜的离子通透性发生变化. 因此就产生正的或负的电位. 这种突触后产生的电压称为 "突触后电位".

　　视觉通路的传导从视网膜上神经节细胞层的一级神经元开始. 一级神经元的轴突形成视神经即 "视束". 视束的神经纤维分成三个子束. 一束来自外侧 (颞侧) 的半个视网膜; 另一束来自内侧 (鼻侧) 的半个视网膜; 第三束来自视网膜的中央部

分. 人的视束纤维在其往后的过程中有一部分发生交叉——即来自每一视网膜鼻半侧的纤维在视交叉处交叉, 而来自视网膜颞侧部分的神经纤维不交叉 (图 2-10). 交叉的纤维与另一颞半侧不交叉的纤维合并后继续通向外侧膝状体. 另外也有一部分通向上丘. 由外侧膝状体发出的纤维称为视放射, 最后到达大脑皮层的枕叶, 即纹状区. 这是视觉高级中枢部分. 这部分受到损伤时会引起视觉信息分析和综合过程的破环. 整个大脑皮层约有 10^{11} 个神经元, 其中大约 10% 在视觉皮层.

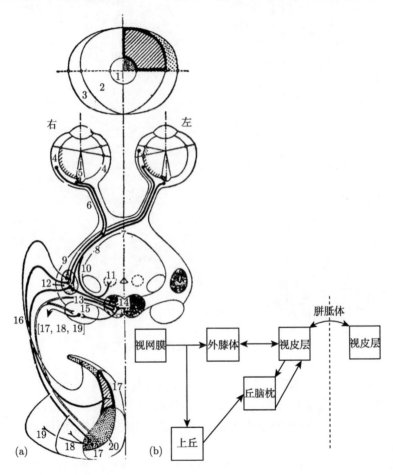

图 2-10　眼睛到大脑的视神经通路 (寿天德, 1997)

(a) 视野与视网膜–外膝体–视皮层的神经元联系. 1. 中央部; 2. 双眼部; 3. 单眼部; 4. 视网膜; 5. 黄斑; 6. 视神经; 7. 视交叉; 8. 视束; 9. 视束外侧根; 10. 视束内侧根; 11. 顶盖前主核; 12. 外膝体; 13. 上丘臂; 14. 上丘; 15. 丘脑枕; 16. 视放射; 17. 17 区; 18. 18 区; 19. 19 区; 20. 距状裂. (b) 哺乳动物视觉系统的

主要部分

从图 2-10 中可见, 两眼的视网膜神经节细胞向丘脑外膝体的投射是交叉进行的. 鼻侧的视网膜神经节细胞均交叉投射到对侧外膝体, 而颞侧的视网膜神经节细胞则投射到同侧外膝体. 因此, 单侧外膝体只接收同侧眼颞侧的网膜和对侧眼鼻侧网膜的输入, 再根据眼睛的光学原理, 单侧外膝体只能得到双眼输入的对侧视野内的视觉信息.

2.1.6 感受野的研究

前一节从生物学的角度介绍了人类视觉系统的组成. 以下我们将讨论如何从计算的角度来研究这个生物图像处理系统. 这时可把视觉系统看成一个黑箱处理器, 它的输入是图像, 输出是心理物理学的响应. 如同计算机视觉系统那样, 人类视觉系统首先要对信号采样、量化和编码, 然后作进一步的处理. 信号数字化从本质上看是把信息从连续的模拟域映射到被采样和量化的数字阵列. 人类视觉系统的"数字化器"就是视网膜阵列. 它起的作用就是对输入的图像在时间域和空间域进行采样.

在计算机视觉系统中, 图像需要经过采样、量化、编码等步骤, 然后被送入下一级作进一步处理. 那么在人类视觉系统中是如何进行这些处理的呢? 物体在眼球中成像以后, 在细胞层次上对信号作处理的是神经节细胞. 它所完成的处理与视网膜上的感光细胞在空间上是如何以所谓"感受野"形式组织起来有关. 感受野是指当视网膜上某一特定区域受到光刺激时, 引起视觉通路较高层次上单一神经纤维或单一神经细胞的电反应, 这个区域便是该神经纤维或细胞的感受野. 因此, 在视觉通路不同层次上的单个细胞都有一定的感受野. 这里我们首先观察出现在形成视束的神经节细胞上的信号, 以便研究输入图像在空间是如何被采样的. 更高层次上的细胞的感受野有复杂的几何形状, 这便于识别输入图像中特定的图案和特征.

在探测细胞的感受野时可把微电极插入某一神经节细胞, 并用小光点作为刺激来探索和扫描视网膜, 则可以见到在某一区域内给光或撤光可引起这个神经节细胞脉冲发放的增强或减弱. 这个区域就叫做神经节细胞的感受野. 对青蛙的感受野的研究发现, 大多数感受野呈圆形, 按不同功能可分为三种. 如果在给光 (或光线增强) 时, 引起神经节细胞脉冲发放频率增加, 则这种反应称为给光反应 (On 反应), 在感受野图以 "+" 号表示; 如果相反, 给光时无反应, 而撤销时引起脉冲发放频率增加, 并在撤光以后不保持脉冲发放, 则这种反应叫撤光反应 (Off 反应), 用 "−" 号表示; 另外还有一种当给光与撤光时都能引起发放频率增加, 则称为给光−撤光反应 (On-Off 反应), 用 "±" 号表示. 所以, 给光反应的感受野可以检测照到视网膜上的光线的分布, 而撤光反应和给光−撤光反应的感受野则只对光线的变化敏感. 图 2-11 为蛙神经节细胞对光反应的几种形式.

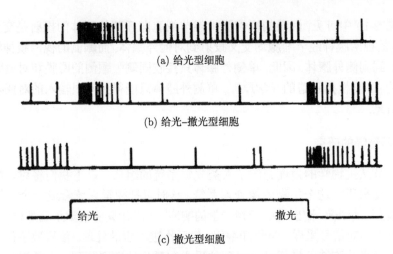

(a) 给光型细胞

(b) 给光–撤光型细胞

(c) 撤光型细胞

图 2-11　蛙视网膜神经节细胞对闪光的反应的几种形式 (寿天德, 1997)

对哺乳类动物的感受野的研究首先从猫开始. Kuffler 发现猫的视神经节的感受野虽然外形也是圆形, 但有更复杂的几何结构. 它由功能上相互拮抗的两部分, 即中心部分和周边部分组成. 两种感受野: 中心部分呈给光反应, 而周边部分呈撤光反应的称为给光中心感受野; 中心部分呈撤光反应, 而周边部分呈给光反应的称为撤光中心感受野. 如图 2-12 所示, 图 2-12(a) 为给光中心感受野, 图 2-12(f) 为撤光中心感受野. 对给光中心的 GC 感受野, 当用小光点单独刺激其中心区时, 其细胞发放频率增加 (图 2-12(b) 上线示), 当单独用小光点刺激 GC 周边区时, GC 发放频率受到抑制而变低 (比 GC 自发放电水平还低, 如图 2-12(b) 下线所示), 总反应为撤光反应. 图 2-12(c) 表明当用面积正好覆盖给光中心 GC 的感受野中心区的光斑刺激时, 可以得到 GC 的最大给光反应; 图 2-12(d) 表示用与给光中心 GC 的感受野周边一样大的光环刺激周边区时, 得到该细胞的撤光反应; 图 2-12(e) 表示用大面积的弥散光照射给光中心 GC 时, 它们倾向于彼此相消, 所以为较弱的给光反应. 图 2-12(g) 表示撤光中心的 GC 感受野及其单独对小光点刺激的反应, 上线表示刺激感受野中心得到的撤光反应; 下线为刺激周边时得到的给光反应. 总之给光中心 GC 与撤光中心 GC 的感受野组织方式正好是相反的.

Rodieck (Roberts, 1965) 对猫的感受野中各处的响应特性的幅度作了定量的实验研究, 于 1965 年提出了关于同心圆拮抗式感受野的数学模型. 如图 2-13 所示, 它由一个兴奋作用强的中心机制和一个作用较弱但面积更大的抑制性周边机制所构成. 这两个有相互拮抗作用的机制, 都具有高斯分布的性质, 但中心机制有更高的峰敏感度, 而且彼此方向相反, 故是相减的关系. Rodieck 所提出的模型又称高斯差模型 (difference of Gaussians, DOG). 我们将在下一节中对此模型进行详细阐述. DOG 模型与神经节 X 细胞实验结果吻合很好, 而与 Y 细胞则不甚理想.

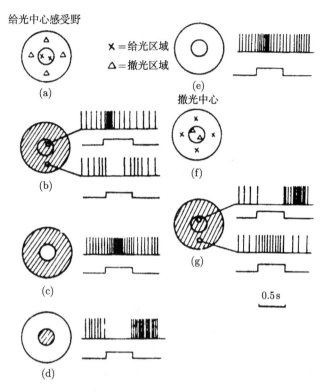

图 2-12　猫视网膜神经节细胞的感受野及其反应形式 (寿天德, 1997)

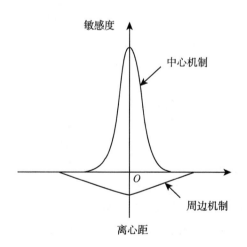

图 2-13　Rodieck 提出的视网膜神经节细胞感受野模型 (寿天德, 1997)

　　感受野不仅映射到神经节细胞的输出, 而且映射到外侧膝状体和视觉皮层细胞. Hammon 提出了一个简化的感受野分层模型. 视觉皮层细胞感受野的组织结构更为灵活, 具有更强的特征检测能力.

如前所述, 视网膜上的感光细胞数量要比视束中的神经纤维多两个数量级. 所以, 通过感受野既对输入信号进行了采样, 又在空间组织上作了紧缩.

不同的 GC 感受野大小差异很大, 对猫来说, 感受野中心直径范围为 $0.5° \sim 8°$, 而且相邻感受野之间彼此有互相重叠现象. 一般说来, 感受野小的多数分布在中央凹附近, 而视网膜周边区的感受野较大, 前者多接收视锥细胞传来的信息, 后者多接收视杆细胞传来的信息.

2.1.7　视觉信息处理机制给计算机视觉的启示

人类视觉系统是迄今为止, 人们所知道的功能最强大和完善的视觉系统. 正如 Rossen 所说: "从进化的观点来说, 生理系统是人类解决复杂问题的最好的百科全书." 许多研究者希望他们的工作能与心理物理学和神经生理学的理论有直接的联系. 建立人类视觉的计算理论, 并进而建成可与人类视觉系统相比拟的通用视觉系统是计算机视觉研究的最终目标. 对人类视觉的研究涉及神经生理学、心理物理学、心理学等多方面. 对人类视觉处理机制的研究将给计算机视觉的研究提供启发和指导.

从上面对人类视觉系统的介绍, 我们可以看出, 视网膜上细胞的分布和多尺度感受野的特征使得视觉系统在处理视野内信息上存在不同的分工. 中央凹区域主要是辨别物体细节, 我们视野内真正得到充分处理并由大脑获取其意义的也正是这一部分. 中央凹外部分由于细胞分布密度的降低和随之感受野的增大, 这部分信息只能得到粗略处理. 这并非由我们主观意识驱使而成, 而是由视觉系统组织结构与功能的内在因素决定的. 视觉信息处理精度的降低意味着我们在这些信息上所使用的资源的减少. 然而, 这部分经过粗略处理的信息, 对我们来说也是非常重要的. 我认为这部分信息至少在以下两方面具有重要的意义. 首先, 我们观察物体总是在一定的环境下观察的. 被观察物体与周围物体相对位置的信息本身也是我们理解视野内信息的一部分. 一个物体处于不同的环境, 与周围物体相对位置的变化都将具有不同的意义. 因此, 视野内外周那些被粗略处理的信息对我们理解正被精细处理的信息具有一定的支持作用. 其次, 视野内环境的变化, 尤其是显著的突变对我们来说具有重要意义. 从生物进化的角度来看, 这也是我们趋利避害的生理基础. 我们可以依靠视野的周边信息获知环境内是否有显著的变化发生. 如果存在显著的变化, 我们会立即转移视焦点, 对该处信息进行必要的处理, 从而做出攫取或躲避反应.

我们知道, 神经节细胞感受野在反应敏感性的空间分布上呈同心圆拮抗形式, 即感受野一般是由中心的兴奋区和周边的抑制区所组成的同心圆结构, 它们在功能上是相互拮抗的. 因此, 当视野内图像具有均匀灰度时, 神经节细胞的反应输出是最小的. 同样, 这时视野内信息量也是最小的. 而对于图像的边缘处神经节细胞将具有较大输出. 从视觉系统信息处理的效率角度来看, 视觉信息的重要部分往往是图像的边缘信息 (漫画家用寥寥数笔的线条便可勾勒出一些人物的鲜活特征), 视觉信息处理系统抽提存在于图像边界处的最有意义的信息, 神经节细胞这样的反应机制提高了对图像边缘处的反应, 减小了对大面积灰度相似的区域的反应, 从而大大提高了视觉系统处理信息的高效性, 并最经济地使用了有限的计算资源 (危辉, 何新贵, 2000). 受此启发, 对于计算机视觉领域中存在的巨量计算的问题, 可以通过划分中央和周边两个区域, 中央区域进行精细处理, 周边区域提供对环境的警觉. 在对同样规模的视野信息进行感知的前提下, 使得使用的计算资源大量减少. 本书提出的计算模型即是采用这一原则, 通过采用多尺度感受野的设计和 DOG 模型, 实现了在对特定区域进行精细处理的同时对周边区域信息保持一定的警觉.

2.2　DOG 模型

我们知道, 人类视网膜神经节细胞感受野的反应敏感性在空间分布上呈同心圆拮抗形式, 并可分为给光型 (On-型) 和撤光型 (Off-型) 两大类 (Kandel et al., 2000). Rodieck 于 1965 年提出了关于同心圆拮抗式感受野的数学模型——高斯差模型 (DOG), 它由一个兴奋作用强的中心机制和一个作用较弱但面积更大的抑制性周边机制所构成. 这是两个有相互拮抗作用的机制, 都具有高斯分布的性质, 但中心机制有更高的峰敏感度, 而且彼此方向相反. 这种方法还可以有很多 (危辉, 何新贵, 2000), 由于其计算复杂性低, 从纯软件实现的角度看, 便于并行计算的多线程实现, 免除存储个异性的神经连接的巨大开销.

检测图像显著变化的方法有很多, 最简单的如比较前后图像每个像素的灰度值等 (Jain, Nagel, 1979). 然而这类方法对图像中存在的噪声非常敏感. 为此, 我们在原始图像上采用 DOG 算子, 在减小噪声敏感的同时保持了与生物视觉信息处理机制的一致性.

2.2.2 节介绍 DOG 模型的基本理论框架, 在 2.2.3 节中, 我们将介绍 DOG 模型用于检测图像变化的应用.

2.2.1　DOG 模型概述

DOG 模型是在计算视觉领域中被广泛采用的模型. Marr 和 Hildreth 受生物视觉系统中的细胞反应的特性启发, 最先以空域检测算子的形式提出该模型 (Marr, Hildreth, 1980). 由于其计算复杂性低, 在初级视觉信息处理中成为较常用的算子. DOG 模型在图像边缘检测 (Marr, Hildreth, 1980) 和图像重建 (Zucker, Hummel, 1986) 中也有广泛的应用.

DOG 模型由两个脉冲响应函数组成, 分别用来模拟视网膜细胞对感受野中央区域和外围区域的反应. 其数学表达式为

$$\mathrm{DOG}(\overline{x}) = \alpha_c G(\overline{x}; \delta_c) - \alpha_s G(\overline{x}; \delta_s) \tag{2.1}$$

其中 G 为在 $\overline{x}(x_1, x_2)$ 处的二维高斯算子:

$$G(\overline{x}; \delta) = \frac{1}{2\pi\delta^2} \mathrm{e}^{-\frac{|\overline{x}|^2}{2\delta^2}} = \frac{1}{2\pi\delta^2} \mathrm{e}^{-\frac{x_1^2 + x_2^2}{2\delta^2}} \tag{2.2}$$

如果以 $s(\overline{x}, t)$ 表示 t 时间 $\overline{x}$ 处的输入信号, 则在 $\overline{x}'(x_1', x_2')$ 为中心处的 DOG 算子, 在 $\overline{x}(x_1, x_2)$ 处、t 时刻的响应 $R(\overline{x}, t)$ 可表示为

$$R(\overline{x}, t) = \int_{-\infty}^{+\infty} \mathrm{DOG}(\overline{x} - \overline{x}') s(\overline{x}', t) \mathrm{d}\overline{x}' \tag{2.3}$$

如果 DOG 算子在圆形区域内作卷积, 令 $x - \overline{x}' = \overline{\omega} = (x, y)$, 则公式可重写为

$$\begin{aligned}
R(\overline{x}, t) &= \iint_{|\overline{\omega}| < \infty} \mathrm{DOG}(\overline{\omega}) s(\overline{x} - \overline{\omega}, t) \mathrm{d}x \mathrm{d}y \\
&= \iint_{|\overline{\omega}| < \infty} (\alpha_c G(\overline{\omega}; \delta_c) - \alpha_s G(\overline{\omega}; \delta_s)) s(\overline{x} - \overline{\omega}, t) \mathrm{d}x \mathrm{d}y
\end{aligned} \tag{2.4}$$

其中, δ_c 和 δ_s 分别是中央和外周高斯函数的标准差, α_c 和 α_s 分别为中央和外周的敏感系数. DOG 函数将随着 δ_c/δ_s 与 α_c/α_s 的不同而呈现不同的形状. 这些参数如何改变 DOG 算子形状可参阅文献 (Fleet, 1984).

2.2.2　On 事件与 Off 事件的定义及检测规则

如前章所述, 人类视网膜细胞的感受野可分为中央与周边两个区域, 而且两者是相互拮抗的. 因此, 如果感受野受到均匀刺激, 两个区域的反应将相互抵消. DOG 算子很好地反映了这种中央与周边的拮抗机制 (Kuffler, Nicholls, 1976).

对于 On 型感受野来说, 当其中央区域受到光照时, 其反应输出增强. 而对其周边区域给光时, 其反应减小, 或者在其周边区域给光消失时, 其反应增强. 与 On 型感受野相反, Off 型感受野在其周边区域受到光照时, 反应输出增强. 而其中央区域受到光照时反应减小, 或者中央区域的光照消失时, 其反应就增强. 对应此两种类型感受野, 可采用 On 型 DOG 算子与 Off 型 DOG 算子分别检测对应感受野内发生的 On 事件与 Off 事件 (Winky, Wai, 1994).

1. On 型 DOG 算子与 Off 型 DOG 算子

如 2.2.2 节所述, 当 $\delta_c < \delta_s$ 时, 算子的中央区域反应输出为正值, 而周边区域反应输出为负值 (图 2-14). 这种类型的 DOG 算子在其中央区域灰度较高而周边

区域灰度较低时反应输出较大, 与 On 型感受野的反应特征相似, 我们称此类 DOG
算子为 On 型 DOG 算子.

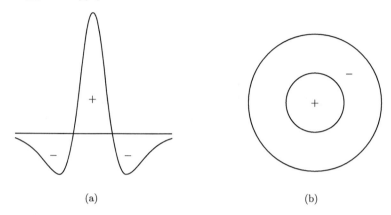

(a)　　　　　　　　　　　　　　(b)

图 2-14　(a) 为 On 型 DOG 算子的纵截面图; (b) 为其中央区域与周边区域的输出贡献符号

当 $\delta_c > \delta_s$ 时, 情况恰好相反. 算子的中央区域反应输出为负值, 而周边区域反
应输出为正值 (图 2-15). 这种类型的 DOG 算子在其中央区域灰度较低而周边区
域灰度较高时反应输出较大, 此情形与 Off 型感受野的反应特征相似, 我们称此类
DOG 算子为 Off 型 DOG 算子.

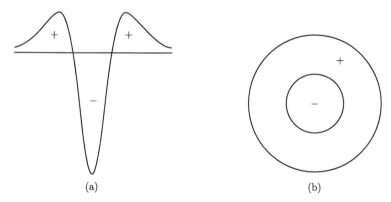

(a)　　　　　　　　　　　　　　(b)

图 2-15　(a) 为 Off 型 DOG 算子的纵截面图; (b) 为其中央区域与周边区域的输出贡献符号

On 型 DOG 算子与 Off 型 DOG 算子都是静态的空域算子, 为检测视野内图
像是否存在显著变化, 我们需要考察算子对应图像序列的输出. 为此我们引入 On
事件与 Off 事件概念, 并用 DOG 算子作为检测 On 事件与 Off 事件的依据.

2. 事件与 Off 事件

我们把导致某一空域中央区域灰度增强的事件, 称为 On 事件. 可能导致 On

事件发生的情况如: 光照强度的增强, 灰度较高物体在区域中央区域的出现, 低灰度物体在区域中央区域的消失等.

导致某一空域中央区域灰度减小的事件, 我们称为 Off 事件. 可能导致 Off 事件发生的情况如: 光照强度的降低, 灰度较低物体在区域中央区域的出现, 高灰度物体在区域中央区域的消失等.

注意, 我们在判别 On 事件与 Off 事件时, 没有考虑周边区域的变化, 例如对于 On 事件, 没有考虑周边区域灰度减小的情况. 同样, 对 Off 事件没有考虑周边区域灰度增强的情况. 这样使得采用 On 型 DOG 算子与 Off 型 DOG 算子交叉检测图像时不致有重复检测现象.

如果用 $\mathrm{Ron}(\overline{x}, t)$ 表示 On 型 DOG 算子在 $\overline{x}$ 处发生的 On 事件的响应输出, 由于对于 On 型 DOG 算子来说, $\delta_c < \delta_s$, 其中央区域的响应输出是正贡献的, 从 On 事件的特点可知, 此刻的 On 型 DOG 算子响应必定大于前一时刻的响应. 即 $\mathrm{Ron}(\overline{x}, t)$ 的导数大于 0. 据此, 判定 On 事件的满足条件如下

$$(1) \qquad\qquad \frac{\partial \mathrm{Ron}(\overline{x}, t)}{\partial t} > \theta_1 \qquad\qquad (2.5)$$

$$(2) \qquad\qquad \frac{\partial \mathrm{Ron\_c}(\overline{x}, t)}{\partial t} > \theta_2 \qquad\qquad (2.6)$$

为减少对噪声的敏感度和确保变化的显著性, 条件 (1) 引入了阈值 θ_1, 要求算子响应的变化率达到一定的水平. 条件 (2) 中 $\mathrm{Ron\_c}(\overline{x}, t)$ 是算子在其正贡献区域内的响应, 要求此响应变化率达到一定的水平是为确保感受野的中央部分发生了变化.

同理, 用 $\mathrm{Roff}(\overline{x}, t)$ 表示 Off 型 DOG 算子在 $\overline{x}$ 处发生的 Off 事件的响应输出, 对于 Off 型 DOG 算子来说, $\delta_c > \delta_s$, 其中央区域的响应输出是负贡献的, 从 Off 事件的特点可知, 此刻的 Off 型 DOG 算子响应必定大于前一时刻的响应. 即 $\mathrm{Roff}(\overline{x}, t)$ 的导数大于 0. 据此, 判定 Off 事件的满足条件如下

$$(1) \qquad\qquad \frac{\partial \mathrm{Roff}(\overline{x}, t)}{\partial t} > \theta_3 \qquad\qquad (2.7)$$

$$(2) \qquad\qquad \frac{\partial \mathrm{Roff\_c}(\overline{x}, t)}{\partial t} > \theta_4 \qquad\qquad (2.8)$$

为减少对噪声的敏感度和确保变化的显著性, 条件 (1) 引入了阈值 θ_3, 要求算子响应的变化率达到一定的水平. 条件 (2) 中 $\mathrm{Roff\_c}(\overline{x}, t)$ 是算子在其负贡献区域内的响应, 要求此响应变化率达到一定的水平是为确保感受野的中央部分发生了变化.

为从一图像序列中检测图像的显著变化, 我们需计算 On 型与 Off 型 DOG 算子在各自感受野的响应输出. 通过改变感受野的大小, 不同尺度的 On 事件与 Off 事件将被检测. 在 2.4 节中, 我们将视觉注意机制的多尺度感受野设计与 DOG 模

型相结合, 以检测视野内图像的最显著的图像变化.

2.2.3 参数选取及阈值界定

在这一节, 我们将讨论 DOG 模型中相关参数应满足的一些条件及阈值界定问题. 更详细的论证可参阅文献 (Winky, Wai, 1994). 实验中某些参数的具体选取办法在 2.4 节中也有相关阐述.

1. 参数的选取

DOG 的参数主要是 α_c, α_s, δ_c, δ_s. 改变这些参数的值将直接改变 DOG 算子的形状及其中央区域与周边区域的大小. 本书提出的计算模型中 δ_c, δ_s 的具体选取也与 DOG 算子的感受野大小直接相关. 一般情况来说, 我们可假设 δ_c 与 δ_s 比值为一固定值 k 的情况下, 通过改变 δ_c 的大小来影响 DOG 算子. 在此基础上, 我们讨论 α_c, α_s, δ_c, δ_s 参数应满足的一些关系.

α_c 和 α_s 分别为 DOG 算子中央和周边区域的敏感系数, 通过改变 α_c 与 α_s 值的大小, DOG 算子中央区域的峰值和周边区域的峰值将相应改变. 对于 On 型 DOG 算子, 我们所选取的 α_c 与 α_s 应满足中央区域的响应输出为正值, 周边区域的响应输出为负值. 对于 Off 型 DOG 算子, 要求则恰好相反.

我们先来看 On 型 DOG 算子, 其算子响应输出的最大值在点 $\bar{0}(0,0)$ 处. 对于 On 型 DOG 算子, 其中央区域的响应输出为正值. 因此, $\mathrm{DOG}(\bar{0}) > 0$. 从式 (2.1), (2.2) 及 $\delta_s/\delta_c = k$, 可得以下关系式:

$$\mathrm{DOG}(\bar{0}) > 0 \Rightarrow \alpha_c G(\bar{0}, \delta_c) - \alpha_s G(\bar{0}, \delta_s) > 0$$

$$\alpha_c G(\bar{0}, \delta_c) > \alpha_s G(\bar{0}, \delta_s)$$

$$\frac{\alpha_c}{2\pi\delta_c^2} \mathrm{e}^{-\frac{|\bar{0}|}{2\delta_c^2}} > \frac{\alpha_s}{2\pi\delta_s^2} \mathrm{e}^{-\frac{|\bar{0}|}{2\delta_s^2}}$$

$$\frac{\alpha_c}{2\pi\delta_c^2} > \frac{\alpha_s}{2\pi\delta_s^2}$$

$$\frac{\alpha_c}{\alpha_s} > \frac{\delta_c^2}{\delta_s^2}$$

$$\frac{\alpha_c}{\alpha_s} > \frac{1}{k_s^2} \tag{2.9}$$

对于 Off 型 DOG 算子, 其算子响应输出的最小值在点 $\bar{0}(0,0)$ 处. 其中央区域的响应输出为负值. 因此, $\mathrm{DOG}(\bar{0}) < 0$. 从式 (2.1), (2.2) 及 $\delta_s/\delta_c = 1/k$, 可得以下关系式

$$\mathrm{DOG}(\bar{0}) < 0$$

$$\Rightarrow \frac{\alpha_c}{\alpha_s} < \frac{\delta_c^2}{\delta_s^2}$$

$$\Rightarrow \frac{\alpha_c}{\alpha_s} < k^2 \tag{2.10}$$

综合式 (2.9) 和 (2.10), 我们选取的 α_c 与 α_s 应满足下面不等式

$$\frac{1}{k^2} < \frac{\alpha_c}{\alpha_s} < k^2 \tag{2.11}$$

除满足不等式 (2.11) 外, 我们还希望当 DOG 算子作用在均匀灰度图像上时, 其响应输出要足够小. 因此, 我们选取的 α_c 与 α_s 当 DOG 算子作用在均匀灰度值为 I 的图像上时, 应满足

$$R(\overline{x}, t) = \iint_{|\overline{\omega}| < \infty} (\alpha_c G(\overline{\omega}; \delta_c) - \alpha_s G(\overline{\omega}; \delta_c)) I \mathrm{d}x \mathrm{d}y = 0$$

也就是

$$\iint_{|x^2+y^2|<\infty} (\alpha_c G((x,y); \delta_c) - \alpha_s G((x,y); \delta_s)) \mathrm{d}x \mathrm{d}y = 0$$

$$\Rightarrow \iint_{|x^2+y^2|<\infty} \left(\frac{\alpha_c}{2\pi\delta_c^2} \mathrm{e}^{-\frac{x^2+y^2}{2\delta_c^2}} - \frac{\alpha_s}{2\pi\delta_s^2} \mathrm{e}^{-\frac{x^2+y^2}{2\delta_s^2}} \right) \mathrm{d}x \mathrm{d}y = 0$$

$$\iint_{|x^2+y^2|<\infty} \frac{\alpha_c}{2\pi\delta_c^2} \mathrm{e}^{-\frac{x^2+y^2}{2\delta_c^2}} \mathrm{d}x \mathrm{d}y = \iint_{|x^2+y^2|<\infty} \frac{\alpha_s}{2\pi\delta_s^2} \mathrm{e}^{-\frac{x^2+y^2}{2\delta_s^2}} \mathrm{d}x \mathrm{d}y \tag{2.12}$$

考虑式: $\displaystyle\iint_{|x^2+y^2|<\infty} \frac{\alpha_s}{2\pi\delta_s^2} \mathrm{e}^{-\frac{x^2+y^2}{2\delta_s^2}} \mathrm{d}x \mathrm{d}y$, 可用极坐标计算如下:

令

$$x = f(\overline{r}, \theta) = \overline{r} \cos\theta$$

$$y = g(\overline{r}, \theta) = \overline{r} \sin\theta$$

$$D = \{(x,y) | \overline{R} > |x^2 + y^2|\}$$

$$D^* = \{(\overline{r}, \theta) | 0 \leqslant \overline{r} < \overline{R}, 0 \leqslant \theta \leqslant 2\pi\}$$

$$F(x,y) = \mathrm{e}^{-\frac{x^2+y^2}{2\sigma^2}}$$

$$F(f(\overline{r}, \theta), g(\overline{r}, \theta)) = \mathrm{e}^{-\frac{r^2}{2\sigma^2}}$$

$$\left| \frac{\partial(x,y)}{\partial(\overline{r}, \theta)} \right| = \left| \begin{array}{cc} \dfrac{\partial f}{\partial \overline{r}} & \dfrac{\partial f}{\partial \theta} \\ \dfrac{\partial g}{\partial \overline{r}} & \dfrac{\partial g}{\partial \theta} \end{array} \right| = \left| \begin{array}{cc} \cos\theta & -\overline{r}\sin\theta \\ \sin\theta & \overline{r}\cos\theta \end{array} \right| = \overline{r}$$

则有

$$\iint_{|x^2+y^2|<\overline{R}} \frac{\alpha}{2\pi\delta^2} \mathrm{e}^{-\frac{x^2+y^2}{2\delta^2}} \mathrm{d}x \mathrm{d}y = \frac{\alpha}{2\pi\delta^2} \iint_D F(x,y) \mathrm{d}x \mathrm{d}y$$

$$= \frac{\alpha}{2\pi\delta^2} \iint_{D+} F(f(\bar{r},\theta), g(\bar{r},\theta)) \left| \frac{\partial(x,y)}{\partial(\bar{r},\theta)} \right| \mathrm{d}\theta\mathrm{d}\bar{r}$$

$$= \frac{\alpha}{2\pi\delta^2} \iint_{D+} F(f(\bar{r},\theta), g(\bar{r},\theta)) \left| \frac{\partial(x,y)}{\partial(\bar{r},\theta)} \right| \mathrm{d}\theta\mathrm{d}\bar{r}$$

$$= \frac{\alpha}{2\pi\delta^2} \int_0^{\overline{R}} \int_0^{2\pi} \bar{r}\mathrm{e}^{-\frac{r^2}{2\delta^2}} \mathrm{d}\theta\mathrm{d}\bar{r}$$

$$= \frac{\alpha}{\delta^2} \int_0^{\overline{R}} \bar{r}\mathrm{e}^{-\frac{r^2}{2\delta^2}} \mathrm{d}\bar{r}$$

$$= \frac{\alpha}{2\delta^2} \int_0^{\overline{R}} \mathrm{e}^{-\frac{r^2}{2\delta^2}} \mathrm{d}\bar{r}^2$$

$$= -\alpha \left[\mathrm{e}^{-\frac{\bar{r}^2}{2\delta^2}} \right]_0^{\overline{R}}$$

$$= -\alpha(\mathrm{e}^{-\frac{\overline{R}^2}{2\delta^2}} - 1) \tag{2.13}$$

由此, 式 (2.12) 可写为

$$-\alpha_c \left(\mathrm{e}^{-\frac{\infty^2}{2\delta_c^2}} - 1 \right) = -\alpha_s \left(\mathrm{e}^{-\frac{\infty^2}{2\delta_s^2}} - 1 \right)$$

$$-\alpha_c(0-1) = -\alpha_s(0-1)$$

$$\alpha_c = \alpha_c$$

$$\frac{\alpha_c}{\alpha_c} = 1 \tag{2.14}$$

式 (2.14) 正好满足不等式 (2.11), 也就是说, 在保证 α_c 与 α_s 比值的前提下, 我们可以通过调整 α_c 与 α_s 来改变 DOG 算子的输出响应.

2. On 型 DOG 算子的阈值界定

理论上讲, DOG 算子是在无限区域内卷积运算. 然而实际上高斯函数随着远离中心而迅速下降. 如图 2-16 所示, 高斯函数在远离中心一定程度后, 其值已非常接近于零.

因此, 我们不必如式 (2.4) 那样, 对所有的 $\bar{x}'$ 作卷积. 仅对一定区间内的点, 如 $|\bar{x} - \bar{x}'| < m\delta$, 作卷积就足够了. 由此, 式 (2.4) 可重写为

$$R(\bar{x},t) = \iint_{|\bar{\omega}| < m\delta} \mathrm{DOG}(\bar{\omega}) s(\bar{x} - \bar{\omega}, t)\mathrm{d}x\mathrm{d}y \tag{2.15}$$

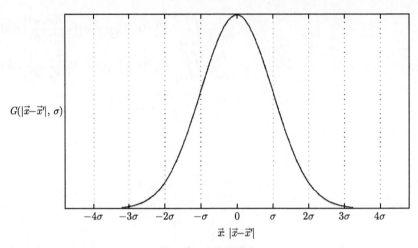

$$\vec{x}: |\vec{x}-\vec{x}'|$$

图 2-16　高斯函数

当 DOG 算子作用在中央区域灰度为 I_c, 周边区域灰度为 I_s 的理想图像上时, 输出响应 $R(\overline{x}, t)$ 可写为两部分的和. 即

$$R(\overline{x}, t) = \iint_{|\overline{\omega}| < \text{center}} \text{DOG}(\overline{\omega}) I_c \mathrm{d}x \mathrm{d}y + \iint_{|\overline{\omega}| < \text{surround}} DOG(\overline{\omega}) I_s \mathrm{d}x \mathrm{d}y$$

$$= I_c \iint_{|\overline{\omega}| < \text{center}} \text{DOG}(\overline{\omega}) \mathrm{d}x \mathrm{d}y + I_s \iint_{|\overline{\omega}| < \text{surround}} \text{DOG}(\overline{\omega}) \mathrm{d}x \mathrm{d}y \quad (2.16)$$

对于 On 型 DOG 算子, 中央区域即是指 $\text{DOG}(\overline{\omega}) > 0$ 的部分, 而周边区域则是 $\text{DOG}(\overline{\omega}) < 0$ 的部分. 对于 Off 型 DOG 算子, 情况恰好相反.

通过将 DOG 算子分为两部分, 我们可以讨论 DOG 模型中阈值 θ_1, θ_2, θ_3, θ_4 的取值空间. 以 On 型 DOG 算子为例, 设 $\delta_s / \delta_c = k (k > 1)$, 中心点为 $\overline{x}$, 位于中央区域的点为 $\overline{x}'$, 令 $\overline{w} = \overline{x} - \overline{x}'$, 则有

$$\text{DOG}(\overline{w}) > 0$$

$$\frac{\alpha_c}{2\pi\delta_c^2} \mathrm{e}^{-\frac{|\overline{w}|^2}{2\delta_c^2}} - \frac{\alpha_s}{2\pi\delta_s^2} \mathrm{e}^{-\frac{|\overline{w}|^2}{2\delta_s^2}} > 0$$

$$\frac{\alpha_c}{2\pi\delta_c^2} \mathrm{e}^{-\frac{|\overline{w}|^2}{2\delta_c^2}} > \frac{\alpha_s}{2\pi\delta_s^2} \mathrm{e}^{-\frac{|\overline{w}|^2}{2\delta_s^2}}$$

$$\frac{\alpha_c \delta_s^2}{\alpha_s \delta_c^2} > \mathrm{e}^{\frac{|\overline{w}|^2}{2\delta_s^2}\left(\frac{\delta_s^2}{\delta_c^2}-1\right)}$$

$$\frac{\alpha_c}{\alpha_s} k^2 > \mathrm{e}^{\frac{(k^2-1)|\overline{w}|^2}{2\delta_s^2}}$$

$$\log\left(\frac{\alpha_c}{\alpha_s} k^2\right) > \frac{(k^2-1)|\overline{w}|^2}{2\delta_s^2}$$

$$|\overline{w}|^2 < \frac{2\delta_s^2 \log\left(\dfrac{\alpha_c}{\alpha_s}k^2\right)}{(k^2-1)}$$

$$|\overline{w}| < \delta_s\sqrt{\frac{2\log\left(\dfrac{\alpha_c}{\alpha_s}k^2\right)}{(k^2-1)}} \tag{2.17}$$

令

$$z_n = \sqrt{\frac{2\log\left(\dfrac{\alpha_c}{\alpha_s}k^2\right)}{(k^2-1)}}$$

则有

$$w_n = \sigma_s z_n$$

那些离中心点距离小于 w_n 的点, 将在算子的中央区域, 而离中心点距离大于 w_n 的点将处在算子的周边区域. 因此, 式 (2.16) 可重写为

$$R(\overline{x},t) = I_c \iint_{|\overline{w}|<w_n} \mathrm{DOG}(\overline{w})\mathrm{d}x\mathrm{d}y + I_s \iint_{w_n<|\overline{w}|<\mathrm{surround}} \mathrm{DOG}(\overline{w})\mathrm{d}x\mathrm{d}y \tag{2.18}$$

利用式 (2.13), 可将算子两部分的输出写成更紧缩的形式

$$\begin{aligned}
\iint_{|\overline{w}|<w_n} \mathrm{DOG}(\overline{w})\mathrm{d}x\mathrm{d}y = & \frac{\alpha_c}{2\pi\delta_c^2} \iint_{|x^2+y^2|<w_n} \mathrm{e}^{-\frac{x^2+y^2}{2\delta_c^2}} \mathrm{d}x\mathrm{d}y \\
& - \frac{\alpha_s}{2\pi\delta_s^2} \iint_{|x^2+y^2|<w_n} \mathrm{e}^{-\frac{x^2+y^2}{2\delta_s^2}} \mathrm{d}x\mathrm{d}y \\
= & -\alpha_c\left(\mathrm{e}^{-\frac{w_n^2}{2\delta_c^2}}-1\right) + \alpha_s\left(\mathrm{e}^{-\frac{w_n^2}{2\delta_s^2}}-1\right) \\
= & -\alpha_c\left(\mathrm{e}^{-\frac{(\delta_s z_n)^2}{2\delta_c^2}}-1\right) + \alpha_s\left(\mathrm{e}^{-\frac{(\delta_s z_n)^2}{2\delta_s^2}}-1\right) \\
= & -\alpha_c\left(\mathrm{e}^{-\frac{(k z_n)^2}{2}}-1\right) + \alpha_s\left(\mathrm{e}^{-\frac{z_n^2}{2}}-1\right) \\
= & s_{nc}
\end{aligned}$$

$$\begin{aligned}
\iint_{w_n<|\overline{w}|\leqslant m\delta} \mathrm{DOG}(\overline{w})\mathrm{d}x\mathrm{d}y = & \iint_{|\overline{w}|<m\delta} \mathrm{DOG}(\overline{w})\mathrm{d}x\mathrm{d}y - \iint_{|\overline{w}|<w_n} \mathrm{DOG}(\overline{w})\mathrm{d}x\mathrm{d}y \\
= & -\alpha_c\left(\mathrm{e}^{-\frac{(m\delta)^2}{2\delta_c^2}}-1\right) + \alpha_s\left(\mathrm{e}^{-\frac{(m\delta)^2}{2\delta_s^2}}-1\right) \\
& + \alpha_c\left(\mathrm{e}^{-\frac{w_n^2}{2\delta_c^2}}-1\right) - \alpha_s\left(\mathrm{e}^{-\frac{w_n^2}{2\delta_s^2}}-1\right)
\end{aligned}$$

$$=\alpha_c\left(e^{-\frac{w_n^2}{2\delta_c^2}}-e^{-\frac{(m\delta)^2}{2\delta_c^2}}\right)-\alpha_s\left(e^{-\frac{w_n^2}{2\delta_s^2}}-e^{-\frac{(m\delta)^2}{2\delta_s^2}}\right)$$

$$=\alpha_c\left(e^{-\frac{(\delta_s z_n)^2}{2\delta_c^2}}-e^{-\frac{(m\delta_s)^2}{2\delta_c^2}}\right)-\alpha_s\left(e^{-\frac{(\delta_s z_n)^2}{2\delta_s^2}}-e^{-\frac{(m\delta_s)^2}{2\delta_s^2}}\right)$$

$$=\alpha_c\left(e^{-\frac{(kz_n)^2}{2}}-e^{-\frac{(km)^2}{2}}\right)-\alpha_s\left(e^{-\frac{z_n^2}{2}}-e^{-\frac{m^2}{2}}\right)$$

$$=s_{ns}$$

式 (2.18) 可以写为

$$R(\overline{x},t)=S_{nc}I_c+S_{ns}I_s$$

对于 On 型 DOG 算子, 输出响应 $R(\overline{x},t)$ 在中央区域具有最大灰度值 $I_{\max}$, 周边区域具有最小灰度值 $I_{\min}$ 时, 达到最大值. 而当中央区域具有最小灰度值 $I_{\min}$, 周边区域具有最大灰度值 $I_{\max}$ 时, 达到最小值. $I_{\max}$ 与 $I_{\min}$ 可通过输入图像的灰度直方图得知. 因此, 对于 On 型 DOG 算子的最大响应输出 $R_n^{\max}$ 可表示为

$$R_n^{\max}(\overline{x},t)=S_{nc}I_{\max}+S_{ns}I_{\min}$$

$$R_n^{\min}(\overline{x},t)=S_{nc}I_{\min}+S_{ns}I_{\max}$$

因此, θ_1 的取值可表示为

$$\theta_1=p_1(R_n^{\max}-R_n^{\min})$$

对于 On 型 DOG 算子, 中央区域的输出响应的最大值 $R_{nc}^{\max}$ 与最小值 $R_{nc}^{\min}$ 分别发生在中央区域具有最大灰度值 $I_{\max}$ 与最小灰度值 $I_{\min}$ 的情况. 因此, 中央区域的输出响应的最大值 $R_{nc}^{\max}$ 与最小值 $R_{nc}^{\min}$ 可表示如下

$$R_{nc}^{\max}(\overline{x},t)=S_{nc}I_{\max}$$

$$R_{nc}^{\min}(\overline{x},t)=S_{nc}I_{\min}$$

因此, θ_2 的取值可表示为

$$\theta_2=p_2(R_{nc}^{\max}-R_{nc}^{\min})$$

其中, p_1 与 p_2 为 0 到 1 之间的数, 可由具体实验要求而定.

3. Off 型 DOG 算子的阈值界定

现在我们讨论 Off 型 DOG 算子的阈值界定问题. 与 On 型 DOG 算子类似, Off 型 DOG 算子的中央区域即是指 $\mathrm{DOG}(\overline{w}) < 0$ 的部分, 而周边区域则是 $\mathrm{DOG}(\overline{w}) >$

0 的部分. 设 $\delta_s/\delta_c = 1/k(k > 1)$, 中心点为 $\overline{x}$, 位于中央区域的点为 $\overline{x}'$, 令 $\overline{w} = \overline{x} - \overline{x}'$, 则有

$$\frac{\alpha_c \delta_s^2}{\alpha_s \delta_c^2} < e^{\frac{|\overline{w}|^2}{2\delta_s^2}\left(1-\frac{\delta_s^2}{\delta_c^2}\right)}$$

$$\frac{\alpha_s \delta_c^2}{\alpha_c \delta_s^2} > e^{\frac{|\overline{w}|^2}{2\delta_s^2}\left(\frac{\delta_s^2}{\delta_c^2}-1\right)}$$

$$\frac{\alpha_s}{\alpha_c}k^2 > e^{\frac{(k^2-1)|\overline{w}|^2}{2\delta_c^2}}$$

$$\log\left(\frac{\alpha_s}{\alpha_c}k^2\right) > \frac{(k^2-1)|\overline{w}|^2}{2\delta_c^2}$$

$$|\overline{w}|^2 < \frac{2\delta_c^2 \log\left(\frac{\alpha_s}{\alpha_c}k^2\right)}{(k^2-1)}$$

$$|\overline{w}| < \delta_c\sqrt{\frac{2\log\left(\frac{\alpha_s}{\alpha_c}k^2\right)}{(k^2-1)}} \tag{2.19}$$

令

$$z_f = \sqrt{\frac{2\log\left(\frac{\alpha_s}{\alpha_c}k^2\right)}{(k^2-1)}}$$

则有

$$w_f = \sigma_c z_f$$

那些离中心点距离小于 w_f 的点, 将在算子的中央区域, 而离中心点距离大于 w_f 的点将处在算子的周边区域. 将算子两部分的输出写成更紧缩的形式

$$\iint_{|\overline{w}| < w_f} \mathrm{DOG}(\overline{w})\mathrm{d}x\mathrm{d}y = -\alpha_c\left(e^{-\frac{w_f^2}{2\delta_c^2}} - 1\right) + \alpha_s\left(e^{-\frac{w_f^2}{2\delta_s^2}} - 1\right)$$

$$= -\alpha_c\left(e^{-\frac{(\delta_s z_f)^2}{2\delta_c^2}} - 1\right) + \alpha_s\left(e^{-\frac{(\delta_s z_f)^2}{2\delta_s^2}} - 1\right)$$

$$= -\alpha_c\left(e^{-\frac{z_f^2}{2}} - 1\right) + \alpha_s\left(e^{-\frac{kz_f^2}{2}} - 1\right)$$

$$= s_{fc}$$

$$\iint_{w_f < |\overline{w}| \leqslant m\delta} \mathrm{DOG}(\overline{w})\mathrm{d}x\mathrm{d}y = \alpha_c\left(e^{-\frac{w_f^2}{2\delta_c^2}} - e^{-\frac{(m\delta)^2}{2\delta_c^2}}\right) - \alpha_s\left(e^{-\frac{w_f^2}{2\delta_s^2}} - e^{-\frac{(m\delta)^2}{2\delta_s^2}}\right)$$

$$= \alpha_c\left(e^{-\frac{(\delta_s z_f)^2}{2\delta_c^2}} - e^{-\frac{(m\delta_s)^2}{2\delta_c^2}}\right) - \alpha_s\left(e^{-\frac{(\delta_s z_f)^2}{2\delta_s^2}} - e^{-\frac{(m\delta_s)^2}{2\delta_s^2}}\right)$$

$$= \alpha_c \left(\mathrm{e}^{-\frac{z_f^2}{2}} - \mathrm{e}^{-\frac{m^2}{2}} \right) - \alpha_s \left(\mathrm{e}^{-\frac{(kz_n)^2}{2}} - \mathrm{e}^{-\frac{(km)^2}{2}} \right)$$

$$= s_{fs}$$

对于 Off 型 DOG 算子, 输出响应 $R(\overline{x}, t)$ 在中央区域具有最小灰度值 $I_{\min}$, 周边区域具有最大灰度值 $I_{\max}$ 时, 达到最大值. 而当中央区域具有最大灰度值 $I_{\max}$, 周边区域具有最小灰度值 $I_{\min}$ 时, 达到最小值. 因此, 对于 Off 型 DOG 算子的最大响应输出 $R_f^{\max}$ 可表示为

$$R_f^{\max}(\overline{x}, t) = S_{fc}I_{\min} + S_{fs}I_{\max}$$

因此, θ_3 的取值可表示为

$$\theta_3 = p_3(R_f^{\max} - R_f^{\min})$$

对于 Off 型 DOG 算子, 中央区域的输出响应的最大值 $R_{fc}^{\max}$ 与最小值 $R_{fc}^{\min}$ 分别发生在中央区域具有最小灰度值 $I_{\min}$ 与最大灰度值 $I_{\max}$ 的情况. 因此, 中央区域的输出响应的最大值 $R_{fc}^{\max}$ 与最小值 $R_{fc}^{\min}$ 可表示如下

$$R_{fc}^{\max}(\overline{x}, t) = S_{fc}I_{\min}$$

$$R_{fc}^{\min}(\overline{x}, t) = S_{fc}I_{\max}$$

因此, θ_4 的取值可表示为

$$\theta_4 = p_4(R_{fc}^{\max} - R_{fc}^{\min})$$

其中, p_3 与 p_4 为 0 到 1 之间的数, 可由具体实验要求而定.

2.3　警觉保持计算模型

基于人类视网膜的上述生理特性, 以 DOG 模型为基础, 本节设计了模拟视网膜视觉信息处理的多尺度感受野的层次网络模型, 以实现在对视点信息进行精细处理的同时保持对视野内外周信息的警觉.

本节首先介绍计算模型的框架及运行机制, 然后提出多尺度感受野的设计算法和拟神经节单元的生成算法. 最后介绍结合 DOG 模型的图像警觉保持算法.

2.3.1　逐级加工的层次网络模型

源于生物视网膜结构特点以及信息逐级被提取的逻辑简单性启示 (危辉, 何新贵, 2000), 网络模型设计为三层等级信息加工结构. 如图 2-17 所示.

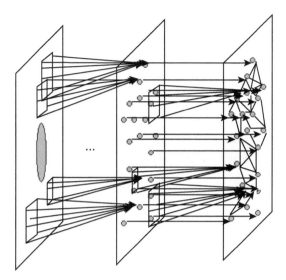

第一层: 光传感器 第二层: 拟神经节 第三层: 变化探测层

图 2-17 网络模型示意图

第一层是图像输入层, 由光传感器阵列组成. 阵列大小对应生物视觉的视野范围, 具体可由人工视觉系统的要求而定. 以视野范围内的图像作为外界作用于视网膜上的内像, 图像的每个像素对应一个光传感器; 第二层是拟神经节单元层, 该层的每个节点对应视网膜神经节细胞, 获取位于其感受野内的第一层光传感器的输出, 对此范围内的第一层信息初步处理; 第三层是变化探测层, 接收第二层的输出为输入, 以判定是否有需要加以注意的信息 (如图像的显著变化) 以转移视焦点.

图像信息由第一层输入网络模型. 第一层的每个光传感器获得对应图像像素的灰度值, 并以其作为输出, 传递给位于第二层的一个或多个拟神经节单元. 光传感器与拟神经节单元的连接关系将在 2.3.3 节中有详细阐述. 第二层的拟神经节单元接收来自第一层光传感器的输出, 在相应的感受野内执行 DOG 算子. 由于多尺度感受野的设计, 随着拟神经节单元位置与中心距离的增大, 感受野区域也相应增大, 拟神经节单元接收更多来自第一层光传感器的输出. 从而随着逐渐远离中心点, DOG 算子检测更大尺度的 On 事件与 Off 事件. 第二层拟神经节单元的输出为其当前 DOG 算子的输出与上一时刻 DOG 算子的输出之差值, 即 DOG 算子所检测的 On 事件或 Off 事件的幅值. 第三层的每个节点接收各自相应邻域内的第二层拟神经节单元的输出, 并以其全部输入的积参与第三层所有节点的竞争, 从而检测出最显著的 On 事件与 Off 事件, 作为是否转移视焦点的基础.

基于随着远离视焦点, 图像处理精度递减的假设. 多尺度感受野的设计成为网络模型的基础. 在下面的几节, 我们将讨论多尺度感受野的设计算法, 拟神经节单元的设计算法, 感受野之间的覆盖特性以及图像警觉计算模型的最终实现.

2.3.2 多尺度感受野的设计算法

生物视网膜的视锥、视杆细胞的分布, 以及神经节细胞感受野的分布特点使得中央凹位置处感受到的信息最精细, 并得到充分的后续处理. 而对外围部分的信息只有简略的处理, 但提供视觉警觉或捕获突然出现的目标已足够了. 也就是说, 生物的这种选择使得在有限的资源下能对尽可能大的视野范围进行感知. 受此启发, 图 2-18 所示的感受野覆盖区域设计可在对特定位置的图像进行精细处理的同时, 兼顾对更大范围的图像进行感知, 以提供一定的警觉和捕获环境的显著变化的能力. 值得强调的是, 为清晰起见, 图 2-18 中未画出那些感受野有重叠的部分.

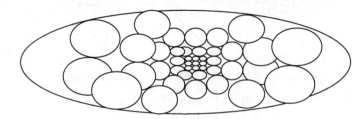

图 2-18 拟神经节单元在视网膜上的感受野分布示意图

生物视网膜中, 神经节细胞的感受野尺寸在视网膜上的分布是由中央凹处向外围迅速增大的, 同时, 视锐度相应迅速减小. 我们知道, 所能分辨的两个刺激物之间的最小距离越大, 视锐度越小. 如果将能分辨两个刺激物理解为有两个不同的神经节细胞产生兴奋, 那么, 视锐度便与感受野的直径关联起来. 如果两个刺激物的距离大于相应位置神经节细胞感受野的直径, 可以推断会有两个不同的神经节细胞分别产生兴奋. 由于视锐度随着离中央凹的距离增大而迅速减小, 如果用函数描述感受野的直径 D 与此感受野中心距视网膜中心点距离 l 的关系, 可以考虑采用指数函数形式

$$D = a^{\frac{l}{k}}, \quad a > 1$$

其中 k 是控制视锐度下降速度的参数.

为便于图像处理, 感受野采用边长为奇数个像素的正方形. 如果以视野中心为坐标原点, 坐标单位为像素, 则位置 (x, y) 处对应的拟神经节单元在第一层的感受野直径 $D_{(x,y)}$ 的计算公式可表示为

$$D_{(x,y)} = f\left(a^{\frac{\sqrt{x^2+y^2}}{k}}\right) \tag{2.20}$$

其中

$$f(z) = \begin{cases} 2n-1, 2n-1 \leqslant z < 2n+1, & n \in N \\ 1, & 0 < z < 1 \end{cases}$$

参数 a 可根据参数 k、中央凹要求大小及最外围 (这里的最外围定义为视野的内切圆圆周处) 感受野的大小来确定. 例如, 对于 $N \times N$ 像素的视野范围, 如果要求中央凹的半径为 R_f, 由于网络模型感受野采用边长为奇数个像素的正方形, 因此, 拟神经节单元在第一层的感受野直径达到 3 之前, 均位于中央凹内, 其在第一层的感受野直径为 1, 则由式 (2.20) 可计算如下

$$\begin{cases} f\left(a^{\frac{r}{k}}\right) = 1, & 0 \leqslant r < R_f \\ f\left(a^{\frac{R_f}{k}}\right) = 3 \end{cases}$$

得

$$a = 3^{\frac{k}{R_f}}$$

如果要求最外围感受野直径为 D_o, 即位于距视野中心 $\dfrac{N}{2}$ 处对应的拟神经节单元在第一层的感受野直径为 D_o, 由式 (2.20) 可得

$$D_o = f\left(a^{\frac{\sqrt{(N/2)^2}}{k}}\right)$$
$$D_o = f\left(a^{\frac{N}{2k}}\right)$$
$$a = D_o^{\frac{2k}{N}}$$

一般情况下, 我们先确定一个需对图像精确处理的范围大小, 即先确定中央凹的半径, 然后再求取相应的 a.

以计算模型仿真实验采用的数据为例, 网络模型视野范围为 256×256 像素, 感受野采用边长为奇数像素的正方形, 参数 $k = 30, a = 2$. 由式 (2.20) 可计算出中央凹半径为

$$R_f = \text{int}(k \cdot \log_a 3)$$
$$= \text{int}(30 \times \log_2 3)$$
$$= 47$$

其中 $\text{int}(x)$ 为取整函数. 最外围的感受野直径为

$$D_o = f\left(a^{\frac{N}{2k}}\right)$$
$$= f\left(2^{\frac{256}{2 \times 30}}\right)$$
$$= 19$$

同样, 我们可计算出各个区域段的感受野直径大小. 并以此作为感受野分布及拟神经节单元生成的基础. 仿真实验所采用的感受野尺度分布如图 2-19 所示.

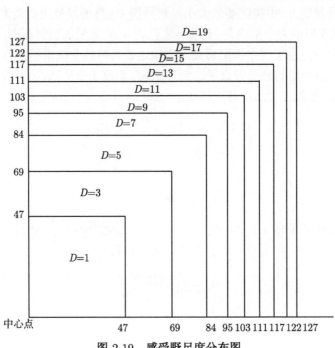

图 2-19   感受野尺度分布图

2.3.3   拟神经节单元生成算法

人类视觉生理结构的形成无疑是自然选择的结果, 神经节细胞在视网膜上的感受野存在交叉现象, 然而具体遵循一个什么样的机制还不是很清楚, 可以肯定的是感受野的合集覆盖了整个视网膜区域, 在此, 我们通过下列算法完成网络第二层拟神经节单元的生成.

(1) 将第一层内所有光感受器标记为自由点.

(2) 随机在第一层内选取一自由点 $\alpha_{(i,j)}$, 概率均等地在第二层增加一 On 型或 Off 型拟神经节细胞 $\beta_{(i,j)}$.

(3) 将神经节细胞 $\beta_{(i,j)}$ 感受野内所有光感受器标记为非自由点. 建立感受野内所有光感受器与拟神经节细胞 $\beta_{(i,j)}$ 的连接. 感受野范围的计算遵循 2.1.1 节的原则.

(4) 判断第一层是否存在自由点, 如存在, 转 (2), 否则算法结束.

这个生成拓扑连接的过程是一次性的, 可以将连接关系储存起来, 以后继续使用.

2.3.4   感受野覆盖特性研究

采用不同的拟神经节单元生成算法将对感受野的相互覆盖特性有不同的影响.

下面我们来讨论此算法决定的感受野的相互覆盖次数的关系.

假设第一层光感受器排布如图 2-20 (a) 所示, 并假设在拟神经节单元生成算法第二步选取了 A 点, 设此点的感受野半径为 R, 则在算法第三步, 将以 A 点为中心、边长为 $2R$ 的正方形范围内的所有点标记为非自由点, 如图 2-20(b) 所示.

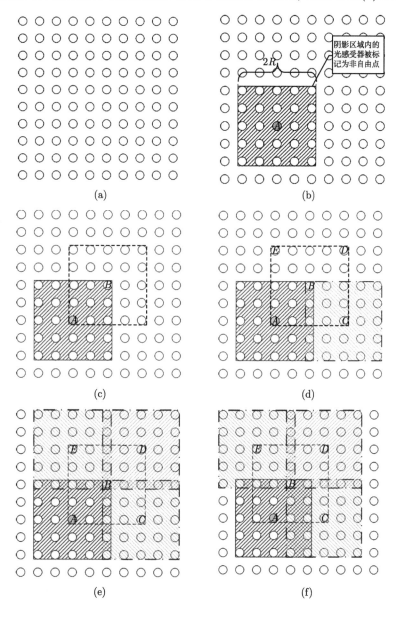

图 2-20 感受野覆盖区域

现在, 我们来考察图 2-20(b) 中阴影部分内的光感受器能被多个感受野覆盖的最大次数. 实际上, 由于感受野形状的对称性, 我们只要考察其右上 $\frac{1}{4}$ 部分即可, 其余 3 部分具有相同的性质, 可依此类推.

首先, 考察图 2-20(c) 中的 B 点, 对于 B 点来说, 只有虚线框内的节点可以影响到它, 我们称此区域为 B 点的影响区域. 考察导致 B 点新的覆盖时, 我们将不再考虑与阴影部分重叠的部分, 因为阴影部分内的节点已被置为非自由点, 不再可能被选为生成新的拟神经节单元. 我们把 B 点影响区域内除去非自由点的区域称为 B 点的有效影响区域.

为寻找 B 点的最大覆盖次数, 我们应在 B 点的有效影响区域内选取这样的节点, 其生成的拟神经节单元的感受野尽可能少地覆盖 B 点的有效影响区域. 从而尽可能多地在 B 点的有效影响区域内生成拟神经节单元. 依次选取这样的节点, 直至 B 点不再有有效影响区域. 此时 B 点的覆盖次数即为其最大覆盖次数. 首先选取 C 点生成新的拟神经节单元, 这符合我们的选取规则. 如图 2-20(d) 所示. 此时, B 点被覆盖 2 次. 再依次选取 D 点, E 点后, B 点再无有效影响区域, 此时达到最大覆盖次数 4 次, 如图 2-20(e) 所示.

同样, 对于图 2-20(f) 中的 B 点, 我们可以依次选取 C, D, E 点生成新的拟神经节单元, 从而使 B 点达到最大覆盖次数 4 次.

实际上, 如图 2-21(a) 所示, 对于阴影内的光感受器, 我们总可以在方向 $F1$, $F2$, $F3$ 上找到如图 2-20(d) 所示中的 C 点, D 点, E 点. 从而使光感受器的最大覆盖次数达到 4 次.

现在我们来考察图 2-21(b) 中的 B 点, B 点的有影响区域如图 2-21(b) 中虚线框内的除去阴影区域的部分. 依据选取规则, 我们依次选取 C 点和 D 点生成新的拟神经节单元, 从而使 B 点达到最大覆盖次数 3 次, 如图 2-21(c) 所示.

同样, 对于图 2-21(d) 中的 B 点, 我们可以依次选取 C 点和 D 点生成新的拟神经节单元, 从而使 B 点达到最大覆盖次数 3 次.

实际上, 如图 2-21(e) 所示, 对于阴影内的光感受器, 我们只能在方向 $F1$, $F2$, 上找到 C 点和 D 点. 因此, 阴影内光感受器的最大覆盖次数为 3 次. 同理, 对于图 2-21(f) 中阴影内的光感受器, 也只存在两个方向可选, 因此, 覆盖次数的最大覆盖次数同为 3 次.

由此, 我们可以得出如下结论:

(1) 光感受器的覆盖次数最大为 4 次;

(2) 被覆盖 4 次的光感受器总是位于某一感受野如图 2-22 中阴影部分的相对位置;

(3) 被覆盖 3 次的光感受器总是位于某一感受野如图 2-22 中虚线框部分的相

对位置;

(4) 那些位于某一感受野中心点的光感受器只能被覆盖 1 次. 如图 2-22 中的
节点 A.

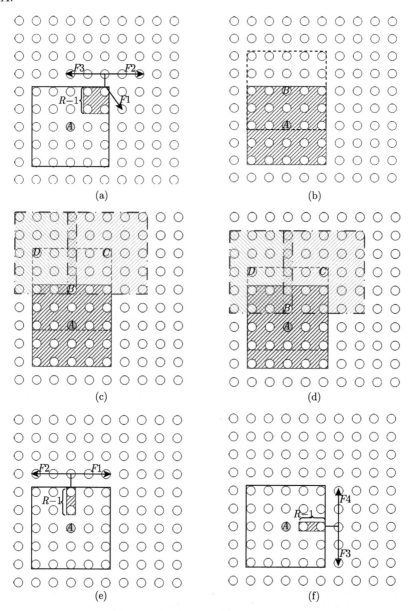

图 2-21 感受野覆盖形式之一

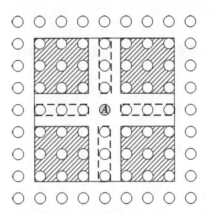

图 2-22　感受野覆盖形式之二

需要指出的是, 感受野的覆盖次数特性与感受野的形状和拟神经节单元的生成算法密切相关. 因此, 不同的感受野形状和拟神经节单元的生成算法将导致感受野覆盖的最大次数改变. 以本节提出的拟神经节单元的生成算法为例, 感受野如果采用圆形, 可以证明, 感受野覆盖的最大次数将变为 5 次. 至于不同的拟神经节单元的生成算法所导致的变化这里不再一一赘述.

2.3.5　警觉保持算法

计算模型在上述感受野分布设计及拟神经节单元生成算法的基础上, 通过对第二层拟神经节单元在其感受内执行 DOG 算子, 从而检测随感受野相应变化的多尺度 On 事件与 Off 事件. 经过第三层变化探测层, 将最终检测到最显著的 On 事件或 Off 事件, 以决定是否转移视焦点.

计算模型从图像序列中检测图像的显著变化, 即检测图像中最显著的 On 事件或 Off 事件的算法描述如下:

(1) 对每个感受野位于视凹点外 (探测发生在视野周边区域的景物变化) 的神经节单元执行 (2)~(5) 步;

(2) 计算 $\mathrm{Ron}(\overline{x}, t)$, $\mathrm{Ron}(\overline{x}, t-1)$, $\mathrm{Roff}(\overline{x}, t)$, $\mathrm{Roff}(\overline{x}, t-1)$, $\mathrm{Ron\_c}(\overline{x}, t)$, $\mathrm{Ron\_c}(\overline{x}, t-1)$, $\mathrm{Roff\_c}(\overline{x}, t)$, $\mathrm{Roff\_c}(\overline{x}, t-1)$;

(3) 计算 $\Delta\mathrm{Ron}$, $\Delta\mathrm{Roff}$, $\Delta\mathrm{Ron\_c}$, $\Delta\mathrm{Roff\_c}$;

(4) 如果 $\Delta\mathrm{Ron} > \theta_1$, $\Delta\mathrm{Ron\_c} > \theta_2$, 则 $R(\overline{x}, t) = \Delta\mathrm{Ron}$, 否则, $R(\overline{x}, t) = 0$;

(5) 如果 $\Delta\mathrm{Roff} > \theta_3$, $\Delta\mathrm{Roff\_c} > \theta_4$, 则 $R(\overline{x}, t) = \Delta\mathrm{Roff}$, 否则, $R(\overline{x}, t) = 0$;

(6) 第三层接收来自第二层感受野内的输出, 以所有非零输入的积作为自己的能量值, 即接收来自第二层的拟神经节单元的输出, 从而放大各感受野内的输出, 突出变化集中区域, 以屏蔽噪声影响. 判断最显著的 On 事件或 Off 事件, 以决定是否转移视焦点, 实现系统对视野外周区域的警觉.

需要指出的是, 对于视野内的中央凹部分, 视觉系统本身正在对其进行精密处理, 图像的任何信息都能得到实时的充分处理. 所以, 这部分图像并不在我们需保持警觉的范围内. 因此, 这部分拟神经节单元不参与第三层变化探测层的竞争.

网络模型第二层的非中央凹部分每个拟神经节单元检测该细胞感受野内的 On 事件和 Off 事件, 并将输出响应传递给第三层. 变化探测层通过选取响应最大的 On 事件或 Off 事件, 作为视焦点转移目标的依据.

2.4 仿 真 实 验

计算模型通过仿真实验, 验证了其检测图像序列存在的显著变化及确定其发生位置的能力. 网络模型的视野采用 256×256 像素, 输入图像为 256×256 像素灰度图. DOG 算子的执行是通过相应感受野大小的模板进行卷积运算而得, 其中的一些参数设置将在下面有详细阐述. 下面首先介绍实验参数的设定, 然后给出相应的实验结果.

2.4.1 实验参数的设定

1. 感受野分布设计

实验采用的网络模型视野范围为 256×256 像素, 为便于计算, 感受野采用边长为奇数像素的正方形, 参数 $k = 30, a = 2$. 如 2.3.2 节中已作的分析, 中央凹半径为 47, 最外围的感受野直径为 19.

采用拟神经节单元生成算法生成的第二层的拟神经节单元数为 19254 个, 其中, 感受野位于中央凹处的神经节单元为 4906 个. 图 2-23 为拟神经节单元的感受野在输入图像上的分布. 以 On 型为例, 选取比例为 25% 的拟神经节单元.

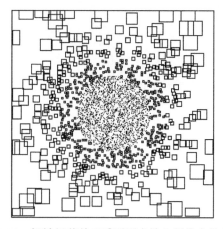

图 2-23 拟神经节单元感受野在输入图像上的分布

　　由于第二层拟神经节单元的感受野存在交叉, 因此, 视野内中央凹外的每一像素必存在于第二层的一个或多个感受野内. 实验生成的网络模型中, 视野内中央凹外, 感受野覆盖一次的像素数为 19758 个, 感受野交叉覆盖二次的像素数为 26680 个, 感受野交叉覆盖三次的像素数为 12084 个, 感受野交叉覆盖四次的像素数为 2108 个, 图像位置被感受野覆盖次数的统计如图 2-24 所示.

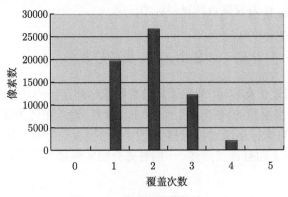

图 2-24　感受野覆盖统计

　　覆盖次数与像素位置对应的统计曲面图如图 2-25 所示, 中心区与生物视网膜的中央凹一样, 保持传感器与拟神经节单元一对一的信息传递关系.

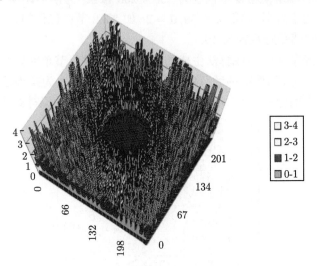

图 2-25　感受野覆盖统计曲面图

2. δ_c 与 δ_s 的选取

为确保 DOG 算子在感受野内进行卷积是足够的, 即要求 DOG 算子对感受外的像素点对反应要足够小, 设定阈值 θ_5, 我们要求 DOG 算子在感受野最外处的权值小于 θ_5.

设感受野最外处为 $\overline{x}_o$, 则有

$$G(\overline{x}_o; \delta) = \frac{1}{2\pi\delta^2} e^{-\frac{|\overline{x}_o - \overline{x}_c|^2}{2\delta^2}} < \theta_5 \qquad (2.21)$$

以 On 型 DOG 算子为例, δ_c 与 δ_s 选取算法可描述如下:

(1) 设定域值 θ_5, 对各尺寸感受野执行 (2)~(3) 步;

(2) 依式 (2.21) 选取一满足条件的 δ 作为 δ_s;

(3) 计算相应权值 $w_0, w_1, w_2, \cdots, w_n$;

(4) 取一小于 δ_s 的 δ 作为 δ_s;

(5) 计算相应权值 $w'_0, w'_1, w'_2, \cdots, w'_n$;

(6) 转 (2), 直至所有感受野的 δ_s 与 δ_c 确定.

算法中第 (4) 步在选取 δ_s 时, 要求满足如下条件

$$\left| \sum_i^n w_i - \sum_i^n w'_i \right| < \theta_6 \qquad (2.22)$$

以确保截得权值后, 对灰度均衡区域 DOG 算子反应足够小.

对于 Off 型算子, δ_c 与 δ_s 选取算法可类似得到, 由于 Off 型算子要求 $\delta_c > \delta_s$, 因此算法第二步得到的最大 δ 作为 δ_c, 然后再选取合适的 δ_s.

在实验中, 对应不同感受野选取的 δ_c 与 δ_s 如表 2-2 所示.

表 2-2 对应不同感受野选取的 δ_c 与 δ_s

On 型 DOG 算子	感受野直径								
	3	5	7	9	11	13	15	17	19
δ_c	0.8	1	1.5	2.2	3	4	5	6	7
δ_s	1	1.2	1.7	2	3.09	4.07	5.06	6.06	7.06
正贡献尺寸	1	3	5	7	9	11	13	15	17
$\left\| \sum_i^n w_i - \sum_i^n w'_i \right\|$	0.021	0.002	0.002	0.002	0.002	0.002	0.002	0.002	0.002

2.4.2 实验结果

红外制导分两类: 一类是热点式, 另一类是成像式. 前者已没有更多的发展余地. 红外成像式导引头主要采用焦平面阵列探测器, 它形成的是目标的轮廓线, 而不是一个热点, 因此它不受红外诱饵弹的迷惑, 探测距离远, 敏感度高, 能在较强杂波背景下引导攻击目标. 大规模焦平面阵列可广泛用于火控系统、前视红外监视侦察系统、飞行员夜间助航系统、导引头和红外对抗系统等.

美国罗克韦尔公司研制的 256×256 像元镉汞凝视焦平面阵列探测器, 装在以拦截敌方炸弹、反坦克导弹、炮弹和动能穿甲弹等为目的的 "斯利德" 自防御系统中, 它能提供全半球范围内的快速威胁告警, 并对威胁目标进行高精度跟踪和提供指示. 威胁告警采用宽视场的红外传感器, 捕捉和跟踪采用窄视场的红外传感器. 美国最新一代的格斗空空导弹 AIM-9X 采用 128×128 像元锑化铟凝视焦平面阵列, 飞机轮廓成像非常清晰.

目前美军装备的 AGM-130 空地导弹、GBU-15 制导滑翔炸弹和 "海尔法" 反坦克导弹均采用了这样的制导方式, 达到很高的命中精度. 德国空军新一代空空导弹 IRIS-T 的红外寻的头在偏离瞄准线 90° 以上时仍可准确探测目标. 英国第四代格斗导弹 ASRAAM 采用红外成像导引头. 以色列 Gill 反坦克导弹采用先进的电荷耦合器件 (CCD) 电视导引头, 即图像制导和跟踪控制技术, 具有 "发射后不管" 的工作方式. 美国的 "标枪" 反坦克导弹采用 64×64 像元的红外焦平面阵列探测器, 接收整个目标的热辐射图像, 采用 "打了不用管" 的方式可大大提高战场生存能力和使用灵活性. 我们关于警觉算法的研究是所有上述应用的关键技术之一.

我们通过实验检测了上述算法描述的网络模型检测图像的显著变化, 实现系统警觉性的能力. 实验使用的图像序列显示了空中一架战机的运动情况. 实验数据表明, 此网络模型能够捕获战机的运动位置, 识别并检测出图像的显著变化.

实验采用的图像序列如图 2-26 所示.

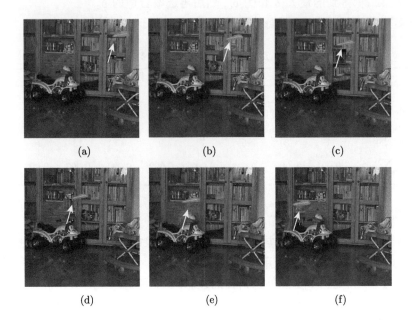

(a)   (b)   (c)

(d)   (e)   (f)

(g)

图 2-26　实验输入图像序列

图 2-26 显示了一架纸飞机从视野右上角飞入, 并飞出视野左侧的一系列图像. 从图像序列中可以看出, 纸飞机的飞行路线并未穿过视野的中央凹区域, 因此, 对中央凹进行精细处理这一过程不会对此事件有所感知. 我们希望这一事件能被负责外周信息的拟神经节单元所感知, 并能提交视觉系统, 引起注意, 以判断是否转移视焦点进行必要处理. 下面我们分别来看第二层的 On 型和 Off 型拟神经节单元对这一事件的反应输出.

实验中 On 型拟神经节单元的反应输出如图 2-27 所示, 图中的黑点为有输出

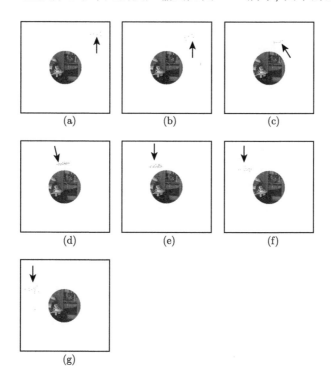

图 2-27　实验 On 型拟神经节单元输出图像序列

的 On 型拟神经节单元. 从图中可以看出, 事件离中央凹越近, 有反应输出的拟神经节单元数也就越多, 这与感受野的分布设计是相关的, 同时有利于在视觉系统的最终决策中获胜. 这也与我们的离中央凹越近的事件其重要程度越高的假设相一致. 对于 Off 型拟神经节单元的反应输出有类似的结果, 如图 2-28 所示.

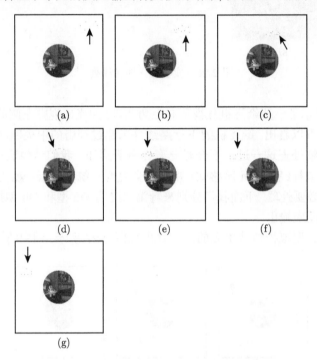

图 2-28 实验 Off 型拟神经节单元输出图像序列

第二层的 On 型和 Off 型拟神经节单元的输出共同参与第三层的竞争, 经第三层变化探测层检测的最终图像变化位置如图 2-29 所示. 如果以时间为序, 综合图 2-29 的各输出结果, 检测到的图像变化位置序列如图 2-30 所示. 它应该就是留存于工作记忆中的印象.

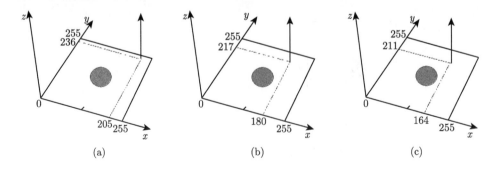

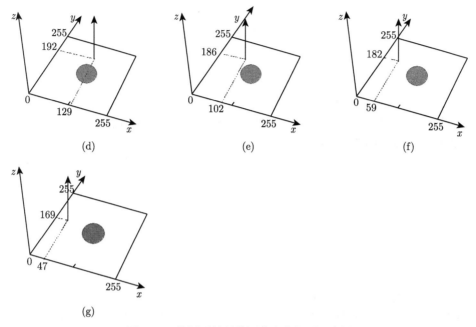

图 2-29 检测到的最终图像变化位置示意图

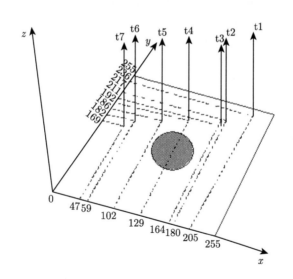

图 2-30 工作记忆对运动轨迹的保留

从网络第三层的检测结果来看, 网络模型有效地检测到了视野内图像的显著变化, 并能提供转移视焦点的目标位置, 跟踪图像的显著变化. 这有效地实现了在对中央凹进行精细化的同时, 保持对视野内外周图像信息的警觉.

参 考 文 献

靳蕃. 2000. 神经计算智能基础: 原理·方法. 成都: 西南交通大学出版社.

荆其诚, 焦书兰, 纪桂萍. 1987. 人类的视觉. 北京: 科学出版社.

寿天德. 1997. 视觉信息处理的脑机制. 上海: 上海科技教育出版社.

危辉, 何新贵. 2000. 基于视中枢神经机制的层次网络计算模型. 计算机学报, 23(6): 620-628.

朱滢. 2000. 实验心理学. 北京: 北京大学出版社.

Fleet D J. 1984. The Early Processing of Spatio-Temporal Visual Information. Master's Thesis. Toronto: University of Toronto.

Jain R, Nagel H H. 1979. On the analysis of accumulative difference pictures from image sequence of real world scenes. PAMI, 1(2): 206-214.

Kandel E R, Schwartz J H, Jessell T M. 2000. Principles of Neural Science. New York: McGraw-Hill Inc.: 507-522.

Kuffler S W, Nicholls J G. 1976. From Neuron to Brain. Sunderland, Massachusetts: Sinauer Associates, Inc. Publishers.

Marr D, Hildreth E C. 1980. Theory of edge detection. Proceedings of the Royal Society of London B, 207(1167): 187-217.

Roberts L. 1965. Machine perception of three dimensional solids // Tippetl J. Optical and Electron Optical Information Processing. Cambridge: The MIT Press: 159-197.

Wai W Y K, Wai K. 1994. A Computational Model for Detecting Image Changes. Master's Thesis. Toronto: University of Toronto.

Zucker S W, Hummel R A. 1986. Receptive fields and the reconstruction of visual information. McGill University Computer Vision and Robotics Laboratory Technical Report, 83-117.

第3章　生物视网膜早期机制的模拟与性能平衡

3.1　生物视网膜结构模型

3.1.1　眼睛的结构与视觉成像原理

眼睛有两个功能, 其一是经眼的光学系统在眼底形成外界图像的物像, 其二是视网膜又将物像的光能转换并加工成神经冲动, 经由视神经将冲动传入视觉中枢, 从而产生视觉. 眼睛不仅仅是照相机, 而且是能够进行图像处理的智能电生理系统. 其结构见图 3-1.

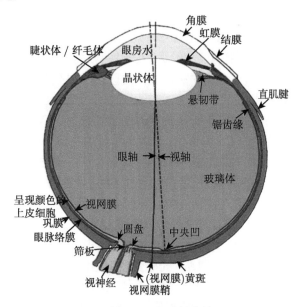

图 3-1　眼睛的结构

严格意义上讲, 眼的几何光学是很复杂的, 外界光线要经过角膜、房水、晶状体和玻璃体等多种折射率不同的光学介质, 而且这些介质往往是不均匀的结构, 其内部折射率是不同的, 并且是由不同的曲面分隔的. 通过简化的方法, 可以求得通过眼的光线的路径. 假定全部屈光是发生在空气和眼内容物之间的一个简单界面, 在这里假定眼内容物是均匀的, 并且具有像水一样的折射率 1.333. 简化后眼睛的 "角膜" 曲度中心为这个光学系统的节点 n, 见图 3-2, 视网膜位于节点后 10mm. ab

为 AB 在视网膜上所成的像, 其大小为

$$Ab = bn \cdot AB/Bn$$

若 2km 远处一棵 40mm 高的树, 在视网膜上成像大小为 $0.010 \cdot 40/2000 = 0.0002 (\mathrm{m})$, 即 0.3mm.

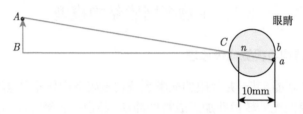

图 3-2　简化视网膜成像图

3.1.2　生物视网膜层次网络结构

视网膜是人类视觉系统中接收光信号与处理的核心系统. 从组织学上, 它可以分为 10 层的细胞结构, 这些细胞互相促进, 互相抑制, 构成复杂的网络结构.

一般来说, 人类视网膜可分为中央区和周边区, 中央区以视轴为中心, 直径约 5~6mm. 中央区可分为中央凹、旁中央凹和远中央凹. 周边区也分为近周边区、中周边区和远周边区. 中央凹区汇聚了高密度的视锥细胞, 而没有视杆细胞分布.

视网膜内由多层细胞构成 (图 3-3), 其中最主要的三层, 从最外到最内为感光细胞层、双极细胞层和神经节细胞层. 每一层, 均包含不止一类细胞; 各层之间以及一层之内的细胞形成广泛的联系, 这就是信息加工的形态学基础. 感光细胞由外段和内段组成, 中间由一个细的连接颈连接. 外段形状有两大类, 有些呈锥状, 有些呈杆状. 呈锥状的细胞是视锥细胞, 对颜色信息敏感, 大约 6 百万个; 呈杆状的细胞是视杆细胞, 与对亮暗敏感, 大约 1 亿个. 这两类细胞与相连接的双极细胞、神经节细胞形成不同的独立视觉信息处理通路. 光感受器细胞内包含感光物质——视色素, 它遇光发生生物电反应, 将光信号转化为电信号. 在同一层以及各层细胞之间, 细胞与细胞形成广泛的网状联系, 感受器细胞、水平层细胞和双极细胞之间的复杂联系构成了内网层, 而双极细胞、无足细胞与神经节之间的复杂网络联系构成了外网层. 这两个网层完成了很复杂的信息处理.

在视网膜的不同区域内各种细胞的分布情况不同. 人和猴网膜后端有一个直径为 1.5mm (折合 6° 视角) 的区域, 呈黄色, 称为黄斑. 黄斑的中央为中央凹, 中央凹区域聚集了大量的视锥细胞, 没有视杆细胞的分布. 视锥细胞在中央凹区达到最高密度, 每平方毫米约 100000 个. 视锥细胞对颜色敏感, 有很高的视锐度, 对光强敏感度不高. 这种分布为高视锐度中央凹创造了条件, 它是灵长类视网膜适应高视

锐度的需要而分化的结果. 由中央凹向外伸展 15°, 视锥细胞迅速降低, 此后大体维持在中央凹区最高密度的 1/30~1/25, 到了 70° 后基本消失. 视杆细胞在中央凹区域没有分布, 其密度最高的地方距中央凹 15° ~ 30°, 从这个区域向中央或周边密度逐步降低. 视杆细胞对光强敏感, 经常在光线不足的情况下起关键作用. 灵长类视网膜光感受器细胞和神经节细胞随偏离中央凹距离变化而变化的密度分布图见图 3-4.

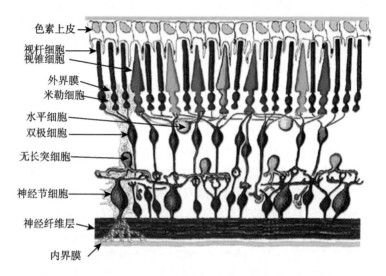

图 3-3 视网膜层次细胞结构

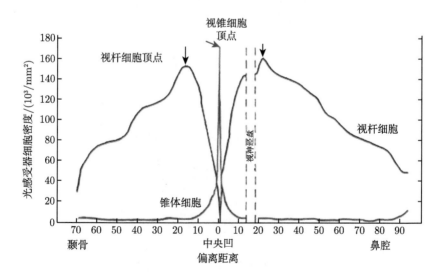

图 3-4 光感受器细胞分布 (Osterberg, 1935)

3.1.3   生物视网膜信息处理的概要性流程

灵长类视网膜为多层次的网络结构. 在信息处理流程中, 光感受细胞层、双极细胞层和神经节细胞层起了关键性的作用. 光信号被光感受器细胞层最先接收到, 转化成生理电信号, 经过多层细胞的处理达到双极细胞层. 在双极细胞层, 细胞的同心圆感受野已经初步形成, 同时双极细胞对信息进行了加工处理后, 继续通过多层细胞达到神经节细胞. 神经节细胞具有典型的同心圆感受野, 并且具有大范围的周边感受野. 神经节细胞将视觉信息传送到后续的视皮层细胞中. 在视网膜的视觉信息处理通路中, 视觉信息被处理压缩, 只有重要而且完备的视觉信息被保留下来, 经由神经节细胞以神经发放的方式传送到视皮层细胞中.

光感受器细胞可分为形态和反应特性都不同的视锥细胞与视杆细胞, 视锥细胞处理彩色视觉信息, 视杆细胞处理亮暗视觉信息, 这两种细胞的视觉信息通路彼此独立, 互不干扰, 与其连接的双极细胞与神经节细胞也呈现出不同的生理结构与反应特性. 在中央凹区域, 视锥细胞和双极细胞基本是单对单的连接, 在周边区, 光感受器细胞与后层细胞的连接随着离心度的增大而增大, 这点在视杆细胞上面表现得尤其明显. 当某光感受器细胞输出刺激双极细胞时, 它同时刺激周边的水平层细胞, 而水平细胞的正向发放则抑制双极细胞活动, 形成双极细胞的中心周边感受野机制. 由双极细胞、无长突细胞和神经节细胞构成的外网层信息处理机制仍然不是十分明了, 尤其是无长突细胞的种类多, 网络结构十分复杂, 它的处理机制仍然不明确. 双极细胞的同心圆感受野特性延续到与之相连接的神经节细胞, 而无长突细胞复杂的网络结构构成了神经节细胞更加广泛的大周边区感受野, 有研究表明无长突细胞可能在对于运动物体的识别中起了作用. 神经节细胞有至少两类通道, 视锥细胞的彩色信息处理通道与视杆细胞的亮暗信息处理通道. 神经节细胞之间也会有相互影响的网络结构. 视网膜信息处理流程示意图见图 3-5.

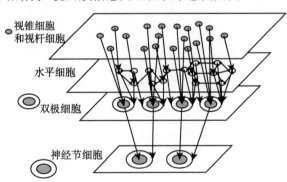

图 3-5   视网膜信息处理流程示意图

视觉信息在从最外层的光感受器细胞到担负将其传输至大脑皮层的神经节细

胞的处理过程中, 产生了大量的压缩. 极高密度的光感受器细胞采集视觉信息, 其数量有 1 亿多个; 400 多万个神经节细胞将视觉信息传递到后续的视觉皮层中去, 在这个过程中, 视网膜如同进行了图像编码一样, 保留了充分而足够的视觉信息, 又大量地压缩了信息量, 以减少视网膜以及后续视皮层在信息运载与处理过程中的硬件消耗.

3.1.4 生物视网膜信息处理过程中值得研究的几个重要问题

生物视网膜经过上万年的进化演变, 已经成为一台精度非常高、硬件体积与消耗十分低的视觉处理系统. 目前国内外对于图像处理的研究已经十分深入, 对于早期视觉的研究也已经开展多年, 但是其研究成果距离真实视网膜的性能仍然相差很远. 在这个领域, 仍然有很多没有解决或者被忽视的课题. 在生物视网膜信息处理过程中有几个很重要的问题值得我们去研究.

第一, 高密度的细胞层次结构. 生物视网膜的细胞密度极高, 在密度最高的区域达到了百万每平方毫米的级别. 这样高密度的光感受器细胞在信息采集的过程中, 一定是完备并且必要的, 任何需要的视觉信息都被光感受器细胞采集到至少一次, 甚至多次. 在光线充足的区域, 大量的视觉信息被采集并且传递到大脑皮层中. 即使在光线不充足的暗视环境, 仍然有足够的光感受器细胞工作. 传统的图像处理以像素为最小处理单位, 而一个像素在视网膜高密度的信息采样下, 可能被不同的光感受器细胞采样多次. 在 17′ 的屏幕上, 一个像素点大约占有 0.09mm², 这样大的面积距眼睛 1m 时, 其视网膜上的像在中央凹区能被 9 个视觉传感器细胞覆盖, 可见采样非常密集. 将像素作为图像的最小处理单元是远不够精确的. 在早期视觉模型当中, 高密度的视网膜细胞结构是值得研究的重要环节.

第二, 信息采集的完备性与硬件消耗之间的平衡. 展平的视网膜直径大约为 50mm, 在这么小的面积内聚集了大量的视觉细胞. 光感受器细胞数量众多, 大约有 2000 万个视锥细胞, 1 亿个视杆细胞, 然而只有大约 600 万个神经节细胞通向后方的视皮层. 视网膜肩负着采集全部视觉信息的重任, 同时挑选出充分必要的视觉信息, 最终以视皮层可以理解的方式传输出去. 首先它需要采集足够甚至是过量的视觉信息, 确保其完备性, 同时由于眼球的大小、神经的数量限制所能提供的硬件容量是有限度的, 长时间高负荷的工作对视网膜耐久性也是有要求的. 既需要保证足够的视觉信息传达, 又需要平衡在有限的硬件条件与高实时性要求. 灵长类的视觉系统一定有完备的机制、合理的模型来保证视觉信息处理的精确、稳定与高效. 这不仅仅是生理学研究的课题, 也是早期视觉需要关注并深入研究的重要问题.

第三, 各层细胞的算法结构, 这种算法对信息采集的充分性. 视网膜的信息处理功能由各层细胞执行, 细胞无疑是接收与编码视觉信息的载体. 研究表明, 光感受器细胞与水平层细胞形成了双极细胞的中心周边感受野, 可以完成对图像边缘信息提取的功能, 而无长突细胞可能担任了对运动物体感知的功能, 由双极细胞与无长突细胞的输出构成了神经节细胞更广泛的感受野, 也形成了视觉信息的进一步压缩. 各类细胞执行着不同信息处理的功能, 其拟合的算法也应该有很大的不同. 不同层细胞之间形成了广泛的连接, 同一层细胞与细胞之间也形成了复杂的网络结构. 细胞处理与网络结构构成了视网膜信息处理的基础, 其算法拟合的完备度是信息采集处理完备性的核心.

目前广泛使用的是 Rodieck 的高斯滤波模型, 它完成了对灰度图像边缘信息的处理, 并且很好地拟合了双极细胞点生理反应特性. 但是对灰度图像的处理与对边缘的提取仅仅是视网膜信息处理中一小部分, 生理视网膜可以完成更加复杂的对于彩色图像以及大量颜色渐变的阴影的信息处理. 所以仅仅用高斯滤波模型是远远不够的, 早期视觉模型仍然需要功能更加完备和强大的基础算法模型. 对于光感受器细胞、双极细胞与神经节细胞的算法模型已经有了不少研究, 但是对水平层细胞与无长突细胞拟合的算法仍然很少. 这两层细胞之间有着复杂网络结构, 与相连的细胞层共同工作, 完成了信息处理很重要的部分, 例如同心圆感受野、光自适应特性以及对运动的感知等, 对它们的研究仍然需要继续深入下去.

3.2 早期视觉模型分类与分析

3.2.1 早期视觉模型分类

目前国内外已有很多将生理领域的理论与计算机算法相结合的模型, 按照各类模型与生理的拟合程度, 可以分为 "黑匣子" 模型、简单生理拟合模型 (Sicard et al., 1999; Prokopowicz, Cooper, 1993) 与复杂生理拟合模型 (Lee et al., 2001). 按照视网膜的生理结构分类, 包括视锥、视杆细胞的算法模型 (Mertoguno, Bourbakis, 2003), 水平层细胞的算法模型 (Herault, 1996; Andersen, 1992; Lee et al., 2001), 双极细胞的算法模型 (Mertoguno, Bourbakis, 2003; Herault, 1996; Lee et al., 2001), 无足细胞的算法模型 (Lee et al., 2001), 神经节细胞 (邱芳士, 李朝义, 1995; 黎藏等, 2000; 邱志诚等, 2000; 杨谦等, 2000) 的算法模型. 按照算法与硬件实现的结合程度, 又可以将早期视觉模型分类为算法实现视网膜模型 (Herault, 1996; Andersen, 1992; Lee, 2001; Kareem et al., 2004; Carmona et al., 2002) 与电子器件实现视网膜模型 (Mertoguno, Bourbakis, 2003; Markus et al., 1999; Osterberg, 1935).

这些模型对视网膜的层次结构与信息处理模型进行了简单拟合, 大部分仍然以像素为最小处理单元, 没有考虑到生理视网膜的高密度与处理的精细程度. 同时这些模型实验处理的图片基本为非自然的简单图片, 没有考虑到视觉系统对真实世界的感知与处理.

3.2.2 "黑匣子"算法模型

在早期视觉模型中,"黑匣子"模型是数量众多的一种模型. 它很少考虑, 或者不考虑生理上视觉的处理机制, 自行设计出图像的处理方法, 来实现视觉信息处理的功能. 大部分基于算法的底层视觉数字图像处理技术都是这一类. 早期视觉模型中的数字图像处理技术使用单幅图像进行分析, 主要包括数字图像变形技术、图像的分析技术、边缘检测技术、图像分割技术等等. 每类技术都有大量的实现算法.

数字图像变形技术是利用图像中点与点之间的空间映射关系实现数字图像的几何变换. 简单的变换可以用解析方法来描述, 常用的有仿射变换、透视变换、线性变换及多项式变换. 常用的算法有二次网状变形算法, 此算法分两次完成, 第一次独立对每一行图像作重采样处理, 第二次对每一列图像进行重采样处理.

图像的分析主要是采用二维傅里叶变换的方法将二维图像转换到频率谱和相位谱中进行分析. 将原始图像矩阵与傅里叶变换矩阵相乘得到新的复数矩阵, 复数矩阵中包括了原始图像的相位与幅度频率信息. 它经常被用于实现二维滤波. 在算法实现中, 快速傅里叶变换被广泛地应用. 快速傅里叶变换利用傅里叶变换的周期性, 将变换连续分解为小单元进行, 提高变换的计算效率.

边缘检测可以分为两大类. 第一大类是用局部技术的边缘检测器, 这类检测器使用局部邻域算子. 第二大类是使用全局技术的边缘检测器, 这类检测器使用全局信息, 用滤波的方法提取边缘. 拉普拉斯算子是经典的边缘检测算子, 它定义为函数的二阶微分, 利用图像变化最大的区域, 也就是边缘区域的二阶倒数为零, 寻找图像的边缘. 但是拉普拉斯算子检测器抗噪声的能力不强, 二阶微分会增强噪声对图像的影响. 高斯滤波是经典的全局技术边缘检测器. 它利用高斯变换的特性, 将二维图像与高斯变换卷积, 得到一幅图像的边缘. 这两种边缘检测算法经常联合使用, 提高边缘检测算法的效果.

在实际图像中往往存在一些具有某种均匀一致的区域, 如灰度、纹理等分布的均匀一致性. 这些一致性构成的图像的特征向量可以将图像区分成不同的区域. 图像分割就是利用这些特征向量的一致性将图像分割成不同的区域. 区域分割技术可以分为三类: 一类是局部技术, 主要是基于像素及其邻域的局部特性进行分割; 第二类是全局技术, 以全局信息, 如直方图等, 作为图像分割的依据; 第三类是分裂、合并和区域增长技术, 主要的依据是区域的一致性和几何邻近度.

数字图像处理作为一门学科已经发展了半个多世纪, 在通信、医学、工业检测及科学研究领域有着广泛的应用. 其处理方法以像素为处理单位, 没有考虑到生理视网膜的高密度与处理的精细程度, 与真实的视觉处理过程相差较远.

3.2.3 简单生理拟合模型

简单生理拟合的视觉模型没有详细以及系统的模拟生理视觉模型, 实验结果也比较简略. 它仅仅模拟部门生理视觉模型的结构, 实现部分视觉信息处理的功能. 文献 (杨谦等, 2000; Kareem et al., 2004) 中提出的模型都是简单生理拟合模型.

文献 (Kareem et al., 2004) 论述了一种从生理中获得灵感的早期视觉模型——动态视网膜模型, 适用于动态实时的视觉平台. 它使用动态感受野模型, 替代了传统的空间邻域操作, 利用震动形成动态感受野, 来实现图像边缘检测以及动态识别.

真实的视觉系统中, 无论是摄像机还是眼球都是在不停的震动当中进行视觉的采样. 在以往的视觉系统中, 这种震动带来的效果被当作噪声而从视觉信息中过滤去. 而该文献利用了这种震动, 构成了感受器单元动态的感受野, 从而实现对比与运动检测. 动态感受野是一个图像处理单元由于震动而经过的视觉通路, 它模拟了哺乳动物眼球的运动. 在这种微小的震颤过程中, 视觉处理单元从邻近的区域采样, 进行视觉信息的处理. 每个处理单元单独进行计算, 将实时的输入与一段时间内的均值相减, 便可实现邻域内的对比检测. 然后再与 Naka-Rushton 方程相结合, 实现处理单元的光自适应性质. 系统利用自身的震动实现了静态图像的边缘检测, 这种内在的处理机制同样能够进行运动物体的识别. 当摄像机静止时, 可以检测运动的物体. 当摄像机震动时, 可以对静态的图像进行边缘检测, 同时能够检测运动的物体.

论文中的模型没有涉及复杂的网络计算, 每个处理单元可以独立并行工作, 适用大规模集成电路实现. 同时实现算法简单高效, 非常适用于实时的视觉检测系统.

文献 (杨谦等, 2000) 设计了一个基于生物模型的模拟视网膜芯片. 生物视网膜巨大的并行处理能力非常适合早期视觉的信息处理操作, 例如边缘提取、动态检测和光自适应等. 该文献中设计出的 4000 像素单元的模拟视网膜, 能在很大范围的光强和电压下并行地进行边缘提取功能. 基于生理的数字视网膜算法已经被广泛地使用于各种早期视觉处理任务, 但是因为视觉系统的处理数据量相当巨大, 而且对实时性要求很高, 这种数字视网膜并不适合处理早期视觉信息, 而电子视网膜能够具有很高的并行性, 效率高消耗低, 很好地弥补了数字视网膜的不足.

该文献设计的芯片具有 64×64 像素, 使用 3.3V, 0.5μm 的 CMOS 技术, 可以输出模拟信号和数字信号, 进行边缘检测和动态检测的能力. 芯片模拟了视网膜的各层细胞, 这和生物视网膜的结构是一致的. 芯片实现了视锥视杆细胞的光自适应调节, 水平层细胞的网络结构对视锥视杆细胞的输出实现了时空平均, 双极细胞的输出特性实现了带通滤波, 实现了边缘提取的功能. 文献中电子器件的参数可以根据输入的光强或电压自动进行调节, 模拟了生理视网膜的光自适应性.

文献中实验拟合了双极细胞的马赫带效应, 即在亮暗边界上, 亮边和暗边的细胞反应都更加地剧烈, 形成了反应图线上的突起, 结果比纯数字视网膜好. 实验还测试了生物实验中普遍使用的空间频率曲线, 结果和生物实验也比较一致. 基于与生理拟合程度很好, 文献还设计出了 4000 像素的模拟视网膜电路, 包括 250000 个传感器, 用它进行了边缘提取和动态检测, 这种模拟视网膜电路已经在商用摄像机中间使用, 但其处理能力与效果仍然远不及人类视网膜的处理能力.

3.2.4 复杂生理拟合模型

复杂生理拟合模型比较完整地模拟了生理视觉模型结构, 考虑了大量生理视觉模型的细节. 验证实验也模拟了大量典型的生理实验的方法, 与生理实验的结果进行了比较. 文献 (Sicard et al., 1999; Prokopowicz, Cooper, 1993; Herault, 1996) 都是复杂生理拟合的视觉模型.

文献 (Sicard et al., 1999) 详细地 [模拟了生理视网膜的层次结构], 定性地阐述了非彩色信息在视网膜系统中的处理过程. 该文献的模型利用了大量的生理实验的数据, 例如不均匀采样, 对不同光强的自适应, 对不同光强视锐度的变化等等. 模型对于实现机器视觉平台, 设计电子视网膜或者微型传感器有着实际的意义.

生理上, 视网膜是一个高密度的神经元网络结构, 在视觉信息传输到视皮层之前进行预处理, 实现数据的高压缩. 模型中, 图像先经过对数采样预处理, 将中央凹与周边区的数据区分开, 中央凹使用笛卡儿坐标系, 周边使用了对数坐标系, 实现了数据的第一层压缩. 视锥细胞层实现了色素漂白以及水平层细胞的瞬时时空调节, 以及对邻域光强的自适应功能, 自身的时空调节和水平层细胞的反馈. 水平层细胞调节了视锥细胞信息, 同时接收来自内网层细胞的信息反馈. 双极细胞层实现了经典的同心圆感受野结构, 中心区接收视锥细胞的输入, 周边接收水平层细胞的输入. 来自不同细胞的视觉信息经过了双极细胞的时空调节, 形成了两种双极细胞通路. 内网层细胞通过调节双极细胞和神经节细胞的感受野实现视网膜的时空敏感度. 它加强了空间边缘, 提高了输入的时间敏感度. 双极细胞的信息输出至神经节细胞, 形成了两种神经节细胞通路.

模型中间的时空调节使用了经典的高斯算子, 即空间的高斯滤波和时间的低通滤波.

$$\mathrm{CS}(r,t) = \alpha_c K(t; \tau_c) G(r; \delta_c) - \alpha_s K(t - d; \tau_s) G(r; \delta_s)$$

$$G(r; \delta) = \frac{1}{2\pi\delta^2} \exp \frac{-|r|^2}{2\delta^2}$$

$$K(t, \tau) = \begin{cases} \dfrac{1}{\tau} \exp\left(\dfrac{-t}{\tau}\right), & t \geqslant 0, \tau > 0 \\ 0, & t \leqslant 0 \end{cases}$$

其中

(1) δ_c, δ_s = 中心与周边区的高斯宽度 (μm);

(2) α_c, α_s = 中心与周边区输入的权值 (1.0);

(3) $\tau_c, \tau_s = $ 中心与周边区的时间常数 (ms);

(4) $d = $ 周边区的时间延迟 (ms);

(5) $r, t = $ 空间坐标 $r(\mu m)$, 时间 t (ms).

这种模型很好地拟合了双极细胞和神经节细胞的同心圆感受野模型.

模型的又一大特色是实现了对于不同光强输入时, 视锥细胞的自适应特性. 视锥细胞的高斯半径是随着光强的变化而变化的函数, 它的数据来自视锐度的生理实验数据, 很好地拟合了视锥细胞的生理特性.

同时这篇文献的模型实验采用了大量的生理实验, 对比了大量的生理数据. 文献 (Prokopowicz, Cooper, 1993) 是模型的实验报告. 它处理了生理上常用的闪烁背景刺激实验、阶梯光强刺激实验、正弦光栅实验以及真实图片的处理. 在处理生理实验时, 采用了与生理实验相同的刺激参数, 并与生理的结果进行了比对. 在处理真实图片时, 采用了对数采样, 实现中央凹与周边区的独立处理, 并在最后进行了合成.

文献 (Herault, 1996) 详细地描述了基于生理机制的层次视网膜模型, 并且实现了无足细胞模型, 这在其他文献当中是很少见的. 模型实现了动态检测功能, 模拟了生理上的刺激实验, 结果与生理实验结果相似.

模型模拟了生理上视网膜的层次模型, 包括视锥视杆细胞、水平层细胞、双极细胞、无足细胞和神经节细胞. 这些细胞模型的模拟引用了大量生理实验得出的细节. 各类细胞的实现都采用了如前所述的高斯模型, 每一层细胞的反应模型由时间低通函数和高斯函数卷积形成, 并且参数拟合了生理实验的结果. 这篇文献的模型特别实现了持续性无足细胞的模型, 用于检测动态的信息. 视觉信息经过双极细胞的处理之后, 到达持续性无足细胞, 经过持续性无足细胞的处理再到达双极细胞终端, 然后再输出至神经节细胞.

模型模拟了双极细胞在不同强度的闪烁光点刺激下反应的实验, 并同生理实验进行了比对. 实验还进行了运动物体的检测, 并且输出了各层细胞的反应. 虽然实验中物体的形状和运动都很简单, 但是对于复杂生理拟合模型的检测实验来说仍然是足够复杂的, 因为视网膜对于视觉信息的分析和提取程度是相当有限的.

复杂生理拟合模型相对于简单生理拟合, 其结构更加完整, 信息处理也更加复杂. 其算法也与传统的数字图像处理有比较密切的结合, 对于我们研究真实视网膜视觉信息处理有很大的帮助. 它模拟真实视觉的处理过程, 考虑了生理视网膜的物理分布与层次连接, 非常适应于机器并行处理实现, 并且在效率和消耗方面都有很大的优势.

3.3 早期视觉机制的模拟

3.3.1 模拟视网膜结构的计算模型

一般来说, 人类视网膜可分为中央凹区和周边区, 中央区以视轴为中心直径约 5~6mm, 这个区域汇聚了高密度的视锥细胞, 而没有视杆细胞分布. 视网膜内由多层细胞构成, 其中最主要的三层, 从最外到最内为感受器细胞层、双极细胞层和神经节细胞层. 每一层, 均包含不止一类细胞; 其中感受器细胞可以分为对颜色信息敏感的视锥细胞, 大约 600 万个; 与对亮暗敏感的视杆细胞, 大约 1 亿个; 这两类细胞与相连接的双极细胞、神经节细胞形成不同的独立视觉信息处理通路. 在同一层以及各层细胞之间, 细胞也与细胞形成广泛的网状联系, 感受器细胞、水平层细胞和双极细胞之间的复杂联系构成了内网层, 而双极细胞、无足细胞与神经节之间的复杂网络联系构成了外网层. 这两个网层完成了很复杂的信息处理. 视锥细胞对颜色敏感, 有很高的视锐度, 对光强敏感度不高, 大部分集中在中央凹区域, 视杆细胞对光强敏感, 经常在光线不足的情况下工作, 主要分布在周边区域. 在中央凹区域, 视锥细胞和双极细胞是单对单的连接, 当某视锥细胞输出刺激双极细胞时, 它同时刺激水平细胞, 而水平细胞抑制双极细胞活动, 形成双极细胞著名的中心周边感受野机制 (Lee et al., 2001; 黎藏等, 2000; 邱志诚等, 2000; 杨谦等, 2000). 在外网层, 双极细胞、无足细胞和神经节细胞构成了与内网层同样的结构. 细胞间错综复杂的网状结构形成了各种形态的神经节细胞, 同时也构成了神经节细胞的中心周边感受野. 最后, 由大约 100 万个神经节细胞将视觉信息传递到后续的视觉皮层中去. 视网膜对视觉信息的处理流程图见图 3-6.

最通常的人造视网膜设计是给出一个处理单元的阵列或阵列组, 由它们来模拟视网膜的物理结构. 但是, 像素的面积相对于视觉传感器来说太大了, 用像素作为视觉信息处理的最小单元是很不精确的. 在 17′ 的屏幕上, 一个像素点大约占有 $0.09mm^2$, 这样大的面积距眼睛 1m 时, 其视网膜上的像在中央凹区能被 9 个视觉传感器细胞覆盖, 可见采样非常密集. 在已知高度生物视网膜生理结构的前提下, 我们设计一个高逼真度的数学模型, 以与生物视网膜同样的精度进行工作, 其显著的改变在于: 不把像素当作传感器阵列的对应物, 而把它们当作有面积的、连续的视野. 其实光感受器的物理尺寸并不重要, 重要的是在某一视野区域内的采样密集度. 本书以一种逼近真实视锥与视杆采样密集度为连续性视野进行采样. 采样模型使用生理视网膜的物理尺寸, 用相似三角形模拟光刺激由外向视网膜投射, 算法示意图见图 3-7.

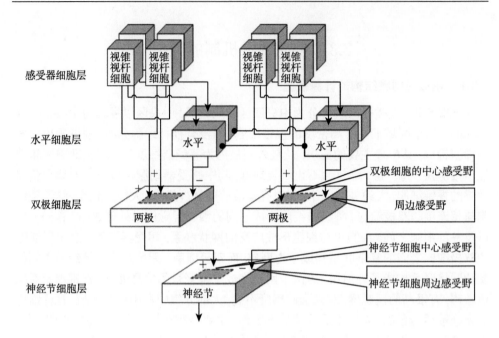

图 3-6　视网膜信息流程图

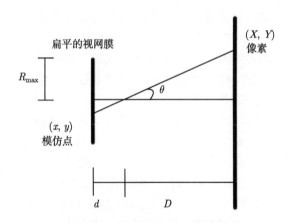

图 3-7　视网膜细胞投射模型图

$R_{\max} = 27.5\text{mm}$, $\theta_{\max} = 70°$, $d = R_{\max}\tan(\theta_{\max}) = 10\text{mm}$, D 可调节的

$\theta \leqslant \theta_{\max}$, $(x, y) = (X \times 10/D, Y \times 10/D)$

　　Osterberg 在 1935 年了绘出著名的人视网膜在不同离心度下视锥细胞和视杆细胞的密度图, 这一尺度对照关系为我们确定图像不同位置可能被采样的精度提供了极好的依据. 按照视锥细胞和视杆细胞的分布密度及其采样位置, 我们把视网膜看成是以中央凹为中心的圆盘, 它由多个环带组成, 视锥细胞和视杆细胞在环带上

分布密度不同. 我们简化视锥细胞和视杆细胞在视网膜上的分布如下 (图 3-8): 对视锥细胞, $-5° \sim 5°$ 是 10 万/mm², $5° \sim 10°$ 是 4 万/mm², 其余是 1 万/mm². 对视杆细胞, $-5° \sim 5°$ 是 0, $5° \sim 10°$ 是 10 万/mm², $10° \sim 50°$ 是 12 万/mm², $50° \sim 70°$ 是 8 万/mm². 因此, 对视锥细胞系统, 其 3 个环带的径向厚度分别是 3mm、2mm、24mm. 对视杆体系统, 其 4 个环带的径向厚度分别是 3mm、2mm、13mm、11mm. 这两个系统是空间重叠而且独立的. 神经节细胞的数量为 100 万个, 分布趋势大致与视锥细胞相同. 由于视锥细胞的数量在 600 万个左右, 因此在实现上我们把视锥细胞的密度降低到 1/6 来作为神经节细胞的分布密度. 由于视锥细胞与视杆细胞处于颜色与亮暗两个信息处理系统中, 它们彼此独立, 与之相连的神经节细胞也形成两种独立的通路. 处于中央凹半径之内的神经节细胞, 接收视锥细的输入. 对位于中央凹半径之外的那些神经节细胞, 我们按 1:2 的比例分别分给颜色系统神经节细胞和明暗系统神经节细胞. 颜色系统神经节细胞接收来自视锥细胞的输入, 明暗系统神经节细胞接收来自视杆细胞的输入. 究竟是哪一个神经节细胞属于颜色系统, 是哪一个神经节细胞属于明暗系统随机决定. 我们不再以像素为计算的最小单位, 而是依据生理的密度数据简化生成视网膜细胞数值模型, 用大密度的采样点阵模型模拟视网膜信息流的处理过程. 我们将视网膜中心点定为坐标原点, 以两条相互垂直的视网膜直径作为坐标系的横轴与纵轴. 所有细胞的坐标采用浮点型, 用 (x, y) 定位, x 代表与纵轴的距离, y 代表与横轴的距离, 依据不同环带的细胞密度, 均匀分布, 覆盖整个模拟视网膜.

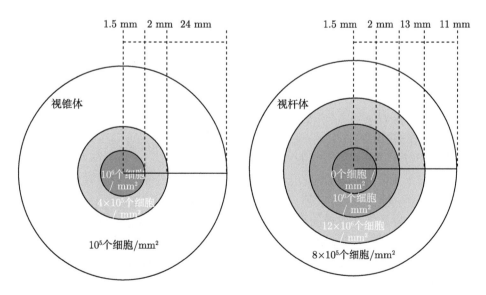

图 3-8 视锥视杆细胞分布模型

　　计算环带的内切与外切正方形边长 L_1, L_2 (图 3-9), 拟合每个环带的细胞生成范围.

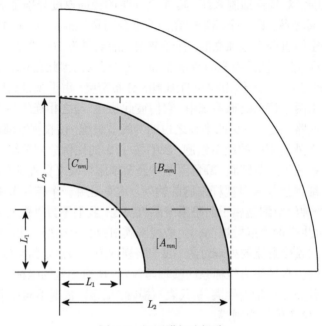

图 3-9　视网膜细胞矩阵

　　依据环带细胞的密度 D 生成环带细胞矩阵, 用二维矩阵描述. 视网膜内半径小于 1.5mm 的半圆, 用一个外切二维矩阵 A_{mm} 来描述, 其余的圆环用三个二维矩阵描述 A_{mn}, B_{mm}, C_{nm}, 这三个二维矩阵恰好覆盖了视网膜的细胞环带, 其中 $m = (L_2 - L_1)\sqrt{D}, n = L_1\sqrt{D}$, 二维矩阵的每个元素为一个细胞结构, 包括位置信息 (x, y), 输入输出等.

　　分别在每个矩阵内生成细胞点位置. 对于矩阵 A_{mn}, $(x, y)_{i,j} = (L_1 + i_1/\sqrt{D}, j_1/\sqrt{D})$; 对于矩阵 B_{mm}, $(x, y)_{i,j} = (L_1 + i_1/\sqrt{D}, L_1 + j_1/\sqrt{D})$; 对于矩阵 C_{nm}, $(x, y)_{i,j} = (i_1/\sqrt{D}, L_1 + j_1/\sqrt{D})$. i 为 $0 \sim m - 1$ 的整数, j 为 $0 \sim n - 1$ 的整数.

　　我们读入上述算法生成的视网膜细胞结构数据, 进行密度计算, 生成下面三幅密度图 (图 3-10～图 3-12), 验证了我们关于视网膜的细胞密度模型. 它依据并简化 Osterberg 关于人视网膜在不同离心度下视锥、视杆细胞与神经节细胞的密度图, 实现了模拟视网膜信息处理的网络结构.

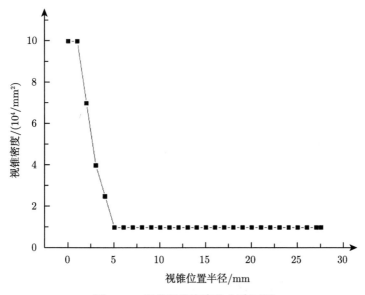

图 3-10 视锥细胞密度分布验证图

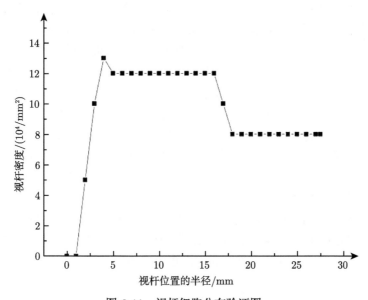

图 3-11 视杆细胞分布验证图

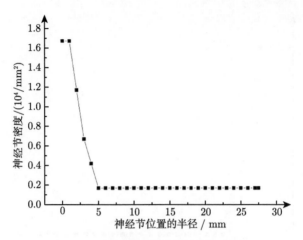

图 3-12　视网膜神经节细胞分布验证图

3.3.2　视网膜神经节细胞感受野分布模型

1938 年, Hartline 在蛙单根视神经纤轴突上记录到电反应, 从此产生了感受野的概念. 感受野指视觉胞在某一空间受到一定模式的光刺激, 而产生生理电发放的区域. 1953 年, Kuffler 首次发现了神经节细胞感受野的同心圆拮抗形式, 即感受野是一个中心兴奋区与周边抑制区组成的同心圆结构. 同心圆的空间拮抗是感受野的主要作用形式, 它形成了空间对比度分辨的神经生理基础.

在视网膜内部, 不同位置的神经节细胞的感受野大小是不同的. 随着视网膜离心度的增大, 神经节细胞与感受器细胞连接的汇聚程度也在增大, 在周边区的神经节细胞的感受野大于中心区的神经节细胞的感受野. 同时, 这种汇聚的增大在视杆细胞比视锥细胞显著得多. 据生理学统计, 猕猴的视锥细胞与神经节细胞的汇聚度随着离心度的增加, 在 5~18 度的范围内变化, 而视杆细胞与神经节细胞的汇聚度在 100~1500 的范围内变化. 根据视网膜细胞的密度分布, 我们用一元线性方程分别拟合这种变化的趋势.

对于视锥通路, 其神经节细胞距离视网膜中心的半径在 0~27.5mm 变化, 视锥细胞与神经节细胞的汇聚度在 5~18 的范围内变化. 意味着视网膜原点的汇聚度为 5, 而最外周的汇聚度为 18. 线性变化的汇聚公式如下.

$$\mathrm{Convergence}_{\mathrm{cone\text{-}ganglion}} = \lceil 0.47 R_{\mathrm{ganglion}} + 5 \rceil \tag{3.1}$$

其中 $\mathrm{Convergence}_{\mathrm{cone\text{-}ganglion}}$ 为视锥细胞到神经节细胞的汇聚度, R_{ganglion} 为神经节细胞距离视网膜中心的位置.

对于视杆通路, 其神经节细胞距离视网膜中心的半径在 1.5~27.5mm 变化, 视杆细胞与神经节细胞的汇聚度在 100~1500 的范围内变化. 由于视杆细胞中央凹区没有分布, 所以视杆细胞在中央凹边缘的汇聚度为 100, 而最外周的汇聚度为 1500. 则线形变化的汇聚公式如下:

$$\text{Convergence}_{\text{rod-ganglion}} = \lceil 53.8 R_{\text{ganglion}} + 27.5 \rceil \qquad (3.2)$$

其中 $\text{Convergence}_{\text{rod-ganglion}}$ 为神经节细胞与视杆细胞的汇聚度, R_{ganglion} 为神经节细胞距离视网膜中心的半径.

我们根据公式 (3.1) 和 (3.2) 计算得出视网膜中任意位置的感受器细胞向神经节细胞的汇聚度. 以由内而外、逐步扩大扫描半径的方式得到某神经节细胞感受野范围内的感受器细胞. 首先以该神经节细胞的位置为中心, 从 0mm 开始逐渐增大扫描半径, 如果处于这个区域内的所有视锥细胞或视杆细胞个数之和不到汇聚度, 就继续增大半径扫描, 直到区域内的所有视锥细胞或视杆细胞个数之和达到该神经节细胞的汇聚度为止. 如果得到的视锥细胞或视杆细胞的数量稍大于汇聚度, 则把这些视锥细胞或视杆细胞也加入该神经节细胞的感受野. 按照步骤扫描过所有的神经节细胞后, 即使剩下一些视锥细胞或视杆细胞没有被覆盖住, 它们也是非常零星的、孤立的、不可能出现大面积没被覆盖的区域, 因此对少数几个没被覆盖住的传感器, 就分别就近给它们找一个性质相同的神经节细胞, 合并到该神经节细胞的感受野中去. 为消除计算模型中汇聚度为奇数对神经节细胞信息处理的影响, 我们将汇聚度转换为偶数. 下面是视锥通路与视杆通路神经节细胞的汇聚度模型验证图 (图 3-13 和图 3-14).

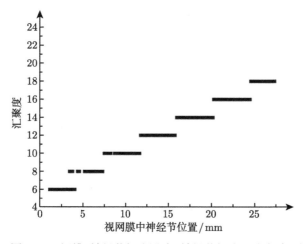

图 3-13　视锥-神经节细胞通路, 神经节细胞汇聚率验证图

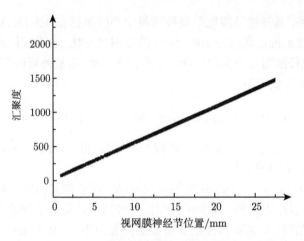

图 3-14　视杆-神经节细胞通路, 神经节细胞汇聚度验证图

神经节细胞感受野由一个兴奋型的中心区和抑制型周边区组成. 当不均匀光线照射时, 由于中心和周边收到的输入不等, 兴奋区受到抑制区的抑制作用后, 仍然产生输出, 于是该神经节细胞完成了对边缘信息采集. 当均匀光线持续照射时, 中心和周边受到的刺激相等而抵消, 神经节细胞没有发放. 由此可以得出, 神经节细胞感受野中心区和周边区的汇聚度应该大致相等, 这样可以保证中心周边输入相等时, 兴奋与抑制作用的抵消. 我们将神经节细胞感受野内的光感受器细胞一分为二, 中央区域作为神经节细胞感受野的中心区, 此外区域作为神经节细胞的感受野周边区, 两块区域感受器细胞的连接数相等, 按照神经节细胞感受野的扫描方式生成连接. 下面是两类通路神经节细胞在不同密度的环带中感受野尺寸变化覆盖视野的示意图 (图 3-15 和图 3-16), 坐标原点为视网膜中心, 覆盖了四分之一的视网膜. 根据神经节细胞的汇聚度可得到与之相连接的光感受器细胞个数, 根据相应光感受器细胞的密度, 可以得到光感受器细胞层, 神经节细胞感受野的几何边界. 我们将感受野绘制出来作为验证, 小方形为感受野中心区域, 大方形为感受野周边区域. 为了清晰地描述神经节细胞感受野随着细胞位置变化趋势, 设置视锥通路神经节细胞的采样密度为真实神经节细胞数据密度的千分之一, 视杆通路神经节细胞的采样密度为真实神经节细胞数据密度的五万分之一. 若完整绘制所有神经节细胞的感受野, 整个视网膜细胞将被完全覆盖.

3.3.3　光感受器细胞的算法模型

1. 基于 RGB 颜色通道视锥细胞的算法模型

根据 Dowling 于 1987 年绘出的光感受器细胞敏感曲线图, 在 400~700nm 的可见光范围内, 视锥细胞有三种类型, 分别对 558nm、531nm 和 419nm 的波长敏感.

在 RGB 颜色表示模型中, 这三种波长的光线对应了 R, G, B 三种颜色值. 我们在 RGB 颜色模型上设计类似的敏感曲线, 首先把 R, G, B 在 0~255 的值做一个平移变换: B ∈ [0, 0xFF]、G ∈ [0x100, 0x1FF]、R ∈ [0x200, 0x2FF]. 然后将平移过后的 RGB 值进行归一化处理, 即 $R = R/767, G = G/767, B = B/767$. 我们采用二次曲线 (3.3) 来近似视锥细胞的敏感曲线.

$$R(\lambda) = -a(\lambda - F)^2 + c \tag{3.3}$$

其中 $R(\lambda)$ 为单个细胞的近似输出, λ 为单个视锥细胞的输入, F 为敏感颜色常数, a, c 为系数, $a > 0, 0 < c \leqslant 1$.

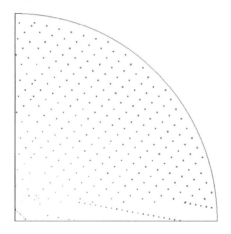

图 3-15 视锥通路神经节细胞感受野验证图 (1/4 个视网膜, 千分之一的密度)

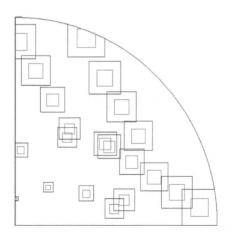

图 3-16 视杆通路神经节细胞感受野验证图 (1/4 个视网膜, 五万分之一的密度)

当 $F = 1/6$、$F = 1/2$ 和 $F = 5/6$ 时, 分别表示该视锥细胞是对蓝色、绿色和红色敏感, 并且它们的反应曲线在边缘有重叠. 为拟合光感受器细胞的生理反应特性, 将光感受器细胞的反应拟合在 0∼1 范围内, 取 $a = 16$, $c = 1$. 对于彩色输入, 每个视锥细胞输入的都是 R, G, B 三个值, 我们用加权平均 (3.4) 来近似视锥细胞输出的最终值. 三种类型的视锥细胞数量相等, 在同一密度区间内均匀、相间分布.

$$R_{\text{cone}}(r, g, b) = \frac{R(r)^2 + R(g)^2 + R(b)^2}{R(r) + R(g) + R(b)} \tag{3.4}$$

2. 基于 RGB 颜色通道视杆细胞的算法模型

视杆细胞是明暗信息的载体, 对光强起响应. 我们将彩色 RGB 值转化为灰度值作为视杆细胞的输入, 设计它的反应模型为灰度 (0∼255) 的单调函数如下.

$$R_{\text{rod}}(r, g, b) = \frac{0.6g + 0.3r + 0.1b}{255} \tag{3.5}$$

3.3.4　神经节细胞的算法模型

神经节细胞具有同心圆感受野结构, 由一个兴奋型的中心区和抑制型周边区或抑制型的中心区和兴奋型周边区组成, 其输出也由中心区与周边区两部分组成. 我们采用模型 (3.6) 拟合神经节细胞的输出, 它是一个相对值, 由感受野中心区与周边区的线性差与中心周边的平均输出的差值组成, 这符合由 DOG 模型开创的传统. 我们以视网膜中心为原点, 两条相互垂直的直径为 x, y 轴, 建立直角坐标系.

$$R_{\text{ganglion}}^{(x,y)}(r, g, b) = R_{\text{center}}^{(x,y)}(r, g, b) - R_{\text{surround}}^{(x,y)}(r, g, b) \tag{3.6}$$

其中 $R_{\text{ganglion}}^{(x,y)}(r, g, b)$ 为位于视网膜位置 (x, y) 处的神经节细胞的输出; $R_{\text{center}}^{(x,y)}(r, g, b)$ 为位于视网膜位置 (x, y) 处的神经节细胞感受野中心区的输出, 即为处于该神经节细胞感受野中心区所有光的感受器细胞输出之和; $R_{\text{surround}}^{(x,y)}(r, g, b)$ 为位于视网膜位置 (x, y) 处的神经节细胞对感受野周边区的输出, 即为处于该神经节细胞感受野周边区的所有光感受器细胞输出之和. 对于视锥通路来说,

$$R_{\text{center}}^{(x,y)}(r, g, b) = \sum_{\text{center}} R_{\text{cone}}(r, g, b), R_{\text{surround}}^{(x,y)}(r, g, b) = \sum_{\text{surround}} R_{\text{cone}}(r, g, b)$$

对于视杆通路来说,

$$R_{\text{center}}^{(x,y)}(r, g, b) = \sum_{\text{center}} R_{\text{rod}}(r, g, b), \quad R_{\text{surround}}^{(x,y)}(r, g, b) = \sum_{\text{surround}} R_{\text{rod}}(r, g, b)$$

3.4 计算模型的实现与实验分析

3.4.1 模型的实现

本节模拟生理视网膜结构的数字视网膜用 C/C++ 语言实现, 输出数据根据视网膜的层次结构独立输出与储存, 这种方式适应性好, 耦合度低, 改动灵活.

采用独立结构数据类型模拟视锥细胞、视杆细胞、神经节细胞这三类细胞的特性. 视锥细胞的属性包括 x 坐标位置、y 坐标位置、细胞敏感类型; 其中 x 坐标位置与 y 坐标位置表示该视锥细胞在视网膜的位置, 数据类型采用 float 型; 细胞类型表示该视锥细胞是对于红、绿、蓝哪种颜色敏感, 采用 int 型, 0 表示对红色敏感, 1 表示对绿色敏感, 2 表示对蓝色敏感. 视杆细胞的属性包括 x 坐标位置、y 坐标位置; 其中 x 坐标位置与 y 坐标位置表示该视杆细胞在视网膜的位置, 数据类型采用 float 型. 神经节细胞的属性包括 x 坐标位置、y 坐标位置、汇聚度、细胞通路类型; 其中 x 坐标位置与 y 坐标位置表示该神经节细胞在视网膜的位置, 数据类型采用 float 型; 汇聚度表示该神经节细胞与光感受器细胞的连接数, 数据类型为 int 型; 细胞通路类型分为两类, 0 表示视锥–神经节细胞通路, 1 表示视杆–神经节细胞通路, 数据类型为 int 型; 根据 x, y 坐标位置可以得到光感受器细胞的密度, 感受野的范围可以由相应光感受器细胞密度与汇聚度得到, 所以在这里没有额外记录神经节细胞的感受野范围. 数据以 *.dat 格式存储在外部存储器中. 数据分析以及验证图片生成采用数学工具 Origin.

3.4.2 真实图片实验结果与分析

1. 模拟视网膜细胞模型输出分析

视网膜中存在至少两种视觉通路, 视锥通路和视杆通路. 其中视锥细胞对颜色信息敏感, 是彩色信息的主要处理通路. 视杆细胞对亮暗信息敏感, 是灰度亮暗信息的主要处理通路. 我们的模型模拟了这两种主要通路, 单个视锥细胞的计算模型如公式 (3.3), 它的输出按照神经节的感受野汇聚模型 (3.4), 形成神经节细胞的输入, 单个神经节细胞的计算模型如公式 (3.5), 神经节细胞依据视网膜细胞密度模型形成神经节细胞层的输出, 视杆细胞通路的信息处理与视锥细胞类似.

下面是模型对真实图片 (图 3-17) 处理的输出结果验证. 验证图片展示了四分之一个视网膜各层细胞的输出, 视网膜中心映射到图片的左下角. 视网膜距离输入图像 60mm. 图 3-18 为视锥细胞的输出结果, 图 3-19 为视杆细胞的输出结果, 图 3-20 为视锥细胞–神经节细胞通路下, 神经节细胞的输出结果, 图 3-21 为视杆细胞–神经节细胞通路下, 神经节细胞的输出结果.

图 3-17　输入图像 (600×600 像素)

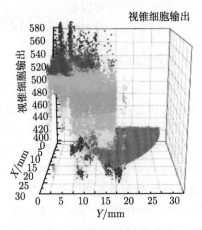

图 3-18　视锥细胞输出

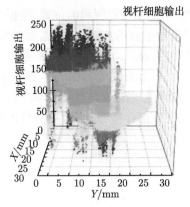

图 3-19　视杆细胞输出

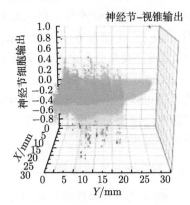

图 3-20　视锥通路, 神经节细胞输出

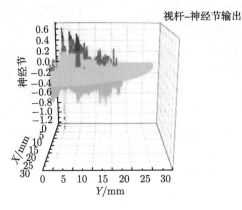

图 3-21　视杆通路, 神经节细胞输出

从输出结果图可以看出, 视锥视杆细胞同属于光感受器细胞, 它们的输出比较近似. 当视觉信息为大面积的均一输入时, 光感受器细胞输出变化很小, 也呈现出大面积的均一输出, 而神经节细胞则处于低活跃状态, 输出接近于零. 当视觉信息为变化剧烈的复杂输入时, 光感受器细胞的输出也相应变化剧烈, 神经节细胞的输出也开始增高, 显示出输入颜色变化的信息.

2. 模拟视网膜模型结构与性能分析

为了更全面地分析模拟视网膜结构的性能, 我们用六十三幅不同复杂度的真实场景图片进行实验, 计算了神经节细胞的激活情况 (图 3-22 和图 3-23). 并将这些复杂图片按照其复杂程度进行分类, 分析视网膜细胞在对于不同复杂程度的视觉信息处理时, 输出特性与输入复杂度之间的关系.

从实验结果可以看出, 对于静态的真实场景, 神经节细胞的输出主要集中在最大输出的 10%~20%, 占整个神经节细胞数量的 80% 左右. 这说明人视网膜在接受静态场景视觉信息输入时, 神经节细胞处于低耗状态, 大量的神经节细胞并不在工

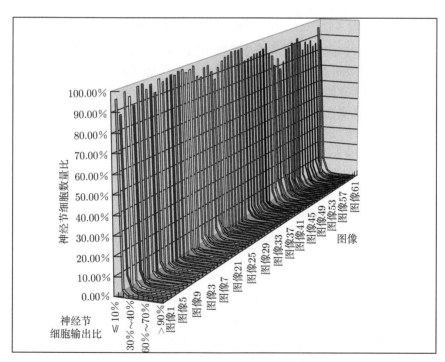

图 3-22 视锥–神经节通路, 神经节细胞激活率分析

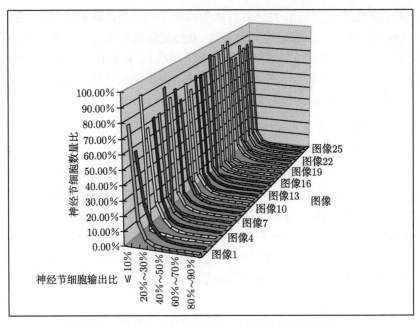

图 3-23　视杆–神经节通路, 神经节细胞激活率分析

作, 可能是处在一种休息状态或是等待接收其他信息输入的状态. 这可以解释我们在看简单的场景时眼睛不容易感到疲劳, 而持续接收复杂动态信息输入时, 比较容易疲劳, 这是视网膜在输入信息与硬件复杂度之间做了平衡, 既要能够充分地接收外界的信息刺激, 又要在有限的硬件消耗下完整地处理视觉信息. 我们将 10% 作为神经节细胞的激活率, 进行下面的分析.

接下来将这些输入图像按照其复杂程度归类, 归类标准为 bmp 图像的 jpeg 编码码长. 由于 bmp 图没有进行最优编码, 因此其包含了很多冗余信息. jpeg 图像将利用这些冗余信息进行编码, 码长越长的图像的复杂程度越高, 在相同像素大小的情况下, 其图片的占用空间越大. 我们将这些 600×600 像素大小的 bmp 图像用同种工具进行 jpeg 编码, 将其编码后的 jpeg 图像按照占用空间大小 (以千字节为单位) 分为五类.

表 3-1 和表 3-2 这两张表格综合了图 3-24 和图 3-25 的信息, 从这两张表格可以看出, 随着输入图片复杂度的增大, 神经节细胞被激活的数量也相应增大. 视网膜在处理复杂图像的时候, 其活跃程度随着输入信息复杂度的升高而升高, 其相应的硬件开销也增大. 由于硬件的规模受到了生理的限制, 这种增大不可能是无限制的, 而是在满足其对视觉信息处理精度的要求下, 达到硬件消耗、处理精度、处理时间之间的平衡.

表 3-1 视锥−神经节通路, 神经节细胞平均激活率, 按照 jpeg 图像大小范围排序

图像大小	神经节细胞激活率
30~60 (8 image)	1.33%
60~90 (10 image)	2.79%
90~150 (23 image)	6.33%
150~200(10 image)	11.65%
> 200 (11 image)	13.72%

注: 神经节细胞激活率阈值为 10%

表 3-2 视杆−神经节通路, 神经节细胞平均激活率, 按照 jpeg 图像大小范围排序

图片大小	神经节激活率
30~60 (8 image)	7.72%
60~90 (10 image)	15.06%
90~150 (23 image)	20.18%
150~200(10 image)	35.76%
> 200 (11 image)	35.68%

注: 神经节细胞激活率阈值为 10%

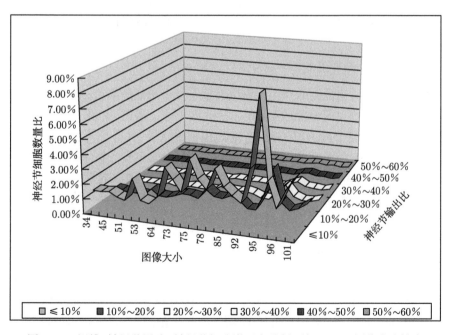

图 3-24 视锥−神经节通路, 神经节细胞激活率分析, 按照 jpeg 图像大小排序

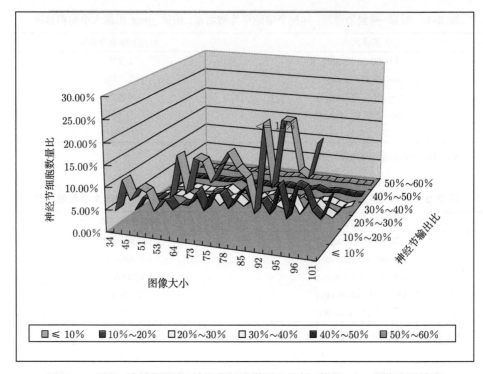

图 3-25　视杆–神经节通路, 神经节细胞激活率分析, 按照 jpeg 图像大小排序

3. 视网膜模型边缘覆盖率分析

生理研究表明, 让神经节产生生物电发放有一个最低的阈值. 当输入达到某个阈值时, 神经节细胞才开始发放生物电信息, 低于这个阈值, 神经节细胞处于不活跃状态. 可见低于某个阈值时, 神经节细胞在积蓄能量, 只有当其能量达到了某个限度的时候, 生物电信息才会产生并且发放. 从上面的表格分析中, 我们选择最大输出的 10% 作为临界的发放阈值, 高于此阈值的神经节细胞数量占神经节细胞总量的 20% 左右, 即激活率. 随着输入视觉信息复杂度的增加, 神经节细胞的激活率也增加.

4. 单幅图片的边缘覆盖率分析

本节设计了差值法作为提取边缘的参照算法, 该算法与拉普拉斯算子、高斯–拉普拉斯滤波对图像边缘提取的效果类似. 为方便计算和与视网膜神经节细胞感受野位置对应的考虑, 本节采用差值法的提取边缘的结果作为边缘信息的参照. 差值法的计算步骤如下:

(1) 将彩色图像灰度化. 计算每个像素与其相邻的八个像素差的绝对值之和,

作为该像素的差值.

(2) 计算图像所有像素差值的最大值与最小值, 最大值与最小值形成图像边缘信息的区间.

(3) 将该区间用百分比等分, 可选取任意百分比作为边缘信息的阈值, 图像中差值高于阈值的像素作为边缘信息被提取, 低于阈值的像素作为非边缘信息.

本节对图 3-17 采用差值法进行边缘信息提取, 阈值设为 10%, 实验结果图片见图 3-26. 同时我们用拉普拉斯算子、高斯–拉普拉斯滤波对同样的图像进行实验, 差值法对图像边缘信息的提取效果好一些.

图 3-26　差值法计算图像边缘信息

本节将被激活的神经节细胞的物理位置与感受野的半径记录下来; 然后把这些细胞对应的输入图像物理位置记录下来, 即这些神经节细胞接收了哪些位置的输入视觉信息; 最后把被激活神经节细胞采集到的视觉信息的物理位置在原始的输入图像中表示出来.

图 3-27 是视锥通路, 神经节细胞覆盖率的验证图, 图 3-28 是视杆通路, 神经节细胞覆盖率的验证图. 黑色的半圆形线条表示视网膜采集细胞的边界, 由于在视杆通路中, 神经节细胞的感受野比较大, 所以在靠近视网膜采集边界时, 有些神经节细胞的感受野超出了视网膜采集信息的边界, 这仅仅是验证图的绘制, 在真实的早期视觉模型处理过程中, 神经节细胞处理信息的边界不会超过视网膜的边界.

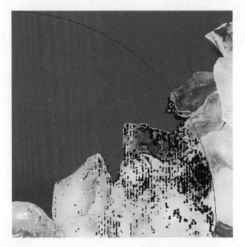

图 3-27　视锥通路, 神经节细胞边缘覆盖率分析

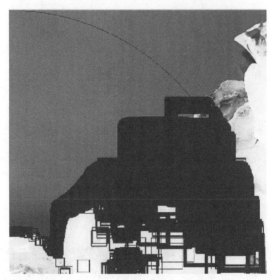

图 3-28　视杆通路, 神经节细胞边缘覆盖率分析

　　从验证图中可以看出, 早期视觉模型中, 神经节细胞对颜色剧烈变化的边缘信息有很好的采集. 被激活的神经节细胞聚集在输入视觉信息变化剧烈的区域, 覆盖了绝大部分颜色变化的边缘或者阴影. 视杆通路的神经节细胞对信息的采集比视锥通路的神经节细胞完全, 这是由于视杆通路中, 神经节细胞的感受野面积更加大. 而对于大片的均一无变化的输入, 例如图像的左上角, 绝大部分的神经节细胞没有被激活, 这些区域颜色均一, 只需要极少的神经节细胞就可以表示. 这验证了视网膜在采集视觉信息时, 既需要保证采集到的视觉信息是完备的、足够的, 同时又要

尽可能地降低硬件消耗, 即神经节细胞的低激活率, 以此保证视网膜的高精度高实时性, 以及连续长时间的工作.

5. 多幅图片的覆盖率分析实验

本节采用差值法作为边缘提取的模型算法, 提取图像的边缘信息. 同时采用早期视觉模型对图像进行边缘提取, 对多幅图片进行覆盖率实验, 即以差值法提取的边缘信息为标准, 计算早期视觉模型提取的边缘与差值法提取边缘的覆盖情况, 以此来验证早期视觉模型是否采集到了足够完备的视觉信息. 表 3-3 为视杆–神经节细胞通路, 多幅图片的早期视觉模型覆盖率实验结果.

表 3-3　视杆–神经节细胞通路, 神经节细胞边缘覆盖率分析

	图像大小	10%	20%
图像 1	34	83.36%	92.49%
图像 2	44	79.57%	88.50%
图像 3	45	74.56%	78.69%
图像 4	45	79.27%	82.07%
图像 5	51	81.26%	89.61%
图像 6	64	85.85%	89.57%
图像 7	71	95.17%	91.55%
图像 8	73	96.14%	100.00%
图像 9	75	99.95%	99.95%
图像 10	75	64.44%	67.01%
图像 11	92	82.41%	86.40%
图像 12	95	90.90%	94.83%
图像 13	95	92.17%	94.87%
图像 14	95	94.39%	97.59%
图像 15	96	75.51%	81.50%
图像 16	155	98.88%	99.76%
图像 17	157	98.16%	98.78%
图像 18	158	90.17%	89.10%
图像 19	159	97.10%	97.69%
图像 20	160	96.88%	96.69%
图像 21	217	99.12%	98.84%
图像 22	220	98.63%	98.04%
图像 23	223	99.34%	99.42%
图像 24	231	99.57%	99.43%
图像 25	235	98.34%	98.85%

注: 按照 jpeg 图像大小排序

从实验结果可以看出, 早期视觉模型对于边缘信息的提取与差值法十分接近, 当差值法的阈值为 10% 时, 覆盖率基本达到 80% 以上, 阈值为 20% 时, 覆盖率基本达到 90% 以上. 随着图片复杂度的增大, 早期视觉模型相对于差值法, 覆盖率越大, 表明对边缘信息的提取越好, 这说明对于复杂图片的边缘信息提取中, 早期视觉模型有很大的优势.

6. 全视网膜被激活神经节细胞位置分析

为了清晰地表示视网膜中, 视锥视杆细胞与神经节细胞连接通路中被激活神经节的位置分布与输出信息, 本节将视锥–神经节通路与视杆–神经节通路输出合并. 中央凹区域集中了大量的视锥细胞, 没有视杆细胞分布, 周边区集中了大量的视杆细胞, 视锥细胞分布较少. 本实验中, 中央凹区被激活的神经节细胞来自视锥–神经节通路, 周边区被激活的神经节细胞来自视杆–神经节通路. 我们记录下被激活神经节细胞在视网膜上的位置, 并将它投射到图像中描绘出来, 即描绘出图像中被激活神经节所采集到的像素点位置, 并按照被激活神经节输出的大小, 设置该像素点的灰度值.

中央凹区, 视锥细胞分布密集, 与神经节细胞的连接基本上为一一连接, 本实验中, 视锥–神经节细胞通路的感受野为一一对应连接. 周边区, 视杆–神经节细胞的计算模型如 (3.7) 所示.

$$R_{\text{ganglion}}^{(x,y)}(r,g,b) = \frac{R_{\text{center}}^{(x,y)}(r,g,b) - R_{\text{surround}}^{(x,y)}(r,g,b)}{R_{\text{center}}^{(x,y)}(r,g,b) + R_{\text{surround}}^{(x,y)}(r,g,b)} \tag{3.7}$$

其中 $R_{\text{ganglion}}^{(x,y)}(r,g,b)$ 为位于视网膜位置 (x,y) 处的神经节细胞的输出; $R_{\text{center}}^{(x,y)}(r,g,b)$ 为位于视网膜位置 (x,y) 处的神经节细胞感受野中心区的输出, 即为处于该神经节细胞感受野中心区所有光感受器细胞输出之和; $R_{\text{surround}}^{(x,y)}(r,g,b)$ 为位于视网膜位置 (x,y) 处的神经节细胞对感受野周边区的输出, 即为处于该神经节细胞感受野周边区的所有光感受器细胞输出之和. 对于视杆通路来说,

$$R_{\text{center}}^{(x,y)}(r,g,b) = \sum_{\text{center}} R_{\text{rod}}(r,g,b), \quad R_{\text{surround}}^{(x,y)}(r,g,b) = \sum_{\text{surround}} R_{\text{rod}}(r,g,b)$$

本实验使用真实世界的图片 (图 3-29) 作为输入, 实验结果输出图片见图 3-30.

从实验结果当中可以看出, 中央凹区为视锥细胞大量分布的区域, 视锐度比较高, 视网膜在这个区域分辨率较高, 即图像当中的左下角. 周边区为视杆细胞分布的区域, 视锐度随着距离中央凹区距离的增大, 视锐度逐渐降低, 实验结果验证了视网膜接收视觉信号的处理特性.

图 3-29   输入图片 (600×600 像素)

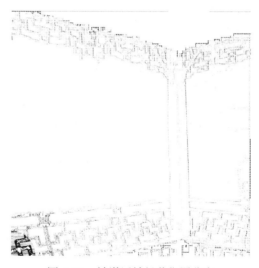

图 3-30   被激活神经节位置分布

参 考 文 献

黎藏, 邱志诚, 顾凡及, 等. 2000. 视网膜神经节细胞感受野的一种新模型 I: 含大周边的感受
　　野模型. 生物物理学报, 16(2): 288-295.
邱芳士, 李朝义. 1995. 同心圆感受野去抑制特性的数学模拟. 生物物理学报, 11(2): 214-220.
邱志诚, 黎藏, 顾凡及, 等. 2000. 视网膜神经节细胞野的一种新模型 II: 神经节细胞方位选择性中心周边相互作用机制. 生物物理学报, 16(2): 296-302.

杨谦, 齐祥林, 汪云久. 2000. 简单细胞方位选择性感受野组织形成的神经网络模型. 中国科学, 30(4): 412-419.

Andersen J D. 1992. Methods for modeling the first layers of the retina. Neuroinformatics and Neurocomputers. IEEE, 1: 179-186.

Carmona R, Jimenez–Garrrido F, Dominguez-Castro R, et al. 2002. A CMOS analog parallel array processor chip with programmable dynamics for early vision tasks. Proceedings of the 28th European Solid-State Circuits Conference, 371-374.

Herault J. 1996. A model of colour processing in the retina of vertebrates from photoreceptors to colour opposition and colour constancy phenomena. Neurocomputing, 12: 113-129.

Kareem A, Zaghloul, Kwabena, et al. 2004. Optic nerve signals in a neuromorphic chip II: test and results. Transactions on Biomedical Engineering, 51(4): 667-675.

Lee J W, Chae S P, Kim M N, et al. 2001. A moving detectable retina model considering the mechanism of an amacrine cell for vision. Proceedings Industrial Electronics. IEEE, 1: 106-109.

Mertoguno S, Bourbakis N. 2003. A digital retina-like low level vision processor. IEEE Transactions on systems, Man and Lybernetns. Part B, 33(5): 782-788.

Osterberg G. 1935. Topography of the layer of rods and cones in the human retina. Acta Ophthal, (suppl.), 6: 1-10.

Prokopowicz P N, Cooper P R. 1993. The dynamic retina: contrast and motion detection for active vision. Proceedings Computer Vision and Pattern Recognition: IEEE, 1: 728-729.

Schwarz M, Hauschild R, Hosticka B J, et al. 1999. Single-Chip CMOS Image Sensors for a Retina Implant System. IEEE Transactions on Circuits and Systems-II: Analog and Digital Signals Processing, 46(7): 870-877.

Shah S, Lerine M D. 1996. Visual information processing in primate cone pathways. I.A model. IEEE Transactions On Systems, Man, And Cybernetics-Part B: Cybernetics, 26(2): 259-274.

Shah S, Lerine M D. 1996. Visual information processing in primate cone pathways. II. Experiments. IEEE Transactions On Systems, Man, And Cybernetics-Part B: Cybernetics, 26(2): 275-289.

Sicard G, Bouvier G, Fristot V, et al. 1999. An adaptive bio-inspired analog silicon retina. Proceedings of the 25th European Solid-State Circuits Conference, 306-309.

第4章 视网膜仿真及其感知效能分析

4.1 视网膜各层结构在信息处理中的作用

本节介绍视网膜的各层结构在信息处理中的作用. 各层作用如表 4-1 所示.

表 4-1 视网膜中各神经元的信息加工意义

神经细胞类型	神经连接特征	信息加工意义
视杆细胞	进行光电转换, 传递相关信息	对光强敏感, 不能分辨颜色
视锥细胞	进行光电转换, 因为光感受器前端的视蛋白类型不同, 传递的信息不同	对颜色敏感, 对光强的敏感度不高
水平细胞	大范围内接收光感受器信号, 对光感受器抑制性反馈, 同时对双极细胞抑制性输出	侧抑制, 侧抑制机制的作用在于神经细胞间通过相互的抑制, 使得空间雷同信息得到抑制并减弱, 空间反差信息得到增强, 它类似于一种空间异或运算去除冗余信息、强化差异信息. 作用类似于图像增强器. 初步形成了同心圆拮抗式感受野
双极细胞	接收光感受器和水平细胞的信号, 传递给无长足细胞和神经节细胞. 主要有三种不同的类型, 分别组成视杆通路和两个视锥通路	作用有二: 一是通过其树突上的不同的谷氨酸受体把视觉信号分流为给光 (ON) 和撤光 (OFF) 信号; 二是通过其与无长突细胞和神经节细胞的特殊的突触传递方式, 把持续性的分级电位 (graded potential) 转化为瞬变性的神经活动
无长足细胞	无长足细胞与 ON 通道中的双极细胞点耦合 与大范围内的双极细胞相连 特殊的无长足神经元对方向有选择性	实现了视杆细胞和视锥细胞信号的整合, 具体作用不明 实现了信息的汇聚和精简 运动检测
	对双极细胞的反馈	作用见反馈通路
网间细胞	形成一条从内网状层到外网状层的通路, 对水平细胞, 双极细胞进行反馈	作用见反馈通路
神经节细胞	接收双极细胞和无长足细胞的直接输入, 通过轴突形成的视神经向中枢传递	同心圆拮抗式感受野. 增加对比度, 类似于图像边缘提取器

4.2 视网膜中的垂直并行通路结构简介

4.2.1 视锥细胞通路与视杆细胞通路

视杆细胞的信号和视锥细胞的信号, 在视网膜中的传递通路是相对独立的, 其相应的细胞和突触连接形成了视杆通路和视锥通路.

视网膜在数目上实际上是视杆细胞主导的, 除了在中央凹, 视杆细胞远多于视锥细胞. 主要的信息流向从视杆光感受器 → 视杆双极细胞 → 无长足细胞 → 神经节细胞.

视锥光感受器细胞的数目虽然比视杆光感受器的数目要少很多, 但是作用却非常重要, 我们能够看到多彩的世界, 分辨食物细微的差别都要归功于它. 视锥通路的主要组成有视锥光感受器 → 视锥双极细胞 → 神经节细胞.

视锥通路与视杆通路的区别和联系是:

(1) 视锥突触与不同类型的视锥双极细胞相连而不仅仅是像视杆系统与一种单一的双极细胞相连.

(2) 视锥通路中视锥双极细胞直接与神经节细胞相连, 而不需要像视杆通路中那些中转的细胞.

(3) 视锥通路中的汇聚程度远小于视杆通路.

视锥通路和视杆通路之间也是有着较为密切的联系的. 从上文介绍的 AII 无长足细胞中我们知道, AII 无长足细胞接收来自视杆双极细胞的信号, 却将一部分通过电耦合传递给了 ON 视锥双极细胞, 同时也接收一部分来自于 ON 视锥双极细胞的信号. 这条通路实际上是视杆信号和视锥信号相互通信, 共用信息的通道. 从功能上说, 流入视锥通路的视杆光感受器信号与视锥光感受器一样, 被认为作用于亮视觉和中等黑暗视觉环境, 而仅在视杆通路中的视杆光感受器则在暗视觉下起作用 (Kolb, 2003). 在进化上, 是先有视锥通路, 后来视杆通路才逐渐进化而来, 从硬件的角度来说, 能利用已有的通道, 既节省了资源又提高了效率, 但又必须将不同信息区分开, 也要有自己专有的通道. 这也是一个功能和硬件平衡的结果.

4.2.2 ON 与 OFF 通路

我们的视觉很大程度上取决于对图像与其背景的对比的知觉. ON 通路是用来在暗的背景中检测亮区域, 而 OFF 通路是用来在亮的背景下检测暗区域. 如我们在白纸上读黑字就是使用了 OFF 通路. 视网膜中 ON 通路和 OFF 通路如图 4-1 所示.

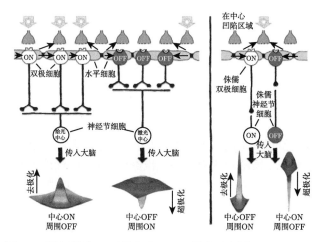

图 4-1 视网膜中 ON 通路和 OFF 通路示意图 (Kolb, 2003)

4.2.3 颜色、亮度、运动等功能性并行通路

生理实验已证明, 视觉的运动系统和色彩系统在视网膜中就已经分开处理. 背景知识中介绍神经节细胞时说到, 神经节细胞可以分为 M 型和 P 型. 它们有着各自的特点, M 型细胞在视网膜的任何地方, 都比 P 细胞大, 而且也具有大的感受野. 它们还具有粗厚的轴突, 这就使信号的传导速度加快. 同时, M 细胞对光强分布中的微小差别敏感, 因此它能够很好地处理低对比度. 但是它们的发放率在高对比度时会达到饱和, 它们主要用于对视觉场景中的变化发出信号. P 细胞的数量更多, 与多数 M 细胞相比它们的反应具有更好的线性, 即正比于输入. 而且它们对细节、高反差及颜色更感兴趣. 例如 P 细胞感受野的中心对绿色波长反应很强, 但与环绕中心的外周区对红色波长更敏感. 正是由于这个原因, 中心与外周具有对不同颜色光的敏感性, 则可以把 P 细胞分成几类亚型, 每种亚型对不同颜色的反差敏感. 在这里, 我们再次看到, 视网膜不仅只是传输落到光感受器上的原始信息, 实际上, 它已经开始通过多种方式对信息进行处理.

视网膜神经节细胞轴突形成视神经, 先经视交叉和视束到达外膝体 (lateral geniculate nucleus, LGN), 然后再传至初级视皮层. 外膝体属丘脑, 是眼睛到视皮层通路的中继站. 外膝体细胞分六层. 上部四层 (第 3~6 层) 的细胞小, 称小细胞层 (parvocellular layers), 下部两层细胞大, 称大细胞层 (magnocellualr layers). 外膝体使得不同功能的细胞重新排列分组, 有利于进一步的处理. 大细胞层和小细胞层的细胞与视网膜中 M 细胞和 P 细胞等一起, 组成了大细胞通路 (M 通路) 和小细胞通路 (P 通路). 与这两条通路相联系的是两个不同的视觉功能系统——运动系统和色彩系统. 前者处理物体运动时的形状信息, 主要与运动有关; 后者处理特定波长的信息, 主要与颜色有关.

当信号进一步从外膝体向大脑皮层投射时, 这种分离和并行处理的特性更加明显. 众多的生理实验都证明, 在 17 区 (初级视皮层), 18 区 (视觉联合皮层) 的不同细胞层次上, 对形状、颜色、运动和深度等不同的视觉信息处理过程是明显分离开来的. 这种功能上的分离, 在 18 区以上的更高视区会显得更加明显 (Carmona, 2002).

这里单独对颜色的感知和处理多做一些介绍. 有人认为, 光的三原色是红、绿、蓝, 而我们恰好有红敏、绿敏和蓝敏三种视锥细胞, 各自线性地传向大脑, 在那里混合就得到了我们看到的颜色. 这就是著名的三色理论. 实际却远非如此, 虽然颜色信息在光感受器这一水平上是以红、绿、蓝 3 种不同的信号编码的, 但在水平细胞, 不同颜色的信号以一种特异的方式汇合起来. 例如, 有的细胞在用红光照射时呈去极化, 而用绿光照射时反应极性改变为超极化. 另一些细胞的反应类型正相反. 同样, 也有对绿–蓝颜色呈拮抗反应的细胞. 视网膜的其他神经细胞虽反应类型不同 (或是分级型电位, 或是神经脉冲), 但对颜色信号都是以拮抗方式作出反应. 在神经节细胞, 这种拮抗式反应的形式更加完整, 其中许多细胞在空间反应上也是拮抗的. 这种拮抗型的编码形式, 保证了不同光感受器信号在传递的过程中不会混淆. 这种方式正是色觉的另一种理论——颉颃色理论所假设的. 因此三色理论和颉颃色理论随着对客观规律认识的深化, 已经在新的水平上辩证地统一起来了. 但颜色最终是如何在我们意识层面上被形成和认知的, 现在还不能很好地解释.

4.2.4　视网膜各并行通路在信息处理中的作用

视网膜把信息分为多个基本的并行通路, 每个通路上信息表示都相对简单, 而且可进行并行处理, 提高了对信息的处理速度. 各通路对信息加工的更详细的意义如表 4-2 所示.

表 4-2　视网膜中各通路的信息加工意义

神经通路		信息加工意义
视杆通路		信号的汇聚和精简
视锥通路 (ON 通路和 OFF 通路)		ON 通路和 OFF 通路对于光刺激的增加或减少, 有着相同的敏感性, 并对此信息产生信号. 有利于高对比度的敏感
电耦合通路	同类型细胞之间的电耦合	增加细胞的作用范围, 即增加信号的影响范围
	不同类型细胞间的电耦合 (无长足细胞和视锥双极细胞)	由于进化的先后顺序, 视杆信号利用了视锥信号的通路, 增加通道的利用率. 其他的信息加工意义不明
	反馈通路	与细胞的阶段性和瞬变性的性质有关, 有关细胞的时间上的特性. 具体作用方式还不是很清楚

4.3 视网膜模型设计与实现

4.3.1 视网膜模型的整体模式图

基于前文介绍的视网膜的结构、功能和信息处理流程, 我们对视网膜主要通路和主要细胞类型进行抽象建模, 得到了视网膜初步的计算模式图 (图 4-2) 和视网膜模型的整体模式图 (图 4-3). 这两幅图也是我们进行程序实现和实验设计的基础.

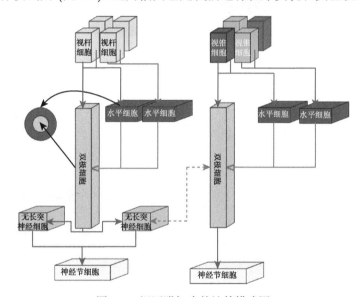

图 4-2 视网膜初步的计算模式图

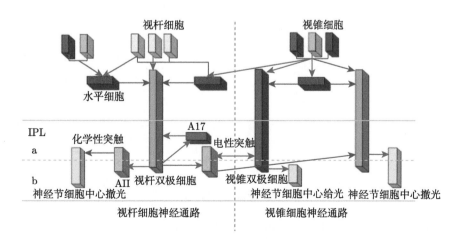

图 4-3 视网膜模型的整体模式图

本书所提出的视网膜模型以真实的生理数据高逼真度模拟了生理视网膜, 与以往的模型相比主要具有以下几个特点.

(1) 模拟了视网膜主要的五层细胞. 依据生理的实验数据和已知的生理结构模拟了每层细胞的不同类型、分布及反应.

(2) 视网膜中的无长足细胞, 功能非常重要但却是以往的模型中较少模拟的.

(3) 详细模拟了视网膜中的神经节细胞, 分别考虑了 M 和 P 两种类型, 以及处于不同的 ON 和 OFF 通路中, 更重要的是模拟生成了相应不同类型的神经节的感受野的大小, 更为准确地体现视网膜的性质.

(4) 模拟实现了视网膜中的主要通路, 如视锥通路和视杆通路, ON 通路和 OFF 通路.

(5) 高逼真度的模型, 更好地体现了视网膜整体上体现的均衡性, 可进行更精细的实验以验证生理上的数据和猜测, 得到更为有用的数据. 此模型不仅对我们了解视觉的基本机制有很大帮助, 对人工视网膜芯片的制造也具有指导意义, 同时随着实验的深入也会对生理学提出新的问题和方向.

4.3.2　光感受器层的模拟

光感受器层模拟本身也是一个较复杂的过程, 涉及多个阶段, 光感受器层模拟实现的流程如图 4-4 所示.

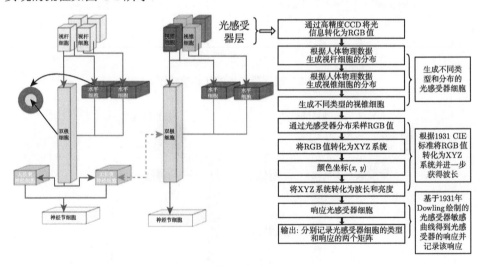

图 4-4　光感受器层模拟实现的流程

从图 4-6 可看出, 光感受器层的模拟实现大致分为三个阶段. ① 生成光感受器的不同类型和分布. ② 将 RGB 信息转为主波长信息. 因为光感受器的反应大小是由主波长的值唯一确定的. ③ 根据光感受器对波长的反应敏感曲线算出光感受器的反应大小. 下面详细介绍整个过程.

1. 光感受器分布的模拟实现

基于以上背景知识的介绍数据, 我们按视杆细胞和视锥细胞分布密度的不同特点分别将视网膜分为十个环带, 每个环带的密度均匀. 此处, 我们将视网膜分为十个环带是因为十个环带足以描述视网膜分布的情况, 如需要也可以分为更多或更少的环带. 环带图如图 4-5 和图 4-6 所示.

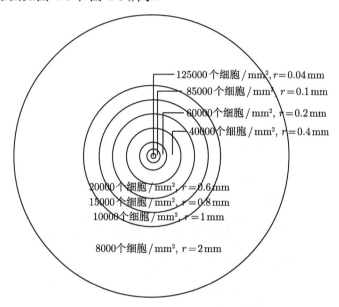

图 4-5　视锥细胞环带密度分布图

根据 Alison Harman 等在 2000 年所发表文章的数据 (Harman et al., 2000), 人的视网膜展开为半径约 16mm 的圆面. 对于视锥细胞来说, 半径从 0~2mm 的环带密度图已在图 4-5 中表示, 再向外周扩展, 密度比较稀疏, 趋于稳定, 环带半径位于 2~8mm 时, 密度约为 2500 个细胞/mm², 环带半径位于 8~16mm 时, 密度约为 2000 个细胞/mm². 对于视杆细胞来说, 半径从 0~10mm 的环带密度图已在图 4-6 中表示, 其外周区域的密度基本稳定于 30000 个细胞/mm² 左右, 环带半径位于 10~12mm 时, 密度约为 32000 个细胞/mm², 环带半径位于 12~16mm 时, 密度约为 30000 个细胞/mm².

其中视锥细胞又分三种, 即对长波敏感 (红光) 的视锥细胞, 占总视锥细胞数的 64%, 对中波敏感 (绿光) 的视锥细胞, 占总视锥细胞数的 32%, 对短波敏感 (蓝光) 的视锥细胞, 占总视锥细胞数的 2%. 视杆细胞只有一种, 不再分类.

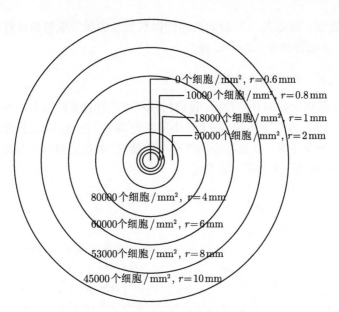

图 4-6　视杆细胞环带密度分布图

　　我们用一个二维数组来记录每个光感受器的位置和类型, 二维数组的中心与视网膜中心相重合, 覆盖整个视网膜, 如图 4-7 所示.

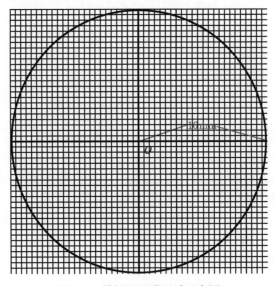

图 4-7　模拟视网膜区域示意图

　　图中圆形表示视网膜的展开图, 其中的网格表示二维数组覆盖的区域, 每一网格相当于二维数组中的一位, 网格的密度为 125000 个细胞/mm², 与视网膜中央凹处视锥细胞最高密度相同, 大于视杆细胞的最高密度. 图中所画网格为示意图, 真实密度要远远高于图中所示.

生成光感受器细胞的过程, 即判断数组的每一个位置是有光感受器还是为空. 如图 4-7 所示, 想象每个数组的每一位就像一个小格子, 现在手里握了一把沙子, 按照不同环带的密度值, 在不同的环带里面撒沙子, 中央凹处密度最高, 与数组密度相同, 即此环带的所有格子均撒满沙子, 周边环带的密度较低, 就零星地撒两把沙子. 现在的问题是: 如何在每个环带内根据相应的密度值把沙子撒匀? 以视锥细胞的环带图中的半径位于 0.8~1mm 的环带为例, 视杆细胞的密度为 18000 个细胞/mm², 视锥细胞的密度为 10000 个细胞/mm², 而此处的数组密度为 125500 个细胞/mm², 那么对于环带内的任一位置来说, 相当于约有 14.34%(18000/125500) 为视杆细胞, 有 7.97%(10000/125500) 的概率为视锥细胞. 生成一个 0~100 的随机数 A, 理论上此随机数 A 落在 0~100 之间任何两个相邻的数的范围内的概率是相等的, 那么利用随机数的这个性质生成视杆细胞或视锥细胞, 一种实现方法如: 当 $0 < A \leqslant 14.34$ 时, 则此位置为视杆细胞, 当 $(100 - 7.97) < A \leqslant 100$, 则此位置为视锥细胞, 当 $14.34 < A < (100 - 7.97)$ 时, 此位置为空. 因为环带内的数目足够多, 根据大数定律, 视杆细胞的比例趋近于 14.34% 而视锥细胞的比例趋近于 7.97%. 其他环带可以类似生成.

同样可以用比例和随机数的方法生成不同视锥的类型. 视锥细胞中红敏视锥细胞、绿敏视锥细胞和蓝敏视锥细胞的比例分别约为 64%, 32%, 2%, 则生成一个 0~100 的随机数 B, $0 < B \leqslant 64$ 时, 此视锥细胞为红敏视锥细胞, $64 < B \leqslant 96$ 时, 此视锥细胞为绿敏视锥细胞, $96 < B \leqslant 98$ 时, 此视锥细胞为蓝敏视锥细胞, 当视锥细胞大量生成时, 由大数定律知, 三种视锥细胞会基本接近于它们各自的比例.

2. 光感受器反应机制的模拟实现

要模拟不同光感受器的反应, 先要将输入信息转换为波长信息. 常用的感光元器件 CMOS (complementary metal-oxide-semiconductor, 互补型金属氧化物半导体) 和 CCD (charge coupled device, 电荷耦合装置) 可以将光信号转换为红绿蓝值 (RGB), 此数值与红敏视锥细胞、绿敏视锥细胞以及蓝敏视锥细胞的反应强度并无直接关联.

那么如何将感光元器件所得到的 RGB 值对应到三种视锥细胞以及视杆细胞的反应值呢? 由于已经知道波长和各细胞反应之间的对应关系. 那么问题进一步简化为是否能将 RGB 的值转换为波长的值. 根据 1931 CIE(International Commission on Illumination, 国际照明委员会) 的规范, RGB 的值可以转换为 XYZ 系统, 而 XYZ 系统可以用主波长和亮度来表示, 那么 RGB 与波长直接就建立了联系.

CIE 1931 RGB 使用红、绿和蓝三基色系统匹配某些可见光谱颜色时, 需要使用基色的负值, 而且使用也不方便. 所谓 1931CIE-XYZ 系统, 就是在 RGB 系统的基础上, 用数学方法, 选用三个理想的原色来代替实际的三原色, 从而将 CIE-RGB 系统中的光谱三刺激值 RGB 和色度坐标均变为正值. RGB 转换为 XYZ 系统的公式为

$$X = 0.490R + 0.310G + 0.200B$$
$$Y = 0.177R + 0.812G + 0.011B$$
$$Z = 0.0000R + 0.010G + 0.990B$$

CIE-XYZ 的三基色刺激值 X, Y 和 Z 对定义颜色很有用, 其缺点是使用比较复杂, 而且不直观. 因此, 1931 年, 国际照明委员会为克服这个不足而定义了一个叫做 CIE-XYZ 的颜色空间. 定义 CIE-XYZ 颜色空间的根据是, 对于一种给定的颜色, 如果增加它的明度, 每一种基色的光通量也要按比例增加, 这样才能匹配这种颜色. XYZ 系统与 xyz 系统的关系为

$$x = X/(X + Y + Z)$$
$$y = Y/(X + Y + Z)$$
$$z = Z/(X + Y + Z)$$

由于 z 可以从 $X + Y + Z = 1$ 导出, 因此通常不考虑 z, 而用另外两个系数 x 和 y 表示颜色, 并绘制以 x 和 y 为坐标的二维图形, x 和 y 被称为色度坐标. 这就相当于把 $X + Y + Z = 1$ 平面投射到 (X, Y) 平面, 也就是 $Z = 0$ 的平面, 这就是 CIE-XYZ 色度图, 如图 4-8 所示. 自然界中各种实际颜色都位于这条闭合曲线内, RGB 系统中选用的物理三基色在色度图的舌形曲线上. 环绕在颜色空间边沿的颜色是光谱色, 边界代表光谱色的最大饱和度, 边界上的数字表示光谱色的波长. 色度坐标只规定了颜色的色度, 而未规定颜色的亮度, 所以若要唯一地确定某颜色, 还必须指出其亮度特征, 即 Y 的大小. 这样, 既有了表示颜色特征的色度坐标 x, y, 又有了表示颜色亮度特征的亮度因数 Y, 则该颜色的外貌才能完全唯一地确定. 这三个参数之间的关系, 可用立体图 (图 4-9) 来直观表示.

这样对于任何一个 RGB 经过以上的颜色空间变换, 都可以计算出一个色度坐标 x, y, 然后在色度图中找到对应的波长值. 例如 RGB 值为 $R = 138$, $G = 234$, $B = 244$ 的淡青色表面色色度坐标为 $x = 0.4020$, $y = 0.4721$, 它落在图 4-8 中的 A 点, 以图 4-8 中 O 点为起点, 连接射线 OA, 射线 OA 与舌形曲线的交点所对应的波长值约为 570nm, 它与亮度值 $Y = 76.68$ 一起, 共同确定了某颜色.

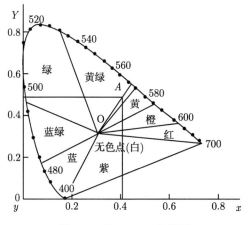

图 4-8 CIE 1931 色度图

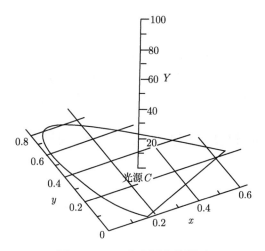

图 4-9 CIE 色度图立体图示

得到 RGB 所对应的波长值之后, 就可以根据不同光感受器的敏感曲线得出光感受器的反应强度. 人眼的光感受器细胞的光谱敏感度图如图 4-10 所示. 对于几条光敏感曲线的模拟, 可以采用连续函数进行逼近的办法, 但此方法有几个缺点. ① 计算量较大. 无论是无端优化逼近函数的过程还是通过此函数计算反应强度的过程, 都要进行较大量的计算. ② 逼近的函数仍然无法与真实反应曲线完全一致, 即在花费了较多的计算资源后仍然会有误差. 本书在模拟光感受器敏感度曲线时, 采用了离散采样插值的办法来实现, 即以较小的间隔对离散的波长采样得到反应强度值, 如有落于间隔之内的波长值则利用插值算法计算得出. 实验表明, 此方法无论是在计算时间上还是误差控制上都有不错的效果.

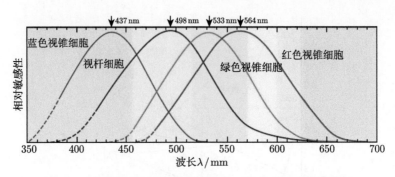

图 4-10　人眼的视杆细胞和视锥细胞正规化的光谱敏感度图

4.3.3　水平细胞层和双极细胞层的模拟

将水平细胞层的模拟和双极细胞层的模拟放在一起, 是因为这两层关系密切. 通过背景知识和生理依据的介绍, 我们知道在双极细胞层初步形成了中心周边拮抗的同心圆感受野. 而其中周边的抑制性输入, 正是水平细胞在大范围内收集光感受器的反应, 然后以负反馈的形式反馈给双极细胞形成的.

对于中心周边拮抗的同心圆的模拟, Rodieck 提出了著名的 DOG (differences of Gaussian) 模型, 这个模型很好地模拟了经典感受野 (对于非经典感受野, 下文会有详细介绍) 的特性.

基于二维的 DOG 模型, 我们得到了如下的离散模拟函数:

中心区反应:

$$\text{Center}_{\text{exc}}(x_0, y_0) = \sum_{i=1}^{n} P(x_i, y_i) \cdot 1/(\sqrt{2\pi} \cdot \sigma_{\text{center}}) \cdot \mathrm{e}^{-((x_i-x_0)^2+(y_i-y_0)^2)/2\sigma_{\text{center}}^2}$$

周边区反应:

$$\text{Surround}_{\text{inh}}(x_0, y_0) = \sum_{j=1}^{m} P(x_j, y_j) \cdot 1/(\sqrt{2\pi} \cdot \sigma_{\text{surround}}) \cdot \mathrm{e}^{-((x_j-x_0)^2+(y_j-y_0)^2)/2\sigma_{\text{surround}}^2}$$

双极细胞最终输出:

$$\text{BipolarR}(x_0, y_0) = \text{Center}_{\text{exc}}(x_0, y_0) - \text{Surround}_{\text{inh}}(x_0, y_0)$$

计算 (x_0, y_0) 的双极细胞的最终输出, 是由在 (x_0, y_0) 点处收到的中心区的兴奋性输入和周边区的抑制性输入的共同作用来决定的. 在视网膜中央凹区, 大多数双极细胞与神经节细胞是一对一相连的, 即双极细胞的反应直接决定了与之相连的神经节细胞的反应. 生理实验表明, 当均匀光照射到中央凹处的神经节细胞的经典感受野上时, 此神经节细胞不反应或仅有很微弱的反应, 可知相对应的双极细胞也不反应或仅有较弱反应, 这说明此时双极细胞的兴奋性的输入和抑制性的输入基本平衡.

二维 DOG 模型本来是在连续的区域上进行积分, 可以很好地满足中心区的反应与周边区的反应的差为零的要求. 但在离散情况下, 虽然生成各层细胞时都按真实生理数据, 但由于数据误差和随机生成的情况, 很难保证中心和周边反应刚好相等, 所以这里要对公式进行一些改进.

二维 DOG 函数如图 4-11 所示. 假设当均匀光照射在图中的区域时, 其中的光感受器的反应大小相同. 那么落入中心区和周边区的细胞的数目就成了决定因素, 由于随机生成的原因, 直接用离散的 DOG 模型来计算很难保证恰好相等, 所以这里要为每一个细胞的反应设置一个权值, 使得中心区和周边区的反应能够相互抵消.

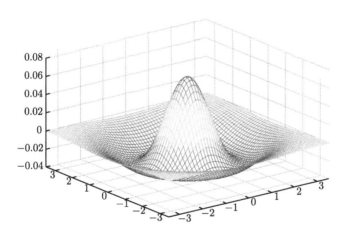

图 4-11　二维 DOG 函数示意图

细胞权值的设定应满足以下要求. ① 细胞的权值与区域内的细胞总数有关. 细胞总数越多, 每个细胞的权值就越小. ② 细胞的权值与细胞的位置有关, 距离中心近的细胞的权值也越大. ③ 在光感受器反应强度一样的情况下, 权值的设置始终可以保证中心区和周边区的反应相同.

举一个简单的例子说明计算权值的过程, 以一维高斯差函数为例, 如图 4-12 中淡蓝色曲线所示, 假设中心区有两个细胞 a, b, 对应的函数值为 H_a, H_b, 周边区有三个细胞 c, d, e, 对应的函数值为 H_c, H_d, H_e. 则中心区 a 的权值设为 $W_a = H_a/(H_a + H_b)$, b 的权值设为 $W_b = H_b/(H_a + H_b)$, 周边区 c 的权值设为 $W_c =$

$H_c/(H_c + H_d + H_e)$, d 的权值设为 $W_d = H_d/(H_c + H_d + H_e)$, e 的权值设为 $W_e = H_e/(H_c + H_d + H_e)$. 当均匀光照射此区域时, 假设所有细胞反应相同为 R, 则中心区 $W_a R + W_b R$ 等于 $W_d R + W_e R + W_f R$. 此设置权值的方法可以满足以上的几点要求.

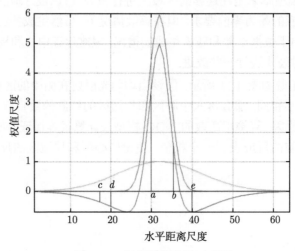

图 4-12　权值赋值方法示意图

若点 (x_0, y_0) 处的双极细胞感受野中心区有 n 个细胞, 则其中的第 i 个细胞的权值为

$$\mathrm{CW}_i = \frac{1/(\sqrt{2\pi} \cdot \sigma_{\mathrm{center}}) \cdot \mathrm{e}^{-((x_i - x_0)^2 + (y_i - y_0)^2) 2 \cdot \sigma_{\mathrm{center}}^2}}{\left(\sum_{i=1}^{n} 1/(\sqrt{2\pi} \cdot \sigma_{\mathrm{center}}) \cdot \mathrm{e}^{-((x_i - x_0)^2 + (y_i - y_0)^2)/2 \cdot \sigma_{\mathrm{center}}^2} \right)}$$

则中心区的总反应为

$$\mathrm{Center}_{\mathrm{exc}}(x_0, y_0) = \sum_{i=1}^{n} P(x_i, y_i) \mathrm{CW}_i$$

若周边区有 m 个细胞, 则其中的第 j 个细胞的权值为

$$\mathrm{SW}_j = \frac{1/(\sqrt{2\pi} \cdot \sigma_{\mathrm{surround}}) \cdot \mathrm{e}^{-((x_j - x_0)^2 + (y_j - y_0)^2)/2 \cdot \sigma_{\mathrm{surround}}^2}}{\left(\sum_{j=1}^{m} 1/(\sqrt{2\pi} \cdot \sigma_{\mathrm{surround}}) \cdot \mathrm{e}^{-((x_j - x_0)^2 + (y_j - y_0)^2)/2 \cdot \sigma_{\mathrm{surround}}^2} \right)}$$

则周边区的总反应为

$$\text{Surround}_{\text{inh}}(x_0, y_0) = \sum_{j=1}^{m} P(x_j, y_j)\text{SW}_j$$

综上, 点 (x_0, y_0) 处的双极细胞的最终输出为

$$\text{BipolarR}(x_0, y_0) = \text{Center}_{\text{exc}}(x_0, y_0) - \text{Surround}_{\text{inh}}(x_0, y_0)$$

4.3.4 无长足细胞层的模拟

对于无长足细胞层的模拟, 也是本模型中重要的一点. 无长足细胞对于视觉信号的整合、调制、暗视觉条件下的视觉功能、运动的检测、非经典感受野的形成以及时间域上的信息编码, 都有重要的意义. 本模型中主要模拟的是 AII 无长足细胞, 它是在无长足细胞中占比例最大, 功能最为重要的一种无长足细胞, 具体的功能、分布等已在背景知识中详细介绍, 此处不再赘述.

以往的模型多集中在光感受器 → 双极细胞 → 神经节细胞这一通路上, 对于无长足细胞层考虑得不多, 有些模型, 如基于运动检测的模型 (Risinger, Kaikhah, 2008; Lee et al., 2001; Ishii et al., 2004), 虽然模拟了 AII 无长足细胞层, 但模拟的是 AII 无长足细胞层的部分输入输出 (如仅接收视杆双极细胞的信号, 这只占 AII 总输入的 30% 左右), 我们的模型为了分析视网膜的时间空间等多方面特性, 尽量逼真地模拟了视网膜的信息传递过程, 在本模型中, 模拟了无长足细胞信息传递的三条主要通路.

AII 无长足细胞的主要输入来自于视杆双极细胞的输入, OFF 视杆双极细胞通过化学递质的形式向 AII 传递信息, 这大约占了 AII 输入的 30%. 另外一条主要的输入是 ON 视锥双极细胞与 AII 无长足细胞间的缝隙连接 (gap junction), 这是电突触连接, 是双向的连接, 即 ON 视锥双极细胞与 AII 无长足细胞通过缝隙连接相互交换信息, 这部分大约占了 AII 输入的 20%. 还有 50% 左右的输入, 来自于 AII 之间的电突触连接, 这部分产生的输出将在神经节层来模拟, 实际上 AII 之间的水平连接越多, 说明神经节在较大的范围内接收信息, AII 之间的水平连接越少, 说明神经节在较小范围内接收信息, 根据生理数据可以得到, 不同位置的神经节细胞对于 AII 的不同的接收范围, 通过这个数据就可以模拟 AII 水平间的连接所产生的输出. 在这里, 先来模拟前两条通路传递来的信息.

AII 无长足细胞接收 OFF 视杆双极细胞的信号:

$$\text{AamcrineR}(x_0, y_0)$$
$$= \sum_{i=1}^{n} \text{RodBR}(x_i, y_i) \cdot (1/(\sqrt{2\pi} \cdot \sigma_{\text{center}}) \cdot \text{e}^{-((x_i-x_0)^2+(y_i-y_0)^2)/2 \cdot \sigma_{\text{center}}^2})$$

AII 无长足细胞与 ON 视锥双极细胞交换信息

$$\text{Temp} = C \cdot \text{AamcrineR}(x_0, y_0)$$
$$\text{AamcrineR}(x_0, y_0) = (1 - C) \cdot \text{AamcrineR}(x_0, y_0) + C \cdot \text{ConeBR}(x_0, y_0)$$
$$\text{ConeBR}(x_0, y_0) = (1 - C) \cdot \text{ConeBR}(x_0, y_0) + \text{Temp}$$

上面公式中的 C 表示信息交换的比率, 根据生理数据 C 约为 20%.

4.3.5　神经节细胞层的模拟

　　经历了多种细胞在水平层次和竖直层次的处理, 视觉信息最终传递到了神经节细胞层, 神经节细胞层作为视网膜中信息处理的最后一层, 担负着向大脑传递信息的重任. 约 1 亿个光感受器细胞采集的视觉信息, 最终仅由 100 万个左右的神经节输出, 其中对视觉信息的采集效率、表征情况、准确性和实时性等问题都是非常值得去研究的, 所以逼真地模拟神经节细胞层是准确获取视网膜性质的关键, 也是本模型的重点.

　　基于背景知识所介绍的生理分布数据, 先模拟神经节细胞的分布, 神经节细胞的类型, 以及不同神经节细胞的汇聚度, 即神经节细胞的感受野的大小.

　　对于神经节细胞反应强度的模拟, 根据处于 ON 通路和 OFF 通路中的不同, 以及 P 和 M 的不同, 共分四种神经节细胞分别进行模拟, 具体的比例及连接关系见图 4-13.

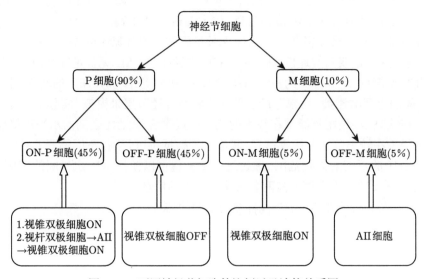

图 4-13　不同神经节细胞的比例以及连接关系图

对于 ON 中心类型的 P 细胞和 ON 中心类型的 M 细胞, 都接收 ON 型视锥双极细胞的输出, 但是它们的感受野半径大小不同, 不同的类型在不同的位置的感受野半径需根据生理数据设置. ON 中心类型的 P 细胞和 ON 中心类型的 M 细胞的反应函数为

$$\text{GanlionR}(x_0, y_0)$$
$$= \sum_{i=1}^{n} \text{OnBipolarR}(x_i, y_i) \cdot 1/(\sqrt{2\pi} \cdot \sigma_{\text{center}}) \cdot \mathrm{e}^{-((x_i-x_0)^2+(y_i-y_0)^2)/2 \cdot \sigma_{\text{center}}^2}$$

OFF 中心类型的 P 细胞, 接收 OFF 中心的双极细胞输入, 其反应函数为

$$\text{GanlionR}(x_0, y_0)$$
$$= \sum_{i=1}^{n} \text{OffBipolarR}(x_i, y_i) * 1/(\sqrt{2\pi} \cdot \sigma_{\text{center}}) \cdot \mathrm{e}^{-((x_i-x_0)^2+(y_i-y_0)^2)/2 \cdot \sigma_{\text{center}}^2}$$

OFF 中心类型的 M 细胞, 接收 AII 的输入, 其反应函数为

$$\text{GanlionR}(x_0, y_0)$$
$$= \sum_{i=1}^{n} \text{AResponse}(x_i, y_i) * 1/(\sqrt{2\pi} \cdot \sigma_{\text{center}}) \cdot \mathrm{e}^{-((x_i-x_0)^2+(y_i-y_0)^2)/2 \cdot \sigma_{\text{center}}^2}$$

本模型基于真实的生理数据, 逼真地模拟了神经节细胞层的反应.

神经节收到信号后, 并不一定全部向大脑传递, 而是要超过自身的一个阈电位的值, 才会产生一个动作电位, 向后传递信息. 动作电位与之前的分级电位不同, 不像分级电位有大小不同的差别, 动作电位只是有和无, 一旦超过阈电位, 产生了动作电位, 那么动作电位的大小都是一致的. 那么在模拟中是怎样确定阈电位的大小呢? 先看看阈电位产生的生理过程和涉及的生理数据.

动作电位指的是处于静息电位状态的细胞膜受到适当刺激而产生的, 短暂而有特殊波形的, 跨膜电位搏动. 细胞产生动作电位的能力被称为兴奋性, 有这种能力的细胞如神经细胞和肌细胞. 动作电位是实现神经传导和肌肉收缩的生理基础.

动作电位的形成与细胞膜上的离子通道开关相联系. 一个初始刺激, 只要达到了阈电位 (而不论超过了多少, 这就是全或无定理), 就能引起一系列离子通道的开放和关闭, 而形成离子的流动, 改变跨膜电位. 而这个跨膜电位的改变又能引起邻近位置上细胞膜电位的改变, 这就使得兴奋能沿着一定的路径传导下去.

阈电位, 动作电位需要电位到达阈值才能发起, 此时钠通道开放, 钠离子内流. 科学家尝试找出这一个阈值, 但都以失败告终. 神经元可以在一个范围的刺激内被

激活. 如图 4-16 所示, 细胞在未受刺激时, 静息电位约为 $-70\mathrm{mV}$, 而引起钠通道开放的阈电位约为 $-50\mathrm{mV}$, 动作电位的峰值约为 $+35\mathrm{mV}$. 用变量 R 表示阈电位在整个细胞电位变化区间的位置, $R =$ (阈电位 $-$ 静息电位)/(动作电位峰值 $-$ 静息电位). 对于图中具体的数值, 即 $(-50 + 70)/(35 + 70) \approx 19.05\%$, 以此为依据, 在模拟中, 阈电位的值通过以下公式来计算

$$\mathrm{Threshhold} = (\mathrm{GResponse}_{\max} - \mathrm{GResponse}_{\min})R$$

其中 $\mathrm{GResponse}_{\max}$ 表示神经节细胞的反应最大值, $\mathrm{GResponse}_{\min}$ 表示神经节细胞的反应最小值. 由于程序随机的因素, 最大值和最小值存在过大或过小的可能, 所以公式进一步修改为

$$\mathrm{Threshhold} = (\mathrm{GResponse}_{\mathrm{Aveeage}}) \cdot 2R$$

其中 $\mathrm{GResponse}_{\mathrm{Aveeage}}$ 表示所以神经节细胞的反应的均值.

4.4　实验系统设计与分析

4.4.1　视网膜网络模型的基本结构验证实验

1. 光感受器层的密度及分布验证实验

光感受器层, 作为视觉系统唯一与外界相联系的一层, 担负着采集外界信息并转化为神经信号的重任, 可以说光感受器采集的效果直接影响到我们对世界的感知. 在之前对光感受器层的模拟时, 我们介绍过, 光感受器层的一个重要特征就是不均匀分布, 在中央凹处的光感受器的密度最高, 采集也最精细, 但中央凹的半径约为 0.15mm, 对比于视网膜的半径约为 16mm 可知, 中央凹的面积在视网膜上所占的比例是非常小的.

光感受器在视网膜的绝大部分是比较稀疏的, 只能感知物体大概的轮廓. 当你看一本正常大小的书时, 你盯住一行字的第一个, 会发现这一行的最后几个字是什么根本分辨不出来, 甚至是不同的颜色也可能分辨不出来. 如果光感受器以中央凹的密度布满整个视网膜, 那么不就可以以高分辨率识别视野中的所有事物了吗? 但是如此多的信息, 是很难在短时间进行处理和解释的, 当一个篮球向你砸过来的时候, 全视网膜以高密度采集视觉信息, 再经过各层复杂的处理, 最终解释完成, 使你意识到有个篮球的时候, 球可能早就砸在你的脸上, 或者如果你的大脑重达 60 千克 (Sicard et al., 1999) 的时候, 你可以及时处理这些视觉信息. 所以视网膜的采集策略是经过长期以来的进化得到的一种优化的方式, 既能保证一定区域的高分辨率、

准确性, 又能保证处理的实时性和低能耗.

当然我们能够很好地适应环境, 还有很多其他机制共同作用来实现. 如人眼具有高度灵活的 6 块眼动肌, 可以迅速地把中央凹移到新目标上, 利用中央凹的高密度来采样. 如人类的警觉机制和注意机制. 当有物体快速出现在视网膜周边时, 警觉机制会使眼动肌迅速将眼球移至引起警觉的物体上. 我们这里仅讨论光感受器的影响.

之前已经详细介绍了对光感受器的模拟, 以下用实验来验证光感受器层的密度和分布结构, 并与生理图表相比对. 实验中所展示图片是半径 0~4mm 的范围的视网膜. 选取此范围有以下两个原因. 第一, 在半径 0~4mm 的范围内, 已基本包括绝大部分环带. 在中央凹附件, 光感受器的密度变化较大, 所分环带较多. 而 4~16mm 范围内, 密度变化不大, 所分环带也少. 第二, 由于在中央凹附件的环带所分较细, 放在整个视网膜中时, 就显得过小而不能被清楚地展示, 而这一部分信息却是整个视觉信号中最为重要的信息.

将 4.3.2 节模拟所得到的光感受器矩阵用图表示出来, 如图 4-14~图 4-16 所示.

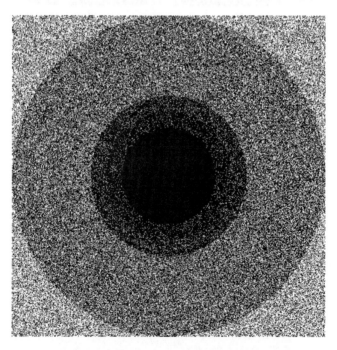

图 4-14　视杆细胞的模拟分布图 (白色点表示有视杆细胞存在)

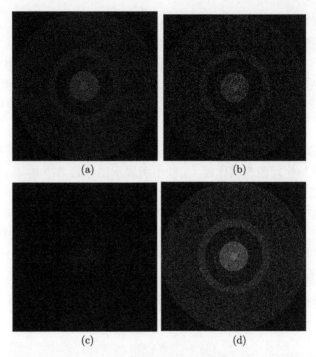

图 4-15   视锥细胞模拟分布图 ((a) 表示红敏视锥细胞的分布. (b) 表示绿敏视锥细胞的分布. (c) 表示蓝敏视锥细胞的分布, 红敏、绿敏、蓝敏三种视锥细胞的比例约为 1:1:0.353. (d) 为所有视锥细胞分布的综合图)

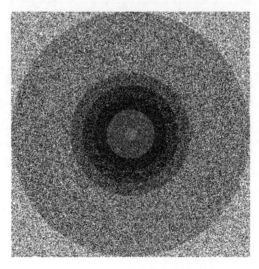

图 4-16   光感受器的分布示意图 (白点代表视杆细胞, 红点代表红敏视锥细胞, 绿点代表绿敏视锥细胞, 蓝点代表蓝敏视锥细胞)

将生成的环带图中的不同环带密度值画为曲线图, 如图 4-17 所示.

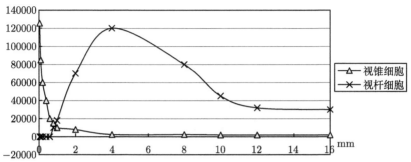

图 4-17 环带图中的不同环带密度值的曲线图

与生理数据图对比, 见图 4-18.

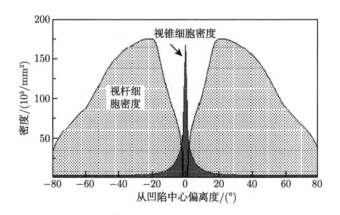

图 4-18 视杆细胞和视锥细胞的生理密度曲线

对于图 4-17 和图 4-18, 说明几点. 第一, 我们的实验示出的是一半视网膜的密度图, 另一半对称可得. 第二, 由于每个环带内的密度取的是均值, 所以模拟图比生理测量图的最大值要小. 第三, 模拟图完整地示出了半个视网膜的密度图 (即半径为 0~16mm), 生理测量图并未完全表示视网膜全部的密度. 两图相比较来看, 我们的实验比较准确地模拟了光感受器的密度和分布.

下面直观来看一下物体在视网膜光感受器层上的成像情况. 图 4-19 是输入图片, 图 4-20 是视网膜光感受器反应图. 从两图的比较可得出, 整体上来看, 在光感受器层保持比较好的对应关系; 细节上来看, 图像的采样密度呈现明显的环带化分布, 与光感受器的分布相一致.

图 4-19   原始输入图片

图 4-20   视网膜光感受器反应图

2. 神经节细胞层不同类型的神经节细胞的感受野形态和分布展示实验

神经节细胞感受野大小是众多视网膜信息处理机制共同作用的外在表现. 神经节感受野的大小会随着环境不同, 条件不同而变化, 其实质是视网膜各部分为适应各种环境相互协调, 自适应调节后的结果. 所以对于神经节感受野的研究是视网膜模型的重要内容.

在背景知识介绍中, 我们已经知道, 神经节细胞可以分为 P 细胞和 M 细胞. P 细胞大约占整个神经节细胞的 90%, 其在中央凹附件的比例最高, 到周边降至 50% 左右 (Dacey, 1993). 随着距中央凹的距离越来越远, 所有的神经节细胞的感受野都会变得越来越大. 但是同一位置处, P 细胞的感受野总是小于 M 细胞的感受野. 在模型实现部分, 我们根据所查到的生理数据生成了神经节细胞层. 现用示意图来展示其感受野的形态和分布的模拟情况, 为了清楚地展示模拟结果, 我们以神经节密度的 1/200 作为展示使用, 见图 4-21.

图 4-21 图中红色的表示 P 细胞的感受野, 绿色表示 M 细胞的感受野

图 4-21 让我们直观地感受到了两种神经节细胞的数量和感受野的情况. 从数量比例上来看, P 细胞占绝大多数, 并且在中央凹区域比例很高, 到周边区比例下降. 从感受野的大小来看, P 细胞和 M 细胞的感受野都随着距中央凹变远而变大, 但在同一位置处, M 细胞的感受野均比 P 细胞的感受野大.

4.4.2 视网膜网络模型的刺激探测效果及物体表征效果实验

1. 视网膜在不同位置对不同大小物体的采集效率

我们看到的世界是真实的世界吗? 不是, 比如我们都知道视觉存在盲点, 一个简单实验就可以找到盲点, 当一个适当大小的物体处于盲点上时, 你会完全看不见它, 但它是真实的存在. 但我们的视野中也不会因此出现一个黑洞, 聪明的大脑已经根据周边获取的信息, 将这个盲点合理地填补上了, 我们感知的世界是经过采样、处理、解释后的世界. 其中任何一个环节的改变都可能导致你感知的世界的不同.

欺骗大脑的图片有很多, 如图 4-22 所示的爱因斯坦和梦露.

近视眼的人看这幅图比较容易, 把眼镜拿下去看这幅图, 显示的是梦露, 戴上眼镜看, 显示的是爱因斯坦. 视力正常的人, 要离远看, 看到的是梦露的样子, 离近看是爱因斯坦的图像. 这幅图之所以能够产生这种离奇的效果, 只不过是利用清晰和粗糙的线条 "欺骗" 了人类的大脑. 人类大脑分析清晰图像的速度, 要比分析模糊图像的速度更快. 这幅图中的爱因斯坦头像已经经过电脑修改, 只有一部分面貌仍然保持清晰状态, 譬如鼻子、皱纹等; 但从远处看, 这些部分将变得模糊, 而梦露的头像则会显现出来.

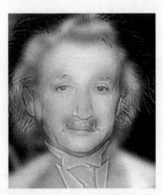

图 4-22　视觉欺骗图片——爱因斯坦与梦露 (互联网图片)

这样的二意图还有很多, 这是在解释的阶段根据不同的信息进行的解释. 如果在采样的阶段采用不同的策略, 最后感知的世界也会不一样. 我们已经知道人眼的光感受器是非均匀分布, 那么对于我们人类来说, 视野中不同位置处出现多大的物体时才能完全被我们感知到而被忽略呢? 这对于我们认识我们的视觉系统和理解眼中的世界是非常有帮助的. 基于此, 我们设计了 "视网膜在不同位置对不同大小物体的采集效率" 实验.

实验目的　测量视网膜不同的位置对各种大小不同的物体的采集效率, 这可以让我们知道在视网膜不同的环带上, 当投射在视网膜上的影像有多大时才能完全被捕获, 根据简约眼的模拟, 可以推知在离我们一定距离的地方有一个多大物体才会被我们完全感知到.

实验设计　在模型中, 视网膜光感受器层的分布特点分为 10 个环带, 实验分别测 10 个环带对不同大小物体的采集效率. 在每一个环带, 都执行如下的过程.

(1) 用大小不同的刺激进行实验, 统计对于不同大小的刺激视网膜的采集效率. 刺激以视网膜中的光感受器的大小为基本单位 (依据生理数据计算得出, 约为 0.0028mm), 从小到大依次变化.

(2) 每种大小的刺激需多次出现, 使其具有统计意义 (本实验中重复 1000 次). 设刺激形状为方形, 基本单位 unit = 0.0028mm, 则其边长以 unit, 2unit, 3unit, $\cdots$, n unit 依次变大.

(3) 统计神经节被激活的情况. 一种刺激被视网膜采集到, 首先要激起光感受器的反应, 如果刺激物过小, 可能落在光感受器分布的空白地带, 在采集阶段就被忽略. 其次即使被光感受器采集到, 还要激发至少一个神经节细胞, 而且使其反应超过阈电位, 形成动作电位, 否则信息也不会继续向大脑传递. 当刺激从小变大过程中, 若有一刺激使得所有重复实验都能引起动作电位发放, 即表明这种大小的刺激被视网膜 100% 的采集, 而此种大小的刺激为此环带能够完全采集到物体的 "阈刺激". 如不能 100% 被采集到, 继续增加刺激面积.

实验结果 图 4-23 和图 4-24 中的三列, 分别为环带范围、刺激尺寸和采集百分比. 实验数据如图 4-23 和图 4-24 所示.

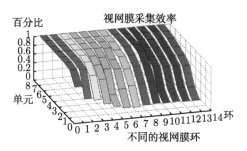

图 4-23 视网膜采集效率实验结果 1

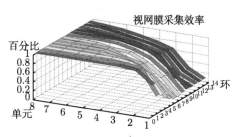

图 4-24 视网膜采集效率实验结果 2

将表中每个环带中被 100% 采集到的刺激尺寸拿出, 绘制成图 4-25.

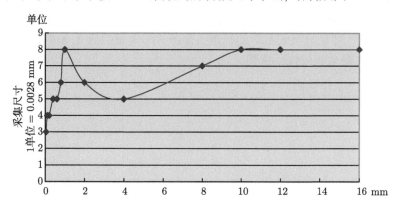

图 4-25 视网膜完全采集刺激尺寸曲线图

我们知道神经节细胞的密度是随着视网膜离心度的增加而逐渐减少的, 那么可以推测随着离心度的增加视网膜对物体采集的能力也越来越弱, 但图 4-25 中的 100% 被采集到的刺激尺寸并不总是随着离心度的增加而变大, 其原因是, 我们不能仅仅考虑神经节细胞的密度, 也要考虑进行采样的光感受器的密度. 例如, 在周边区神经节密度低, 但其感受野的面积却变大了, 如果在其感受野内的光感受器的密度足够大, 能够采集到足够的信息, 依然可以激活这个神经节细胞. 图 4-26 是神经节细胞和光感受器细胞的密度分布图.

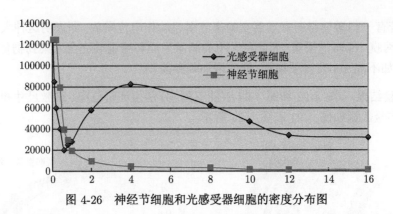

图 4-26 神经节细胞和光感受器细胞的密度分布图

对比两图, 发现视网膜环带对刺激的采集图, 非常像反转 180° 的光感受器的密度图, 这说明对于视网膜采集的效果, 光感受器的密度起了主要作用. 从图 4-26 中可知, 我们人眼最不易采集到刺激物体的地方, 除了在视网膜的周边, 还有在距中央凹 0.8mm 处, 此处视锥细胞的数量急剧下降, 而视杆细胞的数目也未大量增加, 造成此环带范围光感受器的密度很低. 由实验得知, 在视网膜周边和距中央凹 0.8mm 处完全捕获刺激所需的尺寸最大, 为 8unit, 那么 8unit 是什么概念呢? 下面通过一个简约眼的模型来说明 8unit 投射后的大小, 进一步表明这个实验的实际意义. 简约眼, 是一种在分析正常眼的基础上作出的简化眼的折光系统而成像的模型. 图 4-27 为简约眼及其成像示意图.

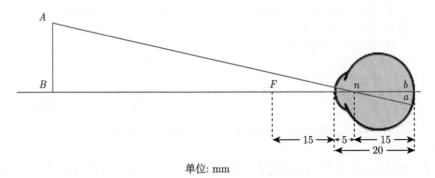

单位: mm

图 4-27 简约眼及其成像示意图

简约眼的成像公式为

$$\frac{AB(\text{物体的大小})}{ab(\text{像的大小})} = \frac{Bn(\text{物体至节点的距离})}{nb(\text{节点至像的距离})}$$

现在, 已知 $nb = 15\text{mm}$, $ab = 8\text{unit}$, $\text{unit} = 0.0028\text{mm}$, 假设物体在离人眼

1m 处, 则 $Bn = 105$mm, 那么此时可算出 $AB = 0.1568$mm. 也就是说, 当一小于 0.1568mm 的物体所成的像落在视网膜的周边 (10~16mm) 或落在视网膜距中央凹 0.8mm 处时, 我们很可能对它视而不见, 这里不仅不能分辨其颜色、轮廓等, 而且根本就没有感知到有这个物体. 正常人眼中央凹处辨别视网膜上的像的大小为 0.005mm, 约相当于视网膜中央凹处视锥细胞的平均直径. 这个数值对于人们的日常生活有一定的参考意义.

2. 视网膜神经节细胞对物体的响应及表征

神经节细胞层作为唯一向大脑皮层输出信号的一层, 其对外界视觉信号的响应和表征直接影响了我们对外界的感知. 需要明确的是, 经过了多层水平连接和竖直连接的处理和分组, 信息已经被大幅整合, 从光感受器数量 (1 亿左右) 和神经节细胞数量 (100 万左右) 的对比就可以看出, 神经节细胞的最终反应输出情况与原输入图片已大不相同. 但图片中最为重要的信息, 例如边界、亮度等仍会在神经节层的输出中表现出来. 图 4-28 为输入图片, 图 4-29(a) 和 4-29(b) 为神经节输出示意图.

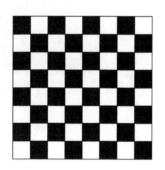

图 4-28 国际象棋棋盘

从图 4-29(a) 中可以看出, 中心区的反应明显强于周边区, 在中央凹处人眼具有较高分辨率用以采集精细信息, 无论是光感受器还是神经节细胞在此处的密度都远高于周边区, 所以相应的细胞数量较多, 反应强度也较大, 实验结果也验证了这一点. 图 4-29(b) 中, 作为人类识别物体的重要的边缘信息在神经节细胞层上被很好地表示出来, 同时在俯视图中也可以看出反应呈现出环带化的特点, 这是因为视网膜上的细胞, 无论是光感受器细胞还是神经节细胞其密度分布都具有环带特性, 所以最终体现在响应图上也具有环带的特点.

视网膜对彩色图片的反应与黑白图片一致, 下面实验展现了对彩色图片进行处理后的神经节响应图 (图 4-30~ 图 4-33).

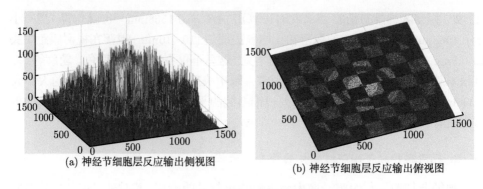

(a) 神经节细胞层反应输出侧视图　　　　　(b) 神经节细胞层反应输出俯视图

图 4-29　神经节输出示意图

图 4-30　输入图片

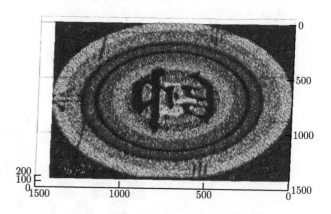

图 4-31　神经节细胞层反应输出俯视图

图 4-32　输入图片

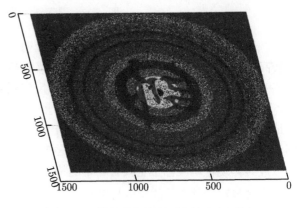

图 4-33　神经节细胞层反应输出俯视图

4.4.3 视网膜神经节细胞感受野对视网膜性能的影响分析

视网膜中的各种调节最终几乎都体现在神经节细胞的感受野上, 神经节细胞感受野的变化使得神经节能适应各种不同的环境, 使得神经节的发放能正确地表达视觉信息. 本实验的目的是研究在改变神经节细胞的感受野时, 对视网膜的性能, 如准确性、实时性、硬件复杂度、计算负载、能耗等方面的影响.

实验目的 研究感受野的变化对视网膜其他特性如实时性、计算负载、模型复杂度、能耗、准确性的影响.

实验过程 在标准感受野下测得各参数的值. 然后改变感受野的大小, 再测各参数的值, 与标准状况下的值相比, 画出变化的趋势图.

视网膜各参数定义

(1) **实时性**

公式

$$\mathrm{RT} = \sum_{i=1}^{n} \left(\frac{\mathrm{layerT}(i) \cdot \alpha}{\mathrm{LayerAConn}(i)} + \frac{\mathrm{layerT}(i) \cdot (1-\alpha)}{\mathrm{LayerACell}(i)} \right)$$

括号内的公式是计算第 i 层的实时计算时间, 这个时间被分为两部分, 一部分是细胞整合处理信息所需的时间, 一部分是连接传递信号所需的时间, 这两部分的时间比例由 α 和 $1-\alpha$ 来调配, 其中 $0 < \alpha < 1$. 因为是并行计算的, 需要得到的是一个细胞处理所需的时间和一个连接传递信号所需的时间. 如 $\mathrm{layerT}(i) \cdot \alpha$ 是代表第 i 层处理所有连接所需的总时间, 除以这一层所有的活跃连接数 $\mathrm{LayerAConn}(i)$, 就得到平均一个连接传递信号的时间, 同理用第 i 层所有整合信息所需的时间 $\mathrm{layerT}(i) \cdot (1-\alpha)$, 除以这一层所有活跃的细胞数 $\mathrm{LayerACell}(i)$, 可得平均一个细胞整合处理信息所需的时间. 把各层的结果求和, 代表了信息经过整个视网膜处理所需的时间.

(2) **计算负载**

上述曲线图 (图 4-34) 所用公式

$$\mathrm{RT} = \sum_{i=1}^{n} \left(\mathrm{LayerACell}(i) \cdot R^2 + \mathrm{LayerAConn}(i) \right)$$

先算每一层活跃的细胞数, 计算负载与每个活跃细胞的感受野的面积有关, R 为感受野的半径. 同时考虑传递的代价, 因为这相当于数据 I/O 代价, 也是要花费计算资源的.

(3) **复杂度**

公式

$$\mathrm{Complexity} = \sum_{i=1}^{n} \left(\mathrm{LayerTConn}(i) + \mathrm{LayerTCell}(i) \right)$$

复杂度考虑了视网膜内所有的连接数 LayerTConn(i) 和视网膜中神经元的数量 LayerTCell(i). 感受野变化, 会增加或减少一些连接, 从而改变模型的复杂度.

(4) **能耗**

公式

$$EC = \sum_{i=1}^{n} (\text{LayerACell}(i) \cdot \beta + \text{LayerAConn}(i) \cdot (1 - \beta))$$

能耗由每层活跃的细胞 LayerACell (i) 所消耗的能量和活跃的连接 LayerAConn (i) 所消耗的能量来决定, 两者所占的比例由 β 和 $1 - \beta$ 来决定, 其中 $0 < \beta < 1$.

(5) **准确性**

公式

$$\text{Accuracy} = \text{ActiveGanglionN}$$

准确性是由神经节细胞层活跃的神经节细胞数目来表示的, 因为各种信息最终都是通过神经节的响应而得以表示, 传向大脑. 虽然不能准确区分出具体哪些细胞活跃对应的是什么信息, 但可以确知的是, 活跃的神经节包含了向大脑传递的所有信息.

实验结果 (图 4-34)

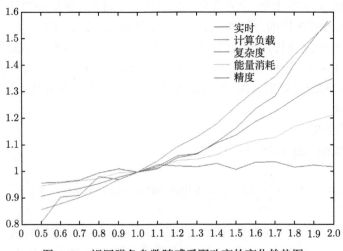

图 4-34　视网膜各参数随感受野改变的变化趋势图

从图 4-34 中可以分析各参数随感受野变化的趋势.

对于计算负载来说, 从图中可以看到它随着感受野的改变所受影响较大, 其变化的趋势也是较大的. 当感受野变大时, 对于神经节细胞来说, 它接收的信息多了, 需要整合计算的时间长了. 同时对于上层细胞, 如光感受器细胞, 神经节细胞感受野的扩大, 使得一个光感受器细胞落入多个感受野范围内, 其被重复计算的次数增加了, 而且感受野变大, 也增加了权值的计算. 这些因素综合起来影响计算负载.

对于**实时性来说**, 从图中看出, 感受野变大时, 视网膜的实时性也变大, 而且其变化的幅度越来越大, 在小于 1 个标准感受野大小时, 其增大的趋势较为平缓, 当大于 1 个标准感受野时, 其增大趋势变大, 当大约在 1.7 倍于标准感受野时, 曲线更为陡峭, 这表明此时实时性受到更大的影响.

对于**复杂度来说**, 感受野的变化, 其生理上意味着细胞之间电耦合的变化, 电耦合的变化使得细胞之间的联系发生变化, 从而引起了复杂度的变化.

对于**能耗来说**, 很多实验已证明, 细胞所消耗的能量绝大部分是用于维持细胞的基本生活, 而细胞用来计算的能量消耗是很小的, 所以虽然计算负载大幅增加, 其能耗的变化还是很小的, 这也从一方面反映了视网膜在不同的感受野下都是经济节能的.

对于**准确性来说**, 当感受野很小时, 感受野内仅包含的信息也很少, 可能不足以引起细胞的活跃而丢失信息. 细胞对视觉信息的表示是群编码的, 例如一条线段, 落在多个细胞的感受野内, 每个细胞对其都有一个表征, 但表征的效果又是不同的, 多个细胞综合起来的一组表征就可以准确地定位一个线段的位置. 当感受野变大时, 一个光感受器细胞的信息就会落入更多的神经节感受野内, 那么就有更多的细胞对其表征, 但当表征到一定程度时即使再多加入一些细胞来表征也不会提高其表征的效果. 图中所示的曲线也验证了这一点. 同时我们发现在感受野小于 1 的变化过程中, 准确性不断增加, 但感受野大于 1 之后, 其准确性变化很小, 说明标准感受野是让准确性达到一定程度而又没有太多计算负载的一个优化值. 在感受野为 2 时, 准确性基本不变, 但计算负载大大增加, 这种情况可能是一种过冗余的情况.

参 考 文 献

Carmona R, Jimenez-Garrido F, Domingnez-Castro R, et al. 2002. A CMOS analog parallel array processor chip with programmable dynamics for early vision tasks. Proceedings of the 28th European Solid-State Circuits Conference: 371-374.

Dacey D M. 1993. The mosaic of midget ganglion cells in the human retina. J Neurosci, 13(12): 5334-5355.

Harman A, Abrahams B, Moore S, et al. 2000. Neuronal density in the human retinal ganglion cell layer from 16-77 years. Anat. Rec., 260(2): 124-131.

Ishii N, Deguchi T, Sasaki H. 2004. Parallel processing for movement detection in neural networks with nonlinear functions. Intelligent Data Engineering and Automated Learning-IDEAL 2004, 5th International Conference, 3177: 626-633.

Kolb H. 2003. How the retina works. American Scientist ISSN 0003-0996 CODEN AM-SCAC, 91: 28-35.

Lee J W, Chae S P, Kim M N, et al. 2001. A moving detectable retina model considering the mechanism of an amacrine cell for vision. IEEE International Symposium on Industrial Electronics, 1: 106-109.

Risinger L, Kaikhah K. 2008. Motion detection and object tracking with discrete leaky integrate-and-fire neurons. Applied Intelligence, 29(3): 248-262.

Sicard G, Bouvier G, Fristot V, et al. 1999. An adaptive bio-inspired analog silicon retina. Proceedings of the 25th European Solid-State Circuits Conference: 306-309.

第5章　基于视网膜的图像局部朝向刺激表征模型

5.1　视觉计算模型

本章所描述的视觉计算模型按照计算单元的结构来区分, 大致可将其视作 5 层 "细胞" 结构. 分别为类光感细胞层、类神经节细胞层、类外膝体细胞层、类初级视皮层简单细胞层 (以下简称类简单细胞层) 以及最后的表征整合细胞层. 这里使用 "类 …… 细胞" 来命名这些计算单元, 主要是因为其中的大部分单元 (最后一层除外) 都能够在早期视觉感知通路上找到功能和形态都与之相对应或类似的细胞. 另外, 从视觉信号处理的功能上看, 前两层计算单元属于信号采样和预处理阶段, 第三层类外膝体细胞层负责完成信号中继和分类的工作, 类简单细胞层则进行信号的计算, 最后由表征整合细胞进行整合和表征.

图 5-1 框架性地展示了整个模型的逻辑构建方式. 图中, 信息处理方向从左至右, 经由类光感细胞至整合细胞共 5 层结构. 需要指出的是, 模型示意图中的各个细胞层均只画出了一小部分细胞, 而省略了更大量的其余细胞; 另外, 该示意图并未对层内细胞的相对空间位置进行描述 (也即在每一层内, 细胞之间并非直线排

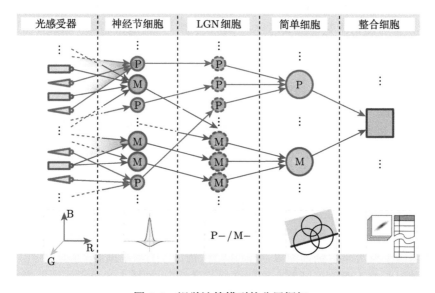

图 5-1　视觉计算模型的分层框架

列的, 而是分布在平面上). 从信号处理通路的角度来看, 图中用红色标识的通路表示对不同 (R, G, B) 值敏感的颜色通路, 虽将其标识为 P 通路, 且同样主要负责颜色通路的信息加工和处理, 但是与生物视觉中的小细胞通路 (P 通路) 并不是完全一致的. 实际上, 在计算模型中这一通路可再进一步细分为 "红—青"、"绿—品红" 和 "蓝—黄" 三条通路. 同样地, 而用蓝色标识的 M 通路 (该通路对明暗, 也就是图像灰度值敏感, 但也与生物视觉系统中的大细胞通路 (M 通路) 不尽相同. 最后, 两条通路都会参与整合层细胞对图像的表征.

　　类光感细胞由两类基本的细胞构成, 类比于视网膜中的视锥细胞和视杆细胞, 分别如图中红色三角形和蓝色矩形所示. 图像的颜色信号经由响应神经节的 DOG 预处理, 进入颜色通路的处理; 类似地, 图像的灰度信号进入灰度通路. 第三层的 LGN 层为逻辑层, 对比生物结构中 LGN 所进行的拓扑不变投射, 将信号分门别类. 类简单细胞层接收响应通路传送来的初步响应信号, 并依次计算出自己对应感受野中的朝向刺激信息, 最后将此类信息汇聚至整合层细胞进行统一的信号整合和表征.

5.1.1　数字图像的表征

1. 关于 "边界直线段" 的概念

首先, 明确两个对于输入图像的理解问题:

(1) 对于计算机而言, 通常的输入图像是由什么组成的?

(2) 对于我们的模型而言, 输入图像究竟是由什么组成的?

　　第一个问题的答案很明显是 "像素". 而对于第二个问题, 本章的模型却并不将像素视为输入图像的基本组成部分. "边界检测" 问题通常是将 "像素" 视为基本的输入单元, 因此这些算法在最后展示算法结果时依然采用像素点的形式来进行表征; 而 Hough 变换实质上将图像视为由直线段组成, 故而最后去试图表征这些直线段. 然则对于本章研究的计算模型而言呢? 事实上, 作者将输入图像视为由很多的短直线所构成, 见图 5-2.

　　图中左侧为模型输入的原图像, 将图中的两处正方形区域放大后我们可以看到, 在图像的局部, 物体的边界尽管在 "宏观" 上是曲线, 但是在 "微观" 上, 这两个小正方形区域中各自的两种不同的颜色分界线可以被简化地认为是由许多短直线 (图中表示为 "拉长了的" 椭圆) 拼接而成的. 这些直线段加在一起就能够用于表征一个物体的整个轮廓信息. 因此可以认为, 这些短直线段是具有实际的物理含义的, 它们被称作图像的基本组成单元——"边界直线段". 这些边界直线段在视觉计算模型中, 被密布于整幅图像 (视野范围) 内的 "类简单细胞" 感受野所 "捕捉" 并 "描述", 最终汇聚到表征整合细胞进行信息整合. 如图中绿色虚线圈即表示一个这样的感受野区域. 这些表征信息最终将会通过符号化记录在一张 "图像局部朝向刺激特征表" 内, 一个被激活了的表征整合细胞计算单元将对应一条表征记录, 该表则可用于图像的表征和重构.

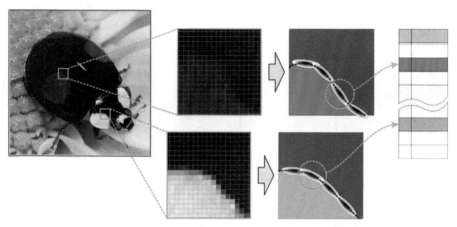

图 5-2 视觉计算模型对于输入图像构成的理解

当然, 这些短直线的拼接只能针对图像中物体的轮廓进行相应的表征描述, 而对于真正 "完整地" 表征一幅彩色图像所需要的所有基本单元, 包括图像中的 "连续颜色块" 区域, 比如说瓢虫的红色斑点或是黄色花瓣背景, 都属于此类 "额外" 的元素, 尽管对于图像的完整表征也应当将它们考虑在内, 但是就 5.1.1 节所描述的简化视觉计算模型而言, 它们并不属于这一讨论范围之内. 当然, 我们需要明确: 本章计算模型的表征, 尚不能认为是对图像的完整表征, 其中一方面的原因也在于生物上, 对这一视觉通路中的很大一部分神经连接和细胞作用还需要进一步的研究.

2. 局部朝向刺激的表征

通过上节的阐述, 我们引入了图像 "边界直线段" 的概念, 并将其视为图像特征的基本组成单元, 而若将图像看作是一次投影在视网膜上的视觉刺激, 则这些刺激将被理解为由若干 "局部朝向刺激" 特征所组成. 这也是本章标题中 "图像局部朝向刺激表征" 的含义, 可以说, 较之 "边界直线段" 更带有生物结构的意味. 因此, "边界直线段" 和 "局部朝向刺激" 两个看似不同的术语实则所指同一个概念, 而只是处于不同的上下文语境. 因此, 若是将 5.1.1 节的标题视作 "边界直线段的表征" 也不会对理解造成影响.

图 5-3 简单展示了视觉计算模型对视觉刺激的 "局部朝向刺激" 表征的结果. 图中的 1、3 列为原图, 2、4 列为原图通过视觉计算模型的表征所 "重构" 的结果图. 当然, 需要强调的是, 本章所述的重构只是针对 "边界直线段" 而言的. 更为详尽的描述需要等到完成本节对视觉计算模型的设计描述之后展开, 作者在此处需要强调的是, 尽管图像的表征结果看似与传统的机器视觉边界检测算法大同小异, 但

事实上所有的结果图是由众多黑色短直线段拼接而成的, 而每一直线段又是可进行结构化描述和存储的. 因此, 结果图的分辨率可以与原图的大小尺寸无关 (此处使用的分辨率为 500×500, 而原图则是 256×256); 我们可以将其理解为一幅尺寸可拉伸的 "矢量图" 描述.

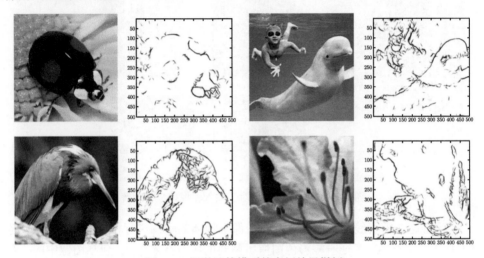

图 5-3　视觉计算模型的表征结果样例

现在, 我们将开始初步解释整个视觉计算模型的各个关键部分的设计思想.

5.1.2　"像素无关" 的采样策略

一些视觉计算任务可能对整个图像中的不同区域提出不同的精度需求. 举例而言, 我们现在面临一个身份识别视觉任务: 在输入的图像中的特定区域范围内找到某个人物, 并识别他的身份. 而当我们接收到的输入图像是一条车水马龙的街道时, 一个更为合理的策略可能是对于特定的某个目标, 需要在他的脸部或是身型区域提高分辨精度, 而对于街道的其他区域 (包括交通工具、绿化或是其他的行人), 我们并不希望对他们的计算和表征占用太多的计算资源, 这就正如我们的视网膜所完成的那样. 在这种情况下, 将均匀分布的像素矩阵视作基本的处理单元似乎已经不甚妥当了. 将本节及下一节所讨论的策略相结合, 我们为解决这一问题提供了一种思路. 受到生物结构非均匀采样特性的启发, 本节提出了所谓 "像素无关" 的采样策略, 从而为不同精度的采样提供了一种可能性. 在这种采样策略中, 我们将图像的像素视为连续的颜色块, 而不是不可再分的最小单元, 并以此摆脱像素的 "束缚".

图 5-4 表示的是一幅放大图像的局部, 图像左侧不同灰度值的矩形表示该图像放大处的像素阵列, 而图中由圆形虚线表示的是一部分类神经节细胞的感受野

范围. 可以看到, 这些大小和密度分布不一的类神经节细胞感受野散落在视野范围 (即图像) 内, 由它们来完成视觉信号的采样和预处理.

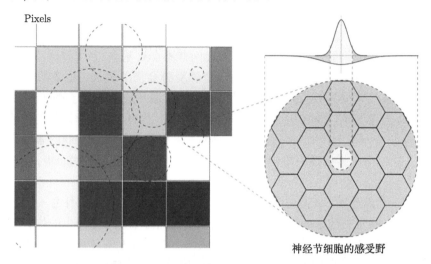

图 5-4 "像素无关" 的采样策略: 类神经节细胞的分布实例

而若将这一圆形感受野范围进一步放大至图 5-4 右图所示, 则我们可以看到, 每一个感受野内的类光感细胞呈六边形均匀分布, 每一个正六边形区域对应一个光感细胞, 它们是事实上的采样单元 (也即最小的采样单元), 并将采样信息按照双高斯差函数模型 (DOG) 加权汇总至类神经节细胞进行简单的预处理. 图中右上侧为两个高斯函数的叠加, 浅黄色的中心区域表示刺激型输入, 而周边的大范围蓝紫色区域表示抑制型输入. 两者分别对应圆形感受野的中心、周边采样区域.

因此, 在这样的 "像素无关" 采样策略的思想下, 类神经节细胞的感受野的采样过程可以独立于像素进行, 自由地根据自身所在视网膜的局部位置的密度情况来进行图像信号的采样. 即便对于不同分辨率的输入图像, 其采样密度依然根据自身的密度情况而决定, 从而对输入的表征独立于图像分辨率这一外在因素. 总而言之, 这一采样策略的思想回答了本章所谈到的第一个问题, 即视觉计算模型算法对输入的表征: 模型对输入图像的表征已经不再是以像素为基本单元, 而是将输入图像视作由连续的颜色块组成 (每个像素对应一个正方形颜色块), 并且以模型自身的类光感细胞对其的采样作为基本输入单元.

5.1.3 非均匀密度分布细胞的生成

为了能够真正实现针对输入图像的 "像素无关" 采样策略, 计算模型中的细胞分布规律也同样应该与像素的分布 (矩阵分布) 规律有所不同. 具体到本章所提的模型, 也即类神经节细胞的分布应当遵循生物结构的特性, 即在整个图像范围内大致按照生物视网膜的分布密度趋势, 在不同的局部具有不同的密度分布, 否则, "像素无关" 的采样将仅仅是徒有虚名. 本节即主要介绍非均匀分布的类神经节细胞位置的生成方法.

从生物角度而言, 一方面视网膜的神经节细胞位置距离其感受野并不会有很大的距离 (神经节细胞的树突野几乎相互之间并不会有重叠, 且大致覆盖整个视网膜范围 (Lee, 1996), 否则, 形成同样的一个感受野会需要更长、更多的神经连接; 另一方面, 从光感受器细胞到神经节细胞的通路传递又是拓扑有序的映射, 见相关文献 (Hubel, Wiesel, 1962; Hubel, Freeman, 1977). 因此, 为了确定我们的计算模型中类神经节细胞的位置——更为恰当地说, 应当是类神经节细胞的感受野中心位置——我们借用了神经网络中自组织映射 (SOM) 的思想, 对特定的样本进行了训练.

构建一个简易的 SOM 神经网络, 输入样本空间为 R^2, 网络自身由 $n = k \times k$ 个节点构成, n 即为类神经节细胞的数量. 假设以类光感细胞在平面上的位置 (x_i, y_i) 作为 SOM 网络的一个二维训练样本. 利用 SOM 所具有的对输入样本密度进行匹配的性质, 通过控制输入样本的密度分布, 来得到所需要的细胞位置. 根据所需的密度随机生成足够数量的二维样本点, 即可通过 SOM 训练最终得到响应的类神经节细胞分布情况, 如图 5-5 所示. 图中演示了在 $[-10, 10] \times [-10, 10]$ 见方的区域内生成神经节细胞位置的实例. 图 (a) 的每一个蓝色 "×" 号表示一个训练样本; 图 (b) 则是以此样本集训练 50 次之后得到的结果, 每一个红色圆圈 "○" 表示一个神经节细胞所处的位置, 连接红色圆圈之间的绿色线段则表示 SOM 网络 "地图" 中的相邻关系 (此例中地图的拓扑结构使用了 "六边形相邻" 的网络邻接结构, 也即每个节点——类神经节细胞——有 6 个相距一个单位距离的邻居).

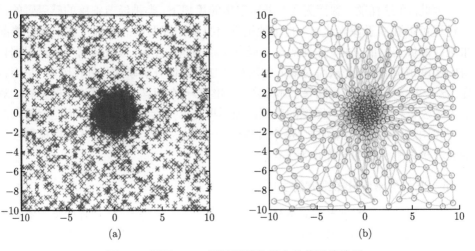

(a) 　　　　　　　　　　　　　(b)

图 5-5　用于 SOM 网络训练的样本及其训练结果

可以看到, 图 5-5 中的训练结果较好地刻画了样本集的密度分布情况, 即大致相当于视网膜神经节细胞的 "中央密集, 周边稀疏" 的分布. 当然, 在实际应用中, 还可以通过改变训练样本的密度情况, 灵活地生成相应的类神经节细胞位置.

5.1.4 视觉计算模型的逐层构建

本节将依次介绍本节开头部分所提及的模型前四层中的计算单元. 而对于最后的表征整合细胞, 由于其作用在于不同通路的信号整合, 因此我们将在下面对其单独进行介绍.

1. 信号预处理: 类光感细胞和类神经节细胞层

正如 5.1.3 节所述, 类神经节细胞的位置决定了其感受野范围内类光感细胞的位置, 而且, 就功能上而言, 信号的采集和预处理阶段的工作是由这两层计算单元共同完成的, 故此处我们将两者作统一的介绍. 回顾图 5-4 的描述, 一个类神经节细胞的感受野范围内, 形成其感受野的类光感细胞呈均匀的 "正六边形" 分布, 它们与该类神经节细胞的神经连接权值取决于双高斯差模型. 在 20 世纪 60 年代, Rodieck(1965) 就提出了著名的双高斯差 (DOG) 模型用于描述和模拟视网膜中部分神经节细胞的感受野工作模式, 并且得到了很好的结果. 基本上, 在这个视觉模型中, 我们也采用了标准的二维高斯差函数 $\mathcal{F}$ 来构建与这一节神经节细胞等价的计算单元的工作模式:

$$\mathcal{F}(x,y|\sigma_0,\sigma_1) = \mathcal{N}(x,y|\sigma_0) - \mathcal{N}(x,y|\sigma_1)$$

$$= \frac{1}{2\pi\sigma_0^2}\exp\left(-\frac{x^2+y^2}{2\sigma_0^2}\right) - \frac{1}{2\pi\sigma_1^2}\exp\left(-\frac{x^2+y^2}{2\sigma_1^2}\right) \tag{5.1}$$

其中 σ_0, σ_1 分别表示正、负两个高斯函数的标准方差. 这一双高斯差模型描述了单个类神经节细胞对于每个输入采样点的响应值进行加权的模式. 对于每一个确定位置的类光感细胞连接权值, 采用在 XY 平面为正六边形的区域内对二维双高斯差函数 $\mathcal{F}$ 进行二重 (数值) 定积分来求得. 即, 对于每一个中心位置在 (x_i, y_i) 的类神经节细胞而言, 其对应的 DOG 函数加权权值为

$$w_{ij} = \iint_{x,y \in h_{ij}} \mathcal{F}(x,y|\sigma_0,\sigma_1)\,\mathrm{d}x\mathrm{d}y \tag{5.2}$$

其中 h_{ij} 表示在 (x_i, y_i) 周围的六边形积分区域.

另外, 值得一提的是, 由于对这一双高斯差函数在整个定义域上加权的结果为零, 这也表示对于某个在感受野范围内的均匀光刺激而言, 该细胞的响应值为零, 这个性质能够很好地过滤掉非边界上的视觉刺激; 但与此同时, 如果在这一区域内并没有光刺激, 其输出响应同样是零, 这也会在一定程度上造成更上层细胞 "类简单

细胞" 在进行输入判断时的混淆, 造成效能的降低, 这一问题将在后文进行更为详细的讨论.

我们通过简单的实验模拟了当某一类神经节细胞感受野范围内有一个阴影面 (局部朝向刺激) 从左至右滑过时, 该细胞的输出响应如图 5-6 所示. 需要注意的是, 阴影部分的视觉刺激应理解为 "0", 而 "白色" 部分的刺激则为 "1". 图中, 在阴影面滑动的开始, 刺激为 0 的阴影部分盖住了部分权值为负的类光感细胞, 因此, 这相当于抑制了部分负输入, 从而使得整体响应逐渐提升至最大值; 而当阴影面滑过中心正权值的区域后, 整体刺激响应很快跳变至最小值, 此后再随着其滑动盖过更多的负输入, 与先前类似, 使得整体刺激响应逐步上升至 0.

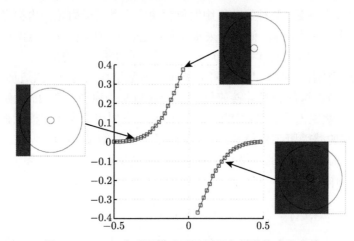

图 5-6 DOG 感受野的对于局部朝向刺激的响应曲线

另外, 根据 Croner 和 Kaplan 的实验报告 (Croner, Kaplan, 1995), P 型视网膜神经节细胞的 DOG 响应函数外圈/内圈 (σ_1/σ_0) 之比为 6~8. 因此, 按照这样的参数设定, 类神经节细胞的响应曲线将在中央部分快速地翻转, 即图 5-6 曲线中间断开的部分. 这就意味着即便是感受野内的局部朝向刺激有一个微小的位移都会引起响应值的巨大变化 (甚至是从刺激性输出变化为抑制性输出), 这种现象导致类神经节细胞利用这一段响应值来判断其感受野中的局部朝向刺激位置是相当不可靠的. 也因此, 我们将这段区域称为 "不可靠的判别区", 在模型中不予使用. 而当确有刺激恰好落在这一判别区内时, 类神经节细胞则有可能做出错误的判断, 使得模型不稳定, 相关的分析内容将在后文实验部分中进行进一步讨论.

2. 信号分类: 类似外膝体功能的中继层

通过对外膝体的介绍, 我们了解到它在视觉平行加工通路中的作用相当于一个信号的中继站. 尽管, 外膝体具有相当数量的反馈回路输入, 但是在本章的模型中,这样一个相当于外膝体功能的虚拟中继层的主要作用依然是信号的拓扑有序映射以及通路信号的分类. 也就是说, 这层在模型中, 相对实际实施计算或是预处理的层次而言, 它的作用更多地体现在逻辑层面上. 它可以被认为是一个逻辑层, 用于更清晰地阐述平行视觉加工通路模型机制.

3. 信号计算: 类简单细胞层

类简单细胞层的计算模型是整个视觉计算模型中最重要的部分. 在功能上, 单个类简单细胞通过若干类神经节细胞对其的输入值 (严格地说, 是来自外膝体的中继输入) 计算得出该细胞感受野范围内是否存在局部朝向刺激, 若存在, 那么该刺激具体在感受野的什么位置. 若将类简单细胞看作 "黑盒", 它的工作模式如图 5-7 所示.

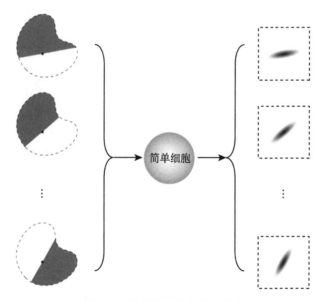

图 5-7 类简单细胞的输入输出

图 5-7 为一个类简单细胞的工作情况示意. 左侧一列为其不同的感受野输入, 其感受野可以是不规则的形状. 和生物系统不同的是, 人类初级视皮层中的简单细胞感受野形状多为长条状, 而生理实验表明它们对于某些位置和朝向的平行光栅刺激响应值能够达到最大. 尽管如此, 有一点是可以肯定的: 即简单细胞主要的功能在于表征其感受野范围内的朝向刺激. 而右侧一列表示当这一类简单细胞感受野接收到相应刺激模式时, 对应的响应输出和表征情况, 也即对局部朝向刺激进行了响应和表征.

此处尤为重要的一点是, 本章所述的模型假定对于一个类简单细胞的感受野,这一范围内若有, 则仅有单一的局部朝向刺激. 事实上, 一方面, 由于这一感受野区域的面积可以做到足够小, 从而尽可能地从主观上保证绝大部分的感受野范围内都仅有单一的局部朝向刺激; 另一方面, 当这一区域内确有较为复杂的刺激时, 仅凭借对朝向刺激敏感的类简单细胞作为计算单元来检测和表征是远远不够的. 在生物视觉系统中, 尚有更为 "高级" 的细胞来对此类视觉刺激特征进行检测和表征, 通常可以称它们为 "复杂细胞"(寿天德, 2001). 但是, 也正是此类细胞的复杂响应模式, 使得人们对于它们的了解远不如简单细胞, 故此处也不作讨论.

观察图 5-7 中的右列还可以发现, 对于某个特定通路上类简单细胞的信息加工和计算, 其输出已经可以被用来表征其所在通路的局部朝向刺激. 故对于单通路的视觉计算模型而言, 比如说没有颜色信息的灰度图像, 也确已做到对图像的表征和重建. 当然, 为了得到对输入图像完整的特征表征结果, 同时也通过不同通路表征信号彼此之间的相互印证关系, 过滤掉一些异常的响应, 还需要对各个通路的表征结果加以整合, 我们将在 5.1.1 节加以阐述.

接下来, 让我们打开这个 "黑盒", 具体解释其内部的工作原理.

模型中, 类简单细胞的感受野由 3 个类神经节细胞组成 (见 5.3.2 节的讨论), 每个类神经节细胞的输入通过如图 5-6 所示函数的反函数转化成一个表示感受野中局部朝向刺激距离中心的距离. 图 5-8(a) 显示了两种局部朝向刺激情况下的类神经节细胞响应值的物理意义. 对于上方的第一种情况, 某个局部朝向刺激仅仅覆盖了感受野 (外侧的虚线圆) 的一小部分, 通过 DOG 加权的响应值 "查表" 可获得类似这样的信息: "感受野中现有一个与中心位置距离 d 的局部朝向刺激." 然而, 仅通过一个简单的 DOG 响应值能够获得的信息仅此而已, 单个类神经节细胞并不足以获知该局部朝向刺激的确切位置, 而只知道它与自身感受野中心的距离. 因此, 有一整簇直线段都能够满足这样的条件, 故可用一个半径为 d 的空心圆表示这样的满足条件的一整簇直线; 类似地, 对于下方第二种情况, 当某一局部朝向刺激已经盖过了感受野中心和大部分的感受野区域面积时, 同样可以利用简单的 DOG 响应值判断当前局部朝向刺激与自身感受野中心的距离. 与上一种情况有所不同的是, 类神经节细胞可以通过感受野输出响应值的符号来判断该刺激是否已经盖过了中心位置. 当确已盖过中心位置时则将满足条件的这一整簇直线段用一个实心的圆表示, 以表示与前一种情况的区别.

总而言之, 每一个类神经节细胞的响应所代表的物理意义可以用圆环表示, 这样的圆环含义是: 目前检测到有一个局部朝向刺激与这个圆环相切, 即距离为圆环的半径. 而这一刺激是否盖过中心位置, 则用实心/空心圆分别表示.

于是, 经过这样的转化, 对于类简单细胞而言, 计算局部朝向刺激的问题就转化成了一个解析几何的优化问题, 即: 对于平面上的三个给定的圆, 找到一条直线使得它距离三个圆的距离平方和最小. 当然, 我们需要明确直线与圆的距离, 它指的是直线到圆心的距离减去圆的半径, 如图 5-8(b) 所示, 三个外侧的虚线圆表示感受野范围, 而较小的三个圆分别表示类神经节细胞的刺激响应.

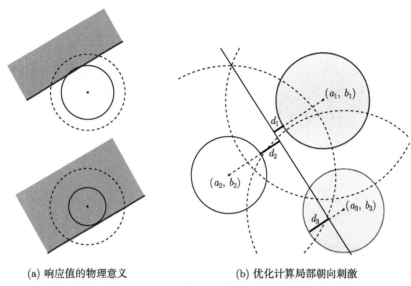

(a) 响应值的物理意义   (b) 优化计算局部朝向刺激

图 5-8   类简单细胞模型原理解释

现令待求的平面直线方程为 $u_1 x_1 + u_2 x_2 + 1 = 0$(我们用两个可变的参数来表征除经过原点的直线以外的所有情况, 不考虑过原点的直线实际上并不对模型产生明显的影响, 但这样做简化了参数), 而三个给定圆的圆心坐标和半径为 $\vec{c_i}$ 和 r_i, 其中 $\vec{c_i} = [a_i, b_i]^{\mathrm{T}}$, 若将未知量 u_1, u_2 表示为向量 $\vec{u} = [u_1, u_2]^{\mathrm{T}}$ 的形式, 则我们需要求解的优化目标函数即

$$\min_u f(u) = \min_u \sum_{i=1}^{3} \left(\frac{|\vec{u}^{\mathrm{T}} \vec{c_i} + 1|}{\|\vec{u}\|_2} - r_i \right)^2 \tag{5.3}$$

在这样的计算模型中, 类简单细胞最终将得到一个最优解 $\hat{u} = [\widehat{u_1}, \widehat{u_2}]$, 而相应的最有可能的局部朝向刺激方程 $\widehat{u_1} x_1 + \widehat{u_2} x_2 + 1 = 0$, 其所对应的残差量记为 $f_{\min}(\hat{\vec{u}}) = \mathrm{RES}(\hat{\vec{u}})$. 若这一残差量小于某个预先设定的阈值时, 认为该最优解有效, 否则, 无效, 在 5.3.2 节所述的实验中, 阈值设定为

$$\mathrm{RES}(\hat{\vec{u}}) \leqslant \frac{1}{25} \sum_{i=1}^{3} r_i^2 \tag{5.4}$$

求解这样的优化方程主要通过迭代的方法, 但由于该优化目标自身并不是一个在全定义域上的凸函数, 因此对于得到一个比较令人满意的解, 迭代计算的初始化值

(猜测值) 格外重要. 图 5-9 中显示了 8 种情况下不同的初始化直线. 绿色圆环表示感受野范围内的局部朝向刺激尚未盖过中心位置, 而红色圆环表示已经盖过了中心. 虚线三角形为三个感受野中心的连线, 它们各自的中点用蓝色圆点表示, 用以确定初始化猜测直线.

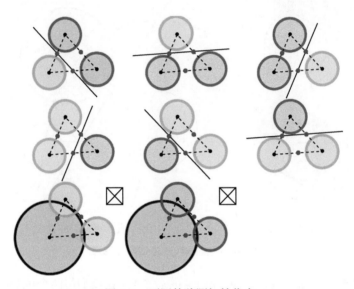

图 5-9   不同的猜测初始化点

需要指出的是, 最后两种情况, 灰黑色的大圆环表示该位置上的感受野响应输出为 0, 或者是一个极小的值, 这一大圆的尺寸也刚好表示其感受野的大小. 通过查阅图 5-6 可知, 有两种相互混淆的情况都能造成这样的响应结果, 即 "整个阴影都没有进入感受野范围" 或是 "阴影已经盖过了整个感受野范围". 当然, 两种情况都表示感受野内没有局部朝向刺激, 但是这样的混淆使得与其相关的类简单细胞缺乏足够的信息以甄别它们的差异, 故而对于最后的这两种形态的感受野输出响应, 类简单细胞将拒绝作出判断, 亦不对此进行响应. 当然, 若有两个以上的类神经节细胞都作出 "灰黑色圆形" 的响应, 则造成了类简单细胞收集起来的信息进一步不足, 也就同样不作响应. 此类情况并未在图 5-9 中表示.

5.1.5   视觉计算模型的平行通路

对于单个颜色通道, 视觉的输入刺激通常是一维的, 在实际问题中, 也就是可以通过目前已经叙述的模型来处理灰度图像, 更确切地, 应该仅限于黑白二值图像. 因为论述到目前位置, 我们都假定输入图像只有两个有效的输入值: 0 和 1, 也即是否被 "阴影" 覆盖. 但是在真正的实际应用过程中, 即便是单通道的灰度图像都越来越少见, 更不用说是二值图像了. 我们生活在一个五彩斑斓的世界中, 现今的图像采样设备也日趋发达和完善, 因此我们所面对的更多的是彩色图像输入, 而其中的每一个像素在计算机内的表示常见的是由 "红—绿—蓝" 三个通道 (颜色分量) 所组成的. 因此, 视觉计算模型也应当有能力应付彩色图像, 甚至是利用彩色图像所提供的比灰度图像更多的信息来得到更好的表征、重建效果.

本章的模型将图像使用平行的四个通道进行处理和加工, 它们分别是:

(1) "白 $(1, 1, 1)$—黑 $(0, 0, 0)$" (White-Black) 拮抗通路;

(2) "红 $(1, 0, 0)$—青 $(0, 1, 1)$" (Red-Cyan) 拮抗通路;

(3) "绿 $(0, 1, 0)$—品红 $(1, 0, 1)$" (Green-Magenta) 拮抗通路;

(4) "蓝 $(0, 0, 1)$—黄 $(1, 1, 0)$" (Blue-Yellow) 拮抗通路.

每个通路都采用拮抗机制, 所选取的八种颜色, 四个颜色对分别是单位颜色空间 $([0,1] \times [0,1] \times [0,1] \subset R^3)$ 中距离最远的四对颜色点. 以下我们对这四个通路进行统一的介绍.

1. 四种通路的 "颜色投影"

首先, 第一个摆在眼前的问题是, 如何将原始输入图像的 RGB 颜色三元组转化到这四个通路中? 本章采用的是向量投影的方法. 如前所述, 每一个像素的三元表示, 即 $(r_i, g_i, b_i) \in [0,1]^3$, 可以被理解为 R^3 空间中的一个单点, 这些点的取值范围在单位立方体内. 而这个单位立方体的八个顶点恰好对应了我们选用的颜色通路的八种基本颜色, 如图 3.10 中的立方体所示.

以 "白—黑" 通路为例, 模型将单个像素 (r_i, g_i, b_i) 投影值从黑色指向白色的向量方向, 投影向量为 $[1/3, 1/3, 1/3]^T$. 于是, (r_i, g_i, b_i) 被从三维降至一维, $wb_i \in [0,1]$, 这个降维后的值越小表示越接近黑色, 反之表示越接近白色. 同样地, 对于其余的三个颜色通路, 都可以采用类似的方法对每个像素点三元组进行简单的向量投影, 我们称这种投影操作为四个通路的 "颜色投影". 由此, 我们完成了四个通路各自对于一个像素点的响应输出.

图 5-10 对这一 "颜色投影" 操作进行了说明. 其左侧为一个矩形原始自然图像刺激输入, 经过一个类神经节细胞感受野内若干类光感细胞对其进行采样后, 每个采样的结果都被表示成 RGB 单位颜色立方体中的一个颜色点. 对这些点分别向四条虚线方向进行投影操作后便可得到四组通路响应值, 如右侧的直方图表示的即为四个颜色通路所得到不同响应值的数量统计.

2. 通路信号的简化

由图 5-10 亦可知, 经过 "颜色投影" 操作的不同通路类神经节细胞目前的输入值依然是连续的. 而先前所提到的利用 DOG 函数进行局部朝向刺激判别的方法主要被应用于二值输入的情况, 故而直接使用已有的模型针对连续响应值的真实情况进行判别将会产生巨大的误差, 而解决的办法又大致可以遵循两个思路, 一是修改已有的 DOG 函数模型, 针对实际情况输入 (通常是自然图像) 重绘类似图 5-6 的响应输出表; 二是简化实际输入响应值. 本章采用后者, 概括其原因大致有二.

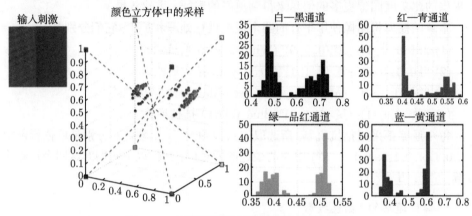

图 5-10　不同类神经节细胞通路的采样情况

(1) 当感受野内确有明显的局部朝向刺激时, 经过 "颜色投影" 操作后的响应值一定至少在某些通路明显呈现两类不同的值, 如图 5-10 右侧的四个直方图所示, "白—黑", "绿—品红" 和 "蓝—黄" 通路均呈现明显的两类响应值. 因此简化实际输入的响应值并不会对存在局部朝向刺激的感受野输入造成很大的影响.

(2) 我们很难对自然图像边界的刺激满足的分布进行数学模型假设, 尽管通常的做法可以使用正态分布去建模和参数估计, 但不同尺度的物体边界所呈现的刺激分布往往大相径庭, 导致建模的效果并不理想.

从而, 剩下的工作是将每个通道的刺激响应值进行聚类, 本章所使用的是最为简易的 K-means 聚类方法, 将每个响应值 x_i 映射为{0,1}二值输出, 并交由 DOG 模型进行后续的加权和计算.

3. 信号整合: 表征整合层

在四个视觉通路中, 感受野范围内的局部朝向刺激都被各自分别表征, 在一个特定的感受野范围内, 四个通路的类简单细胞将会共享同一个感受野, 也正是因此, 它们的表征输出才具有相互整合的价值.

首先, 我们需要明确的是单个视觉通路的类简单细胞如何对一个局部朝向刺激进行表征描述. 在 5.1.4 节所表述的计算模型中, 一个类简单细胞对于检测到的局部朝向刺激进行如下的六元描述, 即: 中心位置 $(\mathrm{ctr}_x, \mathrm{ctr}_y)$、与水平方向的夹角 ($\theta$)、响应强度 ($A$) 以及起始和终点的 X 坐标范围 (s, t).

因此, 在整合过程中, 对于某个共享的类简单细胞感受野范围采用的策略大致如下:

(1) 若是该感受野范围中仅有少于两个类简单细胞检测到局部朝向刺激, 则放弃对此范围的表征;

(2) 整合主要针对检测到的朝向角, 即与水平方向的夹角 θ, 计算它们彼此之间的误差是否在可容忍范围内:

(a) 对于两个六元组的情况, 记录 $\Delta\theta = |\theta_1 - \theta_2|$;

(b) 对于三个或以上的六元组描述, 首先排除一个最有可能的异常 θ_k 输出, 即与其余值距离最大的 θ 值, 并记录 $\Delta\theta = \overline{|\theta_1 - \theta_2|} (i \neq j$ 且 $i, j \neq k)$;

(3) 如果 $\Delta\theta$ 大于某个阈值 (这里使用 20°) 则同样放弃对这个感受野范围的表征 (因为这表示可能存在计算误差或错误);

(4) 对于剩下的 $m (\geqslant 2)$ 组六元描述, 中心位置、朝向角均取其均值, 而响应强度取其最大值 $\max A_i$ 且 $i \neq k$; X 范围取其交集 $|s, t| = \bigcap_i |s_i, t_i|$.

图 5-11 简要地对这一策略进行了示意性描述. 在图 5-11(a) 中, 虚线矩形框大致表示了一个共享的感受野范围, 在这个范围中, 有三个通路的细胞进行了局部朝向刺激表征. 但首先需要排除的是红色的直线段, 因为其 θ 值相距剩下的两个表征太远, 该通路中可能存在计算误差或是错误; 换一个四个通道类简单细胞均有表征的情况, 例如图 5-11(b) 所示, 表示在已经排除了一个最有可能的异常表征后, 剩下的三个有效表征根据上述策略进行均值处理, 将这个均值 (绿色直线段) 作为这一感受野区域的最终表征直线段.

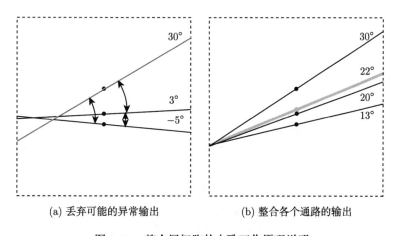

(a) 丢弃可能的异常输出   (b) 整合各个通路的输出

图 5-11　整合层细胞的大致工作原理说明

5.1.6　图像表征与重构

　　根据表征整合层细胞的整合策略, 视野范围中不同通路共享的每个感受野内的局部朝向信息被整合成统一的表征, 并对应到局部朝向刺激表征表中的一条记录以便于存储和后续加工. 这也就形成了视觉计算模型对于一幅输入图像的形式化表征. 我们可以将这一过程理解为将原始输入图像 $m \times n$ 个 3 维向量通过模型计算加工成 k 个 6 维向量. 这里 k 的取值主要与两个因素密切相关: 即图像复杂度 (见 5.2.1 节的讨论) 与模型的类神经节细胞数量. 通常, 对于一个适当细胞数量的计算模型而言, 最终用于表征的单元数量 $k \ll mn$.

　　另外, 我们亦能通过这样的形式化表征来重构原输入图像. 我们可以根据表征表中的每条记录来生成一个二维平面上的一个直线段, 本章使用 “拉长” 了的高斯函数来表征这一直线段. 此处所谓的 “拉长” 指的是对于一个二维高斯函数而言, x 方向与 y 方向的标准差存在一定的比值. 本章模型实验中使用的比值为: $\sigma_y / \sigma_x = 1/8$, 以显示局部的朝向信息.

　　另外需要说明的是, 基于图像局部朝向刺激表征表的图像重构可以有很多方法, 并不是只能通过上述 “拼贴” 高斯函数的模式. 而我们可以将表征表视为图像的一个 “矢量化” 描述, 也即图像重构所呈现的最终效果是表征所描述的特征的一种实现. 因此, 这样的表征是可以进行任意尺度拉伸的, 也就做到了与原始图像的尺寸无关. 具体的表征实验效果见 5.2.3 节的讨论.

5.1.7　本节小结

　　在本节中, 我们较为详细地介绍了整个视觉计算模型的构建思想, 其中包括每一层细胞的设计思路、所基于的生物特性以及具体的模型细节, 现简要总结如下.

　　• 本节的视觉计算模型纵向分为若干层不同属性的计算单元对于输入信号逐层采集加工; 而横向又可分为 4 条彼此相互独立的视觉加工通路, 对于不同颜色通道的信号进行处理, 并在最终表征层整合汇聚.

　　• 模型虽以像素矩阵作为原始输入, 但却将其视作若干连续颜色块的拼接, 从而打破了像素作为最小单位的界限; 而在实际实施采样的过程中又使用非均匀的采样方法, 模拟生物视网膜 “中央密集、周边稀疏” 的细胞分布模式, 以试图达到使图像处理具有不同计算精度的要求.

　　• 模型最终的目的是希望对于输入图像进行形式化的表征, 这样的表征需要具有局部性和完整性 (针对边界直线段而言), 属于图像的底层局部特征描述, 因此也对应于生物视觉加工通路中的早期视觉通路部分所完成的工作.

　　• 为了达到这样的表征效果, 模型将 “视野范围”(输入图像在模型上的投射范围) 分割成若干特定位置的感受野, 它们之间存在重合区域, 但能够覆盖整个视野范围. 此处 “感受野” 的概念系针对类简单细胞而言, 各个通路的类简单细胞共享这一感受野范围, 它们各自分别对其中的视觉刺激进行独立的表征, 最终通过一个整合策略在表征层进行汇聚, 并生成模型最终在这一特定感受野区域范围内的表征描述.

● 所有对于边界直线段 (局部朝向刺激) 的表征最终存储在一张 "图像局部朝向刺激表征表" 中, 用于描述和重构原始图像.

5.2 视觉计算模型的图像表征实验

本节主要论述视觉计算模型在实际应用于图像表征时的实验结果. 作者首先对输入图像的 "复杂度" 进行一番探讨, 并根据这一图像复杂度概念研究其对于表征结果的影响.

5.2.1 图像复杂度的概念

尽管人们曾经试图提出一些用于描述数字图像复杂度的指标, 比如在文献 (高振宇等, 2010) 中比较了几种对图像复杂度的描述方法, 并在一部分遥感图像上进行了实验, 然而, 在机器视觉领域中, 似乎并没有对 "图像复杂度" 有过公认的定义. 图像复杂度的概念若是要用于衡量某个算法是否对其具有鲁棒性或是依赖性, 则往往需要针对特定的应用场合来进行定义和描述. 比如对于一个物体识别的视觉任务, 可能定义的图像复杂度需要能够描述图像中 "物体" 的数量, 而相对的图像中的其他信息, 比如颜色分布直方图在衡量这一指标时, 所占的比重则有可能相对较小; 然而, 对于衡量图像表达信息的任务时, 颜色直方图所带来的信息量增加却又是一个非常重要的参考标准.

因此, 在分析本章所提出的视觉计算模型的表征效能时, 有必要首先对这里所提到的 "图像复杂度" 作一个定性和定量的解释. 让我们结合一个实例来解释 "图像复杂度" 的含义并介绍影响复杂度的几个可以被度量的因素.

本章所讨论的复杂度的含义有两个原则是至关重要的.

(1) 首先, 这一复杂度是相对于视觉感知的早期而言, 也就是说它并不是描述图像高层语义上的复杂程度;

(2) 其次, 它与图像的分辨率并没有直接的关系, 复杂度的定义需要独立于输入图像的分辨率.

具体而言, 比如, 对于一幅含有汽车的图像. 我们可以认为它的基本元素有车轮、车灯、车窗、车门等等; 然而, 另一方面也能够将其仅仅理解为是一辆车. 显然, 在这两种不同语意层面的解释情况下, 图像的复杂度是不同的. 因此, 我们所指的图像复杂度是在早期视觉的层面上讨论, 也就是用于量化 "经采样得到的视觉刺激复杂程度如何", 而尚未对其内容进行语意上的理解.

回顾神经节感受野的同心圆拮抗机制, 我们得以推断出视觉感知在视网膜阶段的早期预处理任务是发现图像中剧烈变化的区域, 因此对于早期预处理而言, 一幅输入图像的 "刺激" 是否复杂应当与图像中剧烈变化的区域占所有刺激的比例有着正比关系. 因此, 对于同样尺寸的图像而言, 边界点越多则越复杂.

另外, 对于量化图像复杂度而言, 有一个非常重要的决定性因素, 即图像的采样密度. 显然, 对于同一幅输入图像而言, 对其粗粒度的采样则相当于对其进行了模糊处理, 一些原本在边界上的点很可能在采样过程中被遗漏, 这样, 也就导致了复杂度的降低. 于是, 图像复杂度也应当与采样密度呈正比关系. 严格地说, 对于同一个场景而言, 经高采样密度处理后的图像复杂度至少不会低于低采样密度下的图像.

于是, 我们以此定义图像的复杂度:

$$C(I) = \frac{E|f(R(I))|}{\|R(I)\|} \tag{5.5}$$

此处 I 表示输入图像, $R(I)$ 旨在将所有的输入图像缩放至同样的分辨率, 再进行同样尺度的高斯低通滤波操作 f, 这样做的目的是将图像限制在同样的尺度上进行同样密度的采样. 在此基础上, 统计图像经过 Prewitt 边缘算子所检测到的边缘点数量与整体像素数量 $\|R(I)\|$ 的比例.

图 5-12 统计了 40 幅自然图像, 并将其按照如上定义的复杂度由小到大升序排序后进行局部朝向检测和表征的结果. 蓝色的点表示顺序递增的图像复杂度, 由复杂度较低的海景图像 (左下角) 至复杂度较高的城市街景图像 (右上角). 而红色方框表示图像经过视觉计算模型处理后所检测到并且表征的局部朝向刺激 (边界直线段) 与类简单细胞数量的比例. 事实上, 当一个整合表征细胞确认了其感受野内存在一个局部朝向刺激后, 即认为它被这一感受野内的视觉刺激所 "激活", 并参与最终的表征; 反之则表示其并未被激活. 因此这一比例也被称作视觉计算模型对于一幅输入图像的激活比例. 图中所示的复杂度以及激活比例都进行了归一化处理.

从图中的趋势可以大致发现, 这两个比例之间存在弱相关性 (其二者归一化后的相关系数为 0.3245), 这与我们的常识是相吻合的; 但另一方面, 模型的激活比例也不会随着图像复杂度的提升而显著迅速地提高. 这主要是基于以下原因: 由于对于模型而言, 其自身的类神经节细胞分布即决定了其采样的密度, 这一指标本身是存在上限的, 即使当图像过于 "复杂", 在局部 (单个类简单细胞的感受野范围内) 仍然呈现较为复杂的边界特征时, 共享这个感受野的各个通路也会因此放弃对它的表征, 从而不会导致最后一层中相应的整合表征细胞被激活. 故在这个意义上, 对于自然图像而言, 模型的激活比例是存在上限的.

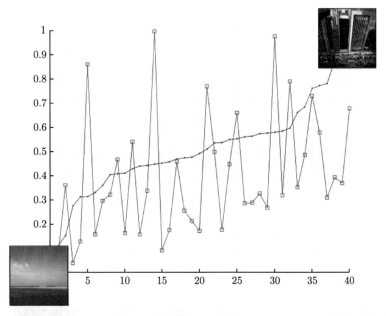

图 5-12 被模型检测并表征的直线段数量与图像复杂度的关系. 纵坐标表示归一化后的图像复杂度以及表征数量; 而横坐标表示 40 幅图像的标号, 根据图像复杂度由低到高分别为 1~40

5.2.2 边界直线段的检测实验

在本节中, 我们使用了视觉计算模型中的单个表征整合细胞针对一些人造图像边界和自然的图像边界进行了一系列的检测表征实验, 并观察和分析其检测效果, 如图 5-13 所示.

这一实验固定了感受野范围内的三个类神经节细胞的相对位置, 图中的三个蓝色外圈分别表示它们各自的感受野范围, 而这几个蓝色圆圈的并集可以被理解为它们的上层细胞——类简单细胞——的感受野范围. 图中的红、绿色圆分别表示一个类神经节细胞对于输入刺激的响应, 绿色表示阴影边界尚未覆盖中心位置, 而红色表示边界已经覆盖了中心及大部分区域, 采用两种颜色以示区别. 另外, 由于四个不同的通路共享这一整个感受野范围, 而通路中不同的神经节细胞也共享同样的位置, 故出于清晰度考虑, 图中均只画出了 "白色—黑色" 通路的响应情况. 在图 5-13(a) 对人造图像边界检测的例子中, 每个实例上方显示了表征整合细胞对于该感受野范围内刺激的最后表征结果, "Detected" 后的数字表示检测到的局部朝向刺激的朝向角 (与水平方向的夹角), 而 "Discard" 字样表示表征整合层细胞最终放弃了对该区域的表征.

我们发现, 对于大部分 "Detected" 的结果, 其最终的输出都没有很大的误差, 但是仍然存在有判断错误的情况, 比如图 (a6), 真正的朝向角为 $80° \sim 90°$, 这与计算得到的 8° 存在很大的差距. 原因在于, 类简单细胞的优化计算函数在有些情况下得到的最优解事实上不是我们所需要的情况. 尽管, 此类系统性的错误出现的概率并不大, 但确实是模型需要重点改进的地方之一. 另外, 还需要提及一种异常情况, 即例如图 (a4)、(a5) 和 (a10) 中, 分别都有一个类神经节细胞并没有对刺激做出任何响应, 其原因在于, 阴影刺激已经 (或完全没有) 盖过其由蓝色圆形区域所表示的感受野, 使得它的响应输出为 0. 这种情况可以通过增加感受野半径得到缓解, 见 5.3.3 节的讨论.

　　对于图 5-13(b) 中自然图像边界的情况, 每个实例上方的四元组分别表示 "白—黑"、"红—青"、"绿—品红" 和 "蓝—黄" 通路的类简单细胞对感受野中图像的表征结果, 0 表示对应位置的通路放弃了表征. 实验情况类似于自然图像, 尽管对于大部分的情况, 类简单细胞的表征都可以接受, 但在这个实验中有最后一排第三列的实例反映出一个同样比较重要的问题, 即当边界刚好穿过其中一个类神经节细胞的 "中心"(或是距离中心足够近的区域) 时, 该类神经节细胞的输出会出现判断

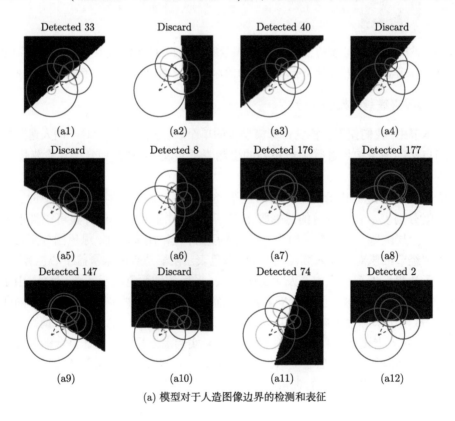

(a) 模型对于人造图像边界的检测和表征

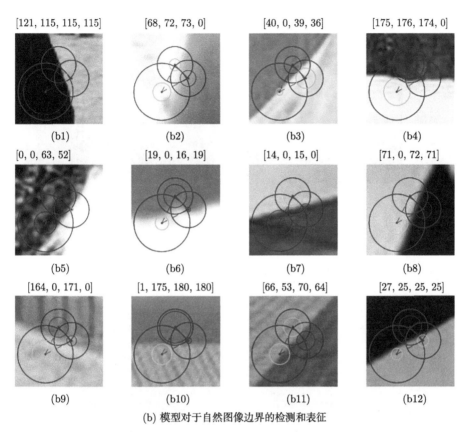

[121, 115, 115, 115]   [68, 72, 73, 0]   [40, 0, 39, 36]   [175, 176, 174, 0]

(b1)   (b2)   (b3)   (b4)

[0, 0, 63, 52]   [19, 0, 16, 19]   [14, 0, 15, 0]   [71, 0, 72, 71]

(b5)   (b6)   (b7)   (b8)

[164, 0, 171, 0]   [1, 175, 180, 180]   [66, 53, 70, 64]   [27, 25, 25, 25]

(b9)   (b10)   (b11)   (b12)

(b) 模型对于自然图像边界的检测和表征

图 5-13   视觉计算模型对于边界的检测和表征实验部分结果

错误的情况, 原因在于, 我们在图 5-6 中所丢弃的中央不稳定区域. 但是, 毕竟这样的情况出现的概率很小, 并且也能够通过提高 DOG 正、负两个高斯函数的标准差参数 σ 的比值进行控制, 以减小发生此类系统错误的可能性.

5.2.3 图像的 "解构" 与 "重构" 实验

本节我们利用视觉计算模型对于自然图像的输入进行了对从采样到最后形式化表征这一整个过程的完整实验, 尽管在 5.1.1 节展示了若干表征结果, 但此处我们仍需要花一定的篇幅针对结果作更为详尽的说明.

本节标题中的 "解构" 和 "重构" 分别指的是利用视觉计算模型对图像进行操作的两个基本阶段. "解构" 阶段为视觉计算模型的重点, 即将图像分解为若干个局部朝向刺激 (边界直线段); 而 "重构" 阶段则是根据这些 "分散" 了的图像基元单元来重新绘制 (拼贴) 整幅图像. 图 5-14(a) 和 (b) 为选取的两幅自然图像, 而图 5-14(c) 和 (d) 则分别为相应的重构结果.

(a) 输入的原始图像1   (b) 输入的原始图像2

(c) 表征重构后的图像1   (d) 表征重构后的图像2

图 5-14   视觉计算模型对于自然图像的表征和重构

这里需要指出图像表征结果与通常意义下传统的边界检测算法之区别.

(1) 首先, 边界检测算法所描述的是边界 "点", 对于每一个边界点上的元素, 只有单纯的位置信息, 而没有对在这一位置上的局部图像特征作任何描述; 相反, 局部朝向特征描述不仅描述了某个局部朝向的位置, 还包括这个局部朝向的朝向角, 局部起、终点位置、朝向、刺激强度等信息, 相比边界点描述而言更为完善和复杂;

(2) 其次, 可以从图 5-14(d) 中注意到, 在表征结果的中央位置, 由于这一区域所对应的类神经节细胞分布密集, 相应的感受野也相对较小 (类神经节细胞感受野尺寸与其分布模式的约束关系见 5.2.2 节所述), 故产生的效果是, 在整个视野范围的中心位置, 图像的细节被检测和表征得更为清晰, 如图 5-14 (d) 中青虫体表的花纹在中心位置和周边位置产生了不同的绘制效果. 使得一定程度上, 对图像进行了不同尺度的压缩. 并为后续可能的高级图像加工算法, 比如 "注意力选择" 提供了数量较少的输入, 以减轻计算负荷. 而对于一般的边界检测算法而言, 由于其采用像素为基本单元, 故其以阵列作为最后的表征结果, 因此不存在这样的不同精度表征.

(3) 另外, 模型表征的结果应当被理解为一个类似图像 "矢量化" 的描述, 这不仅使得图像能够进行不同分辨率的重建, 而且最后的表征更便于后续操作的语义加工, "为数不多" 的每一个局部朝向信息都可以被操纵. 而边缘检测的输出结果与原始图像相同, 并且单个边界点不具有非常明显的物理意义, 较难进行语意操纵.

(4) 最后, 本章所述的视觉计算模型拥有对彩色图像进行平行的多通道处理的能力, 并最终依据不同通道表征结果彼此之间的应有的相互关系和内在依赖, 滤去一部分不可靠的检测点, 而这对于通常基于单通道灰度图像的检测算法则很难做到.

表 5-1 展示了视觉计算模型对于图 5-14 (a) 中所检测到的局部朝向刺激的形式化表征, 每一个局部朝向刺激对应表中的一行记录, 共 875 条, 它们将用于图像的 "重构", 即绘制类似图 5-14 (d) 的结果, 或是后续的语意加工.

表 5-1 视觉计算模型对于图 5-14(a) 中局部朝向刺激的形式化表征

编号	中心位置	水平夹角 θ (°)	响应幅度	X 轴范围
1	(55.8492,3.75671)	3.85081	0.976556	[34,79]
2	(409.442,7.47902)	87.6641	0.628203	[392,426]
3	(429.87,6.12248)	60.5404	0.958404	[414,450]
4	(424.664,4.81279)	68.15	0.995354	[400,450]
5	(140.035,25.6747)	118.135	0.658453	[128,154]
6	(37.4452,17.815)	80.0521	0.769998	[20,51]
...	...	...	...	...
873	(93.082,493.918)	13.0071	0.999634	[66,122]
874	(53.2343,492.45)	86.6387	0.317826	[34,69]
875	(99.0691,496.167)	4.34273	0.960211	[77,122]

5.2.4 本节小结

本节使用视觉计算模型主要完成了 3 组实验, 即模型激活比例与图像复杂度的相关性研究、针对各种人造和自然图像的边缘进行的一系列检测实验以及一组完整的图像 "解构" 和 "重构" 实验. 实验检测并分析了在 5.1 节中所提出的基于生物结构的视觉计算模型在实际应用中的可行性. 尽管在某些方面, 模型的设计尚有待改进, 但是实验的结果已初步与预期相吻合.

5.3 视觉计算模型的效能分析

本节作为连续三章介绍视觉计算模型及其设计分析的最后一章, 将主要针对模型中一些设计细节作进一步的补充说明, 分别从理论和实验的角度阐述模型设计背后所隐含的一些原理, 从而使本章对于视觉计算模型的建模更具完整性. 在本节中, 作者希望阐述并且理清的是模型每一层设计的前因后果, 以便我们更加清晰地理解前文所述的这一视觉计算模型.

5.3.1　确定视觉计算模型各层计算单元的位置

首先, 对于一片空白的 "设计图纸", 第一个需要确定的问题是将模型的每个计算单元安放在何处? 以何种分布模式安放? 毕竟, 这将是一个用于图像处理的计算模型, 不可避免地需要考虑到采样的过程. 正如前文所述, 在理论上, 我们的这一模型不同于传统的边界检测算法, 边界检测并不需要考虑任何 "花哨" 的采样模式, 因为它实际上是将像素矩阵直接拿来进行计算, 可以认为像素矩阵已经完成了采样的过程. 而本章的计算模型则不然.

另外, 这一视觉计算模型分为若干层计算单元, 而这些计算单元逐层之间的空间位置存在着强烈的依赖关系, 甚至是决定性关系, 因为下层细胞的感受野直接形成了与其相连接的上层细胞的感受野. 这使得我们在 "摆放" 计算单元位置时需要时刻明确这样一个事实, 即决定了任何一层计算单元的空间位置后, 事实上也就决定了所有各层计算单元的空间位置.

那么, 从哪一层计算单元开始着手呢?

若是选择从最初的类光感细胞开始, 面临的问题是数以百万计的细胞需要计算空间位置. 显然, 对于相差两个数量级的类神经节细胞或是类简单细胞而言, 这将带来一个巨大的计算消耗; 不仅如此, 由于这些简单的采样单元在下一层需要将信号通过 DOG 函数加权汇聚至类神经节细胞, 若是对于任意不规则位置的光感细胞而言, 如何调整其每个计算单元的权值将会成为一道难以逾越的障碍, 这使得每个类神经节细胞需要记录调整后的众多参数, 而单个类光感细胞又可能与多个类神经节细胞相连, 所有的参数都会被记录在它们彼此相连的神经连接权值上, 这样的存储代价将会达到 $O(mn)$, m, n 分别表示这两层细胞的数量, 通常在模型中 $m \approx k \cdot 10^2 n, 1 < k < 10$, 故而由此产生的 $O(n^2)$ 的存储代价显得异常大且没有必要.

若是选择从上层的类简单细胞开始, 模型将会首先在视野范围内圈定若干感受野范围, 这能够决定最终模型对图像的表征粒度, 这似乎听起来不错, 但接下来需要面临的问题是对于每个类简单细胞都要在一个固定的局部范围内生成下层的类神经节细胞. 而由于这些密布于视野范围内的感受野必须相互之间有所重叠, 否则将会漏过大量落在感受野交界处的局部刺激. 因此, 这也就导致了各自所生成的类神经节细胞必然有很大部分的重叠, 造成了一定程度的不必要计算, 增加了系统的负荷.

因此, 剩下的, 也是唯一较为合理的选择便是从类神经节细胞入手, 首先确定这一层计算单元的位置, 再依次向两边确定其余各层的细胞及其感受野位置.

对于 "根据类神经节细胞的位置来计算下层类光感细胞位置" 的问题是非常容易的, 在 5.1.2 节已经做了充分的说明, 此处不再赘述; 但是在另一个方向上, 如何确定上层类简单细胞的位置? 几个类神经节细胞的感受野会最终形成一个类简单细胞的感受野? 甚至还包括如何确定类神经节细胞自身感受野的大小? 这些问题的答案都不是那么直接明了的, 我们不得不另起一节, 并对此展开讨论.

5.3.2 由类神经节细胞的空间位置产生的几何约束

类神经节细胞层对模型整体计算效能的影响取决于诸多因素, 这其中包括其分布数量、密度分布模式、相互重叠的程度等. 一方面, 我们容易理解: 越多的数量、越高的密度或是越大的重叠范围越能够提高其表征精度; 但另一方面, 当这些指标提高后, 随之而来的亦是更高的计算负荷以及能量消耗. 因此, 从整体上看, 一定存在一系列较为合理的 "参数" 设置, 使得这些因素能够保证视觉计算模型既能工作在一个相对较低的能耗状态中, 同时又能完成视觉表征任务.

在本节的讨论中, 我们首先会给出后续讨论所必需的 "相邻类神经节细胞" 的基本定义, 并从类神经节细胞空间位置分布模式的角度出发, 对于能保证这一整体计算模型表征能力的几何约束进行定量的分析, 并最终在我们的一些合理的假设前提下给出类神经节细胞感受野的半径大小 (这一指标在确定细胞分布位置的前提下实际上决定了感受野的相互重叠程度)、在给定细胞位置情况下的约束条件以及一定数量细胞的最佳的分布模式.

1. "相邻" 的类神经节细胞

在视觉计算模型中, 对于与同一个类简单细胞相连的两个类神经节细胞而言, 由于它们同在这个类简单细胞的感受野范围内, 所以它们应当同时参与了该类简单细胞的计算工作. 在本章中, 像这样两个细胞彼此之间将被定义为 "相邻" 关系, 也即它们彼此互为 "邻居"(本节稍后将给出正式的定义).

根据这一相邻关系的基本描述, 对于某个类简单细胞而言, 所有形成其感受野的细胞两两之间应当都具有这样的 "相邻" 关系. 如图 5-15(a) 所示, 每个点代表一个类神经节细胞的位置, 彼此相邻的细胞之间用实线连接. 点 A 的邻居有 B, C, D, E, F 五个, G 并不与 A 相邻. 因此, A, B, C 三个细胞由于彼此之间都有相邻关系, 故它们共同形成了某个上层类简单细胞的感受野, 同样地, 还有 A, C, D 等未在图中标识的细胞组; 但是 A 和 G 并不会连接同一个类神经节细胞.

接下来的问题是: 如何确定类神经节细胞的相邻关系, 也即如何确立类神经节细胞层与类简单细胞层的连接. 在生成类神经节细胞层位置的过程中 (比如前文所述利用 SOM 神经网络训练的过程), 并没有同时给出这一相邻的细胞关系. 因此,我们需要首先给出确立这些连接的准则. 直觉上, 若两个类神经节细胞的分布位置在空间上非常接近, 比如对于某一细胞 A 而言, 令与其欧氏距离最近的细胞为 B, 那么 A 与 B 两两之间互为邻居关系, 即在同一个类简单细胞感受野范围内, 是自然而然的 (当然, 对于单个类神经节细胞而言, 可以有多个邻居), 因为这样能够保证它们彼此感受野具有更大的重叠部分, 从而共同参与类简单细胞朝向计算时才更有意义.

于是, 在这一直觉假设前提下, 我们试图依靠类神经节细胞的空间位置来确定哪几个细胞可以形成一个类简单细胞的感受野 (也即如何确立类神经节细胞层与类简单细胞层之间的拓扑连接关系). 这里, 我们先提前使用后文 5.3.2 节所得出的一个结论, 即我们在考虑这个问题的时候首先确定将会使用 3 个类神经节细胞来构建一个类简单细胞的感受野. 为此本章将这一问题转化为平面图的 Delaunay 三角剖分问题. 转化过程即将每一个类神经节细胞的感受野中心视为平面图上的一个顶点, 而平面图顶点之间的边视为细胞的相邻关系.

这样转化的原因是, 考虑到 Delaunay 三角剖分有两个非常重要的性质: 一是其顶点图的最小生成树为 Delaunay 三角剖分的子图. 换句话说, 由于 Delaunay 三角剖分的这一性质, 保证了对任一类神经节细胞而言, 具有与其欧氏距离最近的另一细胞一定是它的邻居, 也即保证了上述直觉假设的成立, 如图 5-15(b) 所示. 图中, 顶点之间的蓝色连接线表示 Delaunay 三角剖分的剖分结果, 而加粗的红色线段表示每一个顶点与其最近邻居的连接, 可见, 由顶点集所有红色边构成的图是 Delaunay 三角剖分的子图; 而另一个性质在于 Delaunay 三角剖分尽可能地最大化所有结果三角形的最小内角, 这相当于尽可能使得结果图中的所有三角形成为锐角三角形, 这个重要性质将会在后文分析约束条件时有所提及.

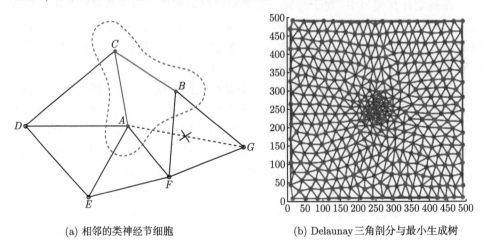

(a) 相邻的类神经节细胞　　　　　　　　(b) Delaunay 三角剖分与最小生成树

图 5-15　类神经节细胞相邻关系的确定

于是, 我们给出类神经节细胞相邻关系的正式定义.

定义 5.3.1(相邻类神经节细胞)   在本章的视觉计算模型中, 称两个类神经节细胞是 "相邻" 的, 当且仅当至少有一个类简单细胞与它们都有连接. 这样的两个相邻类神经节细胞彼此之间亦称互为 "邻居" 关系. 又, 令每个类神经节细胞的感受野中心位置对应平面图的一个顶点, 两个类神经节细胞相邻, 当且仅当它们各自所对应的顶点之间在平面图的 Delaunay 三角剖分中有一条边.

于是, 两两相邻的三个类神经节细胞将形成一个类简单细胞的感受野, 共同参与其朝向表征的计算. 下一节我们开始讨论在相邻细胞定义下, 类神经节细胞空间位置的几何约束.

2. 类神经节细胞的 "空间位置-感受野半径" 约束

本节所讨论的问题是: 在给定数量和分布模式的类神经节细胞 (已通过某些方法生成了其细胞位置) 的基础上, 它们的感受野半径应满足怎样的约束条件, 才能使得理论上不丧失对朝向刺激的表征能力?

在展开讨论这一问题之前, 根据前文所述, 我们有两个假设:

(1) 越少的类神经节细胞数量所带来的计算负荷和能耗越少;

(2) 类神经节细胞的感受野越小, 形成其感受野所需的下层细胞相互连接数量也就越小, 从而也带来较低的计算负荷和能耗.

如 5.1.4 节的阐述, 类简单细胞依据感受野范围内类神经节细胞对于刺激的响应来计算得到最后的 "朝向" 表征结果, 而事实上, 这是一个解优化方程的过程. 在前文的模型叙述中, 对于一个特定的光刺激, 类简单细胞经过自身的计算可能得出两种结果, 即其感受野范围内有一个朝向刺激 (残差量小于阈值), 或是该范围内没有明显的朝向刺激 (残差量大于阈值). 显然, 我们要求当感受野范围内确有明显朝向刺激时, 类简单细胞须能够对这一刺激作出响应及表征. 为了更精确、简练地表述这一情形, 作者给出如下定义.

定义 5.3.2(相容类神经节细胞响应)   在本章的视觉计算模型中, 我们称一组 (两个或以上) 共同组成某一类简单细胞感受野的类神经节细胞 (两两相邻) 的响应值是 "相容" 的, 当且仅当这组细胞所对应的类简单细胞至少能计算得到一个局部朝向刺激.

理论上, 模型需要达到的要求是当一个类简单细胞的感受野范围内确有一个明显的朝向刺激时, 由此刺激所导致的相关类神经节细胞响应值一定相容. 也就是说, 一组类神经节细胞对某一刺激响应相容, 成为这一刺激中包含局部朝向刺激的一个必要条件. 因此, 取 "相容" 来作为判断是否有局部朝向刺激显得并不可靠, 一些特殊的刺激模式也会使得一组类神经节细胞看似 "相容". 事实上, 我们很快会看到即便已知一组相容的响应确实由一个局部朝向刺激所引发, 也有可能无法通过计算得到该局部朝向刺激. 因此, 仅仅要求类神经节细胞对于任意局部朝向刺激的响应值相容并不足以具有足够的分辨和表征能力. 举例而言, 在图 5-16(a) 所示的三个细胞分布模式下, 假设类简单细胞的感受野仅有这三个同轴分布的类神经节细胞构成. 我们知道, 类神经节细胞的输出仅与其感受野中 "边界直线段" 刺激距离感受野中心的距离有关, 所以, 这种假设情况下, 尽管可以通过计算排除绝大部分的候选解, 但是依然有两个解无法加以区分, 即上下两种边界直线段. 当然, 即使当形成感受野的类神经节细胞数量增加到了 3 个以上, 只要它们各自的感受野同轴分布, 则依然无法对这两个候选解作出区分. 通过这个例子, 我们顺带得到了一个结论, 由于两个细胞始终同轴分布, 于是至少需要 3 个或以上的类神经节细胞才能组成以后具有更高分辨能力的类简单细胞感受野.

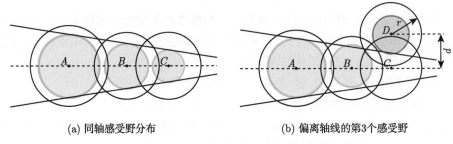

(a) 同轴感受野分布　　　　　　　　　　　(b) 偏离轴线的第3个感受野

图 5-16　类神经节细胞感受野的位置关系

另一方面, 越多的细胞连接会带来越复杂的空间结构和能量消耗, 根据提到的 NMTN 原则 ("刚够就好" 原则), 这一连接数量在能够满足计算需求的前提下需要尽可能少. 那么, 3 个类神经节细胞所带来的表征能力是否足够呢? 另外, 如果 3 个细胞的数量足够, 对于它们的感受野半径有何种要求呢?

为了便于叙述, 我们对于一个类简单细胞的分辨能力作如下定义, 而后讨论在何种感受野尺寸约束下才能保证它具有足够的 "分辨力".

定义 5.3.3(类简单细胞的 "分辨力")　若一个类简单细胞的感受野有两个或以上类神经节细胞组成, 称其具有 "弱分辨力", 当且仅当存在一种 "边界直线段" 刺激信号, 使得其在计算朝向信息时得到多解. 与之相对应, 若一个类简单细胞对于任何可能的 "边界直线段" 刺激, 都能唯一确定一个朝向刺激解, 则称其具有 "强分辨力".

严格地讲, 由于在实际模型中常常无法避免误差的出现, 即便对于某些理论上具有强分辨力的类简单细胞在某些情况下也可能产生多解, 导致符合 "弱分辨力" 的 "假像". 在这里需要说明, 以上对于强/弱分辨力的定义仅仅适用于理想条件.

从上述感受野同轴分布的类神经节细胞组的例子中, 我们清楚地认识到, 类神经节细胞的空间位置分布模式对于类简单细胞的分辨能力具有举足轻重的影响, 这也正是我们需要讨论类神经节空间位置分布这一因素对视觉计算模型能耗影响的原因. 具体关于细胞最佳空间位置分布模式的讨论我们将在下一节展开, 本节剩下的部分将致力于讨论: 当细胞的空间位置确定的情况下, 其感受野半径应当满足何种约束.

讨论具有 "强分辨力" 的类简单细胞需要满足的条件, 让我们回到 "三细胞组"(类简单细胞的感受野由三个类神经节细胞构成) 的例子. 如图 5-17(b) , 为了避免造成类简单细胞的弱分辨力, 其感受野中的第三个类神经节细胞 C 不能位于前两个细胞 A, B 的感受野中心连线上. 于是, 可假设其感受野中心偏离直线 AB 距离为 $d(d > 0)$. 当然, 对于三元细胞组中的任一细胞都应当满足这个约束. 为了叙述便捷, 这里定义一个类神经节细胞感受野中心到 "边界直线段" 的距离关于其响应值的函数 $G : R \to R$, 对于类神经节细胞的任一响应值 $x, x \mapsto G(x), G(x)$ 表示其感受野中心到产生这一响应值的 "边界直线段" 的距离.

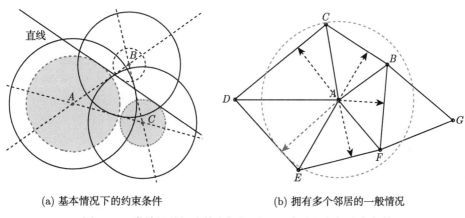

(a) 基本情况下的约束条件   (b) 拥有多个邻居的一般情况

图 5-17 类神经节细胞的空间位置——感受野半径约束条件

命题 5.3.1 对具有 "强分辨力" 的类简单细胞而言, 若其感受野由三个类神经节细胞构成, 那么其中任意一个细胞的感受野半径 r 大于等于这一细胞感受野中心到另外两个细胞感受野中心连线的距离 d.

证明 (反证) 假设 $r < d$, 令 $r = d - \varepsilon$, 那么我们可以很容易地构造一种情况使得该类简单细胞只具有 "弱分辨力", 例如:

$$G(x_A) = G(x_B) \leqslant \varepsilon \tag{5.6}$$

其中, x_A 和 x_B 分别为另外两个细胞 A 和 B 的响应值. 那么, 该类简单细胞将无法区分两种候选解, 继而只具有 "弱分辨力".

推而广之, 对于整个类神经节细胞层中的某个细胞 C, 它可以属于多个类简单细胞的感受野, 参与它们各自的计算, 因而也可以有多个邻居细胞, 如图 5-17(b) 所示. 而在这些邻居细胞中, 设其有 k 个相互的内部连接 (也就是这些相邻细胞之间亦互为邻居关系), 这样的 k 个二元组与细胞 C 可形成一个类简单细胞感受野. 根据命题 5.3.1, 这 k 个三元组都应当满足所述的约束关系, 故对于细胞 C 而言, 若在每个三元组中的约束条件分别为 $\hat{r}_1, \hat{r}_2, \cdots, \hat{r}_k$, 其感受野半径应至少为

$$r_C \geqslant \lim_{i=1}^{k} \hat{r}_i \tag{5.7}$$

在图 5-17(b) 的例子中, 点 A 共有 5 个邻居, 而 5 个虚线箭头分别表示 A 到 5 条对边的距离, 其中, 红色虚线箭头的距离最远, 即以此作为 A 的半径.

于是, 通过本节的讨论, 我们得出类神经节细胞在保证类简单细胞具有强分辨力的前提下所应当具有的 "位置–半径" 约束如式 (5.7) 所述.

另外需要说明的是, 这样的约束条件事实上并不一定在任何细胞分布情况下都适用. 假设我们依然考虑最简单的三元细胞组的情况, 当三个类神经节细胞的感受野中心位置形成的三角形中有一个角过大 ($> 150°$) 时, 满足上述条件的半径甚至都不能覆盖形成连通的感受野, 这会对上层类简单细胞的计算产生巨大的影响. 幸而, 正如先前在引入 Delaunay 三角剖分时所提到的第二条基本性质所述, Delauney 三角剖分具有能够最大化剖分结果三角形中最小角的性质, 加上经由 SOM 神经网络训练得到的细胞分布自身具有局部均匀的特点, 使得几乎所有的 Delauney 三角剖分结果都是锐角三角形, 从而大大降低了犯这种错误的风险.

3. 类神经节细胞的最佳空间位置分布模式

根据前一节的讨论, 我们得到了在给定类神经节层细胞分布模式的前提下, 细胞感受野半径至少应当满足的约束, 那么可以顺理成章地提出这样的一个问题: 在保证类简单细胞有强分辨力的前提下, 何种类神经节细胞分布模式, 才是最优的呢? 换句话说, 在满足约束时, 何种细胞分布模式才是最低能耗的?

由于现在类神经节细胞的数量是已经确定的, 回顾 5.3.2 节第二部分的假设 (2), 我们考虑, 不同的细胞分布模式是否会对其感受野平均半径造成影响呢? 答案是肯定的.

我们在 $[0, 100] \times [0, 100]$ 的正方形二维平面内分别生成了三种不同分布的类神经节细胞层测试实例, 如图 5-18 所示, 在各自的分布模式下, 我们按照既定的约束条件计算每个类神经节细胞应有的最小感受野半径大小, 得到如表 5-2 左侧的结论, 即随机分布所导致的细胞感受野平均半径最大, 而六边形分布所导致的平均感受野半径最小.

为了进一步证实这样的结论, 我们对已有的上述三种细胞分布模式的每个细胞都随机进行了轻微的高斯扰动, 引入这样的扰动后, 对于后两种规则分布而言, 细胞的平均感受野半径都有不同程度的明显上升, 表 5-2 的右侧表显示了对六边形分

布的细胞, 扰动所带来的影响. 而所有的这些数据都体现在图 5-19 中. 上方的三条曲线表示三种不同分布在扰动半径 σ 逐渐增大时, 平均感受野半径的变化情况 (红色为随机分布, 绿色为矩阵阵列分布, 蓝色为六边形分布); 下方的盒状图表示不同情况下的半径值的离散程度.

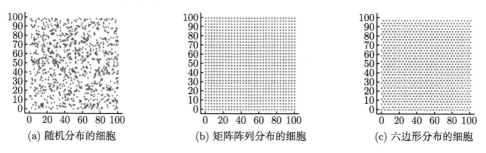

(a) 随机分布的细胞　　　(b) 矩阵阵列分布的细胞　　　(c) 六边形分布的细胞

图 5-18　不同分布模式的类神经节细胞

表 5-2　满足约束条件的不同分布模式下类神经节细胞的平均感受野半径

分布模式	平均感受野半径	扰动程度(σ)	平均感受野半径
		0 (无扰动)	2.9557
		0.05	3.0282
		0.1	3.0992
随机分布	3.9245	0.15	3.1671
矩阵阵列分布	3.0579	0.2	3.2413
六边形分布	2.9557	0.25	3.2910
		0.5	3.6185

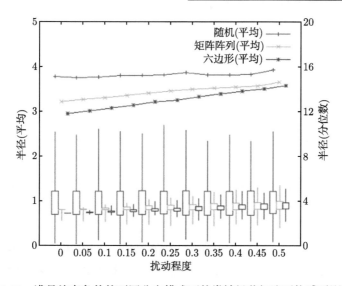

图 5-19　满足约束条件的不同分布模式下的类神经节细胞平均感受野半径

通过这一系列实验, 我们大致可以得出这样的结论, 按照六边形分布模式生成的类神经节细胞在满足上文所述约束条件的前提下所需要的平均半径最小; 而根据 5.3.2 节伊始所提出的两个基本假设之 (2), 越小的感受野半径意味着较低的能耗, 于是, 此种细胞分布模式是在 NMTN 原则假设前提下最优的分布模式. 这也正是我们在设计视觉计算模型时, 5.1 节训练 SOM 神经网络时采用六边形拓扑结构作为邻居节点描述的原因.

5.3.3　视觉计算模型的效能平衡点

1. 类简单细胞的计算误差

事实上, 在 5.2 节对于人造图像边界和自然图像边界的实验分析中, 我们已经提到了各个通路类简单细胞在计算局部朝向刺激时所存在的主要系统偏差或是异常情况, 在此作一简单的总结.

(1) 当感受野范围内的一个局部朝向刺激刚好穿过某个或某两个类神经节细胞感受野的中央区域时, 会导致相应的细胞感受野输出响应异常; 从图 5-20 中可以发现, 类神经节细胞对于阴影面滑过时完整的响应曲线应当是一个 "连续" 变化的曲线, 尽管在中央区域的确会发生急速的跳转, 但它依然是连续的. 在模型中, 一方面出于简化模型考虑, 另一方面基于这段响应曲线的巨大计算误差而舍弃了对这段曲线的使用. 这样的简化方法虽然在绝大多数情况下不会有问题, 但是偶尔当确有刚好穿过中心位置的边界时仍然会造成判断上的错误. 从数学上, 究其原因在于, 对完整的响应曲线而言, 一个响应值对应着两种不同位置边界的可能性, 而模型中实际上不考虑那种概率很低的情况, 故而由此产生系统异常.

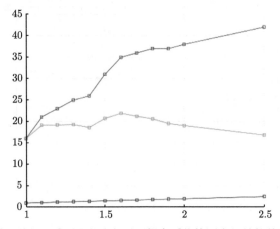

图 5-20　增加类神经节细胞感受野的半径对于提高系统检测表征效能的实验结果. 纵坐标表示表征正确的数量, 而横坐标表示类神经节细胞感受野半径相比满足约束条件的最小值所增大的倍数

(2) 当感受野范围内的一个局部朝向刺激已经完全盖过 (或完全没有盖到) 某个 (或某两个) 类神经节细胞的感受野范围时, 都会导致相应的细胞感受野响应为零. 因此, 这对于上层的类神经节细胞而言, 丧失了部分必要的判别信息, 而使得有效的输入只有两个或更少的类神经节细胞感受野, 于是, 导致了实质上的弱分辨能力. 在模型实际计算过程中, 为了避免弱分辨能力的类简单细胞作出 "草率" 的判断, 而放弃了对这一感受野区域范围的局部表征.

(3) 类简单细胞的优化目标, 即式 (5.4) 在极少数情况下恰好不能得到我们所希望的结果; 在这种情况下, 距离一个类简单细胞所得到的三个 "响应圆环" 最近的直线方程并不是真实的局部朝向刺激.

(4) 其他情况, 包括实验计算时的舍入误差等因素.

2. 类神经节细胞感受野尺寸与计算误差的关系

对于上一节所提出的视觉计算模型的主要误差原因, 有哪些参数的设定会对它们造成影响呢?

对于第一个问题, 可以简单通过增加 DOG 函数模型中负、正高斯函数的标准差比值 σ_1/σ_0 来进行一定程度的缓解. 尽管我们知道, 这样的补救措施并不能够从根本上解决这样的问题, 然而至少这一错误的概率是可控的, 而且即便确实发生了此类输出异常, 相关的类神经节细胞报告了错误的 "响应圆环"(这一圆环将比期望的真实值更大), 考虑到类神经节细胞的感受野自身有限的尺寸, 其给系统带来的误差也不会很大. 而第三个问题属于系统误差, 并不涉及参数的调整. 所以本节内容主要针对上述第二个问题来进行分析和改进.

简而言之, 系统之所以会产生第二个问题, 是由于类神经节细胞的感受野事实上仅仅满足了 5.3.2 节所提出约束的最基本条件, 即感受野半径所必须达到的最小值. 因此, 在实际计算过程中, 这样的感受野尺寸设定偏小, 并最终导致某些原本能被检测到的局部朝向刺激由于完全或完全没有盖过某些类神经节细胞的感受野, 而最终被类简单细胞放弃表征.

因而, 我们试图在满足约束条件的基础上略微增大每个类神经节细胞的感受野半径, 以观察这样的设置是否有利于提高系统对于自然图像边界的检测及表征能力. 实验采用的输入图像为 80 幅类似于图 5-13 中所使用的自然图像局部边界刺激, 来观察单个四通道的整合表征细胞对每个输入的表征情况.

我们观察图 5-20 中所展示的实验结果, 红色曲线为正确检测到自然图像边界的数量, 下方蓝色曲线表示相应的类神经节细胞感受野变化情况 (以满足约束条件的最小半径为 1); 而中间的绿色曲线表示两者的比值.

正如 5.3.2 节所讨论的那样, 当我们以 NMTN 原则为前提时, 越大的感受野半径意味着越多的神经连接, 从而带来更多的系统能耗. 故即系统的检测和表征效能随着半径增大而逐步提高, 也并不意味着可以尽量扩大这一半径参数.

进一步, 通过观察图 5-20 的红色表征准确数量曲线, 当半径增大到最小值的 1.6 倍左右后, 再继续增大半径所获得的性能提升已经不是非常显著的了. 通过对检测准确数和感受野半径的比值我们更容易发现, 也就是在 1.5~1.8 倍附近, 系统一方面在表征准确数上具有可以接受的表现, 即性能达到一定的指标, 而同时又不会使用过大的感受野半径设置. 因此, 对于这样的一段区域, 我们称其视觉计算模型的 "效能平衡点".

5.3.4　本节小结

本节对于整个基于生物结构的视觉计算模型进行了必要的补充说明, 尤其针对实验设计的各个重要环节, 例如各层细胞位置间的相互依赖关系, 类神经节细胞位置和其感受野半径之间存在的约束关系等进行了较为深入的探讨, 并且得出了相应的一些结论.

在本节的最后, 我们也通过一个简单的实验来说明了一味追求系统准确率的提升并不足取, 在实际视觉计算过程中, 更应当同时考虑表征准确率以及为此所付出的能耗两个因素, 并试图找到两者之间的平衡点, 使得两方面的指标都在可以接受的范围内.

参 考 文 献

高振宇, 杨晓梅, 龚剑明, 金海. 2010. 图像复杂度描述方法研究. 中国图象图形学报, 15(1): 129-135.

寿天德. 2001. 神经生物学. 2 版. 北京: 高等教育出版社: 548.

Croner L J, Kaplan E. 1995. Receptive fields of P and M ganglion cells across the primate retina. Vision Research, 35(1): 7-24.

Hubel D H, Freeman D C. 1977. Projection into the visual field of ocular dominance columns in macaque monkey. Brain Research, 122(2): 336-343.

Hubel D H, Wiesel T N. 1962. Receptive fields, binocular interaction and functional architecture in the cat's visual cortex. The Journal of Physiology, 160(1): 106-156.

Lee B B. 1996. Receptive field structure in the primate retina. Vision Research, 36(5): 631-644.

Rodieck R W. 1965. Quantitative analysis of catretinal ganglion cell response to visual stimuli. Vision Research, 5(11): 583-601.

第6章　颜色拮抗机制的计算模型

6.1　颜色拮抗机制

颜色知觉是一种主观的感觉, 外界世界上本无颜色, 我们所看到颜色是我们脑中亿万个神经元互相作用的结果 (Wyszecki, Stiles, 1982).

视网膜中视杆和三种色视锥细胞对波长光的相对吸收程度是不同的, 如图 6-1 所示, 其中三条实线从左往右分别是蓝色视锥细胞、绿色视锥细胞和红色视锥细胞对光的吸收曲线, 虚线是视杆细胞对光的吸收曲线.

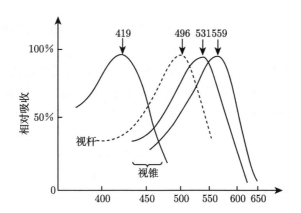

图 6-1　人的四种光感受器色素的相对光谱吸收曲线 (寿天德, 杨雄里, 1997)

视网膜中存在双极细胞 (bipolar cell, BC) 与神经节细胞 (ganglion cell, GC), 它们都和拮抗机制有很大的关系. 视觉信息从视锥通过双极细胞被传输到神经节细胞, 在此过程中, 三种色视锥, 还有神经反应进行了重新整合, 形成拮抗. 如图 6-2 所示: 其中 S 表示蓝色视锥, 它对波长较短的光的刺激较为敏感; M 表示绿色视锥, 和蓝色视锥相比, 它对波长中等的光的刺激更为敏感; L 表示红色视锥, 它对波长较长的光的刺激响应最大. B 表示 Blue, 即蓝色成分, Y 表示 Yellow, 即黄色成分, R 表示 Red, 即红色成分. Excitatory 表示经典感受野中心区, 起刺激作用, Inhibitory 表示经典感受野外周区, 起抑制作用 (Kandel et al., 2000).

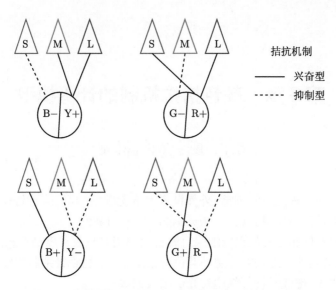

图 6-2　颜色拮抗形成简略示意图 (Kandel et al., 2000)

从视网膜一直到大脑皮层, 拮抗的空间构型有很多, 即使在视网膜中也存在许多类型的色拮抗结构. 最简单的为一紧张型亚类, 它的中心只接收一种锥细胞的输入, 即红色视锥、绿色视锥和蓝色视锥中的一种, 拮抗外周则接收另一种视锥的输入. 所以这里的拮抗主要分为两类, 一类负责处理红—绿之间的颜色差异, 一类负责处理蓝—黄之间的颜色差异 (Von Goethe, 1840). 这种色拮抗结构也是本文着重讨论模拟的. 如图 6-3 所示, 经典感受野中含有红-分量, 绿-分量, 蓝-分量和黄-分量, 所以这里有四种感受野, 它们分别是: 红绿拮抗感受野, 包括红中心区-绿外周区感受野和绿中心区-红外周区感受野; 蓝黄拮抗感受野, 包括黄中心区-蓝外周区感受野和蓝中心区-黄外周区感受野.

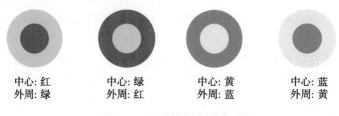

图 6-3　四种拮抗类型感受野

当人的视觉系统感知处理颜色信号的时候, 这 4 种拮抗的感受野均存在于视网膜中, 并开始运作. 所有这些感受野会根据光信号的波长不同而自适应分布. 如上面所述, 每种视锥、视杆都有自己最敏感的颜色光信号的波长范围, 对于处于它们较敏感的波长范围内的光信号, 它们的响应会比较大. 所以在处理图像信息的时候, 某一类型的经典感受野会选择处理它最敏感的颜色信号, 因此这些感受野会在图片上自动找到最合适的位置进行分布, 并且处理相应的信息, 而且感受野会根据图像中的特征自动进行扩张和缩小以达到最好的处理效果. 如图 6-4 所示, 在各类型的感受野以最合适的大小在图像中最合适的位置分布之后, 它们会把它们各自接收到并处理过的信号传送给神经节细胞, 接着神经节细胞会立即整合来自不同成分的信息并把它们传递给更高一层的处理单元做后续的处理. 在图 6-4 中, 子图 (a) 表达的是红中心区–绿外周区感受野, 子图 (b) 表达的是绿中心–红外周区感受野, 子图 (c) 表达的是黄中心区–蓝外周区感受野, 子图 (d) 表达的是蓝中心区–黄外周区感受野.

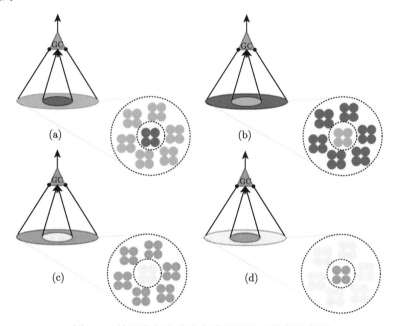

图 6-4 神经节细胞整合各感受野输出信息示意图

固视微动是指眼睛在固视的状态下无意识地发生微小的位移 (Ditchburn, Ginsborg, 1953). 这种现象可以在很多物种的身上发现, 包括人类、其他的灵长类动物和一些哺乳动物.

固视微动在视觉信息处理中是不可或缺的一种信息提取机制. 同时它在计算机视觉领域也有很大的启发作用. 固视微动有 3 种运动形式: 自发性的微颤 (tremor)、慢速漂移 (slow drifts) 和微跳动 (microsaccades). 微颤把一幅静态的图像转化为交流信号, 然后信息以这种方式传入了视觉通道. 慢速漂移和微跳动有紧密的联系. 慢速漂移使目标缓缓偏移离开中央凹的中心, 而微跳动的作用却是纠正这个偏差, 以保持正确的注视状态. 固视微动使得眼前注视的对象在视网膜上的成像位置发生了变化, 而神经节细胞的感受野则产生了一系列微小的位移去纠正由此引发的错位.

6.2　一种基于非经典感受野的模型

非经典感受野是经典感受野外的一个更大的区域. 单独刺激该区域不会引起神经反应, 但可以调节经典感受野刺激的神经反应. 视网膜神经节细胞的感受野也具有这样的属性, 并且随着不同的视觉刺激而产生相应的变化. 以前的非经典感受野模型主要是基于固定的感受野, 而其动态特性常常被忽略. 在本章中, 我们建立了一个多亚区带反馈机制的神经计算模型的基本结构, 并用它来模拟固定眼球运动机制, 以确定相邻区域内的刺激的性质. 在我们的模型中, 视网膜神经节细胞的感受野可以根据刺激, 动态自适应地调整其大小. 感受野在图像细节较多的地方较小, 在图像信息没有明显差异的地方较大. 实验结果充分反映了这些感受野的动态特性.

6.2.1　模型设计

根据生物学知识, 我们知道多个感受器细胞 (RC) 的轴突和双极细胞 (BC) 的树突形成突触连接. 感受器细胞构成了双极细胞的感受野中心, 水平细胞通过其树突在水平方向连接了很多周边的感受器细胞. 与此同时, 水平细胞也相互连接着. 水平细胞整合感受野的响应信息, 并将其传送给双极细胞, 这种刺激信息形成双极细胞的感受野外周区, 抑制双极细胞的中心区对刺激的响应. 双极细胞将响应信息传递给神经节细胞, 并形成神经节细胞的感受野同心圆拮抗结构. 无长突神经细胞通过其树突在水平方向连接了很多周边的神经节细胞, 与此同时, 无长突神经细胞也相互连接着. 无长突神经细胞整合感受野的响应信息, 并将其传送给神经节细胞, 这些响应信息会抑制双极细胞经典感受野外周区的响应信息, 所以形成了神经节细胞的非经典感受野. 内网状细胞 (inner plexiform cell, IPC) 接收水平细胞和双极细胞的反馈信息, 改变经典感受野的外周区大小, 同时中脑中心 (mesencephalic center, MC) 接管内网状细胞和无长突神经细胞的反馈, 通过离心纤维改变经典感受野中心区的大小.

但是由于视网膜的内部网络结构信息是非常复杂的, 而且有些内容还没有变得很明晰. 所以这里我们简化了感受野模型, 忽略水平细胞 (horizontal cell) 对非经典感受野形成的促进作用. 我们构建的会自适应动态调整的感受野神经回路模型, 基本思想示意图如图 6-5 所示. 图 6-5 中, C 表示感受野中心区, S 表示感受野外周区, ES 表示感受野大外周区, 即非经典感受野, GC 表示神经节细胞. 而 Average、De、SD 和 Sw 都表示感受野每个成分输出值的一些处理操作, 后文会详述这些运算整合机制. 感受野中的中心区、外周区、大外周区的每个计算单元输出值都会被神经节细胞所接收处理, 最后输出到上一层处理单元.

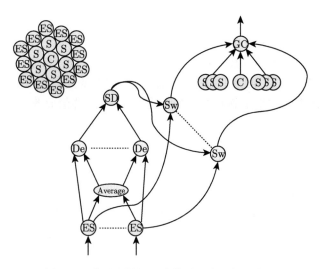

图 6-5　感受野神经回路模型基本思想示意图

1. 图像处理的多层网络模型

根据前文所述的会动态调整的感受野神经网络, 我们提出了如图 6-6 所示的一个多层网络模型.

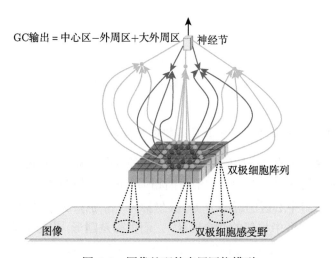

图 6-6　图像处理的多层网络模型

在图 6-6 中, 深绿色标识的感受器细胞将信息传递给双极细胞, 形成了双极细胞的感受野中心区. 红色标识的感受器细胞将信息传送给水平细胞, 水平细胞层整合信息并将其传递给双极细胞, 形成了双极细胞的感受野外周区. 浅绿色标识的双极细胞将信息传送给无长突神经细胞, 无长突神经细胞层整合信息, 并将其传递给神经节细胞, 形成了神经节细胞的非经典感受野的大外周区, 即去抑制区. 神经节细胞层将中间结果传递给中脑中心, 并输出最终的信息处理结果. 中脑中心层接收到内网状细胞和无长突神经细胞的反馈信息, 借此改变经典感受野的中心区大小. 内网状细胞层接收到水平细胞和双极细胞的反馈信息, 并借此改变经典感受野的外周区大小.

2. 含有多个亚区的非经典感受野模型设计

在这部分, 我们提出了一个含有多个亚区的非经典感受野模型. 这个模型包含感受野中心区、感受野外周区和非经典感受野去抑制区三层, 且每一层中都包含多个小的亚区. 如图 6-7 所示.

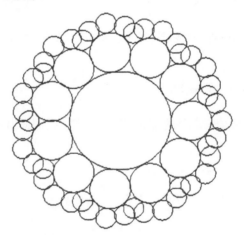

图 6-7   一个非经典感受野举例

3. 感受野中心区和外周区中亚区圆的位置关系

这一节主要讲述模型中感受野的中心区和外周区中亚区圆的位置关系, 经典感受野中心区和外周区是整个模型中最里面相邻的两层. 如图 6-8 所示.

设经典感受野中心区的圆心为 O, 其坐标为 (x_0, y_0), 其半径为 r_0. 圆 A 和 B 是经典感受野外周区中相邻的两个亚区, 它们也都是圆形, 均与中心圆 O 相外切. 它们半径相同, 这里设为 r_1. 相邻的两个亚区 A 和 B 之间距离为 d, α 代表 $\angle AOB$.

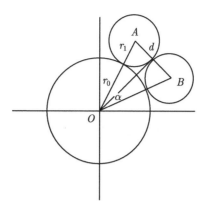

图 6-8 非经典感受野中心区和外周区亚区圆分布示意图

根据几何知识, 我们可以得到

$$d = 2\left(r_0 + r_1\right)\sin\frac{\alpha}{2} \tag{6.1}$$

根据图 6-8 中的模型, d 应该满足以下条件

$$d \leqslant 2r_1 \tag{6.2}$$

把方程 (6.2) 代入方程 (6.1), 我们得到

$$r_1 \geqslant \left(r_0 + r_1\right)\sin\frac{\alpha}{2}, \quad \alpha \leqslant 2\arcsin\left(\frac{r_1}{r_0 + r_1}\right) \tag{6.3}$$

结合相关数学知识和生物系统的效能最优化原则, 我们这里设定:

$$\alpha = 2\arcsin\left(\frac{r_1}{r_0 + r_1}\right) \tag{6.4}$$

显然, 如果将 α 设定为一个更小的值, 感受野中心区和外周区之间的空隙会变得更小, 但是, 与此同时带来的问题就是外周区中相邻的两个圆之间的重叠区域就会变大. 此时外周区中亚区圆的个数和密度都会增大, 造成资源的浪费. 所以感受野外周区亚区圆的个数是

$$n = \left\lceil \frac{2\pi}{\alpha} \right\rceil \tag{6.5}$$

这样的话, 经典感受野外周区中亚区圆的圆心坐标为

$$\left(\left(r_0 + r_1\right)\cos\frac{2\pi}{ni}, \left(r_0 + r_1\right)\sin\frac{2\pi}{ni}\right), \quad i = 1, 2, \cdots, n - 1 \tag{6.6}$$

4. 非经典感受野去抑制区中亚区圆的位置关系

当我们计算非经典感受野去抑制区中亚区圆的位置关系时, 我们运用上文提到的算法, 外一层的圆和内一层相应的圆是外切的, 但是我们会做一些适当的调整来去除一些不符合要求的亚区圆.

我们以图 6-9 中非经典感受野去抑制区、经典感受野中心区和外周区分布作为一个例子来阐释非经典感受野去抑制区中亚区圆的坐标确定算法.

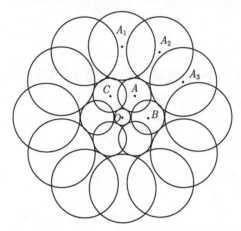

图 6-9　非经典感受野去抑制区、经典感受野中心区和外周区分布图举例

非经典感受野去抑制区中亚区圆坐标确定算法的基本思路和上述的经典感受野外周区中亚区圆的坐标确定算法是一致的. 我们在经典感受野外周区中选取一个亚区圆 A 作为非经典感受野去抑制区中亚区圆 A_1, A_2, A_3 的中心圆, 即 A 是非经典感受野去抑制区中亚区圆 A_1, A_2, A_3 的在经典感受野外周区中对应的亚区圆. 同样, 这里也需要移除那些不满足要求的亚区圆, 移除的方法如下:

首先, 设非经典感受野去抑制区中的亚区圆和其所对应的经典感受野外周区的亚区圆的距离为 d_1, 非经典感受野去抑制区中的亚区圆和经典感受野中心区的距离为 d_2, 经典感受野中心区半径为 r_0, 经典感受野外周区亚区圆的半径为 r_1, 非经典感受野去抑制区的亚区圆的半径为 r_2, 那么有 $d_1 < r_1 + r_2$, 且 $d_2 < r_0 + r_2$. 比如, 亚区圆 A 是非经典感受野去抑制区亚区圆 A_1, A_2, A_3 的在经典感受野外周区中所对应的圆, 圆 B 和 C 是圆 A 左右相邻的两个圆, 当计算非经典感受野去抑制区的亚区圆坐标的时候, 我们需要去除与 A 相外切, 但是与圆 B 和圆 C 内部区域有交集或者与圆 O 内部区域有交集的圆.

举个更具体的例子说明一下, 经典感受野中心区圆 O, 其坐标为 (x_0, y_0), 半径为 r_0. 经典感受野外周区中的圆 B 和 C 的坐标分别是 $(x_1, y_1), (x_2, y_2)$. 它们的半径是相同的, 这里设为 r_1, 通过上面的算法, 我们可以事先算好非经典感受野去抑制区中的亚区圆的坐标. 我们用 D 表示非经典感受野去抑制区中任意一个亚区圆, 其坐标为 (x, y), 半径为 r, 那么该圆应该满足如下条件:

$$\begin{cases} \sqrt{(x-x_1)^2 + (y-y_1)^2} > r + r_1 \\ \sqrt{(x-x_2)^2 + (y-y_2)^2} > r + r_1 \\ \sqrt{(x-x_0)^2 + (y-y_0)^2} > r + r_0 \end{cases} \quad (6.7)$$

其次, 调整处在非经典感受野去抑制区中正确位置的亚区圆邻近位置的亚区圆的位置. 这些圆同样与其在经典感受野外周区中对应圆相外切, 但是它们与经典感受野外周区中对应圆旁边的圆有很微小的重叠. 我们按照原来的标准, 即这些圆应该与经典感受野外周区中对应圆和对应圆相邻的圆相外切, 重新计算这些处在非经典感受野去抑制区中的亚区圆的位置.

比如, 圆 A_3 原来的位置使得圆 B 有些覆盖重叠, 我们重新计算圆 A_3 的位置, 使得它与圆 A 和圆 B 都是外切的. 具体的算法如下, 我们设经典感受野中心区圆 O 的坐标为 (x_0, y_0), 其半径为 r_0. 圆 A 和圆 B 的坐标分别为 $(x_1, y_1), (x_2, y_2)$, 它们的半径为 r_1, 圆 A_3 的坐标为 (x_3, y_3), 半径为 r_2, 那么我们有

$$\begin{cases} (x_1 - x_3)^2 + (y_1 - y_3)^2 = (r_1 + r_2)^2 \\ (x_2 - x_3)^2 + (y_2 - y_3)^2 = (r_1 + r_2)^2 \\ \sqrt{(x_3 - x_0)^2 + (y_3 - y_0)^2} > r_0 + r_1 \end{cases} \quad (6.8)$$

通过解上面这个方程, 我们可以得到圆 A_3 的坐标 (x_3, y_3).

5. 感受野计算单元输出的计算方法

基于生物学知识, 我们知道感受野会根据外界的刺激来对自己做相应的调整, 从而可以更好地处理视觉信息. 对于不同的图片, 感受野会根据颜色信息 (如一定范围内的平均色值、色值方差等) 做相应的扩张或者缩小来捕捉最有效的图像信息.

在我们的模型中, 感受野的三层会分别输出相应的数据, 并且会根据这些数据做相应的自我调整, 当感受野的输出值高于一个阈值的时候, 说明此时感受野处理的图像颜色信息不够纯净, 即此处图像中的变化比较多, 可能存在物体边缘, 那么感受野会做适当的收缩来提取更加有效的数据. 相反, 如果感受野的输出值低于一个阈值, 那么可能此时感受野接收到的图像信息比较少, 那么感受野需要适当地扩张来处理更多的图像信息, 减轻其他感受野的负担.

经典感受野中心区平均色值为

$$\text{MeanGC}_{\text{Center}} = \frac{\sum\limits_{p \in \sigma} L\left(p\left(x, y\right)\right)}{\pi r_0^2} \tag{6.9}$$

经典感受野中心区色值方差为

$$\text{VarGC}_{\text{Center}} = \sum_{p \in \sigma} \left(\left(p - E\left(p\right)\right)^2\right), \quad E\left(p\right) = \frac{\sum\limits_{p \in \sigma} L\left(p\left(x, y\right)\right)}{\pi r_0^2} \tag{6.10}$$

在方程 (6.9) 和 (6.10) 中, σ 表示经典感受野的中心区, p 表示经典感受野中心区中像素点, $L\left(p\left(x, y\right)\right)$ 表示像素点 p 在 LAB 色彩空间中 L 值, r_0 表示经典感受野中心区的半径.

经典感受野外周区的平均色值为

$$\text{MeanGC}_{\text{Surround}} = \frac{\sum\limits_{i=1}^{n_1} \sum\limits_{p \in \sigma_i} L\left(p\left(x, y\right)\right)}{n_1 \pi r_1^2} \tag{6.11}$$

经典感受野外周区的色值方差为

$$\text{VarGC}_{\text{Surround}} = \frac{\sum\limits_{i=1}^{n_1} \dfrac{\sum\limits_{p \in \sigma_i} \left(\left(p - E_i\left(p\right)\right)^2\right)}{\lfloor \pi r_1^2 \rfloor}}{n_1},$$

$$E_i\left(p\right) = \frac{\sum\limits_{p \in \sigma_i} L\left(p\left(x, y\right)\right)}{\lfloor \pi r_1^2 \rfloor}, \quad i = 1, 2, \cdots, n_1 \tag{6.12}$$

在方程 (6.11) 和 (6.12) 中, n_1 表示经典感受野外周区中亚区圆的个数, σ_i 表示经典感受野外周区中的亚区圆 i, p 表示经典感受野外周区中的亚区圆中的像素点, $L\left(p\left(x, y\right)\right)$ 表示像素点 p 在 LAB 色彩空间中 L 值.

非经典感受野去抑制区的平均色值为

$$\text{MeanGC}_{n\text{CRF}} = \frac{\sum\limits_{i=1}^{n_2} \sum\limits_{p \in \sigma_i} L\left(p\left(x, y\right)\right)}{n_2 \lfloor \pi r_2^2 \rfloor} \tag{6.13}$$

非经典感受野去抑制区的色值方差为

$$\text{VarGC}_{n\text{CRF}} = \frac{\sum\limits_{i=1}^{n_2} \dfrac{\sum\limits_{p \in \sigma_i} \left(\left(p - E_i\left(p\right)\right)^2\right)}{\lfloor \pi r_2^2 \rfloor}}{n_2},$$

$$E_i\left(p\right)=\frac{\displaystyle\sum_{p\in\sigma_i}L\left(p\left(x,y\right)\right)}{\left\lfloor\pi r_2^2\right\rfloor},\quad i=1,2,\cdots,n_2 \tag{6.14}$$

在方程 (6.13) 和 (6.14) 中, n_2 表示非经典感受野去抑制区中亚区圆的个数, σ_i 表示非经典感受野去抑制区中亚区圆 i, p 表示非经典感受野去抑制区中的亚区圆中的像素点, $L\left(p\left(x,y\right)\right)$ 表示像素点 p 在 LAB 色彩空间中 L 值.

6. 神经节细胞阵列中感受野动态调整机制

图 6-10 是神经节细胞阵列中感受野动态调整算法流程图. 首先我们在目标图像上分布一个神经节细胞阵列, 然后在阵列中取一个感受野并且分析这个感受野所

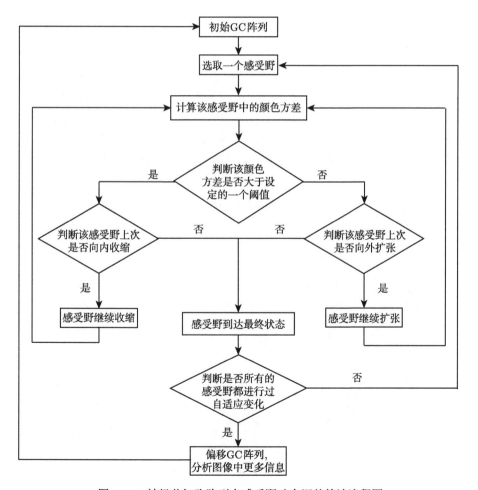

图 6-10　神经节细胞阵列中感受野动态调整算法流程图

接收到的图像信息. 如果图像信息中的颜色方差过大, 且感受野是扩张到这个尺寸的, 这时我们把此时感受野的状态当作该感受野最终状态. 但是如果感受野是缩小到这个尺寸的, 那么该感受野会继续缩小. 如果图像信息中的颜色方差过小, 且感受野是收缩到这个尺寸的, 这时我们把此时感受野的状态当作该感受野最终状态. 但是如果感受野是扩张到这个尺寸的, 那么该感受野会继续扩张. 在该神经节细胞阵列中所有感受野的状态确定之后, 会移动整个神经节细胞阵列以获得目标图像中更多信息, 这相当于模拟人眼眼球的移动.

6.2.2　实验

在这一章节中, 我们展示一些基于上述算法的实验结果.

1. 感受野的动态调整实验

这个实验的目的是展示感受野自适应动态调整的变化过程. 图 6-11 和图 6-12 就展示了该过程. 图 6-11 的图片上分布着最初始阶段的感受野, 图 6-12 显示了整个感受野自适应动态调整的变化过程. 红色的感受野表示这个感受野已经到达了它的最终状态, 不会再发生任何变化, 而用黄色虚线画出的感受野是展示了整个感受野变化的过程. 我们可以发现比较大的感受野总是分布在图像内容细节变化较少的地方, 而比较小的感受野会分布在需要细致分辨的区域, 通常是边界的地方. 这里特意把感受野分布得很稀疏, 这是为了更好更清晰地说明感受野的动态变化过程.

图 6-11　初始状态, 感受野调整之前

图 6-12 最终状态, 感受野调整之后

从图 6-12 中可以看出, 在湖面和天鹅身上, 因为此区域中内容单一, 连续的区域处没有什么大的颜色变化, 所以感受野会扩张得比较大, 以抓取更多但重复统一的信息. 而在天鹅的轮廓处, 感受野会收缩得比较小, 因为此处有比较大颜色的变化, 感受野缩小以争取抓取最有效的轮廓信息.

2. 神经节细胞感受野阵列实验

此实验的目的是展示模型中的神经节细胞感受野阵列对图像的处理效果. 如图 6-13 和图 6-14 所示, 图 6-13 是原始图片, 图 6-14 是通过神经节细胞感受野阵

图 6-13 原始图片

列处理过的最终结果. 图 6-14 中比较小的感受野用红色表示, 这些感受野一般分布在图像中比较复杂的部分. 在这张图片中, 它们分布在树枝上和鸟儿的身上. 比较大的感受野用蓝色表示, 这些感受野一般分布在图像中比较简单、平滑、干净的部分, 这里色值变化比较少. 所以在图 6-14 中, 它们覆盖了整个图像的背景区域.

图 6-14　最终结果, 感受野分布之后的图片

6.2.3　本节小结

非经典感受野 (nCRF) 不是固定不变的. 非经典感受野会根据图像中的空间频率成分调整其滤波策略, 而且它对刺激的亮度和对比度的响应是非常灵敏的. 随着图像的空间属性变化, 非经典感受野有时会充当高频滤波器的角色, 有时会充当低频滤波器的角色. 再根据图像对比度或者亮度的不同, 非经典感受野会自动适时地调整自己的功能. 在大面积的图像整合中, 感受野的这种动态特性使得人类的视觉系统可以响应不同的刺激, 从而检测出比较复杂的区域和平滑的部分.

我们基于去抑制性非经典感受野内存在相互抑制和促进作用的事实提出了一种非经典感受野模型, 该模型包含三层, 分别是经典感受野中心区、经典感受野外周区和非经典感受野去抑制区 (大外周区), 且每一层中都包含多个小的圆形亚区. 每个小的圆形亚区与相邻里面一层的区域相外切. 每个感受野都会动态自适应地调整其大小. 感受野 (RF) 在图像细节较多和边界处的扩张得较小, 在图像信息没有明显差异的连续区域扩张得较大.

6.3 一种基于神经节细胞经典感受野 拮抗机制的图像表征模型

在灵长类动物的视网膜中有多种类型的细胞, 例如, 三种类型的视锥细胞和多种类型的神经节细胞. 它们或互相连接, 或互相支撑, 或互相作用, 并非常有效地整合处理复杂的信息, 同时它们还拥有复杂的感受野机制作为图像处理的强大的生理学基础.

视网膜中存在着很多不同构型的色拮抗, 本章中讨论的是一紧张型亚类色拮抗细胞, 它的感受野中心只接收一种锥细胞的输入, 拮抗外周则是接收另一种视锥的输入, 是一种单色拮抗感受野 (Von Goethe, 1840). 所以一个感受野的中心及周边区域通常是由不同类型的视锥细胞组成的. 在通常情况下, 此类感受野可以按照拮抗类型的不同分为两大类, 即红–绿拮抗感受野和蓝–黄拮抗感受野. 为了给彩色图像建立一种新的表征方式, 我们建立模型模拟了视网膜上的一些重要生理机制, 如颜色拮抗理论.

基于神经节细胞的解剖和电生理检测结果, 我们提出了一种基于生物学理论的颜色处理方法. 在该方法中, 我们设计了一个用来模拟视网膜神经节细胞及其经典感受野的神经网络. 在此神经网络模型中, 感受野会根据图像的特性进行自我调节.

我们把生物学理论和基本的计算机图像表征方法整合在一起, 并且解释了生理学上的颜色拮抗机制是如何运用在实际的图像处理中, 以更好地表征图像, 提高后续图像分割的效果.

6.3.1 模型设计

1. 视网膜神经节细胞对光刺激响应模型

本章着重研究的为一紧张型亚类色拮抗细胞, 它是一种单拮抗色细胞, 其感受野中心只接收一种锥细胞的输入, 即红视锥、绿视锥和蓝视锥中的一种, 拮抗外周则是接收另一种视锥的输入. 所以这里有四种类型的经典感受野, 分别是红中心区–绿外周区感受野、绿中心区–红外周区感受野、黄中心区–蓝外周区感受野和蓝中心区–黄外周区感受野.

每种类型的感受野都有它最为敏感的彩色光信号区间. 在我们算法的预处理过程中, 我们需要构建一个模型来衡量和表示视网膜神经节细胞中不同的感受野对可见光的响应程度.

在视网膜中, 光是一种物理刺激, 可以激活视锥细胞. 同时, 细胞被激活的程度取决于光的波长. 因此, 得到可见光的波长是十分重要的. 在大多数情况下, 数字图像是基于 RGB 颜色模型的. 所有这样的图像中的像素都是由红、绿和蓝

(RGB) 三原色定义. 因此, 我们需要把 RGB 值转换成其相对应的波长值. 根据文献 (CIE1931 色彩空间. (2018, January 30)), 我们运用方程 (6.15) 把颜色从 RGB 空间转换到 XYZ 空间中, 在得到这些颜色在 XYZ 空间中的相应值之后, 我们参照 1931CIE(CIE1931 色彩空间. (2018, January 30)) 的曲线图得到每个颜色相应的波长.

$$\begin{pmatrix} X \\ Y \\ Z \end{pmatrix} = \frac{1}{0.17697} \begin{pmatrix} 0.49 & 0.31 & 0.20 \\ 0.17697 & 0.81240 & 0.01063 \\ 0.00 & 0.01 & 0.99 \end{pmatrix} \begin{pmatrix} R \\ G \\ B \end{pmatrix} \tag{6.15}$$

因为 RGB 值较多, 这里无法把所有的颜色和波长的对应关系展示出来, 这里只节选了几个拮抗响应较强烈且有代表性的颜色及其对应的波长值如表 6-1.

表 6-1　节选的有代表性的颜色和波长对应关系

R	G	B	波长/nm
94	0	181	400
94	0	200	405
91	0	219	410
85	0	237	415
0	213	255	480
0	234	255	485
0	255	255	490
0	255	203	495
163	255	0	550
179	255	0	555
195	255	0	560
210	255	0	565
225	255	0	570
255	137	0	615
255	119	0	620
255	99	0	625
255	79	0	630

根据 RGB 空间中每个颜色的波长以及灵长类动物视网膜中三种视锥细胞的光谱敏感性 (Zucker, Dowling, 1987), 我们设计了三条曲线来模拟红色视锥细胞、蓝色视锥细胞和绿色视锥细胞对各种波长的颜色的响应度. 但是, 在神经节细胞的颜色拮抗机制中有一个黄色成分, 可是生物学上, 视网膜中的感光层中是没有黄色视锥细胞的. 由于我们的视觉感知是通过一层一层复杂的信息重建的, 神经互相作用形成拮抗. 为了简化计算模型, 我们虚拟了一条对应于黄色拮抗成分的视锥响应曲线作为辅助. 这里, 我们假定图中的黄色曲线是虚构的黄色视锥对光的响应度.

如图 6-15 所示, 图中的红、绿、蓝、黄曲线分别代表红色视锥细胞、绿色视锥细胞、蓝色视锥细胞和虚构的黄色视锥细胞对不同波长的光的响应度. 可见光的波长范围是从约 370nm 至 780nm, 但在通常情况下, 人眼只对波长在约 380nm 至 680nm 之间的可见光有强烈的反应 (Wikipedia contributors, 2019). 所以本章我们只考虑波长在 380nm 和 680nm 的可见光.

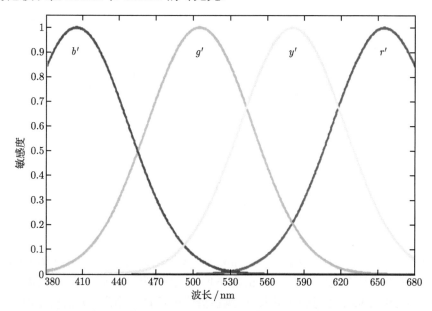

图 6-15　灵长类动物的三种视锥细胞和虚构的黄色视锥对光的响应曲线. 其中蓝色曲线 (b') 表示蓝色视锥细胞, 绿色曲线 (g') 表示绿色视锥细胞, 红色曲线 (r') 表示红色视锥细胞, 黄色曲线 (y') 表示虚构的黄色视锥细胞

此外, 红色视锥细胞对波长为 655nm 左右的光响应最为强烈, 绿色视锥细胞对波长为 505nm 左右的光最为敏感, 蓝色视锥细胞对波长为 405nm 左右的光响应是最强的 (Wikipedia contributors, 2019), 虚构的黄色视锥对波长为 580nm 左右的光响应是最为强烈的. 图 6-15 中的 X 轴是表示光的波长, Y 轴是不同视锥对不同波长的光的灵敏度.

下面是四条响应曲线的定义方程.

红色曲线代表红色视锥细胞, 其方程为

$$r' = \exp\left(-k_r^2\left(\frac{\text{wavelength} - 380}{680 - 380} - \frac{704}{255 \times 3 + 2}\right)^2\right) \tag{6.16}$$

其中 $k_r = 5.0$.

绿色曲线代表绿色视锥细胞, 其方程为

$$g' = \exp\left(-k_g^2\left(\frac{\text{wavelength} - 380}{680 - 380} - \frac{320}{255 \times 3 + 2}\right)^2\right) \tag{6.17}$$

其中 $k_g = 5.0$.

蓝色曲线代表蓝色视锥细胞, 其方程为

$$b' = \exp\left(-k_b^2\left(\frac{\text{wavelength} - 380}{680 - 380} - \frac{64}{255 \times 3 + 2}\right)^2\right) \tag{6.18}$$

其中 $k_b = 5.0$.

黄色曲线代表虚构的黄色视锥, 其方程为

$$y' = \exp\left(-k_y^2\left(\frac{\text{wavelength} - 380}{680 - 380} - \frac{512}{255 \times 3 + 2}\right)^2\right) \tag{6.19}$$

其中 $k_y = 5.0$.

从图 6-15 中, 我们可以看到, 红色成分对波长范围为 620~680nm 的光响应较为强烈. 而绿色成分对波长在 450nm 和 540nm 之间的光更为敏感. 而当波长范围在 380nm 到 449nm 之间的光射入时, 蓝色分量响应最为强烈. 黄色成分则对波长为 541nm 和 619nm 之间的光具有更强烈的响应.

2. 经典感受野的颜色拮抗模型

每个视觉神经元的感受野都会在视网膜上覆盖一定的区域, 而这些视觉神经元只对该神经元的感受野覆盖区域的刺激有响应. 神经节细胞的经典感受野的结构是两层同心圆结构, 且中心区和外周区形成了拮抗. 此种拮抗中心环绕结构的感受野对明暗、颜色、亮度、对比度非常的敏感. 经典感受野通过其空间组合属性来提取图像的边界信息.

因为经典感受野的颜色拮抗机制, 让拮抗反应达到最优化的状态, 我们的模型把经典感受野的外周环区覆盖的面积和中心区覆盖的范围设置为相同, 即环形面积和中心圆面积相等.

如图 6-16 所示, 为了使中心圆面积和外周区面积相同, 这里我们解如下方程

$$\pi r^2 = \pi R^2 - \pi r^2 \tag{6.20}$$

解得: $R = \sqrt{2}r$.

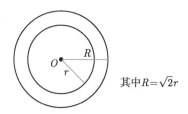

图 6-16　我们模型中的经典感受野

在处理图像的时候, 这四种类型的经典感受野会分布在它们响应相对最为强烈的区域. 感受野会分析其所覆盖区域的图像信息, 做自适应的自我调整, 已达到最好的状态, 与此同时, 经典感受野的中心区和外周区会计算相应的响应值, 最终两个区域的响应值整合之后就是该神经节细胞的整体响应值.

表 6-2 中详述了我们是怎么计算这 4 种类型的经典感受野的神经节细胞和各个拮抗成分的输出的.

在表 6-2 中, 第一列表示的是经典感受野的类型, 第二列是各个感受野的中心区响应输出方程, 第三列是各个感受野的外周区响应输出方程, 最后一列是感受野最后的输出. σ_1 是感受野中心区, σ_2 是感受野外周区, p 和 $p(x,y)$ 表示图像中的像素点, (x,y) 是相应坐标. 参数 k_r, k_g, k_b, k_y 的值都是 5, 函数 wavelen(p) 是用来计算 RGB 色彩空间模型中像素点对应颜色的波长的函数.

在我们的模型中, 我们对响应输出值做了归一化处理, 即每个成分的最大响应输出值为 1, 最小为 0, 这在图 6-15 中也有所显现. 所以神经节细胞的响应输出值的范围在 -1 到 1 之间.

表 6-3 给出了不同拮抗类型的经典感受野在接收外界各种类型的光刺激作出的反应. 这里我们拿中心区为红色拮抗成分、外周区为绿色拮抗成分感受野作为例子来解释这个机制.

当波长相对较长的光刺激整个感受野的时候, 经典感受野中心区的计算单元输出会比较高, 而经典感受野外周区的计算单元的输出也会比较高, 但不会有中心区计算单元的输出这么高. 其结果是, 在神经节细胞响应值会是一个正值, 但不会很高. 所以按照在表 6-2 中的方法进行计算, 其神经节细胞的响应值将是非常接近 1, 而不是 0. 这就说明这块区域没有很大的颜色差别, 也没有明显的边界存在. 当波长相对较长的光刺激经典感受野中心区, 波长相对较短的光刺激经典感受野外周区的时候, 无论经典感受野中心区还是外周区的响应都比较高, 那么此时神经节细胞的响应值将接近于 0. 这意味着此区域的颜色差异会比较大, 换句话说, 这里的内容比较复杂, 需要仔细分辨, 同时存在明显边界的概率也比较高. 而当波长相对较短的光刺激整个感受野的时候, 感受野中心区的输出值较低, 外周区的输出值较高, 这样的话, 神经节细胞的刺激响应值会更接近于 -1, 而不是 0, 这意味着该区

表 6-2　经典感受野中心区和外周区计算单元的输出和神经节细胞响应值

经典感受野类型	经典感受野中心区计算单元输出结果	经典感受野外周区计算单元计算结果	神经节细胞激响应值
	CRFCenter-Red $= \dfrac{\sum\limits_{p \in \sigma_1}\left(\exp\left(-k_r^2\right)\left(\dfrac{\text{wavelen}(p(x,y))-380}{300}-\dfrac{704}{767}\right)^2\right)}{\pi \times r^2}$	CRFSurround-Green $= \dfrac{\sum\limits_{p \in \sigma_2}\left(\exp\left(-k_g^2\right)\left(\dfrac{\text{wavelen}(p(x,y))-380}{300}-\dfrac{320}{767}\right)^2\right)}{\pi R^2 - \pi r^2}$	CRFRed-Green $= \text{CRFCenter-Red}$ $\quad - \text{CRFSurround-Green}$
	CRFCenter-Green $= \dfrac{\sum\limits_{p \in \sigma_1}\left(\exp\left(-k_g^2\right)\left(\dfrac{\text{wavelen}(p(x,y))-380}{300}-\dfrac{320}{767}\right)^2\right)}{\pi \times r^2}$	CRFSurround-Red $= \dfrac{\sum\limits_{p \in \sigma_2}\left(\exp\left(-k_r^2\right)\left(\dfrac{\text{wavelen}(p(x,y))-380}{300}-\dfrac{704}{767}\right)^2\right)}{\pi R^2 - \pi r^2}$	CRFGreen-Red $= \text{CRFCenter-Green}$ $\quad - \text{CRFSurround-Red}$
	CRFCenter-Yellow $= \dfrac{\sum\limits_{p \in \sigma_1}\left(\exp\left(-k_y^2\right)\left(\dfrac{\text{wavelen}(p(x,y))-380}{300}-\dfrac{512}{767}\right)^2\right)}{\pi \times r^2}$	CRFSurround-Blue $= \dfrac{\sum\limits_{p \in \sigma_2}\left(\exp\left(-k_b^2\right)\left(\dfrac{\text{wavelen}(p(x,y))-380}{300}-\dfrac{512}{767}\right)^2\right)}{\pi R^2 - \pi r^2}$	CRFYellow-Blue $= \text{CRFCenter-Yellow}$ $\quad - \text{CRFSurround-Blue}$
	CRFCenter-Blue $= \dfrac{\sum\limits_{p \in \sigma_1}\left(\exp\left(-k_r^2\right)\left(\dfrac{\text{wavelen}(p(x,y))-380}{300}-\dfrac{64}{767}\right)^2\right)}{\pi \times r^2}$	$\text{CRFSurround-Yellow}$ $= \dfrac{\sum\limits_{p \in \sigma_2}\left(\exp\left(-k_y^2\right)\left(\dfrac{\text{wavelen}(p(x,y))-380}{300}-\dfrac{64}{767}\right)^2\right)}{\pi R^2 - \pi r^2}$	CRFBlue-Yellow $= \text{CRFCenter-Blue}$ $\quad - \text{CRFSurround-Yellow}$

表 6-3　不同类型的经典感受野对刺激的响应及对应解释

经典感受野类型	对经典感受野中心区的刺激	对经典感受野外周区的刺激	经典感受野中心区的响应	经典感受野外周区的响应	神经节细胞的响应	解释
◉	L	L	较强	较弱	+	此区域像素差异较小
	L	S	较强	较强	−	此区域像素差异较大
	S	L	较弱	较弱	−	此区域像素差异较大
	S	S	较弱	较强	+	此区域像素差异较小
◉	L	L	较弱	较强	+	此区域像素差异较小
	L	S	较弱	较弱	−	此区域像素差异较大
	S	L	较强	较强	−	此区域像素差异较大
	S	S	较强	较弱	+	此区域像素差异较小
◉	L	L	较强	较强	+	此区域像素差异较小
	L	S	较强	较弱	−	此区域像素差异较大
	S	L	较弱	较强	−	此区域像素差异较大
	S	S	较弱	较弱	+	此区域像素差异较小
◉	L	L	较弱	较弱	+	此区域像素差异较小
	L	S	较弱	较强	−	此区域像素差异较大
	S	L	较强	较弱	−	此区域像素差异较大
	S	S	较强	较强	+	此区域像素差异较小

L 表示刺激光的波长相对较长, S 表示刺激光的波长相对较短.

"−" 表示经典感受野中心区对刺激的响应和外周区对刺激的响应是平衡的. "+" 表示经典感受野中心区对刺激的响应和外周区对刺激的响应是不平衡的.

域没有很大的色差, 无明显边缘存在. 当波长相对较短的光照射在经典感受野中心区, 波长相对较长的光照射在外周区的时候, 经典感受野中心区还是外周区的响应都比较低. 所以神经节细胞的响应值将接近于 0. 这意味着此处有较大的颜色差异, 这就说明这片区域很有可能会有边缘的存在.

3. 神经节细胞阵列中经典感受野动态调整机制

在我们的方法中, 有一个神经节细胞阵列的概念, 该阵列是由 5×5 的神经节细胞构成的. 在处理图像时, 5×5 的神经节细胞阵列会在图像中移动, 以覆盖整个图像. 正如上面提到的, 在我们模型中的感受野会膨胀或收缩, 以最佳大小, 在图像中最合适的位置进行分布, 并输出最有意义的计算结果.

表 6-4 给出了 GC 阵列中经典感受野动态变化的机制的算法伪代码.

表 6-4　神经节细胞阵列中经典感受野动态自适应调整机制的算法

输入: 一帧 RGB 图像.
输出: 一个对图像的表征.
for 对图像中每个 RGB 像素 do
　　根据 1931CIE 策略算其波长;
　　根据公式 (6.16)~(6.19), 计算四个组件的响应;
end
repeeat 设 5×5GC 阵列 **Untill** 它们覆盖整个图像.
　for 对 GC 阵列中每一个 do
　　for 对 CRF 中心从 200 像素到 1do
　　　根据 CRF 覆盖的区域选择合适的类型;
　　　计算 CRF 中心区与外周区的响应;
　　　整合得到 GC 的响应;
　　　把 CRF 的类型与 GC 响应插入阵列 2;
　　end
　　　在阵列 2 中选出输出最接近 ±1 的 GC;
　　　设置它们 CRF 的适当类型;
　　　GC 的最终响应设为 1 − 1GC 原始响应;
　end
　　GC 阵列振动一次;
end

这里我们选择了一幅图片作为实例, 并在图 6-17 中展示了整个过程.

起初, 经典感受野中心区和经典感受野外周区中的计算单元的结果都会被分别输出. 每种感受野会选择其相应最为强烈的区域进行覆盖分布. 图 6-17 中从下往上数第二层的 4 幅图片, 从左至右分别是红绿拮抗–红中心绿外周感受野、红绿拮抗–绿中心红外周感受野、蓝黄拮抗–黄中心蓝外周感受野和蓝黄拮抗–蓝中心黄外周感受野中的计算单元的输出结果. 在经过数学变换之后, 最终原始图片以我们的方式进行表征.

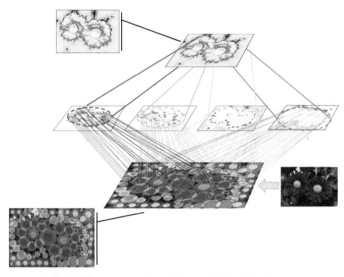

图 6-17   图像表征整个过程的示意图

从图 6-17 中, 我们可以看到各种类型的感受野的分布情况. 可见在图片中比较平滑的部分, 比如是背景叶子、花瓣和花蕊上分布的感受野都扩张得比较大, 而在图片中物体的边缘, 比如花瓣的边缘还有一些边界上都分布着小感受野. 在此图像的中心主要是红色和黄色这样的亮色, 而蓝黄拮抗–黄中心蓝周边感受野和红绿拮抗–红中心绿外周感受野对此种颜色响应强烈, 所以主要是这两种感受野分布在这块区域. 对于周边比较暗的颜色, 蓝黄拮抗–蓝中心黄外周感受野和红绿拮抗–绿中心红外周感受野对此类颜色响应比较大, 所以主要分布的是这两种类型的感受野.

6.3.2   实验

基于前文所描述的神经计算模型和算法, 我们做了大量的图像表征实验, 通过图像表征结果去验证我们的方法, 并评估我们算法的有效性. 在我们的模型中, 神经节细胞中不同大小的感受野会根据目标图像中的信息构建不同的神经网络, 每个神经节细胞对图像信息的响应值表征了图像. 在这一部分, 我们展示一些图像表征的实验结果, 以及后续基于表征结果的图像分割的对比实验. 实验采用 BSDS300 (Pablo et al., 2007) 图像库中的图片, 后续的图像分割算法采用著名的图像分割算法 gPb-OWT-UCM (Pablo et al., 2011).

1. 图像表征实验

表 6-5 是我们选取的基于生物学机制的图像表征方法的结果样例. 在我们的模型中, 输入的是原始图片, 输出各种类型感受野的分析结果以及整合结果图.

表6-5　部分图像表征实验结果

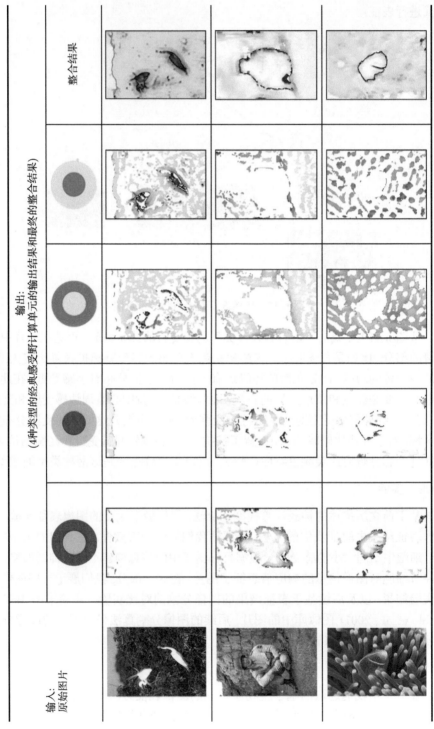

续表

续表

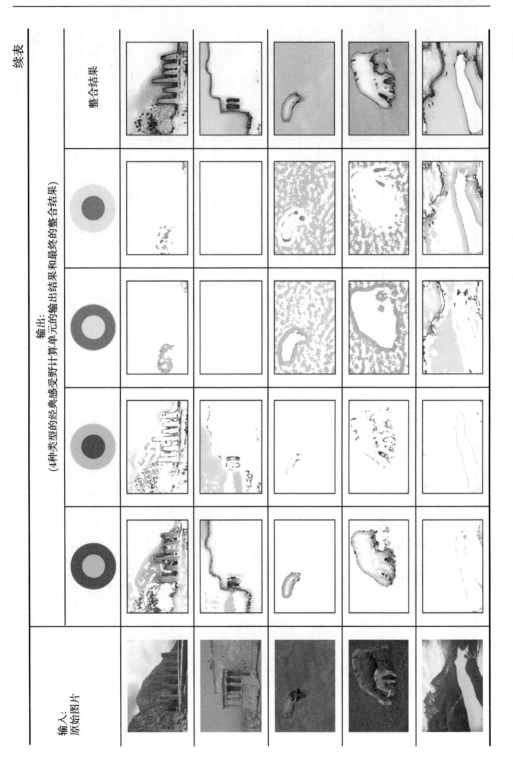

整合结果

输出:
(4种类型的经典感受野计算单元的输出结果和最终的整合结果)

输入:
原始图片

在表 6-5 中, 每一行中是一个图像样例, 最左边的图像是原始图像, 其他 5 幅图像是我们的输出结果, 其中自左向右包括: 红绿拮抗–红中心绿外周感受野、红绿拮抗–绿中心红外周感受野、蓝黄拮抗–黄中心蓝外周感受野和蓝黄拮抗–蓝中心黄外周感受野中的计算单元的输出结果, 最后一幅是四种感受野分析结果整合之后的输出图.

2. 基于图像表征结果的分割对比实验

图像表征结果的用途有很多, 其中最大的作用就是提高图像分割的效果. 在图

表6-6　分割效果对比

续表

原始图片	用gPb-OWT-UCM算法对图像进行分割的结果	
	在本章的图像表征结果 上运行的结果	在原图上运行的结果

续表

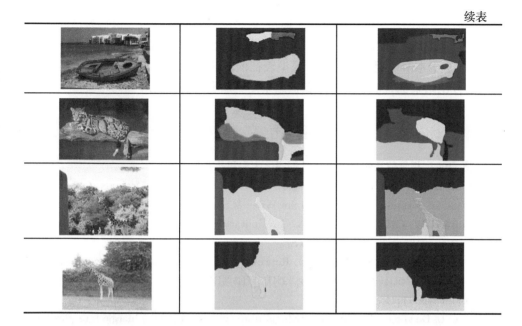

像表征结果上做图像分割是评价该图像表征是否忠于原图, 是否可以保留住图像中最本质最重要的信息, 去除冗余内容最好的方法之一. 如果在新的图像表征结果上, 图像能被更好地分割, 前景和背景内容都被勾勒出来, 冗余的信息被省略掉, 突出了图像中的主要内容, 那说明该图像表征方法是忠于原图, 有益有效的.

表 6-6 中展示的是, 用现在比较好的 gPb-OWT-UCM 图像分割方法在我们的图像表征结果上进行图像分割的结果, 并且和原图上的图像分割结果进行对比, 可以看出, 我们的图像表征在对图像的表达方面是积极有效的.

6.3.3 本节小结

如何高效准确迅速地表征视觉刺激一直都是许多图像处理问题中的核心. 在图像表征、图像压缩、去噪以及特征提取等图像处理任务中 (Plonka et al., 2012), 是否可以把图像中繁杂各有特色的信息表征好直接关系到这些图像处理任务完成结果的好坏. 比如, 本节中提出的这种基于神经节细胞经典感受野拮抗机制的图像表征模型使得后续的图像分割效果大幅提高.

一幅图像中的像素点, 在很大程度上是相互关联的, 特别是在一个区域中的像素点, 它们之间更不是相互独立, 而是互相联系的 (Levinshtein et al., 2009). 所以图像表征是不可以仅仅只依靠对以像素点为单位的物理特性进行分析. 在表征之前, 表征算法应该对一个连续区域中的像素点进行全盘考虑.

我们在本节中提出的动态自适应调整的感受野模型完全符合这种要求, 每个感受野会根据图像的刺激信息调整自己覆盖区域的大小, 使得感受野能够最好地发挥自己的效能. 再加入颜色拮抗机制的模拟, 各种感受野根据图像各区域刺激的不同, 选择最合适的地方进行分布, 这使得图像表征结果更加符合原图的图像属性. 实验还表明, 基于本节中提出的生物学模型表征的图像可以提高图像分割算法的效果, 优质的分割结果也验证了该图像表征结果是更加准确高效的.

参 考 文 献

寿天德. 1997. 视觉信息处理的脑机制. 上海: 上海科技教育出版社.

Wyszecki G W, Stiles W S. 1982. Color Science: Concepts and Methods, Quantitative Data and Formulae. New York: John Wiley & Sons.

Ditchburn R W, Ginsborg B L. 1953. Involuntary eye movements during fixation. The Journal of Physiology, 119(1): 1-17.

CIE1931 色彩空间. (2018, January 30). Retrieved from 维基百科: https://zh.wikipedia.org/w/index.php?title=CIE1931%E8%89%B2%E5%BD%A9%E7%A9%BA%E9%97%B4&oldid=48083024.

Zucker C L, Dowling J E. 1987. Centrifugal fibre synapse on dopaminergic interplexiform cells in the teleost retina. Nature, 330(6144): 166-168.

Wikipedia contributors. 2019, March 13. Visible spectrum//Wikipedia, The Free Encyclopedia. Retrieved 15:40, March 19, 2019, from https://en.wikipedia.org/w/index.php?title=Visible_spectrum&oldid=887580236.

Pablo A, Charless F, David M. 2007. The Berkeley Segmentation Dataset and Benchmark http://www.eecs.berkeley.edu/Research/Projects/CS/vision/bsds/.

Arbelaez P, Maire M, Fowlkes C, et al. 2011. Contour detection and hierarchical image segmentation. IEEE Transactions on Pattern Analysis and Machine Intelligence, 33(5): 898-916.

Plonka G, Tenorth S, Iske A. 2012. Optimally sparse image representation by the easy path wavelet transform. International Journal of Wavelets, Multiresolution and Information Processing, 10(1): 1250007.

Levinshtein A, Stere A, Kutulakos K N, et al. 2009. Turbopixels: fast superpixels using geometric flows. IEEE Transactions on Pattern Analysis and Machine Intelligence, 31(12): 2290-2297.

第7章 初级视皮层计算模型构建及其高阶功能探索

7.1 计算模型设计与实现

7.1.1 早期视觉系统模型

早期视觉系统方位选择性模型如图 7-1 所示.

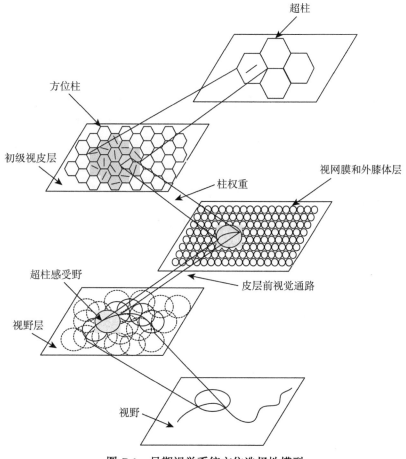

图 7-1 早期视觉系统方位选择性模型

早期视觉系统方位选择性模型包括视野层、视网膜和外膝体层、初级视皮层 (方位柱、超柱). 此处以仅处理方位选择性的早期视觉系统模型为例对模型进行介绍, 并可以此模型为基础推及其他如颜色通道模型等.

(1) 模型的输入为自然环境中的某一场景.

(2) 视野层是视网膜上的神经节细胞的感受野投射图.

(3) 视网膜与外膝体层结合视网膜与外膝体主要功能对接收到的外界信息进行预处理.

(4) 方位柱层以朝向片为基础单元对输入信息进行方位识别.

(5) 超柱层从方位柱层的信息中获取方位选择性.

不同的神经元的感受野大小不同. 在视网膜层有许多神经元, 它们的感受野重叠率很高. 通过视网膜连接, 视网膜层的细胞 (神经节细胞) 接收到经过处理的信号. 经过训练的方位柱权值, 超柱中会有一个朝向片被选中表示. 某个区域中的方位柱 (图 7-1 中灰色部分) 的尺寸大小如图 7-1 所示.

该模型图可以用来描述初级视皮层中方位功能柱形成的过程. 模型有较强的横向联系, 使得网络具有侧抑制机制. 同时该网络的特性: 奇异性、连续性和多样性等特征比较完备. 在此基础上, 对于其他功能地图的推广将会比较容易进行. 模型还有一个优点是它的容错性, 即使一些朝向片没有训练成功, 整个网络的表现并不会下降太多. 经过一定的调整, 训练的效率将非常高, 完成时的皮层地图与生物功能地图 (cortical map) 非常相近.

7.1.2　视网膜、外膝体层的模拟

1. 中心周边拮抗机制

Rodieck 的 DOG 模型很好地模拟了经典感受野的特性, 中心周边拮抗的同心圆的反应.

基于二维的 DOG 模型, 使用如下离散模拟函数:

$$\sum_{i=1}^{n} P(x_i, y_i) \cdot \frac{1}{(\sqrt{2\pi}\sigma)} e^{\frac{-((x_i-x_0)^2+(y_i-y_0)^2)}{2\cdot\sigma^2}}$$

双极细胞最终输出: $\text{BipolarR}(x_0, y_0) = \text{Center}_{\text{exc}}(x_0, y_0) - \text{Surround}_{\text{inh}}(x_0, y_0)$.

计算 (x_0, y_0) 的双极细胞的最终输出, 是由在 (x_0, y_0) 点处收到的中心区的兴奋性输入和周边区的抑制性输入的共同作用决定. 在视网膜中央凹区, 双极细胞的反应直接决定了与之相连的神经节细胞的反应 (多数双极细胞与神经节细胞是一对一相连).

公式中细胞的权值设定应满足:

(1) 细胞的权值与区域内的细胞总数有关. 细胞总数越多, 每个细胞的权值就越小.

(2) 细胞的权值与细胞的位置有关, 距离中心近的权值也越大.

(3) 当光感受器反应强度一样, 要保证此权值下总反应能为 0.

综上所述, 双极细胞 (x_0, y_0) 的最终输出甚至神经节细胞的近似输出为

$$\mathrm{BipolarR}(x_0, y_0) = \mathrm{Center}_{\mathrm{exc}}(x_0, y_0) - \mathrm{Surround}_{\mathrm{inh}}(x_0, y_0)$$

$$= \sum_{i=1}^{n} P(x_i, y_i) \cdot (1/(\sqrt{2\pi} \cdot \sigma_{\mathrm{center}}) \cdot \mathrm{e}^{-((x_i-x_0)^2+(y_i-y_0)^2)/2 \cdot \sigma_{\mathrm{center}}^2})$$

$$- \sum_{j=1}^{m} P(x_j, y_j) \cdot (1/(\sqrt{2\pi} \cdot \sigma_{\mathrm{surround}}) \cdot \mathrm{e}^{-((x_j-x_0)^2+(y_j-y_0)^2)/2 \cdot \sigma_{\mathrm{surround}}^2})$$

2. 神经节细胞

经过了多个层次不同种类细胞在水平层次或者竖直通道上的处理, 视网膜中的视觉信息最终传递到了神经节细胞层. 神经节细胞是视网膜中信息处理的最后一个环节, 负责向大脑传递信息. 大约 1 亿光感受器细胞采集原始光学信息, 到神经节细胞层, 仅由 100 万左右细胞继续向外系统输出. 其中对视觉信息的采集效率、表征情况、准确性和实时性等问题都非常重要, 可以说早期视觉系统中各个视觉通道在神经节细胞层已经有所成型, 所以深刻理解并模拟神经节细胞层对本模型非常重要.

基于前文所介绍的背景生理分布数据, 假如要模拟 P 细胞和 M 细胞通路时, 神经节细胞的分布、神经节细胞的类型、不同神经节细胞的汇聚度, 以及神经节细胞的感受野的大小都对模型有所影响.

对于神经节细胞反应强度的模拟, 根据处于 ON 通路和 OFF 通路中的不同, 以及 P 和 M 的不同, 分四种神经节细胞分别进行模拟, 具体的比例及连接关系见表 7-1.

表 7-1　不同神经节细胞的比例以及连接关系

P 细胞 (90%)		M 细胞 (10%)	
On-P 细胞 (45%)	Off-P 细胞 (45%)	On-M 细胞 (5%)	Off-M 细胞 (5%)
开放性视锥共双极细胞 视锥双极细胞	关闭性视锥型双极细胞	开放性视锥型双极细胞	AII 细胞

对于 On-中心类型的 P 细胞和 On-中心类型的 M 细胞, 都接收 OnConeBipolar 的输出, 但是它们的感受野半径大小不同, 不同的类型在不同的位置的感受野半径需根据生理数据设置. on-中心类型的 P 和 M 细胞以及 off-中心类型的 P 和 M 细胞的反应函数分别为

$$\mathrm{GanlionR}(x_0, y_0) = \sum_{i=1}^{n} \mathrm{OnBipolarR}(x_i, y_i) \cdot \frac{1}{\sqrt{2\pi} \cdot \sigma_{\mathrm{center}}} \cdot \mathrm{e}^{\frac{-((x_i-x_0)^2+(y_i-y_0)^2)}{2 \cdot \sigma_{\mathrm{center}}^2}}$$

$$\text{GanlionR}(x_0, y_0) = \sum_{i=1}^{n} \text{OffBipolarR}(x_i, y_i) \cdot \frac{1}{\sqrt{2\pi} \cdot \sigma_{\text{center}}} \cdot e^{\frac{-((x_i - x_0)^2 + (y_i - y_0)^2)}{2 \cdot \sigma_{\text{center}}^2}}$$

则其他类型细胞可以以此类推. 为了加快模型运算速度, 仅为主要的两种细胞建模. 当然因为是整体早期视觉系统模型建立, 假如当模型只用到 On 通道数据时, 可以在模型构建伊始只构建 On 类型细胞, 忽略 Off 类型细胞.

3. 细胞阈电位值的确定过程

神经节细胞收到信号后, 并不一定全部向外膝体、视皮层传递, 只有当信号强度大于自身的一个阈电位值, 然后产生一个动作电位发放, 继而向后传递信息.

动作电位与之前的分级电位不同, 它没有大小差别. 动作电位只有 0 或 1, 一旦超过阈电位, 就产生动作电位, 即为 1, 超过阈电位后不论刺激再如何增大, 动作电位的大小都是 1.

动作电位在神经生物学中指的是处于静息电位状态的细胞膜受到适当刺激而产生的, 短暂而有特殊波形的, 跨膜电位搏动. 细胞产生动作电位的能力被称为兴奋性, 有这种能力的细胞如神经细胞和肌细胞. 动作电位是实现神经传导和肌肉收缩的生理基础. 动作电位的形成与细胞膜上的离子通道开关相联系. 一个初始刺激, 只要达到了阈电位 (而不论超过了多少, 这就是全或无定理), 就能引起一系列离子通道的开放和关闭, 而形成离子的流动, 改变跨膜电位. 而这个跨膜电位的改变尤能引起邻近位置上细胞膜电位的改变, 这就使得兴奋能沿着一定的路径传导下去. (寿天德, 1997)

阈电位, 动作电位需要电位到达阈值才能发起. 神经生物学家尝试找出这一个阈值, 但都失败了. 神经元可以在一个范围的刺激内被激活. 细胞在未受刺激时, 静息电位约为 −70mV, 而引起钠通道开放的阈电位约为 −50mV, 动作电位的峰值约为 +35mV. 用变量 R 表示阈电位在整个细胞电位变化区间的位置, R =(阈电位 − 静息电位)/(动作电位峰值 − 静息电位). 即 $(-50 + 70)/(35 + 70) \approx 19.05\%$, 以此为依据. 在模型中, 我们将阈电位设定为模型阈值:

$$\text{Threshhold} = (G_{\text{max}} - G_{\text{min}})\alpha$$

其中 G_{max} 表示神经节细胞的反应最大值, G_{min} 表示神经节细胞的反应最小值. 由于在不同的模型中不同的神经节细胞发挥不同作用, 所以构建不同模型时, 要根据实际情况, 调整最大值和最小值, 以期得到最优化的模型.

7.1.3　方位柱的模拟实现

当视觉信息加工到皮层位置时, 将方位柱作为基本功能单位. 每个方位柱是一个具有方位选择性的功能模块. 类似于背景知识中提到的超复杂细胞. 根据应用场景不同, 使用 Mask 算子或 Gabor.

方位柱训练过程:

$$W_{t+1}(r) = W_t(r) + \alpha\beta\sigma(r,r')[v_{t+1} - W_t(r)] \tag{7.1}$$

$$\sigma(r,r') = \exp(-|r-r'|)^2 \tag{7.2}$$

$$r'(t) = \alpha R \tag{7.3}$$

$$\beta = \eta + (1-\eta)[v_{t+1} - W_t(r)]/|v_{t+1} - W_t(r)| \tag{7.4}$$

W: 方位柱权值; t 是迭代次数 (时间);

α: 学习效率, 随 t 增加而减少;

v: 输入样本向量;

$\sigma(r,r')$: 当前神经元到胜出神经元的距离, 邻域半径随着 t 增加而减少, 并且函数曲线类似于遗忘函数.

模型遵循连续性、多样性的同时, 可以在最终生成的皮层地图中观察到奇异点. 因为训练时, 同时修正了在邻域半径内的同组内或非同组的方位柱, 整个皮层的方位选择性的相似度被加强. 竞争作为一种选择导致了地图中的多样性.

在图 7-2 中, 可以看到红、绿、灰三个方位柱, 对应到右边超柱分布图中相应位置. 根据生物基础知识, 每个柱的物理空间是既定的, 无法改变的. 但柱的感受野是由柱中所有细胞的感受野重叠组成的. 方位柱的感受野重叠除了对之后方位选择性确定的线段的连续性有影响外, 更重要的是, 它影响到皮层地图中奇异性点的出现, 即 "风车" 效果.

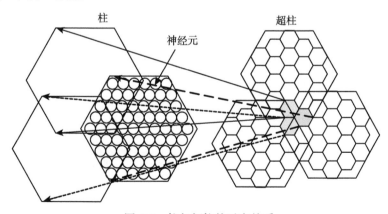

图 7-2 柱与超柱的对应关系

取 7 个超柱进行超柱结构与其感受野分布的说明. 图 7-3(a) 中 I∼VII 分别代表超柱 I∼VII 的感受野. 右图中 I∼VII 分别为皮层超柱 I∼VII. 根据生物基础中提

到的, 同一超柱中的朝向片感受野几乎相同, 我们将各个超柱中的方位柱感受野设定成相同大小. 同时设定较大的感受野重叠区域.

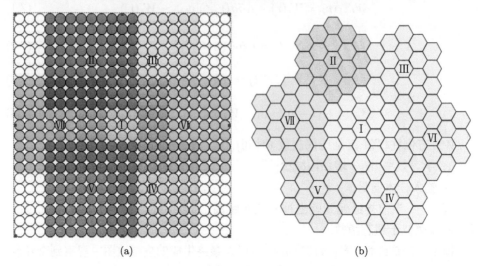

(a)　　　　　　　　　　　　　　　　　　　(b)

图 7-3　超柱结构与感受野分布

7.1.4　颜色通道的模拟实现

早期视觉系统中最先处理颜色信息的是视锥细胞. 如第二部分所说视杆细胞对于明暗信息敏感. 实际上, 如图 7-4 所示, 视杆细胞和视锥细胞对于不同波长的光信号进行反应.

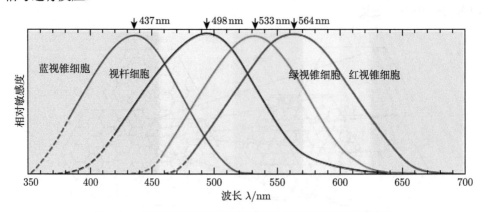

图 7-4　人眼的视杆细胞和视锥细胞正规化的光谱敏感度图

在模型中怎样将波长与 RGB 对应是需要考虑的问题. 在计算机中使用的是 RGB 值, 根据 1931 CIE(International Commission on Illumination, 国际照明委员会) 的规范, RGB 的值可以转换为可以用主波长和亮度来表示的 XYZ 系统

(表 7-2).

表 7-2 RGB XYZ xyz 转换公式

RGB 转换为 XYZ 系统公式	XYZ 与 xyz 的关系
$X = 0.490R + 0.310G + 0.200B$	$x = X/(X + Y + Z)$
$Y = 0.177R + 0.812G + 0.011B$	$y = Y/(X + Y + Z)$
$Z = 0.0000R + 0.010G + 0.990B$	$z = Z/(X + Y + Z)$

　　CIE XYZ 的三基色刺激值 X, Y 和 Z 对定义颜色很有用, 1931 年国际照明委员会为克服此系统使用比较复杂而且不直观的不足而定义了一个叫做 CIE xyY 的颜色空间.

　　定义 CIE xyY 颜色空间的根据是, 对于一种给定的颜色, 如果增加它的明度, 每一种基色的光通量也要按比例增加, 这样才能匹配这种颜色. 由于 z 可以从 $x + y + z = 1$ 导出, 因此通常不考虑 z, 而用另外两个系数 x 和 y 表示颜色, 并绘制以 x 和 y 为坐标的二维图形, x 和 y 被称为色度坐标. 这就相当于把 $X + Y + Z = 1$ 平面投射到 (X, Y) 平面, 也就是 $Z = 0$ 的平面, 这就是 CIE xyY 色度图, 如图 7-5 所示 (CIE, 1931). 自然界中各种实际颜色都位于这条闭合曲线内, RGB 系统中选用的物理三基色在色度图的舌形曲线上. 环绕在颜色空间边沿的颜色是光谱色, 边界代表光谱色的最大饱和度, 边界上的数字表示光谱色的波长. 色度坐标只规定了颜色的色度, 而未规定颜色的亮度, 所以若要唯一地确定某颜色, 还必须指出其亮度特征, 也即是 Y 的大小. 这样, 既有了表示颜色特征的色度坐标 x, y, 又有了表示颜色亮度特征的亮度因数 Y, 则该颜色的外貌才能完全唯一地确定. 为了直观地表示这三个参数之间的意义, 可用立体图 7-6 来表示.

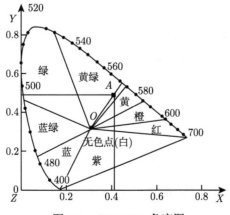

图 7-5　CIE 1931 色度图

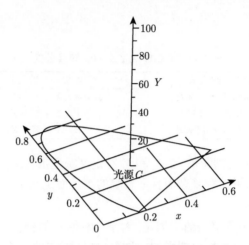

图 7-6　CIE 色度图立体图示

这样对于任何一个 RGB 经过以上的颜色空间变换, 都可以计算出一个色度坐标 (x, y), 然后在色度图中找到对应的波长值.

得到 RGB 所对应的波长值之后, 就可以根据不同光感受器的敏感曲线得出光感受器的反应强度. 人眼的光感受器细胞的光谱敏感度如图 7-4 所示. 对于几条光敏感曲线的模拟, 方法一: 可以采用连续函数进行逼近的办法, 缺点: ① 计算量较大; ② 仍然会有误差. 方法二: 于是直接将图 7-4 制作成一张对应表, 当有特定波长组合后, 直接在表中查到相应色彩. 虽然有误差, 但响应速度快.

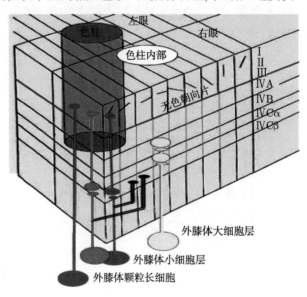

图 7-7　初级视皮层中的通路

方法的比较 为了达到较高的效率, 在进行早期视觉系统 (方位柱) 模型构建的时候, 我们并不关心色彩的问题, 所以直接将输入转化为灰度图, 降低了色彩空间带来的复杂度. 而当进行早期视觉系统 (颜色通道) 构建时, 采取上文提到的方法二在红绿拮抗等通道中进行色彩加工处理. 从图 7-7 可以看到, 初级皮层中接收到了经过视网膜处理的色彩相关信息后, 进入色柱 (BLOB) 对颜色进行加工. 虽然生物学中, 从外膝体开始小细胞 (P)→ 初级视皮层 → 颜色优势通路; 颗粒细胞 (K)→ 色柱优势通路.

图 7-7 展示了 S 视锥 ON 和 OFF 细胞在外膝体连接的不同层次的纹状皮层细胞中的颗粒细胞层以及侏儒细胞层和小细胞层的变量. 侏儒系统投射在中间色柱以及有色视觉中的色柱. 外膝体大细胞层中的伞细胞投射于不同层.

7.2 实验系统设计与分析

7.2.1 计算模型的设计验证

1. 自组织网络

自组织神经网络, 又称为自组织竞争神经网络, 特别适合于解决模式分类等应用问题. 该网络属于前向神经网络类型, 采用无监督学习算法, 自组织特征映射神经网络不仅能够像自组织竞争神经网络一样学习输入的分布情况, 而且可以学习神经网络的拓扑结构.

最常见的自组织模型的网络如图 7-8 所示, 输出层的竞争层神经元与输入层的所有神经元 (X_i) 全连接, 并且竞争层的每个神经元之间也根据需求进行一定范围内的全连接. 假设输入层有 N 个神经元, 竞争层有 M 个神经元, 则整个网络有神经连接 $N \times M + M^2/2$.

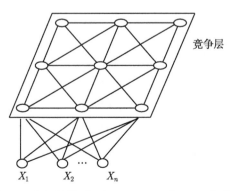

图 7-8 自组织模型 (由 Kohonen 在 1981 年提出)

根据自组织模型设定, 每次迭代过程中, 都要对当前神经元以及邻域内的神经元加以训练学习. 假设邻域为 R, 则一次迭代过程的时间为 $O(N \times M \times R^2)$.

自组织神经网络的邻域共同学习特性使得它在模拟生物神经网络方面具有很大的优势. 在得到胜利点的同时, 胜利点与胜利点周围的邻居——同向样本学习. 最终训练的结果使得一个区域内的神经元的功能是相似的, 就像神经生物学中一个细胞集群的功能.

2. 具组织特性的竞争网络

模型中的初级视皮层中的方位柱生成网络同样带有自组织特性, 如图 7-9 所示, 与经典自组织模型最大的不同, 是竞争层的神经元所接收通过外膝体而来的 GC 细胞阵列的投射数量, 并不是全连接, 而是受限的, 具体的连接范围由当前神经元的感受野决定.

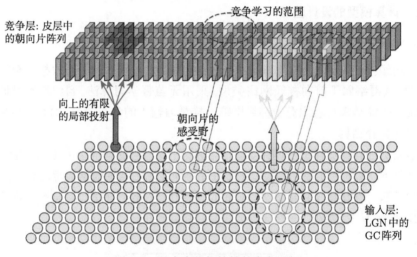

图 7-9　具有自组织特性的竞争网络

建立类似功能柱的模型网络时, 要注意以下问题:

(1) GC 层中的神经元投射到竞争层的范围是否受限;

(2) 竞争层中的朝向片感受野是否连续分布;

(3) 竞争层中相邻朝向片的感受野是否相同或相近;

(4) 竞争学习过程是否能够并行;

(5) 竞争邻域范围的设定;

(6) 输入特征样本的选取等.

3. 初级视皮层功能柱的生长策略

从上文我们可以知道, 根据生物学证据朝向片在竞争层中的排列要具有连续性, 并且还要保证朝向片的感受野在输入层上有足够大的交叠. 初始方位柱的分组, 朝向片的布置等因素直接影响最终得到的方位地图的正确性以及最终朝向片排列是否符合生物基础.

方法一 最为简便的方法是使用矩形方位柱进行布置, 如图 7-10 所示.

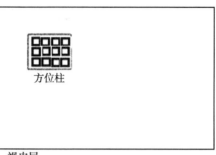

图 7-10 矩形方位柱排列

使用自组织模型训练出包括 N 个朝向片的方位柱, 将其作为补丁, 按照特定的规则撒在皮层地图上, 在最终的地图上期望看到:

(1) N 种不同的朝向片自然聚集;

(2) 相近度数的朝向片自然靠近;

(3) 一定概率情况下会产生风车效果.

方法二 只要一次训练, 训练速度快, 并且将来搭建更大的网络也很方便. 缺陷是其中的 8 个点到中心点距离并非完全一致, 并且随着网络的扩展, 模型的准确性会变差.

方法三 采用正六边形布置朝向片. 以六边形布置为例. 从图 7-11 可见, 图 (a) 为算法结构, 其中每个方位柱包括 19 个朝向片, 下一个阶为 37 个朝向片, 依次类推. 这样的方位柱较为规整, 便于生长. 图 7-11(b) 为朝向柱存储结构摆放图, 可以知道我们只需要依次正反放置两种 "模块" 就可以完成方位柱的存储结构自生长.

虽然冰块模型 (ice cube model) 很有名, 但根据生物基础实际上的功能柱结构的排列远没有这么整齐, 并且变化也并非严格按照线性增加.

方法四 排列方式, 随机分布方位柱甚至是朝向片, 比如从中心向外周按照扩散的螺旋线顺序排列, 在输入层确定一个感受野、竞争层就在恰当位置添加一个方位柱, 直到下层整个视野区域均被感受野覆盖, 如图 7-12 所示.

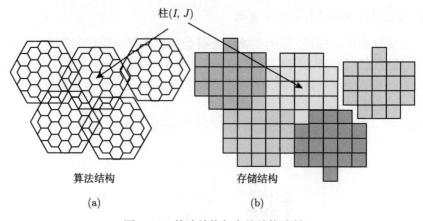

图 7-11　算法结构与存储结构映射

图 7-12　螺旋线分布排列功能柱

从外膝体向视皮层投射, 精细的图像处理需要很多计算资源, 使得竞争层 (初级视皮层) 处理单元的数量大大超过了输入单元的数量, 竞争层处理单元的物理尺寸是不能忽略的, 因此排列之后所需要的面积大大增加了. 所以整体感受野的覆盖, 以及感受野的重叠程度, 和方位柱的排列放置与模型的能耗关系密切.

7.2.2　过程与结果的验证

1. 方位特征地图

图 7-13 是生物皮层特征地图, 我们主要研究其中的方位特征. 图中有白色圆框部分, 所圈得的部分即为奇异点, 即 "皮层风车". 而正方形白色方框所圈部分为一个 1° ∼180° 的超柱. 我们还能观察到特征地图的连续性结构等.

图 7-14 展现了生成的皮层方位地图的一部分, 左下角以及整个输出 (b) 和 (d) 展现了训练过程的最终结果. 与使用电压敏染料染色的生物方位地图 (a) 相比, 具有较高的相似度. 实际上本结果中的皮层地图有只有 19×19 规模的方位柱, 我们使用了一个更好的表现函数, 对实验结果进行拓扑展示. 我们能够看到在整个初级视

皮层地图中, 不同方位选择性的功能柱分布得比较平均. 虽然我们不能明确地指出某一个超柱, 但我们很容易找到在某一块区域内包括全角度的方位柱. 连续性、多样性以及奇异点和连续区域在结果中得到了较好的呈现.

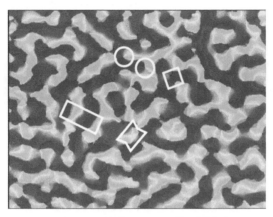

图 7-13 生物皮层方位特征地图

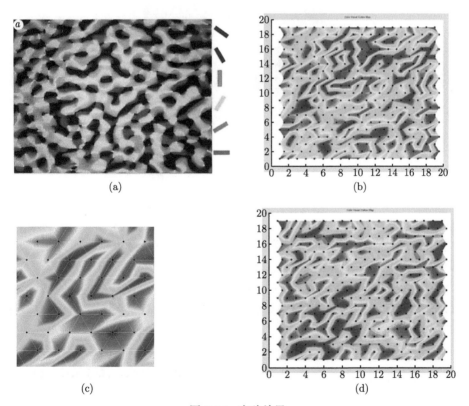

(a)

(b)

(c)

(d)

图 7-14 实验结果

2. 简单样本输入实验

从图 7-15 中可见, 均是标准 135° 的直线段, 区别在于所处位置不同. 假如竞争层单元比较多的话, 那么这些输入虽然方位相同但可能被归入不同朝向片.

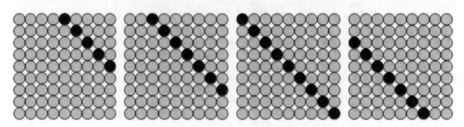

图 7-15　全都是 135° 的直线段

采用何种方式使得同样方位的直线段激活同一个朝向片.

方法一　经过外膝体层时, 抖动感受野, 使得提取出的线段特征被搬移到方位柱中心区域. 此方法需要结合眼动模型, 经过处理后, 输入如图 7-16.

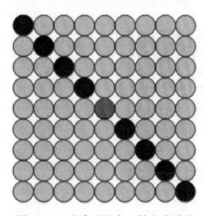

图 7-16　过感受野中心的方向线段

方法二　原本的输入线段宽度为 1, 现根据实际感受野大小增强到 3 或 5 的线段宽度. 这是一种贴近拮抗机制又增强模型健壮性的简单方法.

方法三　增加前端视网膜、外膝体层模块, 对于图 7-15 的输入进行强方向 DOG 操作. 此方法比较贴近生物信息加工过程, 但会使得整个模型训练速度降低.

3. 方位柱与朝向片

根据最传统的方位柱定义, 我们进行了一组预设定, 每个方位柱中有多少朝向片, 且它们有同样的感受野等都被预先设定, 如图 7-17 所示.

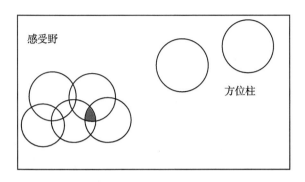

图 7-17 方位柱感受野的重叠

这些被预先设定的规则类似于先验规律, 一定程度上违反了生物视觉系统发展规律, 且这样表现出来的地图不一定能够将实际生物地图中有的特性全部表现出来. 但至少这样的设定遵守了最重要的属于同一个方位柱的朝向片的感受野相同或相近原则和相近朝向片的方位连续变化.

方位地图中的每个神经元并非像传统 SOM 中对下层输入全连接, 而是根据生物学规则, 对一定范围的下层细胞进行连接, 从图 7-18 看到, 单个方位柱中的相近方位的朝向片, 由于 SOM 训练而互相靠近.

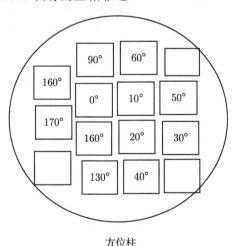

方位柱

图 7-18 单个方位柱中的朝向片分布

采用这种改良的训练方法后, 如图 7-17 中红色区域的下层输出有信号, 那么同时影响到竞争层多个接收它的方位柱, 便有可能会形成皮层风车.

从图 7-19 可以看到一个朝向片从初生到最终成行的最简单过程. 但此处只有

单独一个朝向片, 实际的训练过程中, 可能最终得到的朝向片并不向第四幅图那么整齐, 但方位柱权值连接大体上是从弱到强, 并最终生成的方位柱的朝向片都有较好的方位选择性.

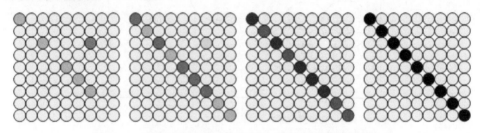

图 7-19　朝向片从初生, 经过训练, 最终形成正确的朝向片

4. 朝向片的疏密分布实验

在方位柱训练过程中, 朝向片的数量与朝向片的感受野形状大小是很重要的参数. 且竞争层的面积与输入层的感受野大小对应关系也值得深入研究.

加入感受野动态变化是否能使生成的方位柱更加正确: 这和朝向片的选择也有相关, 比如对于一个区域几个相邻方位的朝向片都有相近强度的反应, 是否调整朝向片的大小. 或者对于某区域的输入, 几个相邻的方位柱做出相似的朝向片选择, 是否需要调整朝向片面积的大小. 可以看到图 7-20 中的 (b) 和 (c) 的细小线段的方位都被提取出来, 但简单的一个圆使用了 $2\pi R$ 个方位片表示, 浪费了计算资源.

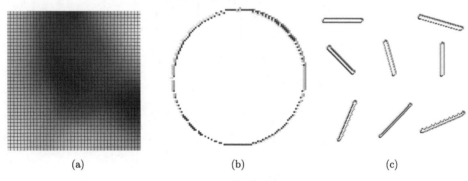

(a)　　　　　　　　　　(b)　　　　　　　　　　(c)

图 7-20　密集分布朝向片实验

方位柱散布: 在一定区域内, 方位柱的分布情况, 随机生成后, 取效果比较好的保存作为皮层方位柱分布图.

朝向片的选择: 暂时直接选中最强反应的朝向片; 假如多个朝向片同时做出反应, 即反应值大于阈值, 最终使用最大反应作为最优方位是否合适? 加入迭代过程, 最终选择哪个朝向片需要考虑此感受野的邻域方位柱的情况, 进行多次迭代后得到结果.

以上几点关系到模型中的能耗平衡问题. 同时可以从中得到一种新的网络训练方法, 遍布朝向片之后如图 7-20(a), 感受野的重叠率一定非常高, 那么通过邻域的比较, 不断删除密布朝向片区域中贡献最小的单元, 最终获得网络.

这一实验结果从侧面证明了按照生物数据设定参数的必要性. 从图 7-21(b) 还能稍稍看到一些原图的影子, 但方位特性的辨别十分困难, 导致这一结果的原因除了朝向片感受野尺寸及朝向片数量设定不正确以外, 朝向片的敏感性 (阈值) 也非常重要.

(a)   (b)

图 7-21 密集朝向片实验, 每个像素点都有一个朝向片

5. 皮层"风车"实验

本章生物背景知识部分介绍过, 对于方位皮层地图重要特性之一是奇异点. 围绕皮层地图中的不连续点的方位选择性顺时针增加或者减少, 如图 7-22 灰色部分, 也是人们常说的风车地图.

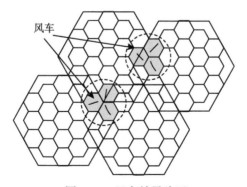

图 7-22 风车效果验证

皮层风车产生的原因, 根据多次的实验, 皮层风车 (奇异点) 较易出现在多个方

位柱交界处. 由于多组方位柱感受野有重叠部分, 在训练过程中, 恰好公共感受野中的刺激是点状刺激, 即对周围的所有方位柱都产生影响, 从而产生了奇异点.

图 7-23 是皮层 "风车" 实验结果, 图 (a) 中每个带色彩的六边形为一个方位柱, 其中小的正六边形为一个朝向片. 可以看到其中有不少用红色虚框圈得的部分, 自己观察被圈中的 3、4 个方位之间的间隔都比较平均. 图 (b) 中显示当使用 "非超柱" 模型时, 且仅使用 4 种方位柱, 同样可以发现 4 种不同方位围绕同一点的奇异点.

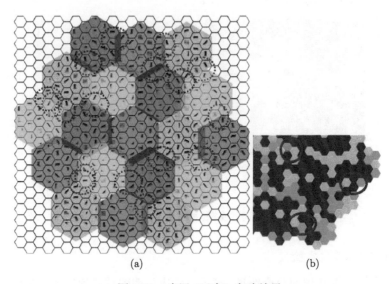

(a)　　　　　　　　　　　　　　　(b)

图 7-23　皮层 "风车" 实验结果

7.2.3　高阶功能探索实验

当得到了方位地图时, 由于其与实际生物地图的相似性. 本工作继续尝试使用本地图对于不同类型的输入样本进行反应, 首先查看反应的效果, 或者说对方位的提取是否正确等.

之后随着实验结果的增多, 观察反应图, 尝试对某一种物体, 寻找出一种新的认知模式或方法, 如图 7-24. 基于所生成的皮层地图, 进行了一系列关于 F117、Transit 数据的实验, 意图得到一个关于 F117 的固定的模式, 而对所有的 Transit 也有另外一个固定模式.

相同或相似的物体之间, 模式是同构或近似同构的. 但不同的物体间, 模式很不一样, 在这个朝向特征空间上呈现不同的分布, 见表 7-3.

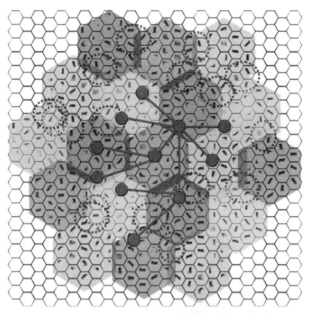

图 7-24　基于方位特征地图的高级功能探索

表 7-3　列举样本不变性

样本 1	单个样本表征模式 1	
样本 2	单个样本表征模式 2	物体形状不变性
样本 3	单个样本表征模式 3	

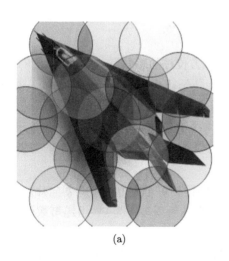

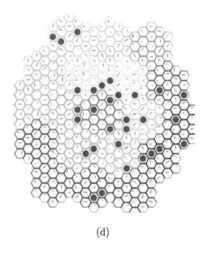

(a)　　　　　　　　　　　　　　　　　　(d)

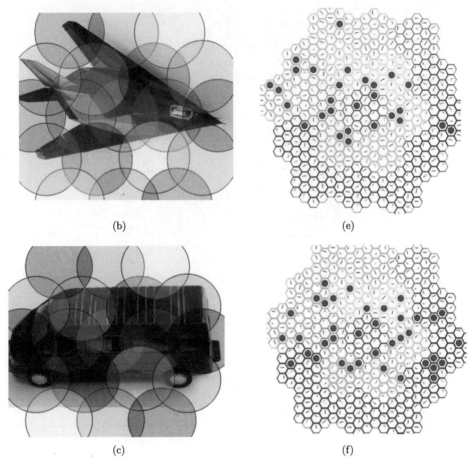

(b)　　　　　　　　　　　　　　　　　(e)

(c)　　　　　　　　　　　　　　　　　(f)

图 7-25　高阶功能探索实验

如图 7-25 所示, 左列视野图中的彩色圈表示方位柱的感受野, 且上两列为 F117, 下一列为 Transit. 右列是皮层地图反应结果, 高亮红点表示该朝向片在此次实验中被激活.

高阶功能的探索方法一: 直接把红点作为关键信息, 把这个皮层地图输出的红点作为新的输入 (一幅图), 使用几何办法比较相同以及不同事物产生的关键信息图.

高阶功能的探索方法二: 按照角度递增顺序排列每个方位柱中的朝向片, 按照 1 到 N 的顺序给每个朝向片标号, 最终关键信息图可以转化为 N 组递增数列, 记下来可以使用矩阵操作挖掘其中关联.

高阶功能的探索方法三: 关键信息可以说包括了一幅场景中的关键线段 (方位以及长短), 连接连续或相近的线段, 构建出角点信息, 再从角点信息挖掘高阶特征.

这一方法比较贴近生物学对于视觉信息的加工过程.

参 考 文 献

寿天德. 1997. 视觉信息处理的脑机制. 上海: 上海科技教育出版社.

CIE. 1931. Commission Internationale de l'Eclairage Proceedings [S]. Cambridge: Cambridge University Press.

第8章 基于非经典感受野机制的计算模型

8.1 非经典感受野机制

8.1.1 经典感受野的生理学研究

1938 年, Hartline 在蛙单根视神经纤轴突上记录到电反应, 1953 年, Barlow 用微电极直接记录了蛙视网膜神经节细胞的放电, 从此产生了感受野的概念. 每个视觉神经元只对视网膜 (或视野) 中特定区域内的视觉刺激产生直接反应, 神经科学家们把这个区域称为该视觉细胞的感受野. 相对于后来研究发现的非经典感受野, 这个区域现在被叫做经典感受野.

1953 年, Kuffier 研究了猫视网膜神经节细胞的反应敏感性的空间分布, 首次发现了神经节细胞经典感受野的同心圆拮抗形式, 即经典感受野是一个中心兴奋区与一个周边抑制区组成的同心圆结构. 1965 年, Rodieck 在 Kuffler 提出的同心圆结构感受野的基础上, 采用一个高斯差模型来描述视网膜神经节细胞同心圆式的经典感受野结构 (Rodieck, Stone, 1965). 该模型认为光激发的视网膜信号可以分为中心和周边两种成分, 这两种成分的差即为经典感受野的实际反应. 中心和周边在空间上呈同心圆结构, 两者相互重叠, 但周边区更大. 中心和周边区的机制均可以采用高斯函数加以拟合. 这两个高斯分布函数的差值把神经节细胞感受野的敏感性分布表示成一个墨西哥草幅形结构. 这一模型至今仍被广泛接受. 这一模型可以很好地定量预测 X 细胞对正弦光栅的反应, 但对 Y 细胞的反应却不能非常好地吻合 (Enroth-Cugell, Robson, 1966). 这是因为该模型假定光诱发的信号在空间上是线性总和的, 这一点和 X 细胞的实际情况是相符的, 而在 Y 细胞情况有所不同. 因此 Hochstein 和 Shapley 对高斯差模型进行了修正, 以符合 Y 细胞的实际情况 (Hochstein, Shapley, 1976). 他们认为除了高斯差模型中的线性机制外, 在 Y 细胞中还存在许多非线性亚单元, 每个亚单元仅覆盖经典感受野中很小的一片区域, 这些亚单元的信号在进行空间整合之前首先进行整流. 当刺激图形中高空间频率占主要成分时, 这些亚单元在 Y 细胞的反应中占主要作用. 当刺激图形中低空间频率占主要成分时, 线性的中心–周边机制在 Y 细胞的反应起主要作用. 这一结果也为其他研究者所证实 (Linsenmeier et al., 1982; Cox, Rowe, 1996).

经典感受野的提出使得人类对视觉感知系统的理解更加深入. 视觉感知系统在进行视觉信息加工时所采用的一种基本方式是, 对不同形式的经典感受野一级一级地进行特征抽取. Hubel 和 Wiesel(1968) 在 1968 年提出了历史上著名的视觉系统的经典感受野特征检测理论和与之相应的经典感受野等级结构理论. 该理论认为, 视网膜提取的是关于亮度对比的边缘信息, 初级视皮层则映射的是更加抽象的视觉信息特征, 如朝向线段, 边缘, 轮廓, 带拐点的线段、拐角和端点等. 视觉信息进一步在视皮层间映射, 不同特征的信息通过选择汇聚连接在一起, 形成更加复杂的特征, 如 "脸细胞" 和 "手细胞" 等 "祖母细胞" 所能检测出的特征 (Nicholls et al., 2001).

如上所述, 视觉体系中不同区域的经典感受野有所不同, 下面主要对早期视觉系统中的视网膜神经节细胞、外膝体细胞以及初级视皮层细胞的经典感受野进行简单介绍 (罗四维, 2006).

1. 视网膜神经节细胞的经典感受野

光感受器细胞将光量子能量转换成电信号. 每个光感受器都同时既与双极细胞建立联系也与水平细胞建立联系. 水平细胞通过其树突的分支在水平方向上联系附近的许多感受器细胞, 然后将综合的信号传递给双极细胞. 因此, 双极细胞既直接从光感受器接收输入信号, 又间接地通过水平细胞的联系接收邻近光感受器的输入信号. 细胞内记录观察到, 从双极细胞开始, 已经具备了初步的同心圆式的经典感受野结构, 如图 8-1 所示. 双极细胞经典感受野的中心区是通过感受器与双极细胞的直接联系形成的, 周边区则是通过水平细胞与感受器的间接联系形成的. 双极细胞的树突直接与一个或多个光感受器形成突触联系. 这一个或一群光感受器就构成了双极细胞经典感受野的中心区. 水平细胞通过其树突的分支在水平方向上联系附近的许多光感受器细胞, 并对这些光感受器细胞进行侧抑制作用, 然后将综合的信号传递给双极细胞. 由此可见, 水平细胞的横向联系, 形成了双极细胞的经典感受野周边区. 双极细胞将信号处理后经化学突触传递到神经节细胞. 神经节细胞是视网膜中唯一能产生动作电位的神经元. 同心圆拮抗式的双极细胞汇聚到神经节细胞, 可以形成神经节细胞的同心圆拮抗式的经典感受野. 一般认为, 视网膜神经节细胞经典感受野中心区的大小与该细胞树突野的大小相当, 大部分兴奋性输入是由与其直接连接的双极细胞的感受野提供.

神经节细胞同心圆拮抗式的经典感受野结构, 使其对落在经典感受野内的明暗对比度特别敏感, 这也构成了视觉系统分辨空间对比度和提取空间形状信息的神经生理学基础. 在视网膜内部, 不同位置上神经节细胞的感受野 (包括经典感受野和非经典感受野) 大小是不同的, 通常周边区神经节细胞的感受野比中心区神经节细胞的感受野更大, 并且邻近神经节细胞之间存在感受野重叠的现象.

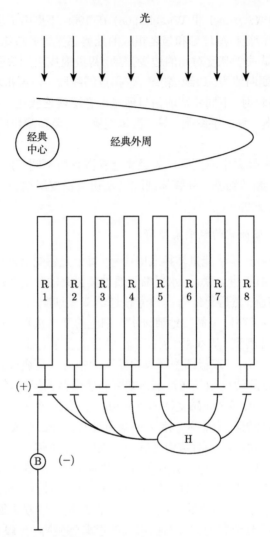

图 8-1　双极细胞的同心圆拮抗式经典感受野示意图

2. 外膝体细胞的经典感受野

外膝体处于视觉信息处理通路中的中间环节, 它综合来自于左、右眼的各种颜色、视差和频率等信息. 实验证实, 外膝体细胞的经典感受野特性与视网膜神经节细胞相似, 同样为同心圆拮抗形式, 但外膝体细胞具有一定程度的方向选择性, 其中心区与周边区的拮抗性比视网膜细胞更强.

3. 视皮层细胞的经典感受野

视皮层细胞的经典感受野情况更为复杂. Hubel 和 Wiesel 于 20 世纪 50 年代

末首次对视皮层细胞展开研究, 发现少数视皮层细胞的经典感受野构型与外膝体相似, 是同心圆式对称的. 但大多数的视皮层细胞对弥散光刺激不反应, 而是对具有特殊方位 (或朝向) 的条形光刺激反应强烈. 视皮层细胞按照其经典感受野的特征可划分为简单细胞、复杂细胞和超复杂细胞等. 下面主要对简单细胞、复杂细胞和超复杂细胞的经典感受野进行简单介绍.

1) 简单细胞的经典感受野

简单细胞主要分布在视皮层 17 区. Hubel 和 Wiesel(1962) 通过对猫的视皮层研究发现, 当具有一定方向和一定宽度的条状刺激出现在经典感受野上某个特定位置时, 猫初级视皮层 17 区的大部分简单细胞会产生最强烈的响应; 当刺激逐渐偏离该方向时, 响应程度急剧下降或消失. 简单细胞的经典感受野较小却呈长形, 经典感受野中心区为狭长形, 在其一侧或双侧有一个与之平行的拮抗区. 简单细胞对大面积的弥散光无反应, 而对处于拮抗区边缘的具有一定方位和一定宽度的条形光刺激有强烈反应, 因此比较适合于检测具有明暗对比的直边, 对边缘的位置和方位有严格的选择性.

2) 复杂细胞的经典感受野

复杂细胞主要分布在视皮层 17 和 18 区, 它的经典感受野比简单细胞的大, 但不存在明确的拮抗区. 复杂细胞对具有一定方向和一定宽度的条形刺激有强烈的响应, 但却对条形刺激在经典感受野中的位置无严格要求. 与简单细胞相比, 复杂细胞具有一定的方向不变性、位置不变性和相位不变性, 因而对外界刺激的微小变化不敏感, 有利于检测不变特征.

3) 超复杂细胞的经典感受野

超复杂细胞主要分布在视皮层 18 和 19 区. 超复杂细胞对条形状刺激的反应类似于复杂细胞, 不同之处是, 超复杂细胞对条形刺激的长度比简单细胞限制得更加严格. 在超复杂细胞经典感受野的一端或两端有很强的抑制区, 当条形刺激的长度过长时, 抑制区就会产生抑制作用, 致使响应减弱或消失. 具有一定方位的端点、角隅和拐角能引起超复杂细胞的最大响应 (Wiesel, Hubel, 1965).

8.1.2　非经典感受野的生理学研究

随着对视觉系统各级细胞形态、结构和功能研究的深入发展, 人类不断更新着对视觉信息加工脑机制的认识. 20 世纪 60 年代起, 研究者们 (McIlwain, 1964; McIlwain 1966; Cleland et al., 1971; Ikeda, Wright, 1972a; Ikeda, Wright, 1972b, P769; Ikeda, Wright, 1972c, P1857; Krüger, Fischer, 1973; Fischer, Krüger, 1974; Krüger, 1977; Marrocco et al., McClurkin, Young, 1982; Allman et al., 1985) 发现在视觉细胞的经典感受野之外还存在一个大范围的区域, 单独刺激该区域并不能直接引起细胞的反应, 但可以在一定程度上影响该细胞经典感受野内刺激产生的反应,

该区域被称作非经典感受野.

经典感受野理论认为视网膜神经节细胞是一个空间频率带通滤波器, 其经典感受野中心区的作用是滤除图像信息中的高频噪声, 即对图像进行平滑处理, 其经典感受野周边区的作用是去除视觉图像信息中的低空间频率成分, 以突出图像的边缘特征. 通过高频和低频滤波, 图像信息得到大幅的压缩. 这种理论过分强调了经典感受野对图像边缘信息的提取, 而完全忽视了缓慢的亮度梯度变化 (低空间频率成分) 在传输各种图像信息中的重要作用. 对于高等动物的大脑来说, 识别景物图形结构与背景图形结构之间的差异比单纯识别景物或背景本身具有更加重要的生物学意义. 因此非经典感受野的发现意义重大.

李朝义等研究了猫视网膜神经节细胞和外膝体细胞的面积反应综合性质 (Li et al., 1991, 1992), 发现非经典感受野的直径约为经典感受野的 3~6 倍. 大范围的去抑制性非经典感受野能够抑制周边区对中心区的拮抗作用, 在保持经典感受野中心/周边拮抗机制所产生的边缘增强效应的同时, 补偿由于该拮抗机制所造成的低空间频率成分的损失. 因此, 去抑制性非经典感受野在保持边界增强功能的同时, 有助于传递图像区域亮度梯度的信息, 显示大面积表面上亮度的缓慢变化.

大部分视皮层细胞的非经典感受野对经典感受野呈现出明显的易化或抑制作用 (李武, 李朝义, 1995; Li, 1996; 姚海珊, 李朝义, 1998; Walker et al., 1999). 具有易化型非经典感受野的视皮层细胞对大面积的相同结构的图形刺激特别敏感, 当构成图形结构的元素具有相似的方位、空间频率、运动方向和运动速度时, 它们的反应最强, 因此适合于检测大面积范围内具有相同图形元素的图形结构. 相反地, 具有抑制型非经典感受野的视皮层细胞对相同图形结构不敏感, 而对相邻区域间的各种特征对比 (方位对比、空间频率对比、方向对比和速度对比等) 特别敏感, 适合于检测两个相邻区域间的任何特征差别.

视皮层细胞在大面积的整合过程中, 其非经典感受野的性质不是固定不变的, 而是根据图像的空间频率组成动态的调整感受野的滤波特性, 随着刺激对比度或亮度具有一定动态特性, 即随着图形空间特性的不同, 有时变为高空间频率滤波器, 有时变为低空间频率滤波器. 在低对比度或低亮度条件下, 大部分视皮层细胞的非经典感受野表现出易化特性, 其作用是增强经典感受野的反应, 有利于视皮层细胞来检测大面积的图形轮廓. 当对比度或亮度增强后, 大部分视皮层细胞的非经典感受野表现出抑制特性, 其作用是减弱经典感受野的反应, 有利于视皮层细胞来检测图像特征差异. 非经典感受野的这种动态特性为视觉系统在各种刺激条件下检测图形提供了必要的条件.

非经典感受野大大拓宽了视觉细胞信息处理的范围, 无疑为视觉细胞整合和检测大范围的复杂图形特征提供了神经基础. 因此, 非经典感受野在复杂图形信息处理中起着重要作用, 并已成为视觉信息加工机制研究的重要组成部分.

8.1.3 视网膜神经节细胞的非经典感受野神经机制

由于视网膜神经节细胞接收来自内网状层和外网状层的许多细胞 (如水平细胞、双极细胞和无足细胞等) 的输入, 因此, 视网膜神经节细胞非经典感受野的神经机制可能源自视网膜内部的水平联系, 与水平细胞与双极细胞、水平细胞之间、无足细胞和神经节细胞之间以及无足细胞彼此之间的联系有关.

神经生理学研究表明, 水平细胞具有大范围的电突触连接, 能够从大面积的视网膜光感受器细胞接收输入 (Kaneko, 1971). 当用一个低空间频率的充分覆盖非经典感受野的运动光栅去单独刺激视网膜神经节细胞的非经典感受野时, 就会激活水平细胞在大范围内产生同步化活动, 经空间综合和反馈途径影响光感受器活动 (Kaneko, Tachibana, 1986; Schwartz, 1987; Yang et al., 1999), 然后再经双极细胞引起视网膜神经节细胞非经典感受野的反应.

在内网状层中, 无足细胞通过树突的广泛分支在水平方向上联系附近的许多神经节细胞, 无足细胞彼此之间也有相互联系. 因为其联系的广度远远超出了神经节细胞经典感受野周边区的范围, 所以它可能与神经节细胞大范围非经典感受野的形成有关.

另外, 李朝义等提出神经节细胞大范围的非经典感受野可能是由远离中心的双极细胞通过无足细胞与神经节细胞间接连接形成的, 这些双极细胞的感受野可能分别形成神经节细胞非经典感受野的许多亚区. 视网膜神经节细胞非经典感受野的去抑制作用可能源于无足细胞之间的相互抑制 (Passaglia et al., 2001). 电生理学实验显示, 猫神经节细胞的非经典感受野中可能存在许多亚区 (Passaglia et al., 2001), Y 细胞可能直接受到了感受野范围比较小的甘氨酸能无足细胞抑制作用, 同时甘氨酸能无足细胞又受到了感受野面积较大的 GABA 能无足细胞的外周抑制作用 (O'Brien et al., 2003), 上述研究这表明无足细胞之间的确存在着相互抑制的作用, 这为神经节细胞的去抑制性非经典感受野的形成提供了生理学基础.

由此可见, 水平细胞、双极细胞以及无足细胞都对视网膜神经节非经典细胞感受野的形成有所贡献.

8.1.4 视网膜的逆向调控机制

网间细胞的胞体在视网膜的内核层, 是视网膜中的离心神经元. 在大鼠和人的视网膜中, 网间细胞主要是从内网状层的多巴胺能无足细胞接收信息, 又向外网状层的水平细胞和双极细胞输出信号, 从而形成视网膜内由内网状层向外网状层反馈视觉信息的离心控制 (Dowling, 1989; 杨雄里, 1985; Yazulla, Zucker, 1988; Teranishi et al., 1984; Lasater, Dowling, 1985).

　　网间细胞的递质主要是多巴胺. 杨雄里和 Dowling 等研究表明 (Dowling, 1989; 杨雄里, 1985; Yazulla, Zucker, 1988), 网间细胞在亮光下停止活动, 即停止释放多巴胺, 使水平细胞的活动增多, 从而加强了水平细胞的侧向抑制作用, 所以经典感受野的周边拮抗作用增强. 网间细胞在长时间暗适应后可能持续释放多巴胺, 多巴胺通过环磷酸腺苷减弱水平细胞间缝隙连接的电耦合 (Teranishi et al., 1984; Lasater, Dowling, 1985), 使水平细胞的活动减少, 从而阻遏了水平细胞的侧向抑制作用, 所以经典感受野的周边拮抗作用减弱.

　　另外, 视网膜的信息传递还受到来自中枢的离心性调制. 在脊椎动物纲中 (Stell et al., 1987), 发现有来自中枢的纤维经视神经进入视网膜的离心纤维, 支配着无足细胞 (鸟) 和网间细胞 (白鲈). 鸟类的离心纤维起源于中脑峡视核, 鱼类的离心纤维起源于与嗅球毗邻的节细胞 (称为终神经)(Springer, 1983). 这些离心纤维横越在视网膜的内网状层中. 它们在多巴胺能和甘氨酸能无足细胞 (Ball et al., 1989; Kawamata et al., 1990; Ohtsuka et al., 1989), 以及多巴胺能网间细胞上形成突触 (Zucker, Dowling, 1987). 电生理学研究显示, 电刺激离心纤维引起神经节细胞对光反应增强, 这可能是经网间细胞和无足细胞产生的去抑制作用而实现的. 源自中脑峡视核的离心纤维直接与无足细胞形成突触联系, 减小了向神经节细胞提供抑制性输入的无足细胞的抑制性影响, 因此增加了视网膜的敏感性. 由于离心纤维也在网间细胞上形成突触, 所以它们可能通过网间细胞来调制水平细胞和双极细胞的活动, 进而又经由水平细胞的反馈最终调制光感受器的活动. 因此, 通过网间细胞有可能调制视网膜细胞的活动.

　　综上所述, 网间细胞对水平细胞、双极细胞实行反馈控制, 从而改变经典感受野的大小; 中脑经离心纤维对网间细胞、无足细胞实行离心控制, 从而改变非经典感受野. 由此可见, 视网膜内的信息处理过程是何等复杂而精细.

8.1.5　固视微动

　　固视微动是指人眼在固视状态下无意识的微动. 它是视觉信息加工所必需的信息提取机制, 在机器视觉等工程领域具有重要的启迪和借鉴价值. 固视微动有 3 种运动形式: 自发性的微颤 (tremor)、慢速漂移 (slow shifts) 和微跳动 (Microsaccades). 微颤把一幅静止的图像调制成交流信号, 以便能通过视觉通道获得信息, 从而产生物体的影像. 慢速漂移与微跳动是相关的. 一般认为慢漂移使目标逐渐离开中央凹的中心, 而由微跳动纠正这个偏差, 以保持正确的注视状态. 综上所述, 固视微动使得被注视物体在视网膜上的成像位置发生变化, 从而使得神经节细胞的感受野产生一系列微小的位移. 这是我们利用固视微动调整视网膜神经节细胞响应的生理学基础.

8.1.6 对非经典感受野已有工作的总结

目前为止, 已有不少研究者建立模型来模拟视网膜神经节细胞的去抑制性非经典感受野.

1991 年, 李朝义等曾提出神经节细胞非经典感受野的线性三高斯模型, 较好地模拟了 X 细胞的圆面积反应曲线 (Li et al., 1991). 2005~2006 年, Ghosh 等也提出线性的三高斯函数的数学模型来模拟神经节细胞的非经典感受野, 并解释了一些亮度对比视错觉现象 (Ghosh et al., 2005, 2006). 但这些模型没有考虑经典感受野周边区和非经典感受野的亚区, 而且不能解释这种去抑制作用的内在神经机制.

此外, 李朝义等通过实验发现视网膜神经节细胞的经典感受野周边区和去抑制性非经典感受野可能是由一些小的亚区组成, 而且相邻亚区之间存在着抑制性的相互作用, 因此又提出了一个基于这种抑制性相互作用的数学模型来描述视网膜神经节细胞非经典感受野的去抑制特性. 该模型较好地模拟了视网膜神经节细胞对图像中不同空间频率成分的处理, 以及它的各种空间传输特性 (邱芳土, 李朝义, 1995). 但该模型没有明晰无足细胞的作用.

后来, 李朝义等根据感受野的亚区之间存在相互抑制作用 (Li, 1988; Li, He, 1987), 以及无足细胞之间存在大量相互抑制作用的实验结果 (Li et al., 1991), 提出神经节细胞的非经典感受野源于无足细胞之间的相互抑制的假设, 并建立数学模型对视网膜神经节细胞的各种空间传输特性进行了模拟 (李朝义, 邱芳土, 1995). 该模型可逼真地模拟神经节细胞的各种不同的面积反应函数, 但其模型结构比较简单, 没有明确的视网膜神经回路, 相互抑制作用实际上发生在刺激图形的各个光点之间, 未能充分验证其理论.

黎臧等采用中部下凹的火山形状的函数描述去抑制性非经典感受野, 并且采用非经典感受野对经典外周的去抑制非线性作用方式, 建立了一个同时适用于 X 和 Y 细胞的感受野模型. 该模型较好地模拟了 X 和 Y 细胞的面积反应曲线、空间频率反应曲线和方位倾向性 (黎臧, 邱志诚, 2000). 但是这种火山型的去抑制性非经典感受野难以得到视网膜解剖结构的支持.

研究表明, 视网膜神经节细胞的感受野是动态变化的. 在不同的亮度, 不同的刺激时长, 不同的背景图像作用下, 或者运动物体速度改变的情况下, 感受野的大小会发生相应的变化. 例如, 在昏暗的环境中, 视觉神经元以降低空间分辨率为代价, 将感受野变大, 通过空间综合来接收微弱光线. 在需要分辨精细结构的情况下, 感受野变小, 以利于提高空间分辨能力. 在感受运动目标时, 感受野变大将赋予神经元以足够的时空域来辨别运动的方向和测量运动的速度. 可见对于不同的情况, 视觉系统通过自身的调整来满足不同的任务需求. 但上述模型都未体现出神经节细胞感受野的这个动态变化特性.

在模拟神经节细胞非经典感受野时, 我们必须考虑的问题是, 如何使那么多神经节细胞的非经典感受野的动态变化做到对不同图像输入都是 "恰到好处" 的. 我们需要神经元检测出图像中哪些地方是相似的, 可以整合在一起; 而哪些地方是不相似的, 应该分开. 此外, 还要考虑视觉系统自上而下的反馈作用, 因为来自高层的调控是神经生物学认为非常重要的加工环节, 这已经从电生理、解剖、形态学等角度都得到证明. 而上述模型没有考虑作为一个完整的系统, 那么多神经元应该怎样协调, 而且对应的实验例子也不能验证模型对其他图像的效果会如何.

因此, 在已有的这些模型中存在几个共同的不足: 模拟程度不深, 仅涉及非经典感受野生理机制的某些局部, 对感受野动态调整和自上而下的反馈考虑很少; 缺乏忠于神经生物学证据的神经计算回路设计; 缺乏大尺度神经信息加工阵列的设计, 以及由此带来的结构与功能协调问题; 对非经典感受野在高级视觉功能上的意义认识不足, 对图像处理的低级阶段的边界检测考虑较多, 没有考虑后续高级加工的需要; 对非经典感受野生理机制的信息加工意义应用深度和算法化设计不足, 不适应复杂而千变万化的自然图像, 也没有进行大图像库的全面测试.

本节的目的就是构造一个仿生的层次网络计算模型, 通过建立神经节细胞的动态感受野及其自适应机制实现了对图像块特征的自动分析与提取, 设计了模拟神经节细胞的阵列来实现表征, 并设计了能够自动完成这些计算的神经回路, 并且这一设计能够得到来自神经生物学证据的支持, 而且是对知觉信息加工双向机制的建模. 自顶向下的主动调控一直是经典计算视觉方法 (含分割问题) 追求的目标之一. 本节能够由神经元同步响应从而实现整合和主动选择功能, 参考了刺激邻域属性为图像形成内在的、离散的表征和特征自适应提取.

8.2　三层网络模型

基于去抑制性非经典感受野存在的事实, 在 Rodieck 提出的高斯差感受野模型 (DOG) 的基础上, Ghosh 等提出了一个线性的三高斯函数的数学模型, 并用来解释了一些亮度对比视错觉现象. 此外, 李朝义等人还观察到以下两个现象 (Li, 1988; Li, He, 1987). ① 用两个独立的小光点分别单独刺激外周区的不同位置时, 其对中心区反应的抑制强度的代数和, 大于它们同时刺激外周区时对中心的实际抑制强度, 其合成抑制强度随光点之间距离的增大而增强. ② 外周区内的背景适应光点阵会强烈影响感受野对小光点刺激的反应敏感度; 背景点阵越密, 敏感度越低, 反之, 敏感度就升高. 这两个事实都提示, 去抑制性非经典感受野内之间存在着抑制性的相互作用.

去抑制性非经典感受野内存在相互抑制作用, 使得整个去抑制性非经典感受野的总和作用变小, 我们改进了 Ghosh 等提出的线性三高斯模型, 以突出去抑制性非经典感受野内的相互抑制作用.

另外, 研究表明, 位于视网膜不同方位上的神经节细胞的感受野大小有很大的差异, 位于中央凹区域的感受野一般比外周的感受野要小得多 (Kolb, 2003). 感受野范围是随着它离开中央凹的偏心度的增加而增大的. 因此, 本节设计一个三层网络模型, 用改进的三高斯模型来模拟第二层中神经节细胞的感受野, 以突出去抑制性非经典感受野内的相互抑制作用, 并加入不同位置上感受野大小也不相同的特性, 探讨了这种特性在图像信息整合中所起的作用, 以及对该整合后的图像进行后续聚类的效果.

8.2.1 模型设计

在一维的情况下, Ghosh 等提出的线性三高斯函数的数学模型为

$$\mathrm{ECRF}\,(\sigma_1,\sigma_2,\sigma_3) = A_1\frac{1}{\sqrt{2\pi}\sigma_1}\mathrm{e}^{-\frac{x^2}{2\sigma_1^2}} - A_2\frac{1}{\sqrt{2\pi}\sigma_2}\mathrm{e}^{-\frac{x^2}{2\sigma_2^2}} + A_3\frac{1}{\sqrt{2\pi}\sigma_3}\mathrm{e}^{-\frac{x^2}{2\sigma_3^2}}$$

这里, ECRF 代表视网膜神经节细胞整个感受野内的响应, σ_1, σ_2 和 σ_3 分别代表经典感受野中心区、经典感受野周边区和非经典感受野的大小, A_1, A_2 和 A_3 分别代表经典感受野中心区、经典感受野周边区和非经典感受野敏感度峰值.

我们改进了 Ghosh 等提出的线性三高斯模型, 以突出去抑制性非经典感受野内的相互抑制作用, 在二维的情况下, 改进后的三高斯模型如下:

$$\begin{aligned}\mathrm{GC}\,(X,Y) = & \sum_{y\in3\sigma_1}\sum_{x\in3\sigma_1}W_1\cdot\mathrm{RC}\,(x,y) - \sum_{y\in3\sigma_2}\sum_{x\in3\sigma_2}W_2\cdot\mathrm{RC}\,(x,y)\\ & + \log_B\left(1 + \sum_{y\in3\sigma_3}\sum_{x\in3\sigma_3}W_3\cdot\mathrm{RC}\,(x,y)\right)\end{aligned}$$

其中

$$\begin{aligned}W_1 &= A_1\cdot\mathrm{e}^{-\frac{(x-x_0)^2+(y-y_0)^2}{2\sigma_1^2}}\\ W_2 &= A_2\cdot\mathrm{e}^{-\frac{(x-x_0)^2+(y-y_0)^2}{2\sigma_2^2}}\\ W_3 &= A_3\cdot\mathrm{e}^{-\frac{(x-x_0)^2+(y-y_0)^2}{2\sigma_3^2}}\end{aligned} \qquad (8.1)$$

其中, $\mathrm{GC}(x,y)$ 为神经节细胞的响应; $\mathrm{RC}(x,y)$ 为投射到感受野内的图像刺激; W_1, W_2 和 W_3 分别为经典感受野中心区、经典感受野周边区和去抑制性非经典感受野的权值函数; A_1, A_2 和 A_3 分别为经典感受野中心区、经典感受野周边区和去抑制性非经典感受野的敏感度峰值; σ_1, σ_2 和 σ_3 分别为三个高斯函数的标准差, 它们的 3 倍分别为经典感受野中心区、经典感受野周边区以及去抑制性非经典感受野的半径; x,y 为光感受器细胞的位置坐标; x_0,y_0 为感受野的中心位置; X,Y 为视网

膜神经节细胞的位置, B 为对数的底数, $B > 1$, 体现出去抑制性非经典感受野内各点之间的相互抑制作用.

利用改进的三高斯模型, 再根据感受野范围随着它离开中央凹的偏心度的增加而增大的特性, 我们设计了一个用于图像聚类的三层网络模型, 如图 8-2 所示, 包含光感受器细胞层、神经节细胞层和聚类层. 模型中没有加入水平细胞、双极细胞和无足细胞, 但它们对视网膜神经节细胞非经典感受野形成的作用已体现在光感受器细胞层的权重分布函数之中.

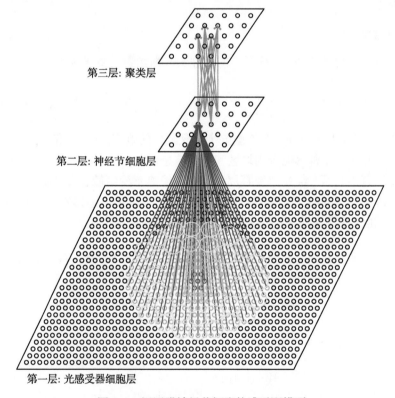

图 8-2   视网膜神经节细胞的感受野模型

红色单元表示兴奋性的经典中心区内光感受器细胞, 绿色单元表示抑制性经典周边区的光感受器细胞, 蓝色单元代表大范围的去抑制性非经典感受野内的光感受器细胞. 黄色圆圈内的细胞构成了非经典感受的各个亚区

在本模型中, 神经节细胞的感受野是由一个兴奋性的经典中心区、一个抑制性的经典周边区和一个大范围的去抑制性非经典区三个部分构成. 第一层是光感受器细胞层, 接收刺激图像的输入. 第二层是神经节细胞层, 每个神经节细胞对其感受野内的信号进行处理和输出, 其输出可用式 (8.1) 表示. 第三层是聚类层, 就是

根据神经节细胞层的拓扑邻域与响应输出, 将相似的输出聚类到一起. 其输出可表示为

$$O_i(x,y) = \begin{cases} \dfrac{1}{(2n)}, & \operatorname{mean}(GC_i) \leqslant \dfrac{1}{n} \\[2mm] \dfrac{3}{(2n)}, & \dfrac{1}{n} < \operatorname{mean}(GC_i) \leqslant \dfrac{2}{n} \\[2mm] \vdots & \vdots \\[2mm] \dfrac{(2n-1)}{(2n)}, & \dfrac{(n-1)}{n} < \operatorname{mean}(GC_i) \leqslant 1 \end{cases}$$

这里,

$$\operatorname{mean}(GC_i) = \frac{1}{k} \sum_{y \in \Omega_i} \sum_{x \in \Omega_i} GC(x,y) \quad (i = 1,2,\cdots,m) \tag{8.2}$$

其中, Ω_i 为聚类层第 i 个子区域 $(i = 1,2,\cdots,m)$, $O_i(x,y)$ 为 Ω_i 内各点的输出值, $\operatorname{mean}(GC_i)$ 为 Ω_i 内的平均值, x,y 为聚类单元的位置坐标, k 为 Ω_i 内单元的个数, n 为不同聚类区域的个数.

　　光感受器细胞层的细胞个数并不固定, 光感受器细胞层可以接收任意大小的图像输入, 其细胞个数等于各图像的实际像素个数. 由于在真实的视网膜中光感受器细胞的总数大约为视网膜神经节细胞的 100 倍, 所以在本模型中神经节细胞层的细胞个数大约为光感受器细胞层的细胞个数的百分之一. 聚类层的单元个数与神经节细胞层的相同.

8.2.2　实验结果

　　我们用本节提出的三层网络模型对图像进行处理, 采用改进的三高斯模型的神经节细胞层的处理结果如图 8-3 所示. 图 8-3(a) 是一幅马的图片. 图 8-3(b) 是将该照片用经典感受野处理后得到的结果, 可以看出, 图像边缘 (高频成分) 增强图像只剩下边框, 而完全忽视了缓慢的亮度梯度变化 (低空间频率成分). 但是我们所感受到的并不是一个由边框所构成的世界, 所以我们复杂的视觉系统对图像信息的处理不仅限于边缘增强, 而应该是在边缘处理的基础上, 尽可能完整地把图像信息传递给大脑. 图 8-3(c) 和图 8-3(d) 都是把原始图片用完整的感受野 (CRF+nCRF) 进行处理所得的结果, 图 8-3(c) 中感受野大小固定不变, 与图 8-3(d) 中最小的感受野大小相等, 图 8-3(d) 中感受野在中心处最小, 并随偏心度的增加而增大. 与图 8-3(b)进行对比, 可以清楚地看出, 图 8-3(c) 和图 8-3(d) 使得原图中的低频信息得到了很好的恢复, 而且这种恢复没有抵消同心圆感受野中心/周边拮抗机制对图像边框信息的增强. 这与视网膜神经节细胞非感受野的空间整合特性相一致. 对于光感受器细胞层相似的输入, 在神经节细胞层得到相似的输出. 聚类层以拓扑邻域与输出的相似性为原则, 将这些相似的输出进行聚类, 从而实现图像信息的聚类.

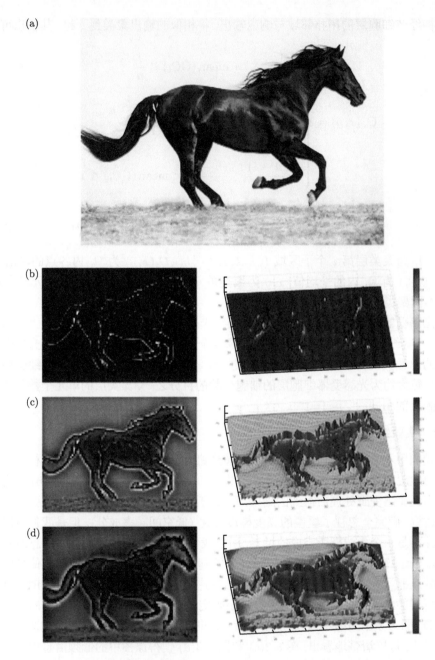

图 8-3　神经节细胞层的图像处理结果. (a) 原始图像; (b) 只用 CRF 处理后的图像, 参数设置: $A_1 = 1, A_2 = 0.18, \sigma_1 = 11, \sigma_2 = 6.7\sigma_1$; (c) 用大小不变的感受野 (CRF + nCRF) 处理后的图像, 参数设置: $A_3 = 0.005, \sigma_3 = 4\sigma_2, B = 1.2$, 其余的参数同 (b); (d) 用大小改变的感受野处理的图像, 参数设置: $\sigma_1 = 11, 16, 21, 26, 31$, 其余参数同 (c)

另外, 对比图 8-3(c) 和图 8-3(d) 中马的脖子和头还可以看出, 图 8-3(d) 滤除了
更多的亮度梯度变化信息, 突显了图像的轮廓. 这是图 8-3(d) 中马脖子和头处的感
受野比图 8-3(c) 的大的缘故. 由此可见, 大的感受野有利于整合图像的区域信息,
而小的感受野有利于显示图像的细节信息. 图 8-3(d) 体现出感受野大小随着它离
开中央凹的偏心度的增加而增大的这一特性, 与生理学特点相一致.

现在用我们设计的模型对图像信息进行聚类, 聚类层的处理结果如图 8-4
所示.

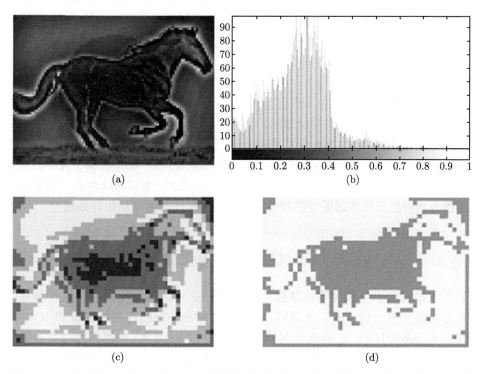

图 8-4   聚类层的图像处理结果. (a) 神经节细胞层的图像处理结果; (b) 图 (a) 的灰度直方
图; (c) 考虑边界值时聚类层的输出结果, 参数设置: $n = 4$; (d) 不考虑边界值时聚类层的输出
结果, 参数设置: $n = 2$

图 8-4(a) 是神经节细胞层的处理结果, 图 8-4(b) 是图 8-4(a) 的灰度直方图. 由
于模型增强了图像的边缘对比, 产生马赫带效应, 所以在马的边缘两侧可看到马赫
效应的亮带和暗带, 因此直方图中取值最高的部分和最低的部分分别对应于边界的
亮带和暗带. 从图 8-4(a) 和图 8-4(b) 可以看出, 考虑边界时, 直方图的取值可以分
为四个聚类区域, 分别为边缘亮带、边缘暗带、马和背景, 聚类结果如图 8-4(c) 所
示. 不考虑边界时, 非边界区域的取值可以分为两个聚类区域, 分别为马和背景, 聚

类结果如图 8-4(d) 所示. 对比图 8-4(c) 和图 8-4(d) 可以看出, 不考虑边界值时的
聚类效果更好些.

8.2.3　本节小结

基于去抑制性非经典感受野内存在相互抑制作用的事实, 我们改进了 Ghosh
等提出的线性三高斯模型. 又根据视网膜神经节细胞感受野大小随着它离开中央
凹的偏心度的增加而增大的特性, 我们设计了一个三层网络模型, 用改进的三高斯
模型来模拟第二层中神经节细胞的感受野. 用该网络中的神经节细胞层来处理图
像, 仍然能增强图像的边缘, 并且传递图像的低空间频率成分. 显然, 这一结果与
去抑制性非经典感受野的整合特性相一致. 另外, 我们探讨了不同位置上感受野大
小的变化在图像信息整合中所起的作用, 以及对该整合后的图像进行后续聚类的
效果.

本节数学模型的改进也只是从功能上模仿去抑制性非经典感受野内的相互抑
制作用, 并没有体现视网膜神经节细胞感受野的神经机制. 另外, 如 3.6 节内容所
述, 视网膜神经节细胞的感受野是动态变化的, 但在本节模型中, 神经节细胞感受
野大小虽然是随着它离开中央凹的偏心度的增加而增大的, 可是在每个固定的位置
上, 感受野的大小并不是随着任务的不同而动态变化的. 本章后续内容将详细介绍
基于视网膜神经节细胞感受野的神经机制和动态特性的图像认知计算模型.

8.3　多层次网络计算模型设计

在本章构造的层次网络计算模型中: 视网膜 GC 的经典外周和去抑制性非经
典感受野是由一些小的亚区组成, 能解释去抑制作用的内在神经机制; GC 的
感受野是动态变化的, 它能根据刺激的性质进行自动调节, 在图像的边界和需要
精细分辨的细节处缩小, 在变化不大的连续区域处扩大; 设计的神经回路得到神
经生物学证据的支持, 能说明去抑制 nCRF 与视网膜神经回路的关系; 所设计的
神经回路包括自顶向下的主动调控, 并参考刺激邻域属性, 能够由神经元同步响
应而实现整合和主动选择功能, 从而实现完整系统内部各个神经元之间的协调作
用; 模拟神经节细胞的阵列来实现图像的通用表征, 促进后续更高级别的图像信息
处理.

在本模型中, 感受野是由一个兴奋性的经典感受野中央区、一个抑制性的经典
感受野周边区和一个大范围的去抑制性非经典感受野三个部分构成, 如图 8-5 所
示. 其中, 抑制性的经典感受野周边区和去抑制性非经典区又分别由许多小的亚区
组成.

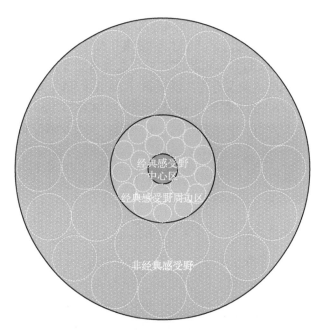

图 8-5　视网膜神经节细胞感受野结构示意图. 红色区域代表经典感受野的中心区, 绿色区域代表经典感受野的周边区, 蓝色区域代表大范围的非经典感受野, 黄色圆圈内的区域代表经典感受野的周边区和非经典感受内的各个亚区

8.3.1　计算回路设计

根据第 3 章所述 GC 的 nCRF 神经机制和视网膜的逆向调控机制, 本章设计如图 8-6 所示的神经回路来实现感受野的动态调整. 由于视网膜网络的微观实现细节非常复杂, 并且有些细节还不清楚, 所以我们在建立感受野模型时进行了适当的简化, 省略了水平细胞对形成 nCRF 所做的贡献.

模型有两种无足细胞层: 甘氨酸能无足细胞层和 GABA 能无足细胞层. 感受野面积比较小的甘氨酸能无足细胞直接输出抑制作用到神经节细胞, 感受野面积较大的 GABA 能无足细胞, 直接输出抑制作用到甘氨酸能 AC.

在图 8-6 所示的实现感受野动态调整的神经回路中, 多个光感受器细胞 (RC) 的轴突与双极细胞 (BC) 的树突形成突触联系, 这多个 RC 构成 BC 的 CRF 中心区. 水平细胞 (HC) 通过其树突的分支在水平方向上联系附近的许多 RC, HC 之间又存在广泛的电耦合, 这些 HC 把与其相连的 RC 的信号整合传递给 BC, 并对 BC 的 CRF 中心区进行侧抑制, 形成 BC 的 CRF 周边区. 同心圆拮抗式的 BC 汇聚到 GC, 形成 GC 的同心圆拮抗式的 CRF. 甘氨酸能无足细胞通过树突的广泛分支在水平方向上联系附近的许多 BC, 这些无足细胞 (AC) 彼此之间又存在广泛联系,它们将与其相连的 BC 的信号整合传递给 GC, 并对 GC 的 CRF 周边区进行侧抑制, 参与形成 GC 的 CRF 周边区. 同时, γ- 氨基丁酸 (GABA) 能 AC 通过过树突的广泛分支在水平方向上联系附近的许多 BC, 这些感受野面积相对较大的 GABA 能 AC 与甘氨酸能 AC 之间又存在广泛联系, GABA 能 AC 直接输出抑制作用到甘氨酸能 AC, 形成 GC 的去抑制性 nCRF. 网间细胞对 HC 和 BC 实行反馈控制 (改变 CRF 周边区的大小). 中脑中枢对 IPC 和 AC 实行反馈控制 (改变 nCRF 的大小).

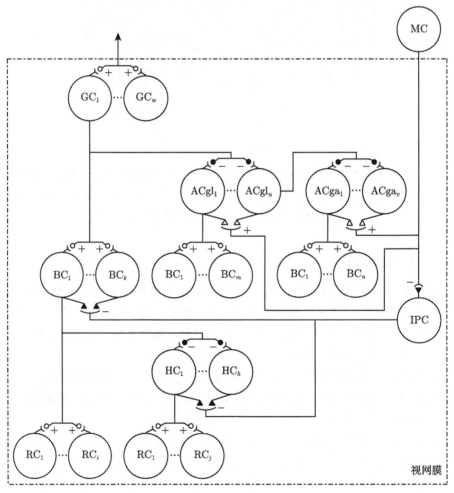

图 8-6　实现感受野动态调整的神经回路. 其中, 圆圈和细线表示正向传递, 三角和粗线表示反馈控制, 空心表示激励作用, 实心表示抑制作用. RC: 光感受器细胞, HC: 水平细胞, BC: 双极细胞, ACgl: 甘氨酸无足细胞, ACga: γ-氨基丁酸无足细胞, GC: 神经节细胞, IPC: 网间细胞, MC: 中脑中枢

8.3.2 层次网络模型设计

根据图 8-6 所示的 GC 的感受野模型示意图, 我们又构建出一个相应的层次网络模型如图 8-7 所示. RC 层输入图像信息, 红色 RC 将信息直接汇聚到 BC, 形成 BC 的 CRF 中心区, 绿色 RC 先将信息汇聚到多个 HC, 再由这些 HC 汇聚到 BC, 形成 BC 的 CRF 周边区. BC 层将 BC 和 HC 层的信息进行整合, 黄色 BC 直接将

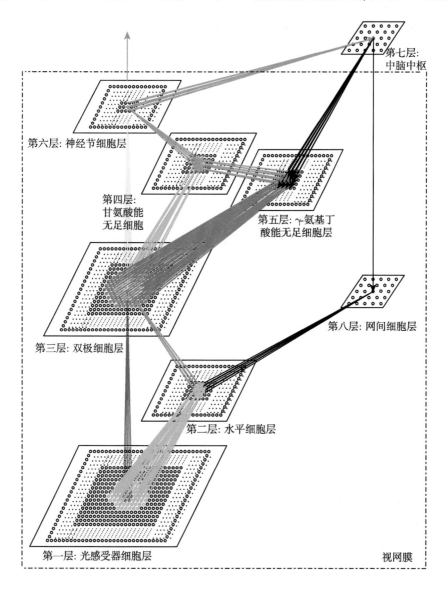

图 8-7 模拟 GC 感受野的层次网络模型

整合信息汇聚到 GC 形成 GC 的同心圆拮抗式的 CRF. 绿色 BC 将整合信息汇聚到多个感受野相对较小的甘氨酸能 AC, 再由这些甘氨酸能 AC 直接输出抑制作用到 GC, 为 GC 的 CRF 周边区的形成做出贡献. 蓝色 BC 将整合信息汇聚到多个感受野相对较大的 GABA 能 AC, 并由这些 GABA 能 AC 直接输出抑制作用到甘氨酸能 AC, 再由这些甘氨酸能 AC 汇聚到 GC, 形成 GC 的去抑制性 nCRF. GC 层将图像信息的中间处理结果输出给 MC, 并输出图像信息的最终处理结果. MC 层对 IPC 和 AC 实行反馈控制, 改变 nCRF 的大小. IPC 层对 HC 和 BC 实行反馈控制, 改变 CRF 周边区的大小.

8.3.3　GC 感受野的数学模型

假设树突野内每个突触对神经节细胞的贡献是一样的, 由于树突野内突触的分布呈现高斯分布规律, 故中心区内某一点 (x,y) 的兴奋反应的大小可用高斯分布函数表示. GC 的输出可表示为

$$\mathrm{GC}(X,Y)=\sum_{y\in S_1}\sum_{x\in S_1}W_1\cdot\mathrm{RC}(x,y)$$

$$-\sum_{\Omega_i\subset S_2}\left(W_2\cdot\sum_{y\in\Omega_i}\sum_{x\in\Omega_i}B_2\cdot\mathrm{e}^{-\frac{(x-x_0')^2+(y-y_0')^2}{2\delta_i^2}}\cdot\mathrm{RC}(x,y)\right)$$

$$+\sum_{\Theta_j\subset S_3}\left(W_3\cdot\sum_{y\in\Theta_j}\sum_{x\in\Theta_j}B_3\cdot\mathrm{e}^{-\frac{(x-x_0')^2+(y-y_0')^2}{2\varepsilon_i^2}}\cdot\mathrm{RC}(x,y)\right)\quad(8.3)$$

其中

$$i=1,\cdots,m;j=1,\cdots,n$$
$$W_1=A_1\cdot\mathrm{e}^{-\frac{(x-x_0)^2+(y-y_0)^2}{2\sigma_1^2}}\cdot\Delta s_1$$
$$W_2=A_2\cdot\mathrm{e}^{-\frac{(x_0-x_0')^2+(y_0-y_0')^2}{2\sigma_2^2}}\cdot\Delta s_2$$
$$W_3=A_3\cdot\mathrm{e}^{-\frac{(x_0-x_0')^2+(y_0-y_0')^2}{2\sigma_3^2}}\cdot\Delta s_3$$

$\mathrm{GC}(X,Y)$ 为 GC 的响应;

$\mathrm{RC}(x,y)$ 为投射到感受野内某一点 (x,y) 处的图像亮度;

S_1 为经典感受野的中心区域;

S_2 为经典感受野的周边区域;

S_3 为非经典感受野区域;

Ω_i 为经典感受野周边区内的第 i 个亚区;

Θ_j 为非经典感受野内的第 j 个亚区;

W_1 为经典感受野中心区内的权值函数;

W_2 为经典感受野周边区内的权值函数;

W_3 为去抑制性非经典感受野内的权值函数;

A_1 为经典感受野中心区的敏感度峰值;

A_2 为经典感受野周边区的敏感度峰值;

A_3 为非经典感受野的敏感度峰值;

B_2 为经典感受野周边区内亚区的敏感度峰值 (设定所有亚区的敏感度都一样);

B_3 为非经典感受野内亚区的敏感度 (设定所有亚区的敏感度都一样);

σ_1, σ_2 和 σ_3 分别为三个高斯函数的标准差, 它们的 3 倍分别为经典感受野中心区、经典感受野周边区以及去抑制性非经典感受野的半径;

$\Delta s_1, \Delta s_2$ 和 Δs_3 分别为 CRF 中心区、CRF 周边区以及 nCRF 内各点权值的底面积;

δ_i 和 ε_j 分别为经典感受野周边区亚区和去抑制性非经典感受野亚区的半径;

m 为经典感受野周边区内亚区的个数;

n 为非经典感受野内亚区的个数;

x, y 为光感受器细胞的位置坐标;

x_0, y_0 为感受野的中心位置;

x_0', y_0' 为经典感受野周边区和非经典感受野内亚区的中心位置;

X, Y 为视网膜 GC 的位置.

8.3.4 参数设置

1. GC 感受野取值范围的确定

人的视网膜可分为以视轴为中心的中央区和周边区. 中央区范围为 10° 视角. 眼睛在视网膜的中央凹处成像, 中央凹是视网膜的中心和最敏感之处, 产生精确的视觉, 其直径是 5.2° 视觉 (Druid, 2002). 因此 10° 的范围足以覆盖中心视野. 因此, 精确的色视觉发生在视网膜中央大约 10° 的范围内. 我们用计算机处理的是彩色图像, 只需要图像覆盖视网膜中央 10° 以内的范围即可. 根据 L. J. Croner 和 E. Kaplan 发表的相关论文中的数据 (Croner, Kaplan, 1995), 在视网膜中央 10° 范围内, GC 的 CRF 中心区半径的取值范围为 0.01° ～0.08°(如图 8-8 所示).

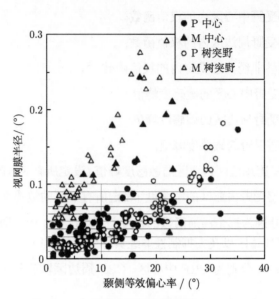

图 8-8　GC 的 CRF 中心区半径的取值范围 (Croner, Kaplan, 1995)

生理研究表明, 视网膜神经节细胞经典感受野的周边区半径约为中心区半径的 3~10 倍, 而非经典感受野的半径约为经典感受野周边区半径的 3~6 倍 (Li, 1996). 这是我们设置经典感受野的周边区尺寸和非经典感受野尺寸的生理学依据.

2. 计算 GC 的 CRF 中心区半径所对应的像素个数

设单个 GC 的 CRF 中心区半径为 r_{center} 度, 当图像到眼睛的距离为 Scm 时, 该半径所对应的长度为 $r_1$cm, 如图 8-9 所示, 那么 $r_1 = S \times \tan(r_{center})$. 我们所使用的显示器的分辨率为 96 dpi(96 像素/英寸 = 37.795 像素/cm), 设 $r_1$cm 所对应的像素个数为 C, 则有 $C = r_1 \times 37.795$. 因此可得

$$C = S \times \tan(r_{center}) \times 37.795 \tag{8.4}$$

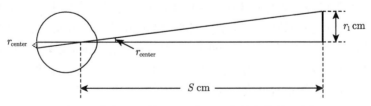

图 8-9　单个 GC 的 CRF 中心区半径的换算示意图

不同距离上, CRF 中心区半径所对应的像素个数如表 8-1 所示.

设图像到眼睛的距离为 150 cm, r_1 的取值可由表 8-1 确定. 考虑到亚区的完整性, 并为便于计算以及结果的展示, 我们设定经典感受野周边区的半径 r_2 和非经典感受野的半径 r_3 的取值如表 8-2 所示, 此时, r_2 约为 r_1 的 3~7 倍, r_3 约为 r_2 的 2~4 倍, 是在 5.4.1 节中所述的生理学依据的范围内.

表 8-1　不同距离上, CRF 中心区半径所对应的像素个数

S/cm	r_1°							
	[0.01,0.02)	[0.02,0.03)	[0.03,0.04)	[0.04,0.05)	[0.05,0.06)	[0.06,0.07)	[0.07,0.08)	[0.08,0.09)
150	1	2	3	4	5	6	7	8
190	1	3	4	5	6	8	9	10
230	2	3	5	6	8	9	11	12
270	2	4	5	7	9	11	12	14
310	2	4	6	8	10	12	14	16
350	2	5	7	9	12	14	16	18
380	3	5	8	10	13	15	18	20

表 8-2　当 $D = 150$ cm 时, r_1, r_2 和 r_3 的取值

r_1	r_2	r_3
1	4	16
1	7	22
2	11	29
2	14	35
3	18	42
3	21	48
4	25	55
4	28	61
5	32	68
5	35	74
6	39	81
6	42	87
7	46	94
7	49	100
8	53	107
8	56	113

3. A_1 和 Δs_1 的取值

本章中的权值函数是高斯函数, 高斯函数具有以下性质:

$$\int_{x_0-3\sigma}^{x_0+3\sigma} \int_{y_0-3\sigma}^{y_0+3\sigma} A \cdot e^{-\frac{(x-x_0)^2+(y-y_0)^2}{2\sigma^2}} dxdy = 0.997 \cdot A \cdot 2\pi\sigma^2 \tag{8.5}$$

因此, 本章中的权值函数进行离散求和时, 也应满足上述特性, 所以有

$$\sum_{y\in S_1} \sum_{x\in S_1} A_1 \cdot e^{-\frac{(x-x_0)^2+(y-y_0)^2}{2\sigma_1^2}} \cdot \Delta S_1 = 0.997 \cdot A_1 \cdot 2\pi\sigma_1^2 \tag{8.6}$$

求解式 (8.6) 可得

$$\Delta S_1 = \frac{0.997 \cdot 2\pi\sigma_1^2}{\sum_{y\in S_1} \sum_{x\in S_1} e^{-\frac{(x-x_0)^2+(y-y_0)^2}{2\sigma_1^2}}} \tag{8.7}$$

当 r_1 的取值已知时, 可由 $r_1 = 3\sigma_1$ 确定 σ_1 的值, 再由式 (8.7) 得到相应的 Δs_1 值. 对于表 8-2 中不同尺寸的感受野, 其对应的 Δs_1 值如表 8-3 所示.

表 8-3　当 $D = 150$ cm 时不同的感受野大小所对应的 Δs_1 和 A_1 的值

r_1	r_2	r_3	$\sigma_1 = r_1/3$	Δs_1	A_1
1	4	16	1/3	0.6664	100.0000
1	7	22	1/3	0.6664	100.0000
2	11	29	2/3	1.0071	25.0000
2	14	35	2/3	1.0071	25.0000
3	18	42	3/3	1.0082	11.1111
3	21	48	3/3	1.0082	11.1111
4	25	55	4/3	1.0098	6.2500
4	28	61	4/3	1.0098	6.2500
5	32	68	5/3	1.0075	4.0000
5	35	74	5/3	1.0075	4.0000
6	39	81	6/3	1.0084	2.7778
6	42	87	6/3	1.0084	2.7778
7	46	94	7/3	1.0100	2.0408
7	49	100	7/3	1.0100	2.0408
8	53	107	8/3	1.0094	1.5625
8	56	113	8/3	1.0094	1.5625

由文献 (Li et al., 1991) 可知, 由于经典感受野中心/周边拮抗机制, 当感受野内各点刺激都相同时, CRF 的中心区和周边区的响应相互抵消. 但是由于 nCRF 补偿了 CRF 中心区响应的二分之一, 所以整个感受野的响应值为 CRF 中心区响应的二分之一. 因此, 当图像各点像素值 RC(x,y) 都相同 (假设都为 R) 时, 无论 GC 感受野的大小尺寸变化, 各个 GC 的输出相同, 都为 GC$(X,Y) \equiv 0.5 \cdot \sum\limits_{y \in S_1} \sum\limits_{x \in S_1} A_1 \cdot$ e$^{-\frac{((x-x_0)^2+(y-y_0)^2)}{2\sigma_1^2}} \cdot \Delta s_1 \cdot R$, 结合式 (8.6), 有 GC$(X,Y) \equiv 0.5 \cdot 0.997 \cdot A_1 \cdot 2\pi\sigma_1^2 \cdot R$. 我们选取一个经典感受野中心区大小 r_1=3(像素) 即 σ_1=1 的神经节细胞, 设置其敏感度峰值 A_1=100, 由上可得 GC$(X,Y) \equiv 0.5 \cdot 0.997 \cdot 200\pi R$. 那么, 当感受野取其他任何值时, 都有 $0.5 \cdot 0.997 \cdot A_1 \cdot 2\pi\sigma_1^2 \cdot R = 0.5 \cdot 0.997 \cdot 200\pi R$, 整理后得

$$A_1 = \frac{100}{\sigma_1^2} \tag{8.8}$$

当 r_1 的取值已知时, 可由 $r_1 = 3\sigma_1$ 确定 σ_1 的值, 再由式 (8.8) 得到相应的 A_1 的值. 设图像到眼睛的距离为 150 cm, 则 r_1 的取值可由表 8-1 确定. 对于表 8-2 中不同尺寸的感受野, 其相应的 A_1 值也在表 8-3 中示出.

4. $A_2 \cdot \Delta s_2$ 和 $A_3 \cdot \Delta s_3$ 的取值

如上一节所述, 当图像各点像素值 RC(x,y) 都相同 (假设都为 R) 时, GC 的 CRF 输出应该为零, 因此有

$$\sum_{y \in S_1} \sum_{x \in S_1} A_1 \cdot \mathrm{e}^{-\frac{(x-x_0)^2+(y-y_0)^2}{2\sigma_1^2}} \cdot \Delta s_1 \cdot R$$
$$- \sum_{\Omega_i \subset S_2} \left(A_2 \cdot \mathrm{e}^{-\frac{(x_0'-x_0)^2+(y_0'-y_0)^2}{2\sigma_2^2}} \cdot \Delta s_2 \cdot \sum_{y \in \Omega_i} \sum_{x \in \Omega_i} B_2 \cdot \mathrm{e}^{-\frac{(x-x_0')^2+(y-y_0')^2}{2\delta_i^2}} \cdot R \right)$$
$$= 0 \tag{8.9}$$

求解等式 (8.9) 可得

$$A_2 \cdot \Delta s_2 = \frac{\sum\limits_{y \in S_1} \sum\limits_{x \in S_1} \mathrm{e}^{-\frac{(x-x_0)^2+(y-y_0)^2}{2\sigma_1^2}}}{\sum\limits_{\Omega_i \subset S_2} \left(\mathrm{e}^{-\frac{(x_0'-x_0)^2+(y_0'-y_0)^2}{2\sigma_2^2}} \cdot \sum\limits_{y \in \Omega_i} \sum\limits_{x \in \Omega_i} B_2 \cdot \mathrm{e}^{-\frac{(x-x_0')^2+(y-y_0')^2}{2\delta_i^2}} \right)} \cdot A_1 \cdot \Delta s_1 \tag{8.10}$$

当图像各点像素值 RC(x,y) 都相同 (假设都为 R) 时, 设 nCRF 补偿了经典中

心区响应的 1/2, 则有

$$\sum_{\Theta_j \subset S_3} \left(A_3 \cdot \mathrm{e}^{-\frac{(x_0' - x_0)^2 + (y_0' - y_0)^2}{2\sigma_3^2}} \cdot \Delta s_3 \cdot \sum_{y \in \Theta_j} \sum_{x \in \Theta_j} B_3 \cdot \mathrm{e}^{-\frac{(x - x_0')^2 + (y - y_0')^2}{2\varepsilon_j^2}} \cdot R \right)$$
$$= \frac{1}{2} \cdot \sum_{y \in S_1} \sum_{x \in S_1} A_1 \cdot \mathrm{e}^{-\frac{(x - x_0)^2 + (y - y_0)^2}{2\sigma_1^2}} \cdot \Delta s_1 \cdot R \tag{8.11}$$

整理式 (8.11), 可得

$$A_3 \cdot \Delta s_3 = \frac{\displaystyle\sum_{y \in S_1} \sum_{x \in S_1} \mathrm{e}^{-\frac{(x - x_0)^2 + (y - y_0)^2}{2\sigma_1^2}}}{\displaystyle\sum_{\Theta_j \subset S_3} \left(\mathrm{e}^{-\frac{(x_0' - x_0)^2 + (y_0' - y_0)^2}{2\sigma_3^2}} \cdot \sum_{y \in \Theta_j} \sum_{x \in \Theta_j} B_3 \cdot \mathrm{e}^{-\frac{(x - x_0')^2 + (y - y_0')^2}{2\varepsilon_j^2}} \right)} \cdot A_1 \cdot \Delta s_1 \tag{8.12}$$

设 $B_2 = 1, B_3 = 1, \delta_i$ 和 ε_j 对应 2 个像素, r_1, r_2 和 r_3 由表 8-2 确定, 则 σ_1, σ_2 和 σ_3 可由 $r_1 = 3\sigma_1, r_2 = 3\sigma_2$ 和 $r_3 = 3\sigma_3$ 确定. A_1 和 Δs_1 可由表 8-3 确定, 相应的 $A_2 \times \Delta s_2$ 和 $A_3 \times \Delta s_3$ 的值如表 8-4 所示.

表 8-4　nCRF 补偿了经典中心区响应的 1/2 当 CRF 的中心区和周边区的响应相互抵消, 而 nCRF 补偿了 CRF 中心区响应的二分之一时, 不同大小的感受野所对应的 $A_2 \times \Delta s_2$ 和 $A_3 \times \Delta s_3$ 的值

$\sigma_1 = r_1/3$	$\sigma_2 = r_2/3$	$\sigma_3 = r_3/3$	$A_2 \cdot \Delta s_2$	$A_3 \cdot \Delta s_3$
1/3	4/3	16/3	97.2270	1.6765
1/3	7/3	22/3	15.3731	1.0444
2/3	11/3	29/3	6.6209	0.7344
2/3	14/3	35/3	3.7134	0.5371
3/3	18/3	42/3	2.2690	0.4152
3/3	21/3	48/3	1.5910	0.3273
4/3	25/3	55/3	1.1406	0.2664
4/3	28/3	61/3	0.8811	0.2198
5/3	32/3	68/3	0.6875	0.1858
5/3	35/3	74/3	0.5612	0.1582
6/3	39/3	81/3	0.4567	0.1368
6/3	42/3	87/3	0.3867	0.1190
7/3	46/3	94/3	0.3250	0.1049
7/3	49/3	100/3	0.2823	0.0929
8/3	53/3	107/3	0.2440	0.0831
8/3	56/3	113/3	0.2158	0.0745

8.3.5 动态感受野设计

眼球本身的微动幅值非常小, 因此视网膜神经节细胞的感受野随之所做振动幅值也非常小, 这样就保证了感受野微动前后所覆盖的区域都是相邻的区域. GC 利用固视微动探知这些相邻区域内的刺激属性, 从而调整感受野的尺寸 (图 8-10). 感受野的动态变化计算流程如图 8-11 所示, 总的调整思路是: 在 8 个方向上进行固视微动, 将一个连续区域划分为 9 个相邻的感受野, 其中 8 个是微动后的感受野, 1 个是微动前的感受野; 首先将感受野的尺寸设置为最小值, 并计算最小值时感受野微动前后的输出值. 在 8 个微动后的感受野输出值中, 只要有一个与微动前感受野的输出值不相似, 就说明该感受野内有边界或细节, 因为该感受野已是最小值无法再缩小, 所以该感受野的最终大小为最小值; 否则, 说明感受野内无边界和细节,

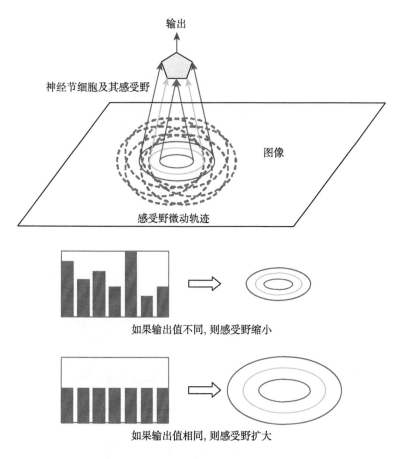

图 8-10 利用固视微动调整感受野大小

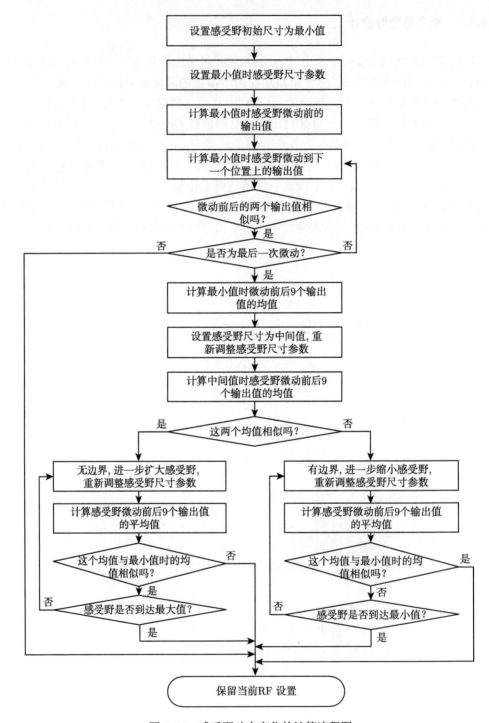

图 8-11　感受野动态变化的计算流程图

则直接将感受野扩大为中间值. 计算感受野取中间值时微动前后的 9 个输出值, 只要其中有一个与感受野取最小值时微动前的输出值不相似, 就说明该感受野内有边界, 应缩小感受野, 直到感受野内无边界和细节或感受野为最小值时为止; 否则, 说明感受野内无边界, 应扩大感受野, 直到感受野内出现边界或细节或感受野为最大值时为止.

8.4   图像表征的相关实验

8.4.1   一致性实验

在用第 5 章中的多层次网络计算模型对图像进行表征之前, 应该验证该模型模型与生理学依据的一致性, 因此, 我们用该模型模拟了视网膜神经节细胞的各种不同的面积反应曲线, 并与生理学实验结果进行了比较.

李朝义用面积逐渐增大的闪烁光斑对猫视网膜神经节细胞的感受野进行刺激, 得到面积反应曲线如图 8-12(a) 所示. 当光斑出现并由小变大时, 起初神经节细胞放电率迅速增加, 当光斑半径增加到与经典感受野中心区的半径相同时, 细胞响应达到最大. 随着光斑半径的进一步增加, 细胞的响应反而急剧下降, 当光斑半径增加到与经典感受野周边区的半径相同时, 细胞响应达到最小. 随着光斑在经典感受野周边区之外的继续扩大, 细胞响应又逐渐缓慢增强.

我们用模型模拟视网膜神经节细胞的面积反应曲线. 当视网膜神经节细胞感受野的大小固定不变, 而经典感受野周边区的抵消作用和非经典感受野的弥补作用发生变化时, 模型的一组面积反应曲线如图 8-12(b) 所示. 此处, 我们将神经节细胞感受野的大小设置为最大值, 将该曲线簇从上到下的四条曲线的参数分别设置为: CRF 周边区抵消了 CRF 中心区响应的 1/2, nCRF 补偿了 CRF 中心区响应的 1/4; CRF 周边区抵消了 CRF 中心区响应的 2/3, nCRF 补偿了 CRF 中心区响应的 1/3; CRF 周边区抵消了 CRF 中心区响应的 5/6, nCRF 补偿了 CRF 中心区响应的 5/12; CRF 周边区抵消了 CRF 中心区的全部响应, nCRF 补偿了 CRF 中心区响应的 1/2. 当视网膜神经节细胞经典感受野周边区的抵消作用固定不变, 非经典感受野的弥补作用固定不变, 而感受野的大小发生变化时, 模型的另一组面积反应曲线如图 8-12(c) 所示. 此处, 我们将经典感受野周边区设置为抵消了经典感受野中心区 2/3 的响应, 将非经典感受野设置为弥补了经典感受野中心区 1/3 的响应, 即 $A_1 = 1.5572$, $A_2 = 0.1439$, $A_3 = 0.0497$, 而将该曲线簇从左到右的 16 条曲线所对应的感受野按照表 8-2 中从小到大的尺寸进行设置. 图 8-12(b) 和图 8-12(c) 中的两个曲线簇与图 8-12(a) 的曲线形状非常相似, 因此说明模型的模拟结果与生理学的面积反应曲线基本一致.

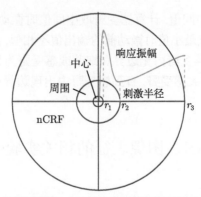

(a) 猫视网膜On中心神经节细胞的面积反应曲线

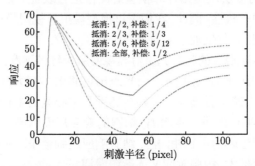

(b) 当视网膜神经节细胞感受野的大小固定不变, 而经典感受野
周边区的抵消作用和非经典感受野的弥补作用发生变化时, 模型
的一组面积反应曲线

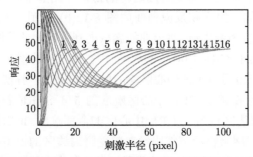

(c) 当视网膜神经节细胞经典感受野周边区的抵消作用, 非经典感受野的
弥补作用固定不变, 而感受野的大小发生变化时, 模型的面积反应曲线

图 8-12　计算模型的面积反应曲线与生物学的相似性比较

8.4.2　简洁性实验

　　简洁性实验也可以称为感受野动态调整过程的演示实验, 其目的是检查视网膜
神经节细胞是否能根据刺激的性质进行自动进行调节, 以确保其感受野能尽可能大

(a1) 原图

(a2) 感受野的初始值

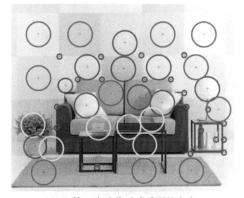

(a3) 第一次迭代后感受野的大小

(a4) 第二次迭代后感受野的大小

(a5) 第三次迭代后感受野的大小

(a6) 第四次迭代后感受野的大小

(a) 感受野动态调整过程示意图. 图中红色表示感受野已达到最终尺寸, 无需再变化. 蓝色表示感受野需进一步扩大, 黄色表示感受野需进一步缩小. 实线表示本次迭代后感受野的实际尺寸. 虚线表示在迭代的过程中被逐步取代的感受野尺寸, 反映了感受野的变化轨迹

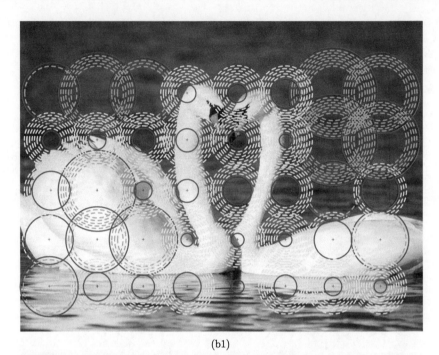

(b1)

(b2)

(b) 另两幅图的感受野动态调整过程, 不同于图(a), 此处省去了迭代过程, 仅保留动态变化
的轨迹

图 8-13　感受野动态调整过程示意图

覆盖图像的均匀信息, 从而有利于神经节细胞简洁地表征图像. 我们是依据生理学
数据确定视网膜 GC 的感受野尺寸变化范围的. 因此在实验过程中, 感受野的变化

范围是受限制的, 它不可能任意扩大或缩小. 我们跟踪了一些 GC 的感受野动态调整过程, 得到如图 8-13 所示的感受野动态调整过程示意图. 观察图 8-13 中感受野的最终尺寸 (红色感受野), 我们发现, 最小的感受野总是出现在图像边界处. 比如, 在图 8-13(a) 中, 用于表征灯、抱枕、杯子、花盆、沙发底部、花盆与沙发之间区域等的感受野都是刚好到达它们的边界处就不再变化. 背景墙上的每个色块内部信息均一, 因此用于表征该色块内部信息的感受野达到了最大值. 在图 8-13(b) 中, 小感受野出现在边界或细节处, 而大感受野则出现在变化不大的连续区域处. 所以, 由图 8-13 不难看出, 感受野通过在有限的变化范围内动态调整尺寸实现了对图像信息的简洁表征.

另外, 我们利用动态变化的感受野又在一些具有不同斑驳程度的图像上进行实验, 得到的结果如图 8-14 所示. 为便于实验结果的展示, 我们没有画出感受野的动态变化过程, 仅将感受野的最终大小显示出来. 图 8-14 按列画出各点感受野的最终尺寸. 如果我们选取的列间距过小, 就会导致出现很多的感受野, 这些感受野之间有过多的交叠, 不利于观察它们的尺寸, 从而影响观察图像的整合效果. 因此, 为了能看清实验结果, 我们设置的列间距较大.

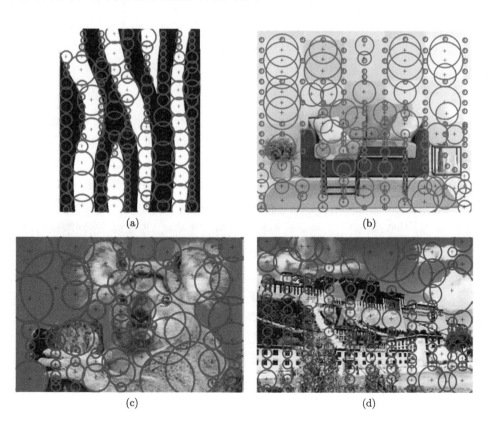

(a)　　　　　　　　　　　　　　　　　　(b)

(c)　　　　　　　　　　　　　　　　　　(d)

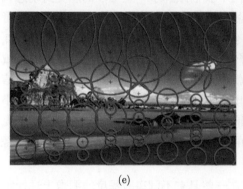
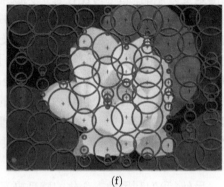

(e)　　　　　　　　　　　　　　　　　(f)

图 8-14　不同图像上的感受野动态变化的最终结果

按列观察图 8-14 中的每幅实验结果图, 我们都可以清楚地看出在逐渐靠近边界的过程中, 感受野是逐步缩小的, 在逐渐远离边界的过程中, 感受野是逐步扩大的. 每幅图像中相邻区域内的相似信息被整合在一起, 用一个大的感受野进行了表征, 而像图像边界或细节这样的不相似信息被分割, 并分别用若干个小的感受野进行了表征. 可见, 对于不同斑驳程度的图像, GC 的感受野动态变化做到了输入都是 "恰到好处" 的, 从而有利于神经节细胞简洁性地表征图像.

8.4.3　忠实性实验

经过视觉系统对外界信息的加工处理, 我们所看到的世界已并非它真实的样子. 在理想状态下, 我们期望视觉系统的内部表征和外部世界尽可能一致, 或者说, 表征可以忠实地反映现实世界. 受到这种相似性的启发, 我们认为十分有必要检查模型是否能让 GC 阵列的表征接近原图, 是否面对不同的图像都稳定可靠.

用本章模型中的视网膜神经节细胞层对自然图像进行表征, 实验结果如图 8-15 所示, 图 (a) 是原图, 图 (b) 是神经节细胞层的表征结果. 很明显, 表征图像与原图非常相似. 下面介绍如何定量地测量这种相似性.

若 GC 阵列的表征结果与原图很像, 那么它应该保留了原图局部与局部间的足够偏差. 我们设计两种方法来统计 GC 阵列是否保留了这些偏差, 分别是统计 GC 局部范围内取值的偏差的相对差异和绝对差异. 这两种差异越大, 就说明表征误差越大, 反之, 这两种差异越小, 就说明表征误差越小. 我们可以统计这两种差异矩阵中值比较小的点的个数, 个数多就说明表征精度高.

本章中的局部区域是由一个中心点及其周围八个方向上的点所组成. 假设中心点在矩阵中的位置为 (x, y), 其周围八个方向上的点的坐标为 $(x_k, y_k)(k = 1, \cdots, 8)$

则 $(x_k, y_k) = (x + \Delta x_k, y + \Delta y_k)\,(k = 1, \cdots, 8)$, 其中

$$[\Delta x_1, \Delta x_2, \Delta x_3, \Delta x_4, \Delta x_5, \Delta x_6, \Delta x_7, \Delta x_8] = [0, -1, -1, -1, 0, 1, 1, 1]$$
$$[\Delta y_1, \Delta y_2, \Delta y_3, \Delta y_4, \Delta y_5, \Delta y_6, \Delta y_7, \Delta y_8] = [1, 1, 0, -1, -1, -1, 0, 1]$$

(a)   (b)

图 8-15 视网膜神经节细胞阵列的表征结果

方法一　基于相对差异的表征精度计算方法.

(1) 将原图的 L 值阵列缩小到与 GC 阵列的大小相同, 并归一化得到 L 矩阵;

(2) 逐点统计每个点 $L(x,y)$ 与周围相邻八个方向上的点 $L(x_k,y_k)(k = 1, 2,\cdots,8)$ 的偏差, 求这八个偏差的绝对值之和, 得到记录 L 局部范围的变化值的矩阵

$$\text{Variation}_L(x,y) = \left| \sum_{k=1}^{8} L(x_k,y_k) - L(x,y) \right| \tag{8.13}$$

L 值已经过归一化处理, 则有 $L(x,y) \in [0,1]$, 所以 $\text{Variation}_L(x,y) \in [0,8]$.

(3) 设 $\text{GC}(x_k,y_k)(k = 1,2,\cdots,8)$ 为 $\text{GC}(x,y)$ 的相邻八个方向上的值, 求 $\text{GC}(x_k,y_k)$ 与 $\text{GC}(x,y)$ 的差值绝对值之和, 得到记录 GC 局部范围内的变化值的矩阵,

$$\text{Variation}_{\text{GC}}(x,y) = \left| \sum_{k=1}^{8} \text{GC}(x_k,y_k) - \text{GC}(x,y) \right| \tag{8.14}$$

L 值已经过归一化处理, 则有 $\text{GC}(x,y) \in [0,1]$, 所以 $\text{Variation}_{\text{GC}}(x,y) \in [0,8]$.

(4) 逐点计算这两个偏差矩阵的绝对差异, 并除以绝对差异的最大值 8, 得到相对差异矩阵

$$\text{Deviation}_{\text{rel}}(x,y) = \frac{|\text{Variation}_L(x,y) - \text{Variation}_{\text{GC}}(x,y)|}{8} \tag{8.15}$$

因为 $\text{Variation}_L(x,y) \in [0,8]$, $\text{Variation}_{\text{GC}}(x,y) \in [0,8]$, 那么

$$|\text{Variation}_L(x,y) - \text{Variation}_{\text{GC}}(x,y)| \in [0,8], \quad \text{Deviation}_{\text{rel}}(x,y) \in [0,1]$$

所以绝对差异矩阵的最大值是 8, 相对差异矩阵的最大值为 1. 采用相对差异矩阵, 是因为它能够保留原矩阵元素间的相对差异, 这对图像分辨已经够用了.

(5) 统计相对差异矩阵中值不超过 threshold 的元素所占的比例, 作为 GC 阵列的表征精度.

$$\text{Precision}_{\text{rel}} = \frac{\text{Total}(\text{Deviation}_{\text{rel}}(x,y) \leqslant \text{threshold})}{\text{Size}(\text{Deviation}_{\text{rel}}(x,y))} \tag{8.16}$$

threshold 是判断单个 $\text{GC}(x,y)$ 表征好坏的阈值, $\text{Deviation}_{\text{rel}}(x,y) \leqslant \text{threshold}$ 表示相应的 $\text{GC}(x,y)$ 表征得好. $\text{Total}(\text{Deviation}_{\text{rel}}(x,y) \leqslant \text{threshold})$ 是表征得好的 $\text{GC}(x,y)$ 的总数, $\text{Size}(\text{Deviation}_{\text{rel}}(x,y))$ 是 Deviation 矩阵的大小 (与 GC 阵列的大小相同). $\text{Precision}_{\text{rel}}$ 的值越高, 则说明 GC 阵列表征得越精确.

我们从两个自然图像库 BSDS300 和 VOC2007 各取 300 幅主题不同的图像组成两个新的图像库, 然后对它们进行基于相对差异的表征精度的统计实验, 结果如图 8-16 所示.

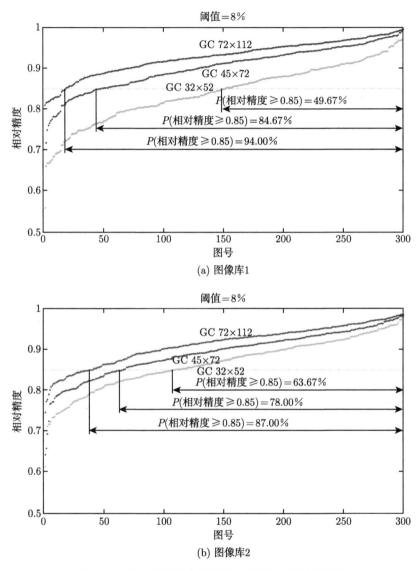

图 8-16 两个图像库上基于相对差异的表征精度统计

以 Deviation 最大值 1 的 8% 作为判断单个 GC 表征好坏的阈值: threshold $=1$ $\times 8\% = 8\%$. Deviation$(x, y) \leqslant 8\%$ 就表示相应的 GC(x, y) 表征得好. 以 85% 作为判断 GC 阵列表征好坏的阈值, 即 GC 阵列中超过 85% 的 GC(x, y) 都表征得好, 就认为这个 GC 阵列对图像进行了很好的表征.

当 GC 的感受野的中心位置间隔为 4 个像素时, 参与表征的 GC 阵列为 72×112, 两个图像库中表征精度超过 85% 的图像数量分别占总数的 94% 和 87%; 当 GC 的感受野的中心位置间隔为 6 像素时, 参与表征的 GC 阵列为 45×72, 两个图像库中表征精度超过 85% 的图像数量分别占总数的 84.67% 和 78%; 当 GC 的感受野的中心位置间隔为 8 像素时, 参与表征的 GC 阵列为 32×52, 两个图像库中表征精度超过 85% 的图像数量分别占总数的 49.67% 和 63.67%.

方法二   基于绝对差异的表征精度计算方法.

(1) 将原图的 L 值阵列缩小到与 GC 阵列的大小相同, 并归一化得到 L 矩阵;

(2) 逐点统计每个点 $L(x,y)$ 与周围相邻八个方向上的点 $L(x_k, y_k)(k=1,2,\cdots,8)$ 的偏差, 求偏差的标准差, 得到记录 L 局部范围的标准差的矩阵

$$\mathrm{Std}_L(x,y) = \sqrt{\frac{\sum_{k=1}^{8}\left(L(x_k, y_k) - L(x,y) - \overline{L(x_k, y_k) - L(x,y)}\right)^2}{8}} \qquad (8.17)$$

(3) 设 $\mathrm{GC}(x_k, y_k)(k=1,2,\cdots,8)$ 为 $\mathrm{GC}(x,y)$ 相邻八个方向上的值, 求 $\mathrm{GC}(x_k, y_k)$ 与 $\mathrm{GC}(x,y)$ 的差值绝对值之和, 得到记录 GC 局部范围内的标准差的矩阵

$$\mathrm{Std}_{\mathrm{GC}}(x,y) = \sqrt{\frac{\sum_{k=1}^{8}\left(\mathrm{GC}(x_k, y_k) - \mathrm{GC}(x,y) - \overline{\mathrm{GC}(x_k, y_k) - \mathrm{GC}(x,y)}\right)^2}{8}} \qquad (8.18)$$

(4) 逐点计算这两个标准差矩阵的绝对差异, 得到绝对差异矩阵

$$\mathrm{Deviation}_{\mathrm{abs}}(x,y) = |\mathrm{Std}_L - \mathrm{Std}_{\mathrm{GC}}| \qquad (8.19)$$

(5) 统计绝对差异矩阵中不超过 threshold 的元素所占的比例, 作为图像的表征精度

$$\mathrm{Precision}_{\mathrm{abs}} = \frac{\mathrm{Total}\left(\mathrm{Deviation}_{\mathrm{abs}}(x,y) \leqslant \mathrm{threshold}\right)}{\mathrm{Size}\left(\mathrm{Deviation}_{\mathrm{abs}}(x,y)\right)} \qquad (8.20)$$

Threshold 是判断单个 $\mathrm{GC}(x,y)$ 表征好坏的阈值, $\mathrm{Deviation}_{\mathrm{abs}}(x,y) \leqslant$ threshold 表示相应的 $\mathrm{GC}(x,y)$ 表征得好. $\mathrm{Total}(\mathrm{Deviation}_{\mathrm{abs}}(x,y) \leqslant$ threshold$)$ 是表征得好的 $\mathrm{GC}(x,y)$ 的总数, $\mathrm{Size}(\mathrm{Deviation}_{\mathrm{abs}}(x,y))$ 是 Deviation 矩阵的大小 (与 GC 阵列的大小相同). $\mathrm{Precision}_{\mathrm{abs}}$ 的值越高说明 GC 阵列表征得越精确.

同样地, 我们在前面提到的两个新图像库上进行基于绝对差异的表征精度的统计实验, 结果如图 8-17 所示.

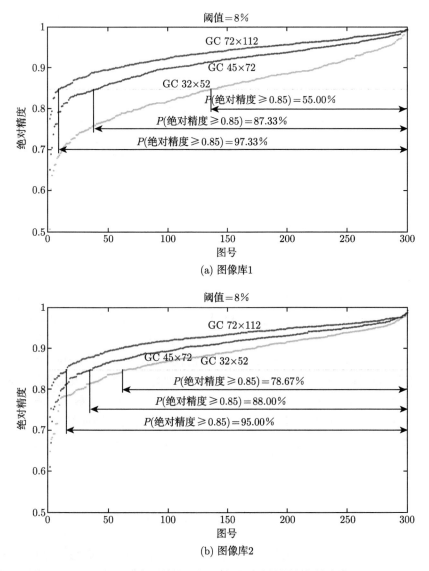

图 8-17 两个图像库上基于绝对对差异的表征精度统计

为了与方法一的实验结果保持一致, 也以 8% 作为判断判断单个 GC 表征好坏的阈值: threshold = 8%. 以 85% 作为判断 GC 阵列表征好坏的阈值.

当 GC 的感受野的中心位置间隔为 4 个像素时, 参与表征的 GC 阵列为 72×112, 两个图像库中表征精度超过 85% 的图像数量分别占总数的 97.33% 和 95%; 当 GC 的感受野的中心位置间隔为 6 像素时, 参与表征的 GC 阵列为 45×72, 两个图像库中表征精度超过 85% 的图像数量分别占总数的 87.33% 和 88%; 当 GC 的感受野的中心位置间隔为 8 像素时, 参与表征的 GC 阵列为 32×52, 两个图像库中表征精度超过 85% 的图像数量分别占总数的 55.00% 和 78.67%.

由两种精度统计出的数据如表 8-5 所示.

表 8-5　两种计算方法下的图像精度统计

GC 阵列		72×112	45×72	32×52
GC 数量		8064	3204	1664
相对精度	图像库 1	94.00%	84.67%	49.67%
	图像库 2	87%	78%	63.67%
绝对精度	图像库 1	97.33%	87.33%	55.00%
	图像库 2	95%	88%	78.67%

由表 8-5 可知, 当 GC 阵列为 72×112 时, 表征精度最高, 分别为 94.00%、87%、97.33% 和 95%, 但消耗的资源也最多, 参与表征的 GC 数量为 8064 个; 当 GC 阵列为 45×72 时, 表征精度次高, 分别为 84.67%、78%、87.33% 和 88%, 消耗的资源也较少, 参与表征 GC 数量为 3204 个, 与 8064 相比, 减少了 59.19%. 在这四个表征精度中, 有三个超过 80%, 一个接近 80%, 但消耗的 GC 数量仅为 8064 的 40.81%, 所以我们认为这样的精度已经足够了; 当 GC 阵列为 32×52 时, 表征精度最低, 分别为 49.67%、63.67%、55.00% 和 78.67%, 但消耗的资源也最少, 参与表征的 GC 数量为 1664 个, 与 8064 相比, 减少了 79.37%. 但它们的表征精度显然是不合格的. 综上所述, 当 GC 阵列为 45×72 时的表征效果最优, 在表征精度达到要求的同时, 消耗也不是很大.

8.5　通用表征对图像理解的促进实验

图像理解的目标在于发现图像中包含有哪些个体, 以及它们间的空间关系. 数字图像由很多像素组成, 图像中的个体实质上就是一些像素的集合. 因此图像理解也就是一个由像素层次到符号层次的逐级聚合过程, 以确定每个像素分别应该属于哪个个体集合. 但是单个像素所能提供的语义信息是有限的, 所以实现图像理解的重要加工环节在于实现 "对像素进行凝聚操作, 并用集合来归并这些像素和形成以集合为粒度的标记和表示".

这里多层次网络计算模型中神经节细胞层的作用是实现忠于原图的表征, 在这个忠实的表征结果上可以根据不同的需要以及上层细胞组织的参与来进行不同的操作, 例如图像的聚类和分割. 图像的聚类和分割都是上层参与的结果, 消耗很大

的资源和能量. 神经节细胞层通过对图像像素进行整合以实现表征. 显然, 这种表
征高于图像像素的层面, 但同时又低于图像理解的层面. 在神经节细胞层表征结果
的基础之上利用高层知识拼出物体, 比在像素层面直接进行分割要容易做到. 本节
实验目的是验证本章多层次网络计算模型中神经节细胞层的表征可以明显改善许
多后续高级别的语义信息处理结果.

8.5.1　聚类促进实验

聚类是组合优化问题的典型案例. 聚类的核心目标是集群一些类似的语义像
素. 在像素级别进行操作是这些传统算法的基础, 因此找到良好的像素组合具有相
当大的计算复杂度. 如果我们解决粒度从像素升级到块, 那么组合优化的基数必将
大大地降低. 事实上神经节细胞阵列对一个原始刺激进行紧凑的表征, 它必定是更
抽象的. 如果是在一个神经节细胞阵列上, 而不是一个原始像素阵列上进行聚类必
将更有效. 我们先处理 GC 层, 利用种子生长法将相邻且输出相似的 GC 进行聚类,
然后回溯到原图, 找到每类 GC 在原图中所表征的区域, 并将这些区域用不同的灰
度表示出来, 得到原图的聚类图. 实验结果如图 8-18 所示, 由于空间限制, 所有的
图像都不是实际大小. 图 (a) 是原图, 图 (b) 是神经节细胞层输出的表征图, 其神
经节细胞的个数远远小于原图的像素个数, 因此, 在图 (b) 基础之上进行组合优化
的基数大大降低. 图 (c) 是根据图 (b) 的组合优化结果得到的图 (a) 的聚类图.

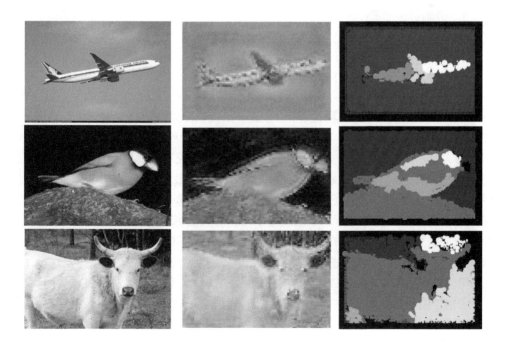

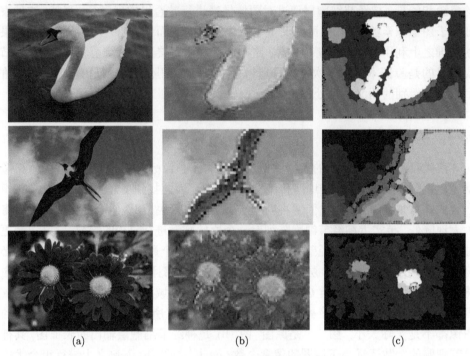

图 8-18　表征图像对聚类的促进作用

8.5.2　分割促进实验

1. GC 阵列提高了分割的效率

一些分割算法, 如最小割算法 (Boykov, Kolmogorov, 2004), 基于图的算法 (Polzleitner, 2001) 或基于马尔可夫随机场的算法 (Freno et al., 2009), 基本上是组合优化问题. 它们典型的数据结构是有向图, 其节点代表标签或随机变量. 其实, 不管代表标签还是随机变量, 每个节点都是像素粒度的, 仅表示一个像素的状态, 因此, 像素越多, 所需要的节点和连接也就更多, 这也是造成较高计算复杂度的原因. 我们已经知道, GC 阵列的维数相对于原图像素阵列的维数显著下降, GC 阵列虽然是通过一组块来得到一幅表征图像的, 但是该表征仍然忠于原图. 如果我们在 GC 粒度上而不是像素粒度上运行基于图或基于马尔可夫随机场的算法, 为每个块分配一个节点, 那么, 大大缩减的节点数目则可以显著提高分割的效率. 此外, GC 的非经典感受野可以提供远远超过一个像素的信息, 所以 GC 阵列还可以提供一些高级线索以供参考. 因此, 由 GC 粒度节点所得到的条件概率或相似性将更加合理和准确, 这也加快了最佳的解决方案的产生 (图 8-19). 表 8-6 通过三张图像就能够显示出节点数量的下降效果.

表 8-6　GC 阵列用少量节点来运行基于图的算法

图片	图片大小	像素节点数据	GC 节点数量
1	500×440	500×440	510
2	481×321	481×321	334
3	481×321	481×321	359

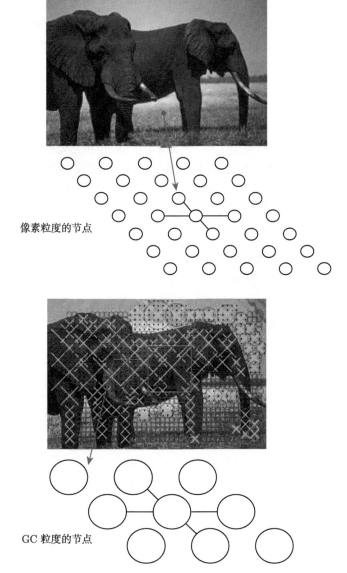

图 8-19　GC 阵列降低了最小割图的复杂度

在论文 (Dahlhaus et al., 1992) 中, 最小割算法的时间复杂度是 $O(n^2 \cdot \log n)$, 其中 n 是图的顶点个数, 接近最优最小割算法的时间复杂度是 $O(2nm \cdot \log(n^2/m))$, 其中 m 是边数. 现在我们可以理解, 对于同一个算法, 当节点数量减少时其计算速度可提高得多快.

2. N-cut 对比实验

N-cut 算法 (Shi, Malik, 2000) 是一种广泛应用于图像分割的方法. 因此, 本章选取该方法来验证表征对分割的促进作用. 用该多层次网络模型对原图进行表征后呈现出来的结果为灰度图, 为了增强可比性, 我们将原彩色图也转化为灰度图, 然后我们在原图的灰度图和表征图上分别用同一个 N-cut 算法进行分割, 结果如图 8-20 所示. 仔细对比马厩的分割结果, 不难发现, 在原图灰度图的分割结果 (b) 中, 受到影子的影响, 在门口位置处, 下面的木门被分割为两部分, 而上面包括马头在内的屋内暗处却与下面木门的亮处合在一起, 这是我们不期望出现的分割结果. 但是在表征图的分割结果 (c) 中, 下面木门的暗处和亮处被合在一起, 而上面包括马头在内的屋内暗处与下面木门被分隔开, 这与我们的期待是一致的. 这说明

时间: 56.92 分   时间: 5.29 分

时间: 39.56 分   时间: 3.48 分

时间: 58.77 分   时间: 3.99 分

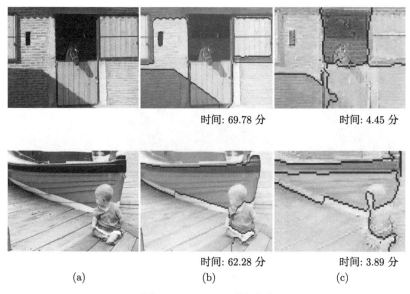

时间: 69.78 分　　时间: 4.45 分

时间: 62.28 分　　时间: 3.89 分

(a)　　(b)　　(c)

图 8-20　N-cut 对比实验

对马厩图而言, 其表征图的分割结果要比灰度图的好. 再对比其他图像可知, 表征图与灰度图的分割结果不相上下. 但是每幅图的两种分割耗时却都差了一个数量级, 对表征图进行分割所耗费的时间平均仅为原灰度图的 7.5%, 大大提高了分割效率.

8.5.3　轮廓拟合实验

在 GC 阵列对图像进行表征后, 我们利用小尺寸感受野主要表征边界这一特性, 仅将 GC 阵列中对应于小尺寸感受野的输出值表征出来, 从而得到边界表征图. 我们对边界表征图进行聚类, 将边界划分为若干个不同的区域, 然后用曲线拟合出每个区域的轮廓, 得到用以形状识别和形状表征的参数化曲线, 以此体现新表征带来的好处.

首先, 我们人为地对边界表征图进行聚类, 将其划分成若干个不同的点集, 再利用三次样条插值法对每个点集进行曲线拟合, 得到一些参数化的曲线, 如图 8-21 所示. 可以看出, 轮廓拟合图 (c) 与边界表征图 (b) 非常相似, 拟合效果很好.

然后, 在没有人为参与的情况下, 我们让计算机自动地对边界表征图进行聚类, 再对聚类得到的点集进行曲线拟合, 其实现方法是: 在边界表征图上选取一个未被拟合的点, 然后用种子生长法逐个扩展相邻的点, 每增加一个点就与原来的点形成一个新的点集, 对该点集进行三次样条曲线拟合, 若小于预先设定的拟合误差阈值, 就继续增加相邻点, 否则就结束本次曲线拟合. 如此迭代直到所有的点都已被拟合为止. 用该方法同样对边界表征图 8-21(b) 进行曲线拟合, 可以得到不同的拟合误差阈值下的轮廓拟合图如图 8-22 所示. 可以看出这种轮廓拟合的效果并不是十分理想, 这也是我们后续工作中要改进提高的地方.

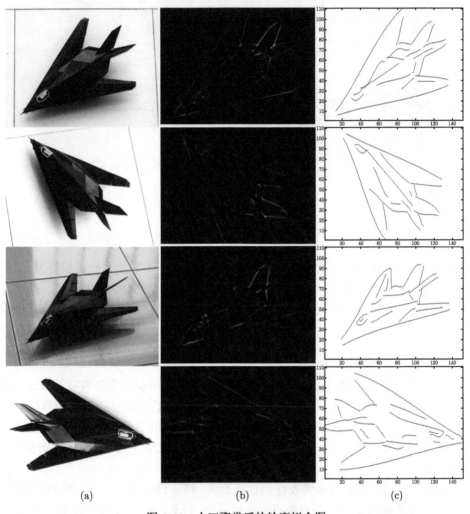

图 8-21　人工聚类后的轮廓拟合图

　　我们从人工聚类后的轮廓拟合图中取出 6 条拟合边界, 其解析表达式如表 8-7 所示. 可见, 使用解析表达式表征拟合边界要比用像素点列表征边界要高效得多.

　　在表 8-7 中所示的四幅拟合图中, 以 3 号拟合边界为例, 其各点处的曲率和二阶导数如表 8-8 所示. 可以看出, 这四幅拟合图中, 3 号边界各点处的曲率变化趋势是一致的, 二阶导数的变化趋势也是一致的. 这有助于我们在不同的学习样本间建立对应边界的匹配关系.

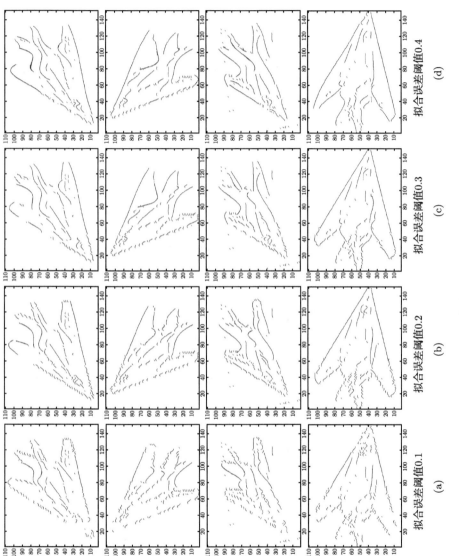

图8-22 自动聚类后的轮廓拟合图

表 8-7　手动聚类后的边界拟合曲线的解析表达式

手动边界拟合图	1~6 号边界拟合曲线的解析表达式
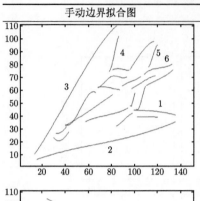	1. $y = -8.66 \cdot 10^{-5} \cdot x^3 + 0.27x^2 - 2.91 \cdot x + 149.96$ 2. $y = 1.54 \cdot 10^{-5} \cdot x^3 - 3.13 \cdot 10^{-3} \cdot x^2 + 0.40 \cdot x + 1.29$ 3. $y = -1.60 \cdot 10^{-4} \cdot x^3 + 0.02 \cdot x^2 + 0.76 \cdot x - 2.18$ 4. $y = -0.06 \cdot x^3 + 14.79 \cdot x^2 - 1215.73 \cdot x + 33275.78$ 5. $y = -0.04 \cdot x^3 + 14.53 \cdot x^2 - 1681.62 \cdot x + 64832.50$ 6. $y = 1.17 \cdot 10^{-3} \cdot x^3 - 0.43 \cdot x^2 + 52.11 \cdot x - 2045.31$
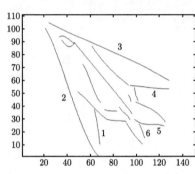	1. $y = -9.40 \cdot 10^{-3} \cdot x^3 + 1.35x^2 - 61.82 \cdot x + 905.06$ 2. $y = 9.28 \cdot 10^{-4} \cdot x^3 - 0.11 \cdot 10^{-3} \cdot x^2 + 1.95 \cdot x + 101.50$ 3. $y = -1.46 \cdot 10^{-5} \cdot x^3 + 3.05 \cdot 10^{-3} \cdot x^2 - 0.60 \cdot x + 118.28$ 4. $y = 8.91 \cdot 10^{-5} \cdot x^3 - 0.03 \cdot x^2 + 2.93 \cdot x - 41.16$ 5. $y = -1.13 \cdot 10^{-3} \cdot x^3 + 0.38 \cdot x^2 - 43.40 \cdot x + 1664.33$ 6. $y = 0.07 \cdot 10^{-3} \cdot x^3 - 21.54 \cdot x^2 + 2256.93 \cdot x - 78718.50$
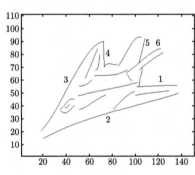	1. $y = -5.94 \cdot 10^{-5} \cdot x^3 + 0.02 \cdot x^2 - 2.38 \cdot x + 144.67$ 2. $y = 1.29 \cdot 10^{-5} \cdot x^3 - 3.83 \cdot 10^{-3} \cdot x^2 + 0.62 \cdot x + 4.17$ 3. $y = -5.37 \cdot 10^{-4} \cdot x^3 + 0.07 \cdot x^2 - 0.94 \cdot x + 19.73$ 4. $y = 4.21 \cdot 10^{11} \cdot x^3 - 2.77 \cdot 10^{13} \cdot x^2 - 2.63 \cdot 10^{15} \cdot x + 1.75 \cdot 10^{17}$ 5. $y = 0.01 \cdot x^3 - 4.01 \cdot x^2 + 417.42 \cdot x - 14361.50$ 6. $y = -5.45 \cdot 10^{-4} \cdot x^3 + 0.17 \cdot x^2 - 17.06 \cdot x - 615.73$
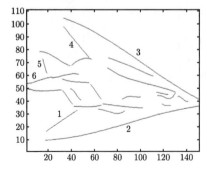	1. $y = 9.09 \cdot 10^{-5} \cdot x^3 - 9.18 \cdot 10^{-3} \cdot x^2 + 0.90 \cdot x + 3.03$ 2. $y = -1.33 \cdot 10^{-5} \cdot x^3 + 3.68 \cdot 10^{-3} \cdot x^2 - 0.08 \cdot x + 10.34$ 3. $y = 2.20 \cdot 10^{-5} \cdot x^3 - 6.81 \cdot 10^{-3} \cdot x^2 + 0.08 \cdot x + 108.99$ 4. $y = -3.52 \cdot x^4 + 0.05 \cdot x^2 - 0.84 \cdot x + 107.73$ 5. $y = -5.37 \cdot 10^{-4} \cdot x^3 + 0.02 \cdot x^2 + 0.40 \cdot x + 54.01$ 6. $y = 0.55 \cdot x^3 - 2.26 \cdot x^2 + 26.46 \cdot x$

表 8-8　3 号边界手动拟合曲线的解析表达式、曲率和二阶导数

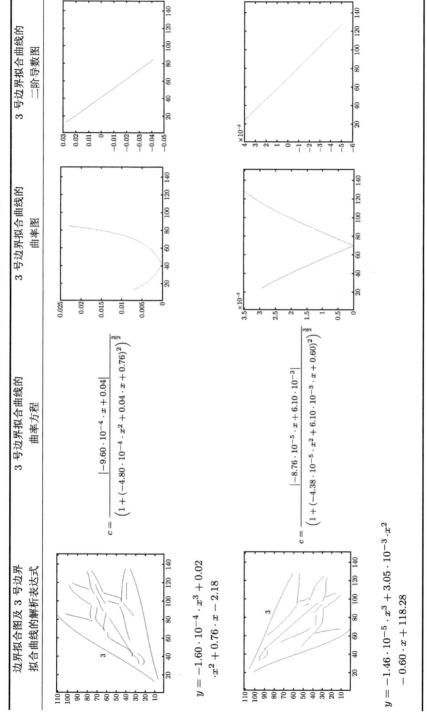

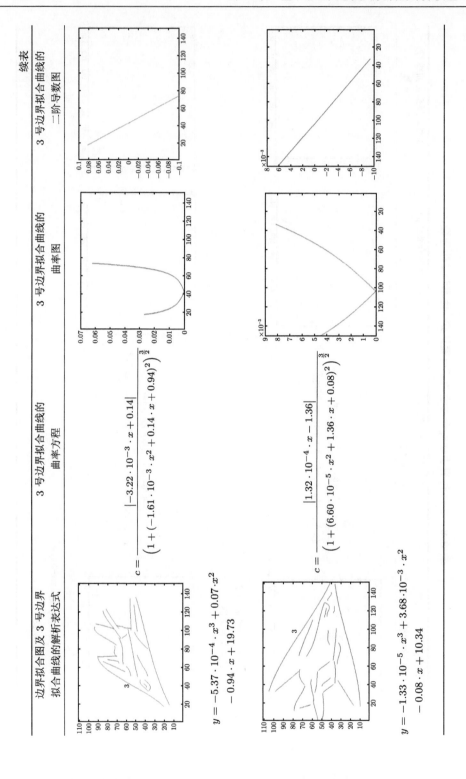

参 考 文 献

黎臧, 邱志诚, 顾凡及, 等. 2000. 视网膜神经节细胞感受野的一种新模型 I: 含大周边的感受野模型. 生物物理学报, 16(2): 296-302.

李朝义, 邱芳土. 1995. 视网膜神经节细胞空间传输特性的模拟. 生物物理学报, 11(3): 395-400.

李武, 李朝义. 1995. 猫纹状皮层神经元整合野的形态和范围. 生理学报, 47(2): 111-119.

罗四维. 2006. 视觉感知系统信息处理理论. 北京: 电子工业出版社.

邱芳土, 李朝义. 1995. 同心圆感受野去抑制特性的数学模拟. 生物物理学报, 11(2): 214-220.

杨雄里. 1985 一种新的视网膜神经元: 网间细胞. 生理科学进展, 16(1): 79-82.

姚海珊, 李朝义. 1998. 猫纹状皮层神经元整合野结构的对称性及空间总合特性. 生物物理学报, 14(3): 493-500.

Allman J, Miezin F, McGuinness E. 1985. Stimulus specific responses from beyond the classical receptive field: neurophysiological mechanisms for local-global comparisons in visual neurons. Annual Review of Neuroscience, 8(1): 407-430.

Ball A K, Stell W K, Tutton D A. 1989. Efferent projections to the goldfish retina//Weiler R, Osborne N N. Berlin: Springer-Verlag: 103-116.

Boykov Y, Kolmogorov V. 2004. An experimental comparison of min-cut/max-flow algorithms for energy minimization in vision. Pattern Analysis and Machine Intelligence, IEEE Transactions on, 26(9): 1124-1137.

Li C Y, Wu L. 1994. Extensive integration field beyond the classical receptive field of cat's striate cortical neurons—classification and tuning properties. Vision Research, 34(18): 2337-2355.

Li C Y, Xing P, Yi-Xiong Z, et al. 1991. Role of the extensive area outside the X-cell receptive field in brightness information transmission. Vision Research, 31(9): 1529-1540.

Li C Y, Yi-Xiong Z, Xing P, et al. 1992. Extensive disinhibitory region beyond the classical receptive field of cat retinal ganglion cells. Vision Research, 32(2): 219-228.

Cleland B G, Dubin M W, Levick W R. 1971. Sustained and transient neurones in the cat's retina and lateral geniculate nucleus. The Journal of Physiology, 217(2): 473-496.

Cox J F, Rowe M H. 1996. Linear and nonlinear contributions to step responses in cat retinal ganglion cells. Vision Research, 36(14): 2047-2060.

Croner L J, Kaplan E. 1995. Receptive fields of P and M ganglion cells across the primate retina. Vision Research, 35(1): 7-24.

Dahlhaus E, Johnson D S, Papadimitriou C H, et al. 1992. The complexity of multiway cuts. //Proceedings of the twenty-fourth annual ACM symposium on Theory of computing. New York: ACM: 241-251.

Dowling J E. 1989. 视网膜. 昊淼鑫, 杨雄里, 译. 上海: 上海医科大学出版社.

Druid A. 2002. Vision Enhancement System–Does Display Position Matter? Sweden: Linköping University.

Enroth-Cugell C, Robson J G. 1966. The contrast sensitivity of retinal ganglion cells of the cat. The Journal of Physiology, 187(3): 517-552.

Fischer B, Krüger J. 1974. The shift-effect in the cat's lateral geniculate neurons. Experimental Brain Research, 21(2): 225-227.

Freno A, Trentin E, Gori M. 2009. Scalable statistical learning: A modular bayesian/markov network approach//Proceedings of the 2009 International Joint Conference on Neural Networks. Atlanta, Georgia: IEEE: 890-897.

Ghosh K, Sarkar S, Bhaumik K. 2005. Low-level brightness-contrast illusions and non classical receptive field of mammalian retina//Proceedings of the Second International Conference on Intelligent Sensing and Information Processing. Chennai, India: IEEE: 529-534.

Ghosh K, Sarkar S, Bhaumik K. 2006. A possible explanation of the low-level brightness–contrast illusions in the light of an extended classical receptive field model of retinal ganglion cells. Biological Cybernetics, 94(2): 89-96.

Hochstein S, Shapley R M. 1976. Quantitative analysis of retinal ganglion cell classifications. The Journal of Physiology, 262(2): 237-264.

Hubel D H, Wiesel T N. 1962. Receptive fields, binocular interaction and functional architecture in the cat's visual cortex. The Journal of Physiology, 160(1): 106-154.

Hubel D H, Wiesel T N. 1968. Receptive fields and functional architecture of monkey striate cortex. The Journal of Physiology, 195(1): 215-243.

Ikeda H, Wright M J. 1972c. Functional organization of the periphery effect in retinal ganglion cells. Vision Research, 12(11): 1857-1879.

Ikeda H, Wright M J. 1972b. Receptive field organization of 'sustained' and 'transient' retinal ganglion cells which subserve different functional roles. The Journal of Physiology, 227(3): 769-800.

Ikeda H, Wright M J. 1972a. The outer disinhibitory surround of the retinal ganglion cell receptive field. The Journal of Physiology, 226(2): 511-544.

Kaneko A, Tachibana M. 1986. Effects of gamma-aminobutyric acid on isolated cone photoreceptors of the turtle retina. The Journal of Physiology, 373(1): 443-461.

Kaneko A. 1971. Electrical connexions between horizontal cells in the dogfish retina. The Journal of Physiology, 213(1): 95-105.

Kawamata K, Ohtsuka T, Stell W K. 1990. Electron microscopic study of immunocytochemically labeled centrifugal fibers in the goldfish retina. The Journal of Comparative Neurology, 293(4): 655-664.

Kolb H. 2003. How the retina works. American Scientist, 91(1): 28-35.

Krüger J, Fischer B. 1973. Strong periphery effect in cat retinal ganglion cells. Excitatory responses in ON- and OFF-center neurones to single grid displacements. Experimental Brain Research, 18(3): 316-318.

Krüger J. 1977. Stimulus dependent colour specificity of monkey lateral geniculate neurones. Experimental Brain Research, 30(2-3): 297-311.

Lasater E M, Dowling J E. 1985. Dopamine decreases conductance of the electrical junctions between cultured retinal horizontal cells. Proceedings of the National Academy of Sciences, 82(9): 3025-3029.

Li C Y, He Z J. 1987. Effects of patterned backgrounds on responses of lateral geniculate neurons in cat. Experimental Brain Research, 67(1): 16-26.

Li C Y. 1996. Integration fields beyond the classical receptive field: organization and functional properties. Physiology, 11(4): 181-186.

Li C. 1988. Mutual interactions and steady background effects within and beyond the classical receptive field of lateral geniculate neurons//Yew D T, So K F, Tsang D S C. Vision: Structure and Function. Singapore: World Scientific: 259-280.

Linsenmeier R A, Frishman L J, Jakiela H G, et al. 1982. Receptive field properties of X and Y cells in the cat retina derived from contrast sensitivity measurements. Vision Research, 22(9): 1173-1183.

Marrocco R T, McClurkin J W, Young R A. 1982. Modulation of lateral geniculate nucleus cell responsiveness by visual activation of the corticogeniculate pathway. The Journal of Neuroscience, 2(2): 256-263.

McIlwain J T. 1964. Receptive fields of optic tract axons and lateral geniculate cells: Peripheral extent and barbituarate sensitivity. Journal of Neurophysiology, 27(6): 1154-1173.

McIlwain J T. 1966. Some evidence concerning the physiological basis of the periphery effect in the cat's retina. Experimental Brain Research, 1(3): 265-271.

Nicholls J G, Martin A R, Fuchs P A, et al. 2001. From Neuron to Brain. Sunderland, Sinauer Associates.

O'BRIEN B J, Richardson R C, Berson D M. 2003. Inhibitory network properties shaping the light evoked responses of cat alpha retinal ganglion cells. Visual Neuroscience, 20(4): 351-361.

Ohtsuka T, Kawamata K, Stell W K. 1989. Immunocytochemical studies of centrifugal fiber in the goldfish retina. Neuroscience Research, Supplement, The Official Journal of the Japan Neuroscience Society, 10: S141-S150.

Passaglia C L, Enroth-Cugell C, Troy J B. 2001. Effects of remote stimulation on the mean firing rate of cat retinal ganglion cells. The Journal of Neuroscience, 21(15): 5794-5803.

Polzleitner W. 2001. Invariant pattern location using unsupervised color-based perceptual organization and graph-based matching//Proceedings of the 2001 International Joint

Conference on Neural Networks. Washington: IEEE: 594-599.

Rodieck R W, Stone J. 1965. Analysis of receptive fields of cat retinal ganglion cells. Journal of Neurophysiology, 28(5): 833-849.

Schwartz E A. 1987. Depolarization without calcium can release gamma-aminobutyric acid from a retinal neuron. Science, 238(4825): 350-355.

Shi J, Malik J. 2000. Normalized cuts and image segmentation[J]. Pattern Analysis and Machine Intelligence, IEEE Transactions on, 22(8): 888-905.

Springer A D. 1983. Centrifugal innervation of goldfish retina from ganglion cells of the nervus terminalis. The Journal of Comparative Neurology, 214(4): 404-415.

Stell W K, Walker S E, Ball A K. 1987. Functional-Anatomical studies on the Terminal nerve projection to the retina of bony fishes. Annals of the New York Academy of Sciences, 519(1): 80-96.

Teranishi T, Negishi K, Kato S. 1984. Regulatory effect of dopamine on spatial properties of horizontal cells in carp retina. The Journal of Neuroscience, 4(5): 1271-1280.

Walker G A, Ohzawa I, Freeman R D. 1999. Asymmetric suppression outside the classical receptive field of the visual cortex. The Journal of Neuroscience, 19(23): 10536-10553.

Wiesel T N, Hubel D H. 1965. Comparison of the effects of unilateral and bilateral eye closure on cortical unit responses in kittens. J Neurophysiol, 28(6): 1029-1040.

Yang X L, Shen Y, Han M H, et al. 1999. Physiological and pharmacological characterization of glutamate and GABA receptors in the retina. The Korean Journal of Physiology and Pharmacology, 3(5): 461-469.

Yazulla S, Zucker C L. 1988. Synaptic organization of dopaminergic interplexiform cells in the goldfish retina. Visual Neuroscience, 1(1): 13-29.

Zucker C L, Dowling J E. 1987. Centrifugal fibres synapse on dopaminergic interplexiform cells in the teleost retina. Nature, 330(6144): 166-168.

第9章 朝向选择性模型及其应用

9.1 模型生理基础

高等哺乳动物的视觉系统主要包括眼睛和连接视皮层 (visual cortex) 及其他脑功能区的通路 (pathway). 眼睛类似于一个凸透镜, 收集可见光并将其聚焦到视网膜上. 视网膜上布满具有 RF 的光感受器 (photoreceptor)(Jerez et al., 2005), 这些光感受器负责将光信号转换为电信号, 并具有初步的信息处理功能. 经过视网膜处理后的信息沿着由 GC 构成的视神经 (optic nerve) 传递到脑中 (Hubel, 1995). 其中, 90%的视神经投射到 LGN 中 (Mather, 2006). LGN 中的中继细胞 (relay cell) 将信息进一步传递给初级视皮层 (primary visual cortex, 也称为纹状皮层 striate cortex, 简称为 VI). 这一信息通路称为初级视觉通路 (primary visual pathway). 图 9-1 简

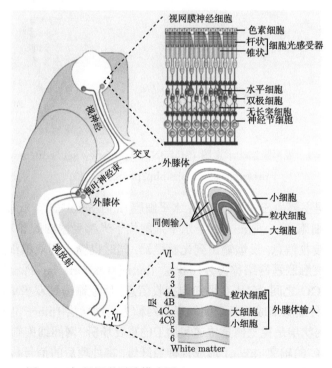

图 9-1 初级视觉通路模式图 (Solomon, Lennie, 2007)

要描述了初级视觉通路的构成.

本节对本书的生理基础, 即初级视觉通路上的信息处理机制进行概述. 本节安排如下: 9.1.1 节简述初级视觉通路的结构和功能; 9.1.2 节介绍 GC 及 LGN 细胞的 RF 的相关研究成果; 9.1.3 节介绍本章模型的神经基础: SC 的方向选择性.

9.1.1　初级视觉通路

在初级视觉通路中, 视网膜是一个感光组织, 位于眼球壁的内侧. 它接收眼睛传来的光信号, 将光信号转换成电信号并进行初步处理. 如图 9-2 所示, 视网膜由 10 层细胞构成, 其中主要的三层为光感受器细胞层、内核 (inner nuclear) 细胞层和 GC 层.

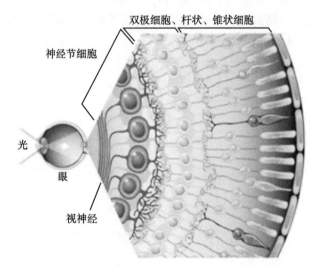

图 9-2　视网膜结构示意图 (SIMON, http://www.salk.edu/news/
pressrelease_details.php?press_id=443)

内核细胞层主要由三种细胞构成: 水平细胞 (horizontal cell)、双极细胞 (bipolar cell) 和无长突细胞 (amacrine cell). 水平细胞位于光感受器细胞和双极细胞之间, 它从光感受器接收信息, 反馈输出到光感受器, 同时也输出到双极细胞. 这三种细胞形成的复杂突触联系网络称为外网状层 (outer plexiform layer). 无长突细胞位于双极细胞和 GC 之间, 它从双极细胞接收信息, 反馈输出到双极细胞, 同时也输出到 GC, 这三种细胞形成的复杂突触联系网称为内网状层 (inner plexiform layer). 内网状层和外网状层是视觉信息传递和加工的重要场所, 网间细胞则联系内网状层和外网状层. GC 的轴突 (axon) 形成视神经纤维, 将处理后的信号传递到 LGN.

LGN 处于初级视觉通路的中间环节, 它综合来自视神经的信息 (颜色、双眼视差和频率等). 一般认为 LGN 中继细胞最主要的功能是将视网膜编码的信息几乎不加修改地复制到皮层中 (Wei, Mel, 2007). 本章不区分 LGN 细胞和 GC 在各方面的差异, 而认为两者在功能上是等价的. GC 与 LGN 细胞为后续皮层处理提供了基础数据, 复杂的视觉任务例如识别面部、物体及手写体等都依赖于这些数据 (Delorme, Thorpe, 2001; Fukushima 2010; Kang, Lee, 2002), 因而许多研究都集中在模拟这两种细胞的信息处理机制上 (Hennig, Funke, 2001; Niu, Yuan, 2007).

视皮层是大脑皮层中负责处理视觉信息的部分, 它主要接收来自 LGN 的视觉信息. 视皮层包括 V1 所在的纹状皮层和 V2, V3, V4 及 V5 所在的纹外皮层 (extrastriate cortex). V1 是目前为止学者对大脑研究最深刻的区域, 也是最简单、最早期的皮层视觉区. 这一区域高度分化, 专门处理有关静止和运动的物体信息, 具有优秀的模式识别功能 (Yan, 2007). 根据功能的不同, V1 进一步可以分为 6 层, 其中第 4 层 (layer 4) 接收的来自 LGN 的信息最多 (Troncoso et al., 2001). 这一层主要由具有狭长形 RF 的 SC 构成. 研究表明 V1 细胞开始具有方向检测的功能 (Arbib, 2002).

9.1.2 神经节及外膝体细胞的感受野

1938 年, Hartline 在蛙单根视神经上记录到电反应 (Hartline, 1938). 1953 年 Barlow 用微电极直接记录了蛙视网膜 GC 的放电 (Barlow, 1953), 每个视觉神经元只对视网膜特定区域内的视觉刺激产生直接反应, 神经科学家们把这个区域称为该视觉细胞的 RF. RF 是神经科学研究的核心概念之一 (Chirimuuta, Gold, 2009).

1953 年, Kuffler 研究了猫视网膜 GC 的反应敏感性的空间分布 (Kuffler, 1953), 首次发现了 GC 的同心圆 RF, 即 RF 是一个中心 (center) 兴奋区和一个周边 (surround) 抑制区组成的拮抗式 (antagonism) 结构. 图 9-3 为一个红绿型 GC 的 RF 及敏感度示意图.

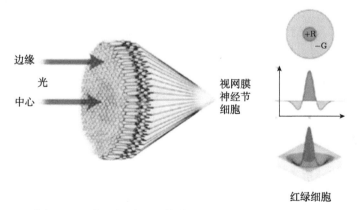

图 9-3 一个红绿型 GC 的感受野 (Douma et al., 2006)

1965 年, Rodieck 在 Kuffler 提出的同心圆结构 RF 的基础上, 采用 DOG 模型来描述 GC 的 RF 结构 (Rodieck, Stone, 1965; Rodieck, 1965). DOG 模型将光刺激产生的神经元信号分为中心和周边两种成分, 这两种成分的差即为神经元对刺激的实际反应. 中心和周边区在空间上呈同心圆结构, 两者相互重叠, 周边区更大. 中心和周边区的响应机制均可以采用高斯函数拟合. 这两个高斯函数的差值把 GC 的 RF 敏感性分布描述成一个墨西哥草帽形结构: 中心区高斯函数的敏感度更高, 周边区高斯函数的符号与中心区相反, 敏感度下降更平缓 (Kolb, Nelson, 2011). Marr 进一步提出 GC 的发放行为类似于 Laplacian of Gaussian 函数 (Marr, 1982).

DOG 模型假定信号在空间上是线性叠加的, 这与 GC 中数量占优的 X 型细胞的情况相符, 所以可以很好地定量描述 X 型 GC 对刺激的反应, 但是与 Y 型 GC 的吻合度不高 (Enroth-Cugell, Robson, 1966). Hochstein 和 Shapley 对 DOG 模型进行了修正, 以符合 Y 型 GC 的实际情况 (Hochstein, Shapley, 1976). 作为 Gabor 函数的特例, DOG 模型非常成功地定量描述了大部分 GC 对于刺激的反应 (Gomes, 2002; Miikkulainen et al., 2005; Ge et al., 2006; Watson, Jr, 1989), 因而被广泛应用于 GC 相关的研究 (Zimmerman, Levine, 1991). 由于 LGN 细胞对 GC 的输出主要起中继传输的作用 (Warner et al., 2010), 因而 LGN 细胞同 GC 具有等价的 RF 结构, 所以 DOG 也一直被广泛用于描述 LGN 细胞的 RF(Einevoll, Plesser, 2005; Kaplan et al., 1979).

根据感受野的类型, 可以将 GC 分为 On- 中心型和 Off-中心型 (Hubel, Wiesel, 1962). 对于 On-中心型的 GC, 当其 RF 的中心区被刺激时, 细胞被激活并发放响应; 其当周边区被刺激时, 细胞受到抑制, 响应降低; 而 Off-中心型的 GC 对刺激的响应刚好相反. 图 9-4 展示了两种类型 GC 的 RF 及 On-中心类型 GC 的 RF 对应的 DOG 模型.

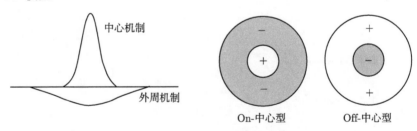

图 9-4   两种类型 GC 的 RF 与 On-中心型 GC 的 DOG 模型 (Hildreth, Hollerbach, 2011)

GC 同心圆拮抗式的 RF 结构, 使其对落在经典感受野内的明暗对比度特别敏感, 可以将其视作局部边缘检测器 (detector) (Levick,1967; Russell, Werblin, 2010), 这构成了视觉系统分辨空间对比度和提取空间形状信息的神经生理学基础. 学者认为, 从场景中提取边缘信息是视觉处理的基本内容 (Arbib, 2002). 在视网膜内部,不同位置上 GC 的 RF 大小是不同的, 通常视网膜周边的 GC 的 RF 比中心附近 GC 的 RF 更大, 并且邻近 GC 之间存在 RF 重叠的现象.

利用 RF 的概念, 神经科学家对 GC 的性质进行深入的研究. 许多学者研究了 GC 的对比度敏感性 (contrast sensitivity) (Enroth-Cugell, Robson, 1966; Kaplan, Shapley, 1986; Dhingra et al., 2005; Diedrich, Schaeffel, 2009; Chen et al., 2005; Lee, Sun, 2011). 在自然场景中, 光照对比度是二值化的, 即只有正对比度和负对比度 (Burkhardt et al., 1998). 增加一个刺激的对比度将导致 GC 更强烈的反应, 但是在一个很大范围内, 人的视觉认知关于刺激对比度是几乎保持不变的 (Heeger, 1992). 于是产生一个问题: 视觉的对比度不变性是如何形成的? 关于 GC 对对比边缘的响应性质这一问题, 文献 (Enroth-Cugell, Robson, 1966) 研究了 GC 对在其 RF 内移动的边缘的响应, 并利用一个 DOG 的变形给出了解释. 如图 9-5 中曲线所示, 该文献实验结果描绘了当 RF 内边缘的位置改变时, GC 的响应如何相应地变化. 文献 (Gaudiano, 1994) 用一个复杂的非线性模型拟合这条曲线. 文献 (Risner et al., 2010) 研究了具有变化模糊度的对比边缘如何影响 GC 的响应. 文献 (Schwartz, Rieke, 2011) 总结了现有模型在解释 GC 如何集成空间信号方面的成功和不足之处.

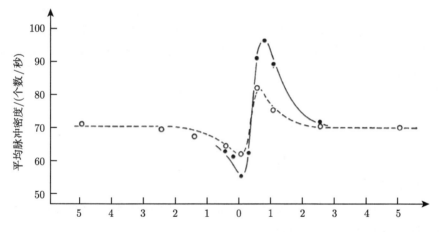

图 9-5　一个 On- 中心型 GC 对 RF 内对比边缘的响应, ○ 和 ● 代表两种不同的刺激对比度
(Enroth-Cugell, Robson, 1966)

RF 概念的提出使得学者对视觉系统的研究更加深入. 视觉系统在进行信息加工时所采用的一种基本方式是: 对不同形式的 RF 逐级进行特征抽取. Hubel 和 Wiesel 在 1968 年提出了著名的视觉系统的特征检测理论和与之相应的 RF 等级结构理论 (Hubel, Wiesel, 1968). 该理论认为, 视网膜提取的是关于亮度对比的边缘信息; V1 提取的则是更加抽象的视觉信息特征, 如方向、边缘、轮廓、带拐点的线

段、拐角 (corner) 和端点等. 视觉信息进一步在视皮层间映射, 不同特征的信息通过选择汇聚连接在一起, 形成更加复杂的特征, 如祖母细胞 (grandmother cell) 所能检测出的特征 (Gross, 2002; Nicholls, 2001).

9.1.3 简单细胞的感受野

1. 简单细胞的方向选择性

视皮层细胞的 RF 比视网膜及 LGN 的情况要复杂得多. Hubel 和 Wiesel 于 20 世纪 50 年代末首次对视皮层展开研究, 发现只有少数细胞具有与 LGN 及 GC 相似的同心圆式 RF, 其余绝大多数细胞对弥散光刺激不反应, 而是对具有特殊方向的条形光刺激反应强烈 (Hubel, Wiesel, 1968). 视皮层细胞按照其 RF 的特征可划分为 SC、复杂细胞 (complex cell) 和超复杂细胞 (hypercomplex cell) 等 (Hubel, Wiesel, 1962). 本节只对与本模型相关的分布在 V1 第 4 层的 SC 进行简要介绍.

Hubel 和 Wiesel 通过对猫的视皮层研究发现 (Hubel, Wiesel, 1968, Hubel, Wiesel, 1962), SC 对大面积的弥散光无反应. 当具有一定方向和一定宽度的条状刺激出现在 RF 上某个特定位置时, 大部分 SC 发出强烈的响应; 当刺激逐渐偏离该方向时, 响应程度急剧下降或消失. SC 的 RF 较小, 中心区为狭长形, 在其一侧或双侧有一个与之平行的周边区. 由于 SC 只对 RF 内具有一定方位和一定宽度的条形光刺激有强烈反应, 因此比较适合于检测具有明暗对比的直边. 每个 SC 对刺激有严格的方向选择性 (orientation selectivity), 或者是偏好性 (preference).

2. Hubel-Wlesel 简单细胞感受野模型

为了解释 SC 的方向选择性, Hubel 和 Wiesel 提出了 SC 的 RF 模型. Hubel-Wiesel 模型假定以下三点:

(1) 一个 SC 的 RF 是由其传入 LGN 细胞的 RF 所构成的, 它的方向选择性也因这些传入细胞 RF 的空间排列而产生;

(2) 这些传入细胞的 RF 中心区沿着一条线排列, 形成一个狭窄的兴奋性区域;

(3) 当一个光条刺激覆盖了这个狭长区域, 这些 LGN 细胞同时被激活并向此 SC 发放信号, 于是这个 SC 产生强烈的响应.

Hubel-Wiesel 模型只考虑了 LGN 向 SC 的前向信息传输, 因而属于前向模型. 这个模型简单、直接且合乎逻辑, 因而成为解释 SC 对刺激方向选择性的经典理论模型. 但是在生理学上, 支持和不支持该模型的证据并存; 而由于方法学上的困难, 解剖学上并没有直接的实验证据证明或否定此模型的正确性.

3. Hubel-Wlesel 模型的不足及其他模型

Hubel-Wiesel 模型的简单形式一方面使其具有不可抗拒的理论魅力, 另外一方面也使其一直面临许多理论上的挑战和质疑 (Ferster, Miller, 2000; Sompolinsky, Shapley, 1997; Wielaard, et al., 2001; Lauritzen, Miller, 2003), 一个最主要的问题是它不能够解释与刺激对比度几乎无关的方向选择性 (Ferster, 2003; Ferster, Miller, 2000). 大量学者在从事相关的研究并提出各自的理论, 已有的 SC 方向选择性模型大体可以分为前向模型和逆向模型两类 (Liu, et al., 2001). 与前向相反, 逆向模型将方向选择性归因于不同 SC 之间的兴奋/抑制作用反馈到 LGN 细胞上, 放大了 LGN 细胞本身的微弱方向偏好性 (orientation bias) (Benyishai et al., 1995; Sompolinsky, Shapley, 1997; Douglas et al., 1995). 一些研究表明视觉系统对有向刺激的响应受到周边其他相似刺激的影响 (Petkov, Westenberg, 2003; Meese et al., 2007).

围绕 SC 的方向选择性形成机制的争论核心在于皮层功能的本质. 已有的各种神经模型都得到了部分生理学证据的支持, 但同时又与一些实验现象不符. 学者们提出了大量的改进模型, 或是在一个模型中融合多种机制 (Vidyasagar et al., 1996; Gardner et al., 1999; Cai et al., 2004; Bhaumik, Mathur, 2003; Gardner et al., 1999; Wielaard et al., 2001). 一些模型设计了新的 RF 结构 (Hansen et al., 2000; Kara et al., 2002; Lee et al., 2000; Liu, Li, 2010); 一些模型着重解释了方向选择性的对比度不变性 (Troyer et al., 2002; Sclar, Freeman, 1982; Heeger, 1992; Troyer et al., 1998; Sadagopan, Ferster, 2012). 文献 (Ferster, Miller, 2000; Teich, Qian, 2006) 对现有相关主流理论进行了广泛的比较.

本章作为基于神经科学的图像研究, 主要考虑 Hubel-Wiesel 在以下几方面的不足.

1) 解剖学方面

图 9-6(c) 粗略展示了光感受器如何由与水平细胞和双极细胞的连接构成LGN/GC 的 RF. 每个水平细胞和双极细胞都通过分布在树突 (图 9-6(b)) 上的突触, 从它们的树突野 (图 9-6(a)) 上获得信息输入. 这些细胞的树突野和突触在树突上的分布都不规则, 在一个微小的范围里要求它们覆盖的光感受器 (RF 中心区) 成共线排列是有困难的. 也就是说很难要求若干相邻 LGN 细胞树突野覆盖的下层细胞的形态完全一致. 图 9-6(b) 和图 9-6(a) 都说明了树突野形态的差异性. 虽然通过电生理实验发现过在 LGN 上, SC 的传入 LGN 细胞排成一列, 但并不能说明这些细胞的 RF 中心在视网膜上是严格共线排列的. 除此之外, Hubel-Wiesel 模型隐含这样一个条件, 即一个 SC 的全部传入 LGN 的 RF 大小几乎一致, 这个严格的假设也并未获得实验的证实. 本章在模型的设计中放宽了诸多限制, 例如: RF 的尺寸可以不同, RF 的中心区不必严格排成直线等.

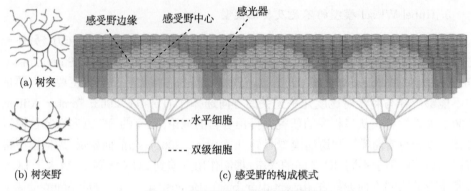

图 9-6 感受野中的复杂树突野分布

2) 物理学方面

Hubel-Wiesel 模型对刺激的模式要求过高. 一个 RF 中心区的视角介于 0.5° 到 8° 之间 (Hough, 1962; Illingworth, Kittler, 1988; Shapley, Hugh, 1986). 根据图 9-7 所示的投影原理, 如果 RF 和其投影区的距离为 1m, 那么 RF 中心区往外投影的直径将至少为 1.5cm. 在这样一个大的范围, 刺激的变化方式非常多, Hubel-Wiesel 模型假定的条状刺激无法代表全部可能的刺激模式. 事实上, 单独一条光刺激在自然环境中是非常罕见的. 那么当刺激的边缘不与 RF 中心区边缘相切时, 经典模型就难以解释 SC 对刺激的方向选择性了. 本章模型转而考虑了最常见的刺激模式: 对比边缘, 以增强模型的适用性.

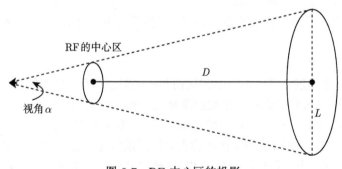

图 9-7 RF 中心区的投影

3) 数学方面

严格的对称式 RF 排列将给方向的判定带来歧义性. 由于对称的刺激和对称的 RF 使 LGN 细胞及 SC 产生相同反应, SC 可能因此无法分辩对称的刺激模式. 图 9-8 对这一问题进行了描述. 9.3.6 节在本章模型的框架下对这一问题进行了严格的数学证明.

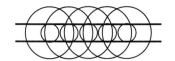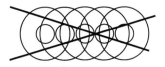

图 9-8 在对称式 RF 内对称分布的刺激对应相同的细胞响应

9.2 LGN 细胞对刺激的响应模型

与 Hubel-Wiesel 模型不同, 本章考虑一种自然界中普遍存在的刺激形式: 对比刺激. 如图 9-9 所示, 一个对比刺激由两种强度的刺激构成, 中间的交界面形成一个对比边缘, 这个刺激完整覆盖了一个神经元的 RF. 本章通过简化经典的 DOG 函数, 讨论神经元对这种刺激的响应与刺激的对比度、边缘位置及 RF 性质的关系, 从而得到神经网络模型中底层神经元的计算机制. 9.2.1 节推导得出一个和刺激对比度无关的归一化响应函数, 9.2.2 节讨论神经元的响应和边缘位置及 RF 性质的关系, 9.2.3 节给出由响应函数生成的仿真响应曲线, 由此验证模型的正确性.

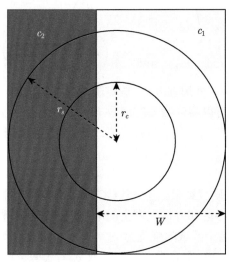

图 9-9 对比刺激覆盖了一个神经元的同心圆式感受野

9.2.1 与对比度无关的响应

如图 9-9 所示, 一个神经元的 RF 被一个对比刺激所覆盖. 设 RF 的中心区和外周区 (也包含中心区的大圆) 的半径分别为 r_c 和 r_s, 并将这两个区域分别记为 $R_c : x^2 + y^2 \leqslant r_c^2$ 和 $R_s : x^2 + y^2 \leqslant r_s^2$. 首先定义一个重要的参数, RF 中心–外周半

径 (范围) 比

$$r_t = \frac{r_c}{r_s} \tag{9.1}$$

设对比刺激两个分量中, 较强一个的强度分别为 c_1 (图 9-9 中亮带), 较弱一个的强度为 c_2 (图 9-9 中暗带), 并且 $c_1 > c_2$. 定义刺激的对比度为

$$\Delta c = c_1 - c_2 \tag{9.2}$$

设较强刺激 (对应于 c_1) 的覆盖宽度为 ω, 定义此对比刺激的覆盖率为

$$\eta = \frac{\omega}{2r_s} \tag{9.3}$$

容易看出, 给定 η 和 r_t, 能够得知对比边缘在 RF 中相对 RF 中心 (圆心) 的位置, 以及 RF 被两种刺激分量覆盖的比例.

对于一个边缘平行移动的对比刺激, 设在 t 时刻, 位于 (x,y) 点的刺激强度为 $h(x,y,t)$, 根据经典的 DOG 模型 (Einevoll, 2003), 此神经元对刺激的反应可以写作如下积分

$$S(t) = \int_{-\infty}^{+\infty} \int_{-\infty}^{+\infty} \frac{g_c}{\pi \sigma_c^2} \left(-\frac{x^2 + y^2}{\sigma_c^2} \right) h(x,y,t)\, \mathrm{d}x \mathrm{d}y$$
$$- \int_{-\infty}^{+\infty} \int_{-\infty}^{+\infty} \frac{g_s}{\pi \sigma_c^2} \exp \left(-\frac{x^2 + y^2}{\sigma_s^2} \right) h(x,y,t)\, \mathrm{d}x \mathrm{d}y \tag{9.4}$$

其中 g_c/g_s 衡量 RF 中心–外周强度比. 假定随着时间 t 增加, 刺激的覆盖率 η 单调地从 0 增加到 1. 我们可以将刺激强度函数 $h(x,y,t)$ 写作 $h(x,y,\eta)$, 这是一个二值函数, 在其定义域内只有 c_1 和 c_2 两种取值. 其他参数皆根据已知的 GC 的生理学性质而确定.

1) g_c 和 g_s

根据神经科学相关研究结果, 当一个 GC 的 RF 被同一种均匀刺激覆盖时, GC 几乎不产生响应, 即中心区和外周区产生的响应近乎彼此抵消. 由此, 对于 On- 中心类型的 GC, 我们取两个区域的强度为 $g_c = g_s = 1$(其他相等的实数都可以, 目的是使强度比为 1); 而对 Off- 中心类型的 GC 取 $g_c = g_s = -1$. 文献 (Enroth-Cugell, Freeman, 1987) 也有提到, 中心区与外周区的强度比对所有 GC 大体上都是相等的.

2) σ_c 和 σ_s

RF 都是有限面积的区域而非整个 R^2 平面. 根据高斯函数的性质, 以下两式应该近似成立以保证无穷积分和有限范围的二重积分近似相等

$$\iint\limits_{R_c} \frac{1}{\pi \sigma_c^2} \exp \left(-\frac{x^2 + y^2}{\sigma_c^2} \right) \mathrm{d}x \mathrm{d}y \approx \int_{-\infty}^{+\infty} \int_{-\infty}^{+\infty} \frac{1}{\pi \sigma_c^2} \exp \left(-\frac{x^2 + y^2}{\sigma_c^2} \right) \mathrm{d}x \mathrm{d}y = 1 \tag{9.5}$$

$$\iint\limits_{R_{\rm s}} \frac{1}{\pi\sigma_{\rm s}^2} \exp\left(-\frac{x^2+y^2}{\sigma_{\rm s}^2}\right)\mathrm{d}x\mathrm{d}y \approx \int_{-\infty}^{+\infty}\int_{-\infty}^{+\infty} \frac{1}{\pi\sigma_{\rm s}^2} \exp\left(-\frac{x^2+y^2}{\sigma_{\rm s}^2}\right)\mathrm{d}x\mathrm{d}y = 1 \quad (9.6)$$

记每个区域的半径和高斯函数标准差比为

$$v_{\rm c} = \frac{r_{\rm c}}{\sigma_{\rm c}} \tag{9.7}$$

$$v_{\rm s} = \frac{r_{\rm s}}{\sigma_{\rm s}} \tag{9.8}$$

并将其代入 (9.5) 和 (9.6) 得到

$$\iint\limits_{R_{\rm c}} \frac{1}{\pi\sigma_{\rm c}^2} \exp\left(-\frac{x^2+y^2}{\sigma_{\rm c}^2}\right)\mathrm{d}x\mathrm{d}y = 1 - \exp\left(-v_{\rm c}^2\right) \tag{9.9}$$

$$\iint\limits_{R_{\rm d}} \frac{1}{\pi\sigma_{\rm s}^2} \exp\left(-\frac{x^2+y^2}{\sigma_{\rm s}^2}\right)\mathrm{d}x\mathrm{d}y = 1 - \exp\left(-v_{\rm s}^2\right) \tag{9.10}$$

将 (9.9) 和 (9.10) 的等号右侧分别记为 $I(v_{\rm c})$ 和 $I(v_{\rm s})$. 显然, 它们都是单调递增函数. 通过数值计算可以得到当 $v_{\rm c} = v_{\rm s} = 4$ 时, $I(v_{\rm c}) \approx 1$, $I(v_{\rm s}) \approx 1$.

利用前面定义的函数和变量, 响应值函数 $S(\eta)$ 可以重新写作

$$S = \iint\limits_{R_{\rm c}} \frac{h\,(x,y,\eta)}{\pi\sigma_{\rm c}^2} \exp\left(-\frac{x^2+y^2}{\sigma_{\rm c}^2}\right)\mathrm{d}x\mathrm{d}y - \iint\limits_{R_{\rm s}} \frac{h\,(x,y,\eta)}{\pi\sigma_{\rm s}^2} \exp\left(-\frac{x^2+y^2}{\sigma_{\rm s}^2}\right)\mathrm{d}x\mathrm{d}y$$

$$\tag{9.11}$$

根据覆盖率 r_t 的不同范围, 图 9-10 和图 9-11 列举了四种不同的刺激覆盖模式, 每一种对应一个 η 变化的范围. 虽然 RF 是一个完整的区域, 但是数学上, 我们将 RF 分为一些子区域, 分别记为 D_i. 令 S_i^j 表示强度为 c_j 的刺激覆盖区域 D_i 而产生的局部响应. 令 D_1, D_2 和 D_3 分别代表位于 RF 周边区 (大圆) 内的三角形、弓形和扇形区域, 令 D_4 和 D_5 分别代表位于 RF 中心区 (小圆) 内的弓形和三角形区域. 由于对称性以及 (9.5) 和 (9.6), 对 $I = 3(D_3$ 代表扇形) 的区域和任意刺激强度 j, 都有 $S_3^j = 0$. 特殊地, 当 η 取 0, 0.5 或 1, $S = 0$ 时, 对于其他取值, 我们暂且分两种情况讨论.

情况 1 $0 < \eta < 0.5$.

对于图 9-10 所示两种情况, 我们有

$$S = S_1^2 + S_2^1 = S_1^2 + \left(S_2^1 + S_1^1\right) - S_1^1 \tag{9.12}$$

$$= -\Delta c \left(\iint\limits_{D_1 \cap R_{\rm c}} \frac{\exp\left(-\dfrac{x^2+y^2}{\sigma_{\rm c}^2}\right)}{\pi\sigma_{\rm c}^2}\mathrm{d}x\mathrm{d}y - \iint\limits_{D_1} \frac{\exp\left(-\dfrac{x^2+y^2}{\sigma_{\rm s}^2}\right)}{\pi\sigma_{\rm s}^2}\mathrm{d}x\mathrm{d}y\right) \tag{9.13}$$

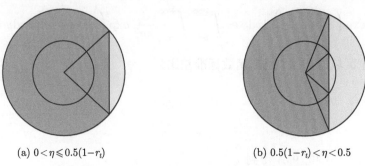

(a) $0 < \eta \leqslant 0.5(1-r_t)$　　　　　　　　(b) $0.5(1-r_t) < \eta < 0.5$

图 9-10　$\eta < 0.5$, RF 的大部分被较弱刺激所覆盖

情况 2　$0.5 < \eta < 1$.

对图 9-11 所示两种情况, 我们有

$$S = S_1^1 + S_2^2 = S_1^1 + (S_2^2 + S_1^2) - S_1^2$$

$$= \Delta c \left(\iint\limits_{D_1 \cap R_c} \frac{\exp\left(-\dfrac{x^2 + y^2}{\sigma_c^2}\right)}{\pi \sigma_c^2} \mathrm{d}x\mathrm{d}y - \iint\limits_{D_1} \frac{\exp\left(-\dfrac{x^2 + y^2}{\sigma_s^2}\right)}{\pi \sigma_s^2} \mathrm{d}x\mathrm{d}y \right) \quad (9.14)$$

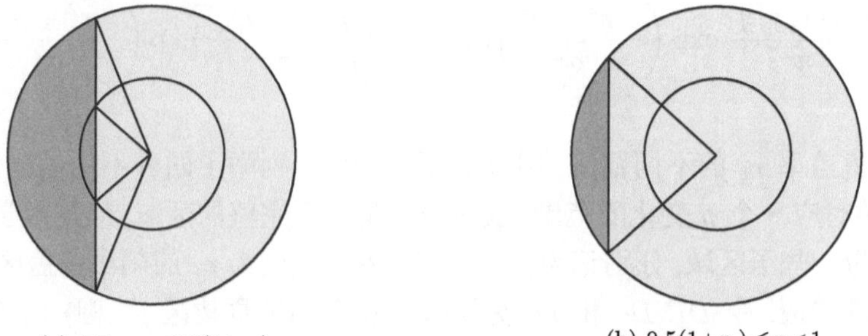

(a) $0.5 < \eta < 0.5(1+r_t)$　　　　　　　　(b) $0.5(1+r_t) \leqslant \eta < 1$

图 9-11　$\eta > 0.5$, RF 的大部分被较强刺激所覆盖

综合以上两种情况, 神经元对对比刺激的响应可以写作刺激的对比度 Δc 与一个强度为 1 的刺激覆盖三角形区域 D_1 产生的局部响应的乘积. 将这个响应值除以 Δc 就得到了与刺激对比度无关的, 即归一化的响应值函数:

$$\hat{S}(\eta) = \frac{S(\eta)}{\Delta c} \quad (9.15)$$

可以看出, 响应和刺激的对比度是线性的关系.

9.2.2　响应函数及其性质

注意到 9.2.1 节得到的等式 (9.13) 和 (9.14) 的右侧只相差一个符号, 所以我们可以只详细讨论第一种情况, 然后将得到的结论应用到另外一种情况即可.

根据 9.1 节的讨论, 我们固定 (9.7) 和 (9.8) 中定义的 $v_c = 4$ 和 $v_s = 4$. 对于特殊的覆盖率 $\eta_r = 0.5(1 - r_t)$ 和 $\eta_r = 0.5(1 + r_t)$, 对比边缘和 RF 的中心区相切. 进一步, 根据边缘是否穿过中心区, 第一种情况可以细分为两种情况.

情况 1a $0 < \eta < \eta_r$.

如图 9-10(b) 所示, 边缘在 RF 中心区之外. 令 Θ_l 为 $D_1 \cup D_2$ 顶角 (亦即三角形 D_1 在圆心处的顶角) 的一半, 我们有

$$\Theta_l = \arccos(1 - 2\eta) \tag{9.16}$$

由于 (9.16), $\hat{S}(\eta, r_t)$ 可以写为

$$\hat{S}(\eta, r_t) = \iint\limits_{D_1} \frac{1}{\pi\sigma_s^2} \exp\left(-\frac{x^2 + y^2}{\sigma_s^2}\right) \mathrm{d}x\mathrm{d}y - \iint\limits_{D_1 \cap R_c} \frac{1}{\pi\sigma_c^2} \exp\left(-\frac{x^2 + y^2}{\sigma_c^2}\right) \mathrm{d}x\mathrm{d}y$$

$$= -\frac{1}{\pi} \int_0^{\theta_t} \exp\left(-\frac{(1 - 2\eta)^2 r_2^s}{\sigma_s^2 \cos^2\theta}\right) \mathrm{d}\theta = -\frac{1}{\pi} \int_0^{\theta_t} \exp\left(-\frac{16(1 - 2\eta)^2}{\cos^2\theta}\right) \mathrm{d}\theta \tag{9.17}$$

情况 1b $\eta_r < \eta < 0.5$.

如图 9-10(a) 所示, 边缘穿越 RF 的中心区. 令 Θ_l 为 $D_1 \cup D_2$ 的顶角 (亦即三角形 D_1 在圆心处的顶角) 的一半, 并令 Θ_s 为 $D_4 \cup D_5$ 的顶角 (亦即 D_5 在圆心处的顶角) 的一半, 则

$$\Theta_l = \arccos \frac{(1 - 2\eta)}{r_t} \tag{9.18}$$

此时 $\hat{S}(\eta, r_t)$ 可以写作

$$\hat{S}(\eta, r_t) = \iint\limits_{D_1} \frac{1}{\pi\sigma_s^2} \exp\left(-\frac{x^2 + y^2}{\sigma_s^2}\right) \mathrm{d}x\mathrm{d}y - \iint\limits_{D_1 \cap R_c} \frac{1}{\pi\sigma_c^2} \exp\left(-\frac{x^2 + y^2}{\sigma_c^2}\right) \mathrm{d}x\mathrm{d}y$$

$$- \frac{1}{\pi} \left(\int_0^{\theta_l} \exp\left(-\frac{16(1 - 2\eta)^2}{\cos^2\theta}\right) \mathrm{d}\theta - \int_0^{\theta_s} \exp\left(-\frac{16(1 - 2\eta)^2}{r_t^2 \cos^2\theta}\right) \mathrm{d}\theta \right) \tag{9.19}$$

于是对于第二种情况, 当 $0.5 < \eta < \eta_r$ 时 (图 9-10(a)), 类似地, 我们有

$$\iint\limits_{D_1 \cap R_c} \frac{1}{\pi\sigma_c^2} \exp\left(-\frac{x^2 + y^2}{\sigma_c^2}\right) \mathrm{d}x\mathrm{d}y - \iint\limits_{D_1} \frac{1}{\pi\sigma_s^2} \exp\left(-\frac{x^2 + y^2}{\sigma_s^2}\right) \mathrm{d}x\mathrm{d}y$$

$$= \frac{1}{\pi} \left(\int_0^{\theta_t} \exp\left(-\frac{16(1 - 2\eta)^2}{\cos^2\theta}\right) \mathrm{d}\theta - \int_0^{\theta_t} \exp\left(-\frac{16(1 - 2\eta)^2}{r_t^2 \cos^2\theta}\right) \mathrm{d}\theta \right) \tag{9.20}$$

同理当 $\bar{\eta}_r \leqslant \eta < 1$ (图 9-13(a) 所示) 时, 我们有

$$\iint\limits_{D_1 \cap R_c} \frac{1}{\pi \sigma_c^2} \exp\left(-\frac{x^2 + y^2}{\sigma_c^2}\right) \mathrm{d}x\mathrm{d}y - \iint\limits_{D_1} \frac{1}{\pi \sigma_s^2} \exp\left(-\frac{x^2 + y^2}{\sigma_s^2}\right) \mathrm{d}x\mathrm{d}y$$

$$= \frac{1}{\pi} \int_0^{\theta_l} \exp\left(-\frac{16(1-2\eta)^2}{\cos^2\theta}\right) \mathrm{d}\theta \tag{9.21}$$

综合以上分析, 记 $l = -\dfrac{16(1-2\eta)^2}{\cos^2\theta}$, 我们得到归一化的响应函数在所有情况下的
显式表达式

$$\hat{S}(\eta, r_t) = \begin{cases} -\dfrac{1}{\pi} \displaystyle\int_0^{\Theta_l} \exp(l)\,\mathrm{d}\theta, & 0 \leqslant \eta \leqslant \eta_1 \\[3mm] -\dfrac{1}{\pi} \displaystyle\int_0^{\Theta_l} \exp(l)\,\mathrm{d}\theta - \int_0^{\Theta_s} \exp\left(\dfrac{l}{r_t^2}\right)\mathrm{d}\theta, & \eta_1 < \eta \leqslant 0.5 \\[3mm] \dfrac{1}{\pi} \displaystyle\int_0^{\Theta_l} \exp(l)\,\mathrm{d}\theta - \int_0^{\Theta_s} \exp\left(\dfrac{l}{r_t^2}\right)\mathrm{d}\theta, & 0.5 < \eta < \bar{\eta}_2 \\[3mm] \dfrac{1}{\pi} \displaystyle\int_0^{\Theta_l} \exp(l)\,\mathrm{d}\theta, & \bar{\eta}_2 \leqslant \eta \leqslant 1 \end{cases} \tag{9.22}$$

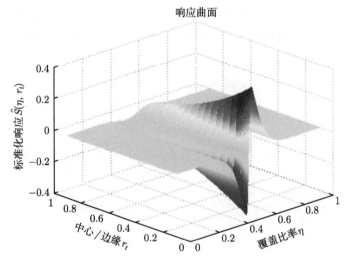

图 9-12　$\hat{S}(\eta, r_t)$ 关于 $r_t \in (0, 1)$ 和 $\eta \in [0, 1]$ 上的曲面

通过简单的数学分析, 我们能够得到函数 $\hat{S}(\eta, r_t)$ 的以下几点性质.

当 $0.5 < \eta < 1$ 时, $\hat{S}(\eta, r_t) > 0$, 反之 $\hat{S}(\eta, r_t) \leqslant 0$. 这正表明, 一个 on-中
心型 GC, 当刺激中的较强分量为主要成分时, 它产生一个正反应; 而当较弱分量
占优势时, 它产生一个负响应. 容易验证, 当 $0.5 < \eta < 1$ 时, $\dfrac{\partial \hat{S}(\eta, r_t)}{\partial r_t} < 0$. 令

$\hat{S}_{\max}(r_t) = \max\limits_{\eta} \hat{S}(\eta, r_t)$, 即对固定的 r_t, 归一化响应的最大值 $\hat{S}_{\max}(r_t)$ 因此是单调递减函数. 这表明随着 RF 的中心–周边半径比 r_t 增加时, 最大响应值下降.

(1) 给定一个 η, 归一化响应 $\hat{S}$ 只由中心–周边半径比 r_t 控制. 这表明, 具有相近甚至相等的 RF 中心–周边半径比的 GC 可能具有相近甚至相同的响应特性. 通过统计实验, 许多文献如 (Croner, Kaplan, 1995; Yan, 2007; Irvin et al., 1993; Kilavik et al., 2003) 都发现, 对于 LGN, 这一比值并无较大差异.

(2) 给定 η 和 r_t, 响应值 S 只由对比度 (强度差) Δc 决定. 大多数神经元都有一个产生神经脉冲的阈值, 只有当刺激超出阈值需要的强度时, 神经元才会输出响应值 (Malmivuo, Plonsey, 1995).

9.2.3 响应曲线

文献 (Croner, Kaplan, 1995) 通过统计得出, 对大部分 GC, 其中心–周边半径比 $r_t < 0.5$. 我们令 r_t 取 $(0.1, 0.5]$ 范围内的一些离散数值, 然后观测归一化响应值 $\hat{S}$ 仅关于 η 的变化趋势, 即固定 r_t 时的响应曲线. 图 9-13 给出八幅用 Matlab 软件 "plot" 命令画出的曲线图. 显然, 这些曲线图是图 9-12 所示曲面沿 r_t 轴方向的截面图.

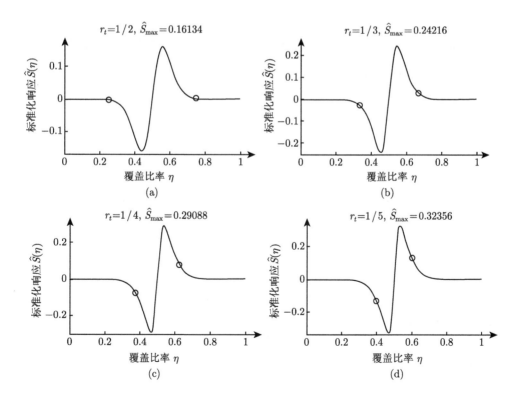

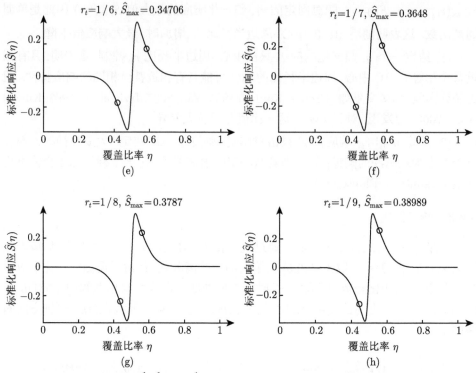

图 9-13　r_t 分别取 $\frac{1}{2}, \frac{1}{4}, \cdots, \frac{1}{9}$ 时的响应曲线, 与中心区相切的位置以 o 标记

可以看出, 归一化的响应绝对值 $|\hat{S}|$ 在两处达到最大值, 这两处对应的边缘位置都在 RF 中心区内. 值得注意的是, 本章得到的响应曲线和 9.1.3 节中图 9-5 所示的生理实验数据, 在形状上具有很大的一致性.

9.3　简单细胞的方向计算模型

结合文献 (Croner, Kaplan, 1995; Xu et al, 2002; Irvin et al., 1993) 中的研究结果, 从本节起, 为了简便, 固定响应函数 $\hat{S}(\eta, r_t)$ 中的 RF 中心–周边半径比 $r_t = 0.5$, 此时的响应曲线如图 9-14 所示. 由简单的数值计算可以得出, 当 $\eta = 0.45$ 时, 响应函数的近似最小值为 $\hat{S}_{\min} = -0.16$, 对应地当 $\eta = 0.55$ 时, 响应函数的最大值为 $\hat{S}_{\max} = 0.16$. 在此条件下, 本节讨论计算网络的顶层, 即简单细胞的方向计算模型. 9.3.1 节介绍基本最小二乘模型; 9.3.2 节提出一个非线性优化模型; 9.3.3 节给出求解方法及解的性质; 9.3.4 节简要分析了模型的计算误差; 9.3.5 节设计一个改进的加权优化模型; 9.3.6 节在本节模型的框架下证明 Hubel-Wiesel 经典假说带来的多解性问题.

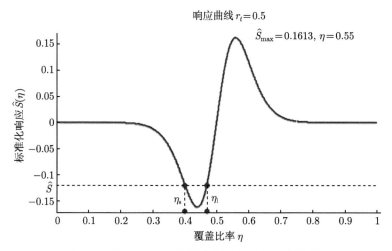

图 9-14 根据归一化响应 $\hat{S}$ 的取值估算覆盖比率 η

9.3.1 基本最小二乘模型

在响应曲线已经固定的情况下, 可以建立一个离散的 $\eta\text{-}\hat{S}$ 映射表. 从曲线图 9-14 上可以看出, 给定一个 $\hat{s}$, 极值点两侧各有一个 η 与之对应. 不妨设 $\hat{s} < 0$, 记其中大的一个为 η_l, 小的一个为 η_s. 显然 η 的真实取值为在 $(0, 0.45)$ 之间的 η_s 要比在 $(0.45, 0.5)$ 内的 η_l 概率大得多. 所以在不能确定的情况下, 本节默认总是取较小的 η_s (对应的边界距离 RF 中心较远) 作为唯一真实 η 值参与后续计算. 此时可以估算这个 RF 的中心到边缘的距离约为

$$d = |1 - 2\eta| r_s \tag{9.23}$$

可以看出, $|\hat{s} - \hat{S}_{\max}|$ 越小, η_s 就越接近真实值. 相应地, 距离 d 也越小.

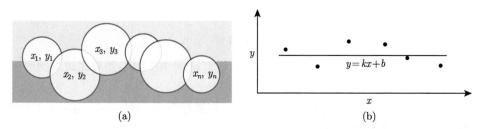

图 9-15 通过多个被激活神经元的响应值进行方向计算. (a) 对比刺激覆盖了 n 个神经元的 RF; (b) 拟合对比边缘所在直线

如图 9-15(a) 所示, 设 n 个神经元的 RF 中心分别位于 (x_i, y_i), 这些神经元对刺激的归一化响应值分别是 $\hat{s}_i$, 当前的问题是要找出图 9-15(b) 中对比边界所在直

线的方程 $y = kx + b$. 因为每个估算的距离 d_i 都比对应的 RF 的半径 r_{s_i} 还要小, 所以我们假定直线穿越所有的 RF 的中心 (x_i, y_i), 即将距离都视为 0. 显然, 越小的 d_i 越能增加这种假设的可信度 (准确性), 所以给每个神经元都附加一个如下定义的权值衡量其数据准确性

$$w = \frac{1}{d} \tag{9.24}$$

然后, 我们用加权最小二乘的方法寻找直线方程的参数 k 和 b 使得下式最小:

$$e_f(k, b) = \sum_{i=1}^{n} w_i (kx_i + b - y_i)^2 \tag{9.25}$$

容易得到最优解为

$$\begin{pmatrix} b \\ k \end{pmatrix} = \begin{pmatrix} \sum\limits_{i=1}^{n} \omega_i & \sum\limits_{i=1}^{n} \omega_i x_i \\ \sum\limits_{i=1}^{n} \omega_i x_i & \sum\limits_{i=1}^{n} \omega_i x_i^2 \end{pmatrix}^{-1} \begin{pmatrix} \sum\limits_{i=1}^{n} \omega_i y_i \\ \sum\limits_{i=1}^{n} \omega_i x_i y_i \end{pmatrix} \tag{9.26}$$

计算得到的方向与观测数据之间的误差 $e(k, b)$ 为

$$e(a, b) = \sum_{i=1}^{n} \left(w_i \frac{|kx_i + b - y_i|}{\sqrt{1 + k^2}} - |d_i| \right)^2 \tag{9.27}$$

为了评估计算结果, 我们引入最大允许误差 $e_{\max}$, 如果优化误差 $e(k, b) < e_{\max}$, 则认为结果可接受, 否则丢弃对于这个刺激的方向计算结果.

9.3.2 非线性优化模型

上一节用基本的最小二乘模型计算出对比边缘的方向. 虽然每个 RF 的中心到对比边缘的距离都很小, 但容易看出, 将其都视作 0 还是会导致一定的计算偏差. 本节介绍一个更严格非线性优化方法计算方向.

1. 底层神经元: 基于响应的有向距离估计

上一节已提到, 给定 $\hat{s}(\eta)$ 的取值, 可以近似得到 RF 中心到对比边缘的距离, 本节进一步引入有向距离的概念.

定义 9.3.1 对给定的归一化响应值 $\hat{s}$, 如果存在 η 满足 $\hat{s}(\eta)$, 则定义 RF 中心到对比边缘的有向距离为

$$d(\hat{s}) = 2r_s(\eta - 0.5) \tag{9.28}$$

从几何角度看, 对比边缘所在直线和以这个 RF 的中心为圆心, 半径为 $|d|$ 的圆 (即 RF 的同心圆) 相切. 对于多个神经元. 这条直线就是所有这些 RF 的同心

圆的共切线. 上一节已经提到, 通常有一个较小的 η_s 和一个较大的 η_l (相应也有 d_l 和 d_s 两个有向距离) 对应于同一个给定的响应值 $\hat{s}$. 估算值和真实值之间的最大可能误差为 $|\eta_s - \eta_l|$. 令 $s_{\max}$ 为固定 r_t 后, 神经元的最大归一化输出, 图 9-14 表明, $\|s\| - s_{\max}$ 越小, $|\eta_s - \eta_l|$ 也将越小. 所以我们可以设定一个阈值 $s_{\min} = 0.5 s_{\max}$, 对于一个神经元, 如果它的归一化响应值比 $s_{\min}$ 还小, 则被视作无效, 即不向外发出信号. 这一设计类似于文献 (Meftah et al., 2010) 的做法: 一个神经元如果活跃值低于某一设定阈值, 则被标记为不发放. 从生理学角度看也有类似的情况: 只有当兴奋性刺激足够强, 膜电位超过阈值的时候, 神经冲动才能产生 (Malmivuo, Plonsey, 1995). 对一个有效的 $\hat{s}$, 既可以选择 η_s 也可以选择 η_l 参与后续计算. 后面中的实验表明, 计算结果几乎不受这一选择的影响, 因为不同的神经元对应的误差倾向于互相抵消, 而这主要归因于下一节将要介绍的协同决策机制.

2. 顶层神经元: 基于最优化决策的方向判定

假设底层共有 n 个神经元, 它们的 RF 中心分别位于 (x_i, y_i), $i = 1, 2, \cdots, n$, 且设 $d_i, i = 1, 2, \cdots, n$ 为估计的有向距离. 核心的数学问题就是找出边缘所在直线方程 $(a, b)(x, y)^{\mathrm{T}} + c = 0$. 根据点到直线距离公式, $\dfrac{|ax_i + by_i + c|}{\sqrt{a^2 + b^2}} = |d_i|$. 对每个位于直线上方的点 (x_i, y_i), $ax_i + by_i + c > 0$, 而对于直线下方的点, $ax_i + by_i + c \leqslant 0$. 有向距离定义 (9.23) 中蕴涵一个事实: 所有 RF 中心在对比边缘同一侧的神经元都会产生同符号的响应, 从而也对应同符号的有向距离估计. 所以, 下边的两组方程一定有一组成立, 二者分别对应图 9-16(a) 与图 9-16(b) 所示两种情况.

$$
\begin{cases}
\dfrac{ax_1 + by_1 + c}{\sqrt{a^2 + b^2}} = d_1 \\[2mm]
\dfrac{ax_2 + by_2 + c}{\sqrt{a^2 + b^2}} = d_2 \\
\quad\vdots \\
\dfrac{ax_n + by_n + c}{\sqrt{a^2 + b^2}} = d_n
\end{cases}
\tag{9.29}
$$

$$
\begin{cases}
\dfrac{ax_1 + by_1 + c}{\sqrt{a^2 + b^2}} = -d_1 \\[2mm]
\dfrac{ax_2 + by_2 + c}{\sqrt{a^2 + b^2}} = -d_2 \\
\quad\vdots \\
\dfrac{ax_n + by_n + c}{\sqrt{a^2 + b^2}} = -d_n
\end{cases}
\tag{9.30}
$$

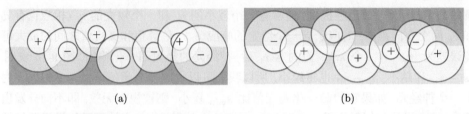

图 9-16   相反的刺激模式产生异号的响应值及有向距离的估计. "+" 和 "–" 代表神经元的响
应值符号

显然, 方程组 (9.29) 的解的相反数就是方程组 (9.30) 的解, 反之亦然. 由于任意解和其相反数都定义了 R^2 中的同一条直线. 所以, 我们只需求解 (9.28) 即可. 通过对 (9.29) 加入如下二次约束

$$a^2 + b^2 = 1 \tag{9.31}$$

我们可以得到一个线性方程组

$$\begin{pmatrix} x_1 & y_1 & 1 \\ x_2 & y_2 & 1 \\ \vdots & \vdots & \vdots \\ x_n & y_n & 1 \end{pmatrix} \begin{pmatrix} a \\ b \\ c \end{pmatrix} = \begin{pmatrix} d_1 \\ d_2 \\ \vdots \\ d_n \end{pmatrix} \tag{9.32}$$

引入记号 $1_n = \begin{pmatrix} 1 \\ 1 \\ \vdots \\ 1 \end{pmatrix}, X = \begin{pmatrix} x_1 \\ x_2 \\ \vdots \\ x_n \end{pmatrix}, Y = \begin{pmatrix} y_1 \\ y_2 \\ \vdots \\ y_n \end{pmatrix}$ 及 $D = \begin{pmatrix} d_1 \\ d_2 \\ \vdots \\ d_n \end{pmatrix}$ 则上式可简

写为

$$(X \ \ Y \ \ 1_n) \begin{pmatrix} a \\ b \\ c \end{pmatrix} = D^{\mathrm{T}} \tag{9.33}$$

只需求解这个带二次约束的线性方程组, 就可以确定对比边缘的方向.

9.3.3   模型求解及解的性质

1. 带二次约束的最小二乘法

单独考虑线性方程组 (9.32). 如果它有精确解, 精确解可以用 Cramer 法则求得. 然而, 神经元的数量 n, 即方程的数量, 通常大于变量的个数 3, 并且 x_i, y_i 特别是 d_i 的值通常不够精确. 所以可能找不到精确解, 而只能够寻找这个线性方程

组的最小二乘解, 即

$$\min_{a,b,c}(a,b,c) = \min \frac{1}{n} \left\| (XY)(ab)^{\mathrm{T}} + c^0 - D \right\|^2 \tag{9.34}$$

其中 $e(a,b,c)$ 定义了方向计算的误差. 如果将 (9.34) 及约束 (9.31) 看作一个优化系统求最小值的问题, 此问题可由 Lagrange 乘数法求解. 定义 Lagrange 函数

$$L(a,b,c,\lambda) = \frac{1}{n} \left\| aX + bY + c^0 - D \right\|^2 + \lambda \left(a^2 + b^2 - 1 \right) \tag{9.35}$$

求 L 的梯度并令其梯度 $\nabla L(a,b,c,\lambda) = \left(\dfrac{\partial L}{\partial a}, \dfrac{\partial L}{\partial b}, \dfrac{\partial L}{\partial c}, \dfrac{\partial L}{\partial \lambda} \right) = 0$, 可以得到

$$c = \bar{D} - a\bar{X} - b\bar{Y} \tag{9.36}$$

$$\begin{pmatrix} u + \lambda & v \\ v & w + \lambda \end{pmatrix} \begin{pmatrix} a \\ b \end{pmatrix} = \begin{pmatrix} p \\ q \end{pmatrix} \tag{9.37}$$

其中 $u = \dfrac{1}{n} \sum\limits_{i=1}^{n} x_i^2 - \bar{X}^2$, $v = \dfrac{1}{n} \sum\limits_{i=1}^{n} x_i y_i - \bar{X}\bar{Y}$, $w = \dfrac{1}{n} \sum\limits_{i=1}^{n} y_i^2 - \bar{Y}^2$, $p = \dfrac{1}{n} \sum\limits_{i=1}^{n} x_i d_i - \bar{X}\bar{D}$, $q = \dfrac{1}{n} \sum\limits_{i=1}^{n} y_i d_i - \bar{Y}\bar{D}$.

将 (9.36) 代入 (9.34) 得到一个等价的优化

$$\min_{a,b}(a,b) = \min_{a,b} \frac{1}{n} \|(X - \bar{X}Y - \bar{Y})(ab)^{\mathrm{T}} - (D - \bar{D})\|^2 \tag{9.38}$$

这时的决策误差 $e(a,b)$ 只由两个变量决定, 而这两个变量 (a,b) 刚好定义了边缘的方向. $e(a,b)$ 的大小反映了最优直线和根据神经元对刺激的响应估计出的点-直线距离的匹配程度. 理论上, 较小的 $e(a,b)$ 应该表明刺激中确实存在一条线性的边缘以及计算的高度准确性. 和上一节介绍的最小二乘模型相似, 我们仍然引入最大允许误差 $e_{\max}$, 控制是否接受一个方向计算结果.

2. 解的性质

首先给出解的唯一存在性充分条件.

命题 9.3.1　如果满足

$$v \left(p^2 - q^2 \right) - pq(u - w) \neq 0 \tag{9.39}$$

则 (9.37) 在约束 (9.31) 下的最优解存在且唯一.

证明　将 (9.37) 单独看作一个关于 a 和 b 的线性方程组, 显然, 我们仅考虑非平凡解. 方程组的系数矩阵为

$$M_1 = \begin{pmatrix} u + \lambda & v \\ v & w + \lambda \end{pmatrix} \tag{9.40}$$

其增广系数矩阵为

$$M_2 = \begin{pmatrix} u+\lambda & v & p \\ v & w+\lambda & q \end{pmatrix} \tag{9.41}$$

将矩阵 M_1 和 M_2 的秩记为 $\mathrm{rank}(M_1)$ 和 $\mathrm{rank}(M_2)$, 根据线性方程理论, 方程组的解当且仅当 $\mathrm{rank}(M_1) = \mathrm{rank}(M_2)$ 时存在, 具体地, 有以下几种情况.

情况 1 $\mathrm{rank}(M_1) = \mathrm{rank}(M_2) = 0$.

这是一种平凡的情况, 其必要条件是 $v = 0 \wedge u = w \wedge p = q = 0v = 0$, 此时显然有 $v\,(p^2 - q^2) - pq(u - w) = 0$.

情况 2 $\mathrm{rank}(M_1) = \mathrm{rank}(M_2) = 1$.

容易验证, $v\,(p^2 - q^2) - pq(u - w) = 0$ 也是这种情况的一个必要条件.

对于上述两种情况, 方程组 (9.37) 都有无数组解. 9.3.6 节讨论了一个特例: 所有底层神经元的 RF 中心全部共线, 而这恰好是 Hubel-Wiesel 模型的一种最理想情况. 这一极端神经元排列方式只属于上述两种情况, 并最终导致了方向判别的不唯一性.

情况 3 $\mathrm{rank}(M_1) = \mathrm{rank}(M_2) = 2$.

文献 (Golub, Matt, 1991) 证明, (9.38) 在约束 (9.31) 下的最优解 (a^*, b^*) 对应于最大的 $\lambda_{\max}$. 此时, λ 的取值必须使得 M_1 非奇异. 如果 (9.31) 和 (9.37) 对于一个恰当的 λ 总是有公共解, 则结论成立. 将 λ 从 (9.37) 消去得到

$$v(a^2 - b^2) + (w - u)ab - qa + pb = 0 \tag{9.42}$$

用二次曲线的几何不变量容易证明, (9.42) 在条件 (9.39) 下为一个经过原点 $(0, 0)$ 的双曲线, 而 (9.31) 代表一个位于原点的单位圆 $(0, 0)$, 这两条曲线至少会有一个交点, 换言之, 存在一个解 (a, b).

由此, 我们证明了本节初提出的命题 9.3.1. 虽然 (9.39) 只是一个最优解唯一存在的充分条件, 但是它仍能一直被满足, 而这恰好归因于估计值 d_i 蕴涵的误差.

3. 数值解

根据前边的讨论, 当前的问题是在约束 (9.39) 下, 找到最大的 $\lambda_{\max}$ 及与之对应的最优解 (a^*, b^*). 把 a, b 和 c 从 (9.37) 和 (9.22) 中消去得到一个特征方程:

$$g_0 + g_1\lambda + g_2\lambda^2 + g_3\lambda^3 + \lambda^4 = 0 \tag{9.43}$$

其中系数

$$g_0 = (wu - v^2)^2 - (q^2 + p^2)v^2 - p^2 w^2 + 2pqv(w + u) - q^2 u^2 \tag{9.44}$$

$$g_1 = 2(w + u)(wu - v^2) - 2(p^2 w - 2pqv + q^2 u) \tag{9.45}$$

$$g_2 = (w+u)^2 + 2(wu - v^2) - (p^2 + q^2) \tag{9.46}$$

$$g_3 = 2(w+u) \tag{9.47}$$

这一特征方程可由文献 (Walter, 1980) 提到的方法求解, 也可用四次方程求根公式求解. 这里我们给出一种简单、可靠并对于问题可行的解法. 作为一个四次多项式, (9.43) 的左边具有如下的 $4{\times}4$ 的伴随矩阵

$$H = \begin{pmatrix} 0 & 0 & 0 & -g_0 \\ 1 & 0 & 0 & -g_1 \\ 0 & 1 & 0 & -g_2 \\ 0 & 0 & 1 & -g_3 \end{pmatrix} \tag{9.48}$$

多项式的零点就是 H 的特征值. 矩阵的特征值可以由 QR 分解的方法迭代求得 (Heath, 1996). 因为 H 恰好具有 Hessenburg 形式, 所以 QR 分解迭代算法只需复杂度为 $O(n^2)$ 的计算即可收敛 (此处 $n = 4$, 即方阵的阶数), 因此 QR 分解迭代法是本模型的一个理想数值解法. 得到 $\lambda_{\max}$ 后, a, b 及 c 可以通过求解 (9.36) 和 (9.37) 得到, 最优解为

$$\begin{pmatrix} a^* \\ b^* \\ c^* \end{pmatrix} = \begin{pmatrix} u + \lambda_{\max} & v & 0 \\ v & w + \lambda_{\max} & 0 \\ \bar{X} & \bar{Y} & 1 \end{pmatrix}^{-1} \begin{pmatrix} p \\ q \\ D \end{pmatrix} \tag{9.49}$$

至此, 我们不仅得到了对比刺激 (边缘) 的方向, 且得到了它所在直线的方程. 方向计算的误差为 $e(a^*, b^*, c^*)$.

9.3.4 误差分析

本节定性地讨论数据规模, 即底层神经元的数量对计算准确度的影响. 将 x_i, y_i 和 d_i 都分别看作离散随机变量 X, Y 和 D 的可能值. 用 $E()$ 和 Var() 表示随机变量的数学期望和随机变量间的方差, 用 Cov() 表示随机变量间的协方差. 容易验证.

$$u = \frac{1}{n}\sum_{i=1}^{n} x_i^2 - \bar{X}^2 -= E(X^2) - E^2(X) = \mathrm{Var}(X) \tag{9.50}$$

$$w = \frac{1}{n}\sum_{i=1}^{n} y_i^2 - \bar{Y}^2 = E(Y^2) - E^2(Y) = \mathrm{Var}(Y) \tag{9.51}$$

$$v = \frac{1}{n}\sum_{i=1}^{n} x_i y_i - \bar{X}\bar{Y} = E(XY) - E(X)E(Y) = \mathrm{Cov}(X, Y) \tag{9.52}$$

$$p = \frac{1}{n}\sum_{i=1}^{n} x_i d_i - \bar{X}\bar{D} = E(XD) - E(X)E(D) = \text{Cov}(X, D) \tag{9.53}$$

$$q = \frac{1}{n}\sum_{i=1}^{n} y_i d_i - \bar{Y}\bar{D} = E(YD) - E(Y)E(D) = \text{Cov}(Y, D) \tag{9.54}$$

于是可以看出, 对于模型的顶层神经元, 计算中只需要 8 个变量参与, 即 $\sum_{i=1}^{n} x_i^2$, $\sum_{i=1}^{n} x_i$, $\sum_{i=1}^{n} y_i^2$, $\sum_{i=1}^{n} y_i$, $\sum_{i=1}^{n} x_i y_i$, $\sum_{i=1}^{n} x_i d_i$, $\sum_{i=1}^{n} y_i d_i$ 以及 $\sum_{i=1}^{n} d_i$, 因为 u, v, w, p 和 q, 即定义特征方程 (9.43) 的参数, 可以写作变量 XY 和 D 的方差或者协方差, 所以 n 越大, 它们就越精确且趋于稳定. 由于这一点, 当刺激激活足够多的神经元时 (图 9-17(a)), 模型能够获得较高的计算精确度; 而当刺激的方向与神经元 RF 分布方向匹配度很差时 (图 9-17(b)), 方向计算的结果也不够好.

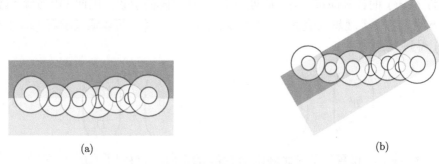

(a)　　　　　　　　　　　　　　　　　　　(b)

图 9-17　SC 的方向选择性及其传入神经元 RF 的分布

9.3.5　改进的非线性加权模型

上一节中的计算模型中, 虽未提到各底层神经元对方向判定的权重, 但这相当于每个神经元在决策过程中的权重都为 $\frac{1}{n}$. 事实上, 在 9.3.1 节已经提到, 一个底层神经元的响应值 $\hat{s}$ 越接近最大值 $\hat{s}_{\max}$, 则有向距离的估计就越准确. 从而本节将每个神经元的权值定义为

$$w = \frac{|\hat{s}|}{\hat{s}_{\max}} \tag{9.55}$$

为便于和非加权模型比较, 对于 n 个底层神经元, 定义归一化的权值为

$$\phi_i = \frac{w_i}{\sum_{j=1}^{n} w_j}, \quad i = 1, 2, \cdots, n \tag{9.56}$$

对应于不加权模型的 (4.12), 加权模型的优化表达式为

$$\min_{\alpha,b,c} f(a,b,c) = \min_{a,b,c} \sum_{i=1}^{n} \phi_i \left(ax_i + by_i + c - d_i\right)^2 \tag{9.57}$$

比照 9.3.3 节的求解过程, 此时仍然有

$$c = \bar{D} - a\bar{X} - b\bar{Y} \tag{9.58}$$

$$\begin{pmatrix} u+\lambda & v \\ v & w+\lambda \end{pmatrix} \begin{pmatrix} a \\ b \end{pmatrix} = \begin{pmatrix} p \\ q \end{pmatrix} \tag{9.59}$$

而其中变量所涉及平均都变为加权平均

$$\bar{X} = \sum_{i=1}^{n} \phi_i x_i, \quad \bar{Y} = \sum_{i=1}^{n} \phi_i y_i, \quad \bar{D} = \sum_{i=1}^{n} \phi_i d_i,$$

$$u = \sum_{i=1}^{n} \phi_i x_i^2 - \bar{X}^2, \quad w = \sum_{i=1}^{n} \phi_i y_i^2 - \bar{Y}^2,$$

$$v = \sum_{i=1}^{n} \phi_i x_i y_i - \bar{X}\bar{Y}, \quad p = \sum_{i=1}^{n} \phi_i x_i d_i - \bar{X}\bar{D}, \quad q = \sum_{i=1}^{n} \phi_i y_i d_i - \bar{Y}\bar{D} \tag{9.60}$$

容易证明, 此时解的性质及求解方式与 9.3.3 节中不加权模型相同. 对于上一节误差分析, 由于 $\sum_{i=1}^{n} \phi_i = 1$, 将其同样视作离散随机变量 (x_i, y_i, d_i) 的概率, 则仍然有

$$u = \sum_{i=1}^{n} \phi_i x_i^2 - \bar{X}^2 = E\left(X^2\right) - E^2\left(X\right) = \mathrm{Var}\left(X\right) \tag{9.61}$$

$$w = \sum_{i=1}^{n} \phi_i y_i^2 - \bar{Y}^2 = E\left(Y^2\right) - E^2\left(Y\right) = \mathrm{Var}\left(Y\right) \tag{9.62}$$

$$v = \sum_{i=1}^{n} \phi_i x_i y_i - \bar{X}\bar{Y} = E\left(XY\right) - E\left(X\right)E\left(Y\right) = \mathrm{Cov}\left(X,Y\right) \tag{9.63}$$

$$p = \sum_{i=1}^{n} \phi_i x_i d_i - \bar{X}\bar{D} = E\left(XD\right) - E\left(X\right)E\left(D\right) = \mathrm{Cov}\left(X,D\right) \tag{9.64}$$

$$q = \sum_{i=1}^{n} \phi_i y_i d_i - \bar{Y}\bar{D} = E\left(YD\right) - E\left(Y\right)E\left(D\right) = \mathrm{Cov}\left(Y,D\right) \tag{9.65}$$

因而全部结论平移到本节仍然适用.

9.3.6　理想 Hubel-Wiesel 条件下方向不唯一性

就 9.3.3 节解的存在唯一性条件中列举的前两种情况, 本节讨论一种极端的情况: 全部底层神经元的 RF 中心 (圆心) 严格共线但不重合. 如果把这些神经元都当作 LGN 细胞, 那么这种 RF 排列就是 Hubel-Wiesel 模型的一种最理想的实现方式. 这里我们要证明, 在这种情况下, 根据本章模型的方向计算方式, 优化 (9.38) 将会有两个最优解, 它们分别对应关于 RF 中心连线, 即穿过 (x_i, y_i), $i = 1, 2, \cdots, n$ 的直线, 以下简称中心线, 对称的两条直线 (方向), 除非中心线与对比边缘垂直.

证明　令

$$\begin{cases} \Delta x = x_2 - x_1 \\ \Delta y = y_2 - y_1 \end{cases} \tag{9.66}$$

则中心线的斜率为 $\dfrac{\Delta y}{\Delta x}$, 直线方程为 $l_c : x\Delta y - y\Delta x - x_1\Delta y + y_1\Delta x = 0$. 对每个 (x_i, y_i) 都存在一个 k_i 满足 $x_i - x_1 = k_i\Delta x$ 与 $y_i - y_1 = k_i\Delta y$, 特别地 $k_1 = 0$, $k_2 = 0$. 记 $\tilde{K} = (\tilde{k}_i)^{\mathrm{T}} = (k_1 - \bar{K}, k_2 - \bar{K}, \cdots, k_n - \bar{K})^{\mathrm{T}}$ (相似地定义 $\tilde{X}$, $\tilde{Y}$ 和 $\tilde{D}$), 我们有

$$\tilde{X}, \tilde{Y} = \tilde{K}(\Delta x\Delta y) \tag{9.67}$$

可以验证 (9.39) 在这种情况下恒不成立, 且矩阵的 $(\tilde{X}, \tilde{Y})$ 的任意两行都是线性相关的. 再令

$$z = a\Delta x + b\Delta y \tag{9.68}$$

利用 (9.67), (9.34) 可以写成如下的二次形式

$$\min_{a,b} \left(\|\tilde{K}\|^2 z^2 - 2\tilde{K}^{\mathrm{T}}\tilde{D}z + \|\tilde{D}\|^2 \right) \tag{9.69}$$

我们要寻找使得 (9.22) 和 (9.68) 对 a 和 b 可解的 z 的最优值. 从几何角度看, (a, b) 代表一条直线和一个圆心在原点、半径为 1 的圆的交点, 原点到这条直线的距离为 $\gamma = \left| \dfrac{z}{\sqrt{\Delta x^2 + \Delta y^2}} \right|$. 实数解 (a, b) 存在当且仅当 $\gamma \leqslant 1$, 即

$$|z| \leqslant \sqrt{\Delta x^2 + \Delta y^2} \tag{9.70}$$

(9.69) 是一个二次函数, 代表一个开口向上的抛物线. 此二次函数在 $z^* = \dfrac{\tilde{K}^{\mathrm{T}}\tilde{D}}{\|\tilde{K}\|}$ (即抛物线对称轴) 处取得最小值. 比较 z^* 和约束条件 (9.70), 存在三种情况.

情况 1　$|z^*| < \sqrt{\Delta x^2 + \Delta y^2}$.

(9.69) 在 $z = z^*$ 处取得无条件极值, 所以 $\gamma < 1$ 且直线与单位圆有两个交点. 将两个交点分别记为 (a_1, b_1) 和 (a_2, b_2), 将它们对应的直线方程分别记为

$$l_i : a_i x + b_i y + c_i = 0, \quad i = 1, 2 \tag{9.71}$$

我们要证明这两条线 l_1 及 l_2 关于中心线 l_c 对称. 一个充分必要条件是 l_c 是直线及直线 l_2 夹角的平分线, 这等价于要证明 l_c 上的任意点 $(x_1 + tx, y_1 + ty)$ 到 l_1 和 l_2 的距离都相等, 即

$$\left| \frac{a_1(x_1 + tx) + b_1(y_1 + ty) + c_1}{\sqrt{a_1^2 + b_1^2}} \right| = \left| \frac{a_2(x_1 + tx) + b_2(y_1 + ty) + c_2}{\sqrt{a_2^2 + b_2^2}} \right| \qquad (9.72)$$

容易从 (9.72) 看出, (9.72) 成立的一个充分条件是 $a_1(x_1 + tx) + b_1(y_1 + ty) + c_1 = a_2(x_1 + tx) + b_2(y_1 + ty) + c_2$, 而这可以用 (9.36)~(9.68) 来验证. 从几何角度看, 对一些中心共线的圆, 如果它们有一条公切线, 那么这条公切线关于中心线的对称线也一定是这些圆的公切线.

情况 2 $z^* \geqslant \sqrt{\Delta x^2 + \Delta y^2}$.

和前一种情况类似, 此时的最优解为 $\begin{cases} a = \dfrac{-\Delta x}{\sqrt{x^2 + y^2}}, \\ b = \dfrac{-\Delta y}{\sqrt{x^2 + y^2}}, \end{cases}$ 此时对应边缘所在直

线的斜率也为 $-\dfrac{\Delta y}{\Delta x}$. 由于直线的斜率和中心线的斜率乘积 $-\dfrac{\Delta y}{\Delta x} \cdot \dfrac{\Delta y}{\Delta x} = -1$, 所以后两种情况都意味边缘所在之线和 RF 中心线是严格垂直的. 这种情况就更极端且在实际和计算中就更不可能. 所以对于最可能的第一种情况, (9.34) 在约束 (9.31) 下有两个最优解, 它们分别对应关于中心线对称的两条线.

9.4 实验及分析

在详细介绍了模型求解方法后, 本节通过实验验证模型的正确性, 并进一步讨论模型设计的几个细节问题. 9.4.1 节给出对于对比边缘图的方向检测方法; 9.4.2 节对比第 8 章介绍的三种计算方法的精度; 9.4.3 节对比不同参数设置对精度影响; 9.4.4 节验证模型能否模拟 SC 的方向选择性; 9.4.5 节讨论计算误差所反映的刺激的性质.

9.4.1 方向检测方法

本节主要针对理想的刺激形式, 即对比边缘图对模型进行理论测试. 图 9-18 展示了用于本节测试的全部 100 张随机生成的边缘图. 对于一幅简单的边缘图, 本章用如下方法进行方向检测:

(1) 输入一幅二值边缘图像;

(2) 按照一定的大小和间隔随机网格状分布 RF, 如图 9-19 所示;

(3) 用 DOG 计算每个神经元的归一化响应值, 详见 9.2.1 节;

(4) 根据定义 (9.3.1) 估算每个 RF 中心距离边缘的有向距离;

图 9-18　用于统计实验的 100 幅 40×40(像素) 对比边缘图

(5) 计算方向、位置的最优解, 得到计算误差, 详见第 4 章;

(6) 将得到的边缘以线段形式描绘在与刺激图等大的空白背景中, 即生成方向图;

(7) 输出图像的方向图.

算法的详细描述和针对复杂图像的算法, 将在 9.5.1 节进行介绍.

图 9-19　随机的网格状排列 RF, 激活的神经元的 RF 中心用 "+"(输出正响应) 和 "−"(输出负响应) 标记

9.4.2　模型的选择

9.3 节介绍了三种计算模型, 本质上分别为加权最小二乘方法 (9.3.1 节), 带二次约束最小二乘方法 (9.3.2 节) 和带二次约束加权最小二乘方法 (9.3.5 节). 本节通过统计实验对比三种方法的计算精度, 从而选择一种更理想的方法. 本节实验方法很简单: 对于一幅图像, 随机分布半径 1~2、间距 1~2 的 RF; 在估算有向距离之后用三种方法分别计算方向, 得到每种方法的计算误差. 图 9-20 为在 100 幅测试图上得到的统计曲线.

容易看出, 三种方法的计算精确度都很好. 但是基本最小二乘方法的稳定性有时不够好, 在一些情况下计算误差比较偏高. 后两种非线性优化的方法都很稳定, 相比之下, 加权方法的统计结果更好. 因而本章后续实验结果如无特殊说明, 均为使用带二次约束的加权最小二乘模型得到的.

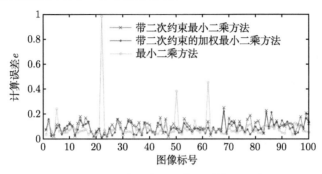

图 9-20   三种方法的计算误差统计曲线

9.4.3   参数的确定

1. 覆盖率 η 的选择

在 9.3.2 节曾提到, 给定一个归一化响应值 $\hat{s}$, 通常会有两个覆盖率 η 与之对应, 一个较大的 η_l 和一个较小的 η_s. 本实验旨在观察选择 η_s, η_l 或它们的均值 $\bar{\eta}$ 参与后续计算, 在其余参数相同的情况下, 如何影响方向计算的误差. 为此, 我们简单地令 rf_size = 1(RF 大小), interval = 3 (RF 间距). 图 9-21 显示了对 100 张图的计算误差统计结果, 容易看出 η_s 代表的曲线对应的误差相对较低, 虽然这三条曲线代表的结果之间的差异非常小. 事实上, 在 9.3.1 节已经提到过, 从曲线图 9-13 就能够看出, 距离 RF 中心更远的 η_s 为真实值的可能性更大, 所以误差更小, 这里的数值实验又验证了这一点. 所以, 本模型默认情况下在根据 $\hat{s}$ 估计有向距离时都选择较小的 η_s^2.

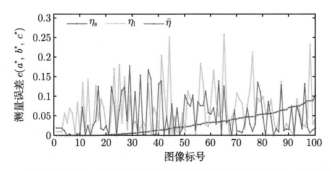

图 9-21   选择不同的 η 带来的计算误差. 图像编号重排以使一条曲线递增

由于 η_s 关于点 $(0.5, 0)$ 对称, 从有向距离的定义 (9.3.1) 可以看出, 对于 $\hat{s} > 0$ 的情况完全可以只根据 $-\hat{s}$ 估计 η. 在 9.3.1 节曾提到, 当 $r_t = 0.5$ 时, η 在 $(0, 0.5)$ 范围内, $\hat{s}$ 在 0.45 这一点取得近似最小值, 在 $(0, 0.45)$ 范围内 $\hat{s}$ 单调递减. 因而在确定 η 的选择之后, 可以用查表的方式, 更简单地完成由给定 $\hat{s}$ 找到对应的 η 这一过程: 以 0.01 为步长, 从 0~0.45 遍历 η 计算 $\hat{s}$. 这样就可以在 $[0, \hat{s}_{\max}]$ 内就建立如下的离散映射表 (表 9-1), 在计算时只需查表即可. 由于单调性, 查表操作可以由二分搜索等算法快速地完成.

表 9-1　覆盖率 η 归一化响应绝对值 $|\hat{s}|$ 映射表, 其中覆盖率 η 为百分数

覆盖率 η	1	2	3	4
归一化响应 $\hat{s}$	1.790198e$-$12	5.429585e$-$12	1.476934e$-$11	3.856763e$-$11
覆盖率 η	5	6	7	8
归一化响应 $\hat{s}$	9.814855e$-$11	2.444468e$-$10	5.966262e$-$10	1.427692e$-$09
覆盖率 η	9	10	11	12
归一化响应 $\hat{s}$	3.350077e$-$09	7.708953e$-$09	1.739702e$-$08	3.850408e$-$08
覆盖率 η	13	14	15	16
归一化响应 $\hat{s}$	8.358027e$-$08	1.779419e$-$07	3.715718e$-$07	7.610463e$-$07
覆盖率 η	17	18	19	20
归一化响应 $\hat{s}$	1.528964e$-$06	3.013122e$-$06	5.824859e$-$06	1.104640e$-$05
覆盖率 η	21	22	23	24
归一化响应 $\hat{s}$	2.055137e$-$05	3.751161e$-$05	6.717638e$-$05	1.180365e$-$04
覆盖率 η	25	26	27	28
归一化响应 $\hat{s}$	2.035116e$-$04	3.443197e$-$04	5.716935e$-$04	9.314241e$-$04
覆盖率 η	29	30	31	32
归一化响应 $\hat{s}$	1.489734e$-$03	2.338863e$-$03	3.604749e$-$03	5.454566e$-$03
覆盖率 η	33	34	35	36
归一化响应 $\hat{s}$	8.103981e$-$03	1.182270e$-$02	1.693640e$-$02	2.381723e$-$02
覆盖率 η	37	38	39	40
归一化响应 $\hat{s}$	3.287797e$-$02	4.449863e$-$02	5.896592e$-$02	7.631080e$-$02
覆盖率 η	41	42	43	44
归一化响应 $\hat{s}$	9.609110e$-$02	1.171238e$-$01	1.372447e$-$01	1.532287e$-$01
覆盖率 η	45			
归一化响应 $\hat{s}$	1.610991e$-$01			

2. 神经元密度

本实验观察 RF 的尺寸和间距 (控制 RF 的密度, 即数量) 两个因素如何影响计算的精确度. 我们用程序让尺寸 rf_size (即 r_s) 遍历 {1, 2, 3, 4} 四个离散值, RF 间距 interval3 遍历 (知觉类别: 错觉, http://amuseum.cdstm.cn/AMuseum/perceptive/

page_1_organ/page_1_6c.htm; Amit, Mascaro, 2003), 每次增加 0.1. 图 9-22 是在 100 幅测试图上统计的不同参数组合下的平均计算误差. 从这幅图可以看出两点: ① 较小的 RF 提高了计算的准确性, 所以在默认的情况下, 算法中设置 $r_s = 1$. ② RF 间距 interval = 4 对于 40×40 的检测窗口是一个相对较好的选择, 这粗略地表明, 大约 10 个底层神经元就可以很好地检测一个对比刺激的边缘方向. 事实上, 从统计曲线可以看出, 这两个参数的选择对于计算误差并没有本质影响, 但是过密的神经元显然增加算法的复杂度, 因而我们这里选择适中的数值.

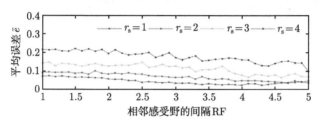

图 9-22   RF 尺寸及间距变化对平均误差的影响曲线

9.4.4   简单细胞感受野的模拟

在确定了本模型可以对刺激方向进行准确检测之后, 本节验证一个本质问题: 该模型是否可以模拟 SC 的 RF. 我们要用程序通过数值仿真来测试, 当底层神经元的 RF 排列大体呈线性时, SC 对空间中哪些位置的刺激最敏感 (即检测得最好, 本节用计算误差小来衡量), 而这些位置就应该是此 SC 的 RF. 为此本节设计如下仿真实验来简单地实现这一目标:

(1) 设定底层神经元数目 n 及感受野半径范围 [知觉类别: 错觉., Café wall illusion.];

(2) 在一个方向上生成 n 个感受野: 彼此之间具有一定的随机偏离, 但总体保持线性分布;

(3) 在一个比感受野分布更大的范围内随机生成一个对比刺激, 并保存一个等大矩阵 (初始值 0);

(4) 检测方向, 将计算误差倒数作为 SC 响应值累加在矩阵中对比边缘所在的单元;

(5) 重复过程 3 和 4(因图像中直线端点位置为离散数值, 可遍历全部直线);

(6) 计算矩阵每个单元平均值, 并把矩阵表示为一张灰度图;

(7) 叠加底层神经元感受野到结果图上.

显然, 对于上述实验的结果, 平均响应值大的点 (图像中的亮点) 说明通过该点的刺激更容易被很好地检测, 全部这些点分布的方向, 就可以看作 SC“选择” 的方向. 图 9-23 给出几组实验及对应 RF 的数量. 由每幅图中各格子 (像素的放大) 的亮度可以看出, 由于底层神经元都沿水平方向分布, 这些 SC 都对水平方向的刺激最敏感, 而对竖直方向的刺激最不敏感. 值得注意的是, 用本计算模型仿真的 SC 的 RF 和生理学研究文献 (Wang et al., 2006) 给出的拟合结果 (图 9-24) 具有相似性. 事实上, 本章结果看起来更自然一些, 因为本章实验生成的 SC 的 RF, 敏感度是逐渐变换的, 这一实验结果符合我们的预期且很好地证明了本模型设计时的构想.

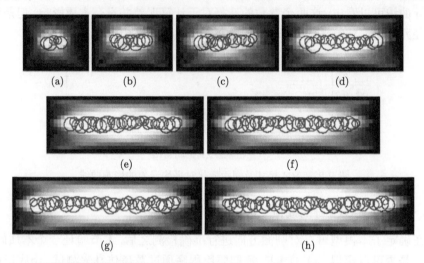

图 9-23　对不同数量的底层神经元模拟出的 SC 的 RF. (a) $n = 5$; (b) $n = 10$; (c) $n = 15$; (d) $n = 20$; (e) $n = 30$; (f) $n = 35$; (g) $n = 40$; (h) $n = 45$

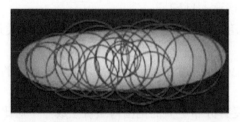

图 9-24　LGN 细胞的 RF 和 Gabor 函数拟合出的 SC 的 RF(灰色区域) (Wang et al, 2006)

9.4.5　刺激复杂度与计算误差

本实验用于测试, 在保证刺激能够被足够多神经元检测到时, 计算误差的大小是否反映了输入刺激本身的性质. 为此除了本节初提到的 100 幅规则边缘图像外, 本组实验还用 100 幅不规则边缘图像作为对比. 图 9-25 列出了一些图像, 程序得到的方向图及相应的计算误差. 实验数据能够验证: 较低计算误差表明刺激中存在线性的对比边缘, 较高计算误差则表明刺激不是简单的线性对比边缘.

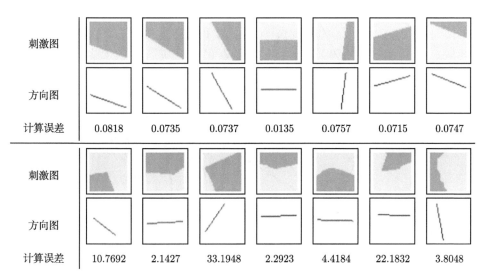

图 9-25 计算误差反映了刺激本身的复杂度属性

9.5 模型应用一：图像的方向检测

本节介绍 SC 的方向选择性模型的核心应用, 即该模型在图像的方向检测上的应用. 本节安排如下：9.5.1 节设计了一个复杂图像的方向检测算法并针对并行处理提出了优化方案; 9.5.2 节给出算法在简单形状图上的检测结果; 9.5.3 节给出复杂自然图像上的检测结果及与相关算法的对比实验结果; 9.5.4 节验证本算法得到的方向图能够提升更高层视觉任务的完成质量和效率.

9.5.1 检测方法

1. 算法描述

上一章中, 我们将一幅简单的对比边缘图当作一个刺激, 用形如图 9-19 所示的检测窗口 (window) 检测其中的对比边缘, 无论什么方向的边缘, 都能激活足够多的底层神经元的 RF, 顶层神经元能够很好地计算出边缘的方向. 对于一幅复杂的图像, 我们用多个等大检测窗口分别检测图像的不同位置再将结果合成为一张方向图 (orientation map). 对每个检测窗口, 将其中的图像二值化, 拟合成一个对比边缘, 然后即可以计算边缘所在的位置. 在窗口中分布神经元时, 为了避免 RF 中心共线, 设定 RF 中心间距后, 程序在让 RF 中心以网格状分布的同时, 再让每个 RF 中心都轻微地随机偏移 (水平与竖直两个方向). 算法的流程如图 9-26 所示, 算法 9.1 给出详细的计算过程.

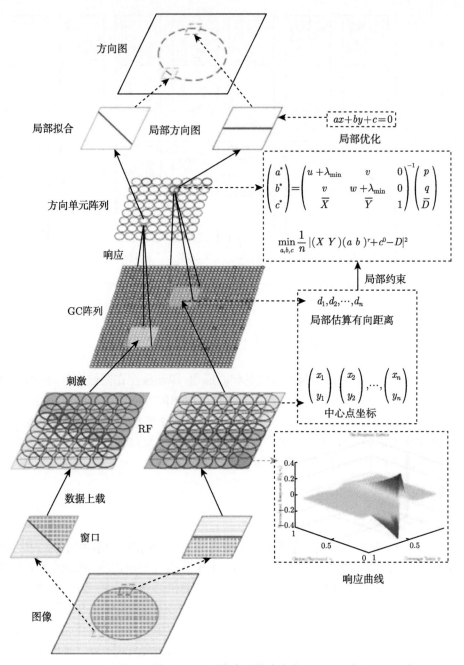

图 9-26　方向检测计算流程图, 图中变量的意义参见 9.3.2 节和 9.3.3 节

算法 9.1　方向检测

  定义变量:

      win_size　　　　　　　　　　　　　　//检测窗口大小, 默认正方形, 尺寸为 10

      win_num　　　　　　　　　　　　　　//检测窗口数量

      interval　　　　　　　　　　　　　　//RF 间距, 默认 1

      rf_num　　　　　　　　　　　　　　//神经元数量, 默认 $\left(\dfrac{\text{win\_size}}{\text{interval}}\right)^2$

      rf_pos(rf_num, 2)　　　　　　　　　//RF 中心位置, 默认带随机偏移的网格分布

      rf_size(rf_num)　　　　　　　　　　//RF 尺寸 (外周区半径 r_s), 默认 $[1,2]$ 间随机数

      resp, d(rf_num)　　　　　　　　　　//归一化响应值和有向距离

      $e_{\max}$　　　　　　　　　　　　　　//最大允许误差, 默认 0.25

      (height, width)　　　　　　　　　　//图像尺寸

      orient_map(height, width)　　　　　//方向图

  输入: 图像　　　　　　　　　　　　//彩色图或灰度图均可

  多个检测窗口覆盖整幅图像　　　　　//win_num $= \dfrac{\text{height} * \text{width}}{\text{win\_size}^3}$

  for each 检测窗口

      将窗口内图像片段二值化

      分布神经元的 RF:

          rf_size$(i) = r_{s_i}$,　　　　　　//随机大小

          rf_pos$(i) = (x_i, y_i)$,　　　　//随机分布

      for each 神经元　　　　　　　//多个神经元并行计算

          计算归一化响应 resp　　　//根据 DOG(9-9)

          估算有向距离 $d(i)$　　　　//根据 (9-14)

      next 神经元

      求解最优方向 (a^*, b^*, c^*)　　//根据 (9.49)

      if 误差 $e(a^*, b^*, c^*) < e_{\max}$　//根据 (9.34)

          orient_map(window)　　　　//局部方向图确定

      else

          放弃　　　　　　　　　　//没找到线性对比边缘或存在干扰

      next 检测窗口

  输出: orient_map　　　　　　　　//全局方向图

---

2. 并行优化

容易从上述算法看出以下两点:

(1) 在一个窗口内, 计算各个底层神经元对刺激的反应过程是独立的;

(2) 对不同窗口, 各顶层神经元计算刺激方向的过程是相对独立的.

    所以本章在这两方面对算法进行并行优化. 当前, 许多主流高级语言, 如 C++, Java 及本章实验所用 Matlab 都提供了多线程的解决方案. 更重要的是, 现在的计算机系统几乎都配备了多核、多线程甚至多个处理器, 如本实验室的工作站具有两个六核心双线程的至强处理器, 相当于具有二十四个虚拟 CPU. 因而设计一个能够高度并行执行的程序是非常重要的, 甚至比单纯降低算法复杂度的意义还要重大.

以本章实验环境为例, 利用 Matlab 的 "matlabpool" 功能及并行 "parfor" 循环语句, 对于一幅图像, 最多可以在本地并行执行十二个线程, 大大提高了程序的处理速度.

9.5.2 形状图像

第一组实验测试算法是否具有表征形状的能力. 由曲线构成的形状本质就是局部短线段 (方向) 的分段组合, 例如圆形可以看成各种不同方向的短线段组合. 图 9-27 中的例子可以证明这一点, 用算法分片检测一个圆形得到的方向图是一系列不同方向的线段 (win size = 19). 进一步, 我们选用一个复杂的形状图库——包含 1400 张图 (70 类形状, 每类 28 张) 的 MPEG-7 CE Shape-1 Part-B 图库 [Shape data for the MPEG-7 core experiment CE-Shape-1.] 来测试算法. 图 9-28 给出了 12 幅形状图及算法生成的方向图. 这些实验结果表明, 本章算法能够很好地表征复杂的形状.

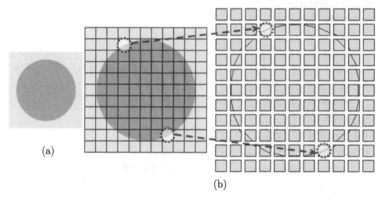

(a)

(b)

图 9-27　分片检测圆形. 每个窗口中的方向图单独画出, 背景为淡蓝色, 方向为红色. (a) 图形
(缩小尺寸的); (b) 每个检测窗口中得到的方向图

9.5.3 自然图像

在本章引言部分已经提到, 与方向检测相关的几种图像处理算法分别是: 边缘检测、直线检测和轮廓检测. 边缘检测算法寻找图像中邻域的灰度或颜色变化超过一定阈值的像素位置; 而直线检测是在一个区域内找出共线的边缘点并组合成直线. 由于缺少全局信息, 边缘图通常包含大量无意义的边缘, 如噪声或细小纹理等, 这些特征都对图像的语义理解没有太多意义. 直线检测算法, 由于缺少局部信息, 往往更容易偏好更显著的长直线, 有时可能根据边缘点组合出事实上不存在或没有意义的伪直线. 两种算法都涉及多个阈值的选择, 且直线检测由于是在边缘图的基础上进行, 所以还受到边缘检测结果的直接影响. 轮廓检测往往是找出物体与

物体之间的分界线或是物体的外部轮廓线, 本质上是经过筛选后的边缘图.

图 9-28　MPEG-7 图库中的形状图及得到的方向图

　　本章设计的方向检测算法首先在一个小的局部 (R 内) 计算每个底层神经元的响应值, 估计它们的 RF 中心边缘 (直线) 的距离, 然后在一个更大的范围 (检测窗口), 由顶层神经元计算一个满足全部约束的边缘方位, 并根据计算误差判定是否存在一个对比边缘, 如果有则画出方向 (直线); 如果没有, 则认定该区域为平滑或斑驳区域. 这是一种类似于协同决策的策略, 最后的决策整合了全部传入神经元的信息. 这样, 最后的结果既有局部信息, 又包含了一定范围的全局信息, 且结果的筛选标准更有物理意义. 本节用大量的复杂自然图像对方向检测与几种典型算法进行比较.

1. 与边缘检测及全局直线检测算法比较

我们用一些自然图像, 分别运行本算法和经典的 Canny 边缘检测算法 (Matlab 内置函数) (Canny, 1986; Medina-Carnicer et al., 2011), 得到的边缘图和方向图如图 9-29 所示. 接下来, 我们用一些自然图像分别测试本章算法和经典的 HT 直线检测算法 (Matlab 内置函数) (Hough, 1962), 检测直线的范围是整幅图像, 即全局

(a)   (b)   (c)

图 9-29 (a) 原始图像; (b) 方向图; (c) 边缘图 (Ⅰ)

范围, 得到的方向图和直线图如图 9-30 和图 9-31 所示. 容易看出, 本算法的结果比边缘检测和全局直线检测结果在以下方面更好: 压制了更多细碎纹理, 发现了更多构成图像语义结构的线段. 换言之, 本算法得到的结果看起来更"干净". 从语义的角度看, 本算法的表征结果对更高层任务, 包括图像分割和物体识别等的顺利完成更有利.

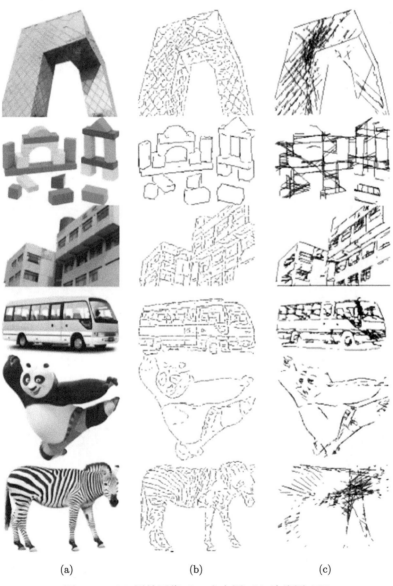

(a)   (b)   (c)

图 9-30   (a) 原始图像; (b) 方向图; (c) 边缘图 (Ⅱ)

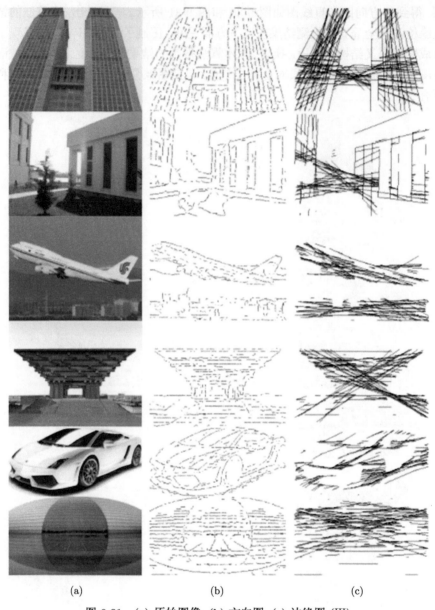

(a)　　　　　　　　　　　(b)　　　　　　　　　　　(c)

图 9-31　(a) 原始图像; (b) 方向图; (c) 边缘图 (III)

2. 与边缘检测及局部直线检测算法比较

本组实验进一步对比本章方向检测算法和边缘检测以及直线检测算法. 上一组实验中, 直线检测的范围是整幅图像, 所以会产生一些很长的直线. 为了更好地比较, 本次实验在相同的检测窗口内分别运行方向检测和直线检测算法, 即从局部范围搜索直线, 且每个窗口中只保留一条最显著直线. 我们选择一个更有挑战性的 BSDS500 自然图像库来做对比实验 (Arbeláez et al., 2011), 该图库包含 500 幅用于图像分割和轮廓检测的复杂图像. 图 9-32~图 9-34 给出了一些图片及相应的实验结果. 容易看出, 即使和局部直线检测算法比, 本章算法得到的结果仍然更 "干净".

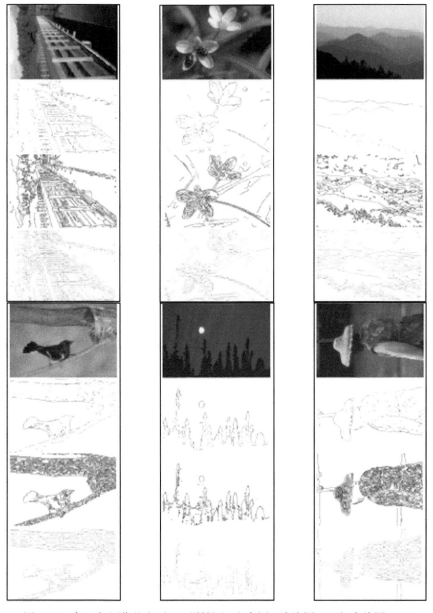

图 9-32 每一组图像从上到下: 原始图、方向图、边缘图及局部直线图 (I)

图 9-33　每一组图像从上到下：原始图、方向图、边缘图及局部直线图（Ⅱ）

3. 与局部直线检测及轮廓检测算法比较

　　本组实验对比本章算法和直线检测以及轮廓检测算法. 对于轮廓检测, 我们选择一个优秀的新方法 —— CORF 算法 (Azzopardi, Petkov, 2012) 作为比较对象, 这一算法也基于神经机制并取得了很好的效果. 由于该算法涉及参数, 所以实验中我们变动其参数运行四次, 得到不同的结果以供挑选相对好的轮廓图. 我们仍然使用 BSDS500 图像库来做对比实验. 图 9-35 和图 9-36 给出了一些图像及相应的实验结果. 容易看出, 本章的方向图已非常接近最优的轮廓图, 但是却比轮廓图保留了更多的重要信息.

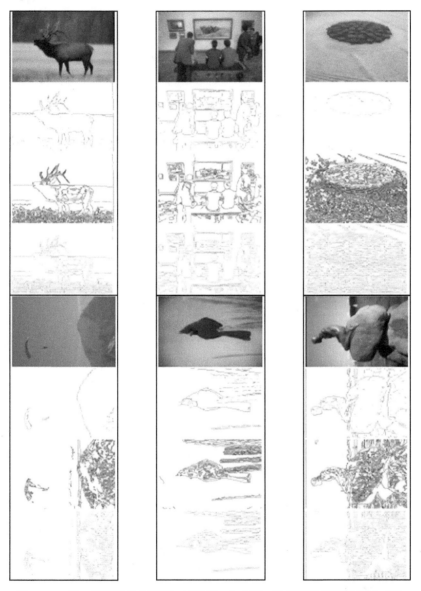

图 9-34 每一组图像从上到下：原始图、方向图、边缘图及局部直线图 (III)

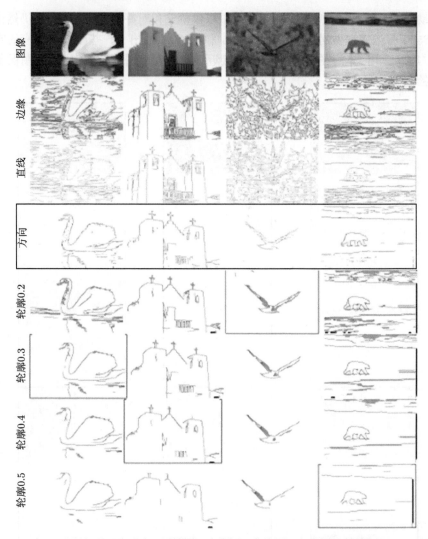

图 9-35　每一列从上到下分别为: 原始图、边缘图、直线图、方向图和轮廓图 (COEF 参数 sigma = 2.5 为默认值, 分别令 $t = 0.2, 0.3, \cdots, 0.5$, 相对最佳轮廓图加框突出) (Ⅰ)

通过以上实验, 可以总结以下几点.

(1) 直线检测算法如经典 Hough 变换是在已有的边缘图上组合直线, 而本章方向检测算法直接处理原图. 这一因素极大地带来以下便利: ① 不必过多干预参数调整, 而调整参数对与边缘、直线以及轮廓检测检测是非常繁琐的; ② 不必考虑边缘检测结果的影响.

(2) 本质上, 本章方向检测算法即是从图像中提取短线段, 但是输出结果比直线检测结果优越. 本章算法生成的方向图不仅保留了大部分勾勒物体结构和场景语义的显著特征, 并且去掉了平滑或纹理区域中对图像理解无实质意义的繁杂干扰.

(3) 即使在允许误差 e_{max} 固定的情况下, 本章算法能够生成良好的方向图, 且结果与通过调整参数选出的最佳轮廓图接近. 与轮廓图相比, 方向检测的结果是向量集合而非二值化像素图, 所以对高层任务例如感知编组 (perceptual grouping) 的顺利完成更有益处.

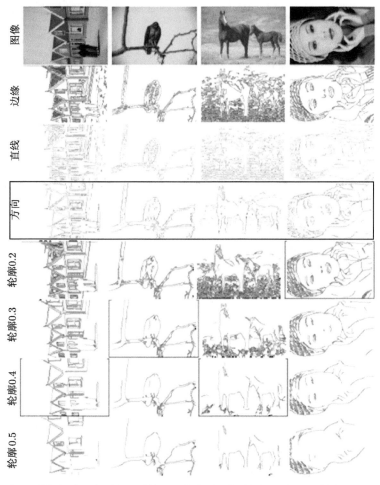

图 9-36 每一列从上到下分别为: 原始图、边缘图、直线图、方向图和轮廓图 (COEF 参数 sigma $= 2.5$ 为默认值, 分别令 $t = 0.2, 0.3, \cdots, 0.5$, 相对最佳轮廓图加框突出) (II)

4. 由粗到细的表征

通过调整最大允许误差 e_{max}, 本算法可以产生不同级别的方向图. 理论上, 降低 e_{max} 将导致更多的区域被判定为没有边缘的平滑或斑驳区域, 从而产生只包含物体最显著轮廓线的粗略表征, 反之则可以生成包含更多细节的表征. 在此意义下, 可以认为算法中的 $e_{\max}$ 规定了观察的需求, 例如是仔细观看还是粗略一瞥. 图 9-37 给出 BSDS500 图库中几幅图当 $e_{\max}$ 逐渐变大时的表征. 由此容易看出, 在变动唯一的参数时, 本算法也可以根据需求生成不同层次的表征效果.

图 9-37　变动 $e_{\max}$ 时得到的由粗到细的图像表征, 从上到下 $e_{\max}$ 的取值分别为 0.05, 0.1, 0.3, 0.7 和 1

9.5.4　对更高层处理的增强

　　上一节的实验充分地验证了, 本章方向检测算法能够从图像中提取出构成语义的成分, 且方像图夹杂的琐碎信息的数量很少, 因而高层视觉任务应该能够在方向图的表征基础上更快更好地完成. 本节考察方向检测算法的结果对两方面更高层处理效果的增强: 分割 (segmentation) 与匹配 (matching).

1. 分割效果的提升

图像分割是图像处理的经典难题之一, 本实验测试在方向图基础上进行分割是否会使效果变得更好. 为此, 我们简单地选择一种比较有代表性的分割方法 —— Normalized Cut(N-cut) 算法 (Shi, Malik, 2000). 本实验分别将 BSDS500 中的图像和本章得到的方向图作为算法的输入, 观察得到的分割图. 实验结果如图 9-38 所

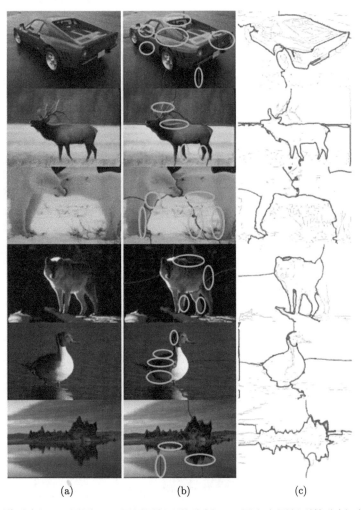

(a) (b) (c)

图 9-38 图像分割. (a) 原图; (b) 用原图得到的分割; (c) 用方向图得到的分割. 绿色椭圆标记分割效果有明显改善的位置

示. 显然, 在方向图基础上得到的分割看起来更理想, 不仅如此, 由于方向图包含的
有效像素 (有方向位置, 即方向图中黑色位置) 比原始图要少得多, 像 N-cut 这一
类基于图 (graph) 的分割算法在方向图上会完成得更快.

  2. 匹配效果的提升

  从图像中提取物体轮廓的目的是识别物体, 这种识别是基于形状的. Shapecon-
text 是基于形状识别的一种有效方法 (Mori et al., 2005; Mori, Malik, 2006; Belongie,
et al., 2002), 对一幅理想的轮廓图, 这种算法能够在轮廓图和给定物体模板 (标准
轮廓图) 之间很好地匹配对应点, 实现物体的识别. 本实验选择另一个复杂的图像
库 —— RuG 图像库 (Grigorescu, et al., 2004) 作为测试集, 该库包含 40 幅自然图
像及手工绘制的 groundTruth 图 (前背景分割线, 可以看作物体的外部轮廓线). 首
先, 我们在图像库上运行方向检测算法, 生成方向图, 然后将 groundTruth 图当作
模板, 用 Shape-context 算法尝试匹配每幅图的方向图与其模板之间的 300 个对应
点. 图 9-39 展示了两组结果.

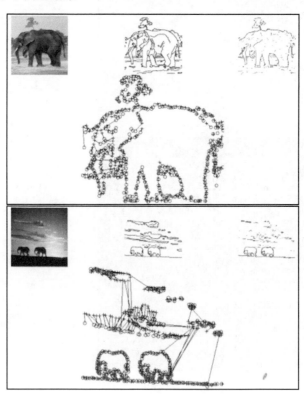

图 9-39   每一组图分别为: 原图, groundTruth 图, 方向图和匹配结果图, 其中 "+" 标记的是
groundTruth 上的点

为了更客观地验证算法得到的方向图有利于基于形状的识别, 我们仍将本章算法与同样基于神经机制的 CORF 算法 (Azzopardi, Petkov, 2012) 进行统计上的比较. 简单地, 在用 CORF 算法获取 RuG 图像库中 40 幅图的轮廓图后, 我们同样用 Shape-context 算法尝试在每幅图的轮廓图和模板之间找 300 个对应点. 图 9-40 统计了这 40 幅图像的实际匹配上点的数量. 从中可以看出, 由于包含的繁杂信息如噪声更少, 物体的轮廓线更多, 本章算法得到的方向图产生更高的匹配率.

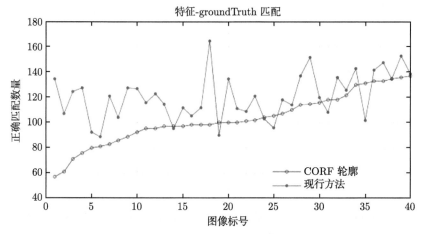

图 9-40　两种算法的点匹配数量统计曲线, 图像编号被重排以使 CORF 曲线递增

9.6　模型应用二：视错觉的几何解释

本节介绍方向计算模型的一个巧妙应用：利用方向检测算法处理一些视觉上"奇怪的" 图 —— 几何错觉图. 本节安排如下, 9.6.1 节介绍本模型能够解释错觉的原理, 即对比刺激中的干扰带来方向计算的偏差; 9.6.2 节利用这一原理解释几种著名的错觉.

9.6.1　干扰导致计算偏差

在本模型的设计中, 我们考虑的是干净的、带有一条线性边缘的对比刺激 (图 9-41). 在前一章的自然图像实验中, 真实图像都很复杂, 即使将一个小窗口二值化也很难刚好得到这样一个理想刺激, 但是我们并没有就某一种干扰对方向检测的影响做具体研究.

本节单独研究在这样一种情形：检测一条线性边缘时, 窗口内还有一条短的线性边缘作为干扰, 方向计算的结果及误差会如何改变. 经过大量数值实验发现：一条单纯的边缘可以被准确地检测到, 如图 9-41 所示; 但是当刺激中存在一条干扰边

缘 (线) 时, 方向计算产生偏差且计算误差较大, 如图 9-42(a) 所示. 观察真实边缘的方向、干扰边缘的方向和计算得到的方向, 如图 9-43 所示, 容易看出, 偏差发生在干扰线和真实线相交的位置, 即角点 (corner) 导致计算的误差. 具体地, 计算出的方向与干扰线方向的锐角夹角比真实值要大.

(a)   (b)

图 9-41　单纯线性边缘的方向可以被准确地计算, 误差很小. (a) 单纯的线性边缘; (b) 准确的方向图, 误差为 0.0137

(a)   (b)

图 9-42　干扰导致方向计算的偏差和较高的误差. (a) 带干扰线段 (黑色突出) 的刺激图; (b) 方向图有偏差且误差为 91.3992

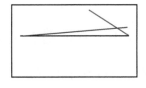

图 9-43　检测到的方向 (蓝色) 和实际方向 (黑色) 存在偏差, 使得干扰线 (红色) 和被检直线 (黑色) 的锐角夹角变大

9.6.2　错觉的解释

上一节用数值实验简单地证明了, 干扰线导致计算的偏差, 特别地, 计算出的刺激方向和干扰方向的锐角夹角比实际大. 而感觉的偏差, 如视错觉 (visual illusion), 也有不少类别是由于有物体干扰被观察对象导致的. 按照文献 (Gregory, 1997, Table 2) 对视错觉的分类, 其中有一类几何 (光学) 错觉是由于扭曲 (distortion) 产生的. 在更早的文献 (Bird, 1973) 中, 人眼高估锐角就被认为是一类错觉产生的原因. 本节尝试用上一节得到的, 计算放大锐角的事实解释人眼放大锐角的原理, 从而解释一系列视错觉现象. 本节选择一些典型的扭曲导致的错觉作为实验对象.

1. Zollner 错觉错觉

如图 9-44(a) 所示, Zollner 错觉图包含一些长的平行线和许多与这些平行线相交的不同方向的短线段, 这些平行直线由于短线段的存在而看起来不平行. 具体地讲, 和许多竖直线段相交的长线段仿佛被逆时针旋转了一个角度, 而和许多水平线段相交的长线段仿佛被顺时针旋转了一个角度. 换言之, 长线和短线之间的锐角夹角都被高估了. 显然, 错觉是在长短线交点, 亦即角点处产生的, 但文献 (Westheimer, 2007) 指出直线性 (rectilinearity) 产生连续性 (continuity), 所以整条直线都显得倾斜了.

为了弄清楚对方向的感知在局部范围内 (角点周围) 是如何产生偏差的, 本实验首先生成一幅放大的、简化的 Zollner 错觉图 (图 9-44(a)), 然后在多个角点处取窗口, 将其中的刺激当成对比边缘 (长直线是要检测的方向, 短直线是干扰方向) 进行方向检测. 图 9-44(b) 展示了一些检测结果. 左侧窗口中计算得到的方向 (红线标记) 和真实直线方向间存在逆时针的偏差, 右侧窗口中计算得到的方向和真实直线方向间存在顺时针的偏差, 两个箭头分别表示偏差的方向. 容易看出, 要观察的直线和干扰线的锐角夹角的确在计算中变大了.

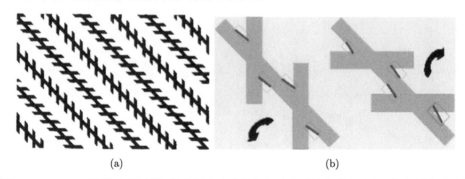

| (a) | (b) |

图 9-44   Zollner 错觉及其解释. 蓝色框表明多数标记为在边缘上的点为真, 绿色框表明多数标记为在边缘上的点为假

计算层面的错觉解释一定程度上验证了文献 (Howe, Purves, 2005) 的观点: 对角和直线方向的感知是由典型视觉环境中, 几何刺激及其物理来源的统计关系决定的, 同时也验证了文献 (Eagleman, 2001) 的观点: 视锥通过使相似方向看似互相倾斜远离的方式增强方向的对比度. 有趣的是, 文献 (Watanabe, et al., 2011) 发现, 鸽子感知到的 Zollner 错觉和人类是相反的 (低估锐角), 而可能的原因是每条长线和与之相交的短线同化了.

2. Orbison 错觉

如图 9-45(a) 所示, Orbison 错觉图中的一个矩形和圆形由于一些与之相交的放射状直线而看起来发生了扭曲. 具体地讲, 矩形的左边比右边看起来短, 且这两条边看似两个 "<" 符号而不是直线; 圆形左边的弧被向圆心方向挤压, 而右侧圆弧被向远离圆心方向拉伸.

　　在解释错觉前, 先要验证本方向检测算法可以分段检测复杂形状. 图 9-45(b) 中的放大圆形和图 9-45(c) 中的方向图说明一个单纯的圆形也可以由本算法用较小的窗口分段地检测. 和前一个实验相似, 我们将 Orbison 错觉图简化并放大, 然后在圆形及矩形与放射直线的交点附近选择窗口, 用本算法检测矩形和圆形上线段的方向, 而把放射直线当成干扰线. 图 9-45(d) 展示了一些局部方向图, 容易看出, 要观察的直线和干扰线的锐角夹角也的确在计算中变大了, 这些结果和我们的感觉是一致的.

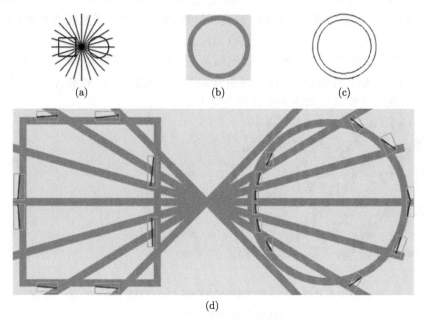

图 9-45　Orbison 错觉及其解释

3. Cafe-Wall 错觉

　　如图 9-46(a) 所示, Cafe-Wall 错觉图中夹在黑白交替方砖间的灰色平行线条看起来发生了倾斜. 具体地讲, 前两条平行线的左侧看似比右侧要低, 之后两条平行线的左侧看似比右侧要高 ⋯⋯ 这种趋势交替变更. 感知到的每条水平线的方向受到了与之相交的竖直线段 (方砖左右两侧边缘) 的影响.

　　和前面实验类似, 我们将 Cafe-Wall 错觉图简化并放大, 在角点处取一些窗口并运行方向检测, 且为了增加结果的可靠程度, 我们在每个角点处选择两个窗口分别

测试. 图 9-46(b) 显示了一些局部方向图, 容易看出, 要观察的直线和干扰线的锐角
夹角的确在计算中变大了, 这些结果和我们的感觉是一致的, 且每对窗口内计算得
到的方向本质上发生了相同的偏差. 这一计算层面的解释验证了文献 (Westheimer,
2008) 对此错觉的定性解释: 白色角 (白色方框的两条相邻边与黑色区域相邻, 即
角内部是白色, 角的顶点外一个邻域内都是黑色) 和黑色角 (与白色角相反) 看起
来都不是直角而是锐角.

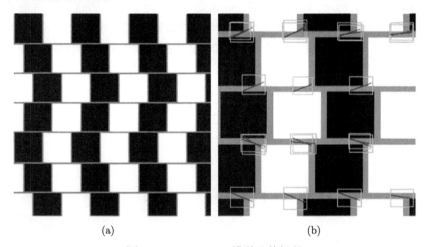

(a)　　　　　　　　　　　　　　　　　(b)

图 9-46　Cafe-Wall 错觉及其解释

4. Poggendorff 错觉

如图 9-47(a) 所示, 在 Poggendorff 错觉图中, 一条直线的两端和一个矩形的两
边相交, 而这条直线的上下两部分看似发生了偏移而不再位于同一条直线上. 本实
验仍将 Poggendorff 错觉图简化、放大, 并在角点处运行本算法, 检测直线方向, 将
矩形边缘当作干扰.

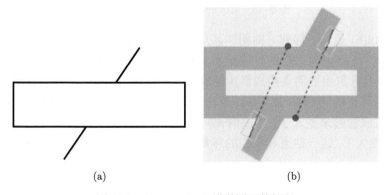

(a)　　　　　　　　　　　(b)

图 9-47　Poggendorff 错觉图及其解释

图 9-47(b) 显示了一些局部方向图. 容易看出, 计算得到的直线方向的延长线 (虚线) 和矩形边缘的交点与真实直线和矩形边缘交点的位置有偏差, 所以两条线段仿佛不再共线; 要观察的直线和干扰线的锐角夹角也在计算中变大了, 且两条线段方向的偏差情况和我们的感觉一致.

5. Muller-Lyer 错觉

如图 9-48(a) 所示, 在 Muller-Lyer 错觉图中, 两条等长的直线当两端分别附加箭头 "←——————→" 及 ")——————(" 形状时看起来不等长. 具体地讲, 上边一条看似比下边一条短. 显然, 错觉也一定是在直线和箭头形状相交处产生的, 所以我们仍然将 Muller-Lyer 错觉图简化、放大, 并在角点附近选择窗口运行方向检测.

(a)

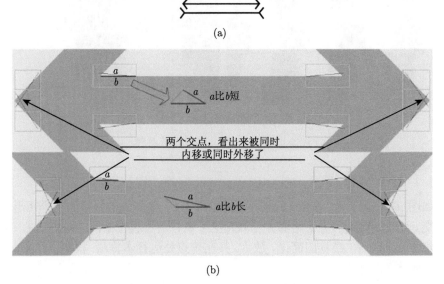

(b)

图 9-48   Muller-Lyer 错觉及其解释

图 9-48(b) 显示了局部方向图和其几何解释. 其中标为 "a" 的直线是检测到的方向 (直线) 而标记为 "b" 的直线是真实方向 (直线). 显然, 对上边的双箭头图形, a 比 b 短, 且计算出的两条构成箭头的线段的交点偏向内部, 使得直线看起来变短了; 而对于下边的图形, a 比 b 长, 且计算出的两条构成箭头的线段的交点偏向外部, 使得直线看起来变长了. 容易看出, 要观察的直线和干扰线的锐角夹角也的确在计算中变大了, 这一结果和我们的感觉仍然一致.

6. Hering 错觉

如图 9-49(a) 所示, Hering 错觉图也包含两条平行长直线, 它们都与许多放射状线段相交, 这两条直线看起来都从中间开始两端朝向对方弯曲, 且它们与放射状线段形成的锐角夹角都看似变大了. 与前边实验类似, 我们简化、放大 Hering 错觉图并在角点附近运行本算法检测长直线的方向. 图 9-49(b) 显示了一些局部方向图, 容易看出, 上边直线的左半段检测到的方向都是左低右高, 右侧左高右低, 而下边直线刚好相反, 要观察的直线和干扰线的锐角夹角也的确在计算中变大了, 这同样和我们的感觉一致.

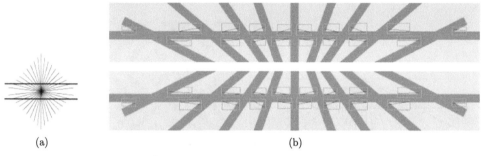

(a)   (b)

图 9-49   Hering 错觉图及其解释

7. 其他相关错觉

除了以上提到的几种错觉, 实验还发现本模型能够用类似的方法解释 Orbison 错觉的各种变体, 如图 9-50 所示; Judd 错觉 (Muller-Lyer 错觉的变体), 如图 9-51 所示; Poggendorff 错觉的变体, 如图 9-52 所示; Wundt 错觉 (Hering 错觉的变体), 如图 9-53 所示; Shaman 错觉, 如图 9-54 所示, 以及其他很多几何错觉. 本模型对错觉的解释从数学上验证了文献 (Howe, Purves, 2005) 中的观点: 视网膜上刺激的几何特点及其实际来源间的统计关系事实上决定了测定的几何刺激的属性及其引发的感知间全部已知的矛盾.

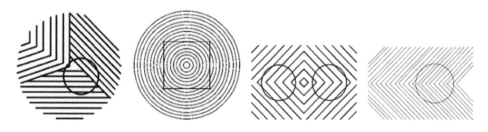

图 9-50   Orbison 错觉的几种变体 (Ray, http://brisray.com/optill/oeyes1. htm;
ANDRAOS, http://www.careerchem.com/NAMED/ Optical-Illusions.pdf)

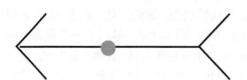

图 9-51　Judd 错觉 (Muller-Lyer 错觉的变体) (Gregory, 1997)

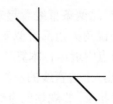

图 9-52　Poggendorff 错觉的变体 (Greene, 1988)

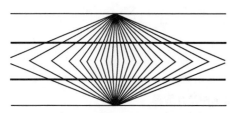

图 9-53　Wundt 错觉 (Hering 错觉的变体) (Wallace, Edin, 2011)

图 9-54　Shaman 错觉 (KITAOKA, http://www.psy.ritsumei.ac.jp/~akitaoka/classice.html)

9.7　模型应用三: 平面的朝向分析

　　传统特征检测及表征研究大都止于特征本身, 而没有涉及图像中包含的更高层视觉信息. 本节在得到方向图的基础上迈进一步, 尝试部分恢复单张图像中简单规则图形的三维信息. 利用相机标定及三维重建的原理, 本节将成像过程简化为透视变换, 应用其逆过程到包含矩形投影的图像中, 得到等效焦距, 进而计算同一幅图像中所有投影矩形、特殊三角形和圆形所在支撑平面的朝向, 同一平面内各点的相对深度, 线段的长度比以及不同平面间的夹角. 由图形一条边长或半径范围的先验知识可以估算同一平面中各点的绝对深度; 由空间关系 (共点、共线、共面) 的先验知识可以获得不同平面上各点间的相对深度和线段的长度比. 本节安排如下: 9.7.1 节简要介绍三维图像信息获取; 9.7.2 节介绍成像的物理模型, 9.7.3 节讨论几种规则图形的朝向等信息还原, 9.7.4 节介绍从包含这几种特征的场景中获取综合三维信息的方法; 9.7.5 节给出一些实验结果.

9.7.1　三维图像信息获取

　　计算机视觉的目的是利用计算的手段来处理人类的视觉信息和实现对实际三

维场景的理解. 最早且目前还具有巨大影响的一种计算机视觉的框架理论是由 D. Marr 提出的. Marr 认为, 人类视觉的主体是重构可见表面的几何形状; 人类视觉的重构过程是可以通过计算的方式完成的 (Marr, 1982). 计算机视觉系统的输入是现实世界的二维图像, 而输出应该是基于三维表示的定性的和定量的场景理解. 这是一种自底向上的研究思路, 在这一体系中涉及对信息的四种不同表示如图 9-55 所示:

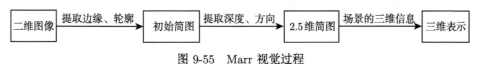

图 9-55   Marr 视觉过程

其中, 从图像到初始简图主要利用各种图像边缘检测算子实现, 这里介绍的方向检测即可以很好地完成这一过程. 从初始简图到 2.5 维简图的视觉过程目前主要由各种三维重建技术完成, 这部分是传统特征检测和表征研究所不涉及的, 而本节将其作为讨论的主题. 按照还原所需图像的数量 (或视觉传感器的数量) 可以将还原方法大致分为单目和多目视觉方法. 这里讨论的是从单幅图像中恢复部分三维 (严格地讲是 2.5 维) 信息的方法.

如果将单目成像看作由三维到二维空间的透视投影变换, 深度信息在此变换过程中会丢失. 但是事实上, 我们只用单目观测物体也不会感到太大困难. 按照视觉二元论, 由于人的经验以及物体表面光线的反射情况和阴影, 单眼视觉也可感知物体的立体形态, 但不及双眼视觉精确. 因而仅凭单眼我们也能对环境中平面朝向, 距离等做出与双眼并用时近似的判断. 当我们面对的本身就是一幅二维的图像时, 我们也能对其对应的三维结构做出一定的合理解释.

(1) 形式简单且具有物理意义;

(2) 容易测量与估计;

(3) 对结论的影响是非病态的.

因而, 与之前一些从轮廓恢复 2.5 维结构的方法相比, 本节的算法具有如下优点:

(1) 无需预先知道摄像机的参数;

(2) 能够得到精确的数值解;

(3) 考虑的图形都是在人造物体与场景中普遍存在的特征;

(4) 计算的结果与人眼对图像的理解相近;

(5) 时间复杂度与空间复杂度都是常数级.

9.7.2   成像模型

与多数方法一样, 我们用中心投影模型考虑图像的成像过程 (Forsyth, Ponce, 2004), 相比一些方法中的正交投影假设, 虽然提高了模型复杂性, 但更符合数字图像的实际形成情况.

1. 坐标系设置

在中心投影模型下, 成像过程涉及四个坐标系之间的变换 (Tsai, 1987).

1) 世界坐标系

独立于观察者 (摄像机), 物体所在的三维坐标系. 因本节的任务是以观察者 (或相机) 的角度理解图像, 因而用下面的光心坐标系代替其定位三维物体.

2) 光心坐标系

以观察者为中心的三维坐标系. 对于摄像机, 以光心为原点, 光轴所在直线为 Z 轴, 平行于图像平面垂直邻边的直线为 X 与 Y 轴. 齐次坐标为表示 $(X, Y, Z, 1)$.

3) 图像坐标系

以图像平面中心为原点, X 轴、Y 轴分别为平行于图像平面的垂直邻边, 齐次坐标表示为 $(x, y, 1)$. 对于焦距为 f 的相机, 可以将图像坐标用光心坐标表示为 $(x, y, f, 1)$.

4) 像素坐标系

表示数字图像的离散化图像坐标系. 坐标原点位于图像平面左上角, U-V 轴分别平行于图像坐标系的 X-Y 轴. 坐标表示为 (u, v). 假设像素为正方形 (De et al., 1999), 并设像素尺寸为 d, 图像坐标系的原点在像素坐标系下的坐标为 (u_0, v_0), 由于 d 很小, 若图像宽度为 W, 高度为 H, 近似地有 $u_0 = W/2$, $v_0 = (H/2)$.

2. 坐标系变换

上述几个坐标系之间主要有以下几种变换.

1) 光心坐标系 → 图像坐标系

如图 9-56(a) 所示, 由光心坐标系到图像坐标系的投影变换为

$$
\begin{pmatrix} x & y & 1 \end{pmatrix} = \begin{pmatrix} X & Y & Z & 1 \end{pmatrix} \begin{pmatrix} f/Z & 0 & 0 \\ 0 & f/Z & 0 \\ 0 & 0 & 0 \\ 0 & 0 & 1 \end{pmatrix} \tag{9.73}
$$

由透视投影原理可知, 在物体和光心之间的 $Z = -f$ 平面有一个正立且与实像等大的虚像 (Forsyth, Ponce, 2004). 为了直观, 后面示意图均使用虚像.

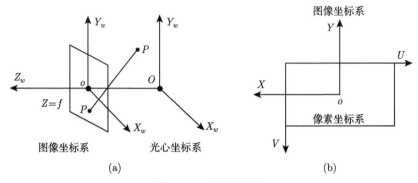

图 9-56 坐标系变换

2) 图像坐标系 → 像素坐标系

如图 9-56(b) 所示, 由图像坐标系到像素坐标系的相似变换为

$$
\begin{pmatrix} u & v & 1 \end{pmatrix} = \begin{pmatrix} x & y & 1 \end{pmatrix} \begin{pmatrix} -1/d & 0 & 0 \\ 0 & -1/d & 0 \\ W/2 & H/2 & 1 \end{pmatrix} \tag{9.74}
$$

由 (9.73) 和 (9.74) 可得由光心坐标系到像素坐标系的变换为

$$
\begin{pmatrix} u & v & 1 \end{pmatrix} = \begin{pmatrix} X & Y & Z & 1 \end{pmatrix} \begin{pmatrix} f/Z & 0 & 0 \\ 0 & f/Z & 0 \\ 0 & 0 & 0 \\ 0 & 0 & 1 \end{pmatrix} \begin{pmatrix} -1/d & 0 & 0 \\ 0 & -1/d & 0 \\ W/2 & H/2 & 1 \end{pmatrix} \tag{9.75}
$$

对上式右边矩阵进行等价变换得到

$$
\begin{pmatrix} u & v & 1 \end{pmatrix} = \begin{pmatrix} X & Y & Z & 1 \end{pmatrix} \begin{pmatrix} f/d/Z & 0 & 0 \\ 0 & f/d/Z & 0 \\ 0 & 0 & 0 \\ 0 & 0 & 1 \end{pmatrix} \begin{pmatrix} -1 & 0 & 0 \\ 0 & -1 & 0 \\ W/2 & H/2 & 1 \end{pmatrix} \tag{9.76}
$$

对比上面两个等式右端的形式可以发现: 像素尺寸为 d, 焦距为 f 等价于像素尺寸为 1 而焦距为 f/d. 此时引入有效焦距 $F = f/d$, 可以有以下优点:

(1) 将像素尺寸都视作 1, 使图像坐标系与像素坐标系间为欧氏变换;

(2) 将焦距和像素尺寸这两个独立的、与相机相关的量统一为一个变量, 使其仅作于与光心与图像坐标系间的变换;

(3) 方法适用的范围不再局限于数字图像. 这样对所有相机, 图像坐标系到像素坐标系为一致的变换, 从而使下面推导中可以仅考虑图像与光心坐标系间的投影

变换, 而在实际计算前仅需将像素坐标利用 $x = W/2 - u, y = v - H/2$ 预处理为图像坐标即可.

若再引入深度参数

$$t = Z(t < 0) \tag{9.77}$$

并令

$$C(F) = \begin{pmatrix} 1/F & 0 & 0 \\ 0 & 1/F & 0 \\ 0 & 0 & 1 \end{pmatrix} \tag{9.78}$$

可以写出图像到光心坐标系的反投影过程为

$$(X \quad Y \quad Z) = t(x \quad y \quad 1) \begin{pmatrix} 1/F & 0 & 0 \\ 0 & 1/F & 0 \\ 0 & 0 & 1 \end{pmatrix} \tag{9.79}$$

9.7.3 基本图形的三维信息

在建立了成像模型之后, 我们用 (9.79) 所表示的逆变换计算图像中常常包含的三类基本规则图形 (矩形、圆形、特殊三角形) 的三维信息. 对于每类图形, 讨论的顺序为: 首先, 从一幅包含了这种图形投影的图像中, 计算原图形所在平面的朝向; 然后, 借助先验知识计算其空间位置.

1. 矩形

矩形是人造物体和各种场景中最常见的图形, 并且在后面关于圆形与特殊三角形的讨论中需要利用由同一幅图像中矩形投影计算出有效焦距, 因而矩形空间信息的获取是本节最重要的部分. 如图 9-57 所示, 设图像中一个投影矩形四个顶点图像坐标分别为 $P_i' : (x_i, y_i), i = 1, 2, 3, 4$, 原空间矩形的四个顶点相应为 $P_i, i = 1, 2, 3, 4$, 矩形所在支撑平面的单位法向量为 $\vec{n}$. 由 (9.79) 可得

$$\overrightarrow{P_i P_j} = (t_j x_j - t_i x_i \quad t_j y_j - t_i y_i \quad t_j - t_i) C, \quad i, j = 1, 2, 3, 4 \tag{9.80}$$

由矩形条件 $\overrightarrow{P_1 P_2} = \overrightarrow{P_4 P_3}$ 以及 C 的可逆性得

$$\begin{cases} t_2 x_2 - t_1 x_1 - t_3 x_3 + t_4 x_4 = 0 \\ t_2 y_2 - t_1 y_1 - t_3 y_3 + t_4 y_4 = 0 \\ t_2 - t_1 - t_3 + t_4 = 0 \end{cases} \tag{9.81}$$

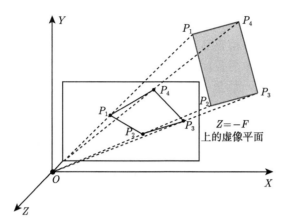

图 9-57 矩形透视投影

其一维基础解系为

$$\begin{pmatrix} t_1 \\ t_2 \\ t_3 \\ t_4 \end{pmatrix} = \begin{pmatrix} x_2 y_3 - x_4 y_3 + x_2 y_4 + x_3 y_4 - x_3 y_2 \\ x_3 y_4 - x_4 y_3 - x_4 y_3 + x_1 y_3 - x_3 y_1 \\ x_1 y_2 - x_4 y_2 - x_1 y_4 + x_4 y_1 + x_2 y_4 \\ x_3 y_2 - x_2 y_3 + x_2 y_1 - x_1 y_2 - x_3 y_1 \end{pmatrix} t \tag{9.82}$$

此式反映了各顶点绝对深度之间的内在关系.

考虑 $\overrightarrow{P_1 P_2} \cdot \overrightarrow{P_2 P_3} = 0$ 有几种情况.

条件 1 t_1, t_2, t_3, t_4 任意三个不全相等.

此时可以唯一地解出有效焦距:

$$F = \sqrt{\frac{(t_2 x_2 - t_1 x_1)(t_3 x_3 - t_2 x_2) + (t_2 y_2 - t_1 y_1)(t_3 y_3 - t_2 y_2)}{(t_1 - t_2)(t_3 - t_2)}} \tag{9.83}$$

将 (9.83) 代入 (9.80), 可将其简写为

$$\overrightarrow{P_i P_j}(t) = \left(\frac{t_i x_j - t_i x_i}{F} \quad \frac{t_i y_j - t_i y_i}{F} \quad t_j - t_i \right), \quad i, j = 1, 2, 3, 4 \tag{9.84}$$

此时根据平面法向的定义可以计算支撑平面的朝向和矩形邻边的长度比分别为

$$\vec{n} = \frac{\overrightarrow{P_1 P_2} \times \overrightarrow{P_2 P_3}}{|\overrightarrow{P_1 P_2} \times \overrightarrow{P_2 P_3}|} = \vec{n}(x_1, x_2, x_3, x_4, y_1, y_2, y_3, y_4) \tag{9.85}$$

$$\alpha = |\overrightarrow{P_1 P_2}| \mid |\overrightarrow{P_2 P_3}| = \alpha(x_1, x_2, x_3, x_4, y_1, y_2, y_3, y_4) \tag{9.86}$$

可以看出, 在单目视觉下, 矩形所在支撑平面的朝向与邻边长度的比值, 完全被矩形投影的形状和位置所决定. 如果已知或者可以估计出矩形的一条边或对角

线的长度, 不妨设 $|\overrightarrow{P_1P_2}| = l_{1,2}$, 则可以唯一解出 t_4, 由此便可以确定平面的方程, 其余顶点的坐标, 边长等相应都可以确定.

更为重要的是, 原本需要标定的为像机有效焦距, 可以由图像中一个矩形的像所得出. 这对于获取同一场景中其他图形的, 如下面将要介绍的三角形和圆形, 三维信息起到了的决定性的作用.

条件 2　t_1, t_2, t_3, t_4 有三个相等.

容易解出, $t_1 = t_2 = t_3 = t_4$, 即支撑平面平行于图像平面, 支撑平面的朝向为

$$\vec{n} = (0, 0, 1) \tag{9.87}$$

由投影几何性质, 一组平行于投影平面的平行线的投影仍然平行 (Hartley, Zisserman, 2003), 该矩形的投影仍然为矩形, 此时有

$$\alpha = \frac{|\overrightarrow{P_1P_2}|}{|\overrightarrow{P_2P_3}|} = \frac{|\overrightarrow{P_1'P_2'}|}{|\overrightarrow{P_2'P_3'}|} \tag{9.88}$$

2. 圆形

圆形也是人造场景中出现较多的图形. 如图 9-58 所示, 在透视投影下, 如果不考虑退化情况, 圆形的像为封闭二次曲线 (圆或椭圆), 且圆心的像一般不是该曲线的对称中心. 文献 (Li et al., 2004) 将二者当作同一点, 再对误差进行补偿. 这样做虽然计算量大大减少, 甚至可以直接利用前面的矩形方法, 但误差补偿的过程十分复杂且不可控制. 受文献 (Chen, Huang, 1999) 启发, 在二次曲线方程

$$(x \ y \ 1) \begin{pmatrix} a_{11} & a_{12} & a_{13} \\ a_{21} & a_{22} & a_{23} \\ a_{31} & a_{32} & a_{33} \end{pmatrix} \begin{pmatrix} x \\ y \\ 1 \end{pmatrix} = 0 \tag{9.89}$$

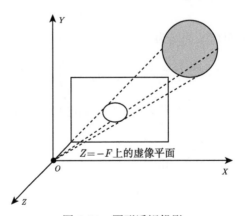

图 9-58　圆形透视投影

已经确定的前提下, 对二次型进行化简. 不同于文献 (Safaee-rad et al., 1992) 的方法, 本节通过恰当设置坐标系, 使变换过程中只有旋转而不会改变齐次性, 从而很大程度地降低了计算复杂性.

在上面假设下, 容易写出原点与曲线连线生成的锥面方程为

$$(x \ y \ z) \begin{pmatrix} a_{11}F^2 & a_{12}F^2 & a_{13}F \\ a_{21}F^2 & a_{22}F^2 & a_{23}F \\ a_{31}F & a_{32}F & a_{33} \end{pmatrix} \begin{pmatrix} x \\ y \\ 1 \end{pmatrix} = 0 \tag{9.90}$$

由于此方程没有一次项和常数项, 只需求出其系数矩阵的特征值 $\lambda_1, \lambda_2, \lambda_3$ (锥面方程的特征根为两正一负, 不妨设 $\lambda_1 \geqslant \lambda_2, \lambda_3 < 0$, 经过旋转平移, 轴线为 Z 轴), 对应的单位特征向量构成幺模矩阵 $(v_1 \ v_2 \ v_3)^T$, 经过旋转变换

$$(x \ y \ z) = (x' \ y' \ z') \begin{pmatrix} v_1^T \\ v_2^T \\ v_3^T \end{pmatrix} \tag{9.91}$$

其逆变换为

$$(x' \ y' \ z') = (x \ y \ z)(v_1 \ v_2 \ v_3) \tag{9.92}$$

锥面方程化简为

$$\lambda_1 x'^2 + \lambda_2 y'^2 + \lambda_3 z'^2 = 0 \tag{9.93}$$

设所求圆形所在支撑平面的方程为 $n_1 x + n_2 y + n_3 z - d = 0$, 经过变换后方程变为

$$n_1' x' + n_2' y' + n_3' z' - d = 0 \tag{9.94}$$

我们的目标就是求使得 (9.93) 与 (9.94) 的交线为圆形的条件. 下面对变换后的平面朝向进行讨论.

条件 1　$n_1' = n_2' = 0, n_3' = 1$.

容易看出此条件等价于 $\lambda_1 = \lambda_2$, 即旋转之后得到一个以 Z' 为轴的正圆锥. 将 (9.92) 代入 (9.94) 就可以得到

$$\vec{n} = v_3 \tag{9.95}$$

若已知或可以估算圆形的半径 r, 则可以解出

$$d = \pm r\sqrt{-\frac{\lambda_1}{\lambda_3}} \tag{9.96}$$

圆心的坐标为

$$r_0 = \pm d v_3' \tag{9.97}$$

确定平面的朝向和圆的半径后, 由于锥面的对称性显然有两个圆满足条件, 但我们考虑的圆形位于相机前方, 根据本节坐标系设置, 圆心坐标的第三分量为负, 因而 d 中的正负号中只有一个满足条件.

条件 2　$n_3' \neq 1$.

这时需再次旋转坐标轴, 令

$$
\begin{pmatrix} x' \\ y' \\ z' \end{pmatrix} = \begin{pmatrix} \dfrac{-n'2}{\sqrt{n_1'^2 + n_2'^2}} & \dfrac{-n_1'n_3'}{\sqrt{n_1'^2 + n_2'^2}} & n_1' \\[3mm] \dfrac{n_1'}{\sqrt{n_1'^2 + n_2'^2}} & \dfrac{-n_2'n_3'}{\sqrt{n_1'^2 + n_2'^2}} & n_2' \\[3mm] 0 & \sqrt{n_1'^2 + n_2'^2} & n_3' \end{pmatrix} \begin{pmatrix} x'' \\ y'' \\ z'' \end{pmatrix} \tag{9.98}
$$

则锥面方程 (9.93) 与 (9.94) 化为

$$
\frac{\lambda_1 n_2'^2 + \lambda_1 n_1'^2}{n_1'^2 + n_2'^2} x^{n2} + \frac{n_3'^2 \left(n_1'^2 +_1 n_2'^2\right) + \lambda_3 \left(n_1'^2 +_1 n_2'^2\right)^2}{n_1'^2 + n_2'^2} y^{n2}
$$
$$
+ \left(\lambda_2 n_2'^2 + \lambda_3 n_3'^2 + \lambda_1 n_1'^2\right) z^{n2} + \frac{2\left(\lambda_1 - \lambda_2\right) n_1' n_2' n_3'}{n_1'^2 + n_2'^2} x^n y^n
$$
$$
+ \frac{2\left(\lambda_2 - \lambda_1\right) n_1' n_2' x'' z'' + \left(\lambda_3 n_1'^2 + \lambda_3 n_2'^2 - \lambda_2 n_2'^2\right) n_3' y'' z''}{\sqrt{n_1'^2 + n_2'^2}} = 0 \tag{9.99}
$$

因圆的离心率为 0 且 $\lambda_1 \neq \lambda_2$, 有

$$
\begin{cases} \lambda_1 n_2'^2 + \lambda_2 n_1'^2 = \lambda_1 n_1'^2 n_3'^2 + \lambda_2 n_2'^2 n_3'^2 + \lambda_3 \left(n_1'^2 + n_2'^2\right)^2 \\ n_1' n_2' n_3' = 0 \end{cases} \tag{9.100}
$$

解此方程, 满足要求的解为

$$
\begin{cases} n_1' = \pm\sqrt{\dfrac{\lambda_1 - \lambda_2}{\lambda_1 - \lambda_3}} \\[3mm] n_2' = 0 \\[2mm] n_3' = \sqrt{\dfrac{\lambda_2 - \lambda_3}{\lambda_1 - \lambda_3}} \end{cases} \tag{9.101}
$$

再由 (9.93) 得

$$
\vec{n} = n_1' v_1' + n_3' v_3' \tag{9.102}
$$

若已知或可以推测圆的半径 r, 可以解出

$$
d = \pm\frac{r\lambda_2}{\sqrt{-\lambda_1\lambda_3}} \tag{9.103}
$$

对每个固定符号的 n_1', 由 (9.92) 可以获得圆形支撑平面的方程, 此时圆心坐标为

$$r_0 = \pm r \left(v_2' \sqrt{\frac{(\lambda_1 - \lambda_2)(\lambda_3 - \lambda_2)}{\lambda_1 \lambda_3}} + \frac{\lambda_2 v_3'}{\sqrt{-\lambda_1 \lambda_3}} \right) \tag{9.104}$$

同样需要选择符号使其第三分量为负.

3. 特殊三角形

由于三角形的多样性, 这里我们仅讨论两种特殊的三角形, 即等边三角形与等腰直角三角形. 一方面, 三角形出现的频率不如矩形与圆形, 我们关于三角形的先验知识也不如矩形圆形充分; 另一方面用透视投影而非正交投影解析三角形投影问题非常复杂, 因而一直没有引起太多关注. 文献 (Barnard, 1983) 将图像中角反投影到高斯球面上, 用作图法直观地证明了该问题也是双解的. 这里则给出一种获得数值解的方法.

如图 9-59 所示, 设一个三角形顶点的图像坐标为 $P_i' : (x_i, y_i)$, $i = 1, 2, 3$, 其中 P_1' 对应等腰三角形的顶角. 不妨设原三角形的一个顶点就是 $P_1 : (x_1, y_1, F)$, 腰长为 r. 以 P_1 为圆心、r 为半径作一球面, 方程为

$$(x - x_1)^2 + (y - y_1)^2 + (z - F)^2 = r^2 \tag{9.105}$$

设 P_2' 与 P_3' 的反投影线参数方程分别为 $t_i (x_i, y_i, F)$, $i = 2, 3$. 记

$$p_{ij} = (x_i, y_i, F) \begin{pmatrix} x_i \\ y_i \\ F \end{pmatrix} \tag{9.106}$$

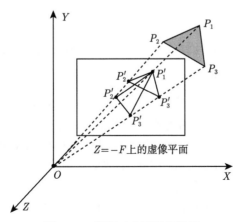

图 9-59 等腰三角形透视投影

容易写出两条投影线与圆的交点 (即另外两个顶点) 坐标分别为

$$P_i : p_{ii}^{-1} \left(p_{1i} \pm \sqrt{p_{1i}^2 - p_{ii}(p_{11} - r^2)} \right) (x_i, y_i, F), \quad i = 2, 3 \tag{9.107}$$

两腰对应向量

$$\overrightarrow{P_1 P_i} = p_{ii}^{-1} (p_{1i} x_i - p_{ii} x_1 \pm q_i x_i, p_{1i} y_i - p_{ii} y_i + q_i y_i, p_{1i} F - p_{ii} F \pm q_i F), \quad i = 2, 3 \tag{9.108}$$

其中 $q_i = \sqrt{p_{1i}^2 - p_{ii}(p_{11} - r^2)}$.

对于等腰直角三角形, 有

$$\overrightarrow{P_1 P_2} \cdot \overrightarrow{P_1 P_3} = 0 \tag{9.109}$$

而对等边三角形则为

$$\overrightarrow{P_1 P_2} \cdot \overrightarrow{P_1 P_3} = \frac{r^2}{2} \tag{9.110}$$

由于 $\overrightarrow{P_1 P_i}$ 的不同符号共有 4 种选择, 因而有 4 个关于 r_2 的根式方程. 任意合理的解 r^2 必须使 p_2 和 p_3 的 z 分量同时为正, 上述四个方程中只有两个有且仅有一个实数解, 几何解释参见文献 (Barnard, 1983). 虽然我们无法获得其解析解, 但是借助非线性方程的数值解法 (Heath, 1997), 我们能够求出其在区间 $\max \left\{ p_{11} - \frac{p_{12}^2}{p_{22}}, p_{11} - \frac{p_{13}^2}{p_{33}}, 0 \right\} \leqslant r^2 \leqslant p_{11}$ 上的近似解, 然后将对应的 $\overrightarrow{P_1 P_i}$ 作外积并单位化后就得到支撑平面的朝向

$$\vec{n} = \frac{\overrightarrow{P_1' P_2'} \cdot \overrightarrow{P_1' P_3'}}{r^2} \tag{9.111}$$

对每个合理的朝向, 设支撑平面的方程为 $n_1 x + n_2 y + n_3 z - d = 0$, 三角形每个顶点坐标与每条边长都是关于 d 的一次式, 此时若已知或可以估计三角形一条边的真实长度, 便能求出 d (类似于圆锥对称性的讨论, d 的正负号根据使三角形顶点坐标第三分量为负来选择), 从而确定支撑平面的方程.

由以上所有推导过程可以看出, 图像的相似变换对朝向的计算没有影响.

9.7.4 场景综合特征分析

从上面对于三种规则图形的讨论中可以看出, 即使长度信息未知, 我们也可以得到支撑平面的朝向, 同一平面内各点的深度比、线段的长度比; 只要可以估计图形一条边长或半径, 我们就能得到其所在支撑平面的方程, 进而得到其上各点绝对深度和各线段的长度 (Rother, 2003). 这个结果为多种长度线索同时存在的场景的单目理解与三维重构提供了便利.

在上述几种规则图形投影都存在的场景中, 我们可以按照下面的步骤对其 2.5 维信息进行还原.

(1) 利用方向检测得到的直线方程, 获得准确顶点坐标.

如果直接取投影矩形的顶点坐标, 一方面由于误差取值可能不准, 另一方面定点可能刚好被遮挡或模糊. 若已知四条边的方程 $a_i x + b_i y + c_i = 0, i = 1, 2, 3, 4$, 容易得到四个顶点的坐标为

$$x = \frac{b_j c_i - b_i c_j}{a_j b_i - a_i b_j}, \quad y = \frac{a_i c_j - a_j c_i}{a_j b_i - a_i b_j}, \quad (i, j) \in \{(1, 2), (2, 3), (3, 4), (4, 1)\} \quad (9.112)$$

(2) 利用其中所有的投影矩形, 尽可能准确计算有效焦距 F.

由前一节可以看出, 有效焦距是计算圆形与特殊三角形的朝向、位置的关键信息, 因而我们有必要更准确地计算一幅图像的有效焦距. 下面对 F 的取值进行简要讨论.

通常, 图像中的矩形投影为一般四边形 (非矩形或梯形), 两组对边的所在直线各有一个交点 (灭点), 如图 9-60, 设其像素坐标分别为 $M : (m_1, m_2), N : (n_1, n_2)$. 由简单射影几何, 投影中心与灭点的连线平行于产生此灭点的空间平行线, 即

$$\overrightarrow{ON} || \overrightarrow{P_1 P_2} || \overrightarrow{P_4 P_3}, \overrightarrow{OM} | \overrightarrow{P_1 P_4} | | \overrightarrow{P_2 P_3} \quad (9.113)$$

由 $\overrightarrow{ON} \cdot \overrightarrow{OM} = 0$ 可以得出

$$F = \sqrt{-(u_0 - m_1)(u_0 - n_1) - (m_2 - v_0)(n_2 - v_0)} \quad (9.114)$$

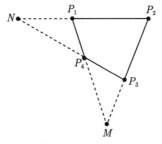

图 9-60　投影矩形的灭点

可以证明, 上式与 (9.83) 其实是等价的. 因为我们假定光心的像素坐标就是图像的几何中心, 因而存在一定的系统误差, 我们用如下方法减小此误差: 如果图像没有经过裁减, 可以对多个有效焦距取平均值; 如果图像不确定是否被裁减, 而图像中有多个投影矩形, 可以由多个 (9.83) 所示方程联立, 解出图像中心坐标和有效焦距.

(3) 用一致的有效焦距计算各规则图形所在平面的朝向.

(4) 再利用平面间垂直、平行关系等先验知识选择合理的解.

(5) 按照两个图形所在支撑平面的交线是否在图像中的连通关系将图像中各图形分在不同的连通分量中.

(6) 对每个连通分量, 估计其中的一条边长或者半径就可以得到所有平面的方程, 从而得到所有点的深度和其余的边长和半径; 若可以估算多个长度信息, 则可以由公共点 (线) 的空间坐标进行协调.

9.7.5 实验

1. 特征提取

在用本算法得到图像的方向图及其中短线的方程后, 可以用下列方法找到其中的基本图形:

- 矩形: 从方向图中组合长直线, 形成一般四边形;
- 圆形: 利用文献 (Xie, Ji, 2002) 提出的方法从方向图中找出椭圆, 并直接得到椭圆的方程;
- 特殊三角形: 从得到的直线方程中搜索长直线, 形成三角形.

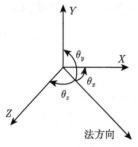

图 9-61 观察者坐标系

2. 朝向计算实验

由于本实验所用的全部都是未知参数的图像, 且只涉及平面朝向的计算, 因而结果的正确性以法向与观察者坐标系 (图 9-61) 三个坐标轴的夹角和人眼的直观感觉来衡量.

图 9-62 和图 9-63 中有两幅等大 (宽 60cm, 高 100cm) 海报, 分别标记为 1 和 2.

图 9-62 两个平行等大矩形的投影 (I)

图 9-63 两个平行等大矩形的投影 (II)

第一组实验计算图 9-62 的等效焦距, 两个图形的朝向、方向角、朝向的夹角、矩形长宽比. 由于已知这两幅海报的真实宽高, 所以还可以估算一些深度信息, 本实验计算这两个矩形左上角的三维坐标. 计算结果如表 9-2 所示.

表 9-2 第一组实验结果 (保留两位小数)

图形标号	等效焦距 F	法方向	θ_x	θ_y	θ_z	夹角 (真实值)	左上角坐标	长宽比
1	1764	$(-0.37, 0.21, 0.91)$	111.67	78.12	25.00	$0.9°\,(0)$	$(-0.50, 0.93, -1.51)$	1.62
2	1792	$(-0.38, 0.21, 0.90)$	112.46	77.78	25.90		$(0.05, 0.66, -1.40)$	1.60

第二组实验计算图 9-64 中两个图形的朝向、方向角, 以及两个朝向的夹角. 计算结果如表 9-3 所示.

表 9-3 第二组实验结果 (保留两位小数)

图形标号	法方向	θ_x	θ_y	θ_z	夹角 (真实值)
1	$(0.30, 0.46, 0.84)$	72.83	62.91	32.87	$1.89°\,(0)$
2	$(0.33, 0.44, 0.84)$	71.02	63.71	33.34	

图 9-64~图 9-66 是一些规则积木的图像.

图 9-64 六个不同朝向的投影矩形

图 9-65 等大平行圆的投影

图 9-66 圆形与特殊三角形的投影

第三组实验计算图 9-64 中各矩形朝向的夹角. 计算结果如表 9-4 所示.

第四组实验计算图 9-65 中圆形的朝向. 与上一章推导一致, 对于每个圆可以计算出两个朝向. 从中也可以明显地看出, 每个圆都给人以 "朝上" 和 "朝下" 两种感觉. 计算结果如表 9-5 所示.

第五组实验计算图 9-66 中矩形、圆形与三角形的朝向. 计算结果如表 9-6 所示.

表 9-4　第三组实验结果 (保留两位小数)

图形编号	法方向	法方向	夹角 (真实值)
1, 2	$(-0.07, 0.82, 0.57)$	$(-0.04, 0.80, 0.59)$	2.56(0)
1, 3	$(-0.07, 0.82, 0.57)$	$(-0.24, -0.57, 0.78)$	90.32(90)
2, 3	$(-0.04, 0.80, 0.59)$	$(-0.24, -0.57, 0.78)$	89.28(90)
4, 5	$(-0.99, -0.11, 0.03)$	$(-0.42, -0.49, 0.76)$	62.50(60)
4, 6	$(-0.99, -0.11, 0.03)$	$(0.57, -0.43, 0.69)$	117.76(120)
5, 6	$(-0.42, -0.49, 0.76)$	$(0.57, -0.43, 0.69)$	61.28(60)
1.4	$(-0.07, 0.82, 0.57)$	$(-0.99, -0.11, 0.03)$	90.21(90)
1, 5	$(-0.07, 0.82, 0.57)$	$(-0.42, -0.49, 0.76)$	86.51(90)
1, 6	$(-0.07, 0.82, 0.57)$	$(0.57, -0.43, 0.69)$	89.95(90)
2, 4	$(-0.04, 0.80, 0.59)$	$(-0.99, -0.11, 0.03)$	91.76(90)
2, 5	$(-0.04, 0.80, 0.59)$	$(-0.42, -0.49, 0.76)$	85.80(90)
2, 6	$(-0.04, 0.80, 0.59)$	$(0.57, -0.43, 0.69)$	87.69(90)

表 9-5　第四组实验结果 (保留两位小数)

图形标号	法方向	法方向	夹角 (真实值)
1, 2	$(-0.02, 0.86, 0.52)$	$(0.13, -0.95, 0.28)$ 略 $(-0.003, 0.84, 0.54)$	2.60(0)
1, 3	$(-0.02, 0.86, 0.52)$	$(0.21, -0.94, 0.28)$ 略 $(-0.01, 0.86, 0.52)$	2.78(0)
2, 3	$(-0.003, 0.84, 0.54)$	$(-0.01, 0.86, 0.52)$	1.94(0)

表 9-6　第五组实验结果 (保留两位小数)

图形标号	法方向	法方向	夹角 (真实值)
1, 3	$(0.98, -0.02, 0.20)$	$(-0.04, 0.70, 0.72)$ $(0.03, 0.97, 0.24)$	99.26(90°) 舍去 87.86 (90°)
1, 4	$(0.98, -0.02, 0.20)$	$(-0.75, -0.44, 0.50)$ $(0.02, 0.96, 0.30)$	120.10 (90°) 舍去 86.59 (90°)
2, 3	$(0.60, -0.16, 0.70)$ (另一值舍去)	$(-0.04, 0.70, 0.72)$ $(0.03, 0.97, 0.24)$	68.05(90°) 舍去 88.05 (90°)
2, 4	$(0.60, -0.16, 0.70)$ 另一值舍去	$(-0.75, -0.44, 0.50)$ $(0.02, 0.96, 0.30)$	91.62(90°) 舍去 86.47 (90°)

从以上五组实验数据能够看出: 在缺少相机参数的情况下, 本节算法对规则图形所在平面朝向的估算是非常接近真实情况的; 并且, 在已知部分真实长度数据时, 本节算法能够恢复一些相应的深度信息.

3. 三维构建实验

本节将从图像中规则图形得到的平面朝向信息立体化, 即将确定了法向的矩形以假定的深度 2 描绘在三维空间中, 以验证朝向检测的结果是否与真实情况, 如平面的平行及垂直等相近. 在图 9-67 所示的结果中, 图 (a) 中带红色标记的为选区的矩形, 图 (b) 为根据这些矩形的朝向构建的三维场景. 容易看出, 构建的结果与这些平面的实际空间位置关系是很接近的.

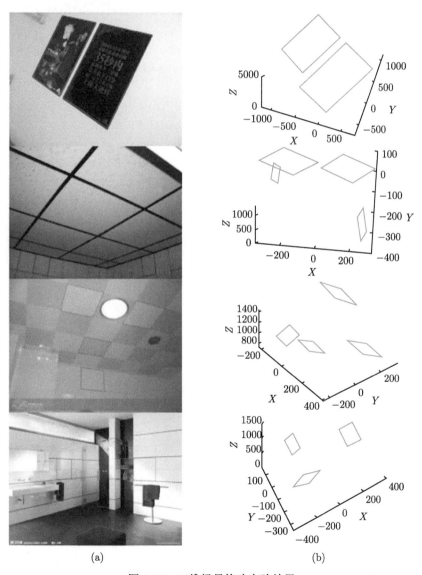

图 9-67 三维场景构建实验结果

参 考 文 献

知觉类别: 错觉. http://amuseum.cdstm.cn/AMuseum/perceptive/page_1_organ/page_1_6 c.htm.

Amit Y, Mascaro M. 2003. An integrated network for invariant visual detection and recognition. Vision Research, 43(19): 2073-2088.

Andraos J. Named optical illusions. http://www.careerchem.com/NAMED/ Optical-Illusions.pdf.

Arbel Aez P, Maire M, Fowlkes C, et al. 2011. Contour detection and hierarchical image segmentation. IEEE Transactions on Pattern Analysis and Machine Intelligence, 33(5): 898-916.

Arbib M A. 2002. Sensory Systems// Arbib M A. The Handbook of Brain Theory and Neural Networks, Ed., 2nd ed. Cambridge: The MIT Press, 2.7: 66-67.

Azzopardi G, Petkov N. 2012. A CORF computational model of a simple cell that relies on LGN input out performs the Gabor function model. Biological Cybernetics, 106: 177-189.

Bajcsy R. 1973. Computer identification of visual surfaces. Computer Graphics and Image Processing, 2: 118-130.

Barlow H B. 1953. Action potentials from the frog's retina. The Journal of Physiology, 119: 58-68.

Barnard S T. 1983. Interpreting perspective images. Artificial Intelligence, 21: 435-462.

Barrow H, Tenenbaum J. 1981. Interpreting line drawings as three-dimensional surfaces. Artificial Intelligence, 17: 75-116.

Belongie S, Malik J, Puzicha J. 2002. Shape matching and object recognition using shape contexts. IEEE Transactions on Pattern Analysis and Machine Intelligence, 24, 24(4): 509-522.

Benyishai R, Baror R, Sompolinsky H. 1995. Theory of orientation tuning in visual-cortex. Proceedings of the National Academy of Sciences of the United States of America, 92: 3844-3848.

Bhaumik B, Mathur M. 2003. A cooperation and competition based simple cell receptive field model and study of feed-forward linear and nonlinear contributions to orientation selectivity. Journal of Computational Neuroscience, 14: 211-227.

Bird R J. 1973. Role of lateral interaction in overestimation of acute angles. Perceptual and Motor Skills, 37: 595-598.

Burkhardt D A, Fahey P K, Sikora M. 1998. Responses of ganglion cells to contrast steps in the light-adapted retina of the tiger salamander. Visual Neuroscience, 15: 219-229.

Café wall illusion. http://www.illusionism.org/shape-distortion/caf%E9+wall+illusion/.

Cai D, Tao L, Shelley M, Mclaughlin D W. 2004. An effective kinetic representation of fiuctuation-driven neuronal networks with application to simple and complex cells in visual cortex. Proceedings of the National Academy of Sciences of the United States of America, 101: 7757-7762.

Canny J. 1986. A computational approach to edge detection. IEEE Transactions on Pattern Analysis and Machine Intelligence, 8: 679-698.

Chen A H, Zhou Y, Gong H Q, Liang P J. 2005. Luminance adaptation increased the contrast sensitivity of retinal ganglion cells. Neuro Report, 16: 371-375.

Chen Z, Huang J B. 1999. A vision-based method for the circle pose determination with a direct geometric interpretation. Robotics and Automation, IEEE Transactions on, 15: 1135-1140.

Chirimuuta M, Gold I. 2009. The embedded neuron, the enactive field//Bickle J. The Oxford Handbook of Philosophy and Neuroscience. London: Oxford University Press, 9: 200.

Croner L J, Kaplan E. 1995. Receptive fields of P and M ganglion cells across the primate retina. Vision Research, 35: 7-24.

De Agapito L, Hartley R, Hayman E. 1999. Linear self-calibration of a rotating and zooming camera. In IEEE Conference on Computer Vision and Pattern Recognition, 1: 15-21.

Delorme A, Thorpe S J. 2001. Face identification using one spike per neuron: resistance to image degradations. Neural Networks, 14, 795-803.

Dhingra N K, Freed M A, Smith R G. 2005. Voltage-gated sodium channels improve contrast sensitivity of a retinal ganglion cell. The Journal of Neuroscience, 25: 8097-8103.

Diedrich E, Schaeffel F. 2009. Spatial resolution, contrast sensitivity, and sensitivity to defocus of chicken retinal ganglion cells in vitro. Visual Neuroscience, 26: 467-476.

Douglas R, Koch C, Mahowald M, et al. 1995. Recurrent excitation in neocortical circuits. Science, 269: 981-985.

Douma, Michael, Curator. 2006. Retinal ganglion cells calculate color. http://www.webexhibits.org/colorart/ganglion.html.

Eagleman D M. 2001. Visual illusions and neurobiology. Nature Reviews Neuroscience, 2: 920-926.

Einevoll G T, Plesser H E. 2005. Response of the difference-of-Gaussians model to circular drifting-grating patches. Visual Neuroscience, 22: 437-446.

Einevoll G. 2003. Mathematical modelling in the early visual system: Why and how// Buracas G, Ruksenas O, Albright T, et al. NATO Advanced Institute Series: Modulation of Neuronal Signaling: Implications for Visual Perception, Eds., 334. Amsterdam: IOS Press.

Enroth-Cugell C, Freeman A W. 1987. The receptive-field spatial structure of cat retinal

Y cells. The Journal of Physiology, 384: 49-79.

Enroth-Cugell C, Robson J G. 1966. The contrasts ensitivity of retinal ganglion cells of the cat. Journal of Physiology-London, 187: 517-552.

Ferster D, Miller K D. 2000. Neural mechanisms of orientation selectivity in the visual cortex. Annual Review of Neuroscience, 23: 441-471.

Ferster D. 2003. Assembly of receptive fields in primary visual cortex// Werner J S, Chalupa L M. Visual Neurosciences, Eds. Cambridge: MIT Press, 43: 696.

Forsyth D A, Ponce J. 2004. Cameras. In Computer Vision: A Modern Approach, 1st ed. New York: Pearson Education, Inc., 1: 4.

Fukushima K. 2010. Neural network model for completing occluded contours. Neural Networks, 23(4): 528-540.

Gardner J L, Anzai A, Ohzawa I, et al. 1999. Linear and nonlinear contributions to orientation tuning of simple cells in the cat's striate cortex. Visual Neuroscience, 16: 1115-1121.

Gaudiano P. 1994. Simulations of x and y retinal ganglion cell behavior with a nonlinear push-pull model of spatiotemporal retinal processing. Vision Research, 34: 1767-1784.

Ge S, Saito T, Wu J L, et al. 2006. A study on some optical illusions based upon the theory of inducing field. In Engineering in Medicine and Biology Society, 2006. EMBS '06. 28th Annual International Conference of the IEEE: 4205-4208.

Golub G H, Matt U V. Quadratically constrained least squares and quadratic problems. Numerische Mathematik 59, 1(1991): 561-580.

Gomes H M. 2002. Model learning in iconic vision. PhD thesis, Eclinburgh: University of Edinburgh.

Greene E. 1988. The corner poggendorff. Perception, 17: 65-70.

Gregory R L. 1997. Knowledge in perception and illusion. Philosophical Transactions of the Royal Society of London. Series B: Biological Sciences, 352(1358): 1121-1127.

Gregory R L. 2005. The medawar lecture 2001 knowledge for vision: vision for knowledge. Philosophical Transactions of the Royal Society B: Biological Sciences, 360: 1231-1251.

Grigorescu C, Petkov N, Westenberg M A. 2004. Contour and boundary detection improved by surround suppression of texture edges. Image and Vision Computing, 22: 609-622.

Gross C G. 2002. Genealogy of the "grandmother cell". Neuroscientist, 8: 512-518.

Hansen T, Baratoff G, Neumann H. 2000. A simple cell model with dominating opponent inhibition for robust contrast detection. Kognitions Wissens Chaft, 9: 93-100.

Hartley R, Zisserman A. 2003. Multiple View Geometry in Computer Vision. 2 ed. New York. NY, USA: Cambridge University Press.

Hartline H K. 1938. The response of single optic nerve fibers of the vertebrate eye to illumination of the retina. American Journal of Physiology, 121: 400-415.

Heath M T. 1996. Scientific Computing: An Introductory Survey, 2nd ed. New York:

McGraw-Hill Higher Education.

Heeger D J. 1992. Normalization of cell responses in cat striate cortex. Visual Neuroscience, 9: 181-197.

Hennig M H, Funke K. 2001. A biophysically realistic simulation of the vertebrate retina. Neurocomputing, 38-40: 659-665.

Hildreth E C, Hollerbach J M. 2011. Artificial intelligence: Computational approach to vision and motor control. In Comprehensive Physiology. New York: John Wiley & Sons, Inc.

Hochstein S, Shapley R M. 1976. Quantitative analysis of retinal ganglion cell classifications. The Journal of Physiology, 262: 237-264.

Horn B. 1970. Shape from Shading: A Method for Obtaining the Shape of a Smooth Opaque Object from One View. PhD thesis, MIT.

Hough V P C. 1962. Method and means for recognizing complex patterns. US Patent 3, 069, 654. 1962-12-18.

Howe C Q, Purves D. 2005. In Perceiving Geometry: Geometrical Illusions Explained by Natural Scene Statistics. New York: Springer US, 9: 106.

Howe C Q, Purves D. 2005. Natural-scene geometry predicts the perception of angles and line orientation. Proceedings of the National Academy of Sciences of the United States of America, 102: 1228-1233.

Hubel D H, Wiesel T N. 1962. Receptive fields, binocular interaction and functional architecture in cats visual cortex. Journal of Physiology, 160: 106-154.

Hubel D H, Wiesel T N. 1968. Receptive fields and functional architecture of monkey striate cortex. Journal of Physiology-London, 195: 215-243.

Hubel D H. 1995.The Retina. In Eye, Brain and Vision, 2nd ed. W. H. Freeman, ch. 3, p. 5.

Illingworth J, Kittler J. 1988. A survey of the hough transform. Computer Vision, Graphics and Image Processing, 44: 87-116.

Irvin G E, Casagrande V A, Norton T T. 1993. Center/surround relationships of magnocellular, parvocellular, and koniocellular relay cells in primate lateral geniculate nucleus. Visual Neuroscience, 10: 363-373.

Jerez J, Atencia M, Vico F. 2005. A learning rule to model the development of orientation selectivity in visual cortex. Neural Processing Letters, 21: 1-20.

Kang S, Lee S W. 2002. Real-time tracking of multiple objects in space-variant vision based on magnocellular visual pathway. Pattern Recognition, 35: 2031-2040.

Kaplan E, Marcus S, So Y T. 1979. Effects of dark adaptation on spatial and temporal properties of receptive fields in cat lateral geniculate nucleus. The Journal of Physiology, 294: 561-580.

Kaplan E, Shapley R M. 1986. The primate retina contains wotypes of ganglion cells, with high and low contrast sensitivity. Proceedings of the National Academy of Sciences of the United States of America, 83: 2755-2757.

Kara P, Pezaris J S, Yurgenson S, et al. 2002. The spatial receptive field of thalamic inputs to single cortical simple cells revealed by the interaction of visual and electrical stimulation. Proceedings of the National Academy of Sciences of the United States of America, 99(25): 16261-16266.

Kilavik B E, Silveira L C L, Kremers J. 2003. Centre and surround responses of marmoset lateral geniculate neurones at different temporal frequencies. The Journal of Physiology, 546: 903-919.

Kitaoka A. Classic geometrical illusion. http://www.psy.ritsumei.ac.jp/~akitaoka/classice.html.

Kolb H, Nelson R, Fernandez E, Jones B W. Ganglion cell physiology. http://webvision.med.utah.edu/book/part-ii-anatomy-and-physiology-of-the-retina/ ganglion-cell-physiology, 3, 2011.

Kuffler S W. 1953. Discharge patterns and functional organization of mammalian retina. Journal of Neurophysiology, 16: 37-68.

Lauritzen T Z, Miller K D. 2003. Different roles for simple-cell and complexcell inhibition in V1. Journal of Neuroscience, 23(32): 10201-10213.

Lee A B, Blais B, Shouval H Z, et al. 2000. Statistics of lateral geniculate nucleus (LGN) activity determine the segregation of ON/OFF subfields for simple cells in visual cortex. Proceedings of the National Academy of Sciences of the United States of America, 97(23): 12875-12879.

Lee B B, Sun H. 2011. Contrast sensitivity and retinal ganglion cell responses in the primate. Psychology & Neuroscience, 4: 11-18.

Levick W R. 1967. Receptive fields and trigger features of ganglion cells in the visual streak of the rabbit's retina. The Journal of Physiology, 188: 285-307.

Li L F, Feng Z R, Peng Q K, et al. 2004. Detection and model analysis of circular feature for robot vision. In Proceedings of International Conferenceon Machine Learning and Cybernetics, 6: 3943-3948.

Liu B H, Li P, Sun Y J, et al. 2010. Intervening inhibition underlies simple-cell receptive field structure in visual cortex. Nature Neuroscience, 13: 89-96.

Liu S C, Kramer J, Indiveri G, et al. 2001. Orientation-selective a VLSI spiking neurons. Neural Networks, 14: 629-643.

Malmivuo J, Plonsey R. 1995. Bioelectric function of the nerve cell. In Bioelectro magnetism: Principles and Applications of Bioelectric and Biomagnetic Fields, 1st ed. England: Oxford University Press, ch. 2.5.

Marr D. 1982. Vision. San Francisco: W. H. Freeman & Co Ltd.

Marr D. 1983. Vision: A Computational Investigation into the Human Representation and

Processing of Visual Information. New York: Henry Holt & Company.

Mather G. 2006. The visual pathway. Foundations of Perception. London: Psychology Press, ch. 7: 192.

Medina-carnicer R, Munoz-salinas R, Yeguas-Bolivar E, et al. 2011. A novel method to look for the hysteresis thresholds for the Canny edge detector. Pattern Recognition, 44(6): 1201-1211.

Meese T S, Summers R J, Holmes D J, Wallis S A. 2007. Contextual modulation involves suppression and facilitation from the center and the surround. Journal of Vision, 7(4): 7.

Meftah B, Lezoray O, Benyettou A. 2010. Segmentation and edge detection based on spiking neural network model. Neural Processing Letters, 32: 131-146.

Miikkulainen R, Bednar J A, Choe Y, et al. 2005. Computations in the visual maps. In Computational Maps in the Visual Cortex. New York: Springer: 307-324.

Mori G, Belongie S, Malik J. 2005. Efficient shape matching using shape contexts. IEEE Transactions on Pattern Analysis and Machine Intelligence, 27: 1832-1837.

Mori G, Malik J. 2005. Recovering 3D human body configurations using shape contexts. IEEE Transactions on Pattern Analysis and Machine Intelligence, 28: 1052-1062.

Nicholls J. From Neuron to Brain. Sinauer Associates, 2001.

Niu W Q, Yuan J Q. 2007. Recurrent network simulations of two types of nonconcentric retinal ganglion cells. Neurocomputing, 70(13-15): 2576-2580.

Pentland A P. 1987. A new sense for depth of field. IEEE Transactions on Pattern Analysis and Machine Intelligence, 9: 523-531.

Petkov N, Westenberg M A. 2003. Suppression of contour perception by bandlimited noise and its relation to nonclassical receptive field inhibition. Biological Cybernetics, 88: 236-246.

Ray. Can you believe your eyesfi http://brisray.com/optill/oeyes1. htm. https://www. scudamores.com/can-you-believe your eyes.

Risner M L, Amthor F R, Gawne T J. 2010. The response dynamics of rabbit retinal ganglion cells to simulated blur. Visual Neuroscience, 27: 43-55.

Rodieck R W, Stone J. 1965. Analysis of receptive fields of cat retinal ganglion cells. Journal of Neurophy siology, 28: 833-849.

Rodieck R W. 1965. Quantitative analysis of cat retinal ganglion cell response to visual stimuli. Vision Research, 5: 583-601.

Rother C. 2003. Linear Multiview reconstruction of points, lines, planes and cameras using a reference plane. In Proceedings of International Conference on Computer Vision, 2: 1210-1217.

Russell T L, Werblin F S. 2010. Retinal synaptic pathways underlying the response of the rabbit local edge detector. Journal of Neurophysiology, 103: 2757-2769.

Sadagopan S, Ferster D. 2012. Feed forward origins of response variability underlying contrast invariant orientation tuning in cat visual cortex. Neuron, 74: 911-923.

Safaee-rad R, Tchoukanov I, Smith K, et al. 1992. Three dimensional location estimation of circular features for machine vision. IEEE Transactions on Robotics and Automation, 8(5): 624-640.

Schwartz G, Rieke F. 2011. Nonlinear spatial encoding by retinal ganglion cells: when $1 + 1 = 2$. The Journal of General Physiology, 138: 283-290.

Sclar G, Freeman R D. 1982. Orientation selectivity in the cat's striate cortex is invariant with stimulus contrast. Experimental Brain Research, 46: 457-461.

Shape data for the MPEG-7 core experiment CE-Shape-1. http://www.dabi. temple.edu/ shape/MPEG7/MPEG7dataset.zip.

Shapley R, Hugh P V. 1986. Cat and monkey retinal ganglion cells and their visual functional roles. Trends in Neurosciences, 9: 229-235.

Shi J, Malik J. 2000. Normalized cuts and image segmentation. IEEE Transactions on Pattern Analysis and Machine Intelligence, 22(8): 888-905.

Simon J. From eye to brain: Salk researchers map functional connections between retinal neurons at single-cell resolution. http://www.salk.edu/news/pressrelease_details.php? press_id=443.

So Y T, Shapley R. 1981. Spatial tuning of cells in and around lateral geniculate nucleus of the cat: X and Y relay cells and perigeniculate interneurons. Journal of Neurophysiology ,45: 107-120.

Solomon S G, Lennie P. 2007. The machinery of colour vision. Nature Reviews Neuroscience, 8: 276-286.

Sompolinsky H, Shapley R. 1997. New perspectives on the mechanisms for orientation selectivity. Current Opinion in Neurobiology, 7(4): 514-522.

Stevens K A. 1981. The visual interpretation of surface contours. Artificial Intelligence, 17: 47-73.

Teich A, Qian N. 2006. Comparison among some models of orientation selectivity. Journal of Neurophysiology, 96(1): 404-419.

Troncoso X G, Macknik S L, Martinez-conde S. 2011. Vision's first steps: Anatomy, physiology, and perception in the retina, lateral geniculate nucleus, and early visual cortical areas// Dagnelie G, In Visual Prosthetics. Ed. Springer US: 23-57.

Troyer T W, Krukowski A E, Miller K D. 2002. Lgn input to simple cells and contrast-invariant orientation tuning: analysis. Journal of Neurophy siology, 87: 2741-2752.

Troyer T W, Krukowski A E, Priebe N J, et al. 1998. Contrast invariant orientation tuning in cat visual cortex: Thalamocortical input tuning and correlation-based intracortical connectivity. Journal of Neuroscience, 18(15): 5908-5927.

Tsai R Y. 1986. Efficient and accurate camera calibration technique for 3D machine vision. In IEEE Conference on Computer Vision and Pattern Recognition: 364-374.

Tsai R. 1987. A versatile camera calibration technique for high-accuracy 3D machine vision metrology using off-the-shelf tv cameras and lenses. IEEE Journal of Robotics and Automation, 3(4): 323-344.

Vidyasagar T R, Pei X, Volgushev M. 1996. Multiple mechanisms underlying the orientation selectivity of visual cortical neurones. Trends in Neurosciences, 19: 272-277.

Wallace J G, Edin B C. 2001. Recovery from early blindness a case study by. Cerebral Cortex 2, 19.

Wang W, Jones H E, Andolina I M, et al. 2006. Functional alignment of feedback effects from visual cortex to thalamus. Nature Neuroscience, 9(10): 1330-1336.

Warner C E, Goldshmit Y, Bourne J A. 2010. Retinal afferents synapse with relay cells targeting the middle temporal area in the pulvinar and lateral geniculate nuclei. Frontiers in Neuroanatomy, 4: 8.

Watanabe S, Nakamura N, Fujita K. 2011. Pigeons perceive a reversed Zöllner illusion. Cognition, 119: 137-141.

Watson A B, Jr A J A. 1989. A hexagonal orthogonal-oriented pyramid as a model of image representation in visual cortex. Biomedical Engineering, IEEE Transactions on, 36: 97-106.

Wei Y, Mel B. 2007. Possible role of convergent retinal inputs to LGN relay cells. Poster of Computational and Systems Neuroscience, 179, Friday Evening Poster II 106.

Westheimer G. 2007. Irradiation, border location, and the shifted-chessboard pattern. Perception, 36: 483-494.

Westheimer G. 2008. Illusions in the spatial sense of the eye: Geometrical-optical illusions and the neural representation of space. Vision Research, 48(20): 2128-2142.

Wielaard D J, Shelley M, Mclaughlin D, et al. 2001. Howsimple cells are made in a nonlinear network model of the visual cortex. Journal of Neuroscience, 21(14): 5203-5211.

Xie Y, Ji Q. 2002. A new efficient ellipse detection method//International Conference on Pattern Recognition, 2: 957-960.

Xu X, Bonds A B, Casagrande V A. 2002. Modeling receptive-field structure of koniocellular, magnocellular, and parvocellular LGN cells in the owl monkey (aotus trivigatus). Visual Neuroscience, 19: 703-711.

Yan L. 2007. Changes inpre-and postsynaptic function during the phase of enhanced longterm synaptic plasticity at the border of focal lesions in rat visual cortex. Doctoral dissertation, International Graduate School of Biosciences, Ruhr Universität Bochum, Germany.

Zimmerman R P, Levine M W. 1991. Complicated substructure from simple circularly symmetric gaussian processes within the centers of goldfish ganglion cell receptive fields. Visual Neuroscience, 7: 547-559.

第 10 章　基于非经典感受野的图像表征模型

10.1　非经典感受野机制

10.1.1　经典感受野

　　神经节细胞 (ganglion cell, GC) 是视网膜的输出级神经元. 在视网膜神经回路中, 神经节细胞可以通过双极细胞和水平细胞接收多个光感受器细胞的输入, 相邻的神经节细胞之间又可以通过无长突细胞形成相互联系. 神经节细胞与其他类型的视网膜细胞之间的这些复杂联系最终反映在它的感受野结构上. 何谓 "感受野"? 它是由 Sherrington 最早提出的概念 (Sherrington, 1952), 后来被 Hartline 引入视觉系统中, 他将感受野定义为: 使某根视神经纤维产生反应后必须照亮的视网膜区域 (Hartline, 1938).

　　Hartline, Barlow 和 Kuffler 等对视网膜神经节细胞的感受野结构做了很多有意义的工作 (Bear et al., 2007). 1938 年, Hartline 首先用一个小光点照射蛙的视网膜表面, 然后从分离的单根视神经纤维上记录神经节细胞的放电活动 (Hartline, 1938). 在实验中发现, 当小光点投射到视网膜的某一个圆形区域时, 给光或者撤光信号能引起该神经元放电频率的增加, 这说明神经节细胞的感受野是一个圆形区域. 后来 Balow 用微电极直接记录蛙视网膜神经节细胞的放电活动, 实验结果表明在引起兴奋性反应的感受野区域周围还存在一个抑制区域 (Barlow, 1953). Kuffler 研究了猫视网膜神经节细胞的感受野结构, 发现猫的神经节细胞感受野也是由两个区域构成 (Kuffler, 1953): 一个是敏感性较高的中心区, 它在给光或者撤光的时候会产生反应. 在中心区外围还有一个敏感性较低的外周区, 反应形式刚好和中心区是相反的. 根据感受野中心在给光或撤光时是否会产生兴奋, 将神经节细胞感受野分为 ON 中心和 OFF 中心两种类型. 这两种类型的中心区和外周区都是相互拮抗的, 这就是神经节细胞感受野具有的同心圆中心–外周拮抗结构, 通常也把这种具有中心区和外周区的同心圆结构称为经典感受野. 其工作原理如图 10-1 所示.

　　视网膜内神经节细胞经典感受野的形成, 与视网膜内复杂的解剖结构有关. 神经节细胞不仅接收光感受器细胞和双极细胞的直接输入, 还接收外网状层的水平细胞和内网状层的无长突细胞的间接输入 (Freed, Sterling, 1988). 双极细胞也具有同心圆式的拮抗性感受野结构, 其外周区主要源于水平细胞对视锥细胞的 GABA 介质或调制的反馈抑制 (Kamermans, Spekreijse, 1999; Piccolino, 1995). 研究表明, 同

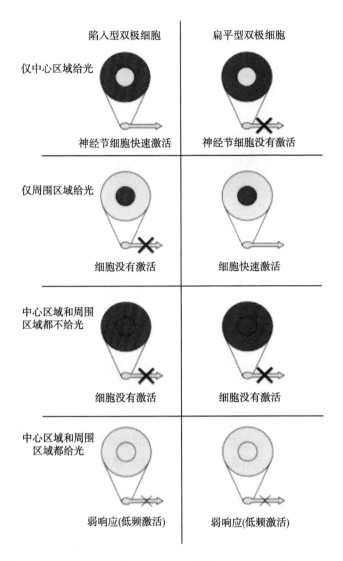

图 10-1　神经节细胞感受野的中心–外周拮抗结构 (引自
http://en.wikipedia.org/wiki/retina)

心圆式拮抗性的双极细胞汇聚到神经节细胞, 从而形成了神经节细胞的同心圆式拮
抗性的感受野 (Hochstein, Shapley, 1976; Victor, Shapley, 1979; Freed et al., 1992).
此外, 研究表明, 无长突细胞也对形成神经节细胞的外周区有所贡献 (McMahon et
al., 2004; Flores-Herr et al., 2001). Rodieck 建立了高斯差 (difference of Gaussians,
DOG) 模型对视网膜神经节细胞的同心圆式拮抗性感受野进行了模拟, 说明同心圆
式拮抗性感受野提供了分辨空间对比度的神经生理基础 (McMahon et al., 2004),

这一模型至今仍被广泛接受. 该模型认为光刺激的视网膜信号可以分为中心和周边两种成分, 这两种成分的差即为经典感受野的实际反应, 由于中心和周边区的机制可以采用高斯函数加以拟合, 所以又称之为高斯差感受野模型 (图 10-2).

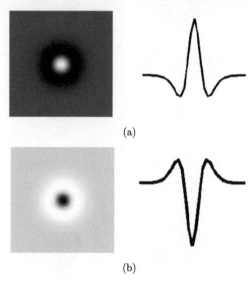

图 10-2　ON 型和 OFF 型感受野的 DOG 模型模拟 (杜馨瑜, 2012). (a) ON 型感受野;
(b) OFF 型感受野

DOG 模型将光刺激引发的神经节细胞的反应分为中心区和外周区两种成分, 中心区的兴奋作用由一个强度较大、范围较窄的高斯函数描述, 外周区的抑制作用由一个强度较弱、范围较大的高斯函数描述, 这个感受野中每一点的反应强度由这两个高斯函数的差来描述. 该模型的数学表达形式为

$$\text{DOG} = k_{\text{center}} \text{e}^{-\left(\frac{r}{r_{\text{center}}}\right)^2} - k_{\text{surround}} \text{e}^{-\left(\frac{r}{r_{\text{surround}}}\right)^2} \tag{10.1}$$

其中 k_{center}, k_{surround}, r_{center} 和 r_{surround} 分别表示中心区和外周区的反应强度以及作用范围大小. Enroth-Cugell (Enroth-Cugell, Freeman, 1987) 和 Robson 通过对实验数据对 DOG 模型进行拟合, 给出了视网膜神经节细胞的参数: X 细胞的 r_{surround} 和 r_{center} 的比值约为 3.88±1.97, k_{center} 和 k_{surround} 的比值约为 16. Y 细胞的 r_{surround} 和 r_{center} 的比值约为 1.49±0.53, k_{center} 和 k_{surround} 的比值约为 3.

计算机视觉的奠基人 Marr 在 1982 年根据心理物理学实验提出了一种新的模拟视网膜神经节细胞经典感受野的模型, 即 Marr 算子. 该算子在图像处理领域也被称为高斯拉普拉斯算子, 其一维形式表示为

$$\text{LOG} = \left[\frac{x^2 - \sigma^2}{\sigma^4}\right] \text{e}^{-\frac{x^2}{2\sigma^2}} \tag{10.2}$$

10.1.2 非经典感受野

经典感受野理论认为视网膜神经节细胞是一个空间频率带通滤波器, 其中心区的作用是滤除图像信息中的高频噪声, 即对图像进行平滑处理; 而外周区的作用是去除视觉图像信息中的低空间频率成分, 以突出图像的边缘特征. 通过高频和低频滤波, 图像信息得到大幅度的压缩. 但是这种理论过分强调了经典感受野对图像边缘信息的提取, 而忽视了亮度所具有的缓慢梯度变化在传输各种图像信息中的重要弥补作用. 对于高等动物的大脑来说, 识别景物的图形结构与背景图形结构之间的差异要比单纯识别景物或背景本身具有更加重要的生物学意义, 因此, 详细的研究和理解非经典感受野的工作机制具有重要的意义.

Mcllwain 在实验中发现了猫视网膜神经节细胞的边缘效应 (periphery effect) (McIlwain, 1964, 1966), 这个发现引起了研究者对经典感受野之外的非经典感受野 (non-classical receptive field, nCRF) 的兴趣. Ikeda 等观察到在猫视网膜神经节细胞经典感受野之外存在着一个狭窄的环形区域 (Ikeda, Wright, 1972), 当用小光点刺激这个环形区域时, 可以增加 ON 中心型神经节细胞的给光反应和 OFF 中心型神经节细胞的撤光反应, 这种现象称为去抑制效应. 李朝义等采用分析面积反应函数的方法对猫视网膜神经节细胞的非经典感受野进行了详细的研究 (Li C Y et al., 1991; Li W et al., 1992), 发现在神经节细胞经典感受野之外存在着一个范围很大 (超过 10 度) 的去抑制区, 大约是经典感受野的 2~5 倍 (Maffei, Fiorentini, 1976; Li C Y, Li W, 1994). 单独刺激非经典感受野区域不会引发对应细胞的响应. 当用大面积光斑同时刺激经典感受野和非经典感受野时, 位于非经典感受野区域的刺激会对神经元的响应产生调制作用 (Maffei, Fiorentini, 1976; Allman et al., 1985; Knierim, Van Essen, 1992; Nothdurft et al., 1999; Polat, Sagi, 1993), 研究显示, 这种调制作用会随着外周刺激偏离中心位置的距离的增加而不断减弱. 他们还提出非经典感受野可以在不削弱经典感受野的边缘增强效应的基础上, 在一定程度上补偿低空间频率信息的损失, 这对于传递大面积亮度和灰度梯度起着重要的作用. 图 10-3 演示了当刺激位于不同的感受野区域时, 非经典感受野的调制作用是如何影响神经元的发放的.

寿天德等将神经节细胞感受野中心区之外的区域统称为大外周区 (包括经典感受野的外周区和非经典感受野的全部区域) (Shou et al., 2000), 研究了中心区和大外周区的空间频率反应. 结果发现在用较低空间频率的运动光栅单独刺激大外周区时, 能够诱发明显的反应, 发现感受野的方位倾向性可能由中心区决定, 也可能由大外周区决定, 中心区和大外周区之间存在着复杂的相互作用, 因此非经典感受野可能有助于神经节细胞检测复杂的图形分割, 而不只是简单地对亮度边界做出反应. Demb 认为神经节细胞的非经典感受野至少有三个功能 (Demb et al., 1999): 第一, 它可以大范围地计算光输入的对比度信息, 进而可以利用这个信息动态的调节经典感受野的参数; 第二, 神经节细胞将它的信号传送给外膝体细胞, 而外膝体细胞仍然具有非经典感受野机制, 因此, 视皮层细胞不仅得到了神经节细胞经典感受野的信息, 也得到了神经节细胞非经典感受野的信息; 第三, 神经节细胞的非经典感受野机制可能也对视皮层细胞计算光刺激的二阶导数有贡献, 非经典感受野的朝向选择性不仅可以帮助神经节细胞感知比较简单的对比图案, 还可以帮助它们感知更加精细复杂的图案, 比如说如何区分精细的纹理 (Shou et al., 2000).

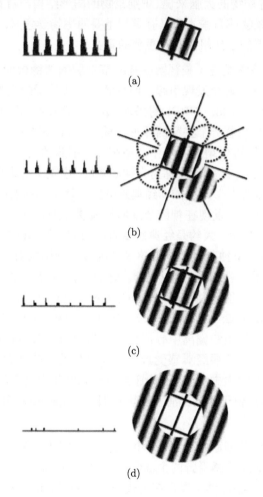

图 10-3   猫 17 区神经元非经典感受野调制示意图 (Walker et al., 1999). (a) 最优朝向光栅刺激中心区域细胞响应最为强烈; (b) 当刺激细胞外周区域时, 细胞基本无响应; (c) 当同时刺激中心和外周的某一个亚区时, 细胞响应受到一定程度的抑制; (d) 当外周区整个区域受到刺激时, 细胞响应受到强烈的抑制

非经典感受野对中心刺激响应调制的另外一种主要方式是易化作用 (Knierim, Van Essen, 1992). 这是因为非经典感受野的不同区域对中心的调制作用存在不对称性 (Li C Y, Li W, 1994; Jones et al., 2011; Walker et al., 1999). 多数情况下, 易化作用主要集中在细胞响应的最优朝向两端的端区, 抑制作用主要集中在侧区 (Li C Y, Li W, 1994; Kapadia et al., 1995; Walker et al., 2000). Polat 等 (Polat, Sagi, 1993, 1994; Polat et al., 1998) 使用 Gabor 光栅的阈值检测任务来考察共线易化特性, 研究表明具有相同朝向的光栅共线排列在一起时, 外周光栅对中心光栅产生易化作用, 这种易化作用的强度随着光栅之间的朝向差别和距离的增加而减小. 易化特性对于实现格式塔 (gestalt) 组织结构的感知具有重要作用.

10.1.3 视网膜神经节细胞的功能模型

对于非经典感受野的去抑制作用, 已有一些数学模型进行了成功的模拟. 李朝义等人提出了非经典感受野的线性三高斯模型, 在 DOG 模型中加入一个范围更大、强度更弱的高斯分布, 表示非经典感受野的去抑制作用 (Li et al., 1991), 该模型较好地模拟了视网膜神经节细胞的面积反应曲线. 所产生的反应如下式所示:

$$R(x) = k_c l_c(x) - k_s l_s(x) + k_d l_d(x) \tag{10.3}$$

其中 k_c, k_s 和 k_d 分别是经典感受野中心区、外周区和非经典感受野去抑制区的增益, $l_{c,s,d}(x)$ 表示高斯函数. 李朝义等后来的实验结果表示, 感受野的外周区可能由一些小的亚区构成, 各相邻亚区之间还存在着抑制性的相互作用, 这种亚区之间的抑制性的相互作用可能正是产生去抑制作用的基础 (李朝义, 邱芳土, 1995). 邱芳土等人提出了基于亚区的去抑制模型 (邱芳土, 李朝义, 1995), 在该模型中, 神经节细胞的感受野由一个小的中心区和一个大范围的外周区构成, 外周区又由一些小的亚区构成, 其中每个亚区都对中心区有抑制作用, 同时这些亚区之间还存在着相互抑制作用, 而这种相互的抑制作用最终形成了大外周区的去抑制作用. 该模型较好地模拟了神经节细胞对图像中不同空间频率成分的处理以及它的各种空间传输特性. 邱志诚和黎臧等 (黎臧等, 2000; 邱志诚等, 2000) 采用两个高斯函数相减来描述非经典感受野, 对去抑制作用采用了非线性的分流形式, 较好地模拟神经节细胞的面积反应曲线、空间频率反应曲线和方位倾向性. Sceniak 提出可以把经典感受野和非经典感受野作为一个整体并采用高斯差模型来描述: 一个高斯函数表示兴奋性经典感受野的贡献, 另一个高斯函数表示抑制性非经典感受野的贡献. 其中神经元对半径为 x 的图形刺激, 所产生的反应如下式所示:

$$R(x) = k_c L_c(x) - k_s L_s(x), \quad L_{c,s}(x) = \int_{-x/2}^{x/2} e^{-\left(\frac{2y}{\sigma_{c,s}}\right)^2} dy \tag{10.4}$$

其中 k_c 和 k_s 分表表示经典感受野和非经典感受野的增益, 空间常数 σ_c 和 σ_s 分别表示经典感受野和非经典感受野的直径. 在此基础上, Cavanaugh 等提出了一个改良的高斯比模型 (ratio of Gaussians, ROG) (Cavanaugh et al., 2002), 在公式 (10.4) 的基础上反应公式改变为

$$R(x) = \frac{k_c L_c(x)}{1 + k_s L_s(x)}, \quad L_{c,s}(x) = \left(\int_{-x/2}^{x/2} e^{-\left(\frac{2y}{\sigma_{c,s}}\right)^2} dy \right)^2 \tag{10.5}$$

ROG 模型非常类似于标准均一化模型, 它认为每个皮层细胞的反应首先和周围局部范围内为其提供抑制性输入的神经元的群体反应进行均一化, 考虑到周边抑制强度高度依赖于刺激图形的特征, 产生均一化抑制作用的非经典感受野不应该包括周围所有的神经元, 而只应包括那些具有相似反应特性的神经元.

10.1.4　非经典感受野和一些心理学实验现象的关系

经典感受野和非经典感受野相互作用这一生理现象必定会在心理学的图像认知方面产生一定的影响, 但是目前人们并不清楚非经典感受野的调制作用到底影响了图像认知的哪些方面. 有人认为非经典感受野的调制作用有助于消除局部信息的歧义, 也有人认为非经典感受野实现了对全局信号的编码或者实现了经典感受野内图像和非经典感受野内图像的相对位置的编码.

我们所看到的外部图像并不是图像中各个元素严格的物理细节, 而是通过复杂的神经机制将它们装配在一起的, 视觉的任务是着重感知各个元素之间的相关性, 其中每个元素的知觉特性 (对比度、方位、尺寸等) 依赖于该元素所处的背景环境. 目前在电生理学上存在着三种实验结果可以直接与心理学现象进行对比. 第一个实验是判断中心与周边图形的相对对比度 (Xing, Heeger, 2000; Yu, Levi, 2000), 第二个实验是存在和不存在周边图形的两种情况下关于对比度检测阈值的实验 (Solomon, Morgan, 2000; Williams, Hess, 1998), 第三个实验是在识别随机呈现的轮廓机制中也存在着经典感受野和非经典感受野的相互作用 (Beaudot, Mullen, 2001; Hess et al., 2001). 从这三个实验中发现心理物理学实验中的参数依赖性和在电生理实验中采用相似刺激图形所发现的参数依赖性具有高度的相似性, 这让研究者得出一种因果论, 即经典感受野和非经典感受野的相互作用可以直接用于解释知觉中对场景的背景因素敏感的现象 (Westheimer, 1999).

总之, 视觉信息处理中一个很重要的问题是视野中某一局部的图像特征是怎样受到周围图像特征的影响的. 由于在各级视觉神经元的经典感受野外都发现了大范围非经典感受野的存在, 而且非经典感受野对经典感受野的作用形式多种多样, 既可能是易化、抑制, 也可能是去抑制. 这提示我们利用视觉神经元应该可以对大范围内的图形特征进行不同形式的整合, 并将经典感受野内的局部特征和大范围内的图形特征进行比较. 通过对非经典感受野特征的深入研究将有助于了解在自然

条件下视觉系统如何处理复杂的图像信息. 这种现象也传递出一种信息, 即小区域特征分析的传统经典感受野理论将会逐渐被新的包含非经典感受野的更完整的视觉信息处理理论所取代.

10.1.5 经典感受野和非经典感受野的动态特征

经典感受野的大小不是一成不变的, 而是可以随着刺激条件动态变化. 定义经典感受野的大小有两种方法, 一种是最小发放野 (minimum discharge field), 一种是空间整合野 (spatial summation field). 前者是利用小光棒记录细胞反应的区域, 后者是用面积不断增大的刺激图形描述出细胞最大反应所对应的空间区域. 由于空间整合野包括了细胞阈下反应的部分, 而最小发放野仅包括细胞阈上反应的部分, 所以通常空间整合野的直径比最小发放野的两倍还要大 (Walker et al., 2000; Cavanaugh et al., 2002). 此外, 空间整合野的大小还受到刺激图形对比度 (Kapadia et al., 1999; Sceniak et al., 1999) 和皮层适应程度 (Cavanaugh et al., 2002) 影响. 根据 Blasdel 和 Fitzpatrick 的实验结果, 在视野离心度为 $5° \sim 8°$ 的范围时, V1 区 4C 层细胞最小发放野的直径为 $0.1° \sim 0.4°$ (Blasdel, Fitzpatrick, 1984). 而根据 Levitt 的实验结果, 同样位置的细胞最小发放野的直径达到 $0.8° \sim 1.5°$ (Levitt, Lund, 2002). 两者结果的差异源自所采用的刺激图形的差异. 前者采用的是高对比度的闪烁的小光棒刺激, 后者采用的是低对比度的运动光栅刺激. 这一现象说明刺激图形对于感受野大小的确定具有重要的影响. 采用不同的刺激条件可能造成感受野直径的差异变化 (Li C Y, Li W, 1994; Sceniak et al., 1999; Schiller et al., 1976; Hubel, Wiesel, 1977; Dow et al., 1981; DeAngelis et al., 1994; Solomon, Morgan, 2000; Sceniak et al., 2001). 李朝义等人发现在不改变平均亮度的条件下, 经典感受野的面积会随着组成背景图形元素的离散程度增大而增大 (Li, He, 1987). 在猫和猴的纹状皮层中, 通过遮挡细胞的感受野造成人工盲点, 然后长时间刺激经典感受野外的区域, 可以使经典感受野的面积增加很多倍 (Gilbert, Wiesel, 1990), 在理想的实验状态下最大可达到 100 倍 (Pettet, Gilbert, 1992).

李朝义于 1989 年通过对猫的外膝体神经元进行实验证实, 对夹角逐渐张大的离散点, 神经元的刺激反应幅度和感受野直径随着离散点夹角的变化而自适应变化. 当离散点排列成直线时, 神经元放电最强烈, 并且感受野范围收缩到最小. 随着离散点夹角的扩大, 神经元放电逐步减弱, 并且感受野范围逐渐增大. 可以确定的是, 神经元与刺激特征相关的自适应能力可以在图像处理中扮演重要的角色. 为了更好地解释以上实验现象, 解释去抑制机制及与视网膜神经回路的联系, 李朝义等提出了基于抑制亚区的视网膜神经节细胞非经典感受野模型 (邱芳土, 李朝义, 1995; 李朝义, 邱芳土, 1995).

10.2   视网膜神经节细胞的建模

10.1 节已经阐述了将生物视觉系统应用到传统的图像信息处理上的优势. 在本节将重点讨论作为生物视觉系统一个重要的单元 —— 视网膜上的神经节细胞在图像表征处理中具有何种优势. 我们知道, 正确的图像表征是完成后续图像处理任务的重要前提. 一个良好的图像表征应该满足以下条件: ① 能够忠实地表示原图像特征; ② 能够适用于不同的处理任务; ③ 能够容易操作; ④ 对后续的高级层面的处理提供帮助. 图像表征算法应该能够快速精确地捕捉到图像的特征, 使得这些特征能够被后续的处理所应用. 基于物理层面的表征, 例如像素, 虽然是很有效也是最通用的一种表征方法, 但是对于图像在高级语义方面的工作却显得力不从心. 基于符号的表征形式, 诸如谓词逻辑、本体论、产生式规则或者语义网具有表达简洁、有利于高层概念定义等优势, 但是在定义表征方面却存在 "语义鸿沟" 的问题. 在此之前, 已经有很多基于自然图像的表征方法, 从颜色直方图到特征统计, 从基于空间频率到基于区域, 从基于颜色到基于拓扑形状等等, 更多的图像表征方法可以参见文献 (Deng et al., 2001; Fauqueur, Boujemaa, 2004; Jeong et al., 2004; Saykol et al., 2005; Wang, Mitra, 1993), 但是这些基于像素层面的表征都很难担负起对后续高级语义处理的重任.

10.2.1   神经节细胞非经典感受野作为图像表征的载体

有关非经典感受野的生理机制在 10.1 节中已经有了详细的论述. 在生物视觉系统中, 神经节细胞作为一个重要的中继机构, 担负着从光感受器接收光刺激并向高层继续传递的任务, 在这个阶段, 神经节细胞作为一个计算单元, 已经完成了对于外界刺激的预处理工作, 换句话说, 外界图像刺激经过光感受器细胞进入视网膜后, 在神经节细胞已经开始了表征, 这一阶段的表征效果对于后续的信息处理具有重要的作用 (Fitzpatrick, 2000; Heeger, 1992; Krieger, Zetzsche, 1996). 已经有研究者意识到了神经节细胞在图像处理中担当的重要角色, 在过去二十年里, 关于神经节细胞的计算模型出现了很多, 但是主要都集中在边缘或轮廓检测 (Papari, Petkov, 2011)、图像增强 (Ghosh et al., 2005) 和多尺度分析 (Ghosh et al., 2004; Hurri et al., 2004) 等, 也有一些工作是利用神经节细胞和它的感受野来实现图像表征 (Ghosh, et al., 2007; Linde, Lindeberg, 2004). 综合以上的研究成果, 我们发现可以从三个方面来对神经节细胞在图像处理中的作用进行提升. 第一, 根据已发现的神经生理机制构建更完善的神经细胞处理回路. 第二, 根据外界图像刺激的实际情况, 利用神经回路的反馈机制来动态调节感受野的大小. 第三, 让表征效果具有通用性而不用考虑特定的任务性质. 在此基础上, 我们可以根据神经节细胞的神经生理机制设计算法模型来实现这个任务. 令人兴奋的是, 目前已经有大量的解剖和电生理证据证明视觉细胞感受野可以根据场景的变化动态地进行调整 (Pettet, Gilbert, 1992; Das, Gilbert, 1995; Gilbert, 1998; Gilbert, Wiesel, 1992), Gilbert 和 Piech 等研究了感受野自顶向下的集成机制 (Gilbert et al., 2007), 这些研究成果为我们构造一个可以动态调整感受野大小的神经网络模型提供了生理基础.

从图像语义的层面上来讲, 一个 "像素群" 比一个单独的 "像素点" 更有意义, 因为单个的 "像素点" 是没有任何语义意义的, 而一大堆 "像素点" 聚集而成的 "像素群" 却包含了图像的局部信息. 从数量上来讲, 即便是一幅分辨率不是很高的图片, 里面包含的像素的数量也是惊人的, 这无形中为我们在像素层面进行操作增加了困难 (Ren, Malik, 2003). 因此, 表征计划的关键是如何把像素聚合成有意义的 "像素群", 或者称之为 "像素格". 把原来松散的基于像素的表征结构转变成基于若干像素群的紧凑的表征方式. 根据神经节细胞的工作原理, 它的非经典感受野可以根据刺激的性质动态的调整尺寸的变化. 例如, 在颜色变化均匀的区域, 神经节细胞的非经典感受野连续扩张. 而在颜色变化突变的区域, 例如边缘, 感受野尺寸便会缩小. 我们将图像上的每一个像素点作为一个数据点, 这一组数据点在空间上形成一幅图像, 对于颜色相同或相近的区域, 我们认为这一区域的数据点的性质是一致的, 整个区域设定为是一个类, 可以用大尺寸的感受野来对其进行表征; 如果每一个数据点的性质都不一样, 则每一数据点都可以构成一个类, 就用小尺寸感受野来对其进行表征, 如图 10-4 所示.

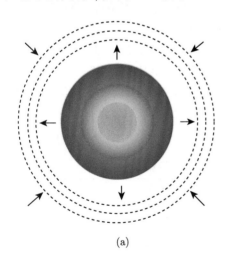

(a)   (b)

图 10-4 (a) 神经节细胞非经典感受野变化示意图, 神经生物学研究表明, 神经节细胞非经典感受野的变化尺寸是经典感受野的 2~5 倍; (b) 红色的圆圈表示神经节细胞的感受野, A, B 和 C 代表不同尺寸的感受野

在本研究中, 我们设计了一个基于神经节细胞非经典感受野机制的计算模型来实现这个任务, 通过该计算模型的反馈机制来实现图像刺激在神经节细胞阶段的表征任务.

10.2.2　神经节细胞感受野的数学模型

10.1 节讨论过经典感受野可以用 DOG 模型来进行数学模拟, 由于非经典感受野的存在, 在式 (10.1) 的基础上, 我们将神经节细胞的反应用下面的数学公式表示:

$$\mathrm{DOG}(x,y) = \alpha_{\mathrm{c}} G(x,y,\delta_{\mathrm{c}}) - \alpha_{\mathrm{s}} G(x,y,\delta_{\mathrm{s}}) \tag{10.6}$$

其中 $G(x,y)$ 表示二维高斯函数, 对图像中某一点的响应值可以表示为 $\mathrm{GC}(x,y,\delta) = \dfrac{1}{2\pi\delta^2} e^{-\frac{(x-c_1)^2+(y-c_2)^2}{2\delta^2}}$, δ_{c} 和 δ_{s} 是中心区和外周区高斯函数的标准差. c_1 和 c_2 表示高斯函数中心的坐标值. α_{c} 和 α_{s} 表示响应的强度系数.

当图像刺激完整覆盖经典感受野时, 神经节细胞的输出可以表示为

$$R(c_1,c_2,\alpha_{\mathrm{c}},\alpha_{\mathrm{s}},\delta_{\mathrm{c}},\delta_{\mathrm{s}}) = \iint\limits_{-\infty < x,y < +\infty} \mathrm{DOG}(x,y)\mathrm{d}x\mathrm{d}y \tag{10.7}$$

由于 DOG 模型会随着 $\delta_{\mathrm{c}}/\delta_{\mathrm{s}}$ 和 $\alpha_{\mathrm{c}}/\alpha_{\mathrm{s}}$ 的变化显示不同的特性, 因此如何合适准确地定义这些参数对模型的工作是很重要的. 根据 10.1 节的介绍, 我们知道当光照刺激投射在中心区和外周区时, 此时经典感受野的响应为零, 根据这个性质, 我们可以判断 DOG 模型中的 δ 参数. 在传统的基于物理像素的处理方式中, 我们必须要考虑到每一个像素的实际物理大小, 因为像素的大小是和不同的显示设备相关的. 为了使算法具有通用性, 就必须考虑到设备无关性, 基于此, 我们使用感受野的直径来代替像素的物理尺寸, 表 10-1 列出了不同的经典感受野直径尺寸所对应的 DOG 参数 (Wei, Luan, 2005).

表 10-1　DOG 模型中 δ 参数设置

DOG 参数	CRF 的直径大小/像素数								
	3	5	7	9	11	13	15	17	19
δ_{c}	0.8	1	1.5	2.2	3	4	5	6	7
δ_{s}	1	1.2	1.7	2	3.09	4.07	5.06	6.06	7.06

根据经典感受野的性质, 当满足 $|(x,y) - (c_1,c_2)| \leqslant \delta_{\mathrm{c}}$ 时, 存在 $\mathrm{DOG}(x,y) \geqslant 0$, 则得出

$$\frac{\alpha_{\mathrm{c}}}{2\pi\delta_{\mathrm{c}}^2} e^{-\frac{(x-c_1)^2+(y-c_2)^2}{2\delta_{\mathrm{c}}^2}} \geqslant \frac{\alpha_{\mathrm{s}}}{2\pi\delta_{\mathrm{s}}^2} e^{-\frac{(x-c_1)^2+(y-c_2)^2}{2\delta_{\mathrm{s}}^2}} \tag{10.8}$$

两边取对数后得到

$$\ln \frac{\alpha_c}{\delta_c^2} - \frac{(x-c_1)^2 + (y-c_2)^2}{2\delta_c^2} \geqslant \ln \frac{\alpha_s}{\delta_s^2} - \frac{(x-c_1)^2 + (y-c_2)^2}{2\delta_s^2} \tag{10.9}$$

我们设置 $|(x,y) - (c_1, c_2)| = k\delta_c, 0 \leqslant k \leqslant 1$, 得到

$$\ln \frac{\alpha_c}{\delta_c^2} - \frac{(k\delta_c)^2}{2\delta_c^2} \geqslant \ln \frac{\alpha_s}{\delta_s^2} - \frac{(k\delta_c)^2}{2\delta_s^2} \tag{10.10}$$

式 (10.10) 等价于

$$\ln \frac{\alpha_c \delta_s^2}{\delta_c^2 \alpha_s} \geqslant \frac{k^2}{2} \left(1 - \frac{\delta_c^2}{\delta_s^2} \right) \tag{10.11}$$

此处定义 $\frac{\delta_c}{\delta_s} = m, \frac{\alpha_c}{\alpha_s} = n$, 则式 (10.11) 可变化为

$$\ln \frac{n}{m^2} \geqslant \frac{k^2}{2} \left(1 - m^2 \right) \tag{10.12}$$

当图像刺激信号 $I(x,y)$ 比较均匀时, 神经节细胞的输出几乎接近于零, 这是由于中心区和外周区相互拮抗的结果, 这意味着 $\frac{\delta_s^2 - \delta_c^2}{\delta_c^2} \approx \frac{\alpha_c}{\alpha_s}$, 相当于

$$n \approx \frac{1}{m^2} - 1 \tag{10.13}$$

将式 (10.13) 代入 (10.12) 中, 得到

$$\ln n(n+1) \geqslant \frac{k^2}{2} \cdot \frac{n}{n+1} \tag{10.14}$$

此外, 还有两种特殊情况需要考虑. 第一种情况: 当图像刺激 $I(x,y)$ 在中心区弱化到最小值 $I_{\min}$, 而在外周区增强到最大值 $I_{\max}$, 此时神经节细胞的响应值是最小的, 可被定义为

$$
\begin{aligned}
R_{\min} = &\iint\limits_{|(x,y)-(c_1,c_2)| \leqslant 3\delta_s} \frac{\alpha_c}{2\pi\delta_c^2} \mathrm{e}^{-\frac{(x-c_1)^2 + (y-c_2)^2}{2\delta_c^2}} I_{\min} \mathrm{d}x\mathrm{d}y \\
&- \iint\limits_{|(x,y)-(c_1,c_2)| \leqslant 3\delta_s} \frac{\alpha_s}{2\pi\delta_s^2} \mathrm{e}^{-\frac{(x-c_1)^2 + (y-c_2)^2}{2\delta_s^2}} I_{\max} \mathrm{d}x\mathrm{d}y \\
&+ \iint\limits_{|(x,y)-(c_1,c_2)| \leqslant 3\delta_s} \frac{\alpha_c}{2\pi\delta_c^2} \mathrm{e}^{-\frac{(x-c_1)^2 + (y-c_2)^2}{2\delta_c^2}} I_{\max} \mathrm{d}x\mathrm{d}y
\end{aligned}
\tag{10.15}
$$

第二种情况与此相反, 当图像刺激 $I(x,y)$ 在中心区增强到最大值 $I_{\max}$, 而在外周区弱化到最小值 $I_{\min}$, 此时神经节细胞的响应值是最大的, 可被定义为

$$
\begin{aligned}
R_{\max} = & \iint\limits_{|(x,y)-(c_1,c_2)|\leqslant 3\delta_s} \frac{\alpha_c}{2\pi\delta_c^2} \mathrm{e}^{-\frac{(x-c_1)^2+(y-c_2)^2}{2\delta_c^2}} I_{\max}\mathrm{d}x\mathrm{d}y \\
& - \iint\limits_{|(x,y)-(c_1,c_2)|\leqslant 3\delta_s} \frac{\alpha_s}{2\pi\delta_s^2} \mathrm{e}^{-\frac{(x-c_1)^2+(y-c_2)^2}{2\delta_s^2}} I_{\min}\mathrm{d}x\mathrm{d}y \\
& + \iint\limits_{|(x,y)-(c_1,c_2)|\leqslant 3\delta_s} \frac{\alpha_c}{2\pi\delta_c^2} \mathrm{e}^{-\frac{(x-c_1)^2+(y-c_2)^2}{2\delta_c^2}} I_{\min}\mathrm{d}x\mathrm{d}y
\end{aligned}
\tag{10.16}
$$

根据以上的推论, 我们可以得到 α_c 和 α_s 的关系

$$
(2\alpha_c - \alpha_s) \propto \frac{|R_{\max}/R_{\min}|}{I_{\max}+I_{\min}}
\tag{10.17}
$$

我们已知非经典感受野主要是对经典感受野起到一种调制的作用, 文献 (Ghosh et al., 2006) 提出了一种更有效的模型来说明非经典感受野的这种调制补充作用. 根据这个发现, 整个感受野的数学模型可以定义为一种三高斯的模型, 即在原来 DOG 的基础上, 再加上一个表示非经典感受野的高斯模型. 从非经典感受野的地位来讲, 它主要是起到一个对经典感受野响应的补充作用而非在整个信息处理中的主导作用, 由此根据文献 (Shou, Wang, 2000) 的发现, 我们可以设置非经典感受野作用范围不超过经典感受野的 1/3. 根据这个规则, 设置 $0 < \omega \leqslant \dfrac{1}{3}$, $1.5 \leqslant \dfrac{\delta_{\mathrm{nCRF}}}{\delta_s} \leqslant 3$, 则神经节细胞感受野中心区、外周区、大外周区 (nCRF) 的响应值分别为

$$
e_1(x,y) = G(x,y,\delta_c), \quad e_2(x,y) = G(x,y,\delta_s), \quad e_3(x,y) = \omega G(x,y,\delta_{\mathrm{nCRF}})
\tag{10.18}
$$

10.2.3　将 RGB 颜色值转换为类波长单值

对于外部刺激图像, 首先是由视网膜的光感受器细胞来对它进行处理的, 光感受器细胞分为视杆和视锥, 而对颜色敏感的则是视锥细胞, 它分为三种, 分别对应于外界光刺激中的短波、中波和长波, 从而形成不同的颜色通道, 其中每种颜色都有相应的波长对应, 如图 10-5(a) 所示.

在计算机表示的图像信息中, 像素的值都是以 RGB 的三种颜色通道来进行表示的, 那么如何将 RGB 三个值转换为单值的光波长是一个关键的问题. 我们曾经用过 CIE1931 色彩空间的方法来进行转换, 但是在 CIE 色彩空间中, 三色刺激值并不是指人类眼睛对短、中和长波的反应, 而是一组称为 X, Y 和 Z 的值, 约略等于红色、绿色和蓝色. 它所对应的波长值不能完全匹配视锥细胞所感应的波长范

围, 用这种方法来实现 RGB 值到波长值的转换时会有偏差, 往往会出现不同的颜色对应一个波长值的错误现象 (如图 10-5 所示, 二者所表示的波长范围并不一致). 根据 Dowling 在文献 (Dowling, 1987) 中关于三种视锥细胞的反应曲线和从易于计算的方面考虑, 在图 10-5 的基础上, 我们设计了模拟视锥细胞感知波长的曲线 (图 10-6). 根据表 10-2 列出的算法可以求解原始 RGB 值对应的类波长单值. 经过这一步的预处理工作, 我们相当于已经完成了光感受器细胞对外部图像的预处理工作, 这为下一步神经节细胞对图像的表征做好准备.

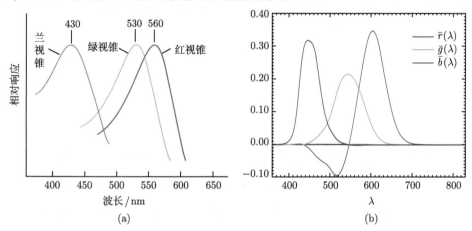

(a)   (b)

图 10-5 (a) 视锥细胞对不同颜色光波长的反应曲线 (Bear et al., 2006); (b) CIE1931RGB 颜色匹配函数

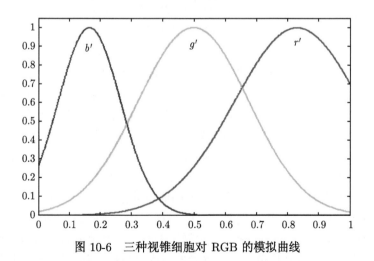

图 10-6 三种视锥细胞对 RGB 的模拟曲线

值得注意的是, 上面提到的转换算法并不是简单地将彩色图像灰度化. 灰度化只是简单地将红、绿、蓝的数值进行平均化, 这样平均的结果是本来表示不同颜色

的像素点可能具有相同的灰度值. 在图像分析中, 有一条原则必须要注意: 无论图像怎么变化, 都要保持原始像素值的独立性, 所以设置最大类标号为 256 的目的就是用来区分各个像素之间的差异. 将图像按照上面的算法进行转化后, 可以得到类似于视网膜光感受器细胞层所输出的图像, 这种输出是我们用非经典感受野进行后续表征的基础.

表 10-2　RGB 三色值转换单值波长的算法流程

(1) 对图像中任何一个位置像素点, 将其 RGB 值转换为 $r'g'b'$, 并保持位置不变:

$$r = \frac{R+511}{767}, g = \frac{G+255}{767}, b = \frac{B}{767}$$

$$r' = \exp\left(-k_r^2\left(r - \frac{127+255+255}{767}\right)^2\right), \text{其中 } k_r = 3.5$$

$$g' = \exp\left(-k_g^2\left(g - \frac{127+255}{767}\right)^2\right), \text{其中 } k_g = 4.0$$

$$b' = \exp\left(-k_b^2\left(b - \frac{127}{767}\right)^2\right), \text{其中} k_b = 7.0$$

(2) 将得到的 $r'g'b'$ 向量利用 k-means 算法进行分类, 这样整个图像根据颜色信息会分成若干个颜色类, 每一个类都具有一个类标号 K. 对于灰度图像 $K=256$.

(3) 对于原始图像中的每一个像素点, 它的 RGB 值就可以用相对应的 $r'g'b'$ 所在的类的类标号来表示. 这样就完成了 RGB 颜色值到类波长单值的转换.

10.2.4　神经节细胞计算模型的设计

在以往利用神经节细胞进行图像处理的应用中, 多数利用了神经节细胞经典感受野的拮抗机制. 但是, 如果从图像理解的角度来说, 仅仅完成一些诸如边缘检测、图像平滑、对比度区分的工作是远远不够的. 神经节细胞感受野有一个重要的特性, 就是它的非经典感受野可以根据外界图像刺激的性质自动进行尺寸的调整 (Li et al., 1991; Li C Y, Li W, 1994; Yao et al., 2011). 我们猜想这可能是神经节细胞为了更好地表征外界信息所演化得到的一种机制. 根据神经生理学已经发现的生理证据, 神经节细胞经典感受野和非经典感受野之间的神经回路 (Dacey, 1993; Dacey, Petersen, 1992; Strettoi et al., 1992; Trexler et al., 2005) 和神经节细胞本身具有的一些电生理特征 (Li et al., 1992; Zaghloul, Boahen, 2004), 由此我们可以认定神经节细胞的作用不仅是利用拮抗作用来做一些简单的预处理工作, 相反, 它以精确和最小代价的方式完成了对整个视觉区域的采样工作. 光感受器细胞是最小的采样单元, 根据现有视网膜的解剖证据, 光感受器细胞和神经节细胞的数量之比大约为100:1, 所以外界图像信息从最初的光感受器细胞到最后大脑皮层, 一定是经过了严格的 "筛选". 图 10-7 说明了神经节细胞进行采样的过程, 很明显, 神经节细胞的采样过程是一种与像素无关 (pixels independent) 的采样策略.

根据视网膜神经节细胞的生理结构, 我们总结了神经节细胞对于外界刺激信息的处理流程, 在简化了生理细节的前提下, 我们设计了一个模型来模拟单个神经节细胞感受野对外界图像信息的处理过程, 如图 10-8 所示.

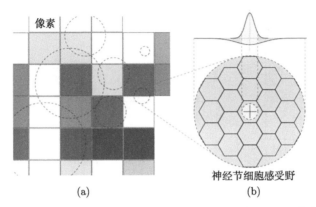

图 10-7　神经节细胞感受野的采样策略. 图 (a) 中不同灰度值的矩形表示像素阵列, 圆形曲线表示的是神经节细胞的感受野范围, 由它们来完成视觉信号的采样和预处理; 图 (b) 表示每一个感受野内的光感受器细胞呈六边形均匀分布, 每一个正六变形区域对应一个光感受器细胞, 采样信息按照 DOG 加权汇总后送至神经节细胞进行处理

模型的主要组成部分说明如下.

(1) 双极细胞和部分光感受器细胞相连形成了神经节细胞感受野的中心区.

(2) 水平细胞和部分光感受器细胞相连形成了神经节细胞感受野的外周区.

(3) 无长突细胞通过突触连接邻近的水平细胞和神经节细胞, 并使得它们相互作用形成非经典感受野 (nCRF). 但是这些突触连接的多变性导致了非经典感受野尺寸大小的变化.

人的视网膜可以以视轴为中心分为中央区和周边区. 中央区的视角范围为 10° 左右. 眼睛在视网膜的中央凹处成像, 中央凹是视网膜的中心和最敏感之处, 可以产生精确的视觉, 其直径大约是 5.2°. 因此 10° 的范围已经足以覆盖中心视野. 由此可知, 精确的颜色视觉发生在视网膜中央大约 10° 的范围内. 我们用计算机处理彩色图像时, 也只需考虑图像覆盖视网膜中央 10° 以内的范围即可. 根据 L. J. Croner 和 E. Kaplan 发表的相关论文中的数据 (Croner, Kaplan, 1995), 在视网膜中央 10° 范围内, 神经节细胞的经典感受野中心区半径的取值范围为 0.01°~0.08°. 神经生理学研究表明, 视网膜神经节细胞经典感受野的周边区半径约为中心区半径的 3~10 倍, 而非经典感受野的半径约为经典感受野周边区半径的 3~6 倍 (Li, 1996), 这是我们设置经典感受野的周边区尺寸和非经典感受野尺寸的生理学依据.

表 10-3 中列出了该神经模型的变化分解步骤, 详细地阐述了它的工作原理.

表 10-3 所示模型的工作原理可以简化为图 10-9 表示的工作流程.

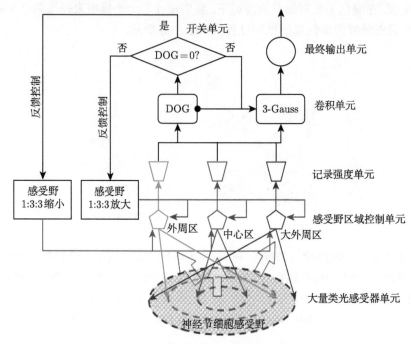

图 10-8　模拟神经节细胞感受野工作流程图

表 10-3　神经节细胞感受野动态调整流程分解步骤

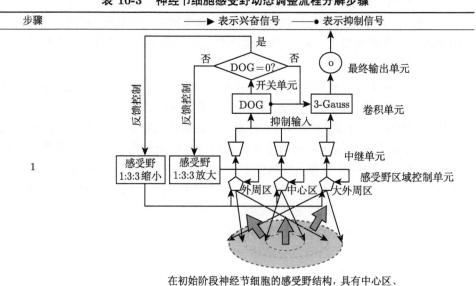

| 步骤 | ———▶ 表示兴奋信号 ———● 表示抑制信号 |

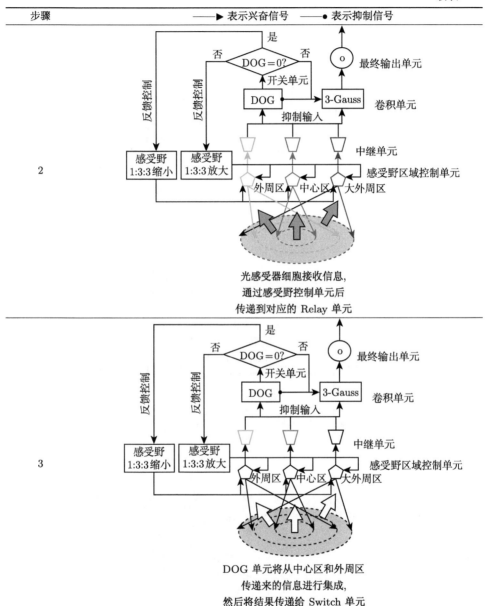

| 2 | 光感受器细胞接收信息,
通过感受野控制单元后
传递到对应的 Relay 单元 |

| 3 | DOG 单元将从中心区和外周区
传递来的信息进行集成,
然后将结果传递给 Switch 单元 |

续表

步骤	——▶ 表示兴奋信号　——● 表示抑制信号

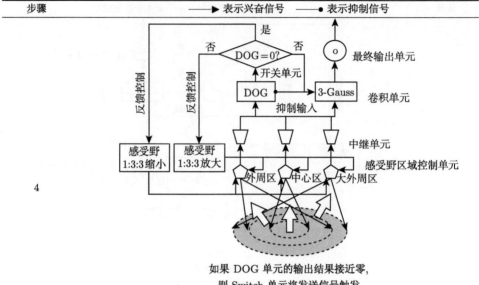

4

如果 DOG 单元的输出结果接近零,
则 Switch 单元将发送信号触发
感受野区域控制单元, 感受野的尺寸将发生扩张
变化. 中心区、外周区、
大外周区 (nCRF) 的尺寸比例为 1:3:3
(Croner , Kaplan, 1995; Li, 1996)

5

中心区、外周区、非经典感受野的
感受野区域控制单元接到了扩张
感受野尺寸的指令, 同时开始了扩张.
感受野的尺寸发生了变化, 导致
光感受器细胞的接收也发生了变化.
于是新的一轮迭代过程开始

续表

步骤	——▶ 表示兴奋信号　——● 表示抑制信号

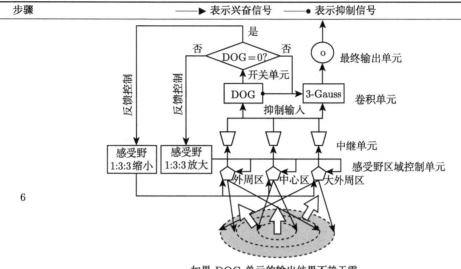

6

如果 DOG 单元的输出结果不趋于零,
则 Switch 单元会发出两路信号. 一路
信号用于说明感受野的尺寸将按照
相同的比率缩小 (Fauqueur, Boujemaa,
2004; Jeong et al., 2004). 另一路
信号传送到 3-Gauss 单元并使之激活,
同时发送抑制信号关闭 DOG 单元

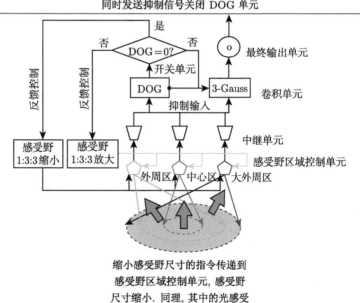

7

缩小感受野尺寸的指令传递到
感受野区域控制单元, 感受野
尺寸缩小. 同理, 其中的光感受
器细胞接收也发生了变化,
则又开始了新的迭代过程

续表

步骤	——▶ 表示兴奋信号　　——● 表示抑制信号
8	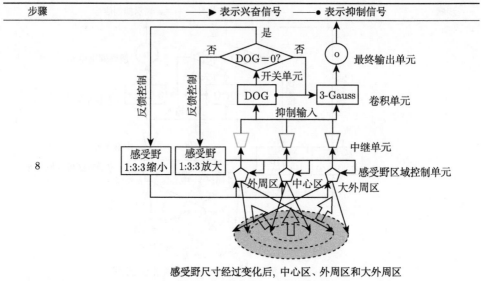

感受野尺寸经过变化后, 中心区、外周区和大外周区
感知的信息经过 Relay 单元传递到 3-Gauss 单元,
经过该单元的卷积运算之后, 最终通过 Output 单元输出最终结果

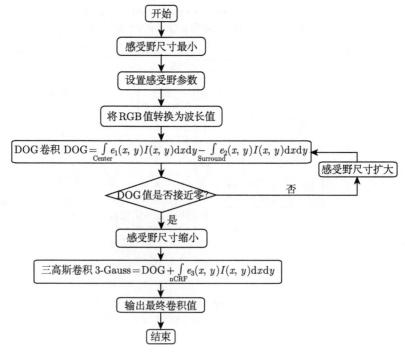

图 10-9　表 10-3 所示算法的工作流程示意图

在以上模型的基础上, 我们设计了一个神经节细胞阵列来处理实际图像, 如图 10-10 所示, 其中最底层代表所处理图像的光感受器细胞阵列, 其他层模拟了神经节细胞的工作, 具体工作原理在表 10-3 和图 10-9 中已有阐述. 本研究中后续的实验工作都是基于这个模型来展开的.

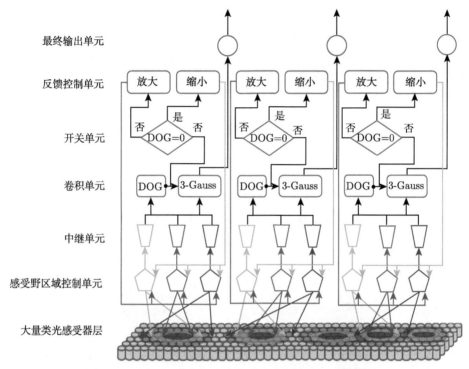

图 10-10 用于图像表征的多层神经节细胞阵列计算模型

为了验证在不同外界图像信息的刺激下, 神经节细胞感受野尺寸是否会像模型中所论述的那样进行自适应的变化. 我们选取了棋盘图片进行了测试, 选取该图片测试的理由是, 它既具有颜色均匀的区域, 同时也具有变化分明的边界, 这个特征能够很好地反映出神经节细胞感受野的尺寸是否会在不同的刺激下发生变化. 实验结果如图 10-11 所示. 图 10-11(a) 表示在开始阶段不同尺寸的感受野均匀地分布于棋盘上; 图 10-11(b) 表示感受野尺寸最终趋于稳定的状态. 为了清晰地表示感受野尺寸变化的过程, 红色的圆圈代表感受野每次扩张后的轨迹, 绿色的圆圈表示最终尺寸稳定后感受野的边界, 从图 10-11(b) 可以很明显地看出, 在图像色彩均匀变化的区域 (例如棋盘格内), 感受野尺寸连续扩张; 而在色彩锐变的区域 (例如棋盘格之间), 感受野尺寸急剧缩小. 神经节细胞感受野的这种动态变化机制为我们进行有效的图像表征提供了一种理想的像素采样手段. 图 10-11(c) 表示经过神经节细胞感受野采样后输出的图像.

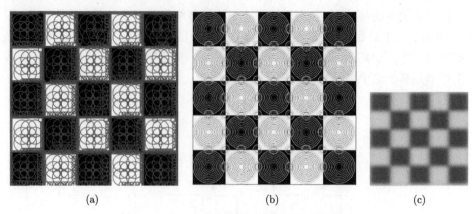

(a)　　　　　　　　　　　　　　　(b)　　　　　　　　　　　(c)

图 10-11　神经节细胞感受野尺寸的动态变化

图 10-12 展示了在自然图像上感受野的变化情况, 图 10-12(a) 选用了几个随机分布在图像上的感受野, 主要是展示其动态变化过程, 图 10-12(b) 是感受野在自然图像上的实际变化及其与之对应的神经节细胞输出表征阵列.

(a)

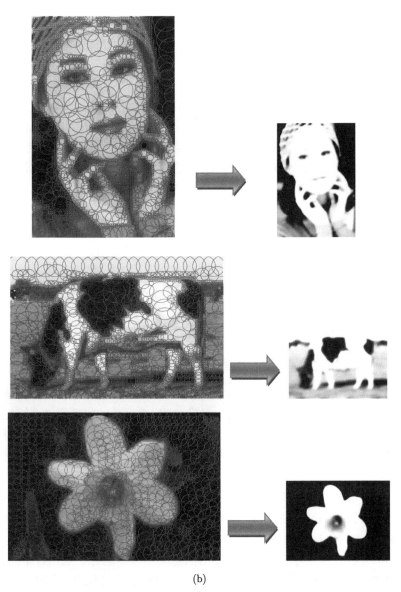

(b)

图 10-12　神经节细胞感受野对于图像的表征. (a) 感受野在自然图像上的尺寸变化过程 (红色的圆圈表示每次扩张的轨迹, 绿色表示最终的尺寸边界) 从中可以发现, 小尺寸的感受野表示的是颜色锐边的区域 (图像细节变化丰富的区域), 而大尺寸的感受野主要表示颜色均匀的区域 (属于同一性质的区域); (b) 神经节细胞感受野对于图像的表征. 从感受野的尺寸变化可以很明显地看出对应于图像中颜色刺激的不同, 感受野的变化程度也是不一样的. 右侧的灰度图表示表征后的输出

10.3　神经节细胞感受野阵对图像的表征

Elder 说: "图像编码的重点在于对图像结构的表征, 而不是针对于每一个像素." (Elder, 1999) 我们之所以用神经节细胞阵列模型进行图像表征, 关键就是利用这种方法做到了像素无关, 这样为图像后续的高级语义分析打好了基础. 在 10.2.4 节的实验中我们发现, 原来的一幅数以百万像素计的图像, 经过神经节细胞感受野的表征之后, 通常用几百个感受野就可以描述整个图像的信息 (在实际测试中我们使用加州大学伯克利分校的图库, 图片分辨率大小为 481×321, 所用到的感受野的最多个数为 847 个), 这大大地减少了后续任务的计算负担. 这并不是简单地对像素点进行复制, 而是一种信息的聚合 (integration), 是对图像的一种新的表征方式. 但是这种新型的表征是否能够忠实可靠地表达原图像的信息, 是否能够真实准确地反映出原来图像的自然统计特征呢? 这是表征的关键问题, 如果不满足这两个条件, 那么任何表征都是毫无意义的. 在本节中, 我们通过若干个实验来证明: 经过神经节细胞感受野表征后的图像 (为了叙述方便, 在后面的小节中我们统一称为 "GC 输出图像"), 仍然能够可靠准确地表现图像的统计特征.

10.3.1　从 GC 输出图像中进行图像重构

如果想证实 GC 输出图像是否能够忠实保留原图像的信息, 在它的基础上进行重构是最好的说明. 在前面的实验中已经说明, 小尺寸的感受野主要捕捉的是图像的细节信息, 而大尺寸感受野则可以对基本属于同一性质 (此处的性质表示的是图像的颜色变化) 的 "块区域" 进行表征. 所以我们可以综合这两种信息, 对图像进行重构.

神经生物学的证据表明, 神经节细胞感受野的尺寸其实非常小, 远远小于像素的大小 (Harman et al., 2000). 在本实验中, 我们设定感受野尺寸的变化值以单个像素为单位, 变化区间为 (0.3, 3). 小尺寸感受野主要捕捉边界信息, 大尺寸感受野 (大于 1.5 个像素) 主要捕捉块信息, 最后的重构图像是融合了这两种信息的结果. 我们使用 Google 搜索随机选取了五类图片进行测试, 分别代表: 人脸、自然场景、城市和人类活动. 每类包括 60 幅, 一共是 300 幅进行测试. 图 10-13 表示重构的结果, 其中图 (a) 是原始图像, 图 (b) 是小尺寸感受野表征的边界信息, 图 (c) 是大尺寸感受野的块信息, 图 (d) 是图 (b) 和图 (c) 融合之后的重构结果. 从结果可以看出, 以人眼的分辨效果来看, 重构后的图像和原图像几乎是一致的.

为了测试图像重构的准确率, 我们需要计算原始图像和重构图像之间的差异. 设定原始图像和重构图像都有相同的大小为 $M \times N$ 像素, $h(x,y)$ 表示在原始图像的 (x,y) 坐标处的颜色或灰度值, $h'(x,y)$ 表示在重构图像在 (x,y) 坐标处的颜色或

灰度值. 设定常量 c 是表示错误的阈值, 则公式 (10.19) 表示误差集合

$$\text{Dif} = |\{(x,y)||h(x,y) - h'(x,y)| > c\}| \tag{10.19}$$

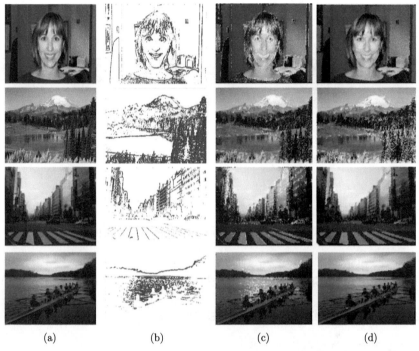

$$\qquad (a) \qquad\qquad (b) \qquad\qquad (c) \qquad\qquad (d)$$

图 10-13   利用神经节细胞感受野进行的图像重构实验

将此式与原始图像进行对比, 则得出重构错误率 e 为

$$e = \frac{\text{Dif}}{MN} \times 100\% \tag{10.20}$$

我们对所有重构图像和原始图像之间的误差进行了计算, 选取了三种不同的 c 值 (分别是 3, 5 和 10), 错误率曲线如图 10-14 所示. 在表 10-4 给出了在三种条件下的最大、最小和平均错误率. 平均错误率, 从表中的数据可以说明, 即便是在 $c = 3$ 的情况下, 错误率也只是在 10% 左右. 这种误差范围是可以忍受的, 由此我们可以认为经过神经节细胞感受野重构后的图像基本与原图像是一致的.

表 10-4   不同阈值下重构图像的错误率统计值

阈值	最小错误率	最大错误率	平均错误率
$c = 3$	1.07%	16.97%	10.81%
$c = 5$	2.86%	14.46%	8.25%
$c = 10$	4.14%	10.44%	4.99%

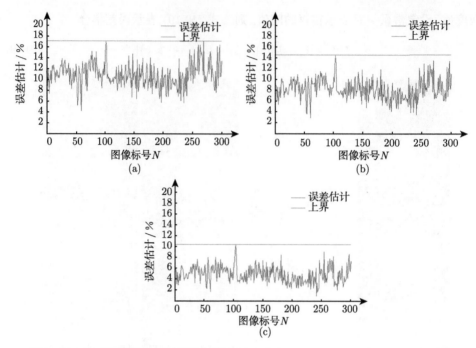

图 10-14　在不同阈值下重构图像的错误估计曲线. (a) $c = 3$; (b) $c = 5$; (c) $c = 10$

10.3.2　感受野与图像统计特征的关联性验证实验

1. 感受野与图像颜色块的关系

在日常生活中, 当我们看到一幅海天无际的场景时, 我们会觉得眼睛很放松, 很舒服, 即便是长时间的凝视也不会觉得疲劳, 这也是我们通常进行眼睛休息的一种途径. 相反, 当我们的眼睛注视复杂的场景时, 例如, 瞬息万变的电视画面、熙熙攘攘的街道等, 我们会觉得眼睛很疲劳. 之所以出现这样的情况, 就是因为海天无际的场景要比熙熙攘攘的街道场景更 "简单". 我们的视觉在进行处理的时候, 可以用较少的处理资源去感知. 相当于同时都是做数学运算, 计算 $1+1$ 肯定要比计算 9999×9999 更轻松一样. 根据这个道理, 我们引入了 "图像复杂度" 的概念, 这个复杂度是和图像中的颜色变化程度相关的, 为了更好地衡量这种颜色变化程度, 我们用 "颜色块" 的方式来进行定义, 所谓的 "颜色块", 就是指该区域的像素值是相等或相近的. 表 10-5 列出了如何用种子生长法来定义图像 "颜色块".

从 BSD300 图库 (http://www.eecs.berkeley.edu/Research/Projects/CS/vision) 中随机选取了 150 幅图像进行颜色连通块的统计, 每 5 幅图像分为一组, 并与感受野个数进行了对比, 统计结果如图 10-15 所示, 可以发现它们具有相同的变化趋势. 当颜色连通块的数量比较多时, 表示图像中的色彩变化剧烈, 则该图像的复杂程度较高, 那么在利用感受野表征时, 感受野的个数也会增多; 当颜色连通块的数量比较少时, 表示图像中的色彩变化平缓, 则该图像的复杂程度较低, 相应地在进行表征时, 感受野的个数将会减少.

表 10-5 颜色块算法表示

(1) 将 RGB 图像转为单值波长, 然后对图像进行去噪、平滑处理

(2) 构造一个种子池, 里面是带标记的、各不相同的 "种子", 用于标记像素的归属. 同样构造一个与图像相同维数的二维数组, 用于存放每个像素的归属. 从种子池中取一个种子, 随机撒在图像上尚未标记的区域, 然后再种子的周围扩展, 扩展后的区域的均值和方差趋于稳定, 一旦发生跳变, 就停止扩展. 把扩展结束后得到的连续块用种子符号标记号

(3) 重复该过程, 直至所有的像素都被标记完成. 通过计算种子池中用掉的种子数就可以得到所标记的连续块的数量. "颜色块" 的数目可以定义为图像的复杂度

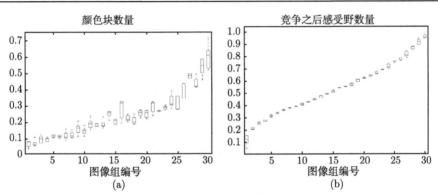

图 10-15 图像复杂度与表征图像感受野个数之间变化趋势比较 (150 幅图像测试结果).
(a) 颜色块个数的变化趋势; (b) 感受野个数的变化趋势

2. 图像频率和感受野的关系

图像可以看作是一个定义为二维平面上的信号, 该信号的幅值对应于像素的灰度 (对于彩色图像则是 RGB 三个分量). 如果我们仅仅考虑图像上某一行像素, 则可以将之视为一个定义在一维空间上信号, 这个信号在形式上与传统的信号处理领域的时变信号是相似的. 不过一个是定义在空间域上的, 而另一个是定义在时间域上的. 所以图像的频率又称为空间频率, 它反映了图像的像素灰度在空间中变化的情况. 例如, 一面墙壁的图像, 由于灰度值分布平坦, 其低频成分就较强, 而高频成分较弱; 而对于国际象棋棋盘或者沟壑纵横的卫星图片, 这类具有快速空间变化的图像来说, 其高频成分会相对较强, 低频则较弱.

定量的测量图像的空间频率最为常用的方法就是二维傅里叶变换. 图像经过二维傅里叶变换后会形成与图像等大的复数矩阵, 取其幅值形成幅度谱, 取其相位形成相位谱. 图像的频率能量分布主要体现在幅度谱中. 通常习惯将低频成分放在幅

度谱的中央, 而将高频成分放在幅度谱边缘. 傅里叶变换是一个周期函数, 它的主要功能是将图像从空间域转为频率域, 将图像的灰度分布函数变换为图像的频率分布函数. 通过二维傅里叶变换得到频谱图相当于就是图像梯度的分布图. 如果频谱图中暗的点数较多, 那么实际图像变化是比较柔和的. 反之, 如果频谱图中亮的点数多, 那么实际图像变化应该是尖锐的、边界分明且两边像素值差异比较大, 相对于感受野来说, 在表征简单图像时所需的感受野个数也较少, 在表征复杂图像时所需的感受野个数也较多. 根据频谱图中高频和低频的分布情况来表示图像的复杂程度. 我们随机选取了若干幅图像进行测试, 测试结果如表 10-6 所示, 从测试结果可以看出表征图像所需的感受野个数和图像频率本身是密切相关的.

表 10-6　　图像频率与感受野之间的对比关系

原始图像	傅里叶变换频谱图	高频和低频之间的比率	感受野的个数
		413.6429	567
	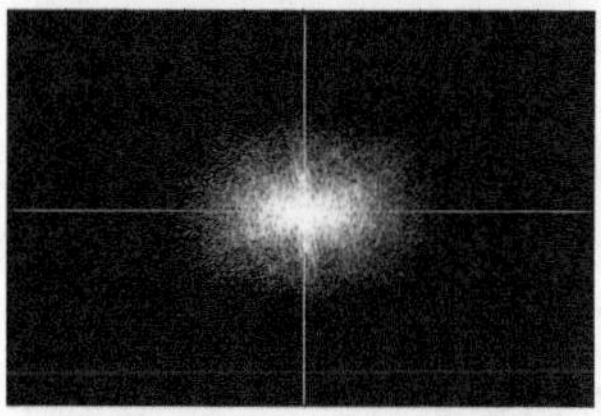	498.1366	513
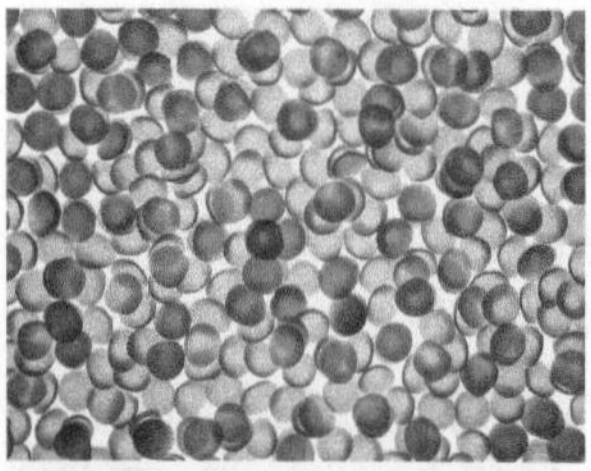	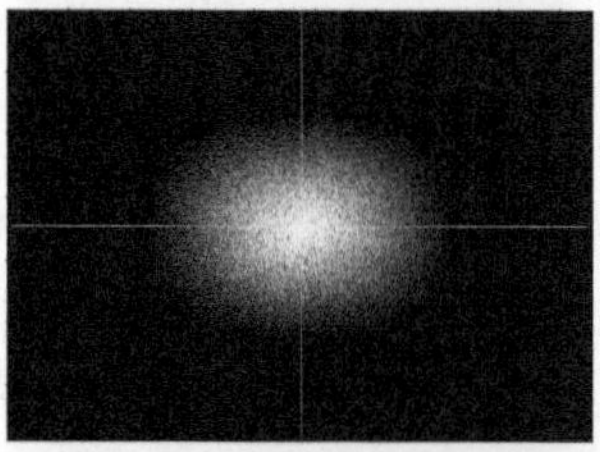	737.2819	878
	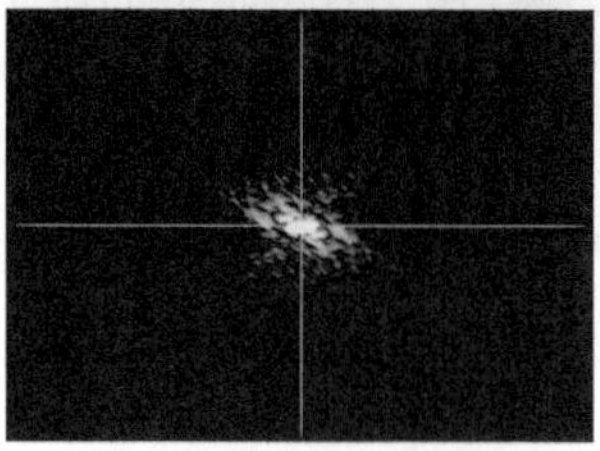	124.9213	134

我们同样从图库 BSD300 中随机选取 150 幅图像进行测试, 得到图 10-16 的对比结果, 可以发现, 对于不同的测试图像, 图像频率和感受野个数之间具有相同的变化趋势, 所以利用感受野能够较好地反映出图像频率的变化状态.

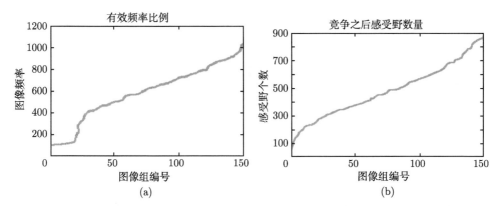

图 10-16　图像频率变化与感受野个数变化趋势比较 (150 幅图像测试结果). (a) 图像频率的变化趋势; (b) 表征图像所用感受野个数的变化趋势

3. 图像信息熵与感受野之间的关系

信息熵是图像特征的一种统计形式, 它反映了图像中平均信息量的多少. 我们将这个概念引入到图像表征中, 让它来描述图像中颜色变化的剧烈程度. 如果我们在信息熵和颜色块之间建立联系, 根据熵的定义, 得到

$$I[M] = \left(\sum_{i=1}^{n} -p(m_i) \log_2 \left(p(m_i) \right) \right) = E\left[-\log_2 p(m_i) \right] \tag{10.21}$$

将颜色块按照尺寸大小分为若干类, M 是具有不同尺寸的颜色块的集合, 定义 $M = \{m_1, m_2, \cdots, m_n\}$, 其中 m_i 表示第 i 个具有相同尺寸的颜色块的集合. $p(m_i)$ 表示该类出现的概率. $I[M]$ 代表图像的信息熵. 同样, 我们使用公式 (10.21) 把表征图像用到的感受野也按照尺寸大小归类后也进行熵的计算. 从图库 (http://www.eecs.berkeley.edu/Research/Projects/CS/vision) 中选取了 300 幅图像进行测试, 测试结果如图 10-17 所示. 从测试结果的序列变化趋势可以看出, 二者的变化趋势是一致的, 这说明, 使用感受野作为表征图像的单元, 并没有破坏图像原来的性质, 图像的主体特征仍然保持不变.

4. 图像复杂度与感受野的关系

从人眼观察的角度来认识如图 10-18 的两幅图像, 我们会得出图 (a) 所包含的信息较少, 而图 (b) 包含的信息较多, 通常意义上我们称之为 "简单图像" 或者 "复杂图像". 上述几节阐述的方法也与此有关. 但是对于计算机来说, 衡量一幅图像是否 "简单" 或者 "复杂" 有没有一个量化的指标来表示呢?

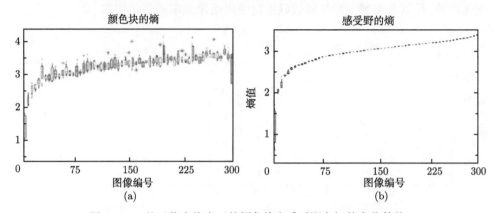

图 10-17   基于信息熵表示的颜色块和感受野之间的变化趋势

(a)   (b)

图 10-18   信息 "简单" 的图和信息 "复杂" 的图

在文献 (Rosenholtz et al., 2007) 中 Ruth Rosenholtz 等提出了两种衡量图像复杂度的度量方法特征拥塞 (feature congestion, FC) 和子带熵 (sub-band entropy, SE). 该方法综合了图像的颜色、纹理、亮度等特征信息, 能够有效地表示图像信息的 "杂乱" 程度 (clutter). 在本实验中, 我们把图库 BSD300 的图像分别用 FC、SE、图像文件大小 (file size) 和感受野个数进行图像复杂度的测试, 其中每 5 幅图像构成一组, 一共是 60 组. 结果如图 10-19 所示, 从结果可以看出, 尽管计算图像复杂度的测试手段不同, 但是对于相同的图像文件来说, 最终的表现趋势却是一致的. 这说明如果用感受野来对图像进行表征, 同样也能够真实地反映出图像的特征分布.

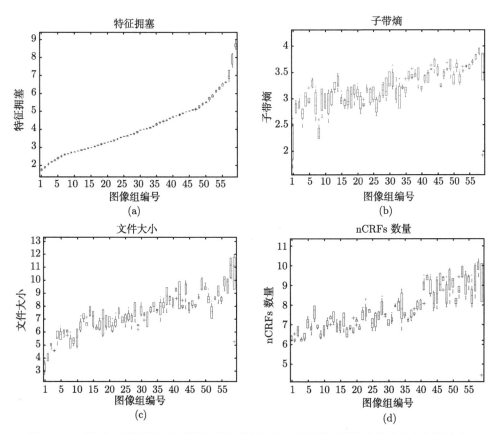

图 10-19 用于表征图像的感受野个数与特征拥塞、子带熵、图像文件大小之间的变化

10.3.3 感受野与多分辨率分析

1. 多分辨率分析技术的发展

多分辨率图像处理与分析的核心是图像多分辨率分家, 其研究起源于人类视觉系统和心理学的研究. 20 世纪 60 年代末, 研究者发现正弦光栅的门限视觉敏感特性依赖于光栅的空间频率特性, 这样傅里叶分析作为研究人类视觉系统工具的潜在作用引起了人们的注意. 进一步的研究表明, 视觉系统色质的分析可能包括一组独立的成分频道, 它们可以很方便地由空间频率域来表示, 且每个频道对应不同的空间频率. 人类视觉敏感性的心理实验也证明, 图像的视觉失真程度不仅依赖于总的均方误差, 而且也依赖于在不同细节图像间的这种误差的分布. Campbell 和 Kulikowski 指出; 当对比度有水平和垂直方向时, 人的视觉系统具有最大的敏感性, 而且对水平和垂直方向相同. 当对比度在 45° 时, 敏感度最小, 这些研究成果为图像的多分辨率分析提供了有益的启迪和研究证据 (Mallat, 1989).

就数字图像处理技术而言, 多分辨率分析具体表现为一种图像的分解过程. 在这个过程中, 图像数据以分层的形式来表示. 通常某些有用的信息可从低分辨率的图像分析中获得, 然后从低到高进一步分析, 不断增加图像细节. 从图像结构来看, 低分辨率的图像可以为我们提供图像的轮廓范围, 高分辨率的图像为我们提供图像的细节信息. 从分析过程来看, 在低分辨率下, 图像内容可以由非常少的特征值表征, 用较少的计算代价完成. 高分辨率由较多的特征值完成, 但是因为有了低分辨率作为基础, 所以有了预先得知的内容可以指导高分辨率的分析, 这样可以加快图像的计算速度.

多分辨率分析具有以下的应用意义.

(1) 从视觉特性上看, 人们一般用分辨率的高低来评价图像质量的好坏. 所谓从视觉上定义的分辨率, 是对于空间或时间上相邻的视觉信号, 人们刚刚能鉴别出二者存在的能力. 传统的分析方法在时域分辨率和频域分辨率上相互制约, 而多分辨率分析方法提供了一种折中的方案.

(2) 从图像特性上看, 一幅图像强度的突变点分布是图像存在的主要内容, 它们代表了图像的重要信息. 一般突变点代表图像的边缘点, 它们位于图像不同成分的边界, 图像边缘构成了图像分析的重要特征. 传统图像分析方法的主要困难是缺乏恰当的工具来有效表征不同尺度的图像特征, 多分辨率分析为解决这类问题提供了一种较好的方案.

20 世纪 80 年代末, 人们提出了小波变换的多分辨率分解方法, 其基本思想是利用尺度和位移特性来实现图像的多分辨率分解. 它具有完善的重建能力, 保证了信号在分解过程中没有任何信息损失、没有任何冗余信息, 即小波变换作为一组表示信号分解的基函数是唯一的. 其次, 小波变换把图像分解成概括图像和细节图像之和, 它们分别代表了图像的不同结构, 因此原始图像的结构信息和细节信息很容易被获取.

2. 利用感受野来实现多分辨率的表征

根据生理学家对人类视觉系统的研究结果和自然图像统计模型, 一种 "最优" 的图像表示方法应该具有如下的特征 (Donoho, Flesia, 2001).

(1) 多分辨率: 能够对图像从粗分辨率到细分辨率进行连续逼近, 对应于人类视觉系统分的 "带通" 特性.

(2) 局域性: 无论在空间域还是在频域, 表示方法的 "基" 或者 "元" 应该是局部的.

人类视觉的生物组织, 外部客体的特征以及成像过程均具有层次结构, 因此视觉表象必须能以多种分辨率形式把图像的性质表达清楚. 利用小波变换, 就可以使用多尺度或多分辨分析 (Multiscale 或 multiresolution analysis) 将视觉表象的尺度作统一的数学描述.

对于图像这样的二维函数, 进行多分辨率分析需要一个二维尺度函数 $\varphi(x,y)$ 和三个二维小波 $\psi^{\mathrm{H}}(x,y)$, $\psi^{\mathrm{V}}(x,y)$ 和 $\psi^{\mathrm{D}}(x,y)$. 每一个都是两个一维函数的乘积. 排除产生一维结果的乘积, 4 个剩下的乘积产生可分离的尺度函数 $\varphi(x,y) = \varphi(x)\varphi(y)$ 和可分离的 "方向敏感" 小波:

$$\psi^{\mathrm{V}}(x,y) = \varphi(x)\psi(y)$$

$$\psi^{\mathrm{H}}(x,y) = \psi(x)\varphi(y)$$

$$\psi^{\mathrm{D}}(x,y) = \psi(x)\psi(y)$$

其中 ψ^{H} 度量是列方向的变化 (例如水平边缘), ψ^{V} 响应沿行方向的变化 (例如垂直边缘), ψ^{D} 度量对应对角线方向的变化. 图 10-20 是由计算机产生的一幅 128×128 的图像, 用来说明多尺度下小波分解的过程.

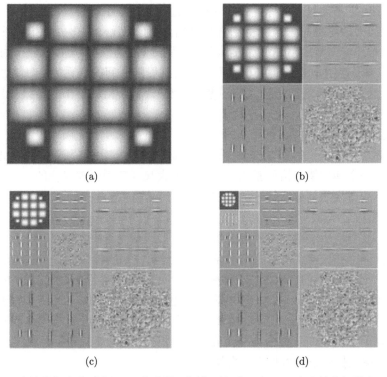

图 10-20 小波分解变化过程. (a) 作为输入图像, 然后 4 个 1/4 大小的分解输出 (即近似、水平、垂直和对角线) 按照排列生成 (b) 中的图像. 类似的过程用来产生 (c) 中的二尺度变换结果, 但输入变为了 (b) 图左上角所示 1/4 大小的近似子图像. 最后, 当 (c) 左上角的子图像作为输入时, (d) 得到的就是三尺度的小波变换结果

从非经典感受野所具有的形态、单个神经节细胞或外膝体细胞在局部范围内实施计算的等效函数形式, 以及神经节细胞和外膝体细胞阵列对整个视野的无遗漏分布来看, 神经节细胞阵列和外膝体细胞阵列对图像实施的处理非常类似于小波变换. 被研究者广泛使用的 DOG 建模函数本身就是一种小波函数. 如前所述, 小波变换具有的一个显著性质就是多分辨率分析, 利用不同的观察尺度来探测和表征不同尺寸的特征. 基本小波 $\psi(x)$ 构成一组基函数, 其中 a 代表不同的尺度, 当 a 的值变大时, 基函数可以表征图像中粒度较大的特征, 当 a 的值变小时, 基函数可以表征图像的细节特征. 神经节细胞和外膝体细胞具有感受野动态变化的能力, 其功效之一是实现了对刺激局部特征的有效提取和表征. 例如大面积的连续区域适合用大尺寸感受野表征, 精细的细节适合用小尺寸感受野来表征. 神经系统在此方面表现出结构与功能的适配性.

我们用到的小波变换的主要特征就是能够表征不同尺度的图像信息, 而这项功能与神经节细胞非经典感受野所具有的尺寸可调节性能是密切相关的. 对于神经节细胞来说, 不同尺寸的感受野所表征的输入就相当于不同尺度的图像. 如果我们假定大尺寸的感受野记录图像的大尺度信息, 而小尺寸的感受野记录的是图像的小尺度信息 (细节), 从这个角度来说, 感受野的数学本质其实就是一种 "类小波变换". 为了证明小波变换和尺寸可调节的感受野之间的联系, 我们通过两组实验来进行验证, 其中包括一幅人造图像 (a) 和一幅自然图像 (b), 结果如图 10-21 所示.

从实验中我们得出结论:

(1) 随着小波变换等级的升高, 图像的细节信息逐渐失去, 渐渐表现出区域性特征, 在这些空间位置上恰好是由神经节细胞大尺寸感受野来表征的.

(2) 小波变换的差分图描述的是图像的细节信息, 这些空间位置正好被小尺寸感受野所表征.

(3) 小波变换所展现的多尺度分析可以由多级感受野来实现.

由此可以发现, 神经节细胞的非经典感受野其实是用神经计算的方法来实现了一种类似于小波变换的图像分析, 其操作基础可以建立在小波变换之上, 因此数学基础是牢靠的. 虽然其计算能力可能未必超过小波分析, 但基于神经元的表征可以通过同步振荡、激励同步等手段, 实现一定范围内的若干神经元获得发放同步增强的效应, 从而使得它们从整个神经元群中凸显出来, 这可能就是神经元实现图像整合、分割的机制. 这个能力是小波变换所没有的.

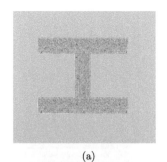

(a)

(b)

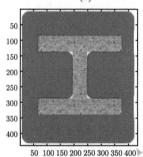

全尺寸感受野的分布, 它能够
使用一致的颜色展示背景

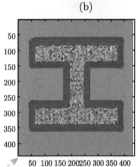

中等尺寸感受野的分布, 它能够
展示图像中的物体的轮廓

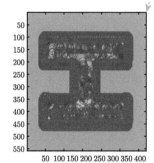

大尺寸感受野的分布, 它能够
展示图像中的物体

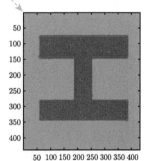

小尺寸感受野的分布, 它能够
展示图像中的物体的细节

(c)

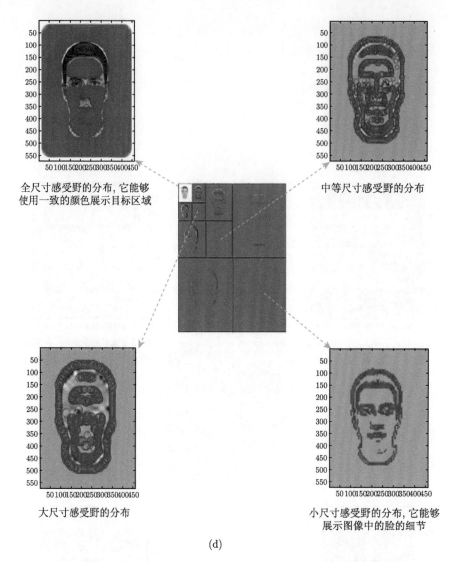

全尺寸感受野的分布, 它能够
使用一致的颜色展示目标区域

中等尺寸感受野的分布

大尺寸感受野的分布

小尺寸感受野的分布, 它能够
展示图像中的脸的细节

(d)

图 10-21　小波变换后不同尺度的子图像与不同尺寸的神经节细胞感受野的关系. (c) 为 (a)
变换后的; (d) 为 (b) 变换后的

10.3.4　感受野也是一种超像素

在计算机视觉中, 已经有很多算法考虑到单纯利用像素的局限性, 所以使用一些 "像素格" (pixel-grid) 来作为图形表征的基本单位, 这在进行诸如图像分割或轮廓检测时等任务时作为一项重要的预处理任务. 例如在图像处理中用到的马尔可夫随机场就有这种规则的像素格, 目前的人脸识别的某些算法中也是用到一个固定尺

寸的像素格 (例如 50×50) 来匹配模板. 这种 "像素格" 并不是图像本身固有的一种表征形式, 应该说它是一种在图像处理过程中的 "人为产品". 之所以要构造这样一种 "像素格" 出来, 是因为它可能比单个的像素点更通用、更有效、更适合去处理低层的有意义的信息. Ren 和 Malik 总结了这种为了图像处理需要而把若干个像素聚集到一起形成的 "像素格" 的特征 (Ren, Malik, 2003; Mori, 2005):

(1) 计算高效性: 它将图像中数以百万计的像素点简化为少量的 "像素格" 来代替, 大大地减少了机器的处理负荷.

(2) 表征有效性: 各个 "像素格" 之间不是孤立的, 而是根据各自表征的图像属性互相联系、互相制约.

(3) 有意义的感知: 以往单个的像素点对图像理解来说是没有任何意义的, 它只是一个物理单位. 而 "像素格" 是基于图像本身的特点而形成的. 对于图像内容感知的不同, 所形成的像素格也是不一样. 一般来说, 这种 "像素格" 表征的应该是在色彩和纹理上具有形同性质的区域.

(4) 信息完整性: 这种 "像素格" 是在图像上的进一步分割, 它保留了图像的结构信息, 不会丢失图像的主要特征.

综合以上特征, 我们可以发现, 这些 "像素格" 所具有的特征也符合我们论文中一直提倡的非经典感受野表征机制. 所以我们可以认为感受野也可以表现出一种 "像素格" 的形式. 目前研究领域里比较出名的 "像素格" 表现形式有 Superpixels(Ren, Malik, 2003), Turbopixels (Levinshtein et al., 2009) 等. 从目前的应用来说, 这些方法都具有很好的性能. 而我们基于感受野的算法也可以完成这种 "像素格" 的任务. 从几何意义上说, 因为感受野是密度均匀地投射到图像上, 当感受野的最终形态固定以后形成很多交叉点, 如图 10-22 所示, 利用这些交叉点我们可以将其变形为内接四边形和剖分三角形, 最终形成 "像素格" 的形态, 如图 10-23 所示.

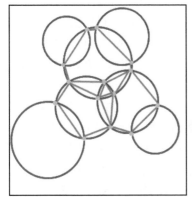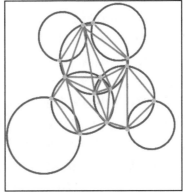

图 10-22　利用感受野生成内接多边形和剖分三角形

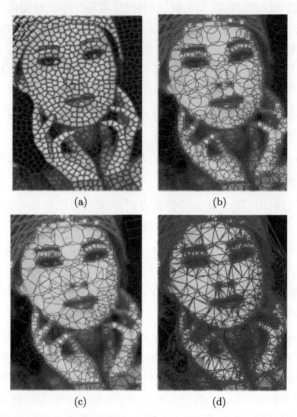

图 10-23　利用感受野机制生成的 "像素格" 结果. (a) 是 Superpixel 的结果. (b) 是感受野在图像上的最终稳定结果. (c) 和 (d) 是利用感受野机制形成的两种 "像素格" 结果, 一种是内接多边形, 一种是剖分三角形

　　无论是 Superpixels, Turbopixels, 还是我们利用感受野机制形成内接多边形和剖分三角形, 它们的本质都是为了图像做进一步处理而进行的 "预处理" 工作, 那么我们提出的这种 "像素格" 机制和它们有什么不同呢? 可以总结为两点.

　　(1) 从表现形态上看, Superpixels 的 "像素格" 都是一些不规则形状的多边形, 如果从数学的角度上来考虑, 这种不规则性会导致没有规律、难以记录、表示和操作, 除非对每个像素格内的像素进行标记 (Rui et al., 2011). 由于在我们的模型中感受野都是规则的圆形, 这容易被表征和操作, 那由此产生的内接多边形和剖分三角形也应该具有类似的性质, 这为我们在此基础上进一步处理图像提供了方便.

　　(2) 从处理速度上看, 超像素图是在归一化分割 (Malik et al., 2001; Shi, Malik, 2000) 的基础上产生的, 在运算中要考虑到大量的邻接和概率关系. 在实际测试中我们发现, 超像素对图像处理大小有一定的局限性, 例如在某些图库的处理会经常发

生 "内存不足" 的错误 (测试机器配置为 Intel Pentium Dual CPU E2200 2.20GHz, 2G 内存). 图 10-24 是在 BSD300 图库下进行测试的时间对比结果.

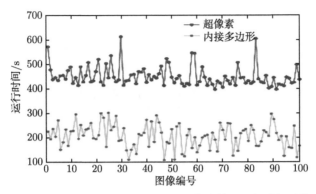

图 10-24 超像素与基于感受野的 "像素格" 运行时间对比

10.4 基于非经典感受野的表征对图像后期加工的促进作用

前面我们分别讨论了为什么要用非经典感受野对图像进行表征, 并用一系列实验测试证明了这种表征方式的特点及其本质. 但是我们所谓的表征只是我们表达图像信息的一种方式, 最终的目的是以更小的代价、更高的效率、更好的精确度做好图像更高级别的处理, 也是为在图像低层简单处理到高层语义处理之间架设一座桥梁. 在本节中, 我们将通过几个实验来说明图像在经过我们的模型表征之后, 处理性能会有一定程度的提高. 为了使测试结果更容易让读者接受, 我们选取了图像处理中最常见的几项任务来进行处理, 诸如图像分割、特征提取、轮廓检测等.

10.4.1 对特征配准的提升作用

尺度不变特征转换 (Scale-invariant feature transform, SIFT) 是一种用来侦测与描述影像中的局部性特征算法. 它在空间尺度中寻找极值点, 并提取出其位置、尺度、旋转不变量, 此算法由 David Lowe 在 1999 年发表 (Lowe, 1999), 2004 年完善总结 (Lowe, 2004). 其应用范围包含物体辨识、机器人地图感知与导航、影像缝合、3D 模型建立、手势辨识、影像追踪和动作比对. 该算法匹配能力较强, 能提取稳定的特征, 可以处理两幅图像之间发生平移、旋转、仿射变换、视角变换、光照变换情况下的匹配问题, 甚至在某种程度上对任意角度拍摄的图像也具备较为稳定的特征匹配能力, 从而可以实现差异较大的两幅图像之间的特征的匹配.

SIFT 算法的根本在于能够有效地提取稳定的特征, 但是何谓 "稳定的特征"? 这对不同的图像来说定义也是不一样的, 一般来说, 对于自然图像, 我们把前景中的目标物体作为该图像的稳定特征, 而把背景中的纹理或其他物体定义为非相关元素. 例如对于一个人拍照, 那么照片中的人像就是稳定的特征, 而人像所处的背景就是非相关元素, 不论这个人是在树林里照相还是在房屋里照相, 我们希望提取的主要特征都和这个人物有关, 而不要和他所在的拍摄环境有关. 根据论文作者提供的算法程序 (http://www.cs.ubc.ca/~lowe/keypoints/) 我们对若干幅图像进行了 SIFT 算法的测试, 从算法的性能上来说, 目前 SIFT 已经是一种应用很成熟、被业界广泛接受的算法. 在大部分图像上都取得了很好的效果, 但是我们的实验结果发现, 利用神经节细胞感受野表征后的重现图像进行 SIFT 测试时, 匹配效果的准确度要比未经任何表征预处理的自然图像高得多. 这种特点为我们更高效准确地提取图像中目标物体的特征提供了帮助. 图 10-25 是部分图片的测试结果.

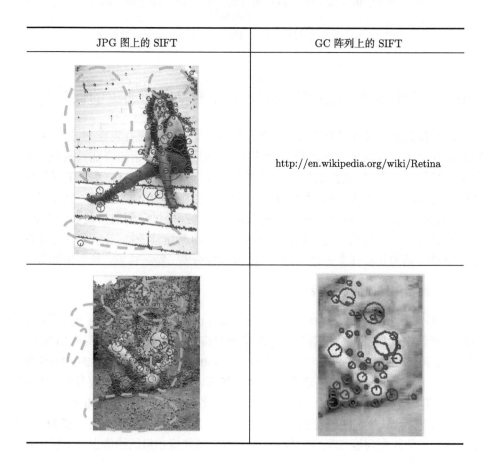

JPG 图上的 SIFT	GC 阵列上的 SIFT
	http://en.wikipedia.org/wiki/Retina

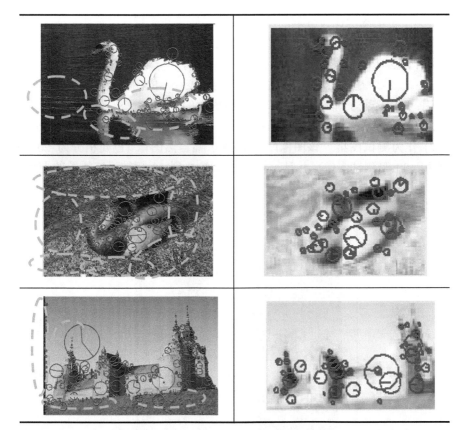

图 10-25 SIFT 在原始图像和经过神经节细胞感受野表征重现后图像上的运行结果. 从结果可以看出, 与普通的原始图片相比, SIFT 在经过表征重现后的图像上的表现能力更为优越, 能够更准确的提取到图像的目标特征. (图片中绿色的虚线圆圈所标注的区域表示噪声信息, 它干扰了 SIFT 对目标物体的准确提取)

10.4.2 对图像分割的提升作用

图像分割 (Normalized-cut、Hierarchical Image Segmentation) 是指对图像按照一定的标准分割成区域, 目的就是从中分离出一定意义的实体, 这种有意义的实体与现实世界中的物体或区域有关, 是对图像进行进一步分析、理解和识别的基础, 是数字图像处理领域的关键技术之一. 为了测试经过神经节细胞表征后的图像对分割的提升作用, 我们选取了两种分割算法进行测试, 一个是 Normalized Cut (N-Cut)(Shi, Malik, 2000), 一个是 gPb-OWT-UCM(Arbelaez et al., 2011), 这两种算法是目前计算机视觉领域中比较具有代表性的分割算法. 图 10-26 是测试对比结果. 图中第一列表示的是原始图像和经过表征重现的图像. 第二和第三列是利用 gPb-OWT-UCM 得到的分割结果. 第四列是利用 Normalized Cut 分割后得到的对比结果. 为了更清晰的比较分割的结果, 在结果图里我们标注了箭头来表示两种图像之间的分割差异. 从箭头指示的位置对比后发现, 与在自然图像上分割的效果对比, 这两种算法在 GC 表征图像上的分割效果都有了一定程度的提升.

在此实验结果基础上, 为了更进一步的测试表征后的图像能够对图像分割起到促进作用, 我们选取了加州大学伯克利分校提供的 Berkeley Segmentaiton Dadaset (BSD300)(http://www.eecs.berkeley.edu/Research/Projects/CS/vision/grouping/segbench/) 作为测试图集. 该图像库包括 300 幅自然图像 (已随机分为 200 幅训练图像和 100 幅测试图像), 并且每幅图像带有 5 到 10 幅被手工描绘的图像轮廓

原图	层次分割结果		N-Cut 结果

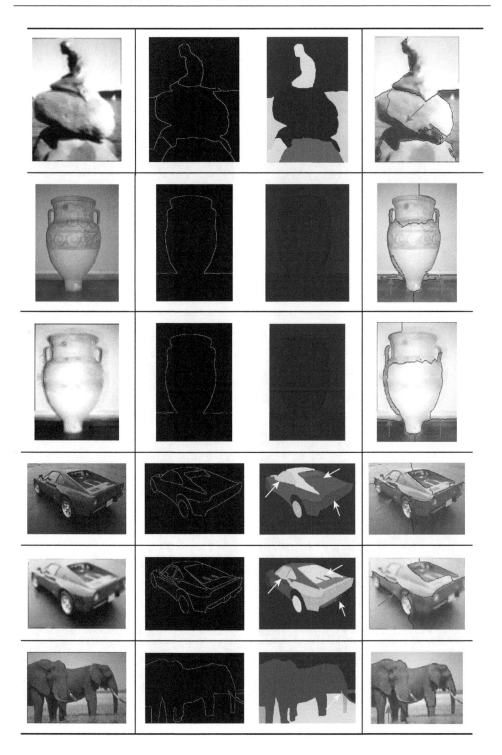

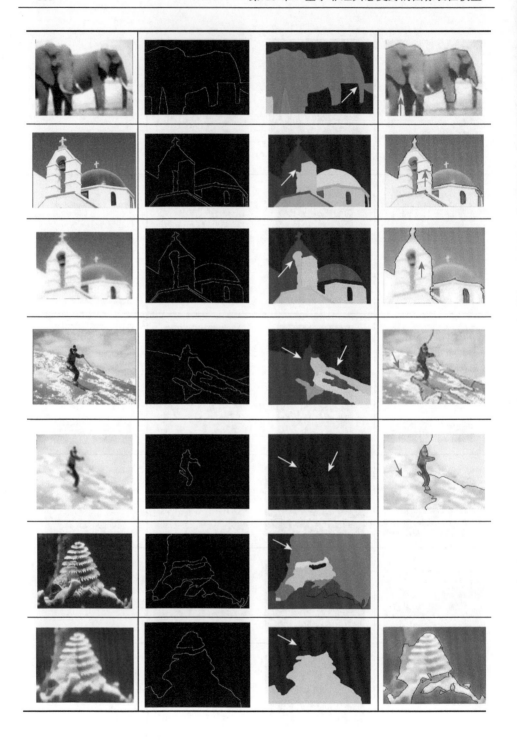

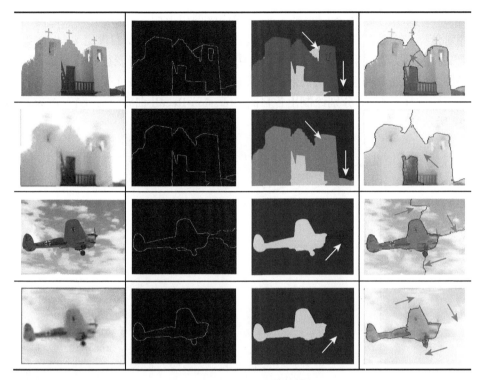

图 10-26　分割效果测试图例

结果 (Ground-truth). 分别与几种常用分割算法进行了测试比较 (Shi, Malik, 2000; Arbelaez et al., 2011; Arbelaez, 2006). 算法评价方法采用了 David R.Martin 提出的 Precision-Recall Curve 方法 (Martin et al., 2004), 它是一种参数化的曲线, 用于在目标物体和噪声之间取得均衡作为 detector 阈值变化的依据. 从概率的角度来说, Precision 是有效的 detector's signal 的概率, 而 Recall 是 ground-truth 数据被检测到的概率. 在信息检索方面, Precison-Recall 曲线是一种标准的评价指标, 最早将其用于边缘算子检测的是 Abdou 和 Pratt(Abdou , Pratt, 1979). 在进行图像分割的操作时, 对于图像中目标物体的边界侦测是特别重要的, 所以使得边界检测的查准率和查全率就显得尤为重要. 其中 P (Prescision) 表示多少噪声可以被容忍, R(Recall) 表示多少真实有效信号. 从理论上来讲, P 和 R 值都是越大越好, 但是二者相互制约, 都得到最大值显然是不可能的. 有没有办法综合考虑它们之间的关系呢? 最常见的方法就是根据文献 (Martin et al., 2004; Rijsgergen, 1979) 的方法, 定义一种称为 F-measure 的度量值 (Rijsgergen, 1979), 该值表示为

$$F = \frac{PR}{\alpha R + (1 - \alpha) P} \tag{10.22}$$

F-measure 表示的是 Precision 和 Recall 的加权调和平均. α 表示在二者之间的一个相对值, 它在 PR 曲线上表些为一个特定的点. 本实验中我们设定 $\alpha=0.5$. 当 F 值较高时表示实验效果比较理想. 为了证明经过非经典感受野表征后的图像的确提升了图像后期处理的性能, 我们采用文献 (Arbeláez et al., 2011) 提供的算法对各种分割算法进行了测试, 分别绘制出各自的 Precision-Recall 曲线进行比较, 结果如图 10-27 所示.

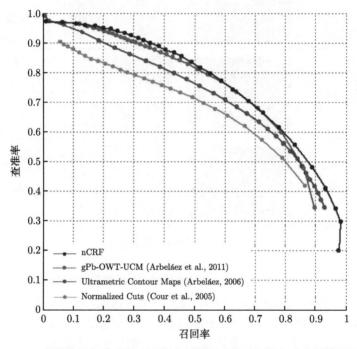

图 10-27　利用非经典感受野对图像进行表征后的进行的各种分割算法测试

　　在图 10-27 中, 黑色曲线表示利用文献 (Arbeláez et al., 2011) 的算法对经过非经典感受野表征后的图像进行分割测试的结果, 红色曲线表示采用相同的算法, 但却是在自然图像上直接测试的结果, 而蓝色和绿色的测试曲线是我们选取的另外两种比较具有代表性的分割算法进行测试的结果. 从图中结果可以看出, 虽然采用的是同样的算法, 但是经过非经典感受野的表征之后, 分割的效率和效果就会比直接在自然图像上处理有一定程度的提高. 同样, 我们利用相同的算法在程序的运行时间上也进行了对比, 如图 10-28, 可以发现, 在同样的图像集、同样的测试机器环境下, 经过非经典感受野表征后图像所花费的运行时间远远小于自然图像. 这说明了经过非经典感受野的表征之后, 的确为图像的后续处理提供了优化的基础, 这说明在图像处理领域引入非经典感受野机制后, 图像的后期处理真正达到了 "事半功倍" 的效果.

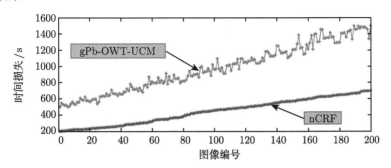

图 10-28 采用相同分割算法 (gPb-OWT-UCM) 在自然图像 (绿色曲线) 和经过非经典感受
野表征后的图像上 (蓝色曲线) 程序运行时间比较图

10.5 利用非经典感受野的表征实现图像多尺度融合轮廓检测

在前面的小节中, 我们介绍了视网膜神经节细胞及其非经典感受野的生物机理, 对非经典感受野应用于图像表征做了详细的讨论, 并用大量的实验数据来验证我们提出的算法模型的可行性和有效性. 但是非经典感受野的作用并不是仅仅局限于此, 作为借鉴人类视觉系统成功的范例, 它应该在图像处理方面发挥更大的作用. 在目前的图像处理工作中, 轮廓检测是一项重要的内容, 检测质量的高低, 会对后续的图像分割、识别等产生影响. 在本节中, 我们在神经节细胞非经典感受野表征图像的基础上, 结合视皮层细胞感受野的抑制和去抑制特性, 设计了一种基于非经典感受野机制的图像多尺度轮廓检测算法.

10.5.1 非经典感受野表征图像

轮廓是一种显著性的结构, 它是基于形状目标识别任务的关键. 在低层视觉中的轮廓结合被认为是初级视皮层中通过侧相互作用进行感知聚集的特殊行为. 轮廓检测的目的是将目标物体从纷乱的背景中分离出来并且能够分清哪些边缘是属于物体的, 哪些边缘是属于背景的 (Forsyth, Ponce, 2002). 一幅自然图像中包含了丰富的信息, 视觉不可能对空间中的每一点都赋予相同的注意程度. 人的视觉系统具有在对景物中物体一无所知的情况下从景物的图像中得到相对的聚集和结构的能力, 这种能力被称为感知能力. Wtkin 曾做过一系列生理测试, 得到的结论是: 那些在较大范围内存活的结构对视觉而言尤为显眼 (Witkin, 1984). 大脑不是直接根据外部刺激直接在视网膜上投影成像, 而是根据聚集和分解以后的信息来识别物体. 视皮层的主要功能就是对感知信号进行提取和计算, 它极大地降低了处理的数据量, 并保留关于物体有用的结构信息. 对于一个复杂的自然场景, 具有良好的结构性的成分和具有不同属性的成分能产生更高的显著性, 使得它们能够更容易地从背景中突出, 这为计算机进行轮廓检测提供了生理可行的依据. 大部分视皮层视觉神经元的经典感受野和非经典感受野都具有方向选择性, 非经典感受野在方向选择上可能会表现出不同的特性, 并根据刺激的性质不同对经典感受野会有不同的调制作用 (Nothdurft et al., 1999). 对单一神经元来说, 细胞的输出取决于非经典感受野与经典感受野之间相互作用的结果. 这种调制作用在大部分情况下都表现为抑制作用, 且在抑制性调制的形成中, 神经元之间的水平连接起了重要的作用 (Canvanaugh et al., 1997). 视皮层中大约 80% 的方向选择性细胞具有这种抑制效果, 约 30% 的方向选择性细胞, 在周边刺激的方向与中心感受野的方向正交时, 此时的抑制效果最弱 (Knierim, Van Essen, 1992; Jones et al., 2011; Nothdurft et al., 1999). 这表明非经典感受野不仅仅是经典感受野范围上的扩大, 而是与经典感受野一起构成了一个特征检测器, 在它们的相互作用下, 视觉神经元方便快速地检测出物体的轮廓信息成为可能. 从视觉处理的角度来讲, 外界信息是从视网膜经过外膝体而到达视皮层的, 视网膜上的神经节细胞是信息处理的第一阶段, 而神经节细胞的感受野对空间亮度的变化比较敏感, 如图 10-29. 可见, 由神经节的输出与感受野的位置可以用来检测是否有边缘的存在.

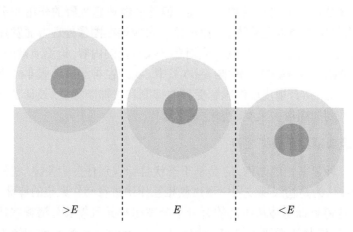

$>E$　　　　　　E　　　　　　$<E$

图 10-29　神经节细胞非经典感受野对亮度变化信号的响应. 当亮暗边缘线通过中心时, 神经节细胞的输出为 E; 当亮暗边缘线位于其他位置时, 神经节细胞的输出分别高于或低于 E

　　多尺度分析机制在轮廓检测中具有很重要的作用 (Mallat, 1989; Papari et al., 2006; Cara, Ursino, 2008; Liang et al., 1999; Lindeberg, 1998; Ren, 2008). 在文献 (Zeng et al., 2010, 2011) 的算法模型中提到了大尺度 (coarse scale) 和小尺度 (fine scale) 两种尺度信息, 可以用 Gabor 能量来表示 coarse scale 信息, 而抑制信息都包含在 fine scale, 这种尺度选择的基础是建立在假定物体的轮廓信息都基本包含在

coarse scale 下, 而纹理信息都基本包含在 fine scale 下. 但是将任何一幅自然图像中包含的信息简单地划分为两种尺度是片面的, 都会或多或少地丢失一些信息. 所以说, 选择合适的尺度信息, 是能够最大程度地保留目标物体的轮廓信息和消除纹理信息的前提.

视皮层细胞非经典感受野分为外周区和大外周区两个部分, 其中外周区表现为抑制作用, 而大外周区表现为去抑制作用. 感受野在受到外界刺激时, 不但受到周边区的抑制作用的影响, 同时也受到大外周区的去抑制作用的影响. 在引入去抑制机制后, 弱轮廓可以得到加强, 从而可以保证轮廓的完整性, 提高目标检测的性能. 感受野抑制区域位于与最优方位轴向垂直的两侧, 这一区域中的同类刺激会对中心响应产生抑制作用, 相反, 与感受野的最优方位轴向相同的刺激却会增强感受野的反应, 这部分区域设定为去抑制区域. 在空间位置上, 外周区域 (包括抑制区域和去抑制区域) 对中心刺激的影响程度与到感受野中心的距离成反比 (Jones et al., 2011; Rossi et al., 2001). 基于以上的生理依据, 我们设计了一个如图 10-30 所示的感受野结构.

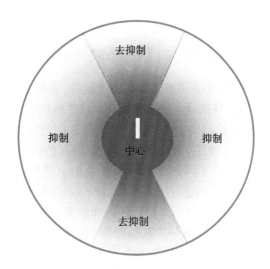

图 10-30　视皮层细胞感受野结构. 与最优方向轴同向的两端区域是去抑制区域 (粉红色表示); 与最优方向轴垂直的是抑制区域 (蓝色表示). 颜色的渐进变化表示抑制 (去抑制) 的强度, 越靠近中心位置强度越大, 反之变弱

一个良好的轮廓检测模型应该能够在轮廓信息存在的区域减少抑制强度, 而在纹理信息区域增大抑制强度. 为达到这个目的, 需要解决两个问题: ① 如何判断是目标物体的轮廓信息还是纹理信息? ② 当轮廓信息存在时, 如何有效地控制抑制强度使轮廓能够凸显? 但在实际应用中个, 对于同一幅图像, 既要对纹理信息增大抑

制又要对轮廓信息减小抑制, 这本身就是矛盾的. 为了更好地解决这个问题, 我们提出了一种利用多尺度融合机制来得到目标物体最终轮廓的方法. 与以往的模型不同, 我们除了利用简单细胞和复杂细胞的机制外, 还在初期阶段引入了神经节细胞来对外部信息进行预处理. 通过这种预处理作用得到物理场景的多尺度表示, 然后在不同尺度上得到 Gabor 滤波的结果以及 (x, y) 处的抑制成分和去抑制成分, 从而得到最终的响应结果. 考虑到各个尺度包含的轮廓信息不同, 为了得到最优的平滑的连续的轮廓信息, 模型在最后将各个尺度下得到的轮廓信息进行了叠加融合, 最后的融合结果就是该模型输出的结果. 算法执行的具体流程图见图 10-31. 为方便实验结果的比较, 采用了 Canny 算法中的非最大抑制与滞后门限的方法对结果进行了二值化处理 (Canny, 1986), 这个过程需要用到两个门限值 t_l 和 t_h, 为了和其他实验结果有统一的对比标准, 设定 $t_l = 0.5 \times t_h$.

10.5.2   算法设计

设 $E(x, y)$ 表示感受野的响应强度, 可表示为

$$E(x, y) = \iint E_{\text{Center}}(x, y)\,\mathrm{d}x\mathrm{d}y - \iint W_{\text{in}}(x, y) \cdot E_{\text{in}}(x, y)\mathrm{d}x\mathrm{d}y$$
$$+ \iint W_{\text{disin}}(x, y) \cdot E_{\text{disin}}(x, y)\mathrm{d}x\mathrm{d}y \tag{10.23}$$

W_{in} 和 W_{disin} 表示抑制区域和去抑制区域的权值函数, 具体定义将会在后续的小节中讨论. 式 (10.23) 表明最终的响应强度是由 CRF 的响应强度以及来自 nCRF 的抑制强度和去抑制强度来共同决定的. 图 10-31 描述了算法的流程图. 其中, 图 (a) 是原始图像, 图 (b) 是经过神经节细胞预处理之后得到的结果, 从中得到不同的尺度信息. 图 $(c_1) \sim (c_n)$ 表示在不同尺度下得到的 Gabor 能量值. 图 $(d_1) \sim (d_n)$ 是在图 $(c_1) \sim (c_n)$ 的基础上, 通过感受野两侧的抑制作用和两端的去抑制作用后得到的结果. 图 $(e_1) \sim (e_n)$ 是经二值化处理后得到的轮廓结果. 尺度信息不同, 得到的轮廓结果也不同, 在精细尺度下, 大部分信息被保留, 如图 (e_1) 所示, 但其中很多信息是不属于轮廓信息的; 在最大尺度下, 目标物体的主要轮廓被保留, 如图 (e_n) 所示, 但是轮廓细节信息丢失严重, 出现了 "断轮廓" 现象. 在实际应用中, 能选取一个合适的尺度, 使得既能最大程度地保留轮廓信息和移除纹理信息本身就是一件很困难的事情. 为了弥补这个缺陷, 在算法的最后一步采用了各个尺度的融合, 图 (f) 是经过多尺度融合之后的结果.

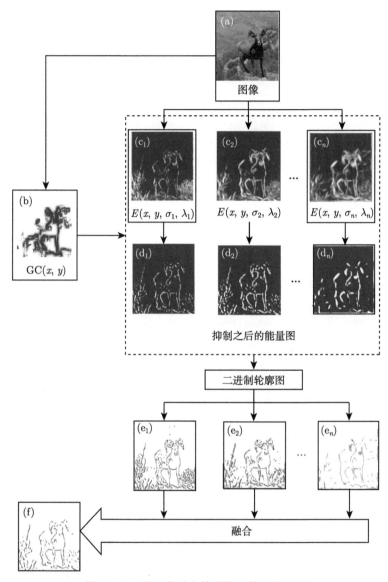

图 10-31　多尺度融合轮廓检测算法流程图

10.5.3 利用神经节细胞感受野尺寸变化得到多尺度信息

视网膜上大约有 1 亿以上的光感受细胞, 但是神经节细胞只有大约 100 万个. 平均来讲, 每个神经节细胞接收大约来自 100~150 个光感受细胞的输入. 由于每一光感受细胞所产生的电脉冲与其所感受光的强弱成比例, 并且神经节细胞的感受野可以投影到物理场景的某一区域, 通常这一区域的半径离景物的距离成正比. 因此, 在我们大脑中所形成的图像不仅依赖于物理场景的光强分布, 而且依赖于它与眼睛的距离. 图像的分辨率与区域的半径成反比. 对于具有同一尺寸的感受野的神经节细胞而言, 如果要得到物理场景的多分辨率表示, 则必须变换场景与眼睛的距离, 而这种距离的变换对于生物的存在来说, 是不现实也是不可能的. 在日常生活经验中, 我们知道 "树形" 可以低分辨率下 (大尺度, coarse scale) 看到, 而 "树叶" 却需要在较高分辨率 (小尺度, fine scale) 下观察, 介于 "树形" 和 "树叶" 之间的信息需要别的尺度来分辨. 尺度空间理论的核心问题就是如何有效建立同一物理场景在不同尺度下的对应关系. 因此, 大脑发展了具有不同尺寸感受野的神经节细胞. 由于不同感受野所感受到的物理场景图像相当于同一感受野在不同距离对场景的感受, 所以大脑所获得的图像事实上是物理场景的多分辨率表示. 神经节细胞的响应可以用式 (10.24) 表示的三高斯函数来进行模拟 (Ghosh et al., 2005),

$$
\mathrm{GC}(x,y) = \sum_{x \in \sigma_1} \sum_{x \in \sigma_1} W_{\mathrm{excitatory}} \cdot \mathrm{RC}(x,y) - \sum_{x \in \sigma_2} \sum_{x \in \sigma_2} W_{\mathrm{inhibition}} \cdot \mathrm{RC}(x,y)
$$
$$
+ \log_b \left(1 + \sum_{x \in \sigma_3} \sum_{x \in \sigma_3} W_{\mathrm{disinhibition}} \cdot \mathrm{RC}(x,y) \right) (b > 1) \tag{10.24}
$$

其中, $\mathrm{GC}(x,y)$ 表示神经节细胞的响应值, $\mathrm{RC}(x,y)$ 表示外部的图像刺激, $W_{\mathrm{excitatory}}$, $W_{\mathrm{inhibition}}$ 和 $W_{\mathrm{disinhibition}}$ 分别是经典感受野中心区、外周区和非经典感受野大外周区的权值函数, 具体定义为

$$
W_{\mathrm{excitory}} = \frac{A_1}{\sqrt{2\pi}\sigma_1} \mathrm{e}^{\frac{(x-x_0)^2+(y-y_0)^2}{2\sigma_1^2}}
$$

$$
W_{\mathrm{inhibition}} = \frac{A_2}{\sqrt{2\pi}\sigma_2} \mathrm{e}^{\frac{(x-x_0)^2+(y-y_0)^2}{2\sigma_2^2}}
$$

$$
W_{\mathrm{disinhibition}} = \frac{A_3}{\sqrt{2\pi}\sigma_3} \mathrm{e}^{\frac{(x-x_0)^2+(y-y_0)^2}{2\sigma_3^2}} \tag{10.25}
$$

A_1, A_2 和 A_3 分别是中心区、外周区和大外周区的响应幅值. σ_1, σ_2 和 σ_3 表示尺度参数, x_0 和 y_0 表示感受野的中心位置坐标, x 和 y 表示是光感受器细胞的位置坐标. 根据已知的生理数据 (Li C Y, Li W, 1994; Li, 1996), 在本研究中, 设置 $\sigma_3 = 4\sigma_2$, $\sigma_2 = 5\sigma_1$, $A_1 = 1$, $A_2 = 0.18$, $A_3 = 0.05$.

10.5.4 感受野响应值的计算

Gabor 函数作为一种类视觉的空间滤波器可以有效地描述哺乳动物视皮层简单细胞的感受野, 通常利用奇偶对简单感受野滤波器的反应模值来模拟视觉系统对运动与特征定位的检测, 它能捕捉到典型复杂细胞的基本特性. 这些复杂细胞可以

看成是局部方位能量算子, 用复杂细胞活动的最大值可以对图形边与线进行准确定位, 我们通过 Gabor 能量来模拟复杂细胞经典感受野的反应. 二维 Gabor 函数表达式如下:

$$g\left(x, y; \lambda, \theta, \sigma, \varphi, \gamma\right) = \exp\left(-\frac{\tilde{x}^2 + \gamma^2 \tilde{y}^2}{2\sigma^2} \cos\left(2\pi\frac{\tilde{x}}{\lambda} + \varphi\right)\right) \tag{10.26}$$

其中 $\tilde{x} = x\cos\theta + y\sin\theta$, $\tilde{y} = -x\sin\theta + y\cos\theta$, γ 是一个表示椭圆感受野长短轴比例的常数, λ 是波长, $1/\lambda$ 是余弦函数的空间频率, σ/λ 是空间频率的带宽, φ 是相位参数. 对输入的图像 I, 简单细胞 R_s 的响应可以表示为感受野函数与图像 I 的卷积

$$R_s\left(x, y; \lambda, \theta, \sigma, \varphi\right) = I * g\left(x, y; \lambda, \theta, \sigma, \varphi, \gamma\right) \tag{10.27}$$

复杂细胞 R_c 的响应可以定义为一对相位差是 $\pi/2$ 奇偶对简单细胞的组合

$$R_c\left(x, y; \lambda, \theta, \sigma, \varphi\right) = \sqrt{R_s\left(x, y; \lambda, \theta, \sigma, 0\right)^2 + R_s\left(x, y; \lambda, \theta, \sigma, \frac{\pi}{2}\right)^2} \tag{10.28}$$

Gabor 滤波器具有良好的方向特性, 复杂细胞的最优响应即为 Gabor 最优方向的能量值, 相应得到最优响应能量和最优方向分别表示如下

$$\widehat{R_c}\left(x, y; \lambda, \theta_k, \sigma\right) = \max\left\{R_c\left(x, y; \lambda, \theta_k, \sigma\right) | k = 1, 2, \cdots, N_\theta\right\} \tag{10.29}$$

$$\hat{\theta}\left(x, y; \lambda, \sigma\right) = \mathrm{argmax}\left(R_c\left(x, y; \lambda, \theta_k, \sigma\right) | k = 1, 2, \cdots, N_\theta\right) \tag{10.30}$$

其中, $N_\theta = 12$, 则感受野所表征区域 m 的能量值等于所有复杂细胞的最优响应的总和

$$E_m\left(x, y\right) = \sum_{x, y \in m} \widehat{R_c}\left(x, y; \lambda, \hat{\theta}, \sigma\right) \tag{10.31}$$

10.5.5 抑制区模型和去抑制区模型的数学模拟

非经典感受野抑制特性可以作为利用生物手段进行边界检测的一个基本手段, 通过这种抑制作用主要检测区域的边界和孤立的轮廓, 而对纹理区域的边缘则不会产生强烈的反应. 生理学的研究表明抑制具有动态的反馈属性, 并且反馈的输入应该通过中间抑制性神经元传入到皮层细胞 (Jeffs et al., 2009; Angelucci, Bullier, 2003; Schwabe et al., 2006; Seriès et al., 2003). 为了计算简化, 这里抽象了中间神经元, 将整个抑制作用表现为一个长程连接. 长程连接主要用于实现非同质区域的分割, 突出纹理区域的边界.

我们采用了 Grigorescu 建立的抑制权值函数模型 (Grigorescu et al., 2003), 并对其进行修正使得其只能工作在特定的区域 (感受野两侧区域). 首先构造一个中

心环境的高斯差分函数 (DOG) 对距离加权值进行归一化处理:

$$\text{DOG}(x, y; \sigma, k) = \frac{1}{\sqrt{2\pi}(k\sigma)^2} \exp\left(-\frac{x^2 + y^2}{2(k\sigma)^2}\right) - \frac{1}{\sqrt{2\pi}\sigma^2} \exp\left(-\frac{x^2 + y^2}{2\sigma^2}\right) \quad (10.32)$$

$$W_{\text{d}}(x, y; \sigma) = \frac{H(\text{DOG}(x, y; \sigma, k))}{H(\text{DOG}(x, y; \sigma, k))_1} \quad (10.33)$$

$$H(\text{DOG}(x, y)) = \begin{cases} \text{DOG}(x, y) > 0, (x, y) \in A_{\text{inhi}} \\ 0 \end{cases} \quad (10.34)$$

其中 $\|\cdot\|_1$ 表示 L_1 范式, $W_{\text{d}}(x, y; \sigma)$ 是距离权值, $H(\text{DOG}(x, y))$ 用来确保算子仅仅作用在抑制区域 A_{inhi}. 由于非经典感受野的直径通常是经典感受野的 2~5 倍 (Li C Y, Li W, 1994; Kapadia et al., 2000), 所以设置 $k = 4$.

在文献 (Li C Y, Li W, 1994; Jones et al., 2011; Nothdurft et al., 1999; Rossi et al., 2001; Chen et al., 2005; Kapadia et al., 2000; Walker et al., 2000) 中说明非经典感受野的抑制作用随着与感受野中心距离的增加而减少, 随感受野最优方位的夹角增大而减小. 所以在抑制区内抑制作用的大小是由距离和方位两个因素来决定的. 定义抑制区的权值函数如下

$$W_{\text{in}}(x, y) = W_{\text{d}}(x, y; \sigma, A_{\text{in}}) W_{\text{o}}(x, y) \quad (10.35)$$

$$W_{\text{o}}(x, y) = \begin{cases} 1, & \beta \leqslant \theta \\ 0, & \beta > \theta \end{cases} \quad (10.36)$$

$W_{\text{o}}(x, y)$ 定义了两侧抑制区的空间范围, β 是外界图像刺激的位置与经典感受野的最优朝向之间的夹角. θ 定义了两侧抑制区域的张角, A_{in} 表示所处的区域是抑制区. 目前还没有相关的文献来证明非经典感受野各个亚区之间的大小关系. 从轮廓检测的效果考虑, 我们假设两侧抑制区面积大于两端去抑制区, 设置 $\theta = \dfrac{\pi}{3}$, K 表示 Gabor 函数采样的方位个数. 非经典感受野中不同方位的刺激产生的抑制作用可以表示为

$$\text{Inhi}(x, y; \beta) = \sum_{i=1}^{K} W_{\text{in}}(x, y) \cdot E(x, y; \beta_i) \quad (10.37)$$

去抑制区域一般位于感受野中心最优响应方向的两端, 其对中心响应的影响与抑制区的作用刚好相反, 即对刺激信息有增强的作用, 从而可以保护一些 "弱轮廓" 信息不被消除. 与抑制区的权值函数一样, 去抑制区的权值函数同样也受到感受野中心距离、与感受野最优方位之间夹角的影响. 我们定义去抑制区的权值函数如下

$$W_{\text{dis}}(x, y) = W_{\text{d}}(x, y; \sigma, A_{\text{dis}})(1 - W_{\text{o}}(x, y)) \quad (10.38)$$

$(1 - W_{\text{o}}(x,y))$ 表示两端去抑制区的空间大小, A_{dis} 表示所在区域是去抑制区域. 非经典感受野中不同方位的刺激产生的抑制作用为

$$\text{Dis}(x,y;\beta) = \sum_{i=1}^{K} W_{\text{dis}}(x,y) \cdot E(x,y;\beta_i) \tag{10.39}$$

则根据公式 (10.23), 感受野对某一区域 m 的输出的响应值 E 可表示为

$$E(x,y) = \sum_{x,y \in m} \left(\begin{array}{c} \widehat{R_{\text{c}}}\left(x,y;\lambda,\hat{\theta},\sigma\right) - \mu \cdot \sum_{i=1}^{K} W_{\text{in}}(x,y) \cdot E(x,y;\beta_i) + \sum_{i=1}^{K} W_{\text{dis}}(x,y) \\ *E(x,y;\beta_i) \end{array} \right) \tag{10.40}$$

其中 μ 是用来控制非经典感受野的抑制强度.

10.5.6 实验结果

1. 神经节细胞非经典感受野对图像的预处理

所测试的图片来自 http://www.cs.rug.nl/~imaging/, 该图像库的图片被广泛应用于轮廓检测及其性能评价 (Grigorescu et al., 2003; Papari et al., 2006a, 2006b; Zeng et al., 2010, 2011; Petkov, Westenberg, 2003; Grigorescu et al., 2004; Tang et al., 2007; Papari, Petkov, 2011). 通过神经节细胞的预处理作用, 可以大致获得目标物体的基本信息. 这主要是利用里前面小节里讨论过的非经典感受野的尺寸可以动态变化的特性, 这种特性使得我们可以得到物理场景的多尺度表示. 图 10-32 表示图像经过非经典感受野预处理之后的结果. 其中 (a) 是输入图像. (b) 是神经节细胞感受野的投射结果. 红色的圆圈表示感受野, 根据所表征区域性质的不同, 神经节细胞非经典感受野尺寸发生相应的变化. (c) 表示经过神经节细胞非经典感受野预处理作用之后的结果.

为了简化计算, 我们假设感受野的投射是均匀的. 设定 $r_{\text{CRF}} = 2$, $r_{\text{nCRF}} = 10$, 尺寸变化以 2 为单位递增, 所得到的尺度空间信息 $\sigma = \{2, 4, 6, 8, 10\}$, 从图 10-32(c) 可以看出, 经过非经典感受野的预处理作用之后, 大部分的纹理信息都被过滤了, 而目标物体的轮廓信息基本上都被保留下来. 根据式 (10.31) 计算得到的 Gabor 能量值如图 10-33 所示, 它显示了抑制因子 $\mu = 1.5$ 时在不同尺度下 Gabor 滤波的结果, 这表明在不同的尺度下从图像中得到的信息也是不一样的.

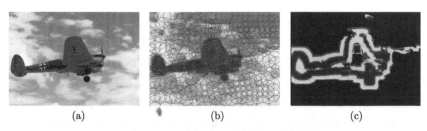

$$(a) \qquad\qquad (b) \qquad\qquad (c)$$

图 10-32 非经典感受野对图像的预处理效果

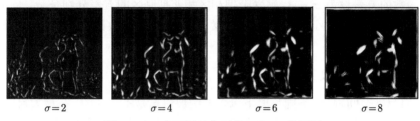

$$\sigma=2 \qquad\qquad \sigma=4 \qquad\qquad \sigma=6 \qquad\qquad \sigma=8$$

图 10-33 在不同尺度下的 Gabor 能量图

2. 抑制作用和去抑制作用的实现

非经典感受野的抑制作用和去抑制作用对轮廓检测具有重要的作用. 利用前面小节中提到的抑制和去抑制模型来对自然图像进行处理. 图 10-34 显示了在尺度

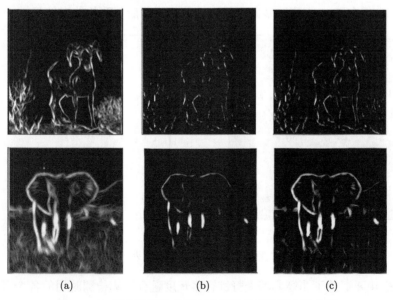

$$(a) \qquad\qquad (b) \qquad\qquad (c)$$

图 10-34 抑制作用和去抑制作用在轮廓检测中的表现

$\sigma = 2$ 的情况下 Gabor 滤波的结果. 其中图 10-34(a) 表示在没有抑制成分参与的条件下, 不论是纹理信息还是目标物体信息都被检测出来; 图 10-34(b) 是经过抑制作用后的输出结果, 很明显经过抑制作用的处理之后, 纹理信息明显减少, 但与此同时目标物体的轮廓信息也有部分被抑制, 导致轮廓出现断裂的情况; 图 10-34(c) 是引入去抑制作用后的结果, 可以发现经过去抑制作用后, 目标物体的部分轮廓信息得到了恢复. 在实际测试中, 用到的尺度 $\sigma = \{2, 4, 6, 8\}$, Gabor 滤波的参数设计与文献 (Grigorescu et al., 2003) 中一致, 分别是 $\sigma/\lambda = 0.56$, $\gamma = 0.5$, $N_\theta = 12$. DOG 函数的方差设为 $\sigma = 3$, 感受野抑制区和非抑制区的方差分别是 $\sigma_{in} = 4\sigma$ 和 $\sigma_{dis} = 5\sigma$. 测试图像大小为 512×512 像素, 噪声边缘定义为长度小于 20 个像素的边缘.

3. 多尺度融合的实现

按照尺度空间理论, 不同尺度下包含的图像信息是不一样的. 在最大尺度下主要包括的是图像的结构信息, 而最小尺度下主要表现的是图像的细节信息. 如果单纯的只是在一种尺度下进行操作, 很难保证最后得到的信息是最有效的. 如果想移除纹理信息, 就需要加大抑制程度, 但是同时也会损失目标物体的轮廓信息, 而去抑制作用也面临这种尴尬. 多种尺度信息的融合可以较好地解决这个问题, 从另一方面讲, 这种融合机制可以看作是再进行一次抑制与去抑制操作. 图 10-35 表示将尺度 $\sigma = \{2, 4, 6, 8\}$ 进行融合后的结果, 图 10-35(a) 表示融合后的 Gabor 滤波, 图 10-35(b) 表示在 Gabor 滤波基础上经过二值化处理后得到的轮廓结果.

(a)   (b)

图 10-35   多尺度融合结果

在表 10-8 汇总了非经典感受野进行多尺度融合轮廓检测时用的各个参数值及其意义, 这些参数都是我们查阅了大量的参考文献后综合得出的.

为了与文献 (Grigorescu et al., 2003; Zeng et al., 2011) 进行比较, 我们从图库

(http://www.cs.rug.nl/~imaging/) 中选择了相同的四幅图像进行测试. 图 10-36 是最后的测试结果. 第一行是原始图像; 第二行是对应的手绘轮廓图像, 它作为一个基准用来评价其他轮廓检测的优劣; 第三行和第四行分别是文献 (Grigorescu et al., 2003) 的结果; 第五行是文献 (Zeng et al., 2011) 的结果; 最后一行是我们模型的实验结果. 从对比结果可以看出, 我们的模型在抑制纹理和轮廓连续性等方面都有一定程度的提高. 我们还在 UC Berkeley 的 BSD(http://www.eecs.berkeley.edu/Research/Projects/CS/vision/grouping/index2.html) 图库上做了实验. 图 10-37 表示了从该图库中任意选取 4 幅图像所做的实验结果. 第一行是原始图像. 第二行是相应的 ground-truth 图像 (基准图像). 第三行是利用 standard Canny edge detector 算子得到的结果 (Cammy, 1986). 第四行是利用 like-CARTOON multiscale edge detector 得到的结果 (Richards et al., 1982). 第五行是利用 single scale contour detector with surround inhibition 得到的结果 (Grigorescu et al., 2003). 第六行是我们的结果. 从最终结果可以看出, 在抑制纹理信息和保留真实轮廓信息方面, 我们的算法具有比较显著地效果.

P. Arbeláez 等提出了一种新的轮廓检测算子 $\mathrm{gPb}(x, y, \theta)$ (Arbeláez et al., 2011). 该算法定义了两种检测算子 mPb 和 sPb, 前者对所有的边缘信息都会响应 (相当于 fine scale), 而后者只对最显著的边缘有响应 (相当于 coarse scale). 最终的结果 gPb 是 mPb 和 sPb 的 simple linear combinations. 在表 10-9 中我们总结了 gPb 算法和我们模型之间的一些区别. 我们在 BSD 图库上做了测试实验, 实验证明, 对于大多说彩色图像来说, gPb detector 具有较好的性能, 而在灰度图像上性能会有所下降, 而我们的算法恰好弥补了这个缺陷. 实验中还发现, 对于一些 gPb detector 无法正确检测到轮廓的图像, 我们的模型也能够得到较好的检测结果. 图 10-38 和图 10-39 分别列出了在彩色图像和灰度图像上两种算法的检测结果. 其中第一列是原始图像. 第二列是 BSD 图库提供的是 ground-truth 结果. 第三列是利用 gPb detector 检测出来的轮廓. 第四列是用我们的模型检测出的结果.

10.5.7 算法的性能评估

1. 与文献 (Grigorescu et al., 2003; Zeng et al., 2011) 算法的性能比较

设 E_{GT} 与 B_{GT} 分别为 "ground truth" 轮廓图像中的轮廓像素集合与背景像素集合, E_{D} 与 B_{D} 分别是检测的最后结果中的轮廓像素集合与背景像素集合. 正确检测到的轮廓像素集合为 $E = E_{\mathrm{D}} \cap E_{\mathrm{GT}}$. 漏检的轮廓通过 $E_{\mathrm{FN}} = E_{\mathrm{GT}} \cap B_{\mathrm{D}}$ 给出. 虚假轮廓通过 $E_{\mathrm{FP}} = E_{\mathrm{D}} \cap B_{\mathrm{GT}}$ 给出. 轮廓检测算子性能评价指标为

$$P = \frac{\mathrm{card}\,(E)}{\mathrm{card}\,(E) + \mathrm{card}\,(E_{\mathrm{FP}}) + \mathrm{card}\,(E_{\mathrm{FN}})} \tag{10.41}$$

式 (10.41) 中 $\mathrm{card}(X)$ 表示集合 X 中成员的数目. P 的取值范围是 [0,1]. 如果所

有的真实轮廓像素都被正确检测并且没有背景像素被错误检测到而作为轮廓像素,
则 $P=1$; 对于其他情形, P 越接近于 0 就表示有越多的像素被错误检测或者被轮
廓算子漏检. 我们从 Rug 图库中选择了 16 幅图片进行比较测试, 表 10-7 列举出
来和文献 (Grigorescu et al., 2003; Zeng et al., 2011) (Isotropic, Anisotropic 和蝶形
抑制模型) 进行的算法性能对比结果. 从表中的 E_{FP} 和 E_{FN} 数据可以看出, 我们
设计的算法模型在抑制纹理信息和保留目标物体的轮廓信息方面具有较强的性能,
并且所有的 P 值都大于其他两种模型的值, 尤其是在 Elephant_2、Hyena 和 Rhino
这三个例子中显示了极佳性能.

表 10-7　模型参数设置与性能评估比较

图像	检测算法	μ	σ	E_{FP}	E_{FN}	P
Elephant_2	Isotropic 模型	1.2	2.4	0.98	0.27	0.42
	Anisotropi 模型	1.2	2.4	1.17	0.27	0.39
	蝶形抑制模型	1.0	2.0+12.0	0.36	0.27	0.57
	我们的模型	1.0	2.0 + 6.0	0.28	0.25	0.61
Goat_3	Isotropic 模型	1.0	2.4	1.36	0.33	0.35
	Anisotropic 模型	1.2	2.2	1.47	0.26	0.36
	蝶形抑制模型	1.0	2.0+10.0	0.91	0.31	0.42
	我们的模型	1.0	2.0 + 6.0	0.45	0.51	0.46
Hyena	Isotropic 模型	1.0	2.0	0.73	0.19	0.51
	Anisotropi 模型	1.2	2.4	0.80	0.20	0.49
	蝶形抑制模型	1.0	2.0+10.0	0.23	0.17	0.70
	我们的模型	1.0	2.0 + 6.0	0.21	0.18	0.72
Rhino	Isotropic 模型	1.0	2.4	1.65	0.28	0.33
	Anisotropi 模型	1.0	2.4	2.13	0.37	0.27
	蝶形抑制模型	1.0	2.0+10.0	0.54	0.32	0.39
	我们的模型	1.0	2.0 + 6.0	0.34	0.25	0.47

　　为了证明我们提出的算法模型相比其他算法更具有健壮性, 我们使用统计分析
的方法来对不同模型进行对比测试. 图 10-40 是从 Rug 图库中选择了 16 幅图像与
其他两种算法模型进行的对比结果. 每一个柱的最顶端的直线表示图像的最优 P
值, 每一个柱中间的红线表示 P 的平均值, P 值的高低代表了算法性能的优劣. 从

统计指标可以看出, 我们的算法模型在指定的测试图集性能明显优于其他的算法模型.

表 10-8 模型参数设置

参数	表示意义	设置值	生理依据
k	DOG 函数标准差的比率值	4.0	文献 (Jones et al., 2011; Kapadia et al., 2000; Li, 1996)
A_1, A_2, A_3	感受野中心区、外周区和大外周区的响应幅值 T	1, 0.18, 0.05	文献 (Li C Y, Li W, 1994; Li, 1996)
$\sigma_1, \sigma_2, \sigma_3$	表示尺度的参数 (在本实验中用非经典感受野的尺寸表示)	$\sigma_3 = 4\sigma_2, \sigma_2 = 5\sigma_1$	文献 (Li C Y, Li W, 1994; Li, 1996)
σ/λ	Gabor 滤波空间频率带宽, 其中 λ 表示 Gabor 滤波器的波长值	0.56	文献 (Daugman, 1985; Valois et al., 1982; Kruizinga, Petkov, 1999)
γ	Gabor 滤波器的高斯包的空间长宽比	0.5	文献 (Daugman, 1985)
N_θ	Gabor 滤波器的朝向数	12	文献 (Daugman, 1985)
μ	抑制因子	1.0	用来控制抑制强度 (这个值可以根据实验的经验来进行设置)

表 10-9 gPb 算子与基于非经典感受野算法模型之间的区别

	gPb 算子	nCRF 模型
多尺度	mPb 表示 fine scale sPb 表示 coarse scale	小尺寸感受野表示 fine scale(细尺度) 大尺寸感受野表示 coarse scale(粗尺度)
σ	亮度、颜色、纹理梯度具备三种尺度 $[\sigma/2, \sigma, 2\sigma]$	用 nCRF 的尺寸变化表示尺度信息 在实验中设置. $\sigma_3 = 4\sigma_2, \sigma_2 = 5\sigma_1$
filter(滤波器)	Second-order Savitzky-Golay smoothing filter	Gabor filter(Gabor 滤波器)
朝向数	8 个朝向	12 个朝向
融合方式	sPb ⊕ gPb	大尺寸感受野 ⊕ 小尺寸感受野

2. 与文献 (Arbeláez, 2010) 算法的性能比较

与 gPb 算法的性能使用的 Precision-Recall 曲线方法 (Martin et al., 2004), 关于该方法的原理已经在 10.4.2 节有过详细的介绍. 采用的图库仍然是 BSD300, 从中随机选取了 150 幅图像进行测试. 在本测试中, F-measure 的 $\alpha = 0.5$. 图 10-41 是 gPb 与我们的算法模型之间的比较结果, 从测试结果可以看出, 经过非经典感受野表征后图像算法的 $F = 0.68$, 而直接应用于自然图像上的 gPb 算法的 $F = 0.65$. 这可以看出, 我们的算法模型在性能表现上略胜于 gPb 算法.

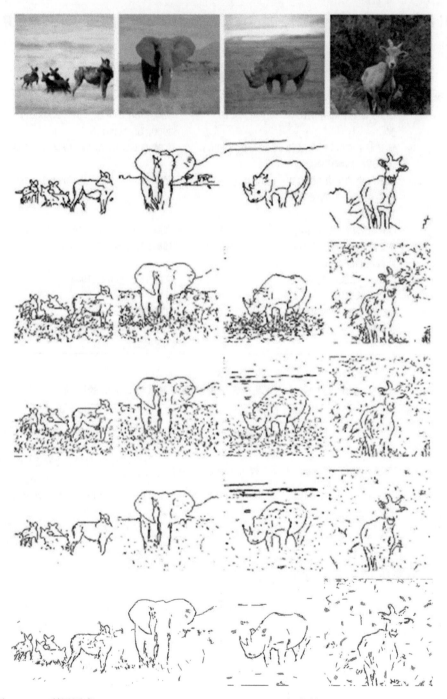

图 10-36　利用图库 (http://www.cs.rug.nl/~imaging/) 与文献 (Grigorescu et al., 2003;
Zeng et al., 2011) 算法的对比结果

图 10-37 利用图库 BSD 与文献 (Grigorescu et al., 2003; Canny, 1986; Richards et al., 1982) 算法的比较结果

图 10-38　利用图库 BSD 与文献 (Arbeláez et al., 2011) 的对比结果 (彩色图像). 第一列是原图像, 第二列是 ground-truth 基准图像, 第三列是文献 (Arbeláez et al., 2011) 的测试结果, 第四列是我们的计算模型的测试结果

图 10-39 利用图库 BSD 与文献 (Arbeláez et al., 2011) 的对比结果 (灰度图像). 第一例是
原图像, 第二列是 ground-truth 基准图像, 第三列是文献 (Arbeláez et al., 2011) 的测试结果,
第四列是我们的计算模型的测试结果

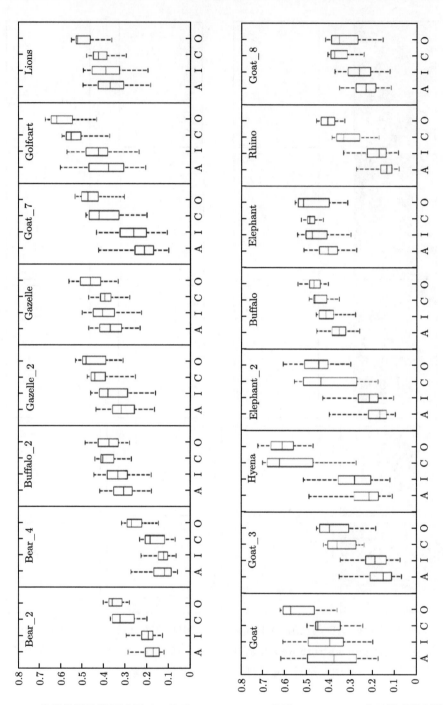

图 10-40　轮廓检测性能测试图 (A 表示 Anisotropic, I 表示 Isotropic, C 表示蝶形抑制模型, O 表示我们自己的算法模型)

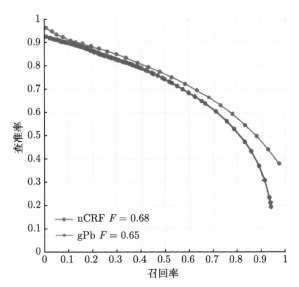

图 10-41   gPb 算法与非经典感受野模型算法的 Precision-Recall 测试曲线. 粉色线表示采用
非经典感受野算法, 蓝色线表示采用 gPb 算法

参 考 文 献

杜馨瑜. 2012. 模拟视觉机制的图像处理若干问题研究. 成都: 电子科技大学.

黎臧, 寿天德. 2000. 视网膜神经节细胞感受野的一种新模型:Ⅰ. 含大周边的感受野模型. 生物物理学报, 16(2): 288-295.

李朝义, 邱芳土. 1995. 视网膜神经节细胞空间传输特性的模拟. 生物物理学报, 11(3): 395-400.

邱芳土, 李朝义. 1995. 同心圆感受野去抑制特性的数学模拟. 生物物理学报, 11(2): 214-220.

邱志诚, 寿天德, 黎臧, 等. 2000. 视网膜神经节细胞感受野的一种新模型: Ⅱ. 神经节细胞方位选择性中心周边相互作用机制. 生物物理学报, 16(2): 296-302.

Abdou I E, Pratt W K. 1979. Quantitative design and evaluation of enhancement/thresholding edge detectors. Proceedings of the IEEE, 67(5): 753-763.

Allman J, Miezin F, McGuinness E. 1985. Stimulus specific responses from beyond the classical receptive field: neurophysiological mechanisms for local-global comparisons in visual neurons. Annual Review of Neuroscience, 8(1): 407-430.

Angelucci A, Bullier J. 2003. Reaching beyond the classical receptive field of V1 neurons: horizontal or feedback axons? Journal of Physiology, Paris, 97(2-3): 141-154.

Arbeláez P, Maire M, Fowlkes C, et al. 2011. Contour Detection and Hierarchical Image Segmentation. IEEE Transactions on Pattern Analysis and Machine Intelligence, 33(5):

898-916.

Arbelaez P. 2006. Boundary extraction in natural images using ultrametric contour maps. Vision and Pattern Recognition Workshop, 182.

Barlow H B. 1953. Summation and inhibition in the frog's retina. The Journal of physiology, 119(1): 69-88.

Bear M F, Connors B W, Paradiso M A. 2007. Neuroscience: Exploring the Brain. Lippincott Williams & Wilkins.

Beaudot W H A, Mullen K T. 2001. Processing time of contour integration: the role of colour, contrast, and curvature. Perception-London, 30(7): 833-853.

Blasdel G G, Fitzpatrick D. 1984. Physiological organization of layer 4 in macaque striate cortex. The Journal of Neuroscience, 4(3): 880-895.

Canny J. 1986. A computational approach to edge detection. Pattern Analysis and Machine Intelligence, IEEE Transactions on, 8(6): 679-698.

Canvanaugh J R, Bair W, Movshon J A. 1997. Orientation-selective setting of contrast gain by the surrounds of macque striate cortex neurons. Soc Neurosci Abstr, 23: 567.

Cara G E L, Ursino M. 2008. A model of contour extraction including multiple scales, flexible inhibition and attention. Neural Networks, 21(5): 759-773.

Cavanaugh J R, Bair W, Movshon J A. 2002. Nature and interaction of signals from the receptive field center and surround in macaque V1 neurons. Journal of Neurophysiology, 88(5): 2530-2546.

Chen G, Dan Y, Li C Y. 2005. Stimulation of non-classical receptive field enhances orientation selectivity in the cat. The Journal of Physiology, 564(1): 233-243.

Croner L J, Kaplan E. 1995. Receptive fields of P and M ganglion cells across the primate retina. Vision Research, 35(1): 7-24.

Dacey D M, Petersen M R. 1992. Dendritic field size and morphology of midget and parasol ganglion cells of the human retina. Proceedings of the National Academy of Sciences, 89(20): 9666-9670.

Dacey D M. 1993. The mosaic of midget ganglion cells in the human retina. The Journal of Neuroscience, 13(12): 5334-5355.

Das A, Gilbert C D. 1995. Receptive field expansion in adult visual cortex is linked to dynamic changes in strength of cortical connections. Journal of Neurophysiology, 74(2): 779-792.

Daugman J G. 1985. Uncertainty relation for resolution in space, spatial frequency, and orientation optimized by two-dimensional visual cortical filters. Optical Society of America, Journal, A: Optics and Image Science, 2(7): 1160-1169.

DeAngelis G C, Freeman R D, Ohzawa I. 1994. Length and width tuning of neurons in the cat's primary visual cortex. Journal of Neurophysiology, 71(1): 347-374.

Demb J B, Haarsma L, Freed M A, et al. 1999. Functional circuitry of the retinal ganglion cell's nonlinear receptive field. The Journal of Neuroscience, 19(22): 9756-9767.

Deng Y N, Manjunath B S, Kenney C, et al. 2001. An efficient color representation for image retrieval. IEEE Transaction on Image Processing, 10(1): 140-147.

Donoho D L, Flesia A G. 2001. Can recent innovations in harmonic analysisexplain'key findings in natural image statistics? Network: Computation in Neural Systems, 12(3): 371-393.

Dow B M, Snyder A Z, Vautin R G, et al. 1981. Magnification factor and receptive field size in foveal striate cortex of the monkey. Experimental Brain Research, 44(2): 213-228.

Dowling J E. 1987. The Retina: An Approachable Part of the Brain. Cambridge: Belknap Press.

Elder J H. 1999. Are edges incomplete? International Journal of Computer Vision, 34(2-3): 97-122.

Enroth-Cugell C, Freeman A W. 1987. The receptive-field spatial structure of cat retinal Y cells. The Journal of Physiology, 384(1): 49-79.

Fauqueur J, Boujemaa N. 2004. Region-based image retrieval: fast coarse segmentation and fine color description. Journal of Visual Languages and Computing, 15(1): 69-95.

Fitzpatrick D. 2000. Seeing beyond the receptive field in primary visual cortex. Current Opinion in Neurobiology, 10(4): 438-443.

Flores-Herr N, Protti D A, Wässle H. 2001. Synaptic currents generating the inhibitory surround of ganglion cells in the mammalian retina. The Journal of Neuroscience, 21(13): 4852-4863.

Forsyth D A, Ponce J. 2002. Computer vision: a modern approach. Prentice Hall Professional Technical Reference.

Freed M A, Smith R G, Sterling P. 1992. Computational model of the on-alpha ganglion cell receptive field based on bipolar cell circuitry. Proceedings of the National Academy of Sciences, 89(1): 236-240.

Freed M A, Sterling P. 1988. The ON-alpha ganglion cell of the cat retina and its presynaptic cell types. The Journal of Neuroscience, 8(7): 2303-2320.

Ghosh K, Sarkar S, Bhaumik K. 2004. A bio-inspired model for multi-scale representation of even order Gaussian derivatives. Proceedings of the 2004 Intelligent Sensors, Sensor Networks & Information Processing Conference: 497-502.

Ghosh K, Sarkar S, Bhaumik K. 2005. Image enhancement by high-order Gaussian derivative filters simulating non-classical receptive fields in the human visual system. Pattern Recognition and Machine Intelligence: 453-458.

Ghosh K, Sarkar S, Bhaumik K. 2006. A possible explanation of the low-level brightness-contrast illusions in the light of an extended classical receptive field model of retinal ganglion cells. Biological Cybernetics, 94(2): 89-96.

Ghosh K, Sarkar S, Bhaumik K. 2007. Understanding image structure from a new multiscale representation of higher order derivative filters. Image and Vision Computing, 25(8): 1228-1238.

Gilbert C D, Wiesel T N. 1990. The influence of contextual stimuli on the orientation selectivity of cells in primary visual cortex of the cat. Vision Research, 30(11): 1689-1701.

Gilbert C D, Wiesel T N. 1992. Receptive field dynamics in adult primary visual cortex. Nature, 356(6365): 150-152.

Gilbert C D. 1998. Adult cortical dynamics. Physiological Reviews, 78(2): 467-485.

Gilbert C, Li W, McManus J, et al. 2007. Neural mechanisms of perceptual learning Progress in Natural Science, 17(B07): 4-6.

Grigorescu C, Petkov N, Westenberg M A. 2003. Contour detection based on nonclassical receptive field inhibition. IEEE Transactions On Image Processing, 12(7): 729-739.

Grigorescu C, Petkov N, Westenberg M A. 2004. Contour and boundary detection improved by surround suppression of texture edges. Image and Vision Computing, 22(8): 609-622.

Harman A, Abrahams B, Moore S, et al. 2000. Neuronal density in the human retinal ganglion cell layer from 16-77 years. Anatomical Record, 260(2): 124-131.

Hartline H K. 1938. The response of single optic nerve fibers of the vertebrate eye to illumination of the retina. American Journal of Physiology, 121(2): 400-415.

Heeger D J. 1992. Normalization of cell responses in cat striate cortex. Visual neuroscience, 9(2): 181-197.

Hess R F, Beaudot W H A, Mullen K T. 2001. Dynamics of contour integration. Vision Research, 41(8): 1023-1037.

Hochstein S, Shapley R M. 1976. Quantitative analysis of retinal ganglion cell classifications. The Journal of Physiology, 262(2): 237-264.

http://en.wikipedia.org/wiki/Retina.

http://www.eecs.berkeley.edu/Research/Projects/CS/vision/grouping/segbench.

Hubel D H, Wiesel T N. 1977. Ferrier lecture: Functional architecture of macaque monkey visual cortex. Proc. R. Soc. Lond. B, 198(1130): 1-59.

Hurri J, Vayrynen J, Hyvarinen A. 2004. Spatiotemporal receptive fields maximizing temporal coherence in natural image sequences. Neurocomputing, 58-60: 815-820.

Ikeda H, Wright M J. 1972. The outer disinhibitory surround of the retinal ganglion cell receptive field. The Journal of Physiology, 226(2): 511-544.

Jeffs J, Ichida J M, Federer F, et al. 2009. Anatomical evidence for classical and extra-classical receptive field completion across the discontinuous horizontal meridian representation of primate area V2. Cerebral Cortex, 19(4): 963-981.

Jeong, S, Won C S, Gray R M. 2004. Image retrieval using color histograms generated by Gauss mixture vector quantization. Computer Vision and Image Understanding,

94(1-3): 44-66.

Jones H E, Grieve K L, Wang W, et al. 2011. Surround suppression in primate V1. Journal of Neurophysiology, 86(4): 2011-2028.

Kamermans M, Spekreijse H. 1999. The feedback pathway from horizontal cells to cones: A mini review with a look ahead. Vision Research, 39(15): 2449-2468.

Kapadia M K, Ito M, Gilbert C D, et al. 1995. Improvement in visual sensitivity by changes in local context: parallel studies in human observers and in V1 of alert monkeys. Neuron, 15(4): 843-856.

Kapadia M K, Westheimer G, Gilbert C D. 1999. Dynamics of spatial summation in primary visual cortex of alert monkeys. Proceedings of the National Academy of Sciences, 96(21): 12073-12078.

Kapadia M K, Westheimer G, Gilbert C D. 2000. Spatial distribution of contextual interactions in primary visual cortex and in visual perception. Journal of Neurophysiology, 84(4): 2048-2062.

Knierim J J, Van Essen D C. 1992. Neuronal responses to static texture patterns in area V1 of the alert macaque monkey. Journal of Neurophysiology, 67(4): 961-980.

Krieger G, Zetzsche C. 1996. Nonlinear image operators for the evaluation of local intrinsic dimensionality. IEEE Transactions on Image Processing, 5(6): 1026-1042.

Kruizinga P, Petkov N. 1999. Nonlinear operator for oriented texture. IEEE Transactions on Image Processing, 8(10): 1395-1407.

Kuffler S W. 1953. Discharge patterns and functional organization of mammalian retina. J Neurophysiol, 16(1): 37-68.

Levinshtein A, Stere A, Kutulakos K N, et al. 2009. Turbopixels: Fast superpixels using geometric flows. IEEE Transactions on Pattern Analysis and Machine Intelligence, 31(12): 2290-2297.

Levitt J B, Lund J S. 2002. The spatial extent over which neurons in macaque striate cortex pool visual signals. Visual Neuroscience, 19(4): 439-452.

Li C Y, Li W. 1994. Extensive integration field beyond the classical receptive field of cat's striate cortical neurons-classification and tuning properties. Vision Research, 34(18): 2337-2355.

Li C Y, Pei X, Zhou Y X, et al. 1991. Role of the extensive area outside the X-cell receptive field in brightness information transmission. Vision Research, 31(9): 1529-1540.

Li C Y, Zhou Y X, Pei X, et al. 1992. Extensive disinhibitory region beyond the classical receptive field of cat retinal ganglion cells. Vision Research, 32(2): 219-228.

Li C Y. 1996. Integration fields beyond the classical receptive field: Organization and functional properties. News in Physiological Sciences, 11: 181-186.

Li C Y, He Z J. 1987. Effects of patterned backgrounds on responses of lateral geniculate neurons in cat. Experimental Brain Research, 67(1): 16-26.

Liang K H, Tjahjadi T, Yang Y H. 1999. Bounded diffusion for multiscale edge detection using regularized cubic B-spline fitting. Systems, Man, and Cybernetics, Part B: Cybernetics, IEEE Transactions on, 29(2): 291-297.

Linde O, Lindeberg T. 2004. Object recognition using composed receptive field histograms of higher dimensionality. IEEE, 2(02): 1-6.

Lindeberg T. 1998. Edge detection and ridge detection with automatic scale selection. International Journal of Computer Vision, 30(2): 117-156.

Lowe D G . 1999. Object recognition from local scale-invariant features. Proceedings of the Seventh IEEE International Conference on Computer Vision, 99(2): 1150-1157.

Lowe D G. 2004. Distinctive image features from scale-invariant keypoints. International Journal of Computer Vision, 60(2): 91-110.

Maffei L, Fiorentini A. 1976. The unresponsive regions of visual cortical receptive fields. Vision Research, 16(10): 1131-1139.

Malik J, Belongie S, Leung T, et al. 2001. Contour and texture analysis for image segmentation. International Journal of Computer Vision, 43(1): 7-27.

Mallat S G. 1989. Multifrequency channel decompositions of images and wavelet models. Acoustics, Speech and Signal Processing, IEEE Transactions on, 37(12): 2091-2110.

Martin D R, Fowlkes C C, Malik J. 2004. Learning to detect natural image boundaries using local brightness, color, and texture cues. Pattern Analysis and Machine Intelligence, IEEE Transactions on, 26(5): 530-549.

McIlwain J T. 1964. Receptive fields of optic tract axons and lateral geniculate cells: Peripheral extent and barbituarate sensitivity. Journal of Neurophysiology, 27(6): 1154-1173.

McIlwain J T. 1966. Some evidence concerning the physiological basis of the periphery effect in the cat's retina. Experimental Brain Research, 1(3): 265-271.

McMahon M J, Packer O S, Dacey D M. 2004. The classical receptive field surround of primate parasol ganglion cells is mediated primarily by a non-GABAergic pathway. The Journal of Neuroscience, 24(15): 3736-3745.

Mori G. 2005. Guiding model search using segmentation. Tenth IEEE International Conference on Computer Vision, 2: 1417-1423.

Nothdurft H C, Gallant J L, Essen D C V. 1999. Response modulation by texture surround in primate area v1: correlates of 'popout' under anesthesia. Visual Neuroscience, 16(1): 15-34.

Papari G, Campisi P, Petkov N, et al. 2006. A multiscale approach to contour detection by texture suppression. International Society for Optics and Photonics, 6064: 60640D.

Papari G, Campisi P, Petkov N, et al. 2006. Contour detection by multiresolution surround inhibition. IEEE: 749-752.

Papari G, Petkov N. 2011a. An improved model for surround suppression by steerable filters and multilevel inhibition with application to contour detection. Pattern Recognition, 44(9): 1999-2007.

Papari G, Petkov N. 2011b. Edge and line oriented contour detection: state of the art. Image and Vision Computing, 29(2-3): 79-103.

Petkov N, Westenberg M A. 2003. Suppression of contour perception by band-limited noise and its relation to nonclassical receptive field inhibition. Biological Cybernetics, 88(3): 236-246.

Pettet M W, Gilbert C D. 1992. Dynamic changes in receptive-field size in cat primary visual cortex. Proceedings of the National Academy of Sciences, 89(17): 8366-8370.

Piccolino M. 1995. Cross-talk between cones and horizontal cells through the feedback circuit//Neurobiology and Clinical Aspects of The Outer Retina (pp. 221Y248). London: Chapman & Hall.

Polat U, Mizobe K, Pettet M W, et al. 1998. Collinear stimuli regulate visual responses depending on cell's contrast threshold. Nature, 391(6667): 580-584.

Polat U, Sagi D. 1993. Lateral interactions between spatial channels: suppression and facilitation revealed by lateral masking experiments. Vision Research, 33(7): 993-999.

Polat U, Sagi D. 1994. The architecture of perceptual spatial interactions. Vision Research, 34(1): 73-78.

Ren X F, Malik J. 2003. Learning a classification model for segmentation. The Ninth IEEE International Conference on Computer Vision, 1: 10-17.

Ren X. 2008. Multi-scale improves boundary detection in natural images. Computer Vision-ECCV, 2008: 533-545.

Richards W, Nishihara H K, Dawson B. 1982. Cartoon: A biologically motivated edge detection algorithm.

Rijsgergen C V. 1979. Information Retrieval. Glasgow: University of Glasgow.

Rosenholtz R, Li Y, Nakano L. 2007. Measuring visual clutter. Journal of Vision, 7(2): 1-22.

Rossi A F, Desimone R, Ungerleider L G. 2001. Contextual modulation in primary visual cortex of macaques. the Journal of Neuroscience, 21(5): 1698-1709.

Rui H, Sang N, Luo D P, et al. 2011. Image segmentation via coherent in L*a*b* color space. Pattern Recognition Letters, 32(7): 891-902.

Saykol E, Gudukbay U, Ulusoy O. 2005. A histogram-based approach for object-based query-by-shape-and-color in image and video databases. Image and Vision Computing, 23(13): 1170-1180.

Sceniak M P, Hawken M J, Shapley R. 2001. Visual spatial characterization of macaque V1 neurons. Journal of Neurophysiology, 85(5): 1873-1887.

Sceniak M P, Ringach D L, Hawken M J, et al. 1999. Contrast's effect on spatial summation by macaque V1 neurons. Nature Neuroscience, 2(8): 733-739.

Schiller P H, Finlay B L, Volman, S F. 1976. Quantitative studies of single-cell properties in monkey striate cortex. I. Spatiotemporal organization of receptive fields. Journal of Neurophysiology, 39(6): 1288-1319.

Schwabe L, Obermayer K, Angelucci A, et al. 2006. The role of feedback in shaping the extra-classical receptive field of cortical neurons: a recurrent network model. The Journal of Neuroscience, 26(36): 9117-9129.

Seriès P, Lorenceau J, Frégnac Y. 2003. The "silent" surround of V1 receptive fields: theory and experiments. Journal of Physiology-Paris, 97(4-6): 453-474.

Sherrington C. 1952. The Integrative Action of The Nervous System. England: CUP Archive.

Shi J, Malik J. 2000. Normalized cuts and image segmentation. IEEE Transactions on Pattern Analysis and Machine Intelligence, 22(8): 888-905.

Shou T, Wang W, Yu H. 2000. Orientation biased extended surround of the receptive field of cat retinal ganglion cells. Neuroscience, 98(2): 207-212.

Solomon J A, Morgan M J. 2000. Facilitation from collinear flanks is cancelled by non-collinear flanks. Vision Research, 40(3): 279-286.

Strettoi E, Raviola E, Dacheux R F. 1992. Synaptic connections of the narrow-field, bistratified rod amacrine cell (AII) in the rabbit retina. The Journal of Comparative Neurology, 325(2): 152-168.

Tang Q L, Sang N, Zhang T X. 2007. Extraction of salient contours from cluttered scenes. Pattern Recognition, 40(11): 3100-3109.

Trexler E B, Li W, Massey S C. 2005. Simultaneous contribution of two rod pathways to AII amacrine and cone bipolar cell light responses. Journal of Neurophysiology, 93(3): 1476-1485.

Valois R L D, Albrecht D G, Thorell L G. 1982. Spatial frequency selectivity of cells in macaque visual cortex. Vision Research, 22(5): 545-559.

Victor J D, Shapley R M. 1979. Receptive field mechanisms of cat X and Y retinal ganglion cells. The Journal of General Physiology, 74(2): 275-298.

Walker G A, Ohzawa I, Freeman R D. 1999. Asymmetric suppression outside the classical receptive field of the visual cortex. The Journal of Neuroscience, 19(23): 10536-10553.

Walker G A, Ohzawa I, Freeman R D. 2000. Suppression outside the classical cortical receptive field. Visual Neuroscience, 17(3): 369-379.

Wang Y, Mitra S K. 1993. Image representation using block pattern models and its image processing applications. IEEE Transactions on Pattern Analysis and Machine Intelligence, 15(4): 321-336.

Wei H, Luan S M. 2005. Ganglion-Based balance design of multi-layer model and its watchfulness-keeping. Journal of Computer Science and Technology, 20(4): 567-573.

Westheimer G. 1999. Gestalt theory reconfigured: Max VI/ertheirner's anticipation of recent developments in visual neurosciencel. Perception, 28: 5-15.

Williams C B, Hess R F. 1998. Relationship between facilitation at threshold and suprathreshold contour integration. JOSA A, 15(8): 2046-2051.

Witkin A. 1984. Scale-space filtering: A new approach to multi-scale description. IEEE International Conference On Acoustics, Speech, and signal Processing, 9: 150-153.

Xing J, Heeger D J. 2000. Center-surround interactions in foveal and peripheral vision. Vision Research, 40(22): 3065-3072.

Yao L I, Hao L I, Haiqing G, et al. 2011. Characteristics of receptive field encoded by synchronized firing pattern of ganglion cell group. Acta Biophysica Sinica, 27(3): 211-221.

Yu C, Levi D M. 2000. Surround modulation in human vision unmasked by masking experiments. Nature Neuroscience, 3(7): 724-728.

Zaghloul K A, Boahen K. 2004. Optic nerve signals in a neuromorphic chip II: Testing and results. IEEE Transactions on Biomedical Engineering, 51(4): 667-675.

Zeng C, Li Y, Li C. 2011. Center-surround interaction with adaptive inhibition: A computational model for contour detection. Neuroimage, 55(1): 49-66.

Zeng C, Li Y, Yang K, et al. 2011. Contour detection based on a non-classical receptive field model with butterfly-shaped inhibition subregions. Neurocomputing, 74(10): 1527-1534.

第11章　基于视皮层超柱结构的图像表征方法及其在形状识别中的应用

11.1　构建模拟初级视皮层 V1 区的神经网络

基于视觉神经系统知识, 我们可知人类视觉神经系统对于输入信号的处理过程首先是从视网膜上的感光细胞开始的, 然后通过大脑外膝体, 最后传入初级视皮层 V1 区进行信号处理. 我们学习和借鉴了这样的视觉神经通路结构, 并通过神经网络对初级视皮层 V1 区进行模拟. 在这个模拟过程中, 我们并不追求实现视觉系统中精细粒度下的通路结构和视皮层神经细胞的繁杂功能, 而是采取了一个相对轻量级的模型, 把实现重点放在了构建初级视皮层中超柱结构体单元阵列上, 模拟实现了视皮层中方位选择性功能.

为了实现这样一个初级视皮层模拟系统, 本节引入了 SOM (自组织映射, self-organized mapping) 神经网络来构建和设计一种全新的 V-SOM(vision-SOM) 神经网络.

11.1.1　SOM 神经网络的特性、结构与一般训练过程

SOM 神经网络, 即自组织神经网络, 是由芬兰 Helsinki 大学 Kohonen 教授在 1981 年提出的一种无监督的神经网络, 经过几十年的发展, 由于其多种良好的特性, 在各种工业和学科领域的数据分类或聚类的场合中得到了大量应用, 比如在语音理解、人脸识别、医疗诊断、股票预测、故障识别等技术中.

一个典型的双层 SOM 神经网络如图 11-1 所示.

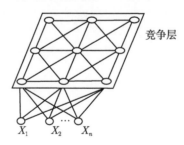

图 11-1　一个典型的双层 SOM 神经网络结构. 它由位于低层的输入层和位于高层的竞争层组成 (Kohonen, 1982)

它的特性包括: ① 使用无监督的学习, 不需要预先提供网络训练样例的正例与反例, 而是直接对于所有的训练样本进行学习; ② 有良好的聚类能力, 而且可以实现数据从高维度到低维度的映射, 可用于数据聚类后的可视化处理; ③ 神经网络经过训练后, 输出层的数据分布可以与输入层近似保持一致, 被称作 SOM 网络的拓扑一致性, 如图 11-2 所示.

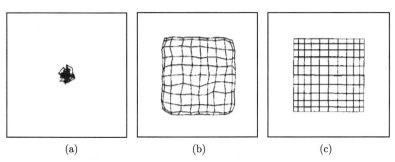

(a)   (b)   (c)

图 11-2 一个 SOM 网络的输出层权值在学习前后的变化. 其中图 (a) 为输出层权值的初始状态; 图 (b) 为经过 5500 次训练之后输出层权值分布; 图 (c) 为最理想情况权值分布图

(Kulainen et al., 1997)

在典型的两层 SOM 神经网络中, 其中输入层负责接收外界的信号, 而输出层 (竞争层) 负责计算权值, 从而产生正确的分类结果. 它是一个竞争性的神经网络, 在训练过程中, 通常使用胜者为王 (winner-take-all) 的策略: 在训练样本输入和计算之后, 取输出层中响应值最高的神经元作为获胜神经元, 然后在它周围的获胜区域内进行神经元权值的学习、调整和更新, 而其他区域的神经元权值则保持不变.

SOM 神经网络通常的学习过程为 (Kohonen, 1982): 设当前输入层神经元对应的输入模式向量为 X, 而竞争层神经元 a 的权值为 $W_a (a = 1, 2, \cdots, k)$.

(1) 进行输入模式向量和竞争层神经元权值归一化处理, 得到 $\tilde{X}$ 和 $\tilde{W}_a$

$$\tilde{X} = \frac{X}{\|X\|}, \quad \tilde{W}_a = \frac{W_a}{\|W_a\|} \tag{11.1}$$

(2) 输入模式向量 $\tilde{X}$ 和每个竞争层的神经元权值 $\tilde{W}_a (a = 1, 2, \cdots, k)$ 逐一进行距离计算, 把距离最接近的神经元作为获胜神经元, 设获胜神经元的序号为 b

$$\left\| \tilde{X} - \tilde{W}_b \right\| = \min_{b \in \{1, 2, \cdots, k\}} \left\{ \left\| \tilde{X} - \tilde{W}_b \right\| \right\} \tag{11.2}$$

(3) 设神经元 b 周围的获胜区域为 B, 更新这个区域中每个神经元 b^* 的权值, 并开始下一次迭代计算, 直到整个网络收敛为止

$$\beta_t \cdot (t+1) = \begin{cases} 1, & b^* \in B \\ 0, & b^* \notin B \end{cases}$$

$$W_{b^*}(t+1) = \tilde{W}_{b^*}(t) + \beta_{b^*}(t+1)\Delta W_{b^*}$$
$$= \tilde{W}_{b^*}(t) + \alpha\beta_{b^*}(t+1)\left(\tilde{X} - \tilde{W}_{b^*}\right) \tag{11.3}$$

其中 α 为学习效率参数, B 的直径随着迭代数 t 的增加而减小.

以上为 SOM 网络一般的学习过程. 在 SOM 网络训练过程中还可以引入竞争层间的激励或抑制的学习方式, 这时一般是通过赫布法则 (Hebbian rule) 和反式赫布法则 (anti-Hebbian rule) 来实现权值学习的策略, 从而通过网络实现更为复杂的计算或学习能力.

赫布法则 (Seung, 2006; Johansena et al., 2014) 的通用公式为

$$\Delta W_{ij} = \eta \cdot \alpha_i \cdot o_j \tag{11.4}$$

其中 ΔW_{ij} 是由神经元 j 向神经元 i 传递产生的权值变化量, 正值为刺激作用, 负值为抑制作用; η 为学习速率; α_i 为神经元 i 的激活值; o_j 为神经元 j 的输出值, 也是其对于神经元 i 的输入值.

11.1.2 基于 SOM 神经网络的模拟初级视皮层的 V-SOM 神经网络设计

1. V-SOM 神经网络的网络结构设计

为了实现模拟初级视皮层的 V-SOM 神经网络, 首先要定义一个适用于模拟的神经网络结构, 这里本节还是采用了双层的 SOM 网络 (Wei, Li, 2014; Wei et al., 2014) 作为实现基础架构, 如图 11-3 所示.

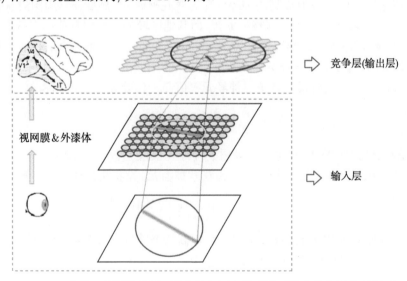

图 11-3   V-SOM 中的双层网络结构. 图中输入层小圆形阵列代表输入层的神经元, 而正六边形代表着输出层的神经元. 从下往上, 简单对应了人类视觉神经通路结构

V-SOM 的两层神经元中: 第一层 (输入层) 对应了输入信号, 即输入图像; 第二层 (输出层), 对应了初级视皮层中的超柱阵列结构.

采用双层 SOM 神经网络设计的好处是, 在生成和训练网络的时候, 第一层可以方便地采用线段图像作为训练样本 (这一层对应了生理学中经过视网膜和外膝体处理后的输出信号). SOM 网络中所含有的拓扑一致性将会使第二层 (输出层) 神经元的权值分布趋于线性 (形式上类似于一个短线段), 从而更好地表现出输出层神经元的方位选择性.

在 V-SOM 神经网络的设计中, 为了更好地体现出输入层和输出层神经元之间的关系, 我们借鉴视神经系统中的感受野、朝向柱和超柱概念:

(1) 我们设定初级视皮层上的朝向柱对应一个输出层的神经元, 在图示中采用一个正六边形来表示.

(2) 我们设定每 19 个朝向柱, 以类似正六边形的方式, 组成一个超柱单元. 之所以这样设计, 是因为我们希望这 19 个朝向柱经过训练后, 可以比较均匀地以 10° 为一个区间显示从 0° 到 180° 所有的朝向.

(3) 我们设定每一个超柱内部的所有朝向柱的感受野是一致的, 即该范围内的神经元的输入刺激信号是一致的.

在 V-SOM 的输出层中, 朝向柱与超柱的关系如图 11-4 所示.

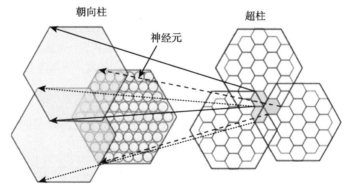

图 11-4　V-SOM 神经网络输出层内的朝向柱与超柱之间的关系. 图中左侧圆形区域代表来自输入层的输入信号; 图中右侧的小正六边形代表一个输出层的朝向柱; 而右侧大的正六边形区域表示一个输出层上的超柱结构单位

因为这里我们把朝向柱简化为一个神经细胞, 所以也看成一个扁平的 "片". 下文中朝向柱将统一被称作朝向片, 指代了输出层的一个神经元节点. 同时, 由于输出层的神经元与朝向片是一一对应的关系, 所以输出层也可以看成一个朝向片组成的阵列 (因为超柱是由朝向片组成的, 所以也是一个超柱阵列, 两者是等价的), 下文中将以超柱阵列作为统称.

图 11-5 中表示了超柱自身感受野在视野 (输入信号区域) 中的形态, 以及相邻超柱之间的感受野关系. 图 11-5(b) 是一个输出层的超柱阵列, (a) 是其在输入层对应感受野的视野图像. 一个输出层的超柱, 对应了输入层 (即视野图像中) 中 9×9 个像素区域, 并按照正方形来排列. 同时, 相邻的超柱的感受野之间是互相覆盖的, 这时候有两种情况:

(1) 同一水平线上, 两个相邻超柱的感受野重合 1/3 个感受野的大小.

(2) 高或者低一层上, 两个相邻超柱重合 2/9 个感受野的大小.

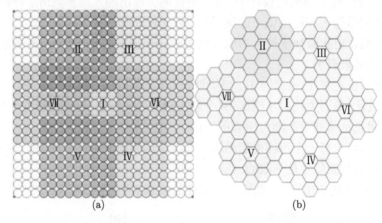

(a)   (b)

图 11-5   图中 (a) 为超柱在视野图像上的感受野范围, 每个圆圈代表 1 个像素, 9×9 个像素组成一个正方形的感受野 (包括了叠加区域, 且每种主要颜色代表一个感受野, 由罗马数字标出). 图中右侧为对应的在输出层上相邻超柱结构体的分布 (由相同罗马数字标出). 图中超柱和其感受野的颜色是一一对应的

图 11-6 是按照这样的层次结构从视野开始的超柱感受野分布的另一个例子.

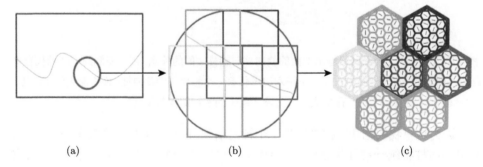

(a)   (b)   (c)

图 11-6   相邻超柱在视野中感受野的分布状况. 图 (b)、(c) 中绘制的超柱的颜色与其感受野的颜色相同. 图 (a) 为视野中一段轮廓线段; 图 (b) 为视野上超柱单元方形感受野的大小、位置及相互重合程度; 图 (c) 是 7 个正方形感受野所对应的 7 个相邻超柱

在 V-SOM 的实现过程中, 网络输出层网状节点和实际数据需要一一对应的映射关系. 我们通过图 11-7 中的结构实现对于逻辑和实际储存的映射, 保证了训练过程中输出层单元的学习和训练效率.

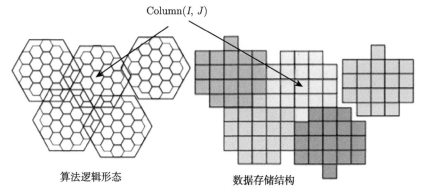

图 11-7　输出层神经元的算法逻辑形态与数据存储结构

以上是 V-SOM 网络结构的全部细节. 通过上述步骤, 我们实现了从网络输入视野到输出层, 不同层次上的数据传递设计, 从而搭建好了整个神经网络结构.

2. V-SOM 神经网络的学习策略和训练过程

为了让 V-SOM 神经网络的输出层神经元获得类似于初级视皮层 V1 区中的方位选择能力, 在制作训练样本的过程中, 按照每个超柱在视野中的感受野中心位置, 通过随机的方式画出了一系列直线, 并把这些直线图像收集起来作为训练的图像样本. 这样做的好处主要是: 保证了用于训练的直线样本角度随机, 同时也保证了它们在位置上分布得比较均匀, 使每个超柱的感受野上都至少有足够数量的直线样本经过, 从而保证了 V-SOM 神经网络各个局部区域的训练效果, 避免刺激线条过少导致训练失败.

类似于 SOM 神经网络, V-SOM 网络的训练过程如下:

(1) V-SOM 网络初始化. 我们把每个输出层神经元 (朝向片) 与它在感受野的输入层神经元的权值连接储存为一个 9×9 的权值矩阵, 并在训练开始时以 0~1 的数值随机进行赋值. 同时, 把输入的直线样本图像进行二值化处理, 即使其由 0 或 1 两种数值组成, 再输入 V-SOM 网络之中. 一个初始的权值分布如图 11-8 所示.

(2) 按照设定的学习训练规则, 把训练样本图像上载到 V-SOM 网络中, 进行网络获胜节点的权值更新计算. V-SOM 学习训练规则设计如下: 对于每个输出层神经元 r 有

$$W_{t+1}(r) = W_t(r) + \alpha\beta\sigma\left(r, r'\right)\left[V_{t+1} - W_t(r)\right] \tag{11.5}$$

$$\sigma\left(r, r'\right) = \exp\left(-\left|r - r'\right|^2\right) \tag{11.6}$$

$$r'(t) = \alpha R \tag{11.7}$$

$$\beta = \eta + (1 - \eta)\left[V_{t+1} - W_t(r)\right] / \mid V_{t+1} - W_t(r) \mid \tag{11.8}$$

其中 W 是朝向片权值; t 是迭代次数; α 是学习效率, 随着 t 的增加而减小; V 是输入的样本模式向量; $\sigma(r, r')$ 是获胜神经元范围, 这个范围随着 t 的增加而减小, 缩小消耗的时间和遗忘记忆曲线很相似.

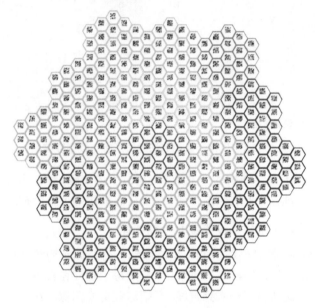

图 11-8　经过初始化后, V-SOM 神经网络在输出层上神经元与它的权值阵列. 图中所表示的输出层超柱阵列共有 19 个超柱单元、361 个朝向片

(3) 整个网络完成一次权值计算后, 继续进行迭代运算, 直到权值最后收敛为止.

以上三步完成了整个训练过程.

对于经过训练完成的 V-SOM 网络, 我们可以再次把输出层超柱阵列的权值绘制出来. 图 11-9 是按照上述规则经过 10000 次迭代训练后的例子. 图中输出层由 19 个超柱结构组成, 分别用不同颜色标出. 很明显, 绝大多数朝向片的权值矩阵中, 有一个比较明显的数值分布轴向, 明确地指示着这个朝向片代表的角度. 同时, 每一个超柱结构体内部的朝向分布比较均匀, 涵盖着绝大多数角度, 说明我们的训练结果达到了预期.

在现在 V-SOM 神经网络的学习过程中, 由于输出层节点很多, 以及样本数据分布很广, 所以如果想获得比较好的结果, 需要较长的训练时间 —— 大概 10000 次迭代循环. 我们还可以引入 Sutton(1988) 创立的时序差分预测方法来加快训练进

程, 学习法则变更为

$$\Delta W(r) = \alpha \left(V_{t+1} - V_t\right) \sum_{k+1}^{t} \lambda^{t-k} \left[V_k - W_t(r)\right] \tag{11.9}$$

$$W_{t+1}(r) = W_t(r) + \alpha\beta\sigma\left(r, r'\right)\left[V_{t+1} - W_t(r)\right] + \Delta W(r) \tag{11.10}$$

其中 $0 \leqslant \lambda \leqslant 1$ 为权值参数.

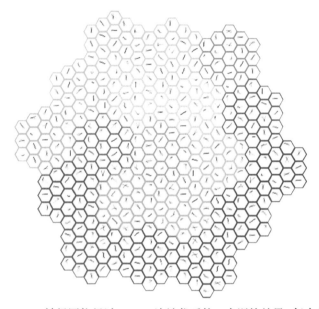

图 11-9 对于 V-SOM 神经网络经过 10000 次迭代后的一个训练结果. 每个朝向片内所含有的图像由该朝向片中元素在 0~1 的权值矩阵转化而成, 颜色越深, 说明该矩阵元素的值越高

在新的网络学习计算规则中, 通过时序差分预测方法引入了对于权值改变的期望 $\Delta W(r)$, 从而使整个网络的权值收敛更为迅速, 大约 200 次迭代循环即可产生一个比较好的训练效果, 如图 11-10 所示.

11.1.3 V-SOM 网络模拟皮层结果与真实生理数据对比实验

按照 11.1.2 节所描述的 V-SOM 神经网络的构建方式和学习规则, 我们现在可以通过训练网络和输出超柱阵列来进行视皮层 V1 区的模拟实验. 本次训练使用的 V-SOM 神经网络的输出层由 19 个超柱体构成, 对应视野范围有 33×33 个像素, 训练时使用了 361 个直线样本. 在整个训练过程中, 我们将各个初始参数设定如下.

(1) 权值矩阵在初始化的过程中, 被 0~1 内的小数随机赋值.

(2) 学习效率 $\alpha = 0.3$.

(3) 初始获胜域 R 设定为获胜节点周围 10 个朝向片节点距离.

然后 V-SOM 神经网络在原始学习法则下进行训练, 经过 10000 次迭代学习后可以实现权值收敛. 在训练结束后, 我们把输出层按照朝向片的构造方式呈现出来, 结果如图 11-9 所示.

如果 V-SOM 神经网络使用时序差分预测方法, 可以更快地完成训练, 经 200 次迭代后即获得结果, 如图 11-10 所示.

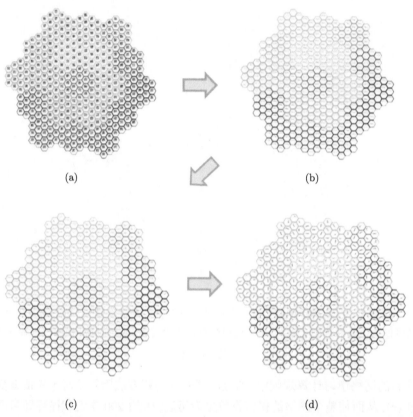

(a)

(b)

(c)

(d)

图 11-10　使用时序差分预测方法后加速了整个网络的训练. 图 (a) 为初始时刻的权值分布; 图 (b) 为经过 50 次迭代后的训练结果; 图 (c) 为经过 100 次迭代后的训练结果; 图 (d) 为经过 200 次训练后的结果, 仍然获得了非常好的效果

从图 11-9 和图 11-10 中的结果我们可以观察到, 每个朝向片包含着的权值矩阵, 经过长时间的学习更新, 由最开始的随机值, 变成沿特定轴向角度的数据分布集中, 并形成类似于一个 "短线段" 的结构. 也就是说, 训练后朝向片的权值中出现特定分布角度, 使朝向片产生了自己的方位选择性. 再观察结果还可以发现, 超柱结构体内部的朝向分布都比较均匀, 涵盖着 $0° \sim 180°$ 的各种角度, 这都说明我们的

训练结果达到了预期.

通过真实生理学统计数据分析可知, 如图 11-11, 初级视皮层 V1 区简单细胞的选择方向性图中, 不仅朝向是广泛与多样化分布的, 而且在图中还存在一个类似于 "风车"(pinwheel) 的结构. 由图 11-12 中多个红圈的区域可知, 在我们训练好的超柱阵列中, 同样可以找到这样一个 "风车" 结构. 这也表明我们训练后的数据很好地吻合了真实的生理学数据.

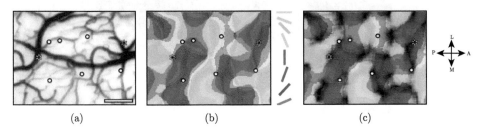

(a)　　　　　(b)　　　　　(c)

图 11-11　真实的生理学数据中, 初级视皮层方位分布所中特有的风车结构 (Maldonado et al., 1997). 图中每一个白点为一个风车结构的中心, 颜色 (对应朝向) 按照顺时针或逆时针方向有序变化

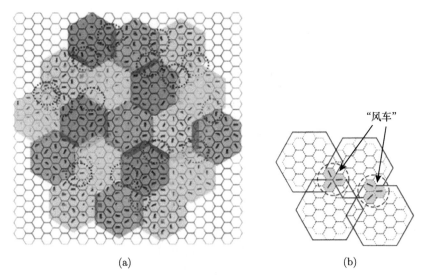

(a)　　　　　　　(b)

图 11-12　经过训练生成的 V-SOM 神经网络朝向片权值数据分布图. 图 (a) 中红圈表示出来的是风车结构, 即围绕一个中心点出现的比较均匀与连续的朝向角度分布. 图 (b) 是这个结构体的具体形态

同时, 为了进一步对比我们初级视皮层建模和真实生理数据之间的朝向分布的相似性, 我们把阵列中的角度与权值等信息转化为不同的颜色区域, 来和真实的生

理学数据相对比. 从图 11-13 中可以更清晰地看到, 我们获得的训练结果数据, 和真实生理学数据之间有着高度的类似性和同样的风车结构. 这再次证明了我们通过 V-SOM 网络实现对初级视皮层区域建模的有效性.

　　总之, 从上述实验对比图像中可知, 我们设计的初级视皮层 V1 区的神经网络建模是有效、可靠和接近真实数据的.

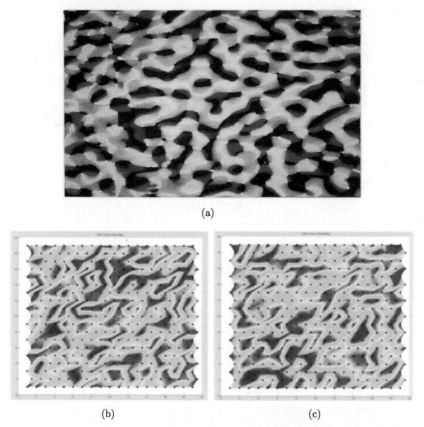

(a)

(b)　　　　　　　　　　　　　　(c)

图 11-13　生理学微电极真实测量的初级视皮层方位选择性数据与我们模拟生成的 V-SOM 训练数据之间的图像对比. 图 (a) 来自生理测量数据; 图 (b) 和图 (c) 是我们的训练结果按照角度转化后形成的图像

11.1.4　V-SOM 神经网络训练过程的计算复杂度分析

　　在构建 V-SOM 神经网络过程中, 主要时间都消耗在了网络的训练过程上. 整个训练程序的计算量由以下几个因素产生.

　　(1) 由于需要对于每个朝向柱进行充分刺激, 所以在训练的过程中, 使用了大量直线样本. 在较小的尺度下, 比如对于一个由 33 个超柱组成的输出层 V-SOM 神经网络, 至少需要 33×19 条直线来保证每一个超柱视野范围内都有充足的直线形成输入刺激信号.

(2) 输出层尺寸, 即超柱数量, 决定了需要计算的输出层权值数量.

(3) 迭代次数, 决定了网络中权值需要更新学习的次数.

(4) 单个朝向片单次运行中需要的计算量, 比如在计算获胜节点、更新权值等步骤中的计算.

因此, 综合分析各个因素造成的计算复杂度时, 我们假设训练样本直线为 N, 超柱数量为 C, 迭代次数为 L, 单个朝向片每次训练所需的计算平均操作数为 S, 可以获得训练过程中计算复杂度的估算公式

$$T(V-\mathrm{SOM}) = O(N \times 19 \times C \times L \times S) \tag{11.11}$$

从这个公式中我们能比较全面地看到对于网络训练时间的制约因素, 并可以设法在实验中减少时间消耗. 例如, 上文所述, 不使用时序差分预测方法时, 需要迭代 10000 次左右, 才能在结果中获取比较清晰、集中的权值数据分布. 而使用时序差分预测方法, 则可以使迭代次数降低至 200 次, 从而有效减少了大量训练时间.

11.2 基于超柱阵列的图像表征和图像重建方法

很多研究针对初级视皮层的功能和视觉通路的结构进行了详细的模拟构建, 但是这些研究中, 模拟结果往往只是用于和生理数据进行仿真比较, 或用于解释神经系统的运行机理, 而对其应用于真实图像信号的表征等实际应用问题没有展开研究. 但如何建立视皮层的建模结果和图像表征两者之间对应的关系, 即把建模和实际应用联系起来, 是一个非常重要的研究工作内容.

因此, 本节我们提出并实现了一种基于超柱阵列的新型图像表征方式: 图像经模拟获得的超柱阵列处理后, 转化为被激活朝向片的点阵表征. 与此同时, 我们还可以通过这种表征方式下的存储信息, 高度相似地重建出原始图像本身. 通过信噪比验证实验, 这样表征的图像重建能力获得了有力的支持和肯定.

11.2.1 超柱阵列实现图像表征的计算过程

在测试哺乳动物视皮层神经细胞方向选择性的生理学实验中, 往往采用了如图 11-14 一样线条的刺激信号. 在施加刺激信号之后, 研究人员通过观察记录微电极上的电流变化, 从而获取神经细胞上的发放情况, 作为刺激响应结果而记录下来 (Hubel, Wiesel, 1962, 1965; Bensmaia et al., 2008), 最终得出了大脑皮层上对于输入图像响应的情况, 即完成了 "图像到神经电信号" 间的表征计算.

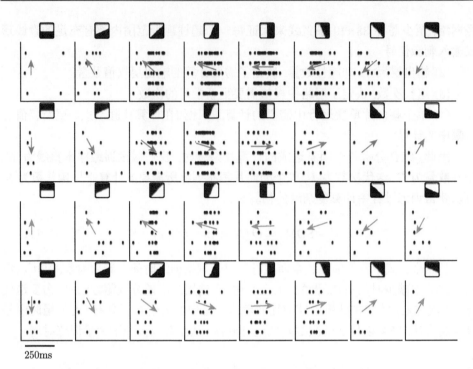

250ms

图 11-14　生理学实验中使用线条刺激来产生视皮层神经元响应. 图中每个格子内上方为刺激图像, 下方为神经元响应发放情况. 图中这个神经元最为敏感的响应角度为 67.5° (Bensmaia et al., 2008)

　　我们可以借鉴并类推这种方法来实现把一幅输入图像 (比如, 由线条组成的图像) 转化为被激活朝向片响应点阵图. 在转化开始时, 我们先上载图像到 11.1 节中训练 V-SOM 网络后获取的超柱阵列中, 来计算每个朝向片对于其感受野上图像的响应值, 并且将记录的被激活的节点作为结果, 最终实现把图像转化为超柱阵列的响应点阵.

　　这个图像表征转化的具体过程由以下步骤组成.

　　(1) 对于训练后的超柱阵列权值进行预处理. 经过训练后的每个朝向片的权值矩阵上的数据虽然主要沿着某个角度的轴向分布 (对应这个朝向片的方向选择特征), 但是在矩阵中的其他部分, 仍然可能会有少量的微小残留数值 (接近 0 的小数). 对于矩阵中的这部分噪声数据, 我们通过设定阈值, 把它们过滤掉, 完成对于朝向片权值的提纯处理.

　　(2) 计算阵列中每个朝向片受到刺激后的响应值. 根据训练网络的结构和图像构成方式, 可知朝向片的响应值由通过感受野上的图像和其权值的匹配程度来决定. 显然我们希望采用合适的计算方式, 使匹配程度越好的时候, 朝向片响应值越高. 所以, 我们采用了类似于 "赫布原理"(Seung, 2006; Johansena et al., 2014) 的计算方式, 来进行图像和权值的匹配响应运算, 其公式如下所示:

$$\tilde{R}_{ij} = \frac{1}{p}\sum_{k=1}^{p} x_i^k y_j^k \tag{11.12}$$

其中 p 为感受野上所有像素总数; k 为处理序号; x_i 为感受野上的图像; y_j 为权值.

通过这个公式, 我们可以方便地计算出一个朝向片的响应值 $\tilde{R}$. 图 11-15 示意了感受野内线条和朝向片权值之间的匹配对应关系.

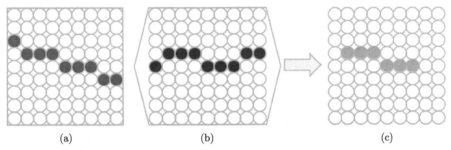

图 11-15　单个朝向片对于感受野内部的线条刺激的匹配响应示意图. 图 (a) 示意该朝向片的感受野上的图像像素; 图 (b) 示意这个朝向片训练后的权值矩阵; 图 (c) 绿色实心点表示图 (a)、(b) 的匹配情况

(3) 判断阵列上每个朝向片是否被激活. 我们通过设置阈值来判断每个朝向片对于图像的响应情况: 如果大于设定的阈值, 那么说明这个朝向片被激活, 并把这个朝向片标记下来; 如果小于阈值, 说明响应不够强烈, 不进行标记. 超柱阵列判别被激活的场景, 如图 11-16 所示.

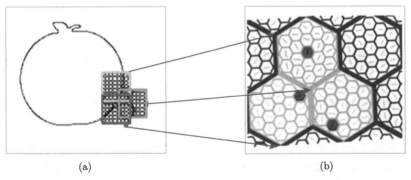

图 11-16　MPEG-7 图像数据库中洋葱图形的局部轮廓激活了相邻超柱中若干朝向片的示意图. 经过响应值计算和判断, 在图中 3 个被激活 (红色标识) 的朝向片映射出了正确的线段朝向判断

(4) 在整体视野上进行每个朝向片的权值计算. 我们在整幅图像覆盖到的每一个朝向片上重复上述判断过程, 即可把计算从图像的局部逐渐扩散到整体, 从而获取完整图像激活朝向片的情况. 这时图像由最初的像素点, 最终转化为被激活的朝向片组合而成的点阵, 如图 11-17 所示.

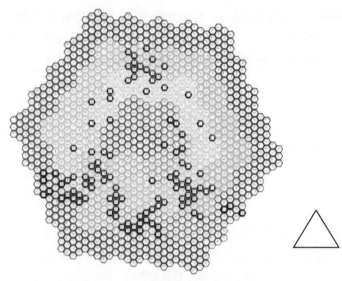

图 11-17　把一幅图像上载到超柱阵列进行计算而生成的被激活朝向片点阵图. 左侧图像为显示化描述下的被激活朝向片点阵图, 右侧的三角形为原始输入图像. 这张图像中朝向片响应判别阈值被设定得比较低; 被激活的朝向片由黑色加重标记出来

以上四个步骤为图像转化为被激活朝向片点阵的表征计算过程. 通过这种表征转化, 我们最终实现了把一幅图像转化为被激活朝向片点阵的表征方式.

这种基于点阵的表征方式, 主要的好处有:

(1) 实现了对于图像信息的压缩. 相对于原始图像中像素级别的低维度信息, 使用朝向片响应点阵的表达方式可以使图像信息更加集中: 原图像中多个像素所组成的线条的位置和角度等多种信息, 可以简单地由一个被激活朝向片以节点形式替代. 因此在表征转化后, 被激活朝向片点阵图简洁明了, 可以有效地减少图像原有的冗余信息.

(2) 实现了对于图像局部特征的提取. 经过转化过程中的计算, 被激活朝向片实际上储存了局部图像中的线条位置和分布角度. 这两种更高维度的信息被提取后, 十分便于进一步的加工处理, 还可以用来生成更大尺度上的图像几何结构特征. 这为将来的形状识别工作打下了基础.

此外, 由图 11-17 可知, 一幅图像在转化前后, 不仅局部线条特征被很好地储存了下来, 而且整体的形态分布也仍然能够从图中观察出来. 我们可以非常直观地观测到表征转化过程中的这种拓扑一致性.

11.2.2 强化阵列图像表征计算能力

从图像表征转化过程可知, 每个朝向片最终响应值的强弱取决于图像像素与朝向片权值匹配的好坏. 然而在个别情况下, 比如图像与矩阵中数据分布在空间上相差几个单元距离, 两种数据分布趋势即使再相似, 也不能正确地匹配激活朝向片. 如图 11-18 所示, 感受野内部线段和朝向片权值数据分布是一致的, 但是由于彼此数据分布的空间位置是互相平行的, 从而不能产生正确匹配, 最终朝向片不能被激活.

我们把这个问题简称为 "错位" 问题. 如果这一现象大量发生于图像转化和表征的计算过程中, 就会导致转化后的被激活朝向片点阵图缺失掉若干本应该被激活的节点, 导致表征结果中图像信息的损失. 这显然是我们在图像表征过程中所不希望遇到的问题.

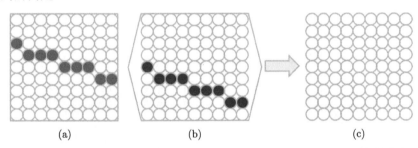

(a)　　　　　　　　　(b)　　　　　　　　　(c)

图 11-18　感受野内部线条与朝向片权值在空间中处于平行的位置. 虽然它们的分布形态相似, 但是因为不能被正确地匹配, 最终朝向片不能被激活

1. 人类视觉中的 "眼动" 机制

为了解决上面提出的这个问题, 我们再次把目光投向人类的视觉神经系统来寻找答案. 早在 20 世纪 60 年代, 俄罗斯科学家 Alfred Yarbus 就发现了人眼在视觉观察过程中有着持续移动的 "眼动" 现象, 并进行了实验统计, 如图 11-19 所示. 经过 50 余年的研究 (Mcgill University, 2015; Susana et al., 2004; Mary, Dana, 2005; Yarbus, 1967), 科学家对于 "眼动" 现象有了比较深入的了解. 眼球周围由 6 块肌肉组成, 如图 11-20 所示, 可以很方便地做出多种运动, 如跳跃运动、平滑运动等.

而这些运动中, 有一种极为特殊和有趣的 "稳态"(fixation) 眼球运动 (Susana, et al., 2004): 眼睛在稳态注视 (visual fixation) 的过程中, 即以固定视线观察一点的时候, 仍然会发生持续的微小位移运动, 如图 11-21 所示.

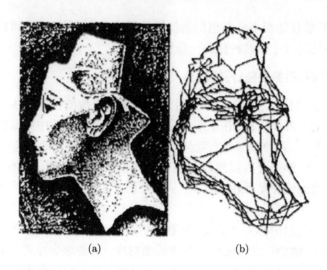

(a)   (b)

图 11-19   俄罗斯科学家 Alfred Yarbus 对于 "眼动" 现象的实验记录. (a) 为一幅画像;
(b) 为人眼在观察过程中的运动轨迹 (Yarbus, 1967)

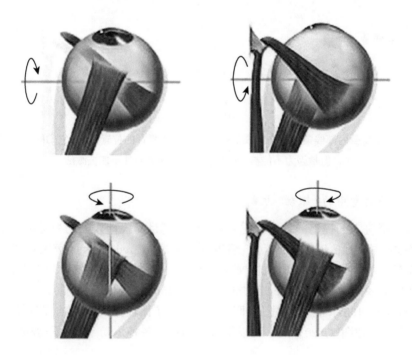

图 11-20   眼周肌肉分布. 由眼球周边 6 块肌肉带动, 眼球可以长时间持续地按照各种方式运
动 (Wikipedia, 2015)

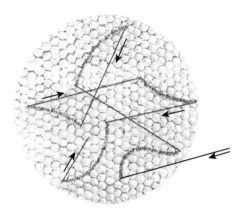

图 11-21 从视网膜上记录到眼睛以高频和微小位移的 "稳态" 方式做眼球运动. 可以看到围绕着固定中心, 眼球进行着循环往复的运动, 使光信号不停地刺激光感受器细胞 (Susana et al., 2004)

经过研究表明 (Susana et al., 2004), 人眼在产生微小位移的过程中, 光线的移动会给视觉神经细胞带来更好的刺激信号, 产生更强烈的神经细胞发放效果, 从而增强了视觉系统整体的接收和处理能力.

2. 在图像表征过程中引入 "抖动" 机制

人类 "稳态" 眼动机制为我们解决 "错位" 问题带来了很好的启示.

与 "稳态" 眼球运动情况类似, 在表征计算的过程中, 我们只需要稍稍移动超柱阵列内朝向片权值矩阵中元素的位置, 就可以很好地消除 "错位" 问题, 如图 11-22 所示. 参考眼动机制, 这里我们引入这种阵列权值微小位移的计算运作模式, 并称为 "抖动" 机制. 我们在整个阵列中可以建立并使用 "抖动" 的机制来彻底解决表征计算过程中图像与权值的 "错位" 问题, 最终提高超柱阵列图像转化表征的效能.

其具体过程如下:

(1) 把权值矩阵进行平移, 获取平移后的矩阵. 我们把权值矩阵上的数据按照上下左右 4 个方向, 进行多次平移运算. 如果平移过程中, 数据超出了矩阵边界, 则把它截掉, 如图 11-23 所示. 这样可以获取平移后的权值矩阵结果的集合.

(2) 用新获得的权值矩阵与图像进行匹配运算. 我们把 (1) 中获取的权值矩阵集合中的每一个矩阵分别与感受野图像做匹配运算, 就可以获取不同平移情况下的朝向片响应值结果的集合.

(3) 选出朝向片最终的响应值代表. 我们从朝向片响应值集合中挑选出最大的一个, 作为该朝向片最终的响应结果, 同时记录这个朝向片权值矩阵的平移方向与位置.

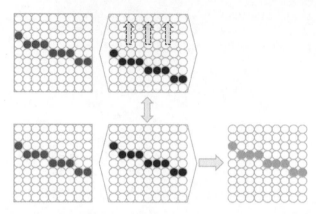

图 11-22   权值矩阵内元素经过整体向上平移两个单位后, 可以很好地匹配输入层感受野内部
的线条图像

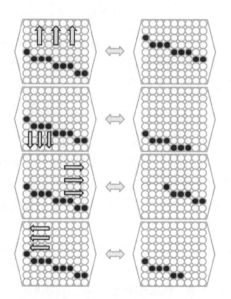

图 11-23   "抖动" 机制中, 把权值矩阵内部元素按照上下左右 4 个方向进行平移和截取运算
的示意图

以上为 "抖动" 机制实现过程.

引入了 "抖动" 机制后, 我们在图像表征计算的过程中可以充分考虑和覆盖到
各种空间位置上图像与权值的匹配可能, 从而消除了错位问题导致的表征信息丢失
情况, 最终获得了更为真实、可靠和准确的阵列激活结果, 大大增强了超柱阵列对
于图像的表征计算能力. 此外, 除了 "抖动" 机制外, 我们当然还可以通过扩大超柱
阵列大小等手段, 来增强图像的表征计算能力, 尽可能地保留下图像全部的细节信

息, 如图 11-24 所示.

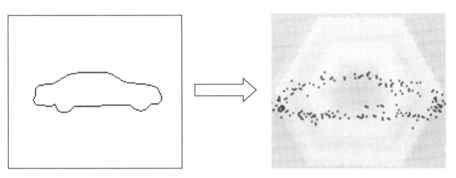

图 11-24 一个含有 452 个超柱阵列的对汽车轮廓的表征. 通过使用大规模超柱阵列, 可以使图像中更多细节信息被保留下来

11.2.3 基于被激活朝向片点阵图的图像还原重建

把人类大脑皮层中感知活动获取的图像表征信号还原为视觉图像, 是一个重要且富有挑战的研究工作 (Yoichi et al., 2008). 由 11.2.1 和 11.2.2 两个小节内容可知, 与大脑皮层上的信号表征方式类似, 我们经过表征计算生成的被激活朝向片点阵中, 含有大量局部图像片段中的像素位置、形态和分布角度等信息. 因此, 我们可以借鉴生理学信号中的还原方式, 来实现基于被激活朝向片点阵图像的还原和重建.

1. 把大脑皮层信息重建为原始图像的相关生理学研究

基于对于大脑认知和生理学研究需求, 已经有大量的研究针对于大脑皮层的活动信号进行重建图像的研究工作 (Yoichi et al., 2008; Kamitani, Tong, 2006; Mitchell et al., 2008; Stanley et al., 1999). 例如, Yoichi 等 (2008) 在研究中对于fMRI(functional magnetic resonance imaging) 技术获取的大脑活动信号, 通过局部分解器进行还原, 重建了图像刺激信号, 然后在整个视野上进行整合叠加计算, 最终可以完成比较复杂图像的重建, 这个过程如图 11-25 所示. 最后实现的图像重建结果如图 11-26 所示.

2. 把被激活朝向片点阵重建为图像

生理学上真实数据的还原重建实验 (Yoichi et al., 2008; Kamitani, Tong, 2006; Mitchell et al., 2008; Stanley et al., 1999) 的研究工作给予了我们设计基于被激活朝向片点阵的图像重建过程很多的启发. 本节采用了类似的思想来设计图像重建过程.

具体的重建过程如下:

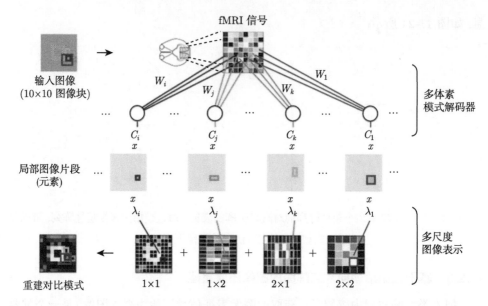

图 11-25　由大脑皮层 fMRI 信号重建图像过程. 信号可以根据局部分解器形成局部图像片段 (local image basis), 然后通过叠加计算不同的局部片段, 完成整幅图像的重建 (Yoichi et al., 2008)

　　首先, 经过超柱阵列的图像表征处理后, 我们把一幅线条图像转化为被激活朝向片的点阵图像. 在这个新的图像表征方法中, 结合超柱阵列的组织结构, 我们可以轻松地获取每个被激活朝向片的响应值强度、感受野位置、权值数据分布, 以及处理中 "抖动" 的位移. 然后, 一旦获取这些信息, 结合计算机图形学原理知识 (Baidu, 2012), 我们可以在每个朝向片上进行还原运算, 从而生成一个对应的局部图像片段. 最后, 我们在整个视野上进行所有片段的叠加, 完成对于整幅复杂图像的重建工作.

　　这个计算过程可以通过如下公式进行表示:

$$\tilde{I}(i,j,r) = \sum_m \lambda_m \phi_m \left[C_m(i,j) + J_m(r) \right] \tag{11.13}$$

其中 $\tilde{I}(i,j,r)$ 为重建图像; m 为图像片段号; ϕ_m 为权值数据分布; 在每个片段中, λ_m 为响应权重参数; (i,j) 片段对应感受野中心位置; $C_m(i,j)$ 为感受野位置平移矩阵; $J_m(r)$ 为抖动修正矩阵.

　　根据重建公式, 我们可以很好地把图像表征计算过程中获取的被激活朝向片响应点阵列还原重建成为一幅视觉图像. 这个重建过程在实施后, 其效果如图 11-27 所示. 从图 11-27 中可以看到, 我们重建出来的图像和原图高度相似. 这也有力地证明了我们图像表征方法的有效性.

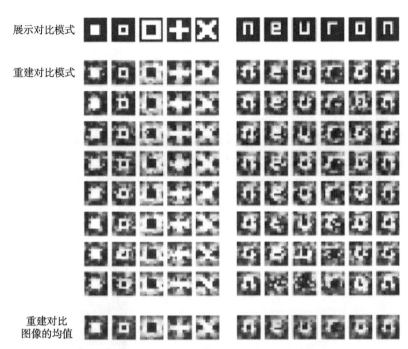

图 11-26 fMRI 信号经过分析处理后生成的重建图像. 图像中不同参数下的重建结果, 按照均方误差由大到小排列. 最后一排是经过各结果均值加权处理后的重建图像 (Yoichi et al., 2008)

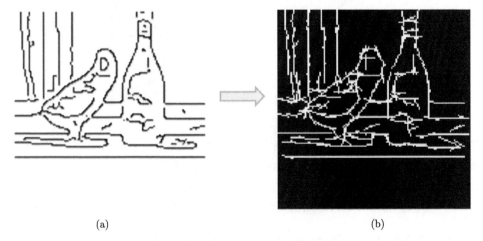

(a)   (b)

图 11-27 图像重建的结果. 图 (a) 为 ETHZ 图库中的一个鸟和酒瓶的边缘图像, 作为输入信号进行了图像表征计算. 图 (b) 为由其被激活的朝向片点阵图所含信息重建后生成的图像. 它们几乎是一致的

3. 单个被激活朝向片的图像表征分析

在 11.2.3 的第 2 小节中, 我们实现了对于被激活朝向片点阵图的图像重建工作. 为了进一步分析其图像重建能力, 在进行重建图像的统计学实验之前, 这里还对单个朝向片的图像表征效能进行了一个简单的总结和分析.

我们知道超柱阵列的规模是有限的, 它所含朝向片的数量也是有限的, 但来自真实世界的视觉图像刺激的变化是无限的. 用有限的资源对无限的刺激进行表征必然会导致结果上的近似, 正如图 11-27 中结果所见.

从单个朝向片的表征重建来看, 这种近似生成过程可以被总结和归纳为多种可能情况, 如图 11-28 所示. 从图中可以看到: 尽管输入的刺激图像各不相同, 但是经过表征近似的重建计算, 我们可以获取相同的重建结果.

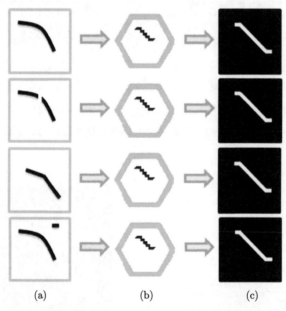

(a)　　　　　　　　(b)　　　　　　　　(c)

图 11-28　朝向片对于不同的输入图像刺激产生相同的重建近似结果. (a) 列为感受野中的图像刺激信号; (b) 列为朝向片权值分布形态; (c) 列为经过计算获得的重建图像. 可见重建图像是对原始刺激的一种近似图像, 多种类似的原始刺激将映射到同一个重建结果上. 为了示意明显, 这幅图像中输入刺激图像之间、输入与重建图像之间的差异被扩大了

在了解单个朝向片近似情况之后, 我们就可以更加清楚这种近似在表征中的优点: 通过使用朝向片被激活点阵图的表征方式, 我们能够有效地获取输入图像的像素分布, 而忽略掉现实中构成这种分布的各种繁杂的可能性, 从而实现了局部主要特征的抽取, 便于在下一阶段进行高维信息搜索和加工.

11.2.4 基于被激活朝向片点阵的图像表征方式效能检测实验

由于图像表征过程前后, 输入图像与重建图像之间呈现着近似关系, 所以我们有理由进一步地验证, 原始图像被超柱阵列表征重建后, 是否具有足够清晰可靠的还原度.

为了完成这个验证, 本节我们在 MPEG-7 形状图库中进行了图像信噪比 (signal to noise ratio, SNR) 实验.

1. 边缘检测方法

为了让超柱阵列能够处理更为一般的图像的表征和重建, 我们对于非线条类型的图像, 首先进行边缘检测处理, 获取边缘图像 (edge map). 然后我们可以把这个边缘图像上载到超柱阵列上进行处理, 完成对于普通图像的表征和重建工作.

边缘检测是重要的数字图像处理基础问题, 主要用来获取图像中物体和背景中的边缘信息. 常见的边缘检测方法有很多, 比如使用 Sobel 算子、Robert 算子、DoG 算子等. 本节涉及的图像边缘检测全部使用 Canny 算子.

Canny 算法的主要思想是 (Canny, 1986): 首先进行图像的滤波, 消除噪声点; 然后通过 4 个不同的卷积核来分别计算 4 个角度上的亮度梯度图; 最后通过阈值判断高亮度梯度位置是否为图像中的边缘.

通过计算 Canny 算法, 我们可以很容易地把一幅图像的灰度图转化为由线条组成的边缘图像.

2. 通过 SNR 信噪比实验检验表征效能

为了准确有效地检测我们基于超柱阵列的图像表征重建能力, 我们引入了工业界信号品质检测中常用到的 SNR 方法, 即统计测量信噪比方法, 在 MPEG-7 形状图库上进行表征和重建实验.

MPEG-7 形状图库 (Richard, 2015) 总共由 1400 张图片组成, 其中有 70 个不同物体的类别, 而每个类别又由 20 张图片组成, 其中的一些类别如图 11-29 所示. MPEG-7 中的图像本身由黑白两色组成, 外观上简洁明了; 同类图像之间有着结构或形状上的微小差异; 这些图像经过边缘检测后, 容易获得边缘线条. 因为以上这些优点, 它适用于表征和重建图像实验.

实验过程具体步骤如下:

首先, 我们对 MPEG-7 形状图库使用边缘检测, 获取 1400 张图像的集合, 如图 11-30 所示.

然后, 我们把这些图像上载到超柱阵列上, 并逐一生成表征点阵, 再把点阵还原为重建图像, 获得 1400 张重建图像集合, 如图 11-31 所示.

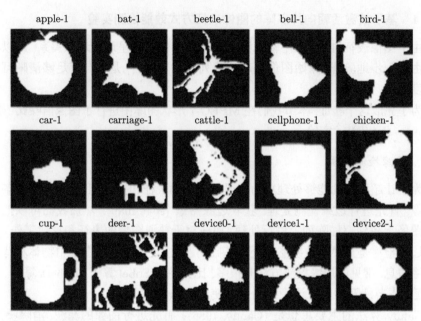

图 11-29　MPEG-7 形状图库中不同种类的一些图例 (Richard, 2015)

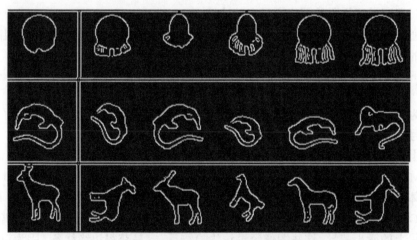

图 11-30　MPEG-7 中的图像进行边缘检测后的边缘图像集合

其次, 我们引入图像信噪比的概念, 并逐幅进行计算.

这里, 我们设重建图像和原始图像中重合的像素点是有效的信息点, 即 σ_{image}; 而重建图像中出现而原始图像中未出现的点为噪声点, 即 σ_{noise}, 则信噪比 SNR 可以由下列公式计算出来 (Maldonado et al., 1997)

$$\text{SNR[dB]} = 20 \cdot \log_{10}\left(\frac{\sigma_{\text{image}}}{\sigma_{\text{noise}}}\right) \tag{11.14}$$

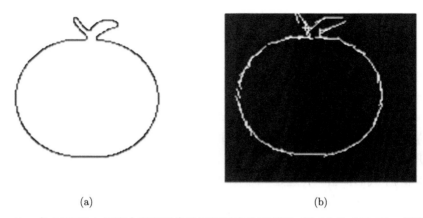

(a)　　　　　　　　　　　　　　(b)

图 11-31　在 MPEG-7 图库中进行图像表征和重建的示意图. 图 (a) 为 MPEG-7 图库中的
一个苹果原图; 图 (b) 为由被激活的朝向片所含信息重建后生成的图像

最后, 当所有图像计算完成后, 我们把每个图像的 SNR 值绘制在同一张图像中, 至此实验结束. 实验结果如图 11-32 所示.

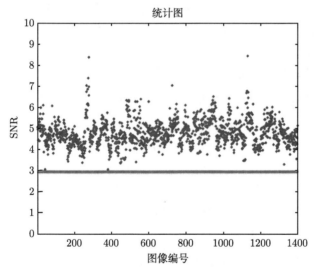

图 11-32　在 MPEG-7 图库中进行信噪比实验. 图中红线为实验中信噪比最低值的水平线;
蓝色点为原始图像和重建结果之间的 SNR 值

在实验结果中, 我们可以看到, 大部分 SNR 值都在水平线 3 (红线) 以上. 而工程应用的经验 (Kellman, McVeigh, 2005; Johnson, 2006) 认为, 一般来说 SNR=2dB 是一条区分高质量和低质量信号的分界线, 而这之上则是数值越高, 质量越好. 因此, 从图 11-32 中来看, 我们的图像表征和重建效能可以说是令人满意的.

11.3　基于超柱阵列的图像特征提取及其在形状识别中的应用

在 11.2 节中, 我们实现并验证了基于超柱阵列的图像表征方法及其重建能力, 从而建立起了 "视皮层 V1 区建模结果" 与 "现实中解决计算机视觉问题" 之间的一座桥梁. 为了进一步通过超柱阵列来解决更为复杂的计算机视觉问题, 比如基于形状的物体识别问题, 我们还需要对于超柱阵列的图像表征结果进行更深层次的挖掘和使用.

本节中, 我们提出一种通过 "图" 的方法实现在被激活的朝向片点阵图中进行特征搜索, 并在这个基础之上, 根据路径匹配和证据累积等方法, 实现并完成了形状识别任务.

11.3.1　通过图的方法进行特征搜索

在 11.2 节中, 我们实现了把图像转化为一个被激活朝向片的点阵图, 其中经历了从图片像素点到被激活朝向片节点的表征转化过程. 既然表征后可以获取一个节点集合, 我们自然可以想到, 如果把这些点作为顶点, 并设定它们之间邻接的关系作为边, 那么我们就可以获取一个无向图来表示集合结构, 从而便于我们在其中进行特征搜索.

本节主要阐述了这种搜索的实现过程.

1. 大脑皮层生理学实验中使用到的图的特征搜索方法的相关研究

在大脑生理活动信号的各种研究和实际应用中, 大都需要进行信号的特征提取 (Palatucci, 2011; Chang, 2010), 从而来实现信息的加工提炼, 最终完成特定任务. 其中, 脑电波 (EEG) 图像由于其检测生成的方式, 会建立起一张散点图, 对应了不同脑部位置的信号检测结果. 这种结构显然适合转化为一张图, 然后再进行后续处理. 所以在 Wu 等 (2012) 的研究中, 使用了图的搜索方法, 方便和快速地进行脑电图中的特征提取, 如图 11-33 所示.

2. 从被激活朝向片点阵到无向图的转化

我们实现的特征搜索方法与生理学中脑电图中使用图搜索的办法比较类似. 为了便于搜索和使用被激活朝向片点阵图中的信息, 我们可以通过这些朝向片之间的邻接关系建立起一张被激活朝向片点阵组成的无向图 Graph(下文中统一将其简称为无向图 G).

这个无向图 G 的具体生成步骤是:

(1) 把一幅图像上载到超柱阵列, 按照图像表征的计算过程, 获取它的被激活朝向片节点信息.

(2) 从每个超柱结构中, 选择响应值最大的朝向片 Oi, 作为这个超柱区域内朝向片的代表, 并记录下它的信息. 然后把所有超柱的 Oi 收集起来, 组成了无向图 G 的顶点集合 V.

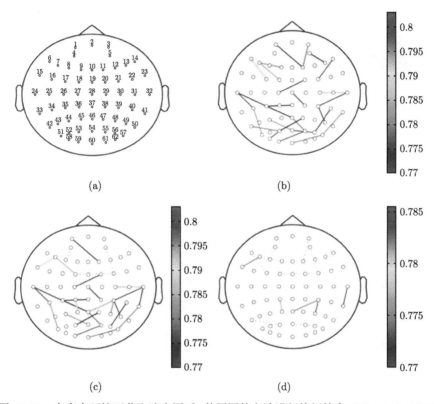

图 11-33 在真实环境下获取脑电图后, 使用图的方法进行特征搜索 (Wu et al., 2012)

(3) 根据超柱阵列上超柱的相邻关系, 把 V 中每两个相邻的朝向片 Oa、Ob 顶点连接起来, 组成了无向图 G 的边的集合 E, 从而构建起了整张无向图 G.

通过以上步骤, 我们可以建立起一张没有权值的无向图 G.

在这张无向图上, 可以容易地进行相邻顶点之间的探查与遍历. 根据我们的阵列设计规则, 相邻朝向片的感受野是互相重合的, 所以这张无向图 G 的结构非常重要.

一张根据被激活朝向片点阵生成的无向图 G 如图 11-34 所示. 在图 11-34 中, 我们可以看到, 无向图 G 的顶点连接结构与图像中物体 (苹果图标) 边缘的对应关系非常密切.

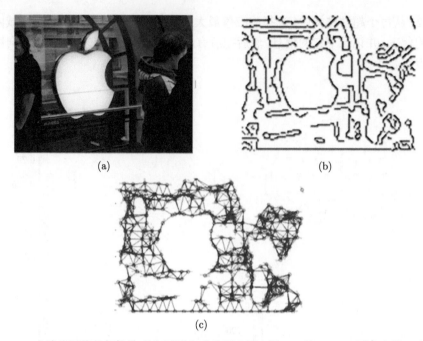

图 11-34　由边缘图像经超柱阵列表征而生成的无向图. 图 (a) 是 ETHZ 图库中的一张商标图像; 图 (b) 是经过 Canny 算子边缘检测后获得的图像; 图 (c) 是由活跃朝向片节点及其连接构成的无向图 G. 每个顶点位置放在了其权值重心位置

3. 建立无向图 G 的具体原因与优点分析

在 11.2.4 节超柱阵列对边缘图像进行表征的过程中, 图像已由原先离散的像素点转化为一系列活跃的朝向片单元, 每个单元都代表了一段出现在特定位置、特定长度和特定角度的图片片段, 其形状上类似于一条线段. 这一表征形式更加简洁、紧凑和富集信息. 同理, 这些单元也不是孤立发挥作用的, 它们也需要再次进行组织才能起到便于后续加工的作用. 与物体大尺度的轮廓相比, 每个朝向片单元所表征的局部线段信息还是比较细微的, 我们需要把它们整合起来. 集合是一种候选手段, 但它不足以描述这些单元间的拓扑分布特征. "图" 是一种描述相邻与连通关系的有效方法, 当前超柱阵列中的朝向片单元和超柱相邻排列的特性正好可以映射为 "图" 中的顶点和顶点间的边的连接. 超柱阵列与 "图" 的天然相似性启示我们用图作为刻画由刺激激活的朝向片空间分布的手段, 并设法进行利用.

我们希望一段连续的轮廓能够由多个朝向片接力进行表达, 因此也就希望无向图 G 能够反映出这样的直觉. 所以, 基于被激活朝向片点阵定义的无向图 G 的最好方式是把朝向片定义为顶点, 把朝向片间可能的接力关系转变为顶点间的边连接. 由于处于同一超柱内的 19 个朝向片所辖的感受野是完全重合的, 它们的工作方式在很多时候都是排他性 (exclusive) 的, 因为在一个不大的视野范围内轮廓刺激不大可能会密集出现; 虽然有时它们中的几个可能被同时激活, 但它们不可能是接力表征的关系. 只有在那些掌管的感受野相邻或部分重叠的相邻超柱中的朝向片间才存在自然的接力关系. 因此, 属于同一超柱的 19 个朝向片所对应的节点在无向图 G 中是彼此不相连的, 我们只为分属于两个相邻超柱中的朝向片节点构建连接. 这样, 由一个超柱阵列我们就可以派生出一张基础性的节点网络, 即一个无向图. 一旦一张刺激图像被上载上来之后, 这个节点网络中的某些顶点就被激活了.

总之, 无向图 G 带来的最大的好处是, 第一有效组织了数据; 第二便于搜索. 由前述接力表征的论断, 我们可以断定属于物体的连续轮廓也势必出现在彼此相邻的朝向片节点中, 从搜索上看它们构成一条路径, 如图 11-35 所示. 在基于形状的物体识别中, 关键是找到某类物体的特有轮廓, 这也就意味着在无向图中找到某条或某几条长路径. 这是找到物体的关键一步.

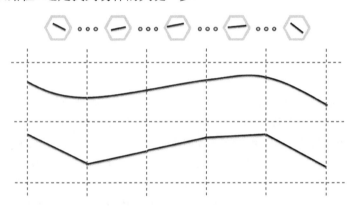

图 11-35 理想情况下, 由邻接的被激活朝向片序列所构成的路径的示意图. 最上方是一条 Route 中被线序排列的一系列被激活的朝向片, 中间方格是物体的一条轮廓线, 下方方格是由 Route 重建出的图像. 虚线组成的正方形圈出了朝向片对应的感受野. 这张图说明由一条 Route 的朝向片序列可以逆向拟合出一段轮廓线

4. 使用无向图 G 来搜索路径

由于物体的轮廓是可变的和多样的, 例如, 长颈鹿的脖子有时伸直有时弯曲; 另外, 物体所处的背景环境会对其边缘产生干扰, 如可能产生毛刺、断线等, 这些都在路径搜索时带来了组合上的困难, 传统方法 (Zhang et al., 2012) 不能有效解决. 而且如图 11-34, 无向图 G 本身连通度很高, 要想一步选出正好代表目标物体轮廓的那些路径是困难的. 这时, 有一个观察是有益的, 即物体的轮廓通常趋于连续和光滑, 它在无向图 G 中可能对应于一条长路径 (long route). 因此, 我们可以用某条路径 R 中两个相邻节点所含直线段连接的紧密程度和平滑程度来判断这条路径的

价值.

在定义过程中, 我们希望无向图 G 中给予这样两个朝向片顶点间更大的连接权值: 它们所代表的短直线段的端点越靠近越好, 且这两条线段的倾角越相近越好. 所以我们定义 V 中顶点间的权值计算公式为

$$W_{ab} = 2\eta \frac{|\theta_a - \theta_b|}{\pi} + (1 - \eta) \frac{|\sigma_a - \sigma_b|}{r} \tag{11.15}$$

其中 η 为权重参数; θ 为朝向角度; σ 为端点位置; r 为间隔距离阈值.

图 11-36 概括地说明了权值定义的基本原则.

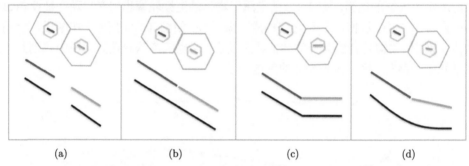

　　(a)　　　　　　　　(b)　　　　　　　　(c)　　　　　　　　(d)

图 11-36　如何为两个相邻的朝向片节点的连接定义权值. 图中最下方黑色线条为原始图像边缘, 中间红绿线段为重建线段, 最上方为两个相邻朝向片节点. 如图 (a), 若红绿两个朝向片节点所代表的短线段彼此间有距离, 则它们间的连接权值较大. 如图 (b), 若红绿两个相邻的朝向片节点所代表的短直线段在视野中能够彼此衔接, 形成一条更长的直线段, 那么这两个节点间的权重为零. 如图 (c), 若红绿两个朝向片节点所代表的短线段倾角相差较大, 则它们间的连接权值较大. 如图 (d), 若红绿短线段能够形成夹角 (用锐角表示) 较小的连接, 则这两个节点间的权值较小

定义了无向图 G 中边权值的内容之后, 在我们的无向图 G 上, 就可以设计出如算法 11.1 所示的路径生成算法.

算法 11.1　路径生成算法

Start: 已知无向图 G, 被激活朝向片集合 V.

1. 如果 V 为空, 转 5; 否则从 V 中任选一点 V1.
2. 通过广度优先算法, 探查 V 中是否存在任意一点 V2, 使 V1, V2 在 G 中满足权值小于判别阈值.
　　如果只有一个 V2 候选, 转到 3; 如果有多个 V2 候选, 从中选取与 V1 构成权值最小的一个顶点作为 V2, 转到 3; 如果不存在, 转到 4.
3. 把 V1 加入 Route[i]; 让 V2 取代 V1, 转到 2.
4. 把 V1 加入 Route[i], $i = i + 1$, 从 V 中删去 V1, 并转到 1.
5. 结束搜索.

通过算法 11.1, 可以粗略地获取无向图 G 中较短的路径, 这里把它们定义为基

本路径. 同时, 由它们重建出的轮廓图像在外观上已经较为连续和过渡平滑. 然而, 在获取的这些基本路径中, 仍然可能有两条路径的端点是相同或者是相邻的, 如果这些端点满足权值阈值判断, 则应该把这些路径融合起来. 因此, 我们进一步设计了进行路径融合的算法 11.2. 它和算法 11.1 的基本思路是相同的.

算法 11.2　路径融合算法

Start: 已知无向图 G, 已生成的基本路径 Route 集合.

1. 从 Route 中任选 1 条路径 R1; 如果 Route 为空, 转 5.

2. 通过广度优先算法, 探查 Route 中是否存在任意一条路径 R2, 使 R1、R2 的端点在无向图 G 中满足边权值小于判别阈值.

　　如果有一个 R2 候选, 转到 3; 如果有多个 R2 候选, 从中选取与 R1 端点构成权值最小的一个端点的 Route 作为 R2, 转到 3; 如果不存在, 转到 4.

3. 把 R1, R2 按序合并加入 New_Route[i], 删去当前的 R1, R2; 转到 1.

4. 把 Route1 加入 New_Route[i] 中, $i = i + 1$, 从 Route 中删去 Route1, 并转到 1.

5. 结束搜索.

　　由于基本路径的数量比节点要少得多, 所以融合算法 11.2 本身很快, 经过多次迭代之后, 路径的数量基本趋于稳定, 最终获得了比较长的路径集合. 图 11-37 是生成路径的结果示意图.

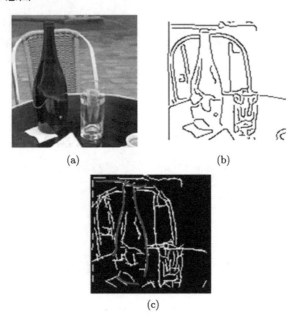

(a)　　　　　　　　　　(b)

(c)

图 11-37　经过算法 11.1 和算法 11.2, 图像中物体 (酒瓶) 的边缘被分在几条长路径中. 图 (a) 是 ETHZ 图库中的一幅酒瓶图像; 图 (b) 是一个物体的边缘图像; 图 (c) 表示它的边缘被涵盖在重建图像的四条长路径中 (红线标出)

　　从图 11-37 中可以看到, 通过获取长路径, 图像中的边缘信息得到了进一步的整合. 这些长路径基本上是长的直线, 或者是比较光滑的曲线. 若放宽对权值阈值的约束, 还能获得较长的连续曲线. 这些曲线所含信息量很大, 很有可能包括了目标物体的全部或部分轮廓. 进一步, 我们可以通过对所获得的长路径和物体模板形状的比较来实现物体识别. 此刻, 长路径的数量已经大为减少了, 这意味着搜索和组合的负荷将会得到控制.

　　总之, 按照上述方法, 可以把一幅图像中的所有路径都提取出来和储存下来; 其中, 很多路径中会包含一个物体的轮廓边缘.

5. 使用形态学方法对路径进行优化

　　按照上文中算法 11.1 和算法 11.2, 我们从图像中无向图 G 上搜索出一系列路径的集合, 这些路径即为图像中的特征路径. 虽然算法中尽可能地求得了平滑和连续的路径, 但结果可能仍然不够光滑连续, 如图 11-38 所示.

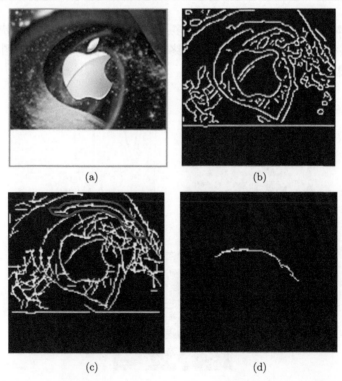

(a)　　　　　　　　　　　　(b)

(c)　　　　　　　　　　　　(d)

图 11-38　重建图像中提取路径示意图. 图 (a) 为 ETHZ 图库中一张商标原图; 图 (b) 为其边缘图像; 图 (c) 为阵列重建图像, 图中红线圈住区域是按照算法 11.1 和算法 11.2 提取出的一条长路径; 图 (d) 为这条路径单独放大后的图像. 可以看到, 这条路径有着明显的毛刺和分叉等现象

从图 11-38 中可以看出, 这条特征路径中存在着毛刺、分叉和粗细不均等问题, 这主要是因为图像在超柱阵列上重建的过程中存在近似还原现象, 是一种重建过程中不可避免的系统误差. 这显然不是我们所希望出现的情况.

为了让提取的特征路径更加光滑平整, 便于形状识别的过程中使用, 这里我们通过数字图像处理的形态学方法来设法优化获得的路径.

数字形态学方法最早在 20 世纪 60 年代 (1964 年) 已经出现. 它最初被应用于岩石定量学的分析过程中 (Edward, 1993), 后来在 20 世纪 90 年代发展成熟, 并且在计算机图像处理领域得到了广泛的应用, 比如在图像的去噪声、边缘检测、区域分割等问题中, 都可以运用数字形态学方法来解决.

常见的形态学运算处理方法有: 腐蚀运算、膨胀运算、开运算、闭运算和骨架提取运算等 (Fisher et al., 2003). 它的主要思想是: 首先建立一个类似于 "探针"(probe) 的图形结构体. 然后在 0-1 二值图像的每个像素上, 使用探针结构覆盖到待处理图像上进行探查, 观察两者相互覆盖的部分上像素分布是否满足预先设定的规律: 如果满足, 则可以进行像素操作; 没有则继续探查; 直到整个图像的像素都被探查过为止.

这里为了优化已经获取的特征路径, 即设法使其变得更加平坦光滑, 我们使用数字形态学来进行处理. 具体的处理过程如下:

(1) 对路径使用膨胀运算. 这个过程使路径上的毛刺和噪声点的四周被填充, 使路径整体 "饱满" 起来. 这个过程可以用下面公式来计算:

$$I_{\text{dilation}}(i,j) = I(i,j) \oplus B = \{(i,j) \mid I(i,j) \cap B \neq \varnothing\} \tag{11.16}$$

其中 B 为探针结构体.

(2) 对膨胀处理后的路径使用细化 (thinning) 运算. 这个过程可以把膨胀后的路径转化为单像素的图像. 可以用如下公式来计算:

$$I_{\text{thinning}}(i,j) = I(i,j) - I(i,j)^*B = I(i,j) \cap (I(i,j)^*B)^c \tag{11.17}$$

其中 B 为探针结构体; "*" 运算表示当前区域是否满足结构体覆盖的判别运算.

(3) 提取当前路径中的最长单一路径. 细化处理后, 路径上可能还是会有分叉, 这时从路径上找到最长端到端的路径即可消除分叉的情况.

以上为路径优化处理的全过程. 图 11-38 中的路径经过处理后的表现如图 11-39 所示. 现在路径明显光滑和平坦许多, 且其形态结构没有发生太大变化, 给今后的曲线匹配过程提供了便利.

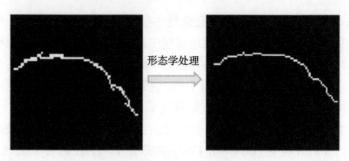

图 11-39　路径经过形态学处理和优化后的结果. 这条路径是从图 11-38 的重建结果中提取出来的, 可以看到, 现在它变得更加光滑、平坦和细腻

11.3.2　把模板目标路径与图像特征路径进行匹配来实现形状识别

基于 11.3.1 节中从无向图 G 中分离长路径的策略, 我们可以得到一些以朝向片为单元的编码序列, 它们中的一部分表征了一些连续性较好, 光滑度较好的轮廓片段. 若我们将这些长路径所代表的轮廓片段与目标物体的模板进行比较, 那么就有可能对这些长路径的价值做出评价. 如果无向图 G 中某个子图的价值得分较高, 那么这里就很有可能存在我们要找的物体. 基于这一思想的物体识别需要两步, 第一步是比较长路径与某个模板片段的相似性; 第二步是综合多个局部证据进行整体相似性评价.

1. 把特征路径与目标曲线进行匹配

目前已经存在一些对曲线进行相似性比较的算法. Schindler 等 (Konrad, David, 2008) 提出了一种基于 "a sequence of tangent angle" 的方法来表征曲线, 但是当曲线发生平移、旋转时, 这种表征方法不具有不变性. Arkin 等 (Arkin et al., 1991) 提出了一种基于 "Turning Function" 对多边形轮廓进行相似性比较的方法, 但是这种方法对曲线上出现的锯齿或毛刺噪声很敏感, 且曲线前段的表征误差会传播到后段的表征中来, 另外, 其要求对曲线整体进行归一化的操作固化了各段的相对比例, 这不适用于可能含有干扰片段的待识别曲线. Arkin 等 (Yarbus, 1967) 还提出了一种 "discrete curve evolution algorithm", 这种方法需要把曲线近似为多边形, 一方面存在由边数设定带来的近似误差, 另一方面也增加了除多边形相似性比较之外的计算量. Matlab 软件也提供了曲率的计算工具, 但是曲率值受局部噪声的影响很大. 当然, 我们还可以使用 B-spline 拟合来表征曲线, 但是这需要精确给出采样点的顺序, 这在待识别图像上是难以保证的, 而且也不可能手工指定.

直觉上, 我们通过人眼比较两条曲线最直观的方式就是看它们的重合程度, 这是最彻底的方法. 因为它能够利用曲线的整体趋势进行比较, 而不拘泥于局部性的数值化特征. 同时, 它不受曲线长度、位置和姿态影响, 具有很大的灵活性. 人类进行曲线比较时类似于解一个最优化问题, 找到两者的最佳匹配位置, 并基于此刻状态给出相似性程度值. 我们基于寻找两条曲线最大重合程度的思想, 给出了一种曲线相似性度量方法.

本节涉及两类曲线. 一类是来自目标物体形状模板的曲线, 它们是物体轮廓的不同片段, 记为 Temp_C; 另一类是来自由前文路径 (route) 提取得到的待识别曲线 (当是直线或折线时, 可看成特殊曲线), 记为 Route_C. 我们的目标是检查在 Route_C 中是否存在某个片段与 Temp_C 可以重合或几乎重合. 它们重合的程度就称为两条曲线的相似性程度. 由于待识别曲线可能包含除目标物体轮廓以外的背景干扰曲线, 所以我们允许曲线部分匹配. 这就意味着我们需要寻找最佳的匹配起始位置. 另外, 还要考虑图像发生旋转和缩放的情况. 因此, 待识别曲线与模板的最佳匹配是一个最优化过程. 本节的匹配算法 11.3 如下, 其基本原理如图 11-40 所示.

算法 11.3 Route 所含曲线与模板曲线相似性度量算法

Start: 由某条 Route 重建的曲线 Route_C 和模板轮廓的某个片段曲线 Temp_C.

1. 在 Route_C 起点以及曲线中距其最远的点间构建一条矢径向量, 并以起点为原点, 旋转整条曲线直至矢径向量与 x 轴正方向重合; 对 Temp_C 也如此加工.

2. 对两条曲线进行采样, 分别得到
   Temp_C $= \{(x_i, y_i)\}, 1 \leqslant i \leqslant M$ 和 Route_C $= \{(x_j, y_j)\}, 1 \leqslant j \leqslant N$.

3. 在 Route_C 上设定比较起始位置参数 Δx 和垂直 offset 参数 Δy. 将 Temp_C 水平平移 Δx 个单位.

4. 以 Route_C 中子集
   Route_C$' = \{(x_j, y_j)\}, \Delta x \leqslant j \leqslant N$
   为基础, 进行拉格朗日插值, 直至
   $|$Route_C$'| = M$, 得到 Route_C$' = \{(x'_i, y'_i)\}, 1 \leqslant i \leqslant M$.

5. 用最小二乘法求解距离函数
   $\underset{\Delta y}{\arg \mathrm{Min}} \sum_{i=1}^{M} (y'_i + \Delta y - y_i)^2.$

6. 若迭代次数未满, 则回到 3, 更新 Δx.

7. 输出目前得到的最小距离函数值.

算法 11.3 中, 最初的旋转曲线步骤令其最延展的方向与 x 轴重合是为了应对不同姿态的曲线. 采用插值法起到了对曲线进行缩放的作用, 以适应曲线尺度的不同.

图 11-41 是两段曲线进行相似性比较的例子, A 曲线是模板, B 曲线带有锯齿状噪声, C 曲线是光滑的. 我们的主观观察是: B 虽然带有噪声, 但其整体形状较之于 C, 与 A 更像. 而上述算法的计算结果也表明 A 与 B 的距离值更小. 由此可见我们的方法很好地体现了 "基于曲线的总体趋势进行相似性比较" 的基本思想.

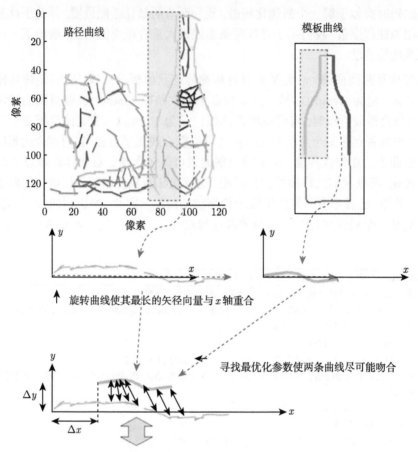

$\text{Temp\_C} = \{(x_t, y_t)\},\ 1 \leqslant i \leqslant M;\ \text{Route\_C} = \{(x_j, y_j)\},\ 1 \leqslant j \leqslant N;$

$\text{Route\_C}' = \{(x_j', y_j')\},\ 1 \leqslant i \leqslant M;\ (在\{(x_j, y_j)\}上进行插值运算,\ \Delta x \leqslant j \leqslant N)$

$\underset{(\Delta x,\ \Delta y)}{\arg\ \text{Min}} \sum_{t=1}^{M} (y_t' + \Delta y - y_t)^2\ (最优化目标函数进行计算)$

图 11-40   比较两段曲线的相似性过程的示意图 (顺序由上至下)

2. 识别证据的积累过程

基于上述曲线相似性度量方法, 我们可从图像的无向图 G 中逐一枚举出连贯性好的路径 —— 因为它们往往蕴含着分辨力强的长边缘 —— 然后将它代表的曲线与模板中的片段进行比较, 若发现了相似的片段就进行标记. 这相当于收集证据的过程, 若图像的某个局部区域聚集了与模板匹配的多个不同类型的证据, 我们就有理由相信这个区域值得进行更细致的搜索.

由 11.3.1 节从被激活朝向片点阵到无向图的转化中生成的无向图 G 显示了短

线段间的相邻关系, 但节点数量较多. 然后在 11.3.1 小节使用无向图 G 来搜索路径时, 我们把这个无向图 G 切分成多条路径 (route), 每条路径均代表边缘图像中一条曲线边缘. 这令图像表征的紧致 (compact) 程度大为增加, 同时使得算法可能获得一个较小的搜索空间. 例如, 图 11-42 是 ETHZ 图形库中 40 幅苹果边缘图像所含像

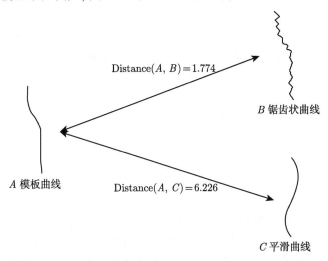

图 11-41 基于曲线的总体趋势进行相似性比较的示意图. 图中 *B* 曲线呈锯齿状, 相当于含有噪声数据, 但与图中 *A* 曲线趋势上更为相近; 而图中 *C* 曲线虽然光滑, 但是形态差异大. 它们使用算法 11.3 计算后产生的距离 (distance) 可以正确区分出这两种情况

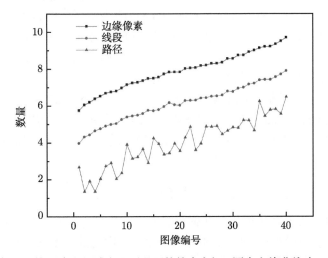

图 11-42 "路径图" 的方法明显减少了不必要的搜索空间. 图中方块曲线为 ETHZ 图形库中 40 幅苹果边缘图像所含像素数量; 圆点曲线为经超柱阵列表征之后短直线段数量; 三角曲线为经短线段无向图 G 搜索派生出的路径数量

素数量、经超柱阵列表征之后短直线段数量、经短线段无向图 G 派生出的路径数量的比较. 可见表征的集成程度已经大为提高, 以路径为基本单元的搜索空间已经大为减少了.

若我们以路径 Route 为节点, 它们间的连接关系为它们端点间的权值, 我们可以生成一个颗粒度更大的图. 若前一个无向图 G 称为线段图 (line-graph), 那么这个新的图可以称为路径图 (route-graph). 对其中的每个节点我们根据其与每段模板曲线的距离值 (计算方法见 11.3.2 的第 1 小节 (见算法 11.3)) 定义一个矩阵, 记录任意一条路径与任意一段模板曲线间的相似性程度. 图 11-43 描述了这样一个生成距离值矩阵的过程, 从矩阵每行中挑选距离值最小的一条或几条 route 作为识别物体的最主要证据. 若这些证据, 也就是 route, 在原图中的分布足够局部化, 或者它们存在着连通性, 通过这个的证据累积过程, 如果最后置信度超过了阈值, 就可以在一张图像中标出物体的假设位置.

3. 识别证据的交叉验证过程

物体轮廓的特殊曲线段作为证据不是孤立存在的, 它们之间的相互关联同样重要. 若把每段证据分散分布在图像的各个角落, 那么就证据收集而言依然都能找到, 但它们的相对分布可能就不再满足拓扑一致性约束了. 因此, 本节对同一模板采取两套彼此独立的轮廓划分方法, 使得各自形成的轮廓片段存在相互重叠的部分. 这种方法带来的好处是在一套划分方案中两个应该紧密相邻片段的过渡部分恰好处于另外一套划分方案的同一片段中. 这使得我们可以采取一套方案进行模板匹配, 而用另外一套方案进行最后的交叉验证. 图 11-44 展示了这种思想.

基于路径图 (route-graph) 边搜索边匹配的算法 11.4 的基本流程是: 首先基于与模板曲线的相似性程度, 找到曲线证据最为密集的子图, 这里最有可能存在目标物体; 然后把子图中的路径与其相邻路径进行拼接, 看匹配程度是否会提升, 若提升就更新子图; 然后再把子图中某些路径的单度端点删除, 看匹配程度是否会提升, 若提升就更新子图; 然后检查子图中任意相邻的两段曲线对应的模板曲线是否也是相邻的, 这反映了拓扑连接约束; 最后, 换一套模板对筛选出的子图进行交叉验证. 经过以上检测步骤, 完成了一张图片中的形状识别任务.

4. 使用不同姿态 (不同视角下) 的模板

前文讲述了如何基于模板的几何形状对待识别图像进行搜索. 但物体在图像中呈现的姿态总是在不断变化, 我们不可能用一个固定的模板来适应所有可能的姿态, 这就是多原型问题. 僵硬而缺乏变化的模板是影响基于模板的方法被广泛推广的关键原因. 例如, 长颈鹿所呈现的外形轮廓曲线受两个因素的影响, 一是视角, 二是肢体关节的角度. 若我们能够拍摄一只长颈鹿在任意视角、任意关节组合下的图片, 或是有一个长颈鹿的三维数字模型并且定义了其所有关节的旋转函数, 那么我们可以得到所有可能的长颈鹿模板. 但这样做工作量太大了. 我们能不能由有限数量的长颈鹿二维模板去派生出视角可变化或关节可旋转的其他二维模板呢?

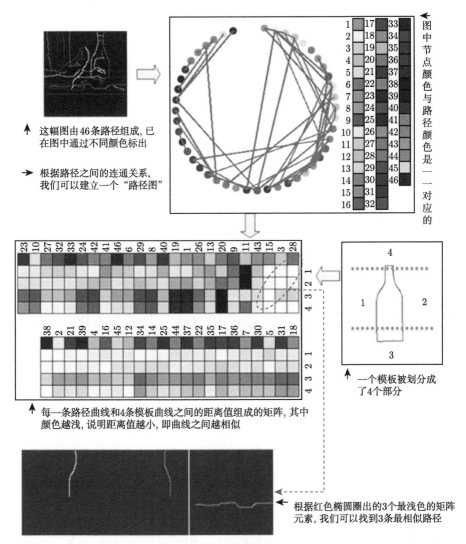

这幅图由46条路径组成, 已在图中通过不同颜色标出

根据路径之间的连通关系, 我们可以建立一个"路径图"

图中节点颜色与路径颜色是一一对应的

一个模板被划分成了4个部分

每一条路径曲线和4条模板曲线之间的距离值组成的矩阵, 其中颜色越浅, 说明距离值越小, 即曲线之间越相似

根据红色椭圆圈出的3个最浅色的矩阵元素, 我们可以找到3条最相似路径

图 11-43　路径图上的证据分布及其积累使用过程. 图中过程如下: 首先, 在形状识别的过程中, 我们通过图的方法提取特征路径; 然后, 根据特征路径端点之间的权值判断它们的连通性, 生成一张"路径图"; 其次, 把图中路径与模板曲线逐一比较, 生成相似度矩阵; 最后, 如果从矩阵中找到满足阈值的多条连通路径, 则完成了证据的累积, 说明图像中路径位置上存在物体

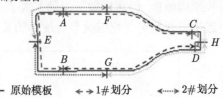

蓝色片段和红色片段为两种模板划分方式, 它们之间
有部分重合

—— 原始模板　　←→ 1# 划分　　←⋯⋯→ 2# 划分

$\text{Temp}_1 = \{ \widehat{AB},\ \widehat{BD},\ \widehat{DC},\ \widehat{CA} \}$; $\text{Temp}_2 = \{ \widehat{EF},\ \widehat{FH},\ \widehat{HG},\ \widehat{GE} \}$

图 11-44　使用两种独立的模板分割方法来进行交叉验证

算法 11.4　1.4 基于 Route_graph 的物体检测算法

Start: 一个原始图像的 $\text{Route\_graph} = \{\text{Route\_}C_j\}$

　　和其邻接矩阵 $\text{Adjacency\_M}_{\text{Route\_graph}}$,

　　以及 $\text{Temp}_1 = \{\text{Temp\_}C_k\}$;

1. 对任意 $\text{Route\_}C_j$ 和 $\text{Temp\_}C_k$, 计算

　　$\text{Route\_Node}[j][k] = \text{Distance}(\text{Route\_}C_j, \text{Temp\_}C_k).$

2. 基于 $\text{Adjacency\_M}_{\text{Route\_graph}}$, 寻找连通子图

　　$\text{sub\_graph} = \{\text{Route\_}C_i\} \subseteq \text{Route\_graph}$, 它满足

　　$\text{Minimal} \displaystyle\sum_{k=1, i \in \text{sub\_graph}}^{K} \text{Route\_Node}[i][k].$

3. 对任一 $\text{Route\_}C_i \in \text{Sub\_graph}$ 和它的相邻节点

　　$\text{Route\_}C_x$, 以及 $\text{Temp\_}C_k$, 计算

　　$\text{Route\_Node}[i][k]$

　$= \text{Route\_Node}[i][k] \leqslant \text{Distance}(\text{Joint}(\text{Route\_}C_i, \text{Route\_}C_x), \text{Temp\_}C_k)?$

　　$\text{Distance}(\text{Joint}(\text{Route\_}C_i, \text{Route\_}C_x), \text{Temp\_}C_k):$

　　$\text{Route\_Node}[i][k];$

　　其中 Joint 是路径拼接运算.

4. 对任一 $\text{Route\_}C_i \in \text{Sub\_graph}$ 和 $\text{Temp\_}C_k$, 计算

　　$\text{Route\_Node}[i][k]$

　$= \text{Route\_Node}[i][k] \leqslant \text{Distance}(\text{Shorten}(\text{Route\_}C_i), \text{Temp\_}C_k)?$

　　$\text{Distance}(\text{Shorten}(\text{Route\_}C_i), \text{Temp\_}C_k):$

　　$\text{Route\_Node}[i][k];$

　　其中 Shorten 是路径去除单度端点的运算.

5. 对任意 $\text{Route\_}C_i, \text{Route\_}C_j \in \text{Sub\_graph}$, 如果

　　$\text{Adjacent}(\text{Route\_}C_i, \text{Route\_}C_j)$

　$\neq \text{Adjacent}(\text{Temp\_}C_{\min \text{Route\_Node}[i][]} \text{ or } \text{Temp\_}C_{2\text{nd}-\min \text{Route\_Node}[i][]},$　那么 int H++;

　　$\text{Temp\_}C_{\min \text{Route\_Node}[j][]} \text{ or } \text{Temp\_}C_{2\text{nd}-\min \text{Route\_Node}[j][]})$

其中 Adjacent 是路径相邻性判定.

6. if $H > 3$, then return 失败.

7. 将 sub_graph 进行边缘图像重建, 用 Temp_2 进行交叉验证. 若成功, 则返回 sub_graph, 否则返回
失败.

　　二维模板的生成过程是三维空间中的物体在二维投影平面上的成像, 沿用计算机图形学的方法, 所需的坐标系如图 11-45 所示. 其中 E 是视点, O 是三维坐标系原点, xOy 平面是成像平面, 有一只长颈鹿位于 y 轴负方向上.

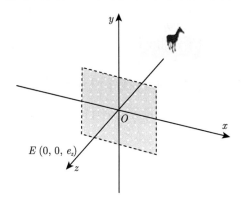

图 11-45　把三维物体投影到二维平面上的坐标系统

　　若长颈鹿上有一点 $P(x_i, y_i, z_i)$, 那么其在投影平面上的投影点是

$$x_i^{\text{pre}} = \frac{e_z x_i}{-z_i + e_z}, \quad y_i^{\text{pre}} = \frac{e_z y_i}{-z_i + e_z}, \quad z_i^{\text{pre}} = 0 \tag{11.18}$$

这是第一张二维图像. 若长颈鹿的纵向旋转轴平行于 y 轴, 其上一点为 $(0,0,d)$ 和单位向量 $(0,1,0)$. 长颈鹿绕着此轴旋转了 θ 角 (这等效于视角改变), 那么 P 点的新坐标为

$$x_i^{\text{rotated}} = x_i \cos\theta + z_i \sin\theta$$
$$y_i^{\text{rotated}} = y_i, \quad z_i^{\text{rotated}} = -x_i \sin\theta + z_i \cos\theta \tag{11.19}$$

那么 $P(x_i^{\text{rotated}}, y_i^{\text{rotated}}, z_i^{\text{rotated}})$ 再经过投影成像, 得

$$x_i^{\text{post}} = \frac{e_z(x_i \cos\theta + z_i \sin\theta)}{(x_i \sin\theta - z_i \cos\theta) + e_z}$$
$$y_i^{\text{post}} = \frac{e_z y_i}{(x_i \sin\theta - z_i \cos\theta) + e_z}, \quad z_i^{\text{post}} = 0 \tag{11.20}$$

这是第二张二维图像. 由式 (11.18) 和式 (11.20), 有

$$\left. \begin{aligned} \frac{x_i^{\text{post}}}{x_i^{\text{pre}}} &= \frac{x_i \cos\theta + z_i \sin\theta}{(x_i \sin\theta - z_i \sin\theta) + e_z} \times \frac{-z_i + e_z}{x_i} \\ \frac{y_i^{\text{post}}}{y_i^{\text{pre}}} &= \frac{-z_i + e_z}{(x_i \sin\theta - z_i \sin\theta) + e_z}, \quad z_i^{\text{post}} = 0 \\ \frac{x_i^{\text{post}}}{y_i^{\text{post}}} &= \left(\cos\theta + \frac{z_i}{x_i}\sin\theta\right) \times \frac{x_i^{\text{pre}}}{y_i^{\text{pre}}}, \quad z_i^{\text{post}} = 0 \end{aligned} \right\} \Rightarrow \tag{11.21}$$

由题设, 其实我们并不知道长颈鹿原始的透视投影成像环境, 只有投影后的第一张二维图像. 我们需要在这种情况下推测出第二张二维图像. 由式 (11.21) 可见, 我们由一个视角的图像推测另外一个视角旋转后的图像时是不需要知道关于透视投影的那些参数的. 式 (11.21) 中 $\dfrac{x_i^{\mathrm{pre}}}{y_i^{\mathrm{pre}}}$ 是已知的, $\dfrac{z_i}{x_i}$ 是由物体的原始三维姿态定义的, 它几乎就是观察者视线水平张角一半的余切值, 通常这是由后顶叶皮层计算注视角和汇聚角的机制来实现的 (Hutchinson et al., 2009). 在此我们可以用一系列较小角度的余切值进行近似, 同时 θ 也是观察者估计的. 若我们能够定义一个计算这些估计值的经验公式, 那么 $\dfrac{x_i^{\mathrm{post}}}{y_i^{\mathrm{post}}}$ 就是可以估计的. 考虑到物体的绕 y 轴转动, 那么 $y_i^{\mathrm{post}} = y_i^{\mathrm{pre}}$, 因此我们可以确定 x_i^{post}. 这就实现了由当前的二维投影呈现推测下一个二维投影呈现, 完全不需要显式地知道投影参数. 当然, 这需要观察者在估计水平视角半角余切值和视角改变量上的经验知识.

若长颈鹿的某个关节转动, 会导致一部分身体轮廓的投影发生变化. 关节转动相当于物体上的某些点 P 绕着某条直线 L (由点 Q 和单位向量 u 定义) 转动 θ 角, 由计算机图形学给出的计算矩阵是

$$\mathrm{Rot}(L, \theta) =$$
$$\begin{pmatrix} \cos\theta + (1-\cos\theta)u_1^2 & (1-\cos\theta)u_1u_2 + u_3\sin\theta & (1-\cos\theta)u_1u_3 - u_2\sin\theta \\ (1-\cos\theta)u_1u_2 - u_3\sin\theta & \cos\theta + (1-\cos\theta)u_2^2 & (1-\cos\theta)u_2u_3 + u_1\sin\theta \\ (1-\cos\theta)u_1u_3 + u_2\sin\theta & (1-\cos\theta)u_2u_3 - u_1\sin\theta & \cos\theta + (1-\cos\theta)u_3^2 \end{pmatrix}$$

假设长颈鹿脖子处有一关节, 其旋转轴是平行于 z 轴的, 那么 $u = (0, 0, 1)$. 此关节转动后, 脖子和头部的点的坐标变为

$$\left(x_i^{\mathrm{neck}}, y_i^{\mathrm{neck}}, z_i^{\mathrm{neck}}, 1\right) = (x_i, y_j, z_i, 1) \begin{pmatrix} \cos\theta & \sin\theta & 0 & 0 \\ -\sin\theta & \cos\theta & 0 & 0 \\ 0 & 0 & 1 & 0 \\ 0 & 0 & 0 & 1 \end{pmatrix}$$

$$x_i^{\mathrm{neck}} = x_i\cos\theta - y_i\sin\theta, \quad y_i^{\mathrm{neck}} = x_i\sin\theta + y_i\cos\theta, \quad z_i^{\mathrm{neck}} = z_i \tag{11.22}$$

这时再经过二维投影, 得到

$$x_i^{\mathrm{post}} = \frac{e_z(x_i\cos\theta - y_i\sin\theta)}{-z_i + e_z}, \quad y_i^{\mathrm{post}} = \frac{e_z(x_i\sin\theta + y_i\cos\theta)}{-z_i + e_z}, \quad z_i^{\mathrm{post}} = 0 \tag{11.23}$$

由式 (11.18) 和 (11.23), 我们有

$$
\begin{aligned}
\frac{x_i^{\text{post}}}{x_i^{\text{pre}}} &= \frac{x_i \cos\theta - y_i \sin\theta}{x_i} \Rightarrow \frac{x_i^{\text{post}}}{x_i^{\text{pre}}} = \cos\theta - \frac{y_i}{x_i}\sin\theta \\
\frac{y_i^{\text{post}}}{y_i^{\text{pre}}} &= \frac{x_i \sin\theta + y_i \cos\theta}{y_i} \Rightarrow \frac{y_i^{\text{post}}}{y_i^{\text{pre}}} = \cos\theta + \frac{x_i}{y_i}\sin\theta \\
z_i^{\text{post}} &= 0
\end{aligned} \tag{11.24}
$$

其中 θ 是观察者估计的, $\frac{y_i}{x_i}$ 是由物体的原始三维姿态定义的, 因为 $\frac{y_i}{x_i} = \frac{y_i}{z_i} \times \frac{z_i}{x_i}$, 它是视线的水平张角和垂直张角一半的正切与余切的乘积, 这是由后顶叶皮层计算注视角和汇聚角的机制来实现的 (Hutchinson et al., 2009), 这也是我们的视觉经验. x_i^{pre} 和 y_i^{pre} 是已知的, 那么 x_i^{post} 和 y_i^{post} 就是可以估计的.

以此类推, 我们可以求出其他关节运动带来的二维图像的改变. 我们可以把比较复杂的关节转动分解为几次绕坐标轴的转动.

至此, 我们已经发现了由二维呈现, 加上对此物体的先验知识和旋转经验公式, 来推算另外一个呈现的方法. 当我们有一个二维模板时, 可以用此方法来推算与之邻近的其他二维模板.

采用了这种推算模式, 我们可以从一类物体的一个模板中, 推导出各种视角和姿态下的物体模板, 并分割出更多可能的模板曲线, 从而给上文中曲线匹配和形状识别带来更为准确的结果.

11.3.3 使用本节方法进行基于形状的物体识别实验

1. 在 ETHZ 形状图库上进行物体识别实验

为了进一步验证上文中建立的形状识别方法的准确性和有效性, 这里我们使用 ETHZ 形状图库来进行物体识别实验. 这套图库是由瑞士苏黎世联邦理工大学开发的, 同时也是在使用基于形状和轮廓的识别与匹配方法中, 最常被用来验证识别效果、在不同识别方法间对比的图库之一 (Ferrari et al., 2010).

在 ETHZ 图库中, 共有 5 类物体: 苹果商标、瓶子、长颈鹿、杯子和天鹅. 每一类物体都由至少 40 张的图片构成, 如图 11-46 所示. 这些图片, 绝大多数是从真实世界中拍摄下来的, 还有少量来自于绘画作品、电脑制图等. 图像中物体有着不同的光照条件、颜色、纹理、姿态等状态或特征. ETHZ 图库还为每一类物体提供了一张模板, 用来在识别过程中匹配使用, 如图 11-47 所示.

按照本节中设计的算法, 我们可以完成对于 ETHZ 图库图像的物体识别, 找到每张图片中物体的正确存在位置, 如图 11-48 所示.

我们把本节算法和 ETHZ 图库所提供文献 (Ferrari et al., 2010) 中算法的系统识别结果进行了对比实验. 在统计对比的过程中, 本节应用了 FPPI(false positive

图 11-46 ETHZ 图库中的一些具体图片举例

图 11-47 ETZH 形状图库中提供的五类物体及它们对应的模板

图 11-48 通过本节特征路径匹配和证据积累的形状识别算法获取的物体位置. 红色框为本节
方法找到的物体位置; 图中每条特征路径都由不同的颜色标出

per image) 曲线图像. 这条曲线的每个数据点, 纵坐标来自于检测率 (detection rate), 横坐标来自于 FPPI 值, 即平均每张图像出现伪正例 (false positive) 的概率值; 随着每幅图像允许出现的伪正例增加, 即沿 x 轴向右侧移动, FPPI 值增加, 则不难理解, 识别率自然而然地也会增加. 在衡量一个识别系统的性能时, FPPI 曲线图像中最重要的区间位于 0.3~0.5 (Ferrari et al., 2010). 根据以上原因, 我们绘制了 x 值在 0~0.6 内的曲线识别结果图像, 并与已有算法结果的曲线放在一起进行对比, 这个结果如图 11-49 所示.

从图 11-49 中我们可以清晰地看到, 在 0.3~0.5, 我们的算法曲线基本上都是几条曲线中最好的, 这证明了我们的物体识别算法的良好性能.

2. 在 ETHZ 图库上进行时间消耗对比实验

由本节的算法设计可知, 在进行物体识别的整个过程中, 从特征搜索开始到识别完成截止, 需要进行大量的计算; 同时, 这个计算量会根据图片构成的复杂程度而变化, 按照常规方式的时间复杂度求解很难进行有效的分析. 所以, 有必要进行算法的时间消耗统计实验, 从直观和经验上来确认并保证算法的效率是可以让人接

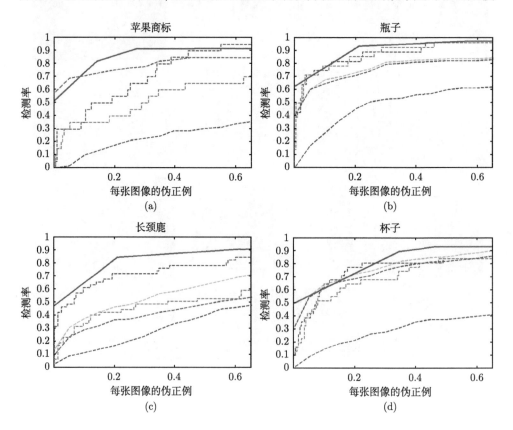

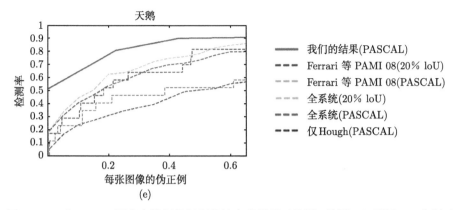

图 11-49　在 ETHZ 图库中进行的识别统计实验结果对比图. 从图 (a) 到图 (e) 分别对应了
五类物体的 FPPI 图像. 图中红色实线为本节方法获得的结果

受的. 我们统计了在 ETHZ 图库中使用本节的识别算法的过程中, 每一张图像上所
消耗的时间, 结果如图 11-50 所示.

从图 11-50 可见, 在没有进一步优化的情况下, 我们的算法在图像识别过程中
时间消耗比较稳定, 平均消耗时间大约为 6 分钟.

为了更好地评估本节算法的时间消耗情况, 我们还采用了横向对比实验, 和其
他基于物体轮廓的识别检测算法进行对比. Ma 等 (Ma, Latecki, 2011) 在 CVPR2011
会议中提出了比较经典的 "Partial Matching" 算法, 它也是利用了图像中形状轮廓
段特征. 我们把这个 "Partial Matching" 算法, 在和本节算法其他条件 (机器性能
等) 一致的前提下, 同样应用于 ETHZ 图库中五类物体的识别任务中, 并把时间消
耗结果曲线和我们的时间消耗曲线绘制在一起, 结果如图 11-51 所示.

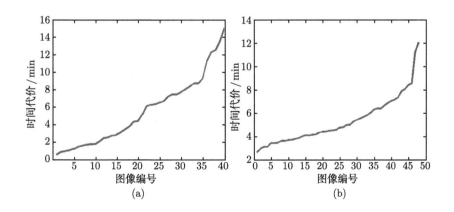

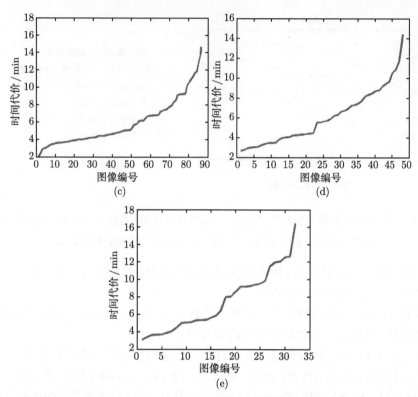

图 11-50   按照本节的算法在 ETHZ 图库中进行物体识别时, 每张图像消耗时间的统计图像.
图 (a)~(e) 分别对应 ETHZ 中的 "苹果商标、酒瓶、长颈鹿、杯子、天鹅" 五类图像. 图像中
结果按递增顺序排列

从图 11-51 可以看到, 我们的算法消耗的时间要远远小于 "Partial Matching"
算法, 即计算复杂度远优于这种算法. 简单的分析可知: 该方法在实现特征搜索任
务时, 在图像上需要进行像素级别的穷举搜索, 相比我们按照路径的搜索和匹配方
法, 自然要消耗更多的时间和计算成本, 所以我们的方法会比它更有效率, 从而减
少了搜索时间.

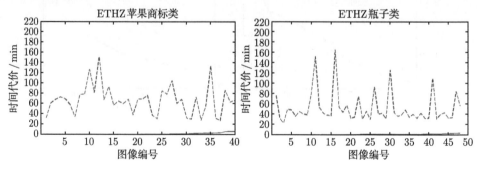

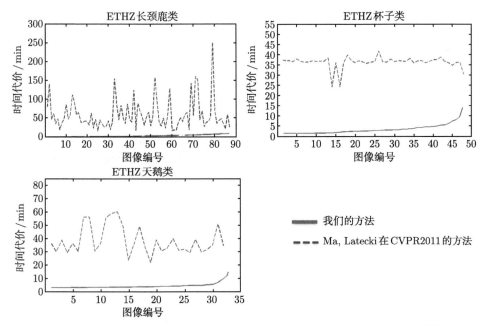

图 11-51 我们的算法与 CVPR2011 会议中 "Partial Matching" 算法的时间消耗统计对比.
图中直线为我们的时间消耗结果, 虚线为 "Partial Matching" 的结果

11.4 基于超柱阵列主动加工的形状识别方法

人眼视觉神经通路上神经元的信息传递和处理方式是纷繁复杂的, 前向传递
(feed-forward) 并实现视觉信号的特征搜索和信息整合只是其中比较直观和重要的
处理方式的一种. 我们前几节的研究方法, 也主要利用了这种前向传递的通路结构
与初级视皮层的朝向选择性, 完成了对于图像的表征与特征搜索, 并最终实现了物
体的形状识别. 然而我们也应当注意到, 人脑视皮层在同层神经元之间的信息加工,
以及视觉通路上特定区域内的后向反馈机制, 实际上也起着非常重要的作用, 而且
它们也是人眼获取强大的视觉能力必不可少的组成部分. 这部分内容由于长期以
来相对研究较少, 经常为人们所忽略.

在本节中, 我们尝试引入并使用基于超柱阵列的主动加工办法, 借鉴于人脑视
皮层上对于特定视觉信息的横向加工与后向反馈机制, 获得了相对于图像简单表征
之外更加良好的图像特征路径, 最终实现了对于形状识别算法的优化.

11.4.1　主动加工方法的生理学基础及形状识别方法中存在的问题

1. 主动加工的生理学基础

人眼视觉通路的生理学结构上, 如图 11-52, 不仅存在从视网膜到初级视皮层再到高级视皮层这样的前向传递过程, 而且存在在视皮层同层神经元之间传递、通路高层往低层神经元的后向反馈传递过程. 这些丰富而繁杂的生理学结构暗示了人脑视觉神经系统在处理视觉信息的时候, 并不是简单的传递加工, 而是采用了采集、分析和补偿等多种手段, 甚至有可能通过多次迭代的方式来实现对于视觉信息的处理, 即按照一定的主动加工方式获取、理解和应用来自外界的视觉信息, 最终实现了强大的视觉能力.

人眼视觉神经通路上这样的生理学基础结构, 给我们在形状识别过程中解决现有的实际问题带来了很好的启示.

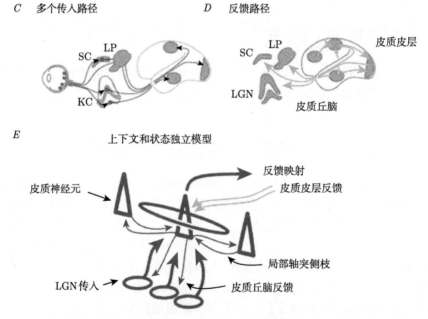

图 11-52　人眼视觉通路中除了前向传递, 还同时存在后向反馈以及同层神经元传递加工等信号处理机制 (Martin, Solomon, 2011). 这是人脑视皮层的一种主动加工的生理学表现

2. 现在形状识别算法中存在的问题

具体来讲, 在 11.3 节我们形状识别方法的实现过程中, 对物体图像路径的搜索及其与模板曲线匹配是两个非常重要的步骤. 在这个过程中, 我们直接应用了超柱阵列的图像表征结果来搜索和生成路径. 但是从前几节的内容我们可以知道, 超柱

阵列实现的图像表征效果的好坏实际上直接取决于边缘检测 (我们使用了 Canny 算子检测) 结果的好坏. 而 Canny 算子虽然是一种比较好的边缘检测算法, 但是其检测的效能并不是十分完美. 可以看到, 如图 11-53 所示, 对于杯子的图像用 Canny 算子默认阈值进行边缘检测之后, 杯子左侧的边缘不能很好地被显示出来. 在这种情况下, 我们通过超柱阵列对其进行表征重建, 自然也无法获得构成杯子左边的特征路径, 从而无法有效地进行物体识别.

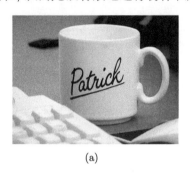

(a)　　　　　　　　　　　　　　　　　　　　　(b)

图 11-53　ETHZ 中一个杯子图像及其经过 Canny 边缘后的图像

针对这一问题, 我们一般可以采用不同的 Canny 阈值来获取不同的边缘检测图像, 从而化解边缘缺失带来的问题. 这个改变阈值的过程, 如图 11-54 所示. 可以看到, 通过改变阈值, 杯子左侧边缘又被正确地检测了出来.

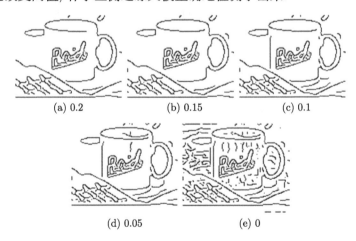

(a) 0.2　　　　　　　(b) 0.15　　　　　　　(c) 0.1

(d) 0.05　　　　　　　(e) 0

图 11-54　不同检测阈值下, Canny 算子的边缘检测结果. 图 (a)~(e) 中对应的检测阈值已经标注在图像下方

然而, 在某些情况下, 如图 11-55 所示, 即使在调节了不同的参数、放宽了对于 Canny 算子的检测阈值等条件下, 我们对同一幅图像进行了多次边缘检测, 仍然不

能获得理想的物理连续边缘. 由于 Canny 算子边缘检测的不完备性, 在引入大量
噪声的情况下 (如图 11-55 中 (f)), 也不能得到酒瓶左右两侧连续的边缘曲线. 这无
疑会给我们之后的图像表征时获取连续且比较长的特征路径带来困难. 假设这时我
们采用如图 11-56 的模板分割方式下的模板曲线, 来与物体图像表征后生成的路径
进行匹配, 则必然会导致路径与模板之间产生较大的差异, 妨碍了之后形状识别的
有效进行.

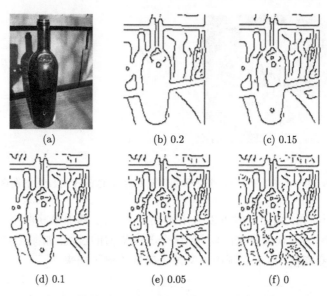

图 11-55　对于 ETHZ 一个酒瓶图像在 Canny 算子不同的检测参数下的边缘检测结果. 每幅
　　　边缘图像对应的检测阈值已经标注在其正下方. 以上图像的尺寸为 135×135 像素

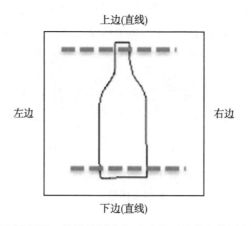

图 11-56　ETHZ 中酒瓶模板的一种简单划分方式及其可以获取的四条模板线. 这里, 为了之
后模板曲线与图像路径之间的匹配, 我们把酒瓶划分为 4 条线, 其中上下两条直线, 左右两条

因此, 在这种情况下采用常规方法和简单的图像表征来获取物体图像的特征路径, 是难以奏效的. 所以我们借鉴人脑视觉神经系统中的主动加工过程, 就有了十分重要的意义.

11.4.2 基于超柱阵列的主动加工方法

1. 对于路径的主动加工方法设计

通过 11.4.1 小节内容我们可知, 因为 Canny 算子的边缘检测算法的不完备性, 所以在某些图像中, 我们不能简单地使用超柱阵列对于物体图像表征的结果来生成和获取图像路径, 否则将带来路径重建的断裂 (图 11-57), 并给接下来的模板曲线匹配阶段带来困难, 并最终影响物体识别.

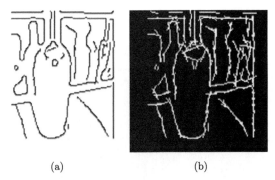

(a) (b)

图 11-57 ETHZ 中一个酒瓶图像的边缘检测图像及其通过超柱阵列生成的重建图像结果. 图 (a) 为 Canny 边缘检测结果, 而图 (b) 为由 60 条路径组成的重建图像. 我们从图 (b) 中可以看到, 重建图像中酒瓶两侧曲线也仍然处于断裂的状态

为了解决这个问题, 我们不仅需要对于物体图像的组成路径单纯通过超柱阵列表获取, 而且还要对于这些路径中进行一定的选择性主动加工 (如融合) 等操作处理, 从而实现获取更好的物体特征路径, 最后实现更加完善和精确的物体识别. 因此我们设计了如下主动加工设计方法:

(1) 在获取当前图像的路径集合的基础之上, 先进行路径与模板曲线之间的匹配, 获取匹配良好的路径集合. 这里称之为兴趣路径 (route of interest) 集合.

(2) 对于这些兴趣路径集合中的每一条路径, 通过更为宽松的不同探查方法 (在 11.4.2 节的第 2 小节中详述), 判断它是否能与其他路径之间进行连接或融合. 如果可以融合, 而且两条路径不相交, 则把它们之间的缺口用像素进行补偿性填充, 从而获取了一条更长的路径.

(3) 对于融合后的新路径再次迭代进行模板曲线匹配, 如果与模板的匹配度更高, 则证明这种融合是可行而有效的.

　　至此我们通过主动加工方法在初始的路径集合基础上获得了与模板匹配程度更好的长路径集合, 路径的主动加工过程完成.

　　需要注意的是, 在路径主动加工的过程中, 我们只在初始状态下对与模板匹配较好的路径 (即兴趣路径) 进行主动加工处理, 来获取匹配更好的、融合成的新路径. 这样的操作对于一幅图像来说, 既保证了获取新路径的有效性与合理性, 又节省了大量的计算量和时间成本.

　　2. 对于路径间可融合性的探查方法的设计

　　在上述主动加工过程中, 一个非常重要的步骤来自于放宽条件后的两条路径是否可以融合的探查方法. 这里, 如图 11-58 所示, 我们设计了两种不同的放宽条件下的路径融合探查方法.

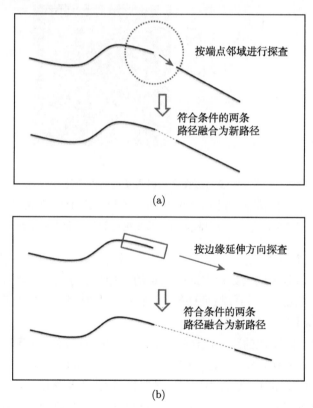

图 11-58　两种不同的路径间探查融合策略. 图 (a) 为邻域探查, 在路径端点周围一定阈值范围内探查是否存在路径. 图 (b) 为延伸探查, 不限制两条路径之间的距离间隔, 只观察其边缘的延伸线位置及角度的吻合程度

　　(1) 第一种方法是邻域探查. 其探查过程是: 从当前路径的端点处出发, 探查

是否存在满足一定阈值范围内 (即以端点为圆心, 阈值为半径的圆的范围内) 的其他路径; 如果存在, 继续判断这两条路径边缘处的朝向角度是否满足邻接角度阈值要求. 如果上述条件都满足, 则认为两条路径是可以融合在一起的. 这之后, 如果两条路径端点之间是有一定距离的, 那么通过像素补偿把它们连接在一起, 形成更长的路径.

(2) 第二种方法是延伸探查. 其探查过程是：从当前路径的端点出发, 在当前路径端点附近的朝向角度的延长线方向上, 探查是否有路径存在; 如果存在, 则判断这两条路径边缘处的朝向角度是否满足角度阈值要求. 如果上述条件都满足, 则认为两条路径是可以融合在一起的. 这之后, 如果两条路径端点之间是有一定距离的, 那么按照延长线方向通过像素补偿把它们连接在一起, 形成更长的路径.

通过上面的步骤可知, 我们在两种融合的探查策略中, 减少了对于路径之间的空间连续性的要求, 考虑到了路径之间对应位置或角度上的匹配程度. 从而, 这两种探查方法可以帮助我们最终实现对于路径的主动加工, 并克服在形成路径的过程中, 边缘检测缺陷带来的影响.

11.4.3 使用主动加工的形状识别方法实例分析

根据 11.4.2 节主动加工方法的设计, 我们现在就可以实现并使用主动加工优化后的物体形状识别算法. 这里, 我们仍然使用 11.4.1, 11.4.2 两节中提到的 ETHZ 图库中的酒瓶图像及酒瓶的模板图像作为分析实例.

我们已知瓶酒由上、下、左、右四部分模板组成, 先设定未能被正确匹配的每条模板曲线的差异度 Diff 值为 4, 因此这时酒瓶整体的初始差异度 Diff(酒瓶)=16, 即当整个酒瓶各个曲线都没有被匹配上的时候, 这个最大的差异度被设为 16. 如果图像中路径与模板曲线匹配良好, 那么酒瓶整体的差异度一定会下降, 即匹配证据的累积是持续不断的, 最终找到正确的物体轮廓路径与所在位置.

在酒瓶边缘图像上载到超柱阵列之后, 我们可以通过 11.3 节的方法获得超柱阵列的表征重建图像, 并生成其图像路径集合. 我们把这个集合与模板曲线进行比较, 获得如表 11-1 所示的匹配结果. 而通过表 11-1, 我们可以把这个路径集合中匹配程度较好 (Diff 值较低) 的各条路径收集起来, 作为兴趣路径集合.

在引入对于路径主动加工的过程后, 整个路径匹配和证据累积的过程如图 11-59 所示. 在图 11-59 中, 我们把证据累积搜索过程中的每一条路径, 用不同颜色的圆圈表示出来, 每个圆圈也对应了当前这条路径上不同局部的朝向片节点. 具体识别过程中的 5 个步骤如下.

步骤 1 因为红色路径 (表 11-1 中路径#4) 的匹配度较好, 所以我们以红色路径作为兴趣路径, 开始进行形状识别的证据搜索和累积过程. 通过模板曲线的匹配计算可知, 红色路径与模板左边的匹配差异度为 Diff(route_red)= 1.137436546.

表 11-1 酒瓶图像生成的路径与模板曲线匹配的结果 (以差异度 Diff 值记录)

路径	模板左边	模板下边	模板右边	模板上边
1	MAXIMUM	1.119047619	MAXIMUM	0.307359307
2	MAXIMUM	0.898249039	MAXIMUM	0.156968136
3	6.350824009	2.709002109	6.09384662	0.757575758
4	1.137436546	0.244990754	1.372221673	0.027990269
5	MAXIMUM	0.697552448	MAXIMUM	0.113636364
6	MAXIMUM	0.756210977	MAXIMUM	0.181771158
7	MAXIMUM	0.56043956	MAXIMUM	0.096791444
8	3.23764238	1.675442205	3.241341465	0.456976179
9	MAXIMUM	0.307692308	MAXIMUM	0
10	2.184401675	0.294665586	2.152753735	0.005998503
11	MAXIMUM	1.482783883	MAXIMUM	0.420779221
12	MAXIMUM	1.102564103	MAXIMUM	0.333333333
13	MAXIMUM	0.71351176	MAXIMUM	0.198221986
14	1.395305373	0.545772576	1.412550206	0.142755217
15	2.158790918	0.373774874	2.172459604	0.068181818
16	MAXIMUM	0.588877828	MAXIMUM	0.196089276
17	MAXIMUM	0.443486427	MAXIMUM	0.167510124
18	MAXIMUM	1.174358974	MAXIMUM	0.340909091
19	MAXIMUM	2.306918722	MAXIMUM	0.628099174
20	3.473167907	0.902568536	3.767664873	0.18322777
21	MAXIMUM	1.576068376	MAXIMUM	0.442424242
22	1.654271034	0.561542412	1.55195488	0.097838019
23	1.206720551	0.317711787	1.45318943	0.002619508
24	MAXIMUM	0.77224736	MAXIMUM	0.164772727
25	MAXIMUM	6.698224852	MAXIMUM	1.7002331
26	2.076980584	0.687645688	2.301068676	0.196969697
27	2.03528552	1.307572156	2.48237576	0.358005865
28	3.627365021	0.517482517	3.781568695	0.16017316
29	MAXIMUM	1.636052836	MAXIMUM	0.455922865
30	MAXIMUM	1.087873683	MAXIMUM	0.234586073
31	3.72375858	1.386698251	4.147453342	0.375510564
32	2.096244066	0.7504995	2.508163456	0.197756789
33	3.255906918	1.849601379	3.576201649	0.511229947
34	4.686207158	2.223646724	4.496998128	0.608080808
35	MAXIMUM	1.58974359	MAXIMUM	0.454545455
36	MAXIMUM	0.307692308	MAXIMUM	0
37	2.681495034	0.45809256	3.09107919	0.093080807
38	MAXIMUM	0.785780025	MAXIMUM	0.17712368
39	2.01346723	0.307692308	2.016491269	6.06E-17
40	MAXIMUM	1.44988345	MAXIMUM	0.297520661
41	MAXIMUM	0.621143286	MAXIMUM	0.158054507

路径	模板左边	模板下边	模板右边	模板上边
42	2.722514909	0.102564103	2.641490621	0.052437418
43	MAXIMUM	2.306918722	MAXIMUM	0.628099174
44	5.833621623	1.644125106	6.191584997	0.42957043
45	2.93141484	0.753464295	3.000247614	0.116519012
46	7.770335285	3.203721791	7.51602805	0.853292362
47	1.971777502	0.148883375	1.906851852	8.68E-16
48	MAXIMUM	1.03618227	MAXIMUM	0.192425137
49	MAXIMUM	0.307692308	MAXIMUM	7.14E-17
50	MAXIMUM	0.309523822	MAXIMUM	0.000409628
51	MAXIMUM	1.03618227	MAXIMUM	0.192425137
52	MAXIMUM	1.482783883	MAXIMUM	0.420779221
53	MAXIMUM	1.037179487	MAXIMUM	0.3
54	MAXIMUM	0.825692826	MAXIMUM	0.202938476
55	MAXIMUM	0.307692308	MAXIMUM	0
56	MAXIMUM	0.810985248	MAXIMUM	0.236089098
57	MAXIMUM	2.842557443	MAXIMUM	0.761057125
58	1.901241008	0.34995957	1.986681009	0.089619099
59	2.224290198	0.522399628	2.474440457	0.092430092
60	1.509985324	0.485614647	1.624628882	0.109090909

步骤 2 在红色路径的端点处 (即朝向片#14 处), 按照路径主动加工的方法, 先分别进行邻域探查和延伸探查. 这两种探查的结果都可以找到橙色路径 (表 11-1 中路径#15), (红色路径和橙色路径) 作为可以融合的路径 (但它们对于两条路径空隙的融合补偿方式是不同的). 然后我们分别进行融合和模板匹配迭代计算, 可知两种融合方式下的新路径, 它们与模板左边曲线的匹配度为: 邻接探查融合 Diff(route_red_and_orange)= 0.874133494; 延伸探查融合 Diff(route_red_and_orange′) =0.540123443. 由于 Diff(route_red_and_orange′)< Diff(route_red_and_orange), 这说明通过延伸方式获得的新路径与模板匹配程度更好, 所以我们采用延伸探查的结果作为路径主动加工的结果 (即橙色路径从朝向片#19 开始进行路径融合).

步骤 3 继续在橙色路径端点 (朝向片#21) 进行邻域探查, 可以发现黄色路径 (表 11-1 中路径#3). 因为两条路径是相交的, 而且其角度可以满足模板左边曲线与下边线之间的结构角度要求, 所以无须延展探查, 可以直接把黄色路径全体都加入路径证据组合中. 黄色路径与模板下边的匹配度为 Diff(route_yellow)=2.709002109.

步骤 4 在黄色路径端点 (朝向片#25) 周围进行邻域探查, 可以发现路径绿色路径 (表 11-1 中路径#60). 绿色路径本身与黄色路径相交, 同时满足了模板下边线与右边曲线之间的角度要求, 所以无须延展, 可以直接把绿色路径的全体加入到路径证据组合之中. 绿色路径与模板右边的匹配度为 Diff(route_green)=1.624628882.

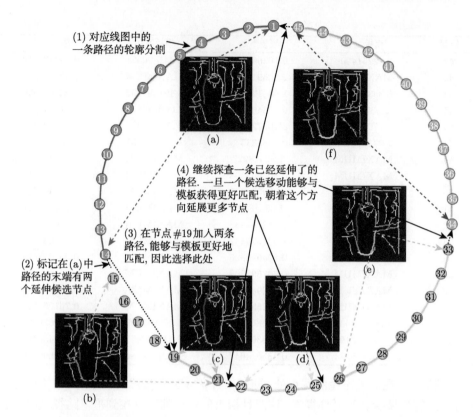

图 11-59   针对酒瓶图像使用主动加工的物体识别过程. 每个小圆圈代表了组成路径的朝向片 (即一条路径由多个朝向片组成), 其不同的颜色表明了其所在的不同的路径. 图 (a)~(f) 按照顺序对应了路径在证据累积的过程中, 在不同探查方法下最后选择的路径结果

步骤 5   继续在绿色路径的端点 (朝向片#33) 周围进行邻域探查和延伸探查, 可以发现不相交的蓝色路径 (表 11-1 中路径#23). 按照两种不同的探查策略, 我们可以获得蓝绿线段的融合结果, 再与模板右边曲线进行匹配, 可知它们都是同一个值 Diff(route_blue_and_green)= 0.744068067. 所以我们采用任意一种结果作为路径主动加工的结果, 并把其加入到识别累积证据中.

经过以上五个步骤后, 蓝色路径端点周围通过邻域探查和延伸探查都无法继续找到能满足模板匹配和角度要求的路径, 物体识别的证据累积过程结束.

图 11-60 总结了使用路径主动加工方法后, 对于酒瓶的证据累积的全过程. 整个证据累积过程由上述五个步骤 (round) 组成. 我们可以计算并统计使用主动加工方法后, 在物体识别的证据累积过程中的酒瓶整体的差异度累积情况, 酒瓶整体差异度的变化如下:

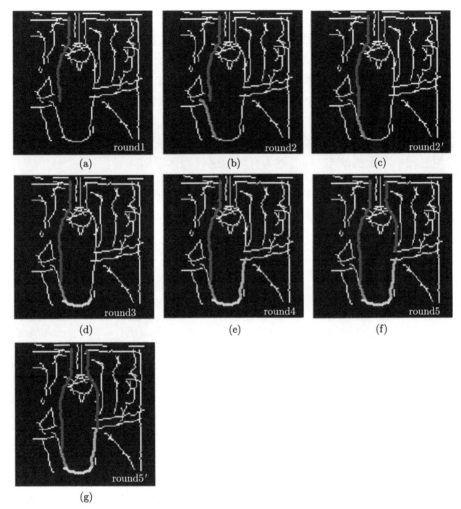

图 11-60 使用主动加工的形状识别方法的过程实例. 证据累积的过程总共分为五个步骤 (round), 由于引入路径主动加工方法, 不同步骤中探查次数不同, 第 2 步和第 5 步分别多探查了一次

(1) Diff(酒瓶, round0) = 16.0

(2) Diff(酒瓶, round1) = 13.13743654

(3) Diff(酒瓶, round2) = 12.87413349

　　Diff(酒瓶, round2′) = 12.54012344

(4) Diff(酒瓶, round3) = 11.24912555

(5) Diff(酒瓶, round4) = 8.873754434

(6) Diff(酒瓶, round5) = 7.993193619

Diff(酒瓶, round5′)= 7.993193619

在上面的结果中, 我们可以清晰地看到, 使用主动加工的方法可以有效地在发生断裂的路径之间进行探查融合, 从而形成更好的匹配结果, 并作为证据被记录下来. 表 11-2 中记录了证据累积过程中, 各条路径经过主动加工后, 重新与模板曲线匹配的结果. 可以看到这个过程使物体图像与模板图像之间的整体差异度不断下降, 酒瓶图像整体差异度值由最初的 16 降低为模板匹配后的 7.993193619, 最终使我们准确地寻找到物体所在区域. 这充分说明了使用主动加工方法后, 能够克服边缘检测过程中产生的缺陷, 从而更为有效地进行物体识别.

表 11-2　经过证据累积阶段的主动加工处理后, 酒瓶图像生成的路径与模板曲线匹配的结果 (以差异度 Diff 值记录). 证据累积过程涉及的各条路径已经由相对应的颜色标出

路径	模板左边	模板下边	模板右边	模板上边
1	MAXIMUM	1.119047619	MAXIMUM	0.307359307
2	MAXIMUM	0.898249039	MAXIMUM	0.156968136
3	6.350824009	2.709002109	6.09384662	0.757575758
4	0.540123443	0.244990754	0.613037921	0.027990269
5	MAXIMUM	0.697552448	MAXIMUM	0.113636364
6	MAXIMUM	0.756210977	MAXIMUM	0.181771158
7	MAXIMUM	0.56043956	MAXIMUM	0.096791444
8	3.23764238	1.675442205	3.241341465	0.456976179
9	MAXIMUM	0.307692308	MAXIMUM	0
10	2.184401675	0.294665586	2.152753735	0.005998503
11	MAXIMUM	1.482783883	MAXIMUM	0.420779221
12	MAXIMUM	1.102564103	MAXIMUM	0.333333333
13	MAXIMUM	0.71351176	MAXIMUM	0.198221986
14	1.395305373	0.545772576	1.412550206	0.142755217
15	0.540123443	0.373774874	2.172459604	0.068181818
16	MAXIMUM	0.588877828	MAXIMUM	0.196089276
17	MAXIMUM	0.443486427	MAXIMUM	0.167510124
18	MAXIMUM	1.174358974	MAXIMUM	0.340909091
19	MAXIMUM	2.306918722	MAXIMUM	0.628099174
20	3.473167907	0.902568536	3.767664873	0.18322777
21	MAXIMUM	1.576068376	MAXIMUM	0.442424242
22	1.654271034	0.561542412	1.55195488	0.097838019
23	0.730314931	0.317711787	0.744068067	0.002619508
24	MAXIMUM	0.77224736	MAXIMUM	0.164772727
25	MAXIMUM	6.698224852	MAXIMUM	1.7002331
26	2.076980584	0.687645688	2.301068676	0.196969697
27	2.03528552	1.307572156	2.48237576	0.358005865
28	3.627365021	0.517482517	3.781568695	0.16017316
29	MAXIMUM	1.636052836	MAXIMUM	0.455922865

路径	模板左边	模板下边	模板右边	模板上边
30	MAXIMUM	1.087873683	MAXIMUM	0.234586073
31	3.72375858	1.386698251	4.147453342	0.375510564
32	2.096244066	0.7504995	2.508163456	0.197756789
33	3.255906918	1.849601379	3.576201649	0.511229947
34	4.686207158	2.223646724	4.496998128	0.608080808
35	MAXIMUM	1.58974359	MAXIMUM	0.454545455
36	MAXIMUM	0.307692308	MAXIMUM	0
37	2.681495034	0.45809256	3.09107919	0.093080807
38	MAXIMUM	0.785780025	MAXIMUM	0.17712368
39	1.091222171	0.307692308	1.086142689	6.06E-17
40	MAXIMUM	1.44988345	MAXIMUM	0.297520661
41	MAXIMUM	0.621143286	MAXIMUM	0.158054507
42	2.722514909	0.102564103	2.641490621	0.052437418
43	MAXIMUM	2.306918722	MAXIMUM	0.628099174
44	5.833621623	1.644125106	6.191584997	0.42957043
45	2.93141484	0.753464295	3.000247614	0.116519012
46	7.770335285	3.203721791	7.51602805	0.853292362
47	1.971777502	0.148883375	1.906851852	8.68E-16
48	MAXIMUM	1.03618227	MAXIMUM	0.192425137
49	MAXIMUM	0.307692308	MAXIMUM	7.14E-17
50	MAXIMUM	0.309523822	MAXIMUM	0.000409628
51	MAXIMUM	1.03618227	MAXIMUM	0.192425137
52	MAXIMUM	1.482783883	MAXIMUM	0.420779221
53	MAXIMUM	1.037179487	MAXIMUM	0.3
54	MAXIMUM	0.825692826	MAXIMUM	0.202938476
55	MAXIMUM	0.307692308	MAXIMUM	0
56	MAXIMUM	0.810985248	MAXIMUM	0.236089098
57	MAXIMUM	2.842557443	MAXIMUM	0.761057125
58	1.901241008	0.34995957	1.986681009	0.089619099
59	2.224290198	0.522399628	2.474440457	0.092430092
60	1.509985324	0.485614647	0.744068067	0.109090909

参 考 文 献

Arkin E M, Chewi L P, Huttenlocher D P, Kedemt K, Joseph S B M. 1991. An efficiently computable metric for comparing polygonal shapes. IEEE Transactions on Pattern Analysis and Machine Intelligence, 13(3): 209-216.

Baidu. 2012. 图形变换的矩阵方法 [DB/OL]. http://wenku.baidu.com/link?url= IUrOc5OC hmv5X7134cwJATkYbydNJEkx-5glYjzC7Dfqy7G5acIKycq3eC8cOwFE8-LYNAt9DZrmbF1HeItwua-1Ru7_yYQjtDE1nWwmljjq, 2012-10-1.

Bensmaia S J, Denchev P V, Dammann J F, Craig J C, Hsiao S S. 2008. The representation of stimulus orientation in the early stages of somatosensory processing. The Journal of Neuroscience, 28(3): 776-786.

Canny J. 1986. A computational approach to edge detection. IEEE Transactions on Pattern Analysis and Machine Intelligence, 8(6): 679-714.

Chang S F. 2010. Brain State Decoding for Rapid Image Retrieval. http://www.ee.columbia. edu/~sfchang/papers/NSF%20Hybrid%20Vision%20Workshop%20Chang.pdf.

Edward D. 1992. Mathematical Morphology in Image Processing. New York: CRC Press: 32.

Ferrari V, Jurie F, Schmid C. 2010. From images to shape models for object detection. International Journal of Computer Vision, 87(3): 284-303.

Fisher S, Perkins A, Walker E W. 2003. Image Processing Learning Resources. http:// homepages.inf.ed.ac.uk/rbf/HIPR2/hipr_top.htm.

Hubel D H, Wiesel T N. 1962. Receptive fields, binocular interaction and. functional architecture in the cat's visual cortex. The Journal of Physiology, 160: 106-154.

Hubel D H, Wiesel T N. 1965. Receptive fields and functional architecture in two nonstriate visual areas (18 and 19) of the Cat. The Journal of Neurophysiology, 28(2): 229-289.

Hutchinson J B, Uncapher M R, Wagner A D. 2009. Posterior parietal cortex and episodic retrieval convergent and divergent effects of attention and memory. The Journal of Learning Memory, 16(6): 343-356.

Johansena J P, Lorenzo D M, Hamanakaa H, et al. 2014. Hebbian and neurom-odulatory mechanisms interact to trigger associative memory formation. http://www.pnas.org/ content/111/51/E5584.abstract.

Johnson D H. 2006. Signal-to-noise ratio. http://www.scholarpedia.org/article/Signal-to-noise_ratio.

Kamitani Y, Tong F. 2006. Decoding seen and attended motion directions from activity in the human visual cortex. The Journal of Current Biology, 16(11): 1096-1102.

Kellman P, McVeigh E R. 2005. Image reconstruction in SNR units: A general method for SNR measurement. Magnetic Resonance in Medicine, 54(6): 1439-1447.

Kohonen T. 1982. Self-organized formation of topologically correct feature maps. The Journal of Biological Cybernetics, 43(1): 59-69.

Konrad S, David S. 2008. Object detection by global contour shape. The Journal of Pattern Recognition, 41(12): 3736-3748.

Kulainen R M, Bednar J A, Choe Y, Sirosh J. 1997. Self-organization, platicity, and low-level visual phenomena in a laterally connected map model of the primary visual cortex. The Journal of Psychology of Learning and Motivation, 1: 257-308.

Ma T Y, Latecki L J. 2011. From partial shape matching through local deformation to robust global shape similarity for object detection. The International Conference on

Computer Vision and Pattern Recognition, 1: 1441-1448.

Maldonado P E, Gödecke I, Gray C M, Bonhoeffer T. 1997. Orientation selectivity in pinwheel centers in cat striate cortex. The Journal of Science, 2765318: 1551-1555.

Martin P R, Solomon S G. 2011. Information processing in the primate visualsystem. J Physiol, 589(1): 29-31.

Mary H, Dana B. 2005. Eye movements in natural behavior. The Journal of TRENDS in Cognitive Sciences, 9(4): 188-194.

Mcgill University. 2015. Types of Eye Movements. http://thebrain.mcgill.ca/flash/capsules/ pdf_articles/type_eye_movement.pdf.

Mitchell T M, Shinkareva S V, Carlson A, et al. 2008. Predicting human brain activity associated with the meanings of nouns. The Journal of Science, 320(5880): 1191-1195.

Palatucci M M. 2011. Thought Recognition: Predicting and Decoding Brain Activity Using the Zero-Shot Learning Model. Pittsburgh: Carnegie Mellon University.

Richard R. 2015. MPEG 7 Shape Mathching. http://www.dabi.temple.edu/~shape/ MPEG7/dataset.html.

Seung S. 2006. The Hebb rule. hebb.mit.edu/courses/9.641/2006/lectures/hebb.ppt.pdf.

Stanley G B, Li F F, Dan Y. 1999. Reconstruction of natural scenes from ensemble responses in the lateral geniculate nucleus. The Journal of Neuroscience, 19(18): 8036-8042.

Susana M C, Macknik S L, David H H. 2004. The role of fixational eye movements in visual perception. The Journal of Nature Reviews, Neuroscience, 5(3): 229-240.

Sutton R S. 1988. Learning to predict by the methods of temporal differences. The Journal of Machine Learning, 3(1): 9-44.

Wei H, Li H. 2014. Shape description and recognition method inspired by the primary visual cortex. The Journal of Cognitive Computation, 6(2): 164-174.

Wei H, Li Q, Dong Z. 2014. Learning and representing object shape through an array of orientation columns. IEEE Transactions on Neural Networks and Learning Systems, 25(7): 1346-1358.

Wikipedia. 2015. Eye Moment. http://en.wikipedia.org/wiki/Eye_movement.

Wu J J, Zhang J S, Liu C, et al. 2012. Graph theoretical analysis of EEG functional connectivity during music perception. The Journal of Brain Research, 1483: 71–81.

Yarbus A L. 1967. Eye Movements and Vision. New York: Plenum Press: 312.

Yoichi M, Hajime U, Okito Y, et al. 2008. Visual image reconstruction from human brain activity using a combination of multiscale local image decoders. The Journal of Neuron, 60(5): 915-929.

Zhang Z Q, Fidler S, Waggoner J, Cao Y. 2012. Superedge grouping for object localization by combining appearance and shape information. The International Conference on Computer Vision and Pattern Recognition, 1: 3266-3273.

第 12 章　基于视皮层 V4 区模型的图像特征提取和物体形状识别

12.1　V4 区神经元基础建模

V4 区处于大脑的腹侧视通路中段, 它接收了来自低层的 V1、V2 等区域的输入神经连接. 在此基础上, V4 通过神经编码机制, 产生了形状选择性, 形成了对复杂形状特征的表征, 使得后续的高级皮层区域产生了对物体的视觉认知. 本节对 V4 区输入, 以及 V4 区神经元连接模式进行研究和分析, 设计了 V4 区输入的简单细胞和复杂细胞计算模型, 在此基础上通过感知机模型验证了 V4 区神经元的形状选择性. 从功能上分析了 V4 层各类水平反馈连接, 验证了反馈回路在神经编码稀疏性和神经元动态响应过程中的作用, 为进一步建立 V4 图像特征提取和物体识别模型提供了基础.

12.1.1　V4 区输入层建模

根据视皮层的层级结构以及腹侧视通路的解剖构造, V4 区接收来自低层区域的输入, 这些区域包括 V1 区和 V2 区. Hubel 等将 V1 区和 V2 区的神经元分为简单细胞和复杂细胞 (Hubel, Wiesel, 1962, 1965), 简单细胞主要分布于 V1 区, 复杂细胞主要分布于 V2 区. 根据它们的分布, 本章将 V4 区输入抽象为两层: V1 层 (即简单细胞层)、V2 层 (即复杂细胞层). 它们都对感受野内的局部朝向信息敏感. 不同的是, 简单细胞感受野存在特定的兴奋区和抑制区, 因此要求边缘或者线条具有特定位置; 而复杂细胞整合了若干具有相同敏感朝向且感受野位置邻近的简单细胞输入, 因此对边缘刺激在感受野内的位置不敏感.

1. 简单细胞层表示

简单细胞的感受野可以用 Gabor 函数 (Gabor, 1946) 进行模拟. 函数取值为正值的区域是感受野的兴奋区域, 取值为负值的区域是抑制区域. Gabor 函数具有如下形式:

$$g(x, y; \theta, \lambda, \psi, \sigma_s) = \exp\left(-\frac{x'^2 + y'^2}{2\sigma_s^2}\right) \cdot \cos\left(2\pi\frac{x'}{\lambda} + \psi\right) \tag{12.1}$$

其中

$$x' = x \cos \theta + y \sin \theta$$
$$y' = -x \sin \theta + y \cos \theta$$
$$(12.2)$$

上式是将坐标系旋转 θ, 使得兴奋和抑制区域的边界从 y 轴起旋转了 θ, 因此, θ 可以表示简单细胞感受野的朝向偏好 (也称为简单细胞的优势朝向或者敏感朝向). 另外, 公式中的 λ 是感受野的空间频率, 控制了相邻的兴奋区域和抑制区域的宽度; σ_s 是感受野的尺度, 可以视为感受野的半径; ψ 是 Gabor 函数的三角函数成分的相位, 用来控制兴奋区域和抑制区域边界在感受野中的位置.

在本章模型中, 参数 θ 从 $0°\sim170°$, 以 $10°$ 为步长取 18 个不同的值, 用于表示具有不同优势朝向的简单细胞. 简单细胞的感受野设定为 9×9 像素大小的矩形区域, 相应地设置 $\sigma_s = \lambda = 4$. 为了适应不同尺度的图像, 有两种方式可以产生不同尺度的感受野: 第一种是对感受野在不同尺度下进行再采样; 第二种是对图像在不同尺度下进行再采样. 本章采用前者, 一次性构造不同尺度的感受野.

关于相位参数, 观察图 12-1 可知, 相位的选择影响了三角函数成分的奇偶性. 当三角函数是奇函数时, 感受野的兴奋区域和抑制区域的边界位于感受野正中心, 这时简单细胞的作用如同一个梯度算子, 计算结果近似于图像的梯度, 可以有效检测图像中亮度发生变化的区域. 当三角函数是偶函数时, 感受野中最强的狭长兴奋区域 (或者抑制区域) 位于感受野的正中心, 此时, 简单细胞的作用如同一个拉普拉斯算子 (Laplacian operator). 与梯度算子的不同之处在于, 梯度算子的计算是对图像进行一阶微分操作, 而拉普拉斯算子进行二阶微分操作, 经过二阶微分, 不仅可以去除图像中平滑无变化的区域, 还可以有效去除图像中平滑变化的区域. 这在识别图像中的边缘和轮廓的过程中是有必要的, 因此, 在本章模型中, 简单细胞的 Gabor 函数采取了三角函数成分为偶函数的形式.

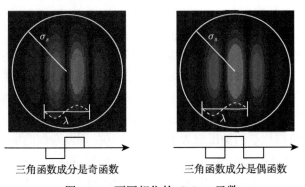

图 12-1 不同相位的 Gabor 函数

在本章模型中, 不同朝向的简单细胞组成超柱. 超柱是 Hubel 等 (Hubel, Wiesel, 1962) 在视皮层中发现的功能性结构, 这些结构呈现垂直于皮层的柱状, 且包含了具有各种不同优势朝向、眼优势的神经元, 能完整获取视野中某一局部的各种信息, 功能相对独立, 因此称为超柱. 如图 12-2 所示, 在本章的计算模型中, 同一个超柱中包含了若干个不同朝向的简单细胞计算单元. 本章将这些简单细胞计算单元称作朝向片 (orientation chip), 因此这些超柱组成的阵列也称为朝向柱阵列. Wei 等 (2014) 对这样的计算模型进行了详细的描述, 并在此基础上发展了物体识别算法.

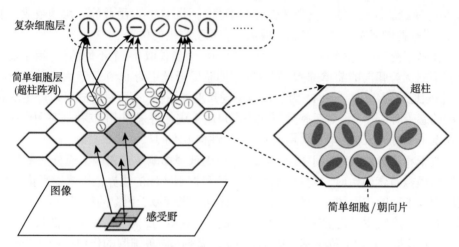

图 12-2　简单细胞和复杂细胞的神经网络计算模型

图 12-2 展示了简单细胞计算单元 (即朝向片) 在本章计算模型中的组织方式. 超柱阵列由若干个六边形的超柱组成, 它们根据六边形的形状构成了邻接关系. 在同一超柱内, 不同朝向的朝向片的感受野共享相同的位置和区域, 这使得同一位置的不同朝向刺激都能够被感知. 相邻超柱的感受野位置不同, 但是稍有重叠, 这保证了超柱阵列能够完全覆盖图像上的各个位置, 不存在感知盲区. 对于某个简单细胞, 当感受野内出现与其 Gabor 函数描述的朝向和位置相符的边缘刺激时 (该刺激可以视为一个极短的直线段), 简单细胞 (或者说朝向片) 就被激活. 激活过程可以视为计算感受野内图像与简单细胞 Gabor 函数的点积, 点积超过某一阈值, 则朝向片被激活. 图像中的轮廓曲线经过若干相互邻接的超柱的感受野, 就会分别激活这些超柱中特定的朝向片, 于是, 物体轮廓就可以表示为若干个处于不同超柱中被激活的朝向片. 简单细胞层的输出成为模型的下一层, 即复杂细胞层的输入.

采用超柱阵列对初级视皮层 (V1 区) 简单细胞进行模拟, 还原了简单细胞在皮层内的组织方式, 有效地提取了图像中的边缘和轮廓信息, 而且以朝向片的方式同时对边缘的朝向和位置进行了编码, 使得后续的计算模型可以在此基础上进行更加高效的信息加工. 与边缘图 (edge map) 这种边缘表示方式不同, 朝向片组成的超柱阵列以像素信息为输入, 对信息进行了抽象加工, 它的输出不再以像素为单位, 并不是简单描述某个像素点是否为边缘像素, 而是描述为被激活的朝向片. 这些朝向片属于不同的超柱, 根据超柱相邻关系, 被激活的朝向片就可以组织为网络. 由于相邻超柱感受野有部分重叠, 这个朝向片的网络就天然地包含了物体轮廓的拓扑结构, 有利于算法进行进一步的信息提取和物体识别.

2. 复杂细胞层表示

复杂细胞的感受野不存在明确的兴奋区域或者抑制区域. Hubel 和 Wiesel (1962) 认为复杂细胞对其感受野范围内若干具有相同优势朝向的简单细胞的输出进行了空间加和 (spatial summation). 如图 12-2, 复杂细胞对简单细胞的响应进行累加, 如果超过一定阈值, 则复杂细胞被激活, 这样, 复杂细胞就能够对感受野内不同位置上出现的朝向刺激产生响应. Fleet 等 (1968) 将复杂细胞描述为能量神经元 (energy neuron), 认为复杂细胞接收了相位正交 (相位相差 90°) 的简单细胞的输入, 以此计算这些输入的平方和.

综合考虑这些不同的复杂细胞模型, 本章认为, 第一, 复杂细胞是对局部一系列具有相同优势朝向的简单细胞输出的加和; 第二, 复杂细胞接收各种不同相位简单细胞的输出. 简单细胞感受野的相位变化可以通过移动感受野来实现, 因此, 本章在相邻超柱中取具有相同优势朝向的简单细胞作为复杂细胞的输入. 为了控制复杂细胞的感受野, 以感受野为中心构建一个高斯函数, 以这个高斯函数的值为权值, 对输入的简单细胞进行加权求和. 具体计算过程定义如下: 设 I 是输入图像, g_θ 是某一朝向的简单细胞感受野的 Gabor 函数, 各个超柱中该朝向的简单细胞的输出为

$$S_\theta(x,y) = \sigma\left(I \otimes g_\theta\right) \tag{12.3}$$

其中, σ 是神经元的激活函数, 可以取 logistic 函数

$$\sigma(t) = \left(1 + \mathrm{e}^{-t}\right)^{-1} \tag{12.4}$$

复杂细胞对一定范围内的简单细胞进行平方加权求和, 即 C_θ 为具有优势朝向 θ 的复杂细胞的输出

$$C_\theta(x,y) = s_l^2 \otimes f \tag{12.5}$$

其中, f 是高斯函数, 它将复杂细胞的感受野约束在圆形区域内

$$f(x,y;\sigma_c) = \frac{1}{2\pi\sigma_c^2} \exp\left(-\frac{x^2 + y^2}{2\sigma_c^2}\right) \tag{12.6}$$

复杂细胞感受野的尺度与参数 σ_c 相关. 根据 Hubel 和 Wiesel (1962) 的研究, 复杂细胞的感受野尺寸一般是能够激活它的最优光栅宽度的 2~5 倍. 本章取 $\sigma_c = 2\sigma_s$.

12.1.2　V4 区神经元感知机模型

1. 以复杂细胞为输入的感知机神经元

感知机是模拟单个神经元的经典模型. 一个感知机相当于一个人工神经元, 它接收来自其他神经元的若干输入连接, 将这些输入信号进行加权叠加, 然后根据一个激活函数判断是否应该激活. 这一过程模拟了真实生物神经元的空间加和作用. 本章首先用感知机模型来模拟单个 V4 神经元. V4 感知机模型以复杂细胞为输入, 可以检验人工神经元是否能综合复杂细胞的响应来产生 V4 神经元的形状选择性.

V4 感知机接收来自复杂细胞的输入连接. 在图 12-3 中, 最底层是简单细胞层, 也就是超柱阵列. 每个复杂细胞接收来自若干个不同超柱中简单细胞的输入. 因为复杂细胞也有朝向选择性, 因此, 会存在一组感受野区域相同、朝向选择性不同的复杂细胞, 它们接收来自同一组超柱的不同简单细胞的输入. 在图 12-3 中, 这样一组共享相同感受野区域的复杂细胞用虚线圈出. 由于单个 V4 神经元的感受野比复杂细胞更大, 因此, 一个 V4 感知机接收来自若干组复杂细胞的输入连接, 这些复杂细胞既覆盖了 V4 感受野区域的各个不同位置, 也覆盖了复杂细胞所偏好的各种不同优势朝向.

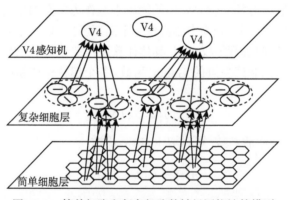

图 12-3　简单细胞和复杂细胞的神经网络计算模型

下面对 V4 感知机模型进行形式化定义. 设 $C_\theta(x, y)$ 表示感受野位置在 (x, y) 处某一优势朝向是 θ 的复杂细胞的输出, Ω_{RF} 是 V4 感知机的感受野区域, 对感受野内各个不同朝向的复杂细胞进行空间加和可得

$$v = \sigma \left(\sum_\theta \sum_{(x,y) \in \Omega_{RF}} w_{x,y,\theta} \cdot C_\theta(x, y) \right) \tag{12.7}$$

式中, v 是 V4 感知机的输出, σ 是激活感知机的 logistic 函数, $w_{x,y,\theta}$ 是感知机的权值. 设复杂细胞有 N 个不同的优势朝向 $\theta_1, \theta_2, \cdots, \theta_N$, 那么这些权值构成 N 个矩

阵, 其中第 i 个矩阵中 (x,y) 位置的元素 $w_{x,y,\theta}$ 表示位置在 (x,y) 且具有优势朝向 θ_i 的复杂细胞到 V4 感知机的输入神经连接的权值.

感知机的权值可以通过 Delta 学习率进行学习. 对于某一个输入图像, 得到的复杂细胞输出 $C_\theta(x,y)$ 作为感知机的输入, 假设感知机期望的输出为 t, 那么输出误差为 $E = (t-v)^2/2$. 于是, 根据 Delta 规则, 得到权值修正方式计算如下:

$$\Delta w_{x,y,\theta} = -\alpha\frac{\partial E}{\partial w_{x,y,\theta}} = -\alpha\frac{\partial\left(\dfrac{1}{2}(t-v)^2\right)}{\partial w_{x,y,\theta}}$$

$$= -\alpha(t-v)\frac{\partial(t-v)}{\partial w_{x,y,\theta}} = \alpha(t-v)\frac{\partial v}{\partial w_{x,y,\theta}}$$

$$= \alpha(t-v)\frac{\partial v}{\partial\sum wC}\frac{\partial\sum wC}{\partial w_{x,y,\theta}}$$

$$= \alpha(t-v)\sigma'\left(\sum wC\right)\cdot C_\theta(x,y) \tag{12.8}$$

上面的推导过程中, α 为学习率, $\sum wC$ 是对感知机输出公式中求和部分的简写, σ' 是 logistic 函数的导数. 由于 logistic 函数是单调增函数, 其导函数总是大于 0, 因此可以将其省略而不影响感知机训练的收敛, 简化的权值修正方式如下:

$$\Delta w_{x,y,\theta} = \alpha(t-v)C_\theta(x,y) \tag{12.9}$$

2. 实验和结果

Pasupathy 和 Connor (2001) 在神经生理学实验中探测 V4 神经元的形状选择性, 实验采用了若干种具有不同凸起轮廓的简单闭合图形作为视觉刺激. 本节实验采用了相同的视觉刺激图案作为训练样本. 图 12-4 显示了两组不同的形状. 左边一组有四个朝向不同的尖锐凸起, 右边一组缺少朝向右上的尖锐凸起, 其右上部位是非常平滑的凸起. Pasupathy 等在实验中发现 V4 神经元可以区分这样的刺激, 只对其中一组产生响应. 而且这种响应的产生与刺激出现在感受野中的位置没有显著关系, 只要符合神经元偏好的形状就能够激活神经元. 因此, V4 神经元的形状选择性具有一定的位置不变性.

本节实验用前面叙述的 V4 感知机模型模拟这样的形状选择性. 为了实现与生物神经元类似的位置不变性, 将 V4 感知机的感受野设置为具有一定尺寸的正方形图片, 将作为视觉刺激的闭合图形填充为白色, 让它们在黑色的背景中进行随机移动, 产生一系列不同的图片作为训练样本. 对于某一个 V4 感知机, 为了使其能够区分两类不同的图案, 将一类图案的预期输出置为 1, 另一类置为 0, 将这两类图案输入到简单细胞层、复杂细胞层, 进而输入到 V4 感知机, 对感知机模型进行训练.

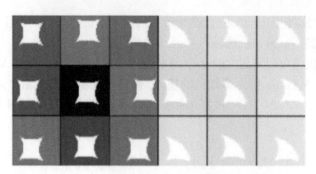

图 12-4　一个 V4 感知机对两类不同形状的响应图谱

　　图 12-4 显示了一个 V4 感知机对两类不同形状的响应图谱. 在采用前文所述的 Delta 规则进行若干次迭代之后, 感知机的权值矩阵收敛, 感知机表现出对两类不同形状的区分能力. 图 12-4 用图案的背景色表示了感知机输出的强弱. 因为训练样本的背景色是均一的黑色, 响应图谱中的背景色灰度仅用于表示该感知机对不同图案输出值的大小. 其中, 灰度越深表示感知机的输出值越大, 反之, 感知机的输出值越小. 可以明显看出, 经过训练, V4 感知机模型具备区分两类不同闭合形状的能力, 这种形状选择性与真实生物 V4 神经元相似.

　　值得注意的是, 这样的形状选择性明显不能依靠类似简单细胞感受野的方式得到. 由于 V4 神经元的形状选择性具有明显的位置不变性, 也就是说, 神经元的激活不依赖于刺激的具体位置, 因而, V4 神经元的感受野内不存在明确的兴奋区域或者抑制区域, 也不具有类似简单细胞的感受野. 从计算角度来看, 简单细胞的计算是对其感受野内部的视觉刺激在空间上进行了加权的线性累加, 但 V4 神经元的信息处理过程明显是非线性的, 因此更加复杂.

　　对图 12-5 中 V4 感知机模型的权值矩阵进行可视化, 有助于理解 V4 神经元的形状选择性的产生机制. 如图 12-5 所示, 根据前文描述的 V4 感知机数学模型可知, 它的权值矩阵实际上是若干个矩阵, 每个矩阵包含来自某一特定优势朝向的一些复杂细胞的连接权值. 本章建立的感知机模型接收来自 18 个不同朝向的复杂细胞的输入, 因此, 图中绘制了 18 个方阵, 并且用颜色表示权值的大小, 黑色表示权值为 0, 红色表示正权值, 蓝色表示负权值. 从图中可以看到, V4 感知机主要接收来自不同朝向的兴奋性输入连接 (具有正权值的输入连接). 根据朝向的不同, 这些输入在位置和强度上有一定的差异. 另外, 感知机也接收来自某些朝向的抑制性输入连接 (具有负权值的输入连接). 在极个别的朝向上, 权值在空间上呈现不明显的微弱拮抗, 可能的原因是该 V4 感知机对这些朝向不敏感. 以上分析的主要启示是, V4 神经元综合了来自不同朝向的复杂细胞的输入, 从而实现了对凸起 (曲线或者折线) 视觉刺激的选择性响应.

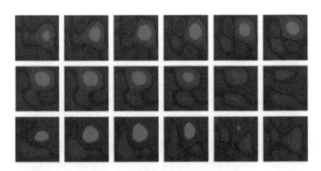

图 12-5　V4 感知机的权值矩阵

12.1.3　层内水平反馈连接的作用

生物大脑具有分层结构, 神经信号从低层到高层逐层传输加工, 但其神经系统不能简单地看作前馈的多层神经网络. 神经系统存在大量的反馈连接, 本节对水平反馈连接在 V4 形状选择性形成机制中的作用进行分析, 为后续的建模提供依据. 水平反馈连接 (horizontal feedback connection) 是神经系统中同一层次内一些作用相同或者相似的邻近神经元之间形成的神经连接, 这些神经连接既有兴奋性的, 也有抑制性的, 在此分别加以讨论.

1. 抑制性反馈的作用

水平抑制性连接可以产生侧抑制 (lateral inhibition), 侧抑制在视觉神经系统中广泛存在, 可以解释诸如马赫带 (Mach band) 等视觉现象 (von Békésy, 1968). 侧抑制使得一个激活的神经元可以抑制相邻神经元的活动, 防止了动作电位从一个活跃神经元向与其相邻的神经元传播扩散. 侧抑制增强了感觉神经元感知刺激的对比度. 侧抑制不仅存在于相邻神经元之间, 还存在于邻近的具有相同功能或者行为的神经元之间.

Földiak (1990) 研究认为, 神经元之间抑制性的反馈连接有助于形成稀疏的神经编码. 视觉神经系统中的信息编码普遍具有稀疏性 (Willmore et al., 2011). 当采用过完备的基向量对自然图像进行稀疏编码时, 可以在基向量中观察到类似视皮层 V1 区简单细胞感受野的权值分布 (Olshausen, Field, 1996), 并能够显示出非经典感受野的非线性特性 (Lee et al., 2006).

对于每一个输入数据, 如果神经网络中只有极少数神经元被激活, 那么, 就可以用稀疏编码来表示数据, 其中, 不同的数据用不同的神经元组合进行表示. 设数据的维度是 d_x, 用于编码的神经元数量, 即编码维度是 d_h. 设数据 x 的编码是 h^*, 编码的稀疏性约束可以表示为如下的优化问题:

$$h^* = \arg\min_{h} \|x - Wh\|_2^2 + \lambda\|h\|_2^2 \tag{12.10}$$

其中, $x \in R^{d_x}, h \in R^{d_h}$, λ 是惩罚项的系数, W 是由基向量组成的权值矩阵. 上式的优化目标既保证了输入数据 x 表示为基向量的线性组合, 又保证了线性组合的系数向量 h 具有稀疏性. 求解上述最优化问题, 可以同时得到基向量构成的矩阵 W 和稀疏编码 h^*.

　　下面论证水平抑制性连接对编码稀疏性的作用. 在前文叙述的 V4 区复杂细胞层基础上, 可以构建一层 V4 神经元. 如图 12-6 所示, 这是一个局部的 V4 神经网络, 包含一层 V4 神经元和一层复杂细胞. 设 V4 神经元有 d_h 个, 复杂细胞有 d_x 个, 它们的激活状态分别构成向量 $x = (x_1, x_2, \cdots, x_{d_x})^{\mathrm{T}}$ 和 $h = (h_1, h_2, \cdots, h_{d_h})^{\mathrm{T}}$. 复杂细胞到 V4 神经元有兴奋性的前馈连接, 这些连接的权值构成矩阵 W_E, 矩阵大小为 $d_h \times d_x$. V4 神经元之间有抑制性的水平反馈连接, 这些连接的权值构成矩阵 W_I, 矩阵大小为 $d_h \times d_h$. 在某一瞬时 t, 可以根据当前的 V4 神经元状态 $h(t)$ 计算下一瞬时 $t + 1$ 的 V4 神经元状态 $h^{(t+1)}$.

$$h^{(t+1)} = W_E x - W_I h^{(t)} \tag{12.11}$$

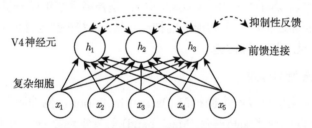

图 12-6　V4 稀疏编码的神经网络模型

　　下面观察当 h 有一个小的变化 Δh 时, 稀疏编码最优化问题的目标函数变化情况. 设 $\mathcal{F} = \|x - Wh\|_2^2 + \lambda \|h\|_2^2$, 计算该函数关于 h 的偏导数

$$
\begin{aligned}
\frac{\partial \mathcal{F}}{\partial h_k} &= \frac{\partial}{\partial h_k} \sum_i \left(x_i - \sum_j W_{i,j} \cdot h_j \right)^2 + \frac{\partial}{\partial h_k} \lambda \sum_j h_j^2 \\
&= 2 \sum_i \left(\sum_j W_{i,j} \cdot h_j - x_i \right) W_{i,k} + 2\lambda h_k \\
&= 2 \left[W^{\mathrm{T}}(Wh - x) + \lambda h \right]_k
\end{aligned}
\tag{12.12}
$$

设时刻 t 的 V4 神经元状态向量为 h, 那么下一时刻 h 的变化量为 $\Delta h = W_E x - W_I h - h$. 记 Δh 的第 k 项为 Δh_k, 根据偏导数的定义计算 $\mathcal{F}$ 的变化量

$$\Delta \mathcal{F} = \sum_k \Delta h_k \frac{\partial \mathcal{F}}{\partial h_k}$$

$$= 2\left(W_E x - W_I h - h\right)^{\mathrm{T}} \cdot \left[W^{\mathrm{T}}(Wh - x) + \lambda h\right]$$
$$= 2\left[W_E x - (W_I + 1)h\right]^{\mathrm{T}} \cdot \left[\left(W^{\mathrm{T}}W + \lambda\right)h - W^{\mathrm{T}}x\right] \qquad (12.13)$$

$\mathcal{F}$ 的变化量是两个向量的内积. 由于权值矩阵都包含非负值, 因此, 这两个向量大致指向截然相反的方向, 它们的内积是负值, 于是 $\mathcal{F}$ 得以在神经网络的动态过程中不断减小, 从而实现对输入刺激的稀疏编码. 完全模拟神经网络的动态过程会导致计算复杂度过高, 因此, 抑制性的水平反馈连接可以增进神经编码的稀疏性.

2. 兴奋性反馈的作用

通过对 V4 神经元处理弯曲特征的动态过程分析发现, V4 神经元之间还存在着兴奋性的反馈连接 (Yau et al., 2013).

Yau 等 (2013) 提出 V4 形状选择性可能具有两种不同的产生机制. 第一种是对不同朝向进行加和, 当输入刺激总和超越某一阈值时激活 V4 神经元; 第二种是在简单加和的基础上引入水平反馈连接, 水平反馈连接可以增强复合朝向刺激引发的响应.

在第一种机制中, 神经元的活动像一个 "与门"(and-gate), 与门的输入是组成弯曲刺激的两个不同朝向. 当用某一种朝向单独刺激时, 不会引起 V4 神经元的活动. 当两种朝向同时刺激 V4 神经元时, 才能使得输入的总和达到激活神经元的阈值. 这种机制无法解释 V4 神经元对单一朝向刺激产生的较弱的响应.

在第二种机制中, 在 V4 神经元之间加入了兴奋性的反馈连接. 这种机制与真实 V4 神经元的响应模式相吻合. 当用某一种朝向单独刺激时, 神经元产生较弱的活动; 当用两种朝向同时刺激 V4 神经元时, 神经元产生了较强的活动, 这时反馈回路被激活, 对神经元输出产生了增益效果, 神经元响应比单一刺激产生的响应更强而且持久, 但是, 响应峰值比单一刺激的响应峰值略有延迟. 因此, 作者推测, 真实 V4 神经元之间存在类似的反馈回路, 在反馈的作用下, 具有相似选择性的 V4 神经元相互影响, 当 V4 神经元同时接收到来自两个不同朝向的输入时, 反馈回路被激活, 产生了对弯曲刺激或者夹角刺激的响应.

图 12-7 的人工神经网络模拟了带有兴奋性水平反馈连接的 V4 神经元的连接模式, 连接的权值如图所示. 本章采用连续时间循环神经网络 (continuous time recurrent neural network, CTRNN) 模拟神经元活动的动态过程. 设 V4 神经元的输出为 y, 单个朝向的前馈输入为 x, y 对时间 t 的导数如下:

$$\tau \frac{\mathrm{d}y}{\mathrm{d}t} = -y + \sigma(y) + \frac{nx}{2} \qquad (12.14)$$

其中, τ 是控制神经元兴奋持久度的常数, σ 是 logistic 函数, n 是输入朝向的个数, 取值 1 或者 2. 本章用数值方法对 y 进行了计算, 图 12-7 显示了计算的结果. 输入

刺激的时间在 $t = 100$ 到 $t = 200$ 这个区间内. 点虚线表示单个朝向刺激 $(n = 1)$ 时 V4 神经元的响应曲线, 长虚线表示两个朝向刺激 $(n = 2)$ 时 V4 神经元的响应曲线, 直线由长虚线减去两倍的点虚线得到, 代表了 V4 的反馈回路作用下的曲线综合过程. 可以看到, 直线代表曲线综合过程产生了一个延迟的峰值, 这与神经生理学实验观察到的 V4 神经元响应模式是相似的. 通过这样的分析可以看到, 兴奋性水平反馈解释了 V4 神经元活动的动态过程, 对于处理静态图片的信息没有明显的影响. 由于模拟反馈连接会增加模型计算的复杂度, 因此, 对于图像这样的静态数据, 本章在后续的建模中只考虑反馈连接对神经编码稀疏性的作用, 不再以神经网络方式进行模拟.

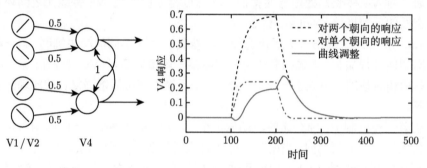

图 12-7　模拟 V4 神经元的水平反馈连接的人工神经网络

　　本节对 V4 神经元建模进行了研究, 主要结论如下: 一是 V1/V2 区简单细胞和复杂细胞为 V4 区提供了朝向信息, 使得 V4 区神经元产生了对轮廓片段的选择性响应; 二是 V4 区内部的水平连接使得复杂特征得到加强, 并使得神经编码具有一定的稀疏性. 这为本章建立 V4 模型提供了理论基础. 在后续章节中, 将进一步研究 V4 区的形状选择性模型.

12.2　V4 区形状选择性的神经网络模型

　　视皮层 V4 区处于腹侧视通路的中段, 该视通路负责视觉认知中的物体识别, V4 区作为一个中间阶段, 有承上启下的作用. 这种作用体现在将底层的简单特征综合为具有一定复杂度的特征, 使得高层次的神经元能在这些特征的基础上完成物体识别. 从这个角度出发, 可以将 V4 层的功能理解为图像特征描述子. 本节建立了一个 V4 区的多层神经网络模型, 该模型可以对局部图像特征进行神经编码. 对特征进行神经编码的过程通过受限玻尔兹曼机 (restricted Boltzmann machine, RBM) 实现, 采用了人工神经网络模型完成计算, 完全模拟了神经科学在生理学实验中发现的 V4 区形状选择性. 本节通过实验检验了模型的形状选择性与真实 V4 神经元的吻合程度, 并在图像处理实验中检验了该模型在图像表征中的区分度和泛化能力.

12.2.1 V4 多层神经网络模型

本节在 12.1 节构建的 V4 输入层的基础上, 建立多层神经网络模型模拟 V4 神经元的形状选择性, 并利用该模型提取图像特征.

V4 多层神经网络模型的输入层由简单细胞层和复杂细胞层组成. 简单细胞构成若干个超柱阵列, 覆盖了 V4 神经元感受野的不同位置, 每个超柱中包含有若干感受野位置相同但优势朝向不同的简单细胞. 图 12-8 中绘制了具有 3 个不同朝向的简图, 实际实验中, 本章采用了 0°~170° 的 18 个不同优势朝向 (间隔 10°). 每个复杂细胞接收来自相邻的不同位置的简单细胞的输入, 图 12-8 中, 一个复杂细胞接收来自相邻 3 个超柱的输入, 接收相同超柱输入的复杂细胞被划分为一组, 同一组复杂细胞具有相同的感受野及不同的优势朝向. 图中绘制了 9 组感受野位置不同的复杂细胞, 它们的感受野分布在 V4 感受野内的不同区域, 形成了 3×3 网格. 这些具有不同感受野位置和不同优势朝向的复杂细胞成为 V4 神经元的输入层. 本节用受限玻尔兹曼机模型进行 V4 特征的学习和提取, 这些复杂细胞被映射为受限玻尔兹曼机的可见单元 (即输入层), V4 神经元构成了受限玻尔兹曼机的隐藏单元 (即输出层). 因此, 每个 V4 神经元都与其感受野内的全部复杂细胞相连接.

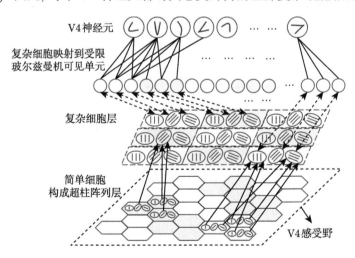

图 12-8 V4 的多层神经网络模型

图 12-9 显示了用于训练上述多层神经网络模型的部分训练样本, 这些样本来自有关 V4 形状选择性的生理实验 (Gallant et al., 1996; Pasupathy, Connor, 1999, 2001), 实验中 V4 神经元显示出对这些形状的区分能力, 因此, 本章也采用这些形

状作为样本对神经网络模型进行训练. 这些样本涵盖了具有各种凸起的闭合图形、各种光栅及具有不同弯曲度和角度的曲线和夹角.

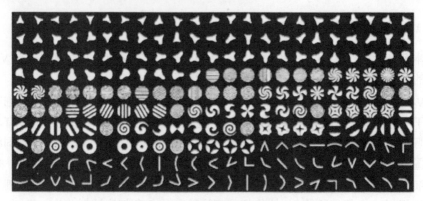

图 12-9　训练 V4 神经网络模型的部分训练样本

1. 基于受限玻尔兹曼机的神经网络学习算法

本节将构建一个多层的前馈神经网络, 该网络结合了人工设计和自动学习的方式. 其中, 简单细胞层和复杂细胞层采用了人工设计的方法. 根据神经生理学有关发现, 采用前文所述的方法对简单细胞和复杂细胞进行建模. 当图像样本呈现在感受野中时, 模型中的超柱阵列提取出局部的边缘和朝向特征, 这些特征被表示为复杂细胞的活跃状态, 作为输入传入 V4 层. 在网络的 V4 层, 本章采用了自动学习的方式, 引入受限玻尔兹曼机这种人工神经网络模型, 对网络的连接权值进行无监督学习.

受限玻尔兹曼机是一种产生式的随机人工神经网络模型, 可以用来学习输入数据的概率分布. Geoffrey Hinton 等提出了高效的受限玻尔兹曼机学习算法, 使得受限玻尔兹曼机在机器学习领域得到了广泛的应用, 如数据降维、分类、协同过滤、特征学习和话题模型等. 根据不同任务, 可以对受限玻尔兹曼机进行有监督或者无监督的训练.

从受限玻尔兹曼机的名称可以知道, 它是玻尔兹曼机 (Boltzmann machine) 的一个变体, 约束条件是, 神经元必须构成一个二分图. 在一般的玻尔兹曼机中, 神经元两两之间形成完全连接. 在受限玻尔兹曼机中, 神经元分为两组, 一般分别称作可见单元 (visible unit) 和隐藏单元 (hidden unit), 连接在可见单元和隐藏单元之间形成, 连接是无方向的、对称的. 这样的约束使得受限玻尔兹曼机有比一般玻尔兹曼机更加高效的训练算法.

受限玻尔兹曼机是一个如图 12-10 所示的神经网络. 这是一个随机神经网络, 每个计算单元随机取 0 或者 1. 它的 n 个可见单元构成向量 $v = (v_1, v_2, \cdots, v_n)^{\mathrm{T}}, v \in$

$\{0,1\}^n$. 它的 m 个隐藏单元构成向量 $h = (h_1, h_2, \cdots, h_m)^{\mathrm{T}}, h \in \{0,1\}^m$. 网络的每个状态 (v, h) 具有如下定义的能量 E:

$$E(v, h) = -\sum_{i,j} w_{ij} v_i h_j - \sum_i a_i v_i - \sum_j b_j h_j \tag{12.15}$$

其中, w_{ij} 是第 i 个可见单元和第 j 个隐层单元之间的连接权值, a_i 是第 i 个可见单元的偏置 (bias), b_j 是第 j 个隐藏单元的偏置. 将连接权值记作矩阵 W, 计算单元偏置记作向量 a 和 b, 可以将上述能量方程写为如下形式:

$$E(v, h) = -v^{\mathrm{T}} W h - a^{\mathrm{T}} v - b^{\mathrm{T}} h \tag{12.16}$$

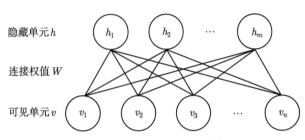

图 12-10　受限玻尔兹曼机模型

受限玻尔兹曼机状态出现的概率反比于能量的指数, 即能量越低其状态越稳定. 因此, 可以定义某一状态的概率.

$$P(v, h) = \frac{1}{Z} \mathrm{e}^{-E(v,h)} \tag{12.17}$$

其中, $Z = \sum_{v,h} \mathrm{e}^{-E(v,h)}$.

在本节中, 受限玻尔兹曼机的可见单元映射为复杂细胞. 设 $C_\theta(x, y)$ 表示感受野中心位于 (x, y) 处、优势朝向为 θ 的复杂细胞的输出. 设 V4 的感受野内包含 $k \times k$ 个不同位置的复杂细胞, 它们的感受野分别位于 $(x_s, y_t), s, t = 1, 2, \cdots, k$. 设复杂细胞具有 q 种不同的优势朝向, 分别为 $\theta_u, u = 1, 2, \cdots, q$. 那么, 复杂细胞和受限玻尔兹曼机的可见单元有如下的映射关系:

$$v(s + tk - k)k^2 + u = C_{\theta_u}(x_s, y_t) \tag{12.18}$$

当输入的复杂细胞状态确定时, 就可以计算隐藏层的某个 V4 计算单元 h_j 的激活概率, 并将此概率作为 V4 神经元的输出. 第 j 个隐藏单元激活 (值为 1) 的概率计算如下:

$$P(h_j = 1|v, h_{-j}) = \frac{P(h_j = 1|v, h_{-j})}{P(h_j = 1|v, h_{-j}) + P(h_j = 0|v, h_{-j})}$$

$$
\begin{aligned}
&= \left(1 + \frac{P\left(h_j = 0 | v, h_{-j}\right)}{P\left(h_j = 1 | v, h_{-j}\right)}\right)^{-1} \\
&= \left(1 + \frac{\mathrm{e}^{-E(h_j=0, v, h_{-j})}}{\mathrm{e}^{-E(h_j=1, v, h_{-j})}}\right)^{-1} \\
&= \left(1 + \mathrm{e}^{\sum\limits_i w_{ij} v_i - b_j}\right)^{-1} \\
&= \sigma\left(\sum_i w_{ij} v_i + b_j\right)
\end{aligned}
\tag{12.19}
$$

其中, $\sigma = (1 + \mathrm{e}^{-x})^{-1}$, 是 logistic 函数. 可见, 该计算过程和感知机神经元的输出计算是一致的, 而且, 当来自复杂细胞的输入确定时, 各个 V4 计算单元之间是条件独立的. 类似地, 当 V4 单元的输出确定时, 可以计算第 i 个可见单元 (即复杂细胞) 激活的概率, 用来从 V4 的活跃状态重建复杂细胞的输入

$$
P\left(v_i = 1 \mid h\right) = \sigma\left(\sum_j w_{ij} h_j + a_i\right)
\tag{12.20}
$$

受限玻尔兹曼机学习的过程是调整连接权值和计算单元的偏置等网络参数, 使得输入到网络可见层的数据具有较高的概率, 即最大化 v 的似然概率 $\log P(v)$. 该边际概率可以计算如下:

$$
P(v) = \frac{1}{Z} \sum_h \mathrm{e}^{-B(v,h)}
\tag{12.21}
$$

对于某个网络参数 θ, 学习的过程即最小化上述边际概率的对数, 采用梯度下降的优化方法, 需要计算该似然概率对参数的偏导数. 这里所说的参数包括连接权值、神经元偏置, 以及稀疏约束等.

$$
\begin{aligned}
\frac{\partial \log P(v)}{\partial \theta} &= \frac{\partial \log \sum_h \mathrm{e}^{-E(v,h)}}{\partial \theta} - \frac{\partial \log Z}{\partial \theta} \\
&= \frac{\partial \sum\limits_h \mathrm{e}^{-E(v,h)} / \partial \theta}{\sum\limits_h \mathrm{e}^{-E(v,h)}} - \frac{\partial Z / \partial \theta}{Z} \\
&= -\frac{\sum\limits_h \left[\mathrm{e}^{-E(v,h)} \frac{\partial E(v,h)}{\partial \theta}\right]}{\sum\limits_h \mathrm{e}^{-E(v,h)}} + \frac{\sum\limits_{v,h} \left[\mathrm{e}^{-E(v,h)} \frac{\partial E(v,h)}{\partial \theta}\right]}{Z} \\
&= -\sum_h \frac{P(v,h)}{P(v)} \frac{\partial E(v,h)}{\partial \theta} + \sum_{v,h} P(v,h) \frac{\partial E(v,h)}{\partial \theta}
\end{aligned}
$$

$$= -\sum_h P(h|v)\frac{\partial E(v,h)}{\partial \theta} + \sum_{v,h} P(v,h)\frac{\partial E(v,h)}{\partial \theta} \tag{12.22}$$

上式右边第一项是能量的偏导数在条件概率 $P(h|v)$ 下的期望, 即将可见单元固定为输入数据时的期望; 第二项也是能量的偏导数的期望, 但是概率分布与数据无关, 是在模型参数作用下各单元自由取值时的期望. 因此, 根据梯度下降的原理, 设学习率为 α, 则在学习过程中参数的修正量计算如下:

$$\Delta\theta = \alpha\frac{\partial \log P(v)}{\partial \theta} = \alpha\left[-\left\langle\frac{\partial E(v,h)}{\partial \theta}\right\rangle_{\text{data}} + \left\langle\frac{\partial E(v,h)}{\partial \theta}\right\rangle_{\text{model}}\right] \tag{12.23}$$

根据上述公式, 可以得到连接权值 W 和神经元偏置 a,b 的修正量

$$\begin{aligned} \Delta w_{ij} &= \alpha\left[\langle v_i h_j\rangle_{\text{data}} - \langle v_i h_s\rangle_{\text{model}}\right] \\ \Delta a_i &= \alpha\left[\langle v_i\rangle_{\text{data}} - \langle v_i\rangle_{\text{model}}\right] \\ \Delta b_j &= \alpha\left[\langle h_j\rangle_{\text{data}} - \langle h_j\rangle_{\text{model}}\right] \end{aligned} \tag{12.24}$$

由于上述公式中期望的计算代价很高, 在实际计算中, 并不直接计算期望, 而是以 Gibbs 采样的结果代替期望值. Hinton 等 (2002) 将该近似方法称为对比分歧学习 (contrastive divergence learning), 可以有效地近似梯度下降方法.

2. 学习稀疏的神经编码

视觉神经系统的信息编码具有一定的稀疏性. 前面章节分析了水平反馈连接在产生稀疏编码中起到的作用. 在本节的神经网络学习算法中, 进一步引入稀疏约束, 可以使得神经网络模型更加符合真实的生物神经系统.

本章引入稀疏目标 (sparse target)(Lee et al., 2007) 作为神经网络的稀疏约束, 使得网络的输出具有稀疏性. 如果将前文所述的受限玻尔兹曼机学习算法视为一个最优化问题, 即最大化输入数据 v 的对数似然概率, 那么, 稀疏约束相当于在这个优化目标中加入了一个稀疏惩罚项, 学习算法可以定义为如下优化问题:

$$\text{maximize}_{(W,a,b)} \log P(v) - \lambda\sum_j \|p - P(h_j \mid v)\|^2 \tag{12.25}$$

其中, λ 是规范化系数, p 是稀疏目标. 当 $p \ll 1$ 时, 相当于为 V4 神经元 (即受限玻尔兹曼机隐藏单元) 设定了一个极小的目标激活概率. 本章采取迭代方法对上述公式中的两项进行分别优化, 在每一步迭代中, 首先采用对比分歧学习来最大化上式中的对数似然函数, 然后用梯度下降法最小化其中的稀疏惩罚项. 从该惩罚项的形式可以看到, 它可以看作将 p 设置为神经网络的目标输出, 应用 Delta 学习率对网络权值进行修正

$$\Delta w_{ij} = \alpha \cdot \frac{\partial\left(-\lambda\sum_j \|p - P(h_j|v)\|^2\right)}{\partial w_{ij}}$$

$$= -\frac{\alpha\lambda\partial\left[p - \sigma\left(\sum_i w_{ij}v_i + b_j\right)\right]^2}{\partial w_{ij}}$$

$$= 2\alpha\lambda v_i\left[p - \sigma\left(\sum_i w_{ij}v_i + b_j\right)\right] \cdot \sigma' \tag{12.26}$$

其中, σ' 是 logistic 函数的导数, $\sigma'(x) = \sigma(x) \cdot (1 - \sigma(x))$.

算法 12.1 列出了 V4 多层神经网络模型学习算法.

算法 12.1　V4 多层神经网络模型学习算法

1　**function** LearnV4MultilayerNetwork(samples).

2　　　$\alpha\leftarrow$学习率;

3　　　$\lambda\leftarrow$稀疏惩罚项系数;

4　　　$p\leftarrow$稀疏目标;

5　　　**foreach** $s \in$ samples **do**

6　　　　　将样本 s 输入超柱阵列

7　　　　　将阵列中简单细胞的状态输入到复杂细胞层;

8　　　　　将复杂细胞层的状态映射到RBM可见单元 v;

9　　　　　计算V4单元激活概率并采样 h;

10　　　　　根据V4单元状态 h 重建可见单元 v';

11　　　　　根据 v' 重新计算V4单元激活概率并采样 h';

12　　　　　计算外积 $c\leftarrow v \cdot h^{\mathrm{T}}$;

13　　　　　计算外积 $c'\leftarrow v' \cdot h'^{\mathrm{T}}$;

14　　　　　$W\leftarrow W + \alpha(c - c')$;

15　　　　　$a\leftarrow a + \alpha(v - v')$;

16　　　　　$b\leftarrow b + \alpha(h - h')$;

17　　　　　向量逐项乘法 $d\leftarrow(p - h)h(1 - h)$;

18　　　　　计算外积 $s\leftarrow v \cdot d^{\mathrm{T}}$;

19　　　　　$W\leftarrow W + \alpha\lambda s$;

20　　　　　$b\leftarrow b + \alpha\lambda d$;

21　　　**end**

22　**end**

通过上述学习算法, 可以得到受限玻尔兹曼机的可见单元与隐藏单元, 即 V4 神经元之间的神经连接权值, 以及各个 V4 神经元的偏置. 这样, 就得到了从简单细

胞到复杂细胞, 再到 V4 神经元的多层前馈神经网络模型, 12.3 节将对该模型的形状选择性进行系统验证.

12.2.2 V4 神经网络模型的形状选择性

本节用实验验证 V4 多层神经网络模型的形状选择性与真实生物 V4 神经元的匹配程度.

1. 形状选择性的判定

实验采用 Gallant 等 (1996) 及 Pasupathy 和 Connor (1999, 2001) 在神经生理学实验中所使用的视觉刺激图形来检验 V4 神经网络模型的形状选择性. 这些图形分为四类: 正弦光栅 (即平行的直线亮条)、非笛卡儿光栅 (螺旋形或者双曲线形的光栅)、曲线段及简单的闭合图形. 生理学实验显示, 正弦光栅图案是初级视皮层简单细胞可以区分的视觉刺激, 而 V4 神经元对其余几种更加复杂的刺激图形有明显偏好, 可以产生选择性的响应.

V4 神经元对形状的选择性表现为对不同刺激图形的响应幅度有显著的差异, 通常仅对某一类别刺激中的个别图形具有较强的响应. 通过这种差异化的响应模式, V4 神经元可以表示这一类别中不同形状所具有的不同属性. 根据这样的规律, 本章定义选择性指数 (selectivity index), 用于判定多层神经网络中 V4 计算单元的形状选择性.

设多层神经网络的 V4 层共有 m 个神经元, 它们的状态分别为 $h_1, h_2, \cdots, h_m$. 设某一类别的刺激包含有 N 种不同的图形, 将第 j 个 V4 神经元对第 i 个刺激图形的响应值记为 $h_j^{(i)}$. 当该神经元对某个刺激图形的响应远远大于它对其他图形的响应时, 可以认为该神经元对这一类别的刺激具有选择性. 因此, 将第 j 个 V4 神经元对某一类刺激的选择性指数定义如下:

$$\text{SI}(h_j) = \frac{\max\left\{h_j^{(i)}|i = 1, 2, \cdots, N\right\}}{\sum\limits_{i=1}^{N} h_j^{(i)}/N} \tag{12.27}$$

本章用上述选择性指数评价和判定一个 V4 神经元对某类别刺激的选择性强弱. 算法 12.2 列出了选择性指数的计算方法.

2. 实验和结果

本节的实验中, V4 多层神经网络模型的输出层含有 256 个 V4 神经元. 模型根据前面所述的训练算法和采集自有关神经生理学实验中的训练样本 (Gallant et al., 1996; Pasupathy, Connor, 1999, 2001) 进行了训练. 在检验模型的形状选择性时, 采用了 80 个闭合图形、56 个曲线段、95 个光栅图案. 所有神经元对各类刺激图形的平均选择性指数为 3.5, 本章以此为标准, 当某一神经元对某类别的选择性指数高于此值时, 认为该神经元具有显著的形状选择性.

算法 12.2   选择性指数算法

1　**function** Selectivity Index(samples).

2　　**for** $j = 1$ **to** m **do**

3　　　max ← 0;

4　　　sum ← 0;

5　　　**for** $i = 1$ **to** N **do**

6　　　　$h[j][i]$←第j个V4神经元对samples[i]的响应;

7　　　　sum←sum+$h[j][i]$;

8　　　　**if** $h[j][i] >$ max **then**

9　　　　　max ← $h[j][i]$;

10　　　　**end**

11　　　**end**

12　　　$\mathrm{SI}(h[j]) \leftarrow \dfrac{\max}{\mathrm{sum}/N}$;

13　　**end**

14　　**return** SI

15　**end**

表 12-1 显示了对全部 256 个神经元的形状选择性的统计结果.

表 12-1   V4 模型的形状选择性

刺激类别	选择性显著的神经元数量	所占百分比
简单正弦光栅	50	19.5%
非笛卡儿光栅	55	21.5%
曲线段	102	39.8%
闭合图形	68	26.6%
复杂刺激合计 (除正弦光栅)	171	66.8%

从表 12-1 的统计结果可以看出, 模型中大部分 V4 神经元偏好更为复杂的刺激 (即除简单正弦光栅之外的刺激). 某些 V4 神经元对两个类别同时具有显著的选择性, 因此, 选择复杂刺激的神经元总数小于几个类别的简单叠加. 这说明, 引发 V4 神经元选择性响应的是在非笛卡儿光栅、曲线段和闭合图形中共同存在的几何形状特征.

下面, 通过神经元的响应图谱观察多层神经网络模型中 V4 神经元的形状选择性.

图 12-11 显示了三个 V4 神经元对曲线段这一类别的响应图谱. 响应图谱中用刺激图形的背景底色标记出了神经元响应的相对幅值, 响应最强的图形底色设置为黑色, 响应为 0 的图形底色设置为白色, 其他响应幅值线性转换为底色的灰度值. 图 12-11(b) 显示的 1 号神经元对向上的尖锐凸起敏感, 对向上的弯曲度较小的凸起响应较弱, 对其他朝向的凸起没有显著的响应. 图 12-11(c) 显示的 2 号神经元对向下的尖锐凸起敏感, 它对凸起的夹角也有非常显著的选择性, 当夹角扩大时, 凸起的弯曲程度减小, 它的响应也急剧减弱. 图 12-11(d) 显示的 3 号神经元对朝向左上的凸起敏感, 凸起过于尖锐或者弯曲度过小都会减弱该神经元的响应. 上述样例都体现出了模型中 V4 神经元对曲线段的弯曲度和朝向的选择性, 这些选择性与生物 V4 神经元的行为是一致的 (Pasupathy, Connor, 1999).

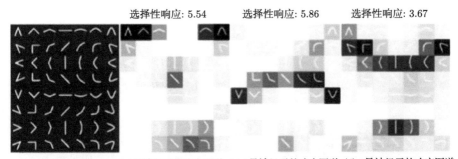

(a) 刺激图形　　(b) 1号神经元的响应图谱 (c) 2号神经元的响应图谱 (d) 3号神经元的响应图谱

图 12-11　V4 神经元对曲线段的响应图谱

图 12-12 显示了两个 V4 神经元对光栅图案这一类别的响应图谱. 图中, 上部的 4 号神经元对螺旋形光栅敏感, 而且对螺旋翼的数量和宽度都有一定的选择性. 当采用具有四个螺旋翼的中等宽度的光栅进行刺激时, 神经元产生最强的响应. 该神经元对其他类型的光栅刺激几乎不产生响应. 下部的 5 号神经元对扇形刺激敏感. 它的最优刺激图形是两个对称扇形构成的图案, 对于一般的光栅, 该神经元产生较弱的响应, 且没有明显的选择性. 这一组神经元的选择性与 Gallant 等 (1996) 关于生物 V4 神经元对光栅刺激的研究发现是一致的.

图 12-13 显示了两个 V4 神经元对闭合图形这一类别的响应图谱. 图中显示的这一组闭合图形都具有三个凸起, 其差别在于凸起的方向各不相同、凸起的尖锐程度也有明显差别. 图 12-13(b) 显示的 6 号神经元表现出对最左一列闭合图形的选择性, 这一列图形的三个凸起分别朝向正上方、左下方和右下方. 当左下方是平滑凸起时, 响应更强; 当左下方是尖锐凸起时, 响应稍弱. 图 12-13(c) 显示的 7 号神经元表现出对最右一列闭合图形的选择性, 这一列图形的三个凸起分别朝向右上方、正下方和正左方. 当朝向右上的凸起较为圆滑时, 响应更强; 当朝向右上的凸起较

为尖锐时, 响应稍弱. 这一组神经元展示了对闭合图形凸起方向和凸起尖锐度的选择性, 这与 Pasupathy 和 Connor (2001) 的研究发现是吻合的.

(上) 4号神经元的响应图谱, 选择度: 6.37; (下) 5号神经元的响应图谱, 选择度: 3.92

图 12-12　V4 神经元对光栅图案的响应图谱

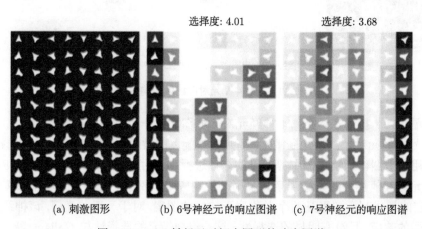

(a) 刺激图形　　　(b) 6号神经元的响应图谱　　　(c) 7号神经元的响应图谱

图 12-13　V4 神经元对闭合图形的响应图谱

以上关于模型 V4 神经元的统计结果和响应图谱实例充分说明, 根据视通路解剖构造建立的多层神经网络模型能够模拟真实 V4 神经元的形状选择性和响应模式, 该模型符合研究发现的 V4 神经元对刺激图案的偏好.

12.2.3　图像处理实验

本节在真实图像上进行实验, 考察 V4 多层神经网络模型在处理图像上的性能. 实验包括手写数字识别和局部图像特征聚类两个部分, 实验结果显示了神经网络输出作为图像特征所显示出的区分度和泛化能力.

1. 手写数字识别

本章建立的多层神经网络模型以 V4 感受野内的局部图像块作为输入, 输出一系列 V4 神经元对该图像块的响应. 将这一系列 V4 神经元的响应组合为向量, 那么, 该向量的每一个维度都体现了某个 V4 神经元所提取出的特征, 这些特征的组合可以从不同维度对感受野内的图像进行描述, 从而形成描述能力更强的一种图像局部特征描述子. 这样的局部特征描述子是对图像信息的抽象表示, 它将像素点表示的图像中一些高层次的几何信息提取出来, 比如是否有拐点或者弯曲、弯曲的朝向、拐点的尖锐度等, 这些信息具有较高的抽象度, 将这些信息进行组合, 就可以描述高层语义, 比如物体或者符号. 本节以手写数字这种符号为样本, 检验 V4 多层神经网络模型提取图像特征的能力.

手写数字样本来自 MINST 数据集 (LeCun et al., 1998). 如图 12-14 所示, 该数据集包含各种手写数字的灰度图像, 每幅图像尺寸为 28×28 像素大小, 包含一个手写数字. 数据集包括一个训练集和一个测试集, 训练集有 60000 幅图像, 测试集有 10000 幅图像.

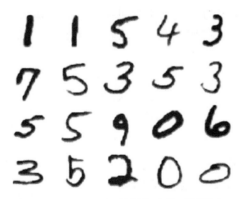

图 12-14 MINST 数据集中的手写数字

为了采用 V4 多层神经网络模型进行手写数字识别, 本章将手写数字图像置于 V4 感受野之中. 如图 12-15 所示, 手写数字图像经过简单细胞和复杂细胞处理, 输入到 V4 神经元. V4 神经元和复杂细胞之间的神经连接权值按照前文描述的算法用受限玻尔兹曼机训练得到. 在 V4 层之上, 增加含有 10 个神经元的输出层, 分别表示 10 个数字. 例如, 当输入图像包含手写数字 3 时, 数字 3 对应的输出单元的输出是 1, 其他单元输出 0, 输出向量是 $(0,0,0,1,0,0,0,0,0,0)$. 按照这样的规则, 为 MINST 数据集中每幅图像设定一个目标输出向量, 用这些目标输出向量训练从复杂细胞、V4 神经元到输出层的神经网络. 这个神经网络可以视作含有一个隐层的前馈神经网络, 采用反向传播 (back-propagation, BP)(Rumelhart et al., 1986) 算法进行训练. 对测试数据, 将输出层中值最大的单元所代表的数字作为该神经网络模型判别的结果.

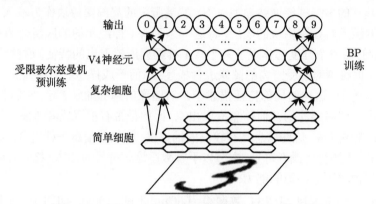

图 12-15　用 V4 多层神经网络模型进行手写数字识别

记神经元 i 的输出为 o_i, 神经元的输出是由该神经元获得的输入的加权和 s_i 经过一个非线性激活函数 (通常是 sigmoid 函数的一种, 比如 logistic 函数) 得到的. 设最终的输出神经元输出为 o, 而需要的目标输出是 t, 那么反向传播算法要最小化错误函数 $E = (t - o)^2/2$. 按照梯度下降的原理, 神经元 i 和 j 之间的连接权值 w_{ij} 的修正量如下:

$$\Delta w_{ij} = -\alpha \frac{\partial E}{\partial w_{ij}} = -\alpha \frac{\partial E}{\partial o_j} \frac{\partial o_j}{\partial s_j} \frac{\partial s_j}{\partial w_{ij}}$$

$$= -\alpha \frac{\partial E}{\partial o_j} \sigma'(s_j) \frac{\partial \sum_k w_{kj} o_k}{\partial w_{ij}} = -\alpha \frac{\partial E}{\partial o_j} o_j (1 - o_j) o_i \tag{12.28}$$

其中, σ 是 logistic 函数, 它的导数 $\sigma'(x) = \sigma(x)(1 - \sigma(x))$. E 对 o_j 的偏导数要分情况讨论. 当神经元 j 是输出层神经元时

$$\frac{\partial E}{\partial o_j} = \frac{\partial [(t_j - o_j)^2/2]}{\partial o_j} = o_j - t_j \tag{12.29}$$

其中, t_j 是该神经元的目标输出.

当神经元 j 是中间神经元, 即本模型中的 V4 神经元时

$$\frac{\partial E}{\partial o_j} = \sum_{k \in L} \frac{\partial E}{\partial o_k} \frac{\partial o_k}{\partial s_k} \frac{\partial s_k}{\partial o_j}$$

$$= \sum_{k \in L} \frac{\partial E}{\partial o_k} \sigma'(s_k) \frac{\partial \sum_i w_{ik} o_i}{\partial o_j} = \sum_{k \in L} \frac{\partial E}{\partial o_k} o_k (1 - o_k) w_{jk} \tag{12.30}$$

其中, L 是所有与神经元 j 有连接的输出层神经元组成的集合. 可见, 偏导数 $\partial E/\partial o_j$ 可以从输出层开始向前反推得到, 这个过程就是误差的反向传播.

在本节的实验中, V4 层设有 128 个神经元, 输出层有 10 个神经元. 为了进行对比, 实验中构造了一个随机初始化的前馈神经网络, 以 28×28 像素的手写数字图像为输入层, 同样设一个含有 128 个神经元的隐层和一个含有 10 个神经元的输出层. 这个用作对比的神经网络同样采用反向传播算法进行训练.

图 12-16 显示了 V4 多层神经网络模型和随机初始化的前馈网络的对比实验结果. 本章的 V4 模型在整个训练过程中显示出了较快的收敛速度和较小的训练误差. 这得益于受生物视觉神经系统启发的 V4 模型. 手写数字中所包含的曲线段及其几何特征与 V4 神经元能够区分的视觉特征非常相似, 借助于 V4 模型, 能够更加高效地提取出用于分辨不同数字的特征. 因此, 在网络中神经元数量规模相似的情况下, 模型显示出了比随机初始化前馈神经网络更好的分类性能.

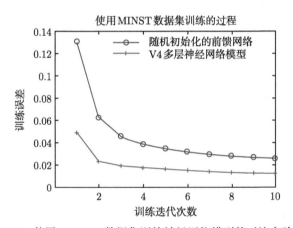

图 12-16 使用 MINST 数据集训练神经网络模型的对比实验结果

表 12-2 显示了在 MINST 数据集的测试集上的分类误差. 对本章的 V4 多层网络模型和 Lecun 等 (LeCun et al., 1998) 给出的结果进行了对比, 结果显示, 本章的 V4 模型的分类误差小于大部分现有的分类器. 该模型依据视皮层 V4 区神经元的形状选择性, 有效地提取了手写数字中各种笔画的几何形状特征. 神经网络的学习算法在此基础上构造出了高性能的分类器, 实现了对手写数字的准确识别.

手写数字识别实验同时说明, V4 多层网络模型可以对感受野内的局部图像特征进行有效的描述, 这种描述在图像识别中显示出了一定的区分度和泛化能力. 它将局部的图像信息表达为一组 V4 神经元的活跃状态, 在此基础上, 可以构造出一种受生物神经机制启发的局部图像特征, 用于各种计算机视觉任务.

表 12-2　MINST 数据集手写数字识别对比实验

方法	分类误差/%
本章的 V4 多层网络模型	2.9
K 最近邻方法	5.0
PCA + 二次分类器	3.3
2 层神经网络	4.7
采用高斯核的 SVM 分类器	1.4

2. 局部特征聚类

本节的实验将一组邻近的 V4 特征视为一种局部图像描述子, 将这些描述子得到的局部图像特征进行聚类, 观察相似的特征是否能够表示物体上相似的部分.

Pasupathy 和 Connor (2002) 在实验中用简单的闭合图形刺激一组 V4 神经元, 记录这一组 V4 神经元活跃状态的变化. 每个单独的 V4 神经元都描述了其感受野内的局部图像特征, 比如, 存在尖锐或者平滑的凸起、凸起的朝向、弯曲的形态等. 一组 V4 神经元的活跃状态与闭合图形的形状有密切的对应关系, 这些神经元共同描述了同一图像区域内不同属性的特征, 它们组合在一起可以对该区域进行完整的描述. 因此, 可以从 V4 神经元的活跃状态组合推测出闭合图形的形状. 受此启发, 本节用一组 V4 感受野的空间组合描述这一组感受野所覆盖的图像区域, 这就形成了一种图像描述子和局部特征.

图 12-17 展示了本节使用的 V4 局部特征描述子. 在实验中, V4 局部图像特征是沿着图像中的边缘提取的, 每个 V4 描述子中包含若干个 V4 感受野, 这些 V4 感受野分布在正方形网格点上. 每个 V4 感受野内的图像信息被多层神经网络编码为一系列神经元的激活状态, 若干个 V4 感受野的神经编码组合为图像局部特征. 为了使这种局部特征有一定的旋转不变性, 根据中心位置的复杂细胞响应值确定一个响应最强的朝向作为整个特征的朝向, 将 V4 感受野所在的正方形网格根据这个朝向进行旋转, 从而得到具有一定旋转不变性的局部图像特征.

实验选取了 ETH-80 图库 (Leibe, Schiele, 2003) 中的一组汽车模型照片. 这组照片在干净的背景上从不同角度拍摄了小汽车模型的照片. 优秀的局部特征描述子应该能够产生具有区分度和泛化能力的局部特征, 使得图片中同一物体的同一位置能产生相似的特征, 而不受拍摄角度、光照等其他因素的影响, 这是计算机视觉能够识别物体的基础, 即在环境条件发生变化的情况下, 能够捕捉到物体图像中稳定存在的特征.

本章对一组汽车模型中提取出的局部特征进行聚类, 使得相似的特征被标记为一类. 通过观察这些标记了类别的特征点, 可以考察相似的特征是否描述了物体的同一位置. 实验中, V4 感受野网格沿着物体边缘线移动, 按照边缘的朝向进行旋转,

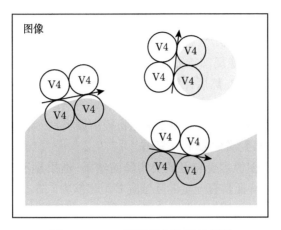

图 12-17 V4 图像局部特征示意图

算法 12.3 图像局部特征聚类

1 **function** KmeansClustering(image, k).

2   P←图像中的边缘点集合;

3   F←$\varnothing$;

4   **foreach** $p \in P$ **do**

5   以p为中心建立网格;

6   根据p处活跃的复杂细胞朝向旋转网格;

7   在网格点上放置V4感受野得到特征f;

8   F←$F\cup\{f\}$;

9   **end**

10   C←在F中随机取k个类中心;

11   **repeat**

12   **foreach** $f \in F$ **do**

13        $c \leftarrow C$中离f最近的类中心;

14        $f.label \leftarrow c$;

15   **end**

16   **foreach** $c \in C$ **do**

17        $c \leftarrow F$中所有类标记为c的点的均值;

18   **end**

19   **until** C不再变化;

20 **end**

提取出具有一定旋转不变性的局部特征. 这些特征作为数据向量, 进行了 K-means 聚类 (Hartigan, Wong, 1979).

算法 12.3 列出了图像局部特征聚类的算法. 首先通过活跃的简单细胞位置得到图像中的边缘点集合 P; 然后计算所有边缘点处的图像局部特征, 得到局部特征集合 F; 最后, 对特征集合进行 K-means 聚类. 聚类采取迭代的方法, 随机选取类中心, 在迭代的过程中根据现有类中心标记特征所属类别, 将同一类别的特征取均值作为新的类中心, 直到类中心不再变化.

图 12-18 显示了图像局部特征聚类实验的结果. 结果显示, 基于 V4 多层神经网络模型的图像局部特征具有一定的区分度和泛化能力. 图 12-18 的左边用颜色标注了边缘点的类别, 这些边缘点聚为 9 类. 右图将一些边缘点的类别标记在了原始图像中, 可以看出类别和物体局部之间存在明显的对应关系. 比如, 类别 1 出现在后窗角部和侧窗中缝, 类别 6 出现在车尾部, 类别 8 出现在引擎盖前部一侧. 这说明, 这种局部特征捕捉到了物体局部的形状特征, 而且这种特征具有一定的不变性, 稳定出现在不同拍摄角度的图像中.

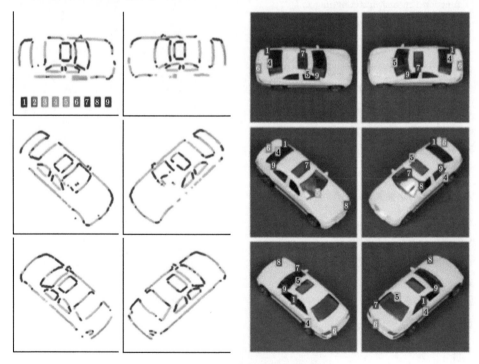

图 12-18　局部特征聚类实验结果

本节在深入分析 V4 区输入和神经连接模式的基础上, 建立了一个 V4 区的多层神经网络模型, 该模型采用受限玻尔兹曼机对 V4 感受野内的视觉刺激进行具有

稀疏性的神经编码. 这个多层的前馈人工神经网络模型完全模拟了神经科学研究
在生理学实验中发现的 V4 区的形状选择性. 本节通过实验检验了模型对正弦光
栅、极坐标螺旋光栅、双曲线光栅等复杂光栅图案, 以及曲线段、闭合图形等刺激
的响应模式, 实验结果与真实 V4 神经元吻合度高. 实验过程解释了 V4 神经元形
状选择性的形成机制, 为形状选择性提供了神经计算模型. 实验进一步通过真实图
像处理检验了模型的特征提取能力, 在手写数字识别和局部特征聚类中, 该模型显
示出了对图像局部特征的区分度和泛化能力, 能够有效提取出图像中的形状信息,
形成具有一定抽象度的视觉特征.

12.3　基于 V4 神经网络模型的特征提取和图像分类

V4 区在腹侧视通路上所起到的作用在图像处理中可以理解为提取图像局部特
征, 一方面将来自底层较为零散的边缘和朝向刺激整合为具有一定抽象程度的信
息, 输入高级皮层区域以产生物体认知; 另一方面将视野内的信息进行了过滤和整
合, 使得后续神经信号处理集中于视觉注意的重点区域, 有效提高了神经系统处理
视觉信息的效率. 本节综合了前面 V4 神经元模型和多层网络的形状选择性模型,
加入了基于熵的特征检测算法, 得到了一个完整的基于 V4 神经网络模型的局部图
像特征提取算法, 并在该模型产生的局部特征基础上进行了特征匹配和图像分类实
验, 实验显示出 V4 神经网络模型在提取图像特征和物体识别方面的高效性能, 对
深入理解视觉神经系统的工作机制提供了线索.

12.3.1　图像特征提取

物体通常由若干特征组合而成, 神经系统识别物体的过程就是从视野中发现特
征, 并将特征作为支持其认知判断的证据. 本节将 V4 区视作图像局部特征描述子.
在前面章节描述的 V4 多层神经网络模型的 V4 层引入显著点过滤算法, 用来选取
视野中显著的区域, 将这些区域的信息进行神经编码, 形成局部图像特征.

图 12-19 显示了基于 V4 多层神经网络模型提取图像局部特征的过程. 输入图
像经过简单细胞层和复杂细胞层的处理, 得到了边缘和局部朝向信息, 这些信息成
为 V4 区的输入. V4 并不对整个视野内的全部视觉信息进行编码. 为了高效地进
行信息处理, V4 区选择了一些显著性的关键点 (显著点, salient point), 这些点附近
的信息被输入基于受限玻尔兹曼机的神经网络进行编码, 得到了局部图像特征.

1. 显著性检测

视觉系统中有复杂的选择性注意机制 (Desimone, Duncan , 1995), 既有自底向
上的自动选择机制, 也有自顶向下的控制选择机制. 视觉显著性是指视野中的某些

部分在非自主关注的情况下显示出的一些特别性, 使得视觉神经系统在早期的低层
次处理阶段立即形成较强的响应. 因此, 显著性涉及的是自底向上的自动选择机制.
这种显著性检测机制通常来自于神经元本身的选择性 (比如, 简单细胞对边缘和轮
廓的选择性), 是神经元自动的过程, 不涉及主动的认知过程或者视觉任务.

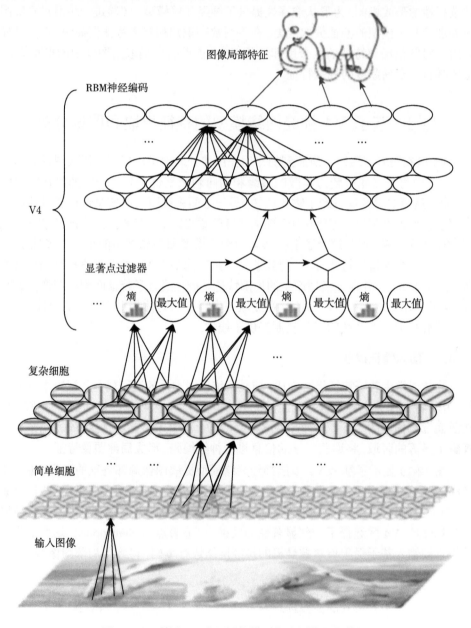

图 12-19　利用 V4 多层网络模型提取图像局部特征

认知心理学对视觉显著性有深入的研究, 并提出了诸多模型. 然而, 这些研究大多采用了人工合成的刺激图案 (Kadir, Brady, 2001), 难以应用到实际的自然图像. Sasaki 等 (2005) 研究发现, V4 等区域的神经元对有几何规律的对称刺激更为敏感. 这说明, 神经元偏好有序度更高的图像特征. 因此, 本章用熵来计算局部图像特征的显著性. 熵一般用于计算系统中的失序现象, 即系统混乱的程度. 假设 X 是一个随机变量, $P(X)$ 是 X 的概率密度函数, Shannon 信息论中对熵的定义如下:

$$H(X) = E[I(X)] = E[-\log P(x)] \tag{12.31}$$

其中, E 是期望算符, I 是信息量, 熵是随机变量 $I(X)$ 的期望. 本章在定义局部图像的熵时, 采用了底层提取出的朝向信息. 简单细胞层提取出了图像中的边缘和朝向信息, 复杂细胞对朝向信息进行了空间加和. 复杂细胞的响应值反映了图像局部不同朝向的分布情况. 在此基础上, 可以根据朝向的熵来衡量局部图像的无序度.

设 θ 为复杂细胞的优势朝向, 即不同复杂细胞对朝向的偏好. 在图像的某一点 (x, y) 处, 具有优势朝向 θ 的复杂细胞的输出为 $C_\theta(x, y)$. 那么, θ 的概率分布计算如下:

$$P(\theta) = \frac{1}{\sum_{\theta_f} C_{\theta_i}(x, y)} \cdot C_\theta(x, y) \tag{12.32}$$

这样, 就可以根据上述概率分布计算图像在 (x, y) 处的局部的熵

$$H = -\sum_\theta P(\theta) \log P(\theta) \tag{12.33}$$

熵 H 统计了不同朝向的复杂细胞的活跃程度, 计算出图像局部不同朝向特征的分布情况, 反映了图像包含的局部特征的无序度. 图像无序度越低, 说明局部特征越有规律. 由于神经元对有规律的特征具有偏好, 因此熵越低, 局部显著性越高.

通过在真实图像上进行实验, 验证了本节定义的熵在估计图像特征显著性中所起到的作用. 实验中, 复杂细胞的感受野半径设定为 36 像素, 取若干 72×72 像素的自然图像块, 将它们置于复杂细胞感受野中. 图像首先激活了超柱阵列中具有不同朝向的简单细胞. 简单细胞感受野定义为前面所述的 Gabor 函数

$$g(x, y; \theta, \lambda, \sigma_s) = \exp\left(-\frac{x'^2 + y'^2}{2\sigma_s^2}\right) \cdot \cos\left(2\pi \frac{x'}{\lambda}\right) \tag{12.34}$$

其中, σ_s 取值 3, λ 取值 7, θ 为优势朝向, 从 0° ∼ 170° 间隔 10° 取值. Gabor 函数离散采样为 15×15 的矩阵 (x, y 的取值范围在区间 $[-7, 7]$ 上) 作为简单细胞的感受野. 复杂细胞对其感受野内各个朝向的简单细胞的活跃度分别加和.

图 12-20 显示了不同图像块计算出的熵值. 其中包含 10 组不同的图像块, 每一组中, 上面的灰度图案是置于复杂细胞感受野中的图像块, 下面的直方图是不同朝

向的复杂细胞的活跃程度, 直方图下面标出了依据直方图分布计算出的熵值. 实验选取了 18 个不同朝向的复杂细胞. 当图像块包含较有规律的几何形状时 (图 12-20 第一行), 复杂细胞的活跃度在朝向上呈现出具有明显峰值的分布, 这些峰值体现了图像块内的主要朝向. 这样的分布对应于较小的熵值 (entropy). 当图像块包含无明显线条的纹理、较为平滑的区域, 或者线条复杂的细节时 (图 12-20 第二行), 由于其中包含大量无规则的各种朝向的线条, 或者几乎没有任何线条, 所以, 图像块对应的复杂细胞活跃度在朝向上的分布没有显著的峰值, 这样的分布对应于较高的熵值, 即图像块包含的信息较为无序, 没有呈现出明显的几何特征或者规律性, 这样的区域通常不显著. 因此, 本章通过图像局部复杂细胞活跃度在不同朝向上的分布计算出熵值, 以此来判别图像区域的显著性.

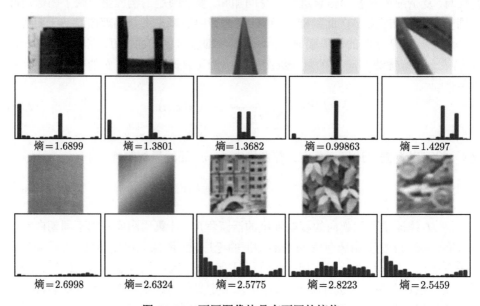

图 12-20　不同图像块具有不同的熵值

2. 基于 V4 模型的特征提取算法

本节结合显著性检测和神经元间的竞争机制, 提出一种基于 V4 多层神经网络模型的图像局部特征检测和提取算法.

物体在视野中的位置信息在视网膜上被编码为视网膜位置, 如同其他视觉特征一样, 在视通路的信息处理过程中编码为特定神经元的神经冲动. 当视野中细节增加或物体增多时, 视觉信息就会增多, 平均分给每一个物体的神经资源就相应减少, 因此, 视野中不同位置也存在着竞争关系.

神经元的竞争性主要体现为两方面. 第一个方面是神经元本身的偏好, 或者神经元习得的对某一类刺激的偏好, 使得一些视觉刺激被神经系统处理, 而另外一些被神经系统忽略. 比如, 简单细胞对边缘刺激的偏好使得视野中物体的轮廓在神经系统的视觉信息处理过程中被凸显出来. 再如, 12.2 节定义的通过计算熵所得到的显著性区域反映了神经元对于有几何特征规律的视觉刺激的偏好. 第二个方面是视觉刺激和周围背景的不相似性, 与背景有显著区别的视觉刺激通常会得到神经系统的优先处理, 这种不相似性导致的偏好体现在视觉信息处理的各个阶段. 在视皮层中, 很多神经元的响应会受到非经典感受野周边抑制区的影响 (Wei et al., 2013; Wei et al., 2014), 即使其经典感受野内存在能够激活神经元的最优刺激, 如果在周围的抑制区内有相似的刺激存在, 神经元的活跃度也会被大幅度削弱. 这样的非经典感受野是邻近神经元相互竞争的结果.

在本节提出的基于 V4 模型的特征提取算法中, 神经元的竞争机制体现在如下三个方面.

(1) 在简单细胞层的超柱阵列内, 同一超柱中若干共享感受野的简单细胞存在着竞争关系, 只有输出最大的简单细胞被激活, 其他神经元被抑制. 在任意确定位置, 只有朝向和该位置的曲线或者物体轮廓方向最接近的简单细胞会被激活, 它激活后将抑制其他朝向相近的神经元.

(2) 在超柱之间存在着空间位置上的竞争关系. 当简单细胞的输出大于横向相邻超柱, 或者大于纵向相邻超柱时, 该简单细胞被激活, 否则被抑制. 当存在若干感受野相邻的神经元同时覆盖一个边缘刺激时, 只有输出最大的神经元的状态被保留. 这种竞争机制的效果类似于求取了超柱阵列响应图谱中的脊线, 使得激活的简单细胞精确定位在曲线或者物体轮廓上.

(3) 复杂细胞之间存在着竞争关系. 复杂细胞输出的活跃度极值点是候选的显著点, 候选点的活跃度和显著性熵值经过阈值过滤后得到显著点. V4 感受野以显著点为中心, 将感受野内具有不同位置和不同朝向的复杂细胞的状态作为输入, 通过受限玻尔兹曼机神经网络编码为局部图像特征.

算法 12.4 列出了基于 V4 模型的显著点检测算法, 该算法为提取特征确定了关键点. 算法从图像的复杂细胞活跃度的局部极值点中选择显著点. 为了确保选取的区域包含有效的图像特征, 对这些候选点进行了过滤. 从中选取活跃度足够高的点, 这样的点周围通常有明显的线条、曲线、物体轮廓或者纹理; 同时, 从中剔除显著性熵值过高的点, 通过 12.2 节的分析可知, 熵值过高的点通常不包含有规律的形状特征. 这样, 算法就得到了包含有效特征的若干显著点, 这些显著点成为提取图像局部特征的关键点. 以关键点附近各个朝向的复杂细胞状态作为 V4 神经编码层的输入, 通过基于受限玻尔兹曼机的神经网络进行编码. 图像特征表示为一系列 V4 神经元的输出构成的向量.

　　算法 12.4 中包含两个阈值, 分别是复杂细胞活跃度的阈值 t_A 和显著性熵的阈值 t_E. 在本章后续实验中, 这两个阈值取图像中复杂细胞活跃度和显著性熵值的中位数, 分别为 $t_A = 0.4$, $t_E = 2.0$. 为了提取不同尺度的特征, 算法采取不同尺度感受野的组合在图像上进行显著点检测和特征编码. 实验中, 选取的简单细胞尺度 σ_s 分别为 4、8 和 16; 复杂细胞感受野和 V4 神经元感受野以此为基准, 分别放大 2 倍和 4 倍.

算法 12.4　　基于V4模型的显著点检测算法

1　**function** FindSalientPoint(image).

2　　$\sigma_c \leftarrow$ 复杂细胞感受野半径;

3　　$t_A \leftarrow$ 活跃度阈值;

4　　$t_E \leftarrow$ 显著性熵的阈值;

5　　**foreach** 复杂细胞优势朝向 θ **do**

6　　　　$C_\theta \leftarrow$ 朝向为 θ 的复杂细胞的输出;

7　　**end**

8　　**foreach** (x, y) 为图像 image 中的点 **do**

9　　　　$C(x, y) \leftarrow \max_\theta C_\theta(x, y)$;

10　　　　$E(x, y) \leftarrow$ 点 (x, y) 处的显著性熵;

11　　**end**

12　　将图像划分为 $\sigma_c \times \sigma_c$ 的图像块;

13　　**foreach** 图像块 p **do**

14　　　　$(\hat{x}, \hat{y}) \leftarrow \mathbf{argmax}_{(x, y) \in p} C(x, y)$;

15　　　　**if** $C(\hat{x}, \hat{y}) > t_A$ 且 $E(\hat{x}, \hat{y}) < t_E$ **then**

16　　　　　　输出显著点 $(\hat{x}, \hat{y})$;

17　　　　**end**

18　　**end**

19 **end**

　　图 12-21 显示了从人脸图像中检测局部图像特征的示例. 图 12-21(a) 是原始图像, 图像包含人物半身像和背后写满文字的白板背景. 视觉关注的主要特征应该集中于人像上. 图 12-21(c) 显示了复杂细胞活跃度的图谱, 图谱中, 红色表示活跃度较高区域, 蓝色表示活跃度较低区域. 可以看到, 红色区域出现在人像轮廓、面部五官、白板上的文字; 而蓝色区域出现在人物的衣服和白板的空白处. 由于白板上密集的文字和凌乱的涂画没有显著的形状特征, 应该被忽略掉. 图 12-21(d) 显

示了显著性熵的图谱, 白板上的文字和涂画等凌乱的区域有较高的熵, 去除熵过高的点, 就去除了没有显著特征的白板区域, 同时保留了人像轮廓和面部五官的特征. 图 12-21(b) 显示了最终取得的若干特征点, 圆圈的半径表示特征的尺度, 可以看出, 特征点出现在视觉注意的区域, 用这些特征可以有效描述图像中的主要信息.

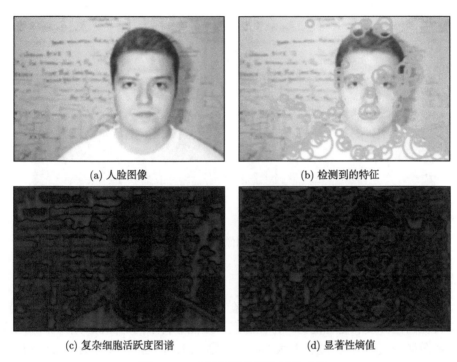

(a) 人脸图像

(b) 检测到的特征

(c) 复杂细胞活跃度图谱

(d) 显著性熵值

图 12-21 人脸图像检测特征的示例

图 12-22 显示了从汽车图像中检测局部图像特征的示例. 图 12-22(a) 是原始图像, 图像包含一辆小汽车的侧视图, 背景是路面和树木的枝叶以及远处的建筑. 视觉关注的主要特征应该集中于小汽车上. 图 12-22(c) 显示了复杂细胞活跃度的图谱, 图谱中, 活跃度较高的红色区域出现在小汽车轮廓以及背景的树木和建筑上, 活跃度较低的蓝色区域出现在干净的路面和天空的一角. 由于树木茂密的枝叶处没有显著的形状特征, 应该被忽略掉. 图 12-22(d) 显示了显著性熵的图谱, 红色区域出现在背景的树木和光滑的路面等区域, 这些区域熵值较高, 没有显著特征; 蓝色区域出现在小汽车的轮廓及其周边, 这些区域熵值较低, 有显著的形状特征. 图 12-22(b) 显示了最终取得的若干特征点, 这些特征点集中于汽车轮廓上, 以及背景中具有一定形状的建筑轮廓上, 这些特征也有效地反映了图像中的主要信息.

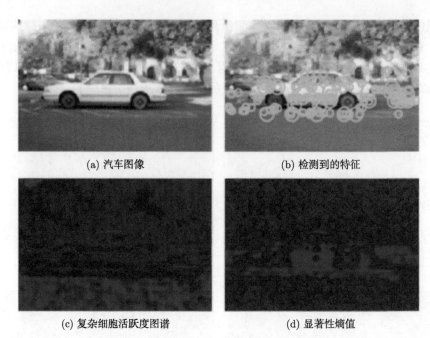

(a) 汽车图像　　　　　　　　　　　　(b) 检测到的特征

(c) 复杂细胞活跃度图谱　　　　　　　　(d) 显著性熵值

图 12-22　汽车图像检测特征的示例

12.3.2　图像特征匹配

本节在真实图像上设计特征匹配实验, 用来检验基于 V4 神经网络模型的局部图像特征的区分度和泛化能力. 特征的区分度能够将不同的图像局部编码为不同的特征向量, 这使得特征能够表达丰富的图像信息. 特征的泛化能力能够将相似的图像局部编码为距离相近的特征向量, 这种泛化能力在计算机视觉中非常重要. 由于观察条件的变化、物体本身的形态变化、同一类物体个体之间的细节差异等诸多因素, 多次观察得到的图像之间会存在差异, 图像特征应该能够从差异中捕捉到稳定不变的属性, 算法则可以依赖这些稳定不变的属性进行物体识别和检测. 本节分别通过定性和定量的实验来考察模型中提取出的特征在图像特征匹配中的性能.

1. 特征匹配算法

特征匹配可以看作一个二分图匹配问题 (bipartite graph matching). 设两幅图像中提取的特征分别为 p_i 和 $q_i, i = 1, 2, \cdots, n$. 设 π 是 $\{1, 2, \cdots, n\}$ 上的置换, 它将特征 p_i 匹配到特征 $q_{\pi(i)}$. 那么, 这个匹配的总距离可以定义如下:

$$H(\pi) = \sum_{i=1}^{n} \left\| p_i - q_{\pi(i)} \right\| \tag{12.35}$$

最优匹配就是使得 $H(\pi)$ 最小的置换 π. 匈牙利算法 (Hungarian method) 可

以在 $O(n^3)$ 的时间求解二分图匹配问题 (Papadimitriou, Steiglitz, 1982), 算法将匹配问题看作一个网络流问题, 采用增广路径的方法解决. 然而, 当特征点数量较多, 而且特征维度较高时, 该算法的效率仍然不高. 本章设计一个较为高效的算法求取近似最优的匹配. 该算法设置一个阈值 t, 当最优匹配的 t 倍仍然小于次优匹配时, 接受这个匹配. 设特征 p_i 的最优匹配为 q_k, 次优匹配为 q_k

$$k = \arg\min_{j} \|p_i - q_j\|$$
$$k' = \arg\min_{j/k} \|p_i - q_j\|$$ (12.36)

记 $d_{ij} = \|p_i - q_j\|$, 当 $t \cdot d_{ik} < d_{ik'}$ 时, 接受这一匹配.

算法 12.5 列出了本章使用的特征匹配算法. 算法从如下两个方面进行了优化. 第一个方面是只需要对所有特征对进行一遍扫描, 扫描过程中记录最优匹配和次优匹配, 用阈值 t 剔除最优匹配和次优匹配差异较小的匹配. 当一个特征与最优匹配的距离远远小于次优匹配时, 说明这个特征与最优匹配的相似度较高. 反之, 当一个特征与两个特征的距离相近时, 这个特征离两个特征都较远, 相似度都比较低, 这样的特征对不形成匹配, 应该丢弃. Lowe 等 (2004) 在匹配 SIFT 特征时, 采用了相似的方法. 算法优化的第二个方面是在计算特征的欧氏距离时, 将逐个维度的差的平方进行累加, 当累加的距离超过已知的最短距离时, 就停止累加, 舍弃这对特征, 避免了冗余的计算.

算法 12.5 中的阈值 t 可以调整匹配的精度, 该阈值取值大于等于 1. 当阈值取值较大时, 匹配精度较高, 反之精度较低. 在实验中, 一般取值 1.5.

2. 真实图像特征匹配实验和结果

本节根据 12.2 节描述的算法进行图像局部特征匹配. 为了跟传统图像特征进行对比, 本章选取了 SIFT 特征 (Lowe, 2004) 这种经典的图像局部特征. 实验分别从定性和定量的角度对 V4 模型取得的特征进行了评估.

图 12-23 展示了一组人脸图片之间的特征匹配结果. 标记为 SIFT 的是 SIFT 特征匹配的结果, 标记为 Neural 的是基于 V4 神经网络模型的局部特征匹配的结果. 左边一列的匹配形成于两张包含同一张脸的照片之间. 两张照片的人物相同, 但是背景不同, 而且光照有差异. SIFT 特征能够形成非常精准的匹配, 完全匹配了面部的全部特征. 当匹配不同的人脸图像时, 由于不同人的面部特征有一定差异, IFT 无法形成正确的匹配.

SIFT 特征利用尺度空间极值点确定特征的关键点, 在特征关键点周围建立 4×4 的网格, 在每个网格中统计各像素点的梯度方向, 形成包含 8 个方向的梯度直方图, 将全部 16 个直方图连接成为特征向量. 该方法能够很好地描述图像局部

算法 12.5　　图形特征匹配算法

1　**function** Feature Match(p, q)

2　　$n, m \leftarrow p, q$ 中的特征数量; $u \leftarrow$ 特征维度; $t \leftarrow$ 算法阈值;

3　　**for** $i=1$ **to** n **do**

4　　　　best, second $\leftarrow \infty$; $k \leftarrow -1$;

5　　　　**for** $j=1$ **to** m **do**

6　　　　　　$d \leftarrow 0$;

7　　　　　　**for** $\upsilon=1$ **to** u **do**

8　　　　　　　　$\delta \leftarrow p_i$ 和 q_j 在第 υ 维上的差;

9　　　　　　　　$d \leftarrow d + \delta^2$;

10　　　　　　　　**if** $d \geqslant$ second **then** break;

11　　　　　　**end**

12　　　　　　**if** $d \geqslant$ best **then**

13　　　　　　　　second $\leftarrow$ best; best $\leftarrow d$; $k \leftarrow j$;

14　　　　　　**else if** $d <$ second **then**

15　　　　　　　　second $\leftarrow d$;

16　　　　　　**end**

17　　　　**end**

18　　　　**if** $t \cdot$ best $<$ second 且 $k \neq -1$ **then**

19　　　　　　产生匹配(p_i, q_k);

20　　　　**end**

21　　**end**

22　**end**

细节, 由于统计的内容为梯度, 对亮度有一定的不变性; 选取特征点时采用了尺度空间极值, 有一定的尺度不变性; 放置网格时根据梯度的主要方向进行了旋转, 具有一定的方向不变性. SIFT 特征能够很好地捕捉平面物体在不同观察角度和观察条件下得到的不同图像之间稳定不变的特征. 因此, SIFT 能够在同一张人脸的不同图片之间形成完美的匹配.

　　本章的 V4 神经网络模型采用简单细胞构成的超柱阵列从图像中提取信息, 简单细胞的 Gabor 滤波器具有亮度不变性. 在提取局部特征时, 本章采用了多个尺度提取特征的方式, 也具有尺度不变性. 简单细胞对物体轮廓、曲线、边缘等特征敏感, 因此, 在此基础上的 V4 神经元能够捕捉到图像中的形状特征. 从图 12-23 中可以看出, 在相同人脸之间, V4 神经元特征能够形成正确的匹配; 而在不同的人脸之间, 神经元特征能够形成比 SIFT 更多的正确匹配. 本章提出的局部特征准确描述了图像局部的形状特征, 比 SIFT 特征有更好的泛化能力.

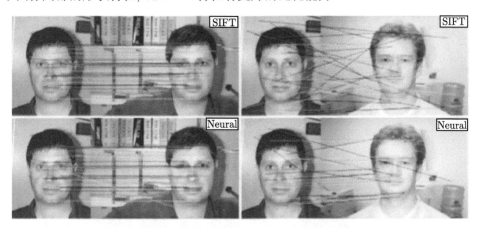

图 12-23   相同的人脸和不同的人脸之间的图像特征匹配

图 12-24 的对比实验更清楚地显示出了 V4 神经元特征的优势. 该实验中的特征匹配形成于汽车模型照片和汽车实景照片之间, 模型的颜色和实际汽车有较大的差别. 颜色的差别影响到了图像中的梯度朝向, 因此, 模型汽车的 SIFT 特征和实景汽车的 SIFT 特征有较大的差异. SIFT 特征没有产生正确的匹配. 汽车模型和实景汽车具有完全一致的形状, 本章提出的 V4 神经元特征能够准确描述物体局部的形状特征, 因此, 在模型和实景汽车之间形成了正确的匹配. 在图 12-24 中, 实景图片包含两辆形状外观相同的汽车, 本章提出的特征能够在模型和这两辆汽车之间都形成正确的匹配, 这显示出 V4 神经元特征对物体形状的描述能力.

在定量实验中, 本章采取了 Mikolajczyk 和 Schmid (2005) 的评估方法, 通过特征匹配的 PR 图 (precision-recall) 来比较不同特征的性能. 传统数据集包含了对同一场景变换拍摄角度得到的照片, 以及统一照片进行旋转、缩放、加入噪声等处理得到的图像. 这样的数据集不能较好地测试特征的泛化能力. 然而, 特征的泛化能力在物体识别中有非常重要的作用, 特征描述子要在同类物体的不同实例中产生具有相似性的特征向量, 这种能力使得其可以根据某一类别的学习样本训练得到对整个类别的物体具有描述性的图像特征. 为了达到这样的目的, 本章采用了 Caltech 101 图库 (Fei-Fei et al., 2007) 中的 Faces-easy 类别. 如图 12-25 所示, 该类别包含若干人物的头像, 图像具有一致的尺寸, 人物面部在图像中具有一致的位置. 图像局部特征应该能够正确匹配不同人物的相似面部特征, 这些匹配对应于不同图片的相同位置, 因此, 匹配的位置是否对应可以作为确认匹配是否正确的标准.

(a) V4 神经元特征形成的匹配

(b) SIFT 特征形成的匹配

图 12-24　汽车模型和实景汽车之间的图像特征匹配

图 12-25　Caltech 101 图库的 Faces-easy 类别部分图片样例

实验中, 正确率 (precision) 和召回率 (recall) 的计算如下:

$$precision = \frac{correctmatches}{correctmatches + falsematches}$$

$$recall = \frac{correctmatches}{allfeatures} \tag{12.37}$$

正确率等于正确的匹配数 (correctmatches) 除以正确匹配和错误匹配 (falsematches) 的数量之和, 召回率等于正确匹配数除以特征总数 (allfeatures).

通过调整特征匹配算法的阈值 t, 可以控制产生的匹配数量, 当 t 值增大时, 产生的匹配数量较少, 但是匹配较为准确; 反之, 产生的匹配数量较多, 但是匹配较为不准确. 这样, 就得到了如图 12-26 所示的 PR 曲线. 曲线与 SIFT 特征进行了对比, 当正确率相同时, 本章提出的 V4 神经元特征总是可以取得更高的召回率. 这说明, 本章提出的特征能够在确保匹配正确的情况下产生更多的人脸特征之间的匹配, 而且这些匹配产生于不同的人脸之间. 因此, 这个匹配过程并不是机械地对图像像素或者梯度进行比较, 而是在更高层次的形状特征上形成的匹配, 具有更好的泛化能力. 后续实验将在图像分类任务中进一步定量评估本章提出的特征.

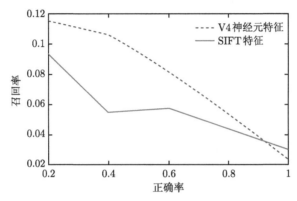

图 12-26 Caltech 101 图库的 Faces-easy 类别的特征匹配对比实验结果

12.3.3 图像分类实验

本节通过图像分类实验检验 V4 神经元特征的性能. 实验在 Caltech 101 图库 (Fei-Fei et al., 2007) 上进行, 该图库包含 101 个不同类别物体的图片, 以及一个用作反例的背景类别. 每个类别包含数十幅到数百幅不等的图片, 图片最多的类别是 airplanes, 含有 800 幅图片; 图片最少的类别是 inline skate, 含有 31 幅图片; 有 90 个类别的图片数少于 100 幅. 每个类别的图片包含该类别各种物体实例, 物体处于各种各样的背景之中. 对该图库进行分类可以认为是物体识别的计算机视觉任务.

1. 基于特征匹配的图像分类

从前面的实验结果可知, V4 神经元特征可以在同类物体的图片之间形成正确的匹配, 因此, 可以利用特征匹配计算图像之间的距离, 从而进行图像分类. 首先, 根据特征匹配的结果计算图像之间的距离, 计算的方法是在匹配的特征对中选择距离最小的 m 对, 取这 m 对特征距离的平均值作为两幅图像之间的距离. 匹配的特征对数量和图像类别有关, 不同类别的物体通常具有不同的特征数量. 给定一个类别的训练图片集合, 根据训练图片之间形成的匹配数量的均值确定 m 的取值, 因此, m 的取值取决于具体类别的训练样本.

对测试图片的分类采用了最近邻分类器. 当测试图片与任何一幅训练图片近似时, 就可以认为该图片属于这个类别. 计算测试图片与训练图片之间的距离, 将测试图片与训练图片的最近距离作为图片与该类别的距离. 定义了图片与类别的距离后, 就可以对每个类别实现一个二分类器, 当测试图片和某一类别的距离小于阈值 d 的时候, 判定测试图片属于该类别, 否则, 判定测试图片不属于该类别. 算法 12.6 列出了基于特征匹配的图片分类算法.

算法 12.6　　基于特征匹配的图像分类算法

1　**function** ClassifyImage(training, image, m, d)

2　　$D \leftarrow \varnothing$;

3　　**foreach** img $\in$ training **do**

4　　　　$M \leftarrow$ FeatureMatch(image, img);

5　　　　$\delta \leftarrow M$ 中距离最小的 m 个匹配的距离均值;

6　　　　$D \leftarrow D \cup \{\delta\}$;

7　　**end**

8　　**if** min $D < d$ **then**

9　　　　**return** true

10　　**else**

11　　　　**return** false

12　　**end**

13 **end**

通过调整算法 12.6 中的阈值 d, 可以得到分类器的 PR 曲线, 该曲线反映了分类器的性能. 当 d 取值较小时, 分类边界收缩到距离训练样本较近的邻域中, 分类的正确率较高, 但是有一部分正样本会被误判为反例, 因而召回率较低. 当 d 取值较大时, 分类边界距离训练样本较远, 分类的召回率较高, 但是有一部分负样本会被误判为正例, 因而正确率较低.

实验选择了 Caltech 101 图库中的部分类别进行. 对于每个类别, 用背景类别 (background) 作为反例, 构造二分类器, 判定测试图像是否属于该类别. 本章采用 SIFT 特征 (Lowe, 2004) 进行了对比, SIFT 特征同样应用上述分类算法. 在实验中, 分别测试了 5 幅训练图片和 10 幅训练图片, 每个类别中随机选取 50 幅图像作为测试样本, 当该类别图片数量不足时, 选取全部图片, 同时减少从背景类别中选取的图片数量, 保证正负样本各占 50%.

图 12-27 显示了在 Caltech 101 图库中部分自然物体类图像的分类结果. 图中共包含了 9 个类别的 PR 图. PR 图显示 V4 神经元特征的分类性能优于 SIFT 特

征. 这些自然物体类别主要包括人脸、动物等. 动物皮毛的纹理和颜色变化使图像的颜色亮度分布存在巨大差异. SIFT 特征提取的梯度直方图比较依赖于稳定的色彩和亮度分布, 因此无法在这些类别上取得稳定的特征匹配, 分类性能较差.

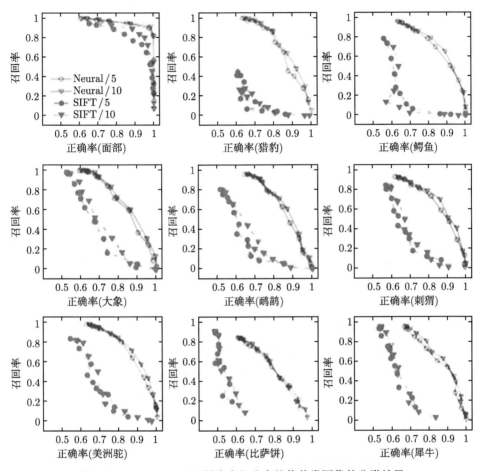

图 12-27 Caltech 101 图库中部分自然物体类图像的分类结果

图 12-28 显示了在 Caltech 101 图库部分人造物体类别上的图像分类结果. 图中共包含了 6 个类别的 PR 图. PR 图显示, V4 神经元特征的分类性能和 SIFT 特征相近. 这些类别的人造物体有比较稳定的形状和颜色, 因此, V4 神经元特征和 SIFT 特征都能够提取出同一类别的不同物体实例之间存在的稳定的图像特征, 基于特征匹配的图像分类显示出相似的分类性能.

上述实验说明, V4 神经元特征能够很好地捕捉到同类物体中稳定存在的视觉特征, 而且这些特征准确描绘了物体的形状和纹理线条, 不会受到颜色、亮度等易变因素的影响, 可以进行稳定的分类. 和传统的 SIFT 特征相比较, 具有相当的区分度和更加优越的泛化能力.

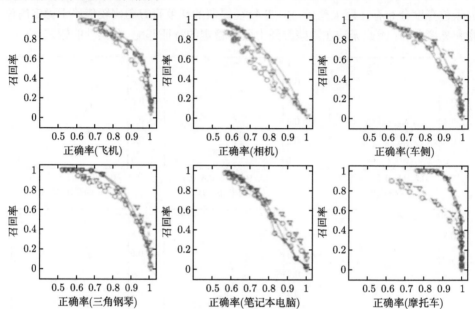

图 12-28　Caltech 图库部分人造物体类别的图像分类结果

2. 基于词袋模型的图像分类

词袋模型 (bag-of-word model) 将图片视为文档, 用词频来表示图片. 经过局部特征提取, 图片转换为若干局部特征, 将所有图片中的局部特征进行聚类, 把类中心作为词汇构成特征词典 (codebook). 每个局部特征可以根据其类标记与相应的视觉单词 (codeword) 一一对应, 这样, 图片就可以表示为词频向量, 进而可以应用分类器对图片进行分类.

本节所采用的算法是基于词袋模型的, 并做出了一些改进.

(1) 加入特征位置信息. 词袋模型完全忽略了特征在图像中的位置, 而本章的算法在特征中加入了位置信息. 由于 Caltech 101 图库中物体在图片中的位置基本一致, 因此, 采用特征在图片中的位置作为特征的位置信息, 在特征向量上追加两个维度, 记录对图像尺寸进行归一化后的特征中心位置.

(2) 对每个类别建立单独的特征词典. 由于 Caltech 图库有 101 个类别, 而为数量众多的类别建立公共的特征词典需要的词典较大, 导致词频向量成为高维稀疏向量, 不便于后续分类, 因此, 采用每个类别单独建立特征词典的方法.

(3) 采用模糊标记 (fuzzy label) 计算词频向量. 由于每个类别单独产生特征词典, 所以计算词频向量时, 就不能采用明确的 0/1 类标记. 为此, 采用模糊标记, 将特征对某一词汇的隶属度表示为一个 [0,1] 上的实数.

计算模糊标记的方式如下. 在训练阶段, 根据属于某一词汇的特征估计一个高斯分布. 采用高斯分布表示一个词汇, 而不是单一的类中心. 设某一词汇的高斯分布为 $\mathcal{N}(\mu, \Sigma)$, 其中, μ 为类中心, Σ 为协方差矩阵. 那么, 特征 x 的模糊标记 label 可以按照如下公式计算:

$$\mathrm{label}(x, \mu, \Sigma) = \exp\left[-\frac{1}{2}(x-\mu)^{\mathrm{T}}\Sigma^{-1}(x-\mu)\right] \tag{12.38}$$

特征只能隶属于距离最近的类, 对其他类的模糊标记为 0, 不依据上述公式计算隶属度.

本节采用支持向量机 (support vector machine, SVM) 作为分类器, 分类算法首先将图像中提取的特征转化为词频向量, 然后由 SVM 分类器进行分类.

算法 12.7 列出了基于词袋模型的图像分类器训练算法. 首先从训练集的正样本中提取特征, 向特征追加两个维度的归一化位置信息, 然后进行聚类. 根据属于各个类中心的正样本特征估计若干高斯分布, 将这些高斯分布作为特征词典的词汇. 根据特征词典计算正样本和负样本的词频向量, 计算词频向量时采用隶属度作为模糊标记. 最后, 用词频向量训练 SVM 分类器.

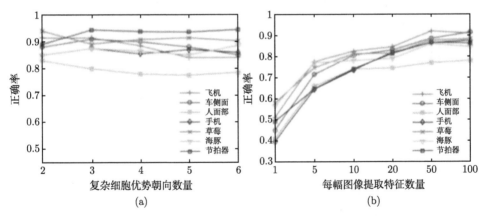

图 12-29 模型参数对 Caltech 图库上的分类性能的影响

本章的分类算法基于 V4 多层神经网络模型提取的特征, 实验考察了模型参数对图像分类性能的影响. 这里主要考察两个参数: 一是复杂细胞的优势朝向数量, 二是每幅图片提取的特征数量.

复杂细胞层是 V4 神经元的输入, V4 层以其感受野内各个位置和各个朝向的复杂细胞状态作为输入, 通过受限玻尔兹曼机进行编码. 复杂细胞选取的不同优势朝向的数量影响到 V4 输入的维度, 为此, 实验选择了不同优势朝向数量测试了模型的分类性能. 图 12-29(a) 显示了朝向数量的选择对 Caltech 101 图库上的分类性能的影响. 设选取的朝向数量为 n, 那么, 实验中选取的朝向为 $180° \cdot (i-1)/n, i = 1, \cdots, n$. 图中显示了 n 的取值与分类正确率的关系, 实验中, 每个类别选取 20 幅训练图像, 每幅图片提取 50 个特征. 可以看出, 复杂细胞的优势朝向数量对实验结果没有明显的影响. 后续实验选择了 $n = 4$.

算法 12.7　基于词袋模型的图像分类器训练算法

1　**function** TrainBoWModel(pos, neg, k)

2　　pos, neg←训练集中的正样本和负样本;

3　　k←词频向量长度;

4　　F←从正样本中提取的特征集合;

5　　$\{c_1, \cdots, c_k\}$←**K-mean**(F, k);

6　　**for** $i=1$ **to** k **do**

7　　　　根据 F 中属于 c_i 类的特征估计高斯分布 $\mathcal{N}(\mu_i, \Sigma_i)$;

8　　**end**

9　　S←$\varnothing$;

10　**foreach** image $\in$ (pos $\cup$ neg)**do**

11　　　X←image 中提取的特征集合;

12　　　**foreach** $i = 1$ **to** k **do** l_i←0;

13　　　**for** $x \in X$ **do**

14　　　　　i←**max**$_i=1,\cdots,k$ label(x, μ_i, Σ_i);

15　　　　　l_i←l_i+label(x, μ_i, Σ_i);

16　　　**end**

17　　　v←词频向量($1, \cdots, l_k$);

18　　　**if** image $\in$ pos **then** S←$S \cup \{(v, 1)\}$;

19　　　**else** S←$S \cup \{(v, 0)\}$;

20　　**end**

21　　用数据集 S 训练 SVM 分类器;

22　**end**

V4 层通过过滤显著性熵值和复杂细胞活跃度来选取显著点, 将显著点邻域内的图像编码为局部特征. 通过调节熵值和活跃度的阈值, 可以控制提取的特征数量. 本章考察了不同特征数量对分类性能的影响, 图 12-29(b) 显示了特征数量和分类正确率的关系. 实验中, 每个类别选取了 20 幅图像作为训练样本. 实验结果显示, 当图像中提取的特征增多时, 分类性能提升, 这说明, 越多的特征包含越丰富的信息. 但是, 当特征增加到 50 个时, 分类性能的提升变得缓慢, 甚至在某些类别上

出现下降. 这说明, 提取过多的特征可能包含了噪声或者不显著的无关信息, 影响了分类器构造特征词典的准确度. 因此, 本章在后续的实验中每幅图像选取 50 个特征.

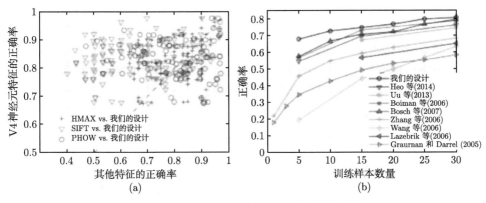

图 12-30 Caltech 101 图库上的分类性能对比

本章的实验结果和一些已发表的结果 (Grauman, Darrell, 2005; Heo et al., 2014) 进行了对比. 实验选取了不同的训练样本数量进行比较, 结果在全部 101 个类别上取平均值. 图 12-30(a) 显示了比较的结果. 实验结果显示, 本章提出的基于 V4 神经元特征和词袋模型的分类器优于现有的方法. 特别是当训练样本数量较少时, 本章的方法仍能够准确地提取出具有泛化能力的物体局部特征, 取得较优的图像分类性能.

本章同时采用了其他经典的图像局部特征, 应用本章提出的基于词袋模型的分类器, 进行了图像分类实验. 图 12-30(b) 显示了和 SIFT 特征 (Lowe, 2004)、PHOW 特征 (Lazebnik et al., 2006), 以及 HMAX 模型的 C2 特征 (Cadieu et al., 2007; Serre et al., 2007) 比较的结果. 图中将全部 101 类的分类性能以点的形式显示出来, 每个点的 x 值是用作对比的特征的分类性能, y 值是本章提出的 V4 神经元特征的分类性能. 虚线显示了 $x = y$ 的分界线. 可以看到, V4 神经元特征在近乎全部类别上优于 SIFT 特征 (三角形点位于等分线左侧), 神经元特征比 PHOW 特征的性能更加稳定 (圆圈点在 x 方向上较为分散, 说明 PHOW 特征的性能波动大), 神经元特征比 HMAX 模型在大部分类别上性能更好 (加号点大部分位于等分线左侧). 以上比较说明, 本章提出的基于 V4 多层神经网络模型的图像局部特征具有很好的区分度和泛化能力, 准确捕捉并描述了物体的外观特征, 特别是形状和轮廓等稳定的特征, 在图像分类上表现出明显的优势.

3. 与其他神经网络模型的对比

本章提出了一种受生物神经机制启发的多层神经网络模型, 该模型模拟了 V4

神经元提取和编码局部视觉特征的能力. 该模型与一些现有的神经网络模型的不同之处在于, 它建立于腹侧视通路, 特别是 V4 区神经机制的基础上, 完整模拟了视通路从初级视皮层到 V4 区的各个阶段, 模型的各个层次和视皮层的各个区域形成了对应关系. 该模型能够较好地再现生物 V4 神经元对视觉刺激的响应模式, 因此, 它有效提取了具有一定抽象层次的视觉特征, 对物体形状、轮廓、纹理等稳定的外观特征实现了准确的描述, 实现了高效的特征提取和物体识别.

本节将该模型与 HMAX 模型 (Cadieu et al., 2007) 和深度学习模型 (Bengio, 2009; Krizhevsky et al., 2012) 这两种神经网络模型进行对比.

HMAX 模型模拟了初级视皮层的特征提取功能. 初级视皮层简单细胞具有类似线性滤波器的功能, 而复杂细胞的功能则类似于最大值池化, 因此, HMAX 模型用多层堆叠的线性滤波器和 pooling 层提取特征. 它的第一层线性滤波采用了 Gabor 函数, 后续层次的滤波器则没有给出非常明确的训练算法. 在模拟 V4 神经元响应时, 采取了贪心搜索算法 (Cadieu et al., 2007). 在学习真实图像特征时, 采取了径向基函数进行学习 (Serre et al., 2007). 这些方法缺乏一致性, 而且都没有很好的生理学依据和神经机制.

深度学习模型 (Bengio, 2009) 采用了堆叠的玻尔兹曼机和 pooling 层进行逐层的特征提取. 该方法应用于图像分类可以实现高正确率, 但是多层神经网络模型的参数量巨大, 需要用大量训练数据进行训练, 否则模型会出现过度拟合或者陷入局部最优. Krizhevsky 等 (2012) 在 ImageNet 图库上进行了图像分类实验, 该实验使用了一个 8 层深度网络, 网络包含超过 40 万个不同的神经元 (位置不同但是卷积核相同的神经元视作一个神经元), 训练该网络采用了 1200 万幅训练图片. 深度学习是完全自动的特征学习和提取过程, 主要依赖于大量带有标记的数据.

表 12-3 对本章提出的模型和其他神经网络模型进行了比较. 可以看出, HMAX 模型和深度学习模型都是对整幅输入图像进行特征描述的, 要求输入图像具有固定的尺寸. 这些模型本身不具备发现特征点或者关键点的功能, 处理更大尺度的图像时, 通常要采用滑动窗口、图像尺度金字塔等方法, 将图像重新采样为若干符合模型输入规模的图像块, 逐一进行特征提取或者特征编码. 本章提出的模型具备特征点检测和特征编码的功能, 能够发现图像中具有显著性的关键点和关键区域, 将图像编码为有限数量的局部特征, 大大降低了后续算法的处理空间和计算复杂度. 另外, 模型结合了人工构造网络和自动学习特征的方式, 在深入了解初级视皮层 V1 区和后续的 V2 区、V4 区工作机制的基础上, 人工设计了作为 V4 输入的简单细胞和复杂细胞层的网络结果和连接权值, 仅对 V4 层的受限玻尔兹曼机网络进行训练, 有效减少了需要训练的参数规模和所需训练样本的数量. 因此, 基于 V4 神经元特征的图像分类算法可以在图像较少的训练集上学习得到模型并取得较优的分类性能.

表 12-3　不同神经网络模型的对比

模型	V4 神经网络模型	HMAX 模型	深度学习模型
网络层数	3 层 + 显著点检测	2 层 + 2 个 pooling 层	2~8 层 + 2~3 个 pooling 层
输入图像	各种尺寸, 采用多尺度显著点检测	各种尺寸, 采用固定大小的滑动窗口扫描图片	固定尺寸
训练样本数量	每个类别 5~50 幅	每个类别 5~50 幅	超过 10000 幅图片
训练算法	V4 层使用受限玻尔兹曼机训练	使用贪心算法模拟 V4 神经元, 使用径向基函数从自然图片学习特征	逐层使用受限玻尔兹曼机训练, 最后用反传播算法训练整个网络

　　本节提出了基于 V4 区多层神经网络模型的图像局部特征提取方法. 该方法借鉴了神经系统中的视觉注意机制, 采用复杂细胞状态的熵值评估局部图像特征的显著性, 引入神经元竞争机制筛选显著点, 将显著点作为图像的特征点, 利用 V4 神经网络模型进行神经编码, 得到 V4 神经元特征. 特征匹配实验和图像分类实验验证了 V4 神经元特征的区分度和泛化能力, 通过与其他图像特征和物体识别方法进行对比, V4 神经元特征在 Caltech 101 图库上显示出优秀的物体识别和图像分类性能.

12.4　基于 V4 形状特征的轮廓表示和物体检测

　　V4 区神经元能够识别轮廓片段的几何特征, 通过对这些特征进行定量描述, 就可以用 V4 特征来表示物体的轮廓. 这种表示方式既精炼地提取了轮廓几何特征, 又能够完整地保留轮廓形状细节. 在 ETHZ 等图库上的实验表明, 该方法可以学习具有特定形状物体的模型, 并且可以在测试图片中准确找到物体的位置, 进而标绘出物体的轮廓.

12.4.1　V4 形状特征的定量描述

　　回顾发表在 *Neuron*、*Cerebral Cortex*、*Neurophysiology*、*Nature Neuroscience* 等著名神经科学期刊上关于 V4 神经元形状选择性的神经生理学研究 (Pasupathy, Connor, 1999; Yau et al., 2013; Pasupathy, Connor, 2002; Pasupathy, Connor, 2001; Nandy et al., 2013) 可以看到, V4 区神经元对具有特定几何特征的轮廓片段有选择性的响应. 而且, V4 神经元的响应具有一定的位置不变性, 不要求刺激出现在感受野内特定位置. 影响 V4 神经元活跃度的几何特征主要是轮廓片段的朝向和轮廓的弯曲程度. 图 12-31 显示了 Pasupathy 和 Connor (1999) 发现的能够激活不同 V4 神经元的各种刺激. 这些刺激具有不同的开口朝向 (或者突起朝向), 开口朝向相同的刺激还具有不同的弯曲程度 (或者突起的尖锐程度). 研究表明, 这些特征可以描述组成物体轮廓的曲线形态, 大脑对物体轮廓的表征就是通过这些特征的组合实现的, 这对于计算机视觉实现基于形状的物体识别具有重要的启发意义.

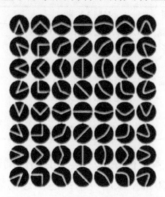

图 12-31　V4 神经元能够分辨的不同轮廓片段

初级视皮层简单细胞的选择性可以描述为引起神经元响应的短直线段朝向角度, 我们也可以用一组数值来定量描述 V4 神经元的形状选择性. 我们可以把这样的定量描述称为一种 V4 形状特征. 通过定量描述 V4 形状特征, 可以将由像素组成的物体轮廓抽取出来, 转化为具有几何意义的表示形式, 有利于后续算法进行物体形状的识别和检测.

1. 量化特征的朝向和尺度信息

由于 V4 所能够分辨的形状是轮廓片段, 因而, 可以用参数曲线来拟合这些不同的曲线段. 为了便于描述曲线段弯曲程度的特征, 首先要对朝向、尺度以及位置等简单信息进行量化, 当这些信息被量化分离后, 可以用参数方程来描述曲线的形态.

如图 12-32 所示, 曲线段 P_1MP_2 代表一个 V4 形状特征. M 是曲线段的中点, C 是直线段 P_1P_2 的中点. 本章把 C 称为特征的中点 (或中心点), 为了区分, 把 M 称为特征曲线段的中点. 通过旋转、等比例缩放和平移变换, 可以把曲线段的两个端点对齐到坐标轴横轴上的 $(-1,0)$ 和 $(1,0)$ 两个点. 我们将这个过程称之为曲线段的规范化. 起始点在 $(-1,0)$ 和 $(1,0)$ 两个点的特征曲线段称为规范化特征曲线段, 或者规范化曲线段. 规范化曲线段的中点位于坐标轴纵轴, 特征中点位于坐标原点. 规范化的过程就是对曲线上的所有点施加一个同样的仿射变换. 这个仿射变换仅包含旋转、缩放和平移, 因此具有如下形式:

$$
\begin{pmatrix} u & v & s \\ -v & u & t \\ 0 & 0 & 1 \end{pmatrix} \cdot \begin{pmatrix} x \\ y \\ 1 \end{pmatrix} = \begin{pmatrix} x' \\ y' \\ 1 \end{pmatrix} \tag{12.39}
$$

将两个端点的坐标 $P_1(x_1, y_1)$, $P_2(x_2, y_2)$ 以及它们变换后的位置 $(-1, 0), (1, 0)$ 代入这个仿射变换, 得到如下方程组:

$$\begin{pmatrix} u & v & s \\ -v & u & t \\ 0 & 0 & 1 \end{pmatrix} \cdot \begin{pmatrix} -1 & 1 \\ 0 & 0 \\ 1 & 1 \end{pmatrix} = \begin{pmatrix} x_1 & x_2 \\ y_1 & y_2 \\ 1 & 1 \end{pmatrix} \tag{12.40}$$

求解方程中仿射变换的参数 (u, v, s, t), 得到

$$\begin{pmatrix} u \\ v \\ s \\ t \end{pmatrix} = \begin{pmatrix} x_1 & y_1 & 1 & 0 \\ y_1 & -x_1 & 0 & 1 \\ x_2 & y_2 & 1 & 0 \\ y_2 & -x_2 & 0 & 1 \end{pmatrix} \cdot \begin{pmatrix} -1 \\ 0 \\ 1 \\ 0 \end{pmatrix} \tag{12.41}$$

这样就提取出了曲线段的尺度、位置和朝向信息. 仿射变换参数 (u, v, s, t) 可以准确地表达这些信息, 为了更加直观地描述这些信息, 本章采用下列一组参数 (C, r, θ), 其中, $C = \dfrac{1}{2}(P_1 + P_2)$ 是两个端点的中点, 即特征的中点, 表示特征曲线段的位置; $r = \dfrac{1}{2}(P_1 - P_2)$ 是两个端点距离的一半, 表示曲线段的半径 (即尺度); $\theta = \arctan\dfrac{y_2 - y_1}{x_2 - x_1}$ 表示曲线段的走势朝向. 这一组值和仿射变换参数是等效的.

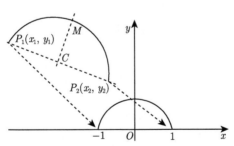

图 12-32　对特征曲线段的朝向和尺度信息进行量化

2. 曲线形态的参数方程

经过规范化的曲线段, 是一条起始点在横轴上, 并且关于纵轴对称的曲线段, 保留了原始轮廓片段的弯曲形态这一特征. 本章采取参数曲线的方式描述这一特征. 研究显示 (Pasupathy, Connor, 1999; Pasupathy, Connor, 2001), V4 所能分辨的不同曲线段, 有的弯曲较为平滑, 有的突起较为尖锐, 有的是直线拐点. 根据这些不同形态, 可以构造一组曲线, 并用它们的线性叠加来拟合 V4 特征曲线段.

本章使用了如下两个曲线方程:

$$\mu_1(x) = 1 + x^2 - 2|x|$$

$$\mu_2(x) = 1 - x^2 \tag{12.42}$$

其中, μ_1 的形态较为尖锐, μ_2 的形态较为平滑, 而 $(\mu_1 + \mu_2)$ 构成直线拐点. 这三种形态如图 12-33 所示.

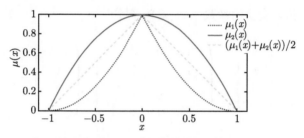

图 12-33　参数方程的线性成分

对于任意的规范化曲线段, 都可以用上述曲线方程的线性组合来拟合. 设规范化曲线上的采样点为 $\{(x_1, y_1), (x_2, y_2), \cdots\}$. 待拟合的曲线方程为

$$y = a\mu_1(x) + b\mu_2(x) \tag{12.43}$$

其中, a, b 为参数. 拟合的过程可以视为完成如下最小二乘优化:

$$\hat{\beta} = \arg\min_{\beta} \|y - A\beta\|^2 \tag{12.44}$$

其中, $\beta = (a, b)^{\mathrm{T}}$ 为优化的参数, $y = (y_1, y_2, \cdots)^{\mathrm{T}}$ 是规范化曲线的纵坐标点, 而矩阵 A 由横坐标点代入参数方程得到. 拟合的结果为 $\hat{\beta} = (A^{\mathrm{T}}A)^{-1}A^{\mathrm{T}}y$,

$$A = \begin{pmatrix} \mu_1(x_1) & \mu_2(x_1) \\ \mu_1(x_2) & \mu_2(x_2) \\ \cdots & \cdots \end{pmatrix} \tag{12.45}$$

这样就获得了定量描述 V4 特征所需的参数 (C, r, θ, a, b), 它们分别是特征中点坐标、半径、轮廓走向角度和曲线方程的参数对.

拟合得到的参数 (a, b) 有着非常明显的几何意义. 当 $(a + b)$ 较大时, 弯曲程度较大, 反之弯曲程度较小. 当 $(a - b)$ 较大时, 弯曲更加平滑, 反之弯曲较为尖锐. 关于参数的符号, 本章要求 a, b 同号, 异号会导致曲线形态变异, 不再符合前面所述的神经生物学实验发现的 V4 神经元响应的特征样式. 参数符号的正负可以表示曲线突起的方向, 当用一组连续的 V4 特征来描述一条长曲线时, 这变得非常重要而且有意义. 加入了参数符号同号约束的最小二乘法优化问题可以归约为参数非负的最小二乘法 (non-negative least square method), 等效于一个系数矩阵半正定的二次规划问题 Lawson 和 Hanson (1974) 给出了高效的求解方法, Matlab 提供的 lsqnonneg 函数实现了该算法.

给定一个 V4 形状特征 (C, r, θ, a, b), 可以重绘特征所对应的曲线段, 重绘算法在后面的章节给出. 在不重绘曲线的情况下, 只要经过非常简单的计算, 就可以快速地确定曲线上的关键点, 即特征曲线段的中点 M 和两个端点 P_1, P_2. 这些关键点可以确定曲线的基本形态, 计算公式如下 (设点坐标为行向量)

$$P_1 = C - r(\cos\theta, \sin\theta)$$
$$P_2 = C + r(\cos\theta, \sin\theta)$$
$$M = \frac{1}{2}(P_1, P_2) \cdot \begin{pmatrix} 1 & -a-b \\ a+b & 1 \\ 1 & a+b \\ -a-b & 1 \end{pmatrix}$$
$$= C + (a+b) \cdot r(-\sin\theta, \cos\theta) \tag{12.46}$$

给定两个 V4 形状特征, $f_1 = (C_1, r_1, \theta_1, a_1, b_1)$ 和 $f_1 = (C_2, r_2, \theta_2, a_2, b_2)$, 它们之间的差异不能简单地采用向量欧氏距离来衡量, 特别是参数 (a, b) 对于曲线形态的影响, 也不能简单地分别求差值然后总和. 如果不考虑特征的位置、尺度和方向信息, 单纯考虑曲线形态参数对特征差异的影响, 该差异可以计量为局部差异的积分形式. 设 $y_1 = a_1\mu_1(x) + b_1\mu_2(x)$, $y_2 = a_2\mu_1(x) + b_2\mu_2(x)$, 那么曲线形态差异可以用下式计算:

$$\Delta_{(a,b)} = \int_{-1}^{1} (y_1 - y_2)^2 \mathrm{d}x$$
$$= \frac{2(a_1-a_2)^2}{5} + \frac{6(a_1-a_2)(b_1-b_2)}{5} + \frac{16(b_1-b_2)^2}{15} \tag{12.47}$$

另外, 由特征角度产生的差异按照下式计算, 可以体现角度的周期性:

$$\Delta_\theta = (\sin\theta_1 - \sin\theta_2)^2 + (\cos\theta_1 - \cos\theta_2)^2 \tag{12.48}$$

于是, 特征的总体差异可以计算如下:

$$\Delta_{\mathrm{V4}} = \lambda_C \|C_1 - C_2\|^2 + \lambda_r (r_1 - r_2)^2 + \lambda_\theta \Delta_\theta + \lambda_{(a,b)} \Delta_{(a,b)} \tag{12.49}$$

其中, $\lambda_C, \lambda_r, \lambda_\theta, \lambda_{(a,b)}$ 表示 V4 形状特征的各个参数在差异度比较中所占的比例, 可以调整特征位置、尺度、朝向角度和曲线形态对特征差异度的影响程度.

3. 拟合误差的度量

给定任意一组曲线采样点坐标, 都可以采用上述最小二乘法拟合得到 V4 形状特征. 然而, 当拟合误差过大时, 拟合出的特征实际上已经不足以准确表示这一组采样点所代表的曲线段. 为此, 需要度量拟合误差.

这里仍然采用 12.3 节的符号定义. x 和 y 是 n 个规范化采样点的横坐标和纵坐标构成的列向量. 显然, x 中的值是分布在区间 $[-1,1]$ 上的. 不妨假设各采样点按照横坐标递增的顺序排列, 设 $x = \{x_1, x_2, \cdots, x_n\}^\mathrm{T}$, 因此有 $x_1 \leqslant x_2 \leqslant \cdots x_n$. 设 $\hat{\beta} = (a, b)^\mathrm{T}$ 为拟合得到的特征参数, 那么 $A\hat{\beta}$ 就是拟合得到的 V4 特征对应的曲线段的纵坐标. 拟合误差应该用曲线 (x, y) 和曲线 $(x, A\hat{\beta})$ 之间的距离来计算. 然而, 由于横坐标的分布并不能保证均匀一致, 因此, 不能直接用最小二乘法的目标函数来表示曲线的距离.

本章将拟合误差定义为两条曲线间所夹的面积在曲线长度上的均值. 对曲线长度求均值, 使得对不同尺度的特征的误差计算具有一致性.

由于采样点在 x 方向上的分布并不是均匀一致的, 因此, 需要计算每个采样点占有的宽度 w (图 12-34). 计算方法如下:

$$w_i = \begin{cases} \dfrac{1}{2}(x_2 - x_1), & i = 1 \\[2mm] \dfrac{1}{2}(x_n - x_{n-1}), & i = n \\[2mm] \dfrac{1}{2}(x_{i+1} - x_{i-1}), & \text{其他} \end{cases} \tag{12.50}$$

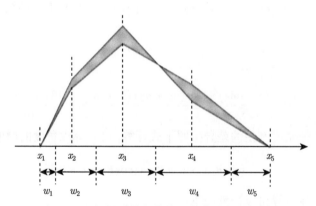

图 12-34　根据采样点估算两条曲线之间的面积

在此基础上, 两条曲线间的面积可以由下面的公式近似得到:

$$S = \sum_{i=1}^{n} w_i \cdot |a\mu_1(x_i) + b\mu_2(x_i) - y_i| \tag{12.51}$$

由于上式只计算规范化曲线上的采样点, 因此还要考虑特征尺度的影响. 设 r 是特征的尺度 (即半径), l 是曲线的长度, 那么, 单位长度上的误差就是

$$\delta = \frac{S \cdot r^2}{l} \tag{12.52}$$

本章用该值度量 V4 形状特征的拟合误差.

12.4.2　从图像中提取 V4 形状特征

前文描述的 V4 形状特征总是出现在轮廓上. 因此, 提取特征的过程分为两个阶段: 首先从图像中提取较长的轮廓曲线, 然后沿着轮廓曲线发现 V4 形状特征.

1. 从图像中提取轮廓曲线

提取轮廓的过程是在超柱阵列的基础上完成的. 超柱阵列模拟了初级视皮层简单细胞的工作机制, 阵列由具有不同朝向选择性、不同感受野区域的简单细胞组成. 当简单细胞的感受野内部出现轮廓刺激时, 细胞被激活.

超柱阵列中相邻超柱的感受野有部分重叠, 使得超柱阵列能够在细粒度上捕捉轮廓曲线的形态. 同时, 也因为感受野的部分重叠, 一条曲线的同一位置可能激活多个简单细胞. 在曲线切线方向激活连续相邻超柱中的简单细胞是有必要的, 这些同时激活的细胞的序列沿着曲线展开, 可以很好地反映曲线的形态. 相反, 沿着曲线法线方向同时激活不同超柱内的细胞会带来问题, 使得难以找到一条与曲线唯一对应的简单细胞序列作为曲线的表征. 为此, 要在相邻超柱阵列之间引入竞争机制, 仅激活局部最为活跃的简单细胞. 该机制在神经生理学上得到证实, 研究发现简单细胞所处的 V1 区第四层有抑制性的局部水平连接 (Budd, Kisvárday, 2001), 存在竞争机制. 从数字图像处理的角度, 可以表示为抑制在任何方向上都不是极大值的点, 通过计算得到超柱阵列响应图的脊线 (Haralick, 1983), 这些脊线就是图像中的轮廓曲线. 如图 12-35 所示, 图像的超柱响应图基本显示出了主要轮廓所在区域. 将其局部放大后可以看到, 采用局部极值能够精准定位轮廓. 图中的数值表示超柱中简单细胞的响应, 色块标记出了 x 方向或者 y 方向上的极大值点, 深色色块表示这些极值点到达了激活阈值, 显然, 这些极值点所对应的超柱能够准确描绘轮廓的走势.

超柱阵列中激活的简单细胞根据邻接关系构成一个图. 图的顶点是激活的简单细胞, 如果两个简单细胞的感受野具有邻接关系, 就在两个简单细胞之间建立一条边, 本章将如此构成的图称为朝向片图, 图的顶点称为朝向片. 如图 12-36 所示, 图的路径沿着图形的轮廓展开, 而且路径上的简单细胞显示了轮廓的朝向.

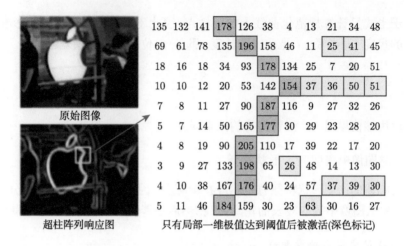

135	132	141	178	126	38	4	13	21	34	48
69	61	78	135	196	158	46	11	25	41	45
18	16	18	34	93	178	134	25	7	20	51
10	10	12	20	53	142	154	37	36	50	51
7	8	11	27	90	187	116	9	27	32	26
5	7	14	50	165	177	30	29	23	28	20
4	8	19	90	205	110	17	39	22	17	20
3	9	27	133	198	65	26	48	14	13	30
4	10	38	167	176	40	24	57	37	39	30
5	11	46	184	159	30	23	63	30	16	27

原始图像

超柱阵列响应图　　　　　只有局部一维极值达到阈值后被激活(深色标记)

图 12-35　从超柱阵列响应图中获取轮廓

　　由于自然图像中存在噪声, 且不同物体的轮廓可能会交织重叠, 物体内部的纹理也会形成一些条纹, 因此, 自然图像得到的朝向片图往往具有复杂的连接结构. 在这样的图上枚举路径、检测 V4 形状特征的时间复杂度就会大大增加. 为了有效地提取主要特征, 抑制噪声的影响, 有必要在朝向片图中发现主要轮廓曲线, 也就是较长的路径. 然而, 图的最长路径问题是 NP 难问题 (可以从哈密顿路径问题归约). 因此, 本章采取在朝向片图的生成树上寻找最长路径的方法来提取图像中的主要轮廓. 该方法有两点优势: ① 树的最长路径是能够用线性时间复杂度的算法求解的 (Bulterman et al., 2002), 这使得该方法的实现简单、运行速度快; 而且生成树的最长路径是对图的最长路径的一个有效近似. ② 如图 12-36 所示, 最长路径算法可以有效去除毛刺和噪声, 提取出的轮廓反映了物体的主要形状特征.

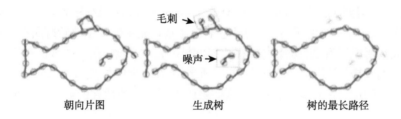

朝向片图　　　　　　　生成树　　　　　　　树的最长路径

图 12-36　取得图像中的主要轮廓曲线

　　图 12-37 展示了从原始图像提取轮廓的过程. 算法 12.8 列出了从图像中提取轮廓的算法.

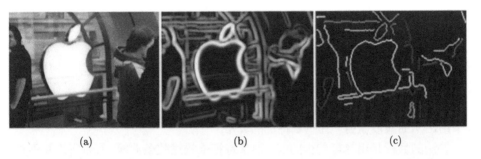

| (a) | (b) | (c) |

图 12-37 (a)～(c) 分别是原图、超柱阵列响应、提取出的轮廓 (用不同颜色标出)

算法 12.8 图像轮廓提取

---

1 **function** FindLines(image)

2   计算image在超柱阵列中激活的朝向片集合chips;

3   graph←新建图数据结构; lines←∅;

4   **foreach** $c \in$ chips **do**

5   **if** c 活跃度大于x方向相邻超柱**then continue**;

6   **if** c 活跃度大于y方向相邻超柱**then continue**;

7   chips←chips$-\{c\}$;

8   **end**

9   **foreach** c_1, $c_2 \in$ chips **do**

10   **if** c_1与c_2相邻**then** graph添加边(c_1, c_2);

11   **end**

12   **foreach** $c \in$ graph **do**

13   tree←新建树数据结构;

14   将从c开始广度优先遍历graph遇到的节点加入tree;

15   将c作为tree的根得到最深的节点p;

16   将p作为tree的根得到最深的节点q;

17   line←p到q之间的路径;

18   lines←lines $\cup$ {line};

19   从graph中移除line;

20   **end**

21   **return** lines

22 **end**

2. 从轮廓曲线中提取 V4 特征

前文所述的 V4 形状特征采用参数方程和平移、旋转、缩放等变换来描述曲线段. 这样的 V4 特征所描述的通常是一个长度较为有限的对称曲线段, 具有一定的弯曲度和朝向, 可以用来表示曲线上的一个拐点 (尖锐的或者平滑的) 或者弯曲 (凸起的或者凹陷的). 要描述复杂的曲线, 就需要一组这样的特征, 以便覆盖整条曲线. 本节给出从曲线段获得一组 V4 特征的算法.

算法的目标是用尽可能少的 V4 形状特征来描述整条曲线. 因为曲线并不总是能恰好分割为若干个互不相交的 V4 形状特征, 所以, 要允许特征之间有一定程度的重合. 如图 12-38 所示, 要完整地描述一条曲线中的各处弯曲, 需要一组连续的 V4 特征, 而且相邻的特征可能会有重叠.

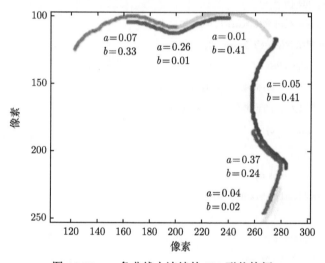

图 12-38　一条曲线上连续的 V4 形状特征

图 12-38 标识了各个特征的 (a, b) 参数, 即参数方程的系数, 可以明显看出, 曲线上较为圆滑的弯曲对应的特征参数 b 比较大, 而较为尖锐突兀的拐点对应的特征参数 a 比较大.

通过对图 12-38 进行观察, 可以看出, 为了能够同时描述朝向曲线两侧的突起, 连续两个朝向不同的特征就会有部分重叠. 如果把重叠度定义为某一特征被其他单个特征覆盖部分占其本身长度的最大比例, 那么, 重叠度在 50% 以内都是可以接受的. 这里需要强调, 重叠度仅仅考虑被其他单个特征覆盖的情形. 有些特征, 比如图 12-38 上部向下凹陷的红色特征 $(a = 0.26, b = 0.01)$, 可能被相邻的两个特征共同覆盖, 但这并不能使该特征变得冗余.

根据定义, V4 形状特征总是一个仅包含单个弯曲的对称曲线段. 因此, 一个特征曲线段的子曲线段也构成 V4 特征. 从较长的轮廓曲线中提取若干个 V4 形状特征的时候, 必须尽可能提取较长的特征. 但是, 单个特征的长度不能无限扩展. 如图 12-38 中, 右侧深蓝色特征 ($a = 0.05, b = 0.41$), 如果继续向其两侧延伸, 就会包含多个弯曲, 无法用单个 V4 形状特征来准确表示.

以上的分析给算法设计提供了依据:

(1) 允许特征部分重叠;

(2) 优先提取长度较长的特征;

(3) 不能无限扩展单个特征的尺度而损失了表征的准确性.

根据上述依据, 算法提取 V4 特征的过程是:

(1) 筛选所有拟合误差小于某一阈值的特征;

(2) 将这些特征按照长度递减排序得到序列 F;

(3) 建立空的特征序列 F', 依次从 F 中选取特征加入 F', 加入的条件是能够有效增加对曲线的覆盖度 (新覆盖部分不小于特征长度的一半);

(4) 将 F' 中的特征按照出现在曲线上的顺序进行排列, 如果任何两个特征之间有特征出现在 F 中, 将其加入 F';

(5) 移除 F' 中几乎被其他单个特征完全覆盖的特征 (覆盖度大于某阈值), 得到最终的特征集合.

值得注意的是, 步骤 (3) 中, 后加入的特征可能完全覆盖先前加入的特征, 使得先前加入的特征成为冗余特征, 因此需要在第 (5) 步移除这样的冗余特征. 第 (4) 步的作用在于, 补充一些可能被两条以上的曲线同时覆盖, 但是对于表示曲线形态有意义的特征. 比如, 图 12-38 中, 上部的红色特征 (向下凹陷), 被相邻的两个向上凸起的特征完全覆盖, 这样的特征需要在第 (4) 步进行补充.

算法 12.9 列出了从轮廓曲线中提取 V4 形状特征的算法. 算法涉及三个阈值参数: V4 特征拟合误差和长度阈值需要根据图像尺度选取, 对于本章处理的 ETHZ 图库 (Ferrari et al., 2010) 中的十万像素数量的自然图片, 采用的拟合误差阈值是 2∼3, 特征长度阈值是 20, 单位都是像素. 第三个阈值是特征重叠度阈值, 用于衡量特征是否冗余. 几乎完全被其他单个特征覆盖的特征应该被丢弃, 该阈值本章取 70%.

图 12-39 展示了提取 V4 特征的简单示例. 从一幅包含四个简单几何形状的图像中, 按照本章描述的算法提取出 V4 形状特征. 由于相邻的特征描述了连续的曲线, 可能出现部分重叠, 为了清楚展示这些特征, 在绘制时对它们进行了小幅位移, 使之错位以便区分. 数字序号标记在特征中心位置右侧, 显示了发现这些特征的顺序. 从图中可以看出, 算法能够有效提取基本的几何特征, 捕获了形状轮廓线上的所有显著凸起或者凹陷, 并很好地拟合了平滑弯曲、尖锐弯曲、直线拐点等不

同特征.

算法 12.9　　V4形状特征提取

1　**function** FindV4Features(line)

2　　e_1←拟合误差阈值; e_2←特征长度阈值; e_3←特征重叠度阈值;

3　　F←line的子曲线段拟合得到的特征集合; F_1←∅;

4　　**foreach** $f \in F$ **do**

5　　　　**if** f的拟合误差大于e_1 **then** $F←F-\{f\}$;

6　　　　**if** f的长度小于e_2 **then** $F←F-\{f\}$;

7　　**end**

8　　将F按照特征长度降序排列;

9　　**foreach** $f \in F$ **do**

10　　　$c←f$增加对line覆盖的长度$/f$的长度;

11　　　**if** $c \geqslant 0.5$ **then**

12　　　　　$F←F-\{f\}$; $F_1←F_1 \cup \{f\}$;

13　　　　　标记line被f覆盖部分;

14　　　**end**

15　　**end**

16　　将F_1按照特征位置顺序排列;

17　　**foreach** $f \in F_1$ **do**

18　　　$m←f$的特征曲线段中点;

19　　　$m_1←$与f相邻的后一个特征的曲线段中点;

20　　　$f_1←$在F中选取区间$[m, m_1]$上最长的特征;

21　　　$F_1←F_1\cup\{f\}$;

22　　**end**

23　　**foreach** $f_1, f_2 \in F_1$ **do**

24　　　**if** f_1比f_2长 **then** continue;

25　　　**if** f_1与f_2公共部分长度$>e_3·f_1$的长度**then** $F_1←F_1-\{F_1\}$;

26　　**end**

27　　**return** F_1

28　**end**

　　图 12-40 展示了一些从自然图像中提取 V4 特征的结果. 图像来自 ETHZ 数据集 (Ferrari et al., 2010). 提取出的特征用不同颜色进行了标记. 由于相邻的特征可能会有重叠, 为了便于区分特征, 在特征中心右侧用数字对其进行了标号. 标号仅

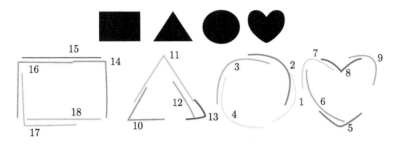

图 12-39 从简单几何形状图中提取出的 V4 形状特征. 特征以不同颜色标记, 相邻特征可有
部分重叠, 为便于区分进行了小幅位移, 并用数字进行了标号

显示了算法发现特征的顺序, 没有其他含义. 从这些样本可以看出, V4 形状特征能
够反映物体轮廓曲线上的主要几何构造.

图 12-40 从自然图像中提取出的 V4 形状特征. 特征以不同颜色标记, 相邻特征可有部分重
叠, 为便于区分用数字进行了标号

3. 实现 V4 特征提取的神经计算网络

前文从算法的角度描述了 V4 特征提取的过程, 该过程可以用神经网络的方式
进行计算. 计算的方式参考了 Wei 等 (Wei, Dong, 2012; Wei et al., 2013) 用多层神
经网络模拟 V1 区简单细胞提取边缘朝向信息的工作. 主要方法是, 在超柱阵列提
取出的曲线基础上, 使用含有一层隐层神经元的 BP(back-propagation) 网络沿着曲
线移动, 根据输出判断网络所处的位置是否包含 V4 形状特征. 网络使用前面所述
算法 12.9 检测出的 V4 特征或者人工构造的 V4 特征作为训练样本进行训练.

图 12-41 显示了用于提取 V4 形状特征的神经网络模型. 该神经网络是包含一个隐层的前馈神经网络, 它的输入是超柱阵列输出的不同朝向简单细胞的活跃状态, 它的输出是当前位置 V4 形状特征的尺度. 当沿着激活的简单细胞构成的序列进行移动时, 该神经网络可以输出以曲线上不同位置为中心的 V4 形状特征的尺度, 当某一位置不是 V4 特征时, 网络输出一个接近 0 的值, 表示此处在很小的尺度上才能看作一个 V4 形状特征. 前馈网络可以通过反向传播算法进行训练, 训练数据来自前文所述的算法在 ETHZ 图库上检测到的曲线以及曲线上的 V4 形状特征. 利用这样的神经网络模型, 不仅给出了提取 V4 特征的神经计算方法, 而且可以在曲线上通过一次性扫描快速发现 V4 形状特征.

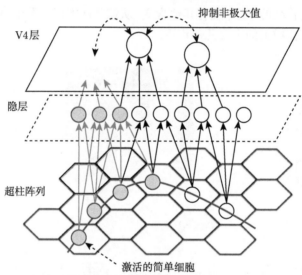

图 12-41　提取 V4 形状特征的神经网络模型. 红色标出了一个前馈神经网络, 网络沿着曲线激活的简单细胞序列移动, 在 V4 层输出局部极大值的位置发现 V4 形状特征

12.4.3　物体轮廓重绘实验

本节通过对 MPEG7 形状数据集 (Jeannin, Bober, 1999) 上的部分物体进行轮廓重绘来检验基于 V4 形状特征的轮廓表示方法的效果. MPEG7 图库包含 70 个物体类别, 每个类别包含 20 幅图像, 均为背景干净的黑白图像, 容易从图像中提取出物体轮廓曲线. 本节实验选择了部分类别进行, 目的在于检验 V4 特征描述轮廓曲线的能力, 所选类别的物体都有完整的外部轮廓曲线, 不包含 (或仅包含少量) 内部线条. 同一类别的不同实例之间除了有角度、位置、尺度的变化外, 还有一些局部特征的差异, 能够提供充分多样的轮廓线条对算法进行检验.

实验结果显示, 本章给出的 V4 形状特征能够通过数学量化方法精准表征物体的轮廓, 而且这种表征的代价非常低, 所需的特征数量极其有限, 这为在此基础上进一步实现物体识别和检测提供了很好的基础.

1. 基于 V4 形状特征的物体轮廓重绘

前文提取出的 V4 特征具有 (C, r, θ, a, b) 的形式. 从该形式可以重绘特征所表示的曲线段. 首先计算出特征曲线段的两个端点 P_1, P_2

$$
\begin{aligned}
P_1 &= C - r(\cos\theta, \sin\theta) \\
P_2 &= C + r(\cos\theta, \sin\theta)
\end{aligned}
\tag{12.53}
$$

然后将参数 (a, b) 产生的规范化特征曲线段上的点通过平移、等比例缩放、旋转等仿射变换转换到重绘的曲线段上, 即通过仿射变换将规范曲线段的端点 $(-1, 0)$ 和 $(1, 0)$ 对齐到 P_1, P_2. 不妨设前面的公式得到的端点坐标为 $P_1 = (x_1, y_1), P_2 = (x_2, y_2)$, 那么, 需要求解如下的仿射变换:

$$
\begin{pmatrix} u & v & s \\ -v & u & t \\ 0 & 0 & 1 \end{pmatrix} \cdot \begin{pmatrix} -1 & 1 \\ 0 & 0 \\ 1 & 1 \end{pmatrix} = \begin{pmatrix} x_1 & x_2 \\ y_1 & y_2 \\ 1 & 1 \end{pmatrix}
\tag{12.54}
$$

求解上式得到仿射变换参数

$$
\begin{pmatrix} u \\ v \\ s \\ t \end{pmatrix} = \frac{1}{2} \begin{pmatrix} -1 & 0 & 1 & 0 \\ 0 & 1 & 0 & -1 \\ 1 & 0 & 1 & 0 \\ 0 & 1 & 0 & 1 \end{pmatrix} \cdot \begin{pmatrix} x_1 \\ y_1 \\ x_2 \\ y_2 \end{pmatrix}
\tag{12.55}
$$

于是, 对于规范化特征曲线上的点 $(x, a\mu_1(x) + b\mu_2(x))$, 只要经过上述仿射变换, 就得到了重绘的特征曲线上的点. 为了在栅格化的数字图像上进行重绘, 需要将曲线采样到整数像素点, 应该控制采样步长以便使得到的像素点连续致密. 设规范化特征曲线方程为 $y = a\mu_1(x) + b\mu_2(x)$, 那么步长就是 x 的一个增量 $\mathrm{d}x$, 应该满足如下不等式:

$$
\sqrt{(\mathrm{d}x)^2 + (\mathrm{d}y)^2} \cdot r \leqslant 1
\tag{12.56}
$$

由此可以得到步长 $\mathrm{d}x \leqslant (y'^2 + 1)^{-\frac{1}{2}} / r$, 其中, y' 为 y 的导数, 在不可导的连续点设导数为 0. 算法 12.10 列出了根据 V4 形状特征进行曲线重绘的算法.

图 12-42 展示了 MPEG7 图库中的部分图片, 以及根据从图片中取得的 V4 特征重绘出的物体轮廓.

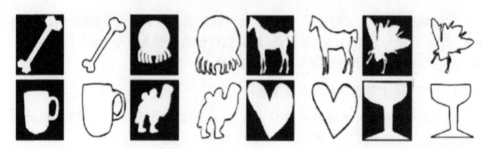

图 12-42　从 V4 特征重绘的 MPEG7 图库中的形状. 黑色底色的是原始图像, 右侧为重绘的
轮廓图

算法 12.10　V4形状特征重绘

1　**function** DrawV4Feature(C, r, θ, a, b)

2　　$P_1 \leftarrow C - r \cdot (\cos \theta, \sin \theta)$;

3　　$P_2 \leftarrow C + r \cdot (\cos \theta, \sin \theta)$;

4　　计算仿射变换参数(u, v, s, t);

5　　$x \leftarrow -1$;

6　　**while** $x \leqslant 1$ **do**

7　　　　计算x处的规范化曲线采样点(x, y);

8　　　　将(x, y)经过仿射变换并取整得到(p_x, p_y);

9　　　　**if** $P \neq (p_x, p_y)$**then**

10　　　　　　绘制像素点(p_x, p_y);

11　　　　　　$P \leftarrow (p_x, p_y)$;

12　　　　**end**

13　　　　$x \leftarrow x + (y'^2 + 1)^{-\frac{1}{2}} / r$;

14　　**end**

15　**end**

---

2. 轮廓重绘精度评估

通过 12.3 节描述的方法, 可以将 V4 形状特征重绘为轮廓曲线, 这样, 就可以和原始图像中的轮廓曲线进行对比, 检验 V4 形状特征描述物体轮廓的能力. 假设从原始图像中取得的轮廓曲线上的像素采样点集合为 S, 由 V4 特征重绘得到的像素采样点集合为 R. 设图像的尺度 (宽度与高度之和) 为 d. 本章定义重绘的平均误差和最大误差, 用来评估轮廓重绘的精度

$$C_{\text{mean}} = \frac{1}{d \cdot |S|} \sum_{(x,y) \in S} \min_{(x',y') \in R} \|(x,y) - (x',y')\|$$

$$C_{\text{max}} = \frac{1}{d} \max_{(x,y) \in S} \min_{(x',y') \in R} \|(x,y) - (x',y')\| \tag{12.57}$$

简而言之, 重绘误差就是原始轮廓上的点到重绘轮廓的最小距离. 由于图像尺度有所不同, 因此根据图像尺度进行归一化.

重绘误差受到各种因素的影响, 其中, 主要影响因素是提取 V4 形状特征算法所采用的阈值, 包括 V4 特征拟合误差阈值和 V4 特征长度阈值. 正如前文所述, 这两个阈值的选取跟图像的尺度相关. 对于同一幅图像, 减小这两个阈值使得 V4 特征尺度变小, 特征数量增多, 能够更加充分地反映物体轮廓的局部细节; 增大这两个阈值使得 V4 特征尺度变大, 特征数量减少, 能够反映物体轮廓的整体趋势, 但是降低了表示的精度. 因此, 这两个阈值影响到本节所要评估的轮廓重绘误差, 产生影响的方式主要是改变了单幅图像产生的 V4 特征的数量.

本节通过调整算法阈值, 观察 V4 形状特征的数量和轮廓重绘精度之间的关系. 实验选取了 MPEG7 图库中的 8 个类别, 采用 5 组不同的阈值提取 V4 形状特征 (参见表 12-4), 对同一个类别内的图像在相同参数取值下的轮廓重绘精度 ($\epsilon_{\text{mean}}, \epsilon_{\text{max}}$) 以及 V4 特征数量进行了平均. 由于不同类别物体的轮廓差异较大, 取均值意义不大, 因此, 统计是分类进行的.

表 12-4　V4 形状特征提取算法参数

组别	1	2	3	4	5
V4 特征拟合误差阈值	1	2	2	3	3
V4 特征长度阈值	10	10	20	20	40

图 12-43 显示了实验的结果. 各个不同类别的结果略有差异. 形状简单的类别 (如骨头 Bone、心形 Heart) 只需要较少的特征数量就能达到较高的表示精度. 形状复杂的类别 (如蝙蝠 bat、骆驼 camel) 则需要比较多的特征. 而轮廓较为复杂的类别 (如章鱼 octopus) 则存在相对较大的重绘误差. 然而, 所有曲线呈现了极为相似的趋势, 即随着特征数量的增加, 轮廓表示的误差减小. 而且, 曲线向左下的突起显示出, 当特征数量达到 20~40 时, 就可以足够准确地描绘大部分物体的形状. 这说明, 可以采用极为有限的 V4 特征准确地表示物体的轮廓, 这为进行物体形状的学习和识别提供了基础.

3. 矢量轮廓图自动构建

V4 形状特征有效分离了尺度信息, 这使得利用 V4 特征对曲线进行矢量化成为可能. 矢量化的曲线能够被高效压缩存储, 并能在各种计算机图形系统上快速绘制. 本节对此进行了初步探索, 利用 V4 形状特征将物体的轮廓曲线转化为 Bezier 曲线进行存储和绘制.

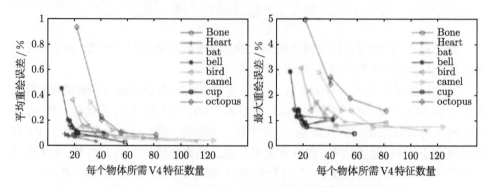

图 12-43　V4 特征重绘 MPEG7 物体轮廓的误差统计

Bezier 曲线 (Farin et al., 2002) 是一种参数曲线, 是各种计算机图形系统绘制曲线的基本形式. 任意的曲线可以由若干段低阶 Bezier 曲线连接而成. 低阶 Bezier 曲线通常是形状简单的平滑曲线, 这非常符合 V4 形状特征的形态. 因此, 以 V4 特征的中心点为分割点, 将曲线分解为若干段, 每一段都是简单的平滑曲线段, 可以用三次 Bezier 曲线对其进行拟合, 曲线方程如下:

$$B(t) = (1-t)^3 P_0 + 3(1-t)^2 t P_1 + 3(1-t)t^2 P_2 + t^3 P_3, \quad 0 \leqslant t \leqslant 1 \qquad (12.58)$$

其中, P_0, P_1, P_2, P_3 是参数曲线的控制点, P_0 和 P_3 就是曲线的端点, 其余控制点可以由最小二乘法拟合得到. 设待拟合的曲线由点序列 $\{p_0, p_2, \cdots, p_n\}$ 组成, 构造一个与之对应的参数序列 $\{t_0, t_2, \cdots, t_n\}$, 使得 $t_i = i/n$, 那么, 各控制点的计算方式如下:

$$P_0 = p_0$$
$$P_1 = (A_2 C_1 - A_3 C_2)/(A_1 A_2 - A_3 A_3)$$
$$P_2 = (A_1 C_2 - A_3 C_1)/(A_1 A_2 - A_3 A_3)$$
$$P_3 = p_n$$
$$A_1 = \sum_i 9 t_i^2 (1-t_i)^4$$
$$A_2 = \sum_i 9 t_i^4 (1-t_i)^2$$
$$A_3 = \sum_i 9 t_i^3 (1-t_i)^3$$

$$C_1 = \sum_i t_i (1 - t_i)^2 \left[p_i - (1 - t_i)^3 p_0 - t_i^3 p_n \right]$$
$$C_2 = \sum_i t_i^2 (1 - t_i) \left[p_i - (1 - t_i)^3 p_0 - t_i^3 p_n \right]$$
(12.59)

图 12-44 展示了从 V4 形状特征自动构建的 Bezier 曲线绘制出的图形. 图中
显示出每一段 Bezier 曲线首尾的两个控制点. 按照 V4 形状特征分割物体轮廓, 然
后拟合得到的 Bezier 曲线能够准确描绘各种物体的轮廓, 而且所需数据量比原始
位图大幅减少 (只要非常有限的控制点). 这得益于 V4 形状特征高效简洁地表示
物体轮廓曲线的能力.

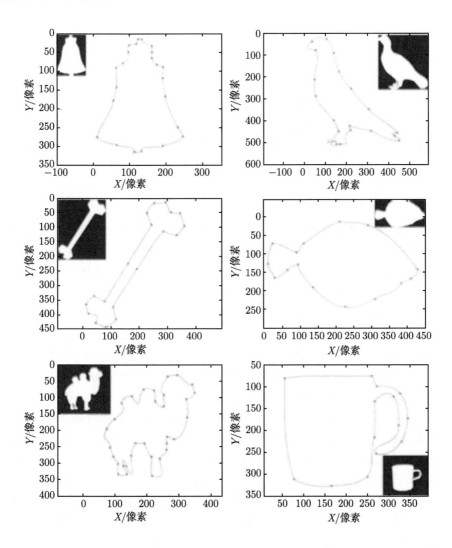

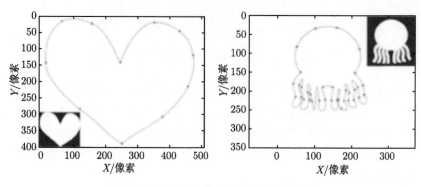

图 12-44　从 V4 特征自动构建矢量图形

12.4.4　基于形状的物体识别

根据前文的描述, V4 形状特征具有与生物视皮层神经元一致的描述能力, 同时具有简洁的数学表达形式. 在超柱阵列的基础上, V4 形状特征的提取可以高效地进行, 利用有限数量的特征就可以对物体轮廓曲线进行精准的表示. 因此, V4 形状特征适用于表示物体的形状模型. 本节利用 V4 特征进行基于形状的物体识别, 并在 ETHZ 和 INRIA Horses (Ferrari et al., 2007) 数据集上进行验证.

1. 物体关键特征学习算法

一个特定的形状通常可以由若干个 V4 形状特征组合而成. Pasupathy 和 Connor (2002) 的研究显示, 特定形状的物体能够引起一组特定 V4 神经元的集体活跃. 因此, 本章也采用一组 V4 形状特征来表示物体形状模型, 学习物体形状模型, 首先要发现这样一组在物体图像中频繁出现的特征, 然后对这些特征的空间组合 (即特征之间的位置关系) 进行建模.

本章采用自组织映射 (self-organizing map, SOM) (Kohonen, 1982) 来发现同一类物体的图像中频繁出现的特征. SOM 是一种用于无监督学习的神经网络, 可以从一系列样本中提取特征. 它所采用的方法是将一组具有网格状拓扑关系的神经元映射到样本空间中, 使得神经元保持其拓扑关系, 同时能够分散在整个样本空间, 从而捕捉到样本的分布特征. 从聚类的角度看, SOM 是一种利用神经网络实现的在线聚类算法, SOM 根据输入数据不断进行调整, 从而使得每个神经元能够代表一组在空间中靠近的数据点. SOM 模型受到了脑皮层分区响应不同外部刺激的机制的启发. 研究 (Sirosh, Miikkulainen, 1997) 认为, SOM 模型可以解释视皮层的感受野分布的形成机制. 视皮层中的水平侧抑制神经连接能够产生类似 SOM 网络的竞争胜出机制, 使得视皮层中的神经元能够像 SOM 中的计算单元一样, 分布到整个视觉刺激空间中, 分别响应来自视野中不同位置的不同类型的刺激. 因此, 本章也采用 SOM 来学习表示物体形状所需的 V4 形状特征.

在训练的过程中, 对于每一个训练样本, 首先进行预处理, 使之具有相同的尺度 (这一步在实际操作过程中是在提取 V4 形状特征之后进行的, 因为 V4 特征分离了尺度和位置信息, 所以非常便于调整, 而且不会因为对图像进行尺度变换导致图像扭曲). 在每一个样本上使用前文描述的方法提取出一组 V4 形状特征. 然后根据竞争机制, 计算每个特征激活的 SOM 单元. 计算的方法是根据特征和 SOM 单元的相似度, 从最为相似的特征开始为其分配 SOM 单元. 一旦某个 SOM 单元被匹配, 就不再继续和后续特征进行匹配. 当 SOM 单元耗尽时, 丢弃未匹配的特征. 而后, 根据激活每个 SOM 单元的 V4 特征来修正 SOM 单元所代表的特征. 算法 12.11 列出了利用 SOM 神经网络学习 V4 形状特征的训练算法.

算法 12.11 训练SOM特征学习模型

1 **function** TrainV4SOM(som, image)

2     $\alpha \leftarrow$ SOM网络的学习率;

3   lines$\leftarrow$FindLines(image);

4     $F \leftarrow$FindV4Features(lines);

5   **foreach** $f_1 \in F$, $f_2 \in$ som **do**

6        $d(f_1, f_2) \leftarrow f_1$ 和 f_2 的特征差异度;

7   **end**

8   将所有(f_1, f_2)按照$d(f_1, f_2)$升序排列为序列S;

9   **foreach** $(f_1, f_2) \in S$ **do**

10   **if** f_2 没有被激活**then**

11   激活f_2;

12           $f_2 \leftarrow f_2 + \alpha \cdot (f_1 - f_2)$;

13   修正 f_2 的邻居节点;

14   **end**

15   **end**

16 **end**

图 12-45 显示了一个 12×12 的 SOM 网络. 该网络的训练数据来自 ETHZ 图库的五个类别. 其中, (a) 个 (b) 显示了进行初步迭代训练, SOM 网格开始在输入数据空间中伸展开来. (a) 显示了 SOM 网络的网格拓扑结构, 圆圈显示出了神经元. 每个神经元被来自不同类别的样本激活的频率不同, 图中, 用圆圈的颜色深度表示被该类别的特征激活的次数. 可以看出, 黑色圆圈的分布已经向着物体轮廓靠拢. (b) 显示了每个神经元所包含的 V4 形状特征. 为了便于显示, 忽略了特征的尺

度和曲线形态, 将特征简化为一条折线. 颜色的深度同样也显示出了神经元被激活的次数.

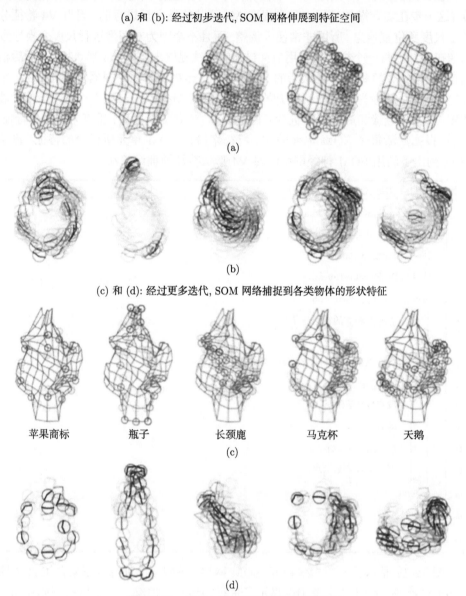

(a) 和 (b): 经过初步迭代, SOM 网络伸展到特征空间

(a)

(b)

(c) 和 (d): 经过更多迭代, SOM 网络捕捉到各类物体的形状特征

苹果商标　　　瓶子　　　长颈鹿　　　马克杯　　　天鹅

(c)

(d)

图 12-45　从 V4 特征自动构建矢量图形

图 12-45(c) 和 (d) 显示了进行更多迭代训练之后的结果. 类似地, (c) 显示出了网络的网格拓扑结构, (d) 显示出了神经元所包含的 V4 形状特征, 圆圈颜色的深度同样指示了神经元被某一类别激活的次数. 从图中可以看出, 随着 SOM 网络趋

于收敛, 邻域函数的作用减弱 (算法设置为邻域函数的值随着训练迭代次数增大而减小), 网格出现扭曲, 更加贴合物体的主要轮廓特征. 活跃的 SOM 单元出现在物体轮廓曲线附近, 从 (d) 可以看出, 物体的形状已经在网络中浮现, SOM 网络中的神经元捕捉到了物体形状的关键特征. 同时可以看到, 五个类别的物体形状共享了同一个网络, 这些特征共同存储在一个 SOM 网络之中. 由于物体之间可以共享特征, 而物体的形状表现为特征的组合, 特征的组合模式是千变万化的, 因此可以推测, 当物体类别增多时, 网络的规模并不需要等比例地增大, 只需要稍稍增加网络规模, 就可以容纳更多的物体类别.

图 12-46 显示了 ETHZ 图库中的部分训练样本, 以及前面所述的 12×12 的 SOM 网络学习得到的物体形状特征. 对于每个物体类别, 从 SOM 网络的 144 个单元中选取被该类别样本激活频率最高的若干特征 (图 12-46 选取了 12 个特征), 就得到了包含物体形状特征的基本模型. 这些模型由物体所包含的关键 V4 形状特征组成, 能够刻画出物体的主要轮廓, 是后续物体识别算法的基础.

从图 12-46 可以看出, 训练样本包含了大量噪声, 这些噪声来自于物体的内部纹理和周边的背景. 另外, 不同训练样本中的物体形状也有细节上的变化. SOM 网络通过迭代训练, 识别出了在不同样本间频繁出现的公共特征, 有效地去除了训练样本中的噪声, 同时, 容纳了不同样本之间的细微差异, 因此, 学习得到的模型反映了物体的主要形状特征. SOM 网络学习 V4 形状特征的过程为 V4 皮层区域神经元响应模式的形成机制提供了一种解释. 类似于 SOM 对于初级视皮层 V1 区简单细胞感受野形成机制的解释 (Sirosh, Miikkulainen, 1997), 可以认为, V4 区神经元的形状选择性也是在不断的外界视觉刺激的影响下形成的, 通过大量训练, 这些神经元形成了具有丰富的表达能力的、高效的形状表征, 使得更高级的皮层区域 (如 IT 区域) 能够产生物体认知.

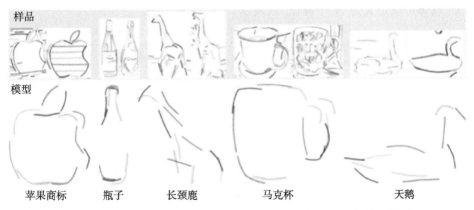

图 12-46 SOM 的部分训练样本以及学习得到的物体形状特征模型

2. 物体形状概率模型

从 SOM 网络的学习结果可知, 物体的形状是由若干个 V4 形状特征按照一定的空间结构组合而成的. 对于一组被观察到的 V4 形状特征, 如果它们的特征参数和它们之间的位置关系符合一定的约束条件, 那么就可以认定这些特征构成了某一形状的物体. 因此, 物体形状模型就是这样一些约束条件, 用来限制形状特征变化的范围以及形状特征之间的相对位置变化的范围. 如果这些变量都是随机变量, 那么很自然地可以用一组概率分布来描述这些变量的变化范围. 本章用概率模型来描述组成特定形状物体的 V4 特征及其位置关系, 该模型主要基于如下假设: 同类物体的局部特征是稳定的, 而且这些局部特征之间的结构关系是稳定的 (Fei-Fei et al., 2007; Burl et al., 1998).

首先定义特征之间的位置关系. 设物体图像含有 N 个 V4 形状特征 $V_i = (P_i(x_i, y_i), r_i, \theta_i, a_i, b_i), i = 1, \cdots, N$. 其中, P_i 是特征的位置参数, 表示特征曲线段中点的位置坐标; r_i 和 θ_i 分别是特征的半径和朝向角度; a_i 和 b_i 是特征的曲线形态参数. 第 i 个特征和第 j 个特征之间的位置关系 R_{ij}, 如图 12-47 所示, 定义为从一个特征曲线中点到另一个特征曲线中点的向量 $\dfrac{1}{r_i}(P_j - P_i)$, 为了适应物体的尺度变化, 对尺度进行了归一化.

$$
\begin{aligned}
R_{ij} &= \frac{1}{r_i}\left(P_j - P_i\right) \\
&= \frac{\|P_i P_j\|}{r_i}\left(\cos \alpha_{ij}, \sin \alpha_{ij}\right)
\end{aligned} \tag{12.60}
$$

其中, α_{ij} 是从一个特征位置到另一个特征位置的向量的辐角. 这样定义的特征位置关系既包含了对特征方位关系的要求, 也包含了对特征相对尺度的约束. 在此基础上, 物体可以定义为 N 个特征, 以及 $N(N-1)$ 对关系.

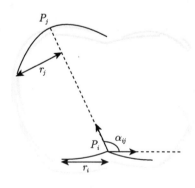

图 12-47 V4 形状特征之间的位置关系

设从任意测试图像中观察到的 N 个 V4 形状特征及其位置关系组成集合 $I = \{V_i, R_{ij} : 1 \leqslant i \neq j \leqslant N\}$. 设 ω 表示该观察包含物体, $\bar{\omega}$ 表示该观察不包含物体. 本章用如下似然比 (likelihood ratio) 来估计 I 是否表示一个物体

$$
\begin{aligned}
\Lambda &= \frac{P(\omega|I)}{P(\bar{\omega}|I)} = \frac{P(\omega I)/P(I)}{P(\bar{\omega}I)/P(I)} \\
&= \frac{P(I|\omega)P(\omega)}{P(I|\bar{\omega})P(\bar{\omega})} = \frac{P(I|\omega)}{P(I|\bar{\omega})} \\
&= \frac{1}{P(I|\bar{\omega})} \prod_{i=1}^{N} \left[P(\theta_i|\omega) P(a_i, b_i|\omega) \prod_{j/i} P(R_{ij}|\omega) \right]
\end{aligned} \tag{12.61}
$$

因为没有关于物体是否存在的先验概率, 上面的推演假设了 $P(\omega) = P(\bar{\omega})$. 另外, 假设各个特征参数条件独立, 在计算特征的条件概率时, 仅取朝向和曲线形态参数, 以适应物体位置和尺度的变化. 为了计算这个似然比, 需要一组条件概率分布, 即给定 N 个特征, 当这组特征是物体或者不是物体时, 特征参数以及特征位置关系的条件概率分布. 为了能够计算这些条件概率, 本章假定它们属于某些概率分布族, 通过统计训练图像中的样本, 得到概率分布族的参数.

对于某一个物体类别, 建立如下包含若干概率分布的模型

$$
T = \{\mathcal{M}_i(\theta), \mathcal{N}_i(a, b), \mathcal{N}_{ij}(R) : 1 \leqslant i \neq j \leqslant N\} \tag{12.62}
$$

在这个模型中, $\mathcal{M}_i(\theta)$ 描述了物体的第 i 个特征的朝向角度分布, 这是一个 von Mises 分布 (Gumbel et al., 1953), 即周期性的正态分布; $\mathcal{N}_i(a, b)$ 描述了第 i 个特征的曲线形态参数的分布, 这是一个二元正态分布; $\mathcal{N}_{ij}(R)$ 描述了第 i 和第 j 个特征之间的位置关系的分布, 这也是一个二元正态分布. 各分布的概率密度函数计算如下:

$$
\mathcal{M}_i(\theta_i, \mu_{\theta_i}, \kappa_i) = \frac{1}{2\pi I_0(\kappa_i)} \exp(\kappa_i \cos(\theta_i - \mu_{\theta_i}))
$$

$$
\mathcal{N}_i(a_i, b_i, \mu_{ab_i}, \Sigma_{ab_i}) = \frac{1}{2\pi\sqrt{|\Sigma_{ab_i}|}} \exp\left[-\frac{1}{2}((a, b) - \mu_{ab_i})\Sigma_{ab_i}^{-1}((a, b) - \mu_{ab_i})^{\mathrm{T}} \right]
$$

$$
\mathcal{N}_{ij}(R_i, \mu_{R_i}, \Sigma_{R_i}) = \frac{1}{2\pi\sqrt{|\Sigma_{R_i}|}} \exp\left[-\frac{1}{2}((a, b) - \mu_{R_i})\Sigma_{R_i}^{-1}((a, b) - \mu_{R_i})^{\mathrm{T}} \right] \tag{12.63}
$$

其中, I_0 是 0 阶贝塞尔函数 (Bessel function), μ 是各分布的均值, Σ 是正态分布的协方差矩阵, κ 是 von Mises 分布的参数, 可以理解为方差的倒数.

上述分布的参数可以通过训练样本估计得到. 下面给出获得样本的方法. 选择 SOM 网络中被该类别激活最为频繁的 N 个单元, 用这些单元在训练图片中选取特征. 对每一幅训练图片, 提取 ground-truth 标记框出的 V4 形状特征, 将这些特征

输入 SOM 网络, 将激活 N 个选定的 SOM 单元. 这些激活单元对应的输入特征就成为各个条件概率分布的样本. 这些特征之间的位置关系也作为分布的样本. 这样就得到了用于估计概率分布参数的样本集合. 图 12-48 显示了从物体形状的概率模型中采样得到的 V4 形状特征. 由于模型对尺度和位置的处理采用了相对位置的概率分布, 因此图示的特征尺度和位置并非来自概率模型的采样, 而是使用了在 SOM 网络中得到的归一化的特征位置. 在实际实验中, 可以观察到, 如果采用混合高斯分布代替简单的多元高斯分布, 可以更加精确地拟合样本的分布. 图示显示了采用两个成分的混合高斯分布的结果, 对模型的每个特征分布, 从其两个成分中分别采样得到了两个特征, 可以看到这样的模型更好地反映了物体形状的局部变化. 使用混合高斯分布的缺点是学习模型分布参数需要采用期望最大化算法 (Dempster et al., 1977) 进行迭代, 学习过程更加耗时.

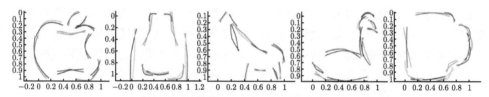

图 12-48   从物体形状概率模型中采样得到的 V4 形状特征

3. 物体检测算法和实验结果

物体检测算法使用上述概率模型, 通过似然比 Λ 来评估一个 V4 形状特征组合是否构成模型所描述的物体. 物体检测的过程可以表示为从图像得到的 V4 特征集合中搜索一个符合约束的特征组合这样一个组合优化问题. 算法从每一个单独的 V4 特征出发, 构建一个初始的结果. 在迭代的过程中, 通过现有的结果对物体的位置进行估计, 在估计的范围内寻找新的特征, 应用贪心策略, 选择能够将似然概率极大化的特征加入到结果中. 如此迭代, 直到找到一个完整的候选结果. 然后, 对候选结果进行排重, 删除位置区域重叠的结果, 最后, 选择似然比最大的若干结果, 舍弃其他结果. 算法 12.12 列出了基于 V4 形状特征的物体检测算法的流程.

图 12-49 显示了在 ETHZ 图库和 INRIA Horses 图库 (Ferrari et al., 2007) 上进行物体检测的部分结果示例. 由于图片中所包含的 V4 特征极为有限 (平均 100 个左右), 按照上面算法描述的搜索策略, 用概率模型对特征的形态和位置关系进行约束, 以实现剪枝搜索, 进一步缩小了搜索的空间. 算法可以迅速找到符合模型约束的特征组合. 这些特征组合在图 12-49 中用红色标记出来, 可以看到, 根据这些特征不仅能够准确地定位物体的位置, 还能刻画出物体的主要轮廓.

算法 12.12　　基于V4形状特征的物体检测

1　**function** FindObjectInImage(image)

2　　lines←FindLines(image);

3　　F←FindV4Features(lines);

4　　**foreach** $V(M, r, \theta, a, b) \in F$ **do**

5　　　建立空的结果R;

6　　　选取使V的概率最高的模型特征$i = \mathbf{argmax}_i \mathcal{M}_i \mathcal{N}_i(a, b)$;

7　　　将V作为第i个特征加入结果R;

8　　　**while**结果集缺少特征且F非空**do**

9　　　　根据现有结果估计物体位置;

10　　　　在估计的位置范围内筛选V4特征集合C;

11　　　　**foreach** $V_1 \in C$, i 为结果缺少的特征序号**do**

12　　　　　$\Lambda(V_1, i)$←V_1作为i个特征加入结果后的似然概率;

13　　　　**end**

14　　　　(V_1, i)←$\mathbf{argmax}_{V_1, i} \Lambda(V_1, i)$;

15　　　　V_1作为i个特征加入结果R;

16　　　**end**

17　　　将结果R加入结果集;

18　　　删除结果集中概率过低的结果;

19　　　删除结果集中位置重叠的结果;

20　　**end**

21　**end**

值得注意的是, 算法在学习模型时仅仅利用了图库数据集提供的训练样本中物体的位置方框. 可见, SOM 网络能够从大量不同样本中发现频繁出现的 V4 形状特征, 这些特征反映了物体之间形状上的共性, 而忽略了物体内部的纹理和物体周围的背景等没有明显规律的特征. 概率模型进一步准确描述了物体形状的局部特征的可变范围, 以及各个局部特征之间的空间组合方式, 使得算法可以在图像中有限的 V4 形状特征集合上进行搜索, 并找到物体对应的 V4 形状特征组合.

为了定量评估算法的物体检测性能, 本章采用了检测率 (detection rate) 和假正例率 (false positive per image, FPPI) 来衡量在图库数据集上的结果. ETHZ 图库包含 5 个类别, 共 255 幅图片. 对每个类别, 本章在全部 255 幅图片上运行了检测算法. INRIA Horses 包含 340 幅图片, 其中 170 幅图片包含马匹. 检测结果的正确性使用了 PASCAL 标准, 即算法标出的物体框和 ground-truth 物体框的重叠度达到 50% 以上 (重叠度为 IoU, 即 intersection over union), 则认为检测结果正确. 检测率计算为检测出的真正例除以 ground-truth 的正例总数, 假正例率为检测出的错误正例除以图片总数.

(a) ETHZ 图库上各类别的物体检测结果示例

(b) INRIA Horses 图库上各类别的物体检测结果示例

图 12-49　ETHZ 图库和 INRIA Horses 图库上物体检测实验的结果示例

图 12-50 显示了在 ETHZ 图库和 INRIA Horses 图库上的实验结果, 本章的结果与 Ferrari 等 (2008; 2010) 提供的参考结果 (Ferrari et al., 2010; Ferrari et al., 2008) 和最近发表的一些结果 (Ferrari et al., 2010; Ferrari et al., 2008; 2014) 进行了比较. 本章的结果和已发表的最新结果非常接近, 远优于 Ferrari 等提供的参考基准结果. 特别是, 当 FPPI 较小的时候 (0.2~0.4), 本章的方法表现出明显的优势. 本章采用的方法不同于一般的统计学习方法或者模型匹配方法. 与模型匹配方法相比, 该方法不再受限于模型的物体轮廓曲线定义, 在识别外形有变化的物体时, 更加具有灵活性. 一般的统计方法基于对有限训练样本的统计分析, 学习到的模型不能精准描述物体的主要特征. 本章的模型结合了模型匹配和统计方法. 一方面, V4 形状特征能够准确描述物体的轮廓曲线片段, 而且对图像内容进行了高效抽象, 用有限数量的特征对图像进行描述, 极大地缩小了问题的空间. 另一方面, 基于 SOM 网络的学习算法得到了物体轮廓的关键特征, 基于概率的形状特征空间组合模型准确地反映了物体的局部稳定性和结构稳定性, 提高了物体识别和检测的精度.

本节将 V4 神经元提取的形状信息进行了定量描述, 形成了 V4 形状特征, 这种特征能够对物体轮廓曲线的局部特征进行准确描述, 将曲线段的位置、尺度、朝

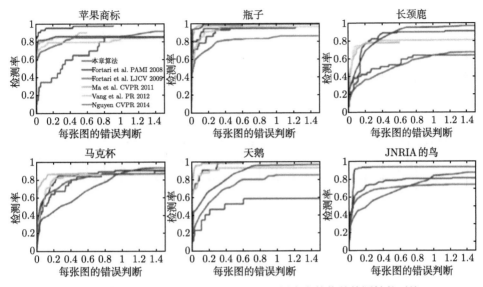

图 12-50   ETHZ 图库和 INRIA Horses 图库上的物体检测性能对比

向和形态描述为精简的向量形式. 本章通过 MPEG7 形状图库上的轮廓重建实验验证了 V4 形状特征的轮廓描述能力. 物体的轮廓可以描述为数量极为有限的 V4 形状特征, 这种简洁、准确的轮廓表征为有效的物体检测算法提供了基础. 本章利用 SOM 神经网络, 从物体图片中学习构成物体轮廓的关键 V4 形状特征, 并采用概率模型描述这些特征的参数分布和相对位置关系, 形成了基于 V4 形状特征的物体模型, 并提出了相关的物体检测算法. 本章通过 ETHZ 和 INRIA Horses 等图库上的物体检测实验验证了算法的性能. 算法可以在假正例率较低的情况下准确、高效地检测到物体的位置. 基于 V4 形状特征的物体模型学习到了物体轮廓的主要特征, 它不仅能够根据形状检测物体是否存在、确定物体的位置, 而且能够进一步描绘出物体的轮廓曲线. 该模型借鉴了 V4 区的形状表征机制, 模拟了生物视神经系统学习物体形状的能力, 抓住了同类物体不同实例间稳定存在的形状特征, 因而, 实现了准确高效的物体形状识别与检测.

12.5   V4 建模的展望

图像中的物体识别是人工智能和模式识别研究的重要课题. 传统方法将图像视为信号或者数据, 采用信号处理或者统计学习的方法对图像进行变换, 从中提取特征、建立模型来实现物体识别、场景理解等计算机视觉任务. 本章的研究采用了认知科学与计算机相结合的方法, 认知科学采用多学科交叉的方法研究认知过程, 将其视为神经科学、心理学、计算机科学的共同问题. 本章按照这样的思路, 以生物大脑的信息处理机制为目标和蓝本, 建立模型与算法. 物体识别在大脑的腹侧视通路完成, V4 区是这一神经通路的中间阶段, 具有承上启下的重要地位. V4 区是研究的主线, 在深入分析 V4 区的响应模式和神经连接的基础上, 建立了多层神经网络模型, 模拟了 V4 神经元的形状选择性; 并利用该模型对局部图像进行编码, 产生了可用于图像分类的局部特征; 进一步对特征进行量化, 用 V4 形状特征描述物体轮廓曲线的局部形态, 设计了相关学习算法和物体检测算法, 实现了基于形状的物体检测和物体轮廓定位. 研究工作的主要贡献有以下四个方面.

一是建立了 V4 神经元模型. 在深入分析 V4 区神经连接的基础上, 为 V4 区的输入建立计算模型. V4 区接收来自较低层次的初级视皮层 V1 区以及 V2 区的输入. 其中, 与形状信息处理密切相关的是 V1 区简单细胞和 V2 区复杂细胞, 它们分别被建模为由超柱阵列构成的简单细胞层和复杂细胞层, 提取图像中的边缘和朝向信息, 并使得信息具有一定的位置不变性. 以此为基础的 V4 感知机模型通过实验验证了复杂细胞作为 V4 神经元输入的充分完备性. V4 区内部还存在各种反馈连接, 研究工作对反馈连接的作用也进行了分析, 明确了抑制反馈在稀疏编码中的作用, 以及兴奋反馈在形成神经元动态响应过程中的作用, 为进一步建模提供了依据.

二是建立了 V4 多层神经网络模型, 用以模拟神经元的形状选择性. 本章将腹侧视通路的各个区域映射为神经网络的各个层次, 构造了包含简单细胞层、复杂细胞层、V4 层的多层神经网络, 利用稀疏受限玻尔兹曼机训练 V4 层神经连接, 采用生理学实验中测试 V4 形状选择性的刺激样本作为训练数据. 多层网络模型准确模拟了 V4 神经元对正弦光栅、极坐标光栅、双曲线光栅等各种光栅刺激, 以及曲线段和闭合图形的响应模式, 显示出和真实神经元相似的偏好, 以及对弯曲朝向、凸起尖锐度等局部形状特征的选择性. 该模型既模拟了 V4 神经元, 也解释了神经元形状选择性的形成机制. V4 层输出神经元的组合则显示出对局部形状的描述能力, 为建立基于 V4 形状选择性的局部图像特征提供了基础.

三是提出了基于 V4 神经网络模型的局部特征提取和图像分类算法. 借助于 V4 多层神经网络模型对其感受野内图像形状特征的编码能力, 本章进一步引入了显著点检测算法, 进行特征点检测. 该算法受到视觉注意的神经机制的启发, 根据神经元对有规律图案的偏好, 引入复杂细胞活跃度在朝向分布上的熵值, 用以评估局部图像特征的显著性. 采用神经元的竞争机制选取显著点, 将显著点邻域内的图像编码为局部特征, 即 V4 神经元特征. 该特征在图像特征匹配、图像分类等实验中显示出了优越的区分度和泛化能力, 能够在同类物体的不同实例之间形成稳定的匹配, 可以用于准确的物体识别和图像分类.

四是提出了 V4 形状特征用于物体轮廓表征和基于形状的物体检测. V4 神经元对不同形态的曲线段能够产生选择性的响应, 受此启发, 对 V4 神经元提取出的

特征进行进一步量化, 采用数学方法对曲线段的位置、朝向、尺度、形态进行定量
描述, 形成了 V4 形状特征. 该特征在轮廓表征中显示出了高效、准确、简洁的特
性. MPEG7 形状图库上的轮廓重建实验显示, 非常有限数量的 V4 形状特征可以
对各种复杂的物体轮廓进行精准描述. 这种轮廓表征具有高度的简洁性和精确度,
在此基础上, 本章利用自组织映射神经网络, 从真实图片样本中学习构成物体轮廓
的 V4 形状特征组合, 并采用概率模型对特征的空间位置关系进行描述, 实现了基
于 V4 形状特征的物体检测算法, 该算法能够准确检测到具有特定形状的物体, 并
准确描绘物体的轮廓曲线.

本章的方法基于视觉的神经机制, 视觉神经机制给构造计算机视觉算法进行物
体识别带来了启发和线索. 实现这些算法和模型的过程也促进了对大脑进行物体
识别的信息处理过程更加深入的理解.

本章受 V4 区神经元的形状选择性机制的启发, 建立了 V4 神经元模型、V4 区
多层神经网络模型, 提出了基于 V4 模型的图像特征提取和图像分类算法, 利用 V4
形状特征对物体轮廓进行表征, 提出了基于形状的物体检测算法. 本章的工作还有
以下可以改进的方面.

(1) 将 V4 形状特征提取过程融入 V4 多层神经网络模型. 本章的 V4 形状特
征提取过程利用了 V4 多层神经网络模型的超柱阵列提取边缘和轮廓. 在提取形状
特征的过程中, 采用了数值优化的方法, 对参数曲线进行最小二乘法拟合. 虽然可
以用拟合得到的 V4 形状特征作为训练样本来学习一个用于形状特征提取的神经
网络, 但是该神经网络和提取图像局部特征以及模拟 V4 神经元形状选择性的多层
神经网络是独立的. 因此, V4 形状特征提取的过程比较依赖于超柱阵列提取边缘
的效果, 如果能够在多层神经网络中同时完成局部特征提取和形状特征提取, 则有
可能实现更加高效的特征提取过程.

(2) 将形状特征、局部特征和其他图像特征共同应用于物体识别的过程. 物体
识别不仅依赖于物体轮廓的形状或者物体局部的形状和纹理特征, 有时需要结合这
些特征, 甚至加入如颜色等其他特征. 对于复杂场景的理解, 融合这些特征是至关
重要的, 比如植被、建筑、道路、天空等不以形状为识别依据的物体, 需要充分结合
图像中的各种信息. 大脑在信息处理的初步阶段是将形状、颜色、视差等信息分开
处理的, 后续处理对各种信息的整合机制尚没有清楚的结论, 有待于神经科学和计
算机视觉进行更加深入的研究.

(3) 拓展 V4 特征的应用范围. 形状特征是具有明显几何信息的特征, 人的视
野中有大量富有几何信息的形状特征, 依赖这些特征, 可以快速地理解场景的三维
空间关系, 确定物体各个面的空间位置、尺度和朝向等信息. 这些信息在场景理解,
物体定位等任务中有丰富的应用价值, 可以用于自动控制、道路分割、辅助自动驾
驶等. 因此, 进一步的工作可以在 V4 形状特征的基础上, 利用二维图像对场景中

的关键几何特征进行三维重建, 开发算法确定物体深度, 进行场景空间位置关系的理解.

参 考 文 献

Bengio Y. 2009. Learning deep architectures for AI. Foundations and Trends in Machine Learning, 2(1): 1-127.

Boiman O, Shechtman E, Irani M. 2008. In defense of nearest-neighbor based image classification//Proceedings of the IEEE Conference on Computer Vision and Pattern Recognition: 1-8.

Bosch A, Zisserman A, Munoz X. 2007. Image classification using random forests and ferns//Proceedings of the IEEE International Conference on Computer Vision: 1-8.

Budd J M, Kisvárday Z F. 2001. Local lateral connectivity of inhibitory clutch cells in layer 4 of cat visual cortex (area 17). Experimental Brain Research, 140(2): 245-250.

Bulterman R, van der Sommen F, Zwaan G, et al. 2002. On computing a longest path in a tree. Information Processing Letters, 81(2): 93-96.

Burl M C, Weber M, Perona P. 1998. A probabilistic approach to object recognition using local photometry and global geometry//European Conference on Computer Vision(ECCV): 628-641.

Cadieu C, Kouh M, Pasupathy A, et al. 2007. A model of V4 shape selectivity and invariance. Journal of Neurophysiology, 98(3): 1733-1750.

Dempster A P, Laird N M, Rubin D B. 1977. Maximum likelihood from incomplete data via the EM algorithm. Journal of the Royal Statistical Society. Series B (methodological), 39(1): 1-38.

Desimone R, Duncan J. 1995. Neural mechanisms of selective visual attention. Annual Review of Neuro Science, 18(1): 193-222.

Földiak P. 1990. Forming sparse representations by local anti-Hebbian learning. Biological Cybernetics, 64(2): 165-170.

Farin G E, Hoschek J, Kim M S. 2002. Handbook of Computer Aided Geometric Design. Amsterdam: Elsevier.

Fei-Fei L, Fergus R, Perona P. 2007. Learning generative visual models from few training examples: an incremental bayesian approach tested on 101 object categories. Computer Vision and Image Understanding, 106(1): 59-70.

Ferrari V, Fevrier L, Jurie F, et al. 2008. Groups of adjacent contour segments for objectdetection. IEEE Transactions on Pattern Analysis and Machine Intelligence, 30(1): 36-51.

Ferrari V, Jurie F, Schmid C. 2007. Accurate object detection with deformable shape models learnt from images//The Proceedings of IEEE Conference on Computer Vision and Pattern Recognition(CVPR): 1-8.

Ferrari V, Jurie F, Schmid C. 2010. From images to shape models for object detection. International Journal of Computer Vision, 87(3): 284-303.

Fleet D J, Wagner H, Heeger D J. 1968. Neural encoding of binocular disparity: energy models, position shifts and phase shifts. Vision Research, 36(12): 1839-1857.

Gabor D. 1946. Theory of communication. Part1: The analysis of information. Journal of the Institution of Electrical Engineers-Part III: Radio and Communication Engineering, 93(26): 429-441.

Gallant J L, Connor C E, Rakshit S, et al. 1996. Neural responses to polar, hyperbolic, and Cartesian gratings in area V4 of the macaque monkey. Journal of Neurophysiology, 76(4): 2718-2739.

Grauman K, Darrell T. 2005. The pyramid match kernel: discriminative classification with sets of image features//Proceedings of the IEEE International Conference on Computer Vision, 2: 1458-1465.

Gumbel E, Greenwood J A, Durand D. 1953. The circular normal distribution: theory and tables. Journal of the American Statistical Association, 48(261): 131-152.

Haralick R M. 1983. Ridges and valleys on digital images. Computer Vision, Graphics, and Image Processing, 22(1): 28-38.

Hartigan J A, Wong M A. 1979. Algorithm AS 136: a k-means clustering algorithm. Journal of the Royal Statistical Society. Series C (Applied Statistics), 28(1): 100-108.

Heo B, Jeong H, Kim J, et al. 2014. Weighted pooling based on visual saliency for image classification//Advances in Visual Computing: 647-657.

Hinton G E. 2002. Training products of experts by minimizing contrastive divergence. Neural Computation, 14(8): 1771-1800.

Hubel D H, Wiesel T N. 1962. Receptive fields, binocular interaction and functional architecture in the cat's visual cortex. The Journal of Physiology, 160(1): 106-154.

Hubel D H, Wiesel T N. 1965. Receptive fields and functional architecture in two nonstriate visual areas (18 and 19) of the cat. Journal of Neurophysiology, 28(2): 229-289.

Jeannin S, Bober M. 1999. Description of core experiments for MPEG-7motion/shape. MPEG-7,ISO/IEC/JTC1/SC29/WG11/MPEG99N, 2690.

Kadir T, Brady M. 2001. Saliency, scale and image description. International Journal of Computer Vision, 45(2): 83-105.

Kohonen T. 1982. Self-organized formation of topologically correct feature maps. Biological Cybernetics, 43(1): 59-69.

Krizhevsky A, Sutskever I, Hinton G E. 2012. Imagenet classification with deep convolutional neural networks//Advances in Neural Information Processing Systems, 1: 1097-1105.

Lawson C L, Hanson R J. 1974. Solving least squares problems. Englewocd Cliffs, NJ: Prentice-Hall.

Lazebnik S, Schmid C, Ponce J. 2006. Beyond bags of features: spatial pyramid matching for recognizing natural scene categories//Proceedings of the IEEE Conference on Computer Vision and Pattern Recognition, 2:2169-2178.

LeCun Y, Bottou L, Bengio Y, et al. 1998. Gradient-based learning applied to document recognition. Proceedings of the IEEE, 86(11):2278-2324.

Lee H, Battle A, Raina R, et al. 2006. Efficient sparse coding algorithms//Advances in Neural Information Processing Systems: 801-808.

Lee H, Ekanadham C, Ng A Y. 2007. Sparse deep belief net model for visual areaV2// Advances in Neural Information Processing Systems: 873-880.

Leibe B, Schiele B. 2003. Analyzing appearance and contour based methods for object categorization//IEEE Computer Society Conference on Computer Vision and Pattern Recognition, 2: 409-415.

Liu B D, Wang Y X, Zhang Y J, et al. 2013. Learning dictionary on manifolds for image classification. Pattern Recognition, 46(7): 1879-1890.

Lowe D G. 2004. Distinctive image features from scale-invariant keypoints. International Journal of Computer Vision, 60(2): 91-110.

Mikolajczyk K, Schmid C. 2005. A performance evaluation of local descriptors. IEEE Transactions on Pattern Analysis and Machine Intelligence, 27(10): 1615-1630.

Nandy A S, Sharpee T O, Reynolds J H, et al. 2013. The fine structure of shape tuning in areaV4. Neuron, 78(6): 1102-1115.

Nguyen D T. 2014. A Novel Chamfer Template Matching Method Using Variational Mean Field[C]//Computer Vision & Pattern Recognition. IEEE.

Olshausen B A, Field D J. 1996. Emergence of simple-cell receptive field properties by learning a sparse code for natural images. Nature, 381(6583): 607-609.

Papadimitriou C H, Steiglitz K. 1982. Combinatorial Optimization: Algorithms and Complexity//Upper Suclclle River: Prentice Hall, Inc.

Pasupathy A, Connor C E. 1999. Responses to contour features in macaque area V4. Journal of Neuro Physiology, 82(5): 2490-2502.

Pasupathy A, Connor C E. 2001. Shape representation in area V4: position-specific tuning for boundary conformation. Journal of Neuro Physiology, 86(5): 2505-2519.

Pasupathy A, Connor C E. 2002. Population coding of shape in area V4. Nature Neuro Science, 5(12): 1332-1338.

Rumelhart D E, Hinton G E, Williams R J. 1986. Learning representations by back propagating errors. Nature, 323(6088), 533-536.

Sasaki Y, Vanduffel W, Knutsen T, et al. 2005. Symmetry activates extrastriate visual cortex in human and nonhuman primates//Proceedings of the National Academy of

Sciences of the United States of America, 102(8): 3159-3163.

Serre T, Wolf L, Bileschi S, et al. 2007. Robust object recognition with cortex-like mechanisms. IEEE Transactions on Pattern Analysis and Machine Intelligence, 29(3): 411-426.

Sirosh J, Miikkulainen R. 1997. Topographic receptive fields and patterned lateral interaction in a self-organizing model of the primary visual cortex. Neural Computation, 9(3): 577-594.

von Békésy G. 1968. Mach-and Hering-type lateral inhibition in vision. Vision Research, 8(12): 1483-1499.

Wang G, Zhang Y, Fei-Fei L. 2006. Using dependent regions for object categorization in a generative framework//Proceedings of the IEEE Conference on Computer Vision and Pattern Recognition, 2: 1597-1604.

Wei H, Dong Z. 2012. ACSP-Based Orientation Detection Model//Advances in Brain Inspired Cognitive Systems: 52-61.

Wei H, Lang B, Zuo Q S. 2014. An image representation of infrastructure based on non-classical receptive field. Soft Computing, 18(1): 109-123.

Wei H, Lang B, Zuo Q. 2013. Contour detection model with multi-scale integration based on non-classical receptive field. Neurocomputing, 103: 247-262.

Wei H, Li Q, Dong Z. 2014. Learning and representing object shape through an array of orientation columns. IEEE Transactions on Neural Networks and Learning Systems, 25(7): 1346-1358.

Wei H, Ren Y, Li B M. 2013. A collaborative decision-making model for orientation detection. Applied Soft Computing, 13(1): 302-314.

Willmore B D, Mazer J A, Gallant J L. 2011. Sparse coding in striate and extrastriate visual cortex. Journal of Neuro Physiology, 105(6): 2907-2919.

Yau J M, Pasupathy A, Brincat S L, et al. 2013. Curvature processing dynamics in macaque areaV4. Cerebral Cortex, 23(1): 198-209.

Zhang H, Berg A C, Maire M, et al. 2006. SVM-KNN: discriminative nearest neighbor classification for visual category recognition//Proceedings of the IEEE Conference on Computer Vision and Pattern Recognition, 2: 2126-2136.

第13章 神经编码的统计计算模型

13.1 神经编码研究的重要意义

13.1.1 研究背景

大脑工作、学习和记忆的机制一直以来就是人们探索、研究的焦点. 随着实验手段的进步, 学者们对脑的结构有了进一步的了解, 大脑异常复杂的、多尺度的功能回路构成也使得人们越来越多地认识到, 脑的研究需要不同学科的合作, 通过对脑各个层面进行研究, 得到对脑的整体性认识. 其中大脑信息处理的机制是人们越来越关心的问题, 它揭示了复杂生物过程背后所表达出来的逻辑过程. 同时大量的、复杂的神经数据也使得计算机科学, 尤其是复杂模式发现、概率模型和图理论, 在脑的研究中占据越来越重要的地位.

自 20 世纪末以来, 人们对脑的研究不单单局限于分子水平、细胞水平和行为水平上, 研究人员更加注重建立脑的整体模型, 揭示物理和化学过程是如何与行为模式建立联系的, 隐藏在行为模式背后的信息处理过程是如何工作的. 只有这样才能够理解人的行为、意志、情感、情绪以及记忆等的外在表现. 人们已经在不同水平上积累了大量的研究经验和成果, 这些都为脑的整体性研究奠定了基础. 从分子水平上, 研究人员着重研究各种蛋白酶是如何影响神经元释放神经递质、膜电位的电生理特性和突出小泡的形成机制等, 该层面的研究着眼于神经元信息传递的生理机制, 是整个神经网络的硬件基础; 从细胞水平上, 研究人员关注的是单个神经脉冲发放的特性, 脉冲的 ISI (interspike-interval)、绝对和相对不应期和条件性反应增强或者减弱等, 其研究关注与单个神经元之间的电脉冲传递是整个神经网络的信息传递的协议; 从行为水平上, 研究人员做了大量的动物行为实验, 观察某些神经元的发放强度和动物行为之间的关系, 比如大鼠的 U 迷宫实验, 发现大脑海马的特定脑区与大鼠的空间记忆有关, 即大鼠每次走到 U 迷宫的某个位置会有特定的神经元发放异常剧烈, 然而行为水平的研究局限在于其只能在大尺度上观察少数的神经元发放强度, 而无法做更加精细的分析. 对于脑的整体性研究的一个任务就是, 搭建从细胞水平到行为水平对脑研究的一个桥梁, 建模神经元的集群编码和行为的联系.

感觉信息如何整合起来成为大脑内部的信息以认识外部世界? 学习、记忆的形成与神经元的发放有什么样的关系? 对于这些复杂的问题, 我们的认识才刚刚开始. 大脑作为一个高度复杂、巨大, 并且是动态变化的系统, 只从脑科学本身来研究是困难和片面的, 这促使大量交叉学科的产生, 尤其是数学、信息学、计算机科学的融入, 为脑的研究提供了新的观点和手段. 实验手段的进步, 尤其是在体多通道微电极同步记录技术的发展, 使得研究人员能够获得大量的神经元同步发放数据, 为神经元集群编码的研究奠定了实验基础. 大量的多维神经数据分析使得统计学、信息科学的介入成为必然. 静态的发放强度的统计无法精确地展现神经元信息处理的动态过程. 同时近年来机器学习、模式发现、概率模型和图模型的计算方法也被越来越多地引入神经数据的分析中. 例如, 相关性分析被广泛应用于 fMRI 数据中, 研究大脑各个集团之间的功能性连接; 小世界网络也被用于研究各种功能性网络的特性, 用以比较神经网络和普通或者随机网络之间的异同; 频繁模式挖掘被用来证明时间编码的可能性.

计算机科学的发展, 尤其是人工智能也需要借助对大脑的研究来开拓思路. 大脑的高通用性、高并发、高冗余、极快速的反应时间, 都是目前的计算机无法比拟的. 大脑能够使用同一套机制, 通过不断地学习应对复杂的外部世界, 通过先验知识指导完成未知任务. 是什么样的信息处理机制、神经编码机制能够如此有效地完成这些呢? 研究人员试图通过对脑进行研究发现优秀的计算机算法. 其中人工神经网络的发展便离不开脑结构给予的启发, 人工神经网络中权值的调整策略来自于突触可塑性的启发; 近年来通过神经机制来建模视觉处理过程也开始发展起来, 其中非经典感受野模型模拟人的视网膜和视神经结构, 对图像信息进行了抽象化的表征.

对于信息编码的研究可以追溯到 20 世纪 20 年代, 神经动作电位的理论被 Adrian 首次提出来. 在之后的几十年里, 不同学者提出了各种假设: Hebb 在 1949 年发表了 Hebb 假设 (Hebb, 2002), 1972 年 Barlow 提出了单个神经元编码假设 (Barlow, 1972), 1996 年 Fujii 提出了神经元的集群编码理论 (Fujii et al., 1996). 近年来学者倾向于神经元集群编码信息的假设, 因为单个神经的发放即使在相同的刺激条件下也是高度随机的. 对于另一个问题: 是神经发放频率还是神经发放的精确时间点在编码信息? 学术界还在争论中. 然而很多实验表明, 前者可能更接近真实的情况. 在特定神经集群中, 单个神经元有各自的发放基础频率, 通过暂时的相关性来协同作用, 共同传递和处理信息. 单个神经元有高度的不确定性, 通过集群编码来获得可靠的信息处理机制.

13.1.2 神经编码研究近况

随着多电极同步记录技术的发展, 人们设计各种实验来研究神经发放序列和外部刺激的关系. 其中神经解码在动物行为实验过程中研究观察到的同步记录神经元的时空特性与动物经历的外部事件之间的关系. 该类研究的一个框架是, 手工选择某类任务敏感的神经元, 这些神经元在不同任务或者刺激中表现出明显的发放序列的差异, 应用 HMMs 或者贝叶斯原理获得新观察到的神经序列的后验概率 (Ahmadian et al., 2011). 例如, David 等提出了贝叶斯编码假说 (Knill, Pouget, 2004), 任务贝叶斯推断是通过神经元发放序列重构外部刺激的基本法则之一. 另一方面的研究是量化神经元聚群编码信息, 如 Edmund 使用信息熵等信息论方法研究动物下颞叶是皮层中神经元编码的信息量 (Rolls et al., 2004). 然而, 在动态活体动物的行为实验中, 被记录到的神经元, 尤其在颞叶皮层和海马中, 不同实验中的发放具有很大的差异性. 这种差异性一方面来源于神经元自身的发放机制, 另一方面是由于不同实验 (即使操作者试图创造一样的环境) 动物自身的认知过程的不同. 因此寻找一个能够抵御实验间差异的、工作在小训练集并且不需要人工参与的方法是亟须的, 并且具有一定挑战性.

在概率论和统计学方面, 贝叶斯法则作为统计学的基本理论之一, 也很早被引入神经编码的研究中, Richard 在 20 世纪末提出了神经元编码和解码的概率模型, 详细分析了各种神经元发放模型的性能, 其中包括泊松模型、变异的泊松模型以及 KDE (kernel density estimation) 模型 (Zemel et al., 1998). 贝叶斯法则一直以来被认为是大脑推断的最优法则, 在神经计算领域已经有很多成功的应用 (Pouget et al., 2003; Knill, Pouget, 2004). 另一方面, 神经元发放序列可以看作是离散的点序列, 即点过程. 所以多通道记录的 spike train (脉冲串) 可以看成是多维点过程, 这些点过程是动态并且随机的. 这些点过程可以用概率模型来描述, 描述某个时刻 spike 产生的概率密度. Brillinger 等研究了单个神经元的点过程模型 (Brillinger, 2001; Rosenberg et al., 1989).

另一个被广泛研究的问题就是如何判别一个神经元是否在功能上参与了特定任务, 表现为某种信号加工功能. 通过研究在一组任务中神经元相关性的变化, 人们能推测出神经元在某类任务中更加精确的作用. 其中近年来用得比较多的技术是在任务进行中研究神经元的两两相关性或者是 JPSTH(Gerstein, 2004; Grün et al., 1999; Gerstein, Kirkland, 2001; Aertsen et al., 1989; Gerstein, Nicolelis, 1999), 进而分析神经元的聚群特性. 然而, 直接的基于 Pearson 相关性的方法很难检查神经元多尺度下的相关性. 本章对于神经元集团研究的动机是: 既然在不同实验中, 诱导神经元发放的内在认知过程是不同的, 如果某个神经元密切地参与到该任务中, 那么诱导该神经元发放的生物信号会与该认知过程的变化趋势相一致. 每次实验的认知过程是无法观察的, 所以通过单个神经元, 很难判断不同实验的差异性是由内在认知过程导致的还是其他不相关的因素导致的. 然而, 如果大量的神经元在不同实验中以相关联的方式活动, 这种协同的波动很有可能是内在的认知过程导致的. 本章定义了一种尺度无关的神经元的反应值, 并构建神经元在该反应值下的相关性图, 不断应用最小割算法, 得到最大神经集团.

13.2 神经编码的数学模型

神经元发放的分析都是基于这样的一种假设, 即神经元的脉冲发放具有一定的编码规律, 而这种规律可以被模型数学语言描述. 在大脑皮层中, 动作电位到达的时刻却是高度不规则的. 对于这种不规则性的解释有两种完全不同的解释. 一种解释是, 这种不确定性源自神经元发放的随机统计特性. 如果是这样, 不规则的 ISI 其实反映了某种随机过程, 同时意味着神经元的瞬时发放速率可以通过计算许多独立同分布的神经元的发放平均值来得到. 根据这样的理论, 精确的动作电位时间点传递了很少的信息. 相反, 根据另一个理论, 即 ISI 来自突出前事件的精确耦合, 那么 ISI 的不规则性反映了高带宽的信息传递. 本研究基于前一种理论, 即不规则的 ISI 实则反映了某种随机过程.

我们假设每个动作电位依赖于内在的随时间变换的连续信号 $r(t)$, 它反映了瞬时发放频率. 同时假设每一个动作电位相互独立, 即独立动作电位假设. 如果独立动作电位假设成立, spike train 可以完全被非齐次泊松过程描述. 泊松过程也是本研究依赖的数学模型, 该模型在以下这种情况下是不成立的: 发放频率非常高的情况下, 即接近 50 赫兹. 因为神经元在发放频率很高的情况下绝对不应期和相对不应期的影响会明显增大, 神经元在一个动作电位产生以后会有很短的一段时间不会产生下一个动作电位. 除此以外, 当神经元以很高的频率发放时往往会伴随 burst (发放) 现象, 即连续以很高频率持续发放若干个神经脉冲. 然而观察到的绝大部分的脑区的神经元发放可以满足或者大致满足独立动作电位假设.

本节首先介绍齐次泊松过程的数学描述, 它的概率密度函数以及其等待时间分布. 接着引申到非齐次泊松过程的相关性质上. 然后介绍了如何使用该模型模拟产生 spike train. 最后, 在真实大鼠海马区记录到的数据中验证泊松假设的有效性.

13.2.1 神经脉冲发放的齐次泊松概率模型

本节介绍神经元发放的概率模型, 基本的符号定义、齐次泊松模型和非齐次泊松模型. 其中齐次泊松模型描述恒定不变发放强度情况下的 spike train 产生模型, 非齐次模型描述动态变化的发放强度下 spike train 产生的概率模型. 本研究基于非齐次模型对神经元的发放序列进行分析.

1. 神经反应函数和瞬时发放频率

为了严谨地描述整个 spike train, 我们引入神经反应函数 $\rho(t)$ 表示每一个动作电位的产生时间

$$\rho(t) = \sum_{i}^{k} \delta(t - t_i) \tag{13.1}$$

其中, k 是 spike train 中的动作电位个数, t_i 表示第 i 个动作电位的产生时刻. 单位响应信号

$$\delta\left(t\right) = \begin{cases} 1, & t = 0 \\ 0, & t \neq 0 \end{cases} \tag{13.2}$$

可以计算 $\delta\left(t\right)$ 的积分为 1. 神经反应函数可以被看作是一个随机过程. 同时神经反应函数等价于 spike train 中所有动作电位的列表. 为了表示 t_1 到 t_2 时刻中含有的 spike 数量, 我们可以将神经反应函数积分

$$n = \int_{t_1}^{t_2} \rho(t)\mathrm{d}t \tag{13.3}$$

因此神经元发放的瞬时反应速率可以定义神经反应函数的期望, 即无限次相同刺激下 $\rho\left(t\right)$ 的均值

$$\lambda\left(t\right) = E(\rho\left(t\right)) \tag{13.4}$$

在实际计算中, 经常通过平均有限多的实验来获得瞬时发放频率, 对其的估计写为

$$r_M\left(t\right) = \frac{1}{M}\sum_{}^{M}\rho_j(t) \tag{13.5}$$

其中 M 是实验的次数, $\rho_j(t)$ 是每次实验的神经反应函数. 相似地, 平均发放次数可以定义为

$$E(n) = \int_{t_1}^{t_2} r(t)\mathrm{d}t \tag{13.6}$$

2. 齐次泊松模型

我们知道, 随机变量刻画了一个事件发生的概率特征和统计规律性, 随机过程可以看成是动态变化的随机变量或者是一族随机变量. 当事件发生的概率特性随时间动态变化的时候就得到了一个过程 —— 随机过程. 通过研究该过程的性质我们得到该系统的动态规律性, 这也是随机过程产生的初衷.

泊松过程是随机过程中重要的一类, 在各个领域都有广泛的应用, 它描述的问题直观上讲是这样的: 一个质点 (顾客) 以一定的平均速度到达 (服务站), 到达次数 N 随着时间 t 的动态概率分布 $N(t)$ 就是一个泊松过程. 将增量 $N\left(t\right) - N\left(t_0\right)$ 记成 $N\left(t_0, t\right)$, $0 \leqslant t_0 \leqslant t$, 它表示时间间隔 $(t_0, t]$ 内出现的质点数. "在 $(t_0, t]$ 内出现 k 个质点", 即 $\{N\left(t_0, t\right) = k\}$ 是一个事件, 其概率记为

$$P_k\left(t_0, t\right) = P\{N\left(t_0, t\right) = k\} \tag{13.7}$$

假设 $N(t)$ 满足如下条件: ① 在不重叠的区间上具有独立性; ② 对于充分小的 Δt, $P_1\left(t, t + \Delta t\right) = P\left\{N\left(t_0, t\right) = 1\right\} = \lambda\Delta t + o(\Delta t)$, 其中常数 $\lambda > 0$ 称为过程

$N(t)$ 的强度; ③ 对于充分小的 Δt, $P_j\,(t, t + \Delta t) = \sum\limits_{j}^{\infty} P\,\{N\,(t_0, t) = k\}$, 即对于充分小的 Δt, 在 $(t, t + \Delta t]$ 内出现两个以上质点的概率与出现一个质点的概率相比是可以忽略不计的; ④ $N(0) = 0$. 满足以上条件的计数过程 $(N(t), t \geqslant 0]$ 称作强度 λ 的泊松过程, 相应的质点流或即质点出现的随机时刻 $t_1, t_2, \cdots$ 称作强度为 λ 的泊松流. 当 λ 随时间动态变化的时候, 称为非齐次泊松过程 (Gardiner, 1985).

当我们将一个动作电位随机放入长度为 $(0, T]$ 的时间段中, 然后随机选取一子时间段 (t_1, t_2), $\Delta t = t_2 - t_1$, 动作电位在这段时间内的概率是 $\Delta t/t$. 如果放入 k 个动作电位, 其中 n 个落在 Δt 时间内的概率服从二项分布

$$P\,\{\Delta t \text{ 内参数 } n \text{ 个动作电位}\} = \frac{k!}{(k-n)!n!}p^n q^{k-n} \tag{13.8}$$

其中 $p = \Delta t/T$, $q = 1 - p$. 当我们增大 k 和 n, 并且保持 $\lambda = k/T$ 是一个常数的时候, r 可以看成是发放频率, 即每秒钟产生的动作电位个数. 当 k 趋近于无穷大的时候, 在 Δt 内参数 n 个动作电位的概率服从泊松分布, 即

$$P\,\{\Delta t \text{ 内参数 } n \text{ 个动作电位}\} = \mathrm{e}^{-\lambda \Delta t}\frac{(\lambda \Delta t)^n}{n!} \tag{13.9}$$

该式即是泊松分布概率分布函数. 对于齐次泊松过程, 不考虑前后动作电位的时间相关性, 在 (t_1, t_2) 时间内产生的动作电位的均值即是参数为 $\lambda \Delta t$ 的泊松分布的期望, 即

$$E[n] = \int_{t_1}^{t_2} \lambda \mathrm{d}t = \lambda \Delta t \tag{13.10}$$

对于强度为 $\lambda \Delta t$ 的泊松分布, 其方差和期望的值是一样的, 其方差也是 $\lambda \Delta t$. 在统计学上, 均值和方差的比值是衡量随机变量离散程度的一个指标, 称为法诺因子 (Fano factor). 同时法诺因子也是衡量一个信号信噪比的指标, 对于泊松分布

$$F = \frac{\sigma^2}{E[n]} = 1 \tag{13.11}$$

法诺因子刻画了泊松过程的一个主要特性, 同时也是估计一个随机过程是否近似于泊松过程的一个重要的衡量依据. 在其后的章节中, 法诺因子用来在真实的神经数据中检查其是否符合泊松过程.

当我们知道一个随机过程为泊松过程的时候, 在 $(t_0, t_0 + \tau)$ 内动作电位产生的概率为

$$P\,\{(t_0, t_0 + \tau) \text{ 内有动作电位产生}\} = 1 - \mathrm{e}^{-\lambda \tau} \tag{13.12}$$

该式为在 $(t_0, t_0 + \tau)$ 内有动作电位产生的累积概率函数. 当 τ 为 0 的时候, P 为 0, 当 τ 很大的时候, P 趋近于 1. 但是我们更希望得到下一个动作电位产生

的时间的概率分布, 或者叫做等待时间的分布, 在计算神经生物学领域, 该值称作
ISI(interspike-interval). 显然该分布是累积概率函数的导数

$$p(\tau) = \frac{\mathrm{d}}{\mathrm{d}t} \left(1 - \mathrm{e}^{-\lambda t} \right) = \lambda \mathrm{e}^{-\lambda t} \tag{13.13}$$

可以看出, 泊松过程的 ISI 服从指数分布, t 越小概率密度越大. 通过统计 spike
train 中的 ISI 在不同长度时间窗内的次数可以做出 ISI 的统计直方图. 对于指数
分布平均 ISI 长度为

$$E\left[\tau\right] = \int_0^{+\infty} \tau p(\tau) \mathrm{d}\tau = \frac{1}{\tau} \tag{13.14}$$

对于指数分布, 其方差为

$$\sigma_\tau^2 = \int_0^{+\infty} \tau^2 p(\tau) \mathrm{d}\tau - E\left[\tau\right] = \frac{1}{\lambda^2} \tag{13.15}$$

标准差与期望的比值称为变差系数 (coefficient of variation), 对于 ISI 的分布,
其变差系数为

$$C_v = \frac{\sigma_\tau}{E[\tau]} = 1 \tag{13.16}$$

变差系数也是衡量概率分布离散程度的指标之一, 该指标也可以用来检查一组
时间序列是否符合泊松分布. 图 13-1 为指数分布的概率密度函数、累积概率函数
和泊松分布的概率函数的示意图.

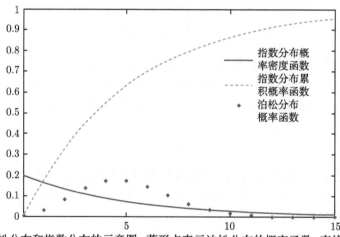

图 13-1　泊松分布和指数分布的示意图. 菱形点表示泊松分布的概率函数, 直线表示强度为 5
的指数分布的概率密度函数, 虚线表示强度为 5 的指数分布的累积概率函数

3. 恒定强度的 spike train 模拟

如上文所述, 恒定强度的 spike train 在泊松概率模型下是齐次泊松过程的一

个实例. 虽然在实际神经系统中几乎不可能观察到绝对的恒定强度的 spike train, 但是其作为之后的泛化模型, 即非齐次泊松过程的一个特例, 还是非常有必要来介绍的.

对于强度为 λ 的齐次泊松过程, 在某一段时间 Δt 内产生 n 个 spike 的概率密度函数如式 (13.9) 所示, 其等待时间间隔或者 ISI 的概率密度函数如式 (13.13). 对于恒定强度的 spike train 模拟一般有两种方法 (Heeger, 2000). 第一种方法是利用泊松分布在很小的时间 Δt 内有事件发生的概率和时间间隔长度成正比, 即

$$P\left\{\Delta t \text{ 内有 spike 产生}\right\} \approx \lambda\Delta t \tag{13.17}$$

利用这个性质, 我们可以将整个时间区间划分成若干个很小的时间片, 在每个时间片内, 利用式 (13.17) 来计算产生 spike 的概率, 通过均匀分布 $U(0,1)$ 产生伪随机数. 如果产生的随机数大于 $\lambda\Delta t$, 抛弃该随机数; 如果小于 $\lambda\Delta t$, 在该时间内随机产生一个 spike. 一般将 Δt 设成 1ms 就可以了. 类 Matlab 算法描述如下:

算法 13.1 使用小时间窗分割产生恒定强度的 spike train

```
function isi = poisson_rnd1(lambda)
   初始化 isi=0,delta_t=0.001;
   while
     产生 u1 服从 U(0,1) 分布;
     If u1<=delta_t*lambda
       break;
     else
       isi = isi+delat_t;
     break;
   end
```

算法 13.1 描述的方法实现起来非常简单, 可是有一定的弊端. 该算法只能大致模拟泊松过程, 而无法达到精确的效果, 因为精确的程度和时间窗的大小有关. 如果想要更精确, 只能将时间窗变小, 这样又会增加算法的执行时间. 只有当 delta_t 趋近于无穷小的时候, 算法 13.1 才能够产生完全服从泊松分布的随机数. 该算法的时间复杂度与 delta_t 的值成反比, 即 $O(1/\text{delta\_t})$. 当泊松强度很低的时候, 该算法的计算性能将大大降低.

另外一种模拟恒定强度的神经脉冲发放的算法是利用泊松过程的等待时间服从指数分布的性质, 依次产生 ISI. 该方法要灵活很多, 而且不依赖人为选定的参数, 计算的时间复杂度为常数级.

由式 (13.13), 泊松分布的等待时间服从指数分布, 利用累积概率函数相等的性质, 我们可以通过 $[0,1]$ 上的均匀分布 $U(0,1)$ 来得到指数分布 Exponential(λ). 设

$x \sim U(0,1)$, ISI~Exponential(λ), 则

$$x = 1 - \exp(-\lambda \cdot \text{ISI}) \tag{13.18}$$

如果我们已经通过均匀分布 $U(0,1)$ 得到了 x 的值, 那么可以很容易算出 ISI 的值, 将公式 (13.18) 进行变换得到

$$\text{ISI} = -\frac{1}{\lambda} \cdot \ln(1 - x) \tag{13.19}$$

利用式 (13.19) 我们得到模拟神经脉冲发放的第二个算法, 如下:

算法 13.2　利用泊松过程的等待时间间隔模拟恒定强度的神经脉冲发放

```
function isi=poisson_rnd2(lambda)
  产生 x 服从 U(0,1) 分布;
  isi=-1/lambda*ln(1-x);
end
```

由算法 13.2 可以很方便地得到 ISI, 并且它不依赖人为选定的参数, 同时其时间复杂度为 $O(1)$. 但是该算法依赖对数运算符, 不同的对数运算的实现会影响该算法的效率. 在后面可以看到, 无论是算法 13.1 还是算法 13.2, 通过一定的变性都可以用来模拟非恒定强度的神经脉冲发放过程.

由上述算法我们可以模拟恒定强度的神经元发放的动作电位序列, 其中算法 13.1 利用了泊松分布在趋近无穷小时事件发生的概率和时间窗长度成正比的性质, 即

$$\lim_{\Delta t \to 0} P\left\{产生一个\ \text{spike}\right\} = \lambda \cdot \Delta t \tag{13.20}$$

该性质是泊松过程本质的性质, 对于齐次泊松过程和非齐次泊松过程 (13.20) 都是成立的. 算法 13.2 则利用了齐次泊松过程的等待时间服从指数分布的性质, 即式 (13.13). 该性质简化了神经脉冲产生的计算复杂度, 如图 13-2 所示, 经过简单推导, 利用式 (13.19) 可以快速地产生恒定强度的神经脉冲发放序列.

从图 13-3 可以看到, 模拟产生的恒定强度的 spike train 确实满足齐次泊松过程的性质, 然而真实的神经元脉冲发放序列不满足恒定强度的性质. 无论是外部的刺激还是神经系统内部的状态都会随着时间不断地改变, 这种改变反映在数学模型上即是该随机过程的强度参数随着时间动态变化, 即非齐次泊松过程. 非齐次泊松过程有什么样的性质? 其如何描述神经元动作电位的产生序列? 如何模拟刺激动态变化的神经元发放序列? 本章将在 13.2.2 节讨论上述问题.

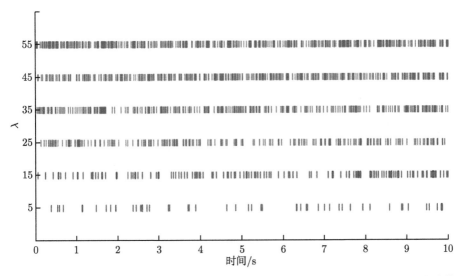

图 13-2 恒定强度的神经脉冲发放模拟. 利用算法 13.2 模拟了 10 秒钟的神经脉冲发放情况,
由下而上分别是 $\lambda = 5, 15, 25, 35, 45$ 和 55 时产生的神经脉冲序列

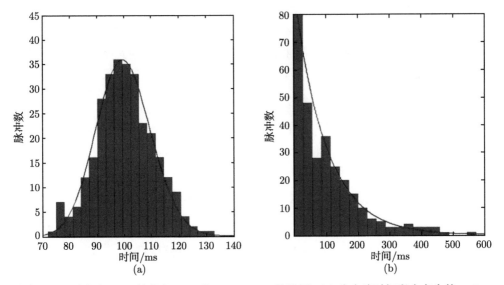

图 13-3 强度为 100, 长度为 1ms 的 spike train 统计图. (a) 为在该时间段内产生的 spike
数量的直方图, 黑线为理论上的泊松曲线; (b) 为 ISI 的长度统计直方图, 黑线为理论上的指
数分布曲线

13.2.2　神经脉冲发放的非齐次泊松概率模型

从 13.2.1 节我们看到恒定强度的神经脉冲序列可以用齐次泊松过程来建模, 很容易想到, 如果神经脉冲的发放强度在动态变化, 则要求泊松过程的强度参数要随时间动态变化.

强度随时间动态变化的泊松随机过程称为非齐次泊松过程, 非齐次泊松过程符合泊松过程的基本性质, 即 ① 在不重叠的时间区间上具有独立性, 也就是前后 spike 的发放不相互影响; ② 对于充分小的 Δt, $P_1(t, t + \Delta t) = P\{N(t_0, t) = 1\} = \lambda(t)\Delta t + o(\Delta t)$, 其中常数 $\lambda(t) > 0$ 称为该非齐次泊松过程的强度参数, 该参数是时间的函数; ③ 对于充分小的 Δt, $\sum_{j=2}^{\infty} P_j(t, t + \Delta t) = \sum_{j=2}^{\infty} P\{N(t_0, t) = j\} = o(\Delta t)$, 即对于充分小的 Δt, 在 $(t, t + \Delta t]$ 内出现两个以上质点的概率与出现一个质点的概率相比是可以忽略不计的; ④ $N(0) = 0$.

现实生活中的很多事件都可以用非齐次泊松过程来建模, 比如一天中顾客到达一个商店的时间点. 因为每个顾客到来的精确时间点都是随机的, 前后两个顾客的到来不会相互影响, 所以该随机过程为泊松过程. 可是在一天中有些时间是顾客到来的高峰期, 比如下午四点钟, 有些时候顾客到来的频率非常小, 比如上午, 这时顾客到来的时间点是随机的, 然而平均的频率是可变的, 该随机过程就是非齐次泊松过程 (梁之舜等, 1988). 神经脉冲的发放和这个过程类似, 在表达某些信息的时候, 神经元会以不同的频率来发放, 然而对于单个 spike 其产生的时刻又是完全随机的.

1. 非齐次泊松过程的数学描述

对于非齐次泊松模型, 其内在的随时间变化的发放频率是一样的. 我们将该发放频率从 λ 变成随时间变化的函数 $\lambda(t)$, 就得到了非齐次泊松过程. 对于非齐次泊松过程, 在时间段 (t_1, t_2) 内观察到 n 个 spike 的概率为

$$P\{(t_1, t_2) \text{ 内产生 } n \text{ 个 spike}\} = \mathrm{e}^{E(n)} \frac{(E(n))^n}{n!} \tag{13.21}$$

其中 $E(n)$ 表示平均的 spike 次数, 当 $E(n) = \lambda\Delta t$ 时, 式 (13.21) 变成泊松的概率函数, 表示齐次泊松过程. 同时我们可以看到其方差等于其期望

$$\sigma_n^2 = E(n)t \tag{13.22}$$

因此其法诺因子仍然是 1. 该性质非常有用, 因为无论瞬时发放频率如何随时间动态变化, 无论观察哪个时间段, 其方差总是等于其期望 (Rieke et al., 1999). 只要 $\lambda(t)$ 相对于 Δt 变化缓慢 (或者 Δt 足够小), 我们仍然可以使用式 (13.10) 来产生 spike. 因为在 Δt 时间内, $r(t)$ 可以看成是一个常数. 该算法可以看成是算法 13.1 的变形.

算法 13.3　使用小时间窗分割产生非恒定强度的 spike train

```
function isi=in_poisson_rnd1(lambda, t)
  初始化 isi=0,delta_t=0.001;
  lambda_i = lambda(t)
  while
    产生 u1 服从 U(0, 1) 分布;
    If u1<=delta_t*lambda_i
      break;
    else
      isi = isi+delat_t;
      break;
  end
end
```

算法 13.3 的输入为一个函数指针或者是函数对象和一个时刻, 该算法从输入时刻开始产生一个 ISI. 该算法的流程和算法 13.2 基本一样, 只是用 lambda 函数在 t 时刻的值来代替常量. 接下来我们验证非齐次泊松分布的法诺因子, 我们将非齐次泊松分布的强度参数设成正弦函数, 然后测试在不同条件下的法诺因子 (图 13-4).

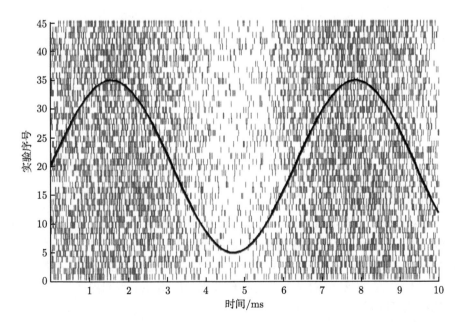

图 13-4　按照非齐次泊松模型模拟产生的 45 个 spike train, 其泊松强度参数为 $15 \times \sin(x) + 5$, 其中黑线是该函数, 每一行表示一个 spike train. 从该图可以看出, 当泊松强度参数大的时候, spike train 的平均发放强度比较大

　　我们利用产生的这些 spike train 来验证非齐次泊松过程的法诺因子仍然为 1 的结论. 我们选取不同时间长度下, 不同相位下的统计结果, 查看其法诺因子.

　　由表 13-1 可以看出, 虽然不同的相位和不同的时间窗统计出来的动作电位的均值和方差相差很大, 然而其比值却基本接近 1. 该表验证了式 (13.22), 表明了非齐次泊松过程仍然遵循法诺因子为 1 的性质. 该性质非常有用, 我们可以用它来验证一组 spike train 是否为泊松 spike train, 即泊松模型在该组 spike train 上是否适用. 然而用该方法验证泊松 spike train 也有一定的弊端, 在表 13-1 中, 我们使用了完美的泊松过程来模拟数据, 并且使用了 45 组频率较高的 spike train 来统计才能得到差强人意的法诺因子结果. 在真实条件下, 噪声会干扰类似的实验, 同时记录 45 组实验也是很难做到的.

表 13-1　非齐次泊松模型下的法诺因子

		1s		1.5s		2s		2.5s	
		均值和方差	法诺因子	均值和方差	法诺因子	均值和方差	法诺因子	均值和方差	法诺因子
0	均值	25.2000	1.0815	42.5556	1.0717	60.2667	1.2744	76.4667	1.3989
	方差	23.3000		39.7071		47.2909		54.6636	
1	均值	35.0667	1.2199	51.2667	1.0872	63.8444	1.0657	73.6222	1.1428
	方差	28.7455		47.1545		59.9071		64.4222	
2	均值	28.7778	0.8056	38.5556	0.9903	43.7556	1.0851	47.0667	1.0726
	方差	35.7222		38.9343		40.3253		43.8818	
3	均值	14.9778	1.2411	18.2889	1.2207	20.7111	1.5157	24.6000	1.6331
	方差	12.0677		14.9828		13.6646		15.0636	
4	均值	5.7333	1.6729	9.6222	1.6762	15.6889	1.1668	25.0222	1.4939
	方差	3.4273		5.7404		13.4465		16.7495	
5	均值	9.9556	1.0049	19.2889	1.1800	31.9778	0.9374	48.4444	1.0213
	方差	9.9071		16.3465		34.1131		47.4343	
6	均值	22.0222	0.8817	38.4889	0.9178	55.1556	0.7759	71.7778	0.9976
	方差	24.9768		41.9374		71.0889		71.9495	

2. 非齐次泊松过程下的 ISI

　　由于神经元的发放强度随着时间动态改变, 所以该过程的泊松强度 λ 是时间 t 的函数 $\lambda = \lambda(t)$. 对于齐次泊松过程, 其概率函数服从泊松分布, 见式 (13.9), 其等待时间服从指数分布, 见式 (13.13). 对于泊松过程 (无论是齐次还是非齐次泊松过程), 式 (13.21) 总是成立, 对于非齐次泊松过程, 在 (t_1, t_2) 时间内产生 spike 的数量 n 的期望可以表示为

$$E(n) = \int_{t_1}^{t_2} \lambda(t)\mathrm{d}t \tag{13.23}$$

　　如果 $\lambda(t)$ 是一个常数, 式 (13.23) 退化为式 (13.10). 我们将式 (13.23) 代入式

(13.21) 得到在 (t_1, t_2) 内产生 n 个 spike 的概率函数

$$P\left\{(t_1, t_2) \text{ 内产生 } n \text{ 个 spike}\right\} = \mathrm{e}^{\int_{t_1}^{t_2} \lambda(t)\mathrm{d}t} \frac{\left(\int_{t_1}^{t_2} \lambda(t)\mathrm{d}t\right)^n}{n!} \tag{13.24}$$

仔细观察式 (13.24), 不难发现 $E(n)$ 起到了决定性的作用, 它决定了该泊松分布的峰值. 下面我们要推导非齐次泊松过程的等待时间的概率分布. 设 W_n 是一组随机变量, 表示有 n 个 spike 出现的等待时间, 其分布函数 $F_{W_n} = P\{W_n \leqslant t\}$, 注意到, 事件 $\{W_n > t\} = \{N(t) < n\}$, 所以有

$$F_{W_n}(t) = 1 - P\{W_n > t\} = 1 - P\{N(t) < n\} = P\{N(t) \geqslant n\} \tag{13.25}$$

其中 $P\{N(t) \geqslant n\}$ 表示在 t 时刻出现了多于 n 个 spike 的概率, 我们利用公式 (13.24) 可以得到

$$P\{N(t) \geqslant n\} = \sum_{k=n}^{\infty} \mathrm{e}^{-\int_{t_0}^{t} \lambda(t)\mathrm{d}t} \frac{\left[\int_{t_0}^{t} \lambda(t)\mathrm{d}t\right]^k}{k!}, \quad t \geqslant t_0 \tag{13.26}$$

该式为从 t_0 时刻起到在 t 时刻等待出现 n 个 spike 的累积概率函数, 也就是说, 我们可以通过该式来计算在 t 时刻内产生 n 个 spike 的概率. 注意到, 该式累加的每一项都是非负的, 所以该式是 t 的增函数, 同时当 t 趋近正无穷的时候, 该式的值趋近 1, 也就是说在无穷长的时间段内一定会出现多于 n 个的 spike. 为了得到其概率密度函数, 我们对 t 求导得到

$$f_{W_n}(t) = \frac{\mathrm{d}F_{W_n}(t)}{\mathrm{d}t} = \mathrm{e}^{-\int_{t_0}^{t} \lambda(t)\mathrm{d}t} \frac{\lambda(t)\left[\int_{t_0}^{t} \lambda(t)\mathrm{d}t\right]^{n-1}}{(n-1)!}, \quad t \geqslant t_0 \tag{13.27}$$

该式为从 t_0 时刻其在 t 时刻等待出现 n 个 spike 的概率密度函数, 我们更关心的是 n 等于 1 的情况, 也就是等待出现一个 spike 的概率, 即我们所说的 ISI. 我们把 $n = 1$ 代入公式 (13.27), 可以得到非齐次泊松分布下, ISI 的概率密度函数

$$f_{\mathrm{ISI}}(t) = \lambda(t)\, \mathrm{e}^{-\int_{t_0}^{t} \lambda(x)\mathrm{d}x}, \quad t \geqslant t_0 \tag{13.28}$$

式 (13.28) 是本节要得出的主要结论, 即非齐次泊松过程模型下 ISI 的概率分布, 利用这个分布我们能够模拟产生 spike train; 之后的最大似然估计也依赖非齐次泊松过程模型下 ISI 的概率密度函数. 我们可以使用数值算法, 并利用式 (13.28)

来进行模拟非恒定强度的 spike train. 对式 (13.28) 进行积分, 因为如果泊松强度函数连续并且非负, 可以使用数值算法拟合积分结果, 使得

$$u = \int f_{\text{ISI}}(t)\, dt \tag{13.29}$$

其中 u 是根据 $(0,1)$ 均匀分布产生的随机数, 我们将式 (13.29) 进行积分来验证其正确性

$$F_{\text{ISI}}(t) = 1 - e^{-\int_{t_0}^{t} \lambda(x)dx} \tag{13.30}$$

当 t 趋近于无穷大的时候, 式 (13.30) 的值为 1. 该式的右侧是关于 t 的函数, 左侧是一个已知的值, 通过数值算法能够找到 t 使得式 (13.29) 成立. 将式 (13.28) 代入式 (13.29) 并化简, 能够得到一个 u 的微分方程, 该方程的数值解即为所求的 t 值. 数值算法只能大致给出模拟结果, 而且需要大量的计算, 在实际应用中并不具有可用性. 我们将在下面几节讲到如何高效地、简单地模拟非齐次泊松 spike train.

3. 典型刺激下的 spike train 模拟

虽然在真实大脑中不会出现数学上很典型的函数作为神经脉冲的内在发放频率, 但是作为研究, 我们将介绍几种简单的泊松强度函数下 ISI 的累积概率函数, 以及用来模拟产生 spike 的逆函数. 首先, 最简单的泊松强度函数是常函数, 在这种情况下非齐次泊松过程退化为齐次泊松过程, 我们将函数 $\lambda(t) = a$ 代入式 (13.30) 得到

$$u = \int_{t_0}^{t} a e^{-at} = 1 - e^{-at}, \quad a \geqslant 0 \tag{13.31}$$

为了模拟产生该函数下的 spike, 我们需要对式 (13.31) 求逆, 得到关于 u 的函数,

$$t = -a \cdot \ln(1 - u), \quad u \in [0, 1] \tag{13.32}$$

其中 u 是通过 $[0, 1]$ 均匀分布产生的随机数, 利用式 (13.32), 我们只要得到 u 就可以产生一个 ISI. 另外一个很典型的函数就是线性函数, 即 $\lambda(t) = at + b$, 我们同样将该函数代入式 (13.30), 得到线性强度函数下 ISI 的累积概率函数

$$u = 1 - e^{-\int_{t_0}^{t} ax+bdx}, \quad a \cdot t_0 + b \geqslant 0, \quad a \cdot t + b \geqslant 0 \tag{13.33}$$

同样地, 我们对式 (13.33) 求逆, 得到关于 u 的表达式

$$t = \frac{b + \sqrt{b^2 - 2\ln(1 - u) + at_0^2 + bt_0}}{a} \tag{13.34}$$

特别地, 当 $a = 1, b = 0$ 的时候, 式 (13.34) 变为

$$t = \sqrt{-2\ln(1 - u) + t_0^2} \tag{13.35}$$

利用式 (13.35), 可以模拟产生强度参数为 $\lambda(t) = t$ 的 spike train. 图 13-5 为利用该式模拟产生的 spike train.

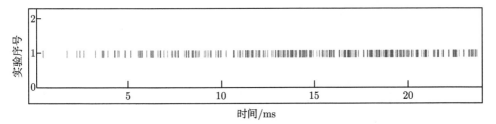

图 13-5 使用式 (13.35) 模拟产生的强度参数为 $\lambda(t) = t$ 的 spike train, 该 spike train 的长度为 25ms

另一种典型的函数为三角函数, 即 $\lambda(t) = A\sin(Bx + C) + A$, $A > 0$, 将该泊松强度函数代入式 (13.28), 得到三角函数的 ISI 的概率密度函数

$$f_{w_1}(t) = [A\sin(Bt + C) + A]\,\mathrm{e}^{\frac{A}{B}\cos(Bt+C) - \frac{A}{B}\cos(C) - At} \tag{13.36}$$

对于典型的、能用连续函数表达的泊松强度函数, 我们可以通过累积概率函数相等的性质将 ISI 的产生转换成 $U(0,1)$ 的产生, 但这需要泊松强度函数存在积分函数, 并且该积分函数能用代数式表达. 但是真实场景中, 由于存在大量的噪声和未知因素, 泊松强度参数往往不能用典型的强度函数来表示, 或者强度函数的积分不能用代数式表达, 如超越函数. 这就需要能够根据任意强度函数来产生 spike train. 下面将介绍比较常用的模拟非齐次泊松过程的算法.

4. 任意强度模式下的 spike train 模拟

对于非齐次泊松过程的模拟, 其实可以暂时抛开神经信息模拟的上下文, 从数学上直接讨论. 目前最流行的产生非齐次泊松过程的算法其实是处理 “接受拒绝” 的过程, 这类算法叫做 thinning 算法 (Lewis, Shedler, 1979). 该算法最早是由 Lewis 等提出来的. 该算法的核心思想就是, 首先找到一个常函数 $\lambda\_u(t) = u$, 由该函数来控制目标泊松强度函数 $\lambda(t)$, 根据这个函数产生相应的齐次泊松过程事件, 然后 “拒绝” 一部分事件, 最后得到非齐次泊松过程 $\lambda(t)$ 的事件序列. 其中 “接受拒绝” 的算法根据以下定理确定 (Lewis, Shedler, 1979).

对于强度参数为 $\lambda\_u(t)$, $t > 0$ 的非齐次泊松过程. 设 $T_{1-}, T_{2-}, \cdots, T_{n-}$ 表示该泊松函数的事件时刻的随机变量, 并且在 $(0, t_0]$ 之间. 设 $0 \leqslant \lambda(t) \leqslant \lambda(t)$, 如果第 i 个事件 T_{i-} 按照 $1 - \lambda(t)/\lambda\_u(t)$ 的概率删掉, 则剩下的事件构成了由 $\lambda(t)$ 产生的非齐次泊松过程的序列.

其算法描述如下.

　　该算法实现起来非常简单, 同时效率很高, 其时间负责度为 $O(n)$, 其中 n 表示 lambda_u 产生的事件的数量. 该算法后来被 Ogata 改进用以模拟在条件概率下的多维非齐次泊松过程 (Ogata, 1981). 算法 13.4 对于泊松强度函数只要求该函数可积就可以了, 甚至不需要泊松强度函数可导. 除此以外, 泊松强度函数要恒大于等于 0, 并且在区间 $(0, t_0]$ 上都有值.

算法 13.4　产生非齐次泊松过程的 thinning 算法

function isi=in_poisson_rnd2(lambda, lambda_u, t)
　　初始化 isi=0;
　　while
　　　　产生 $u1$ 服从 $U(0,1)$ 分布;
　　　　isi = isi − 1/lambda_u*log($u1$);
　　　　产生 $u2$ 服从 $U(0,1)$ 分布;
　　　　If $u2 \leqslant$ lambda(t)/lambda_u
　　　　　　break;
　　end

　　图 13-6 为使用算法 13.4 产生的任意函数的两组 spike train, 每组含有 45 个 spike train. 从图中可以看出, 当泊松强度函数的值很大时, spike train 的平均发放频率会比较高, 反之, 其发放频率会比较低. 然而前后两个或者几个 spike 却没有相关性.

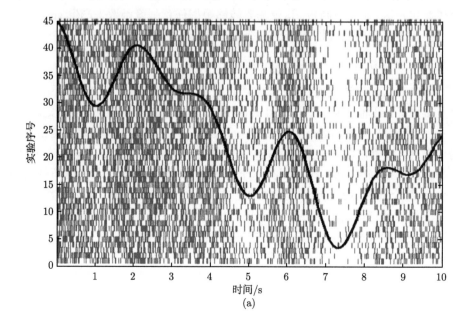

实验序号

时间/s

(a)

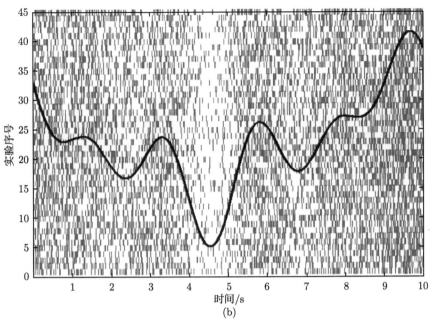

图 13-6 使用 thinning 算法模拟的任意强度函数的 spike train. 图 (a) 和图 (b) 分别是由两个泊松强度函数产生的 10 秒内的 45 个 spike train. 其中黑线是泊松强度函数

13.2.3 泊松概率模型的讨论

非齐次泊松模型是神经编码领域最基本, 也是最常用的概率模型. 该模型适用于绝大多数神经元发放的模拟和后验概率估计 (Rieke et al., 1999). 不同于直接观察 spike train 的统计特性, 概率模型试图给出一个诱导 spike train 发放的原理的解释. 当然, 概率模型使用的一个基本前提是假设有很多未知的、不可衡量的因素使得神经元的发放无法精确地计算, 而这些未知因素却稳定地、持久地作用于神经元, 使其发放在大量反复的过程中服从某种规律.

概率假设在现有的实验条件下还没有得到验证, 因此有很多学者质疑这个假设, 他们认为神经系统是按照确定的规律在工作, 每一次神经脉冲的发放都是在精确地传达某种信息 (Bialek et al., 1991). 除此以外, 泊松概率模型的另一个假设也受到质疑, 即独立 spike 假设 (Pillow et al., 2008). 该假设认为, 前后两个 spike 的产生是相互独立的, 唯一的内在驱动因素即是泊松强度参数. 这个假设在大部分神经元中是近似成立的, 除了 burst 现象. burst 现象是指某些神经元在高频发放的过程中会以相同的很小的发放间隔连续产生几个 spike.

时间编码与频率编码

关于时间编码和频率编码的讨论一直存在于神经编码领域 (Brown et al., 2004).

所谓时间编码是指, 神经元的精确发放时刻编码着大量的信息, 神经元时间和空间上的精确模式传达了不同的信息 (Abeles, 1982; Softky, Koch, 1993; Shadlen, Newsome, 1998). 这就意味着, 我们可以通过频繁集相关的算法来发现这些精确的模式. 这类方法的优点是提供了一种分析高阶神经元相互作用的方法, 而非仅仅是两两神经元之间的相关性 (Martignon et al., 2000; Abeles, Gerstein, 1988), 例如, 可以分析三个一组的神经元发放的统计显著性, 或者是更多的神经元的 spike 模式产生的统计显著性, 如图 13-7 所示 (Brown et al., 2004).

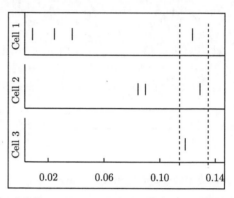

图 13-7　神经元精确模式查找的示意图

研究人员提出了检查有显著性高统计共发频率的模式, 这些模式构成 "元事件", 这些事件产生的概率远大于神经元之间没有相关性的空假设情况. 然后这些 "元事件" 再用来建立和动物行为之间的关系 (Grün et al., 2002; Gütig et al., 2002; Pipa, Grün, 2003). 然而这类方法却依赖于关键的统计量, 例如, 如何选取模式的大小和复杂度、空假设的形式化定义和用以说明检查到的模式确实有意义的可信的、通用的测试统计量. 因此, 使用该方法的一些发现被质疑为人工引入的统计结果 (Oram et al., 1999). 另一种检查 "元事件" 可信性的方法是将元 spike train 中的 spike 在小窗口中随机抖动, 来看看是否还能检测出 "元事件".

频率编码是指, 基于某个随机过程的假设 (Barbieri et al., 2001; Kass, Ventura, 2001), 结合观察到的 spike train, 对随机过程的参数进行最大似然估计 (Pawitan, 2001; Brillinger, 1988; Brown et al., 2003), 进而对新到达的 spike train 进行神经解码, 即分类或者预测动物的行为. 这样每一个 spike train 其实可以看成是该随机过程的一个样本, 通过若干个 spike train 样本, 可以确定计随机过程的自由参数. 本章的方法便是基于频率编码的框架上进行的. 虽然时间编码能够进行复杂模式的统计, 但它却无法给出诱导整个过程产生的理论依据, 相反, 频率编码的框架是从概率模型出发, 以一个原型假设来计算后面的问题. 其中整个体系中的不同过程是相互独立的, 也就是说更好的概率模型会完善这个框架, 而不会推倒这个框架.

13.3 基于贝叶斯原理的动物行为预测

动物行为预测是神经解码领域非常重要的一个问题 (Bialek et al., 1991). 随着多电极同步记录的发展, 人们设计了大量的实验来研究神经元发放序列和外部刺激的关系. 其中一类被称为神经解码的实验是指通过单个神经元或者神经元集群的发放模式来表示外部刺激, 或者是内在的生物信号 (Rieke et al., 1999; Brown et al., 1998). 一个经常使用的框架是首先人为选择与不同任务或者刺激相关的神经元, 然后应用 HMM 或者贝叶斯方法计算新到达的神经元的后验概率 (Brown et al., 1998; Eden et al., 2004).

然而在动态的动物自主行为实验中, 记录到的神经元 (尤其是额叶和海马中) 在每次实验中的发放不稳定性很高. 这种不稳定性一方面来自于神经元发放的那种随机机制; 另一方面来自于不同实验中大脑内在认知过程的变化 (Cunningham et al., 2008). 因此, 找到能够抵制这种不稳定性、在小训练集上有很好效果并且不需要手工挑选神经元的健壮的方法是很具有挑战性的. 基于高阶泊松过程模型, 本章提出了一种多维 spike train 分类的方法、spike train 变化方法和相似性度量方法.

本节首先介绍多维 spike train 分类方法的动机和框架, 包括基于概率模型的分类、动物行为预测的贝叶斯算法, 然后介绍了具体的分类算法下非齐次泊松强度的最大似然估计量、神经元发放序列后验概率的推导和匹配分值以及多通道 spike train 的集成分类策略. 最后, 我们将上述算法应用到真实记录到的大鼠 Y 迷宫和 U 迷宫的实验中来对大鼠的行为进行分类预测, 得到非常高的神经解码正确率.

13.3.1 概率方法框架

基于概率模型的多维 spike train 分类基本可以分成三个阶段: 第一个阶段是通过训练集来估计每个任务对应的概率模型中的参数, 在泊松模型中就是泊松强度参数 (图 13-8); 第二个阶段是通过估计出来的模型来计算新到达的 spike train 是由每个模型产生的后验概率, 并进行分类 (图 13-9); 第三个阶段是整合每个神经元的分类结果和后验概率得到最终的分类结果.

其中要解决的第一个问题就是, 在活体动物自主行为实验中, 没有办法控制每次实验的时间长度, 导致每次的 spike train 长度都一致, 那么我们需要对 spike train 变换得到统一的长度; 第二个问题是, 在高阶泊松过程模型中, 泊松强度的最大似然估计是什么, 我们经过计算得到在高阶泊松过程模型中 (泊松强度自身服从伽马分布), 泊松强度的均值等. 有了最大似然估计量, 我们就可以得到每一个任务对应的泊松强度曲线.

我们假设泊松强度服从伽马分布, 则每一个泊松过程用该伽马分布的均值来表

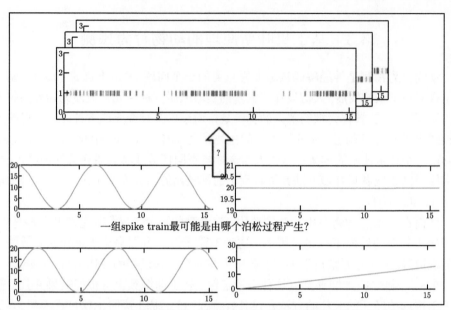

图 13-8　multi-spike train 分类算法第一阶段示意图, 寻找泊松强度的最大似然估计, 即一组
spike train 最有可能是由哪个泊松过程产生的

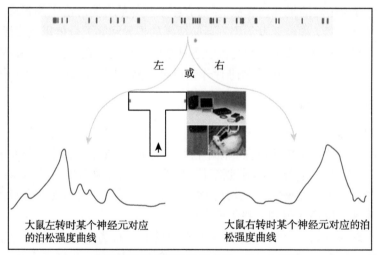

图 13-9　multi-spike train 分类算法的预测阶段示意图, 当一个新的 spike train 到来的时候,
要判断它更可能是由哪个泊松过程产生的

示. 因为每一次的实验中诱导 spike train 产生的参数是不一样的, 有很多因素影响
这个参数, 我们知道泊松分布的共轭分布为伽马分布. 该伽马分布的均值和方差可
以通过最大似然估计出来, 或者使用预设的值来代替.

1. 基于概率模型的预测

基于概率模型的预测是近年来机器学习发展的一个主要趋势 (Bishop, 2006), 因为它能够衡量未知因素, 即不确定性. 整个理论都围绕着一个概率模型产生, 概率模型的形式是假定的, 除此以外, 其他的计算都是严格按照数学规律推导的. 这种方法也被称为基于原理的, 而不是基于观察和表现的. 因此所有的预测行为都是可衡量的, 可以用一套概率的语言来衡量.

我们知道, 神经元发放最基本的概率模型就是泊松模型, 关于泊松模型的性质已经在 13.2 节详细阐述了. 由于每次实验中神经元的发放都要受到两种不确定性影响: 第一是神经元发放的内在随机机制; 第二是不同实验之间环境和内在生物信号的差异的随机变化. 我们分别用泊松过程和伽马先验概率来建模这两种不确定性.

2. 多电极动物行为预测的贝叶斯框架

贝叶斯预测的基本思想是通过观察的结果修正先验概率, 得到后验概率. 对于每个神经元的每个任务, 我们首先通过最大似然估计得到泊松过程的强度函数, 对于新到来的多维 spike train, 计算每个神经元对该 spike train 分类的后验概率, 取这些概率的对数值作为分类的分值, 通过 sigmoid 函数将这些分值做线性逻辑集成, 最后将该多维 spike train 分类到得分最大的任务中.

13.3.2 动物行为预测算法

1. spike train 变换

在活体动物自主行为实验中, 动物的行为受到自身意识的影响. 为了估计泊松强度参数, spike train 应该变换到相同的长度. 然而这种变换又不能改变 spike train 自身的统计特性, 包括其整体和局部的均值及方差, 同时这种变换算法又不应该人为引入某种秩序. 基于以上原则, 我们提出了随机剪切 (random cut, RC) 和随机增加 (random add, RA) 算法.

为了编程的方便, 随机剪切和随机增加算法使用递归将一个 spike train 分成 N 小份, 然后在随机的位置上剪切或者增加一小段长度为 S/N 的 spike train. S 表示变换后的长度. 在一个很小的 spike train 内, 如 0.1 秒, 其发放强度可以看成是常量, 即齐次泊松过程. 因此对于齐次泊松过程来说, 按照其强度随机剪切或者增加一小段 spike train 将不会改变其统计特性. 由于每个片段的泊松强度都没有改变, 只是在时间上增加或者减少, 整个 spike train 的均值和方差也不会随之改变.

算法 13.5 给出了 RC 算法的 Matlab 描述, 算法 13.6 为 RA 算法的 Matlab 描述, 其中 spcat 函数将两个 spike train 连接起来. 输入参数 sp 表示原 spike train, len 表示原 spike train 的长度, newLen 表示变换后的 spike train 的长度, 输出的

result 为变换后的 spike train. 这两个算法都是利用递归将 spike train 划分成 0.1 秒的片段, 在每个小片段内将 spike train 看成是齐次泊松过程, 随机按照泊松分布剪切或者是增加一小段.

算法 13.5　RC 算法

```
function [ result ] = RC( sp, len, newLen )
result = []; abrLen = len - newLen;
minSpLen = 0.1;resultLen = 0;
    result = RCDriver (sp, len, abrLen, minSpLen, result, resultLen);
end

function [result resultLen] = RCDriver(sp, len, cLen,minSpLen,···
result, resultLen)
    if len > minSpLen
        [sp1 sp2 len]= spliteSp(sp, len);
        [result resultLen] = RCDriver (sp1, len, 0.5*cLen, ···
            minSpLen, result, resultLen);
        [result resultLen] = RCDriver (sp2, len, 0.5*cLen, ···
            minSpLen, result, resultLen);
    else
        sp = sp( sp<len-cLen);
        [result resultLen] = spcat(result, resultLen, sp, len-cLen);
    end
end
```

算法 13.6　RA 算法

```
function[ result ] = RASp( sp, len, newLen )
    result = [];extendLen = newLen - len;minSpLen = 0.1;resultLen = 0;
    result = RADriver(sp, len, extendLen,minSpLen, result, resultLen);
end

function[result resultLen] = RADriver(sp, len, eLen, minSpLen,
result, resultLen)
    if len > minSpLen
        [sp1 sp2 len]= spliteSp(sp, len);
        [result resultLen] = RADriver(sp1, len, 0.5*extendLen, ···
            minSpLen, result, resultLen);
        [result resultLen] = RADriver(sp2, len, 0.5*extendLen, ···
            minSpLen, result, resultLen);
    else
        lambda = eLen*size(sp, 1)/len;
        spn = poissrnd(lambda);
        if spn ~ = 0
            exSp = rand(spn, 1)*eLen + len;
            sp = [sp; exSp];
        end
        [result resultLen] = spcat(result, resultLen, sp, len+eLen);
    end
end
```

我们将算法 13.5 和算法 13.6 应用到大鼠 U 迷宫实验同步记录到的大脑海马区的一个神经元中, 将一段 spike train 截取出来, 对其拉伸和截短. 通过图 13-10 可以看出, 应用 RA 和 RC 算法后, 原 spike train 的整体发放趋势是不变的, 即发放强的地方变换后也会在相应位置发放频繁, 发放弱的地方在变换后也会发放稀疏.

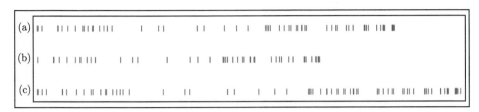

图 13-10　RA 和 RC 算法演示. 其中 (a) 为大鼠 U 迷宫实验, 从大脑海马区记录到的神经元的一段 spike train, (b) 为应用 RC 算法将 (a) 缩短以后的 spike train, (c) 为应用 RA 算法将 (a) 拉伸得到的 spike train

2. 估计非齐次泊松过程的强度分布

由于动物不同实验中的认知过程是不同的, 所以神经元发放的生物信号也会有差异. 也就是说非齐次泊松过程的强度参数不是确定的值, 而是服从某个分布的随机变量, 但是为了计算方便, 我们先按照确定的泊松曲线来推导. 由于大部分额叶皮层和海马区的神经元不会长时间剧烈发放, burst 现象可以忽略. 对于单个神经元, 设 $\{T_1, T_2, \cdots, T_M\}$ 表示同一个任务的 spike train 集合, M 为实验的次数, T_i 为第 i 个 spike train. 由于不同实验的泊松过程不是完全一样的, 另 $\{\lambda_i(t)\}$ 表示每次实验的泊松强度函数. 那么 $\lambda(t)$ 服从参数为 $k(t)$ 和 $\theta(t)$ 的伽马分布, 即

$$p\left(\lambda\left(t\right)\right) = \frac{\lambda\left(t\right)^{k(t)-1} \mathrm{e}^{-\lambda(t)/\theta(t)}}{\theta(t)^{k(t)} \Gamma(k(t))} \tag{13.37}$$

其中, $k(t)$ 和 $\theta(t)$ 恒大于 0, 表示在 t 时刻 λ 的概率分布, 因为 λ 表示泊松过程的强度参数, 泊松分布的共轭分布即是伽马分布, 伽马分布可以用来作为泊松分布和指数分布的先验分布. 式 (13.37) 中, Γ 表示伽马函数

$$\Gamma\left(x\right) = \int_0^x u^{x-1} \mathrm{e}^{-u} \mathrm{d}u \tag{13.38}$$

当 x 为正整数的时候, $\Gamma(x) = (x-1)!$. 对于伽马分布其均值为 $m(t) = k(t)\theta(t)$, 方差为 $\delta^2 = k(t)\theta(t)^2$. 我们用 $\bar{\lambda}(t)$ 表示该伽马分布的均值, 也可以叫做该泊松过程的均值过程. 当 Δt 足够小的时候, 非齐次泊松过程可以看成是齐次泊松过程, 且 $N_i(t) \sim \mathrm{Poiss}(\lambda_i(t)\Delta t)$, 其中 $N_i(t)$ 表示在 Δt 时间内第 i 个神经元产生 spike 的个数, Poiss 表示泊松分布. 因为泊松分布具有累加性, Δt 内所有 spike train 的动作

电位数量 $\sum N_i(t)$ 服从和的泊松分布

$$\sum N_i(t) \sim \text{Poiss}\left(\Delta t \sum \lambda_i(t)\right) \tag{13.39}$$

$\sum N_i(t)$ 的期望为 $\Delta t \cdot \sum \lambda_i(t)$, 因此, $\bar{\lambda}(t)$ 为各个 spike train 在 Δt 内产生的动作电位个数的均值, 即

$$\bar{\lambda}(t) = \frac{\sum\limits_{i=1}^{M} N_i(t)}{M \cdot \Delta t} \tag{13.40}$$

　　注意到式 (13.40) 和 PSTH 的估计量的表达式是一样的, 但是它却提供了产生泊松过程的不同视角, 传统的泊松强度估计是假设同一任务每次产生 spike train 的泊松过程是一样的, 而对应的估计量估计的是该过程的强度参数. 而式 (13.40) 假定同一任务, 产生每个 spike train 的参数是不一样的, 但它服从伽马分布. 因为这两者的形式和值都是一样的, 在不产生歧义的情况下, 我们不做区分. 对于任意时间点 $\bar{\lambda}(t)$ 可以由式 (13.40) 估计出来. 在图 13-11 中, 我们估计了 100 个离散时刻的 $\bar{\lambda}(t)$ 值.

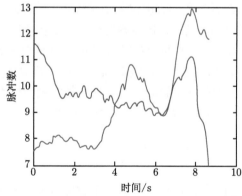

图 13-11　非齐次泊松参数估计. 该图为同一个神经元在两个不同任务中的泊松强度参数的估计, 其中 $\Delta t = 1$ 秒, 估计了 100 个时刻, 蓝线为在任务 1 中的 77 个 spike train 的估计值, 红线为任务 2 中 82 个 spike train 得到的估计值

　　既然引入伽马分布作为泊松过程的参数的先验概率, 我们希望得到 $\lambda(t)$ 分布的估计, 而不仅仅是 $\bar{\lambda}(t)$ 的估计. 伽马分布的方差为 $k(t)\theta(t)^2$, 而其方差可以通过若干个样本来估计, 设 $\lambda_i(t) = N_i(t)/\Delta t$, 则 t 时刻伽马分布的方差可以通过统计样本方差来估计, 其无偏估计量为

$$\delta^2 = \frac{(\lambda_i(t) - \bar{\lambda}(t))^2}{n-1} \tag{13.41}$$

因此, $\theta(t) = \delta^2(t)/\bar{\lambda}(t)$, $k(t) = \bar{\lambda}(t)^2/\delta^2(t)$. 如果我们使用贝叶斯视角来研究共轭分布和先验分布的性质, 伽马分布和泊松分布的关系会更加明显. 我们设 $f(\lambda)$ 为 λ 的先验分布的概率密度函数. 假设在 Δt 时间内观察到 k 个 spike. 后验概率与条件概率和先验概率的积成比例

$$f(\lambda \,|\, k) \propto P(k|\lambda) f(\lambda) \tag{13.42}$$

其中 k 和 Δt 是常量, 则

$$P(k \,|\, \lambda) = \frac{1}{k!} (\lambda \Delta t)^k e^{-\Delta t \lambda} \propto \lambda^k e^{-\Delta t \lambda} \tag{13.43}$$

因此, 我们得到后验概率的表达式如下:

$$f(\lambda|k) \propto \lambda^k e^{-\lambda t} f(\lambda) \tag{13.44}$$

接下来的问题就是如何选取先验概率 $f(\lambda)$. 我们先来研究一种合理的先验概率, 然后再看看这个 $f(\lambda)$ 到底属于哪个分布族. 我们知道 λ 的取值范围是 $(0, \infty)$, 自然想到指数分布就是定义在 $(0, \infty)$ 的, 如果选取 $f(\lambda)$ 为参数是 1 的指数分布, 则

$$f(\lambda|k) \propto \lambda^k e^{-\lambda(t+1)} \tag{13.45}$$

注意到式 (13.45) 其实是伽马分布的形式, 且 $\mathrm{GAMMA}(\lambda, r) = \mathrm{GAMMA}(t+1, k+1)$, 因此伽马分布的概率密度函数有如下形式:

$$f(x) = \frac{\lambda^r x^{r-1} e^{-\lambda x}}{\Gamma(r)} \propto \lambda^{r-1} e^{-\lambda x} \tag{13.46}$$

我们发现, 当 λ 的先验概率是参数为 1 的指数分布, 即 $f(\lambda) = \mathrm{GAMMA}(1,1)$ 时候, 后验概率变成了 $\mathrm{GAMMA}(t+1, k+1)$. 从更广泛的意义上来说, 先验概率可以是任意形式的伽马分布. 这就是我们选择伽马分布作为非齐次泊松过程参数的先验分布的原因. 如果在 t 时间内有 k 个 spike 被观测到, 后验概率仍然是一个伽马分布 $\mathrm{GAMMA}(\lambda + t, r + k)$, 因此伽马分布的第一个参数表示一共经历的时间, 第二个参数记录了观察到的 spike 的个数. 因此, 泊松分布的参数 λ 的共轭分布是伽马分布族.

我们该如何选择初始的先验概率 $\mathrm{GAMMA}(\lambda, r)$ 呢? 即如何选择参数 λ 和 r 呢? 一种方式是分别计算 λ 的均值和方差, 利用 $\theta(t) = \delta^2(t)/\bar{\lambda}(t)$, $k(t) = \bar{\lambda}(t)^2/\delta^2(t)$ 的性质来计算伽马分布的参数. 如果我们没有任何关于先验概率的信息, 该如何选取伽马分布的参数呢? 很自然地应该是 $\mathrm{GAMMA}(0,0)$, 因为我们没有任何信息.

但是 GAMMA$(0,0)$ 在理论上讲是不存在的, 我们只能将 GAMMA$(0,0)$ 当作一个符号来用. 一旦我们有信息了, 即在 t 时间内观察到了 k 个神经元, 我们就能将 GAMMA$(0,0)$ 更新成 GAMMA(t,k), 这时该伽马分布就有了实际意义.

3. spike train 强度估计的不确定性度量

根据上文的论述, 泊松强度参数服从伽马分布, 伽马分布具有累加性, 即当先验概率是 GAMMA(k_0, θ_0) 的时候, 我们在 t 时刻观测到 r 个 spike, 此时 λ 的后验概率服从 GAMMA$(k_0 + r, 1/(1/\theta + t))$ 分布. 因此我们并不仅仅是估计 λ 的最大似然值, 而是估计 λ 的后验概率. 因此我们可以得到更多的关于 λ 的估计值的统计性质.

根据这个性质我们可以解决关于 spike train 估计所用的时间窗的问题. 在很多类实验中, 我们都要通过若干 spike train 来估计某个任务的发放强度曲线, 然而如何选择时间窗成为一个重要的问题, 如果时间窗选择过大, 很难捕捉到具体的生物信号的变化; 如果时间窗选择过小, 则很难相信估计出来的曲线, 因为该曲线的抖动很大, 估计出的强度曲线跟实际情况的偏差很大.

通过伽马分布来建模泊松曲线, 我们可以定量地衡量估计出的曲线的信息熵和方差. 图 13-12 展示了大鼠 U 迷宫实验中 2 号神经元估计出来的 λ 的后验概率的示意图, 我们可以看到, 当 λ 值比较大的时候, 其对应的伽马分布的方差也会比较大, 反之亦然. 到底有哪些因素影响到方差, 又是以什么样的方式影响方差的呢?

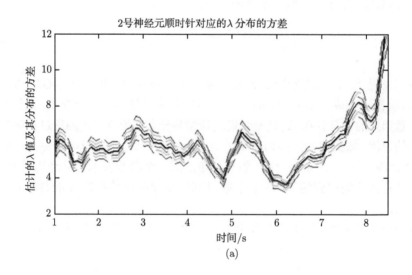

(a)

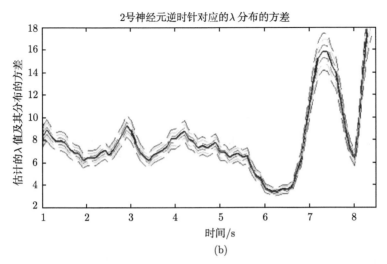

图 13-12 λ 的后验概率的分布. (a) 中黑线为时间窗设为 0.4s 时, 大鼠 U 迷宫实验中 2 号神经元在大鼠顺时针跑时, 通过 77 个 spike train 估计出的 λ 期望的曲线, 红线表示距离期望 1 倍方差的曲线, 绿线表示距离期望 2 倍方差的曲线, 蓝线表示距离期望 3 倍方差的曲线. (b) 中黑线为时间窗设为 0.4s 时, 大鼠 U 迷宫实验中 2 号神经元在大鼠逆时针跑时, 通过 82 个 spike train 估计出的 λ 期望的曲线, 红线表示距离期望 1 倍方差的曲线, 绿线表示距离期望 2 倍方差的曲线, 蓝线表示距离期望 3 倍方差的曲线

影响后验概率伽马分布的方差因素包括: ① 训练集的大小, 即通过多少个 spike train 来估计 λ; ② 时间窗的选取; ③ 内在的伽马分布的强度, 也就是 λ 的均值. 我们知道, $\lambda = k\theta$, $\delta^2 = k\theta^2$, 当我们固定 λ 的均值, 观察训练集大小对后验概率的方差的影响时, 结果如图 13-13(a) 所示. 如果神经元的发放强度可以判断, 并且只有 M 个 spike train 数据, 为了保证方差在一定范围之内, 可以根据式 (13.47) 来选取时间窗 w

$$\delta^2 = k\theta^2 = \frac{\lambda}{wM} \tag{13.47}$$

将式 (13.47) 进行变换得到

$$w = \frac{\lambda}{\delta^2 M} \tag{13.48}$$

从式 (13.48) 可以看到, λ 越大的时候, 应该选取的时间窗也越大以保证其方差在一定范围之内; 当训练集很多的时候, 时间窗选取得小一点就可以保证其统计方差在一定范围之内.

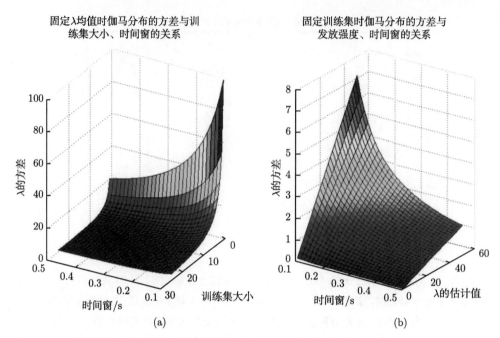

图 13-13　发放强度、训练集大小和时间窗长度对 λ 的估计准确度的影响. 其中 (a) 为固定 λ 的均值, 是观察训练集大小、时间窗长度对后验伽马分布的方差的影响; (b) 为固定训练集大小, 神经元发放强度和时间窗长度对后验伽马分布的影响

4. 基于贝叶斯原理的 spike train 匹配值

在 13.3.2.2 和 13.3.2.3 节中我们估计出了每个任务对应的非齐次泊松过程的强度参数的期望和分布. 本节将利用该分布来对新到来的 spike train 分类预测. 设 $\{\lambda_i^j(t)\}$ 表示在第 j 个任务中, 第 i 号神经元的非齐次泊松过程的强度参数, 其中 $i \in [1, N]$, $j \in [1, K]$, N 是记录到的神经元的个数, K 是研究的任务的数量. 通过单个神经元 i 来分类一次实验的数据, 很自然地要找到所有 j 中最大的后验概率 $p(\lambda_i^j(t)|T_i)$. 设 T_i 表示新到达的实验的第 i 号神经元的 spike train. 一个 spike train 可以被分解成一系列 ISI 的序列, 即 $T_i = (\mathrm{ISI}_1, \mathrm{ISI}_2, \cdots, \mathrm{ISI}_S)$, 其中 S 表示该 spike train 中动作电位的个数. 根据贝叶斯法则

$$p\left(\lambda_i^j(t)\,|\,T_i\right) = \frac{p(T_i|\lambda_i^j(t)) \cdot p(\lambda_i^j(t))}{p(T)} \tag{13.49}$$

对任意 k_1, k_2, $k_1 \neq k_2$, $p(\mathrm{ISI}_{k_1}|\lambda_i^j(t))$ 与 $p(\mathrm{ISI}_{k_2}|\lambda_i^j(t))$ 是相互独立的, 这也是泊松过程中最基本的假设 —— 独立 spike 假设. 同时, 对于分类任务来说, $p(T_i)$ 对每个任务的值是一样的, 最大化式 (13.49), 得到

$$p\left(\lambda_i^j\left(t\right)\mid T_i\right) = p(\lambda_i^j\left(t\right)) \cdot \prod_{k=1}^{S} p(\mathrm{ISI}_k|\lambda_i^j\left(t\right)) \tag{13.50}$$

由于 $p(\mathrm{ISI}_k|\lambda_i^j\left(t\right))$ 为非齐次泊松过程的一阶等待时间的概率密度函数, 我们在第 2 章已经详细讨论了该函数, 因此我们得到

$$p\left(\mathrm{ISI}_k|\lambda_i^j(t)\right) = \lambda_i^j\left(t_k\right) \cdot \mathrm{e}^{-\int_{t_{k-1}}^{t_k} \lambda_i^j(\tau)\mathrm{d}\tau} \tag{13.51}$$

其中 t_k 是第 k 个 spike 的产生时间. $p(\lambda_i^j\left(t\right))$ 是这个任务的先验概率, 为了表达符号的简洁, 我们使用 p^j 来表示第 j 个任务的概率. 我们将式 (13.51) 代入式 (13.50), 得到

$$p\left(\lambda_i^j\left(t\right)\mid T_i\right) = p(\lambda_i^j\left(t\right)) \cdot \prod_{k=1}^{S} \lambda_i^j\left(t_k\right) \cdot \mathrm{e}^{-\int_{t_{k-1}}^{t_k} \lambda_i^j(\tau)\mathrm{d}\tau} \tag{13.52}$$

式 (13.52) 是 spike train 后验概率的完整形式, 为了求得该式的最大值, 我们对其取指数形式, 并取最大值, 得到

$$\mathrm{maxarg}_j p\left(\lambda_i^j\left(t\right)|T_i\right) = \log p^j + \sum_{k=1}^{S} \log \lambda_i^j\left(t\right) - \sum_{k=1}^{S} \int_{t_{k-1}}^{t_k} \lambda_i^j\left(\tau\right)\mathrm{d}\tau \tag{13.53}$$

在式 (13.53) 中, p^j 可以通过计算任务 j 发生的次数在总实验次数的比值得到. $\sum_{k=1}^{S} \int_{t_{k-1}}^{t_k} \lambda_i^j\left(\tau\right)\mathrm{d}\tau$ 表示 $\lambda_i^j\left(\tau\right)$ 的积分值, 对于不同的待分类的 spike train, 该值是恒定不变的. 因此式 (13.53) 可以写成

$$\mathrm{maxarg}_j p\left(\lambda_i^j\left(t\right)|T_i\right) = \log p^j + \sum_{k=1}^{S} \log \lambda_i^j\left(t\right) - \int_0^t \lambda_i^j\left(\tau\right)\mathrm{d}\tau \tag{13.54}$$

到现在, 我们获得了一个 spike train 和一个泊松过程的匹配值的度量方法, 或者称为 spike train 到泊松过程的距离. 在式 (13.54) 中, 时间复杂度最高的计算项是 $\int_0^t \lambda_i^j\left(\tau\right)\mathrm{d}\tau$, 对于多分类任务, 该项可以提前计算出来, 因为每次分类中, 该项和新到来的 spike train 无关. 因此对于 S 个 ISI 的 spike train, 其计算复杂度为 $O(S)$, 即线性时间复杂度.

我们来定性地研究式 (13.54), 第一项 $\log p^j$ 为该任务的先验概率, 可以由训练集中该任务所占比例来获得, 当该项的值很大的时候, 说明该任务产生的概率很高, 所以所有跟该泊松过程匹配的 spike train 值都会比较高. 如果训练集中无法保证其训练用的不同 trail 的比例和真实情况相符, 那么第一项可以直接删除. 我们再

来看式 (13.54) 的第二项和第三项, 当一个新的 spike train 到来的时候, 对于泊松曲线较小的任务, 其第二项的值也较小; 对于较大的泊松曲线, 第二项的值也应该较大.

为了验证式 (13.54), 我们生成几组模拟数据. 首先, 我们按照泊松强度函数为 $\lambda(t) = 10\sin(t) + 10$, 产生 300 个动作电位, 如图 13-14 所示. 我们将该 spike train 和几个不同的泊松曲线做比较, 使用式 (13.54) 计算它们的匹配值. 如表 13-2 所示, 可以看到, 对于非 $\lambda(t) = 10\sin(t) + 10$ 的泊松过程, 其匹配值都会比较小. λ_2 是真实产生该 spike train 的过程, 其匹配值较高, 这在某种程度上验证了将式 (13.54) 作为 spike train 和泊松过程的度量值.

图 13-14　按照泊松强度函数 $\lambda(t) = 10\sin(t) + 10$ 产生的 300 个动作电位的 spike train

表 13-2　spike train 和不同 λ 的匹配值

λ 函数	匹配值
$\lambda_1(t) = 20$	362.4487
$\lambda_2(t) = 10\sin(t) + 10$	520.8132
$\lambda_3(t) = 10\sin(t + \pi/2) + 10$	217.6754
$\lambda_4(t) = t$	297.6714

接下来我们比较一个 spike train 和产生该 spike train 同族的分布的匹配值. 使用 $\lambda(t) = 20$ 来产生一个 spike train, 如图 13-15 所示.

图 13-15　按照 $\lambda(t) = 20$ 产生的 spike train

我们将该 spike train 和 $\lambda(t) = c, c = 1, 2, 3, \cdots, 80$ 作匹配值计算, 使用到的 ISI 的个数 $S = 1, 2, 3, \cdots, 300$, 从图 13-16 可以看出, 使用的 ISI 个数越多, 其匹配值越高, 不同测试曲线 $\lambda(t) = c, c = 1, 2, 3, \cdots, 80$ 的匹配值差异也越大; 当 $c = 20$ 时, 匹配值达到峰值, 也就是说由式 (13.54) 可以找到与某个 spike train 产生的泊松过程最接近的泊松过程.

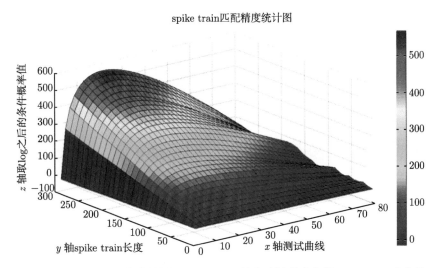

图 13-16　spike train 匹配值统计图. spike train 是由泊松强度参数 $\lambda(t) = 20$ 产生的, x 轴表示测试的曲线 $\lambda(t) = c$, $c = 1, 2, 3, \cdots, 80$, y 轴表示使用的 ISI 的个数. 当 $x = 20$, $y = 300$ 的时候匹配值最大

　　另外我们使用同一形式参数不同的泊松过程来做比较, 首先由 $\lambda(t) = 10\sin(t) + 10$ 来产生一个 spike train, 如图 13-17 所示. 接下来使用式 (13.54) 计算该 spike train 和不同相位的正弦函数在不同的 ISI 个数情况下的匹配值.

图 13-17　由泊松强度曲线为 $\lambda(t) = 10\sin(t) + 10$ 产生的一个长度为 300 个 ISI 的 spike train

　　从图 13-18 中可以看到, 将图 13-17 所示的 spike train 和 $\lambda(t) = 10(\sin(t + c) + 1), 0 \leqslant c \leqslant 2\pi$ 做匹配值计算. 使用到的 ISI 的个数 $S = 1, 2, 3, \cdots, 300$, 使用的 ISI 个数越多, 其匹配值越高, 不同的测试曲线 $\lambda(t) = 10(\sin(t + c) + 1), 0 \leqslant c \leqslant 2\pi$, 其匹配值差异也越大; 随着 c 变化, 当 $c = 0$ 和 2π, $y = 300$ 的时候, 匹配值达到峰值. 又一次验证了式 (13.54) 可以找到与某个 spike train 产生的泊松过程最接近的泊松过程.

　　从以上两组结果可以看出, 当 spike train 的长度越长, 包含的 spike 个数也多的时候, 其不同测试泊松曲线的匹配值的区分度就越大. 因为每一个 spike 其实是积累了一个证据, 当证据越多的时候, 判决的结果就越准确.

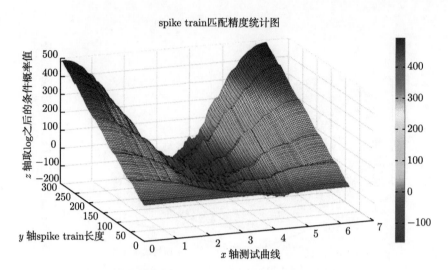

图 13-18　spike train 匹配值统计图. spike train 是由泊松强度参数为 $\lambda(t) = 10\sin(t) + 10$ 产生的, x 轴表示测试的曲线 $\lambda(t) = 10(\sin(t+c)+1), 0 \leqslant c \leqslant 2\pi$ 中的 c 值, y 轴表示使用 ISI 的个数. 当 $c=0$ 和 $2\pi, y=300$ 的时候, 计算出来的匹配值最大

5. 多通道集成策略

通过式 (13.54) 我们可以通过单个神经元来分类每次新到达的 spike train, 将其归类到 $C = (c_1, c_2, \cdots, c_N)$ 中, N 为任务的个数. 当我们使用多通道电极记录的 spike train 来分类的时候, 需要综合考虑每个神经元的分类结果和匹配情况. 这样才能最大程度地减少误差. 对于多通道的集成策略, 我们既要考虑单个神经元的分类结果, 又要考虑该分类结果的置信值. 对于神经元 $i, v_i = (v_{i1}, v_{i2}, \cdots, v_{iK})$ 表示该神经元对应 K 个任务的泊松曲线和新到来的神经元的匹配值, 该匹配值由式 (13.54) 计算得到. 设 $\bar{v}_i$ 表示 v_i 的平均值, 该神经元对本次分类的置信的定义为

$$\mathrm{conf}_i = \frac{1}{1 + \exp/(-\max(v_i) + \bar{v}_i)} \tag{13.55}$$

$\max(v_i)$ 表示 v_i 的最大值. 通过 sigmoid 单元的归一化, 每个神经元的分类置信度都是在 0.5 和 1 之间. 我们设 $\mathrm{conf} = (\mathrm{conf}_1, \mathrm{conf}_2, \cdots, \mathrm{conf}_N)$, 一个 trail 被分类到任务 i 中, 当且仅当

$$i = \mathrm{maxarg}_i \delta_i(C) \cdot \mathrm{conf} \tag{13.56}$$

其中, δ_i 函数将等于 i 的值变为 1, 不等于 i 的函数变为 0, 即

$$\delta_i(x) = \begin{cases} 1, & x = i \\ 0, & x \neq i \end{cases} \tag{13.57}$$

式 (13.56) 表达的意思是每个神经元本次判断中对不同任务的区分度越大, 该神经元所占权重越大, 如果一个神经元对不同任务的打分大致相同, 该神经元占的权重比较小. 最后, 为了防止某个神经元过度敏感, 掩盖其他神经元的效果, 取 sigmoid 单元归一化.

13.3.3 大鼠 U 迷宫和 Y 迷宫实验结果

为了清楚展示公式的意义和效果, 之前的实验部分几乎用的都是模拟的 spike train. 在本节中, 我们将使用真实记录的大鼠活体动物实验中的 multi-spike train 来进行分类和预测. 本章的算法在这些实验数据中都有非常优秀的表现, 其中 U 迷宫的分类正确率稳定在 95% 之上.

活体动物行为实验是指这样的一类实验: 首先训练动物做某几种任务, 比如在大鼠 Y 迷宫中, 训练大鼠交替向左向右跑取水喝, 在大鼠 U 迷宫实验中, 训练大鼠顺时针、逆时针交替跑取水喝; 然后对动物动手术, 将微电极阵列植入动物特定脑区中, 如前额叶或者小海马区; 让动物做之前训练好的任务, 并记录大脑的多通道模拟信号; 通过 spike sorting 将模拟信号转换为 multi-spike train 的光栅图. 每一个任务 (大鼠顺时针跑或者逆时针跑) 都会有若干个实验, 行为预测的任务就是将一些顺时针跑和逆时针跑的实验作为训练集, 当未知的实验到来的时候, 对其进行分类, 判断该 multi-spike train 是在大鼠顺时针跑时记录到的还是逆时针跑时记录到的.

图 13-19 展示了大鼠 Y 迷宫的实验环境, 大鼠交替进行左臂取水和右臂取水的动作, 我们用前面讲到的算法来分类一个未知的 multi-spike train 是在哪个任务进行的时候记录到的 (左面取水或者右面取水).

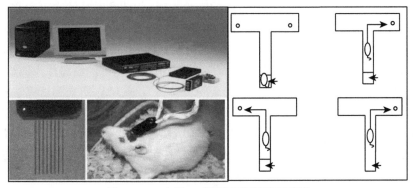

图 13-19 大鼠 Y 迷宫实验环境示意图

1. 大鼠 U 迷宫实验

为了检验算法的效果, 我们首先使用了大鼠 U 迷宫的实验数据. 图 13-20 是实验的示意图, 在大鼠 U 迷宫实验中, 训练大鼠在 U 迷宫里顺时针和逆时针交替取水. 将大鼠的 multi-spike train 数据和跑到位置 1 和位置 2 的时刻同步记录下来. 该实验中一共有两个任务, 大鼠顺时针取水和大鼠逆时针取水. 大鼠海马区神经元的发放序列被微电极阵列同步记录下来. 在三天中对同一只大鼠一共进行了 5 组大鼠 U 迷宫实验, 每一组实验大约持续半个小时. 详细的实验数据和参数设置参见表 13-3.

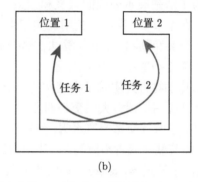

图 13-20　大鼠 U 迷宫实验示意图. 其中 (a) 图为大鼠 U 迷宫实验录像的截图; (b) 图展示了实验的设计: 训练大鼠顺时针和逆时针交替取水. 该实验有两个任务: 顺时针跑为任务 1,
逆时针跑为任务 2

由于不同组实验中, 插入大鼠脑中的微电极会有位置上的偏移, 同时每组实验通过 spike sorting 得到的结果也不一样, 因此, 在这 5 组实验中, 被 sorting 出来的神经元的个数也是不一样的. 同时大鼠在进行实验的过程中会被打断, 比如受到外部环境的刺激在某几次实验中没有顺时针和逆时针的交替跑动, 又或者大鼠在实验过程中停下来折返了, 我们将被打断的实验去除, 因此顺时针的实验次数和逆时针的实验次数在每组实验中也会有些差异. 但是总体上, 这些失败的实验次数不多, 顺时针和逆时针的实验次数也不会相差悬殊.

我们在每组实验中随机选择 10 次顺时针和 10 次逆时针的实验作为训练集, 用来估计神经元对应任务的泊松过程, 其余的实验作为测试集, 用来测试算法的准确度. 上述过程重复进行 100 次, 每次都随机选择训练集和测试集, 算法平均的正确率作为最终的预测正确率. 表 13-3 列出了 5 组实验的预测正确率, 我们可以看到, 分类的正确率一直在 97% 以上. 除此以外, 这 5 组测试的结果也显示了算法的鲁棒性, 它能在很小的训练数据集上得到较高的正确率. 同时, 该算法还显示出另一个优势, 即不需要人工干预就能得到很好的分类效果. 之前的方法大多需要实验人员手工挑选出对任务敏感并且区分度大的神经元来做预测和分类, 本章提出的算法能够自动降低不敏感神经元的权重, 提高主导神经元的权重, 这样无须实验人员的干预就可以得到非常好的分类效果.

表 13-3 大鼠 U 迷宫实验参数和结果

组号	神经元个数	顺时针次数	逆时针次数	总持续时间	预测正确率
1	25	77	82	1680s	97.94%
2	37	43	47	1798s	98.53%
3	33	60	60	1789s	99.82%
4	25	24	23	1080s	98.55%
5	30	24	23	1364s	99.10%

2. 大鼠 Y 迷宫实验结果

类似地, 大鼠 Y 迷宫实验也被设计出来验证该算法的性能和效果. 在 Y 迷宫实验中, 大鼠首先交替地在 Y 迷宫的左臂和右臂取水喝; 然后在大鼠的前额叶皮层中插入微电极阵列; 最后让大鼠做左右交替取水的动作, 并同步记录下其前额叶皮层脑区的神经元发放信号; 通过 spike sorting 软件将模拟数据转换成发放序列. 实验环境的设置见图 13-21. 因为大鼠在实验过程中会有选择错误和停止实验的情况, 所以左转次数和右转次数不完全相等. 该实验在三天共做了三组, 由于每次实验的时间比较长, 所以实验的次数相对较少. 由于观察到的神经元数量较少, 集群编码的优势不是很明显, 因此本章提出的分类算法在 Y 迷宫中比在 U 迷宫中的正确率高.

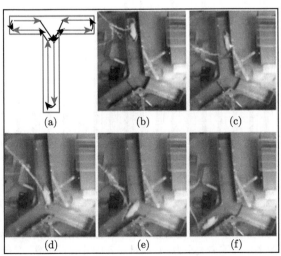

图 13-21 大鼠 Y 迷宫示意图和录像截图. (a) 为 Y 迷宫的实验示意图; (b)~(f) 是大鼠一次左边取水的实验

Y 迷宫实验详细的参数和结果参见表 13-4. 虽然神经元个数不是很多, 但算法的分类正确率仍在 95% 以上, 说明该算法对于大脑的很多种类的神经元都适用 (排除有 burst 现象的神经元).

表 13-4   大鼠 Y 迷宫实验参数和结果

组号	神经元个数	左转次数	右转次数	总持续时间	预测正确率
1	10	18	25	1644s	96.55%
2	7	23	24	1585s	95.32%
3	11	20	21	1509s	96.04%

3. 算法性能的分析

为了详细研究算法的性能和分类结果, 我们仔细观察了每个神经元在训练集大小为 10 和 20 情况下的分类正确率, 见图 13-22. 从图 13-22 中可以看出, 增加训练集中实验的数量不会提高算法的分类正确率 (分类正确率在训练集为 10 的情况下已经接近或者达到 98%). 这个现象说明训练集在 10 左右的时候其分类正确率已经稳定下来, 并能够得到很好的分类效果. 因此, 分类正确率的提高主要是由于多通道的集成策略, 这种现象更加说明神经系统集群编码的重要性. 从图 13-22 中还可以看到, 某些神经元的分类正确率非常低 (几乎接近 50%, 没有任何有用信息), 该现象说明本章提出的集成算法的有效性和鲁棒性.

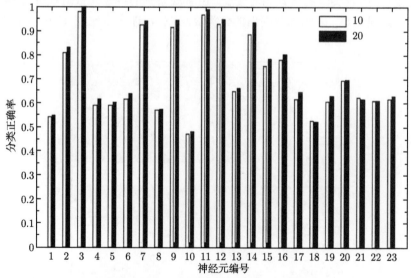

图 13-22   该图为 U 迷宫实验中第一组数据的单个神经元在训练集大小为 10 和 20 时的分类正确率. 白色柱状图表示训练集大小为 10 时神经元的分类正确率; 黑色柱状图表示训练集大小为 20 时神经元的分类正确率. 该图说明训练集大小的增加不会使单个神经元的分类正确率产生明显的提高

13.3.4 基于概率方法的编码机制研究讨论

通过神经元的发放数据来分类或者预测动物的外在行为又称为神经解码. 现代神经解码主要借助概率工具, 对神经元的发放建立概率模型, 然后通过最大似然估计、贝叶斯等理论来预测和分类动物的行为. 本节提出的方法即是按照这个框架进行的: 首先根据一定的假设建立随机过程的概率模型, 得出先验概率和条件概率的推导; 当新的 spike train 到来的时候计算后验概率, 并通过最大似然估计得出后验概率的最大值.

对于多维 spike train 的分类预测算法, 一般有两种方案: 第一种是建立多维的概率模型, 该模型包括了神经元之间的相互作用关系. 第二种是将单个神经元的预测结果进行集成和整合. 从理论上讲, 第一种方案更加可靠, 并且能够真实地揭示神经元之间的内在关系, 然而多维神经元的理论模型在学术界还是一个比较有争议的话题, 因为多维的模型必然涉及大量的待估计参数, 而估计这些参数需要大量的实验数据, 参数的增加将导致训练集呈指数级增长. 考虑到实验数据的稀缺, 第二种方案在实际中是比较可行的. 本节提出的算法在真实的大鼠行为实验中获得了很好的效果, 也说明了之前建立的模型是成功的.

本节的算法还有很多待改进的地方. 首先, 我们估计出了每个任务所对应的泊松参数的后验概率分布, 然而该信息却没有用在行为预测的后验估计中, 仅仅使用该后验概率的均值作为原型的泊松过程. 我们对于匹配值的估计是通过泊松过程参数的均值估计出来的, 但是泊松过程的参数其实是一个随机过程, 匹配值也可以用概率分布来表示, 如果能估计出匹配值的分布函数, 我们将会得到更多的信息.

13.4 神经集群的信息表达

神经元既然能高效地、准确地完成复杂任务, 它们必然有一种极其优化的信息整合和表达机制. 目前神经生物学、计算神经生物学领域对于神经元信息的表达的研究大多关注其物理机制, 很少有涉及其逻辑机制的. 因为神经元信息表达的逻辑机制是不能通过外部观察得到的, 也就是说, 我们能观察到神经元的发放、发放的变化, 我们可以建立神经元发放的模型, 什么样的输入会导致什么样的输出. 这种机制背后的原因却很难说明. 本节试图解释神经元信息表达的逻辑机制, 尤其是最优信息表达的问题. 然而, 还有许多方面没有研究清楚, 希望能够为该方面的研究提供一些思路.

13.4.1　神经元的信息表达率

1. 神经元集群信息整合和表达的机制

神经元集群的发放有一套物理机制 (关于这个机制的细节还在讨论中), 这个机制具有一定的随机性质. 也就是说, 神经元要表达的信息需要经过这个随机机制才能表达出来, 信息的整合也需要前一级的神经元所表达的信息. 在逻辑上, 神经元的集群编码大致分两个阶段: ① 整合前一级神经元集群的发放, 决定本次神经元集群要表达的信息; ② 将本次神经元要表达的信息高效、准确地表达出去.

神经元集群信息处理的逻辑机制可以由图 13-23 来说明, 神经元集群在接收其他集群的 spike train 作为输入以后, 将其他神经元集群的输入翻译成其逻辑信息, 根据这个信息决定本次神经元集群需要表达什么样的信息, 然后根据其自身信息表达机制, 通过 spike train 的发放将其输出到下一级神经元集群. 之后下一级神经元集群以相同的方式进行信息的整合和表达.

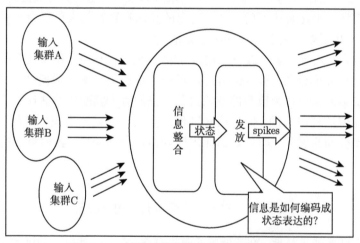

图 13-23　神经元信息整合和表达的示意图

在这个过程中第一阶段到第二阶段在泊松发放模型中表现为如何将信息编码为状态, 即泊松过程的强度级别. 例如, N 个神经元的集群一共可以表达 16 个事件, 那么该神经元如何编码这 16 个事件, 是通过同时将 N 个神经元都编码 16 个状态, 还是每 $N/2$ 个神经元一组, 每组编码 4 个事件? 每个神经元的状态在泊松强度频率带上是如何分布的?

这些问题很难由实验观测到, 本节对该问题的研究遵循一个原则: 首先, 我们并不是人为创造某种机制, 而是基于神经元发放的模型寻找到最优的办法完成神经元所发挥的功能, 大脑经过了上亿年的进化必然已经高度优化, 接近最优的信息表达方式. 所以本节的研究旨在推测大脑的状态编码模型.

2. 离散状态的神经元信息表达率

假设一个 spike train 由一个泊松过程 $\hat{\lambda}(t)$ 产生, 那么当我们不知道是哪个 $\hat{\lambda}(t)$ 产生的时候, 我们可以通过最大后验概率的方法在一组 $\{\lambda_k(t)\}$ 中选出最有可能产生该 spike train 的 $\lambda(t)$, 但是能够正确选择出 $\hat{\lambda}(t)$ 的概率是多少? 我们直观上认为, spike train 越长, 我们得到的证据越多, 也更可能选择出真实的 $\hat{\lambda}(t)$; 同时, 如果 $\{\lambda_k(t)\}$ 中不同的 $\lambda(t)$ 间差别越大, 即系统自身的区分度越大, 那么得到正确结果的可能性也更大.

一个系统的误差率和该系统的自身属性有关, 在后验概率估计中, 误差率可以定义为正确判断的概率. 假设有 M 个候选 $\lambda(t)$, n 个 spike 的 spike train 的分类正确率为

$$r(n) = \sum_{i=1}^{n} p(\lambda_i(t)) r_i(n) \tag{13.58}$$

其中 $p(\lambda_i(t))$ 为产生事件 $\lambda_i(t)$ 的概率, $r_i(n)$ 为由 $\lambda_i(t)$ 产生能被正确分类到 $\lambda_1(t)$ 的 n 个 spike 的 spike train 的概率. 我们将式 (13.58) 定义为神经元的信息表达率, 该值表示神经元能够以多大概率正确地表达它所要表达的信息. 接下来我们看看什么因素会影响该值.

13.4.2 神经元信息表达率的影响因素

1. 状态分布对神经元信息表达率的影响

我们以大鼠 Y 迷宫左右转为例, $\lambda_1(t) = 10$, $\lambda_2(t) = 50$, 并且 $p(\lambda_1(t)) = p(\lambda_2(t)) = 0.5$, 求该系统的 $r(1)$. 我们先求 $r_1(1)$, 长度为 l 的 spike train 如果能够被分类到 λ_1 中, 那么应该满足

$$\ln(\lambda_1) - \lambda_1 \times \text{ISI} > \ln(\lambda_2) - \lambda_2 \times \text{ISI} \tag{13.59}$$

计算得出, ISI > 0.0402. 我们再来计算 $\lambda_1(t)$ 能够产生 ISI > 0.0402 的长度为 l 的 spike train 的概率, 设 $F_\lambda(x) = 1 - \mathrm{e}^{-\lambda x}$ 为强度 λ 的指数分布的概率函数, 由此

$$r_1(1) = 1 - F_{\lambda_1}(0.0402) = 0.6687 \tag{13.60}$$

同理我们得到 $r_2(1) = F_{\lambda_2}(0.0402) = 0.8663$, 所以

$$r = 0.5 r_1(l) + 0.5 r_2(l) = 0.7675 \tag{13.61}$$

该结果显示, 这样的系统有 76.75% 的概率能够得到正确的分类. 我们改变参数 $\lambda_2(t)$, 使之从 10 变化到 1000 (图 13-24), 我们可以看到: ① 分类的正确率随着 $\lambda_2(t)$ 的增长而增长, 因为 $\lambda_2(t)$ 越大, $\lambda_1(t)$ 和 $\lambda_2(t)$ 的区分度就越好, 那么分类正

确率自然会提高; ② 分类正确率 r 的下界为 0.5, 因为即使没有任何启发信息, 也会有一半的概率得到了正确的结果. ③ 分类的正确率提高缓慢, 因为只有一个 spike 的证据太少了.

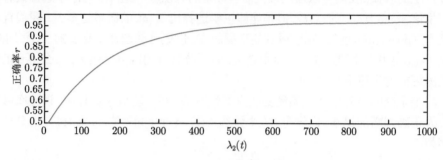

图 13-24　$p(\lambda_1(t)) = p(\lambda_2(t)) = 0.5$, $\lambda_1(t) = 10$, 横坐标是 $\lambda_2(t) = c, 10 < c < 1000$, 纵坐标是正确率 r

我们可以定量地描述 r 与 $\lambda_1(t)$ 和 $\lambda_2(t)$ 的关系

$$r = 0.5 \times \left(1 + \mathrm{e}^{-\frac{\ln \lambda_2 - \ln \lambda_1}{\lambda_2 - \lambda_1} \times \lambda_1} - \mathrm{e}^{-\frac{\ln \lambda_2 - \ln \lambda_1}{\lambda_2 - \lambda_1} \times \lambda_2}\right), \quad \lambda_2 > \lambda_1 > 0 \qquad (13.62)$$

如果我们定义强度曲线的区分度为

$$d = \frac{c_2}{c_1} \qquad (13.63)$$

设 $\lambda_1(t) = c_1$ 和 $\lambda_2(t) = c_2$, 则

$$r = 0.5 \times \left(1 + \mathrm{e}^{-\frac{\ln d}{d-1}} - \mathrm{e}^{-\frac{\ln d}{d-1} \times d}\right) \qquad (13.64)$$

由此可知, 分类正确率由 $\lambda_1(t)$ 和 $\lambda_2(t)$ 的比值 d 决定, 绘制 r 随 d 变化的曲线, 如图 13-25 所示.

图 13-25 同样显示, 在通过一个 spike 来分类的时候, 系统自身区分度越好, 分类正确率越高, 但是在 d 为 10 以下的时候, 分类正确率不是很高, 原因是 spike train 长度太短.

2. 脉冲序列长度对信息表达率的影响

我们下面研究 spike train 长度为 2 时的情况. 在上述条件, 即 $p(\lambda_1(t)) = p(\lambda_2(t)) = 0.5$, $\lambda_1(t) = 10$, $\lambda_2(t) = 50$ 下, 求长度为 2 的 spike train 的匹配正确率. 为了求 $r_1(2)$, 得到 (ISI$_1$, ISI$_2$) 的分类区域

$$2\ln(\lambda_1) - \lambda_1(\mathrm{ISI}_1 + \mathrm{ISI}_2) > 2\ln(\lambda_2) - \lambda_2(\mathrm{ISI}_1 + \mathrm{ISI}_2) \qquad (13.65)$$

推出

$$\mathrm{ISI}_1 + \mathrm{ISI}_2 > 2\frac{\ln(\lambda_2) - \ln(\lambda_1)}{\lambda_2 - \lambda_1} \tag{13.66}$$

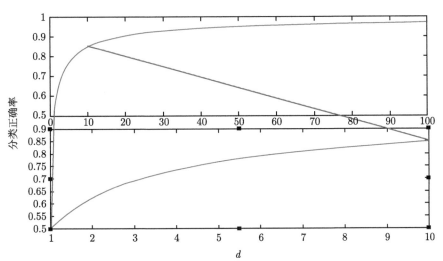

图 13-25　在 $p(\lambda_1(t)) = p(\lambda_2(t)) = 0.5$ 的时候, 纵坐标为分类正确率 r, 横坐标是区分度 d.
下面的图是上面图 $1 < d < 10$ 区间的放大

二维独立指数分布的联合概率密度函数为

$$f_{a,b}(x,y) = a\mathrm{e}^{-bx}b\mathrm{e}^{-by} \tag{13.67}$$

二维独立指数分布的联合概率函数为

$$F_{a,b}(\sigma) = \iint_\sigma f_{a,b}(\mathrm{ISI}_1, \mathrm{ISI}_2) \tag{13.68}$$

其中 σ 为积分区域, 设式 (13.66) 规定的区域为 σ, 则

$$r_1(2) = \int_0^{2\times\frac{\ln(\lambda_2)-\ln(\lambda_1)}{\lambda_2-\lambda_1}} \int_0^{2\times\frac{\ln(\lambda_2)-\ln(\lambda_1)}{\lambda_2-\lambda_1}-x} \lambda_1\mathrm{e}^{-\lambda_1\times\mathrm{ISI}_1}\lambda_1\mathrm{e}^{-\lambda_1\times\mathrm{ISI}_2}\mathrm{d}x \tag{13.69}$$

该结果显示, 由 λ_1 参数能够被正确分类到 λ_1 的长度为 2 的 spike train 概率 $r_1(2)$ 为 0.8071, 可以看出它明显大于 $r_1(1)$. 我们用同样的方法得到

$$r_2(2) = 1 - \int_0^{2\times\frac{\ln(\lambda_2)-\ln(\lambda_1)}{\lambda_2-\lambda_1}} \int_0^{2\times\frac{\ln(\lambda_2)-\ln(\lambda_1)}{\lambda_2-\lambda_1}-x} \lambda_2\mathrm{e}^{-\lambda_2\times\mathrm{ISI}_1}\lambda_2\mathrm{e}^{-\lambda_2\times\mathrm{ISI}_2}\mathrm{d}x \tag{13.70}$$

因此, $r_2(2) = 0.9101$, 计算出神经元的信息表达率, $r(2) = 0.5\times[r_1(2) + r_2(2)]$ $= 0.8586$. 通过该结果, 我们可以看到, $r(2) > r(1)$, 也就是说 spike train 长度对于

系统的分类正确率有很大的影响. 85.86% 的正确率虽然看起来已经很高, 也就是说长度为 2 的 spike train 的正确率已经很高了, 但我们是在 $\lambda_1(t) = 10$, $\lambda_2(t) = 50$ 的前提下算出来的. 我们设 d 为泊松强度的区分度, 见式 (13.63). 不难证明, 当 d 和 n 恒定的时候, $r(n)$ 是恒定的, 即

$$r(2) = \frac{1}{2}(1 + e^{-h(d)} + h(d)e^{-h(d)} - e^{-h(d)d} - h(d)de^{-h(d)d}) \tag{13.71}$$

其中, $h(d)$ 为

$$h(d) = \frac{\ln d}{d-1} \tag{13.72}$$

　　该例中 $d = 50/10 = 5$, 这个区分度已经很大了, 如果区分度减小, 那么 $r(2)$ 是否还能够达到较好的精度呢? 我们将 d 变为 2, 通过类似的运算, 得到此时的 $r(2)$ 为 0.7642, 图 13-26 展示了 $r(1)$ 和 $r(2)$ 随 d 变化的曲线.

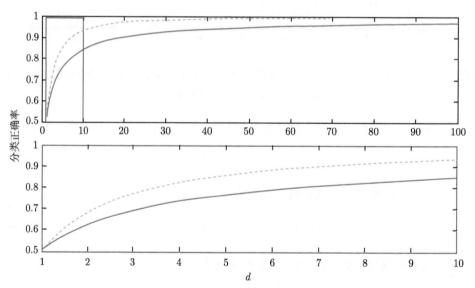

图 13-26　在 $p(\lambda_1(t)) = p(\lambda_2(t)) = 0.5$ 的时候, 纵坐标为分类正确率 r, 横坐标是区分度 d. 虚线是 $r(1)$ 的值, 直线是 $r(2)$ 的值, 下面的图是上面图在 $1 < d < 10$ 区间的放大

　　由图 13-26 可知, 虽然长度为 2 的 spike train 相比长度为 1 的 spike train 在总体上有了很大的提高, 但是在 d 很小的时候却达不到理想的效果. 下面的例子将给出长度为 n 的分析.

3. 信息表达率与麦克劳林展开

　　我们将该问题进行一定程度的泛化, 基于下面的假设: $\{\lambda(t)\} = \{\lambda_1(t), \lambda_2(t)\}$, 即系统只有两个事件; $\lambda_1(t) = c_1$, $\lambda_2(t) = c_2$, 即每个泊松过程的强度为常数, 设系

统自身区分度 $d = c_2/c_1$; $p(\lambda_1(t)) = p(\lambda_2(t)) = 0.5$, 即每个事件的概率相等, 为 0.5. 下面将给出系统的分类正确率 r、系统自身区分度和使用的 spike train 长度 n 之间的关系, 由于 $r_{c_1,c_2}(n) = r_{\lambda_1(t),\lambda_2(t)}(n) = r_{\lambda_2(t),\lambda_1(t)}(n) = r_{c_2,c_1}(n)$. 我们总是可以取较小的 $\lambda(t)$ 为 $\lambda_1(t)$, 这样就有 $c_1 < c_2$ 和 $d > 1$. 我们首先获得能够被分类到 $\lambda_1(t)$ 的 spike train$\langle \mathrm{ISI}_1, \mathrm{ISI}_2, \cdots, \mathrm{ISI}_n \rangle$ 的分类区域

$$n\ln(c_1) - c_1\sum_{i=1}^{n}\mathrm{ISI}_i > n\ln(c_2) - c_2\sum_{i=1}^{n}\mathrm{ISI}_i \tag{13.73}$$

由于 $d = c_2/c_1$, 为了方便, 设 $c = c_1$, 式 (13.73) 变换得到

$$\mathrm{ISI}_1 + \mathrm{ISI}_2 + \cdots + \mathrm{ISI}_n > \frac{n \cdot \ln d}{c \cdot (d-1)} \tag{13.74}$$

设 n 维独立同系数指数分布的联合概率密度函数为

$$f_a(x_1, x_2, \cdots, x_n) = a^n \cdot \mathrm{e}^{-a \cdot (x_1 + x_2 + \cdots + x_n)} \tag{13.75}$$

设 n 维独立同系数指数分布的联合概率函数为

$$F_a(\sigma) = \int\int\cdots\int_{\sigma} f_a(x_1, x_2, \cdots, x_n) \tag{13.76}$$

设式 (13.74) 规定的区域为 σ, 则由 $\lambda_1(t)$ 产生能够正确分类到 $\lambda_1(t)$ 的 n 维 spike train 的概率

$$r_1(n) = 1 - F_c(\sigma) = \mathrm{e}^{-t} \cdot \sum_{i=0}^{n-1} \frac{t^i}{i!} \tag{13.77}$$

其中

$$t = \frac{n \cdot \ln d}{c \cdot (d-1)} \cdot c = \frac{n \cdot \ln d}{d-1} \tag{13.78}$$

非常偶然地发现 $\sum\limits_{i=0}^{n-1}\dfrac{t^i}{i!}$ 就是 e^t 的麦克劳林公式, 也就是泰勒公式展开的前 n 项和, 但是该结果和泰勒公式深层的联系还没有发现. 同理得到

$$r_2(n) = 1 - \mathrm{e}^{-t \cdot d} \cdot \sum_{i=0}^{n-1} \frac{(t \cdot d)^i}{i!} \tag{13.79}$$

设函数 $M_n(x)$ 为 e^x 的麦克劳林公式的前 n 项, 即

$$M_n(x) = 1 + x + \frac{x^2}{2!} + \cdots + \frac{x^{n-1}}{(n-1)!} \tag{13.80}$$

所以,

$$r_{c_1,c_2}(n) = 0.5 \cdot (1 + e^{-t} \cdot M_n(t) - e^{-t \cdot d} \cdot M_n(t \cdot d)) \tag{13.81}$$

在仿真之前我们首先分析下该结果的极限情况. 首先看 $r_1(n)$: 当 n 不变, d 趋向于正无穷的时候, t 趋近于 0, 由于 e^{-t} 和 $M_n(t)$ 都趋近于 1, 所以 $r_1(n)$ 趋近于 1, 也就是说, 如果一个系统的区分度足够好, 那么在该模型下, 无论通过长度为多少的 spike train 分类, 由 $\lambda_1(t)$ 产生的能够被正确分类到 $\lambda_1(t)$ 的概率趋近于 100%; 当 d 不变, n 趋近于正无穷的时候, t 趋近于正无穷, 当 t 趋近于正无穷的时候, $M_n(t) = e^t$, 所以 $r_1(n) = e^{-t} \cdot e^t = 1$, 也就是说, 如果通过足够长的 spike train 判断, 无论系统的区分度怎样差, 由 $\lambda_1(t)$ 产生的能够被正确分类到 $\lambda_1(t)$ 的概率趋近于 100%. 综上, 无论系统区分度是否足够好, 或者是 spike train 是否足够长, 由 $\lambda_1(t)$ 产生的能够被正确分类到 $\lambda_1(t)$ 的概率都趋近于 1.

对于 $r_2(n)$ 有同样的结论, 即无论系统区分度是否足够好, 或者 spike train 是否足够长, 由 $\lambda_2(t)$ 产生的能够被正确分类到 $\lambda_2(t)$ 的概率都趋近于 1. 对于 $r(n)$ 我们也有同样的结论, 即无论系统区分度是否足够好, 或者 spike train 是否足够长, 由 $\lambda_2(t)$ 产生的能够被正确分类到 $\lambda_2(t)$ 的概率趋近于 1, 如图 13-27 所示.

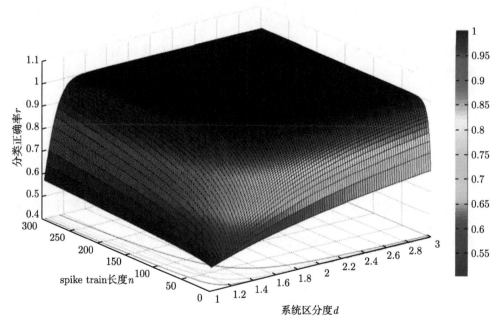

图 13-27　系统的分类正确率 r 随系统区分度 d 和 spike train 长度 n 的变化情况

13.4.3 神经元集群信息表达

1. 最优状态分布

假设有 n 个神经元共同来编码状态集 $\{\lambda\} = \{\lambda_1, \lambda_2, \cdots, \lambda_m\}$, lower $< \lambda_1 < \lambda_2 < \cdots < \lambda_m <$ upper, 其中 lower 和 upper 是神经元发放强度的下界和上界, 如果神经元的状态均匀分布在区间 [lower, upper] 内, 那么神经元的集群编码精度 r、状态集大小 m 和集群大小 n 之间有什么样的关系呢?

我们设第 i 个神经元检测到的一个 spike 为 ISI_i, 那么神经元集群检测到的 spike 为 $\{\mathrm{ISI}\}$, 类似地, 我们得到通过单个 spike 匹配神经元集群的贝叶斯公式如下

$$
\begin{aligned}
\mathrm{Max\,arg}_k\left(p\left(\lambda_k|s\right)\right) &= \mathrm{Max\,arg}_k\left(\prod_{i=1}^n p\left(\mathrm{ISI}_i|\lambda_k\right)\right) \\
&\approx \mathrm{Max\,arg}_k\left(\prod \lambda_k \mathrm{e}^{-\lambda_k \cdot \mathrm{ISI}_i}\right) \\
&= \mathrm{Max\,arg}_k\left(\sum \ln(\lambda_k) - \sum \lambda_k \cdot \mathrm{ISI}_i\right)
\end{aligned}
\tag{13.82}
$$

设

$$
t_k = \frac{n \cdot (\ln \lambda_k - \ln \lambda_{k-1})}{\lambda_k - \lambda_{k-1}}
\tag{13.83}
$$

容易推导出

$$
r_k(n) = \begin{cases}
\mathrm{e}^{-t_k \cdot \lambda_k} \cdot M_n\left(t_k \cdot \lambda_k\right), & k = 1 \\
\mathrm{e}^{-t_k \cdot \lambda_k} \cdot M_n\left(t_k \cdot \lambda_k\right) - \mathrm{e}^{-t_{k-1} \cdot \lambda_k} \cdot M_n\left(t_{k-1} \cdot \lambda_k\right), & 1 < k < m \\
1 - \mathrm{e}^{-t_{k-1} \cdot \lambda_k} \cdot M_n\left(t_{k-1} \cdot \lambda_k\right), & k = m
\end{cases}
$$

其中 $M_n(t)$ 为 e^{-t} 的麦克劳林展开的前 n 项和. 如果每个状态发生的频率相等, 那么,

$$
r(n) = \frac{1}{n} \cdot \sum r_k(n)
\tag{13.84}
$$

我们知道, λ 只能取值在特定的区间中, 它不能太大, 否则会超过神经元发放的极限频率. 也不能太小, 否则单个 ISI 时间太长导致整个反应过程过慢, 所以 λ 属于 [lower, upper], 其中 upper 代表神经元的极限发放强度, lower 代表反映特定延迟对应的发放强度. 我们取 upper=50, lower=1, 并且 $\{\lambda\}$ 均匀分布在该区间内, 图 13-28 表示神经元集群编码精度和神经元集群大小、编码状态数之间的关系.

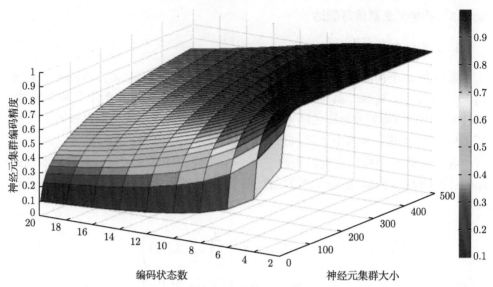

图 13-28   神经元集群编码的精度和神经元集群大小 [1,500]、编码的状态数 [2,20] 的关系示意图, 神经元集群越大, 状态的分类正确率越高; 神经元集群编码的状态越多, 分类正确率越低

上面展示了集群编码精度与状态数量和集群大小的关系, 并且假定状态集合均匀分布在区间 [lower, upper] 内, 那么状态集合的分布是否对编码的精度参数有影响呢? 答案是肯定的. 例如, 状态集合大小为 3, 并且 lower= 1, upper= 49, 共同编码的神经元集群大小为 5, 那么对于两种不同的分布 $\{\lambda\}_1 = \{1, 25, 49\}$ 和 $\{\lambda\}_2 = \{1, 10, 49\}$, 哪个分布的正确率更高呢? 我们来分别计算这两种情况的正确率, 对于第一种情况, $r = 0.8461$; 对于第二种情况, $r = 0.9667$. 可以看出, 不同的分布情况对于最终系统的正确率有非常大的影响. 那么如何编码才能获得最优的正确率呢? 通过实验得到以下结论:

$$\frac{\lambda_k}{\lambda_{k-1}} = a, \quad k = 2, 3, \cdots, m \tag{13.85}$$

其中 a 为一个常数, 并且 $\lambda_1 = \text{lower}$, $\lambda_m = \text{upper}$. 那么由此我们知道, 当 lower= 1, upper= 49 的时候, 对于任意 n, 对三个状态进行编码, 当且仅当 $\{\lambda\} = \{1, 7, 49\}$ 的时候, 系统的编码精度最大. 如果 $n = 5$, 那么, $\tilde{r} = 0.9755$. 类似图 13-28 的方法得到图 13-29, 将 $\{\lambda\}$ 用最优分布代替均匀分布, 由图 13-29 可以看到, 整体的变化趋势与图 13-28 中的趋势是一致的, 可使用最优分布使得总体的分类精度得到提高.

2. 状态的时间分布

在 13.4.2 节和 13.4.3 节的基础上讨论如何在特定的延迟限制下得到最优的编码方案. 例如, 假设我们想通过数量为 50 的神经元集群编码 10 个状态, 并且要求平

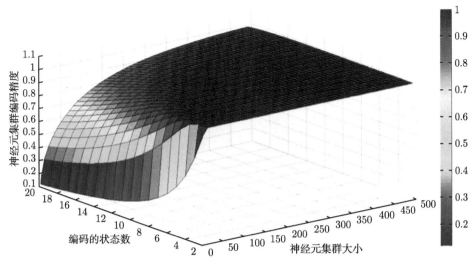

图 13-29 神经元集群编码精度和神经元集群大小 $[1,500]$、编码的状态数 $[2,20]$ 的关系示意图, 使用 $\{\lambda\}$ 的最优分布代替均匀分布

均反应延迟为 1 秒, 大脑可以有多种方案来完成上述编码. 第一种方案, 我们可以设置 lower= 1, upper= 50, 直接编码信息, 这样我们得到编码的正确率为 $r = 0.8871$; 第二种方案, 我们可以将 1 秒的平均反应延迟变为两个 0.5 秒平均反应延迟之和, 并检测两次 spike, 这样相当于将神经元的集群数量增多, 而将编码的区间减小, 那么此时, lower= 2, upper= 50, 算出 $r = 0.9332$. 如图 13-30(b) 所示, 由此我们看出, 在相同的时间延迟、相同的神经元集群规模和相同的编码状态下, 通过缩短一次 spike 的时间延迟而增加检测的次数可以得到更优的编码正确率.

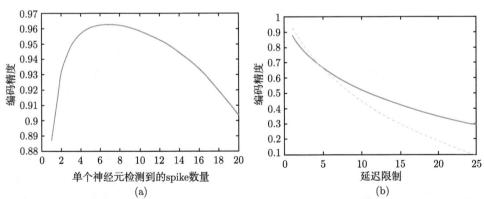

图 13-30 (a) 为使用 50 个神经元编码 10 个状态, 在延迟要求为 1 秒的限制下, 编码精度随单个神经元检测到的 spike 数量变化的曲线. (b) 表示使用 50 个神经元编码 10 个状态, 编码精度随延迟限制的变化曲线, 直线表示 1 个神经元检测 1 个 spike, 虚线表示一个神经元检测两个 spike 的正确率

3. 状态的空间分布

在给定神经元集群规模 n 和需要编码的状态 m 的条件下, 我们在空间上可以有多种编码方式. 比如, 当 $n = 100, m = 16$ 的时候, 我们可以有如图 13-31 所示的三种方案来编码.

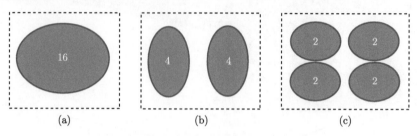

图 13-31　神经元空间编码的示意图

第一种方案 (图 13-31(a)), 直接使用 20 个神经元共同编码 16 个状态; 第二种方案 (图 13-31(b)), 将 100 个神经元分成两部分, 每 50 个神经元编码 4 个状态, 这样通过组合来编码 16 个状态; 第三种方案 (图 13-31(c)), 将 100 个神经元平均分成 4 份, 每 25 个神经元共同编码两个状态, 通过组合来编码 16 个状态. 那么既然有这么多种编码方案, 在特定情况下, 哪种编码会得到最优的集群总体编码精度呢? 我们按照这三种情况分别计算相应的系统总体分类精度, 我们设 lower = 10, upper = 50, 那么对于第一个方案, 我们算出正确率 $r = 0.2396$; 第二个方案, 我们设分开的两个集群分别是 A 和 B, 那么 A 编码的四个状态的正确率为 $r_{A_0}, r_{A_1}, r_{A_2}, r_{A_3}$, B 编码的四个状态的正确率分别为 $r_{B_0}, r_{B_1}, r_{B_2}, r_{B_3}$, 我们设状态 $\langle i, j \rangle$ 为 A 编码状态 i, B 编码状态 j 的状态, 那么由状态 $\langle i, j \rangle$ 产生的能够被正确分类到状态 $\langle i, j \rangle$ 的概率为 $r_{ij} = r_{Ai} \cdot r_{Bj}$. 所以系统的总体分类正确率为 $r = \dfrac{1}{16} \sum r_{ij}$.

根据给出的条件算出方案二的正确率 $r = 0.9136$. 按照类似的方法, 我们得到第三个方案的正确率 $r = 0.9998$. 这样我们可以看到, 通过将需要编码的事件划分成更小的单元可以大幅度提升编码的正确率, 这意味着增加正确率最优的方法就是使每个神经元只编码两个状态, 通过很小规模的集群就可以将一个状态单元的正确率提高, 从而提高整体的正确率.

可是这样的编码策略却有很大的问题. 举一个非常极端的例子, 假设我们用 2000 个神经元来编码 32 个状态, lower = 1, upper = 50, 我们使用第一种方案, 即 2000 个神经元共同编码 32 个状态, 此时计算出 $r = 0.9954$, 可是如果其中的 250 个神经元坏掉, 这时 $r = 0.9919$; 如果我们将需要编码的信息分成 8 组, 每组编码两个信息, 此时计算出 $r = 1$, 如果其中的 250 个神经元坏掉, 并且坏掉的是同一个分组中的神经元, 这时 $r = 0.5$. 可以看出, 后一种方式虽然能够大幅度提高编码的正确率, 可是系统的健壮性却下降了.

是否可以通过增加冗余编码的方法来增加系统的冗余性呢? 如本来系统需要编码 32 个状态, 可以增加系统编码的状态数, 编码 64 个状态, 其中两个状态对应于同一个系统的最终输出状态. 这种方法看似增加了冗余性, 其实没有, 当编码更多状态时每个状态的编码集群就减小了, 这样如果坏掉同样个数的神经元, 坏掉的区域会覆盖更多编码单元, 从而改变更多编码, 最终系统的健壮性没有得到提高.

也就是说, 提高系统健壮性的唯一方法就是使用更大的集群编码更多的状态.

13.4.4 未来的连续信息表达问题

神经元集群编码的信息表达问题是研究神经元能以多大的概率、在多短的时间、有多大的冗余性上, 将待表达的信息传播出去. 通过本节的论述, 我们的结论是, 上述三者的关系是相互制约的. 在神经元集群规模不变的情况下, 增加神经元的冗余性, 会导致信息传递的时间增加, 否则信息表达率就会下降.

然而神经元频率编码的方式对神经元信息表达也有很大的影响. 在泊松过程模型下, 式 (13.85) 给出了最优的频率分布. 同时, 本研究发现, 在二值状态的编码中, n 个 spike 的神经元的信息表达率即是 e^{-t} 的 n 阶麦克劳林展开. 关于神经元的信息表达和麦克劳林展开的深层关系, 本研究目前还没有明确.

本节的内容集中在离散信息的信息表达问题上, 关于连续信息的信息表达没有涉及. 连续信息的信息表达问题还在研究中.

13.5 神经元功能性集团探测

除了动物行为预测, 神经编码中另一个广泛关注的问题就是神经元是否参与某个动态任务, 或者在多大程度上参与了某个动态任务. 通过仔细研究神经元在精心设计动物行为实验中对照任务的反应, 某些神经元更精确的功能可以被推断出来 (Lin et al., 2006). 这个问题是很有挑战性的. 神经元 spike 发放的两两相关性和 JPSTH 是用来研究神经元在任务中聚类现象的主要方法 (Ito et al., 2000; Bertoni et al., 2002). 然而这些基于直接的 Pearson 相关性的技术很难捕捉到神经元之间的多尺度的相关性.

本节提出的算法的基本思想是: 影响神经元发放的认知过程在不同实验中不断变化, 如果一个神经元积极地参与了实验任务, 诱导其发放的生物信号会随着认知过程改变, 并呈现出一定的相关性. 然而, 每次实验的认知过程是高维的, 并且是不可观测的, 很难仅仅通过一个神经元的发放来判断不同实验间的改变是由该认知过程的改变导致的还是由任务不相关的刺激导致的. 但是, 如果很多神经元的反应在不同实验中相互关联, 这种协作关系很可能是由执行该任务的认知过程所引起的. 我们首先定义神经元的反应函数为 13.3 节提到的匹配值, 然后定义神经元的相关图为该反应函数的值的相关性. 通过迭代应用最小割算法, 剪掉最不相关的神经元, 最后得到任务相关的神经元集团. 据本章作者所知, 我们首次将 min-cut 算法应用到 multi-spike train 分析中.

13.5.1　多尺度下 spike train 的相关性

神经元不同实验之间的随机性一般认为是由两种因素引起的: 第一种因素是神经元自身产生动作电位的随机特性; 第二种因素是不同次实验中任务过程的随机性. 神经元发放的随机性可以由前文介绍的概率模型来衡量, 尤其是 Fano 系数.

对于泊松过程, Fano 系数大约是 1. 然而在大部分实验中, 尤其是活体动物自主行为实验中, 观察到的 Fano 系数往往大于 1 数倍. 也就是说, 不同实验中的随机性主要是由不同实验中生物信号的随机性导致的. 因此, 如果一组神经元集群在特定任务中发挥作用, 动物的认知过程在不同次实验中改变, 那么影响这些神经元发放的生物信号也会改变. 如果这个认知过程是和动物的任务相关的, 并且该过程改变了, 那么所有与该任务相关的神经元的发放也会随之改变, 改变的程度将影响神经元发放改变的程度; 如果与动物的任务不相关的认知过程改变, 与该任务相关的神经元的发放不一定会改变, 即使改变, 其程度也不一定会和认知过程相关. 基于以上假设, 我们通过探测神经元在不同任务间反应的相关性来检测任务相关的神经元.

1. 直接 Person 相关性弊端

在多尺度动态变化的情况下神经元的直接相关性很难捕捉到. 如图 13-32(a) 所示, 神经元 A 和神经元 B 产生的 spike train 通过 Person 相关性计算得到的值会很小, 几乎没有相关性. 因为其泊松分布的参数确实不存在线性相关关系.

然而, 在图 13-32 中模拟出来的 4 次实验, 后三次实验的泊松强度参数是由第一次实验的泊松强度参数变形得到的, 神经元 A 和神经元 B 以相同的趋势来变形. 可是神经元 A 和神经元 B 发放强度的尺度是不同的, 所以没有办法用直接的相关性发现这个规律. 但是如果我们使用一个基准, 并且每个神经元的不同实验都跟这个基准来比较, 这种动态变化的规律就很可能被发现. 比如我们都以第一个实验作为基准, 第一个神经元的变换程度分别是 RA = {1, 1.1, 0.8, 0.85}, 第二个神经元的变换程度分别为 RB = {1, 1.09, 0.81, 0.84}, 我们来计算这两个向量的相关系数, 使用如下公式:

$$\text{corr}\,(x, y) = \frac{\text{cov}(x, y)}{\sqrt{\text{cov}(x, x)}\sqrt{\text{cov}(y, y)}} \tag{13.86}$$

其中 cov(x, y) 表示 x, y 的协方差

$$\text{cov}(x, y) = E[(x - \bar{x})(y - \bar{y})] \tag{13.87}$$

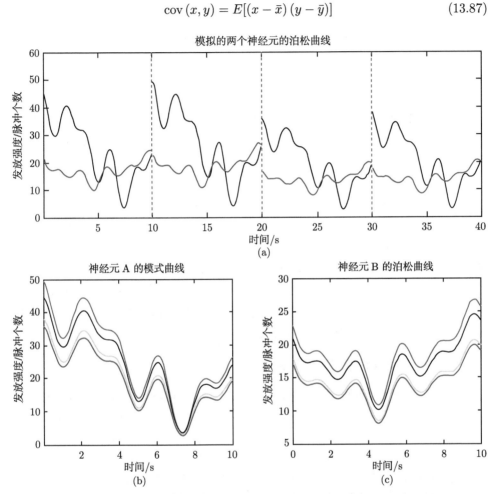

图 13-32 神经元多尺度下相关性示意图. (a) 为模拟产生的两个神经元 4 次实验的泊松强度参数, 黑线表示神经元 A 的泊松强度参数 LA, 蓝线表示神经元 B 的泊松强度参数 LB, 实验之间用红色虚线隔开; (b) 为神经元 A 的泊松强度曲线, 黑线对应第一次实验, 红线对应第二次实验 (强度为第一次实验的 1.1 倍), 蓝线对应第三次实验 (强度为第一次实验的 0.8), 绿线对应第四次实验 (强度为第一次实验的 0.85); (c) 为神经元 B 的泊松强度曲线, 黑线对应第一次实验, 红线对应第二次实验 (强度为第一次实验的 1.09 倍), 蓝线对应第三次实验 (强度为第一次实验的 0.81), 绿线对应第四次实验 (强度为第一次实验的 0.84)

我们使用式 (13-86) 分别计算 LA 和 LB 的相关性及 LA 和 LB 的相关性系数, 得到 corr(LA,LB)= 0.2676, 计算 RA 和 RB 的相关性系数 corr(RA,RB) = 0.9981.

当然这不足以说明问题, 因为 R 和 L 的样本个数不同, 我们将相关性系数转换为拒绝零假设的概率值得到 $P(\text{LA},\text{LB}) = 0.079$, $P(\text{RA},\text{RB}) = 0.0019$. 也就是说, RA 和 RB 无线性相关的概率只有大约 0.2%, 远大于 0.01 水平拒绝零假设的值, 这真实反映了图 13-32 的内在规律, 而 $P(\text{LA},\text{LB})$ 却只有 0.079, 达不到 0.05 水平拒绝零假设的值, 说明直接的 Person 相关性无法检测到多尺度下的泊松过程的相关性.

2. 多尺度动态 spike train 的相关性

如果我们已知 spike train 的泊松曲线, 我们可以直接利用式 (13.86) 来计算两个 spike train 的相关性. 然而泊松曲线是通过多个实验估计得出的, 我们无法通过单个 spike train 准确地估计该次使用的泊松强度曲线. 那么我们如何得到或者近似得到 13.4.3 节提到的 R 值呢?

R 值表示某次实验跟某个原型过程的差异, 这种差异要反映出这次实验跟原型实验的关系, 如果这次实验接近原型实验, 则 R 值较小; 如果这次实验跟原型实验相差很远, 则 R 值较大. 我们很自然地想到 13.3 节的匹配值, 它正与该性质相反, 原型实验即为估计出的泊松强度曲线, 每次实验的 spike train 都与该强度曲线计算值匹配, 如果匹配值大, 说明该实验和原型实验很接近, R 值较小; 反之亦然.

这种和 R 值相反的情况并不影响计算, 因为 R 的取值范围是 $[-\infty, +\infty]$, 其绝对值也会反映出 spike train 之间的相关性.

13.5.2　神经元功能性集团的探测算法

神经元功能性集团的检测就是基于 13.5.1 节提到的相关性算法, 首先定义原型过程, 即某个任务的平均非齐次泊松过程. 这个过程可以通过后验概率估计出来. 其次, 我们需要定义一个 spike train 和这个过程的度量值, 即我们在 13.3 节提到的匹配值, 即后验概率的对数形式. 有了这些定义, 就可以构造出神经元相关性图, 接下来就是选取合适的算法来寻找符合一定相关性条件的最大加权子图. 我们引入 min-cut 算法, 按照最小切割线反复切割, 得到最小子图.

1. 相关性矩阵的定义和最小图割算法

我们设 $M_i = (m_{i_1}, m_{i_2}, \cdots, m_{i_T})$ 表示一个任务的神经元 i 的所有匹配值, 然后计算 M_i 的两两相关性矩阵, 该矩阵的元素 r_{ij} 为 M_i 和 M_j 的 Pearson 相关性系数, 见公式 (13.86) 和公式 (13.87), 即 $\{r_{ij}\} = \text{corr}(M_i, M_j)$. 然后我们构建相关性图, 图中节点表示神经元, 边为神经元之间的相关性系数 r_{ij}. 为了检查神经元集团, 我们迭代应用最小图割算法, 直到获得的神经元集团的内部关联性达到阈值. 我们使用 Matlab 形式的伪代码来说明该算法.

算法 13.7 神经元功能性集群检测的最小割算法

```
function v=cliques(G, threashold)
  V = {};
  P = {G};
  while(P 非空)
    在 P 中取出一个图作为 G;
    在 P 中删除 G;
    if minAveDegree(G)>threshold
      将 G 放入 P 中;
    else
      G.degree = Degree(G);
      [G1 G2]= mincut(G);
      G1.degree= G.degree + Degree(G1)*G1.size/G.size;
      G2.degree= G.degree + Degree(G2)*G2.size/G.size;
      将 G1, G2 放入 P 中;
    end
  end
end
```

在算法 13.7 中, minAveDegree() 返回这个图中平均度数最小的节点. 这个标准保证探测到的集团与其他神经元最不相关的神经元也要满足阈值. 函数 mincut() 按照最小边的集合将一个图切割成两个子图, 我们使用 Stoer 和 Wagner (1997) 的算法来实现最小割 (Stoer, Wagner, 1997) 函数 Degree() 返回一个图的平均度数. 通过迭代使用最小割算法, 我们可以切掉最不相关的神经元, 同时保留高度内聚并且任务相关的神经元集群 (图 13-33).

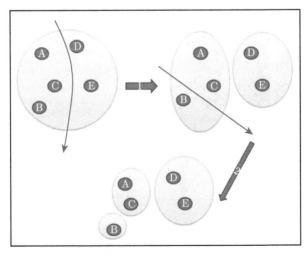

图 13-33 神经元集团划分算法示意图. 迭代应用最小割算法, 沿着最小权重的边集合将元素图划分成若干子图, 当每个子图的内部最小平均度达到阈值的时候 (单个神经元的平均相关系数为 1), 结束迭代过程

2. 阈值的设定

算法 13.7 的效果很大程度上来自于阈值的设定, 如果阈值设定过大, 得到的神经元集群将包括很多与任务无关的神经元; 如果阈值设定过小, 又会将很多与任务相关的神经元排除在探测到的神经集团之外. 神经元功能性集团的实验是很难验证的, 现有的实验手段无法准确观察到神经元的协作关系, 即使能观察到神经元之间的突触联系, 也无法证明这种联系在特定任务中是否还存在.

既然无法通过观察验证, 我们怎么知道探测到的神经元是否有意义呢? 我们利用显著性水平. 如果两个神经元之间的相关性达到一定值, 它们之间没有联系的概率就会非常小, 也就是拒绝零假设概率, 同时也是样本的显著性水平. 在统计学上 0.05 水平的 p-value 就可以说明样本特性显著, 0.01 水平可以说明样本特性非常显著. 对于阈值来说, 一般我们设定在 0.05 水平上就可以了.

13.5.3 大鼠 U 迷宫中的神经元功能性集团

1. 任务相关度的拓扑排序

我们将前几节提出的算法应用到大鼠 U 迷宫实验数据中. 同时定义神经元对任务的参与程度. 该数值将神经元之间的两两关系映射成它们对任务参与程度的拓扑关系. 图 13-34(a) 展示了元素的神经元相关性矩阵和经过拓扑排序的神经元相关性矩阵. 很显然, 相关关联的神经元聚集到矩阵的右下角, 其他的移向相反的关系. 图 13-34(b) 为 0.01 显著性水平下神经元任务相关性关联图, 神经元在图中的位置和它们任务参与度的倒数成正比.

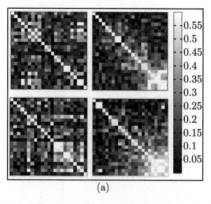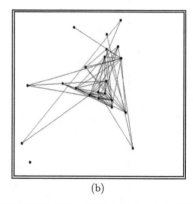

(a)　　　　　　　　　　　　　　　　　(b)

图 13-34　使用神经元任务相关度进行神经元排序后的聚合效果. 在图 (a) 中, 左上图和左下图分别为大鼠 U 迷宫实验的任务 1(顺时针取水) 和任务 2(逆时针取水) 的元素相关性矩阵, 右上图和右下图为排序后的相关性矩阵, 我们可以看到在这两个相关性矩阵中, 右下角的神经元之间相关性很强, 它们可能更积极地参与了该任务. 图 (b) 展示了在 0.01 显著性水平下任务 1 中各个神经元的关系, 神经元相对中心的距离为它们相关性的倒数

2. 功能性集团

我们将该算法应用到大鼠 U 迷宫实验第二组数据中, 同时将阈值设定为 $\{r_{ij}\}$ 在 0.05 水平拒绝零假设的 p-value. 因为 0.05 水平拒绝零假设的值基本可以否定两个神经元之间没有相关性的假设. 表 13-5 列出了大鼠 U 迷宫实验中检测到的神经元任务相关性集团, 我们发现在不同的任务中检测到的神经元的任务相关性集团有很大差异.

表 13-5 大鼠 U 迷宫实验中检测到的神经元集团

实验编号		检测到的任务相关性集团
第 1 组	任务 1	{7, 8, 15, 19, 22}, {2, 3, 5}
	任务 2	{2, 6, 10, 14, 19} , {8, 13}, {11, 20}
第 2 组	任务 1	{5, 20, 8, 19, 9, 18, 11}, {14, 13}, {24, 23}
	任务 2	{4, 2, 20, 11}, {17, 19}, {10, 3, 21}, {15, 14}

为了进一步验证本章提出的神经元功能性集团检测算法, 我们将每个神经元的匹配值顺序随机打乱, 然后再应用该算法计算每个神经元的任务相关性. 如果我们之前计算出来的相关性是人为引入的, 打乱顺序后, 应该还会得到类似的结果, 从图 13-35 可以看出, 真实数据确实体现了神经元对任务的参与程度, 而随机打乱后则为完全没有参与任务的情况. 真实情况远远高于随机情况, 也就是说, 算法 13.7 是有效的.

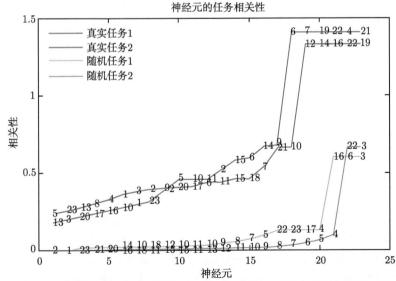

图 13-35 真实数据和模拟数据中每个神经元的任务相关性, 其中红线和蓝线为真实数据中的任务 1 和任务 2 的所有神经元任务相关性, x 轴按照每个神经元被割除的顺序排序; 绿线和紫线为将匹配值随机打乱后的任务 1 和任务 2 的所有神经元的任务相关性

13.5.4　神经元功能集团研究未来

神经元功能集团的研究在 fMRI 中研究得非常广泛 (Dodel et al., 2002; Voult-sidou et al., 2005), 然而这种研究大多是在较大的尺度上, 即大脑区域间的功能性连接. 在 multi-spike train 数据中发现功能性连接是非常具有挑战性的: ① 没有一个有效的方法度量多尺度、动态变化情况下的 spike train 之间的相关性; ② 没有有效的方法将神经元两两之间的相关性关系转换成神经元对任务的参与程度的拓扑关系; ③ 很难验证检测到的神经元是否符合真实的情况, 是不是人为引入的.

对于第一个问题, 本节提出了通过神经元对于原型任务的匹配值向量来计算相关性的方法. 该方法需要大量的、多组实验的数据, 而且有一个隐患, 即观察到的神经元要有相当一部分确实参与到了任务中. 该方法首先衡量一次实验中 spike train 到原型泊松过程的匹配情况构成的向量, 使用不同神经元的匹配值向量来计算相关性.

对于第二个问题, 我们使用最小割算法不断地将不相关的神经元或者小集团割出去, 通过将每个神经元在被剔除时整体的平均相关度作为神经元对任务的参与程度. 该方法有效地在神经元相关性矩阵中得到了神经元对任务的参与程度的拓扑关系, 通过实验我们也发现这种神经元任务相关度在随机数据中的值要远远小于真实数据中.

对于第三个问题, 我们无法通过直接观察的方法验证检测到的神经元集群之间是否真的存在任务相关性, 但是我们使用统计学上拒绝零假设的 p-value 来说明我们发现的某些神经元之间的联系是真实成立的.

13.6　神经编码研究的进一步工作

神经编码和动物行为预测等问题是神经信息处理的重要方面. 本章基于多维高阶泊松过程模型, 先后研究了动物行为预测、神经信息表达和神经元功能性集群. 同时, 本章主要使用了大鼠 U 迷宫和 Y 迷宫记录到的 spike train 数据对文章提出的模型、假设和算法进行验证.

对于神经编码的概率模型, 本章提出这样的假设: 外界刺激的一致并不代表内部诱导神经元发放的生物信号一致, 生物信号会根据一定的概率变化. 基于这个假设, 我们提出了神经编码的高阶泊松过程模型. 然而, 限于研究时间有限, 本章提出的多维高级泊松模型, 没有对神经元之间的关系建立合理有效的相关性模型. 多维概率模型, 其参数会随着研究的神经元的数量呈指数级增长, 如何建立线性参数的多维概率模型, 是今后研究的一个重点问题.

在动物行为预测部分, 本章基于泊松模型, 提出了多神经元整合的预测算法.

该算法在大鼠 Y 迷宫和 U 迷宫实验 (350 次实验) 中, 只需用很少的训练集 (20 组) 就能达到很高的分类正确率 (大约 97%). 然而, 该结果是在二值任务中得到的, 由于数据有限, 本章还没有验证该算法在多值任务和连续任务中的性能. 分析和改进该算法, 使其在多值和连续任务中得到很好的分类效果也是接下来的一个研究方面.

对于神经信息表达问题的研究, 本章提出了神经信息表达率的定义并分析了神经元集群规模、spike train 长度、离散信息的分布和反应的延迟等因素对于神经集群信息表达的影响. 本章发现 spike train 长度和麦克劳林公式在指数形式下的展开有着密切的联系. 然而, 该联系更深层次的原因还需要在今后的工作中逐渐发觉. 同时, 如何找到一套统一的数学系统, 涵盖影响神经信息表达的各个因素也是今后应该努力的方向. 除此以外, 连续信息表达率的研究也是今后的一个方面.

在神经元功能性集群检查的研究中, 本章提出了多尺度动态 spike train 相关性度量, 在此基础上, 本章提出了迭代使用 min-cut 算法来检查神经元功能性集团, 并给出了神经元任务相关度的定义和计算方法. 该部分引入统计学上拒绝零假设的概念来说明检查到的神经元的统计意义. 然而, 我们还没有找到直接的方法来判断检查到的神经元是否真的是功能性集团. 如何修改实验, 提出更有效的实验验证方法是今后研究的一个问题. 同时, 寻找神经元在任务进行中的动态集群变化的规律也是今后研究的一个主要问题.

神经编码的研究涉及计算机科学、神经生物学、统计学、物理学和多种实验科学的知识, 是非常具有挑战性的. 对于这样一个多学科交叉的研究课题, 必然涉及各个学科的知识, 非一个人或者一个团队可以胜任的. 本章只是做了粗浅的工作, 更深入的研究需要更长的时间和更多的和其他学科的交流. 作者认为神经编码的研究必将使得人们对大脑有更深入的认识, 同时也会给予计算机学科各个领域以启发. 神经编码的研究是否会建立在概率模型下, 如何建立真实有效的概率模型是神经编码今后研究的最重要的问题.

参 考 文 献

梁之舜, 邓集贤, 杨维权, 等. 1988. 概率论及数理统计. 北京: 高等教育出版社.

Abeles M, Gerstein G L. 1988. Detecting spatiotemporal firing patterns among simultaneously recorded single neurons. Journal of Neurophysiology, 60(3): 909-924.

Abeles M. 1982. Quantification, smoothing, and confidence limits for single-units' histograms. Journal of Neuroscience Methods, 5(4): 317-325.

Aertsen A M, Gerstein G L, Habibet M K, et al. 1989. Dynamics of neuronal firing correlation: modulation of "effective connectivity". Journal of Neurophysiology, 61(5):

900-917.

Ahmadian Y, Pillow J W, Paninski L. 2011. Efficient Markov chain Monte Carlo methods for decoding neural spike trains. Neural Computation, 23(1): 46-96.

Barbieri R, Quirk M C, Franket L M, et al. 2001. Construction and analysis of non-Poisson stimulus-response models of neural spiking activity. Journal of Neuroscience Methods, 105(1): 25-37.

Barlow H B. 1972. Single units and sensation: a neuron doctrine for perceptual psychology. Perception, 1(4): 371-394.

Bertoni A, Campadelli P, Grossi G. 2002. A neural algorithm for the maximum clique problem: analysis, experiments, and circuit implementation. Algorithmica, 33(1): 71-88.

Bialek W, Rieke F, R R R, Van S, et al. 1991. Reading a neural code. Science, 252(5014): 1854-1857.

Bishop C M. 2006. Pattern Recognition and Machine Learning. New York: Springer.

Brillinger D R. 1988. Maximum likelihood analysis of spike trains of interacting nerve cells. Biological Cybernetics, 59(3): 189-200.

Brillinger D R. 2001. Time series: data analysis and theory. Society for Industrial and Applied Mathematics.

Brown E N, Barbieri R, Edenet U T, et al. 2003. Likelihood methods for neural spike train data analysis. Computational Neuroscience: A Comprehensive Approach: 253-286.

Brown E N, Frank L M, Tanget D, et al. 1998. A statistical paradigm for neural spike train decoding applied to position prediction from ensemble firing patterns of rat hippocampal place cells. The Journal of Neuroscience, 18(18): 7411-7425.

Brown E N, Kass R E, Mitra P P. 2004. Multiple neural spike train data analysis: state-of-the-art and future challenges. Nature Neuroscience, 7(5): 456-461.

Cunningham J P, Yu B M, Shenoyet K V, et al. 2007. Inferring neural firing rates from spike trains using Gaussian processes. Advances in Neural Information Processing Systems, 20: 329-336.

Dodel S, Herrmann J M, Geisel T. 2002. Functional connectivity by cross-correlation clustering. Neurocomputing, 44-46: 1065-1070.

Eden U T, Frank L M, Barbieriet R, et al. 2004. Dynamic analysis of neural encoding by point process adaptive filtering. Neural Computation, 16(5): 971-998.

Fujii H, Ito H, Aihara K, et al. 1996. Dynamical cell assembly hypothesis-theoretical possibility of spatio-temporal coding in the cortex. Neural Networks, 9(8): 1303-1350.

Gütig R, Aertsen A, Rotter S. 2002. Statistical significance of coincident spikes: count-based versus rate-based statistics. Neural Computation, 14(1): 121-153.

Gardiner C W. 1985. Stochastic Methods. Berlin: Springer.

Gerstein G L, Kirkland K L. 2001. Neural assemblies: technical issues, analysis, and modeling. Neural Networks, 14(6-7): 589-598.

Gerstein G L, Nicolelis M A L. 1999. Correlation-based analysis methods for neural ensemble data. Methods for Neural Ensemble Recording, SA Simon, and MAL Nicolelis, eds (Boca Raton FL, CRC Press): 157-177.

Gerstein G L. 2004. Searching for significance in spatio-temporal firing patterns. Acta Neurobiologiae Experimentalis, 64(2): 203-207.

Grün S, Diesmann M, Aertsen A. 2002. Unitary events in multiple single-neuron spiking activity. II. Nonstationary data. Neural Computation, 14(1): 81-119.

Grün S, Diesmann M, Grammontet F, et al. 1999. Detecting unitary events without discretization of time. Journal of Neuroscience Methods, 94(1): 67-79.

Hebb D O. 2002. The Organization of Behavior: a Neuropsychological Theory. New York: Mahwahi Lawrence Erlbaum Inc.

Heeger D. 2000. Poisson Model of Spike Generation. Handout: University of Standford: 1-13.

Ito H, Tsuji S. 2000. Model dependence in quantification of spike interdependence by joint peri-stimulus time histogram. Neural Computation, 12(1): 195-217.

Kass R E, Ventura V. 2001. A spike-train probability model. Neural Computation, 13(8): 1713-1720.

Knill D C, Pouget A. 2004. The Bayesian brain: the role of uncertainty in neural coding and computation. Trends in Neurosciences, 27(12): 712-719.

Lewis P A, Shedler G S. 1979. Simulation of nonhomogeneous Poisson processes by thinning. Naval Research Logistics Quarterly, 26(3): 403-413.

Lin L, Osan R, Tsien J Z. 2006. Organizing principles of real-time memory encoding: neural clique assemblies and universal neural codes. Trends in Neurosciences, 29(1): 48-57.

Martignon L, Deco G, Laskeyet K. et al. 2000. Neural coding: higher-order temporal patterns in the neurostatistics of cell assemblies. Neural Computation, 12(11): 2621-2653.

Ogata Y. 1981. On Lewis' simulation method for point processes. Information Theory, IEEE Transactions on, 27(1): 23-31.

Oram M W, Wiener M C, Lestienneet R, et al. 1999. Stochastic nature of precisely timed spike patterns in visual system neuronal responses. Journal of Neurophysiology, 81(6): 3021-3033.

Pawitan Y. 2001. In All Likelihood. Oxford: Clarendon Press.

Pillow J W, Shlens J, Paninskiet L, et al. 2008. Spatio-temporal correlations and visual signalling in a complete neuronal population. Nature, 454(7207): 995-999.

Pipa G, Grün S. 2003. Non-parametric significance estimation of joint-spike events by shuffling and resampling. Neurocomputing, 52-54: 31-37.

Pouget A, Dayan P, Zemel R S. 2003. Inference and computation with population codes. Annual Review of Neuroscience, 26(1): 381-410.

Rieke F, Warland D, Steveninck R D R V, et al. 1999. Spikes: Exploring the Neural Code (computational neuroscience). Cambridge: MIT Press.

Rolls E T, Aggelopoulos N C, Franco L, et al. 2004. Information encoding in the inferior temporal visual cortex: contributions of the firing rates and the correlations between the firing of neurons. Biological Cybernetics, 90(1): 19-32.

Rosenberg J R, Amjad A M, Breezeet P, et al. 1989. The Fourier approach to the identification of functional coupling between neuronal spike trains. Progress in Biophysics and Molecular Biology, 53(1): 1-31.

Shadlen M N, Newsome W T. 1998. The variable discharge of cortical neurons: implications for connectivity, computation, and information coding. The Journal of Neuroscience, 18(10): 3870-3896.

Softky W R, Koch C. 1993. The highly irregular firing of cortical cells is inconsistent with temporal integration of random EPSPs. The Journal of Neuroscience, 13(1): 334-350.

Stoer M, Wagner F. 1997. A simple min-cut algorithm. Journal of the ACM (JACM), 44(4): 585-591.

Voultsidou M, Dodel S, Herrmann J M. 2005. Neural networks approach to clustering of activity in fMRI data. Medical Imaging, IEEE Transactions on, 24(8): 987-996.

Zemel R S, Dayan P, Pouget A. 1998. Probabilistic interpretation of population codes. Neural Computation, 10(2): 403-430.

第14章 神经元功能网络特性分析及认知行为预测方法研究

14.1 脑神经信息分析的研究现状

不同于生物信息学研究基因、蛋白质等对象, 神经信息学的研究对象为神经元. 如何提取、识别、处理脑神经功能信号呢? 目前比较普遍的是采用无创性头皮记录脑电信号 EEG、脑磁信号 MEG、眼动信号 EoG 等. 该方法可以直接应用于人脑, 国外在此方面研究得比较成熟. 国内如清华大学生物医学工程通过采集分析人脑 EEG 信号建立了一个基于思维的电话拨号、开关电灯的 BCI 系统. 上海交通大学、西安交通大学也都构建了不同意识任务及不同运动相关脑电的 BCI 系统. 另外一种研究信号是目前普遍运用于医院脑功能疾病诊断、心理学研究脑认知功能的脑功能成像技术, 包括功能磁共振成像 (functional magnetic resonance imaging, fMRI)、正电子成像 PET 等. 近年, Edvard Mose (Derdikman et al., 2009) 等科学家通过 fMRI 发现, 大鼠和小鼠拥有关于它们周围环境的一个方向图, 是由被称为 "网格细胞" (grid cell) 的大脑皮层的神经元产生和更新的. Doelle 等 (2010) 在 2010 年 *Nature* 上发表的论文为皮层中存在网格细胞提供了证据. 脑功能成像技术不仅能观察大脑活动的动态过程, 也能观察脑区的解剖结构. 国内如浙江大学交叉学科实验室唐孝威院士在脑功能成像的研究技术上有了一定的积累, 大连理工大学神经信息学研究所唐一源教授在脑功能成像、语言认知的脑内信息加工方面的研究取得了显著成果. 由于上述两种方法只能记录整体脑活动信号, 存在着干扰大、噪声强等缺点, 只能从宏观上观察脑功能的活动, 无法从时间分辨率和空间分辨率上更好地研究大脑活动. 因此需要从更微观的角度 —— 局部神经环路结构来研究大脑结构.

近年来, 基于微创技术的多电极阵列 (multi-electrode array, MEA) 正越来越多地被神经科学家用于活体动物实验, 通过将 MEA 探针植入动物不同脑区可以记录到皮层单个神经元或多个神经元发放的动作电位. 美国 Plexon 公司研制的多通道记录设备 (multi-channel acquisition processor, MAP) 被多个神经科学研究组采用. 匹兹堡大学的 Velliste 教授等 (2008) 通过解码猴子的运动皮层神经信号实现了对假肢的控制. 国内的研究者如上海交通大学生物工程系梁培基教授和陈爱华 (2003) 利用多电极记录研究视觉功能特性, 华东师范大学脑功能基因组林龙年教授 (王一男等, 2010) 采用最多 128 通道电极研究海马记忆功能, 华中科技大学生物医学光子国家实验室 (陈文娟等, 2010) 利用多通道记录系统研究离体海马培养神经元放电特性, 这些研究通过离体脑片和整体动物脑的电生理研究及多通道电极记录方式, 在细胞水平上理解了神经元信息处理的功能.

　　由于能从微观上观察脑区及神经元的活动规律, 对多电极阵列记录群体神经元发放的动作电位进行分析正成为脑神经功能信息处理领域研究的重点.

　　神经元是神经系统的基本功能单位, 人脑内神经元的总数达到 10^{11} 个左右. 人们对中枢神经系统信号加工传递机制的认识在很大程度上依赖于对神经元信号传递过程的认识, 而单个神经元是通过发放动作电位 (spike) 表示活动状态的, 这种形状基本相同、全或无式的动作电位是目前公认的神经元传递信息方法, 神经元之间是通过若干动作电位组成的脉冲序列 (spike train) 进行通信的. 但神经元如何通过这些 spike train 进行神经编码至今尚无定论, 一般认为存在以下几种方式: ① 频率编码 (rate coding), 即以脉冲发放率编码, 将神经元看成是某种积分器, 如 Barlow 的老祖母细胞学说, Hebb 的细胞连接规则等; ② 时间编码 (temporal coding), 以单个神经元的准确发放时间进行编码; ③ 群体编码和模式编码 (population coding and pattern coding). 越来越多的研究表明, 神经系统中信息的编码和处理是由大量神经元构成的集群协同活动完成的 (Rothschild et al., 2010), 在神经元集群所组成的回路中, 单个神经元放电序列中的有序时间间隔, 或不同神经元放电序列之间的相互关系将会重现, 这种重复出现的、有序的并且是精确的放电间隔相互关系被称为时空发放模式. 目前已经有许多神经科学家采用如最大熵方法发现了该模式 (Ohiorhenuan et al., 2010).

　　与生物信息学一样, 神经信息学发展最直接的影响是产生了大量的脑信号数据, 如多电极阵列记录到的 spike train. 如何对这些 spike train 数据进行分析, 发现隐含在群体神经元活动中的发放模式及分析这些发放模式所对应的神经生物学机制成为困扰神经科学家的难题 (Quiroga et al., 2009). 2004 年, 神经科学家 Brown 等 (2004) 教授就在 *Nature* 上撰文指出 spike train 数据存在的问题和面临的挑战. 目前主要有以下几种分析方法: ① 相关分析法 (correlation analysis), 通过分析单个神经元放电序列自相关性或两个神经元放电序列互相关性来解读神经元的发放规律或神经元之间的突触连接或同步发放等相互影响 (Pillow et al., 2008; Kepecs et al., 2008; De La Rocha et al., 2007); ② 联合刺激后时间直方图 (joint peri-stimulus time histogram, JPSTH), 作为单神经元刺激后时间直方图的扩展, 为分析两个神经元动态变化提供了有效工具; ③ 贝叶斯法 (Bayesian method), 近年来生理实验发现人脑在执行不同的决策和奖赏判断等行为任务时, 大脑存在着贝叶斯优化推理现象, 因此贝叶斯法也用于神经编码方法的研究 (Ma et al., 2006) 和关联学习统计 (Stephens, Balding, 2009). 这些方法只能用于少量神经元 (如成对神经元), 如需对群体神经元进行分析, 则需重复多次使用互相关等方法分析两两之间的关系, 无法揭示神经元之间更多的关系. 因此脑神经数据分析技术的落后极大地阻碍了脑科学领域的发展, 迫切需要计算机科学家发展新的群体神经元研究方法, 如复杂网络分析方法.

与生物信息学挖掘研究取得的巨大成就相比, 由于缺乏可供计算机科学家直接使用的标准数据集, 国内外从事脑神经 spike train 数据挖掘这一新兴交叉学科的研究机构并不多 (Frey, Dueck, 2007). 国外 Fellous 等 (2004) 较早地应用 K-means 聚类算法发现神经元在不同条件下的发放模式, 观察到对单个离体皮层神经元注入随机变化的刺激电流时可以产生非常可靠的固定模式. Oweiss 等采用了图划分的方式找出了群体神经元之间的簇现象, 他们只是在模拟器上仿真了四个簇, 120 个神经元的发放情况, 并没有用于真实的多电极记录数据的测试. 国内在数据挖掘方面的研究仅限于在多电极记录采集时将聚类算法用于 spike 峰电位分离过程中, 如上海交通大学的梁培基研究组等. 采用数据挖掘技术对神经元方法模式分析的研究还未见相关报道. 因此, 世界上对隐含在多电极记录动作电位脉冲序列中有意义的模式挖掘研究还处于起步阶段, 正好给我国科学家提供了一个迎头赶上并超过西方发达国家的好机会.

神经系统中存在着形式繁多的神经环路. 目前, 我们缺乏针对特定功能 (如学习记忆过程、神经退行性疾病) 的神经环路的结构形成过程、信息处理方式的了解, 从根本上阻碍了我们对脑的工作原理的深层次理解. 因此如何从实验记录到的数据分析特定的神经环路及动物在行为测试过程中对应的神经生理学机制一直是神经科学家迫切需要解决的难题. 约翰·霍普金斯大学的神经科学家于 2009 年 12 月在 Nature 上发表的研究成果是通过用现代分子生物学成功地发现了哺乳动物的大脑如何巧妙地回访并再利用相同分子路径, 以达到控制脑内复杂回路的目的 (Kirilly et al., 2009). 日本东京大学神经科学家 Yuji Ikegaya 博士通过 Ca^{2+} 成像技术监测大量神经元动作电位发现了群体神经元之间的 Synfire chain (Ikegaya et al., 2004) 和自发活动过程中的同步环路结构 (Takahashi et al., 2010). 近年来, 美国科学家提出了人脑连接组 (human connectome) 的概念 (Lehrer, 2009). 现代脑成像技术和图论理论的发展为人脑连接组的研究提供了必要的工具和分析方法, 计算神经科学家提出了使用复杂网络理论来研究大脑的功能性连接结构 (functional network)(Rubinov, Sporns, 2010). 目前世界上大多数关于大脑功能性网络的研究都是基于功能磁共振成像 fMRI 数据进行的 (Bullmore, Sporns, 2009). 如何在 spike train 发放模式的基础上结合图论理论来研究神经元的环路特性也是本课题要解决的内容.

由此可见, 国际上许多一流学术机构正在积极地从事这些方面的研究, 已经取得了不少重要进展, 并有大量的成果在神经科学领域顶级期刊 Nature、Science、

Cell、*Neuron* 和 *Journal of Neuroscience* 上发表. 但到目前为止, 人们对神经系统中信息传输和信息处理机制的了解仍然十分有限, 在脑科学领域中取得的成果仍属于冰山一角, 在很多方面都有待进行更深入的研究和认识.

现实生活中的许多系统, 如社会网、互联网、生物网都可以由节点和边组成的图论技术来表示. 多位科学家得出结论, 人脑可以形容为一个复杂的互联网络, 依靠节点将信息有效地从一处传到另一处, 并且任何两个节点之间都只需要很少的跳跃. 大脑就是一个复杂网络. 因此, 许多学者开始应用复杂网络方法对大脑系统进行研究, 主要是围绕结构、功能、结合小世界脑网络的模拟和应用, 研究结构和功能的相互关系以及临床应用等各个方面. 图 14-1 给出了结构和功能脑网络的构建方法流程图. 关于复杂网络基本概念的描述见 14.3 节.

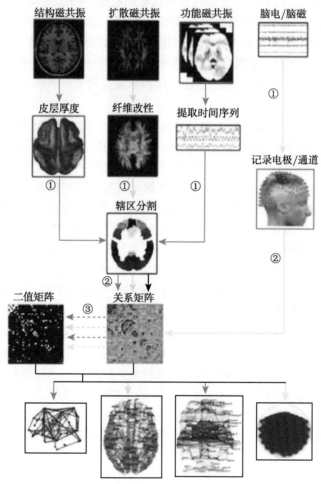

图 14-1　结构和功能脑网络的构建方法流程图 (梁夏等, 2010)

"小世界特性" 和 "无标度性" 是复杂网络所具有的两种最重要的拓扑结构. 近年来, 基于图论的复杂脑网络分析目前已经成为神经科学研究的热点之一, 也为脑连接组的研究提供了必要的工具和分析方法. 目前该领域的研究主要集中在宏观层次上通过 fMRI 或脑电图 (EEG) 等技术构建大脑功能连接网络, 对脑网络结构拓扑特性的研究主要集中在小世界特性上. 2004 年, Sporns 和 Zwi (2004) 较早地研究了猴子视觉皮层、大脑皮层和猫大脑皮层的结构网络拓扑属性, 证实了这几种网络都具有 "小世界" 特性. 2008 年, Liu 等 (2008) 利用静息 fMRI 发现正常大脑功能网络存在着明显的小世界特性, 并且小世界特性随着精神分裂的程度显著降低. 2010 年, Lynall 等 (2010) 用无认知任务的 fMRI 发现了同样的结果. 北京师范大学认知神经科学与学习国家重点实验室在这方面的研究比较深入, 采用静息态 fMRI 数据构建了人脑在时间和空间上的功能连接网络 (He et al., 2009). 在 EEG 方面, 如 2010 年, Sakkalis 等 (2010) 用图论分析了脑功能网络的结构变化. 2011 年, 成都电子科技大学的李凌等 (2011) 通过记录 EEG 分析了执行视觉工作记忆任务脑网络的小世界特性变化情况. 这些研究一般以一定脑区和 EEG 的独立成分作为图的节点, 但脑区的大小和成分的个数很难确定, 节点的定义存在着很大的主观性. 本课题的研究将以单个神经元作为网络节点, 神经元 spike train 之间的相关性作为网络边构建神经元功能网络.

近年来, 随着多电极记录的发展, 可以同时记录到多个神经元的 spike train (Stevenson, Kording, 2011), 基于微创技术的多电极阵列 (multi-electrode array, MEA) 正越来越多地被神经科学家采用. 如何对这些数据进行分析成为神经信息处理中的挑战性问题. 早期的相关分析法、时间直方图已无法适应群体神经元的分析. 在著名的 NIPS 国际会议上也陆续出现了一些新的分析方法 (Dauwels et al., 2008). Lopes-dos-Santos 等 (2011) 采用 PCA 方法来识别集群神经元活动中的神经元. 其他采用 K-means 聚类方法可以发现群体神经元的发放模式 (Fellous et al., 2004; Humphries, 2011), 但无法发现神经元功能网络的拓扑结构. Eldawlatly 等 (2010) 则集中研究如何利用贝叶斯模型构建群体神经元的功能网络. 采用图论技术分析神经元功能网络结构特性的研究相对较少. 2007 年, Bettencourt 等 (2007) 较早地利用离体培养的神经元发现功能网络存在较弱的小世界特性. 2011 年, Gerhard 等 (2011) 在猴子视皮层记录到的群体神经元中评价了网络的小世界特性. 目前未见有关神经元功能网络社团结构分析的研究报道. 因此, 本课题将结合谱图理论与社团划分方法, 对神经元功能网络的社团结构划分方面展开研究, 分析不同认知任务时产生的不同社团结构所对应的神经生物学机制.

社团结构是复杂网络中又一个重要的拓扑结构, 目前在脑功能网络中的研究主要集中在 MRI 方面的模块性研究. 2009 年, Meunier (Unit, 2009) 等分析了静息态大脑功能网络模块化结构及年龄老化对模块性产生的影响. 其他一些研究分别针对人脑静息态 Fmri(Laurienti et al., 2009) 及大鼠的静息态 fMRI (Liang et al., 2011)、pharmacological MRI (Schwarz et al., 2009) 进行模块化分析, 揭示功能网络内在的社团结构. 这些研究都采用了 Newman 提出的模块性函数 Q (Newman, 2006) 来识别功能网络的社团结构, 即何种社团结构是网络的最佳划分.

$$Q = \frac{1}{2m} \sum_{ij} \left(A_{ij} - \frac{k_i k_j}{2m} \right) \delta(C_i, C_j) \tag{14.1}$$

k_i 和 k_j 分别是节点 i 和 j 的度值, C_i 是节点 i 所属社团, m 是网络总边数, $\delta(C_i, C_j)$ 是 Kronecker delta 函数, Q 的值在 $0 \sim 1$, Q 值越大, 意味着划分的效果越好. 该 Q 值只能针对二进制网络, 因此上述研究需要忽略节点间连接的强度, 阈值化成二进制功能网络, 而如何选取阈值又是一件非常麻烦的事情. 2011 年, Ahmadlou 和 Adeli (2011) 首次将社团结构分析应用到 EEG 信号构成的功能连接网络中, 模块性分析同样采用的是公式 (14.1) 扩展的模块性函数 Q. 本课题将针对神经元功能网络的具体特性, 研究如何将社团结构分析应用到神经元功能网络中.

社团结构分析是复杂网络中重要的研究内容, 起源于图聚类分析 (杨博等, 2009). 社团结构分析研究可以分为两方面: 一是社团结构的划分, 即采用不同方法对网络划分得到社团结构, 谱图划分是最常用的图划分方法 (Fortunato, 2010), 但这些方法一般需要预先知道社团个数 k 及在选取的特征向量空间上重复使用 K-means 聚类算法. 二是社团划分的评价, 即在没有任何社团个数、结构等先验知识的情况下, 如何采用评价函数衡量社团划分的强弱, 自动确定社团划分到何种程度. 模块性函数 Q 是应用得最为广泛的评判社团特性强弱的指标, 但它存在着许多不足, 如只能对节点进行硬划分, 无法识别社团中的 overlapping. 张世华等 (2007) 通过扩展模块性函数 Q 结合 FCM 算法来识别复杂网络中的 overlapping 结构. Sarkar 和 Dong (2011) 通过奇异矩阵分解来检测社团结构和识别 overlapping, 但它无法像模块性函数 Q 那样评价社团划分的效果. 2011 年, Wu 等 (2011) 在 MRI 构成的脑功能网络中发现了 overlapping 节点, 但是只能在二进制网络上实现. 因此迫切需要根据具体网络提出新的社团结构分析方法. 本课题针对神经元功能网络无法预先知道社团个数和结构的特点, 需要结合社团结构分析展开研究.

14.2 在体多电极记录群体神经元 spike train 及海马计算模型

14.2.1 数据采集

对大脑神经系统方面的分析, 有些科学家致力于研究单个神经元的工作机制, 这方面的研究相对比较成熟. 有些科学家致力于更高一级的研究, 如对某一个皮层区域或若干皮层之间的研究, 弄清楚这个由数百万个神经元构成的大脑区域如何工作是脑神经科学研究的重点. 因此, 神经科学研究的兴趣正在从早期的单个神经元工作机理的研究转为对群体神经元连接结构的研究. 本节内容正是在此背景下展开了对群体神经元功能连接结构的研究, 采用了替代数据集 spike train 和真实神经生物数据相结合的分析途径. 本节所用的在体动物多电极记录实验数据来源于复旦大学脑科学院李葆明教授课题组和华东师范大学脑功能基因组学研究所林龙年教授课题组.

　　本节内容组织如下: 14.2.2 节给出了在体大鼠多电极记录 spike train 的采集过程. 14.2.3 节根据神经生物学对大脑海马结构的解剖学分析基础和海马对信息表达和处理方式过程, 提出一个海马各区神经环路结构的计算模型, 并给出了该计算模型的运行过程, 用来仿真动物在不同刺激条件下的行为反应, 实现模拟海马神经信息处理的过程, 并且可以产生已知发放模式和连接结构的模拟 spike train.

14.2.2　多电极记录 spike train

1. 大鼠不同认知行为任务

　　本节的研究目的是要分析通过多电极记录技术记录执行工作记忆任务的大鼠脑神经元的功能网络结构特性, 以及这些特性与认知任务的关系. 因此所使用的实验对象为在体记录执行不同认知任务的大鼠. 记录到的群体神经元 spike train 来源于执行三种不同认知行为的大鼠.

2. 付出越多, 得到越多 (doing more and getting more, DM-GM) 任务

　　DM-GM 实验任务训练箱是一个有底无盖的长方形盒子 (长、宽、高分别为70cm、25cm、25cm), 材质为塑料灰板. 在训练箱前挡板 10cm 高度处有一直径 2.5cm 的孔, 在孔两侧中央位置的外壁设有一对红外发射接收装置. 当大鼠把鼻子探入孔内时, 红外线被打断, 输出电平信号, 可被行为控制程序实时检测到. 在训练箱距后挡板 15cm 处的两侧箱壁间也设有一对红外发射接收装置. 训练箱后壁底部中央位置接有一由电磁开关控制的水管, 当电磁阀打开时, 即可将水打在箱内底板, 供大鼠饮用. 所用实验装置如图 14-2 所示.

　　实验操作过程如下: 将单只经过预训练的大鼠放入训练箱中, 先将控制程序设置为与预训练相同. 观察到大鼠成功取得 20 次以上的饮水后, 将控制程序转入第一阶段训练设置. 此时要求大鼠把鼻子探入孔内并停留至少 800ms. 大鼠把鼻子从孔内撤出以后, 必须在五秒钟之内转身到盒子的另一侧去获得水的奖励. 大鼠自己决定在孔内停留的时间. 在孔内停留的时间越长, 转身后获得的奖励也就越多 (得到更多的水). 该实验及数据记录过程由复旦大学李葆明课题组王率博士 (1998) 负责完成.

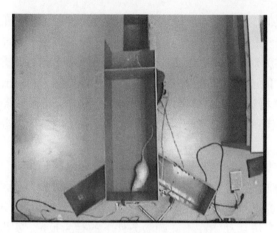

图 14-2   DM-GM 实验装置

3. Y 迷宫 (Y-maze) 任务

Y-maze 任务训练箱是一个有底无盖的 Y 形盒子, 选择臂长 71cm, 两个奖励臂长都为 42cm, 三臂互成 120° 夹角, 高 20cm, 材质为塑料灰板. 距选择臂末端 51cm 处和距奖励臂末端 35cm 处各有一个可以从迷宫地板下升起来的门, 在每个臂末端和每个门处各有一对红外 (一个红外线发射端和一个红外线接收端), 以检测大鼠在迷宫内的位置. 实验装置如图 14-3 所示.

图 14-3   Y-maze 认知任务的实验装置

实验操作过程如下: 将控水 1 天的大鼠放入迷宫适应 10 分钟, 然后取出, 第二天开始正式训练. 训练开始时选择臂的门关闭、奖励臂的门开放, 当大鼠打断选择臂门前的红外时, 此门打开, 大鼠可以自由选择进入哪个奖励臂, 并在奖励臂的末端获得 100μL 的水. 此时大鼠未进入的奖励臂的门关闭. 当大鼠消费完奖励后需要回到选择臂的末端以启动下一次实验, 此时选择臂的门关闭, 奖励臂的门开放. 大鼠回到选择臂末端 6 秒后, 当大鼠打断选择臂门前的红外时此门打开, 大鼠需要进入另一个奖励臂才能得到奖励, 即若上次 trial 进入的是左奖励臂, 则当前 trial 需进入右奖励臂才能得到奖励, 否则反之. 如果进入和上次 trial 相同的奖励臂, 则记为错误 trial. 下次 trial 的奖励位置不变. 每天训练 100 个 trial, 若任务操作的正确率连续两天超过 80%, 则开始记录. 该实验及数据记录过程由复旦大学李葆明课题组杨胜涛博士负责完成.

4. U 迷宫 (U-maze) 任务

另外一个工作记忆认知任务是 U-迷宫. U-迷宫训练箱是一个长方形的轨道, 在跑道的两端分别设计有 2 个红外控制给水装置, 当大鼠运动到跑道的一端时可触发自动给水装置, 使大鼠得到一滴水, 然后大鼠必须调头跑到另一端才可触发系统得到另一滴水的奖励. 这样可以训练大鼠在一定的时间内, 在跑道中做连续的往返运动.

实验操作过程如下: 实验选用 3 ∼ 6 个月的大鼠, 剪去大鼠头顶部毛后, 将大鼠固定于立体定位仪, 用微型牙科钻轻轻钻开 1 个小孔, 将准备好的独立可调式 16 道电极阵列驱动装置的 16 根电极小心竖直插入小孔. 实验使用的记录设备为 64 通道在体记录系统 (Plexon Inc, TX, USA, http://www.plexon.com). 实验记录位置为大鼠海马 CA1 区. 在先前的发表论文中有详细的实验设计和实验步骤描述 (王一男等, 2010). 实验平台如图 14-4 所示. 该实验和数据记录过程由华东师范大学脑功能基因组学研究所林龙年教授课题组完成.

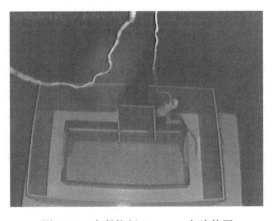

图 14-4 大鼠执行 U-maze 实验装置

5. 多电极记录过程

在 DM-GM 任务和 Y-maze 任务中, 动物行为训练实验过程和数据采集过程符合复旦大学动物使用要求. 所有涉及动物的实验均按美国国立卫生研究院 (NIH) 颁布的 "实验动物的照料和使用指南" 的要求进行. 实验动物采用雄性成年大鼠 Sprague-Dawley (SD) (8~10 周, 手术时的体重 250~350g), 由中国科学院上海实验动物中心提供. 实验动物在训练过程之前采用外科手术的方法将多通道微电极阵列埋入脑皮层组织中 (具体的手术过程和多通道微电极阵列埋入过程由李葆明教授课题组完成, 不在本章描述范围之内).

当多电极植入后, 让恢复后的大鼠进行相关任务训练过程, 由多通道胞外记录电极记录神经元活动, 通过自制的多通道微型 Headstage 进行跟随、消噪后, 经由信号传输导线进入信号采集设备进行记录. 信号传输导线由 Calmont 公司生产的超柔超细导线制成, 内芯为镀银镍镉合金, 绝缘层为 Teflon, 导线长度为 2m, 由 16 根信号线、2 根电源线以及 1 根地线和 1 根参考信号线组成, 如图 14-5 所示.

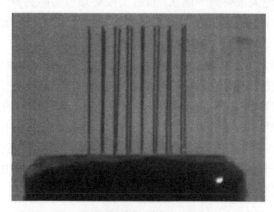

图 14-5　多通道微电极阵列 (王率, 1998)

神经信号经过实验室自制前放初级放大后, 经过信号传输导线传送到后端记录设备进行采集. 记录设备采用美国 Microsystems 科技公司的 cerebus-128 多通道神经信号采集系统. 多电极记录设备能同时记录到场电位和动作电位. 场电位是低频信号, 可以用低通滤波器过滤出来. 动作电位是高频信号, 一般可以采用高于 800Hz 的高通滤波器过滤出来. 本节只对动作电位进行分析研究.

由于胞外记录电极的探头直径较大, 理论上会将其尖端 100μm 范围内的神经元信号都采集下来. 在对皮层神经元进行记录时, 通常每个通道内都会同时采集到一个或多个神经元的放电. 因此, 为了对单个神经元的活动进行分析, 需要对记录到的单位放电信号进行分类 (sorting). 首先, 在线采集信号的时候, 对超过阈值的信号, 利用模板匹配的方法将放电信号进行初步聚类, 然后运用 Offline Sorter 2.0

软件 (http://www.plexon.com, Dallas, TX) 将单个 spike 分离出来, 如图 14-6 所示.

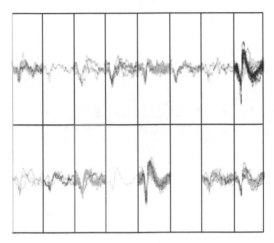

图 14-6 spike 分离过程, 可以分离出多个神经元的 spike (该图由复旦大学脑科学院课题组
提供)

对每组电极上记录到的所有放电波形进行聚类分析, 去除噪声区分出单个神经元的放电信号. 图 14-7 给出了 Y-maze 任务多电极放置的位置.

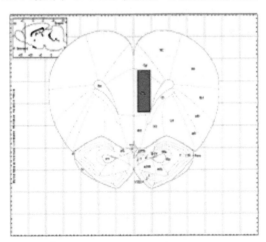

图 14-7 Y-maze 任务时神经元记录位置 (该图由复旦大学脑科学院课题组提供)

脑皮层主要由锥体细胞 (兴奋性) 和中间细胞 (抑制性) 组成 (图 14-8). 锥体细胞在大脑皮层中占到 80%~90%, 中间神经元细胞及其他梭形细胞占 10%~20%. 锥体神经元的放电波形较宽, 放电频率则较低. 中间神经元波形窄, 放电频率较高, 是锥体神经元的 2 倍以上. 因此, 利用这些特性可以对神经元进行种类区分.

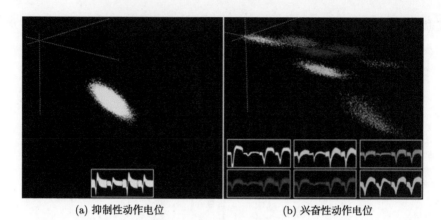

(a) 抑制性动作电位　　　　　　　　　(b) 兴奋性动作电位

图 14-8　两种不同神经元的发放形状 (王一男等, 2010)

锥体神经元的组合和放电被认为执行着神经环路的输出计算, 仅由锥体神经元组成的神经环路只能使兴奋在所有方向上不断增加, 抑制性中间神经元可以调节兴奋性. 有了抑制, 环路的活动模式就严重依赖连接细节的准确性, 是神经环路结构复杂性的基础.

每个组织都含有中间神经元, 中间神经元数量很少, 不到 10%, 但一个中间神经元可以和大约 1500 个锥体细胞和 60 个中间神经元形成突触联系. 根据其放电模式和胞外记录信号波形的不同, 可以鉴别出所记录到的神经元的类型. 本研究采用的数据均来自锥体神经元, 中间神经元的信号不做分析. 因此, 在一个电极上一般可同时记录到多个锥体细胞的放电. 如一次实验过程同时记录到的多个神经元 spike train 的光栅图如图 14-9 所示.

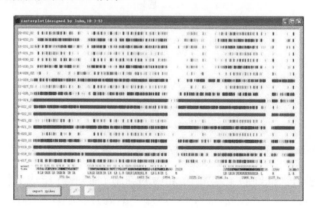

图 14-9　多个神经元 spike train 的光栅图 (raster plot), 一行代表一个神经元在一段时间内
发放的大量 spike 组成的序列

14.2.3 海马计算模型产生 spike train

本课题的部分研究内容为分析大鼠在执行不同工作记忆任务时 (如 Y-maze 任务、U-maze 任务等), 前额叶皮层和海马区 (Y-maze 任务记录位置为前额叶皮层, U-maze 任务记录位置为海马区) 是如何来编码这些记忆任务的, 也就是从记录到的群体神经元发放中发现和分析表征这些记忆任务的模式和环路结构, 从而来预测大鼠的行为及实现脑机接口研究.

由于目前缺乏记录到的大量真实数据集, 并且由于神经元发放的随机性和大量性, 即使能记录到十几个神经元, 也很难从不一定有效的神经元中发现这些模式, 并且由于缺乏任何有关这些模式的先验知识, 也无法对这些发现的模式进行客观评价. 因此迫切需要建立一个模拟大鼠执行认知任务的计算模型, 通过建立神经元发放模型和神经元之间的环路结构, 模拟大鼠产生不同行为时的 spike train, 分析相关规律来推断大鼠的决策行为过程.

另外, 我们在提出一些新的 spike train 分析方法时, 由于真实记录 spike train 数据集无法预先知道所包含的结构和模式, 也需要生成一些已知网络结构的 spike train 替代数据集. 因此我们实现了一种新的计算模型, 建立了这样一个可以模拟 Y-maze 行为的仿真平台, 并且可以根据神经元之间不同的连接结构产生替代 spike train 的数据集.

1. 海马计算模型结构

为了产生模拟数据和研究功能网络的演化过程, 本节根据海马的神经生物学解剖基础, 构建了海马神经环路的计算模型 (图 14-10).

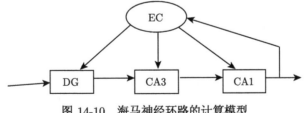

图 14-10 海马神经环路的计算模型

海马结构主要包括齿状回、海马皮层、下托. 海马皮层被分为 CA1、CA2、CA3、CA4 区, 由于 CA1 和 CA3 在记忆中的重要性, 通常对海马皮层简化为 CA1 和 CA3 两部分. 海马的三突触神经回路是目前神经生物学家普遍认可的海马信息处理通路, 也是学习和记忆被诱导的神经机制, 同时已经有很多实验结果表明许多老年性疾病, 如阿尔茨海默病 (Alzheimer's disease, AD), 也和该回路的病变有关.

实验表明海马的主要输入信号来源于内嗅皮层 (entorhinal cortex, EC), 经穿通纤维 (perforant path, PP) 传至齿状回 (dentate gyrus, DG), 齿状回通过苔状纤

维 (mossy fiber, MF) 到达 CA3, CA3 与 CA1 通过薛氏纤维 (schaffer collateral, SC) 连接, 最后经下托回到内嗅皮层. 完整的海马模型十分复杂, 一般研究多集中在 CA3、CA1 系统.

海马存在着明显的三突触回路 —— 支持长时记忆机制. 第一个突触联系: 始于内嗅区皮层, 这里神经元轴突形成穿通回路, 止于齿状回颗粒细胞树突. 第二个突触联系: 由齿状回颗粒细胞的轴突形成苔状纤维与海马 CA3 区和锥体细胞的树突. 第三个突触联系: CA3 区锥体细胞轴突发出侧支与 CA1 区的锥体细胞发生第三个突触联接. 再由 CA1 锥体细胞发出向内侧嗅区的联系.

2. 神经元之间连接的突触可塑性

突触可塑性是神经元之间突触的一种调节机制, 长时程增强 (long-term potentiation, LTP) 和长时程抑制 (long-term depression, LTD) 现象已被公认为学习记忆活动的细胞水平的生物学基础. 在我们构建的神经元发放模型中, 也考虑了 LTP、LTD.

实现过程如下: 在模型训练前初始化神经元之间增加了突触连接强度矩阵

$$W_{n \times n} = \begin{bmatrix} w_{11} & w_{12} & \cdots & w_{1n} \\ \vdots & \vdots & & \vdots \\ w_{n1} & w_{n2} & \cdots & w_{nn} \end{bmatrix} \tag{14.2}$$

其中 $w_{ij} = le^{-\frac{1}{5 \mathrm{rnd}}}$, rnd 为 0 到 1 之间产生的随机数, l 为常量.

在神经元网络演化过程中, 神经元之间 spike 发放的增强意味着神经元之间有着更强的突触, 不断地修正神经元之间的突触强度 $w_{ij} = le^{-\frac{1}{w_{ij} + 5 \times \mathrm{rnd}}}$ 实现了 LTP. 同样道理, 如果神经元之间的抑制功能不停修正, 则会产生 LTD, LTD 使得神经元之间的突触抑制功能越来越强.

3. 单个神经元模型实现

计算模型是由单个神经元组成的, 在模拟神经元网络动态发放过程中, 如何实现单个神经元的发放模型是关键, MP(McCulloch-Pitts) 模型是一种早期常见的模型, 该模型实现简单, 但无法体现神经元发放的动态过程, Izhikevich (2003) 模型是非线性方程, 体现了非线性动力学过程. 是一种脉冲型神经元发放模型.

在该神经元发放模型中, 单个神经元发放模型建立在 Izhikevich 神经元模型基础上, 该模型结合了 H-H 模型的生物似真性和积分放电模型计算简单的优点, 我们在该模型中加入了神经元之间不同的连接结构. 每个神经元放电特性由两个变量 v_i (mV) 和 u_i (mV) 表达, 其中 v_i 的值对应于第 i 个神经元的膜电位, u_i 为膜电位的恢复变量, I_i 对应于第 i 个神经元的突触电流. 另外加入了产生的随机噪声, 用来表示神经元在整合发放过程中的不确定性.

单个神经元发放微分方程如下:

$$v_i' = 0.04v_i^2 + 5v_i + (140 - u_i) + I_i$$

$$u_i' = a(bv_i - u_i)$$

(14.3)

式中, 当 $v_i \geqslant 30\text{mV}$ 时, 表示该神经元的膜电位超过阈值 (阈值 $=30\text{mV}$), 该神经元产生一个动作电位 spike. 并且使得 $v_i \leftarrow c, u_i \leftarrow (u_i + d)$, 表示膜电位迅速下降, 恢复到 -65mV. 调节 a、b、c、d 四个参数可以仿真不同类型的神经元放电. 对于兴奋性神经元选取: $a = 0.02$, $b = 0.2$, $c = -65$, $d = 2$.

$$I_i^{t+1} = I_i^t + 10 \times \text{rnd} \times l() \times s()$$

(14.4)

I_i 表示第 i 个神经元接收的突触电流, $l()$ 表示神经元之间的连接结构, $s()$ 表示大鼠得到的刺激信号, 显然在大鼠执行不同行为时, 该刺激信号也是不同的. rnd 为 $[0, 1]$ 产生的随机数, 表示突触电流的随机性.

4. 模拟 Y-maze 任务及产生已知结构的 spike train

表 14-1 的任务由真实的 Y-maze 任务数据中得到, 31 表示 31 秒时大鼠执行 L-choice, 94 表示 94 秒时大鼠执行 R-choice. 可见大鼠执行了 9 次不同的任务, 我们使用该任务表来模拟大鼠 Y-maze 行为过程. 实现过程如下:

表 14-1　Y-maze 任务表

时间/s	31	94	159	202	261	334	374	422	497
任务	L	R	L	R	L	R	L	R	L

(1) 假如在 EC 层有 10 个神经元表示大鼠的训练过程和刺激信息, 则该 10 个神经元就作为海马的输入信号: 如 1111100000 表示执行了 L-choice, 0000011111 表示执行了 R-choice.

(2) 作为输出端的 CA1 层 (我们设定了 18 个神经元), 必然有若干细胞来表示大鼠行为的选择, 也就是有若干神经元从 CA1 出来后突触联到大脑的其他脑区 (如运动皮层), 来控制大鼠的行为选择. 则 EC→DG→CA3→CA1 之间的环路结构和网络结构就是我们要模拟的海马计算模型.

图 14-11 为该计算模型生成的神经元 spike train 的光栅图. 数量为 18 个神经元, 一根红竖线代表一个 spike, 一行代表一个神经元产生的 spike train. 当然实际情况中的神经元数量更多.

可见, 该模型可以仿真神经信息处理过程, 我们仅仅实现了简单功能, 更深入的分析有待进一步研究. 另外, 该计算模型可以用来模拟在神经元不同连接结构下的神经元发放情况. 下面给出平台执行结果.

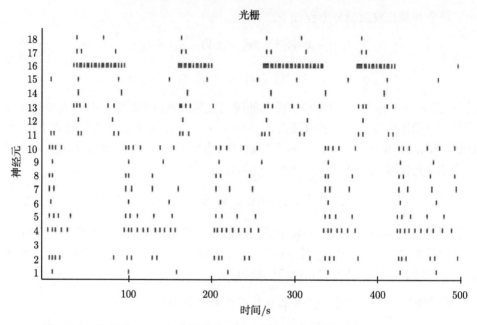

图 14-11　根据表 14-1 任务模拟 Y-maze 得到的 18 个神经元的 spike train

假如神经元数量为 18 个, 初始连接方式如图 14-12 所示.

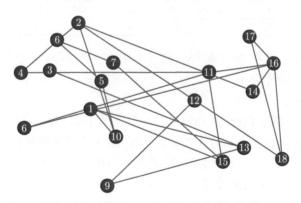

图 14-12　模拟的 18 个神经元的连接结构

通过运行该计算模型, 我们得到 18 个神经元的 spike train 发放序列如图 14-13 所示.

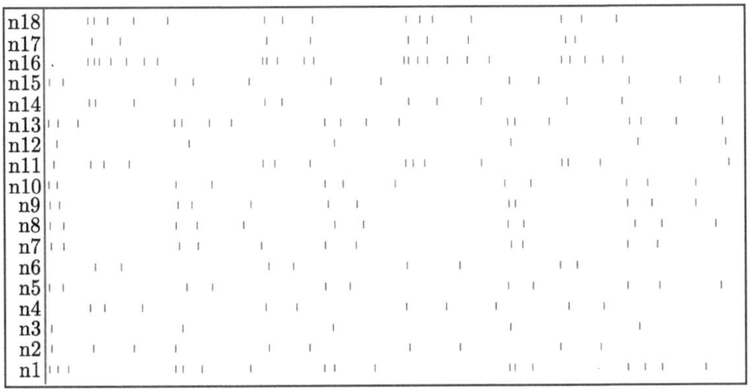

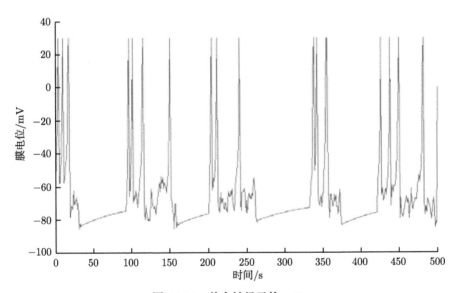

图 14-13 产生的模拟 spike train 的发放序列

另外该平台里每个神经元的膜电位也都被记录下来了. 我们举两个例子, 分别为第 1 个神经元和第 10 个神经元的膜电位, 如图 14-14 和图 14-15 所示.

图 14-14 单个神经元的 spike

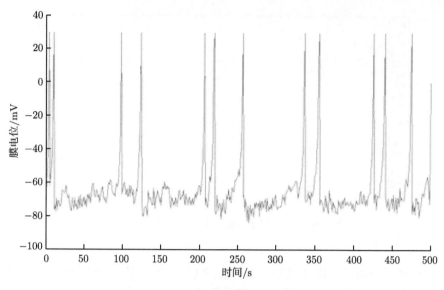

图 14-15　单个神经元 spike

图 14-14 为第 1 个神经元在 500s 时间内的发放, 和真实动作电位接近, 当膜电位超过 30mV 时, 产生一个动作电位 spike, 并且快速翻转, 膜电位迅速下降至 −65mV, 当累积突触电流再次达到 30mV 时, 又产生一个 spike, 依次发生, 我们可以得到神经元 1 的 spike train (图 14-16).

图 14-16　第 1 个神经元多个 spike 组成的 spike train

同样如此, 第 10 个神经元的膜电位如图 14-15 所示.

我们将图 14-12 中的节点按照社团结构排序后, 得到图 14-17. 图 14-12 与图 14-17 节点数相同, 边数相同, 连接结构相同, 只是神经元的物理位置发生了变换. 图 14-17 中呈现出两个比较明显的社团结构, 我们将此网络结构用于仿真平台中, 同样执行时间为 500s.

得到的 spike train 光栅图如图 14-18 所示. 可以看出该 spike train 既存在同步性又存在发放的随机性. 神经元结构有连接时, spike train 的发放存在相关性. 图 14-18 中的神经元发放通过肉眼发现存在两种比较明显的发放模式, 而在实际多电极记录数据中, 由于不知道神经元之间的连接结构, 也就无法直接发现存在于 spike train 中的发放模式, 因此检测群体神经元之间的发放模式也是神经科学研究一个重要的内容.

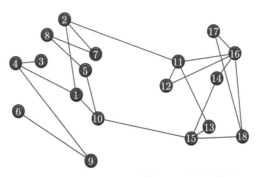

图 14-17 模拟的 18 个神经元的连接结构

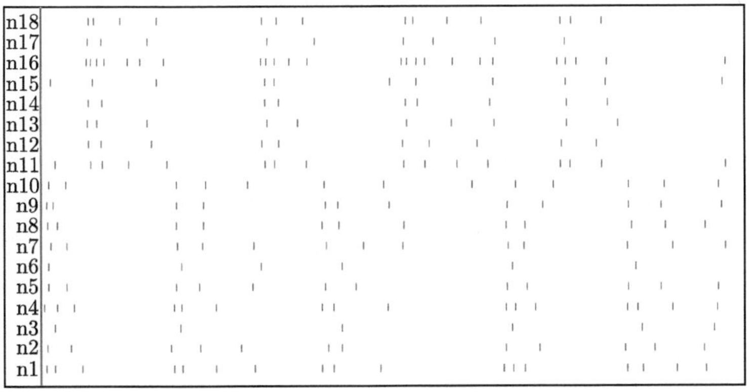

图 14-18 基于图 14-17 的神经元连接结构产生的 spike train

由此可见, Izhikevich 神经元模型也体现了整合--发放的思想, 同时也是一个多输入单输出的模型.

从上面的实验结果可以看出, 该仿真平台可以根据大鼠 Y-maze 不同任务或位置给定不同刺激, 产生类似多电极记录的 spike train, 供进一步模式分析使用.

上面的实验结果给出了该平台的实现过程. 该平台目前仅实现了兴奋性神经元, 抑制性神经元暂时没有加入. 我们知道神经元可以分成两种: 兴奋性神经元和抑制性神经元, 因此在实现仿真模型中, 同时需要这两种模型. 下面我们给出了同时包含兴奋性神经元和抑制性神经元的仿真结果.

在我们实现的神经元发放模型中, 通过调节 a、b、c、d 四个参数, 可以仿真不同类型的神经元放电. 对兴奋性神经元选取: $a = 0.02$、$b = 0.2$、$c = -65 + 15r$、$d = 8 - 6r^2$, r 为 $[0,1]$ 内均匀分布的随机变量. 对于抑制性神经元: $a = 0.02 + 0.08r$、$b = 0.25 - 0.05r$、$c = -65$、$d = 2$, 如图 14-19 所示.

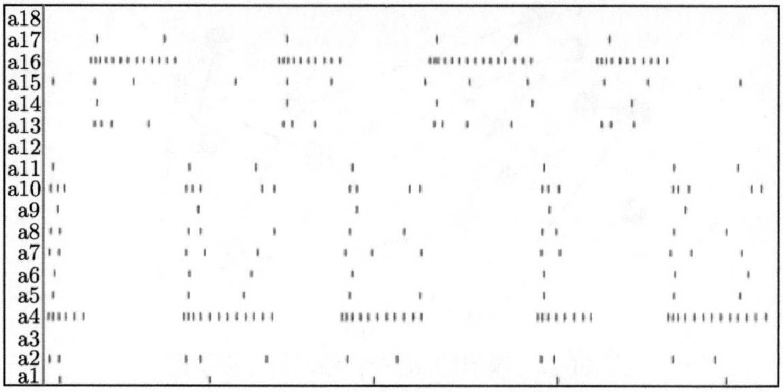

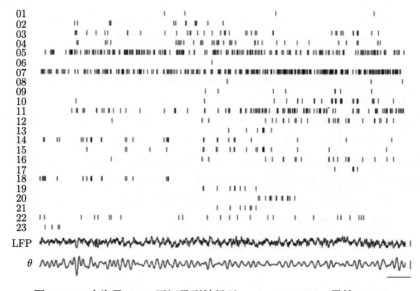

图 14-19　产生的 18 个神经元的 spike train

在 18 个神经元模型中, 我们设定了第 4 和第 16 个神经元为抑制性神经元, 其余的为兴奋性神经元, 在这 18 个神经元发放的 spike train 中, 我们可以看出, 第 4、16 个神经元的发放频率要高于兴奋性神经元, 这也符合神经生物学原理, 我们从体多电极记录到的 spike train 中发现, 抑制性神经元发放频率较高, 如图 14-20 中为真实的 spike train, 第 05、07 号为中间神经元 (抑制性), 其余为锥体神经元 (兴奋性).

图 14-20　在海马 CA1 区记录到神经元 raster plot (王一男等, 2010)

5. 模拟小世界神经元网络产生的 spike train

神经元功能网络中一个很重要的研究是集中在研究群体神经元之间的结构连接是怎样影响神经元之间的功能连接的, 也就是目前具有各种如小世界特性、社团结构特性的神经元功能网络是如何生成的.

我们将神经元网络连接结构分为两种形式, 一为结构连接, 就是神经元之间实际存在的连接 —— 物理连接. 二为功能连接, 就是根据神经元发放的 spike train, 通过计算 spike train 之间的相关性确定的神经元之间的连接 —— 功能连接.

目前已经有大量研究表明脑功能网络中存在小世界特性, 但对脑功能网络从一开始是如何演化成小世界网络的却缺乏了解, 因为脑网络结构是一个动态过程, 随着时间、学习过程在不停地变化, 对大鼠执行 Y-maze 任务而言, 就是需要分析神经元网络是如何在不停地训练 L、R 任务时修改自己的网络结构, 最终达到稳定状态.

因此我们根据不同的网络结构 (包括规则网络、小世界网络、随机网络), 首先生成神经元之间的结构连接, 然后不断地调节网络的结构连接, 通过脉冲神经元网络模型生成每个神经元的 spike train, 来产生替代 spike train 数据集.

我们假设有 20 个神经元, 神经元之间的物理连接结构如图 14-21 所示. 产生各种不同的 spike train 数据集如图 14-22 所示.

如图 14-21 中 4 个子图为不同结构连接的图, p 表示随机化重新连接概率, 当 $p = 0$ 时, 每个节点只与最近的 2 个节点连接, 该图为一个规则图, 当 $p = 1$ 时, 表示每一条边都随机化地进行了重新连接, 得到的图是一个随机图. 中间两个图 $p = 0.3$、$p = 0.7$ 时表示结构网络从规则图向随机图进行演化, 是一个小世界网络图.

四种不同结构网络所对应的计算模型生成的 spike train 如图 14-22 所示.

图 14-22 为对应不同网络连接时产生的 spike train, 可见 spike train 也是不同的.

在这一节中, 我们给出了该计算模型的实现过程, 并且根据该计算模型可以产生多种不同的替代 spike train 数据集. 有关该计算模型的其他特性, 还需要进一步分析.

我们的研究对象为脑神经元的动作电位发放序列 spike train. 本节简单介绍了实验分析所用的数据来源, 包括真实动物认知行为过程中记录到的数据和计算模型产生的仿真数据.

真实多电极记录群体神经元的发放来源于课题合作方 —— 复旦大学李葆明教授课题组和华东师范大学林龙年教授课题组. 每一组数据包含了最多几十个神经元的 spike train.

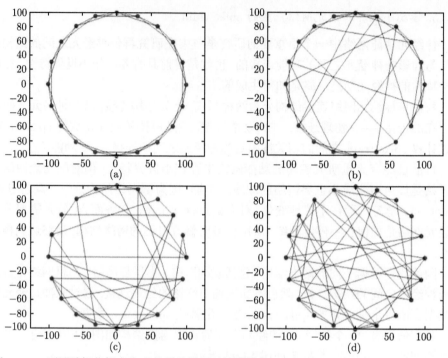

图 14-21　不同随机化概率生成的群体神经元连接结构. (a) $p = 0$; (b) $p = 0.3$; (c) $p = 0.7$;
(d) $p = 1$

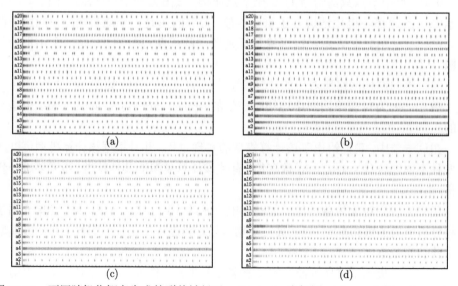

图 14-22　不同随机化概率生成的群体神经元 spike train 光栅图. (a) $p = 0$ 的 spike train 光
栅图; (b) $p = 0.3$ 的 spike train 光栅图; (c) $p = 0.7$ 的 spike train 光栅图; (d) $p = 1$ 的
spike train 光栅图

另外我们实现了一个模拟海马神经环路结构的计算模型, 用来模拟大脑在不同认知任务下, 神经元功能网络结构的演化过程, 为揭示神经元网络演化规律提供了理论依据. 同时根据不同的功能网络社团结构, 可以产生群体神经元的 spike train. 为本章后续提出的神经元功能网络分析方法提供仿真数据.

14.3　神经元功能网络的复杂网络拓扑特性分析

14.3.1　神经元功能团

近年来, 基于图论技术的复杂网络理论被广泛用于分析脑网络结构特性 (Rubinov, Sporns, 2010; Bullmore, Sporns, 2009). 脑网络是以若干脑区或神经元为节点, 以结构连接或功能相关性连接作为边而构成的一种网络. 这些网络分析方法忽略了脑的形状、大小等物理特征, 有助于识别和分析这些不同脑网络的相似性和差异 (Kaiser, 2011). 目前对脑网络的分类有三种类型: 结构性网络、功能性网络和效用性网络. 结构性网络描述两个大脑部位之间的物理连接, 这种边表示神经元之间的突触连接, 需要从解剖学角度观察. 由于大脑内在连接结构非常复杂并且是动态变化的, 目前我们离神经元网络的完整解剖学描述还很远. 因此目前更多的脑网络研究集中在功能性连接上, 功能性网络通常定义为空间上较远的神经生理学事件之间在时间上的相关性, 这种边表示的是信号的互相关性, 可以用统计方法来计算这些相关性. 效用性网络是一个更抽象的概念, 一般定义为一个神经中枢系统通过直接或间接的方式对其他系统可能发挥的影响. 这种网络中的边带有方向性. 由于目前在神经科学中很难对神经元之间发放的因果性进行推断, 因此这种网络目前研究得很少. 功能性网络摒弃了神经解剖学连接, 成为脑网络研究的重点. 因此, 复杂网络分析技术可以更容易地被用来分析这些脑网络拓扑特性. 许多研究表明, 功能网络的拓扑特性和结构网络潜在的特性是非常相似的 (Sporns et al., 2004). 脑功能网络已成为研究脑系统和脑疾病的主要手段 (Bai et al., 2012; Stam et al., 2009).

复杂网络中一些图理论度量方式, 如聚类系数、最短路径距离等, 已经被用来分析脑功能性网络的拓扑结构. 这些研究主要集中在小世界网络结构上 (Sporns, Zwi, 2004; Bassett, Bullmore, 2006; Yu et al., 2008; Watts, Strogatz, 1998). 小世界网络允许通过最低的传输成本高效地快速传递信息. 大量的研究结果表明, 小世界结构的变化与脑的变化和脑疾病的形成是密切相关的 (Liu et al., 2008; Stam et al., 2007). 但这些研究都是集中在宏观层次的脑网络结构上 (如使用 fMRI 成像或 EEG 数据构成的功能性网络). 然而, 小世界特性仅仅是理解脑复杂动态系统的第一步. 复杂网络方法允许我们量化其他复杂系统的拓扑特性, 如模块性、度分布等 (Barabási, Albert, 1999). 这些方法也已经在脑功能网络中被使用了 (He, 2011;

Li et al., 2010). 近年来, 脑功能网络中的模块性研究也逐渐引起了研究人员的兴趣. Schwarz 等 (2009) 和 Liang 等 (2011) 采用社会网络分析中 Newman 提出的模块性函数 Q 分别将老鼠的 pharmacological MRI 及 rsfMRI 划分成不同的社团结构. 非常少的研究试图从微观层次的连接发现神经元功能网络的结构特性, 如由单个神经元组成的功能网络.

近年来, 随着多电极记录技术的发展, 一次可以同时记录到几十个神经元. 对神经生物学的研究已经从单个神经元转移到以群体神经元为一个整体的研究上. 已经有证据表明, 分析群体神经元的活动对于分析集群编码具有非常重要的意义. 集群编码理论认为脑信息的处理、传输是以群体神经元的活动为单位的. 因此分析神经元功能网络拓扑特性能更具体地回答大脑是如何工作的. 已经有一些研究分析了神经元功能网络的小世界特性 (Yu et al., 2008). Gerhard 等 (2011) 的结果表明神经元功能网络存在小世界特性, 但缺乏无标度特性. 但有关神经元功能网络社团性的研究未见相关报道.

因此, 尚缺乏在微观层次 —— 神经元功能网络上进行的较详细的复杂网络特性分析的研究.

在本研究中, 我们通过多电极记录技术记录了大鼠皮层群体神经元的 spike train, 大鼠执行认知任务, 构建了神经元功能网络. 实验数据分别选择几种不同的行为过程, 每组数据记录到的神经元数量不同, 每组数据包含了老鼠一次实验的多次 trial 过程. 单个神经元功能网络由一次 trial 过程生成. 以单个神经元作为节点, 神经元产生 spike train 之间的相关性作为边. 通过阈值化生成一个二进制矩阵. 通过一个无权重的图来表示神经元功能网络. 我们分别研究了复杂网络理论中最重要的几个特性: 小世界特性、无标度性、层次性和模块性等. 研究发现小世界特性普遍存在于不同的神经元功能网络中; 而该神经元功能网络并不存在无标度特性. 通过使用 Newman 提出的模块性函数 Q, 我们发现社团结构特性依赖于所记录到的 spike train 数据集. 根据模块性函数 Q 我们可以将神经元功能网络划分成不同的社团结构.

本节内容组织如下: 14.3.2 节简单介绍了复杂网络的几个度量特性和模型. 14.3.3 节分别研究了 spike train 数据构成的神经元功能网络中的小世界特性、无标度特性和模块性的分析过程, 并给出了实验结果. 14.3.4 节基于新的神经元之间的相关性系数给出了一种新的层次结构分析方法. 14.3.5 节对本节内容进行了总结.

14.3.2　复杂网络的几个特性

1. 几个基本度量概念

我们生活在一个网络时代, 网络无处不在, 如因特网、社会关系网、生物网络等. 这些网络表现出一种共同特性 —— 复杂性, 因此也被称为复杂网络. 对复杂网络的研究最早起源于 18 世纪数学家欧拉对 Konigsberg 七桥问题的图论研究. 在过去的 10 年, 复杂网络的研究得到迅速发展主要得益于两篇具有开创性的文章, 一篇是 Watts 和 Strogatz 于 1998 年在 *Nature* 上发表的关于小世界网络的文章 (Watts, Strogatz, 1998). 另一篇是 Barabási 和 Albert 于 1999 年在 *Science* 上发表的关于无标度网络的文章 (Barabási, Albert, 1999). 近年来, 将大脑看作一个复杂网络系统, 已成为很多神经科学家、物理科学家的共识. 因此复杂脑网络的研究正成为一个新的研究热点. 在图论中, 一个复杂网络可以表述为一个图, 由节点和连接这些节点的边组成. 目前在描述复杂网络结构统计特性上提出了许多概念, 但最基本的主要有三个: 平均路径长度 (average path length)、聚类系数 (clustering coefficient) 和度分布 (degree distribution).

1) 平均路径长度

两个节点 i, j 之间边数最少的一条通路称为此两点之间的最短路径, 该通路所经过的边的数目即为节点 i, j 之间的最短路径长度 l_{ij}. 网络最短路径长度 L 描述了网络中任意两个节点间的最短路径长度的平均值.

$$L = \frac{1}{N(N-1)} \sum l_{ij} \tag{14.5}$$

最短路径对网络的信息传输起着重要的作用, 度量了网络的全局传输能力. 最短路径长度越短, 网络全局效率越高, 则网络节点间传递信息的速率就越快.

2) 聚类系数

聚类系数也称为传递性, 衡量的是网络的集团化程度, 是度量网络的另一个重要参数. 聚类系数表示某一节点 i 的邻居间互为邻居的可能性. 节点 i 的聚类系数 C_i 的值等于该节点邻居间实际连接的边的数目 (e_i) 与可能的最大连接边数 $k_i(k_i - 1)/2$ 的比值

$$C_i = \frac{2e_i}{k_i(k_i - 1)} \tag{14.6}$$

聚类系数的范围从 0 到 1, 网络的聚类系数就是所有节点聚类系数的平均值. 聚类系数越大, 说明该网络节点之间存在着越紧密的连接结构

$$C = \langle C_i \rangle = \frac{1}{N} \sum_i C_i \tag{14.7}$$

3) 度分布

度是单独节点简单而又重要的属性. 度定义为与节点直接相连的边数

$$k_i = \sum_{j \in N} a_{ij} \tag{14.8}$$

节点的度越大则该节点的连接就越多, 节点在网络中的地位也就越重要. 度分布 $P(k)$ 是网络最基本的一个拓扑性质, 它表示在网络中等概率随机选取的节点度值正好为 k 的概率, 实际分析中一般用网络中度值为 k 的节点占总节点数的比例近似表示.

2. 几种经典的网络模型

1) 随机网络

随机网络是一种最普遍的网络模型, 对随机图的系统研究最早是由 Erdos 和 Renyi 在 1959 年开始的, 所以也称为 ER 图, ER 随机图模型由每对顶点以随机的方式连接形成. ER 随机图是所有图模型中研究得最好的, 许多复杂网络特性, 如小世界特性、模块性等, 都采用了与 ER 图进行比较.

2) 小世界网络

小世界网络是一个刻画复杂网络拓扑特性很重要的模型. 作为从完全规则网络向完全随机图的转换, Watts 和 Strogatz 于 1998 年引入了一个有趣的小世界网络模型. 图 14-23 表示随着某些边的连接结构改变, 一个固定连接网络向随机网络转变, 中间状态得到的就是小世界网络.

图 14-23   规则网络向随机网络的演变 (Watts, Strogatz, 1998)

近年来的研究表明在社会网络、经济网络、生物网络中大量存在着小世界特性. 那什么样的网络被认为是小世界网络呢? 一般认为, 小世界网络具有较大的聚类系数 C 和较短的最短路径距离 L. 很难有个标准衡量是否是小世界网络, 一般是与同等规模的 ER 基准网络 (具有相同节点和边数) 进行聚类系数和最短路径长度的比较. 具有较高的聚类系数 $C/C_{rand} \gg 1$ 和近似于 ER 网络的最短路径 $L/L_{rand} \sim 1$ 的网络被称为小世界网络. 一种提出的比较流行的测量是小世界特性 $S = (C/C_{rand})/(L/L_{rand})$ (Paiva et al., 2010), 当 $S > 1$ 时就认为对应的网络具有小世界特性, 目前一般还是以此来判断是否是小世界网络. 为了评价神经元功能网络的小世界特性, 我们与平均运行 200 次同等规模的 ER 图比较了聚类系数和最短路径距离. 由于每一个神经元功能网络的边数和节点数不一定相同, 因此对应生成的 ER 网络规模也是不相同的.

3. 无尺度特性

无标度网络特性是通过节点的度分布来识别的. 如果一个网络是无标度的, 则它的度分布是幂律分布 $p(k) \sim k^{-\lambda}$, 这个和随机网络的度分布为指数型分布 $p(k) \sim e^{-k}$ 是不同的. 图 14-24 给出了一种符合无标度模型的网络结构. 我们同样分析了神经元功能网络的度分布.

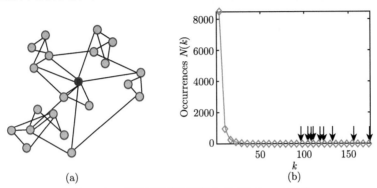

(a)　　　　　(b)

图 14-24　无尺度网络及度分布 (Kaiser, 2011)

4. 模块性

近年来, 一种新的网络拓扑特性测量 —— 模块性引起了人们的关注, 如图 14-25. 模块性反映了网络内节点组织的层次性, 可以用来识别网络内的子网络. 和聚类系数 C 不同, 模块性可以用来评价网络怎么被划分成互不重叠的小模块. 近年来, 已经提出了许多方法来发现复杂网络中的模块组织. 最著名的评价方法就是采用了 Newman 提出的模块性函数 Q (公式 (14.1)) 来识别功能网络的社团结构, 即何种社团结构是网络的最佳划分. Q 的值在 $0 \sim 1$, Q 值越大意味着划分的效果越好. 一种常用的方法是使用 Q 来发现网络中最优的模块数, 即发现最大的 Q 对应的划分. 划分过程需要采用谱划分或层次划分方法来实现.

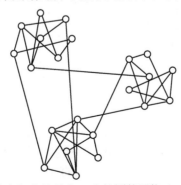

图 14-25　由 22 个节点组成的具有 3 个社团的网络 (Girvan, Newman, 2002)

14.3.3　拓扑特性分析

1. 实验数据

本节研究内容中的 spike train 数据集来源于两种不同的认知行为实验. 第一种实验为 "付出越多–得到越多"(DM-GM) 行为任务; 第二种实验为 "Y-maze" 行为任务. 图 14-26 为两种实验过程的简单描述.

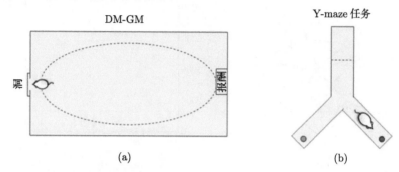

图 14-26　两种不同行为任务的描述过程. (a) DM-GM 实验过程; (b) Y-maze 实验过程

我们记录了大量的群体神经元的 spike train. 在本研究中, 我们分别选取了两种不同行为的两组 spike train 数据集 (共 4 组) 进行实验. 如表 14-2 所示, 每组数据集分别包含了 50 次 trial 和 25 次 trial 过程. 每组数据集的神经元数量各不相同, 范围在 20 ~ 34 个 (最大为 34, 最小为 20, 平均值为 25.5), 对每组数据集的每次 trial 的 spike train 按照图 14-27 的方法构建成神经元功能网络, 总共构成了 150 个神经元功能网络. 划分时间窗的大小固定选择为 bin=100ms, 在此我们不讨论 bin 的选择对神经元网络结果的影响.

表 14-2　从不同认知任务中多电极记录到的 spike train 数据集

任务	数据集	神经元数量	trial 数量
DM-GM	Data 1	34	50
	Data 2	25	50
Y-maze	Data 3	20	25
	Data 4	23	25

2. 构建神经元功能网络

计算 spike train 之间的相关性是构建神经元功能网络的第一步. 许多线性关系方法如皮尔逊相关系数被作为一个度量来分析脑功能网络. 皮尔逊相关系数不能反映神经元之间的发放频率关系. 频率编码一直是早期神经科学研究中一种重要的信息编码方式. 我们基于发放频率的强弱关系定义了一个新的线性相关系数.

首先需要对每个神经元的 spike train 进行时间窗划分, 当 spike train 被划分成各个 bin 后, 每个神经元的 spike train 被离散化成一个向量. 假设 $x_i(i = 1, 2, \cdots, n)$, $y_i(i = 1, 2, \cdots, n)$, 分别对应两个神经元的 spike train, x_i 的值表示第 x 个神经元第 i 个时间窗内的 spike 个数, 相关系数定义如下:

$$\rho = 1 - \frac{\sum\limits_{i}(y_i - x_i)^2}{\sum\limits_{i} y_i^2 + \sum\limits_{i} x_i^2} = \frac{2 \times \sum\limits_{i} y_i \times x_i}{\sum\limits_{i} y_i^2 + \sum\limits_{i} x_i^2} \tag{14.9}$$

ρ 的值在 $0 \sim 1$, 越大表示越相关, 当 $\rho = 1$ 时, 表示 x 和 y 两个神经元在每一个时间窗内发放的 spike 频率相同, 如图 14-27 所示.

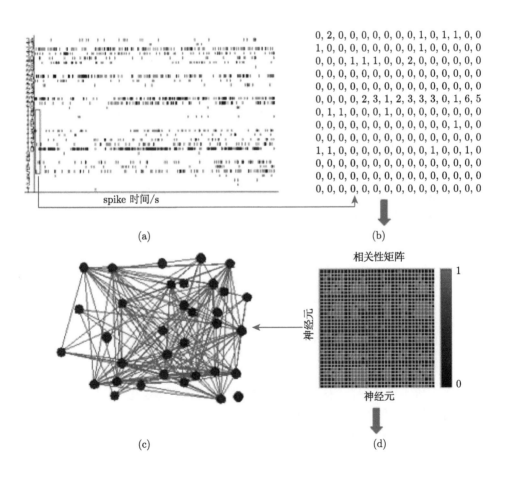

0, 2, 0, 0, 0, 0, 0, 0, 0, 1, 0, 1, 1, 0, 0
1, 0, 0, 0, 0, 0, 0, 0, 1, 0, 0, 0, 0, 0, 0
0, 0, 0, 1, 1, 1, 0, 0, 2, 0, 0, 0, 0, 0, 0
0, 0, 0, 0, 0, 0, 0, 0, 0, 0, 0, 0, 0, 0, 0
0, 0, 0, 0, 0, 0, 0, 0, 0, 0, 0, 0, 0, 0, 0
0, 0, 0, 0, 2, 3, 1, 2, 3, 3, 3, 0, 1, 6, 5
0, 1, 1, 0, 0, 0, 1, 0, 0, 0, 0, 0, 0, 0, 0
0, 0, 0, 0, 0, 0, 0, 0, 0, 0, 0, 0, 1, 0, 0
0, 0, 0, 0, 0, 0, 0, 0, 0, 0, 0, 0, 0, 0, 0
1, 1, 0, 0, 0, 0, 0, 0, 0, 0, 1, 0, 0, 1, 0
0, 0, 0, 0, 0, 0, 0, 0, 0, 0, 0, 0, 0, 0, 0
0, 0, 0, 0, 0, 0, 0, 0, 0, 0, 0, 0, 0, 0, 0
0, 0, 0, 0, 0, 0, 0, 0, 0, 0, 0, 0, 0, 0, 0

spike 时间/s

(a)　　　　(b)

相关性矩阵

神经元

1

0

神经元

(c)　　　　(d)

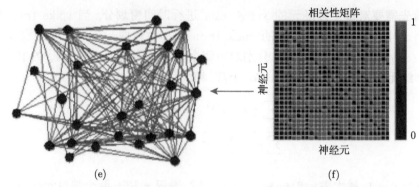

图 14-27　脑神经元功能网络构建过程流程图. (a) 一些神经元的脉冲序列光栅图; (b) 从 (a) 的 spike train 中划分时间窗; 每一个数字表示该时间窗内 spike 的数量; (c) 根据相关性矩阵构建的神经元功能网络; (d) 在 (b) 的离散化向量中计算相关性矩阵, 每一个元素表示两个神经元之间的线性相关; (e) 将孤立节点 (即没有连接边的节点) 删除后的神经元功能网络; (f) 在 (d) 的相关性矩阵中, 我们只保留了所有边中前 30% 的边得到新的相关性矩阵

　　通过计算 spike train 之间的相关性, 创建了一个全连接、权重网络. 这个网络是无向的, 每一条边仅仅表示两个神经元相关性的强弱. 实际上, 不是每一条边都是有意义的. 一些研究表明, 对前额叶皮层来说, 仅仅 15% 的连接是强相关的. 如何选取相关性系数的阈值是很困难的事情. 在这里, 我们没有采用阈值方法, 而是保留每个神经元功能网络 30% 的相关系数最强的边, 全部边数为 $N_{\text{node}} \times (N_{\text{node}} - 1)/2$. 也就是对应的边密度为 0.3. 另外我们去掉了没有连接边的节点, 也就是孤立点, 因此每次 trial 得到功能网络节点的数量是不相同的. 为了方便和同等规模的随机网络进行比较 (具有相同数量的节点和边数). 我们将这个权重网络转化成一个二进制网络. 二进制功能网络可以用连接矩阵 A 表示

$$A_{ij} = \begin{cases} 1, & \text{如果节点 } i \text{ 和 } j \text{ 连接} \\ 0, & \text{其他} \end{cases} \tag{14.10}$$

对神经元功能网络拓扑特性的研究都建立在 A 矩阵上.

　　3. 小世界特性

　　为了评价小世界特性, 神经元功能网络的 L 和 C 需要与等价随机网络的对应值进行比较. 我们以一次 trial 过程来说明如何计算小世界特性. 图 14-28(a) 为 Data 1 的第一次 trial 过程, 神经元数量为 27 (由于去掉了网络中的孤立节点, 每次 trial 中神经元网络中的神经元个数小于 34 个). 聚类系数 $C = 0.716$, 最短路径距离 $L = 1.598$. 图 14-28(b) 是生成的同等规模的 ER 图. 聚类系数 $C = 0.50$, 最短路径距离 $L = 1.523$. 我们看到随机网络的最短路径距离还是小于小世界网络的.

可以得到小世界特性系数为 $S = (0.716/0.5)/(1.598/1.523) \approx 1.365$. 由于 $S > 1$, 我们认为该神经元网络具有小世界特性.

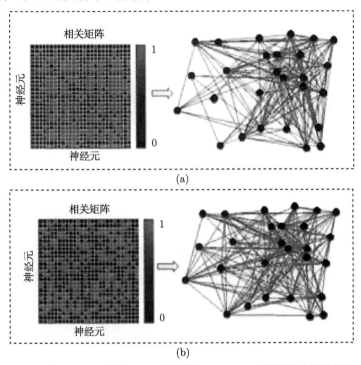

(a)

(b)

图 14-28 (a) 一次 DM-GM 任务 trial 过程的 spike train 数据构成的神经元功能网络;
(b) 具有相同节点数量和边数的随机网络

两种不同认知任务的所有 trial 次数的神经元功能网络按上面方法计算得到的小世界特性参数如图 14-29 和图 14-30 所示.

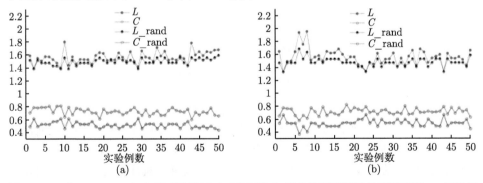

图 14-29 从 DM-GM 任务得到的神经元功能网络和相应的随机网络的聚类系数 C 和最短路径长度 L. (a) 为 Data 1 的实验结果; (b) 为 Data 2 的实验结果

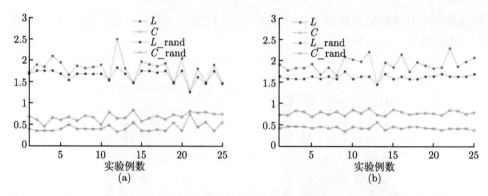

图 14-30　从 Y-maze 任务得到的神经元功能网络和相应的随机网络的聚类系数 C 和最短路
径长度 L. (a) 为 Data 3 的实验结果; (b) 为 Data 4 的实验结果

图 14-31 给出了 4 个数据集的小世界特性. 实际上, 在数据集中, 所有 trial 的
神经元功能网络具有 $S > 1$. 我们认为这些网络具有小世界网络特性. 可见, 小世
界网络作为一种具有高效率信息处理方式的连接结构在执行行为任务的大鼠大脑
中是普遍存在的. 我们的实验结果与目前的研究结果一致, 进一步验证了脑网络是
一个小世界网络.

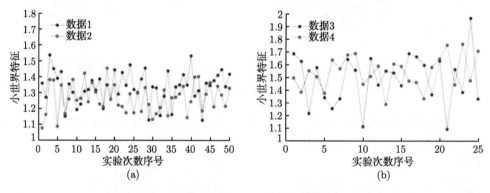

图 14-31　两种不同行为任务 4 个数据集的小世界特性系数 S. (a) 为 DM-GM 任务的实验
结果; (b) 为 Y-maze 任务的实验结果

图 14-32 给出了大鼠在执行两种不同任务时平均小世界特性的比较, 结果表明
执行 Y-maze 任务时, 小世界网络特性明显强于执行 DM-GM 任务时的神经元网络
(ANOVA, $p < 0.001$). 实验结果表明小世界特性和执行的任务是有关系的, 大鼠执
行 Y-maze 任务的难度要大于 DM-GM 任务. 表明大鼠在执行不同任务时需要调节
不同的神经元功能, 小世界特性的强弱是否与完成任务的难度存在着关系还需要进
一步展开研究.

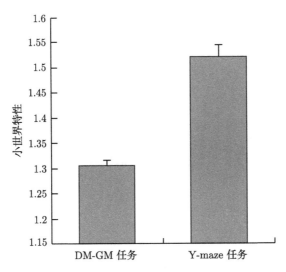

图 14-32 给出了 DM-GM 任务和 Y-maze 任务所有 trial 的平均小世界特性. DM-GM 的小世界特性是 1.30, 而 Y-maze 任务的小世界特性是 1.52

小世界特性的实验结果表明这几组数据组成的神经元功能网络的小世界特性 S 都大于 1, 表明这些小世界特性普遍存在于神经元功能网络中, 表明在执行认知任务中记录到的神经元之间信息的传递效率是比较高效的, 不再是随机地传递信息. 我们的结果和前期通过多电极记录的神经元功能网络的小世界特性研究是一致的. 同时需要注意的是, 相比其他网络中发现的小世界特性, 神经元功能网络的小世界特性值 S 是相当低的, 这可能和网络的规模有很大的关系.

4. 无尺度特性

我们分别计算了神经元功能网络的度分布. 由于共有 150 个神经元网络, 为了简单, 我们分别给出了每个数据集中前两个网络的度分布 (图 14-33).

实验结果表明: 神经元功能网络的度分布没有遵循幂律分布, 说明本研究中记录到的神经元功能网络并不是无标度网络.

尽管 fMRI 的研究表明脑网络存在着无标度特性, 但可以看出, 神经元功能网络度分布不同, 但也不是满足幂律分布, 表明神经元功能网络不存在无标度特性, 因为脑记录神经元数量很少. 这与目前的研究成果是一致的. 数目有限的神经元限制了详细的度分布分析. 而由 fMRI 等数据构成的功能网络由于其节点多, 可以发现其节点度分布呈现出幂律分布 (He, 2011).

5. 模块性

如何在对神经元功能网络社团划分之前识别该网络是否存在社团性呢? 也就

是社团性的有效性问题判断. 我们采用模块性函数 Q 的方法, 以 $S_i = Q_i - Q_1$, Q_i 表示采用当网络划分成 i 个模块时采用 Newman 公式计算得到的值, Q_1 为神经元功能网络不存在社团性的 Q 值. $r = \arg\max_i(S_i)$, 当 $r > 0$ 时, 表示该网络存在模块性, 可以用社团划分方法将之划分成 i 个社团. 当 $r < 0$ 时, 表示该网络最佳结构是一个社团, 即不存在模块性.

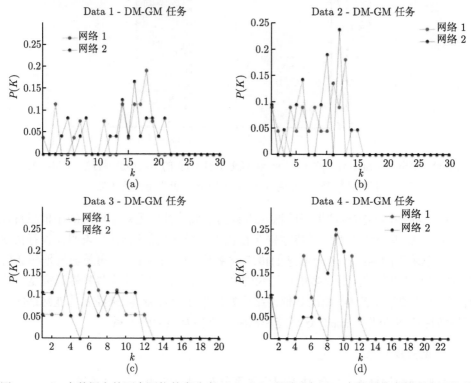

图 14-33　4 个数据中前两个网络的度分布. (a)~(d) 分别对应了 4 个数据集中前两个网络的度分布情况

从图中可以看出, 图 14-34(a) 中 Data 1 和 Data 2 中的 r 基本都是小于 0 的, 表示该大鼠记录到的 spike train 的每个 trial 组成的神经元功能网络无法划分成更小的模块. 而图 14-34(b) 中 Data 3 和 Data 4 的多电极记录中许多次 trial 的 $r > 0$. 表示该神经元网络存在较强的模块性. 可以划分成几个子模块.

图 14-35 中的实验结果显示, Y-maze 任务数据集的模块性要强于 DM-GM 任务的. 实验结果表明一个神经元功能网络具有小世界特性, 但它不一定具有模块性. 但如果具有模块性, 则能表示该网络具有很强的小世界特性. 模块性是一个普遍存在于各种网络中的结构, 模块性分析可以揭示神经元的环路结构. 我们猜测模块网络的出现可能与大鼠执行任务时环境变化的记忆有关.

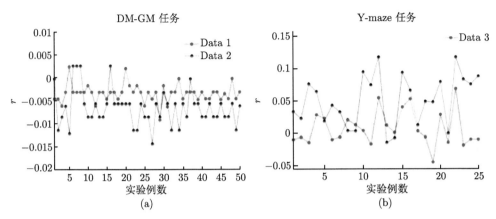

图 14-34 两种不同任务的模块性. (a) 为 DM-GM 任务两种不同数据集的 r. (b) 为 Y-maze 任务两种不同数据集的 r

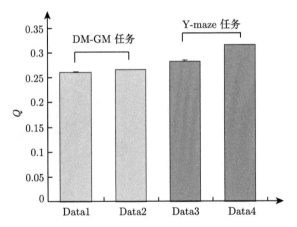

图 14-35 两种不同行为任务平均模块性函数 Q 的比较

我们以一次 trial 过程的 spike train 为例说明划分神经元功能网络模块性的过程. 该数据选自 Data 2, 去掉孤立节点后剩 17 个节点. 图 14-36(a) 中在社团结构个数为 2 时模块性取得最大值, 表明该神经元网络应该能划分成两个模块. 图 14-36(b) 中是通过层次聚类算法生成的树状图. 根据最优 Q 值和层次树可以将该神经元功能网络划分成图 14-36(c) 中的两个子模块. 而同等规模的 ER 是 $r < 0$, 表明该网络不具有社团性, 其 Q 是单调下降函数. 从树状图可以看出该网络无法进行社团划分.

同样道理, 其他 $r > 0$ 的 trial 过程也可以按照此方法划分成不同的社团结构.

从图 14-34 中可以看出, 社团结构也是神经元功能网络中一种重要的拓扑特性. 具有社团结构特性的神经元功能网络可以采用传统社团划分方法划分成不同的子社团. 虽然从实验结果图 14-36 中看出, 我们的研究方法也可以将神经元功能网络划分成几种模块结构, 但本节的研究重点不是集中在社团结构的划分上. 在接下来的两节内容中我们将重点讨论.

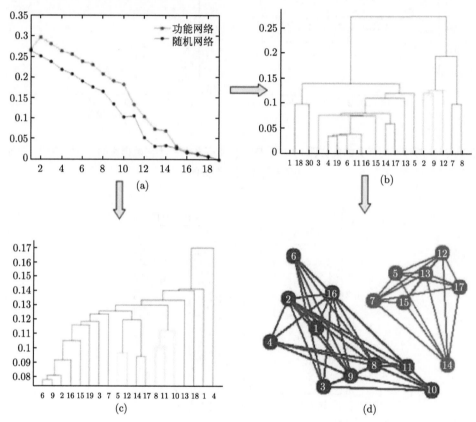

图 14-36　一次 trial 过程的神经元功能网络模块性. (a) 神经元功能网络和同等规模的随机网络的社团系数图; (b) 神经元功能网络的模块结构层次图; (c) 随机网络的模块结构层次图; (d) 可得到的神经元功能网络实际划分模块结构

14.3.4　一种新的层次性分析方法

已有研究结果表明神经元功能网络存在小世界特性. 在神经元功能网络中是否还存在着其他复杂网络拓扑特性? 在本研究中, 我们提出了一种基于层次聚类的神经元功能网络层次性组织结构的识别方法, 并且基于 Newman 提出的网络模块性测量函数, 可以划分出神经元功能网络的最佳模块结构. 我们提出了一种计算神经元 spike train 之间相关性的测量, 不需要对 spike train 划分时间窗, 可用来分析神经元发放之间的同步性和测量神经元之间的内在功能连接关系. 我们分析了多电极记录构成的神经元功能网络, 在体记录了执行不同工作记忆的大鼠大脑皮层. 实验结果表明执行认知行为任务的大鼠脑神经元功能网络呈现出明显的层次模块组织结构. 我们的结果为证实大脑网络是一个复杂网络系统提供了进一步的依据, 也可以作为一种新的方法来研究神经元功能网络组织结构与认知行为任务之间的关系.

实验数据同样采用了 DM-GM 任务和 Y-maze 任务. 在体分别记录了 4 只成年、雄性大鼠的 spike train. 所有实验过程和记录过程都由计算机控制, 实验过程通过高速视频系统进行采集.

和其他脑功能网络分析一样, 分析神经元功能连接关系的第一步是要计算成对神经元之间的相关性. 一般采用皮尔逊互相关系数的计算方法来测量两个神经元脉冲序列的相似性, 但这种方法需要对脉冲序列进行窗口划分, 有 spike 发生则为 1, 没有 spike 发生则为 0, 因此窗口大小的选择直接影响着分析的效果. 其他也出现了一些不需要划分时间窗口的方法, Thomas Kreuz 提出了使用 ISI-距离测量脉冲序列的发放同步 (Paiva et al., 2010). 神经元信息的编码不管是发放频率编码还是时空编码, 都与神经元之间的发放时间差 (interspike interval, ISI) 有关. 因此 ISI 是研究神经编码的一种常用方法 (Kreuz et al., 2007). 本节我们在 ISI 的基础上提出了多步间隔 ISI-distance, 一种从神经元相邻 spike ISI 提取信息的方法, 并且给出了神经元脉冲序列相关性的计算方法.

如图 14-37 所示, 共有 3 个神经元发放动作电位, x_{ij} 表示第 i 个神经元第 j 个动作电位的发放时间, 用 n 表示单个神经元动作电位的个数, 每个神经元的 n 值不一定相同. x_{i1}, x_{i2} 之间的距离通常称为动作电位发放间隔 ISI.

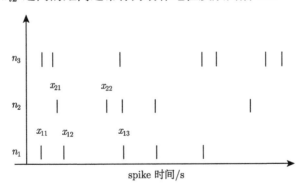

图 14-37   3 个神经元的 spike train

1. 多步间隔 ISI-距离

定义 14.3.1   第 q 个神经元 p-步间隔 ISI-距离定义为

$$h_{qp} = \frac{\sqrt{\sum\limits_{i=p+1}^{n} (x_i - x_{(i-p)})^2}}{\sqrt{\sum\limits_{i=1}^{n} x_i^2}} \qquad (14.11)$$

x_{ij} 表示第 i 个神经元第 j 个动作电位的发放时间, 用 n 表示单个神经元动作电位的个数, 根据定义 14.3.1 可以分别得到第 q 个神经元 1-步间隔 ISI-距离, $h_{q1} = \dfrac{\sqrt{\sum\limits_{i=2}^{n} (x_i - x_{(i-1)})^2}}{\sqrt{\sum\limits_{i=1}^{n} x_i^2}}$ 的计算方法以及 2-步间隔 ISI-距离, $h_{q2} = \dfrac{\sqrt{\sum\limits_{i=3}^{n} (x_i - x_{(i-2)})^2}}{\sqrt{\sum\limits_{i=1}^{n} x_i^2}}$ 的计算方法. 其他更多 ISI-距离的计算方法以此类推.

性质 14.3.1   从定义 14.3.1 中可以得到 p-步间隔 ISI-距离为 $0 \leqslant h_{qp} \leqslant 1$.

证明   我们以 1-步间隔 ISI-距离为例进行证明, 由于 x_i 为正数, $(x_i - x_{i-1})$ 的平方也为正数, 所以 h_{q1} 必然大于 0, 接下来证明 $h_{q1} < 1$, 由于

$$h_{q1} = \frac{\sqrt{\sum\limits_{i=2}^{n} (x_i - x_{(i-1)})^2}}{\sqrt{\sum\limits_{i=1}^{n} x_i^2}} = \sqrt{\frac{(x_2 - x_1)^2 + (x_3 - x_2)^2 + \cdots + (x_n - x_{n-1})^2}{x_1^2 + x_2^2 + \cdots + x_n^2}}$$

$$= \sqrt{\frac{x_2^2 + x_1^2 - 2x_2 x_1 + \cdots + (x_n - x_{n-1})^2}{x_1^2 + x_2^2 + \cdots + x_n^2}}$$

$$< \sqrt{\frac{x_2^2 + x_1^2 - 2x_2^2 + \cdots + (x_n - x_{n-1})^2}{x_1^2 + x_2^2 + \cdots + x_n^2}}$$

$$< \sqrt{\frac{x_1^2 + x_2^2 + \cdots + x_n^2}{x_1^2 + x_2^2 + \cdots + x_n^2}} = 1$$

证明完毕.

通过转换, 具有 n 个神经元的 spike train 被转换成一个新的多维矩阵 V.

$$V = \begin{bmatrix} h_{11}, \cdots, h_{1n} \\ h_{21}, \cdots, h_{2n} \\ h_{31}, \cdots, h_{3n} \end{bmatrix} \qquad (14.12)$$

用这个新矩阵可以代表原来的多神经元的脉冲序列, 一行向量表示一个神经元的脉冲发放序列. 可见该方法和 PCA 等方法相似, 实现了 spike train 数据集的降维过程. 但与 PCA 不同的是, 每个 spike train 的维度可以是不同的.

定义 14.3.2　在得到矩阵 V 的基础上, 给出了两个神经元脉冲序列间新的相似度定义. 该相似度使用了一个高斯核函数, 它已经在图分析方法中广泛使用.

$$S_{ij} = \exp(- \parallel h_i - h_j \parallel^2 / 2\sigma^2) \tag{14.13}$$

其中 $\parallel h_i - h_j \parallel = \sqrt{\sum_{k=1}^{p} (h_{ik} - h_{jk})^2}$, 表示两个向量间的欧氏距离, s_{ij} 在 0 到 1 之间, s_{ij} 越大表明两个脉冲序列发放程度越相似, 也就是发放越同步. 当等于 1 时, 可以说明两个神经元动作电位的发放是完全同步的.

可以看出该方法的优点是不需要对 spike train 划分时间窗口来计算相关性, 容易实现.

图 14-38 给出了一个替代神经元数据集相关性的计算过程. 得到的 S 矩阵是一个权重矩阵, 目前 fMRI 数据功能网络的分析方法都是需要将权重矩阵阈值转化成一个二进制矩阵, 但如何选择阈值又是一件很困难的事情. 一般可以选择保留 2% 的最强连接边, 具有很大的主观性. 在本研究中, 我们直接在权重网络上进行了分析.

2. 层次划分

为了识别神经元之间的层次模块结构, 我们使用层次聚类算法获得了神经元功能网络的层次关系. 使用了 Matlab 工具箱中的 linkage 和 dendrogram 函数, linkage 函数使用了节点间的距离, $d_{ij} = 1 - s_{ij}$. 若两个节点之间的相似性系数小, 则两个节点被归到一个组中. 层次聚类算法是 fMRI 功能网络中一种非常常见的算法 (Cordes et al., 2002; Chen et al., 2012). dendrogram 函数得到层次树的每一层代表了一种特殊的社团结构划分. 为了评价层次组织的最佳划分和在神经元功能网络中的社团结构, 我们应用了社团结构划分中广泛使用的模块性函数 Q, 不同于公式 (14.1), 该模块性函数为权重网络设计

$$Q = \frac{1}{l} \sum_{i,j \in N} \left[w_{ij} - \frac{k_i k_j}{l} \right] \delta_{m_i, m_j} \tag{14.14}$$

l 为权重矩阵之和, k_i, k_j 分别为节点 i 和节点 j 的度. δ_{m_i, m_j} 是 Kronecker delta 函数, 如果节点 i 和节点 j 在同一个社团内, 则 $\delta_{m_i, m_j} = 1$, 反之 $\delta_{m_i, m_j} = 0$.

给定一个划分, Q 测量了一个实际划分和随机连接网络划分的差距, 因此如果一个神经元功能网络不是随机网络, 则可以通过最大化 Q 值将网络划分成不同的

子模块. 该过程包含两个步骤, 第一步我们获得了一个划分结果, 使用了 Matlab 工具箱中的 cluster 函数, 当然, 其他在社团网络分析一些谱划分方法也是比较常用的. 第二步, 计算所对应的 Q 值, 直到达到最大值 Q.

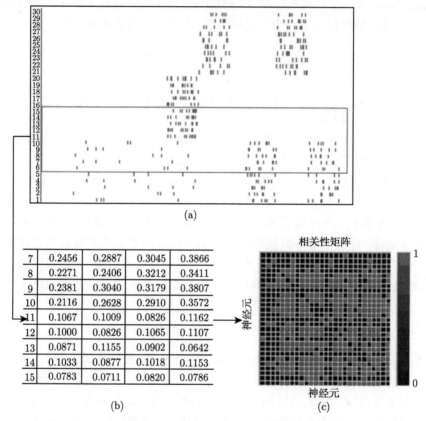

图 14-38　方法实现过程. (a) 替代数据集的神经元 spike train 的光栅, 由 30 个神经元组成, 每 10 个神经元组成一个社团, 神经元之间的发放存在着比较强的同步性, 每个社团之间存在着比较明显的区别; (b) 从中提取出 10 个神经元 spike train 计算出来的 4 步间隔 ISI-距离; (c) 30 个神经元之间的相关性矩阵

3. 实验结果

1) 替代数据

由于多电极记录数据集无法预先知道神经元功能网络真实的层次结构. 为了说明本章提出方法的有效性, 我们首先给出了图 14-38 中替代数据集的实验结果. 两个参数默认选择为 $k = \sqrt{\sum_{i=1} g(n)/n}$ 和 $\sigma = 4$, $g(i)$ 表示第 i 个神经元 spike train

中 spike 的数量.

图 14-39 为直接在相似度矩阵 (图 14-38(c)) 上进行层次聚类, 3 组神经元呈现出非常明显的层次结构. 图 14-39(b) 中的结果表明, 模块性函数 Q 在社团个数为 3 时取得最大值, 可见最佳社团划分个数为 3 个, 与初始数据集相符合. 替代数据集上的实验结果表明了本节提出方法的有效性.

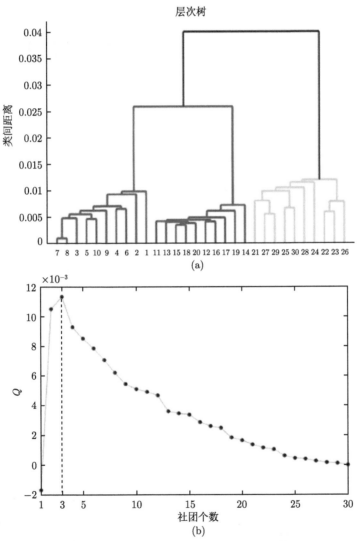

图 14-39 替代数据的层次结构. (a) 层次树; (b) 所有可能的模块性函数 Q 值

2) 多电极记录 spike train 数据

我们将该方法应用到多电极记录到的 spike train 数据中, 图 14-40 给出一组

DM-GM 任务 spike train 的结果, 该次 trial 记录时间为 22 秒, 里面包含了 22 个神经元. 从图 14-40(b) 中可以看出, 模块性函数 Q 在 $K = 6$ 时取得最大值, 表明该 22 个神经元最佳可以分成 6 个社团, 每个社团内包含的神经元如图 14-40(c) 中的层次树可见.

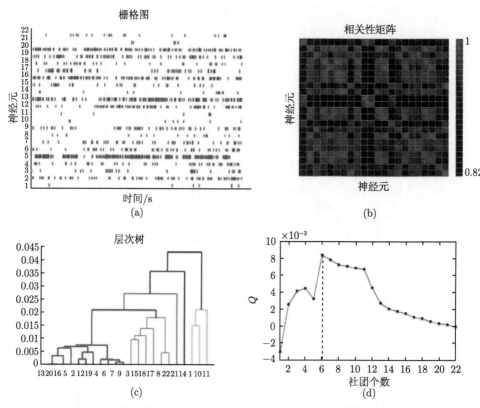

图 14-40   DM-GM 认知任务 spike train 的层次结构. (a) 22 个神经元 spike train 的光栅图; (b) 相似度矩阵; (c) 层次树; (d) 不同社团个数时模块性函数 Q 的分布图, 可见在社团个数为 6 时取得最大值

图 14-41 给出了 Y-maze 任务 spike train 的实验结果, 该次 trial 的 spike train 记录时间为 50 s, 该 trial 记录到的神经元数量为 20 个. 同样, 我们发现模块性函数 Q 在 $K = 3$ 时取得最大值, 表明该 20 个神经元最佳可划分成 3 个社团, 每个社团内包含的神经元如图 14-41(d) 的层次树所示.

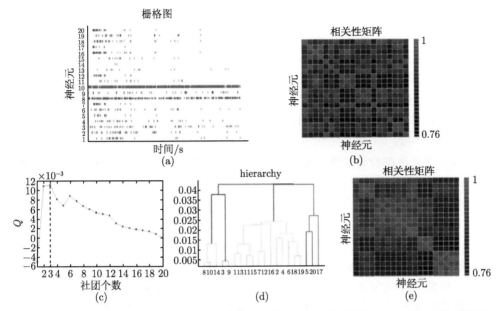

图 14-41　Y-maze 认知任务 spike train 的层次结构. (a) 20 个神经元 spike train 的光栅图;
(b) 相似度矩阵; (c) 模块性函数 Q 的分布, 在社团个数为 3 时取得最大值; (d) 层次树, 不同
颜色表示了不同社团结构; (e) 按社团结构重新排序的相似度矩阵

14.3.5　神经元功能团的研究结论

我们的大脑是一个高度复杂的网络系统. 在这个系统中, 脑区或神经元的连接
结构是相当复杂的. 但信息可以通过这个复杂网络系统被快速地传递和高效率地
处理. 不论是由脑区还是神经元组成的功能网络都应该具有复杂网络共有的特性.

在这个研究中, 我们研究了小尺度神经元功能网络, 而不是对整脑进行分析. 神
经元功能网络由神经元作为数学上的图节点, spike train 之间的相关性作为图的连
接边组成, 可以由基于图理论的分析方法来分析其拓扑特性. 这是第一次同时分析
三个主要的复杂网络特性, 通过多电极在体记录技术记录执行不同认知行为任务的
大鼠.

主要发现如下: ① 神经元功能网络普遍存在着小世界特性; ② 神经元功能网
络不存在无标度特性, 表明小世界特性和无标度特性并不会同时出现在一个网络
中; ③ 部分神经元功能网络存在着社团结构特性, 部分网络不具有社团结构特性,
表明并非所有的小世界特性网络都具有社团结构特性.

借助于 Newman 提出的权重网络模块性函数 Q 的概念. 本章方法可以用来识
别神经元功能网络的最佳划分, 也就是可以划分出最佳的社团结构. 虽然目前对这
些社团结构产生的神经机制还是缺乏了解, 也就是还不清楚如何形成这些不同的社

团结构.

　　发现群体神经元之间的功能结构是神经科学研究的一个关键内容. 采用不同的方法也许可能发现神经元之间存在不同的层次结构. 由于缺乏已知结构的标准数据集, 所以目前尚缺乏相关研究可以对这些方法进行评测. 另外我们知道, 群体神经元之间的连接结构不是静态不变的, 而是随着时间变化受各种突触可塑性原则进行动态变化的. 神经元数据优于 fMRI 数据就在于其有较高的时间分辨率, 这也给分析增加了难度.

　　本方法也存在着局限性. 如模块性函数 Q 存在着分辨率极限问题, 无法识别较小的模块, 目前我们已经提出了一些新的评价函数 —— 社团系数 C, 来克服这个问题. 另外, 层次聚类无法识别 overlapping 节点和模块结构, 这将是我们下一步的研究内容.

　　目前, 我们仅仅研究大鼠在不同实验条件下多电极记录到群体神经元功能网络的拓扑特性, 这些特性是非常有意义的. 但到目前, 这些特性是如何形成的, 也就是对这些特性的神经生物学机制还是缺乏了解的. 接下来我们要做的工作就是研究这些特性与大鼠的行为任务有什么关系? 也就是要分析这些网络特性是否会随着大鼠行为的改变而发生变化, 从而凭借这些特性预测大鼠的行为选择过程.

14.4　基于随机游走距离排序及谱分解的神经元功能网络社团结构划分

14.4.1　神经元功能团划分

　　在 14.3 节中, 我们分析了各种神经元功能网络的拓扑特性, 如小世界特性、无标度性等, 其中社团特性 (模块性) 是一种非常重要的特性. 在接下来的 14.4 节和 14.5 节, 我们将详细研究神经元功能网络中的社团结构划分问题. 社团结构是作为一种重要的网络结构特性存在于各种实际网络中的, 从社会网络的友谊结构到各种生物网络, 如神经网络、代谢网络等. 所谓社团结构, 就是每个社团内部的节点之间的连接相对紧密, 但是各个社团之间的连接相对比较稀疏. 图 14-42 给出了一个具有 3 个社团结构的网络, 3 个虚线圆内部分表示具有 3 个社团.

　　大脑是进行信息整合和分发的重要中枢神经系统. 在这个系统中, 从多个神经元、本地神经元环路到多个脑区相互连接组成了庞大的结构网络 (Sporns et al., 2005). 人类已经认识到为了理解大脑功能, 需要研究脑功能网络的连接方式 (Bullmore, Sporns, 2009). 近年来, fMRI 技术的广泛应用为研究大脑的连接结构提供了很大的帮助, 这些研究方法将 fMRI 图像的体素或感兴趣区域作为节点, 它们之间的相关性作为连接边, 构成了功能性连接网络, 通过使用图论技术对 fMRI 进行特性分析, 大量的研究表明在不同的功能网络上分别具有小世界特性 (具有大的聚类系数及较小的最短路径距离)(Sporns, Zwi, 2004; Liu et al., 2008; Gerhard et al., 2011).

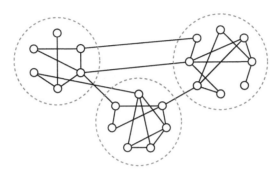

图 14-42　一个具有三个社团的网络示意图 (Girvan, Newman, 2002)

Newman 等已经在复杂系统中开展了大量关于社团结构发现的研究. Girvan 和 Newman (2002) 提出了模块性的概念来优化社团结构问题, 模块性函数 Q 是一个度量, 它用来分析复杂网络划分成社团时所能达到的程度. 14.3 节的研究同样也采用了二进制网络函数 Q 和权重网络 Q 来分析神经元功能网络的模块特性. 近来不少研究 (Laurienti et al., 2009; Schwarz et al., 2008; Schwarz et al., 2009) 采用了 Newman 社团结构检测算法来分析脑功能网络中的社团结构. 时至今日, 关于脑网络结构的大量研究主要集中在 fMRI 所构成的功能网络上, 对于真正由群体神经元构成的神经元功能性网络上的研究却相对较少.

另外, 使用模块性函数 Q 来研究社团结构问题存在两个比较严重的问题. ① 在进行社团划分过程中, 需要预先知道社团的个数, 然后采用 K-means 方法进行聚类. 或者需要采取逐个尝试的方法, 分别计算社团个数从 1 到 N 的 Q 的值, 然后取一个最优值. ② 模块性函数 Q 存在比较严重的分辨率极限问题, 即不能识别一定尺度范围内的社团结构.

发现多电极记录神经元的发放模式是理解神经编码和神经计算的关键问题 (Brown et al., 2004). 神经元是大脑的基本组成单元, 若能提取群体神经元的信息和分析群体神经元的编码具有非常大的商业应用价值 (Chapin, 2004). 对多电极神经元模式聚类分析方法需要预先知道模式的个数 k (Fellous et al., 2004; Oweiss et al., 2007), 而真实 spike train 数据中是无法预先知道模式的个数及结构的. Humphries 等 (2011) 使用图划分方法来发现多神经元 spike train 的相似组, 虽然不需要指定类的个数, 但需要重复多次使用 K-means 聚类算法, 效率较低. 因此需要提出一种新的社团划分方法, 不需要任何 spike train 数据集的背景知识和社团个数、类型的先验知识. 自动划分出神经元功能网络中的社团结构.

虽然社团结构检测方法在 fMRI 生成的功能网络上得到了应用, 但是多采用 Newman 的模块性函数计算方法, 并且在多神经元功能网络上的应用未见相关报道. 本节我们提出了一种新的社团结构检测算法. 在该方法中, 我们采用了谱图理论划分的方法. 结果表明社团结构的个数可以直接从计算神经元相似性矩阵的特征值分析得到. 而社团结构的划分可以从第一个最大特征值 gap 所对应的特征向量分析中得到. 因此, 该方法不需要预先知道社团的个数和社团的结构, 可应用于真实的多电极记录数据. 首先, 我们使用了模拟数据, 预先知道社团结构来表明该方法可以可靠地检测出不同的社团结构. 另外, 我们分析了执行 Y-maze 行为任务的大鼠前额叶皮层采集到的多神经元功能网络, 可以发现传统模式发现算法无法发现的神经元环路结构.

本节的组织如下: 14.4.2 节首先介绍简单谱图理论和经典的谱聚类算法. 14.4.3 节介绍算法中使用的随机游走距离的基本概念. 14.4.4 节给出本社团划分算法的实现过程. 14.4.5 节实验结果部分给出了在已知社团结构的计算模型上生成的神经元功能网络验证和真实 Y-maze 神经元功能网络上的划分表示. 14.4.6 节给出了本算法存在的问题.

14.4.2 谱图划分

图的谱理论是图论与组合矩阵的重要研究领域, 主要涉及图的邻接矩阵与图的拉普拉斯矩阵的谱的研究. 图的谱就是图的邻接矩阵 A 的特征值的集合.

在图分割应用中, 谱理论得到了广泛的应用. 谱分割是在 20 世纪 70 年代早期提出来的. 谱分割一般能比其他启发式方法, 如 Kernighan-Lin 算法, 给出更好的全局解, 这些算法是在给定初始分割的附近进行局部搜索, 易陷入局部最小值.

从正规矩阵和拉普拉斯矩阵的谱中可以提取出有关图的拓扑性质的重要信息, 因此不管是传统社会网络的社团划分还是脑功能网络的分析, 基于谱图理论的分析都是一种重要的方法.

社团划分也是图划分的一种, 早期的研究针对拉普拉斯矩阵的第二小特征值对应的特征向量, 在仅存在很明显的两部分分割时是很实用的. 存在多个社团划分时可以采用一种经典的谱聚类划分方法. 该算法首先根据给定的样本数据集定义一个描述成对数据点相似度的亲和矩阵, 并计算矩阵的特征值和特征向量, 然后选择合适的特征向量聚类不同的数据点. 谱聚类算法因为具有良好的性能, 迅速成为国际上机器学习领域的研究热点. Jordan 等 (2001) 提出了谱聚类算法进行聚类, 该方法已经被 Paiva 等 (2007) 用于聚类同步的 spike train.

谱聚类算法的主要步骤如下:

(1) 构造相似性矩阵 $A \in R^{n \times n}$, 矩阵中的元素 $A_{ij} = \exp(- \| s_i - s_j \|^2 / 2\sigma^2)$, 当 $i = j$ 时, $A_{ij} = 0$. 在这里, 两个 spike train 的相似性就等于它们的同步性,

$A_{ij} = S_{ij}$.

(2) 构造矩阵 D 为度矩阵, 度矩阵主对角线上的元素 $D(i,j)$ 为相似性矩阵 A 的第 i 行元素之和, 其他元素均为 0, 然后构造拉普拉斯矩阵 $L = D^{-1/2}AD^{-1/2}$.

(3) 对拉普拉斯矩阵 L 进行特征值分解, 找出其前 k 个最大特征值所对应的特征向量, 然后构造矩阵 $X = [x_1, x_2, \cdots, x_k]$, k 值的选择一般为聚类个数.

(4) 对 X 的行向量进行归一化, 记归一化后的矩阵为 Y, $Y_{ij} = X_{ij} \bigg/ \left(\sum_j X_{ij}^2 \right)^{1/2}$.

(5) 把 Y 的每一行看作空间 R 中的样本, 然后对这些样本用 K-means 算法进行聚类.

谱聚类算法相比 K-means 算法的优点是它能识别任意形状的数据. 但谱聚类存在的问题是需要预先指定社团的数量, 这在真实未知的数据集中是比较困难的.

14.4.3 随机游走模型

本算法使用了随机游走距离, 因此我们先简单介绍随机游走模型. 随机游走模型 (random walk) 也被称为醉汉行走模型, 表示一名喝醉酒的人在回家途中由于记不清正确的道路而随机沿着相关路径前进的行走行为, 醉汉行走的路径就构成了一条随机游走距离, 也是一条马尔可夫状态链. 日常生活中我们能接触到各种体现随机游走模型思想的现象, 如证券价格的变动模式, 物理学中布朗分子的运动.

随机游走模型是一个基础的动态过程, 可以用于随机距离的搜索, 即计算两者之间的距离. 如图 14-43 所示, 当源节点 s 应用随机游走策略走到终点 t 时, s 节点首先通过各种策略 (一般是选择向自己的邻居节点中概率最大的那个节点靠近), 然后从新的节点开始重新从邻居节点中选择一个节点作为前进方向, 重复这个过程一直到寻找到终点 t. 图 14-43 清楚地给出了从 s 节点到 t 节点的随机游走距离过程. s 到 t 的路径就构成了一条随机游走距离. 相比最短路径距离法, 随机游走具有通信流量较小的特点.

假设每个节点只认识与自己靠近的邻居节点, 一般源节点在寻找目标节点时, 有以下三种不同的随机游走策略.

(1) 无限制的随机游走: 在每一步中, 源节点可以不受限制地任意选择邻居中的一个节点作为下一步到达的节点.

(2) 不返回上一步的随机游走: 在每一步中, 节点只能朝前走, 不能返回到原始节点.

(3) 不重复访问节点的随机游走: 每一步中, 节点只能选择其邻居节点中没有被经过的节点, 以保证随机游走距离中不会出现重复的路径.

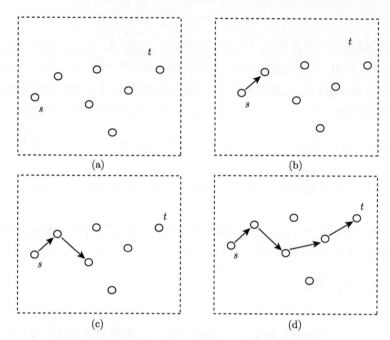

图 14-43　节点从 s 出发到达节点 t 的随机游走过程

当然还有一些新提出的方法, 如带重启动的随机游走模型等.

随机游走模型又是设计随机算法的一个非常广泛的工具, 因此得到了广泛的应用, 如聚类等问题.

图是由若干个节点和连接这些节点的边所组成的一种数据结构, 图上的随机游走模型是指给定一个图和一个出发点, 随机地选择一个邻居节点, 移动到邻居节点上, 然后把当前节点作为出发点, 重复以上过程. 那些被随机选出的节点序列就构成了一个在图上的随机游走模型过程.

设节点的初始状态为 X_t, 在 $t+1$ 时刻以概率 $P\{X_{t+1}/X_t\}$ 到达 X_{t+1}, 则状态空间 $X_1, X_2, \cdots, X_{t+1}$ 构成了一个马尔可夫链, 每一个状态的改变只和前一个状态有关. 条件概率 $P\{X_{t+1}/X_t\}$ 为随机过程 $\{X_t, t = 1, 2, 3, \cdots, n\}$ 的一步转移概率, 简称随机游走转移概率 $P = [p_{i,j}]$. 这样, 某个粒子 x_i 在 t 步转移之后的概率分布就是 t 阶转移矩阵的第 i 行 p_i^t, 于是知道某个起始点在 x_i 的粒子在经过 t 步转移之后到达节点 x_j 的概率为 $p(x_j(t)/x_i(0)) = p_{ij}^t$.

性质 14.4.1　对转移概率矩阵 P, 存在 $0 < p_{i,j} < 1$

$$\sum_{j \in s} p_{i,j} = 1 \tag{14.15}$$

此性质从转移概率的定义中可以看出.

图结构是除常规的关系数据结构外经常遇到的一种数据结构形式, 常用来表示各种复杂的数据连接关系. 图有加权图、无加权图、有向图、无向图之分. 图结构的定义为 $G = \{V(G), E(G)\}, V(G) = \{v_1, v_2, \cdots, v_n\}$ 表示图中顶点的集合, $E(G) = \{e_1, e_2, \cdots, e_n\}$ 表示图中连接两个顶点边的集合.

定义 14.4.1   图 G 的相似度矩阵为

$$W = [w_{i,j}]_{n \times n} \tag{14.16}$$

$W_{i,j}$ 表示节点 i 和节点 j 之间的连接权重关系, 一般可以采用标准的欧氏距离或高斯距离公式计算 $W_{i,j}$, 如高斯公式的计算方法为

$$\begin{cases} W_{ij} = e^{-||s_i - s_j||^2/2\sigma^2}, & i \neq j \\ W_{ij} = 0, & i = j \end{cases} \tag{14.17}$$

定义 14.4.2   顶点 v_i 的度为

$$d(v_i) = \sum_{j=1}^{n} w_{i,j} \tag{14.18}$$

$d(v_i)$ 表示从节点 i 出发与 i 为邻居的所有节点相似度之和.

性质 14.4.2   图的度矩阵 D 为一个对角矩阵

$$D = \begin{bmatrix} d(v_1) & & & \\ & d(v_2) & & \\ & & \ddots & \\ & & & d(v_n) \end{bmatrix} \tag{14.19}$$

定义 14.4.3   图 G 上的随机游走距离为

$$P = D^{-1}W \tag{14.20}$$

并可用 P^{T} 表示图 G 的 T 步随机游走转移概率.

14.4.4   基于随机游走距离排序的社团结构划分算法

1. 实验数据和网络构建

由于无法预先知道多电极记录神经功能网络的社团结构, 因此无法直接用真实 spike train 来评价该方法的有效性, 需要生成预先知道社团结构的替代数据. 我们使用生物计算模型生成测试 spike train, 目前已经有许多相关模型来仿真神经元网络 (Izhikevich, 2004), 各有自己的特点, 我们利用 14.2 节中实现的计算模型来仿真不同的社团结构来产生 spike train.

另外我们分析了多电极记录的大鼠数据, 记录位置为前额叶皮层. 大鼠执行 Y-maze 工作记忆任务 (在 14.2 节中有详细说明), Y-maze 任务可以用来研究动物的学习能力, 采用 16 通道记录, 经过离线 spike sorting, 共记录到 20 个神经元的 spike train, 该数据来源于复旦大学脑科学院.

首先要对 spike train 进行通过划分时间窗的方式进行预处理, 对每一个 spike train, 我们通过时间窗 δ_t 将之划分成离散的时间窗, 并且计算每个窗内的 spike 数量, 如图 14-44(b) 所示. 下一步我们使用皮尔逊相关系数来度量两个 spike train 之间发放的相关性, 假设 $x_i(i = 1, 2, \cdots, n)$, $y_i(i = 1, 2, \cdots, n)$ 分别对应两个神经元的 spike train, x_i 的值表示第 x 个神经元第 i 个时间窗内的 spike 个数, 相关系数定义如下:

$$r_{xy} = \frac{\sum\limits_{k=1}^{n}(x_{ik} - \overline{x_i})(y_{ik} - \overline{y_i})}{\sqrt{\sum\limits_{k=1}^{n}(x_{ik} - \overline{x_i})^2}\sqrt{\sum\limits_{k=1}^{n}(y_{ik} - \overline{y_i})^2}}, \quad -1 \leqslant r_{xy} \leqslant 1 \tag{14.21}$$

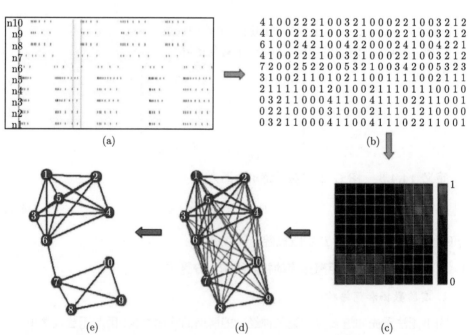

图 14-44　神经元功能网络构建过程. (a) 10 个神经元 spike train 的光栅图; (b) 对 spike train 划分时间窗, 每一行中一个数值表示在该时间窗内的 spike 数量; (c) 计算两两神经元之间的相关性, 得到相关性矩阵; (d) 生成的神经元功能网络, 全连通的, 每一条表示神经元之间的相关性, 边越粗表示相关性越强; (e) 进行阈值化处理后保留最强的边

我们只考虑正的相关性, 取

$$z_{xy} = \frac{1 + r_{xy}}{2}, \quad 0 \leqslant z_{xy} \leqslant 1 \tag{14.22}$$

在两个 spike train 中一个更高的相关系数值 z_{xy} 表示了更强的相关性, 为了计算方便, 我们取 $\tilde{z}_{xy} = 1 - z_{xy}$, $\tilde{z}_{xx} = 0$ 作为相关性度量.

2. 计算随机游走相似度矩阵

为了尽可能使相关性越大的 spike train 之间的相似度越大, 以更好地构造 spike train 之间的相似度矩阵 S, 我们使用了随机游走距离来表示成对 spike train 之间的相似度 s_{xy}, 随机游走距离具有非常重要的优点, 它表示在一个网络中非常好的社团结构特性 (Pons, Latapy, 2005; Rosvall, Bergstrom, 2008), 在随机游走模型中, 将每个神经元作为图上的一个节点, 一个粒子从图上一个点 i 出发, 以一定的概率到达目标点 j, 则构成一步转移概率矩阵 P

$$P_{ij} = \frac{\tilde{z}_{ij}}{\sum\limits_{j=1}^{n} \tilde{z}_{ij}} \tag{14.23}$$

p_{ij} 表示从 i 节点出发只走一步到达 j 节点的概率. 对转移概率矩阵 P, 存在 $0 < p_{i,j} < 1$

$$\sum_{j \in s} p_{i,j} = 1 \tag{14.24}$$

这样我们可以得到从 i 节点到 j 节点的 n 步转移概率矩阵

$$P^N = P^{N-1}P = P^{N-2}P^2 \tag{14.25}$$

因此两个邻居随机游走距离 $d_n(x,y)$ 定义为

$$d_n(x,y) = \sum_{k=1}^{n} p_{xy}^k \tag{14.26}$$

这里 n 表示随机游走所用的步数, $d_n(x,y)$ 表示从 x 节点出发和 y 节点经过 $i = 1, 2, \cdots, n$ 步的总概率, 如 $d_2(x,y) = p_{xy} + p_{xy}^2$.

得到的概率矩阵是一个不对称矩阵, $d_n(x,y) \neq d_n(y,x)$. 为了构建神经元功能网络的相似度矩阵 S, 我们使用相似度 $s(i,j)$

$$s(i,j) = \frac{\sqrt{\sum\limits_{k \neq i,j}^{n} [d_p(i,k) - d_p(j,k)]^2}}{N-2} \tag{14.27}$$

$s(i,j)$ 度量了第 i,j 两个节点与剩余其他所有节点的相似度差距. 如果两个节点 i,j 相似性很大, 属于同一个社团, 则 $s(i,j)$ 将会很小. 经过转换后相似度矩阵成了对称矩阵, $s(i,j) = s(j,i)$.

3. 相似度矩阵排序

为了从相似度矩阵 S 中更容易地发现社团结构个数和划分社团. 使得越相似的 spike train 可以排列在一起, 形成分块矩阵, 我们使用最近邻居排序方法对 S 矩阵进行排序. 排序方法如下:

(1) 取第一个数据点为 x_1, 从余下的 $n-1$ 个数据点中选择一点 j 使得 j 与 x_1 的相似度最小, $x_{1j} = \min\limits_{p=[2,n]}\{x(1,p)\}$, 互换矩阵 A 中 x_2 与 x_j 数据点的位置, 即通过互换第 2 行与第 j 行的值、第 2 列与第 j 列的值实现.

(2) 将亲和度矩阵分为两部分 $A_1(x_1, x_2, \cdots, x_p)$, $A_2(y_1, y_2, \cdots, y_q)$, $p + q = n$, 左边表示已排完序, 从 A_1 中任取一点 x_i, 从 A_2 中取离 x_i 最近的一点 x_j 使得 $s_{xj} = \min\limits_{p=[y]}\{x(x,p)\}$, 将 j 放到 A_1 中最右边, $A_1(x_1, x_2, \cdots, x_p, x_{p+1})$, A_2 中数据点个数减 1.

当 A_2 中的数据点为空时, 表示排序过程已经完成, 得到一个新的亲和度矩阵 B, 处理结果如图 14-45 所示.

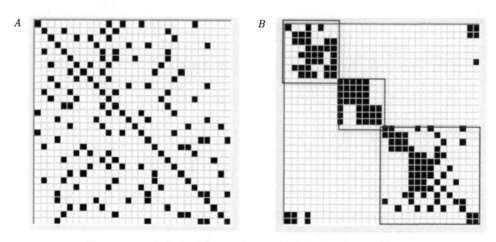

图 14-45　对相似度矩阵 A 进行排序得到如 B 所表示的块矩阵

定理 14.4.1　相似度矩阵 A 和排序后的矩阵 B 是相似的.

证明　B 是 A 经过交换某两行 (列) 对应的初等矩阵, 即 $B = P^{-1}AP$, 所以 A 和 B 是相似的.

4. 谱分解

在得到新的相似度矩阵 $\tilde{s}$ 后, 我们使用谱分解的方法来得到特征值 λ 和特征向量 ε. 为了使较大特征值所对应的特征向量能够反映社团结构, 我们使用 $\tilde{s}$ 的相反值 $-\tilde{s}$ 来计算特征值和特征向量

$$-\tilde{s} \cdot \lambda = \lambda \cdot \varepsilon \tag{14.28}$$

将最大值作为 λ_1, 则得到的特征值按顺序排列, $\lambda_n < \lambda_{n-1} < \cdots < \lambda_2 < \lambda_1$, 特征值有正有负, 我们可以只考虑大于 0 的特征值, $0 < \lambda_p < \cdots < \lambda_2 < \lambda_1$. 下面给出确定社团个数和划分社团结构的步骤:

(1) 在得到 $0 < \lambda_p < \cdots < \lambda_2 < \lambda_1$ 基础上, 我们计算特征向量 gap, $g_{ij} = \lambda_i - \lambda_j$, $(i < j)$, 可知 $g_{ij} > 0$.

(2) 找出第一个最大的 gap, 则社团结构的个数 $k = j$, $g_{ij} = \arg\max(g_{12}, g_{23}, \cdots, g_{(p-1)p})$.

(3) 对应第一个最大 gap 的 g_{ij}, 取 λ_i 所对应的特征向量 ε_i, ε_i 为一维向量, 按正负有序排列. 我们将 ε_i 按相同符号分成一组进行划分

$$\underbrace{\{\varepsilon_1, \varepsilon_2, \cdots, \varepsilon_i\}}_{n_1}, \underbrace{\{\varepsilon_{i+1}, \varepsilon_{i+2}, \cdots, \varepsilon_{i+j}\}}_{n_2}, \cdots, \underbrace{\{\varepsilon_{l+1}, \varepsilon_{l+2}, \cdots, \varepsilon_n\}}_{n_k} \tag{14.29}$$

就可以得到 k 个社团结构的划分.

14.4.5 实验结果与分析

我们的方法可以自动确定社团结构的个数和划分社团结构, 不需要计算模块性函数 Q 及使用 K-means 算法进行聚类. 本方法将每个神经元作为一个节点, 两个 spike train 之间的相关性强度作为连接边, 每个 spike train 需预先用离散的 bin 进行处理, 通过随机游走距离计算得到一个相似度矩阵, 这个矩阵被表示成一个全连接、无向、有权的网络.

我们首先以图 14-46 所示的一个简单网络图的例子来说明本算法的实现和分析过程.

为了计算神经元之间的相似度矩阵, 我们引入随机游走距离, 计算得到神经元之间的相似度矩阵 A.

可以看出, A 矩阵表示成对神经元之间的相似性, 通过计算 A 的拉普拉斯矩阵, $L = D - A$, D 为 A 的度矩阵. 拉普拉斯矩阵有许多非常重要的性质, 它映射了图的连接结构特征. L 是半正定矩阵, 所有的特征值为非负, $0 = \lambda_1 \leqslant \lambda_2 \leqslant \lambda_3 \leqslant \cdots \leqslant \lambda_n$.

我们对 L 进行谱分解, 得到 10 个特征值为 $\{0, 2.766, 2.908, 2.991, 3.153, 3.22, 3.52, 3.607, 3.988, 5.498\}$, 该 10 个特征值依次从小到大进行排列, 我们将最大值称为 λ_1, 因此 $\lambda_1 = 5.498$, $\lambda_{10} = 0$ (图 14-47).

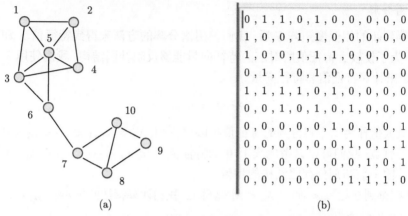

图 14-46　(a) 为 10 个神经元的连接结构; (b) 为对应的连接矩阵

$$A = \begin{matrix}
0 & 0.12716 & 0.14792 & 0 & 0.096105 & 0.22967 & 0.50547 & 0.57927 & 0.6429 & 0.57927 \\
0.12716 & 0 & 0.1134 & 0.12716 & 0.10999 & 0.27239 & 0.50606 & 0.5827 & 0.64293 & 0.5827 \\
0.14792 & 0.1134 & 0 & 0.14792 & 0.063532 & 0.20461 & 0.44624 & 0.53447 & 0.59595 & 0.53447 \\
0 & 0.12716 & 0.14792 & 0 & 0.096105 & 0.22967 & 0.50547 & 0.57927 & 0.6429 & 0.57927 \\
0.096105 & 0.10999 & 0.063532 & 0.096105 & 0 & 0.22052 & 0.4439 & 0.52599 & 0.58729 & 0.52599 \\
0.22967 & 0.27239 & 0.20461 & 0.22967 & 0.22052 & 0 & 0.36757 & 0.43081 & 0.51091 & 0.43081 \\
0.50547 & 0.50606 & 0.44624 & 0.50547 & 0.4439 & 0.36757 & 0 & 0.18228 & 0.20141 & 0.18228 \\
0.57927 & 0.5827 & 0.53447 & 0.57927 & 0.52599 & 0.43081 & 0.18228 & 0 & 0.10494 & 0 \\
0.6429 & 0.64293 & 0.59595 & 0.6429 & 0.58729 & 0.51091 & 0.20141 & 0.10494 & 0 & 0.10494 \\
0.57927 & 0.5827 & 0.53447 & 0.57927 & 0.52599 & 0.43081 & 0.18228 & 0 & 0.10494 & 0
\end{matrix}$$

图 14-47　相似度矩阵

特征值间隙 (gap) 表示特征值之间的间隔关系, 计算为 $g_{ij} = \lambda_i - \lambda_j$, 我们依次计算了从 λ_1 到 λ_9 之间的 gap, 注意, λ_{10} 不参与计算. 得到了 8 个 gap 排列值 $\{0.142, 0.083, 0.162, 0.067, 0.3, 0.087, 0.381, 1.51\}$, 如图 14-48 所示.

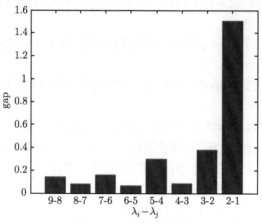

图 14-48　特征值间隙

gap 柱状图如图 14-48 所示, 从右向左进行观察, "2-1" 表示 $\lambda_1 - \lambda_2$. 可以看出 $g_{12} = \lambda_1 - \lambda_2$ 的值最大, 因此该值也隐含了社团结构的社团数量, g_{12} 的第 2 个数字为 2, 也就是说该社团结构的数量为 2, g_{12} 的第 1 个数字为 1, 我们继续进行分析, 取 $\lambda_1 = 5.498$ 所对应的特征向量 ε_1.

所有特征值对应的特征向量如图 14-49 所示. 我们取 $\lambda_1 = 5.498$ 所对应的特征向量 ε_1, 也就是右边第一列所对应的向量值.

0.3162	−0.1321	−0.7071	−0.2103	−0.4761	−0.1305	-7.513×10^{-16}	−0.07221	−0.06602	0.2917
0.3162	−0.05716	2.16×10^{-15}	−0.3514	0.3862	0.7244	-1.368×10^{-15}	−0.07822	−0.0747	0.2962
0.3162	−0.4848	-7.572×10^{-15}	0.7617	0.1606	0.004484	-6.757×10^{-17}	−0.01131	−0.03858	0.2394
0.3162	−0.1321	0.7071	−0.2103	−0.4761	−0.1305	-3.072×10^{-16}	−0.07221	−0.06602	0.2917
0.3162	0.8522	-5.723×10^{-16}	0.3398	−0.02412	0.003904	-3.868×10^{-16}	−0.02362	−0.04035	0.2355
0.3162	−0.01206	3.769×10^{-15}	−0.3025	0.5995	−0.6537	3.237×10^{-16}	0.04382	0.02979	0.1372
0.3162	−0.01481	6.128×10^{-16}	−0.02979	−0.09614	0.1028	5.254×10^{-15}	0.8885	0.2086	−0.2148
0.3162	−0.007361	-5.82×10^{-16}	0.002709	−0.03534	0.0407	0.7071	−0.3062	0.411	−0.3665
0.3162	−0.004486	-8.502×10^{-17}	−0.002675	−0.003178	−0.002284	-1.81×10^{-15}	−0.06238	−0.7748	−0.5439
0.3162	−0.007361	-6.563×10^{-17}	0.002709	−0.03534	0.0407	−0.7071	−0.3062	0.411	−0.3665

图 14-49　特征向量

从图 14-50 中可以看出, 前 6 个节点的特征向量 > 0, 可以划分为一个社团, 后 4 个节点的特征向量 < 0, 可以划分为一个社团. 因此得到新的社团结构如图 14-51 所示.

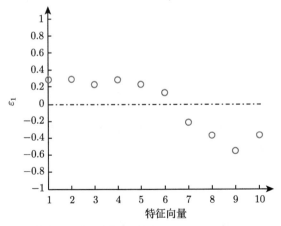

图 14-50　第 1 个特征值对应的 10 个特征向量

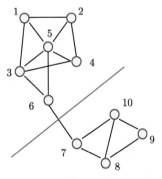

图 14-51　从 10 个特征向量划分出的社团结构

1. 替代数据集

由于真实的神经元功能网络没有任何有关社团个数和划分的先验知识, 因此对于提出的新分析方法, 无法验证得到的划分结果是否正确, 为了验证本节划分方法的有效性, 我们首先生成了两组替代数据集来测试算法, 该数据集预先知道社团结构.

该替代数据集由第 2 章中的计算模型生成. 分别具有 18 和 35 个神经元, 具有比较明显的社团结构, 如图 14-52 和图 14-53 所示.

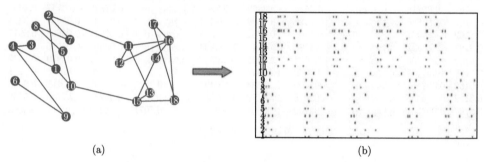

(a)　　　　　　　　　　　　　　(b)

图 14-52　存在 2 个社团个数的替代数据集. (a) 神经元之间的连接结构; (b) 产生的 18 个神经元的 spike train

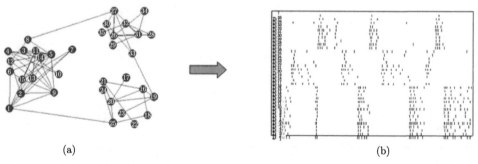

(a)　　　　　　　　　　　　　　(b)

图 14-53　存在 3 个社团个数的替代数据集. (a) 神经元之间的连接结构; (b) 产生的 35 个神经元的 spike train

2. 两个社团结构

第一个替代数据集共有 18 个神经元, 里面包含 2 个社团结构, 社团结构划分过程如图 14-54 所示.

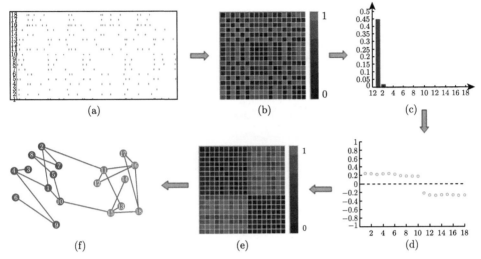

图 14-54 替代数据 1 的划分结果. (a) 18 个神经元的 spike train 光栅图; (b) 相似度矩阵; (c) 排过序的相似度矩阵 (e) 的特征值; (d) 第一个特征值相应的特征向量; (e) 排过序的相似度矩阵; (f) 划分出的社团

该数据集中共有 18 个神经元, 存在 2 个社团结构, 图 14-54(a) 为 18 个神经元 spike train 的光栅图, 图 14-54(c) 为相似度矩阵分解得到的特征值 gap 分布图, 从图中看出, g_{12} 的值最大, 因此可以知道社团结构数量为 2 个, 图 14-54(d) 为第一个特征值 λ_1 所对应的特征向量, 很明显, 特征向量 ε_1 的 18 个值分成 2 部分, 前 10 个值大于 0, $\varepsilon_{1,1}, \varepsilon_{1,2}, \cdots, \varepsilon_{1,10} > 0$, 为一个社团, $\varepsilon_{1,11}, \varepsilon_{1,12}, \cdots, \varepsilon_{1,18} < 0$, 对应另一个社团. 18 个神经元可分为图 14-54(f) 所示的社团结构.

3. 三个社团结构

第二个替代数据集共有 35 个神经元, 里面包含 3 个社团结构, 社团结构划分过程如图 14-55 所示.

当社团结构大于 2 时, 比如, 社团结构为 3 个时, 我们发现, 图 14-55(c) 中 gap, g_{23} 的值最大, 根据我们的方法可以推断, 社团结构数量为 3 个, 另外取第 2 个特征值对应的特征向量 ε_2, 如图 14-55(d) 所示. 可以很明显地推断出 3 个社团结构的划分 (第一社团 $\varepsilon_{2,1}, \varepsilon_{2,2}, \cdots, \varepsilon_{2,15} < 0$, 第二社团 $\varepsilon_{2,16}, \varepsilon_{2,17}, \cdots, \varepsilon_{2,25} > 0$, 第三社团 $\varepsilon_{2,26}, \varepsilon_{2,27}, \cdots, \varepsilon_{2,35} < 0$).

当社团结构大于 3 个时, 结果与上述两个替代数据集类似, 我们不再给出测试结果.

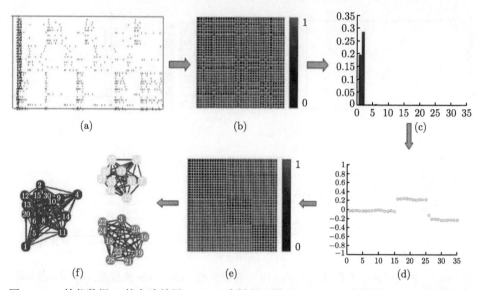

图 14-55　替代数据 2 的实验结果. (a) 35 个神经元的 spike train 光栅图; (b) 相似度矩阵; (c) 排过序的相似度矩阵 (e) 的特征值; (d) 第 2 个特征值相应的特征向量; (e) 排过序的相似度矩阵; (f) 划分出的社团

如果只有 spike train 光栅图, 很明显, 不能用眼睛直接从原始的 spike train 光栅图 (图 14-54(a), 图 14-55(a)) 中发现存在 2 个或 3 个社团结构. 本节提出的方法可以成功地将社团划分成正确的社团结构. 如果预先知道 k 的值, Fellous 等 (2004) 的模式发现方法虽然可以使用 K-means 算法将 spike train 分成不同的组, 但不能说明神经元之间内在的连接关系.

4. 神经元功能网络的社团结构划分

上面的实验结果给出了在已知社团结构模型产生 spike train 上进行的测试, 表明该方法是正确有效的, 计算神经科学最关键的问题是要发现在体动物行为记录的数据上进行模式分析, 而该模式是无法预先估计的, 并且该模式也不可能是一成不变的. 因此如何能够提取出这些模式并分析这些模式对应的生物意义是神经科学家感兴趣的内容. 本实验的多电极记录数据来自于执行 Y-maze 的大鼠, 大鼠已经经过一个多月的 Y-maze 训练, 测试过程中, 大鼠的行为选择已经非常正确, 共有 64 个 trial, 我们分别对 L-choice, R-choice 行为进行了分析, 下面给出了一次 trial 过程的分析结果, 时间为 3009 ~ 3029s, 如图 14-56 所示.

结合上面的分析方法, 可以发现该数据集中存在两个比较明显的社团结构. 有关这些社团结构的形成、意义和神经机制有待进一步研究.

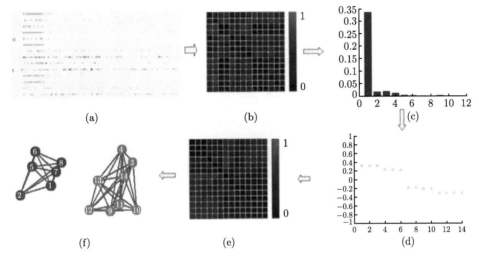

图 14-56　在体记录多电极数据的社团结构划分. (a) 记录到 14 个神经元一次 trial 过程的
spike train; (b) 相似度矩阵; (c) 排过序的相似度矩阵 (e) 的特征值; (d) 第 1 个特征值相应的
特征向量; (e) 排过序的相似度矩阵; (f) 划分出的社团

5. 结果分析

目前, 脑网络研究中基于 fMRI 的社团结构检测方法, 普遍采用了 Newman 提
出的评价方法, 该方法通常需要重复执行两步操作: ① 首先用谱划分得到分割情
况. ② 计算模块性函数 Q 的值, 取最大 Q 值所对应的社团结构数作为最佳划分标
准, 重复第一步操作. 该方法操作非常复杂, 且只能针对无权值的二值图. 而实际上
神经元之间的连接权重反映了它们之间的突触强度, 对社团连接关系的划分是非常
重要的. 本节计算成对神经元的相似度采用随机游走距离. 该方法可适用于有权、
有方向的脑结构网络, 另外, 目前已经有一些方法用于推断神经元之间的因果连接,
如贝叶斯网络、格兰杰因果检验可以确定方向相关性.

在本研究中, 我们将单个神经元作为图的节点, 相比其他方法使用单个体素或
各个脑区作为节点, 或独立成分作为节点等, 这些方法很难确定节点的正确数量.
大脑的中枢神经系统是由神经元组成的, 神经元是信息整合和分发的基本单位, 脑
神经网络就是由群体神经元的突触连接组成的. 因此将单个神经元作为图节点, 神
经元发放的 spike train 相关性作为连接边研究脑功能网络是非常有效的, 对理解神
经信息编码, 神经环路结构具有十分重要的意义.

随机游走是一种基于马尔可夫状态链的模型, 考虑全局性的相似. 通过随机游
走距离可以使得相似的节点之间的相似性更大.

如果不采用随机游走计算, 我们以图 14-57 的网络结构为例, 直接在相关性

矩阵上进行谱分解, 可以看出得到了不正确的社团结构划分结果, 如图 14-57(e) 所示.

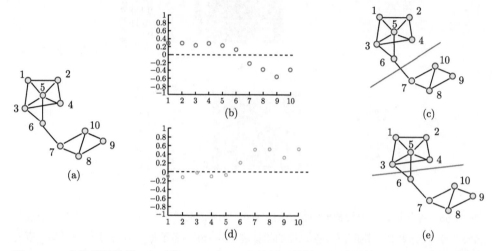

图 14-57　实验结果比较. (a) 图 14-44 中 10 个神经元的神经元功能网络; (b) 经过随机游走距离计算后得到的特征向量; (c) 得到了两个正确的划分; (d) 不经过随机游走距离, 直接在相关性矩阵进行谱分解得到的特征向量; (e) 得到了不正确的划分

通过相关性度量方法构建功能网络是脑功能网络研究的第一步, 后续的分析很大程度上取决于构建的功能网络, 如何构建更符合脑网络工作原理的功能网络是该研究领域面临的一个首要问题. 梁夏等 (2010) 分析了采用三种不同脑功能连接计算方式, 发现不同的网络连接定义对网络拓扑性质存在广泛的影响.

在对 Y-maze 多神经元数据分析中, 我们发现, 大鼠在执行 R-choice 任务时, 神经元功能性网络中存在着明显的社团结构, 而大鼠在执行 L-choice 任务时, 同样记录到了这些神经元 spike train, 在构成的神经元功能性网络中并没有发现存在社团结构. 这个结果表明, 大鼠在执行不同记忆任务时, 记录到的神经元功能网络结构发生了变化. 我们猜想这些网络结构是否与大鼠的行为选择过程相关?

14.4.6　功能团结构划分的结论

在本节中, 我们提出了一种新的社团结构划分方法来分析神经元功能连接网络. 它可以自动确定社团的个数和社团的划分.

传统的社团结构或聚类算法需要预先知道 k 的值及多次利用 K-means 聚类算法进行划分. 本节内容实现了一种自动进行社团结构识别的方法. 当然本方法也不能对所有的社团结构都有效. 我们知道没有一种方法是万能的, 社团结构划分本身就是一个 NP 问题, 不可能有一种方法能包用任何社团结构. 并非所有的网络都可以采用这种方法来发现社团结构, 我们发现当网络社团分离比较明显且社团节点的规模相对比较接近时, 该方法的效果还是比较明显的.

14.5　社团结构划分评价函数

14.5.1　功能团划分的评价

现实生活中的许多实际系统都以一种网络方式存在, 这些具有高度复杂性的网络被称为复杂网络. 自从 Watts 提出小世界网络模型以来, 对复杂网络的研究目前已成为多个学科领域的主要研究内容之一. 小世界特性、无标度性、模块性等是复杂网络呈现出来的显著特性.

社团结构, 是另一种重要的复杂网络特性. 在这个网络中, 社团内部的边连接紧密, 而社团之间的边连接相对稀疏. 在实际网络中普遍存在着这种社团结构, 并且发挥着重要的作用, 如在大脑网络中, 存在着多种不同的社团模块, 分别负责脑功能的认知、记忆、学习等功能 (Vincent et al., 2007). 社团检测方法成为识别这些社团结构的重要手段. 已经有许多研究通过设计算法来检测复杂网络中的社团结构. 这些方法主要分成两类: 一类是设计不同算法来得到社团的划分, 如 Girvan-Newman (GN) 快速算法 (Girvan, Newman, 2002), 奇异值分解 (singular value decomposition, SVD)(Sarkar, Dong, 2011), Fortunato (Fortunato et al., 2004) 算法. 另外一类是设计一个优化社团划分效果评价值的函数得到最佳社团个数, 如模块性函数 Q. 模块性函数 Q 是应用得最广泛的评价标准, 是由 Newman 提出的衡量社团结构强弱的参数. 虽然出现了许多改进的方法, Newman (2004a) 将基于模型性函数 Q 的计算扩展到加权网络. 同时也出现了一些优化算法来寻找 Q 的全局最大值 (Duch, Arenas, 2005). 但该方法存在一个致命缺陷, 容易陷入分辨率极限问题, Fortunato 和 Barthélemy 近来声称模块度优化算法不能检测出小于一定规模的模块, 会遗失很多实际存在的小社团, 这种分辨率极限问题并不取决于特定的网络结构, 而是由于模块度本身设计的缺陷, 是定义中将相互连接的社团间的连接边数和整个网络的总边数进行比较造成的.

本节我们提出了一种新的评价社团最佳划分的评价函数, 我们称之为社团系数 C, 这个标准计算了每次划分结果中每个节点的社团系数, 然后平均所有节点的社团系数值得到网络社团系数 C 来衡量社团结构的强弱, 通过最小化网络社团系数 C 来达到社团结构的最优划分, 即找出最佳社团个数和合理的社团划分. 同时为了比较社团划分方法的优劣, 我们分别比较了两种最常用的划分方法, 层次聚类划分和标准切 (normailized cut, Ncut) 划分方法. 结果表明相比层次划分方法, Ncut 方法能划分出更正确的社团结构. 我们提出的社团系数 C 依赖于划分方法的正确性,只有划分出正确的社团结构才能用社团系数 C 计算得到最佳的社团划分个数. 首先我们在两个基准网络上进行了测试, 表明我们提出的社团系数 C 评价函数解决了模块性函数 Q 存在的分辨率极限问题. 另外, 我们在一些真实世界网络中测试了该评价函数, 这些网络已经被广泛用于测试社团结构检测中, 并且预先知道了其社团结构和最佳社团个数, 在每个测试网络的实验结果中, 我们给出了与其他相关方法的比较, 结果表明, Ncut 划分方法和社团系数 C 评价函数的结合, 能更准确地划分出不同的社团结构和识别出最佳的社团个数. 最后将该算法应用于预先不知道社团结构的脑神经元功能网络的划分中. 给出了最优的社团结构, 用于分析和预测神经元社团结构的不同功能.

本节的组织如下: 14.5.2 节给出了本节提出的评价函数社团系数 C 的实现过程. 14.5.3 节给出了在人工网络数据和真实社团网络数据上的实验结果, 较详细地给出了与其他存在方法的比较来说明社团系数 C 的有效性. 14.5.4 节给出了在神经元功能网络上的应用.

14.5.2　社团系数 C 实现过程

1. 网络节点的相似度矩阵

网络中的连接结构是用图的连接矩阵表示的, 根据图的连接矩阵计算得到节点之间的相似性矩阵是社团划分的第一步. 如果一个原始图是带权图, 我们可以直接进行社团结构划分. 如果是二进制的网络图, 我们可以先将之转换成权重网络图. 在划分网络中, 由于随机游走距离能划分大规模数据集和在测试数据中具有的良好性能, 我们采用了随机游走模型计算节点之间的相似性. 在 14.4 节社团结构划分中, 我们也使用了随机游走距离. 假设 A 为具有 N 个节点图 G 的邻接矩阵, 即

$$A_{ij} = \begin{cases} 1, & \text{如果节点 } i \text{ 和 } j \text{ 相连} \\ 0, & \text{其他} \end{cases} \tag{14.30}$$

D 为图 G 的度矩阵, $D = \mathrm{diag}(d_1, d_2, \cdots, d_n)$, $d_i = \sum\limits_{j=1}^{N} A_{ij}, i = 1, \cdots, N.$

$P = AD^{-1}$ 为随机游走一步转移概率矩阵, P_{ij} 表示从 i 节点出发经过一步转移到 j 节点的概率, 那么经过 n 步从 i 节点转移到 j 节点的概率为

$$P^n = P^{n-1}P \tag{14.31}$$

因此两个节点 x、y 之间的随机游走距离 $d_n(x, y)$ 定义为

$$d_n(x, y) = \sum_{k=1}^{n} p_{xy}^k \tag{14.32}$$

这里 n 表示随机游走所用的步数, $d_n(x,y)$ 表示从 x 节点出发到 y 节点经过 $i = 1, 2, \cdots, n$ 步的总概率, 如 $d_2(x,y) = p_{xy} + p_{xy}^2$.

由公式得到的概率矩阵是一个不对称矩阵, $d_n(x,y) \neq d_n(y,x)$. 我们使用了欧氏距离来度量图结构节点的等价性

$$s_{ij} = \frac{\sqrt{\sum_{k \neq i,j}^{n} [d_p(i,k) - d_p(j,k)]^2}}{N - 2} \tag{14.33}$$

s_{ij} 表示节点 i 和节点 j 之间的相似度, $0 \leqslant s_{ij} \leqslant 1$, s_{ij} 越小表示 i 和 j 节点越相似, 构成新的图的相似度矩阵 S, S 是一个 $N \times N$ (N 为节点的个数) 的权重矩阵. 根据这个权重矩阵, 可以进行社团划分和计算划分评价函数 C, 下面我们给出节点 i 社团系数 C_i 和网络社团系数 C 的计算方法.

2. 社团系数 C

假设 G 是一个由 N 个节点组成的网络图, S 是图 G 的相似度矩阵, 则 S 是一个对称权重矩阵, 给定一个初始划分 $z = [z_s(1), z_s(2), z_s(3), \cdots, z_s(N)]$, $1 \leqslant z_s(i) \leqslant k$, k 表示划分成社团的个数.

我们定义 s_1 为与节点 i 在同一社团内节点的相似度之和. s_1 的计算如下:

$$s_1 = \sum_{j=1}^{N} s_{ij} \delta(z_s(i), z_s(j)) \tag{14.34}$$

$\delta(z_s(i), z_s(j))$ 是一个 Kronecker delta 函数

$$\delta(z_s(i), z_s(j)) = \begin{cases} 1, & z_s(i) = z_s(j) \\ 0, & \text{其他} \end{cases} \tag{14.35}$$

$z_s(i) = z_s(j)$ 表示节点 i 和节点 j 在同一个社团内.

另外图 G 所有节点相似度之和为

$$s = \sum_{i=1}^{N} \sum_{j=1}^{N} s_{ij} \tag{14.36}$$

我们定义 $\mathrm{pr}\left(\sum_j z_s(j) = z_s(i)\right)$ 为 i 节点社团内相似度系数

$$\mathrm{pr}\left(\sum_j z_s(j) = z_s(i)\right) = \frac{s_1/L}{s} = \frac{\sum_{j=1}^{N} s_{ij} \delta(z_s(i), z_s(j)) \Big/ L}{\sum_{i=1}^{N} \sum_{j=1}^{N} s_{ij}} \tag{14.37}$$

L 为该社团内节点的个数.

我们定义 s_2 表示节点 i 与其他社团内节点的相似度之和. s_2 的计算方法如下:

$$s_2 = \sum_{j=1}^{N} s_{ij} - \sum_{j=1}^{N} s_{ij}\delta(z_s(i), z_s(j)) \tag{14.38}$$

我们定义 $\mathrm{pr}\left(\sum_{j} z_s(j) \neq z_s(i)\right)$ 为社团间相似度系数

$$\mathrm{pr}\left(\sum_{j} z_s(j) \neq z_s(i)\right) = \frac{1/[s^2/(N-L)]}{s}$$

$$= \frac{1 \bigg/ \left[\sum_{j=1}^{1} s_{ij} - \sum_{j=1}^{N} s_{ij}\delta(z_s(i), z_s(j)) \bigg/ (N-L)\right]}{\sum_{i=1}^{N}\sum_{j=1}^{N} s_{ij}} \tag{14.39}$$

根据上述两式, 我们定义节点 i 的社团系数为 $C_i = C_{i_1} + C_{i_2}$.

C_{i_1} 的计算方法如下:

$$C_{i_1} = -\mathrm{pr}\left(\sum_{j} z_s(j) = z_s(i)\right) \lg \mathrm{pr}\left(\sum_{j} z_s(j) = z_s(i)\right) \tag{14.40}$$

C_{i_2} 的计算方法如下:

$$C_{i_2} = -\mathrm{pr}\left(\sum_{j} z_s(j) \neq z_s(i)\right) \lg \mathrm{pr}\left(\sum_{j} z_s(j) \neq z_s(i)\right) \tag{14.41}$$

从上述公式可以看出, 社团结构划分效果越好, $\mathrm{pr}\left(\sum_{j} z_s(j) = z_s(i)\right)$ 和 $\mathrm{pr}\left(\sum_{j} z_s(j) \neq z_s(i)\right)$ 越小, 则 C_{i_1}、C_{i_2} 的值越小. 相应的节点 v_i 的社团系数 C_i 的值越小. 如果节点 i 是一个孤立点, 即节点 i 被单独划分成一个社团, 则 $\mathrm{pr}\left(\sum_{j} z_s(j) = z_s(i)\right) = 0$, 我们定义节点 v_i 的 C_{i_1} 值为 $C_{i_1} = 0$.

假定给定一个初始划分成 $k(1 \leqslant k \leqslant N)$ 的社团结构以后, 我们可以计算得到每一个节点的社团系数, 则我们定义网络社团系数 C 为所有节点社团系数之和的平均值.

$$C = \frac{1}{N} \sum_{i=1}^{N} C_i \qquad (14.42)$$

性质 14.5.1 (1) 社团系数值 $C > 0$.

(2) 当 $0 < \mathrm{pr}\left(\sum_j z_s(j) = z_s(i)\right) < 1/e$ 时, 社团系数 C 是单调的.

证明 (1) 我们设 $\mathrm{pr}\left(\sum_j z_s(j) = z_s(i)\right) = x$, 则 $c_1 = -x\log_{10}^x$, 由于 $0 < x < 1$, 因此 $c_1 = -x\log_{10}^x > 0$, 同理 $C_2 > 0$, 得到 $C > 0$.

(2) 设 $f(x) = -x\log_{10}^x$, 我们对 $f(x)$ 求导, $\dfrac{\mathrm{d}f(x)}{\mathrm{d}x} = 0$, $\log_{10}^x + x\dfrac{\frac{1}{x}}{\ln 10} = 0$, $\log_{10}^x = -\dfrac{1}{\ln 10}$, $x = 10^{-\frac{1}{\ln 10}} = \dfrac{1}{e} = 0.3679$. 由于 $0 < x < 0.3679$, $f(x)$ 是单调的, 如果 $x_1 < x_2$, 则 $f(x_1) < f(x_2)$, $\lim\limits_{\delta x \to 0} f(x) = 0$. 我们得到证明 $0 < \mathrm{pr}\left(\sum_j z_s(j) = z_s(i)\right) < 1/e$. 其中 $\mathrm{pr}\left(\sum_j z_s(j) = z_s(i)\right) = \dfrac{s_1/L}{s} = \dfrac{\sum_{j=1}^{N} s_{ij}\delta(z_s(i), z_s(j)) \Big/ L}{\sum_{i=1}^{N}\sum_{j=1}^{N} s_{ij}}$. 所以社团系数 C 也是单调的.

社团系数 C 越小, 表明社团划分的效果越明显, 这样, 社团划分的终止条件被归结到寻找最小化社团系数 C 的过程.

3. 社团划分过程

社团检测的过程通常需要分成两步: ① 通过社团划分方法将网络划分成不同的社团结构; ② 根据不同的划分结果计算划分评价函数, 确定最佳划分. 本节为了计算提出的评价函数社团系数 C, 必须寻找一种算法来将原始网络图划分成不同的社团, 有许多种方法可以实现这一过程. 我们分别实现了层次聚类和 Ncut 两种不同的社团结构划分方法, 并且比较这两种方法的结果.

如果没有预先知道社团数目, 一类比较好用的算法是用于社会网络分析的层次聚类方法, 这里采用的是凝聚层次聚类. 社团的分级结构一般用层次树来表示.

凝聚层次聚类算法执行过程如下:

(1) 开始指定每个对象一个群, 这样就有 N 个群.

(2) 找到最近的 (相似度最小) 一对群, 将它们合并成一个群.

(3) 计算新群与其他群之间的距离. 两个簇之间的距离等于从一个群集的任何一个元素到其他群集中的元素最短距离.

(4) 重复步骤 (2) 和 (3) 直到所有的对象都凝聚成一个群.

社团的分级结构一般用层次树来表示.

Ncut 也是一种基于谱划分的利用特征向量的聚类方法. 在图像分割和其他应用中, Ncut 算法表现出了更优的性能. Ncut 是根据谱图理论建立的 2-way 划分的规范割目标函数

$$\text{Ncut}(A, B) = \frac{\text{cut}(A, B)}{\text{assoc}(A, V)} + \frac{\text{cut}(A, B)}{\text{assoc}(A, V)} \tag{14.43}$$

其中 $\text{cut}(A, B) = \sum\limits_{u \in A, v \in B} w(u, v)$, $\text{assoc}(A, V) = \sum\limits_{u \in A, t \in V} w(u, t)$, $V = A \cup B$.

在这里, 我们在相似度矩阵 S 的基础上使用 Ncut 算法得到了不同的社团划分结果.

14.5.3　实验结果

在这一节中, 我们将本章提出的社团系数方法应用到不同的网络中. 首先我们关注分辨率极限问题, 表明提出的社团系数克服了模块性函数 Q 存在的分辨率极限问题. 另外, 我们将不同的划分方法和社团系数结合应用到一些真实的社会网络社团结构划分中. 这些网络预先知道包含不同的社团结构, 已经被广泛应用到社团划分方法的测试中. 同时在每个社会网络的实验结果中, 我们将本章提出的方法与现有其他几种社团划分方法进行了比较, 结果表明本章提出的方法得到了更加合理的社团结构, 并且得到了正确的社团个数.

1. 在分辨率极限问题上的性能

模块优化函数存在的最大缺陷就是其存在严重的分辨率极限问题 (Fortunato, Barthelemy, 2007), Fortunato 给出了两个网络结构示例来表明模块性函数 Q 存在着分辨率极限, 无法识别该类网络的正确社团结构, 如图 14-58 所示.

针对 Fortunato 提出的两个数据集, 模块性函数 Q 分别在 $k = 5$ 和 $k = 3$ 时取得最大值, 模块优化函数将相邻的两个 clique 划分成一个社团 (用黑色虚线来表示). 我们提出的社团系数分别在 $k = 10$ 和 $k = 4$ 时取得最小值, 并且正确划分出了每一个 clique, 结果表明社团系数 C 不像模块性函数 Q 一样存在着分辨率极限问题, 如图 14-59 所示.

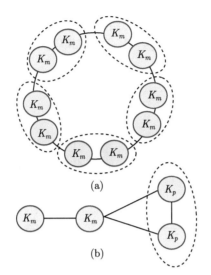

图 14-58　原理图示例. (a) 一个由 10 个可识别的 clique 组成的网络, 每个 clique 包含 m 个
节点 ($m = 4$), 相邻的 clique 之间通过一条边相连; (b) 一个由两对可识别的 clique 组成的网
络, 一对 clique 有 m 个节点, 一对 clique 有 p 个节点, $m > p$ (如 $m = 20$, $p = 5$)

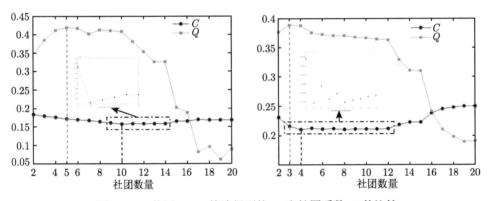

图 14-59　使用 Ncut 算法得到的 Q 和社团系数 C 的比较

2. 在已知结构数据集上的性能由计算机产生的 4 个社团结果非常明显的网络图

首先我们由计算机产生一个社团结构非常明显的网络, 人工网络由 64 个节点
组成, 共 128 条边, 可划分成 4 个社团, 每个社团包含 16 个节点数和 32 条边. 社
团之间没有边连接, 社团内部的 32 条边随机产生连接. 测试结果如图 14-60 和
图 14-61 所示.

从图 14-60 和图 14-61 中可以看出, 该 64 个节点的图都是在 $K = 4$ (K 为社
团个数) 时社团系数 C 最小, 说明该图最合适的划分就是划分成 4 个社团, 与原始

图结果一致, 同时层次划分和谱划分的结果都是 $K = 4$, 表明在社团之间分割比较清晰的图上, 层次划分和谱划分的效果一样, 都得到了正确的划分结果.

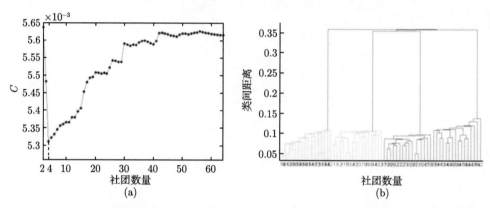

图 14-60　计算机生成的网络, 通过层次聚类方法得到的结果. (a) 社团系数 C 对应不同数量的社团结构, 用虚线连接了最小值; (b) 层次树显示了完整的社团结构, 不同颜色表示检测出的不同社团结构

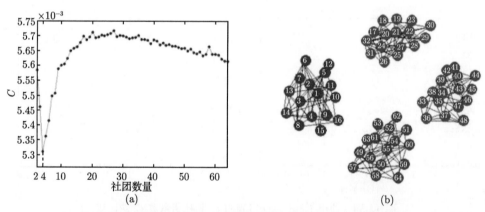

图 14-61　计算机生成的网络, 通过 Ncut 谱聚类方法得到的结果. (a) 社团系数 C 对应不同数量的社团结构; (b) 层次树显示了完整的社团结构, 不同颜色表示检测出的不同社团结构

　　另外我们将该方法运用到一些真实的社团网络上, 这些网络经常被用来测试不同的社团结构划分方法.

　　1) Zachary Karate Club 网络

　　在社团结构检测研究中, 一个非常著名的网络是 Karate 网络 (Zachary, 1977). 该网络是美国一所大学中的空手道俱乐部成员间的相互社会关系, 共有 34 个节点和 78 条连接边. 数据由一位人类学家 Wayne Zachary 经过两年的时间观察收集得到, 在研究期间, 由于教师 (数据点 1) 与俱乐部管理员 (数据点 34) 之间形成对照, 观察到俱乐部分成大小为 16 和 18 的两组. 下面分别给出了层次划分 (图 14-62) 和谱划分 (图 14-63) 得到的两种不同划分结果和对应的实验结果.

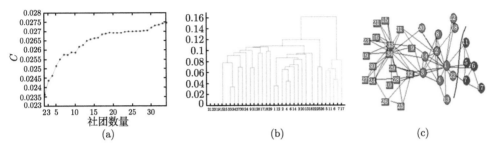

图 14-62　Zachary 的空手道俱乐部网络的层次聚类方法得到的结果. (a) 社团系数 C 对应不同数量的社团; (b) 层次树显示了完整的社团结构; (c) 圆和正方形代表两个实际的社团派别, 两种颜色代表通过本方法最小化的社团系数 C 发现的社团

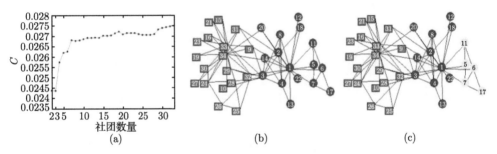

图 14-63　Zachary 的空手道俱乐部网络的 Ncut 聚类方法得到的结果. (a) 社团系数 C 对应不同数量的社团; (b) 圆和正方形代表两个实际的社团派别, 两种颜色代表通过最小化的社团系数 C 发现的社团; (c) 另外一种可能划分, 当社团系数 C 为 3 时得到 3 个社团结构, 3 种颜色代表通过本方法最小化的社团系数 C 发现的社团

从上面两个图中我们可以看出, 层次划分方法和谱划分方法也都是在 $K = 2$ 时社团系数取得最小, 表明该俱乐部成员关系网络最佳划分社团个数为 2, 与真实网络一致, 最初 Zachary 的研究就是发现分裂成两个派别, 但由于层次划分的不足, 该方法并没有正确地划分出合适的社团, 但该划分比 Newman 利用单连接凝聚分层聚类法分析空手道俱乐部得到 (Newman, 2004b) 的效果更好, 该层次树能明显地呈现出社团结构, 而谱划分的结果和原始划分一致, 表明谱划分比层次划分更有效. 如图 14-63(b) 所示, 我们使用 Ncut 划分算法和社团系数 C 结合得到的结果完全正确. 实际上, 该社团个数的最佳划分还是有争议的 (Alves, 2007; Li et al., 2008). 另外一种可能是划分成如图 14-63(c) 中所示的 3 个社团.

2) The bottlenose dolphins 网络

另外一个引起人们兴趣的真实网络就是 dolphins 网络 (Lusseau et al., 2003). Lusseau 对此进行了分析, Lusseau 等对栖息在新西兰 Doubtful Sound 峡湾的一个宽吻海豚群体进行分析构建的关系网共有 62 个节点, 159 条边. 已经知道可以分成两个社团, 分别具有 41 和 21 个节点 (图 14-64 和图 14-65).

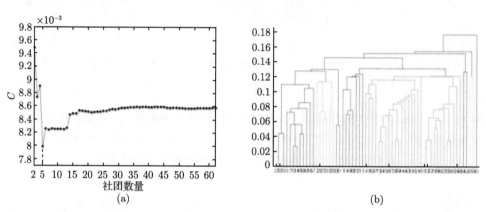

图 14-64　使用层次聚类方法得到的 bottlenose dolphin 网络实验结果. (a) 对应不同社团个数的社团系数 C, 在社团个数为 5 时 C 取得最小值; (b) 层次树显示了完整的社团结构

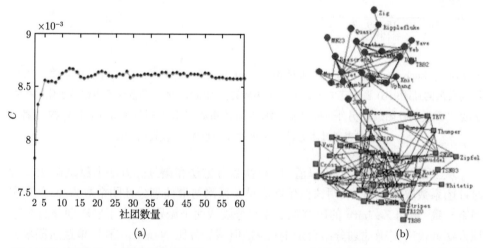

图 14-65　使用 Ncut 聚类方法得到的 bottlenose dolphin 网络实验结果. (a) 对应不同社团个数的社团系数 C, 在社团个数为 2 时 C 取得最小值; (b) 社团划分结果, 圆和正方形代表两个实际的划分结果, 不同颜色代表使用社团系数 C 划分出来的社团结构, 与原始的社团结构一致

在该网络上, 层次划分在 $K = 5$ 时得到最小的社团系数 C, 与实际网络不符, 同时对应的层次树也无法得到合适的社团结构. 谱划分在 $K = 2$ 时得到最小的社团系数 C, 将社团划分成两个社团, 划分结果也与原始网络相同, 结果相比文献中的 SVD 方法 (Sarkar, Dong, 2011) 的划分更正确.

3) The football team 网络

上面几个社会网络都是小网络, 社团个数较少. 现在我们将该方法用于社团个数较多的社会网络 (社团个数大于 10). 该真实数据是足球网络, 数据集有 115 个节点, 代表了 115 个球队, 它们之间共有 613 条边, 代表了该赛季中的 613 场比赛. 这些队伍被分成 12 个 conference, 也就是说该数据集中最佳社团个数为 12 个, 由于该数据集具有良好的社团划分结构, 因此经常被用来测量多个社团时算法的正确性.

同样, 我们分别实现了层次聚类和谱聚类划分时的不同社团系数 C. 图 14-66(a) 表明层次聚类在 $K = 20$ 时取得最小值. 图 14-66(b) 为谱聚类划分的结果, 说明在 $K = 12$ 时取得最小值. 得到的社团个数和社团划分与初始完全一致, 相比 Zhang 等 (Frey, Dueck, 2007) 提出的划分成 11 个社团的方法, 本节得到的社团结果更加正确. 表明该方法用于具有大数量社团个数的数据集时也是非常有效的.

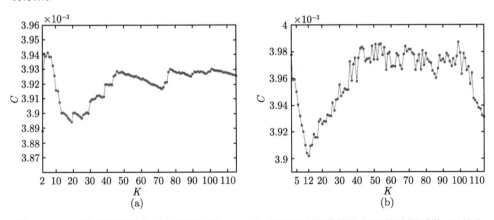

图 14-66 两种不同划分方法的社团系数 C. (a) 使用层次聚类算法得到的社团系数 C 的分布图; (b) 使用 Ncut 划分算法得到的社团系数 C 的分布图

和其他一些社团划分算法比较了我们算法的正确性, 如 MID 测量方法 (Zhang et al., 2008), GN 方法 (Newman, Girvan, 2004). 实验结果表明, 我们的方法划分出了 12 个社团结构 (图 14-67), 正确率为 91.3%. MID 方法划分出了 11 个社团结构, 正确率为 91%. GN 方法划分出了 11 个社团, 正确率为 78%. 由此可见, 我们方法的正确率高于其他方法, 而且我们的方法正确地识别出了该足球网络的真实社团个数.

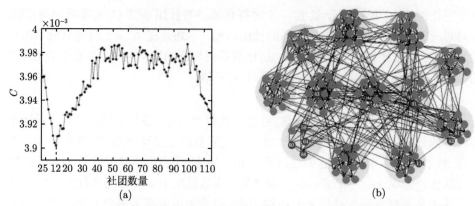

图 14-67　使用 Ncut 算法得到的足球网的实验结果. (a) 对应不同社团个数的社团系数 C
值; (b) 发现的 12 个社团结构, 其中错误划分的节点用红色表示出来

本节不再列出更多的实验结果. 以上几个不同类型已知社团个数网络的结果表明, 本节提出的社团系数 C 评价准则对于衡量社团划分的强弱, 确定社团个数的最佳划分是完全有效的, 一些公共社会网络数据集上的实验结果验证了本方法. 同时比较了层次划分和谱划分两种不同的划分方法, 结果表明谱划分方法明显优于层次划分方法, 能划分出正确的社团结构.

3. 在神经元功能网络中的应用

接下来我们将该方法应用到脑神经元功能网络的分析, 这些社团结构是预先无法知道的, 也无法给出一定的标准结果. 社团结构是神经元功能网络一种非常重要的拓扑结构, 同一个社团内部的神经元意味着它们之间存在更强的突触连接. 该数据集是从一只执行 Y-maze 任务的大鼠中采集到的, 记录位置为前额叶皮层. 我们选择了其中一次 trial 过程的 spike train, 如图 14-68(a) 所示.

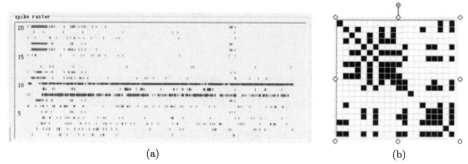

图 14-68　原始 spike train 的光栅图和相似度矩阵. (a) 一次 trial 过程的所有神经元的 spike
train; (b) 相关性矩阵

由于预先不知道神经元功能网络的划分结果, 我们分别用层次划分 (图 14-69) 和谱划分方法 (图 14-70) 进行了网络划分, 两种方法也都是在 $K = 2$ 时取得最小值, 表明这两种算法在对社团个数的划分上是一致的, 但划分的社团结构不同, 接下来需要结合神经机制进行网络分析.

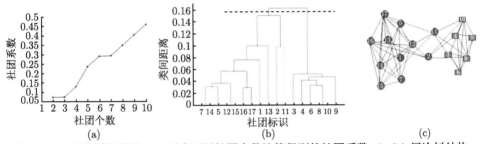

图 14-69 层次划分结果. (a) 对应不同社团个数计算得到的社团系数 C; (b) 层次树结构; (c) 划分出的两个社团, 由于删除了没有 spike 发放的神经元, 所有神经元数量少于 20 个节点的不同形状对应了发现的不同社团

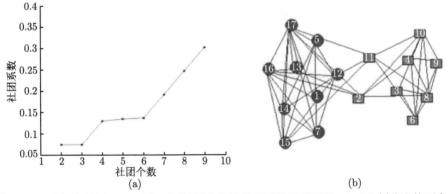

图 14-70 谱划分结果. (a) 对应不同社团个数计算得到的社团系数 C; (b) 划分出的两个社团, 和图 14-69(c) 稍有区别. 节点的不同形状对应了发现的不同社团

14.5.4 功能团划分性能评价的结论

在本节中, 根据网络图节点之间的相似度矩阵, 我们提出了一种新的社团系数的评价函数来衡量不同社团划分的强弱. 同时分别应用层次划分方法和谱划分方法来得到复杂网络中不同社团结构的划分. 上述实验结果使我们更清楚地分析了上述两种算法. 计算机产生的社团网络和不同真实社会网络上的实验结果表明, 谱划分方法能正确地划分出不同的社团, 以及应用社团系数 C 的评价标准能正确地得到网络中包含的社团个数, 与原始网络一致, 因此正确地划分出社团结构对于计算社团系数 C 是非常关键的. 如果已经给定一个社团划分, 则社团系数 C 的计算

复杂度为 $O(n^2)$, 如果需要分别计算 n 种划分结果的社团系数, 则时间复杂度会变成 $O(n^3)$, 一般情况下, 我们只需要计算 $k(k \ll n)$ 种可能的划分结果, 则计算复杂度接近于 $O(kn^2)$, 这样, 该方法能够适用于大型网络. 由于随机游走距离可以计算有向图的节点相似度, 因此本方法可以很容易地扩展到有向网络. 另外, 在以后的研究中, 我们可以以将该方法和社团的模糊划分结合起来, 从而检测出社团结构的重叠模块.

在 14.4 节、14.5 节的研究中, 我们发现可以通过不同社团划分将神经元功能网络划分成不同的社团结构. 接下来, 我们将讨论这些神经元功能网络结构与大鼠行为选择之间的关系.

14.6　基于神经元功能网络预测大鼠认知行为的选择

14.6.1　通过功能团预测认知行为

大脑皮层是一个由大量神经元通过突触连接组成的动态网络. 早期理论认为脑信息是由单个神经元的发放频率来表示的. 目前新的理论认为大脑中枢神经系统的信息传递和处理是靠神经元之间的时空发放模式来表示的. 时空发放模式就是一系列神经元有规律的动作电位发放组成的 spike train. 近年来, 群体神经元时空发放模式的发现和分析是神经科学研究的重点 (Pesaran et al., 2002).

分析神经元功能网络的结构对理解脑的认知功能来说是一个基本的任务. 在前面的章节中我们比较详细地研究了神经元功能网络的拓扑特性和社团结构的划分方法. 这些神经元来源于执行不同认知行为任务的大鼠. 那么这些神经元功能网络和这些不同的认知行为有什么关系呢?

当一个动物在不同刺激下执行不同行为任务时, 动物如何来控制这些行为呢? 这是目前脑机接口研究中一个非常重要的内容 (Talwar et al., 2002). 研究表明在大脑的相应脑区皮层会有大量的神经元活动来表示这个行为信息, 如用神经元发放的时空模式来表示等. 因此已经有相关研究表明这些时空发放模式与行为信息是相关的, 并且可以利用这些皮层集成活动来预测行为的不同选择结果 (Villa et al., 1999; Laubach et al., 2000; Ress et al., 2000), 实现脑机接口中的假肢控制等 (Chapin, 2004; Wessberg et al., 2000).

随着多电极记录设备的发展, 一次可以同时记录到几十个神经元的发放活动. 提出新的群体神经元分析方法成为计算神经科学面临的新的挑战 (Brown et al., 2004). 同时分析群体神经元之间功能连接关系比分析时空发放模式更有意义, 因此出现了脑功能网络的研究, 现在也称为人脑连接组学研究 (Behrens, Sporns, 2012). 在过去的几十年里, 图理论分析方法作为一种有效的工具被广泛用于分析大脑的功能网络的研究. 脑功能网络是一个通过计算脑电信号 (如 fMRI, EEG, MEG) 之间的统计相关性构成的图网络. 该网络可以是一个带权、不带权或有向、无向的图模型. 传统的脑功能网络研究主要用来分析小世界网络 (具有高效率和低成本的信息传递能力) 结构特性, 该特性可以用来比较不同大脑的差异性及辅助诊断脑疾病. 或者可以用来分析大脑中的模块结构是否存在 hub 节点 (Sporns et al., 2007). 大量的脑功能网络研究主要集中在人脑 fMRI 构成的网络上 (Wang et al., 2010; Achard et al., 2006), 少量有关神经元功能网络的研究也仅限在小世界网络特性上 (Gerhard et al., 2011). 目前, 还没有对神经元功能网络其他特性的研究, 如模块结构的研究.

这些群体神经元的发放活动可以组成神经元功能网络, 以及划分成局部子模块网络. 目前还不知道这些功能网络是否可以用来表征行为信息. 是否可以利用这些功能网络来预测单次 trial 的行为结果呢? 目前尚没有相关研究来阐述这些关键问题, 为了解决这个问题, 我们提出了一种新的基于神经元功能网络的方法来分析功能网络模式与大鼠行为选择之间的关系的方法, 以及利用每次 trial 的功能网络模式来预测该次 trial 的行为选择结果. 我们同时记录了多只执行工作记忆任务的大鼠群体神经元的 spike 活动, 分别分布在前额叶皮层、前扣带回皮层和海马区, 大鼠分别执行 Y-maze 和 U-maze 两种工作记忆任务. 每种行为任务可分成两种不同的方向选择过程 (Y-maze 中的 L-choice 方向, R-choice 方向, U-maze 中的顺时针方向, 逆时针方向. 因此每一个方向选择过程被看作是大鼠执行了一次 trial 任务, 将该段时间内所有记录到神经元的 spike train 提取出来作为一次 trial 过程的发放活动进行分析, 每一种行为任务包含两种不同的 trial 选择. 这个方法由四个部分组成: 利用一次 trial 过程多个神经元的 spike train 构建整体神经元功能网络 (whole-recorded neuronal functional network, WNFN), 划分成局部神经环路组 (local neuronal circuit group, LNCG), 将一次任务的多次行为的 trial 无监督划分成两类, 预测单个 trial 的行为结果. 实验结果表明, 该方法可以用来分析神经元功能网络结构特性及预测大鼠的行为选择. 据我们所知, 这是第一次在脑功能网络和大鼠行为预测方面有这样的研究.

本节的组织结构如下: 14.6.2 节简单介绍实验数据来源及神经元网络构建过程, 交叉验证的预测方法. 分别采用两种算法实现了无监督多次 trial 的划分及分别采用两种算法实现了单次 trial 的预测过程. 14.6.3 节将给出详细的实验结果和说明. 14.6.4 节进行总结.

14.6.2 实验材料及方法

1. 方法的流程

图 14-71 给出了本节所提方法的流程图. 首先是将记录到的每一个数据集按照 trial 起止时间点划分成多个 trial 过程. 通过计算成对神经元 spike train 之间的相

关性对每次 trial 过程构建成神经元功能网络. 如果一个数据集包含了 n 次 trial, 则可以构成 n 个神经元功能网络. 其次通过使用社会网络中社团结构划分方法将神经元功能网络划分成对应的神经环路组. 接着使用两种不同的无监督划分方法对所有 trial 构成的 WNFN 和 LNCG 进行谱划分, 分成两类, 并计算划分正确性. 最后, 将用两种不同的 Leave one (留一法) 交叉验证方法预测大鼠的下一次行为选择, 并计算预测正确性.

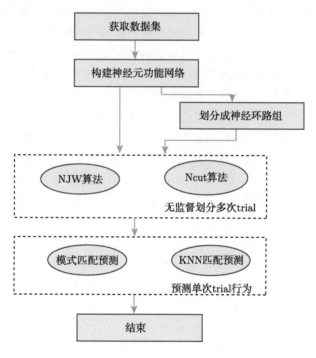

图 14-71　本节所提方法实现过程流程图

交叉验证 (cross-validation) 是一种评价一个统计分析的结果是否可以推广到一个独立的数据集上的技术, 主要用于预测. 交叉验证将样本数据集分成两个互补的子集, 一个子集用于训练 (分类器或模型), 称为训练集 (training set), 另一个子集用于验证 (分类器或模型的) 分析的有效性, 称为测试集 (testing set). 利用测试集来测试训练得到的分类器或模型, 以此作为分类器或模型的性能指标. 交叉验证一般有重复随机子抽样验证、K 倍交叉验证、留一法交叉验证等. 其中留一法交叉验证是比较常用的. 留一法交叉验证的实现过程为: 假设样本数据集中有 N 个样本数据. 将每个样本单独作为测试集, 其余 $N-1$ 个样本作为训练集, 这样得到了 N 个分类器或模型, 用这 N 个分类器或模型的分类正确率的平均数作为此分类器的性能指标.

2. 实验数据

我们分别从 7 只成年、雄性大鼠上记录了神经元的 spike 发放活动, 这些大鼠分别执行两种工作记忆任务, Y-maze 任务和 U-maze 任务. 多电极阵列被插入大鼠的不同皮层区, Y-maze 任务为前额叶皮层、ACC 皮层. U-maze 任务为海马区. 由于执行的任务相对简单, 经过一段时间充分训练后, 大鼠能很好地习得该行为, 即大鼠没有发生很多错误的行为选择. 我们开始记录神经元的发放活动.

在 Y-maze 任务中, 大鼠从等待区跑到盒子的左臂或者右臂即表示完成了一次 trial, 同时每次 trial 过程大鼠选择的臂是不同的, 例如, 这次选择的是右臂, 则下次需要选择左臂, 依次交替进行每次 trail. 因此 R-choice 和 L-choice 分别为两种不同的行为选择过程.

另一个工作记忆认知任务是 U-迷宫 (该数据集来源于华东师范大学脑功能基因组学研究所林龙年教授课题组). U-迷宫训练箱是一个长方形的轨道, 大鼠在轨道中来回地跑动, 顺时针方向和逆时针方向跑一圈分别对应两种不同的行为选择过程. 在轨道的两端分别能得到给水奖励, 在先前发表的论文中有详细的实验设计和实验步骤描述. 实验平台如图 14-72 所示.

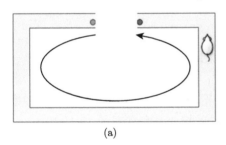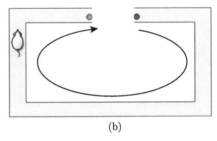

(a)　　　　　　　　　　　　　(b)

图 14-72　U-maze 任务两种不同选择行为的实验过程. 大鼠在矩形轨道中来回跑动, 分别在轨道的两端得到水奖励 (红点和绿点处). (a) 大鼠沿逆时针方向从轨道的左端跑到轨道的右端; (b) 大鼠沿顺时针方向从轨道的右端跑到轨道的左端

群体神经元的 spike 发放活动被多电极阵列设备记录下来 (分别为美国 Blackrock Microsystems 科技公司的 cerebus-128、Plexon Inc. 和 TX), 多电极通过垂直插入的方式放置在脑皮层中, 然后运用 Offline Sorter 软件 (Plexon Inc., TX, USA, http://www.plexon.com) 对每根电极上记录到的放电波形进行离线聚类分析, 区分出单个神经元动作电位的发放活动, 得到每个神经元的 spike train.

所有的实验过程都遵守 NIH 动物实验规范. 所有实验过程和记录过程都由计算机控制, 实验过程通过高速视频系统进行采集.

在本研究中, 共使用了 10 组 spike train 数据, 其中 5 组为 Y-maze 任务, 5 组为 U-maze 任务, 包含的神经元数量、记录的皮层位置和 trial 次数在表 14-3 中显示.

表 14-3   所用数据集的说明

数据集	行为	记录位置	神经元数量	trial 次数
Data 1	Y-maze	PFC	13	34
Data 2	Y-maze	PFC	10	106
Data 3	Y-maze	PFC	10	144
Data 4	Y-maze	ACC	15	62
Data 5	Y-maze	ACC	16	30
Data 6	U-maze	海马	9	80
Data 7	U-maze	海马	9	178
Data 8	U-maze	海马	17	142
Data 9	U-maze	海马	10	72
Data 10	U-maze	海马	13	90

Data 1~Data 5 为 5 只不同大鼠在不同时间记录到的数据. Data 6 为另一只大鼠采集到的数据, Data 7~Data 10 为同一只大鼠在不同时间点记录到的数据, 由于记录时间不同, 每组数据包含的神经元数量不同. 同时每组包含的 trial 次数也不相同.

3. 神经元功能网络构建过程

每一次 trial 过程可以构建一个神经元功能网络, 一次 trial 由多个神经元的 spike train 组成, 对每个神经元的 spike train 划分成不重叠的短时间窗口 (称为 bin), 然后计算每个时间窗口内的 spike 数量, 原始的 spike train 用一个多维向量来表示. 成对神经元之间的相关性用皮尔逊相关系数来表示 (Schreiber et al., 2003). 皮尔逊相关是一种简单的线性相关方法, 我们在前面的章节中也已经用到, 但需要选择划分时间窗口的大小, 另外, 出现了一些其他 binless 计算成对神经元相关特性的测量. 还有一些其他计算脑功能网络连接关系的非线性相关计算方法 (Ahmadlou, Adeli, 2011). 为了使神经元功能网络不成为一个全连通网络、降低神经元功能网络的边数, 我们仅仅保留正的皮尔逊相关性进行分析, 尽管也存在负的相关系数

$$r_{xy} = \frac{\sum\limits_{k=1}^{n}(x_{ik}-\bar{x}_i)(y_{ik}-\bar{y}_i)}{\sqrt{\sum\limits_{k=1}^{n}(x_{ik}-\bar{x}_i)^2}\sqrt{\sum\limits_{k=1}^{n}(y_{ik}-\bar{y}_i)^2}}, \quad -1 \leqslant r_{xy} \leqslant 1 \tag{14.44}$$

在这里, x_{ik} 表示第 i 个神经元在第 k 个 bin 内的神经元数量, 平均为 $\bar{x}_i$. 计算完所有 r 后, 一个权重矩阵 R 被创建了. 这样每一次 trial 用数学上的网络来表

示 (节点为神经元, 边为皮尔逊相关系数). 相关系数 r 的值在 $0 \sim 1.1$ 表示成对神经元之间存在着最强的功能连接, 0 表示无连接. 可见通过测量成对神经元之间的两两相关性, 产生了一个 $N \times N$ 的矩阵, 称为功能性连接矩阵 R, N 表示神经元的数量.

为了研究方便, 目前传统的脑功能网络分析方法是将图转换成二进制网络进行分析, 即成对节点之间的相关性大于阈值, 即存在连接, 否则不存在连接. 很明显, 这样的阈值是很难选择的, 同时得到的网络也与实际网络不符. 为了更好地进行分析, 我们直接在功能性连接矩阵 R 上进行分析, 矩阵 R 是一个权重矩阵, 权重矩阵相比于简化的二进制矩阵具有更实际的意义. 因此图中连接边的重要性通过粗细来表示 (边的相关性越强, 边越粗).

4. 划分成神经环路组

图 14-73 中得到的神经元功能网络是一次行为任务记录到全体神经元的整个网络, 为了分析局部神经元功能网络对动物行为选择的影响, 我们使用社会网络结构分析常用的社团结构划分方法将 WNFN 划分成若干个子网络, 我们称之为神经环路组. 在图分析中, 社团结构定义为社团内的节点存在着紧密的连接关系, 而社团间的连接关系非常稀疏.

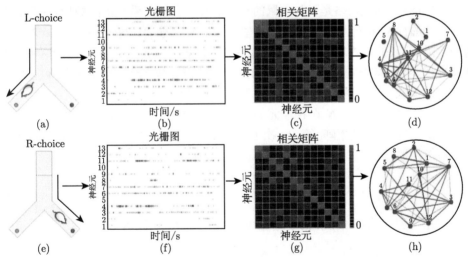

图 14-73 Y-maze 数据集两次 trial 过程分别构建而成的神经元功能网络. (a) 大鼠进行 L-choice 选择的行为; (b) 该 trial 所记录到的 13 个神经元的光栅图; (c) 成对神经元之间的相关性矩阵 R; (d) 一次执行 L-choice 任务 trial 的神经元功能网络; (e) 大鼠进行 R-choice 选择的行为; (f) 该 trial 所记录到的 13 个神经元的光栅图; (g) 成对神经元之间的相关性矩阵 R; (h) 一次执行 R-choice 任务 trial 的神经元功能网络

为了评价层次组织的最佳划分在神经元功能网络中和划分出神经元功能网络中的社团结构, 我们应用了社团结构划分中广泛使用的基于权重网络设计的模块性函数 Q (公式 (14.14)).

给定一个划分, Q 测量了一个实际划分和随机连接网络划分的差距, 因此如果一个神经元功能网络不是随机网络, 则可以通过最大化 Q 值将网络划分成不同的子模块. 该过程包含两个步骤, 第一步我们获得了一个二社团划分结果, 我们使用层次聚类算法获得了神经元功能网络的划分, 使用了 Matlab 工具箱中的 linkage 和 cluster 函数. 当然, 在其他社团网络分析中, 一些谱划分方法是比较常用的. 第二步, 计算所对应的 Q 值. 逐步增加社团个数重新执行上述流程, 直到找到最大值 Q 及对应的社团划分. 最近, 基于模块性函数 Q 的社团结构分析方法已经被应用到由 fMRI 组成的脑功能网络中 (Shen et al., 2010).

图 14-74 中, 执行 L-choice 任务的一次 trial 神经功能网络最优被划分成 7 个子模块, R-choice 最优被划分成 5 个子模块. 可见两种网络的最优模块个数是不同的. 所组成的神经元之间的功能连接我们称之为局部神经环路组. 没有连接的点称为独立点.

5. 无监督聚类多次 trial

每一组数据由一次行为过程的多次 trial 过程组成, 也就是可以表示成多个神经元功能网络, 这些网络是否与大鼠的行为选择存在着关系? 由于每种行为只存在两种不同的行为选择, 因此这是一个典型的二分法问题. 假设在不知道 trial 对应行为的前提下, 我们是否能将一次数据集的所有 trial 划分成两组, 分别对应两种行为选择过程. 我们首先采用无监督聚类的方法来分析这些神经元功能网络, 可以将一次行为的多次 trial 过程无监督划分成两类, 并计算分类的正确性.

假设一组数据集由 N 个神经元的 k 次 trial 组成, 则 $R_i(N \times N), 1 \leqslant i \leqslant k$ 表示第 i 次 trial 的连接矩阵, 第 i, j 次 trial 神经元功能网络之间的功能相似性定义为高斯核函数, 该函数在图划分方法中被广泛使用

$$S(i, j) = \mathrm{e}^{-\left(\frac{\|R_i - R_j\|}{\sigma^2}\right)} \tag{14.45}$$

其中, $\|R_i - R_j\|$ 为第 i 个和第 j 个相关系数矩阵的欧氏距离

$$\|R_i - R_j\| = \sqrt{\sum_{p=1}^{N} \sum_{t=1}^{N} (R_i(p, t) - R_j(p, t))^2} \tag{14.46}$$

由于神经元功能网络都采用图的方式进行, 所以基于图划分的方法是个非常有效的工具. 为了对不同方法的实验结果进行比较, 我们分别实现了两种比较流行

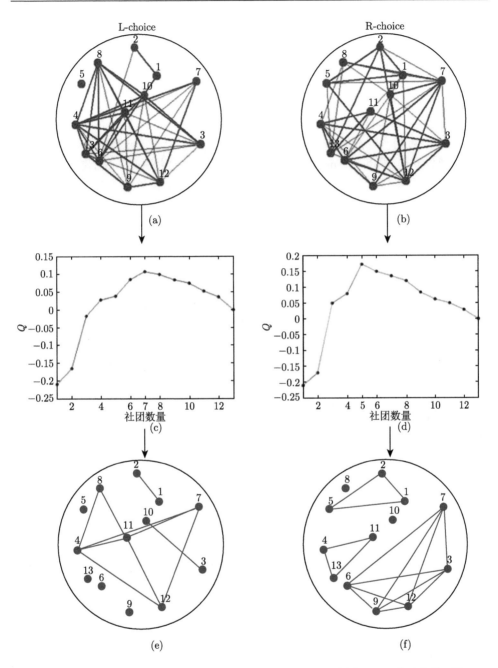

图 14-74　两个网络被划分成最佳社团结构的说明. (a) 和 (b) 为图 14-73 中对应的一次 trial
过程的神经元功能网络; (c) 大鼠执行 L-choice 任务时不同社团数量所对应的 Q 值; (d) 大鼠
执行 R-choice 任务时不同社团个数所对应的 Q 值; (e) 根据最大 Q 值划分的社团个数;
(f) 根据最大 Q 值划分的社团个数

的图划分算法: Ng-Jordan-Weiss(NJW) 谱聚类算法和 Normalized cut(Ncut) 谱图划分方法. NJW 是一个最经典的谱聚类算法, 思想是将权重矩阵转换成拉普拉斯矩阵

$$L = D^{-1/2}WD^{-1/2} \tag{14.47}$$

D 为度矩阵, W 为相似度矩阵, $W = S$, 通过寻找 k 个最大的特征向量 $(v_1,$ $v_2, \cdots, v_k)$, 可将 W 矩阵投影到一个低维度可分离的子空间, 然后采用传统 K-means 算法进行划分. Ncut 算法和谱聚类算法是非常相关的, 我们在 14.5 节中使用了该方法来划分社团结构. 谱聚类算法相比于传统聚类算法具有识别任意形状数据集的优点. 在 Resting-State fMRI 中也已有应用 (Van Den Heuvel et al., 2008). 我们将无监督划分得到的类标记与大鼠实际的行为选择结果进行比较, 得到无监督划分的正确性.

6. 预测单次 trial 的行为选择

无监督聚类多次 trial 可以将 trial 按照本身的相关性系数划分为两类. 分别对应两种不同的行为. 那是否可以利用这些神经元功能网络来预测单个 trial 的行为结果呢? 实际上预测过程成了一个如图 14-75 分类器的实现过程. 预测正确与否的评判标准是: 如果预测的结果与大鼠实际执行的结果相同, 则预测正确, 反之则预测错误.

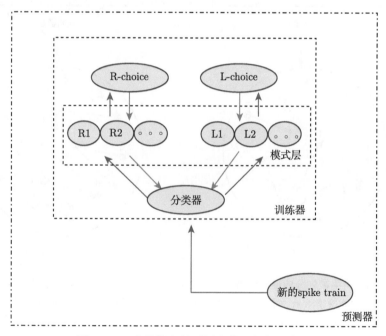

图 14-75　本节提出的预测分类器的实现过程

我们采用了 Leave one 交叉验证方法 (lross valiclation techniques, LOO) 来计算预测结果的正确性. 交叉验证方法每次将一次 trial 取出当作测试集, 其余留下的 $N-1$ 次 trial 当成训练集, 被训练成一个二类的分类器, 这个过程被重复执行 N 次, 预测正确率被定义为判断正确的 trial 与总的 trial 之间的比例. 用预测准确率的平均数作为此分类器的性能指标. 同样, 我们也分别实现了两种方法: 模式识别预测方法及 KNN 预测方法.

模式识别预测方法如下: 选择第 i 次 trial $(1 \leqslant i \leqslant N)$, 剩下的 $N-1$ 次 trial 按照类标记分成两组 $(N_1, N_2, N_1 + N_2 = N - 1)$. 计算第 i 次 trial 到 $N-1$ 次的相似度, 定义

$$S_1(i) = \frac{\sum\limits_{t=1}^{N_1} S_1(i,t)}{N_1} \tag{14.48}$$

作为 i 到第一组内所有次 trial 的平均相似度, 定义

$$S_2(i) = \frac{\sum\limits_{t=1}^{N_2} S_2(i,t)}{N_2} \tag{14.49}$$

作为 i 到第二组内所有次 trial 的平均相似度. i 将被指定到具有最大相似度的那一组中去 $(\arg\max_t\{S_t(i)\})$.

另外一种设计分类器的方法是常用的 K 最近邻节点算法 (K-nearest neighbor algorithm, KNN). 该算法的基本思路是: 从训练样本中找出 K 个与其最相近的样本, 然后看这 K 个样本中哪个类别的样本多, 则待判定的值 (或说抽样) 就属于这个类别. 具体的算法步骤如下: 选择第 i 次 trial, 计算 K 个具有最大相似度的邻居. $c(j) = \arg\max_j\{S(i,j)\}, 1 \leqslant j \leqslant k$, 如果 $c(j)$ 属于组 1 的个数大于属于组 2 的个数, 则 i 的类标记被表示为组 1, 否则为组 2.

14.6.3 实验结果与分析

为了计算无监督聚类 trial 和预测分类器的正确性, 我们采用了 Jaccard 系数的方法来进行评价, Jaccard 系数是一种直观有效的性能评价方法. 在我们的实验中, 无监督划分和预测分类问题都是一个二类问题, 给定一个初始划分 $z = [z_s(1), z_s(2), z_s(3), \cdots, z_s(N)], 1 \leqslant z_s(i) \leqslant 2$. 则节点 v_i 被归到类 1 中的比例为原有标号与实际标号相同的个数占总数量的比例

$$\mathrm{pr}(v_i = 1) = \frac{\sum\limits_s \delta(z_s(i), 1)}{N(s)} \tag{14.50}$$

$N(s)$ 为总的 trial 次数. 整个结果 Jaccard 系数分别为标号 1、2 比例的总和

$$s = \sum_{c=1}^{2} \mathrm{pr}(v_i = c) \tag{14.51}$$

s 的值在 $0 \sim 1$, s 的值越大, 表示结果的性能越好, 当 $s = 1$ 时表示取得了 100% 的正确率.

1. 无监督聚类结果: Y-maze 和 U-maze 平均聚类正确性比较

我们分别以 Y-maze 和 U-maze 在整网网络和神经环路组情况下比较了 NJW 无监督聚类的正确性.

图 14-76 和图 14-77 分别为 Y-maze 和 U-maze 两种数据集在不同网络连接结构下无监督二划分得到的正确率. 不管是 NJW 算法还是 Ncut 算法都得到了类似的结果. 如图 14-78 所示, 从结果可以看出, U-maze 数据集的正确率普遍较高, 表明 U-maze 任务中大鼠在执行顺时针和逆时针两种不同行为过程时, 分别记录到神经元的发放活动具有比较明显的差异性. 而 Y-maze 数据集的正确率普遍在 $50\% \sim 60\%$. 表明 Y-maze 中两种不同行为过程 L-choice 和 R-choice 记录到的神经元发放结构并没有特别明显的差异.

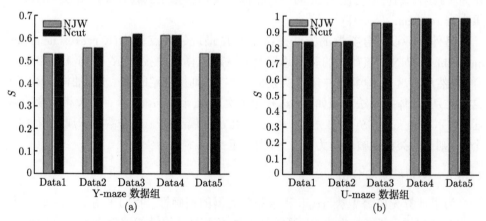

图 14-76　在整网网络水平下 Y-maze 和 U-maze 的无监督聚类划分的正确性. (a) 为 Y-maze 任务的实验结果; (b) 为 U-maze 任务的实验结果

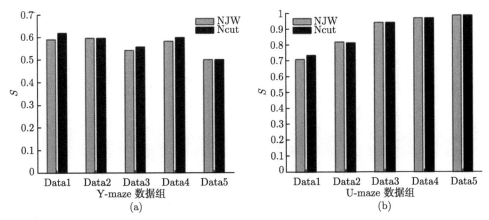

图 14-77 划分成神经环路后的 Y-maze 和 U-maze 的无监督聚类划分的正确性. (a) 为
Y-maze 任务的实验结果; (b) 为 U-maze 任务的实验结果

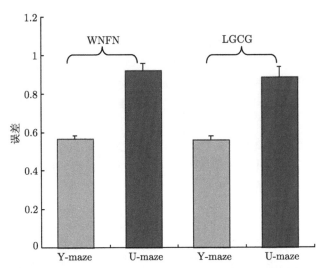

图 14-78 分别在 WNFN 和 LGCG 条件下用 NJW 算法无监督划分所有 trial 的结果的误差

2. 行为预测结果

我们使用了模式匹配和 KNN 方法来计算 10 个数据集的预测正确性, 如
图 14-79 所示.

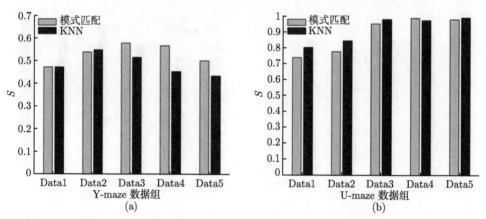

图 14-79   执行 Y-maze 任务数据组的结果和执行 U-maze 任务数据组的结果. (a) 为
Y-maze 任务的实验结果. (b) 为 U-maze 任务的实验结果

3. Y-maze 和 U-maze 平均预测正确性比较

我们分别以 Y-maze 任务和 U-maze 任务在整网网络和神经环路组情况下比较
了模式匹配预测行为选择的正确性 (图 14-81).

图 14-79 和图 14-80 分别给出了两种任务数据集的预测正确率. 从实验结果可
以看出, Y-maze 数据集的预测率较低, Jaccard 系数在 $0.4 \sim 0.6$, 表明预测正确率
一般在 50% 左右, 接近于随机猜测. 而 U-maze 数据集的预测正确率较高, Jaccard
系数在 $0.7 \sim 1$, 表明如果大鼠执行 U-maze 任务, 我们可以较容易地利用神经元之
间的功能连接来预测大鼠的行为选择. 从实验结果可以看出, 对于 U-maze 数据集
而言, 我们提出的方法可以有效地对两种不同行为选择的 trial 进行无监督的划分,
并且可以利用这些功能连接来进行大鼠下一次行为的预测.

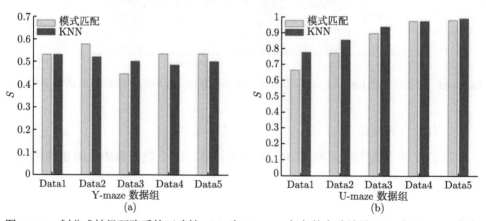

图 14-80   划分成神经环路后的正确性. (a) 为 Y-maze 任务的实验结果; (b) 为 U-maze 任务
的实验结果

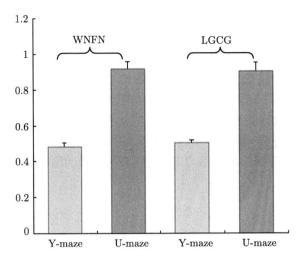

图 14-81 分别在 WNFN 和 LGCG 条件下使用 KNN 预测大鼠 trial 的正确性

4. 无监督聚类与行为预测关系

我们分别以 Y-maze、U-maze 的 Ncut 结果和 KNN 预测正确性结果来说明 (图 14-82).

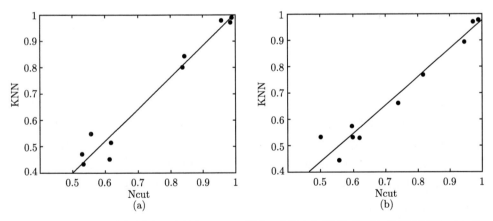

图 14-82 Ncut 无监督划分正确性与 KNN 预测正确性之间的关系. (a) 为整网网络; (b) 为神经环路组

图 14-82 的结果表明无监督分类正确性与预测正确性呈现出较强的相关性 (我们使用了线性回归分析), 因此如果需要判断一个记录到的数据集能否预测大鼠下一步的行为选择, 则该数据集需要存在明显的分别对应两类行为的神经元连接结

构, 那么该数据集使用无监督二分法进行聚类时一定具有较高的正确率.

5. 整网网络和神经环路组的比较

图 14-83 为两种情况下 Ncut 划分结果和 KNN 预测结果的比较. 可见两种网络情况无明显差异, 我们使用了一元方差统计分析 (ANOVA, $p > 0.05$). 由于在本研究中, 所记录到的神经元数量十分有限, 因此神经元功能网络划分成子网络后并没有明显的差异, 所以基于这两种不同网络结构上进行的实验性能差距不大. 本节提出的划分子网络的方法为以后分析较大规模的网络提供了一个有意义的思路.

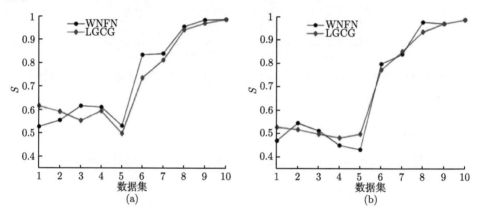

图 14-83　Ncut 划分结果和 KNN 预测结果比较. (a) Ncut 划分结果; (b) KNN 预测结果

6. 结果分析

已经有大量研究表明, 在脑皮层神经元的 spike 发放之间存在着精确的时间关系 (Shmiel et al., 2005; Ayzenshtat et al., 2010). 从这些神经元中可以推断出存在着功能连接关系 (Feldt et al., 2011). 如何利用结构来预测脑的功能? 这个问题一直困扰着神经科学家 (Honey et al., 2009; Honey et al., 2010). 是否能利用群体神经元之间的连接关系来预测动物的功能行为? 本节利用图理论技术提出了一种新的分析方法, 从多电极记录得到与任务相关的功能网络. 实验结果表明行为任务存在一些特殊的功能结构.

我们发现相比于 Y-maze 任务, 在 U-maze 任务中, 大鼠执行两种不同行为选择时具有明显差异, 得到的无监督聚类正确率和 trial 预测正确率非常高. 这可能是在海马区域存在着位置细胞 (Dragoi, Tonegawa, 2011; Fenton, Muller, 1998), 即这些细胞具有方向选择性, 从一个方向经过位置野时位置细胞有反应, 而从反方向经过位置野时位置细胞没有反应. 在不同位置时产生的发放不一样, 导致相应的神经元功能连接也发生了变化. 这与目前神经科学研究结果是一致的.

在我们的实验中, 由于目前记录到的神经元有十几个, 因此构成的神经元功能网络也相对简单, 相应生成的神经环路组也比较简单. 这两种情况下的分析过程并无明显差异. 随着神经元数量增加, 可划分成的神经环路组数量也将增加, 因此迫切需要提出更复杂的分析方法. 同时记录到能够表征大鼠行为任务信息的神经元越多, 越能更加清晰地揭示出这些神经元功能网络与行为的关系.

我们的研究扩展了早期的研究工作, 早期的研究利用集群神经元的时空发放模式来预测大鼠的行为结果. 基于我们的了解, 这是第一次使用神经元的功能连接来研究大鼠的行为选择. 虽然采用神经元的研究不能应用于人脑功能网络, 但本节方法也可以用于基于 EEG、fMRI 方面的人脑疾病方面的预测.

在本研究中, 实验结果被 3 个参数控制, 即划分的时间窗口 bin 的大小, 最近邻居 k 的个数, 高斯尺度参数 σ. 因此采用不同参数构成的神经元功能网络是不同的, 参数的选择可能会直接影响实验的结果. 在实验中, 我们测试了不同参数的选择, 虽然实验结果存在一些差异, 但与本节提出的结论并不违背, 因此我们并没有给出详细的实验结果. 我们知道参数选择问题是研究方法中最困难的一件事, 一般只能凭经验选择. 因此最好的方法是尽量减少参数的使用.

14.6.4 认识行为预测的总结

利用多电极记录群体神经元的发放情况来预测动物执行的认知行为是目前神经科学家一直想解开的迷. 这方面取得的成就对于解决脑机接口问题、脑疾病引起的行为功能丧失恢复具有很大的促进作用. 本节提出了一种新的方法, 利用神经元功能网络的特性来预测大鼠的行为选择, 并且给出了该方式的实现过程, 并在两种不同认知行为任务数据集上进行了实验比较. 结果表明, 该方法能有效地预测出不同大鼠行为选择的正确率. 由于我们记录到的数据集非常有限, 因此我们给出了该方法的实现过程, 并在两种少量的不同认知行为任务数据集上进行了实验比较. 结果表明, 该方法能有效地预测出不同大鼠行为选择的正确率. 我们相信随机记录数据的增多及预测方法的改进将进一步提高利用群体神经元的方法模式来预测动物行为的能力. 同时, 由于目前受多电极记录设备及在线 spike 分类方法的限制, 还不能较正确地直接在线分类出各个神经元的活动, 所以目前的离线 spike 分类方法带有很大的主观性. 因此也限制了直接在线利用神经元的发放模式来预测动物的认知行为.

14.7 神经网络功能团结构划分的未来发展

14.7.1 已有工作的总结

大脑是生物体内结构和功能最复杂的器官, 对大脑进行研究是 21 世纪生命科学研究的核心. 脑是一个多层次系统, 在这个系统中, 多个神经元团 (群)、功能柱或者多个脑区相互连接组成非常庞杂的复杂网络. 近年来, 随着多种技术, 如磁共振、光学成像及多电极记录技术的发展, 在不同水平上对脑网络的研究已成为当代神经科学发展的重要趋势. 神经科学家正式提出了 "脑连接组" 的概念, 脑连接组的研究为理解脑的工作机理及脑功能异常提供了新途径, 已成为当今信息科学、神经科学等学科的共同前沿. 2011 年 4 月, 由科技部发起, 代表国内科学领域最高水平的第 393 次香山科学会议就以 "脑网络组及其临床应用的前沿科学问题" 为主题展开热烈讨论, 表明了国内专家对脑连接组的重视.

结合图论和复杂网络研究脑功能网络已成为神经科学研究的重要内容. 现有研究集中在脑功能网络的小世界特性上, 且研究对象为宏观 (磁共振成像、脑电图等) 构建的功能网络, 无法反映神经元的活动规律. 从微观 (神经元) 分析社团结构能更精细地刻画脑功能网络的连接规律. 传统社团分析方法直接用于神经元功能网络存在许多不足. 本项目以多电极记录神经元构建的功能网络为研究对象, 结合计算模型对社团结构的形成、划分、评价及神经机制进行研究. 具体内容包括: 构建海马计算模型, 模拟脑执行不同认知任务形成的社团结构, 揭示神经元网络的演化规律; 设计一种新的快速社团划分方法, 自动识别社团个数和结构, 分析认知任务社团结构特性; 提出一种新的划分评价函数, 衡量神经元功能网络的划分强弱. 本项目的研究不仅为阐明大脑认知功能的神经机制提供了依据, 也为脑疾病的诊断和治疗提供了新方向.

本章主要取得了以下几个成果:

(1) 实现一个模拟海马神经环路结构的计算模型, 用来模拟大脑在不同认知任务下, 神经元功能网络结构的演化过程, 同时根据不同的功能网络社团结构, 可以产生群体神经元的 spike train, 为揭示神经元网络演化规律提供理论依据.

(2) 我们从复杂网络最重要的几个特性对神经元功能网络拓扑特性进行了分析, 如小世界特性、无标度网络、层次性和社团结构特性. 这些结果表明神经元功能网络与其他脑功能网络一样, 存在着重要的复杂网络特性, 这个研究第一次同时分析了神经元功能网络的几个复杂网络拓扑特性. 结果表明该分析方法是有效的.

(3) 我们提出了一种新的社团结构划分方法, 用来分析神经元功能连接网络. 它可以自动确定社团的个数和社团的划分. 首先, 我们使用了模拟数据, 预先知道社团结构, 该方法可以可靠地检测出不同的社团结构. 同时在用于执行 Y-maze 行为任务的大鼠前额叶皮层的多神经元记录 spike train 上, 发现了传统方法无法发现的社团结构模式.

(4) 提出了一种新的衡量社团划分强弱的评价函数, 我们称之为社团系数 C. 根据社团系数 C 可自动识别出网络社团结构的最佳划分个数, 不需要任何社团结构的先验知识. 在已知社团结构的计算机产生网络和真实网络上测试了该算法, 该算法能有效地克服传统模块性函数 Q 存在的分辨率极限问题, 并且能正确地划分出不同的社团结构. 最后将该算法应用于预先不知道社团结构的脑神经元功能网络的社团结构划分中.

(5) 提出了一种新的方法来研究不同行为任务的群体神经元的功能网络和预测行为结果之间的关系. 该方法主要由四个部分组成: 根据动作电位串构建记录到全体神经元的功能网络; 根据社团划分方法对全体神经元功能网络划分成最优局部神经功能环路组; 根据功能网络和功能神经环路无监督聚类两种不同行为选择的 trial; 预测单次 trial 行为选择的正确性. 实验结果表明群体神经元 spike train 功能网络模式与行为、记录到的数据集存在着关系, 相比 Y-maze 数据集, U-maze 数据集无监督划分 trial 的正确率更高, 因此那些无监督划分 trial 正确率高的数据集可以用来预测大鼠的下一次 trial 行为选择.

14.7.2 未来展望

作为本章研究的延续, 我们拟开展或解决以下几个方面的研究工作:

(1) 关于计算模型的改进, 大鼠在 Y-maze 任务训练过程中, 神经元网络之间的连接结构是如何改变的, 即按照什么样的原则? 大鼠是否在调整网络结构? 发放模型中的单个神经元的 spike 发放存在着随机性, 如果是这样, 则开始输入的神经元网络结构即使是固定的, 那得到的多神经元的 spike train 也存在着随机性, 影响了网络结构的稳定.

(2) 目前, 我们仅仅研究大鼠在不同实验条件下多电极记录到群体神经元功能网络的拓扑特性, 这些特性是非常有意义的. 但到目前, 这些特性是如何形成的, 也就是对要阐述这些特性的神经生物学机制还缺乏了解.

(3) 构建功能网络是脑功能网络研究的第一步, 后续的分析很大程度上取决于构建的功能网络, 如何构建更符合脑网络工作原理的功能网络是该领域研究面临的一个首要问题. 在本章中我们根据不同设计需要提出或使用了不同的相关性计算方法来构建神经元功能网络. 但是我们并没有对这些网络的差异进行分析. 接下来的工作就是比较构建的各种神经元功能网络对网络拓扑性质存在什么样的影响?

(4) 目前对群体神经元发放进行分析最大的困难之一就是缺乏大量的标准脑神经记录数据集, 这限制了本章提出的各种网络结构分析方法的性能比较.

(5) 虽然目前已经有不少研究将复杂网络分析方法运用到 fMRI 等脑功能网络中, 但应用到神经元功能网络中的研究尚不多. fMRI 脑功能网络和神经元功能网络是否有共同之处还需要进一步展开研究.

综上所述, 将复杂网络方法和计算机建模技术应用到脑神经科学的研究中, 必将有力地推动神经科学的发展, 促进多学科融合发展. 同时进一步拓展脑神经信息的处理分析技术, 促进 "脑连接组计划" 的构建工作, 对于研究神经信息处理的神经环路具有重要意义.

参 考 文 献

陈文娟, 李向宁, 蒲江波, 朱耿, 骆清铭. 2010. 培养神经元网络自发放电序列的非线性特征. 科学通报, 55(1): 7-14.

梁培基, 陈爱华. 2003. 神经元活动的多电极同步记录及神经信息处理. 北京: 北京工业大学出版社.

梁夏, 王金辉, 贺永. 2010. 人脑连接组研究: 脑结构网络和脑功能网络. 科学通报, 55(16): 1565-1583.

王率. 1998. 大鼠前扣带回皮层在 "付出越多--得到越多" 行为决策中的作用. 上海: 复旦大学.

王一男, 唐永强, 潘璟玮, 林龙年. 2010. 大鼠多通道在体记录. 生物物理学报, 26(5): 397-405.

杨博, 刘大有, Liu J, 金弟, 马海宾. 2009. 复杂网络聚类方法. 软件学, 20(1): 54-66.

Achard S, Salvador R, Whitcher B, et al. 2006. A resilient, low-frequency, small-world human brain functional network with highly connected association cortical hubs. The Journal of Neuroscience, 26(1): 63-72.

Ahmadlou M, Adeli H. 2011. Functional community analysis of brain: a new approach for EEG-based investigation of the brain pathology. Neuroimage, 58(2): 401-408.

Ahmadlou M, Adeli H. 2011. Fuzzy synchronization likelihood with application to attention-deficit/hyperactivity disorder. Clinical EEG and Neuroscience, 42(1): 6-13.

Alves N A. 2007. Unveiling community structures in weighted networks. Physical Review E, 76(3): 036101.

Ayzenshtat I, Meirovithz E, Edelman H, et al. 2010. Precise spatiotemporal patterns among visual cortical areas and their relation to visual stimulus processing. The Journal of Neuroscience, 30(33): 11232-11245.

Bai F, Shu N, Yuan Y, et al. 2012. Topologically convergent and divergent structural connectivity patterns between patients with remitted geriatric depression and amnestic mild cognitive impairment. The Journal of Neuroscience, 32(12): 4307-4318.

Barabási A L, Albert R. 1999. Emergence of scaling in random networks. Science, 286(5439): 509-512.

Bassett D S, Bullmore E. 2006. Small-world brain networks. The Neuroscientist, 12(6): 512-523.

Behrens T E J, Sporns O. 2012. Human connectomics. Current Opinion in Neurobiology, 22(1): 144-153.

Bettencourt L M A, Stephens G J, Ham M I, et al. 2007. Functional structure of cortical neuronal networks grown in vitro. Physical Review E, 75(2): 021915.

Brown E N, Kass R E, Mitra P P. 2004. Multiple neural spike train data analysis: state-of-the-art and future challenges. Nature Neuroscience, 7(5): 456-461.

Bullmore E, Sporns O. 2009. Complex brain networks: graph theoretical analysis of structural and functional systems. Nature Reviews Neuroscience, 10(3): 186-198.

Chapin J K. 2004. Using multi-neuron population recordings for neural prosthetics. Nature Neuroscience, 7(5): 452-455.

Chen G, Ward B D, Xie C, et al. 2012. A clustering-based method to detect functional connectivity differences. NeuroImage, 61(1): 56-61.

Cordes D, Haughton V, Carew J D, et al. 2002. Hierarchical clustering to measure connectivity in fMRI resting-state data. Magnetic Resonance Imaging, 20(4): 305-317.

Dauwels J, Vialatte F, Weber T, et al. 2008. On similarity measures for spike trains. Advances in Neuro-Information Processing, 177-185.

De La Rocha J, Doiron B, Eric Shea-Brown K J, et al. 2007. Correlation between neural spike trains increases with firing rate. Nature, 448(7155): 802-806.

Derdikman D, Whitlock J R, Tsao A, et al. 2009. Fragmentation of grid cell maps in a multicompartment environment. Nature Neuroscience, 12(10): 1325-1332.

Doeller C F, Barry C, Burgess N. 2010. Evidence for grid cells in a human memory network. Nature, 463(7281): 657-661.

Dragoi G, Tonegawa S. 2011. Preplay of future place cell sequences by hippocampal cellular assemblies. Nature, 469(7330): 397-401.

Duch J, Arenas A. 2005. Community detection in complex networks using extremal optimization. Physical Review E, 72(2): 027104.

Eldawlatly S, Zhou Y, Jin R, et al. 2010. On the use of dynamic Bayesian networks in reconstructing functional neuronal networks from spike train ensembles. Neural Computation, 22(1): 158-189.

Feldt S, Bonifazi P, Cossart R. 2011. Dissecting functional connectivity of neuronal microcircuits: experimental and theoretical insights. Trends in Neurosciences, 34(5): 225-236.

Fellous J M, Tiesinga P H E, Thomas P J, et al. 2004. Discovering spike patterns in neuronal responses. The Journal of Neuroscience, 24(12): 2989-3001.

Fenton A A, Muller R U. 1998. Place cell discharge is extremely variable during individual passes of the rat through the firing field. Proceedings of the National Academy of Sciences, 95(6): 3182-3187.

Fortunato S, Barthelemy M. 2007. Resolution limit in community detection. Proceedings of the National Academy of Sciences, 104(1): 36-41.

Fortunato S, Latora V, Marchiori M. 2004. Method to find community structures based on information centrality. Physical Review E, 70(5): 056104.

Fortunato S. 2010. Community detection in graphs. Physics Reports, 486(3-5): 75-174.

Frey B J, Dueck D. 2007. Clustering by passing messages between data points. Science, 315(5814): 972-976.

Gerhard F, Pipa G, Lima B, et al. 2011. Extraction of network topology from multi-electrode recordings: is there a small-world effect? Frontiers in Computational Neuroscience, 5: 4.

Girvan M, Newman M E J. 2002. Community structure in social and biological networks. Proceedings of the National Academy of Sciences, 99(12): 7821-7826.

He B J. 2011. Scale-free properties of the functional magnetic resonance imaging signal during rest and task. The Journal of Neuroscience, 31(39): 13786-13795.

He Y, Wang J, Wang L, et al. 2009. Uncovering intrinsic modular organization of spontaneous brain activity in humans. PloS One, 4(4): e5226.

Honey C J, Sporns O, Cammoun L, et al. 2009. Predicting human resting-state functional connectivity from structural connectivity. Proceedings of the National Academy of Sciences, 106(6): 2035-2040.

Honey C J, Thivierge J P, Sporns O. 2010. Can structure predict function in the human brain? Neuroimage, 52(3): 766-776.

Humphries M D. 2011. Spike-train communities: finding groups of similar spike trains. The Journal of Neuroscience, 31(6): 2321-2336.

Ikegaya Y, Aaron G, Cossart R, et al. 2004. Synfire chains and cortical songs: temporal modules of cortical activity. Science Signalling, 304(5670): 559-564.

Izhikevich E M. 2003. Simple model of spiking neurons. IEEE Transactions on Neural Network, 14(6): 1569-1572.

Izhikevich E M. 2004. Which model to use for cortical spiking neurons? Neural Networks, IEEE Transactions on, 15(5): 1063-1070.

Kaiser M. 2011. A tutorial in connectome analysis: topological and spatial features of brain networks. Neuroimage, 57(3): 892-907.

Kepecs A, Uchida N, Zariwala H A, et al. 2008. Neural correlates, computation and behavioural impact of decision confidence. Nature, 455(7210): 227-231.

Kirilly D, Gu Y, Huang Y, et al. 2009. A genetic pathway composed of Sox14 and Mical governs severing of dendrites during pruning. Nature Neuroscience, 12(12): 1497-1505.

Kreuz T, Haas J S, Morelli A, et al. 2007. Measuring spike train synchrony. Journal of Neurgscience Methods, 165(1): 151-161.

Laubach M, Wessberg J, Nicolelis M A L. 2000. Cortical ensemble activity increasingly predicts behaviour outcomes during learning of a motor task. Nature, 405(6786): 567-571.

Laurienti P, Hugenschmidt C, Hayasaka S. 2009. Modularity maps reveal community structure in the resting human brain. Nature Publishing Group, 4.

Lehrer J. 2009. Neuroscience: making connections. Nature, 457(7229): 524-527.

Li L, Zhang J X, Jiang T. 2011. Visual working memory load-related changes in neural activity and functional connectivity. PloS One, 6(7): e22357.

Li X, Ouyang G, Usami A, et al. 2010. Scale-free topology of the CA3 hippocampal network: a novel method to analyze functional neuronal assemblies. Biophysical Journal, 98(9): 1733-1741.

Li Z, Zhang S, Wang R S, et al. 2008. Quantitative function for community detection. Physical Review E, 77(3): 036109.

Liang Z, King J, Zhang N. 2011. Uncovering intrinsic connectional architecture of functional networks in awake rat brain. The Journal of Neuroscience, 31(10): 3776-3783.

Liu Y, Liang M, Zhou Y, et al. 2008. Disrupted small-world networks in schizophrenia. Brain, 131(4): 945-961.

Lopes-dos-Santos V, Conde-Ocazionez S, Nicolelis M A L, et al. 2011. Neuronal assembly detection and cell membership specification by principal component analysis. PloS One, 6(6): e20996.

Lusseau D, Schneider K, Boisseau O J, et al. 2003. The bottlenose dolphin community of doubtful Sound features a large proportion of long-lasting associations. Behavioral Ecology and Sociobiology, 54(4): 396-405.

Lynall M E, Bassett D S, Kerwin R, et al. 2010. Functional connectivity and brain networks in schizophrenia. The Journal of Neuroscience, 30(28): 9477-9487.

Ma W J, Beck J M, Latham P E, et al. 2006. Bayesian inference with probabilistic population codes. Nature Neuroscience, 9(11): 1432-1438.

Newman M E J, Girvan M. 2004. Finding and evaluating community structure in networks. Physical Review E, 69(2): 026113.

Newman M E J. 2004a. Analysis of weighted networks. Physical Review E, 70(5): 056131.

Newman M E J. 2004b. Detecting community structure in networks. The European Physical Journal B-Condensed Matter and Complex Systems, 38(2): 321-330.

Newman M E J. 2006. Modularity and community structure in networks. Proceedings of the National Academy of Sciences, 103(23): 8577-8582.

Ng A Y, Jordan M I, Weiss Y. 2001. On spectral clustering: analysis and an algorithm. Advances in Neural Information Processing Systems, 2: 849-856.

Ohiorhenuan I E, Mechler F, Purpura K P, et al. 2010. Sparse coding and high-order correlations in fine-scale cortical networks. Nature, 466(7306): 617-621.

Oweiss K, Jin R, Suhail Y. 2007. Identifying neuronal assemblies with local and global connectivity with scale space spectral clustering. Neurocomputing, 70(10-12): 1728-1734.

Paiva A R C, Park I, Príncipe J C. 2010. A comparison of binless spike train measures. Neural Computing & Applications, 19(3): 405-419.

Paiva A R C, Rao S, Park I L, et al. 2007. Spectral clustering of synchronous spike trains//International Joint Conference on. IEEE: 1831-1835.

Pesaran B, Pezaris J S, Sahani M, et al. 2002. Temporal structure in neuronal activity during working memory in macaque parietal cortex. Nature Neuroscience, 5(8): 805-811.

Pillow J W, Shlens J, Paninski L, et al. 2008. Spatio-temporal correlations and visual signalling in a complete neuronal population. Nature, 454(7207): 995-999.

Pons P, Latapy M. 2005. Computing communities in large networks using random walks. Computer and Information Sciences-ISCIS: 284-293.

Quiroga R Q, Panzeri S. 2009. Extracting information from neuronal populations: information theory and decoding approaches. Nature Reviews Neuroscience, 10(3): 173-185.

Ress D, Backus B T, Heeger D J. 2000. Activity in primary visual cortex predicts performance in a visual detection task. Nature Neuroscience, 3(9): 940-945.

Rosvall M, Bergstrom C T. 2008. Maps of random walks on complex networks reveal community structure. Proceedings of the National Academy of Sciences, 105(4): 1118-1123.

Rothschild G, Nelken I, Mizrahi A. 2010. Functional organization and population dynamics in the mouse primary auditory cortex. Nature Neuroscience, 13(3): 353-360.

Rubinov M, Sporns O. 2010. Complex network measures of brain connectivity: uses and interpretations. Neuroimage, 52(3): 1059-1069.

Sakkalis V, Tsiaras V, Tollis I G. 2010. Graph analysis and visualization for brain function characterization using EEG data. Journal of Healthcare Engineering, 1(3): 435-459.

Sarkar S, Dong A. 2011. Community detection in graphs using singular value decomposition. Physical Review E, 83(4): 046114.

Schreiber S, Fellous J M, Whitmer D, et al. 2003. A new correlation-based measure of spike timing reliability. Neurocomputing, 52-54: 925-931.

Schwarz A J, Gozzi A, Bifone A. 2008. Community structure and modularity in networks of correlated brain activity. Magnetic Resonance Imaging, 26(7): 914-920.

Schwarz A J, Gozzi A, Bifone A. 2009. Community structure in networks of functional connectivity: resolving functional organization in the rat brain with pharmacological MRI. Neuroimage, 47(1): 302-311.

Shen X, Papademetris X, Constable R T. 2010. Graph-theory based parcellation of functional subunits in the brain from resting-state fMRI data. Neuroimage, 50(3): 1027-1035.

Shmiel T, Drori R, Shmiel O, et al. 2005. Neurons of the cerebral cortex exhibit precise interspike timing in correspondence to behavior. Proceedings of the National Academy of Sciences of the United States of America, 102(51): 18655-18657.

Sporns O, Chialvo D R, Kaiser M, et al. 2004. Organization, development and function of complex brain networks. Trends in Cognitive Sciences, 8(9): 418-425.

Sporns O, Honey C J, Kötter R. 2007. Identification and classification of hubs in brain networks. PloS One, 2(10): e1049.

Sporns O, Tononi G, Kötter R. 2005. The human connectome: a structural description of the human brain. PloS Computational Biology, 1(4): e42.

Sporns O, Zwi J D. 2004. The small world of the cerebral cortex. Neuroinformatics, 2(2): 145-162.

Stam C J, De Haan W, Daffertshofer A, et al. 2009. Graph theoretical analysis of magnetoencephalographic functional connectivity in Alzheimer's disease. Brain, 132(1): 213-224.

Stam C J, Jones B F, Nolte G, et al. 2007. Small-world networks and functional connectivity in Alzheimer's disease. Cerebral Cortex, 17(1): 92-99.

Stephens M, Balding D J. 2009. Bayesian statistical methods for genetic association studies. Nature Reviews Genetics, 10(10): 681-690.

Stevenson I H, Kording K P. 2011. How advances in neural recording affect data analysis. Nature Neuroscience, 14(2): 139-142.

Takahashi N, Sasaki T, Matsumoto W, et al. 2010. Circuit topology for synchronizing neurons in spontaneously active networks. Proceedings of the National Academy of Sciences, 107(22): 10244-10249.

Talwar S K, Xu S, Hawley E S, et al. 2002. Behavioural neuroscience: rat navigation guided by remote control. Nature, 417(6884): 37-38.

Unit B M. 2009. Age-related changes in modular organization of human brain functional networks. Neuroimage, 44(3): 715-723.

Van Den Heuvel M, Mandl R, Pol H H. 2008. Normalized cut group clustering of resting-state FMRI data. PloS One, 3(4): e2001.

Velliste M, Perel S, Spalding M C, et al. 2008. Cortical control of a prosthetic arm for self-feeding. Nature, 453(7198): 1098-1101.

Villa A E P, Tetko I V, Hyland B, et al. 1999. Spatiotemporal activity patterns of rat cortical neurons predict responses in a conditioned task. Proceedings of the National Academy of Sciences, 96(3): 1106-1111.

Vincent J L, Patel G H, Fox M D, et al. 2007. Intrinsic functional architecture in the anaesthetized monkey brain. Nature, 447(7140): 83-86.

Wang J, Zuo X, He Y. 2010. Graph-based network analysis of resting-state functional MRI. Frontiers in Systems Neuroscience, 4: 16.

Watts D, Strogatz S. 1998. Collective dynamics of small-world networks. Nature, 393: 440-442.

Wessberg J, Stambaugh C R, Kralik J D, et al. 2000. Real-time prediction of hand trajectory by ensembles of cortical neurons in primates. Nature, 408(6810): 361-365.

Wu K, Taki Y, Sato K, et al. 2011. The overlapping community structure of structural brain network in young healthy individuals. PloS One, 6(5): e19608.

Yu S, Huang D, Singer W, et al. 2008. A small world of neuronal synchrony. Cerebral

Cortex, 18(12): 2891-2901.

Zachary W W. 1977. An information flow model for conflict and fission in small groups. Journal of Anthropological Research, 33(4): 452-473.

Zhang J, Zhang S, Zhang X S. 2008. Detecting community structure in complex networks based on a measure of information discrepancy. Physica A: Statistical Mechanics and Its Applications, 387(7): 1675-1682.

Zhang S, Wang R S, Zhang X S. 2007. Identification of overlapping community structure in complex networks using fuzzy c-means clustering. Physica A: Statistical Mechanics and its Applications, 374(1): 483-490.

第15章 基于生物脉冲神经元模型的功能神经回路计算建模

15.1 研究背景

大脑神经系统是由大量的神经元通过突触连接而形成的复杂的生物信息处理系统. 当前对大脑的信息处理的工作机制仍然知之甚少, 且从解剖学与电生理学的角度很难观察、记录与分析一个具体的神经功能回路构成细节与信息的加工、处理与传递过程, 尤其是缺少了神经回路的构成细节使得我们很难真正地揭示大脑的信息处理机制. 一种 "自顶向下" 的方法, 即利用存在的计算模型探索认知过程的工作机制 (这里指的是神经计算机制) 可以高效地帮助我们理解大脑处理信息的工作机制 (Eliasmith, Trujillo, 2014; Dudai, Evers, 2014; Robinson, 2008; Hatsopoulos, Donoghue, 2009; Gold, Dudai, 2016). 本章后续章节正是通过为高级认知过程设计满足一定生物学依据的神经功能回路来探索认知过程的神经计算机制, 进而有助于我们理解神经系统的信息处理机制. 本节主要对本课题的研究背景、研究内容以及对相关领域的意义、后续章节安排等进行了概述.

15.1.1 计算神经科学的必要性: 连接脑科学与人工智能

近年来, 学术界和产业界再度掀起对人工智能理论与技术的研究与应用热潮, 并且许多应用领域取得了突破性进展, 且仍有进一步发展的巨大潜力. 所谓人工智能是旨在研究与开发用于模拟、延伸和扩展人或动物的智能的理论与应用的一门科学与技术, 它是一个涉及多学科的交叉领域, 涵盖了计算机科学、生命科学、心理学、数学等. 从研究者的角度来看, 人工智能领域的相关理论与技术仍然存在诸多不足之处. 比如, 在很多场景下仍然难以完成一些对人类大脑来说很容易的任务; 如果将大脑类比作一个智能的 "生物信息处理系统", 相比我们人工的 "信息处理系统", 大脑在高效性、高容错性、稳定性、低功耗、更智能等方面存在巨大优势. 因此, 新一代的信息科学、智能科学、计算机科学等领域对于脑科学与认知科学的研究关注程度逐渐加强, 旨在希望借鉴大脑信息处理的工作机制对当前的科技领域在硬件层面、算法层面做出革新, 以大幅提高其工作效率. 因此, 近年来人工智能、脑科学等及其相关领域成为各个国家的发展战略, 而脑科学则是人工智能重要的基础学科之一, 揭示大脑对信息的处理机制对人工智能、信息科学等领域至关重要, 世界各国都加大了对脑科学研究的投入力度, 推出各自的脑科学研究计划.

例如, 在 2013 年, 美国启动了 "创新性神经技术大脑研究计划", 该计划旨在绘制神经元之间相互作用的动态场景图, 研究大脑的功能与认知行为之间的关联性, 以揭示大脑对信息的处理机制; 同年, 欧盟也推出了 "人类脑计划" 项目, 该项目致力于发展神经信息学、脑模拟、高性能计算、神经计算和神经机器人的研究, 侧重于通过模拟人脑的方式来实现人工智能; 日本、加拿大、澳大利亚、韩国等也相继推出了自己的 "脑科学研究计划"; 中国也制定了一个为期 15 年的脑科学研究计划 (2016~2030 年), 面向世界智能科技前沿和 "健康中国 2030" 的战略需要, 从脑的功能认知、脑的疾病以及脑的功能模拟三个方面进行, 旨在深入理解大脑的认知功能, 以进一步发展大脑认知障碍相关的疾病整治和类脑计算与人工智能技术.

然而, 当前的信息科技领域与神经科学是两个相对独立发展的领域, 若将两者真正结合起来具有一定的挑战性, 有观点认为计算神经科学是二者之间的桥梁 (https://www.leiphone.com/news/201510/bqq6tFWL6oUSfN2M.html). 计算神经科学是一门高度跨学科的、新兴的、前沿的研究领域, 它涵盖了信息学科、数学、物理、生命科学、心理学等众多领域. 迄今为止, 我们对大脑在微观层面的认知仍然只是冰山一角. 计算神经科学即尝试利用数学、计算机等综合方法从模拟与计算的角度研究大脑的高级认知功能 (包括决策、记忆、学习等) 的神经计算机制. 而计算神经科学的研究成果不仅帮助我们高效地理解大脑的工作机制, 同时对信息科学也有着巨大的启示作用, 我们借鉴大脑对信息的处理机制, 对信息处理系统在软件与硬件层面做出创新, 进而提高信息处理系统的工作效率. 总结如下, 利用信息科学的技术手段研究神经科学, 而神经科学的研究成果又可以促进信息科学的发展, 因此可以说神经科学 (计算神经科学) 与信息科学 (包括类脑计算、人工智能在内) 是相互促进的关系. 其实, 人工智能的研究与神经科学之间的关系也是源远流长的.

15.1.2　人工智能与认知神经科学领域的关系

1. 人工智能起源于神经科学 (计算神经科学)

神经科学与人工智能领域有着漫长而交织的历史. 在计算机科学 (或者人工智能) 发展的早期 (20 世纪 80 年代以及之前), 人工智能的研究与神经科学、心理学等领域的工作密切相关 (Hassabis et al., 2017), 很多人工智能领域的先驱们在这两个领域都做出过卓越的贡献 (Churchland, Sejnowski, 1988; Hebb, 2005; Hinton et al., 1986; Hopfield, 1982, McCulloch, Pitts, 1943; Turing, 1950). 人工智能, 顾名思义是用机器模拟与拓展人或动物的智能行为 (如学习、推理、决策、记忆等), 而这些智能行为主要在大脑神经系统中完成, 因而一种直观的方案便是模拟神经系统对智能行为的工作机制. 因此, 神经网络理论与技术被认为是研究人工智能的重要手段之一. "人工神经网络" 即对神经元及其组成的网络的计算与建模, 这个命名也说明这类人工智能的方法在那个时期直接起源于神经科学.

早在 20 世纪 40 年代提出的 MP 神经元模型能够完成基本的逻辑计算功能; 不久之后提出了单层神经网络计算模型 (即感知机模型) 且第一次引入了学习的概念 (Rosenblatt, 1958); 其中 Hebb 学习法则 (Hebb, 2005) 奠定了神经网络学习算法的基础, 而 Hebb 学习法则的提出则是源自生物神经元之间的突触连接的研究; 这些早期对神经元工作机制的研究开辟了人工智能的研究领域, 并且继续为当代的人工智能研究提供基础. 上述这些早期的人工智能领域的开创性研究则首先是由一组神经科学家和认知科学家完成的 (Hassabis et al., 2017).

2. 人工智能的研究与神经科学领域渐行渐远

自 20 世纪 80 年代初至 90 年代末, 人工智能领域的研究工作开始逐渐远离神经网络的领域, 原因是当时计算能力的不足以及数据资源的限制. 当时的研究人员着眼于浅层甚至单层的神经网络, 这种浅层神经网络表征能力的限制使其在特定的任务中没有表现不佳, 也没有难以胜任; 而在这个阶段, 基于启发式搜索和规则的逻辑推理系统 (即专家系统) 在特定任务中表现出不错的性能. 因此, 在这个阶段, 人工智能领域的研究大都偏向推理系统方向, 而开始与神经网络理论逐渐分离. 与此同时, 神经科学领域也得到了独立的发展与壮大. 最终导致神经科学与人工智能形成两个庞大的独立的领域, 有着各自不同的传统, 两个领域之间的交流与协作也逐渐减少.

3. 认知科学、神经科学再次助力人工智能的研究

近十年以来, 以人工神经网络理论为基础的深度学习理论与技术在工业界与学术界得到广泛关注且表现出巨大潜力, 使得神经科学与心理学的持续发展对人工智能的研究与拓展再次发挥重要作用 (Brooks et al., 2012). 例如, 卷积神经网络的结构正是受到动物视觉神经系统中感受野概念 (即每个神经元只能处理一小块视觉图像) 的启发而提出的; 其次, 标准的卷积神经网络、循环神经网络等计算模型均等地处理输入信息 (比如, 图像的每个像素信息、语音、文本等), 然而动物的神经系统 (包括视觉神经系统、听觉神经系统、语言中枢) 则能聚焦于图像、语音等外界输入信息的 "特定区域"(Koch, Ullman, 1987; Desimone, Duncan, 1995), 心理学称之为 "注意机制-attention", 受此机制的启发并引入到人工神经网络模型的结构设计中 (Larochelle, Hinton, 2010), 并在物体检测 (Mnih et al., 2014)、机器翻译 (Bahdanau et al., 2014) 等领域表现出比之前模型更好的效果; 最近人工智能的突破之一——深度学习与强化学习的结合产物 AlphaGo (Silver et al., 2016), 在职业围棋领域击败了人类的冠军, 该模型中一个关键因素 "经验回放", 这一关键思想直

接受启发于大脑中多记忆系统相互作用理论 (Kumaran et al., 2016; Hassabis et al., 2017). 长短时程记忆 (LSTM) 网络的结构也是受启发于大脑中 "工作记忆" 的神经机制, 并在时序数据处理领域得到广泛的应用.

4. 认知科学、神经科学与人工智能的未来与展望

当前的人工智能模型在诸多工程应用领域都取得了巨大成功. 比如, 在人脸识别、物体识别、语音识别、视频游戏、围棋等领域达到或者超过了人类的水平, 在自然语言理解、机器翻译、语音合成等领域有进一步发展的潜力. 尽管如此, 我们仍应该关注当前人工智能领域在理论与应用层面存在的不足. 如果将大脑比作一个智能的 "生物信息处理系统", 当前的人工智能系统 (人工信息处理系统) 相比大脑在高效性、经济性方面仍有不小的差距. 因此, 随着社会发展, 新一代智能科学与技术领域迫切希望能够借鉴或者引入大脑对信息处理的工作机制, 以对当前的信息技术在包括硬件层面、算法层面做出革新, 使其能够更加高效且经济地工作.

比如, 在很多未知或者非结构化环境任务中, 人工智能与人类智能之间存在着巨大差距; 比如, 如何通过较少的样本达到高效的学习, 是人类智能相对于机器智能一个大的优势, 人能够通过很少的实例而快速学习形成知识, 并利用这些先验知识进行归纳和推理, 而人类的高效学习对人工智能系统来说仍然是很大的挑战; 迁移学习, 人类也擅长概括或转移在一个语境中获得的知识到一个新的语境下, 而对人工智能来说这也是一个挑战; 大脑处理信息相对人工系统显得更为经济, 从能量消耗的角度来看, 大脑的功率大概约 20W, 而计算模拟人脑则可能需要几百万瓦的功率; 大脑这种 "生物信息处理系统" 相比人工信息处理系统还具有高稳定性与容错性, 在人工信息处理系统中, 一个微小的组件出现问题可能会损坏整个系统, 而大脑中神经元随时在不断更新, 即使有一定比例的损坏, 也不会影响大脑的正常运转.

总结如下, 大脑的信息处理机制相对人工信息处理系统具有高效性、高容错、高稳定性、低功耗、更智能等诸多优点. 因此, 深入理解大脑信息处理机制, 尤其是高级认知行为的神经计算机制, 对信息科学中现有的计算体系包括软件算法与硬件实现等层面的研究工作有着重大的启示作用. 我们将基于神经科学、认知科学与信息科学的交叉研究概括为如图 15-1 所示, 神经科学与认知科学作为众多应用学科的基础理论以及 "灵感" 的源泉, 其持续的发展与进步, 能帮助我们正确理解人类大脑信息处理 (包括决策、记忆、学习等) 的工作机制, 进而对人工智能、计算机、信息、类脑计算等诸多领域产生重大影响. 比如, 类脑芯片的设计、机器学习算法及其应用领域, 都将因此而受益.

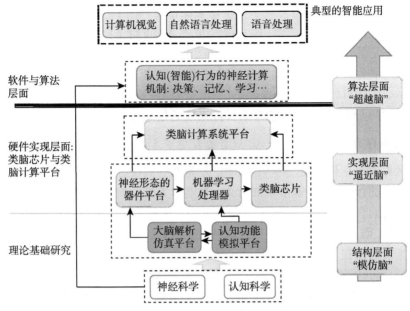

图 15-1 基于神经科学的交叉领域研究

15.1.3 认知神经计算: 从微观的神经元活动到宏观的认知行为的计算建模

理解大脑的工作机制的关键是揭示知识、外界事物、行为决策、学习、记忆等高级认知行为过程在神经系统中是如何被编码、传递与加工处理的. 传统的神经系统信息加工研究始于神经元层面上的神经信息编码, 研究表明, 单个神经元的放电活动与外部刺激有着某种联系, 并且神经元不同模式的放电脉冲与动物的不同认知行为过程有着直接的关联 (Kreiman, 2004; Britten et al., 1992; Koch, 2004). 然而之前对单个神经元的研究主要专注于外界电流刺激与其动作电位发放之间的关系, 这是一种脱离了具体任务的理想状态下的研究手段. 人们已经认识到不同类型的神经元所构成的神经回路才是实现逻辑功能的关键. 这些特定神经回路结构由大量不同种类的神经元通过大量突触连接形成, 实现特定的功能, 就像集成电路在基本晶体管元器件基础上形成的各种门电路, 在门电路基础上再形成能够实现任意的复杂逻辑计算的功能电路模块. 因此, 这种神经回路才是神经系统为处理信息需求而准备的基本功能组件, 神经系统通过不同的神经功能回路而处理不同来源的信息, 进而做出不同的响应.

鉴于神经系统的复杂性, 目前采用多电极阵列数据分析神经元的放电信号. 这种方式在研究神经回路上有如下缺点: 首先, 此方法准确提取特定神经回路或者特定神经元的放电信号; 其次, 该方法一次只能提取 "少量" 的神经元发放信号 (这里的 "少量" 是相对神经系统或者神经回路中庞大数量的神经元而言的), 很多情况下,"少量" 的神经元放电信号并不能准确表征信息; 最后, 这种方式记录的神经元放电信息缺乏回路的构成细节, 以及神经元之间的逻辑结构. 从解剖学、电生理学很难观察与记录一个具体的神经功能回路的信息加工处理过程, 也就很难完全揭示神经系统中神经功能回路结构与信息处理机制. 采用一种 "自顶向下" 的方法, 设计合理的、生物可行的神经功能回路的计算模型来探索高级认知行为过程的神经计算机制, 可以高效地帮助我们理解神经系统的信息处理机制.

1. 认知行为

自然界中无论是人类、高等的动物, 还是低等的昆虫, 都能适应环境并在其中表现出稳定的行为 (某种高级认知行为、智能行为等). 例如, 夜晚的昆虫能够利用月光做导航而直线飞行 (Horváth, Varjú, 2013); 蜜蜂能够用不同的舞蹈报告蜜源的距离与方位, 而其他蜜蜂则能够根据此信息正确到达采蜜地点 (Frisch, 1967); 经过奖惩训练的老鼠在 Y 形迷宫转弯处选择有水的方向 (Yang et al., 2014); 在眼动实验中 (Constantinidis, Wang, 2004), 经过训练, 在延迟一段时间后大猩猩的眼睛仍然能够移动到线索的位置等. 大部分的认知过程表现是非常稳定的、可持续的和可学习的. 这些认知行为区别于条件反射, 条件反射通常是后天习得并受神经系统控制. 我们可以确定在这些动物的大脑或者神经系统中必然存在某一特定的神经功能回路来主导这些认知行为. 因此这些认知行为必然受一个稳定的功能性神经回路所支配, 且神经回路中的神经元或神经元集群的放电活动以及它们间的协同活动主导了动物的认知行为过程.

2. 功能性神经回路: 从微观到宏观的计算模型

通过著名的 Marr 三层假设理论, 可以从三个层面来理解大脑及其神经系统的工作框架, 分别为实现层面、算法层面、行为层面 (Marr, 1982). 如图 15-2 所示, 将计算机系统与大脑神经系统做一个类比来理解 Marr 的三层假设理论. 第一层为实现层面, 需要回答 "怎么算 (How is it computed)?", 即最基本的组成单元是什么, 认知过程在神经系统中是如何被实施的? 在计算机系统中任何外在应用程序都是通过 CPU 中的基本单元 '门电路' 来实现的; 而对应动物的认知行为都是通过大脑中的神经元及其组成的神经功能回路来实现的. 第二层为算法层面, 需要回答 "算什么 (What is computed)?", 即神经回路计算了什么? 在计算机系统中, 计算对象为应用程序所蕴含的算法, 而在大脑神经系统中, 本章认为是认知行为所蕴含的控制法则, 即神经回路所要完成的功能的形式化描述. 第三层为行为层面, 则需要回答 "为何要算 (Why is it computed)?", 即为什么被计算? 在计算机系统中表现为计算机中的各种软件与程序的具体应用; 在大脑中表现为动物的具体认知行为表现, 比如决策、推理、学习、记忆等.

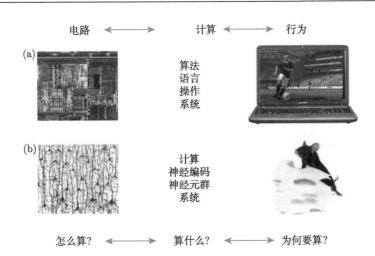

图 15-2   Marr 的三层理论阐述计算机与大脑 (此图来源于 (Carandini, 2012)). (a) Intel 中央处理器 (CPU) 局部线路布局 vs. 笔记本电脑上是视频游戏; (b) 大脑皮层中的神经元及其神经回路与大鼠的一个具体行为. 对于 (a) 我们已经知道计算机的应用程序运行所对应的 CPU 运算的每一个细节, 对于 (b) 我们目前尚不清楚神经系统中神经元或者神经回路微观活动是如何主导动物的高级认知行为的

这样理解的优点是可以让研究者有目的地专注于某一层面的研究. 神经科学的核心问题之一是揭示大脑神经系统的微观放电活动是如何主导复杂的认知行为的. 神经电生理学的研究主要专注于第一层面的 "怎么算?", 即主要集中在神经元等微观层面, 而在微观的神经元活动如何产生复杂的认知行为方面仍然有很多未知之处. 行为学、心理学的研究则主要专注于宏观行为层面. 目前神经科学的观点认为神经回路与行为之间仍然存在很大的 "鸿沟" (Carandini, 2012), 即我们缺失了 Marr 理论中的第二层算法层面, 算法层面有搭建实现层面与行为层面之间的桥梁的作用. 这是神经科学的核心问题之一, 然而, "We are in danger of losing the meaning of the question 'how does it work' within the fields of systems, cognitive, and behavioral neuroscience"(Eliasmith, Trujillo, 2014; Brown, 2014). 例如, 大量的研究工作专注于回答, 在某一个认知行为过程中, 哪部分大脑区域处于活跃状态. 而不是专注于解释更为重要的问题 "产生这个认知过程背后的神经机制是什么?"(Brown, 2014). 也有大量的研究工作 (Ananthanarayanan, Modha, 2007; Izhikevich, Edelman, 2008)(Markram, 2006; Waldrop, 2012) 专注于大脑中电生理进程细节的建模并且模拟这样的过程.

解释神经回路如何调节认知行为, 以及从刺激到响应的编码和解码机制是神经生物学最本质、最核心的目标之一. 如果对动物行为的神经计算机制没有一个清晰的认识, 我们很难真正理解在大脑中 "算什么?". 我们需要一个基础理论、计算框架去理解大脑是如何将基本组成元单元 (神经元) 组合成基本的功能单元, 进而产生复杂的认知行为的 (Brown, 2014). 这正是本章的研究动机, 专注于 Marr 三层假设理论的第二层面 (算法层面), 尝试探索微观的神经活动如何主导宏观行为, 即通过设计合理的、生物可行的神经功能回路的计算模型来探索行为可能的神经计算机制.

15.1.4　从微观到宏观的计算建模

探索大脑中神经元的微观活动如何主导动物的宏观认知行为一直是神经科学中一个基本的也是核心的问题之一. 当前的观点认为神经计算 (“算什么?”) 是神经元的微观活动到宏观行为的中间层, 即从微观到宏观的计算建模. 在大脑的神经系统中, 每一种神经计算都是通过神经元及其组成的神经回路来完成的. 因此, 想要充分理解这样的神经计算, 我们必须知道实现神经计算的神经回路的构成细节, 包括神经元的连接方式、连接权重、逻辑关系等. 大脑是一个极其复杂的生物系统, 目前我们还很难从解剖学或者神经生理学的角度获知大脑中神经回路的构成细节, 以及神经元或者神经回路信息处理的动态过程. 本章从计算与模拟的角度, 研究神经回路的构成细节, 以帮助我们进一步高效地理解神经系统的信息处理机制. 因此, 本研究课题的基本任务在于探索认知行为的神经计算机制, 而非数值计算, 这点区别于人工神经网络模型.

主要工作描述:

在遵从生物机制的神经元电生理特征、基本解剖学事实, 以及神经科学发现的前提下, 本章借助宏观的认知行为实验 (本章包括决策、记忆等认知行为), 设计可计算的、生物可信的神经回路计算模型 (图 15-3(b)). 如何评价所设计的神经回路模型的可行性? 通常基于两点 (图 15-3(a), (c)): ① 宏观认知行为表现; ② 微观的神经元放电活动 (本章采用平均放电频率的神经编码方式来表征神经元的微观活动). 通过对神经回路进行计算模拟过程, 神经回路模型是否能在宏观层面一定程度地再现动物的认知行为; 同时在微观层面, 神经回路中的相关神经元模拟放电活动与真实记录的神经元的放电活动是否有一定程度的吻合. 如何才能满足上述两点, 通常认为该神经回路模型应该能够解释认知行为.

从 Marr 三层理论来阐述本章的主要内容: 首先, 第三层行为层面 “为何要算?”, 本章借助昆虫的趋性行为, 蜜蜂的决策行为实验, 大鼠 T 迷宫的决策实验, 大猩猩眼动实验等认知行为; 第二层算法层面 “算什么?” 即认知行为所蕴含的控制法则, 例如, 15.3 节和 15.4 节, 本章首先提出用逻辑语言来描述这组控制法则 (逻辑法则), 其次专注于设计包含神经回路构建细节的计算模型来实施完成这组法则; 第一层实现层面 “怎么算?”, 基于生物脉冲神经元模型, 为神经回路的最基本组成单元, 结合神经生理学、解剖学的发现, 本章设计生物可信的神经功能回路计算模型, 即这组控制法则的神经计算的实现方式. 最后, 将认知行为实验所记录的宏观行为表现与微观神经活动作为评价神经回路计算模型设计合理性的重要依据.

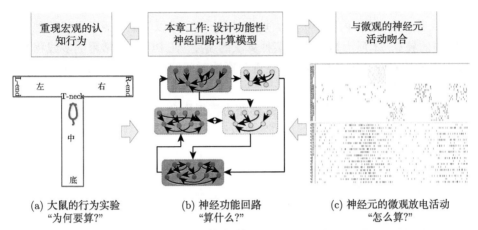

(a) 大鼠的行为实验　　　　(b) 神经功能回路　　　　(c) 神经元的微观放电活动
"为何要算?"　　　　　　"算什么?"　　　　　　　"怎么算?"

图 15-3　从微观的神经元的放电活动到宏观的认知行为计算建模. (a) 以 T 迷宫大鼠的决策行为实验为例; (b) 设计决策行为背后可能的生物神经功能回路; (c) 大鼠在 T 迷宫实验中做决策时, 记录到的相关神经元的放电活动

15.1.5　对神经科学与人工智能等相关领域的研究意义

1. 对于神经科学、计算神经科学领域的意义

从神经生物学角度: 鉴于神经系统的复杂性, 目前大脑中很多区域功能仍然未知, 且当前的解剖学、电生理学很难观察与记录一个具体的神经功能回路的工作 (信息加工处理) 过程等诸多难点, 所以很难解释神经系统的功能回路逻辑结构与信息处理机制; 从数据分析的角度: 目前采用多电极阵列数据分析神经功能回路 (梁培基, 陈爱华, 2003), 该方法因其过程中存在大量的背景噪声以及与提取区域神经细胞的分布等因素很难准确提取特定神经元的发电信号 (只是粗略的某区域神经元); 且该方法一次只能提取 "少量" 的神经元发放信号 (相对于神经系统庞大的神经元基数), 更为关键的是仍然缺乏神经回路的构成细节, 难以研究其回路的结构, 以及信息的加工与传递机制. 因此目前的观点认为设计合理的计算模型去解释认知行为, 可以高效地帮助我们理解大脑的工作机制. 这一关于神经回路构成方式及其习得过程的研究意义在于以下几个方面.

(1) 从计算与仿真模拟的角度, 探索与验证特定认知任务中的神经信息编码.

从计算与模拟的角度: 一方面验证了神经元按照脉冲编码方式实现特定任务回路的可行性; 另一方面尝试解释神经元及其功能回路这一微观层次上对生物个体

的宏观认知过程是如何习得与实现, 对生物神经回路如何实现行为控制、决策行为的方式方法和神经信息编码研究具有探索价值.

(2) 发展了在计算机上模拟大规模脉冲神经回路的计算仿真的新模式.

研究表明神经元的 spike 序列在小时间尺度 (毫秒级) 上也蕴含着丰富的信息. 在单个或者少数 CPU 内核中模拟大规模神经回路, 难以保证神经元之间的独立性 (CPU 中的独立, 本质上是一种按某种算法的调度, 且 PC 机中常用的多线程并发的线程调度的时间开销是毫秒级), 是否会影响时间编码微尺度上的干扰还需要进一步更精细的研究验证.

本章使用了普通的分布式 PC 阵列作为模拟平台 (鉴于当前大部分神经元模拟软件并不支持分布式运行), 能尽可能地保证神经元之间的独立性, 并且将神经元回路的模拟由阵列中多台 PC 共同承载从而能满足大规模神经回路模拟的实时性; 这样的模拟平台也便于扩展去模拟更大规模的神经回路的网络, 当神经元网络规模扩大时, 只需增加局域网中 PC 阵列的节点数且对单个节点 PC 性能要求不高即可满足神经回路网络规模扩大的需求.

(3) 探索设计功能性神经回路的一般化方法.

神经系统通过不同的组合与重复利用一组标准的 "神经计算" 单元来提供更为复杂的功能 (Carandini, 2012). 本章利用逻辑语言而形式化地描述决策行为, 即用一组逻辑法则来描述认知行为所遵循的控制法则 ((Carandini, 2012) 中的 "算什么?"); 设计神经微回路来实现基本的逻辑运算 ("典型计算") 的功能, 然后通过组合与重复微回路而形成复杂的神经回路来实现复杂的逻辑运算功能, 以此给出一种构建决策行为的生物神经回路计算模型的一般化方法, 并尝试解释认知行为的神经计算机制, 这种行为控制逻辑仅基于最一般的信息加工需求和生物神经元能够提供的活动方式, 具有一般性.

(4) 设计合理的生物可信的神经回路计算模型, 并通过计算机对神经回路的模拟与仿真反馈给计算模型的设计中, 这种精细的模拟计算, 使得我们对多个神经元以及神经回路为了实现某种功能所需的协同条件有了新的认识; 从计算的角度, 将突触的属性建模, 结合突触的某些属性来完成一个特定功能, 可以在一定程度上解释一些复杂因素 (比如突触的属性等) 是如何参与到神经回路的计算中, 或者是如何影响认知功能的.

2. 对于基于神经网络理论的人工智能领域的意义与启示

(1) 对人工智能奠基性工作之一的 MP 模型以及脉冲神经网络的发展和丰富.

首先, 采用 MP 模型或者其他人工神经元模型很容易实现任意的精确的逻辑运算功能, 然而生物神经元工作机制区别于人工神经元模型的工作机制, 以生物模式的脉冲神经元模型为基础, 基于功能实现的需求和冗余性设计的需要, 以神经元集群为基本组成单位, 构建生物可信的神经回路计算模型实现类似逻辑运算的神经回路计算模型, 我们尝试探索 MP 模型的生物可信的神经实现方式. 其次, 以忠实于类脑机制的模拟与计算实践, 在神经计算功能性回路构造、高级认知功能与基础结构相统一等方面是对脉冲神经网络实现方式的丰富和发展.

(2) 对类脑芯片设计的启示作用.

采用模拟生物神经元和突触功能的神经形态器件作为类脑芯片的基本组成单元, 神经形态器件给出了一种稀疏–分布式的工作模式. 在此方式的网络中 (电路), 每一个节点在任意时刻以较小的概率被驱动, 因此硬件的功耗将因此而显著降低. 芯片设计应赋予各功能单位一定的冗余性, 即相互功能备份, 以保证部分单元的不正常工作不影响系统基本功能.

(3) 对脑机接口领域研究的意义.

我们的神经元仿真模型和回路结构都是按照生物神经元的工作方式来设计的, 在信息表征与编码方式、通信协议、信号的电气特性等方面具有更好的生物相容性. 遵循这一约束而设计的行为决策、工作记忆等神经仿真回路具有更友好的生物嵌入性, 这对脑机接口的设计与实现具有现实价值.

(4) 对基于神经网络理论的机器学习领域的启示与借鉴.

研究表明大脑神经系统的信息处理机制既满足能量最小化原则也满足信号传输最大化原则 (朱雅婷, 2017), 可概括为经济性与高效性. 然而, 传统的基于人工神经网络模型的机器学习, 通常是几个通用的、固定的神经网络结构 (例如, 最常用的神经网络模型: 多层感知器、卷积神经网络、长短时程记忆网络等), 在不同的任务下, 通过大量数据驱动, 采用梯度下降法 (误差的反向传播) 对神经元之间的连接权重进行不断地迭代更新. 这种学习方式相比于大脑高效快速的学习能力, 既不经济也不高效.

目前还没有一个统一的理论来指导神经网络结构的设计, 通常认为网络结构越大 (神经网络的层数, 每层神经元数目), 其表征能力也越强. 因此在针对某一个具体任务时, 通常选择一个较大的网络结构以保证网络有足够的学习能力, 然后通过大量的带标签数据进行监督训练. 这样的网络结构不仅存在很大冗余使得其占用很大的存储空间, 同时对计算能力也有很高的要求; 如果对网络的存储控制有限制, 通常还要对网络进行裁剪. 这种方式既不经济也不高效. 其次, 这样的权重学习过程被认为是 "black box", 且网络的训练过程需要大量的训练技巧, 这些技巧被称作 "black art". 再次, 关于反向传播算法也值得我们思考: 经过计算的梯度是否始终代表所学习的任务的正确方向? 最后, 现在的神经网络模型的权值调整都需要大量的标签数据, 而人类则能够通过少量的样本快速学习, 因此现在的神经网络学习效率还远低于人类的学习效率. 所以, 针对上述诸多问题, 我们迫切需要借鉴大脑神经系统的信息处理机制, 在人工神经网络领域做出革新, 以大幅提高其工作效率与经济性, 以及可解释性.

本章的工作完全不同于传统人工神经网络的权值学习和多层平行网络迭代学习方式, 我们研究的是回路结构学习, 有坚实的皮层神经元分布规律、突触可塑性、奖惩的化学调控机制等生物学证据, 通过回路结构调整来达到行为固化的学习目的. 本章的工作对人工神经网络领域的意义与启示罗列如下:

拓展我们对人工神经网络训练过程的理解. 当前人工神经网络仍然被认为是一种 "黑盒" 结构. 基于神经信息编码与网络流观点的神经回路形成机制, 对我们理解人工神经网络的训练与工作机制有启示作用. 在生物神经网络中, 一组神经元可表征某一类信息. 因此, 可将人工神经网络看作一个有向图, 其中每一个神经元看作一个节点, 从输入节点到某一个输出节点的神经信息传输路径即编码一类信息, 在分类问题中, 人工神经网络的训练过程可以理解为有向图中从输入层到输出层特定节点的路径形成过程.

探索神经网络权重学习与网络结构学习并重的学习方式. 对机器学习新方式的启示作用. 传统的机器学习是初始化固定的神经网络结构, 学习的过程便是修改网络的连接权重, 这种方式忽略了网络结构在特定任务中的重要性. 本章的工作给我们的启示: 神经网络完成某一特定功能, 不仅与连接权重有关, 也与网络的结构密切相关, 学习的过程可以是连接权重的修正, 也可以是网络结构的自适应过程. 应探索神经网络权重学习与网络结构学习并重的学习新方式, 提高人工神经网络模型的高效性与经济性.

探索模块化人工神经网络结构的形成. 研究表明, 神经系统依赖于一组核心的典型的神经计算集合, 通过对典型神经计算的不同组合而提供复杂的功能. 以此为启发, 探索、训练一组通用的特征提取模块, 针对不同的任务通过不同的组合与重复这些特征提取模块, 并辅以少量的训练或者微调, 而形成特定的网络结构. 近年来已经有类似这方面作的探索, 但仍然处于起步阶段 (Real et al., 2017). 从神经科学发现的角度, 这可能是一种高效快速的学习方式.

探索基于生物脉冲神经元的联想记忆神经网络模型的新实现方式. 基于人工神经元模型的联想记忆网络, 依赖反馈连接来实现时间因素的影响; 相比于传统的人工神经元模型, 脉冲神经元模型是神经元的神经动力学模型, 脉冲神经元是否被激活是基于膜电位是否达到一个阈值, 而膜电位的变化通常被描述为微分方程的形式, 即考虑了时间因素的作用; 这一点似乎更适合记忆神经网络的计算模型.

对探索递归神经网络训练难问题的启示. 人工神经元网络中循环网络结构存在训练难的问题, 常出现网络输出的发散; 当前常采用权值抑制的方法, 即将权值强制限定在一个范围内. 这个问题我们可以从神经系统中得到启示. 在生物神经系统中, 也存在大量的循环或者递归连接结构, 神经系统中突触的 depression 机制能够有效地克服循环连接的生物神经网络的放电频率发散; 是否可以借鉴该机制, 进行适当计算建模并引入到人工神经网络模型中, 来克服人工神经网络模型中神经元饱和或者发散呢?

探索通过与环境交互的方式来学习知识. 经典计算机实现智能主要依赖通过大数据的预训练模型 (这种方式一般是离线学习, 适应变化的环境的能力较弱), 动物的认知行为的研究启示我们在通过大数据训练学习的同时也应探索与环境交互而习得知识的学习方式; 通过环境反馈和交互学习来实现的感知、认知等基础性智能, 使其适应变化的环境的能力.

(5) 有助于对非图灵机计算模型的探索.

经典的图灵机模型是 "读写头 + 纸带" 结构, 依靠的是存储程序式体系结构; 而我们关于外显认知功能的内在神经回路构成的研究, 尝试以一种 "非线性纸带" 的方式来实现非图灵架构的信息加工.

15.1.6 基于生物脉冲的神经计算模型工作

理解大脑如何产生认知行为是神经科学的主要任务之一, 认知行为是受其神经系统支配的, 任意一种表现稳定的认知行为都有一个内在的执行步骤和控制法则, 神经系统中必然存在一个内在的神经功能回路来实施这组控制法则. 本章主要工作紧紧围绕神经回路模型的设计: 在遵循神经生物学发现的基础上, 基于生物机制的脉冲神经元模型设计功能性神经回路模型, 探索认知行为的神经计算机制. 本章的主要工作与贡献如下.

1. 以昆虫行为为例探索决策神经功能回路计算模型设计与模拟

从 Marr 理论来总结此工作. 首先, 第三层——行为层面, 在文中以趋光飞行行为为例; 其次, 第二层——算法层面, 本章提出了应用逻辑学的语言建立趋性行为所遵循的控制法则; 最后, 第一层——实现层面, 基于生物神经元基本的发放特征和回路构成特点 (脉冲神经元模型), 本章设计了一个可以实施趋光性行为的控制策略的一种可能的神经功能回路计算模型; 并构建了一种局域网内分布式的神经回路实时模拟平台 (分布式 PC 阵列), 通过该平台实时地模拟了该神经功能回路计算过程, 通过该回路的输出神经元集群的平均动作电位发放频率实时驱动一个模拟昆虫飞行行为的程序. 同时本章进一步探讨了神经系统如何通过 "奖惩机制" 形成一个正确的决策回路.

本工作的贡献在于: ① 在严格遵从生物神经元电生理特征和解剖学事实的前提下, 实现了一种对行为控制逻辑的神经功能回路实现; ② 这种行为控制逻辑仅基于最一般的信息加工需求和生物神经元能够提供的活动方式, 具有一般性; ③ 本工作对生物神经功能实现行为控制的方式方法和信息编码研究具有探索价值; ④ 通过计算机仿真, 对多个神经元为了实现某种控制逻辑所需的协同条件有了新的认识; ⑤ 发展了在计算机上模拟大规模脉冲神经回路的计算仿真新模式.

2. 基于 "逻辑神经微回路" 的决策神经回路计算模型构建

目前的观点认为神经回路到认知行为之间仍然存在很大的 "鸿沟"(Carandini, 2012), 在神经元的微观活动到认知行为的宏观层面之间存在一个 "神经计算" 层, 研究表明大脑是通过不同的组合与重复一组 "典型神经计算" 的方式来提供不同的功能的. 首先, 本章提出了将类似逻辑运算功能看作神经系统中一种 "典型神经计算" 的假设; 其次, 设计这组 "典型神经计算" 的神经回路结构, 通过组合与重复这些基本的微回路, 构建执行复杂行为逻辑表达式的神经回路; 最后, 以大鼠的 T 迷宫实验为例, 构建决策神经回路并验证该方法的可行性, 从逻辑学的角度解释认知决策行为的神经计算机制.

本章的贡献在于: 在严格遵从生物神经元电生理特征和解剖学事实的前提下提出了一种从逻辑学角度来看待神经元及其回路构成与运行原则的理论, 给出了一种对行为控制逻辑进行具体实现的神经功能回路构建方法. 这一研究有助于我们在神经系统的微观活动与动物宏观行为层面间建立某种过渡桥梁.

3. 神经活动维持功能的神经回路计算建模

神经生理学的观点认为工作记忆在大脑皮层中表现为神经活动的自维持过程 (秒级). 越来越多的研究表明工作记忆的神经机制 (神经信息的自维持机制) 不仅与神经回路的结构有关, 同时也与复杂的突触机制密切相关. 本部分的第一个工作: 设计一个环回路的结构来实现信息的自维持过程, 并且通过在回路中包含一定比例的抑制性神经元使得上述自维持过程逐渐消退. 第二个工作: 考虑突触属性和神经回路结构两个方面设计神经活动维持功能的神经回路计算模型. 首先, 本章通过模拟实验探讨突触的 depression 机制对循环连接结构神经回路的神经活动的影响; 其次, 探讨快慢突触等属性的影响; 最后, 通过设计神经回路的计算模型实现神经活动自维持功能, 进一步尝试解释认知行为中的记忆衰退与混淆现象. 本工作主要贡献: 整合已知的神经电生理学发现, 从神经回路的结构和突触机制两个方面探索神经系统中神经活动的自维持与随时间逐渐衰退的神经计算机制, 进而探索工作记忆的神经计算机制.

15.2 神经功能回路计算模型的相关工作回顾

通过设计合理的计算模型探索认知行为的神经机制的方式可以更高效地帮助我们理解大脑的工作机制 (Eliasmith, Trujillo, 2014). 本章以此为出发点: 首先, 形式化描述认知行为过程中所遵循的运行法则; 其次, 在满足神经生物学发现的基础上, 设计生物可行的神经回路计算模型来实施这组计算法则, 以探索微观的神经元活动到宏观的认知行为的神经计算机制. 神经回路是神经系统处理信息的基本功能单位, 且由不同神经元之间通过突触的相互连接而形成, 并通过神经元的不同状态而编码不同的信息. 因此上述过程中涉及: 神经元计算模型、神经信息编码、如何描述行为的计算法则、神经功能回路的计算模型等. 本节主要对上述领域的相关工作进行综述.

15.2.1 单个神经元计算模型的研究现状

生物神经元通常由细胞体、细胞核、树突和轴突等几个部分构成. 树突用来接收突触前神经元传导过来的神经信号 (动作电位), 通常一个胞体分布有多个树突; 细胞核的作用是完成对传入信号的加工与处理; 轴突的作用是传导动作电位, 即神经信号的输出部位, 每个轴突有很多个轴突末梢连向突触后神经元, 通过此结构将动作电位传向突触后神经元. 神经元计算模型则从信息处理角度对神经元的功能进行抽象并形式化成可计算的数学模型, 如图 15-4 所示.

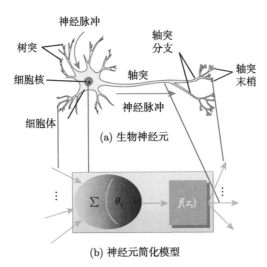

图 15-4 神经元形态特征及其简化结构

1. 人工神经元计算模型

单个神经元的计算模型研究得比较早, 且相对比较成熟. 目前在人工智能中以数值计算为目的所涉及的常用神经元模型如表 15-1 所示 (Han, Moraga, 1995; Glorot et al., 2011; Maas et al., 2013), 一般称为人工神经元模型, 除了第一个模型以外, 这些模型都广泛应用于基于梯度下降策略的人工神经网络模型中, 且在诸如图像分类、图像检测、自然语言处理、语音信号处理等很多领域都得到了广泛应用,并取得了巨大的成功 (LeCun et al., 2015; Sutskever et al., 2011; Weston et al., 2015; Jean et al., 2014; Ba et al., 2014).

相比生物神经元的工作原理, 表 15-1 中的人工神经元模型是为了数值计算的需要而设计的, 并不是真实生物神经元的神经动力学模型, 它们忽略了基本的生物学事实: ① 工作方式的不同, 真实的神经元以脉冲的形式 (全或无) 放电活动; ② 这种神经元模型没有考虑时间的因素; ③ 不区分神经元的种类, 真实的神经元有多种类型, 且功能、形态、作用各不相同, 本章采用兴奋性和抑制性神经元; ④ 同层神经元的高度同步工作太过理想化.

表 15-1　人工神经元模型

激活函数	函数曲线	函数解析表达式	导数
Binary		$f(x) = \begin{cases} 0, & x! = 0 \\ 1, & x = 0 \end{cases}$	在 0 点时导数不存在
sigmoid		$f(x) = \dfrac{1}{1 + e^{-x}}$	$f'(x) = f(x)(1 - f(x))$
TanH		$f(x) = \dfrac{2}{1 + e^{-2x}} - 1$	$f'(x) = 1 - f(x)f(x)$
Relu		$f(x) = \begin{cases} 0, & x < 0 \\ x, & x \geqslant 0 \end{cases}$	$f'(x) = \begin{cases} 0, & x < 0 \\ 1, & x \geqslant 0 \end{cases}$
PRelu		$f(x) = \begin{cases} ax, & x < 0 \\ x, & x \geqslant 0 \end{cases}$	$f'(x) = \begin{cases} a, & x < 0 \\ 1, & x \geqslant 0 \end{cases}$

2. 生物机制的脉冲神经元计算模型

相比人工神经元模型从计算的角度设计, 脉冲神经元模型则从神经电生理的角度对生物神经元的神经动力学过程进行建模. 1952 年, Hodgkin 和 Huxley 发表了描述神经元动作电位传导实验与模型的论文 (Hodgkin, Huxley, 1952), 他们利用电压钳位技术获得了乌贼轴突神经电生理活动的大量实验数据, 并在此基础上推导出一个四维非线性微分方程系统来描述神经元的数学模型, 人们一般称为 HH 模型. 该神经元模型产生的模拟放电数据能够准确地吻合真实神经元的放电数据, 因此我们可以说该模型是对神经元细胞膜上电压与电流变化的精确量化建模. HH 神经元计算模型的参数不仅具有神经生物学上的意义, 并且还具有可测量性 (宋杨等, 2008), 同时还为我们探讨突触的整合, 以及离子流的相互作用等提供了模型基础. 但其缺点是在模拟大规模神经元网络时该模型计算效率非常低下; 在此之后也出现了多种基于上述模型的改进模型, 如 FHN 模型 (FitzHugh, 1961)、HR 模型 (Hindmarsh, Rose, 1984) 等; 2003 年 Izhikevich 基于分叉的方法将 HH 模型约减为一个二维微分方程 (简单脉冲模型 (Izhikevich, 2003)), 该模型能够模拟出真实生物神经元丰富的动作电位发放模式, 同时还具有很高的计算效率, 使得大规模神经元功能回路的实时模拟成为可能. 本章选取该计算模型 (简单脉冲模型) 作为构建神经功能回路计算模型的神经元模型. 在表 15-2 中列出了主要的脉冲神经元模型及其属性.

表 15-2　脉冲神经元模型属性与性能比较 (Izhikevich, 2004)

放电模式	神经元模型 [*]										
	1	2	3	4	5	6	7	8	9	10	11
biophysically meaningful	−	−	−	−	−	−	−	+	−	+	
tonic spiking	+	+	+	+	+	+	+	+	+	+	+
phasic spiking	−	−	+	+	−	+	+	+	+	+	+
tonic bursting	−	−	−	−	−	+	−	+	−	+	+
phasic bursting	−	−	+	−	−	+	−	−	−	−	−
mixed mode	−	−	−	−	−	+	−				
spike frequency adaptation	−	+	+	−	−	+	−	−	−	+	+
class 1 excitable	+	+	+	−	+	+	+	+	+	+	+
class 2 excitable	−	−	−	+	−	+	−	+	+	+	+
spike latency	−	−	−	−	+	+	+	+	+	+	+
subthreshold oscillation	−	−	−	+	−	+	+	+	+	+	+
resonator	−	−	−	+	−	+	+	+	+	+	+
integrator	+	+	+	−	+	+	−	+	+	+	+
rebound spike	−	−	−	+	−	+	+	+	+	+	+
rebound burst	−	−	−	−	−	+	−	+	−	+	+
threshold variability	−	−	−	+	−	+	+	+	+	+	+
bistability	−	−	−	+	−	+	+	+	+	−	+
DAP	−	+	−	−	−	+	−	+	−	+	+
accommodation	−	−	−	+	−	+	+	+	+	+	+

续表

放电模式	神经元模型 [*]										
	1	2	3	4	5	6	7	8	9	10	11
inhibition-indiced spiking	−	−	−	−	−	+	+	+	+		+
inhibition-indiced bursting	−	−	−	−	−	+	−		−		
chaos	−	−		+	−	+	−	+	−		+
# of FLOPS	5	10	13	10	7	13	72	120	600	180	1200

[*] 神经元模型中:

1 代表 integrate-and-fire; 2 代表 integrate-and-fire with adapt; 3 代表 integrate-and-fire-or-burst; 4 代表 resonate-and-fire; 5 代表 quadratic integrate-and-fire; 6 代表 Izhikevich (2003); 7 代表 fitzhugh-nagumo; 8 代表 hindmarsh-rose; 9 代表 morris-lecar; 10 代表 Wilson; 11 代表 hodgkin-huxley.

FLOPS 表示每秒浮点运算次数.

+ 表示可以模拟该放电模式.

− 表示不可以模拟该放电模式.

15.2.2 神经脉冲的信息编码

神经信息编码旨在研究外界刺激与神经元 (单个神经元或者群体神经元) 响应 (放电活动) 之间的映射关系. 外界的刺激首先经过感知系统 (感受器) 的编码而形成不同模式的神经冲动, 然后经过神经纤维传输到神经中枢并经过特定皮层的 "加工与处理过程" 产生或影响诸如理解、推理、决策、学习、记忆等高级认知行为 (Nirenberg, Latham, 2003). 简而言之, 神经信息编码旨在利用神经元的不同状态来表征不同的外界刺激信息. 目前神经信息编码主要有放电频率编码、时间编码、群编码、能量编码等.

1. 神经脉冲的频率编码

神经元的放电频率是一种已经被普遍接受的神经编码, 该编码为统计一个时间间隔内神经元产生动作电位 (spike) 的个数. 在大多数感知系统中, 外部刺激强度的增加, 会引起神经元动作电位发放频率的非线性增加 (Siegelbaum, Hudspeth, 2012; Lumpkin, Caterina, 2007), 基于动作电位发放频率的编码目前已经被广泛应用于各类运动与感知方面的研究中 (Adrian, 1926; Panzeri et al., 2001; Hu et al., 2013). 神经元发放的动作电位序列的模式被认为是生物神经编码的基本方式之一, 在神经系统中, 不同模式的脉冲序列表征不同的信息, 神经元的平均放电频率是描述 spike 序列的一种手段, 因此不同频率的 spike 序列表征不同的放电模式. 例如, 在文献 (Hu et al., 2013) 中, 对触摸感的研究发现感受器产生 spike 序列的平均频率与柔软感之间存在线性关系.

2. 神经脉冲的时间编码

放电频率编码机制是统计一个较长时间 (几百毫秒, 或者更长) 窗口内的 spike 数量的, 这种编码在大量实验中被验证. 然而研究 (Richmond et al., 1987; Panzeri et al., 2010) 表明这种编码机制无法对快速感知觉的行为做出即时反应; 有研究发现, 在某些知觉系统中, 外界刺激只能产生极少数的 spike, 而基于 spike 频率的编码很难有效地描述这类非常稀疏的 spike 序列中所蕴含的信息 (DeWeese, Zador, 2002). 研究表明与外部刺激相关的信息也会存在于两个 spike 的时间间隔内 (Bialek et al., 1991). 时间编码正是提取单个神经元的 spike 在小时间尺度 (毫秒级) 上的信息. 有研究 (Richmond et al., 1987) 表明, 相比频率编码, 时间编码蕴含着更多的刺激信息. 在文献中, 采取时间编码的方式实现了中央视觉区对物体的快速识别. 时间编码对神经元振荡太过敏感, 可靠性相对较差也是其局限性.

3. 神经元群编码

对单个神经元的编码方式的研究主要专注于外界电流刺激与神经元的放电模式之间的关系, 这是一种脱离了具体任务的理想状态下的研究手段. 这种研究忽视了神经元的集群行为, 单个神经元活动的 "全/无" 模式不足以编码高级的认知行为. 神经元集群编码机制是利用多神经元之间的联合反应来表示刺激信息的. 这种编码机制目前还没有一个能为大家普遍接受的成熟理论, 但是也取得了不少进展.

4. 能量编码

研究表明大脑的神经活动满足能量的最小化和神经信号传输效率的最大化原则 (Laughlin et al., 2003), 能量最小化原则体现了神经系统活动的经济性, 信号传输最大化原则体现了神经系统工作的高效性. Toyabe 等 (2010) 的研究首次通过物理实验验证了信息可以转化为能量的形式. Wang 等 (2006) 工作尝试从能量的角度去描述认知过程中神经编码的基本规律.

15.2.3 神经元网络计算模型

单个神经元计算模型研究已趋向成熟, 随之而来的便是由神经元通过突触连接而成的神经网络计算模型的大量研究. 关于神经网络计算模型的研究大体可分为两种类型: ① 以数值计算为目的的人工神经网络计算模型; ② 以解释认知行为的神经计算机制为目的的功能性神经网络 (本章用 "神经回路" 来区别于人工神经网络) 计算模型. 本章的主要任务属于②范畴.

1. 人工神经网络计算模型

当前主要的人工神经网络计算模型主要有: 自组织神经网络 SOM、Hopfiled 网络、随机神经网络 (Boltzmann)、前馈神经网络等; 1985 年 BP 算法, 即误差的反向传播的提出解决了多层网络训练的问题, 并且随着当前 GPU 的高速发展, 诸多前馈等网络模型, 如多层感知机模型 (MLP)、卷积神经网络模型 (LeCun, 2016)、循环神经网络 (Hochreiter, 1997) 等得到了大规模应用, 这些网络模型多应用在联想与记忆、识别与分类、回归以及优化计算等几个方面, 近些年, 尤其在识别与分类领域取得巨大成功 (LeCun et al., 2015); 也有一些模拟生物神经元以及生物神经网络结构的网络计算模型, 如小世界网络模型 (Barthélémy, Amaral, 1999)、PCNN网络模型 (Johnson, Padyett, 1999) 等应用于信息处理领域. 针对这些网络模型有很多研究成果, 这样的网络模型在一定程度上解决了一大类的实际工程问题.

　　当前的人工神经网络计算模型一般从数值计算或者具体应用场景的需要来设计. 因此, 无一例外都不是按照生物神经元发放模式设计的, 神经网络的结构生物可信度不大, 仅是针对某种抽象层次的、面向特定数值计算需求而设计的. 当前的人工神经网络模型在描述神经系统的信息编码与神经计算机制方面显得不足; 本章的重点是在基于生物神经元模型, 遵从生物学事实的基础上构建生物神经功能回路的计算模型, 并在一定程度上探索微观的神经活动或者宏观的认知行为现象所蕴含的神经计算机制.

2. 生物机制的神经功能回路计算模型

1) 基于认知行为的神经功能回路模型

　　"许多" 相互连接神经元的协调活动主导了动物的行为. 在线虫的神经系统中只包含 302 个神经元, 一些软体动物神经系统中包含 20000 个神经元, 昆虫神经系统有几十万的神经元, 而高等动物以及人类的神经系统中则包含几十亿甚至更多的神经元. 迄今为止, 只有线虫的神经系统神经元之间的连接结构被完全揭示出来 (White et al., 1986), 因此它为我们提供了一个非常好的模型来研究它的趋化行为. 很多研究都聚焦线虫的行为, 并构建人工神经网络模型去重现线虫的一些行为. 然而, 人工神经网络模型仅仅是一种抽象层面的近似数值计算方法, 即使宏观行为上能够复现某些行为, 但却不能揭示这些行为背后的神经机制. 应该从线虫的神经系统布线图角度构建生物神经功能回路来研究线虫趋性行为的神经机制 (Xu, Deng, 2010).

　　这又引出来另一个问题, 由于大部分动物的神经系统包由数量庞大的神经元组成, 且每个神经元又与上千的神经元有连接关系, 目前的技术手段很难在毫秒尺度上准确记录每一个神经元的放电数据, 以及神经元之间的连接关系等, 因此对于其他动物, 我们很难获知其神经系统详细的神经连接结构, 那么我们如何为其行为构建神经功能回路呢? 研究表明, 大脑依赖于一组典型的神经计算 (Carandini, 2012), 通过不同的组合与重复这些 "神经计算" 而形成不同神经功能回路以实现更为复杂的计算功能, 进而满足不同的任务需求. 比如, 线性滤波 (Carandini et al., 2005) 是神经系统广泛存在的一种神经计算, 在线性感受野内对传感器输入做加权和的操作. 当然, 在神经系统中还发现了很多典型的神经计算, 比如, Divisive normalization(Carandini, Heeger, 2011), thresholding, exponentiation(Wang, 2002), recurrent amplification, cognitive spatial maps, gain changes resulting from input history, cognitive demands 等. 神经系统中必然还存在许多未被发现的 "神经计算". 然而, 上述这些工作仅是在功能层面发现这些神经计算, 并不知道实施这些神经计算功能的神经回路的构成细节. 如果没有神经回路的构成细节, 我们就不清楚这些神经计算功能的工作机制. 因此, 神经回路的构成细节对于我们揭示神经系统的信息处理机制尤为关键. 本章首先用逻辑学语言描述行为背后所遵循的控制法则, 即回答 Marr 的 "算什么?", 然后基于脉冲神经元模型设计神经功能回路的计算模型来实施这组控制法则, 即回答 "怎么算?". 表 15-3 和表 15-4 中列出了上述相关工作及其优缺点.

表 15-3　以数值计算为目的的神经元和神经网络计算模型

以计算为目的的计算模型	数值计算	MLP 模型、CNN、RNN	. 数值计算与功能逼近 . 忽视了基本的生物学事实
	spike 模型	HH 模型 HR 模型	. 很好的生物学可行性 . 较低的计算效率
		IF 模型 FHN 模型	. 生物学可行性较弱 . 较低的计算效率
		Izhikevich 神经元模型	. 很好的生物学可行性 . 较高的计算效率
	神经网络计算模型	PCNN	. 参数较多 . 仅在功能层面的逼近
		A cortical simulator	. 宏观尺度的模拟 . 没有与具体的行为相关联
		丘脑–皮层系统建模	. 很好的生物学可行性 . 没有与具体的行为相关联

2) 工作记忆的神经功能回路计算模型

工作记忆 (working memory, WM) 被认为是一种在认知过程中对外部信息的瞬时加工与存储的记忆系统. 研究表明, 工作记忆在诸如推理、决策、学习等高等认知行为中都发挥了重要的作用 (Atkinson, Shiffrin, 1968; Amit et al., 2003). 工作记忆可以说是智慧体认知活动的基础, Alloway 等明确指出, 思维的变化主要在于工作记忆. 例如, 大鼠的 T 迷宫决策行为实验 (Yang et al., 2014) 中的 delay cell(延迟细胞), 为决策提供依据信息; 大猩猩的眼动实验等 (Constantinidis, Wang, 2004). 神经生理学的观点认为工作记忆在大脑皮层中表现为外界刺激撤销后的神经信息的自维持过程 (几秒)(Chaudhuri, Fiete, 2016).

表 15-4　以神经生理学为目的的神经功能回路计算模型

神经生理学目的	Sensor-motor 回路	C. elegans' 行为的神经网络模型	人工神经网络模型	· 数值计算模型 · 功能层面的逼近 · 很差的生物学可行性
		DNN(动态神经网络)	· 有一定的生物学可行性 · 没有基于脉冲神经元模型
	可重用、可组合的神经回路	典型的神经计算	Linear filtering; Divisive; Normalization; Thresholding; Exponentiation; (Carandini, Heeger, 2011; Carandini et al., 2005)	· 仅是功能层面的发现 · 没有神经回路构成细节
	决策回路		Modulators of decision-making (Kenji, Doya, 2008)	· 很好的生物学可行性 · 没有神经回路构成细节
			Model of two-choice decisions(Roger, Jeffrey, 1998)	· 缺少生物学上的细节 · 仅数值计算模拟
			Probabilistic model for decision making(Wang, 2002)	· 很好的生物学可行性 · 与宏观行为有较高的匹配度

　　从计算模型的角度: Atkinson 等利用工作记忆解释他们的模块模型 (modal model) 中的短时记忆理论 (Atkinson, Shiffrin, 1968). Baddeley 和 Hitch 提出了工作记忆的三成分模型, 将工作记忆和短时记忆区分开来. 心理学对工作记忆做了大量行为实验方面的研究, 但对于实现工作记忆的神经回路机制的研究还是十分匮乏的. Wang 等根据工作记忆的神经生理学上的实验结果, 创建了循环网络, 通过神经元之间的循环性连接, 网络中的特定神经元在外部刺激撤销之后仍可以保持持续的活跃 (Wang, 2001). 在视觉空间工作记忆相关的实验中, Compte 等提出 "环形" 计算模型, 该模型中细胞分布在一个 "环" 上, 不同的神经元代表不同的感受野 (Compte et al., 2000), 但是其对网络拓扑异构性或远程兴奋连接的关注并不多. Wang 等使用三种不同的中间神经元亚型来协助完成视觉空间工作记忆任务, 并提出持续活跃的神经元对抑制信号更不敏感的去抑制机制. 但是其模型只能适用于部分神经元模型, 且去抑制机制缺乏生理学证据. Edin 等建模了工作记忆的容量模型, 重申了后顶叶 (posterior parietal cortex) 背外侧前额叶皮层 (DLPFC) 对于工作记忆容量的重要性. 但是过于笼统, 缺乏神经回路实现细节.

　　从神经结构方面, 当前有两类主要的神经回路结构已经被广泛研究且能够实现神经信息的自维持过程: 第一种, 循环神经网络 (recurrent neural network); 第二种, 随机连接神经网络 (randomly wired neural network)(Chaudhuri, Fiete, 2016). 第一种结构的优点是只需要少量的神经元 (几十个, 几百个) 即可实现输入信息的维持, 这种结构有解剖学依据; 第二种结构中, 神经元内部采用随机连接的方式, 因为这种结构实现信息维持的基本原理本质上仍然是循环回路, 而一个神经元被激活的条件是多个神经元的同步且持续的刺激, 因此这种结构每一个神经元需要参与形成多个神经回路, 因此该种结构需要数量较多的神经元才能实现信息的维持.

神经回路实现其功能不仅与本身的结构有关, 更与微观的复杂的电化学反应有着密切关系. 神经元是神经回路的最小组成单元, 神经元是通过突触与其他神经元产生连接从而形成不同的神经回路结构. 神经元通过突触相互连接并且传递信息, 因此突触的属性必然影响神经回路的功能表现. 越来越多的研究开始考虑突触的不同机制对神经回路功能的影响, Abbott 等 (1997) 和 Mongillo 等 (2008) 讨论了突触的 depression 机制对神经元放电模式的影响, Mongillo 等 (2008) 探索了工作记忆中突触机制的作用.

15.3　生物脉冲神经元的信息加工机制与计算模型

不同的生物体神经系统中包含不同数量的神经元. 比如, 线虫的神经系统中只包含 302 个神经元, 一些软体动物神经系统中包含约 20000 个神经元, 昆虫神经系统有几十万的神经元, 高级哺乳动物神经系统包含有数十亿以上的神经元, 人的神经系统中甚至包含了数百亿以上的神经元. 神经元是神经回路的最小组成单元, 由其构成的神经回路是大脑处理信息的基本功能单位. 因此理解神经元的基本工作原理及其相关计算模型是设计生物神经功能回路计算模型的基础. 我们首先从神经元层面, 介绍生物神经元的生理学基础, 包括神经元计算模型, 神经元的平均放电频率的统计计算, 动作电位传输延迟特性; 从神经回路层面探讨神经回路冗余性、神经元放电频率的调控, 以及神经回路的权重学习策略等.

15.3.1　生物机制脉冲神经元的生理学基础回顾

1. 生物神经元的基本结构

神经元是神经系统的基本组成单元, 神经元是由细胞体和细胞膜突起 (包括轴突和树突) 构成的. 在其轴突上包裹着一层鞘, 在轴突末端延伸出许多细小分支, 突触便位于这些细小分支的末端, 称这些细小分支为神经末梢; 神经元的主要分布区域: 细胞体主要分布于大脑皮层、脊髓以及神经节中; 细胞突起则除了上述位置外还可延伸至器官与组织中. 不同神经元的胞体的物理形态也不同, 甚至差异巨大, 其中星形、锥体形、梨形和圆球形等都是神经元常见的物理形态, 其直径通常在 5∼150μm. 神经元的基本结构如图 15-5 所示.

树突 (dendrite): 是从胞体发出的细胞膜突起 (一般包含多个), 并且呈现放射状. 胞体起始部分较粗, 经多次分支而逐渐变细. 树突最重要的功能是接收突触前神经元 (上游与之有连接的神经元) 的兴奋信号或抑制信号并将其传输至细胞体.

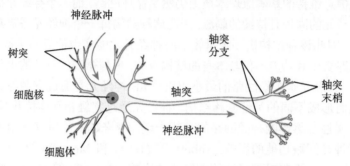

图 15-5　神经元基本结构, 由细胞体与突起构成

轴突 (axon)：由胞体发出突起, 且每个神经元只有一根. 轴突自胞体延伸, 一般长 15~25μm(也有的很长, 甚至达到米级), 通常比树突要细, 并且粗细均匀、表面光滑、分支较少. 轴突末端延伸出许多细小分支, 末端的突触与其他神经元连接. 轴突的作用是将其自身神经元产生的动作电位传导至与之连接的突触后神经元.

2. 神经脉冲信号的传导方式

神经系统是由许多不同功能的子系统组成的. 虽然各个子系统的结构和功能各不相同, 但是它们实现神经信号的基本传导方式是相同的, 即称这种传导为反射. 反射的过程是：首先, 外部刺激作用于感受器, 使得感受器发生兴奋 (即产生神经脉冲信号), 这时外部的刺激便被编码成某种模式的神经冲动 (脉冲或动作电位：在本章中都为神经信号的不同表述); 然后, 经过传入神经传向神经中枢, 并在神经中枢中完成信息的整合 (神经功能回路对传入神经信息加工处理过程); 中枢产生一定模式的脉冲序列 (处理结果, 可理解为编码某种指令的神经脉冲序列); 最后, 经传出神经到达特定的效应器, 根据神经中枢传来的脉冲序列做出某种规律性活动 (即对外部刺激而做出的响应). 如图 15-6 所示, 反射意味着神经系统中的神经功能回路在外部刺激与之响应 (比如高级认知行为) 之间建立起了某种映射关系.

感受器：一般是指一些神经组织末梢的特殊结构, 它的作用是把内外部刺激的信息转换为某种形式的神经兴奋活动 (常见的如神经脉冲序列), 经过传入神经传输至神经中枢并作为神经中枢的输入信号.

传入神经：从感受器向神经中枢传导神经信号功能的神经称为传入神经, 比如所有的感觉神经.

中枢神经系统：是由大量不同的神经元 (主要包括兴奋性与抑制性) 组成的, 这些神经元通过不同的连接方式形成不同功能的神经回路进而形成复杂的神经系统,可按功能分类不同的神经中枢 (本质上是处理不同信息大脑区域, 比如听觉、视觉、触觉等).

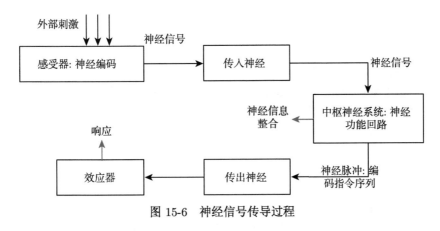

图 15-6 神经信号传导过程

传出神经: 是指把经过中枢神经系统加工与处理后的神经信息传到效应器或外围部分的神经.

效应器: 传出神经纤维末梢及其所支配的肌肉或腺体一起称为效应器. 负责执行中枢神经系统的指令, 进而表现出不同的响应.

3. 神经元的分类

不同类型的神经元在神经系统中扮演着不同的 "角色", 比如按功能分类的神经元, 传入神经元负责将神经信号传入神经中枢, 神经中枢的神经元则负责对传入的神经信号进行加工与处理, 传出神经元则负责将神经信号传出神经中枢; 按释放神经递质的不同分类, 有些神经元释放的神经递质能够引起突触后膜电位上升 (这类神经元称为兴奋性神经元); 反之, 另一些神经元释放的神经递质却能使得突触后电位下降 (称这类神经元为抑制性神经元); 还有的神经元释放的神经递质能够调控其他神经元之间的连接权重. 这些不同类型的神经元在神经功能回路的计算模型设计中同样扮演着不同的作用. 神经元常见的分类有如下几种.

1) 按神经元的功能分类

感觉神经元: 也称传入神经元, 顾名思义是将神经冲动传入神经中枢作用的一类神经元, 即将外部刺激信息转化成特定模式的神经脉冲, 并传导至神经中枢. 传入神经元的细胞体大都位于大脑皮层、脊神经节内. 其末梢一般位于皮肤和肌肉组织部位形成感受器并接收外界刺激, 将其编码成神经脉冲传入神经中枢.

运动神经元: 也称传出神经元, 顾名思义是将神经冲动从神经中枢传出的一类神经元. 该类神经元的胞体主要分布于灰质和植物神经节内, 它的突起则构成传出神经, 而神经的末梢分布在不同机体组织并参与形成效应器.

中间神经元: 在不同神经元之间起联络、整合作用. 通过突触不同的连接形成不同功能的神经回路, 进而形成复杂的中枢神经系统并对神经信息进行加工与处理. 该类神经元的胞体与突起一般均位于中枢神经系统的灰质内.

2) 按释放递质类型分类

主要分为: 胆碱能神经元、胺能神经元、氨基酸能神经元、肽能神经元等.

3) 按神经元轴突长短分类

高尔基 I 型神经元, 具有长轴突的大神经元 (轴突可长达 1m 以上).

高尔基 II 型神经元, 具有短轴突的小神经元 (仅数微米).

4. 动作电位——神经脉冲

1) 神经电生理学基础

动作电位 (又称为神经信号、神经冲动、神经脉冲、spike 等) 的产生过程: 在膜上的钠–钾泵和离子通道的共同作用下, Na、K 等离子的非平衡跨膜流动使得细胞膜内外产生离子浓度差异, 展现为膜电位的上升或下降. 正是这种工作使得细胞膜的电位呈现为外正内负的状态, 当这种外正内负的膜电位超过一定阈值便产生超极化现象, 从而产生动作电位.

钠–钾泵: 是存在于细胞膜上的一种酶, 它的作用是将细胞内液中的钠离子运至膜外, 同时将膜外的钾离子运至膜内. 由于这种离子跨膜运输的过程持续进行, 所以细胞内液的钾离子浓度要高于细胞外液, 而细胞内液的钠离子浓度则低于细胞外液, 由于从细胞内液运输到细胞外的钠离子与运输进来的钾离子不均衡, 所以细胞膜电位呈现出一定的电势差.

离子通道: 是细胞膜上专供不同离子进出细胞膜的跨膜蛋白质. 控制离子的跨膜运动, 使膜内外某些离子产生浓度差而形成电势差.

2) 静息电位

当神经元未受到电流刺激时, 其膜上的钠离子通道关闭而钾离子通道打开. 由于膜内的钾离子浓度高于膜外, 所以钾离子从膜内向膜外运动. 而当膜外钾离子达到一定浓度阈值时便会阻止其继续跨膜外流. 正是膜内钾离子的外流使得膜外带正电, 而膜内带负电. 这种细胞膜的外正内负电位称为静息电位.

3) 动作电位的产生

当神经元受到一定的刺激 (突触前神经元的动作单位或者来自外界) 时, 细胞膜上的钠离子通道打开而钾离子通道关闭. 由于细胞膜外的钠离子浓度高于膜内, 因此钠离子从膜外向膜内流动. 当膜内的钠离子达到一定浓度时, 就会阻止钠离子的这种跨膜流动. 此时, 由于膜外钠离子的减少与膜内钠离子的增加而表现外负内正的电势差, 称为动作电位.

4) 动作电位传导过程

当神经元细胞膜的某一区域因受到刺激产生兴奋即动作电位时 (外负内正膜电位), 其邻近区域仍为静息电位. 这时在膜的两侧, 兴奋部位与未兴奋部位之间形成电势差, 这便引发电荷的横向移动, 即电荷从正电位区域向负电位区域移动的局部电流的流动, 在膜内电荷由兴奋区向静息区流动, 在膜外则由静息区流向兴奋区. 并使得细胞膜内外的电位发生变化, 未兴奋区域的膜电位由外正内负变为内正外负 (由未兴奋到兴奋), 兴奋又会按同样的方式影响邻近的区域. 这便是动作电位以局部电流的方式沿神经纤维传导, 该过程如图 15-7 所示.

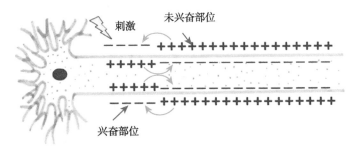

图 15-7 动作电位传导过程 (图片来源于网络)

5. **突触与突触可塑性**

突触是神经元之间发生联系的关键功能部位. 不同神经元之间通过突触相互连接而形成复杂的神经回路结构, 表现出不同的功能特性, 进而参与或者影响高级认知过程. 突触一般由突触前膜、突触间隙和突触后膜组成.

1) 突触的类型

电突触: 指两个神经元膜紧密接触的部位的膜阻抗较低, 离子流动通透性好, 不需要经过神经递质的释放与接收, 直接通过离子流动而实现信号的传递 (Abarbanel et al., 2002). 由于离子流动具有双向性, 因此电突触的信号传递也具有双向性.

化学突触: 依靠突触前神经元末梢释放某种特殊化学物质 (又称神经递质) 来影响突触后神经元膜电位的变化 (有的神经递质可以使突触后膜电位上升, 有些则相反). 当神经元产生的动作电位传导至突触末梢时 (经过一系列电化学反应), 突触泡与突触前膜融合并释放神经递质, 与位于突触后膜中的受体结合使某些特定离子得以沿各自浓度差流动, 使突触后膜电位或上升或下降, 该过程如图 15-8 所示. 在生物神经系统中, 大部分突触为化学突触.

2) 突触可塑性

在神经科学中, 突触可塑性 (synaptic plasticity) 是指不同神经元之间的突触连接强度的可调节特性 (Bliss, Collingridge, 1993). 换一种说法, 突触的连接属性因某种化学的调节作用而发生较为持久的改变的特性或现象.

突触可塑性主要分为短期突触可塑性 (Zucker, Regehr, 2002) 与长期突触可塑性 (Kullmann, Lamsa, 2007) 两类. 其中, 前者主要包括易化、抑制、增强等三方面; 后者主要表现为长时程增强和长时程抑制 (阮迪云, 2008), 这两者被认为是多种高级认知过程 (包括学习与记忆) 的细胞水平的神经生物学基础. 现在的人工神经网络计算模型主要模拟神经系统强大的学习与记忆功能, 并建立不同的计算模型而进行相应的数据处理任务, 其中涉及网络连接权重的调节, 突触可塑性相关理论与研究是其重要依据之一.

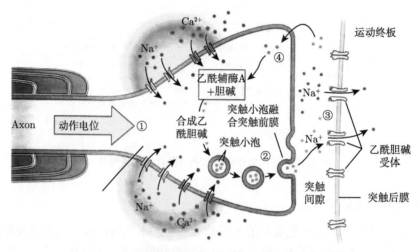

图 15-8　化学突触工作过程示意图 (图片来源于网络)

长期增强作用 (Teyler, Discenna, 1987) 是对突触前与突触后两个神经元的同步刺激, 使得它们之间突触连接强度持久性增强的现象.

长期抑制作用 (Ito, 1989) 指神经元之间的突触连接强度持续几个小时到几天的时间上的持久性抑制行为. 强烈的突触刺激或者长期的弱突触刺激均可导致长期抑制的形成. 产生长期抑制的原因被认为有两个: 一是突触后膜受体密度的减少; 二是前突触所释放神经递质量的减少.

15.3.2　生物机制的脉冲神经元计算模型

1. 人工神经元模型与生物机制的脉冲神经元模型

传统的人工神经元模型从宏观层面上模拟了生物神经元的工作原理: 首先, 计算前一层神经元输出的线性加权和, 该计算模拟了突触前神经元产生的动作电位在突触后神经元产生突触后膜电位且相互叠加的属性 (可以理解为相互连接的神经元之间的信息传递); 其次, 将线性加权的输出经过一个非线性化操作, 该过程为了提高人工神经网络的非线性计算能力. 然而, 生物神经元的工作过程涉及复杂的电生理学过程, 且非常复杂. 人工神经元模型已发展为为数值计算的需要而设计的计算模型, 与生物神经元工作原理相去甚远, 它们忽略了基本的生物学事实, 包括: ① 工作方式, 生物神经元是以脉冲的形式 (全或无) 进行的放电活动, 脉冲工作方式存在诸多优点 (Ghosh-Dastidar, Adeli, 2009); ② 人工神经元模型并不区分神经元的种类, 真实的神经元有多种类型, 且功能、属性、作用各不相同, 本章采用兴奋性神经元和抑制性神经元; ③ 人工神经元网络, 同层神经元的高度同步工作太过理想化; ④ 没有考虑时间因素的影响.

由脉冲神经元组成的神经网络被认为是下一代人工神经网络技术 (Ghosh-Dastidar, Adelis, 2009), 并开始受到越来越多的关注. 相比人工神经元是为了数值计算而设计的计算模型, 脉冲神经元则是从神经电生理学的角度对神经元进行神经动力学建模. 因此脉冲神经元模型与生物神经系统和电生理证据更为一致, 即具有高生物可信度. 图 15-9 所示为脉冲神经元与人工神经元的响应曲线, 有很大的差异性, 其中图 15-9(a) 为电极记录到的真实神经元的脉冲序列, 图 15-9(b) 为脉冲神经元模型模拟的脉冲序列, 图 15-9(c) 为人工神经元模型.

使用脉冲神经元的计算模型被认为更接近大脑的信息处理机制. 因此在探索认知行为的神经计算机制过程中, 相比人工神经元模型, 脉冲神经元模型更适合用来构建神经回路计算模型.

2. Izhikevich 生物脉冲神经元计算模型

本节采用 Izhikevich 在 2003 年提出的脉冲神经元计算模型, 本节称该模型为 Izhikevich Model(Izhikevich, 2003). Izhikevich 使用分岔方法将生物学神经元的 HH 模型降维至二维微分系统的形式, 该计算模型不仅能够像 HH 模型一样模拟真实生物神经元的多种动作电位的发放模式, 同时相比 HH 模型有很高的计算效率, 便于大规模生物神经回路的实时模拟. 因为本节后续部分中的神经回路构建均采用该模型, 其微分方程如式 (15.1) 所示

$$\frac{\mathrm{d}v}{\mathrm{d}t} = 0.04v^2 + 5v + 140 - u + I$$

$$\frac{\mathrm{d}u}{\mathrm{d}t} = a\,(bv - u) \tag{15.1}$$

$$v \geqslant 30, \quad v \leftarrow c, \quad u \leftarrow u + d$$

其中, v 代表神经元的膜电位; u 为恢复变量, 反映了钠离子和钾离子的活动; a 为恢复变量 u 的时间尺度, 值越小恢复得越慢; c 表示神经元静息电位; d 为无量纲参数; I 表示神经元输入刺激, 可表示突触电流或者外部刺激电流, 如式 (15.2) 所示,

I_{ex} 为外部刺激电流, I_{syn} 为突触前神经元产生的突触电流.

$$I = I_{ex} + I_{syn} \tag{15.2}$$

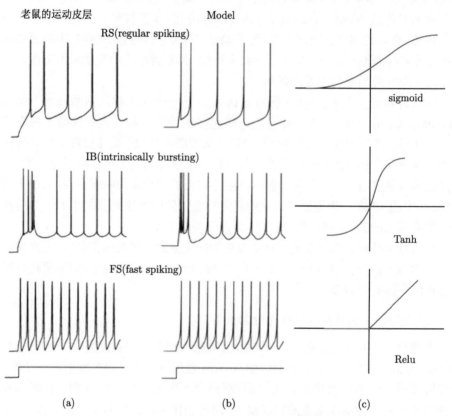

图 15-9　生物神经元放电与脉冲神经元模型、人工神经元模型的模拟对比 (图 (a)(b) 来源于文献 (Izhikevich, 2003))

(a) 所示电极记录到老鼠运动皮层神经元放电; (b) 为脉冲神经元模拟的神经元放电活动; (c) 为常见的几种人工神经元模型激活函数

　　本章常用的神经元的四种模式的放电活动及其参数设置如图 15-10(a)~(d) 所示. 其中, RS 模式, 启示的脉冲时间间隔小, 之后的脉冲时间间隔增加, 并稳定; CH 模式, 当受到持续刺激时会周期性地在较短时间间隔内发放多个脉冲, 之后脉冲发放间隔增加; FS 模式, 神经元以高频率发放脉冲序列; IB 模式, 开始神经元呈现爆发发放脉冲, 之后便是单个脉冲的发放; 在后续章节的神经回路计算建模中, 每个神经元模型的参数设置会在此基础上有微小的变动, 如后续章节描述.

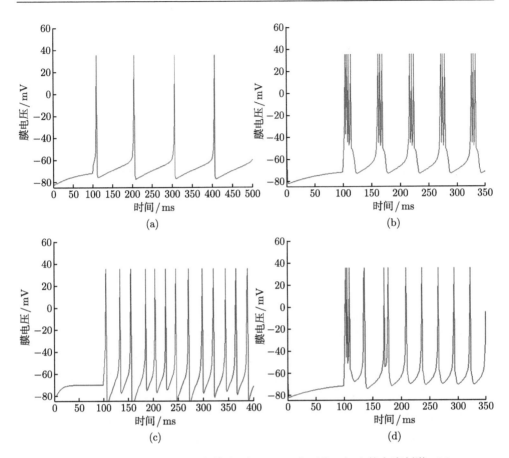

图 15-10 神经元的 4 种典型的放电模式, 在 100ms 之后给一恒定的电流刺激. (a) regular spiking (RS): $a = 0.02$, $b = 0.2$, $c = -65$, $d = 8$, $I = 5$; (b) chattering (CH): $a = 0.02$, $b = 0.2$, $c = -50$, $d = 2$, $I = 10$; (c) fast spiking (FS): $a = 0.1$, $b = 0.2$, $c = -65$, $d = 8$, $I = 8$; (d) intrinsically bursting (IB): $a = 0.02$, $b = 0.2$, $c = -55$, $d = 4$, $I = 15$

15.3.3 脉冲神经元放电频率统计计算

1. 神经脉冲频率统计计算

在神经系统中, 不同频率的脉冲序列可表征不同的信息, 即神经元的平均放电频率是一种典型的神经编码方式, 基于发放率的神经编码已经广泛应用于各类感知方面的研究 (Hu et al., 2013; Panzeri et al., 2010). 本章采用神经元群的平均放电频率 (average firing rate, AFR) 作为神经编码方式. 其中神经元的脉冲发放率是指该神经元在一定的时间窗口内发放脉冲的个数. 本章下述内容也是基于神经元群发

放率的编码方式而进行的, 放电频率采用的定义如下:

$$\text{rate}_{\text{neu}_i}\left(t\right) = \frac{1}{T}\sum_{t=t_0}^{t=t_0+T}\delta\left(t\right) \tag{15.3}$$

$$\text{AFR} = \frac{1}{\text{num}}\sum_{i=1}^{\text{num}}\text{rate}_{\text{neu}_i} \tag{15.4}$$

其中, T 为时间窗口, 单位为 ms, 计算步长为 1ms; $\delta(t)$ 为脉冲响应函数, 当且仅当 t 时刻该神经元被激活并发放一个动作电位时取值为 1; $\text{rate}_{\text{neu}_i}$ 为神经元群中第 i 个神经元的放电. AFR 为神经元群中所有单个神经元在时间窗口 T 内的平均放电频率.

2. 时间窗口选取对放电频率统计的影响

后续章节中多次涉及图 15-11(a) 的结构, 上游神经元群将神经脉冲信息传递给输出神经元群 (一种简单的投射结构, 具有代表性). 以此结构为例, 讨论时间窗口的不同取值对神经元以及神经元群的发放率统计值的影响. 时间窗口 T 分别取 50ms, 100ms, 200ms, 500ms, 1s 时对单个神经元以及神经元群发放率统计值的影响. 对 (a) 结构中, A 神经元群给以一定输入时神经元集群 A 和 Out 的放电频率统计如图 (b)∼(d) 所示. 从图 15-11(b)、(c) 可以看出, 取较小时间窗口时, 神经元的发放率统计值波动较大; 取较大时间窗口时发放率统计值波动小, 但是发放率统计值更新较慢. 图 15-11(d) 为给定三种输入模式, 不同的时间窗口对输出频率统计的影响, 由于 T 越大, 输出频率的波动也越小, 因此越容易区分; 反之, 不容易区分. 如果放电频率更新较慢 (对环境的反应延迟或者不灵敏), 则无法实时反映频率的客观变化; 如果放电频率更新很快, 则其统计值波动较大. 对放电率更新速度与其波动大小进行折中. 因此采用不同的时间窗口, 对神经元的平均放电频率的统计曲线会有一定程度的差异, 本节一般采用 100ms、200ms 作为时间窗口统计神经元群的平均放电频率.

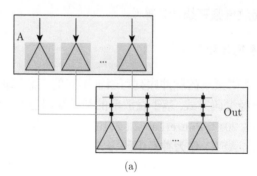

(a)

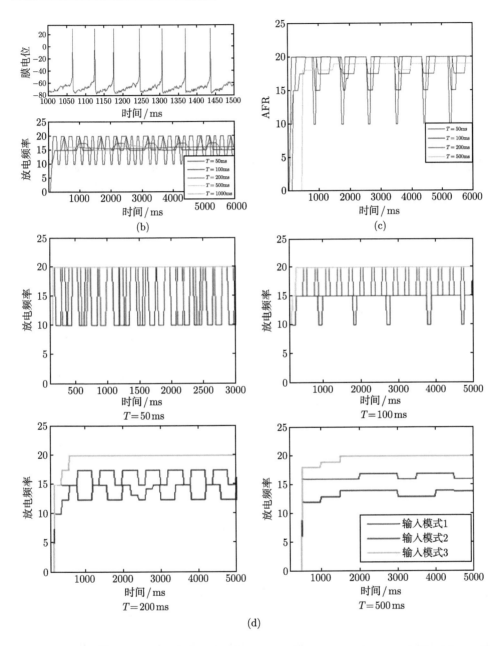

图 15-11 时间窗口 T 对单个神经元和神经元群的放电率的影响. (a) 以此简单的结构 (上游神经元组单向连接下游神经元组) 为例讨论时间窗口对平均放电频率的影响; (b) 上图为单个神经元的放电图, 下图是在不同时间窗口 T 下该神经元的放电频率统计结果; (c) 不同时间窗口 T 下该神经元组的平均放电频率统计结果; (d) 不同时间窗口 T 对信息编码的影响

15.3.4　动作电位的作用延迟与神经元的异步工作

　　人工神经网络的计算过程是高度的同步计算. 然而真实情形下因神经元动作电位存在传输延迟 (action potential transmission delay, ATD)(Tolnai et al., 2009) 而产生对突触后神经元的作用延迟, ATD 的差异性是产生神经元工作异步性的原因之一. 传输延迟可由不同的原因产生, 本节考虑了两个原因: ① 突触所处的神经元轴突位置的不同或者接收动作电位的树突位置不同或者经过神经回路结构的不同使得动作电位从突触前神经元传输到突触后神经元; ② 动作电位从上游神经元传输到下游神经元, 中间过程中受到精确的时间控制神经功能回路的调节. 研究表明这样的动作电位传输延迟有很大的范围 (能达到几十毫秒, 几百毫秒, 甚至秒级不等), 尤其是动作电位从感受器传输到神经中枢, 需要经过几百甚至上千毫米的神经纤维的传输, 也就必然存在几百毫秒以上的时间延迟, 由于神经元的计算节拍是 1ms(本章神经元的最大放电频率是 500Hz, 神经元放电后会有 1ms 的不应期), 这就是神经元工作的异步性的产生原因. 本章的重点不是阐述 ATD 的具体电生理与神经回路机制, 而是应用这样的机制, 如图 15-12 所示.

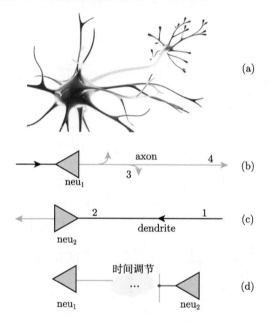

图 15-12　动作电位的作用延迟. (a) 为真实生物神经元的突触分布; (b) 为突触前电位传输延迟: 由于神经元轴突的长度不同, 且轴突上突触的分布位置不同, 如所示位置 3 和 4, 当神经元 neu$_2$ 放电动作电位传输至位置 3 和 4 时, 突触后神经元的时间也存在毫秒的差别; (c) 为突触后电位延迟; (d) 动作电位从上游神经元 neu$_1$ 经过某精确的时间调控机制而传输到神经元 neu$_2$

由于之前许多关于生物神经元网络的模拟大多不涉及具体的行为控制逻辑或决策逻辑, 或者神经元的时空特性等, 因而这一事实在以往的神经网络模拟计算中经常被忽视, 因此这样的模拟没有真实反映生物神经系统的信息加工与传递过程, 也就可能忽视了神经元动作电位传输可能对行为控制产生的显著的时序影响. 目前的观点认为时间参与诸如记忆、学习、推理等高级认知过程 (Wilson, 2002) (图 15-13). 神经元动作电位的放电频率被认为参与了信息的编码, 而神经元的放电具有 "全或无" 的特性, 因此从单个神经元的角度来看, 该神经元何时被激活? 以怎样的模式被激活? 这里面蕴含了时间的因素, 因为这都与该神经元接收到的突触前神经元的动作电位的时刻有关. 因此可以说突触前神经元的动作电位到达并引起突触后电位是属于 time-critical 或 time-sensitive 的事件, 不可忽视. 本章的工作重点是不再探索时间感知与认知的神经机制, 但是时间机制在高级认知过程中不可或缺, 因此我们在设计神经计算机制中考虑了时间的影响.

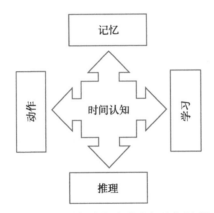

图 15-13 时间参与多种高级认知过程

从计算的角度出发, 在神经元群中不同的神经元自然有不同的延迟, 对以相对稳定放电活动的神经元群, 通过不同延时而将这些相对同步的 spike 信号能时间分散地传播并作用到突触后神经元. 在计算模拟中通过设置这种神经元群中的 ATD 参数, 动作电位传输的不同延迟可以起到类似信号处理中的 "分时复用" 的作用, 即将突触前神经元动作电位分时复用到突触后神经元上. 通过这种 "Top-Down" 研究, 对多个神经元为了实现某种控制逻辑所需的协同条件有了新的认识.

本节用数据结构中的队列结构来模拟动作电位在轴突上的传输延迟, 如图 15-14(a), 现在用 Queue$_1$ ~Queue$_4$ 四个不同长度的队列依次模拟锥体神经元动作电位传输的 4 个不同的时间延迟 (队列的长度为 n, 表示延迟 n 个 ms, 即 ATD). 四个队列的长度依次增加表示突触的位置逐渐远离胞体, 即 ATD 越大, 队列里的项为有无动作电位. 每次计算时取队列头, 且队列中其他项前移一个单位长度, 如果当前有动作电位产生则将动作电位 1 加入队尾, 如果没有动作电位则将 0 插入对列尾, 该过程如表 15-5 所示. 这种传输延迟不只是突触前与突触后神经元之间, 还有可能是上游神经元与下游神经元, 中间经过某功能回路而实现的精确的时间延迟控制 (图 15-14(b)).

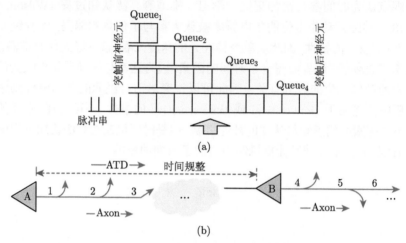

图 15-14　用队列模拟突触后电位沿树突传输延迟的过程

表 15-5　ATD 的队列模拟计算

第 i 个神经元 Neu_i 的队列 SpikeQ_i 操作步骤:
While $k < T$:
　　# 所有与神经元 i 有连接的神经元 j 读取队列头元素, 1 表示有 spike 到达, 0 表示没有 spike 到达;
　　$$\text{Isyn\_k} = \sum_{j=0}^{n} \text{SpikeQ}_j.\text{DeQ}() * \text{w\_ij}$$
　　Neu_i.Compting(Isyn_i); # 计算一次 1ms
　　# 如果神经元 i 在 t 时刻产生动作电位, 那么队列入 1, 否则队列入 0;
　　If Neu_i.IsActive is True
　　　　SpikeQ_i.EnQ(1) ;
　　If Neu_i.IsActive is False
　　　　SpikeQ_i.EnQ(0);

15.3.5　神经回路的冗余性设计

1. 冗余设计的必要性

本节在实现上述神经元网络时, 在不同层次都设置了大量功能近似的神经元. 这种具有一定冗余性的设计主要是基于以下两点原因: 第一, 功能需要, 神经元放电时可以产生兴奋性突触后电位 (EPSP) 或者抑制性突触后电位 (IPSP). 由于某一时刻单个突触前动作电位所引起的突触后膜电位的变化一般很小, 不足以使突触后神经元膜电位达到阈值电位, 也就不能促发突触后神经元的活跃. 但是一段时间内 (ms 级)EPSP 具有可相加性, 足够多的 EPSP 累加能在轴丘处产生阈上电位并激发动作电位. 比如一个动作电位产生 EPSP 幅度大约为 0.2mV, 那么至少需要 50 个神经元同步放电才能在触发区形成幅度达到 10mV 以上的去极化, 从而使该部位的膜电位达到阈值. 第二, 为了维持正常运转, 神经回路中一定有一些有着相同作用的冗余神经元, 这些冗余神经元就可以实现功能上的相互备份, 即使有一定比例的神经不工作也能完成正常的功能.

2. 神经元集群中神经元数量的确定

如何选取神经元池的神经元的个数来满足神经回路的冗余性 (既要满足功能需要, 也要满足一定的冗余性)? 通过图 15-15(a) 的回路结构来说明, 下游神经元池 B 能够保持上游的神经元池 A 的动作电位的放电模式 (下游神经元池的放电频率尽量和上游神经元池的放电频率相差不大). 第一, 满足功能需要, 神经元池 A 中的神经元数量至少能够激活神经元池 B 的神经元且与 A 有相似的放电频率; 第二, 冗余性, 即使神经元池 A 中有一部分神经元工作, 神经元池 B 仍然能够保持 A 的放电频率. 因此神经元池 A 中神经元的数量对神经元池 B 的放电频率也起了重要的作用. 如图 15-15(b) 所示, 当神经元池 A 的平均放电频率为 20~25Hz 时, 神经元池 A 中神经元数量对神经元池 B 的放电频率有影响; 如图 15-15 (c) 和 (d) 所示, 当神经元池 A 的平均放电频率分别为 15~20Hz, 10~15Hz 时, 神经元池 A 中神经元数量对神经元池 B 的放电频率有影响. 可以看出, 当神经元数量为 60~120 时, 神经元池 B 的平均放电频率与神经元池 A 最为接近且放电频率变化缓慢 (即神经元数量在 60~120 时, 数量的增加和减少对神经元池 B 的放电频率影响不大).

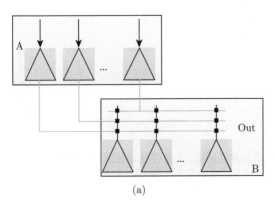

(a)

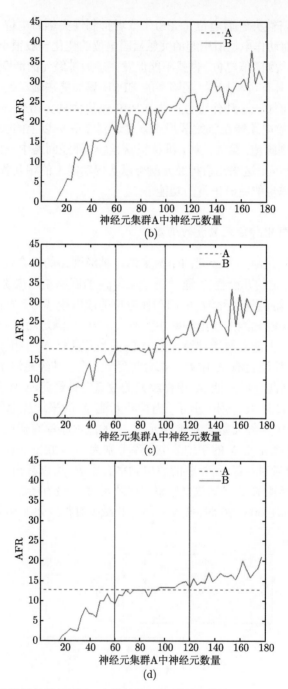

图 15-15 (a) 一个简单的神经回路, 上游神经元投射到下游神经元; (b)~(d) 神经元集群 A 中神经元的数量对神经元池 B 的放电频率的影响

15.3.6 锥体神经元放电频率的可调控性

1. 抑制性神经元参与调控锥体神经元的放电频率

大脑神经系统在复杂信息处理过程中涉及群体神经元之间的协同活动, 而这种协同活动的主要表现之一为不同的行为状态下神经元网络以不同的频率放电. 神经元或者神经回路的放电频率是编码信息的重要方式之一, 不同的放电频率可以编码不同的信息, 研究表明, 神经元不同频率在事件表征、状态、决策、记忆、推理、学习等诸多认知过程中均有重要作用. 因此神经元、神经回路的放电频率通过某种协同的方式调控神经元, 这是神经系统能够完成其功能的基本手段之一.

研究表明, 可以通过抑制性神经元和兴奋性神经元相互协调的方式调控锥体神经元的放电频率 (Pi et al., 2013). 体现在锥体神经元上就是可以通过调节其输入的抑制性动作电位的占比来调控锥体神经元的放电频率, 如图 15-16 所示. 在神经系统中可存在多种方式以实现兴奋性输入和抑制性输入的占比. 我们仅给出两种基本的结构, 抑制性神经元可以直接调控锥体神经元的放电频率, 如图 15-17(a); 中间神经元也可以通过抑制其他中间神经元而间接调控锥体神经元的放电频率 (Pi et al., 2013), 如图 15-17(b) 所示. 在神经系统中, 这种调节作用可以通过不同的神经元回路来实现, 图 15-17 所示网络结构只是其中可能的方式, 必然还存在其他实现方式来调控神经元的放电活动.

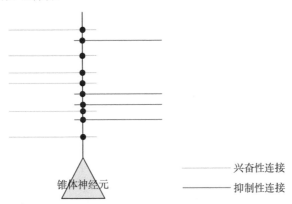

图 15-16　通过调节锥体神经元的抑制性输入占比而实现控制其放电频率的目的

2. 放电频率可调控性的模拟过程

在图 15-17(a) 中, 假定兴奋性神经元池 A 的锥体细胞以某个稳定的频率放电并输出给锥体细胞 E, 则此时有抑制性神经元池 B 加入网络以实现对 E 的调控, 随着 B 中抑制性神经元放电频率或大或小的变化, E 的输出频率也随之变化, 如图 15-18 所示. 图 15-17(b) 在 (a) 的基础上加入抑制性神经元池 C 以实现对 B 的

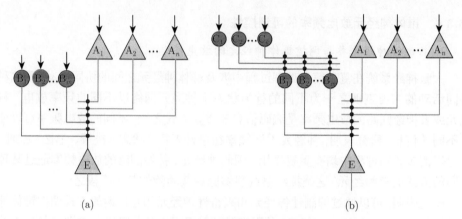

图 15-17 中间神经元调控锥体神经元放电的回路

(a) 图中神经元池 A 将不同频率信息投射到 E 锥体神经元上, 神经元池 B 包含若干中间神经元直接调节锥体神经元的 E 的放电频率; 在 (b) 图中, 神经元池 C 包含若干中间神经元, 通过抑制性神经元池 B 的兴奋, 以阻止其对 E 的抑制作用, 从而间接调控 E 的放电

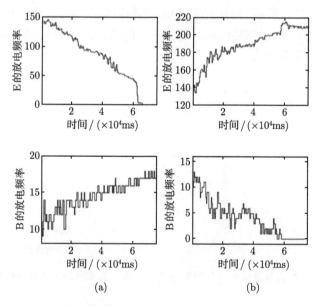

图 15-18 中间神经元池 B 调节锥体神经元 E 的放电频率. (a) 子图中锥体神经元 E 的放电频率随着中间神经元池 B 放电频率的下降而增高; (b) 子图中随着中间神经元池 B 的放电频率增高, 锥体神经元 E 的放电频率而下降

调控, 此时可以通过调控神经元池 C 的放电频率来不同程度地抑制神经元池 B 的放电活动, 从而间接调控神经元 E 的放电频率, 如图 15-19 所示. 这一基本规律的

存在启示神经系统可以通过精确配置神经回路中神经元类型、连接方式和各自放电频率等手段来实现某种输出要求.

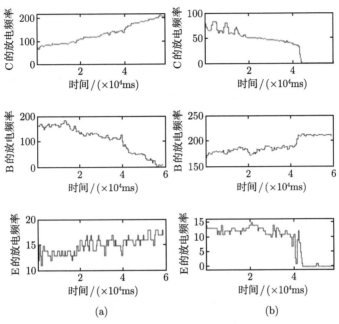

图 15-19　通过中间神经元池 C 对中间神经元池 B 的抑制作用强度不同, 而间接调控锥体神经元 E 的放电频率. 随着神经元池 C 的放电频率增强 ((a) 上), 其对神经元池 B 的抑制作用也增强, 因此 B 的放电频率降低 ((a) 中), 使得 B 对 E 的抑制作用也减弱, 所以 E 的放电频率增强 ((a) 下); 当 C 的放电频率降低时对 B 的抑制作用也降低, 因此 B 对 E 的抑制作用增强, 使得 E 的放电频率降低 ((b) 上、中、下)

15.3.7　神经功能回路中神经连接权重的学习法则

不同的神经回路之所以表现出不同的功能, 主要原因之一是其连接结构的不同. 正是因为神经元之间不同的连接方式而形成了不同结构的神经回路. 神经元之间有 “有连接” 或者 “无连接” 的区别, “有连接” 有兴奋性连接和抑制性连接之分, “有连接” 又有连接强度强弱的区别. 突触的连接强度强弱可由突触前神经元的一个动作电位 (spike) 产生突触后电流的大小来定义, 而突触后电流的大小取决于突触后膜中有多少受体被激活. 作用在突触前神经元和突触后神经元的刺激可以影响突触连接强度, 即在神经系统的信号处理过程中突触间的连接强度也会随之改变, 这种突触间连接强度强弱的改变称为突触可塑性. 而将这一权重调整的生理过程建模, 主要有 Hebb 学习法则 (Song et al., 2000)、STDP 法则.

1. Hebb 学习法则

Hebb 学习法则的假设由 Hebb 在 1949 年提出, 该法则描述突触前突触后神经元如何影响它们之间的连接强度. Hebb 学习法则也为后来的人工神经网络模型的学习算法奠定了基础, 为了适应不同的网络结构或者处理不同类型的问题, 在此基础上提出了各种各样的改进的学习算法. Hebb 理论认为神经网络的学习过程最终发生在相互连接的神经元的突触部位, 突触的连接强度随着突触前后两个神经元的活动 (神经元输出值) 而变化, 且变化的量与两个神经元的活动之和成正比. 即该理论认为在同一时间被激发的两个神经元之间的连接强度会加强, 如图 15-20 所示. 用增量的形式表示如公式 (15.5) 和 (15.6) 所示, O_i, O_j 分别为突触前和突触后神经元的输出, 当 O_i, O_j 同时为 1 时, 神经元 i, j 之间的连接强度 ω_{ij} 增加.

$$\Delta\omega_{ij} = \alpha \times O_i \times O_j \tag{15.5}$$

$$\omega_{ij} = \omega_{ij} + \Delta\omega_{ij} \tag{15.6}$$

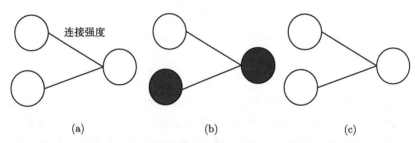

图 15-20　Hebb 学习法则示意图, 突触前和突触后神经同时被激活, 则它们之间的连接强度被加强, 否则不变或者减弱

2. STDP 学习法则

Hebb 学习法则提供了神经元之间连接权重的基本法则, 但是 Hebb 学习法则有其自身的缺陷性, 研究表明突触可塑性的改变在时间和空间上是不对称的, 连接强度的变化还受突触前神经元和突触后神经的动作电位产生顺序的影响. 1998 年提出了 spike timing-dependent plasticity(脉冲发放时间依赖可塑性, STDP) 机制, STDP 则进一步描述了两个神经元之间的活动顺序与连接强度的关系, 如果突触后神经元在产生动作电位之前接收到突触前神经元的动作电位, 认为突触前和突触后神经元之间存在因果关系, 则两神经元之间的连接会增强; 反之, 如果突触后神经元产生动作电位之后才接收突触前神经元传来的动作电位, 这个动作电位会被忽略, 则两神经元之间的额连接会减弱. 增量形式如公式 (15.7) 所示

$$\Delta\omega = \begin{cases} A_1 e^{\frac{\Delta t}{tp}}, & \Delta t < 0 \\ A_2 e^{\frac{-\Delta t}{td}}, & \Delta t > 0 \end{cases} \tag{15.7}$$

其中, $\Delta t = t_{pre} - t_{post}$, A_1 为一个正的常数, A_2 为一个负的常数, 当突触前神经元的动作电位先于突触后神经元动作电位 ($\Delta t < 0$), 则连接两个神经元间的突触权值变大, 且两个动作电位的时刻相差越大, 权值增加越小; 反之, 当突触前神经元的动作电位后于突触后神经元动作电位 ($\Delta t > 0$), 则连接两个神经元间的突触权值变小, 且两个动作电位的时刻相差越大权值减小得越小. 该变化过程如图 15-21 所示.

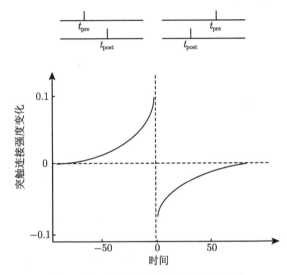

图 15-21 STDP 学习法则的函数曲线

神经回路是神经系统处理信息的基本功能单位, 神经元又是神经回路的最小组成单元. 理解神经元的工作机制及其相关计算模型, 对设计生物可信的神经功能回路计算模型至关重要. 我们首先从神经元层面, 介绍生物神经元的生理学基础, 神经元计算模型, 神经元的平均放电频率的定义, 动作电位传输延迟特性; 其次从神经回路层面, 探讨神经回路冗余性, 神经元放电频率的调控; 以及神经回路的权重学习策略等.

15.4 决策行为的神经功能回路的设计与实现

我们的工作可用 Marr 理论来总结: 第三层理论——行为层面, 本节以常见的昆虫趋光飞行决策行为为例; 其次, 在第二层理论——算法层面, 本节提出了以逻辑学的语言描述并建立趋性行为所遵循的控制法则; 最后, 在第一层理论——实现层面, 基于生物神经元基本的放电特征 (脉冲机制), 本节设计一个可以实现趋光飞行行为的控制策略的一种生物可信的神经功能回路计算模型. 该计算模型严格仿真了兴奋性神经元和抑制性神经元的脉冲放电模式和连接方式, 并在局域网内通过分布式 PC 阵列实时模拟了该决策神经功能回路工作过程, 并通过该回路的输出神经元集群的平均动作电位放电频率实时驱动一个模拟昆虫飞行行为的程序, 以验证该回路的可行性; 最后我们再通过一个蜜蜂决策行为的例子, 探索神经系统如何通过 "奖惩机制" 形成一个正确的决策神经回路.

15.4.1　神经网络功能回路

揭示大脑的信息处理工作机制的关键是揭示神经系统中信息的编码与加工的神经机制. 传统的神经系统信息加工研究始于神经元级别上的神经编码, 研究表明神经元的放电活动与外界刺激有着密切关系, 特定区域的神经元的不同放电频率与动物的不同认知行为过程有着直接的联系 (Britten et al., 1992; Koch, 2004). 随着研究的逐渐深入, 人们已经认识到不同类型神经元所构成的神经回路才是神经系统基本的功能单位. 这些神经回路结构由大量不同种类的神经元通过大量突触连接, 就像集成电路中在基本晶体管元器件基础上形成的各种门电路, 在门电路基础上再形成能够实现某种逻辑表达式的功能电路. 这种神经功能回路是神经系统为信息处理需求而准备的基本功能组件.

自然界中无论是高等的人还是较为低等的昆虫, 都能适应环境并在其中表现出稳定的行为, 例如, 夜晚的昆虫能够利用月光导航做直线飞行 (Horváth, Varjú, 2013), 蜜蜂能够用不同的舞蹈报告蜜源的距离与方位, 而其他蜜蜂则根据此信息能够正确到达采蜜地点 (Frisch, 1967), 等等. 我们可以确定, 只要这些行为都不是随机性的, 那么在这些生物的神经系统中就一定存在某一特定的神经功能回路来主导这一行为. 稳定的行为必然受一个稳定的神经回路控制, 且这个神经回路的神经元放电活动以及它们之间的协同方式能够令动物实现基本的行为控制法则.

在神经元网络仿真平台方面, 尽管目前有一些优秀的神经元网络的仿真软件, 如 NEURON(Hines, 1984)、GENESIS(Bower, 1998)、Virtual cell(Schaff et al., 1997) 等, 但这些软件的仿真结果大都以图表的形式展现, 不利于应用数据挖掘与数值分析手段对大规模网络的数据进行分析; 其次这些软件不支持分布式并行模拟, 因此当神经元数量较大时必然使计算机每个核都模拟大量神经元的运行, 难以保证神经元之间的独立性. 因此有必要设计神经元功能回路的分布式模拟平台, 以进一步真实模拟生物神经系统运行过程. 这样的分布式模拟平台相对于高性能计算机又是一种廉价的、高效的仿真平台.

我们的主要工作与贡献:

第一, 本节提出了应用基本逻辑学的语言描述并建立趋性行为所遵循的控制法则; 基于生物神经元计算模型, 设计了一个生物可信的、可计算的、可以实施趋光性行为所遵循的控制策略的神经功能回路计算模型.

第二, 本节提出了大规模神经回路分布式仿真, 在局域网内通过分布式 PC 阵列实时模拟了该神经功能回路信息处理过程, 并通过该回路的输出神经元集群的平均动作电位放电频率实时驱动一个模拟昆虫飞行行为的程序.

第三, 本节以一个蜜蜂决策行为的例子探索神经系统如何通过 "奖惩机制" 形成一个正确的决策回路的神经计算机制.

本章节主要贡献在于: ① 在遵从生物学事实前提下, 从逻辑学的角度将决策行为描述为一组逻辑运算法则, 并实现了对控制逻辑的神经回路的设计与实现; ② 对生物神经功能回路实现行为控制的方式方法和信息编码研究具有探索价值; ③ 发展了在计算机上模拟大规模脉冲神经回路的计算仿真新模式; ④ 通过计算机仿真, 对多个神经元为了实现某种控制逻辑所需的协同条件有了新的认识.

15.4.2　趋光性飞行行为

许多夜间飞行的昆虫大都具有趋光性, 之所以有趋光飞行的行为, 是由于这类昆虫具有保持其飞行方向与光线方向呈固定夹角的能力. 如图 15-22 所示, 其中图 15-22(a) 所示为远光源的环境下. 这类光源发出的光线近似为平行光, 这种情况下昆虫控制飞行的方向与平行光线保持一定的夹角飞行的过程, 表现为昆虫能沿着直线飞行, 从而实现利用光线进行导航; 如图 15-22(b), 当光源为灯火等近光源时, 其发出的光线为发散光, 若昆虫仍然保持其飞行方向与光线呈固定的夹角, 则表现为昆虫的定向趋光行为. 昆虫这种稳定的趋光行为, 必然遵守某一固定的控制法则, 而在昆虫神经系统中必然存在一个神经功能回路来实施这一控制法则, 即控制其飞行方向与光线的夹角为一个固定角度.

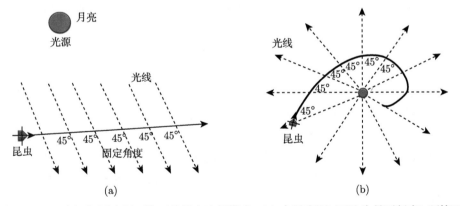

图 15-22　远光源与近光源环境下的昆虫飞行模式. (a) 在远光源 (可认为是平行光) 环境下, 表现为直线飞行; (b) 在近光源 (可认为是发散光) 环境下, 表现为趋光飞行

1. 从控制论的角度描述趋光飞行的控制过程

昆虫的趋光性飞行行为是一个在飞行过程不断通过环境反馈并不断调整飞行姿态的过程. 该行为是一个可以稳定的, 且可重复的行为, 因此它可被看作是一个标准的自动控制系统 (反馈系统), 该飞行过程必然受到一组控制法则的调控. 从控制理论的角度, 我们可以将该行为的控制过程描述为一个标准反馈控制系统, 该负反馈系统主要由控制器、效应系统, 以及感知系统组成, 如图 15-23 所示.

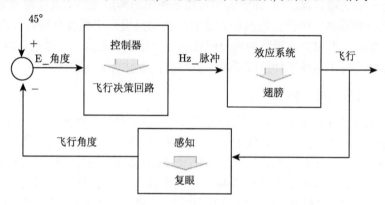

图 15-23　趋光行为的控制系统描述框图. 该负反馈控制系统主要由控制器、效应系统以及感知系统组成

Controller(控制器) 发出运动指令 (如飞行的线速度、角速度等); 在不同的系统有不同的实现方式, 在生物神经系统中, 它是一个神经功能回路, 我们设定该功能回路接收当前昆虫飞行方向与光源光线的相对夹角, 并与固定的斜交角度进行比较, 以输出修正飞行方向的指令; 输出这类指令的表现方式可能为神经元的放电频率或神经元集群的平均放电频率, 在本节我们采用神经元集群的平均放电频率编码控制飞行角速度或线速度变化的指令集.

该负反馈系统的执行器对应着昆虫的运动系统 (神经信息传导中的效应器, 比如翅膀), 它接收 Controller 的输出指令, 并且执行这一指令.

Sensor 对应着昆虫的感知系统, 能感知昆虫的飞行方向和光线的相对角度的信息, 并通过感受器将不同的角度信息编码成不同模式的神经冲动, 然后经过传入神经元输入到神经决策回路中. 本节假定相对角度信息与神经脉冲的频率存在单调关系.

整个定向趋光行为的负反馈系统工作过程是: 首先 Sensor 感知昆虫飞行方向和光源光线的相对夹角, 并输入系统; Controller 将输入与固定斜交角度进行比较, 得到相对偏差, 并根据偏差发出角速度或线速度修正指令; Actor 执行指令, 维持或改变飞行方向. 这个循环迭代发生, 从而令昆虫表现出趋光行为. 15.4.3 节探寻的就是一个怎样的神经决策回路能够实现 Controller 的功能? 或者说这个负反馈控制系统的控制器是被怎样的一个神经元回路实现的? 这虽然是以昆虫的飞行控制为例的, 但动物的其他决策行为也受类似的控制法则调控, 它也是一个神经决策回路, 因此, 这一研究带有普遍意义.

2. 趋光行为的逻辑语言描述

在给出神经功能回路的实现结构之前, 我们首先需要对昆虫趋光性行为所遵循的一组控制法则进行形式化的表述, 即我们要回答 "算什么?", 而神经功能回路的目的正是实施这组控制法则. 我们用逻辑学的语言来描述这组控制法则. 之所以使用逻辑语言来描述, 是因为逻辑表达是这种行为能够被顺利实施的最基本条件, 因此也是任何一种具体实现方式都必须做到的基本功能. 生物神经系统作为其中一种具体实现方式, 是自然进化的产物, 它的结构至少要复杂到能够实现这一决策逻辑的程度.

在图 15-24(a) 中, 当昆虫的飞行方向与光线的夹角小于一个固定角度时, 昆虫会向顺时针方向调整, 并且角速度的改变量会随着偏差角度的增大而增大 (单调递增关系), 如图 15-24(b), (c) 所示, 当昆虫的飞行方向与光线的夹角大于固定角度时, 昆虫会向顺时针方向调整, 且角速度的改变量会随着偏差角度的增大而增大, 如图 15-24(d) 所示.

在此, 我们借用谓词逻辑的术语, 把昆虫趋光性飞行的决策逻辑表述如下 (假定 m 为昆虫):

Dir_Diff (m, Fixed_Angle): 为昆虫 m 获取自身飞行方向与光线方向偏差值的函数, 如图 15-24(a), (c) 所示, Dir_Diff (m, Fixed_Angle) 的返回值从小到大分为四挡, 依次为 ΔP_1(小于 5°), ΔP_2(5° $\sim$ 10°), ΔP_3(10° $\sim$ 20°), ΔP_4(大于 20°);

谓词 Over_Left (m): 表示昆虫感知到自己的飞行方向大于固定值时为 TRUE, 否则为 FALSE;

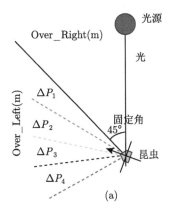

(a)

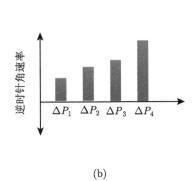

(b)

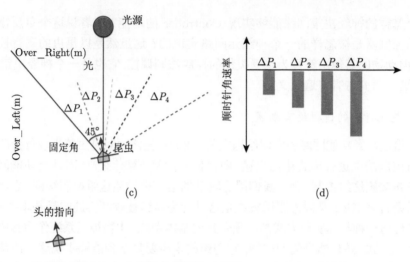

图 15-24　昆虫的飞行方向与光线的夹角量化示意图. (a) 夹角大于固定角 (45°) 时; (b) 将 (a) 的夹角从小到大依次量化为 4 个等级; (c) 夹角小于固定角 (45°) 时; (d) 将 (c) 的夹角从小到大依次量化为 4 个等级

谓词 Over_Right (m): 表示昆虫感知到自己的飞行方向小于固定值时为 TRUE, 否则为 FALSE;

add_VL(m): 表示加大顺时针角速度;

sub_VL(m): 表示减小顺时针角速度;

add_VR(m): 表示加大逆时针角速度;

sub_VR(m): 表示减小逆时针角速度;

基于上述源于逻辑学上习惯的、简单的形式化符号, 昆虫的趋光性飞行决策逻辑表述如表 15-6 所示.

表 15-6　昆虫趋光性飞行控制法则的逻辑语言描述

类型	Range	决策对应的逻辑表达式
大于固定角	ΔP_1	Over_Left (m) $\wedge$ (Dir_Diff (m, Fixed_Angle) = ΔP_1) $\rightarrow$ subVR(m) (1)
	ΔP_2	Over_Left(m) $\wedge$ (Dir_Diff (m, Fixed_Angle) = ΔP_2) $\rightarrow$ subVR(m) (2)
	ΔP_3	Over_Left(m) $\wedge$ (Dir_Diff (m, Fixed_Angle) = ΔP_3) $\rightarrow$ addVR(m) (3)
	ΔP_4	Over_Left(m) $\wedge$ (Dir_Diff (m, Fixed_Angle) = ΔP_4) $\rightarrow$ addVR(m) (4)
小于固定角	ΔP_1	Over_Right(m) $\wedge$ (Dir_Diff (m, Fixed_Angle) = ΔP_1) $\rightarrow$ subVL(m) (5)
	ΔP_2	Over_Right(m) $\wedge$ (Dir_Diff (m, Fixed_Angle)= ΔP_2) $\rightarrow$ subVL(m) (6)
	ΔP_3	Over_Right(m) $\wedge$ (Dir_Diff (m, Fixed_Angle) = ΔP_3) $\rightarrow$ addVL(m) (7)
	ΔP_4	Over_Right(m) $\wedge$ (Dir_Diff (m, Fixed_Angle) = ΔP_4) $\rightarrow$ addVL(m) (8)

其中第 1, 2 条, 分别表示 Dir_Diff (m, Fixed_Angle) 返回的值大于固定角度,

且在 ΔP_1, ΔP_2 两个量级, 则此时控制器应该输出减小顺时针角速度的指令; 第 3, 4 条分别表示 Dir_Diff (m, Fixed_Angle) 返回的值大于固定角度且处在 ΔP_3, ΔP_4 两个量级, 则控制器应该加大顺时针角速度; 其中第 5, 6 条, 分别表示 Dir_Diff (m, Fixed_Angle) 返回的值小于固定角度且在 ΔP_1, ΔP_2 两个量级, 则控制器应该输出减小逆时针角速度的指令; 第 7, 8 条分别表示 Dir_Diff (m, Fixed_Angle) 返回的值小于固定角度且处在 ΔP_3, ΔP_4 两个量级时, 控制器应该输出加大逆时针角速度.

这样一组谓词逻辑表达式非常简洁明了地刻画出了昆虫在趋光性飞行时所遵循的逻辑法则. 更为关键的一点是这组控制逻辑所借助的谓词或函数几乎就是最简单的, 若形式语义再简单将不能定义正常的功能. 因此, 我们有足够的理由相信昆虫的神经控制系统在功能上至少也要与此组表达式等价或者更复杂.

15.4.3 控制器功能的神经回路结构设计

任何一个能够实现决策的神经回路都是由生物神经元构成的, 因此它的结构单元和连接方式都应该满足已知的神经生物学和电生理学发现, 这是本节所讨论模型与一般人工神经元网络模型的本质区别. 研究表明昆虫的中央复合体可以处理多种感觉信息 (Ritzmann et al., 2008), 同时通过腹侧体与胸节运动神经元相连. 且中央复合体参与了昆虫的某些高级功能, 比如运动控制、偏振光导航等. 在昆虫中央复合体的神经系统中按神经递质分类有多巴胺能神经元和 GABA 能神经元, 前者为兴奋性神经元, 后者为抑制性神经元; 多巴胺能神经元的放电频率较低, 一般不大于 20Hz; GABA 能神经元放电频率较高, 一般为 40~80Hz.

图 15-25 定义了一个具有飞行方向控制功能的神经功能回路. 我们在此设计了一个基于生物神经元的神经功能回路, 由兴奋性神经元和抑制性神经元两类组成, 它能够实现上述决策的逻辑法则. 或者说它是一种基于神经元体制的可能的实现方式. 如图 15-25, 决策回路包含 I、II 两个区, I 区回路负责向逆时针方向修正角速度, II 区回路负责向顺时针方向修正角速度. 它们接收来自传感器的关于飞行方向与固定斜交角度偏差量的信息 (用动作电位频率表示), 输出神经元 (锥体神经元)OutVA$_1$, OutVA$_2$ 用动作电位频率分别编码了往顺时针方向和逆时针方向转弯的角速度输出指令.

以 I 区为例, 当昆虫朝向大于固定斜交角度线时 (图 15-24(b)), OutVA$_1$ 用平均放电频率来编码昆虫往顺时针方向飞行的角速度 (图 15-24(c)); 类似地, 在 II 区, 当昆虫朝向小于固定斜交角度线时 (图 15-24(a)), OutVA$_2$ 用平均放电频率来编码昆虫往逆时针方向飞行的角速度 (图 15-24(d)). 在 OutVA$_1$ 与 OutVA$_2$ 之间, 我们设计了一组抑制性神经元令它们能够相互抑制, 其目的是当昆虫需要进行逆时针方向飞行时发出往顺时针方向飞行指令的神经元应该被抑制, 避免误动作产生, 反之亦然. 两组输出神经元集群 $OutVA_1$, $OutVA_2$ 实现了图 15-23 中 Controller 的决策, 它们作用于 Actor, 便令昆虫表现出趋光飞行行为.

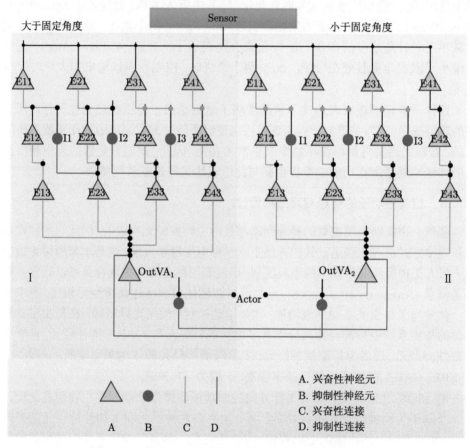

图 15-25　趋光飞行的决策逻辑的神经功能回路结构设计

以 I 区为例, I 区处理的是当昆虫飞行方向大于固定夹角线时的飞行角速度的决策. 假设昆虫将飞行方向与固定斜交角的偏差程度从小到大分为 4 个量级 ΔP_1, ΔP_2, ΔP_3, ΔP_4(等级数量可以调整), I 区包含 1, 2, 3, 4 四个纵向子模块, 分别对应处理 ΔP_4、ΔP_3、ΔP_2、ΔP_1 不同量级的输入. 每个纵向子模块包含 3 层神经元, 这是为了让信号从输入到输出, 无论是经过中继通道还是经过信号意义判别通道, 都会经过相同层数神经元, 以实现同步输出. 第二层包含了一些抑制性神经元, 设计它们的目的是当多个子模块并发竞争时, 获胜的子模块能够横向抑制其他子模块的活动. 以 I 区神经回路的活动流程为例, 图 15-26 详细叙述了 I 区神经回路对处于不同量级输入时的信息传递过程.

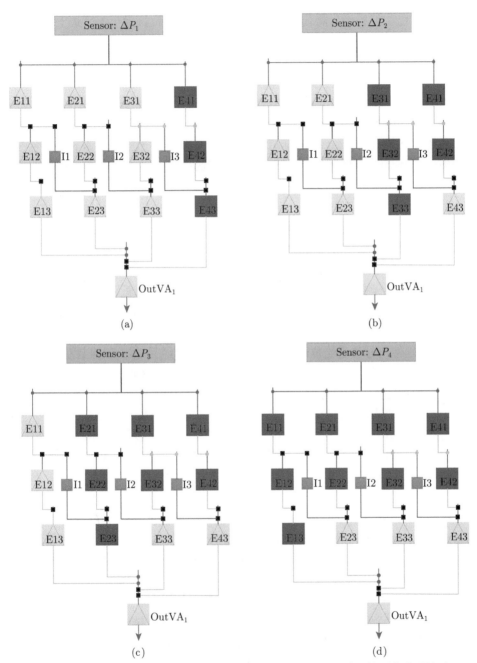

图 15-26 不同量级输入的神经回路的信息传递. (a)~(d) 为输入的强度分别处于
$\Delta P_1 \sim \Delta P_4$ 四个不同量级时, 神经信息在神经回路中的传递路径

在图 15-26(a) 中, 昆虫的 Sensor 感知其飞行方向与固定角度线夹角的差值, 并

通过若干多巴胺能神经元将代表了偏差程度的动作电位投射至 I 区最上层多巴胺能神经元的输入端. 当 Sensor 投射来的信号强度处于 ΔP_1 量级时, 其频率最弱, 仅能激活子模块 4 的第一层神经元 (即 E41). 它将激励性信号传递给位于其下层的多巴胺能神经元 E42, E42 再将激励信号传递至第三层的 E43 多巴胺能神经元, E43 再激活作为输出神经元的多巴胺能神经元 OutVA$_1$, 它会产生对应 ΔP_1 级别输入的角速度调整指令.

在图 15-26(b) 中, E31 被激活后, 它将激励性信号传递给位于其下层的多巴胺能神经元 E32 和抑制性神经元 I3, E32 再激活第三层的多巴胺能神经元 E33, E33 再激活作为输出神经元的多巴胺能神经元 OutVA$_1$; 同时抑制性神经元集群 I3 被 E31 激活后会将抑制信号传递至位于第四个纵向子模块中的 E43 以抑制其放电, 这样一来, 虽然在第四个纵向子模块中被激活的 E41 神经元会将兴奋性输出传递至多巴胺能神经元 E42, E42 也会将信息传递至 E43, 但由于 E43 还接收了来自 I3 的抑制信号而不被激活. 这一从 3 号子模块到 4 号子模块的横向抑制保证了 OutVA$_1$ 只收到来自 3 号子模块的输出, 从而生成与 ΔP_2 对应的角速度指令.

在图 15-26(c) 中, 当 Sensor 投射来的信号强度处于 ΔP_3 量级 ($\Delta P_3 > \Delta P_2 > \Delta P_1$) 时, 能够激活子模块 2、3、4 的第一层神经元 (E21, E31, E41). E21 被激活后, 它将激励性信号传递给位于其下层的多巴胺能神经元 E22 和抑制性 GABA 能神经元 I2, E22 再激活第三层的多巴胺能神经元 E23, E23 再激活作为输出神经元的多巴胺能神经元 OutVA$_1$; 同时 I2 会将抑制信号传递至位于第三个纵向子模块中的 E33 以抑制其放电, 这样一来虽然在第三个纵向子模块中被激活的 E31 神经元会将兴奋性输出传递至多巴胺能神经元 E32 和 GABA 能神经元 I3, E32 也会将信息传递至 E33, 但由于 E33 接收了来自 I2 的抑制信号而不被激活; 同理 E43 也因接收了 I3 抑制信号而不会被激活. 所以, 横向抑制保证了子模块 3 和 4 不会对子模块 2 产生干扰.

在图 15-26(d) 中, 当 Sensor 投射来的输入信号强度处于 ΔP_4 量级 ($\Delta P_4 > \Delta P_3 > \Delta P_2 > \Delta P_1$) 时, 该动作电位的频率强度足以使得 I 区四个纵向子模块的第一层神经元 (E11, E21, E31, E41) 都被激活. E11 被激活后, 它将激励性信号传递给位于其下层的兴奋性神经元 E12 和抑制性神经元 I1, E12 再激活第三层的兴奋性神经元 E13, E13 再激活作为输出神经元集群的 OutVA$_1$; 同时 I1 会将抑制信号传递至位于第二个纵向子模块中的 E23 以抑制其放电, 这样一来, 虽然在第二个纵向子模块中被激活的 E21 神经元会将兴奋性输出传递至兴奋性神经元 E22 和抑制性神经元 I2, E22 也会将信息传递至 E23, 但由于 E23 接收了来自 I1 的抑制信号而不被激活; 同理, E33 因接收 I2 抑制信号, E43 因接收 I3 抑制信号都不会被激活, 从而实现了排他性的竞争性输出.

从图 15-26 中输入投射进来的方式来看, 当一个强度小的输入信号 (ΔP_1 量级)

投射进来时, 它只会启动 E41 及其后续加工. 但当一个强度大的输入信号 (如 ΔP_4 量级的) 来到时, 它却可能引起除 E11 之外的 E21、E31 和 E41 及其后续所有神经元活动, 这意味着若不加约束, 那么除 ΔP_4 应该激活的指令之外, 还会有另外三个指令同步被发出, 但这是不对的. 每个量级的输入所激活的指令在理想情况下应该是排他性的, 即一个量级的输入应该只允许激活唯一一个指令, 这样才不会导致高层决策层发出冲突指令, 并引发运动神经元误操作的严重后果. 因此, 我们需要在网络结构中引入某种横向的抑制机制, 把这种危险性给排除.

在本实验中, 我们设计神经元计算模型的参数, 使得神经元 E11, E21, E31, E41 在不同量级输入且被激活时的 spike 放电频率依次约为 20Hz, 17Hz, 12Hz, 10Hz. 当输入信号为 ΔP_4 量级时, E11, E21, E31, E41 均被激活, 由于受到 GABA 能神经元 I1、I2、I3 的抑制作用, 多巴胺能神经元 E23、E33、E43 并没有被激活, 只有 E11 将信息传递至 $\mathrm{OutVA_1}$, 其放电频率约 20Hz; 当输入为 ΔP_3 量级时, 神经元 E21, E31, E41 被激活, 由于受到 GABA 能神经元 I2、I3 的抑制作用, 多巴胺能神经元 E33, E43 并没有被激活, 只有 E21 将信息传递至 $\mathrm{OutVA_1}$, 其放电频率约 17Hz; 当输入为 ΔP_2 量级时, 神经元 E31, E41 被激活, 由于受到 GABA 能神经元 I3 的抑制作用, 多巴胺能神经元 E43 并没有被激活, 只有 E31 将信息传递至 $\mathrm{OutVA_1}$, 其放电频率约 12Hz; 当输入为 ΔP_1 量级时, 只有神经元 E41 被激活并传递至 $\mathrm{OutVA_1}$, 其平均放电频率为 10Hz 左右.

15.4.4 神经功能回路参数设置

1. 神经元计算模型

本节采用的兴奋性神经元, 其模型的参数设置为: $a = 0.008 \sim 0.035$(区间内随机产生), $b = 0.18 \sim 0.2$, $c = -65$, $d = 8$(在给定值的基础上存在一定的扰动, 使得神经元具有一定的多样性), 这样的设置使得多巴胺能神经元 (兴奋性神经元) 动作电位放电频率在 5~21Hz. 抑制性神经元, 动作电位统计放电频率在 40~80Hz, 瞬时频率可高达 200Hz 以上, 其参数设置为 $a = 0.08 \sim 0.1$, $b = 0.25 \sim 0.27$, $c = -50$, $d = 2$. 在这些参数设置下, 通过模拟计算得到的神经元典型放电模式如图 15-27 所示.

2. 参数 ATD 对神经回路输出神经元组放电频率的影响

以 I 区 I1 抑制性神经元集群为例 (II 区和 I 区相同), 真实情况下它们的轴突和树突差异性很大. 因此在 I1 抑制性神经元集群中用多种不同长度的队列模拟各个神经元的突触后电位在树突不同位置的 ATD, 在生物神经系统中, 没有办法完全清楚所有的 ATD, 我们选取一组合适的 ATD 设置. 设 I1 抑制性神经元集群中含有 n 种不同的突触连接位置 (突触在树突上的位置到胞体的距离), 我们用 n 种不同长度的队列来模拟它们在树突上的传输过程 (即 n 种 ATD 取值). 若每种位置神经元数量大致相等, 那么 n 的取值对 I1 抑制性神经元集群动作电位放电情况 (图 15-28), 以及对 I 区输出神经元动作电位放电频率的稳定性有很大影响 (图 15-29).

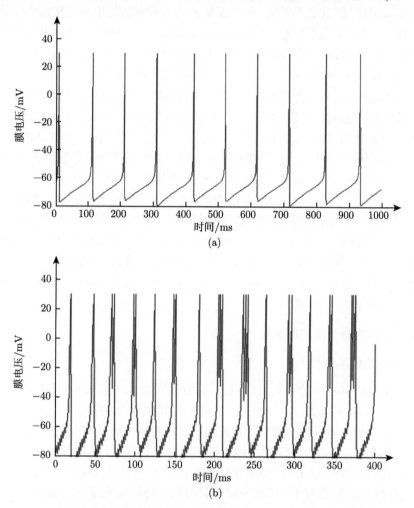

图 15-27   (a) 为兴奋性神经元放电模式, 在恒定刺激下产生约 10Hz 的动作电位; (b) 为抑制性神经元 burst 放电模式, 在 20Hz 的电流刺激下产生约 60Hz 的动作电位

图 15-28(a) 为当 $n = 4$ 时, I 区第一层神经元在 ΔP_1 量级输入时 I1 抑制性神经元集群的放电情况, 从此图可以看出, 抑制性神经元集群放电具有一定的同步性, 在某些时刻, 放电的神经元个数较少, 甚至没有神经元放电动作电位, 所示的抑制性神经元集群在很多时刻并没有动作电位产生, 因此兴奋性神经元在此刻需要被抑制住, 那么过少的抑制性神经元的活跃将不会有效地抑制锥体神经元的放电活动;

图 15-28 (b) 为当 $n = 8$ 时, I 区第一层神经元在 ΔP_1 量级输入时 I1 抑制性神经元集群的放电情况, 从此图可以看出, 抑制性神经元集群放电动作电位的时刻均分布于所有计算时刻, 因此可以完全抑制其所连接的兴奋性神经元的活动过程.

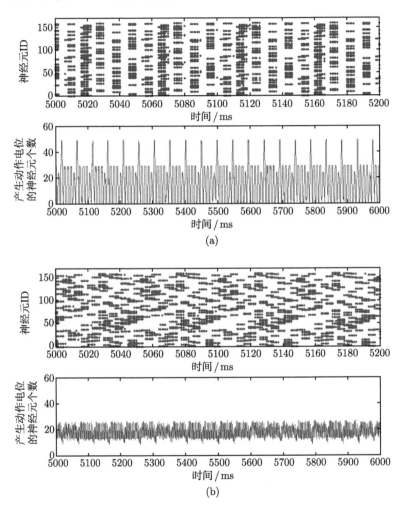

(a)

(b)

图 15-28　n 为 4, 8 时, $OutVA_1$ 输出神经元集群的放电频率. (a), (b) 中上子图横坐标为计算节拍次数, 纵坐标为神经元 ID, 表示在不同计算时刻神经元集群中有哪些神经元正在发出动作电位. 下子图表示不同计算时刻 I1 神经元集群中产生动作电位的神经元的个数

在图 15-29 中, (a) ∼ (d) 随着 n 在增大, 由于 I 区中抑制性神经元集群的放电时刻逐渐分布于每个计算时刻 (异步性更大, 如图 15-28(b)), 所以抑制性神经元集群对锥体细胞的抑制作用逐渐加强, 因此 $OutVA_1$ 放电趋于稳定. 比如 I 区第一层神经元输入处于 ΔP_4 量级时, 抑制性神经元集群 I1、I2、I3 能够有效地抑制锥体

神经元集群 E23、E33、E43 的放电, 只有神经元集群 E13 能够将其神经信息 (动作电位) 传递至输出神经元集群 OutVA$_1$; 当 n 值较小时, 抑制性神经元集群在某些时刻 (如图 15-28(a), 同步性较大) 放电的神经元数量较少, 此时就很难完全抑制锥体神经元集群 E23、E33、E43 的放电活动, 输出神经元 OutVA$_1$ 将接收到来自多个神经元集群的动作电位, 因此会出现图 15-29(a) 中某些时刻神经元集群的平均放电频率的不稳定 (放电频率变化大), 当以放电频率编码飞行速度信息时, 表现为飞行过程的角速度突然变大, 飞行不平稳.

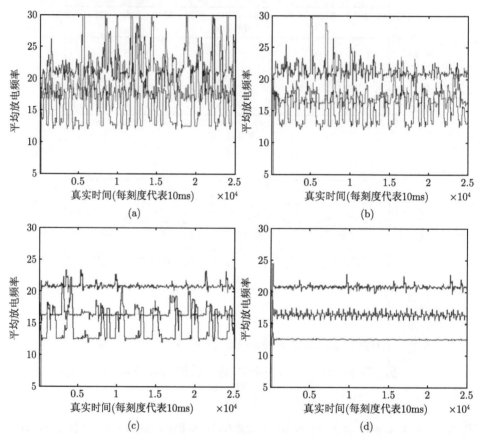

图 15-29　(a)~(d) 分别为 I 区 I1、I2、I3, 参数 n 为 2、4、6、8 时, 第一层神经元在量级为 ΔP_4、ΔP_3、ΔP_2、ΔP_1 输入时 OutVA$_1$ 神经元集群的平均放电频率. 在四个子图中横坐标为计算节拍次数, 纵坐标为输出神经元集群 OutVA$_1$ 动作电位平均放电频率, 其中蓝色曲线表示 I 区第一层神经元处于 ΔP_4 量级时 OutVA$_1$ 神经元集群的平均放电频率; 红色、黑色、绿色曲线分别表示输入处于 ΔP_3、ΔP_2、ΔP_1 量级时 OutVA$_1$ 神经元集群的平均放电频率

n 值越大表明突触在树突上连接点越分散, 这样抑制性神经元接收到动作电位并传输到胞体的时刻也就存在很大的分散性, 进而神经元集群动作电位放电更趋异步性, 本节对锥体神经元放电活动的抑制更好, 使得输出神经元集群的动作电位放电频率更趋稳定. n 值越小表明突触在树突上连接点越集中, 神经元集群动作电位放电更趋同步性, 对锥体神经元的抑制效果较差, 表现为输出神经元集群发作电位放电频率波动较大. 在本章中 ATD_ie(抑制性神经元到兴奋性神经元的 ATD) 设置 n 为 8~12, ATD_ei(兴奋性神经元到抑制性神经元的 ATD) 设置 n 为 1, 2. 一组典型的 ATD 设置为: 2, 4, 6, 8, 10, 12, 14, 16, 18, 20, 22, 24, $\cdots$, 依次选取前 n 个为 ATD 的值.

15.4.5　神经回路分布式硬件仿真平台搭建

1. 硬件仿真平台配置

硬件平台构建如图 15-30, 含 25 台配置 COREi5 处理器, Win7 操作系统的 PC, 通过快速以太网交换机组建为一个局域网络. 本节的开发环境为 Visual Sutdio 2010, C#语言. 我们令每一台 PC 模拟 1 个神经元集群, 其中每一个锥体神经元集群有 80 个神经元, 抑制性神经元集群包含 160 个神经元. PC 之间 (神经元集群之间) 通过 UDP 协议通信 (动作电位之间的传输). 本节使用这 25 台 PC 实时模拟了 15.4.3 的 Decision-making circuit 的动作电位整合和传递过程. 为了使得模拟尽可能接近真正的生物神经元网络, 我们需要解决以下问题.

图 15-30　分布式硬件仿真平台实物图

2. 为何采用分布式的 PC 阵列?

我们所需要仿真的神经回路是一个超过 4000 个物理上完全独立的神经元组成的系统, 它包含大约 32 万个突触连接. 若仅以锥体神经元较低的放电频率 (如

10Hz) 为例, 以及以动作电位到达突触后为最小时间间隔, 计算机需要每秒对所有突触进行 320 万次访问并计算. 如此细粒度的并行计算靠单台机器是无法做到实时决策模拟的.

一台普通的 PC 机很难在毫秒级上实时地模拟由 100 个以上神经元组成的神经回路的信息传递与加工过程 (Izhikevich, 2003). 我们这里使用了普通的分布式 PC 阵列组成局域网作为模拟平台, 既能保证神经元之间的独立性, 并且将神经元网络的模拟由阵列中多台 PC 共同承载从而能满足大规模网络模拟的实时性; 这样的模拟平台也便于扩展去模拟更大规模的神经回路的网络, 当神经元网络规模扩大时, 只需增加局域网中 PC 阵列的节点数且对单个节点 PC 性能要求不高即可满足神经回路网络规模扩大的需求.

3. 仿真平台中模拟计算的节拍控制

计算机要模拟神经元完成的主要计算可以描述为: 当神经元的胞体和树突接收到其他神经元的兴奋性动作电位时, 会引起神经元的膜电位上升, 当膜电位大于某一阈值时便会产生一个动作电位, 然后该动作电位沿轴突快速传播并通过突触传递给其突触后神经元; 如果神经元没有接收到动作电位, 当神经元的膜电位不等于静息电位时, 神经元的膜电位逐渐恢复至静息电位. 假设神经回路共包含 n 个独立的神经元, 在一台 PC 上模拟其中 m 个神经元的一次计算过程如表 15-7.

表 15-7　分布式平台的神经回路计算过程

```
Define:
    (1) 矩阵 n 维方阵 Adjacency 为神经元的邻接矩阵, 如果 Adjacency[i,j] 为 1, 表示神经元 i 和
神经元 j 之间有突触连接, 反之, Adjacency[i,j] 为 0, 则表示无连接.
    (2) Neuron[i] 表示第 i 个神经元, Membrane_v[i] 为第 i 个神经元的当前膜电位, Iap[i] 为第 i
个神经元当前时刻接收到的动作电位总数.
Begin:
Parallel For i = 1, 2, ···, m // 该 PC 中采用多线程模拟了 m 个神经元;
    Update( Iap[i]);        // 接收神经元 i 当前时刻的动作电位;
    // 将神经元 i 的动作电位代入神经元计算模型, 更新当前膜电位;
    Membrane_v[i] = NeuModel( Iap[i]);
    If Membrane_v[i] == 30, Then // 神经元 i 产生动作电位
    // 如果第 i 个神经元和第 j 个神经元有连接, 则通过 UDP 向 j 神经元所在 PC 发送动作电位
        For j = 1: n
            If Adjacency[i,j] == 1, Then: Udpsend(j);
        End for
    End if
End Parallel for
```

在实际中, 由于不同计算机的硬件配置不同, 软件系统及其运行环境存在差异,

因此同样的模拟计算在不同的 PC 上时间差异很大, 经过测试, 最大时可相差百倍 (毫秒级), 这种差异会对神经元平均放电频率的计算产生很大的影响. 比如, 两台 PC 分别运行两个彼此连接的神经元集群, 若 1 秒内 PC1 运行了 1000 次, 表 15-7 所定义的计算, 而 PC2 只运行了 500 次 (这样的情况在不同的 PC 中是很常见的), 这就意味着 PC2 中的神经元集群在 500 次模拟计算中接收了由于 PC1 运行得快 而发送来的超量动作电位, 这可能使得 PC2 中神经元的输入被错误地扩大了.

为了解决这个问题, 也是分布式计算中的同步问题, 本节采用一个控制线程以 一定的随机时间间隔 (毫秒级) 给局域网内所有运行着神经元集群的 PC 发送计算 指令, 每个神经元集群有一个计算指令队列, 当指令队列不为空时, 神经元集群开 始计算一次; 如果指令队列为空, 则等待指令, 以保障所有 PC 一次模拟计算间隔 大体相等.

15.4.6 神经回路计算模型的趋光行为模拟与分析

1. 模拟环境定义

如图 15-31 所示, 假定昆虫的感知系统 Sensor 能够感知光源和昆虫头朝向的夹 角并将其编码为不同强度的输入刺激, 这里应用模拟计算代替昆虫的 Sensor 获取 昆虫朝向与光线的夹角. Decision-making circuit 根据光源和昆虫的不同夹角输出不

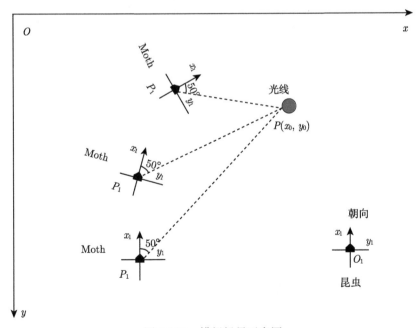

图 15-31　模拟场景示意图

同频率的 spike 序列, 以控制昆虫飞行的角速度, 让该角度为一个固定的角度 (50°). 分别在近光源和远光源环境下模拟昆虫飞行的过程, 在模拟实验中, 模拟计算昆虫朝向与光线的夹角上带有均值为 0 方差为 1、范围在 −1 ∼1 的随机噪声, 计算神经元集群 OutVA$_1$ 和 OutVA$_2$ 平均 spike 频率时带有均值为 0 方差为 0.8、范围在 −0.75 ∼ 0.75 的高斯噪声, 在进行转向决策时, 有 0.1 ∼ 0.3 概率的错误转向决策.

2. 分别在近光源和远光源下的模拟实验

如图 15-32(a) 所示近光源下, 在 4 组不同的初始位置、不同的昆虫朝向和光线的夹角下模拟趋光飞行过程的仿真轨迹, 其中每组还包含一次加入了高斯噪声的实验. 通过 4 次模拟实验容易看出, 在一定的噪声干扰下昆虫仍能以螺旋线渐进飞向光源. 图 15-32(b) 所示为昆虫在月光等远光源下 (近似平行光) 直线飞行的模拟, 假设平行光线与水平面的夹角为 60°, 而昆虫神经回路控制其与光线夹角为 50° 方向飞行.

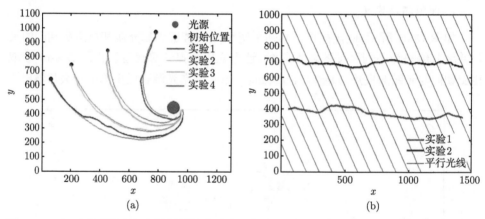

图 15-32   经过上述趋光行为神经功能回路的计算模拟, 昆虫在近光源和远光源环境下模拟飞行的轨迹. (a) 4 组不同初始位置的趋光飞行轨迹, 4 条红色细线为不含噪声干扰的结果, 4 条粗线为加入了噪声干扰的结果; (b) 2 组不同初始位置, 在平行光环境中的模拟直线飞行轨迹, 过程中也加入了一定的干扰

图 15-33 和图 15-34 分别展示了图 15-32 中实验 1 和实验 4, 图 15-35 展示了图 15-32(b) 中实验 1 的趋光飞行模拟实验过程中, Decision-making 神经功能回路中的输出神经元集群 OutVA$_1$ 和 OutVA$_2$ 瞬时放电频率和平均放电频率, 以及这些频率所编码的顺时针和逆时针转向角速度和昆虫朝向与光线夹角变化 (Angle).

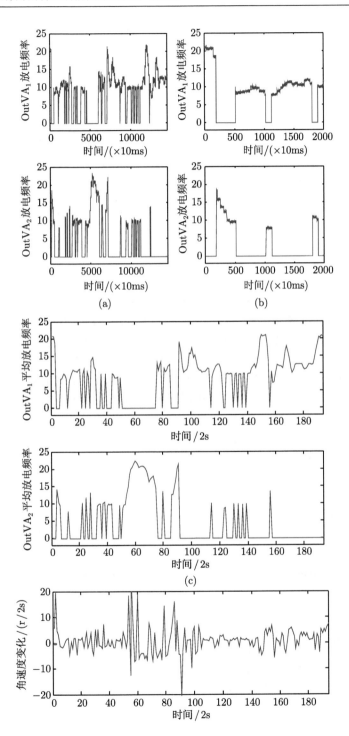

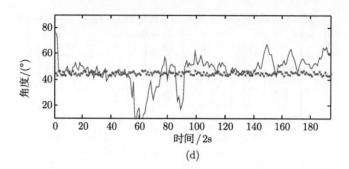

图 15-33　图 15-32(a) 中趋光飞行轨迹实验 1 模拟过程中神经回路输出神经元集群的放电频率与其所编码的角速度变化过程. (a), (b)Test 的初始角度为 $75.8°$, 大于 $50°$ 且差值为 $25.8°$, 属于 ΔP_4 量级的输入. 这一输入能够令 $\mathrm{OutVA_1}$ 神经元被激活且产生频率为 $20\mathrm{Hz}$ 左右的动作电位放电, 而此刻控制相反飞行方向的输出单元 $\mathrm{OutVA_2}$ 没有被激活. (a) 为模拟飞行过程中输出神经元集群 $\mathrm{OutVA_1}$ 和 $\mathrm{OutVA_2}$ 的放电频率及其变化过程; (b) 为 (a) 的前 2000 个时间单位的局部放大, 可以清楚看出 $\mathrm{OutVA_1}$ 和 $\mathrm{OutVA_2}$ 相互抑制的过程; (c) $\mathrm{OutVA_1}$ 和 $\mathrm{OutVA_2}$ 的平均放电频率及其变化过程平均放电频率编码飞行的角速度, 且平均放电频率越大, 角速度越大; (d) 趋光飞行过程中角速度变化 (上), 以及与角度的变化 (下). 上图中正值表示顺时针方向转弯角速度, 负值表示逆时针方向角速度. 下图模拟趋光飞行过程中昆虫朝向. 随着昆虫逆时针转向飞行, 角度开始逐渐减小, $\mathrm{OutVA_1}$ 的动作电位放电频率也逐渐减小, 直至角度小于 $50°$. 此时 $\mathrm{OutVA_2}$ 被激活并抑制 $\mathrm{OutVA_1}$ 的放电, 昆虫开始再次顺时针趋向 $50°$ 的飞行方向

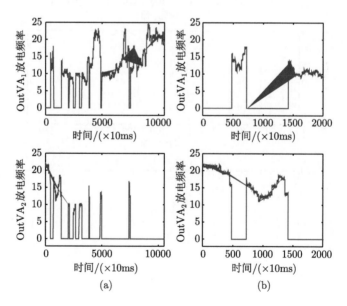

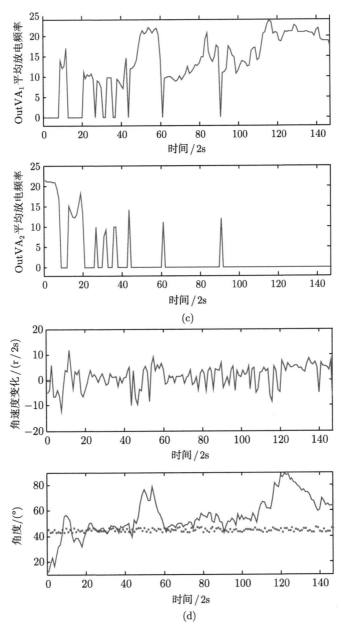

图 15-34　图 15-32(a) 中趋光飞行曲线实验 4 模拟过程中神经回路输出神经元集群的放电频率与其所编码的角速度变化过程. 实验 4 初始位置在 (780, 980), 不同于实验 1 的是昆虫的初始朝向为 11.5°, 小于 50°, 属于 ΔP_4 量级的输入. 首先, 网络 II 区的 OutVA$_2$ 神经元被激活, 指令昆虫以较大的逆时针转向角速度飞行. 直至角度大于 50°, 此时 I 区的 OutVA$_1$ 被激活并抑制 OutVA$_2$ 的放电, 昆虫又顺时针转向飞行, 以控制角度趋于 50° 固定角度

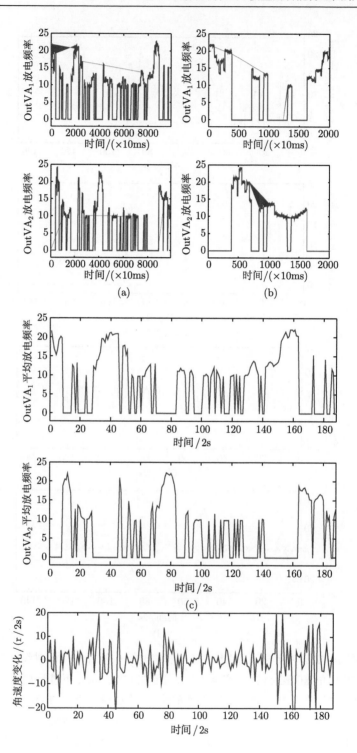

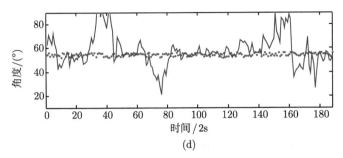

(d)

图 15-35 图 15-32(b) 中趋光飞行曲线实验 1 模拟过程中神经回路输出神经元集群的放电频率与其所编码的角速度变化过程. 实验 1 初始位置在 (57,400), 昆虫的朝向与平行光线的夹角为 63°. 首先, 网络 I 区的 OutVA$_1$ 神经元被激活, 指令昆虫以较大的顺时针转向角速度飞行. 直至角度小于 50°, 此时 II 区的 OutVA$_2$ 被激活并抑制 OutVA$_1$ 的放电, 昆虫又逆时针转向飞行, 以控制角度趋于 50° 固定角度

从上述模拟实验中我们可以看到, Decision-making 神经回路的输出神经元集群 OutVA$_1$ 和 OutVA$_2$ 实现了用动作电位放电频率来编码昆虫趋光飞行时顺时针和逆时针转向的角速度, 当角度大于 50° 时 OutVA$_1$ 被激活且角度越大放电频率越大, 昆虫的顺时针转向角速度也就越大, 反之, 越接近 50°, 输出频率越小; 当角度小于 50° 时, OutVA$_2$ 被激活且角度越小, 放电频率越大, 逆时针角转向角速度也就越大. 我们在实验中还模拟了当感知环节和决策环节混入了一定程度的噪声 (满足高斯分布) 时, 这个决策网络仍然能够令昆虫做出正确的响应.

15.4.7 为什么神经系统总能为一个具体的决策行为学习到一个神经回路?

人类或者动物可以通过学习或者训练而表现出某项稳定的行为, 那么是怎样一种学习机制使神经系统形成了蕴含正确逻辑法则的神经回路呢? 我们知道不同的认知行为是由神经系统中相互连接的神经元的协调活动引起的, 通过解剖学与电生理学来研究神经元之间的连接结构一直是神经科学的一个重要方向. 研究表明在基底核中的多巴胺神经元可以释放 "neuromodulation"(一种神经递质)(Krames et al., 2009), 某种意义上的 "奖惩信号". 这种神经递质可以在不同的时间尺度上 (秒、分钟、小时) 配置神经回路的属性, 进而改变神经元与神经回路的功能 (Marder, 2012). 在这些神经递质作用下, 在某些条件下突触连接强度保持不变, 而在某些条件下突触连接强度会被加强.

1. 神经回路的网络流模型描述

我们使用网络流模型 (Ford, Fulkerson, 1956) 来描述神经回路. 我们将每一个神经元组看成一个节点, 将节点之间的连接看作有向路径. 那么一个神经回路可以类比为一个有向图, 动作电位在有向图中的传播过程看作网络流模型. 决策回路的形成过程就如同在有向图中找到正确的路径, 将信号从起点传递到正确的终点上去. 假设信号流从多个起点开始, 由于开始时路径不够完美, 所以信号流时而能抵达正确的终点, 时而会抵达错误的终点, 带有一定的随机性. 这就会引起负责奖惩神经元的集团把奖惩信号反馈进来, 从而帮助实现对信号路径的修改. 那么怎样的神经学习机制驱动神经系统为每一个具体的认知行为形成一个包含某一逻辑法则的神经回路呢? 即图 15-36(a) 的初始神经回路如何形成 (b) 中执行具体功能的神经回路呢? 图 15-37 和图 15-38 示意在网络流模型中通过适当的权重增强与抑制而达到期望的输出过程.

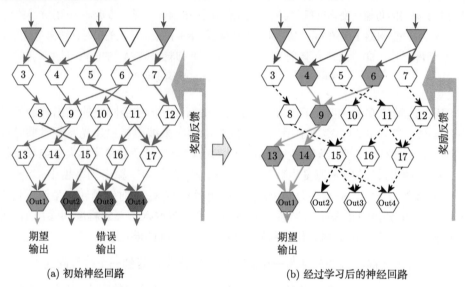

(a) 初始神经回路　　　　　　　　　　　　(b) 经过学习后的神经回路

图 15-36　神经回路的网络流模型描述, 将每一个神经元集群 (数字标号) 看作一个节点, 将节点间的连接看作有向路径. (a) 第一行为输入神经元, 不同的输入模式表征不同的信息; 最后一行为决策神经元, 表征不同的决策指令; 中间行的功能模块负责信息的加工与处理. 当第一行某些特定的神经元被激活时, 期望输出某一特定的指令, 在学习 (或者训练) 之前, 这样的回路并不能每次输出期望的指令, 带有一定的随机性; (b) 经过若干次的学习或者训练之后形成的回路能够每次都做出期望的决策, 简言之, 神经回路学习过程的神经机制就是 "neuromod-ulation", 根据 "奖惩信号" 重新配置回路连接权重的过程, 从而形成一个针对具体任务的决策神经功能回路

　　一个基于网络流模型的学习例程如图 15-36 所示, 输入信息从输入层神经元经过中间层神经元的加工与传递后流向输出层神经元, 在网络流的有向图中, 有向图的初始连接是随机生成的, 如图 15-36(a), 增强期望输出神经元到输入层神经元回溯路径中的连接权重, 削弱其他输出神经元到输入神经元的回溯路径中连接权重如

图 15-36(b) 所示, 随着训练的进行, 期望输出神经元的输出逐渐占据主导作用, 如图 15-37 所示.

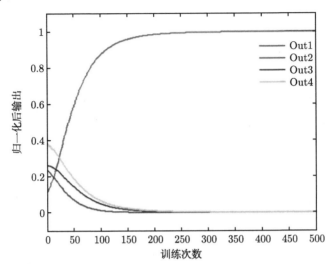

图 15-37 红色曲线是输出层期望神经元的放电频率占比. 神经回路在没有经常学习之前, 输出层的每一个神经元都有一定比例的输出, 而随着学习的进行, 期望输出神经元的比例逐渐上升, 而其他输出神经元的放电频率比例逐渐下降

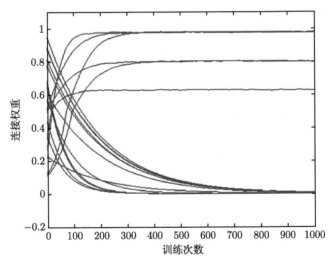

图 15-38 认知行为的学习与训练过程, 即神经元之间的连接权重变化的过程, 当某两个神经元之间的权重衰减到很小值时, 可以看作这两个神经元之间已经无连接

2. 神经回路形成过程的神经机制与其计算模型

那么怎样的神经学习机制驱动神经系统为每一个具体的认知行为形成一个包含某一逻辑法则的神经回路呢? 为了回答这个问题, 我们可以使用源于行为主义心理学中斯金纳理论的增强学习机制, 它的有效性被很多神经生物学和心理学的研究成果所支持. 当实验中对动物进行某一个具体的认知行为的训练或者学习过程时 (在某一个特定的状态下, 做出特定决策或者选择, 当做出期望的选择时给予一定的奖赏, 否则给予一定的惩罚), 这个认知行为的决策过程在神经系统中对应着一个具体的神经回路, 学习的初期阶段, 被训练动物的选择行为为随机选择 (如图 15-36(a) 所示, 由于神经回路的连接方式或者连接权重并不能做出期望的输出), 在训练过程中当动物做出期望的选择时, 人为给予一定的奖赏, 反之, 人为给予惩罚. 这样的训练能够促使该认知行为的决策神经回路的形成.

来自奖惩中枢的多巴胺能神经元释放多巴胺能神经递质作为反馈性输入可以启动两种相互对立的调整趋势, 由于目标细胞上的受体以及目标细胞的内部响应不同, 多巴胺的到来会对某些细胞产生兴奋性作用, 而对其某些细胞产生抑制性作用 (Marder, 2012). 这种对神经元的影响也将影响神经回路的属性. 研究表明基底核中的多巴胺神经元可以释放 "neuromodulation", 是某种意义上的 "奖惩信号". "neuromodulation" 可以在不同的时间尺度上 (秒、分钟、小时) 配置神经回路的属性, 改变神经元的功能 (Marder, 2012). 在某些条件下突触连接强度保持不变, 在某些条件下突触连接强度会被加强.

当神经回路的输出层神经元输出决策指令不是期望的指令时, "惩罚信号" 到达输出层神经元并增加该神经元的激活阈值或者削弱与该神经元连接的权重使其被激活的难度增加; 同时该种效应遵循 Hebb 法则沿着该神经元的回溯路径传播; 当神经回路输出层编码期望指令的神经元输出指令时, "奖赏信号" 会到达该神经元, 降低该神经元的激活阈值或者增强与该神经元连接的权重使之更容易被激活; 同时该种效应遵循 Hebb 法则沿着该神经元的回溯路径传播. 进一步, 超激化神经元 (神经元激活阈值的上升) 和去激化神经元 (神经元激活阈值的下降) 是一个对立的神经生理过程, 且这种现象在神经系统中普遍存在. 模拟计算流程如表 15-8 所示.

3. 以蜜蜂决策行为实验为例探讨决策回路的形成

1) 决策行为实验描述

蜜蜂决策行为实验 (Zhang et al., 2005) 描述 (图 15-39): 蜜蜂在经过长隧道途中的 E1 位置时看见视觉模式 A, 再经过一段直线距离进入 Y 形隧道分岔口 E2 处, 两个前进方向 (左右) 分别出现视觉模式 A 和视觉模式 B. 当且仅当蜜蜂选择向左飞行 (即选择 E1 处出现过的视觉模式 A) 时会喝到糖水 (训练的目标是蜜蜂在 E2

处选择的在 E1 处出现过的视觉模式的方向作为期望选择, 当蜜蜂在 E2 处做出期望选择时, 即可得到喝糖水的奖赏). 经过若干次这样的奖赏训练后, 蜜蜂在 E2 处能够稳定地向左飞行. 而如果没有进行上述糖水奖赏训练, 蜜蜂随机选择向左还是向右飞行. 蜜蜂经过这样的奖赏训练, 形成了一个专注于该决策稳定的神经回路.

表 15-8 网络流模型计算过程

```
Input_mode, mode = 1, 2, ···, n
Decision_ mode, mode = 1 , 2, ···, n
Factor, > 1
f_decay = 1 / Factor;
f_raise = Factor;
Eage_ij: 第 i 个输出到第 j 个输入模式的路径;
While !Condition:
        Random Input_i in Input_mode
        m = max(D_i);
        If m == i:
                [w * f_raise, for w in Eage_mi]
        Else:
                [w * f_decay, for w in Eage_mi]
        Condition: m == i; for m, i in mode
```

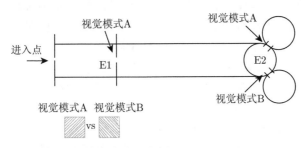

图 15-39 蜜蜂实验示意图 (Zhang et al., 2005)

2) 决策功能的神经回路的形成机制

为了研究蜜蜂执行这个决策的神经回路结构及其形成过程,我们设计了图15-40中的锥体细胞和中间神经元的连接结构, 我们假设在这个实验中神经元的 AFR 大于 10Hz 定义为较高频率放电, 小于 5Hz 为较低频率放电. 这里我们用神经元集群的高频或是低频放电活动来表示 (编码) 不同的事件是否发生. 其中, 神经元群 Neus1:当且仅当蜜蜂在 E1 处看见视觉模式 A 时被激活且以较高频率放电, 否则以低频率放电; 神经元群 Neus2:当且仅当蜜蜂在 E2 处左侧看见视觉模式 A 时被激活, 且以较高频率放电, 否则以低频率放电; 神经元群 Neus3:当且仅当蜜蜂在 E2 处右侧看见视觉模式 B 时被激活且以较高频率放电, 否则以低频率放电; 神经元群 Neus4: 当且仅当蜜蜂在 E2 处左侧看见视觉模式 B 时被激活且以较高频率放电, 否则以低频率放电; 当且仅当蜜蜂在 E2 处右侧看见视觉模式 A 时神经元 Neus5 被激活且以较高频率放电, 否则以低频率放电; 当且仅当蜜蜂喝到糖水时来自奖赏回路的 Neus6 被激活并以较高频率放电, 放电胺类物质通过远程投射而影响回路中神经元的连接权重; 当神经元群 Neus_TL 的放电频率大于 Neus_TR 的放电频率时, 表征蜜蜂左转飞行, 反之蜜蜂选择右转飞行. 上述描述如表 15-9 所示.

表 15-9　实验-1, 实验-2 描述

	描述	实验-1	实验-2	
条件	E1 处呈现视觉模式 A	√	√	说明: 当蜜蜂做出期望的决策时,
	E2 左边呈现视觉模式 A		√	便喝到糖水以作奖励, 通过多
	E2 右边呈现视觉模式 B		√	次这样的训练, 蜜蜂形成稳定的
	E2 右边呈现视觉模式 A	√		决策回路, 从而可以稳定地
	E2 左边呈现视觉模式 B	√		做出正确的决策
期望决策	蜜蜂向右转	√		
	蜜蜂向左转		√	

3) 以实验-1 为例阐述上述决策回路的形成过程

初始化该决策回路如图 15-40(a) 所示 (初始回路也可以是其他连接方式), 在训练初期阶段 (如图 15-41(a) 的前 50 次训练), 当神经元群 Neus1, Neus4, Neus5 高频放电时 (期望的决策是右转), Neus_TR 并不总是高频放电, 即该信息流并不能正确地从输入神经元群 Neus1, Neus4, Neus5 流向 Neus_TR; 由于在一定随机背景噪声输入的影响下, 神经元群 Neus_TR, Neus_TL 的放电频率 (AFR) 大小呈现交替模式 (随机形式), 即表现为在这个时段蜜蜂在 E2 处并不能每次都选择向右飞行, 而是随机地向左或是向右飞行; 当某次 Neus_TR 放电频率高于 Neus_TL 的放电频率时 (即本次蜜蜂选择向右飞行, 做出期望的选择时), 蜜蜂便会喝到糖水, 则此时来自奖赏回路的 Neus6 被激活并以较高频率放电, 并通过远程投射在此回路区域释放胺类化学物质以强化从输入神经元群 Neus1, Neus4, Neus5 到 Neus_TR 的路径的连接强度; 反之, 当 Neus_TL 放电频率高于 Neus_TR 的放电频率时, 蜜蜂选择向左飞行, 蜜蜂不会喝到糖水, Neus6 放电强度较弱, 则会弱化输入神经元到 Neus_TL 的路径连接强度; 随着训练的进行, 神经回路中神经元组 Neus1, Neus4, Neus5 到 Neus_TR 的路径被逐渐强化, 而神经元组 Neus1, Neus4, Neus5 到 Neus_TL 的路径被逐渐弱化, 此时背景随机噪声输入不再是主要因素, Neus_TR 的 AFR 逐渐升高, 蜜蜂在 E2 处选择向右飞行的概率也逐渐升高, 经过 300 次计算机模拟训练后形成如图 15-40(b) 所示的回路 (其中连接强度小于 0.05 的被忽略), 此时蜜蜂每次都能稳定地做出向右飞行的决策 (如图 15-41(a), 150 次以后).

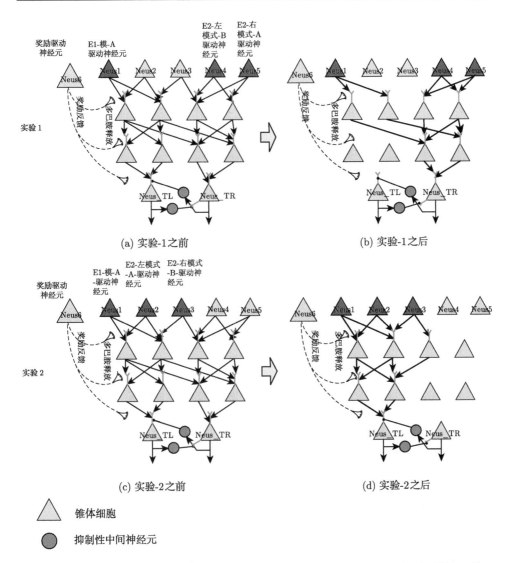

图 15-40 经过奖赏训练并形成正确的回路. (a) 在实验-1 中, 蜜蜂做决策时, 神经元群 Neus1, Neus4, Neus5 被激活并以较高频率放电, 此时该回路的连接还是随机的; (b) 经过 300 次上述奖赏训练后该回路的连接状态, 只有少量被强化的连接被保留下来, 它们形成了正确的决策执行路径; (c) 在实验-2 中, 蜜蜂做决策时, 神经元群 Neus1, Neus2, Neus3 被激活并以较高频率放电, 该回路的初始连接是随机的; (d) 经过 300 次上述奖赏训练后该回路的连接状态, 可见只有真正反映了因果关联的连接被保留了下来

蜜蜂的训练过程在回路层面是一个始于输入神经元群, 终于输出神经元群的正确路径的形成过程, 如实验-1 训练的目的是形成从 Neus1, Neus4, Neus5 到 Neus_TR

的路径, 而实验-2 是形成从 Neus1, Neus2, Neus3 到 Neus_TL 的路径. 图 15-41 展示了两组实验中输出神经元的动态变化. 在训练的初始阶段, 神经元群 Neus_TR, Neus_TL 的 AFR 大小呈现交替模式, 此时蜜蜂随机选择向左或向右飞行. 当蜜蜂做出正确决策并获得犒赏后, 从输入神经元到期望的输出神经元之间的路径就会得到强化. 反之, 从输入神经元到非期望的输出神经元路径就会被弱化. 经过反复训练, 蜜蜂做出期望决策的概率增大, 直至一类决策神经元的 AFR 持续、稳定地高于另一类决策神经元的 AFR.

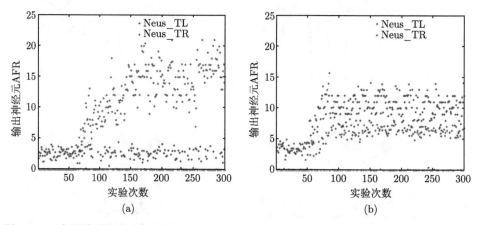

图 15-41　在训练过程中决策过程中神经回路中输出神经元的 AFR 变化. (a) 实验-1 中输出神经元的平均放电频率; (b) 实验-2 中输出神经元的平均放电频率

15.4.8　神经回路研究的重要意义

我们首先在遵从生物神经元电生理特征和解剖学证据的前提下, 从逻辑的角度形式化昆虫趋光飞行行为, 并且设计实现这一套逻辑法则的神经回路结构. 该神经回路用输入层锥体神经元动作电位的放电频率来表示感知到的飞行方向与光线的偏差角度, 用输出层神经元动作电位频率来编码趋光行为中飞行方向和角速度的大小, 在输入层与输出层之间采用一系列兴奋性神经元和抑制性神经元来实现由偏差角度主导的飞行方向和角速度 "神经计算". 最后我们的分布式 PC 阵列模拟了这样的神经回路计算模型中所有神经元的动作电位的放电和传递过程, 并以此模型实时驱动了一个仿真的昆虫趋光飞行实验, 验证此计算模型设计的可行性. 我们认为这种行为控制逻辑是基于最一般的决策逻辑过程和生物神经元能够提供的实现手段, 在生物神经网络的运行方式上具有一般性. 我们还通过蜜蜂的行为实验的例子, 基于奖赏反馈机制探索神经回路的形成过程.

1. **对神经科学领域的研究意义**

(1) 从计算与仿真模拟的角度, 探索与验证特定认知任务中的神经信息编码. 从计算的角度, 一方面, 验证了神经元按照脉冲的放电频率编码方式实现特定任务回路的可行性, 另一方面, 尝试解释神经元及其功能回路这一微观层次上对生物个体的宏观认知过程是如何习得与实现的, 对生物神经回路如何实现行为控制、决策行为的方式方法和神经信息编码研究具有探索价值.

(2) 发展了在计算机上模拟大规模脉冲神经回路的计算仿真新模式. 在神经信息编码中时间编码被认为是主要的编码方式之一, 被大量实验所验证; 该编码旨在提取神经元放电的脉冲序列在小时间尺度 (毫秒级) 上所蕴含的丰富的信息. 当前在单个或者少数 CPU 内核中模拟大规模神经回路, 难以保证神经元之间的独立性 (CPU 中的独立, 本质上是一种按某种算法的调度, 且 PC 机中常用的多线程并发的线程调度的时间开销是毫秒级), 是否会对时间编码的微尺度上产生影响? 还需要进一步更精细的研究验证.

本节使用了普通的分布式 PC 阵列作为模拟平台 (鉴于当前大部分神经元模拟软件并不支持分布式运行), 能尽可能地保证神经元之间的独立性, 并且将神经元回路的模拟由阵列中多台 PC 共同承载从而能满足大规模神经回路模拟的实时性; 这样的模拟平台也便于扩展用于模拟更大规模的神经回路的网络, 当神经元网络规模扩大时, 只需增加局域网中 PC 阵列的节点数且对单个节点 PC 性能要求不高即可满足神经回路网络规模扩大的需求.

(3) 通过这样一种仿真度高的平台对由大量生物神经元构成的网络放电活动的模拟和同步记录, 我们还可以得到大量近似于多电极阵列输出的动作电位放电数据, 这便于测试各种数据挖掘的方法在分析神经元间关联性上的有效性, 从而对网络中多个神经元为了实现某种控制逻辑所需的协同条件有了新的认识, 对于理解神经系统的信息处理机制具有探索价值.

2. **对计算机科学或者人工智能领域的启示**

(1) 对设计低功耗与高容错的类脑芯片设计的启示作用. 神经元是大脑神经系统最基本的组成单元, 对应于 CPU 中的晶体管, 且大脑神经系统每一个神经功能回路中, 每一个属性或者功能的神经元都具有一定的数量, 这些相同属性的神经元在某种意义上形成了相互的备份, 使得神经系统具有高容错与稳定性. 因此首先从硬件实现层面对类脑芯片设计的启示: 类脑芯片的基本组成单元 (即基础元器件) 应该采用模拟生物神经元和突触功能的神经形态器件 (即先整合信息然后发送信号), 由于神经器件给出了一种稀疏–分布式的 spike 序列的输入模式, 在此方式的输入下, 网络 (电路) 的大部分节点在任一时刻都没有被驱动, 因此硬件的功耗将因此而显著降低; 芯片设计应赋予各功能单位一定的冗余性, 即相互功能备份, 以保证部分单元的不正常工作而不影响系统基本功能.

(2) 对脑机接口研究的意义. 本章的神经元计算模型和神经回路的结构是遵守电生理与神经生物学的基本发现来设计的, 在信息表征与编码方式、通信协议、信号的电气特性等方面具有更好的生物相容性. 严格遵循这一约束而设计的行为决策、工作记忆等功能神经回路计算模型具有更友好的生物嵌入性, 这对脑机接口的设计与实现具有现实价值. 本章进一步探索认知行为过程中的神经信息编码, 本工作对于植入式脑机接口中基于神经信息编码而实现精细化控制具有探索价值.

(3) 人工神经网络模型的启示: 探索权重学习与结构学习并重的新学习方式. 传统的人工神经网络模型, 通常采用固定的网络结构, 在大量数据的驱动下, 不断迭代更新连接权重. 为了使得网络有足够的表征能力, 这种方式的机器学习通常根据经验选取一个较大的网络作为计算模型, 这种方式违背了神经系统工作的经济性原则与高效性原则. 本章研究了回路结构学习, 有坚实的皮层神经元分布规律、突触可塑性、奖惩的化学调控机制等生物学证据, 通过回路结构调整来达到行为固化的学习目的. 本节的工作给我们的启示: 神经网络完成某一特定功能, 不仅与连接权重有关, 也与网络的结构密切相关, 学习的过程可以是连接权重的修正, 也可以是网络结构的自适应过程. 应探索神经网络权重学习与网络结构学习并重的学习新方式, 提高人工神经网络模型的高效性与经济性.

(4) 网络流观点: 探索人工神经网络的工作机制与神经网络结构裁剪的启示. 到目前为止, 人工神经网络在可解释性方面做的远远不够, 仍然被认为是一种 "black-box" 结构. 我们的基于网络流观点的神经回路形成机制, 对我们理解人工神经网络的训练与工作机制有启示作用. 可以这样来理解人工神经网络的工作机制: 首先, 将人工神经网络看作是一个有向图模型, 每个神经元看作有向图的一个节点, 输出层的每个节点编码一个类别; 其次, 神经网络正确分类的计算过程可以看作信息从输入节点经过某一特定的路径最终流向正确的类别的输出节点; 最后, 神经网络的训练过程可以被理解为不同类别在有向图中的路径形成过程 (该路径由不同的节点组成, 即某一类别的样本经过网络时被激活的节点). 在设计人工神经网络结构时, 对于应该设计多少层, 每层有多少神经元等超参数并没有一个确定性的理论指导, 为了使模型有足够的表达能力, 通常选取一个足够大的网络结构. 通过上述启发, 没有参加信息编码的神经元 (没有在某一路径上, 或者在每一个路径上的权重较小), 即可以被裁剪.

15.5　基于逻辑神经微回路的决策神经回路模型构建

在神经元的微观活动到宏观的认知行为之间存在一个 "神经计算" 层 (Carandini, 2012), 即 Marr 的三层理论中的第二层 "算什么?". 研究表明, 在神经系统中,

许多这类 "神经计算" 是标准的计算单元, 神经系统通过不同的组合与重复利用一组标准的 "神经计算" 单元来提供更为复杂的计算功能. 当前神经系统中已经发现了许多这种标准的神经计算功能, 然而目前对于这些标准计算缺少其神经回路的构成细节. 想要揭示高级认知过程的神经计算机制, 首先得从神经计算的神经回路的构成细节开始.

本节的主要工作: 第一, 提出了将类似于基本逻辑运算的功能看作神经系统中存在的一类标准的 "神经计算"; 第二, 本节使用设计合理且满足神经生物学依据的神经功能回路来实现类似于基本逻辑运算的功能; 第三, 本节以大鼠 T 迷宫决策行为实验为例, 采用逻辑学语言将决策行为策略描述成逻辑法则的形式 (逻辑表达式), 以类似基本逻辑计算的神经回路为基础搭建能够实施上述逻辑表达式的神经功能回路计算模型.

15.5.1 神经回路的微结构

首先本节认为人或动物表现出的各种行为背后都遵循某种基本控制法则, 而这种控制法则是可以用朴素的逻辑学语言来描述的, 将生物神经元所构成的回路看作是某种逻辑运算的等效实现. 因此我们用逻辑学语言来描述认知行为背后所遵循的法则, 也就很自然地将 "类逻辑计算" 看作神经系统中一种 "标准计算" 单元.

我们相信, 动物控制自己行为的法则是可以用逻辑学语言来描述的, 这种规范化的语言描述是合理的. 之所以用逻辑学语言来描述人或动物所表现出的各种行为背后的基本控制法则, 是因为决策逻辑反映了某种计算能够被顺利实施所需的最基本、最起码的底线, 是必要条件. 任何一种具体实现方式均需完成这样的基本功能. 生物神经系统作为其中一种具体实现方式, 其结构至少要复杂到能够实现这样的基本逻辑的程度. 生物神经系统需要应付各种各样的任务, 而每一种任务都有其自身的内在控制逻辑, 因此在神经系统中必然存在着实现各种控制逻辑的神经回路. 从逻辑学角度, 任何一种行为逻辑都是可以进行形式化描述的, 最简单的形式是命题逻辑表达式, 用这种可靠性和完备性都有保证的形式语言, 我们可以精确地刻画出某行为所遵从的基本逻辑法则. 这组逻辑法则在不同的运行环境下有不同的实现方式, 如在计算机控制的自动控制系统中它就是一段严密定义的程序. 那么在生物体中, 更精确地说在它的神经系统中, 这样的逻辑法则是怎样实现的呢? 换句话说, 我们已知的生物神经元及其构成的回路会以怎样一种方式来实现这种逻辑法则呢?

这方面的研究曾经有过, 如人工神经元网络理论的先驱, 最著名的 MP 模型 (McCulloch, Pitts, 1943) 曾经就声明该模型在计算上是与一阶谓词逻辑等价的. 但它所基于的神经元简化模型与真实的生物神经元相差甚远. 当我们有更多关于真实神经元的解剖学、电生理学证据时, 是否能找到一种更贴近于真实的实现方式?

既然动物的决策行为从本质上说就是执行了一系列逻辑运算, 那么神经系统究竟是怎样来实现那些类似基本的逻辑运算的功能的呢? 例如, 命题逻辑中四种最基本的与、或、非和蕴涵功能. 另外, 基于动作电位放电模式, 以及锥体神经元和中间神经元相互协同的连接方式, 神经系统能否构成一个回路来实现一组具体的逻辑法则呢?

本节的工作试图在宏观的决策行为和微观的神经回路之间搭建一个桥梁, 从比算术计算更基础的逻辑计算视角来看待为什么要构建回路, 怎样构建回路和回路如何才能正常工作等问题.

第一, 本节采用生物脉冲神经元计算模型, 在已知神经生理学发现的基础上, 以神经元细胞集群为基本单位, 设计了能够实现类似于基本的逻辑与、或、非、蕴含等逻辑运算功能的 "神经计算" 神经微回路.

第二, 本节通过组合与重复这些基本的神经微回路, 提出了构建执行复杂逻辑运算功能的神经回路的一般化方法; 以大鼠的 T 迷宫实验为例构建决策神经回路并验证该方法的可行性.

我们提出了一种从逻辑学角度来看待神经元及其回路构成与运行原则的理论, 并给出了一种对行为控制逻辑进行具体实现的神经元回路构建的一般化方法. 这一研究有助于我们在神经系统的微观活动与动物宏观行为层面间建立起某种桥梁, 从而帮助我们理解神经回路是如何主导认知行为的.

15.5.2　神经元计算模型与参数设置

本节的锥体神经元为兴奋性神经元, 其参数设置为: ① $a = 0.004 \sim 0.035$(不同神经元需要激活的强度差异), $b = 0.18 \sim 0.2$, $c = -65$, $d = 8$, 它们令锥体神经元动作电位放电频率在 5~21Hz, 如图 15-42(a) 所示; ② 中间神经元为抑制性神经元, 动作电位平均放电频率在 $30 \sim 90$Hz, 其参数设置为 $a = 0.08 \sim 0.1$, $b = 0.25 \sim 0.27$, $c = -55 \sim -46$, $d = 2$. 两组参数下神经元模型的放电模式如图 15-42 所示.

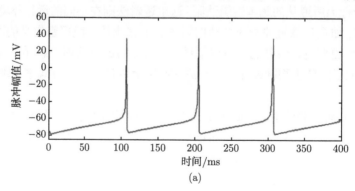

(a)

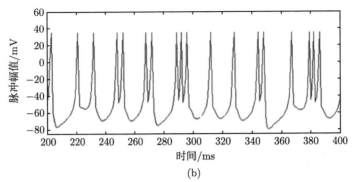

图 15-42 我们常用的接收某一大小有浮动的电流刺激时的神经元的两种放电模式, 参数分别为上述两组. (a) 神经元的常规放电模式; (b) burst 放电模式

15.5.3 大脑皮层结构

通常一个完整的认知行为涉及大脑不同区域的协同工作. 为了使某一认知功能得以稳定地发挥作用, 核心功能神经回路必须与分布在大脑不同区域的大量辅助功能神经回路协同工作. 对人和动物的研究表明, 新皮层, 尤其是前额叶皮层在高级认知功能中起着核心作用, 包括决策和工作记忆 (Card, Swanson, 2013). 我们的工作着重于实现控制规则的核心功能的神经回路的实现, 我们认为该神经回路是在大脑皮层中实现的, 暂时没有涉及大脑其他区域.

我们知道高级动物的大脑皮层可分为 6 层神经元层结构, 其中新皮层的概念就是基本功能单元的集合. 大脑皮层 6 层结构中神经元是这样分布的 (图 15-43), 在

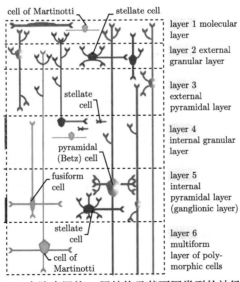

图 15-43 大脑皮层的 6 层结构及其不同类型的神经元分布

第四神经元层结构中, 有大量的锥体神经元细胞 (星形神经元, 也可看作一种类型的锥体细胞, 都为兴奋性神经元), 且该层神经元接收皮层外的信息传入 (外界信息经过感受器被编码成某种模式的神经冲动, 外部信息包括感觉信息、视觉信息、听觉信息); 在第二、三层结构中, 有大量的中小型锥体神经元和中间神经元细胞 (抑制性神经元), 这些神经元细胞通过连接形成不同结构的神经回路, 这些回路被认为参与了信息处理与加工的过程 (神经计算过程); 而在第五层结构中, 分布着一定数量的大锥体神经元细胞, 这种大锥体神经元的树突可以从第五层一直延伸至第二层, 并且负责将经过处理的神经信号 (传出的信号, 编码某种决策、推理、状态等信息) 传出大脑皮层. 不同类型的神经元有着不同的功能特性, 在大脑皮层结构中也有着不同的分布. 我们设计的神经回路满足这样的神经元的基本分布结构.

15.5.4　类逻辑计算功能的神经回路模型结构设计

逻辑可能是自然哲学框架下能够还原到的最基本的层次和最简单的理论. 由 Marr 理论, 根据输入刺激进行决策属于需求层面, 使用最基本的逻辑法则进行决策属于算法层面, 生物大脑用两类神经元构成的回路完成具体信号的加工属于实现层面. 我们的工作试图在宏观的决策行为和微观的神经回路之间搭建一个桥梁, 从比算术计算更基础的逻辑计算视角来看待为什么要构建回路, 怎样构建回路和回路如何才能正常工作等问题.

本节并没有阐明神经系统 "二值逻辑", 而是说 "它能够实现二值逻辑一样的功能"(因此本节采用 "类逻辑运算功能" 的称呼), 并且在用神经回路构建时基于稳定性、可实现性的考虑需要一些额外的容错性设计. 这些是严格基于生物神经元信号加工机制的. "二值逻辑" 是对一群由锥体细胞和中间神经元经过恰当连接形成的功能回路的一种功能性称呼, 不是说每个神经元都是一个二值逻辑单元. 容错性设计之一就是考虑了有些神经元不能严格同步或放电频率出现波动的概率. 我们的设计与神经生物学发现保持一致. 与此相反, 在机器学习和人工智能领域最常用的人工神经元网络在基本单元的计算方式、神经元类型、神经连接范围、层数、反馈机制、学习机制、学习效率等方面是缺乏神经生物学依据的, 是一种纯粹的工程学策略. 从工程角度, 实现精确的逻辑运算是很容易的事情, 而本节的目的不是实现逻辑运算, 而是探索逻辑运算的生物神经实现, 并以此构建神经功能回路计算模型. 因此, 本节的模型不是基于最新的机器学习方法, 而是试图参考更多的神经生物学约束来理解动物在学习或者执行某种决策行为时内在回路的变化.

1. 关于类逻辑操作的神经计算说明

神经系统中存在实现各种控制逻辑的神经回路以应付各种各样的任务, 从逻辑学的角度, 再复杂的控制逻辑都可以表示为只含与、或、非、蕴含四个基本逻辑运算的逻辑表达式. 因此我们定义神经系统中功能等价于上述四个基本逻辑计算的神经微回路. 我们采用兴奋性和抑制性两种不同类型的神经元搭建逻辑运算的神经回路, 其中兴奋性神经元的工作放电频率一般为 0~20Hz, 抑制性神经元的工作放电频率一般为 0~90Hz, 当然, 从计算的角度选取其他的放电频率范围也是可以的. 通过设计神经元集群之间的网络结构以及神经元集群内的神经元模型参数和动作电位传输延迟时间 (ATD) 来实现类似的基本逻辑功能运算.

本节用命题的真假来表示外界事件的发生与否, 这里涉及神经元集群如何参与命题的表征, 本章采用神经元集群的平均放电频率来表示一个命题为真或为假, 当表征一个命题的神经元集群的平均放电频率大于一个阈值 a 时表示该命题为真, 小于另一个阈值 b 时表示该命题为假, 而介于两者之间可随机看作真也可看作假. 关于阈值 a, b 的取值, 不是唯一的, 在不同的生物体, 或不同的脑区会有不同, 这还涉及记忆的保持与衰退. 从计算的角度来看, 不同的取值通过微调网络的连接权重或者其他参数即可实现, 并不影响回路的结构与功能. 因此在本节的设定中选取一个特定值为例, 神经元集群的平均放电频率高于 10Hz(后续子章节中高的虚线所示) 表示该命题为真, 低于 6Hz(后续子章节中低的虚线所示) 表示该命题为假.

2. 类逻辑与操作的神经微回路结构设计

1) 神经回路结构设计

在神经系统中, 这样的现象可能会普遍存在, 当且仅当上游的两个神经元细胞集群 A(一组神经元细胞, 本节采用 50~100 个神经元) 与神经元集群 B 在某一个时间段内同时以高频率放电时, 与其连接的下游神经元集群 C 才以高频率放电活动, 否则以较低频率放电. "上下游神经元同时产生高频放电活动" 这一神经元的微观活动现象让我们联想到类似于逻辑与的运算的功能.

当神经元集群 A, B 表征两个命题信息时, 神经元集群 C 近似等效于对 A 与 B 命题表征的信息做 "与运算" 的操作, 如图 15-44(a) 所示. 神经元集群 A 与 C, B 与 C 中的神经元均采用全连接方式 (或者稠密连接). 神经元集群 A、B 分别表征不同的事件发生与否 (可以看作表征两个命题), 那么神经元集群 C 完成对上游神经元组 A, B 所传递的神经信号的处理与加工过程, 而这个处理过程可看作是类似逻辑的与运算 (C = A and B). 神经元在大脑皮层中的分布情况: 神经元集群 A、B 表征事件发生与否, 则该神经元集群接收皮层外的信息输入 (传入神经), 因此神经元集群 A、B 分布在大脑皮层的第四层结构中; 而神经元集群 C 则完成对神经元集群 A、B 的神经信号的处理与加工过程, 因此神经元集群 C 分布在第二、三层结构中. 我们重新布局图 15-44(a) 的结构得到图 15-44(b), 这样新的回路结构在满足解剖学发现的同时也实现了类似逻辑与的运算功能, 也使它具有一定的神经生物学可行性.

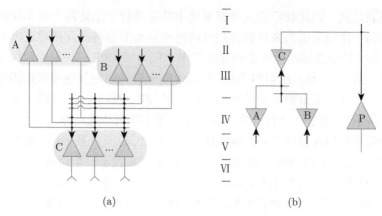

(a)　　　　　　　　　　　　(b)

图 15-44　类逻辑与运算的神经回路

2) 神经微回路分析

那么上述结构的神经回路满足怎样的条件才能够实现对神经信息的 "与运算" 加工过程呢? 本节设计上述神经回路满足如下两个条件:

第一, 神经元集群 A 中神经元的动作电位传输至神经元集群 C 的时刻较为分散, 即呈现动作电位到达时刻持续时间较长, 使得每个时刻动作电位的个数较少 (少于 20 个, 这样的设计使得一个神经元组的动作电位到达下游神经元组的时间相对分散, 从而不会使得下游神经元组产生高频率放电活动), 神经元集群 B 的放电活动也具有上述的特征.

第二, 满足神经元集群 A 与 B 的动作电位传输到神经元集群 C 中有时序上的重叠.

上述两个条件的示意图如图 15-45 所示. 这两个条件的目的是, ① 当只有一个神经元集群高频放电时 (A 或 B), 这样的动作电位序列相对分散且因此每一时刻引起的突触后电位强度不大, 不足以使得神经元集群 C 产生高于 10Hz 的平均放电频率; ② 只有当神经元集群 A 和 B 同时以较高频率放电活动且突触后电位在神经元集群 C 处产生一定时间的叠加作用, 使得神经元集群 C 在一段时刻内接收到足够多的动作电位而引起高频率放电活动. 总结如下, 在图 15-44 所示神经回路中, 当且仅当两个神经元集群 A 与 B 高频放电时, 巧妙的设计使得 A 与 B 中动作电位传输到 C 时在一段时刻内的叠加效应令神经元集群 C 产生高频率放电活动.

3) 类 "与操作" 功能的神经回路的计算模拟

在理想设定下, 我们希望当神经元集群 A 与 B 中的神经元在某个时间区间内同时进行高频放电活动从而导致神经元集群 C 也高频放电, 如图 15-45(a) 所示, 但在实际情况下神经元集群 C 并不总是会如期望的那样放电. 因为突触后电位的叠加属于 time-critical 或 time-sensitive 的事件, 神经元集群 A, B 中的神经元在何时产生动作电位, 和有多少神经元被激活, 都具有很大的随机性与不确定性. 因此在毫秒的时间尺度上神经元集群 A, B 中产生的动作电位传输至细胞 C 时未必能确保产生叠加效应, 如果脉冲放电时刻或传输延迟有所错开, 从而不产生叠加作用, 则突触后神经元的接收电位强度不大, 也就不足以使得神经元集群 C 产生高频放电, 如图 15-45(b) 所示.

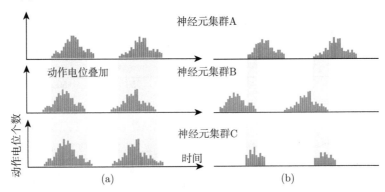

图 15-45 类似逻辑与运算的神经回路动作电位分布示意图. (a) 由于两个神经元集群 A 与 B 的放电活动在某个比较长的时间区间内的叠加作用, 神经元集群 C 在该时间区间内产生高频放电活动; (b) 由于神经元集群 A 与 B 的放电活动的时间区间重叠区域所占整个放电区间的比例较小, 因此 spike 的叠加效应较弱, 且并不能使 C 产生高频放电活动

这在真实物理环境下很有可能会发生. 为了避免这样的情况出现, 首先我们在神经元集群 A、B、C 三处都采用神经元集群的方式设计, 也就是以神经元集群而不是以单个神经元为基本功能单位, 让神经元组内的神经元具有一定的差异性 (包括神经元计算模型参数和动作电位传导延迟的差异), 这样一来, 神经元组中的神经元会有一定的差异性, 在相同输入下其动作电位放电上也会表现出一定的时序异步性. 要使得神经元组 A 与 B 在任何时刻同时高频率放电, 它们产生的动作电位传递到神经元集群 C 中时总会产生足够的时序叠加作用, 从而使得突触后神经元在某时刻接收到的动作电位足够多 (足够叠加效应) 而产生高频率放电. 一种可行的设置是为神经元组中一般的神经元设置一个不等的 ATD 值, 其中 ATD 的取值为 1~20ms, 且每一个 ATD 取值有大约相等数量的神经元, 神经元模型参数在 15.5.2 节基础上加上比其设置参数小一个数量级的干扰 (使得神经元之间有一定的差异性).

$$\mathrm{T\_ATD} = d \quad (1\mathrm{ms}, 2\mathrm{ms}, \cdots, 20\mathrm{ms}) \tag{15.8}$$

仿真如图 15-46 所示, 只有当神经元集群 A, B 同时高频率放电时神经元集群 C 才高频率放电, 如图 15-46(b) 中第 2 列所示; 否则神经元集群 C 以低频率放电, 如图 15-46(a) 和 (b) 第 1 列所示. 这样的神经回路实现了对神经元集群 A, B 所表征的信息做类似逻辑与的操作过程.

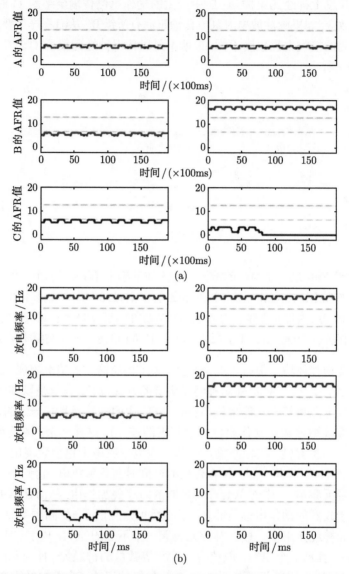

图 15-46　类逻辑与运算神经回路中细胞集群的平均放电频率. (a) 神经元集群 A, B 代表的命题都为假时 (低频率放电), 类 "与操作" 神经回路的输出神经元集群 C 的放电频率; 神经元集群 A 低频率放电, B 高频率放电时, 类 "与操作" 神经回路的输出神经元集群 C 的放电频率. (b) 命题 A 高频率放电, B 低频率放电时, 神经元集群 C 的放电频率; 神经元集群 A, B 都以高频率放电时, 类 "与操作" 神经回路的输出神经元集群 C 的放电频率

3. 类逻辑或操作的神经微回路结构设计

1) 类逻辑或运算功能的神经微回路结构设计

在神经系统中, 当上游的两个神经元集群 A(一个神经元集群, 本节采用 50~100 个神经元) 与神经元集群 B 至少有一个神经元集群中所有神经元在某一个时间区间以高频率放电活动时, 与其连接的下游神经元集群 C 中的神经元集群也以高频率放电活动, 当且仅当两个神经元集群都以较低频率放电时, 其下游的神经元集群中的神经元才以低频率放电. 上述现象让我们联想到逻辑或运算. 这等效于实现了对神经元集群 A 与 B 表征信息做或运算的操作, 如图 15-47(a) 所示, 神经元集群 A 与 C, 神经元集群 B 与 C 中的神经元均采用全连接方式 (或者稠密连接).

神经元集群 A、B 分别表征不同的事件发生与否 (可以看作表征两个命题), 那么神经元集群 C 完成对上游神经元集群 A, B 所传递的神经信号的处理与加工过程, 这个处理过程即可看作是类似逻辑或的运算 (C = A or B); 神经元集群 A、B 表征事件 (信息) 发生与否, 则该神经元组接收皮层外的信息的输入, 因此神经元集群 A、B 分布在大脑皮层的第四层结构中; 而神经元集群 C 则完成对神经元集群 A、B 的神经信号的处理与加工过程, 因此神经元集群 C 分布在第二、三层结构中. 我们重新布局图 15-47(a) 后如图 15-47(b) 所示, 这样新的回路结构即满足解剖学发现, 同时也实现类似逻辑与的运算功能, 因此它具有一定的神经生物学可行性.

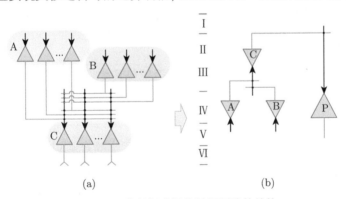

图 15-47 类逻辑或操作神经回路的结构

2) 类逻辑或运算功能的神经回路属性分析与计算模拟

神经元集群 A 中神经元产生动作电位的时刻相对同步性, 表现为动作电位传输至神经元集群 C 时的到达时刻持续时间较短且每个时刻动作电位的个数较多 (大于 20 个), 动作电位放电相对集中, 神经元集群 B 同样具有这样的特征, 如图 15-48 所示. 一种典型的设置是神经元集群中所有神经元的传输延迟相近, 都在 3ms 之内. 这样设计的目的是, 当至少有一个神经元集群以高频放电活动时, 这样的动作电位相对集中而使得与其连接的下游的神经元集群 C 产生高于 10Hz 的平均放电频率, 如图 15-49 中第 2, 3, 4 列所示, 当且仅当神经元集群 A, B 都以低频放电时, 神经元集群 C 才以低频放电, 如图 15-49 中第 1 列所示, 这样的神经回路等价实现了类似逻辑或运算功能.

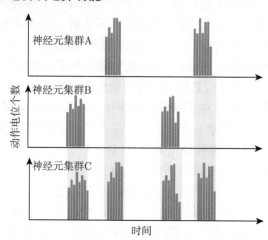

图 15-48　类逻辑或运算的神经回路动作电位分布示意图. 由于两个神经元集群 A 与 B 的放电活动具有相对同步性, 表现为动作电位传输至神经元集群 C 时的到达时刻持续时间较短且每个时刻动作电位的个数较多, 单个上游神经元集群高频放电即可以使得下游的神经元集群 C 在该时间区间内产生高频的放电活动

4. 类逻辑非与类逻辑蕴含操作的神经微回路设计

1) 类逻辑非, 逻辑蕴含运算功能的神经微回路结构设计

在神经系统中, 存在这样的现象 1, 当上游的一个神经元集群 A 在某一个时间区间以高频率放电活动时, 与其连接的下游神经元集群 C 则以低频率放电活动; 反之, 当上游的一个神经元集群 A 在某一个时间区间以低频率放电活动时, 与其连接的下游神经元集群 C 却以高频率放电活动. 这一现象让我们联想到逻辑非运算. 神经元集群 C 等效于实现了神经元组池 A 所传递的神经信息做了非运算的操作, 如图 15-50(a) 所示, 神经元集群 A 与 C 中的神经元均采用全连接方式 (或者稠密连接).

现象 2, 当上游的一个神经元集群 A 在某一个时间区间以高频率放电活动时, 与其连接的下游神经元集群 C 以高频率放电活动; 反之, 当上游的一个神经元集群 A 在某一个时间区间以低频率放电活动时, 与其连接的下游神经元集群 C 又以低频率放电活动. 总之, 下游的神经元集群的放电模式能够保持与上游神经元集群的放电模式相似, 这种现象可以看作投射现象, 这种信息的传递与保持可以看作是对上游信息的逻辑蕴含运算. 即神经元集群 C 的功能等效于实现了神经元集群 A 神经信息的蕴含运算, 如图 15-51(a) 所示, 神经元集群 A 与 C 中的神经元均采用全连接方式 (或者稠密连接).

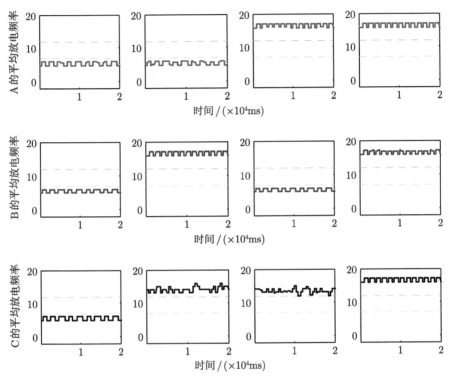

图 15-49 类逻辑或运算神经回路中细胞集群的平均放电频率

如果神经元集群 A 表征一个事件发生与否 (可以看作表征一个命题), 那么神经元集群 C 完成对上游神经元集群 A 所传递的神经信号的处理与加工过程, 现象 1 这个处理过程即可看作是类似逻辑非的运算 (C = !A), 而现象 2 这个过程可看作类似逻辑蕴含的运行 (A → C);

现象 1: C = !A

现象 2: A → C

神经元集群 A 表征一个事件发生与否, 则该神经元集群接收皮层外的信息的输入, 因此神经元集群 A 应该分布在大脑皮层的第四层结构中; 而神经元集群 C 则完成对神经元集群 A 所传递的信号的处理与加工过程, 因此神经元集群 C 分布在第二和第三层结构中. 我们重新布局一下图 15-50(a) 和图 15-51(a) 后如图 15-50(b) 和图 15-51(b) 所示, 这样新的回路结构既满足解剖学发现的同时也实现类似逻辑与的运算功能, 因此它具有一定的神经生物学可行性.

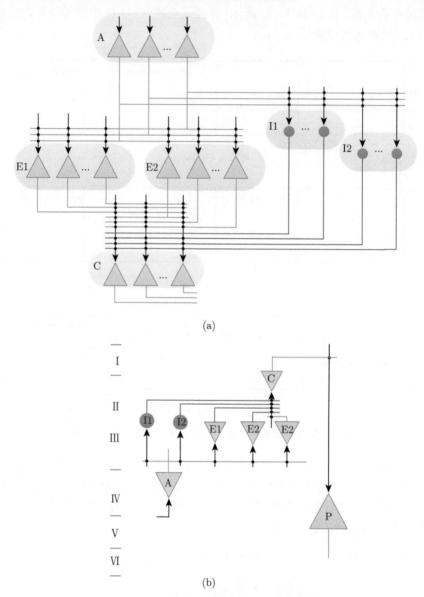

(a)

(b)

图 15-50　类逻辑非操作的神经回路结构

2) 类逻辑非, 逻辑蕴含运算神经微回路属性分析与参数设置

逻辑蕴含的神经微回路中, 神经元集群 C 以与神经元集群 A 相似的频率放电活动, 即神经元集群 A 以高频率放电时, A 的高频动作电位使得 C 也产生高频率放电, 反之, C 则以低频率放电; 这样的过程可以用逻辑蕴含来表示, 即 A → C. 一

组典型的参数设置采用上述逻辑或神经微回路的参数设置即可.

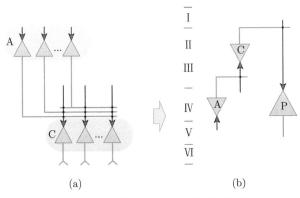

(a)   (b)

图 15-51 类逻辑蕴含操作神经微回路结构

在逻辑非运算的神经微回路中, 包含兴奋性神经元和抑制性神经元 (锥体神经元集群只包含兴奋性神经元, 中间神经元集群只包含抑制性神经元), 当神经元集群 A 以高频率放电活动时, 同时激活中间神经元集群使得其放电频率很高, 达到 60~100Hz, 这样使得输出神经元集群 C 在每个计算时刻都能接收到一定数量的中间神经元的抑制信号, 因此很难使得输出神经元集群 C 产生高频率放电活动. 当神经元集群 A 以较低频率放电时 (5Hz 及以下), 中间神经元集群 I1, I2 也以较低的频率放电, 由于 spike 时序的随机性, 不足以很好地抑制来自神经元集群 A 的兴奋信号.

本节应用信号处理中的 "分时复用" 思想, 将神经元集群 A 的神经信号经过神经元集群 E1, E2(根据需要可以有相似的神经元集群加入进来) 等分时复用而作用到输出神经元集群 C(图 15-52), 且神经元集群 E1, E2 均能单独激活输出神经元集群, 即神经元集群 E1、E2 到神经元集群 C 是一种投射关系 (满足 E1 → C, E2 → C, ···), 即可以形象地说 A 放电一次通过神经元集群 (E1, E2, ···) 的分时复用, 在两个不同的时间区间内作用于神经元集群 C 产生类似 A 的放电活动, 因此输出神经元集群 C 的放电频率相比神经元集群 A 也扩大了两倍.

一组典型的参数设置为, 神经元集群 A 中神经元到抑制性神经元集群 I1, I2 的 ATD 为 1ms、10ms、20ms; 到锥体神经元集群 E1, E2 的 ATD 为 20ms、40ms、60ms; 中间神经元集群 I1, I2 到神经元集群 C 的延迟为 1~2ms; 神经元集群 E1, E2 到 C 的 ATD 为 30ms, 且区间内每个 ATD 都有大概相等的神经元数目. 上述神经回路实现将上游神经元集群 A 的高频神经信号经过神经回路加工与处理过程到输出神经元集群 C 表现为低频神经信号, 同时也可以将较低频率的放电活动转换为较高频率的放电活动. 而对上述神经信息的加工过程实现了类似逻辑非的运算, 如图 15-53 所示.

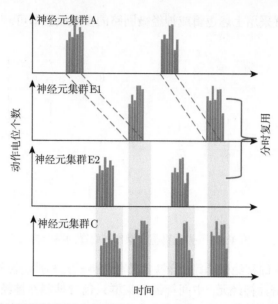

图 15-52 类逻辑非运算的神经回路动作电位分布示意图. 由于神经元集群 A 放电活动经过神经元集群 E1, E2 的 "分时复用" 在不同时刻作用于神经元集群 C 引起其在不同时刻的放电活动. 从而将神经元集群 A 的低频放电活动经过 "分时复用" 转化为 C 的高频放电活动

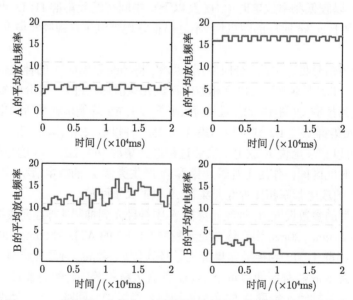

图 15-53 类逻辑 "非操作" 神经回路中神经元集群的平均放电频率

15.5.5 构建复合逻辑运算的神经功能回路模型

研究表明, 神经系统通过不同的组合和重复一组 "标准的神经计算" 而形成各式各样的功能回路, 提供给不同的任务需求. 本节将类似的基本逻辑运算看作神经系统中的某种 "标准神经计算", 通过组合与重复上述章节的神经微回路而形成复杂的控制逻辑的神经回路. 这就需要把基本的逻辑回路连接起来, 用级联的方式组合成某种更复杂的信息处理链路, 来实现更为复杂的逻辑控制, 如图 15-54 所示.

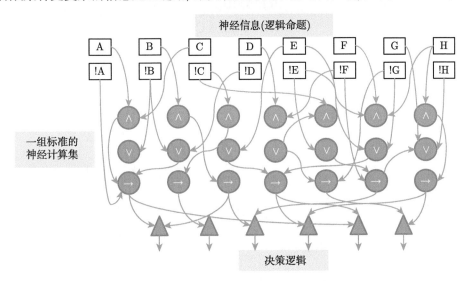

图 15-54 神经系统通过不同的组合与重复一组 "标准神经计算集" 中的某一些标准计算而提供不同的逻辑决策的示意图

在命题逻辑中有一种形式上非常整齐划一的运算法则, 就是范式. 任何一个逻辑表达式都可以转化为一个与其功能等价的合取范式或析取范式. 在此我们选择析取范式, 因为在推理上它表现为这样一种形式, 即 "当且仅当至少有一组前提条件被满足了, 则某个指令应该被发出". 因为任何一个逻辑表达式都有其等价的析取范式, 因此神经系统可以通过实现范式的方式来实现一个对应的逻辑功能.

下面构建复合逻辑表达式的神经功能回路.

为了处理各式各样的任务, 经过学习或者训练神经系统通过 "组合" 与 "重复" 标准的 "神经计算" 功能组件必然能形成各式各样的复合决策逻辑的神经回路. 例如, 实现 4 个复合逻辑表达式功能的神经回路如图 15-55(a)∼(d) 所示, 更为复杂的逻辑表达式可将其转化为只包含基于逻辑运算的析取范式的形式. 比如 $(A_1 \wedge A_2 \wedge \cdots)$ 或 $(B_1 \wedge B_2 \wedge \cdots)$ 的形式. 在大脑皮层的第二、三层存在很多具有基本逻辑运算功能的神经元功能团如 15.5.4 节所述. 构建一个复合逻辑表达式的神经回路可以通过不同的组合与重复这些基本的逻辑运算神经微回路的方式来形成. 给定一个具体的逻辑表达式, 我们依次按优先级 (非运算 > 与运算 = 或运算 > 蕴涵) 运算, 如果优先级相同按顺序进行组合.

(a) $A \wedge B \wedge C$

(b) $!A \wedge B$

(c) $!A \wedge !B$

(d) $!A \wedge B \wedge C$

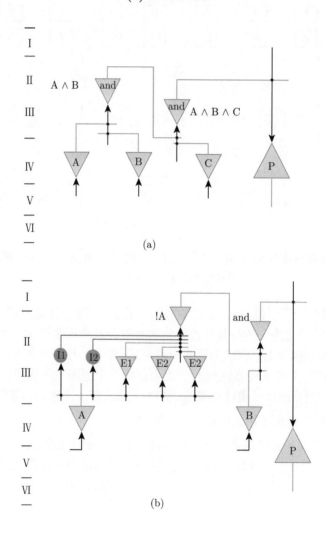

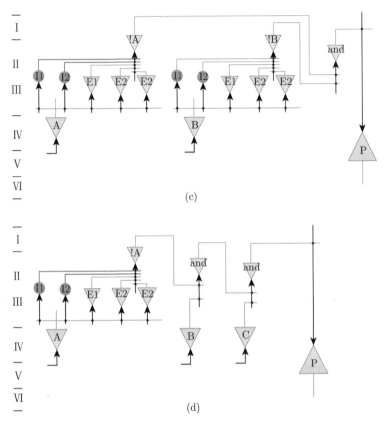

图 15-55   基于基本类逻辑的功能回路构建复合逻辑运算的神经回路. (a) A ∧ B ∧ C;
(b) !A ∧ B; (c) !A ∧ !B; (d) !A ∧ B ∧ C

15.5.6   基于类逻辑功能神经回路构建大鼠决策行为的神经回路

1. 大鼠 T 迷宫决策行为实验描述

我们通过一个大鼠 T 迷宫的决策行为实验的例子来演示这样一种决策逻辑的神经回路的构建过程. 在文献 (Yang et al., 2014) 所述大鼠的行为实验中 (图 15-56), 它被训练交替选择到 T 迷宫的左右两臂 (即当前选择的方向与上一次选择相反时, 认为大鼠做出了正确的选择), 当大鼠做出正确选择时, 作为奖赏, 大鼠将喝到水 (当然实验中只喝一点水, 为了使大鼠一直处于口渴状态), 反之, 大鼠将没有水喝; 经过若干次这样的训练以后, 大鼠每次都能做出正确的选择. 这个行为实验一方面验证了有若干神经元的活动与工作记忆密切相关, 另一方面也说明大鼠神经系统形成了一个关于转向决策的神经回路, 该神经回路的输入至少包含: ① 上次喝到水的位置; ② 大鼠当前的位置是否到达了迷宫的瓶颈. 该神经回路的输出则是大鼠做出的转向选择.

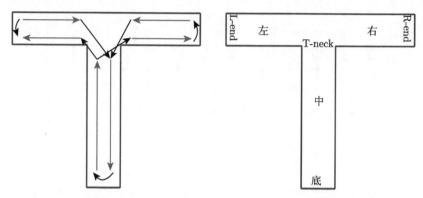

图 15-56   大鼠迷宫决策行为实验. 如果大鼠在上一次实验中选择迷宫左臂, 那么大鼠在当前实验中要求选择右臂; 如果大鼠在上一次实验中选择迷宫右臂, 那么大鼠在当前实验中要求选择左臂. 大鼠要在当前实验中争取选择左臂还是右臂, 必须记住上一次在迷宫的哪一边. 当大鼠做出正确选择后, 以喝水作为奖赏, 然后返回迷宫底部, 开始下一次实验 (Yang et al., 2014)

2. 决策行为的状态逻辑与逻辑法则描述

在构建决策行为的神经回路之前, 首先需要回答 Marr 三层理论框架中的第二层 "计算对象?", 可以理解为该认知行为过程背后所遵循的控制法则 (本节认为是一组逻辑运算法则), 因此我们首先要将大鼠的决策行为描述为一组逻辑运算法则, 然后构建神经回路需要在功能上实现这组逻辑运算法则. 大鼠的 T 迷宫实验的不完全状态空间转换关系描述如图 15-57 所示. 其中决策行为发生在 T-neck 处, 且依据大鼠上次的决策而做出当前决策. 我们将 T-neck 处的决策行为的状态简述为一组逻辑表达式, 其中逻辑命题如下:

Drink_L 表示大鼠上次在 Y 迷宫左侧喝到水;

Drink_R 表示大鼠上次在 Y 迷宫右侧喝到水;

Thirsty 表示大鼠处于口渴状态;

At_Neck 表示大鼠已到达迷宫瓶颈处, 大鼠将做出决策行为;

Turn_L 表示大鼠做出向左转的决策;

Turn_R 表示大鼠做出向右转的决策;

大鼠的决策逻辑可表述为: 一直处于口渴状态的大鼠, 其工作记忆保持了上次是在迷宫左侧 (右侧) 喝到了水, 当它再次到达迷宫瓶颈处时向右转 (左转). 这个决策过程可用命题逻辑表达式:

$$(\text{Thirsty} \wedge \text{Drink\_L} \wedge \text{At\_Neck} \to \text{Turn]\_R}) \vee$$

$$(\text{Thirsty} \land \text{Drink\_R} \land \text{At\_Neck} \to \text{Turn\_L})$$

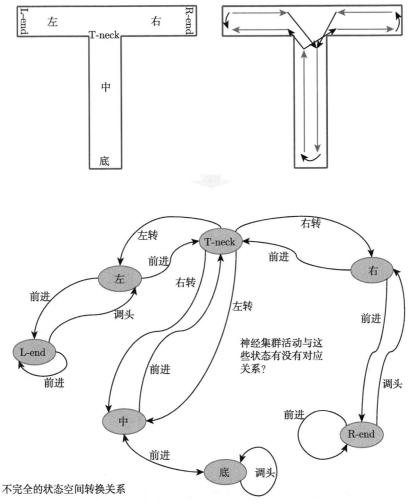

图 15-57 大鼠 Y 迷宫的状态空间描述. 大鼠从状态 "底" 开始, 向前行走经过 "中" 状态后, 到达 T-neck 处, 有工作记忆提供上一次大鼠喝到水的方向, 然后做出决策行为向左或是向右, 到达迷宫一臂的末端喝到水 (工作记忆将本次在哪一边喝到水的信息维持到下一次决策), 然后大鼠沿着原路返回至 "底", 开始下一次实验

3. 构建决策行为的神经功能回路模型

神经回路结构如图 15-58 所示. 以大鼠右转决策行为的控制逻辑运算为例阐述该回路的实现细节: 用两个神经元集群放电频率的高低表示命题 Thirsty 和 Drink_L 的真假, 当神经元集群以高频率放电时表示该神经元集群所代表的命题为真, 当神

经元集群以低频率放电时表示该神经元集群所代表的命题为假. 基于 15.5.5 节的
"与运算" 神经回路构建 Thirsty ∧ Drink_L 运算的神经回路; 用一个神经元集群的
放电频率高低表征命题 At_Neck 的真假, 则仍然基于与运算神经回路, 以 Thirsty ∧
Drink_L 神经回路的输出神经元集群和 At_Neck 神经元集群作为输入搭建复合逻
辑运算: Thirsty ∧ Drink_L ∧ At_Neck 运算神经回路; 且它的输出传递给右转决策
神经元 Turn_R, 高放电频率表示该指令执行.

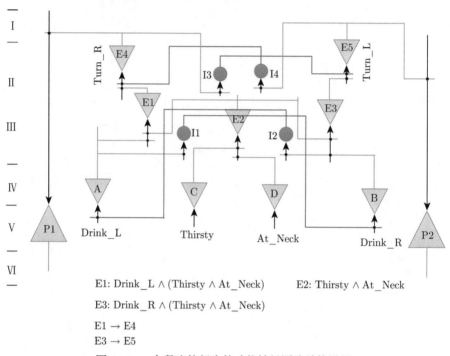

E1: Drink_L ∧ (Thirsty ∧ At_Neck)　　　　E2: Thirsty ∧ At_Neck

E3: Drink_R ∧ (Thirsty ∧ At_Neck)

E1 → E4

E3 → E5

图 15-58　大鼠决策行为的功能神经回路结构设计

　　在 Turn_L 和 Turn_R 两个输出神经元集群间设计了两组中间神经元集群. 例
如, 活跃的 Turn_L 神经元集群可以激活抑制性神经元集群 I4, 从而借助它去抑制
Turn_R 的活跃. 由于 Turn_L 和 Turn_R 是两组互斥的指令, 这样的排他性设计能
起到防止误操作的作用. 另外, Drink_L 和 Drink_R 也是两组互斥的状态, 若它们
同时为真将会引起决策混乱. 因此, 作为一种防范风险的做法, 在这两组神经元间
加上两组抑制性的中间神经元集群, 当大鼠处于一种状态时表征对立状态的神经元
将会被抑制, 这样就防止了状态混乱. 图 15-59 和图 15-60 模拟了大鼠走迷宫的三
次决策过程中神经回路不同神经元集群的放电频率.

　　在文献 (Yang et al., 2014) 中, 在大鼠的决策行为实验中通过电极记录到一种
细胞参与了大鼠的决策过程 (即在大鼠到达 Y 迷宫瓶颈处的时刻, 开始稳定地以较

高频率放电活动), 作者定义这种细胞为 "选择细胞", 有些 "选择细胞" 只在大鼠左转决策以高频放电活动, 而另一些 "选择细胞" 只在大鼠右转决策以高频放电活动. 在上述决策神经回路中, 表征决策指令的神经元集群 Turn_L, Turn_R 正是与这种 "选择细胞" 相吻合, 即负责大鼠的决策指令. 在 20 次决策神经回路的模拟实验中, 记录了神经元集群 Turn_L, Turn_R 中某一个神经元的放电活动及其放电频率的变化, 如图 15-61 所示, 神经元集群 Turn_L, Turn_R 中神经元的放电活动及其放电频率与真实生物实验中电极记录到的 "选择细胞" 的放电活动有一定的相似性.

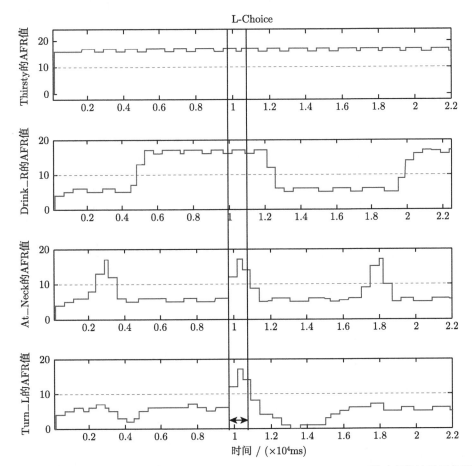

图 15-59 四个子图依次为表征 Thirsty、Drink_R、At_Neck、Turn_L 所对应的神经元集群在模拟过程中的平均放电频率. 当大鼠上次在右边喝水时即 Drink_R 为真, 且当大鼠到达 Y 迷宫瓶颈处时, 即 At_Neck 为真时, Turn_L 将会为真 (频率高于虚线表示对应命题为真, 否则为假), 大鼠执行左转指令, 否则大鼠不会执行左转指令

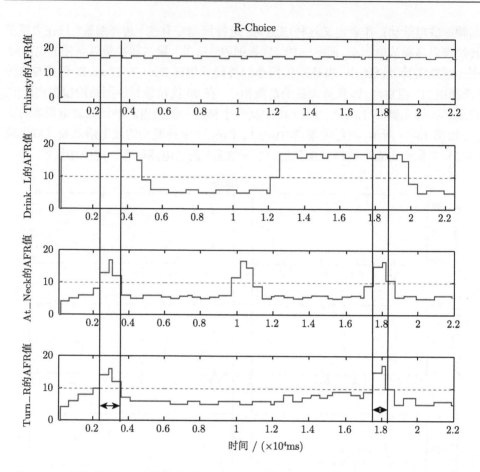

图 15-60　当大鼠上次在左边喝水, 即 Drink_L 为真时, 且当大鼠到达 Y 迷宫瓶颈处时即
At_Neck 为真时, Turn_R 将会为真 (频率高于虚线表示对应命题为真, 否则为假), 大鼠执行
左转指令 (如左图黑线区间的频率所示), 否则大鼠不会执行左转指令

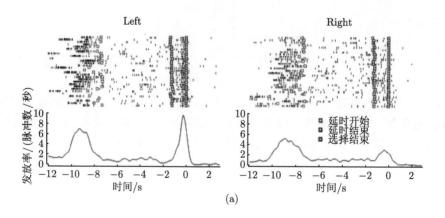

(a)

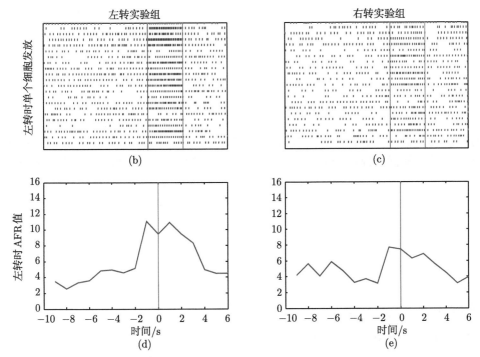

图 15-61　在神经回路的模拟实验中神经元集群 Turn_L 和 Turn_R 中神经元的放电活动及其频率变化. (a) 来自 (Yang et al., 2014) 大鼠在 Y 迷宫实验中决策时刻电极记录到其中一个被定义为 "选择细胞" 的放电活动, 可以看出该 "选择细胞" 只有在大鼠左转决策时其放电频率才明显增加, 其余情况下均以较低频率放电活动, 其对左转决策具有明显的偏向性, 因此该 "选择细胞" 对应着神经回路中的神经元集群 Turn_L 中的神经元; (b) 和 (d) 分别表示在 20 次模拟实验中满足左转条件下神经元集群 Turn_L 中某一个神经元的放电活动及其频率变化; (c) 和 (e) 分别表示在 20 次模拟实验中满足右转条件下神经元集群 Turn_L 中某一个神经元的放电活动及其频率变化

15.5.7　神经回路微结构研究的意义

动物能够进行各种决策行为, 无论复杂还是简单, 都是受到其神经系统内的某个神经回路调控的. 从本质上说, 这个神经回路实现了决策行为所遵循的某种控制法则, 我们用逻辑学语言来形式化这样的控制法则. 我们认为神经系统中以脉冲放电为活跃形式的神经元分为兴奋性神经元和抑制性神经元两大类, 通过突触连接形成局部小回路, 以达到对脉冲放电频率进行有效调节的目的. 而调整脉冲放电频率是实现信息编码的核心手段之一, 对原子逻辑命题、复合逻辑命题的表征完全可以由生物神经回路来实现. 这也就是说生物神经系统是有可能按照一种只反映最基本因果律的朴素逻辑理论来构造的.

通过 Marr 的三层理论来总结我们的工作. (a) "算什么?", 本节提出了逻辑法则, 之所以用逻辑学语言来描述人或动物表现出的各种行为背后的基本控制法则, 是因为逻辑反映了某种行为能够被顺利实施所需的最基本、最起码的底线, 是必要条件. (b) "为何要算?", 为了精确的行为控制, 某一个具体的认知行为要想稳定地执行, 神经系统内必须完成行为背后所遵循的控制法则, 即逻辑法则; (c) "怎么算?", 本节提出将四种基本的逻辑运算功能看作是神经系统中存在的标准神经计算的假设, 设计了这四种基本的逻辑运算神经微回路, 并通过不同的组合与重复这些基本的神经微回路的形式形成大鼠 Y 迷宫决策行为的神经回路. 首先神经微回路的设计满足神经生物学的发现, 基于脉冲的神经元模型、不同的神经元类型、不同的放电模式等; 其次神经元的连接方式与布局符合大脑皮层的基本发现, 是一个生物可行的方式; 最后这些基本神经微回路的方式是可配置、可重复与组合使用的.

我们的工作试图在宏观的决策行为和微观的神经回路之间搭建一个桥梁, 从比算术计算更基础的逻辑计算视角来看待为什么要构建回路, 怎样构建回路和回路如何才能正常工作等问题.

1. 对神经科学领域的研究意义

探索设计功能性神经回路的一般化方法. 利用逻辑语言而形式化描述决策行为所遵循的控制法则 ((Carandini, 2012) 中提到的第二层面 "计算什么?", 一组逻辑法则); 首先, 在遵守神经生物学基本原则的基础上, 设计基础的功能神经微回路来实现基本的逻辑运算 (作为 "典型计算") 的功能; 然后, 通过组合与重复这些基础的神经微回路而形成复杂的功能回路进而实现复杂的逻辑运算功能, 以此给出一种构建决策行为的生物神经回路计算模型的一般化方法, 并通过这种一般化方法构建神经回路计算模型尝试解释认知行为的神经计算机制, 这种行为控制逻辑仅基于最一般的信息加工需求和生物神经元能够提供的活动方式, 具有一般性.

2. 对计算机科学或者人工智能领域的研究意义与启示作用

(1) 对人工智能奠基性工作之一的 MP 模型、脉冲神经网络的发展和丰富. 我们知道采用人工神经元模型很容易实现任意的、精确的逻辑运算功能, 然而生物神经元工作机制区别于人工神经元模型. 以生物模式的脉冲神经元模型为基础, 基于功能实现的需求和冗余性设计的需要, 以神经元集群为基本组成单位, 构建生物可信的神经回路计算模型实现类似逻辑运算的神经回路计算模型, 尝试探索 MP 模型之外的逻辑运算的生物可信的神经实现方式.

其次, 我们的工作是严格基于神经生物学中电生理、解剖学、动物行为实验、生物物理实验证据的, 严格模拟了神经元信号处理方式和神经元皮层分布规律, 不同于传统的人工神经网络的实现方式, 在神经计算功能性回路构造、高级认知功能与基础结构相统一等方面是对 SNN(脉冲神经网络) 实现方式的丰富和发展, 是忠实于类脑机制的计算实践.

(2) 探索模块化人工神经网络计算模型. 诸多研究表明在神经系统中存在一组核心的、典型的基础神经计算的集合, 我们称这些神经计算为 "典型计算", 事实上, 神经系统通过组合这些 "典型计算" 而进一步提供更为复杂的功能, 这样的机制能够实现小数据快速而高效的学习过程. 以此为启发, 探索、训练一组通用的特征提取模块, 针对不同的任务通过不同的组合与重复这些特征提取模块, 并辅以适当的微调训练, 而形成专业的网络结构. 近年已经有类似这方面工作的探索, 但不太成熟且处于起步阶段. 神经科学发现与计算神经科学的模拟表明这可能是一种高效快速的学习方式.

(3) 有助于对非图灵机计算模型的探索. 经典的图灵机模型是 "读写头 + 纸带" 结构, 依靠的是存储程序式体系结构; 而我们关于外显认知功能的内在神经回路构成的研究, 尝试以一种 "非线性纸带" 的方式来实现非图灵架构的信息加工.

15.6 神经活动维持功能的神经回路计算模型

神经生理学的观点认为工作记忆在大脑皮层中表现为神经活动在外部刺激撤销后的自维持过程 (秒级)(Chaudhuri, Fiete, 2016). 研究表明神经信息的上述自维持机制不仅与神经回路的结构有关, 同时也与复杂的突触机制密切相关 (Mongillo et al., 2008) . 因此本节正是综合神经元突触机制和神经回路结构两个方面设计神经信息维持的神经回路计算模型, 进而探索工作记忆的神经计算机制. 从神经回路结构层面, 神经活动维持的本质是循环回路结构的作用. 本节的第一个工作承接前面章节工作, 从类逻辑蕴含角度设计环回路的结构来实现信息的自维持过程, 由于回路中设置一定比例的抑制性神经元使得上述自维持过程逐渐消退. 在本节的第二个工作中, 在神经回路结构方面, 采用锥体神经元的循环连接为神经信息自维持的主神经回路, 同时引入调控主神经回路放电频率的辅助神经回路, 实现神经活动维持的时间控制; 本节在神经回路计算模型中引入了突触的 depression 机制, 快慢突触属性等. 通过该神经回路模拟计算, 尝试解释大猩猩行为实验中的记忆衰退与混淆现象.

15.6.1 工作记忆

研究表明工作记忆在诸如推理、决策、学习等高等认知行为过程中都发挥了重要的作用 (Yang et al., 2014; Constantinidis, Wang, 2004). 工作记忆相关领域在近些年也成为研究的热点, 当前非常著名的模型有 Baddeley 的多成分模型, 该模型能够解释很多宏观行为的实验数据; 但是该模型也有其缺陷, 比如各个子系统与长时记忆的联系, 中央执行系统没有存储能力, 语音回路和视空间模板两个不同子系统的分离; 为了弥补这些缺陷, Baddeley 对原本的模型进行了升级 (Baddeley, 2000). 还有诸如嵌套加工模型 (Cowan, 1988), ACT-R 模型、认知交互模型和注意控制模型等, 这些模型从不同的角度对工作记忆进行阐述. 上述模型从功能与结构等宏观的角度阐述了工作记忆的工作机制, 本节尝试从神经回路与神经元活动的微观角度来解释工作记忆的神经计算机制.

神经生理学的观点认为工作记忆在大脑皮层中表现为神经活动在外部刺激撤销后在某一神经回路中的自维持 (几秒) 过程, 即可以表现为当上游神经元停止放电后下游神经元的放电活动仍然能够维持一段时间 (秒级). 当前有两类神经回路结构已经被广泛研究且能够实现这样的神经信息自维持机制: ① 采用锥体神经元的循环连接的结构 (recurrent neural network); ② 锥体神经元与中间神经元的随机连接结构 (Chaudhuri, Fiete, 2016). 如图 15-62(a) 和 (b) 所示, 目前的研究广泛使用两种神经回路结构来实现信息的维持, 其中 (a) 结构中, 一组锥体神经元的输出端循环连接这组神经元的输入端, 且这样的循环连接采用的是全连接方式 (即每一个神经元的输出端都连向所有神经元的输入端), 这种结构的优点是只需要少量的神经元 (几十个、几百个) 即可实现输入信息的维持, 这种结构有解剖学依据; (b)结构中, 神经元内部采用随机连接的方式, 因为这种结构实现信息维持的基本原理是在内部必然存在大量的循环回路, 而一个神经元被激活的条件是多个神经元的同步且持续的刺激, 因此这种结构每一个神经元需要参与形成多个神经回路, 因此该种结构需要大量的神经元才能实现信息的维持.

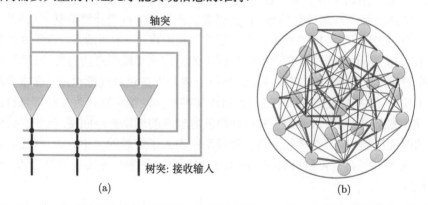

图 15-62　神经信息维持网络的两种常见的神经回路结构. (a) 一组神经元的轴突 (输出端)
又循环连接到这组神经元的树突上 (输入端); (b) 一组神经元内部随机连接或者按某种规则
连接, 且满足内部形成大量的环路, 也可看作某种循环连接

神经回路实现其功能不仅与本身的结构有关, 更与微观的复杂的电生理反应有

着密切关系. 神经元是神经回路的最小组成单元, 神经元是通过突触与其他神经元产生连接从而形成不同的神经回路结构. 突触是神经元之间在功能上发生联系的部位, 也是信息传递的关键部位, 因此突触的属性必然影响神经回路的功能表现. 越来越多的研究开始考虑突触的不同机制对神经回路功能的影响. Abbott 等 (1997) 讨论了突触的 depression 机制对神经元放电模式的影响; Mongillo 等 (2008) 探索了工作记忆中突触机制的作用.

之前关于神经回路结构的研究, 突触机制的研究是相对独立进行的, 对工作记忆的逐渐消退的神经机制研究相对较少. 在一些高级认知的行为实验中, 比如大猩猩的眼动实验中, 工作记忆的内容为位置信息, 当延迟时间增加 (秒级) 时, 位置的记忆便逐渐远离实际位置 (Constantinidis, Wang, 2004); 在 Amit 等 (2003) 实验中, 工作记忆的内容为识别图片, 当延迟时间增加时, 识别的错误率增加. 行为实验说明工作记忆不仅是神经信息的自维持过程, 还伴随着逐渐衰退的过程.

第一, 从神经回路结构层面, 神经信息的维持本质上是循环回路结构. 承接之前的工作, 本节提出了基于信息传递的循环回路的结构来实现信息的自维持过程, 将循环回路的每两个神经元集群之间的信息传递看作类似 "逻辑蕴含" 功能 (一种近似于等价复制的关系). 通过在循环回路中设置一定比例的抑制性神经元来调控循环回路过程中的神经元集群放电频率, 使其逐渐减弱. 该神经回路的模拟过程与大鼠 T 迷宫的决策行为实验中记录的电生理数据相符合.

第二, 采用锥体神经元的循环连接实现神经放电活动自维持功能的主神经回路, 同时本节设计抑制性神经元参与的辅助神经回路来调控主回路使其放电频率逐渐降低直至放电模式接近背景噪声, 使得神经活动维持时间具有良好的可调控性; 本节的计算模型中, 考虑了突触 depression 机制、快慢突触等属性. 通过模拟, 该神经计算模型尝试解释工作记忆的逐渐消退与相似记忆的逐渐混淆的现象.

我们从不同角度探索神经活动维持的神经回路结构设计, 从神经回路的结构和突触机制两个方面探索神经系统中神经活动的自维持与随时间逐渐衰退的神经计算机制, 进而有助于探索工作记忆的神经计算机制.

15.6.2 神经元计算模型

本节的锥体神经元为兴奋性神经元, 其参数设置为: ① $a = 0.015 \sim 0.025$(不同神经元需要激活的强度差异), $b = 0.18 \sim 0.2$, $c = -65$, $d = 8$; ② 中间神经元为抑制性神经元, 动作电位平均放电频率在 30~90Hz, 其参数设置为 $a = 0.08 \sim 0.1$, $b = 0.25 \sim 0.27$, $c = -65 \sim -55$, $d = 2$, 在这两种参数设置下神经元模型在一恒定刺激下的脉冲放电情况如图 15-63 所示.

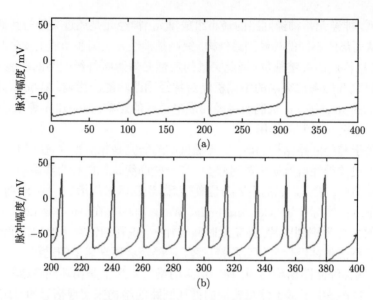

图 15-63　我们实验中常用的接收某一幅度区间内电流刺激时的神经元的两种放电模式, 参数
分别为上述两组. 其中 (a) 为兴奋性神经元的常规放电模式 (regular spiking), (b) 为抑制性
神经元的快速放电模式 (fast spiking)

15.6.3　基于传递机制的信息维持神经功能回路设计

1. 大鼠 T 迷宫行为实验

在 15.5 节的大鼠 T 迷宫的决策实验的逻辑描述中, 我们假定 Drink_L 和
Drink_R 神经元集群接收负责工作记忆的神经元输入并参与当前的决策, 它们分
别负责记忆大鼠上一次在 T 迷宫哪一侧喝到水, 并且要将该记忆维持到大鼠下一
次做转弯决策时为止. 那么该神经元集群在没有外界直接刺激的情况下如何保持它
的活跃呢? 在真实动物实验的电生理记录中 (Yang et al., 2014), 观察到通过 early-
delay, middle-delay 和 late-delay 三类神经元 (文献中定义为延缓细胞) 依次传递信
息——"上一次大鼠在 T 迷宫哪侧喝到水", 以此将该信息维持至大鼠下次做转弯
决策, 这是典型的工作记忆. 以大鼠左转为例, 当大鼠上一次在 Y 迷宫右侧喝到水
后, 通过相关的锥体神经元首先作用于 early-delay 神经元且使其维持 1~3 秒的活
跃周期, 在 early-delay 神经元活动消退之前, middle-delay 神经元接着开始活动且
维持 1~3 秒, 在 middle-delay 神经元活动消退之前, late-delay 神经元开始活动并
维持到大鼠做转弯决策时. 比较直观的一个解释是通过这三种延时神经元之间的
信息 (上次在 T 迷宫右侧喝到水) 传递, 以维持上述工作记忆延续 6 秒左右, 到再
次决策时.

2. 神经活动维持功能的神经回路模型设计

神经回路实现神经信息的维持的本质是在大量神经元中形成环形通路, 即神经信息从上游神经元集群 A 经过若干次传递后仍然传回 A, 以环回路的结构实现信息的自维持. 因此我们可以认为神经元的环形回路是实现神经信息自维持的必要条件之一. 因此我们设计每一个环形神经回路作为神经信息维持的基本功能模块, 并通过功能模块之间的 "接力" 实现神经信息不同时长的自维持功能. 在 15.5 节实现逻辑运算的回路设计中, "逻辑蕴含" 计算可视为把逻辑前提的信息传递给逻辑后承, 而在我们将神经信息在环形回路中的每一次传递过程看作一种 "逻辑蕴含" 的计算过程 (即每一次传递可以看作一次等价复制的操作).

如图 15-64(a) 所示, 这里设定信息从 A_0 传入, A_0 将该信息原样传入 A_1, 因此 A_1 可视为 A_0 的真值复制, 我们用逻辑蕴含 $A_0 \rightarrow A_1$ 表征 A_0 与 A_1 之间的一种传递关系 (逻辑关系), 这样的蕴含计算可以看成在一个功能柱内完成, 同理, 该环结构中的神经元集群满足 (15.9) 这样的投射或者逻辑关系并且形成环形回路. 由于中间神经元的存在, 信息只能在这样的环路中维持有限的时间. 若要延长信息保持的时间, 一方面可以在环路中加入更多的中继单元, 另一方面可以采用多个环路进行接力信息传递. 前文中通过 early-delay, middle-delay 和 later-delay 三类神经元的放电活动, 可以看出不同接力阶段的细胞的放电表现. 图 15-64(a) 为该环形网络在大脑皮层中可能的分布形式, 红色虚线为信息流方向, 信息首先传入第四层的锥体细胞, 然后经过第二层和第三层的锥体神经元, 以及中间神经元传递与衰减.

$$
\begin{aligned}
A_1 &\rightarrow A_2 \\
A_2 &\rightarrow A_3 \\
&\vdots \\
A_i &\rightarrow A_{i+1} \\
A_{i+1} &\rightarrow A_0
\end{aligned}
\tag{15.9}
$$

在图 15-64(b) 中以 Circle-A 为例, 假定神经信息在一个环回路中循环一次大约需要 1 秒时间, 包含 50 个锥体神经元集群, 每个神经元集群包含 30 个左右锥体神经元 (为了能充分激活下游神经元, 一般至少应有 20 个以上的同步工作), 神经元集群之间的信息传递有 10~30ms 的延时 (ATD 越长意味着信息在环中循环一次的时间越久); 该结构中分布着 50 个中间神经元 (中间神经元的个数越多, spike 频率衰减得越快 (即抑制信号越强), 信息衰减得越快, 维持的时间也就越短), 锥体神经元活动可以不同程度地激活中间神经元, 同时中间神经元也可以不同程度地抑制锥体神经元的活动频率. 当 A_0 接收持续 1s 稳定的输入时, 该信息在 Circle-A 中逐渐衰减并循环传递, 持续 2~3s.

我们设计一个神经回路以实现上述信息自维持 6s 的能力, 该回路包含三个环: Circle-A、Circle-B、Circle-C, 且每个环有着同样的结构. 表征信息首先在 Circle-A 中循环传递并逐渐衰减, 且从 Circle-A 空间上靠近 Circle-B 附近选取 5 个左右的神经元集群连接到大锥体神经元上并传入 Circle-B 中 A_0 上, 通过这样的方式将该

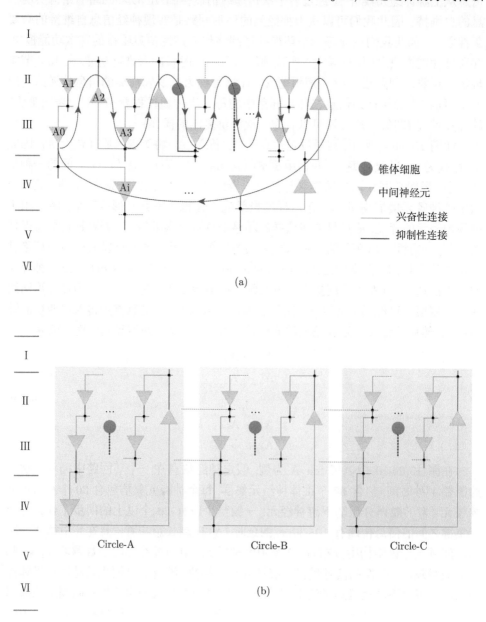

图 15-64　基于信息传递的神经信息的自维持功能的神经回路设计. (a) 神经信息的自维持组件: 环结构神经回路; (b) 通过组件接力的形式实现神经信息的维持功能

spike 信息传递给 Circle-B; 从 Circle-B 靠近 Circle-C 选取 15 个左右的神经元集群连接到大锥体神经元上然后转入 Circle-C 中 A_0 上, 实现 spike 信息从 Circle-B 传递给 Circle-C. 一个环中越多的神经元将 spike 信息传入下一个环回路中, 由于叠加的作用, 下一个环中 spike 频率也就越高. 与此同时, 环 Circle-A, Circle-B, Circle-C 都将自身的信息传给神经元集群 Drink_L 或 Drink_R, 实现记忆的维持, 神经回路的结构如图 15-64(b) 所示.

3. 神经回路的计算模拟

假定表征大鼠上次在 Y 迷宫右侧喝到水的神经元活动信息由 Circle-A 中神经元群 A_0 传入在此回路中维持, 然后经过 Circle-B, Circle-C 回路的接力与维持直至将该信息维持到大鼠再次做转弯决策时为止, 在此过程中三个环形回路中神经元的活动情况和分别与电极记录到的 early-delay, middle-delay 和 late-delay 三种神经元放电活动的时间分布有一定的相似性, 如图 15-65 和图 15-66 所示, 其中图 15-65

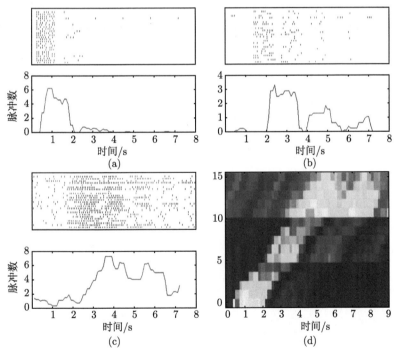

图 15-65　(a) 图 15-64(b)Circle-A 中任意选取的一个神经元的活动情况, 其中上图为重复 25 次模拟实验过程中该神经元的 spike 放电情况, 下图为该神经元的平均放电频率; (b) 图 15-64(b) Circle-B 中任意选取的一个神经元的活动情况; (c) 图 15-64(b)Circle-C 中任意选取的一个神经元的活动情况; (d) 在每个环回路中取 5 个神经元, 其活动强度变化及其时间分布

为图 15-64 神经回路模拟计算, 图 15-66 为真实实验中电极记录所得.

可以看出 Circle-A 中的神经元活动时间分布于工作记忆的早期阶段, 与 early-delay cell 活动的时间分布有很大的相似性 (图 15-65(a)), 而 Circle-B 与 Circle-C 中的神经元活动情况则分别与 middle-delay 和 late-delay cell 存在一定的相似性 (图 15-65(a) 和 (b)), 且 Circle-A, Circle-B, Circle-C 之间的信息传递 (接力) 与三种延时细胞之间的信息传递也存在一定的相似性 (图 15-65(d)). 这说明本节设计的信息维持回路的神经元活动情况与真实实验记录相符.

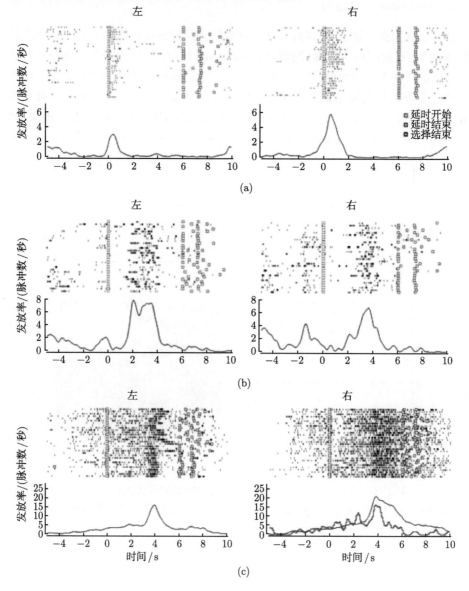

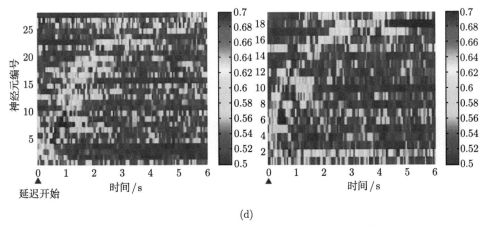

(d)

图 15-66 在大鼠实验的不同阶段中 delay 神经元放电活动. (a) 对右转有偏好的 early-delay 神经元的放电活动; (b) 对左转和右转均有偏好的 middle-delay 神经元的放电活动; (c) 对右转有偏好的 late-delay 神经元的放电活动; (d) 在实验的不同阶段 delay 神经元的放电强度变化 (Yang et al., 2014)

15.6.4 基于递归连接和突触属性的神经活动维持功能计算模型

1. 突触 depression 机制及其模拟计算

突触是功能独立的神经元之间发生联系与信息传递的关键部位. 当神经元产生动作电位并且沿着轴突传导至突触末梢时, 会触发 Ca^{2+} 通道开放, 使得一定量的 Ca^{2+} 顺着浓度差流入突触小泡. 在 Ca^{2+} 的作用下, 突触小泡与突触前膜融合并且释放内含的神经递质到突触间隙. 然后神经递质通过突触间隙后到达突触后膜, 与突触后膜中的受体结合使某些特定离子得以沿各自浓度梯度流入或流出细胞膜, 使突触后膜产生兴奋性突触后电位 (EPSP), 或抑制性突触后电位 (IPSP).

突触前神经元产生动作电位是通过突触末端释放神经递质作用于突触后神经元使其产生 EPSP 或 IPSP, 突触小泡中的神经递质的量会减少, 随着时间增加又会逐渐恢复. 那么一个动作电位能使得突触后神经元产生多大的突触后电位呢? 我们知道动作电位在轴突上的传导是无衰减的, 因此产生多高的突触后电位取决于两个因素: ① 该动作电位能使得突触释放多少神经递质; ② 突触后神经元有多少受体可以被结合.

当只考虑第一个因素时, 就涉及神经元突触末端相关神经递质的存储量的问题, 我们把神经递质看作某种 "资源". 在神经元高频率放电时, 可以理解为对 "资源" 的使用速度快于其恢复速度, 这种情况下后续的每一个动作电位可以产生的突触后电位逐渐变小; 而在神经元放电频率较低时, 可以理解为 "资源" 的恢复速度快于其释放速度, 这种情况下每一个动作电位可以产生相同的突触后电位. 当仅考虑第二个因素时, 由于单个神经元会有多个突触前神经元, 当突触前神经元释放的神经递质对突触后神经元的受体需求量小于突触后神经元受体的储存量时, 产生的突触后电流的大小由神经递质的量确定. 而当突触前神经元释放的神经递质对突触后神经元的受体需求量大于突触后神经元受体的储存量时, 产生的突触后电流受突触后神经元受体存储量的限制. 上述突触后电位 (突触后电流) 与突触前神经元的放电频率关系的示意图如图 15-67 所示.

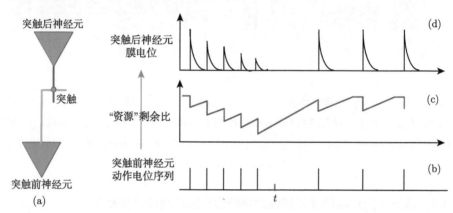

图 15-67　(a) 神经元之间通过突触产生联系; (b) 突触前神经元产生动作电位序列并作用于突触后神经元, t 时刻之前以较高频率放电, t 时刻之后以较低频率放电; (c) 突触前神经元的突触末端的 "资源" 剩余比, 取决于释放的速度与恢复的速度; (d) 突触后神经元的膜电位, 当接收到来自突触前神经元 (兴奋性神经元) 的动作电位时, 膜电位上升 (上升的幅度取决于突触末端的 "资源" 剩余量), 没有动作电位到达时, 膜电位逐渐下降恢复到静息电位 (Abbott et al., 1997)

　　上述过程是一个极其复杂的电化学过程, 在不同的生物体甚至同一个生物体的不同脑区可能都有区别, 很难对其建立精确的计算模型. 上述第一个因素描述为, 当突触前神经元以高频率放电时, 每一个动作电位产生的突触后电位变小; 当突触前神经元以较低的频率放电时, 每一个动作电位产生相同的突触后电流. 本节参考文献 (Abbott et al., 1997), 将这一过程描述为如表 15-10 所示的计算过程: 其中, c1 为 "资源" 的衰减系数; c2 为 "资源" 的恢复系数; R 为 "资源" 的剩余占比; W_i_0 为第 i 个神经元初始时刻的突触连接强度; T 为模拟时间 (ms); 当任一个神经元 i 产生一个动作电位时, 其突触的 "资源" 剩余量以常数 c1 衰减一次, 在没有产生动作电位的时刻, 其 "资源" 剩余量逐渐恢复. 上述第二个因素可以简单描述为, 当前神经元接收突触前神经元产生的突触后电流不能大于一个上限值.

表 15-10 突触 depression 机制计算模拟过程

```
0 < c1 < 1
1 < c2 < 2
R = 1
W_i_0 = w_k;
For k = 1 : T
    If Neuron_i is Active:
        R = R * c1;
    Else:
        R = R * c2;
        If R > 1, R = 1;
    W_i_k = W_i_(k-1) * R;
End For
```

　　神经元是神经回路的最小组成单位, 而神经元的 Synaptic depression 机制影响每一个动作电位能够产生多大的突触后电位, 因此也必然影响神经元甚至神经回路的放电模式, 并且也进一步影响外在的认知行为表现. 如图 15-68 所示为 Synaptic depression 机制神经元对不同的输入模式下放电模式的影响, 可以看出 Synaptic depression 机制对神经元的放电模式有明显影响. 正是由于突触的 depression 机制 (即可理解为一种 "资源的限制" 机制), 在神经系统中尽管每个神经元可能接收来自上千的突触前神经元的连接, 但是神经元并不会以很高的频率放电, 也许 Synaptic depression 是其分子层面的机制. 从计算模拟的角度, 有此机制, 带有正反馈循环连接的神经回路中神经元的放电频率不会呈现发散状态, 而是会趋向稳定.

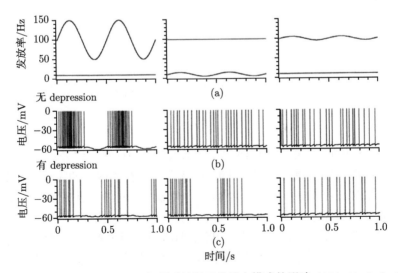

图 15-68　Synaptic depression 机制对神经元的放电模式的影响 (Abbott et al., 1997)

2. 快突触、慢突触属性及其模拟计算

在交感神经节后神经元和大脑皮层神经元细胞内电位记录中, 能够观察到快突触后电位和慢突触后电位现象 (包括 EPSP 和 IPSP). "快与慢" 指的是, 经过突触前神经元的神经冲动刺激而引起的突触后膜电位变化的持续时间. 快突触神经元在受到一个动作电位刺激后, 膜后电位持续时间一般在几毫秒之内, 而相同情况下慢突触的膜后电位的持续时间为几百毫秒, 甚至可持续达几秒, 如图 15-69 所示. 在细胞分子机制层面, 一般认为慢 EPSP 是细胞膜对 K 离子的通透性下降所致, 而慢 IPSP 则是细胞膜对 K 离子的通透性增加造成的. 产生慢突触后电位的电化学过程极其复杂, 此过程涉及不同的神经递质、不同的受体, 有多种离子参与.

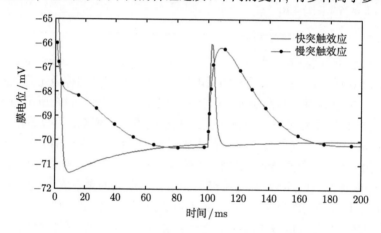

图 15-69　在受到神经刺激后, 快突触后电位和慢突触后电位的变化过程. 其中, 实线为快突触效应膜电位变化, 虚线为慢突触效应膜电位

快突触和慢突触效应涉及复杂的电化学反应, 因此很难对此过程建立精确的计算模型, 但可以对该过程进行功能上的模拟计算. 在神经元模型公式 (15.10)

$$\frac{\mathrm{d}v}{\mathrm{d}t} = 0.04v^2 + 5v + 140 - u + I \tag{15.10}$$

中, 输入为刺激电流 (外界刺激电流与突触电流的总和), 在上述公式中本质上突触前神经元的动作电位是通过产生突触电流 (正负离子在膜内外的流动) 而引起突触后电位的. 因此快慢突触后电位可理解为一次动作电位传导至突触产生突触后电流的持续时间长短 (也就是正负离子流动的持续时间), 突触后膜在较长一段时间内的持续离子流动而产生正电势或负电势, 即所谓的慢突触效应. 公式 (15.10) 中的输入电流 I 是一个关于时间的逐渐衰减的函数, 假定神经元在 k 时刻产生一个动作电位且产生 $I_{\mathrm{syn}}(k)$ 的突触后电流, t 时刻该动作电位还可产生 k 时刻突触电

流随时间逐渐衰减的结果, 其中 c 为衰减系数, 如公式 (15.11) 所示

$$I_{\text{syn}}(t) = I_{\text{syn}}(k) * \prod_{i=k}^{i=t} \mathrm{e}^{-ci} \tag{15.11}$$

单个动作电位在一次计算时间内只能产生很小的突触后电位, 要使得突触后神经元产生动作电位需在很少的几个计算时刻内有足够多的动作电位到达突触后神经元 (case1: 有较少的突触前神经元时, 则要求突触前神经元的放电活动具有同步性; case2: 有大量突触前神经元时, 在某一时刻有超过一定数量的神经元放电即可激活突触后神经元). 当考虑慢突触效应时, 由于单个动作电位对突触后神经元的膜电位在较长时间内产生持续的影响, 因此突触后神经元较容易被激活. 这种属性存在于具有少量神经元的循环结构的神经回路中, 使得神经活动比较容易被维持.

3. 神经回路结构设计与模拟计算

1) 循环连接结构的神经回路数值分析

由于锥体神经元为兴奋性神经元, 锥体神经元产生的动作电位可以使被刺激的突触后神经元的膜电位上升, 因此图 15-64(a) 结构锥体神经元的循环连接可以看作一种正反馈系统. 从控制理论的角度来说, 正反馈系统是一个不稳定且发散的系统. 例如, 当一个神经回路中连接权重固定时, 每一个神经元的输入电流 I_{in} 如公式 (15.12) 主要来自两部分: 其中, I_c 来自外界刺激, I_{syn} 来自与之连接的神经元的动作电位产生的突触电流. 当外界刺激 I_c 恒定时, 开始阶段神经元未被激活时神经元的输入 $I_{\text{in}} = I_c$. 假设神经元在某一恒定大小的 I_c 刺激作用下的放电频率为 C (Hz), 当回路有神经元被激活时 (由于采用的是全连接的方式), 神经元的刺激为公式 (15.12), 此时神经元的放电频率大于 C (Hz), 由于正反馈的迭代作用, 神经元的 I_{in} 将越来越大, 呈现发散状态.

$$I_{\text{in}} = I_c + I_{\text{syn}} \tag{15.12}$$

Synaptic depression 正是对突触小泡神经递质释放过程的描述, 当神经元以高频率放电时, 突触释放的神经递质减少, 进而产生小的突触后电位, 限制突触后神经元的放电频率. 图 15-70 为 Synaptic depression 机制和神经元集群中神经元的数量对正反馈强度的影响, 在 (a) 中神经元没有使用 Synaptic depression 机制, 可以看出, 随着神经元集群中神经元数量增加, 正反馈强度也增加, 神经元的放电频率也将随之增加, 这种增加不是线性增加而是指数增加直至 500Hz(模拟计算的频率为 1000Hz, 且设定神经元产生一个动作电位后, 有一个计算步即 1ms 的不应期); (b) 由于神经元使用 Synaptic depression 机制, 当神经元集群中的神经元数量增加时, 正反馈强度在小幅度增加后即达到饱和, 神经元的放电频率也不会很高.

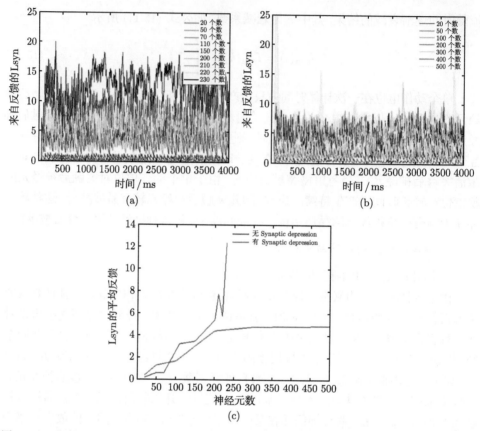

图 15-70 突触 Synaptic depression 机制对正反馈神经回路放电频率的影响. (a) 在没有采用突触 Synaptic depression 机制的神经回路中, 正反馈强度随着回路中神经元数量的增多而变强; (b) 在采用了突触 Synaptic depression 机制的神经回路中, 正反馈强度随着回路中神经元数量的增多, 经过小幅度增强后即达到饱和; (c) 突触 Synaptic depression 机制对正反馈回路中神经元的放电频率的影响

如图 15-70(c) 中红线所示, 当神经元集群中神经元的数量超过 200 以后, 循环连接的反馈强度即达到饱和. 即当神经回路的外界刺激撤销后处于信息的维持阶段, 当达到 200 个神经元被激活时, 神经回路的放电频率就能达到一个饱和值. 这点也符合神经电生理学的发现. 神经元集群的放电频率在神经元数量超过一定数目后就不会增加, 多余这个数目的神经元可以看作是功能性备份, 即可以看作是一种 recall(即当神经元集群中部分神经元有超过 200 个被激活时, 该神经元集群的放电频率就不再增加并且以稳定的频率放电, 即该记忆被唤起).

2) 抑制性神经元调控锥体神经元的放电活动

本节认为外界刺激会激活一些锥体细胞, 在刺激消失之后, 它们的持续活跃就表征了对刺激的记忆, 但随着活跃程度逐渐消退, 记忆逐渐变得模糊. 当表征信息的神经元集群放电频率逐渐降低甚至不放电了或者放电活动接近随机放电 (背景噪声) 时, 自然就表明该信息逐渐模糊或者已被移除. 大量的研究聚焦于神经元放电活动的维持, 而关于神经计算机制能够实现工作记忆的逐渐消退的研究相对较少. 本节采用锥体神经元 (兴奋性神经元) 的循环连接作为神经信息维持的基本神经回路, 兴奋性神经元的循环连接可以看作神经元的正反馈, 从控制理论的角度, 正反馈系统是一个不稳定的系统.

抑制性神经元可以调节锥体神经元的放电频率, 因此一个自然的想法是在上述结构中加入抑制性神经元, 如图 15-71 所示. 通过抑制性神经元的反向连接即形成一种负反馈连接, 而负反馈系统则是一个容易收敛的系统. 在一个神经回路中, 当负反馈权重给定、神经元数量与比例固定时, 神经回路的放电活动也趋向稳定放电状态. 适当调节上述参数使得负反馈强度越大 (可以通过增加抑制性神经元的数量或者设置大的突触 “资源”), 神经回路最终的稳定放电频率也越小 (在 15.3 节中, 通过改变抑制信号和兴奋信号的输入占比而改变锥体神经元的放电频率, 且抑制信号的输入占比越高, 锥体神经元放电活动的频率越低).

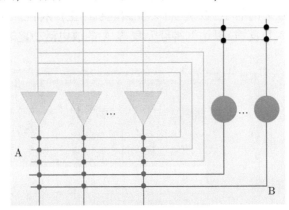

图 15-71 加入抑制性神经元而形成的负反馈回路, 其中 A 为锥体神经元的循环连接 (正反馈), B 为抑制性神经元的负反馈作用. 通过改变抑制性神经元的输入与锥体神经元的自身反馈输入的比例而调控锥体神经元的放电频率

3) 神经活动维持与消退的神经功能回路设计与计算模拟

通过抑制性神经元的负反馈作用, 神经回路中锥体神经元的放电频率相比没有负反馈的回路的神经元有一定的下降, 负反馈越强, 放电频率下降得越大. 然而这一下降过程的持续时间太短 (毫秒级), 而实验中工作记忆的内容是随着时间 “连续” 消退的过程, 这一过程持续数秒. 因此我们在正反馈神经回路的基础上 “分时” 引入负反馈作用, 如图 15-72 所示 (神经信息的维持与消退也是一种信息处理过程,

其应该分布在大脑皮层的第二、三层, 输入神经元则分布在第四层). 其中 A 为表征信息的神经元集群, B 为抑制性神经元集群, C 为分时引入负反馈的神经回路, D 为输入神经元集群. 其中,

♦ 神经元集群 A 接收来自输入神经元集群 D 的动作电位 (这里看作外界刺激, 来自大脑皮层第四层, 接收传入神经传来的神经冲动), 自身的正反馈输入以及神经回路 C 中抑制性神经元集群的动作电位 (可看作是一种负反馈输入).

♦ 抑制性神经元集群 B 接收输入神经元集群 D 的动作电位, 起到 "开关" 的作用. 在 A 有外界输入时用来关闭神经回路 C 对 A 的负反馈输入 (因为当神经元集群 A 受到外界刺激时, 可理解为工作记忆机制还没有开始, 如果此时有负反馈加入, 会影响神经元集群 A 的正常放电活动), 而只有撤去外界输入后, 进入 A 的维持阶段时用来开启 C 对 A 的 "逐渐" 抑制作用, 表现为神经元集群 A 的放电频率逐渐降低.

♦ 神经回路 C 为一个接收神经元集群 A 的动作电位的链式回路, 且每个链式节点为一个锥体神经元集群, 并且连向一个抑制性神经元集群 (5 个抑制性神经元) 和下一个节点的锥体神经元集群, 而抑制性神经元集群则连向神经元集群 A. 每两个节点之间的 ATD 为 20~50ms(随机产生). 神经回路 C 对神经元集群 A 分时加入负反馈, 以达到神经元集群 A 的放电活动逐渐减弱.

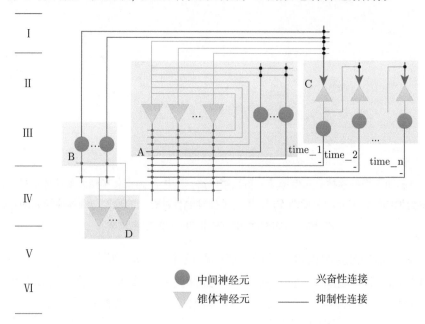

图 15-72　神经活动维持与消退的神经功能回路结构

C 模块中每一个节点之间的 ATD 为 20~50ms(随机产生); 神经元集群 A 包含

100 个兴奋性神经元和 20 个抑制性神经元, $W_a = 0.2$ (A 模块中的连接权重); B 包含 120 个抑制性神经元 (抑制信号强度大于 A 的兴奋强度即可, 只要保证在开始阶段不开启 C 模块即可), $W_b = 0.4$; C 模块包含 150 个锥体神经元节点 (节点数不唯一, 根据需要设置; 每个节点包含 30 个神经元) 和 150 个抑制性神经元节点 (每个节点包含 5 个抑制性神经元), $W_{c\_a} = 0.4$(通过设置这个权重的大小, 可以调控神经回路对神经活动维持时间的长短, 且参数值越小, 维持时间越长, 反之越短). 设计权重的原则是, 保证上游神经元集群至少能够激活下游神经元, 然后再做微调. 通过模块 C 分时不断地加入新的抑制信号, 使得模块 A 的放电频率逐渐下降.

神经元集群 A 的神经活动情况如图 15-73~图 15-75(三个不同的维持时间) 所示. 三个图的总体趋势, 在开始阶段由于负反馈的逐步引入, 作用在 A 模块上的负反馈强度逐渐增强, 而由于负反馈强度不断增强, 神经元集群 A 的放电频率逐渐下降, 随着 A 放电频率下降, C 模块的输入减弱, 因此负反馈强度也逐渐减弱. 上述实验也很好地验证了: 外界刺激会激活一些锥体细胞, 它们在刺激消失之后的持续活跃就表征了对刺激的记忆, 但随着神经元放电频率逐渐消退, 记忆逐渐消退.

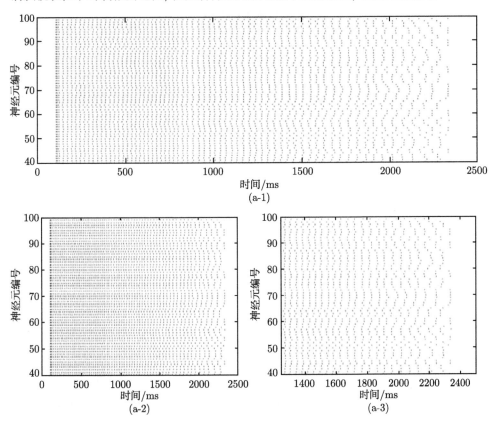

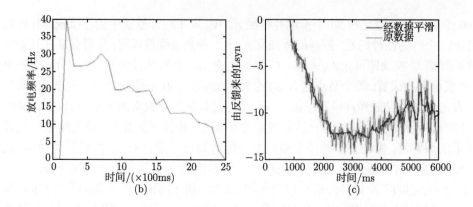

图 15-73　神经元集群 A 的神经活动维持, 来自神经元集群 D 的外界输入在 500ms 之后被撤销, 随后是自维持过程. (a-1)～(a-3) 为神经元集群 A 的放电活动, 维持 2s 左右; (b) 整个过程中神经元集群 A 的放电频率; (c) 整个过程中, 模块 C 对神经元集群 A 的负反馈作用强度的变化过程, 在起始阶段由于 C 模块没有被打开, 因此不起作用, 随后逐渐加强, 但因 A 模块放电的逐渐减弱也开始减弱

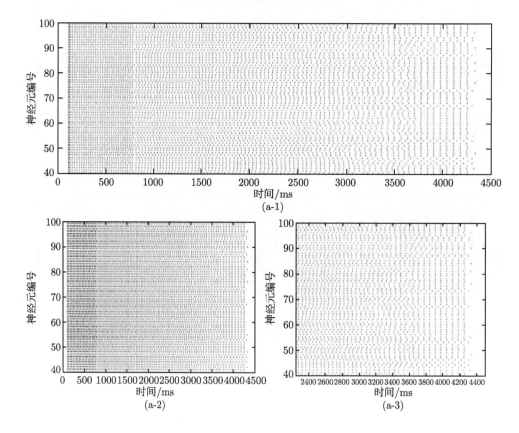

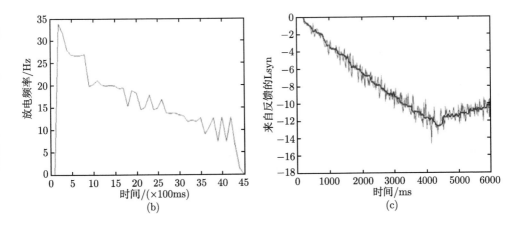

图 15-74 神经元集群 A 的神经活动维持, 来自神经元集群 D 的外界输入在 500ms 之后被撤销, 随之是自维持过程. (a-1)~(a-3) 神经元集群 A 的放电活动 (不同时间尺度的示意图), 维持 4s 左右的时间; (b) 整个过程中神经元集群 A 的放电频率; (c) 整个过程中, 模块 C 对神经元集群 A 的负反馈作用强度

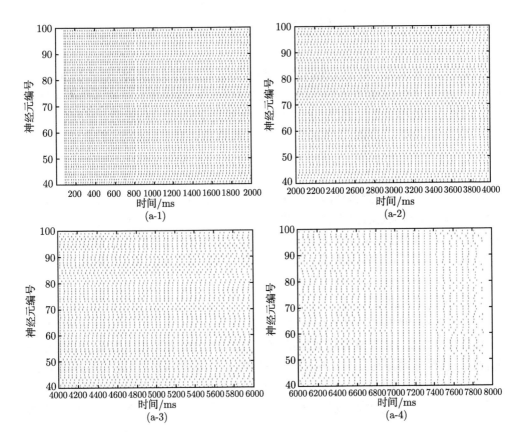

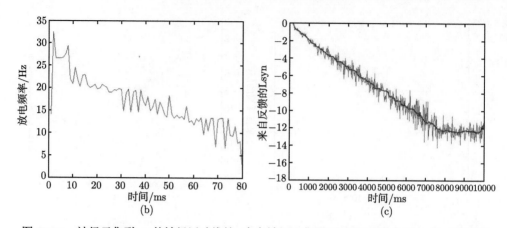

图 15-75　神经元集群 A 的神经活动维持, 来自神经元集群 D 的外界输入在 500ms 之后被撤销, 随之是自维持过程. (a-1)~(a-4) 为神经元集群 A 的放电活动 (不同时间尺度的示意图), 维持 7.5s 左右的时间; (b) 整个过程中神经元集群 A 的放电频率; (c) 整个过程中, 模块 C 对神经元集群 A 的负反馈作用强度

4. 构建工作记忆行为的功能性神经回路模型

1) 大猩猩眼动行为实验

图 15-76 所示为一眼动实验的统计过程, 眼动实验的宏观描述 (Constantinidis, Wang, 2004): 给大猩猩看不同的图片 (短暂的时间), 然后将不同的图片移动至不同的位置 (实验中包含 8 个位置), 并要求大猩猩记忆不同的图片所对应的位置; 然后经过一段时间 (秒级) 的延迟后, 给大猩猩看其中一张图片, 并且要求眼移动至这张图片所在的位置. 实验中编码不同图片的位置信息被认为就是工作记忆 (Constantinidis, Wang, 2004), 该记忆只能维持几秒. 实验结果显示, 在没有延时的实验中, 大猩猩的眼睛能够精确锁定每一张图片所在的位置; 然而在存在延时的实验中, 大猩猩眼球锁定的位置和实际位置开始产生了一定的偏差; 延迟的时间越长, 眼球锁定的位置和实际位置之间的偏差就越大. 该实验中, 神经元的微观活动: 不同的神经元编码不同的位置信息, 即当图片处在某一位置时, 编码该位置的神经元以相对高的频率放电, 反之则低频放电.

2) 功能性神经回路构建

从上述实验我们可以得出两个结论: ① 随着时间的延迟, 工作记忆逐渐消退; ② 编码相邻位置 (可理解为相似信息) 的记忆随着时间逐渐相互混淆. 这两点是如何通过神经活动得到反映的呢? 本节做出两点合理的假设: ① 记忆的逐渐消退, 本章认为外界刺激会激活一些锥体细胞, 它们在刺激消失之后的持续活跃就表征了对刺激的记忆, 但随着活跃程度的逐渐消退, 记忆逐渐变得模糊; ② 相似记忆的相互

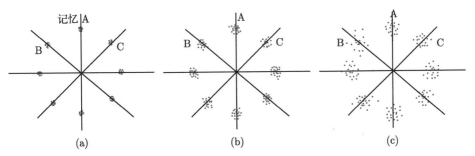

图 15-76   工作记忆随着时间而逐渐消退. (a) 在没有延时的实验中, 大猩猩的眼睛能够精确
锁定每一张图片所在的位置; (b) 3s 延迟的实验中, 大猩猩的眼睛锁定的位置与图片所在的实
际位置开始产生偏差; (c) 6s 延迟的实验中, 大猩猩的眼睛锁定的位置与图片所在的实际位置
偏差相对 3s 延迟实验进一步增大 (Constantinidis, Wang, 2004)

混淆, 假定相邻的神经元集群 A, B 依次编码相邻的两个位置信息, 当 A, B 只有一
个高频放电时 (或者神经元集群 A, B 的放电频率有明显的高低之分时), 表示高频
率放电神经元群所表征的位置信息的记忆, 而当 A 与 B 的放电频率没有明显的高
低之分时, 表示两个记忆互相混淆.

以该实验为例, 以 15.5 节神经回路为单个内容工作记忆的基本神经回路, 构建
多内容工作记忆神经回路. 多目标工作记忆神经回路的结构如图 15-77 所示, 其中
每一个模块代表一个独立的工作记忆且编码图 15-76 中的一个位置信息, 每一个工
作记忆模块都采用 15.5 节的神经回路结构, 这样的功能神经回路可以看作在一个
神经功能柱内. 每个功能柱在外界刺激撤去后能够在一段时间内对神经活动具有自
维持功能, 同时每个功能柱并不是完全独立的 (神经元的连接具有小世界属性, 即
物理上近距离的神经元相互连接的概率大于远距离神经元之间的连接概率), 相邻
功能柱之间的神经元也以一定的概率发生连接, 距离越远的功能柱, 神经元发生连
接的概率越小 (即连接越稀疏). 这样的连接, 相邻神经元群的活动相互影响大, 反
之则小, 这在一定程度上说明相似的信息在记忆上容易相互混淆.

基于上述两个假设, 神经功能回路能够实现神经活动的维持与衰减, 从而实现
工作记忆的逐渐消退, 即假设 1; 当场景中存在多目标记忆时, 还伴随着相似记忆
的相互混淆, 即假设 2. 神经连接结构如图 15-78 所示, 每一个记忆包含两个模块,
以 Momery A 为例, 其中 Module A 为神经活动维持与衰减模块; Neuron cluster
A_1 为一神经元集群, 其功能是 "复制" Module A 中锥体神经元的神经放电活动.
而在 Momery A, B 之间, Module A, B 之间通过 Module I_1, I_2(两个抑制性神经
元群) 产生相互抑制, Module A_1, B_1 之间以某一概率发生连接 (文中 0.4 ~ 0.8).
图 15-78 计算模型仅是计算模型的神经回路结构, 同时还融合了突触属性, 在 Mod-
ule A_1, B_1 中 $c_1 = 0.5$, 以 Module A_1 为例, 当其放电频率较高且持续一段时间后,

由于突触 Synaptic depression 机制, 其对下游神经元集群 Module B_1 中的神经元突触后电位减弱, 因此也不会引起下游神经元的高频率放电现象.

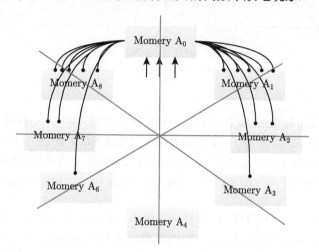

图 15-77　多目标工作记忆神经回路示意图

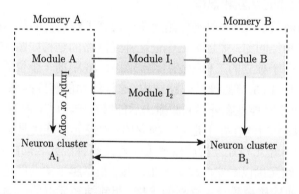

图 15-78　相邻模块之间的逻辑连接结构. 其中 Module A(B) 为功能性模块, 实现神经信息的维持过程; Module $I_1(I_2)$ 为抑制性神经元群, 其功能提供 Module A(B) 之间的相互抑制, 使得功能性模块只有一个在工作 (这也是比较经济的工作方式, 因为维持模块的工作开销大); Neuron cluster $A_1(B_1)$ 接收上游神经元群的神经信息, 其与 Module A(B) 的关系类似前文的 "Imply" 运算, 且相互之间有一定的连接

3) 模拟实验

针对图 15-78 结构的多内容记忆神经回路计算模型, 在 8s 内计算模型神经元的放电活动. 如图 15-79 所示, 其中 (a) 所示为 Module A 中锥体神经元的放电过程, 在撤去刺激后, 呈现神经活动的维持与逐渐消退; 为了更为清晰地展示该过程, (b)(c) 为 (a) 图中在两个短时间 (前期与后期) 内的展示, 可以看出后期的神经活

动要明显弱于前期, 这便是神经活动的逐渐衰减过程. (d) 为 Neuron cluster B_1 中神经元的放电活动, 该神经元群的放电表征相邻的另一个位置的记忆, 在前期 A_1 放

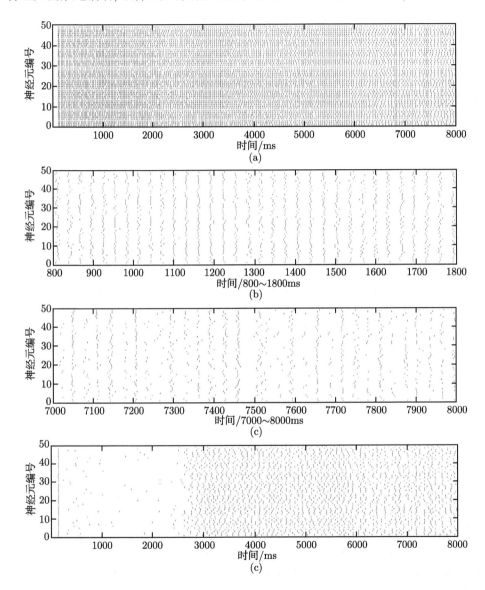

图 15-79　对图 15-78 结构的神经回路进行 8s 的模拟计算过程. 其中, (a) Neuron cluster A_1 在跨度 8s 内的放电活动; 为了清晰地展示 (a) 中的放电, (b), (c) 分别展示在 800~1800ms 和 7000~8000ms 两个 1s 时间区间内的放电活动; (d) Neuron cluster B_1 在跨度 8s 内的放电活动

电活动活跃 (表示该神经元群表征的位置信息记忆清晰), B_1 的神经活动较弱, 随着 A_1 的放电活动逐渐衰减 (表示该神经元群表征的位置信息记忆逐渐消退), B_1 的神经活动有加强的趋势, 此消彼长, A_1 与 B_1 的神经活动强度逐渐减弱并且接近, 这也表示两个记忆开始逐渐混淆与消退.

图 15-80 中展示了神经回路中神经元集群的放电频率的统计情况, 其中 A 与 A_1 的放电频率表明两个神经元集群之间的近似等价传递的关系, B_1 的放电频率在前期很弱, 在某个区间内开始上升, 并与 A_1 的放电频率逐渐接近. 该神经回路的模拟过程, 从微观的神经活动尝试去解释工作记忆的逐渐衰退, 相似记忆逐渐混淆的宏观认知行为.

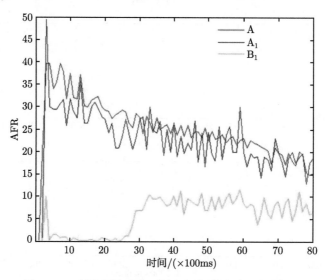

图 15-80　神经回路中主要神经元集群的放电频率统计

15.6.5　对工作记忆微回路研究的意义

我们基于两种合理的假设: 不同的外界刺激会激活一些锥体神经元并呈现不同的放电模式, 刺激消失之后锥体神经元的持续活跃就表征了对外界刺激的记忆, 但随着活跃程度逐渐消退, 记忆也就变得逐渐模糊; 相似记忆随着时间延长容易相互混淆, 表征两个记忆的神经元群的放电频率越是趋于接近, 表征两个记忆越是相互混淆.

我们从神经回路的结构以及突触的属性两个方面探索神经信息维持与衰减的计算机制. 首先, 从神经回路结构层面, 神经信息的自维持的本质是循环回路结构. 因此本章的第一个工作是设计环回路的结构来实现信息的自维持过程, 并且通过抑制性神经元的抑制信号使得上述自维持过程逐渐消退; 在本节的第二个工作中, 在循环连接结构的基础上, 引入辅助神经回路以调控主神经回路放电频率, 并且在神经回路中加入突触的 depression 机制 (给正反馈神经回路提供抑制机制, 以限制放电频率的发散), 快慢突触属性 (使得维持过程更容易实现) 等. 本节从尽可能整合已知的神经生理学角度, 设计更加符合生物学依据的工作记忆的生物神经回路; 从神经回路的结构和突触机制探索神经系统中神经信息的自维持与随时间逐渐模糊的神经计算机制, 有利于探索工作记忆的神经计算机制.

1. 对于计算神经科学领域的意义

目前神经科学的观点认为我们目前尚缺乏一种在宏观的行为与微观的神经活动之间构建起桥梁的理论. 这一理论旨在解释神经系统的结构是如何适应其功能的, 例如, 神经元的微观神经活动和微观结构, 神经回路的连接方式究竟是怎样实现某种认知行为的. 神经元是神经回路的最小组成单元, 神经元是通过突触与其他神经元产生连接从而形成不同的神经回路结构的. 突触是神经元之间在功能上发生联系的部位, 也是信息传递的关键部位, 因此突触的属性必然影响神经回路的功能表现. 研究也表明神经回路实现其功能不仅与本身的结构有关, 更与微观的复杂的电生理反应有着密切关系, 尤其是突触的工作机制 (Abbott et al., 1997; Mongillo et al., 2008).

我们从不同的角度设计合理的生物可信的神经回路计算模型来实现神经信息的维持与衰减过程 (该过程被认为在工作记忆中起着非常重要的作用), 并通过计算机对神经回路的模拟与仿真, 反馈给计算模型的设计与改进. 这种神经回路精细的模拟计算, 使我们对多个神经元之间以及神经回路中为了实现某种功能所需的协同条件有了新的认识; 从计算的角度, 将突触的属性建模, 结合突触的某些属性来完成一个特定功能, 这样可以在一定程度上解释某些电生理因素 (比如突触的属性等) 是如何参与到神经回路的计算中, 或者是如何影响认知功能的实现的.

2. 对于人工智能领域的启示作用

(1) 对递归神经网络难训练的探索. 人工神经元网络中循环网络结构存在训练难的问题, 常出现网络输出的发散; 当前常采用权值抑制的方法, 即将权值强制限定在一个范围内, 这个方法固然在一定程度上缓解了上述问题. 这个问题我们可以从神经系统中得到启示. 在生物神经系统中, 也存在大量的循环或者递归连接结构 (而这种循环连接, 有些属于正反馈系统), 然而并没有出现神经元的过高频率放电活动, 我们通过对突触的 depression 机制的计算与模拟, 说明该机制能够有效地克服循环连接的生物神经网络的放电频率发散; 是否可以借鉴该机制, 进行适当改进并引入人工神经网络模型中, 来克服神经元饱和或者发散呢?

(2) 探索基于生物脉冲神经元的联想记忆神经网络模型的新实现方式. 传统的

联想记忆网络依赖反馈连接来实现当前输入的后续输入的影响, 即通过反馈连接而实现时间因素的影响; 相比于传统的人工神经元模型, 脉冲神经元模型是神经元的神经动力学模型, 神经元是否被激活是基于膜电位是否达到一个阈值, 而膜电位的变化通常被描述为微分方程的形式, 即考虑了时间因素的作用; 生物机制的神经元模型的属性似乎更适合构建记忆神经网络计算模型.

15.7　基于 spike 神经元回路计算模型的研究展望

神经科学与人工智能领域的关系源远流长. 人工智能发展的起始阶段便与神经科学、心理学等领域密切相关. 人工智能的先驱们也大都横跨这几个领域, 并在这几个领域都做出过卓越的贡献. 然而自 20 世纪 80 年代, 由于当时数据资源与计算能力的限制, 一般着眼于浅层神经网络理论 (神经系统信息处理的计算建模) 领域, 因在很多特定任务中浅层网络并没有显示出其优势而被逐渐疏远; 而近些年由于计算能力的突破与数据的暴涨, 以人工神经网络理论为基础的人工智能技术取得巨大成功, 且被认为仍有进一步发展的巨大潜力.

如果将大脑类比作一个 "生物信息处理系统", 当前的人工智能在很多未知或者非结构化环境任务中的表现与人类大脑相比在智能、效率、能耗、稳定性等诸多方面仍有着巨大差距. 这也使得当前新一代信息技术领域对于脑科学与认知科学的研究关注程度逐渐加强, 并希望能够借鉴大脑的工作机制对当前的信息技术在包括硬件层面、算法层面做出革新, 以大幅提高其工作效率. 因此, 当前神经科学领域的持续发展不仅可以帮助我们揭示大脑的工作机制, 同时对于人工智能、信息科学等领域的研究与拓展有着重大意义, 尤其是高级认知行为 (包括决策、推理、记忆、学习等) 的神经计算机制将对人工智能、类脑计算等诸多交叉方向的研究有着重大启示与借鉴作用 (Brooks et al., 2012).

15.7.1　工作总结

认知神经科学领域的主要任务之一是探索微观的神经元活动如何产生宏观的认知行为, 目前的观点认为在神经元的微观活动到宏观的认知行为之间存在一个 "神经计算" 层, 即从微观到宏观的计算建模. 本章的主要工作: 在遵守神经生物学的基础上, 设计生物可行的神经功能回路计算模型来探索认知行为的神经计算机制. 本章主要的工作总结如下.

1. 以昆虫行为为例的决策功能神经回路计算模型设计与实现

本工作中以昆虫趋光飞行行为为例, 应用逻辑学的语言建立趋性行为所遵循的控制法则; 基于生物脉冲神经元计算模型, 设计一个可以实施趋光性行为所遵循的控制策略的神经功能回路计算模型, 并实时模拟了该神经功能回路信息处理过程. 本工作的贡献在于: 在遵从生物学事实前提下实现了一种对认知行为控制逻辑的神经回路实现; 对生物神经功能实现行为控制的方式方法和信息编码研究具有探索价值; 通过计算机仿真, 对多个神经元为了实现某种控制逻辑所需的协同条件有了新的认识.

2. 基于神经微回路的决策行为神经功能回路构建

本工作将类似逻辑计算看作神经系统中一种 "典型的神经计算". 设计这组 "典型神经计算" 的神经回路结构, 通过组合与重复这些基本的微回路, 构建能够执行复杂逻辑表达式的神经回路, 以大鼠的 Y 迷宫实验为例构建决策神经回路并验证该方法的可行性. 本章的贡献在于: 提出了一种从逻辑学角度来看待神经元及其回路构成与运行原则的理论, 给出了一种对行为控制逻辑进行具体实现的神经功能回路构建的一般方法. 这一研究有助于我们在神经系统的微观活动与动物宏观行为层面间建立某种过渡的桥梁.

3. 神经活动自维持的功能性神经回路设计与模拟计算

越来越多的研究表明工作记忆的神经机制不仅与神经回路的结构有关, 同时也与突触复杂的工作机制密切相关. 因此本工作综合神经元突触机制和神经回路结构两个方面设计工作记忆的神经计算机制. 其次, 在神经回路中考虑突触的 depression 机制, 快慢突触属性等的影响. 本工作从尽可能整合已知的神经生理学角度, 设计更加符合生物学依据的工作记忆的生物神经功能回路; 从神经回路的结构和突触机制探索神经系统中神经信息的自维持与随时间逐渐模糊的神经计算机制, 有利于探索工作记忆的神经计算机制.

15.7.2 本章的研究意义

1. 对于计算神经科学领域的意义

从神经生物学角度: 目前的理论与技术手段还不能对神经系统中功能性神经回路逻辑结构与信息处理机制做出精确而有效的解释; 从数据分析的角度: 目前常采用多电极阵列数据分析的方式, 该方法存在诸多不足, 比如信号采集过程中存在背景噪声、难以准确提取特定神经元的发电信号只能是某一区域的神经元、只能提取相对较少的神经元放电信号、缺乏神经回路的构成细节, 难以研究其回路的结构, 以及信息的加工与传递机制. 因此目前的观点认为设计合理的神经计算模型, 能在微观上与神经元活动吻合且宏观上能重现认知行为, 以解释认知行为的神经机制, 可以帮助我们高效地理解神经系统的工作机制. 本章的工作对于神经科学的研究意义在于:

(1) 发展了在计算机上模拟大规模脉冲神经回路的计算仿真的新模式.

(2) 从计算的角度, 重新认识了多个神经元以及神经回路为了实现某种功能所需的协同条件.

(3) 从计算与仿真模拟的角度, 探索与验证特定认知任务中的神经信息编码.

(4) 探索认知行为的神经计算模型设计的一般化方法.

(5) 尝试探索微观的神经活动如何产生宏观的认知行为.

2. 对基于神经网络理论的人工智能领域的意义和启示

研究表明, 大脑神经系统的信息处理过程既经济又高效, 不仅满足能量最小化原则也满足信号传输最大化原则. 如果将大脑类比作一个 "生物信息处理系统", 我们人工的信息处理系统在高效性、高容错性、稳定性、低功耗、智能等诸多方面相比我们的大脑仍然有着巨大的差距. 因此, 借鉴揭示生物信息的存储、检索以及处理机制对当前的信息领域在包括硬件层面、算法层面做出革新, 以提高其工作效率. 本章的工作对于信息科学领域的研究意义在于:

(1) 对人工智能奠基性工作 MP 模型、新一代脉冲神经网络的发展和丰富.

(2) 对类脑芯片设计的启示作用: 借鉴稀疏编码、神经形态、冗余备份等神经信息编码与处理机制, 使得芯片能够具有低功耗与高稳定性等性能.

(3) 对脑机接口研究的贡献: 探索在信息表征与编码方式、通信协议、信号的电气特性等方面具有更好的生物相容的功能性神经回路计算模型, 脑机接口的设计与实现具有现实价值.

(4) 对基于神经网络框架的机器学习领域的启示与借鉴:

① 拓展我们对人工神经网络训练过程的理解;

② 探索通过与环境交互的方式来学习知识;

③ 探索神经网络权重学习与网络结构学习并重的学习新方式;

④ 探索模块化人工神经网络结构;

⑤ 探索基于生物脉冲神经元的联想记忆神经网络模型的新实现方式;

⑥ 对递归神经网络难训练问题的探索.

(5) 有助于对非图灵机计算模型的探索.

15.7.3　未来工作展望

人工神经网络计算模型, 从信息处理的角度, 通过对人脑神经元的工作机制进行抽象, 并建立简单的计算模型, 按不同的连接方式组成不同的网络结构. 人工神经网络在处理不同应用领域的分类问题中取得了巨大的成功, 而这类成功多依赖于海量的数据. 在非结构化场景下, 诸如学习、理解、推理等诸多方面仍然落后人类的智能. 其原因之一, 当前的人工神经网络理论与大脑的神经信息处理机制的差异性. 借鉴脑神经科学、认知科学、心理学而设计合理的人工智能计算模型已经受到越来越多的关注, 且已得到广泛应用.

本章从计算的角度设计生物可行的功能性神经回路计算模型来探索认知行为过程的神经计算机制; 本章的计算模型尝试探索神经系统中微观的神经元的放电活动如何产生宏观的认知行为. 本章的工作旨在探索认知行为的神经计算机制, 同时本工作对类脑计算等交叉领域亦有重要的启示与借鉴作用. 因此未来的工作既可以进一步探索智能或者认知行为的神经计算机制, 同时也可以拓展到信息计算领域, 在当前的人工智能算法层面上引入更多的类脑工作机制, 使其能以更加高效与经济的方式工作. 未来的工作可从如下几个方面进行:

(1) 鉴于大脑 "学习机制" 的重要性, 后续工作之一将结合神经科学、认知行为学的最新研究发现, 探索大脑的 "学习" 神经计算机制.

(2) 通过神经功能回路的模拟过程, 可以产生大量的神经元动作电位放电序列数据, 通过寻找合适的数据挖掘方法在分析神经元间关联性, 进而由脉冲序列反向推理神经回路的结构, 并与已设计的神经回路结构做比较, 以不断改进这种数据分析的方法, 从而找到合适的方法探索分析生物神经系统中神经元的关联性.

(3) 作为下一代神经网络模型的脉冲神经网络在学术界逐渐受到越来越多的关注. 脉冲神经网络作为一种神经形态的计算模型, 具有高生物相容性与可嵌性. 探索这种生物可嵌性的神经网络在脑机接口系统设计中的应用, 探索生物脉冲神经网络模型在信息处理领域的应用.

(4) 基于本章工作对人工神经网络模型的启示与借鉴, 尝试用于改进人工神经网络的模型.

参 考 文 献

梁培基, 陈爱华. 2003. 神经元活动的多电极同步记录及神经信息处理. 北京: 北京工业大学出版社.

阮迪云. 2008. 神经生物学. 合肥: 中国科学技术大学出版社.

宋杨, 李晨辉, 宋跃辉, 等. 2008. 神经元动力学模型研究. 硅谷, (14):7+102.

朱雅婷. 2017. 关于学习与记忆的神经编码研究. 上海: 华东理工大学.

Abarbanel H D I, Huerta R, Rabinovich M I. 2002. Dynamical model of long-term synaptic plasticity. Proceedings of the National Academy of Sciences, 99(15): 10132-10137.

Abbott L F, Varela J A, Sen K, et al. 1997. Synaptic depression and cortical gain control. Science, 275(5297): 220-224.

Adrian E D. 1926. The impulses produced by sensory nerve endings. The Journal of Physiology , 61(1): 49-72.

Amit D J, Bernacchia A, Yakovlev V. 2003. Multiple-object working memory—a model for behavioral performance. Cerebral Cortex, 13(5): 435-443.

Ananthanarayanan R, Modha D S. 2007. Anatomy of a cortical simulator//Proceedings of the 2007 ACM/IEEE Conference on Supercomputing. ACM: 3.

Atkinson R C, Shiffrin R M. 1968. Human memory: a proposed system and its control processes//Spence K W, Spence J T. Psychology of Learning and Motivation. London: Academic Press: 89-195.

Ba J, Mnih V, Kavukcuoglu K. 2014. Multiple object recognition with visual attention. Computer Science.

Baddeley A. 2000. The episodic buffer: a new component of working memory? Trends in Cognitive Sciences, 4(11): 417-423.

Bahdanau D, Cho K, Bengio Y. 2014. Neural machine translation by jointly learning to align and translate. Computer Science.

Barthélémy M, Amaral L A N. 1999. Small-world networks: evidence for a crossover picture. Physical Review Letters, 82(15): 3180-3183.

Bialek W, Rieke F, Van Steveninck R R D R, et al. 1991. Reading a neural code. Science, 252(5014): 1854-1857.

Bliss T V P, Collingridge G L. 1993. A synaptic model of memory: long-term potentiation in the hippocampus. Nature, 361(6407): 31-39.

Bower J M. 1998. Constructing new models//The Book of GENESIS. New York: Springer: 195-201.

Britten K H, Shadlen M N, Newsome W T, et al. 1992. The analysis of visual motion: a comparison of neuronal and psychophysical performance. Journal of Neuroscience, 12(12): 4745-4765.

Brooks R, Hassabis D, Bray D, et al. 2012. Turing centenary: is the brain a good model for machine intelligence? Nature, 482(7386): 462-463.

Brown J W. 2014. The tale of the neuroscientists and the computer: why mechanistic theory matters. Frontiers in Neuroscience, 8: 349.

Carandini M, Demb J B, Mante V, et al. 2005. Do we know what the early visual system does? J. Neurosci, 25(46): 10577-10597.

Carandini M, Heeger D J. 2011. Normalization as a canonical neural computation. Nature Reviews Neuroscience, 13(1): 51-62.

Carandini M. 2012. From circuits to behavior: a bridge too far? Nature Neuroscience, 15(4): 507-509.

Card J P, Swanson L W. 2014. The Hypothalamus: An Overview of Regulatory Systems. 4th ed. Fundamental Neuroscience: 717-727.

Chaudhuri R, Fiete I. 2016. Computational principles of memory. Nature Neuroscience, 19(3): 394-403.

Churchland P S, Sejnowski T J. 1988. Perspectives on cognitive neuroscience. Science, 242(4879): 741-745.

Compte A, Brunel N, Goldmanrakic P S, et al. 2000. Synaptic mechanisms and network dynamics underlying spatial working memory in a cortical network model. Cerebral Cortex, 10(9): 910-923.

Constantinidis C, Wang X J. 2004. A neural circuit basis for spatial working memory. The Neuroscientist, 10(6): 553-565.

Cowan N. 1988. Evolving conceptions of memory storage, selective attention, and their mutual constraints within the human information-processing system. Psychological Bulletin, 104(2): 163-191.

Desimone R, Duncan J. 1995. Neural mechanisms of selective visual attention. Annual Review of Neuroscience, 18(1): 193-222.

DeWeese M R, Zador A M. 2003. Binary coding in auditory cortex//Advances in Neural Information Processing Systems: 117-124.

Dudai Y, Evers K. 2014. To simulate or not to simulate: what are the questions? Neuron, 84(2): 254-261.

Eliasmith C, Trujillo O. 2014. The use and abuse of large-scale brain models. Current Opinion in Neurobiology, 25(25C): 1-6.

FitzHugh R. 1961. Impulses and physiological states in theoretical models of nerve membrane. Biophysical Journal, 1(6): 445-466.

Ford L R, Fulkerson D R. 1956. Maximal flow through a network. Canadian Journal of Mathematics, 8(3): 399-404.

Frisch K. 1967. The Dance Language and Language and Orientation of Bees. Bosten: Harvard University Press.

Ghosh-Dastidar S, Adeli H. 2009. Spiking neural networks. International Journal of Neural Systems, 19(4): 295-308.

Glorot X, Bordes A, Bengio Y. 2011. Deep sparse rectifier neural networks//Proceedings of the Fourteenth International Conference on Artificial Intelligence and Statistics: 315-323.

Gold A, Dudai Y. 2016. Simulation of mental disorders: I. concepts, challenges and animal models. The Israel Journal of Psychiatry and Related Sciences, 53(2): 64-71.

Han J, Moraga C. 1995. The influence of the sigmoid function parameters on the speed of backpropagation learning//International Workshop on Artificial Neural Networks. Berlin, Heidelberg: Springer: 195-201.

Hassabis D, Kumaran D, Summerfield C, et al. 2017. Neuroscience-inspired artificial intelligence. Neuron, 95(2): 245-258.

Hatsopoulos N G, Donoghue J P. 2009. The science of neural interface systems. Annual Review of Neuroscience, 32: 249-266.

Hebb D O. 2005. The Organization of Behavior: A Neuropsychological Theory. New Jersey: Lawrence Erlbaum Associates.

Hindmarsh J, Rose R. 1984. A model of neuronal bursting using three coupled first order differential equations. Proceedings of the Royal Society of London B: Biological Sciences, 221(1222):87-102.

Hines M. 1984. Efficient computation of branched nerve equations. International Journal of Bio-medical Computing, 15(1): 69-76.

Hinton G E, McClelland J L, Rumelhart D E. 1986. Distributed representations. Parallel Distributed Processing: Explorations in the Microstructure of Cognition, 1(3): 77-109.

Hochreiter S, Schmidhuber J. 1997. Long short-term memory. Neural Computation, 9(8): 1735-1780.

Hodgkin A L, Huxley A F. 1952. A quantitative description of membrane current and its application to conduction and excitation in nerve. The Journal of Physiology, 117(4):500.

Hopfield J J. 1982. Neural networks and physical systems with emergent collective computational abilities. Proceedings of the National Academy of Sciences, 79(8): 2554-2558.

Horváth G, Varjú D. 2013. Polarized Light in Animal Vision: Polarization Patterns in Nature. New York: Springer Science & Business Media.

https://baike.baidu.com/item/ %E4 %BA %BA %E5 %B7 %A5 %E6 %99 %BA %E8 %83 %BD/9180?fr=aladdin

https://www.leiphone.com/news/201510/bqq6tFWL6oUSfN2M.html

Hu J, Zhao Q, Jiang R, et al. 2013. Responses of cutaneous mechanoreceptors within fingerpad to stimulus information for tactile softness sensation of materials. Cognitive Neurodynamics, 7(5): 441-447.

Ito M. 1989. Long-term depression. Annual Review of Neuroscience, 12(1): 85-102.

Izhikevich E M, Edelman G M. 2008. Large-scale model of mammalian thalamocortical systems. Proceedings of the National Academy of Sciences, 105(9): 3593-3598.

Izhikevich E M. 2003. Simple model of spiking neurons. IEEE Transactions on Neural Networks, 14(6): 1569-1572.

Izhikevich E M. 2004. Which model to use for cortical spiking neurons? IEEE Transactions on Neural Networks, 15(5): 1063-1070.

Jean S, Cho K, Memisevic R, et al. 2014. On using very large target vocabulary for neural machine translation. arXiv preprint arXiv:1412.

Johnson J L, Padgett M L. 1999. PCNN models and applications. IEEE Transactions on Neural Networks, 10(3): 480-498.

Kenji D. 2008. Modulators of decision making. Nature Neuroscience, 11(4):410-416.

Koch C, Ullman S. 1987. Shifts in selective visual attention: towards the underlying neural circuitry// Vaina L M. Matters of Intelligence. Dordrecht: Springer: 115-141.

Koch C. 2004. Biophysics of Computation: Information Processing in Single Neurons. New

York: Oxford University Press.

Kohonen T, Honkela T. 2007. Kohonen network. Scholarpedia, 2(1): 1568.

Krames E S, Peckham P H, Rezai A, et al. 2009. What is neuromodulation? Neuromodulation: 3-8. Academic Press.

Kreiman G. 2004. Neural coding: computational and biophysical perspectives. Physics of Life Reviews, 1(2): 71-102.

Kullmann D M, Lamsa K P. 2007. Long-term synaptic plasticity in hippocampal interneurons. Nature Reviews Neuroscience, 8(9): 687-699.

Kumaran D, Hassabis D, McClelland J L. 2016. What learning systems do intelligent agents need? Complementary learning systems theory updated. Trends in Cognitive Sciences, 20(7): 512-534.

Larochelle H, Hinton G E. 2010. Learning to combine foveal glimpses with a third-order Boltzmann machine. Advances in Neural Information Processing Systems, 1: 1243-1251.

Laughlin S B, Sejnowski T J. 2003. Communication in neuronal networks. Science, 301 (5641): 1870-1874.

LeCun Y, Bengio Y, Hinton G. 2015. Deep learning. Nature, 521(7553): 436-444.

LeCun Y. 2016. LeNet-5, convolutional neural networks. Retrieved June, 1.

Lumpkin E A, Caterina M J. 2007. Mechanisms of sensory transduction in the skin. Nature, 445(7130): 858-865.

Maas A L, Hannun A Y, Ng A Y. 2013. Rectifier nonlinearities improve neural network acoustic models. Proc. Icml., 30(1): 3.

Marder E. 2012. Neuromodulation of neuronal circuits: back to the future. Neuron, 76(1): 1-11.

Markram H. 2006. The blue brain project. Nature Reviews Neuroscience , 7(2): 153-160.

Marr D. 1982. Vision: A Computational Investigation Into the Human Representation and Processing of Visiual Information. New York: Freeman.

McCulloch WS, Pitts W. 1943. A logical calculus of the ideas immanent in nervous activity. The Bulletin of Mathematical Biophysics, 5(4):115-133.

Miyake A, Priti S. 1999. Models of Working Memory: Mechanisms of Active Maintenance and Executive Control. New York: Cambridge University Press.

Mnih V, Heess N, Graves A. 2014. Recurrent models of visual attention. Advances in Neural Information Processing Systems, 2: 2204-2212.

Mongillo G, Barak O, Tsodyks M. 2008. Synaptic theory of working memory. Science, 319(5869): 1543-1546.

Nirenberg S, Latham P E. 2003. Decoding neuronal spike trains: how important are correlations? Proceedings of the National Academy of Sciences, 100(12): 7348-7353.

Panzeri S, Brunel N, Logothetis N K, et al. 2010. Sensory neural codes using multiplexed temporal scales. Trends in Neurosciences, 33(3): 111-120.

Panzeri S, Petersen R S, Schultz S R, et al. 2001. The role of spike timing in the coding of stimulus location in rat somatosensory cortex. Neuron, 29(3): 769-777.

Pi H J, Hangya B, Kvitsiani D, et al. 2013. Cortical interneurons that specialize in disinhibitory control. Nature, 503(7477):521-524.

Porter M A. 2012. Small-world network. Scholarpedia, 7(2): 1739.

Real E, Moore S, Selle A, et al. 2017. Large-scale evolution of image classifiers. arXiv preprint arXiv:1703.01041.

Richmond B J, Optican L M, Podell M, et al. 1987. Temporal encoding of two-dimensional patterns by single units in primate inferior temporal cortex. I. Response characteristics. Journal of Neurophysiology, 57(1): 132-146.

Ritzmann R, Ridgel A, Pollack A. 2008. Multi-unit recording of antennal mechano-sensitive units in the central complex of the cockroach, Blaberus discoidalis. Journal of Comparative Physiology A,194(4):341-360.

Robinson S. 2008. Simulation: the practice of model development and use. Journal of Simulation, 2(1): 67.

Roger R, Jeffrey N R. 1998. Modeling response times for two-choice decisions. Psychological Science, 9(5):347-356.

Rosenblatt F. 1958. The perceptron: a probabilistic model for information storage and organization in the brain. Psychological Review, 65(6): 386-408.

Schaff J, Fink C C, Slepchenko B, et al. 1997. A general computational framework for modeling cellular structure and function. Biophysical Journal, 73(3): 1135-1146.

Siegelbaum S A, Hudspeth A J. 2012. Principles of Neural Science. New York: McGraw-hill.

Silver D, Huang A, Maddison C J, et al. 2016. Mastering the game of Go with deep neural networks and tree search. Nature, 529(7587): 484-489.

Song S, Miller K D, Abbott L F. 2000. Competitive Hebbian learning through spike-timing-dependent synaptic plasticity. Nature Neuroscience, 3(9): 919-926.

Sutskever I, Martens J, Hinton G E. 2011. Generating text with recurrent neural networks//Proceedings of the 28th International Conference on Machine Learning (ICML-11): 1017-1024.

Teyler T J, Discenna P. 1987. Long-term potentiation. Annual Review of Neuroscience, 10(1): 131-161.

Tolnai S, Englitz B, Scholbach J, et al. 2009. Spike transmission delay at the calyx of Held in vivo: rate dependence, phenomenological modeling, and relevance for sound localization. Journal of Neurophysiology, 102(2): 1206-1217.

Toyabe S, Sagawa T, Ueda M, et al. 2010. Experimental demonstration of information-to-energy conversion and validation of the generalized Jarzynski equality. Nature Physics,

6(12): 988-992.

Turing A M. 1950. Computing machinery and intelligence. Brian Physiology and Psychology, 213.

Waldrop M M. 2012. Brain in a box. Nature, 482(7386): 456-458.

Wang R, Zhang Z, Jiao X. 2006. Mechanism on brain information processing: energy coding. Applied Physics Letters, 89(12): 123903.

Wang X J. 2001. Synaptic reverberation underlying mnemonic persistent activity. Trends in Neurosciences, 24(8): 455-463.

Wang X J. 2002. Probabilistic decission making by slow reverberation in cortical circuits. Neuron, 36(5): 955-968.

Weston J, Bordes A, Chopra S, et al. 2015. Towards ai-complete question answering: a set of prerequisite toy tasks. arXiv preprint arXiv:1502.05698.

White J G, Southgate E, Thomson J N, Brenner S. 1986. The structure of the nervous system of the nematode Caenorhabditis elegans. Philosophical Transactions. Royal Society of London, 314(1165): 1-340.

Wilson M. 2002. Six views of embodied cognition. Psychonomic Bulletin & Review, 9(4):625-636.

Xu J X, Deng X. 2010. Biological neural network based chemotaxis behaviors modeling of C. elegans//Neural Networks (IJCNN), The 2010 International Joint Conference on. IEEE: 1-8.

Yang S T, Shi Y, Wang Q, et al. 2014. Neuronal representation of working memory in the medial prefrontal cortex of rats. Molecular Brain, 7(1): 61.

Zhang S, Bock F, Si A, et al. 2005. Visual working memory in decision making by honey bees. Proceedings of the National Academy of Sciences of the United States of America, 102(14): 5250-5255.

Zucker R S, Regehr W G. 2002. Short-term synaptic plasticity. Annual Review of Physiology, 64(1): 355-405.